조경기능사 필기 합격은 기출학습에서 갈린다

■ 2011년~2024년(14개년) 기출문제 제공

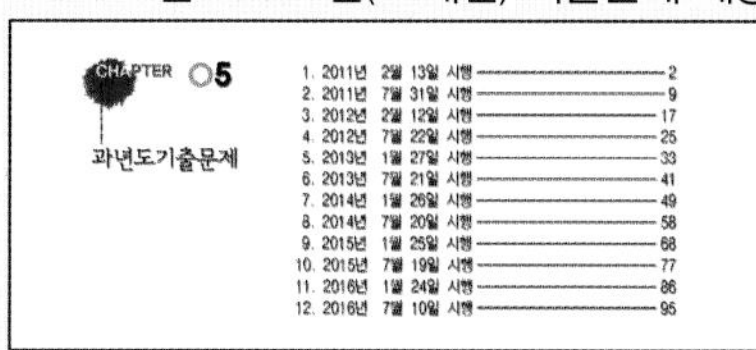

CHAPTER 05 과년도기출문제

1. 2011년 2월 13일 시행 ---- 2
2. 2011년 7월 31일 시행 ---- 9
3. 2012년 2월 12일 시행 ---- 17
4. 2012년 7월 22일 시행 ---- 25
5. 2013년 1월 27일 시행 ---- 33
6. 2013년 7월 21일 시행 ---- 41
7. 2014년 1월 26일 시행 ---- 49
8. 2014년 7월 20일 시행 ---- 58
9. 2015년 1월 25일 시행 ---- 68
10. 2015년 7월 19일 시행 ---- 77
11. 2016년 1월 24일 시행 ---- 86
12. 2016년 7월 10일 시행 ---- 95

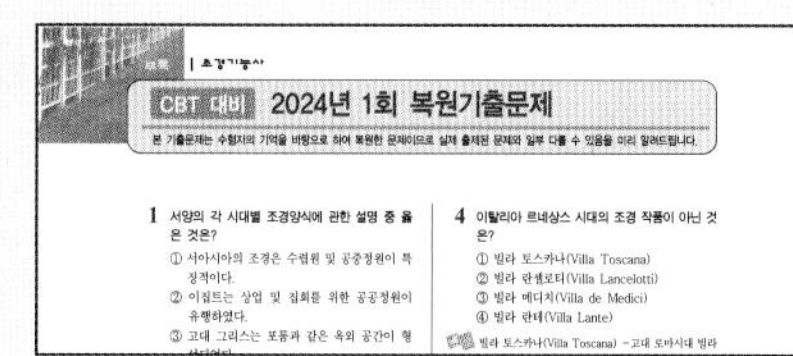

CBT 대비 2024년 1회 복원기출문제

조경기능사 필기 핵심정리노트로 마무리

■ 핵심정리노트

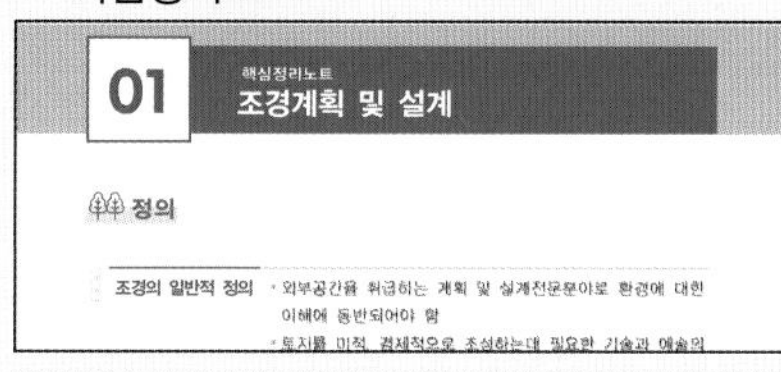

01 핵심정리노트 조경계획 및 설계

정의

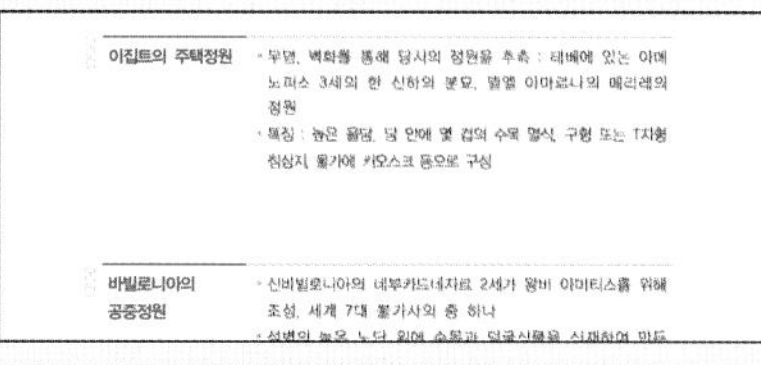

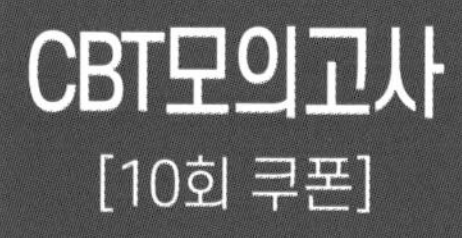

조경기능사 필기 CBT모의고사 테스트

■ CBT 온라인 모의고사 (실제시험 환경과 동일)

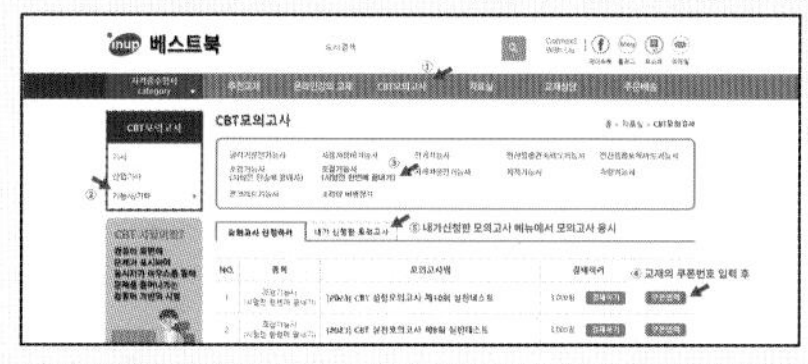

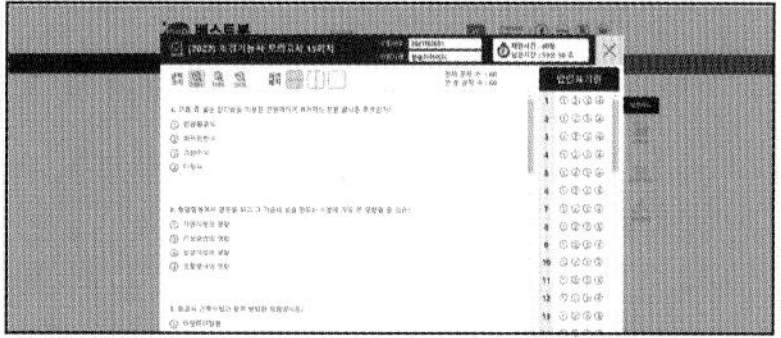

CBT모의고사 점수 변화 그래프

모의고사 회당 회차 풀이 후 점수를 아래 빈칸에 기입한 후 점수만큼 그래프에 • 으로 표시하여 자신의 점수 변화를 확인하세요.

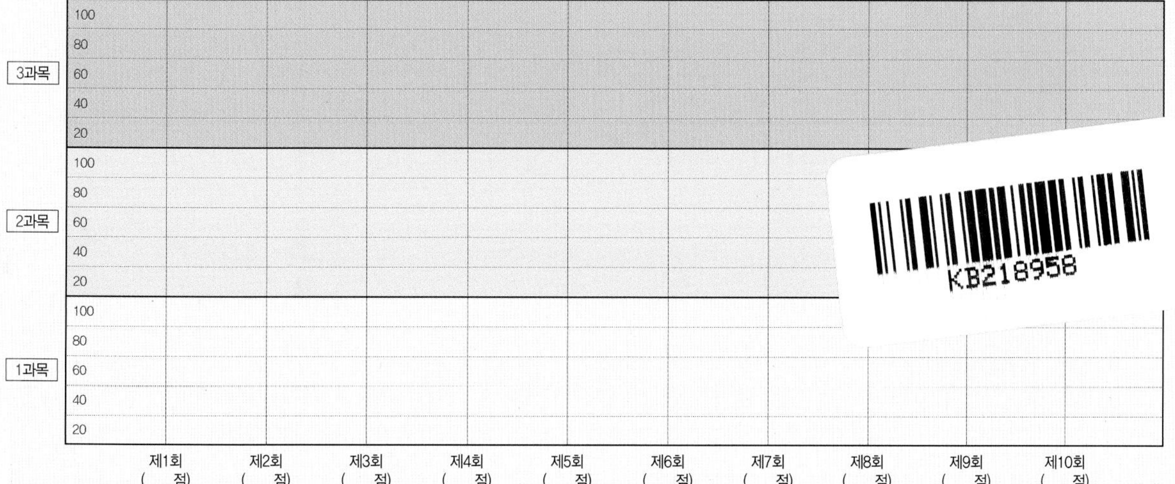

CBT대비 온라인 모의고사

홈페이지(www.bestbook.co.kr)에서 일부 필기시험 문제를 CBT 모의 TEST로 체험하실 수 있습니다.

CBT모의고사 테스트 ▶

- 모의고사 테스트 제1회
- 모의고사 테스트 제2회
- 모의고사 테스트 제3회
- 모의고사 테스트 제4회
- 모의고사 테스트 제5회
- 모의고사 테스트 제6회
- 모의고사 테스트 제7회
- 모의고사 테스트 제8회
- 모의고사 테스트 제9회
- 모의고사 테스트 제10회

■ 무료수강 쿠폰번호 안내

회원 쿠폰번호	0000 - 0000 - 0000

※ 뒷표지 인증번호를 확인하세요.

■ 조경기능사 CBT 필기시험문제 응시방법

① 한솔아카데미 인터넷서점 베스트북 홈페이지(www.bestbook.co.kr) 접속 후 로그인합니다.
② [CBT모의고사] – [기능사/기타] – [조경기능사(시험전 한번에 끝내기)]를 선택합니다.
③ 교재의 쿠폰번호를 입력 후 [내가 신청한 모의고사] 메뉴에서 모의고사 응시가 가능합니다.

※ 쿠폰사용 유효기간은 2025년 12월 31일 까지 입니다.

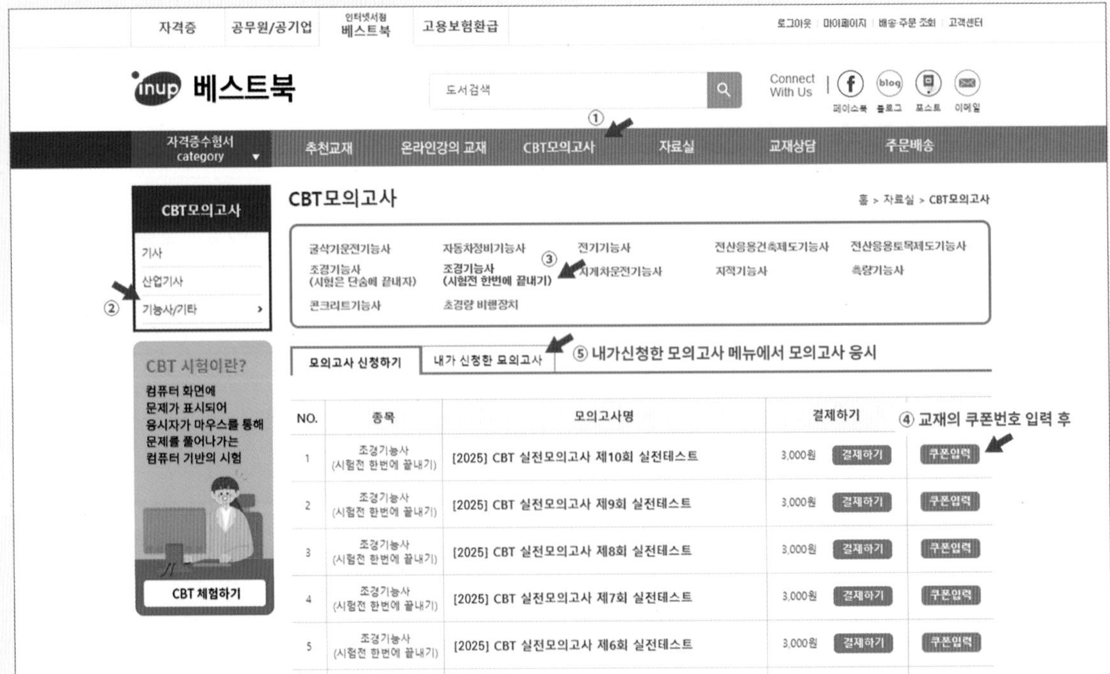

NO.	종목	모의고사명	결제하기	
1	조경기능사 (시험전 한번에 끝내기)	[2025] CBT 실전모의고사 제10회 실전테스트	3,000원 결제하기	쿠폰입력
2	조경기능사 (시험전 한번에 끝내기)	[2025] CBT 실전모의고사 제9회 실전테스트	3,000원 결제하기	쿠폰입력
3	조경기능사 (시험전 한번에 끝내기)	[2025] CBT 실전모의고사 제8회 실전테스트	3,000원 결제하기	쿠폰입력
4	조경기능사 (시험전 한번에 끝내기)	[2025] CBT 실전모의고사 제7회 실전테스트	3,000원 결제하기	쿠폰입력
5	조경기능사 (시험전 한번에 끝내기)	[2025] CBT 실전모의고사 제6회 실전테스트	3,000원 결제하기	쿠폰입력

한솔아카데미가 답이다!

조경기능사 필기 60일 무료 동영상

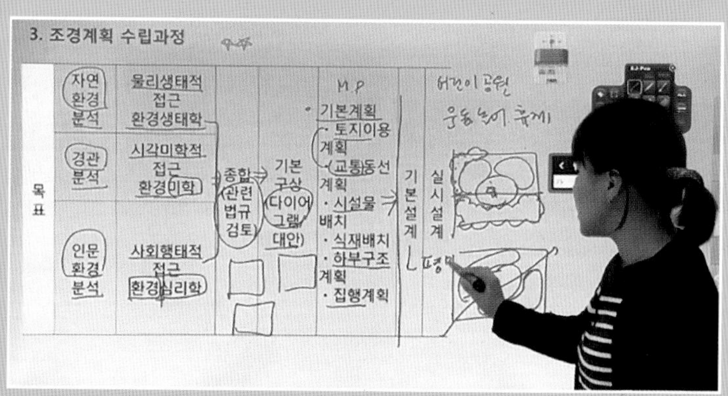

단계별 완전학습 커리큘럼

핵심이론 · 핵심문제 – CBT 모의고사 – 전용게시판 질의응답

STEP 01 각 단원별 핵심이론 핵심문제 + **STEP 02** CBT 모의고사 + **STEP 03** 전용게시판 질의응답

조경기능사 필기 동영상 강의

구 분	과 목	담당강사	강의시간	동영상	교 재
필 기	조경일반	이윤진	약 2시간		
	조경계획과 설계일반	이윤진	약 2시간		
	조경재료	이윤진	약 2시간		
	조경시공 및 관리	이윤진	약 4시간		

• 유료 동영상강의 수강방법 : www.inup.co.kr

• 조경기능사 필기 60일 무료 동영상 회원이 재구매 신청 시 50,000원 할인쿠폰을 적용해 드립니다.

동영상 무료강의 수강방법 (무료동영상 60일 제공)

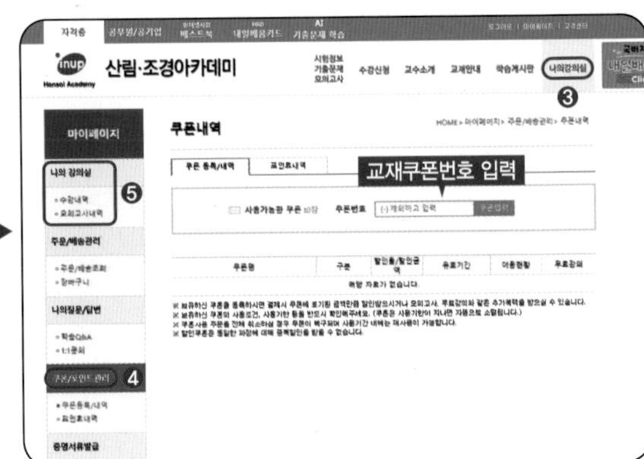

01 사이트 접속

인터넷 주소창에 **https://www.inup.co.kr** 을 입력하여 한솔아카데미 홈페이지에 접속합니다.

02 회원가입 로그인

홈페이지 우측 상단에 있는 **회원가입** 또는 아이디로 **로그인**을 한 후, **[조경기능사]** 사이트로 접속을 합니다.

03 나의 강의실

나의강의실로 접속하여 왼쪽 메뉴에 있는 **[쿠폰/포인트관리]–[쿠폰등록/내역]**을 클릭합니다.

04 쿠폰 등록

도서에 기입된 **인증번호 12자리** 입력(–표시 제외)이 완료되면 **[나의강의실]**에서 무료강의를 수강하실 수 있습니다.

■ 모바일 동영상 수강방법 안내

❶ QR코드 이미지를 모바일로 촬영합니다.
❷ 회원가입 및 로그인 후, 쿠폰 인증번호를 입력합니다.
❸ 인증번호 입력이 완료되면 [나의강의실]에서 강의 수강이 가능합니다.

※ QR코드를 찍을 수 있는 앱을 다운받으신 후 진행하시길 바랍니다.

조경기능사 필기교재를 발간하면서...

조경기능사는 급속한 산업화의 도시화에 따른 환경의 파괴로 인하여 환경 복원과 주거환경 문제에 대한 관심과 그 중요성이 급 부각됨으로써 공종별 전문인력으로 하여금 생활공간을 아름답게 꾸미고 자연환경을 보호하고자 도입 시행되었습니다.

진로 및 전망은 조경식재 및 조경시설물 설치공사업체, 공원(실내, 실외), 학교, 아파트 단지 등의 관리부서, 정원수 및 재배업체에 취업이 가능하며, 조경기능사 자격취득자에 대한 인력수요는 환경문제가 대두됨으로써 쾌적한 생활환경에 대한 욕구를 충족시키기 위해 조경에 대한 중요성이 증대되어 장기적으로 인력수요는 증가할 전망될 것 입니다.

본 수험서는 조경기능사 필기시험을 대비하는 수험생을 위한 책으로 필자의 다년간의 지필경험과 강의 경험, 실무경험을 바탕으로 짧은 기간내에 효율적인 학습이 될 수 있도록 하였습니다.

본 교재의 특징으로

01 조경일반, 조경재료, 조경시공 및 관리, 과년도 기출문제로 구분되어 있습니다.

02 각 과목은 소단원별로 기본이론정리와 기출문제 및 예상문제 구성하여 중요내용파악과 문제풀이를 동시에 하므로 학습효과가 배가 되게 하였습니다.

03 앞으로 필기시험의 시행추이를 수용하여 풍부한 내용을 담았으며 새로운 경향에도 적응할 수 있도록 하였습니다.

04 최근기출문제와 상세한 해설로 시험 대비에 최선을 다하였습니다.

앞으로 이 책이 시험대비를 앞둔 모든 수험생에게 필독서가 될 수 있도록 지속적으로 보완하고 다듬어 나갈 것을 약속드리겠습니다.

마지막으로 책의 출판에 도움을 주신 한솔아카데미 한병천 사장님, 이종권 전무님과 편집부 여러분, 사랑하는 가족에게 깊은 감사드립니다.

저자드림

조 경 기 능 사 출 제 기 준

직무 분야	건설	중직무 분야	조경	자격 종목	조경기능사	적용 기간	2025.1.1. ~ 2027.12.31.

• 직무내용 : 조경 실시설계도면을 이해하고 현장여건을 고려하여 시공을 통해 조경 결과물을 도출하여 이를 관리하는 직무이다.

필기검정방법	객관식	문제수	60	시험시간	1시간

필기과목명	문제수	주요항목	세부항목	세세항목
조경설계, 조경시공, 조경관리	60	1. 조경양식의 이해	1. 조경일반	1. 조경의 목적 및 필요성 2. 조경과 환경요소 3. 조경의 범위 및 조경의 분류
			2. 서양조경 양식	1. 고대 국가 2. 영국 3. 프랑스 4. 이탈리아 5. 미국 6. 이슬람 국가 및 기타
			3. 동양조경 양식	1. 한국의 조경 2. 중국/일본의 조경 3. 기타 국가 조경
		2. 조경계획	1. 자연, 인문, 사회 환경 조사분석	1. 지형 및 지질조사 2. 기후조사 3. 토양조사 4. 수문조사 5. 식생조사 6. 토지이용조사 7. 인구 및 산업조사 8. 역사 및 문화유적조사 9. 교통조사 10. 시설물조사 11. 기타 조사
			2. 조경 관련 법	1. 도시공원 관련 법 2. 자연공원 관련 법 3. 기타 관련 법
			3. 기능분석	1. 환경심리학 2. 환경지각, 인지, 태도 3. 미적 지각 · 반응 4. 문화적, 사회적 감각적 환경 5. 척도와 인간 6. 도시환경과 인간 7. 자연환경과 인간 8. 환경시설 연구방법
			4. 분석의 종합, 평가	1. 기능분석 2. 규모분석 3. 구조분석 4. 형태분석
			5. 기본구상	1. 기본개념의 확정 2. 프로그램의 작성 3. 도입시설의 선정 4. 수요측정하기 5. 다양한 대안의 작성 6. 대안 평가하기

실기과목명	문제수	주요항목	세부항목	세세항목
조경설계, 조경시공, 조경관리	60	2. 조경계획	6. 기본계획	1. 토지이용계획 2. 교통동선계획 3. 시설물배치계획 4. 식재계획 5. 공급처리시설계획 6. 기타계획
		3. 조경기초설계	1. 조경디자인요소 표현	1. 레터링기법 2. 도면기호 표기 3. 조경재료 표현 4. 조경기초도면 작성 5. 제도용구 종류와 사용법 6. 디자인 원리
			2. 전산응용도면(CAD) 작성	1. 전산응용장비 운영 2. CAD 기초지식
			3. 적산	1. 조경적산 2. 조경 표준품셈
		4. 조경설계	1. 대상지 조사	1. 대상지 현황조사 2. 기본도(basemap) 작성 3. 현황분석도 작성
			2. 관련분야 설계 검토	1. 건축도면 이해 2. 토목도면 이해 3. 설비도면 이해
			3. 기본계획안 작성	1. 기본구상도 작성 2. 조경의 구성과 연출 3. 조경소재 재질과 특성
			4. 조경기반 설계	1. 부지 정지설계 2. 급 · 배수시설 배치 3. 조경구조물 배치
			5. 조경식재 설계	1. 조경의 식재기반 설계 2. 조경식물 선정과 배치 3. 식재 평면도, 입면도 작성
			6. 조경시설 설계	1. 시설 선정과 배치 2. 수경시설 설계 3. 포장설계 4. 조명설계 5. 시설 배치도, 입면도 작성
			7. 조경설계도서 작성	1. 조경설계도면 작성 2. 조경 공사비 산출 3. 조경공사 시방서 작성
		5. 조경식물	1. 조경식물 파악	1. 조경식물의 성상별 종류 2. 조경식물의 분류 3. 조경식물의 외형적 특성 4. 조경식물의 생리 · 생태적 특성 5. 조경식물의 기능적 특성 6. 조경식물의 규격

실기과목명	문제수	주요항목	세부항목	세세항목
조경설계, 조경시공, 조경관리	60	6. 기초 식재 공사	1. 굴취	1. 수목뿌리의 특성 2. 뿌리분의 종류 3. 굴취공정 4. 뿌리분 감기 5. 뿌리 절단면 보호 6. 굴취 후 운반
			2. 수목 운반	1. 수목 상하차작업 2. 수목 운반작업 3. 수목 운반상 보호조치 4. 수목 운반장비와 인력 운용
			3. 교목 식재	1. 교목의 위치별, 기능별 식재방법 2. 교목식재 장비와 도구 활용방법
			4. 관목 식재	1. 관목의 위치별, 기능별 식재방법 2. 관목식재 장비와 도구 활용방법
			5. 지피 초화류 식재	1. 지피 초화류의 위치별, 기능별 식재방법 2. 지피 초화류식재 장비와 도구 활용방법
		7. 잔디식재 공사	1. 잔디 시험시공	1. 잔디 시험시공의 목적 2. 잔디의 종류와 특성 3. 잔디 파종법과 장단점 4. 잔디 파종 후 관리
			2. 잔디 기반 조성	1. 잔디 식재기반 조성 2. 잔디 식재지의 급·배수 시설 3. 잔디 기반조성 장비의 종류
			3. 잔디 식재	1. 잔디의 규격과 품질 2. 잔디 소요량 산출 3. 잔디식재 공법 4. 잔디식재 후 관리
			4. 잔디 파종	1. 잔디 파종시기 2. 잔디 파종방법 3. 잔디 발아 유지관리 4. 잔디 파종 장비와 도구
		8. 실내조경공사	1. 실내조경기반 조성	1. 실내환경 조건 2. 실내 조경시설 구조 3. 실내식물의 생태적·생리적 특성 4. 실내조명과 조도 5. 방수공법 6. 방근재료
			2. 실내녹화기반 조성	1. 실내녹화기반의 역할과 기능 2. 인공토양의 특성과 품질 3. 실내녹화기반시설 위치 선정

실기과목명	문제수	주요항목	세부항목	세세항목
조경설계, 조경시공, 조경관리	60	8. 실내조경공사	3. 실내조경시설 · 점경물 설치	1. 실내조경 시설과 점경물의 종류 2. 실내조경 시설과 점경물의 설치
			4. 실내식물 식재	1. 실내식물의 장소와 기능별 품질 2. 실내식물 식재시공 3. 실내식물의 생육과 유지관리
		9. 조경인공재료	1. 조경인공재료 파악	1. 조경인공재료의 종류 2. 조경인공재료의 종류별 특성 3. 조경인공재료의 종류별 활용 4. 조경인공재료의 규격
		10. 조경시설물 공사	1. 시설물 설치 전 작업	1. 시설물의 수량과 위치 파악 2. 현장상황과 설계도서 확인
			2. 측량 및 토공	1. 토양의 분류 및 특성 (지형묘사, 등고선, 토량변화율 등) 2. 기초측량 3. 정지 및 표토복원 4. 기계장비의 활용
			3. 안내시설 설치	1. 안내시설의 종류 2. 안내시설 설치위치 선정 3. 안내시설 시공방법
			4. 옥외시설 설치	1. 옥외시설의 종류 2. 옥외시설 설치위치 선정 3. 옥외시설 시공방법
			5. 놀이시설 설치	1. 놀이시설의 종류 2. 놀이시설 설치위치 선정 3. 놀이시설 시공방법
			6. 운동 및 체련단련 시설 설치	1. 운동 및 체련단련시설의 종류 2. 운동 및 체련단련시설 설치위치 선정 3. 운동 및 체련단련시설 시공방법
			7. 경관조명시설 설치	1. 경관조명시설의 종류 2. 경관조명시설 설치위치 선정 3. 경관조명시설 시공방법
			8. 환경조형물 설치	1. 환경조형물의 종류 2. 환경조형물 설치위치 선정 3. 환경조형물 시공방법
			9. 데크시설 설치	1. 데크시설의 종류 2. 데크시설 설치위치 선정 3. 데크시설 시공방법

실기과목명	문제수	주요항목	세부항목	세세항목
조경설계, 조경시공, 조경관리	60	10. 조경시설물 공사	10. 펜스 설치	1. 펜스의 종류 2. 펜스 설치위치 선정 3. 펜스 시공방법
			11. 수경시설 설치	1. 수경시설의 종류 2. 수경시설 설치위치 선정 3. 수경시설 시공방법
			12. 조경석(인조암)설치	1. 조경석(인조암)의 종류 2. 조경석(인조암) 설치위치 선정 3. 조경석(인조암) 시공방법
			13. 옹벽 등 구조물 설치	1. 옹벽 등 구조물의 종류 2. 옹벽 등 구조물 설치위치 선정 3. 옹벽 등 구조물 시공방법
			14. 생태조경 설치(빗물처리시설, 생태못, 인공습지, 비탈면, 훼손지, 생태숲)	1. 생태조경의 종류 2. 생태조경 설치위치 선정 3. 생태조경 시공방법
		11. 조경포장 공사	1. 포장기반 조성	1. 배수시설 및 배수체계 이해 2. 포장기반공사의 종류 3. 포장기반공사 공정순서 4. 포장기반공사 장비와 도구
			2. 포장경계 공사	1. 포장경계공사의 종류 2. 포장경계공사 방법 3. 포장경계공사 공정순서 4. 포장경계공사 장비와 도구
			3. 친환경흙포장 공사	1. 친환경흙포장공사의 종류 2. 친환경흙포장공사 방법 3. 친환경흙포장공사 공정순서 4. 친환경흙포장공사 장비와 도구
			4. 탄성포장 공사	1. 탄성포장공사의 종류 2. 탄성포장공사 방법 3. 탄성포장공사 공정순서 4. 탄성포장공사 장비와 도구
			5. 조립블록 포장 공사	1. 조립블록포장공사의 종류 2. 조립블록포장공사 방법 3. 조립블록포장공사 공정순서 4. 조립블록포장공사 장비와 도구

실기과목명	문제수	주요항목	세부항목	세세항목
조경설계, 조경시공, 조경관리	60	11. 조경포장 공사	6. 투수포장 공사	1. 투수포장공사의 종류 2. 투수포장공사 방법 3. 투수포장공사 공정순서 4. 투수포장공사 장비와 도구
			7. 콘크리트포장 공사	1. 콘크리트포장공사의 종류 2. 콘크리트포장공사 방법 3. 콘크리트포장공사 공정순서 4. 콘크리트포장공사 장비와 도구
		12. 조경공사 준공 전 관리	1. 병해충 방제	1. 병해충 종류 2. 병해충 방제방법 3. 농약 사용 및 취급 4. 병충해 방제 장비와 도구
			2. 관배수관리	1. 수목별 적정 관수 2. 식재지 적정 배수 3. 관배수 장비와 도구
			3. 토양관리	1. 토양상태에 따른 수목 뿌리의 발달 2. 물리적 관리 3. 화학적 관리 4. 생물적 관리
			4. 시비관리	1. 비료의 종류 2. 비료의 성분 및 효능 3. 시비의 적정시기와 방법 4. 비료 사용 시 주의사항 5. 시비 장비와 도구
			5. 제초관리	1. 잡초의 발생시기와 방제방법 2. 제초제 방제 시 주의 사항 3. 제초 장비와 도구
			6. 전정관리	1. 수목별 정지전정 특성 2. 정지전정 도구 3. 정지전정 시기와 방법
			7. 수목보호조치	1. 수목피해의 종류 2. 수목손상과 보호조치
			8. 시설물 보수 관리	1. 시설물 보수작업의 종류 2. 시설물 유지관리 점검리스트
		13. 일반 정지 전정관리	1. 연간 정지전정 관리 계획 수립	1. 정지전정의 목적 2. 수종별 정지전정계획 3. 정지전정 관리 소요예산

실기과목명	문제수	주요항목	세부항목	세세항목
조경설계, 조경시공, 조경관리	60	13. 일반 정지 전정관리	2. 굵은 가지치기	1. 굵은 가지치기 시기 2. 굵은 가지치기 방법 3. 굵은 가지치기 장비와 도구 4. 상처부위 보호 5. 굵은 가지치기 작업 후 관리
			3. 가지 길이 줄이기	1. 가지 길이 줄이기 시기 2. 가지 길이 줄이기 방법 3. 가지 길이 줄이기 장비와 도구 4. 가지 길이 줄이기 작업 후 관리
			4. 가지 솎기	1. 가지 솎기 대상 가지 선정 2. 가지 솎기 방법 3. 가지 솎기 장비와 도구 4. 가지 솎기 작업 후 관리
			5. 생울타리 다듬기	1. 생울타리 다듬기 시기 2. 생울타리 다듬기 방법 3. 생울타리 다듬기 장비와 도구 4. 생울타리 다듬기 작업 후 관리
			6. 가로수 가지치기	1. 가로수의 수관 형상 결정 2. 가로수 가지치기 시기 3. 가로수 가지치기 방법 4. 가로수 가지치기 장비와 도구 5. 가로수 가지치기 작업 후 관리 6. 가로수 가지치기 작업안전수칙
			7. 상록교목 수관 다듬기	1. 상록교목 수관 다듬기 시기 2. 상록교목 수관 다듬기 방법 3. 상록교목 수관 다듬기 장비와 도구 4. 상록교목 수관 다듬기 작업 후 관리
			8. 화목류 정지전정	1. 화목류 정지전정 시기 2. 화목류 정지전정 방법 3. 화목류 정지전정 장비와 도구 4. 화목류 정지전정 작업 후 관리
			9. 소나무류 순 자르기	1. 소나무류의 생리와 생태적 특성 2. 소나무류의 적아와 적심 3. 소나무류 순 자르기 시기 4. 소나무류 순 자르기 방법 5. 소나무류 순 자르기 장비와 도구 6. 소나무류 순 자르기 작업 후 관리
		14. 관수 및 기타 조경관리	1. 관수 관리	1. 관수시기 2. 관수방법 3. 관수장비

실기과목명	문제수	주요항목	세부항목	세세항목
조경설계, 조경시공, 조경관리	60	14. 관수 및 기타 조경관리	2. 지주목 관리	1. 지주목의 역할 2. 지주목의 크기와 종류 3. 지주목 점검 4. 지주목의 보수와 해체
			3. 멀칭 관리	1. 멀칭재료의 종류와 특성 2. 멀칭의 효과 3. 멀칭 점검
			4. 월동 관리	1. 월동 관리재료의 특성 2. 월동 관리대상 식물 선정 3. 월동 관리방법 4. 월동 관리재료의 사후처리
			5. 장비 유지 관리	1. 장비 사용법과 수리법 2. 장비 유지와 보관 방법
			6. 청결 유지 관리	1. 관리대상지역 청결 유지관리 시기 2. 관리대상지역 청결 유지관리 방법 3. 청소도구
			7. 실내 식물 관리	1. 실내식물 점검 2. 실내식물 유지관리방법 3. 입면녹화시설 점검 4. 입면녹화시설 유지관리방법
		15. 초화류 관리	1. 계절별 초화류 조성 계획	1. 초화류 조성 위치 2. 초화류 연간관리계획
			2. 시장 조사	1. 초화류 시장조사계획과 가격조사 2. 초화류의 유통구조
			3. 초화류 시공 도면작성	1. 초화류 식재 소요량 산정 2. 초화류 식재 설계도 작성
			4. 초화류 구매	1. 초화류 구매방법 2. 초화류 반입계획
			5. 식재기반 조성	1. 식재기반 구획경계 2. 객토 등 배양토 혼합
			6. 초화류 식재	1. 시공도면에 따른 초화류 배치 2. 초화류 식재도구
			7. 초화류 관수 관리	1. 초화류 관수시기 2. 초화류 관수방법 3. 초화류 관수장비
			8. 초화류 월동 관리	1. 초화류 월동관리재료 2. 초화류 월동관리재료 설치 3. 초화류 월동관리재료의 사후처리
			9. 초화류 병충해 관리	1. 초화류 병충해 관리 작업지시서 이해 2. 초화류 농약의 구분과 안전관리 3. 초화류 농약조제와 살포

실기과목명	문제수	주요항목	세부항목	세세항목
조경설계, 조경시공, 조경관리	60	16. 조경 시설물 관리	1. 급·배수시설	1. 급배수시설의 점검시기 2. 급배수시설의 유지관리 방법
			2. 포장시설	1. 포장시설의 점검시기 2. 포장시설의 유지관리 방법
			3. 놀이시설	1. 놀이시설의 점검시기 2. 놀이시설의 유지관리 방법
			4. 관리 및 편익시설	1. 관리 및 편익시설의 점검시기 2. 관리 및 편익시설의 유지관리 방법
			5. 운동 및 체력단련시설	1. 운동 및 체력단련시설의 점검시기 2. 운동 및 체력단련시설의 유지관리 방법
			6. 경관조명시설	1. 경관조명시설의 점검시기 2. 경관조명시설의 유지관리 방법
			7. 안내시설물	1. 안내시설물의 점검시기 2. 안내시설물의 유지관리 방법
			8. 수경시설	1. 수경시설의 점검시기 2. 수경시설의 유지관리 방법
			9. 생태조경(빗물처리시설, 생태못, 인공습지, 비탈면, 훼손지, 생태숲) 시설	1. 생태조경시설의 점검시기 2. 생태조경시설의 유지관리 방법

C O N T E N T S

CHAPTER 01

조경일반

이책의 차례

C O N T E N T S

이책의 차례

CHAPTER 03

조경재료

CONTENTS

이책의 차례

CHAPTER 04 조경시공 및 관리

이책의 차례

이책의 차례

C O N T E N T S

이책의 차례

C O N T E N T S

CHAPTER 05 과년도기출문제

CHAPTER 06 복원기출문제

CBT대비 10회 실전테스트

홈페이지(www.inup.co.kr)에서 필기시험 문제를 CBT 모의 TEST로 체험하실 수 있습니다.

- CBT 필기시험문제 제1회
- CBT 필기시험문제 제2회
- CBT 필기시험문제 제3회
- CBT 필기시험문제 제4회
- CBT 필기시험문제 제5회
- CBT 필기시험문제 제6회
- CBT 필기시험문제 제7회
- CBT 필기시험문제 제8회
- CBT 필기시험문제 제9회
- CBT 필기시험문제 제10회

제 1 편

조경일반

제 1 장 조경개념

01 조경의 개념

(1) 옴스테드(1858년)

① 조경의 학문적 영역을 정립하고 조경가라는 말을 처음 사용한 후 조경용어의 보편화를 기함
② 'Landscape Architecture는 자연과 인간에게 봉사하는 분야이다' 라고 말함

(2) 미국조경가협회(ASLA)

① 1909년 조경은 '인간의 이용과 즐거움을 위하여 토지를 다루는 기술'
② 1975년 조경은 '실용성과 즐거움을 줄 수 있는 환경조성에 목표를 두고, 자원의 보전과 효율적 관리를 도모하며, 문화적 및 과학적 지식의 응용을 통하여 설계 계획하고, 토지를 관리하며, 자연 및 인공요소를 구성하는 기술'

(3) 우리나라 건설교통부 조경기준

① 조경이라 함은 생태적, 기능적, 미적으로 조경시설을 배치하고 수목을 식재하는 것
② 조경시설이라 함은 조경과 관련된 파고라, 벤치, 조각물, 정원석, 분수대, 휴게공간, 여가 수경관리 및 기타 이와 유사한 것으로 설치되는 시설, 생태연못 및 하천, 동물 이동통로 및 먹이 공급시설 등 생물의 서식처 조성과 관련된 생태적 시설을 말한다.

- **조경의 일반적 정의**
  ① 외부공간을 취급하는 계획 및 설계전문분야
  ② 토지를 미적, 경제적으로 조성하는데 필요한 기술과 예술의 종합된 실천과학
  ③ 인공적 환경의 미적특성을 다루는 전문분야
  ④ 환경을 이해하고 보호하는데 관련된 전문분야
- **조경의 용어**
  한국 – 조경(造景), 일본 – 조원(造園), 중국 – 원림(園林)

· **조원(造園)의 개념**
① 좁은 의미의 조경
② 식재를 중심으로 한 정원을 만드는 일
③ 정원사

· **조경(造景)의 개념**
① 넓은 의미의 조경
② 정원을 포함한 옥외공간 전반을 다루는 개념
③ 조경가

02 조경의 목적과 근대적 조경교육 발달

(1) 조경의 목적

① 인간의 생활환경을 편리하고 안정되게 하며 즐겁고 쾌적한 공간을 제공
② 옥외 공간을 개발, 창조함으로써 기능적이고 시각적인 미적 공간 창출

(2) 조경의 필요성

1970년대 경제개발에 따른 국토 훼손이 심각해지면서 경관의 보전과 관리의 필요성을 느끼게됨

(3) 근대적 조경 교육의 발달

① 1970년대 조경이라는 용어를 처음 사용하기 시작함
② 1973년 서울대학교와 영남대학교에 조경학과 신설됨

03 조경의 대상

(1) 유형별 조경의 대상

정원	주택정원, 옥상정원, 실내정원, 중정
도시공원	소공원, 어린이공원, 근린공원, 체육공원, 묘지공원, 역사공원, 문화공원, 수변공원, 도시농업공원, 방재공원
자연공원	국립, 도립, 군립, 지질공원, 문화유적지, 천연기념물 보호구역 등 자연공원에 준하는 것
관광 및 레크레이션 시설	· 육상시설 : 야영장, 경마장, 골프장, 스키장, 유원지 · 수상시설 : 해수욕장, 마리나 시설(해양성유흥지), 수상스키장
시설조경	공업단지, 캠퍼스, 주택단지

(2) 수행단계로 본 조경의 대상

계획	자료의 수집, 분석, 종합에 관계됨
설계	계획에서 수집된 자료를 활용하여 기능적, 미적인 3차원적 공간을 창조함
시공	공학적 지식과 생물을 다룬다는 점에서 특수한 기술을 요구함
관리	식생의 이용관리, 시설물 이용관리

(3) 영역별로 구분한 조경의 대상지

① 위락 · 관광시설 : 휴양지, 유원지, 골프장
② 문화재 주변 : 궁궐, 왕릉, 전통 민가, 사찰
③ 기타 시설 : 광장, 도로, 사무실, 학교, 공장, 항만

04 조경가 역할 및 필요한 요소(M. Laurie)

(1) 조경가의 역할

조경계획 및 평가	· 생태학과 자연과학을 기초 · 토지의 평가와 그에 대한 용도상의 적합도와 능력 판단 : 대규모 토지의 체계적 평가, 용도상의 적합도, 토지이용 배분 계획 등 광범위한 사업
단지계획	· 대지분석과 종합, 이용자 분석 · 자연요소와 시설물을 기능적 관계나 대지의 특성에 맞춰 배치
조경설계	식재, 포장, 계단 등 시공을 위한 세부적인 설계로 발전으로 조경의 고유작업 영역

(2) 조경가로서 갖춰야 하는 소양

자연적지식, 공학적지식, 설계방법론, 표현기법, 가치관

05 조경가의 세분

조경계획가	종합적 계획, 대규모 프로젝트 관여 종합적이 사고력이 필요
조경설계가	전문가적 입장에서 기술적인 지식과 예술적인 감각으로 구체적형태, 패턴을 구상·설계
조경기술자	시공업자, 공학적 측면의 지식을 토대로 한 시공 전문인
조경원예가	수목생산, 공급, 관리하는 관상업자

기출문제 및 예상문제

1 **다음 중 조경과 조경가에 관한 설명으로 옳지 않은 것은?**

㉮ 조경가는 경관 건축가(Landscape Architect)라 부른다.
㉯ 조경은 자연과 인간에게 봉사하는 전문직업 분야이다.
㉰ 조경은 실용적이고 기능적인 생활환경을 만드는 건설 분야이다.
㉱ 조경은 주택의 정원을 만드는 일에만 주력한다.

2 **다음 미국조경가협회가 내린 조경에 대한 정의 중 시대가 다른 것은?**

㉮ 조경은 실용성과 즐거움을 줄 수 있는 환경의 조성에 목표를 둔다.
㉯ 조경의 자원의 보전과 효율적 관리를 도모한다.
㉰ 조경은 문화 및 과학적 지식의 응용을 통하여 설계, 계획하고, 토지를 관리하며 자연 및 인공요소를 구성하는 기술이다.
㉱ 조경은 인간의 이용과 즐거움을 위하여 토지를 다루는 기술이다.

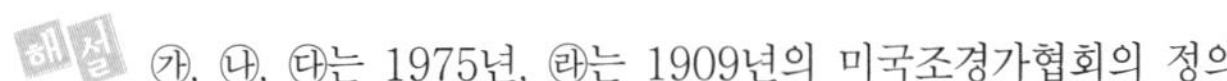
해설 ㉮, ㉯, ㉰는 1975년, ㉱는 1909년의 미국조경가협회의 정의

3 **조경의 근본개념은?**

㉮ 옥내경관의 위락적 창조
㉯ 옥외공간의 개조
㉰ 자연의 보전 및 기능의 도입
㉱ 옥외공간에 대한 인공미의 창조

4 **조경의 개념에 대한 설명과 거리가 먼 것은?**

㉮ 외부공간을 취급하는 계획 및 설계
㉯ 토지를 미적·경제적으로 조성하는 기술
㉰ 환경을 이해하고 보호하는 전문 분야
㉱ 수목을 육종하고 산림을 경영하는 전문 분야

5 **조경이라는 용어는 나라마다 다르게 부른다. 다음 중 틀린 것은?**

㉮ 한국 – 조경
㉯ 일본 – 조경
㉰ 미국 – Landscape Architecture
㉱ 중국 – 원림

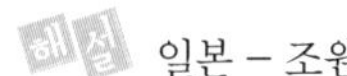
해설 일본 – 조원

정답 **1. ㉱ 2. ㉱ 3. ㉰ 4. ㉱ 5. ㉯**

6 조경과 가장 관계가 없는 계획은?

㉮ 국토계획 ㉯ 경제계획 ㉰ 도시계획 ㉱ 경관계획

7 다음 중 도시화가 진전되면서 도시에 생기는 변화에 대한 설명으로 틀린 것은?

㉮ 도시화가 진전되면서 환경오염이 증대되고 있다.
㉯ 도시화가 진전되면서 기온이 상승되고 있다.
㉰ 도시화된 지역이 넓어지면서 도시지역의 강우량은 줄어들었다.
㉱ 도시화되면서 하천의 범람 횟수는 더 많아지고 있다.

8 다음 조경의 대상 중 자연적 환경요소가 가장 빈약한 곳은?

㉮ 도시조경 ㉯ 명승지, 천연기념물
㉰ 도립공원 ㉱ 국립공원

9 다음 중 오픈 스페이스에 해당되지 않는 것은?

㉮ 건폐지 ㉯ 공원묘지 ㉰ 광장 ㉱ 학교운동장

해설 오픈스페이스는 비건폐지로 건물이 점유하지 않는 공간을 말한다.

10 개인주택의 정원이나 아파트 단지 등 공동주택의 조경은 다음 중 어느 곳에 해당하는가?

㉮ 공원 ㉯ 기타시설 ㉰ 주거지 ㉱ 위락·관광시설

11 조경의 대상지별 구분 중 기타시설에 해당되지 않는 것은?

㉮ 도로 ㉯ 학교 ㉰ 광장 ㉱ 휴양지

12 위락·관광시설 분야의 조경에 해당되지 않는 대상은?

㉮ 휴양지 ㉯ 사찰 ㉰ 유원지 ㉱ 골프장

정답 6. ㉯ 7. ㉰ 8. ㉮ 9. ㉮ 10. ㉰ 11. ㉱ 12. ㉯

13 다음 중 오픈스페이스의 효용성과 가장 관련이 먼 것은?

㉮ 도시개발 형태의 조절
㉯ 도시 내에 자연을 도입
㉰ 도시 내의 레크리에이션을 위한 장소를 제공
㉱ 도시 기능 간 완충효과의 감소

14 조경의 효과라고 볼 수 없는 것은?

㉮ 인간의 안식처로서의 구실을 하게 된다.
㉯ 고층 빌딩이 많이 건립되어 도시화가 촉진된다.
㉰ 살기 좋고 위생적인 주거환경이 된다.
㉱ 주택은 충분한 햇빛과 통풍을 얻을 수 있게 된다.

15 다음 조경의 효과 중 틀린 것은?

㉮ 공기의 정화　　㉯ 대기오염의 감소
㉰ 소음 차단　　㉱ 수질오염의 증가

16 조경가가 이상적인 도시생활 환경을 만들기 위하여 노력해야 할 방향과 거리가 먼 것은?

㉮ 기존의 자연지형을 과감하게 변경시키는 방향으로 계획을 수립한다.
㉯ 새로운 과학기술을 도입하여 생활환경을 개선시켜 나간다.
㉰ 건축, 토목, 지역계획 등 관련 분야와 협력하여 계획을 수립한다.
㉱ 가급적 기존의 자연환경을 살리면서 기능적이고 경제적인 이용방안을 찾아낸다.

17 조경가에 대한 설명으로 옳지 않은 것은?

㉮ 조경계획가는 종합적 사고력을 필요로 하는 스페셜리스트의 입장을 취한다.
㉯ 조경기술자는 대체로 공학적인 측면의 지식을 토대로 한 전문가로서 소위 시공업자가 여기에 속한다.
㉰ 조경설계가는 주로 기술적 지식과 예술적 감각을 토대로 구체적인 형태나 패턴의 구상·설계에 관여한다.
㉱ 조경원예가는 주로 조경식물에 관심을 갖는 사람들로서 수목을 생산하고 공급하며 관리해주는 수목생산업자 혹은 관상수업자 등이 이에 해당한다.

해설 조경계획가는 대규모 프로젝트에 관여, 종합적인사고력이 필요하며 제너럴리스트(generalist)의 입장을 취한다.

정답 13. ㉱ 14. ㉯ 15. ㉱ 16. ㉮ 17. ㉮

18 M. Laurie의 조경가의 역할 3단계에 해당되지 않는 것은?

㉮ 단지계획 ㉯ 토지이용의 배분계획
㉰ 조경계획 및 평가 ㉱ 조경설계

 M. Laurie의 조경가 역할 : 조경계획 및 평가 → 단지계획 → 조경설계

19 조경분야를 프로젝트의 수행단계별로 순서 있게 구분한 것은?

㉮ 계획 → 시공 → 설계 → 관리 ㉯ 시공 → 계획 → 설계 → 관리
㉰ 계획 → 설계 → 시공 → 관리 ㉱ 시공 → 관리 → 설계 → 계획

20 우리나라에서 조경이라는 용어가 사용되기 시작한 때는?

㉮ 1960년대 초반 ㉯ 1970년대 초반
㉰ 1980년대 초반 ㉱ 1990년대 초반

 우리나라에서 조경은 1970년대 경제개발계획에 따른 국토의 훼손을 최소화하기 위해서 발달하였다.

정답 18. ㉯ 19. ㉰ 20. ㉯

제2장 고대시대 조경 (이집트→서부아시아→그리스→로마)

01 조경의 발생과 양식의 구분

① 그 나라의 기후, 지형, 식물 및 조경적 재료, 관습, 소유자의 취미, 그 나라의 국민성과 밀접한 관련을 가지고 있다. 특히 기후와 지형은 직접적 관련을 가진다.

② 조경 양식의 구분

정형식	· 특징 : 서양에서 주로 발달, 좌우대칭, 땅가름이 엄격하고 규칙적 · 유형 : 이탈리아의 노단건축식정원, 프랑스의 평면기하학식정원, 스페인의 중정식(파티오식)
자연풍경식	· 특징 : 동양을 중심으로 발달한 조경양식으로 자연을 모방한 양식 · 유형 – 동양(한국, 중국, 일본)의 정원으로 자연식 · 풍경식 · 축경식 · 전원식 정원 – 18세기 영국의 자연풍경식 – 한국정원 : 후원식 – 일본정원 : 회유임천식, 고산수식, 다정식, 축경식
절충식(혼합식)	자연풍경식과 정형식을 절충한 양식

· **정원발달의 직접적영향 : 지형, 기후**

· **세계 3대 정원양식 : 정형식, 자연풍경식, 절충식**

구분	나라	정원수법	년대	대표작품 및 조경가
고대	이집트	정형식	BC3200~ BC525	① 주택정원 : 메리레정원, 아메노피스 3세의 한중신의 분묘 ② 신원 : 핫셉누트여왕의 장제신전 ③ 사자의 정원 : 레크미라무덤벽화
	서부 아시아	정형식	BC3000~ BC333	① 수렵원 ② 공중정원 ③ 지구라트 ④ 파라다이스정원(4분원)
	그리스	정형식	BC5c	① 주택정원 : 메가론타입, 주랑식, 아도니스원 ② 성림, 짐나지움, 아카데미 ③ 아고라
	로마	정형식	BC5c후반 ~8c	① 주택정원 : 아트리움, 페릴스트리움, 지스터스로 구성 ② 별장 : 라우렌티장, 터스카나장, 아드리아장 ③ 포름

구분	나라	정원수법	년대		대표작품 및 조경가
중세	서구유럽	정형식	5~14c		① 수도원정원 : 전기 이탈리아를 중심, 클로이스트정원(회랑식중정) ② 성관정원 : 후기 프랑스와 잉글랜드를 중심 공통점 : 폐쇄적정원, 자급자족적 성격을 지님
이슬람	이란	정형식	7~13c		물과 녹음수를 중시, 오아시스 도시 – 이스파한
	스페인	중정식 (정형식)	8~15c		① 알함브라 궁전 : 알베르카중정, 사자의중정, 다라하중정, 레하의 중정 ② 제랄리페이궁 : 수로의중정, 사이프러스중정 특정 : 높은울담, 소량의 물, 녹음수를 사용
	무굴인도	정형식	16c~19c		① 캐시미르지방 : 피서용바그(별장) 발달, 니샤트바그, 샬리마르바그 ② 아그라·델리 지방 : 묘지와 정원의 결합, 타지마할
르네상스	이탈리아	노단건축식 (정형식)	15c 터스카니		메디치장, 카스텔로장, 살비아티장
			16c 로마		벨베데레원(노단건축식의 시작), 마다마장 3대별장 : 에스테장, 랑테장, 파르네즈장
			17c	바로크 양식	감베라이장, 알도브란디나장, 이솔라벨라, 가르조니장, 란셀롯티장
	프랑스	평면 기하학식 (정형식)	17c		노트르의 작품 – 보르비꽁트, 베르사유궁원
	영국	정형식	16~17c		햄프턴코트, 멜버른홀, 레벤스홀, 몬타큐트원
근세	영국	자연풍경식	18c		① 대표적 풍경식조경가 : 브리짓맨, 켄트, 브라운, 랩턴, 챔버 ② 작품 : 스토우가든, 스투어헤드, 루스햄, 블렌하임
	프랑스	자연풍경식	18c말~ 19c초		에름논빌, 모르퐁테느, 쁘띠뜨리아농, 몽소공원, 말메종, 바가텔르
	독일	풍경식	18c말		바이마르공원, 무스코성의 대림원
	미국 식민지시대	절충식	17c~19c		윌리암스버그수도계획, 마운트버논, 몬티첼로
	영국의 공공공원	풍경식	19c		버켄헤드파크, 켄시턴파크, 리젠드파크
	미국	풍경식	1800~1950		조경가 : 앙드레파르망디에, 앤드류잭슨다우닝
			옴스테드		센트럴파크(보우와 옴스테드)–미국도시공원의 효시
			엘리옷		수도권공원계통수립
			시카고 박람회		옴스테드(조경), 번함(건축)

02 이집트

(1) 개관

① 지형 : 패쇄적 지형, 사막기후로 무덥고 건조함
② 신정정치, 관개농업이 큰 특징
③ 다신교, 태양신 라 숭배(영혼불멸의 사후세계를 믿음)

(2) 유형

구분	내용
주택정원	· 현존하는 것은 없으나 무덤의 벽화로 추측 · 탑문과 저택을 축으로 좌우 대칭적인 방형의 공간 · 높은울담과 수목을 열식, 키오스크(Kiosk), 침상지, 관목이나 화훼류를 분에 심어 원로에 배치 · 조경식물 : 시카모어(Sycamore), 대추야자, 파피루스, 석류, 무화과, 포도 · 유적 : 테베에 있는 아메노피스 3세의 한 중신의 분묘, 델엘 아마르나에 있는 메리레의 정원
신원	· 델엘 바하리의 핫셉수트 여왕의 장제신전 · 현존하는 최고(最高)의 정원 유적 · 건축가 센누트가 설계 · 3개의 경사로(Terrace)로 계획 · 제2테라스 전면에 수목식재를 위한 구덩이 · PUNT의 보랑벽화 : 외국에서 수목을 옮겨오는 모습이 그려져 있다.
사자(死者)의 정원	· 시누헤 이야기, 레크미라의 무덤 벽화, 무덤 앞에 소정원 설치, 내세의 이상향추구

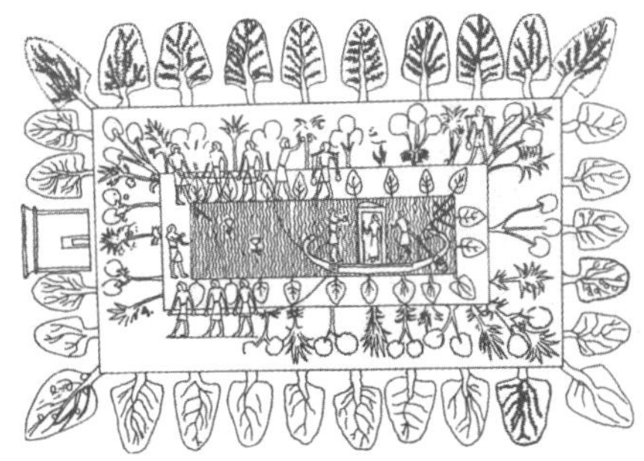

그림. 레크미라의 무덤벽화

03 서부아시아

(1) 개관

① 개방적 지형, 기후차가 극심하고 강우량이 적음
② 최초의 도시국가(우르· 니프로· 호르샤바드· 니네베· 바빌론 등) 생성
③ 직구라트 : 신전 또는 천체관측소(인공산), 도시중심에 설치, 종교·경제·정치의 중심으로 지표물(landmark)역할
④ 건축구조는 낮고 수평적, 지붕은 평탄하여 옥상정원을 활용, 아치와 볼트가 발달하여 일명 공중정원이 가능

(2) 유형

수렵원 (Hunting garden)	· 수렵, 야영, 훈련, 제사장의 역할 · 길가메시 서사시 : 사냥터 경관을 전하는 최고의 문헌 · 호수와 언덕 조성하여 소나무, 사이프러스를 규칙적으로 식재하여 공원(park)의 시초로 보여진다.
공중정원 (Hanging garden)	· 세계7대 불가사의의 하나, 최초의 옥상정원 · 네부카드네자르2세가 왕비 아마티스(Amiytis)를 위해 조성 · 테라스마다 수목을 식재하며, 유프라테스강에서 관수함
파라다이스가든 (Paradise garden)	· 고대인이 지상낙원을 정원에 재현함 · '카나드'라는 엄격한 상수체계 발달 · 방형의 공간에 수로가 교차하는 사분원(四分園)을 형성하여 수목을 식재 · 중세 이슬람정원의 기본양식으로 도입됨

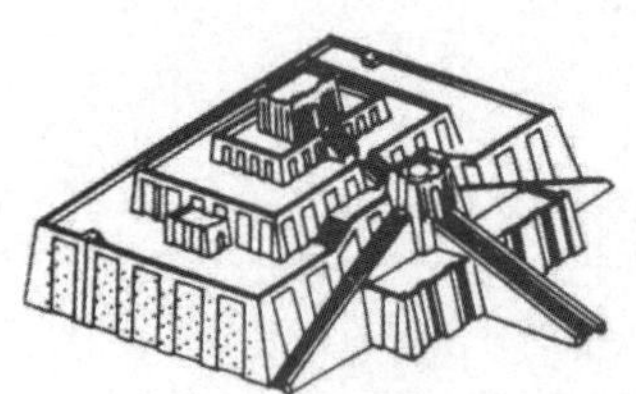
그림. 지구라트(신들의 거처)

그림. 공중 정원의 추정도

04 그리스

(1) 개관

① 여름은 고온건조, 겨울은 온난다습의 전형적인 지중해성 기후로 옥외 생활을 즐김
② 특징 : 화려한 개인 주택정원보다 공공조경이 발달

(2) 유형

주택정원	· 메가론(megalon) 타입 : 귀족·영주의 주택으로 단순하며 중정을 중심으로 방배치 · 아도니스원 : 아도니스의 단명을 추모하는 제사에서 유래, 속성(速成)성 식물(보리, 밀, 상치)을 분이나 바스켓에 식재, 포트가든·윈도우가든·옥상정원에 영향
공공조경	· 성림 : 신들에게 제사 지내는 장소, 시민이 자유로이 사용, 녹음수를 식재 · 짐나지움 : 청년들이 체육훈련을 하는 장소, 대중정원으로 발달 · 아카데미 : 최초의 대학캠퍼스
도시계획·도시조경	· 히포데이무스 : 최초의 도시계획가, 밀레토스에 최초로 장방형 격자모양 도시계획 · 아고라 : 광장의 개념이 최초로 등장, 시민들이 토론·선거를 하는 장소, 시장의 기능을 갖는 광장으로 도시계획의 구심점, 플라타너스 녹음 조각, 분수 설치

05 로마

(1) 개관

① 기후 : 여름이 몹시 더워 구릉지에 빌라(Villa)가 발달하는 계기가 됨
② 식물 : 감탕나무, 사이프러스, 스톤파인 등 상록활엽수가 풍부하게 자생
③ 토목기술이 발달 : 원형극장, 투기장, 목욕탕, 대도로, 고가도로
④ 건축은 그리스의 것을 그대로 받아들임, 기하학적 균제적, 열주의 형태.

(2) 유형

주택정원	· 폼베이시가의 Pansa家, Vetti家, Tiburtinus家 가에서 공간 구성을 볼 수 있음 · 공간구성 : 아트리움 → 페릴스틸리움 → 지스터스
빌라(villa)	· 자연환경과 기후의 영향으로 구릉지에 빌라가 발달 · 유형 : 도시형빌라, 전원형빌라(농가구조의 실용적규모), 혼합형빌라 · 대표적빌라 : 라우렌틴장(소필리니소유), 터스카나장(소필리니 소유), 아드리아누스장(황제의 유구)
포룸(forum)	로마의 광장, 지배계급을 위한 상징적 공간, 집회 휴식의 장소

아트리움(Atrium)	· 제1중정, 손님접대의 공적장소 · 천창(天窓, 채광), 임플루비움(impluvium, 빗물받이수반)이 설치, 바닥은 돌포장, 화분장식
페리스틸리움(peristylium)	· 제2중정, 가족을 위한 사적장소 · 포장하지 않음(식재가능) · 모자이크판석과 투시도로 색채보완
지스터스(xystus)	· 후원 · 제1·2중정과 동일한 축선상에 배치5점형 식재

기출문제 및 예상문제

1 다음 중 실용성과 자연성을 동시에 가지고 있는 형태의 조경양식은?

㉮ 정형식 정원 ㉯ 자연식 정원
㉰ 절충식 정원 ㉱ 기하학식 정원

 절충식은 두가지의 양식이 한데 나타나는 형태의 조경양식을 말한다.

2 새로운 정원양식을 생기게 하는 것 중 자연적인 조건이 아닌 것은?

㉮ 기상 ㉯ 역사 ㉰ 암석 ㉱ 지형

3 다음 중 가장 오래된 정원은?

㉮ 공중정원(Hanging Garden) ㉯ 알함브라(Alhambra)궁원
㉰ 베르사이유(Versailles)궁원 ㉱ 보 르 비콩트(Vaux-Le-Viconte)

 년도순으로 나열하면 공중정원 – 알함브라궁원 – 보르비콩트 – 베르사이유궁원
㉮ 공중정원 : 서부아시아조경, 네브카드네자르 2세가 왕비 아미티스를 위해 조성한 정원(기원전 500년경)
㉯ 알함브라궁원 : 중세 때 스페인의 궁전(1240경)
㉰ 베르사유궁원 : 르 노트트의 대표작으로 최대 평면기하학식이다.
㉱ 보 르 비콩트 : 르 노트르의 출세작품으로 최초의 평면기하학식

4 이집트정원을 크게 나누어 파악하고자 한다. 그 구분으로 적당하지 못한 것은?

㉮ 공중정원 ㉯ 주택정원 ㉰ 신전정원 ㉱ 묘지정원

해설 공중정원 : 서부아시아(메소포타미아) 조경

5 다음 서아시아의 조경 중 오늘날 공원의 시초인 것은?

㉮ 공중정원 ㉯ 수렵원 ㉰ 아고라 ㉱ 묘지정원

6 서아시아 수렵원(Hunting garden)의 계획기법으로 올바른 것은?

㉮ 포도나무를 심어 그늘지게 하였다.
㉯ 노단 위에 수목과 덩굴식물을 식재하였다.
㉰ 인공으로 언덕을 쌓고 인공호수를 조성하였다.
㉱ 성림을 조성하여 떡갈나무와 올리브를 심었다.

정답 1. ㉰ 2. ㉯ 3. ㉮ 4. ㉮ 5. ㉯ 6. ㉰

7 고대 그리스에 만들어졌던 광장의 이름은?

㉮ 아트리움 ㉯ 길드 ㉰ 무데시우스 ㉱ 아고라

해설 그리스시대 최초의 광장인 아고라가 등장하였으며 시장, 선거와 토론은 장소로 활용되었다.

8 아도니스원에 관한 설명 중 틀린 것은?

㉮ 일종의 옥상정원 형태이다.
㉯ 중세에서 발달한양식이다.
㉰ 부인들의 손에 의해 가꾸어졌다.
㉱ 주택의 지붕이나 창가에 설치하였다.

아도니스원은 그리스에서 발달한 양식으로 아도니스의 영혼을 위로하기 위한 제사로부터 유래되었다.

9 그리스의 일반주택에서 장식적 화분에 어떤 식물을 식재하였는가?

㉮ 연꽃, 백합
㉯ 파피루스, 떡갈나무
㉰ 올리브, 떡갈나무
㉱ 백합, 장미

그리스 주택정원에서는 바닥은 돌로 포장되어 있었으며 방향성식물을 화분에 담아 장식하였다.

10 고대 로마정원은 3개의 중정으로 구성되어 있었는데 이중 사적(私的) 기능을 가진 제2중정에 속하는 것은?

㉮ 아트리움(Atrium)
㉯ 지스터스(Xystus)
㉰ 페리스틸리움(Peristylium)
㉱ 아고라(Agora)

고대 로마정원은 아트리움(제1중정 : 공적공간) → 페리스틸리움(제2중정 : 사적공간) → 지스터스(후원)의 공간구조로 구성되었다.

11 고대 로마에서 광장의 성격을 지녔던 공간은?

㉮ 아고라 ㉯ 파티오 ㉰ 빌라 ㉱ 포름

그리스의 최초의 광장인 아고라는 로마시대 포름으로 발달하였다.

12 폼페이에서 발견된 로마의 정원양식 중 아트리움에 대한 설명으로 틀린 것은?

㉮ 외부와 연결이 잘 되도록 설계되었다.
㉯ 현관에 들어서면서 만들어진 손님을 위한 공간이다.
㉰ 로마시대 주정의 일종으로 가족을 위한 사적 공간이다.
㉱ 바닥은 돌로 포장되어 있고 사각으로 되어 있다.

해설 로마시대 아트리움은 제1중정으로 손님접대 등을 위한 공적인 공간이다.

정답 7. ㉱ 8. ㉯ 9. ㉱ 10. ㉰ 11. ㉱ 12. ㉰

제3장 중세시대

01 중세 서양

(1) 개관

① 종교 중심의 신학과 기독교 건축이 주종을 이룸
② 비잔틴미술의 영향, 로마네스크식(엄숙, 장중), 고딕양식(상승의 경쾌감)
③ 문화적으로는 암흑기라고 함

(2) 유형

구분	내용
목적, 특성에 따라	· 초본원, 약초원, 과수원 : 실용위주의 식재 · 매듭화단(Knot) : 중세에서 시작, 영국에서 크게 발달, 주목과 회양목 이용★ · 미원(Maze) · 토피어리(Topiary) : 주목과 회양목 이용, 사람 · 동물의 생김새가 없음 · 정원요소 : turfseat, fountain, pergola, water fence
중세 전기	· 이탈리아를 중심으로 발달 · 실용적 정원 : 채소원, 약초원 · 장식적정원 : 회랑식 중정(cloister garden)★
중세 후기	· 프랑스, 잉글랜드를 중심으로 발달 · 폐쇄적 정원으로 자급자족적 성격을 지니며, 화려한 화훼 식재 · 정원의 기록 : 장미 이야기

· **매듭화단(Knot)**
낮게 깎은 주목, 회양목 등으로 화단을 여러 가지 기하학적 문양으로 정원을 구획지음

그림. 매듭화단

- **회랑식 중정(cloister garden)**
주랑의 기둥사이로 흉벽이 만들어져 일정한 통로 외에는 정원으로의 출입이 불가능한 폐쇄적인 중정, 2개의 원로로 4분원으로 교차점을 파라다이소라 하여 수반을 설치하거나 수목, 우물을 배치 클라우스트룸(claustrum)이라고도 함

그림. 중세의 수도원 정원 – 회랑식 중정과 사분원, 가운데 파라다이소(원로의 교차점)가 보인다.

02 이슬람 조경(중세~근대)

이슬람	이란	정형식	7~13c	물과 녹음수를 중시, 오아시스 도시 – 이스파한
	스페인	중정식 (정형식)	8~15c	알함브라 궁전, 제랄리페이궁 (높은울담, 소량의 물, 녹음수를 사용)
	무굴인도	정형식	16c~19c	피서용 바그(별장)발달 – 니샤트바그, 샬리마르바그 묘지와 정원의 결합– 타지마할

(1) 이란

① 개관

㉮ 기후 : 사막기후로 인해 시원한 나무그늘과 차고 맑은 물을 소망

㉯ 국민성 : 녹음수와 시원한 물 사랑

㉰ 지상낙원(파라다이스)으로서의 조경(소정원 여러개가 복합·연속되어 대정원형성)

㉱ 우상숭배를 금하여 동물의 상을 만들지 못하여 중성적이고 무성적인 문양이 발달 (→아라베스크 문양)

② 조경상의 특징

㉮ 높은 울담을 두름 : 사막의 모래바람을 피하고 외적방비, 프라이버시 확보

㉯ 정원의 핵심은 물 : Canad 명거·암거의 수로로 정원의 연못·분수에 물을 공급, 대부분 수로에 의해 4분원을 나누어짐

㉰ 연못이 중심시설로 수심은 얕지만 색자갈(푸른색, 회색 조약돌)을 깔아 깊게 보임

③ 이스파한

㉮ 사막지대에 위치한 오아시스 정원 도시

㉯ Chahar–Bagh : 수로와 화단, 사이프러스와 플라타너스가 식재 : 도로공원의 원형

㉰ 왕의 광장(Maidan, 380×140m) : 현재 남아있는 이스파한의 거대한 옥외공간

㉱ 40주궁 : 왕의 광장과 Chahar–Bagh사이의 궁전구역, 감귤만 식재

㉲ 황제도로 : 이스파한과 시라즈와 연결하는 도로

(2) 스페인

① 개관

㉮ 개종을 강요하지 않음 : 기독교와 이슬람의 양식이 절충되어 나타남.

㉯ 파티오(Patio) 중심의 내향적 공간을 추구 : 중정(internal court)

② 대표적 정원

㉮ 세빌랴의 알카자르(Alcazar)

㉯ 코르도바의 大모스크 : 오렌지중정

㉰ 그라나다의 알함브라 궁전*

알베르카(alberca)중정	· 입구의 중정이자 주정(主庭)으로 공적기능 · 종교적 욕지인 연못으로 투영미가 뛰어남 · 연못 양쪽에 도금양(천인화) 열식되어 도금양의 중정이라고도 함
사자의 중정	· 가장 화려한 정원 · 주랑식 중정 : 사자상 분수(유일한 생물의 상)와 네개의 수로가 연결
다라하 중정	· 린다라야 중정, 여성적인 분위기의 정원 · 회양목으로 연취식재, 화단 사이는 맨흙의 원로, 중심에 분수
레하의 중정	· 사이프러스 중정 · 색자갈로 무늬, 네귀퉁이에 사이프러스를 식재, 중앙의 분수

· 알함브라궁

홍궁(붉은 벽돌)이라고도 함, 이슬람의 마지막 보루 · 세련의 극치 · 수학적 비례 · 인간적 규모 · 다양한 색채 · 소량의 물의 시적으로 사용했다는 평을 받음

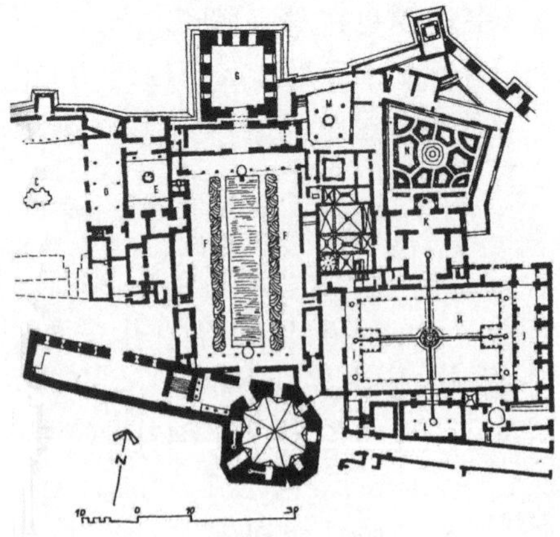

그림. 알함브라 궁원

㉣ 제네랄리페 이궁(건축가의 정원·높이 솟은 정원)
　㉮ 그라나다 왕들의 피서를 위한 은둔처
　㉯ 경사지에 계단식처리와 기하학적인 구조

수로의 중정	입구의 중정, 주정, 가장 아름다움, 연꽃모양의 수반과 회양목으로 구성한 무늬화단, 장미원이 특징
사이프러스중정	노단의 정상부

(3) 무굴인도

정원요소	·물 : 가장 중요한 요소 장식, 관개, 목욕이 목적, 종교적 행사에 이용 ·장식과 실용을 겸한 연못가의 원정(園亭) – 실용적 목적 : 피서 및 쾌적한 정원생활의 안식처 – 장식적 목적 : 주인이 사망 후 묘소나 기념관으로 활용 ·녹음수를 중시, 연못에는 연꽃을 식재 ·높은 담 : 사생활의 보호와 안식, 장엄미 및 형식미를 위한 것
장소별 정원의 유형	·캐시미르지방 – 경사지에 피서용 바그발달(노단식 정원 발달) – 대표적정원 : 니샤트바그, 살리마르바그, 이샤발바그, 디쿠샤바그 ·아그라, 델리 지방 – 정원과 묘지를 결합한 형태로 평탄지에 궁전이나 능묘를 왕의 생존시에 미리 건설 – 대표적정원 : 람바그, 타즈마할(TAJ MAHAL)

· 바그(Bagh)
건물과 정원을 하나의 유니트로 하는 환경계획으로 동시에 이탈리아의 villa와 같은 개념이다.

· 타즈마할(TAJ MAHAL)
① 이슬람 건축의 백미라고 일컬음
② 샤자한이 왕비 뭄타즈마할을 추념하기 위해 만듬(묘원 정원)
③ 높은 울담으로 둘러싸이고 흰 대리석 능묘와 대분천지

그림. 타지마할

기출문제 및 예상문제

1 중세 수도원의 전형적인 정원으로 예배실을 비롯한 교단의 공공건물에 의해 둘러싸인 네모난 공지를 가리키는 것은?

㉮ 아트리움(Atrium)　　㉯ 페리스틸리움(Peristylium)
㉰ 클라우스트룸(Claustrum)　　㉱ 파티오(Patio)

2 아라비아 지방의 초기 이슬람정원에 대한 설명 중 맞지 않는 것은?

㉮ 7세기 초 이란 지방을 중심으로 한 페르시아 문화가 중심이 되었다.
㉯ 정원에 물이 가장 중요한 요소로 작용했다.
㉰ 인간이나 동물의 형태를 뜻하는 조각물을 많이 사용했다.
㉱ 외적 방어와 프라이버시를 위해 높은 울담을 둘렀다.

해설 이슬람정원에서는 우상숭배가 금지되어 조각은 미발달하였다.

3 다음 중 이슬람정원에서 볼 수 없는 것은?

㉮ 욕지　　㉯ 분수대
㉰ 매듭화단　　㉱ 아치로 된 회랑

해설 매듭화단은 서양 중세에서 발달한 화단으로 주목이나 회양목으로 만든다.

4 인도의 정원에 관한 설명 중 틀린 것은?

㉮ 인도의 정원은 옥외실의 역할을 할 수 있게 꾸며졌다.
㉯ 회교도들이 남부 스페인에 축조해 놓은 것과 유사한 모양을 갖고 있다.
㉰ 중국이나 일본, 한국과 같이 자연풍경식 정원으로 구성되어 있다.
㉱ 물과 녹음이 중요 정원 구성요소이며, 짙은 색채를 가진 화훼류와 향기로운 과수가 많이 이용되었다.

해설 인도정원은 정형식 정원이다.

정답　1. ㉰　2. ㉰　3. ㉰　4. ㉰

5 다음 중 인도정원에 영향을 미친 가장 중요한 요소는?

㉮ 노단　㉯ 토피어리　㉰ 돌수반　㉱ 물

해설 인도정원에 물을 종교적 욕지로의 역할을 하였으며 그 밖에 녹음수, 원정 등이 중요한 요소이다.

6 16세기 무굴제국의 인도정원과 가장 관련이 있는 것은?

㉮ 타즈마할　㉯ 지구라트　㉰ 지스터스　㉱ 알함브라 궁원

해설 타즈마할은 무굴왕조 샤자한 왕이 왕비 움타즈마할을 추념하여 세운 것이다.
- 지구라트 – 서부아시아
- 지스터스 – 로마시대 주택정원(후원)
- 알함브라 궁원 – 스페인

7 회교문화의 영향을 입은 독특한 정원양식을 보이는 것은?

㉮ 이탈리아정원　㉯ 프랑스정원
㉰ 영국정원　㉱ 스페인(에스파니아)정원

해설 이슬람문화의 정원은 스페인, 이란, 인도 등의 정원이다.

8 조경양식 중 이슬람 양식의 스페인 정원이 속하는 것은?

㉮ 평면 기하학식　㉯ 노단식　㉰ 중정식　㉱ 전원풍경식

- 평면기하학식 – 17세기 프랑스
- 노단식 – 16세기 이탈리아
- 전원풍경식 – 18세기 영국

9 스페인의 파티오(Patio)에서 가장 중요한 구성요소는?

㉮ 물　㉯ 원색의 꽃　㉰ 색채 타일　㉱ 짙은 녹음

해설 스페인의 파티오식정원은 물을 중요시하여 중정에 수로와 연못을 연결하였다.

정답　5. ㉱　6. ㉮　7. ㉱　8. ㉰　9. ㉮

제4장 르네상스

01 르네상스시대 조경의 흐름

<table>
<tr><td rowspan="6">르네상스</td><td rowspan="3">이탈리아</td><td rowspan="3">노단건축식
(정형식)</td><td colspan="2">15c 터스카니</td><td>메디치장, 카스텔로장, 피에졸레</td></tr>
<tr><td colspan="2">16c 로마</td><td>벨베데레원(노단건축식의 시작), 빌라마다마
3대별장 : 에스테장, 랑테장, 파르네제장</td></tr>
<tr><td>17c</td><td rowspan="2">바로크
양식</td><td>감베라이장, 알도브란디나장, 이솔라벨라,
가르조니장, 란셀롯티장</td></tr>
<tr><td>프랑스</td><td>평면기하학식
(정형식)</td><td>17c</td><td>르 노트르의 대표적 작품
-보르비꽁트, 베르사유궁원</td></tr>
<tr><td>영국</td><td>정형식</td><td colspan="2">16~17c</td><td>햄프턴코트, 멜버른홀, 레벤스홀, 몬타큐트원</td></tr>
</table>

02 이탈리아

(1) 개관

- 자연존중, 인간존중, 시민생활 안정, 정원이 옥외 미술관적 성격
- 엄격한 고전적 비례 준수
- 수학적 계산에 의해 구성
- 주택은 정원과 자연 경관에 의해 외향적이 됨

① 인본주의

기독교와 봉건사상에 반발로 인본주의가 발달하였다. 이로서 자연경관을 객관적으로 바라보게 되었다.

② 시대 사조의 변천

㉮ 고전주의 : 명확한 균형, 명석함을 추구, 고대 그리스 · 로마 예술에 대한 심취

㉯ 매너리즘 : 형식을 중시

㉰ 바로크양식 : 화려한 세부기교, 곡선사용, 정열적 역동적 표현

㉱ 신고전주의 : 매너리즘과 바로크양식 반발, 고전에 대한 새로운 관심, 합리주의적 미학

㉲ 낭만주의 : 고전주의 반발, 이성보다는 감성을 중시

(2) 이탈리아 정원의 특징

<table>
<tr><td>일반적 특징</td><td>· 엄격한 고전적인 비례를 준수, 축을 설정하고 원근법 도입
· 지형과 기후로 구릉과 경사지에 빌라가 발달
· 흰 대리석과 암록색의 상록 활엽수가 강한 대조를 이룸</td></tr>
<tr><td>평면적 특징</td><td>· 정형적 대칭형으로 주축선과 완전대칭
· 정원의 축선은 건축의 중심선을 기준으로 함<table><tr><td>직렬형</td><td>지형의 고저에 따른 강한 주축선을 설정한 형태 (예) 랑테장</td></tr><tr><td>병렬형</td><td>등고선에 직각 방향으로 강한 축선을 설정하거나 평행하게 설정 (예) 에스테장</td></tr><tr><td>직교형</td><td>등고선의 평행축과 경사축이 직교한 형태 (예) 메디치장</td></tr></table></td></tr>
<tr><td>입면적 특징</td><td>· 주건물을 테라스 최상부에 배치하는 것이 일반적임
· 정원에 주구조물인 카지노의 위치에 따라 3가지로 나누어짐</td></tr>
</table>

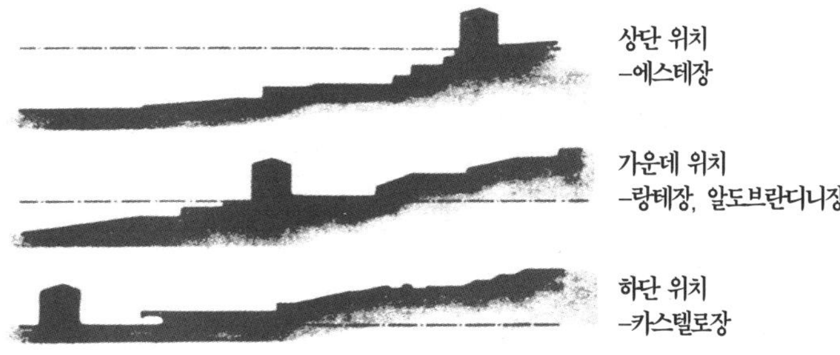

그림. 입면적 특징
(카지노의 위치에 따라)

(3) 대표적 정원

15c 터스카나의 피렌체를 중심으로 발달	· 메디치가문에 의해 가꾸어짐 · 설계가 이름이 정식으로 등장(→ 인본주의 발달) · 빌라의 특징 : 대부분 전원형, 전원 식물의 종류가 풍부해짐

· 메디치장 (Villa medici de Careggi) : 카레기장
 –르네상스 최초의 빌라, 미켈로지가 설계
· 메디치장 (Villa Medici at Fiesole) : 피에졸레
 –미켈로지에 의해 설계
 –경사지에 테라스 처리, 인공과 자연이 일체감을 이룸
· 카스텔로(Castello)장

16c 로마와 로마근교를 중심으로 발달	・르네상스의 전성기(16C), 축선에 따른 배치 ・수목원적 정원을 건축적 구성으로 전환하는 계기 ・이탈리아 정원의 3대 원칙 : 총림, 테라스, 화단

・벨베데레원(교황의 여름별장)
  –설계 : 브라망테가 설계
  –의의 : 노단건축식의 시작(테라스와 테라스의 연결)
・빌라 마다마
  –설계 : 라파엘로(Raffaello)가 설계하였으나 그의 사후 조수인 상갈로(Sangallo)에 의해 완성
  –의의 : 주건물과 옥외공간을 하나의 유니트로 설계하고 내부・외부공간을 결합
・에스테장(Villa d'Este)
  –설계 : 리고리오, 수경 : 올리비에
  –특징 : 4개 노단으로 구성, 수경 처리가 가장 뛰어난 정원 (100개의 분수, 경악분천, 용의 분수, 물풍금(water organ)) 직교하는 작은축으로 수경 설계
  –최고 노단(제4노단) : 흰색 카지노가 위치하여 정원 감상
・랑테장(Villa Lante)
  –설계 : 비뇰라 (Vignolia)의 대표작
  –특징 : 카지노와 정원을 완벽하게 결합, 4개의 노단 구성, 제2테라스와 사이에 쌍둥이 카지노가 정원의 클라이막스를 이룸(추기경의 테이블(연회용테이블), 거인의 분수, 돌고래의 분수), 정원축과 연못축의 일치된 배열, 수경축이 정원의 중심적 설계요소
・파르네제장(Villa Farnese)
  –설계 : 비뇰라
  –특징 : 2단의 테라스, 주변에 울타리를 만들지 않고 주변 경관과 일치 유도

17c 제노바, 베니스를 중심으로 발달	매너리즘과 바로크 양식

・감베라이아장 : 매너리즘의 대표작으로 단순한 처리로 계획, 토피어리와 잔디의 과다사용
・알도브란디니장 : 물극장이 중심시설, 건물이 중간 노단에 위치
・이솔라 벨라 : 바로크 정원의 대표 작품, 큰 섬위에 만든 정원으로 섬 전체가 바빌론의 공중정원 같음(10층의 테라스)
・란셀로티장
・가르조니장 : 바로크 양식의 최고봉이며 건물과 정원이 분리되고 두개의 단으로 이루어진 테라스

・바로크 정원의 특징

① 대량의 식물을 사용 : 대규모의 토피어리, 미원, 총림 등 조성
② 구조적 상세의 다양성 : 정원동굴(grotto), 비밀분천, 경악분천, 물극장, 물풍금 등
③ 조각물을 기념적인 군집으로 삼아 물로 둘러쌈
④ 다양한 색채를 대량으로 사용

그림. 이솔라벨라

그림. 가르조니장

(4) 각국에의 영향(이탈리아의 영향으로 16세기에 시작)

프랑스	이탈리아 양식으로 개조하거나 새로 만든 성관 정원
독일	· 푸르텐바하 : 학교원 · 새로운 식물의 재배, 식물학에 대한 연구, 16c부터 등장한 식물원
네덜란드	· 정치적요인 때문에 이탈리아의 영향 · 지형상 테라스의 전개가 불가능하여 분수와 캐스캐이드가 사용되지 않음 · 운하식 정원 : 수로를 구성해 배수, 커뮤니케이션, 택지경계의 목적

03 프랑스

(1) 개관

자연환경	· 지중해와 대서양 사이에 위치한 지리적 요충지 · 지형이 넓고 평탄하며 파리분지는 세느강과 르와르강의 자연적인 지리적 단위를 이뤄 생활과 역사의 초점이 됨. · 기후는 온난습윤하고 낙엽활엽수 삼림이 풍부
문화	· 데카르트(Rene Descartes)의 해석기하학(자연세계는 모든 수학적 원리를 통해 인식이 가능) → 르 노트르 설계에서 기하학적 정형성으로 나타남
인문환경	· 17세기를 맞은 프랑스는 유럽 국가들과의 관계에서 우세한 위치 · 루이14세의 절대주의(absolutism) 왕정 확립 · 중상주의 정책으로 경제적으로 안정

(2) 앙드레 르 노트르

① 평면기하학식 정원양식을 창조

② 대표작 : 보르비 꽁트, 베르사이유 정원

③ 앙드레 르 노트르 정원의 특징

- 장엄한 스케일 (Grand style) → 정원은 광대한 면적의 대지 구성요소의 하나로 인간의 위엄과 권위를 고양시킴
- 정원이 주가 됨, 축에 기초를 둔 2차원적 기하학(평면 기하학식) 구성
- 소로(allee)는 끝없이 외부로 확산하며, 롱프윙을 기점을 8방으로 뻗어난 수렵용 도로
- 조각, 분수 등 예술작품을 공간구성에 있어 리듬, 강조 요소로 사용
- 비스타(vista, 통경선)를 형성
- 화려하고 장식적인 정원 : 자수화단, 대칭화단, 영국화단, 구획화단, 감귤화단, 물화단
- 운하(Canal) : 르 노트르식을 특징지우는 가장 중요한 시설

- **앙드레 르 노트르(1613~1700)**
  ① 평면기하학식을 확립한 조경가
  ② 대표적 작품 : 퐁텐블로, 샹틸리, 보르비꽁트, 베르사유궁원
- **비스타**
  ① 인위적인 축선으로 시선을 좌우로 제한하고 한 점으로 모이도록 구성하는 경관수법
  ② 정원이 크고 길게 보이게 하는 효과가 있음
- **눈가림수법**
  정원의 넓이를 한층 더 크고 변화있게 하려는 조경기술

(3) 대표적 정원

보르 비 꽁트 (Vaux-le-Vicomte)	· 최초의 평면기하학식 정원(남북 1,200m, 동서 600m) · 건축은 루이 르 보, 장식은 샤를르 르 브렁, 조경은 르 노트르가 설계 · 조경이 주요소이고 건물 2차적인 요소(건축이 조경에 종속적) · 특징 : 산책로(allee), 그로토(grotto, 정원동굴), 총림, 비스타, 자수화단 · 의의 : 루이14세를 자극해 베르사유 궁원을 설계하는데 계기가 됨
★베르사이유 (Versailles)궁원	· 루이 14세는 '짐은 국가다' 라고 말하며 베르사이유 궁전에 태양왕으로서의 위세에 합당한 소우주 꾸밈 · 건축가 루이 르 보, 장식은 샤를르 르 브렁, 조경은 앙드레 르 노트르가 설계 · 궁원의 모든 구성이 중심 축선과 명확한 균형을 이루며 축선은 태양광선이 펼쳐지는 듯한 방사상으로 전개해 태양왕을 상징

· **베르사이유궁원-앙드레 르 노트르 설계작품**

① 300ha**에 이르는 세계 최대 정형식 정원**(Vista **정원**)

② **바로크 양식**

그림. 보르비꽁트-최초평면기하학식

그림. 베르사이유궁원-평면기하학식 대표작

④ 르 노트르 양식의 영향

㉮ 네덜란드, 영국, 독일, 러시아 등 유럽국가와 중국까지 전파

㉯ 의의 : 정원이라는 단위공간이 도시계획까지 확대됨

정원	· 오스트리아 : 셴부른 성 · 포르투갈 : 퀠루츠성 · 영국 : 햄프턴코트	· 독일 : 포츠담, 헤렌하우젠, 님펜부르크 궁전 · 이탈리아 : 카세르타성 · 중국 : 원명원(청시대)
도시계획	· 러시아 : 성 페테르스부르크, 니메 · 미국 : 워싱턴 계획의 도시계획	

⑤ 16c 이탈리아정원과 17c 프랑스정원의 비교

	이탈리아	프랑스
양식	노단건축식정원(16c)	평면기하학식정원(17c)
지형	구릉과 산악을 중심으로 정원발달	평탄한 저습지에 정원 발달
주요경관	높은 곳에서 내려다보는 입체적 경관	소로(allee)를 이용한 비스타(vista)로 웅대하게 평면적경관 전개
수경관	캐스케이드, 분수, 물풍금 등의 다이나믹한 연출	수로·해자 등 잔잔하고 넓은 수면 연출

04 영국

(1) 개관

① 자연환경 : 도버해협을 두고 유럽대륙과 접함, 대체로 온화 다습한 해양성 기후이며 흐린날이 많아 안개가 자주낌
② 지형 : 완만한 기복을 이룬 구릉이 전개되고 강과 하천도 완만한 흐름을 나타냄
③ 잔디밭과 보울링 그린이 성행하고 강렬한 색채의 꽃과 원예에 관심이 높아짐
④ 인문환경 : 튜더 조 후기 영국의 르네상스가 절정, 스튜어트조때 청교도혁명와 명예혁명이 일어나고 잉글랜드 공화국이 성립

(2) 영국 정형식 정원의 특징

① 테라스 설치 : 정방형의 형태의 석재 난간으로 둘러싸 화분·조상으로 장식
② 주 도로인 곧은 길 (forthright) : 주택으로부터 곧게 뻗은 도로로 4사람 정도가 걸을 수 있는 길
③ 축산(mound) : 중세에는 방어와 감시탑의 기능, 주변이나 정상에 원정, 연회당을 설치
④ 보올링 그린 : 실외경기장
⑤ <u>매듭화단 (Knot, 노트) : 낮게 깍은 회양목, 로즈마리, 데이지, 라벤더 등으로 화단 가장자리에 장식</u>★
⑥ 약초원, 해시계, 철제 장식물, 분수, 문주, 미원

(3) 대표적 정원

① 스튜어트왕조에는 장원건축과 조경이 퇴보하고 이탈리아, 프랑스, 네덜란드, 중국의 영향
② 멜버른 홀(Melbourne Hall) : 영국적인성격에 프랑스 디자인요소가 가미, 조지런던과 헨리와이즈가 르 노트르식으로 개조
③ 레벤스 홀(Levens Hall) : 네덜란드의 영향, 토피어리 집합 정원
④ 햄프턴 코오트 : 여러 나라 영향을 가장 많이 받은 정원

· 조지런던과 헨리와이즈
① 소로, 중심축선(바로크풍)을 강조하여 프랑스 왕궁과 경쟁
② 최초의 상업식 조경가
③ 성숙된 바로크적 정원
④ 대표적 작품 : 햄프턴코트, 멜버런 홀, 채스워스

기출문제 및 예상문제

1 이탈리아정원의 구성요소와 가장 관계가 먼 것은?

㉮ 테라스(Terrace)
㉯ 중정(Patio)
㉰ 계단폭포(Cascade)
㉱ 화단(Parterre)

해설 중정-스페인

2 계단폭포, 물무대, 분수, 정원극장, 동굴 등이 가장 많이 나타나는 정원은?

㉮ 영국정원
㉯ 프랑스정원
㉰ 스페인정원
㉱ 이탈리아정원

해설 이탈리아의 르네상스 정원의 특징은 수직적인 물의 취급(계단폭포), 물무대, 분수, 정원극장, 동굴이 있다.

3 이탈리아정원의 특징으로 틀린 것은?

㉮ 조경가의 이름이 등장한다.
㉯ 축선상이나 축선에 직교한 곳은 비워 놓는다.
㉰ 지형을 극복하기 위해 경사지를 이용하고, 높이가 다른 노단을 여러 개 만들어 활용한다.
㉱ 평면적으로 강한 축을 중심으로 정형적 대칭을 이룬다.

해설 축선과 축선이 직교한 곳에 조각, 분천, 연못, 장식화분 등이 배치된다.

4 르네상스시대 이탈리아정원의 설명으로 옳지 않은 것은?

㉮ 높이가 다른 여러 개의 노단을 잘 조화시켜 좋은 전망을 살린다.
㉯ 강한 축을 중심으로 정형적 대칭을 이루도록 꾸며진다.
㉰ 주축선 양쪽에 수림을 만들어 주축선을 강조하는 비스타수법을 이용하였다.
㉱ 원로의 교차점이나 종점에는 조각, 분천, 연못, 캐스케이드 벽천, 장식화분 등이 배치된다.

해설 비스타는 프랑스 평면기하학식의 대표적 수법이다.

정답 1. ㉯ 2. ㉱ 3. ㉯ 4. ㉰

5 다음 중 대칭(Symmetry)의 미를 사용하지 않은 것은?

㉮ 영국의 자연풍경식
㉯ 프랑스의 평면기하학식
㉰ 이탈리아의 노단건축식
㉱ 스페인의 중정식

6 이탈리아 노단건축식 정원양식이 생긴 원인으로 가장 적합한 것은?

㉮ 식물
㉯ 암석
㉰ 지형
㉱ 역사

해설 이탈리아는 지형과 기후로 인하여 구릉과 경사지에 빌라가 발달하였다.

7 다음 중 여러 단을 만들어 그 곳에 물을 흘러내리게 하는 이탈리아 정원에서 많이 사용되었던 조경기법은?

㉮ 캐스케이드
㉯ 토피어리
㉰ 록가든
㉱ 캐널

해설 이탈리아의 정원에서는 경사지, 단을 이용하여 캐스케이드, 분수, 물풍금 등 다이나믹한 수경관을 연출하였다.

8 이탈리아의 조경양식이 크게 발달한 시기는 어느 시대부터인가?

㉮ 암흑시대
㉯ 르네상스시대
㉰ 고대 이집트시대
㉱ 세계 1차 대전이 끝난 후

해설 중세시대의 기독교와 봉건사상에 반발하여 인본주의가 발달하였으며 16세기 이탈리아를 중심으로 발달하였다.

9 정형식 조경 중에서 르네상스시대의 프랑스정원이 속하는 형식은 무엇인가?

㉮ 평면 기하학식
㉯ 중정식
㉰ 전원풍경식
㉱ 노단식

해설 ㉯ 중정식-중세스페인, ㉰ 전원풍경식-18세기 영국, ㉱ 노단식-16세기 이탈리아

정답 5. ㉮ 6. ㉰ 7. ㉮ 8. ㉯ 9. ㉮

10 르네상스정원에 관한 사항이 아닌 것은?

㉮ 노단 상단에 건축　　㉯ 노단
㉰ 차경수법 사용　　㉱ 기독교적 요소

 르네상스정원은 기독교, 봉건사상에 대한 반발로 인본주의가 발달하였다.

11 르 노트르가 축조한 정원이 아닌 것은?

㉮ 베르사이유 궁원　　㉯ 퐁텐블로
㉰ 버켄헤드　　㉱ 생클로우

해설 버켄헤드공원은 1843에 조셉팩스턴이 설계하였으며,선거법 개정안을 통해 시민힘으로 설립되 영국의 최초의 공원이다.

12 베르사이유 궁원을 꾸민 사람은?

㉮ 르 노트르　　㉯ 옴스테드
㉰ 챔버　　㉱ 팩스톤

13 르 노트르가 프랑스에서 조경설계로 이름을 얻게 된 최초의 정원은?

㉮ 베르사유 궁원　　㉯ 보르비꽁트 정원
㉰ 버켄헤드 공원　　㉱ 센트럴 파크

 로 노트르의 출세작품-보 르 비꽁트

14 영국의 정형식 정원의 특징 중 매듭화단이란 무엇인가?

㉮ 넓은 목초지에 목장을 구획하기 위해 만든 화단이다.
㉯ 낮게 깎은 회양목 등으로 구획하는 화단이다.
㉰ 수목을 전정하여 정형식 모양으로 미로를 만든 화단이다.
㉱ 정원 부지 경계선에 도랑을 파서 주변에 화단을 구획하는 화단이다.

정답　10. ㉱　11. ㉰　12. ㉮　13. ㉯　14. ㉯

제5장 18, 19 및 20세기 조경

01 18세기 영국의 자연풍경식

(1) 개관

① 사 회 : 산업혁명과 민주주의의 발달
② 철 학 : 계몽사상(근대 휴머니즘, 합리주의)
③ 표 현 : 고전주의의 계속, 중국의 영향, 고전주의에 대항하는 영국의 자연주의 운동

· 낭만주의적 풍경식 정원 탄생에 영향을 준 요인
① 지형적인 영향
② 계몽주의 사상, 회화에서 풍경화, 문학의 낭만주의
③ 산업혁명으로 인한 경제 성장
④ 영국의 자연조건이 이탈리아, 프랑스와의 차이점을 인식
⑤ 영국 국민들의 심리적 욕구(순수한 영국식 정원의 창조에 대한 욕구)

그림. 영국의 풍경식정원

· 풍경식정원가
스테판 스위처 → 찰스 브릿지맨 → 윌리암 캔트 → 란셀로트 브라운 → 험프리 랩턴

(2) 영국 풍경식 정원가

① 조지 런던(Georgy London), 헨리와이즈(Henry Wise) : 최초의 상업 조경가

② 스테판 스위쳐(Stephen Switzer, 1682~1745) : 조지런던과 와이즈의 제자, 최초의 풍경식 조경가

③ 브릿지맨(Charles Bridgeman, 1680~1738)

㉮ <u>스토우원에 하하 기법(Ha-Ha) 최초로 도입</u>*

㉯ 치즈윅하우스, 루스 햄, 스투어 헤드를 설계

· 브릿지맨의 Ha-Ha Wall
담을 설치할 때 능선에 위치함을 피하고 도랑이나 계곡 속에 설치하여 경관을 감상할 때 물리적 경계 없이 전원을 볼 수 있게 한 것(동양의 차경과 유사함)

그림. ha-ha wall

④ 켄트(Willam Kent, 1684~1748)

㉮ 근대 조경의 아버지

㉯ "자연은 직선을 싫어한다." 영국의 전원풍경을 회화적으로 묘사

㉰ 부드럽고 불규칙적인 연못과 시냇물과 곡선의 원로 설계하고 캔시턴가든에 고사목까지 심어 자연풍경을 실감 있게 묘사

㉱ 작품 : 캔싱턴가든, 치즈윅 하우스, 스토우원의 수정, 로샴 원, Wilton House 등 계획

⑤ 브라운(Lancelot Brown, 1715~1783)

㉮ 많은 영국정원을 수정, 일명 'Capability Brown'

㉯ 브라운 설계의 기본요소 : 부드러운 기복의 잔디밭, 거울같이 잔잔한 수면, 우거진 나무숲이나 덤불, 빛과 그늘의 대조

㉰ 한편, 경관에 과감한 정원개조는 역사적 중요성이나 경관미를 이해할 만한 예술적 수양과 교양이 없다는 점에서 비난받음

㉱ 스토우 원 등 많은 영국 정원 수정, 햄프턴 코트 설계, 블렌하임 개조

⑥ 험프리랩턴(Humphry Repton, 1752~1818)
㉮ 풍경식 정원의 완성
㉯ 자연미를 추구하는 동시에 실용적이고 인공적인 특징을 잘 조화했다는 평을 받음
㉰ Landscape Gardener를 사용★
㉱ Red book : 개조 전의 모습과 개조 후의 모습을 비교할 수 있는 스케치 모음집★
㉦ 윌리엄 챔버
㉮ 큐가든에 중국식 건물, 탑을 세움
㉯ 브라운파의 정원을 비판

(3) 영국 풍경식 정원

① 스토우 가든 : 브릿지맨 정원 설계 → 켄트와 브라운 공동 수정 → 브라운 개조, Ha-Ha 도입
② 스투어 헤드(Stourhead) : 소유는 헨리호어, 정원설계는 브릿지맨, 켄트 / 자연을 배회하는 영웅의 인생항로에 대한 전설적인 테마를 따름

19C 정원

· 공공공원이 세워지게 된 기본적 배경
① 공중위생에 대한 관심의 고조
② 각 국민의 도덕에 대한 관심
③ 낭만주의적, 미적관심의 발달
④ 경제적 성장

· 버켄헤드 파크(Birkenhead Park, 1843년)
① 시민의 힘으로 설립된 최초 공원
② 조셉팩스턴 설계

(1) 영국의 공공정원(공원)

① 개요
㉮ 랩턴 사후 20여년 만에 사적(私的)조경에서 공적(公的)조경으로 전환
㉯ 왕가의 영역을 대중에게 개방, 성 제임스공원, 그린파크, 하이드파크, 켄싱턴가든
㉰ 공업도시 형성 → 인구의 도시 유입 → 공업도시의 슬럼화 → 도시문제해결방안 모색

② 대표적 공공공원

㉮ 버켄헤드 파크(Birkenhead Park) : 1843년에 조셉 팩스턴(Joseph Paxton)이 설계

㉯ 공적 위락용과 사적 주택부지로 이분된 구성

㉰ 의의

- 1843년 선거법 개정안 통과로 실현된 최초의 시민의 힘으로 설립된 공원
- 재정적, 사회적 성공은 영국내 수많은 도시에서 도시공원의 설립에 자극적인 계기
- 옴스테드의 Central Park 공원개념 형성에 영향을 줌

(2) 미국 식민지시대

① 개요

㉮ 콜롬버스가 아메리카 신대륙 발견이래, 유럽국가들은 미 대륙 식민지를 개척

㉯ 본국에의 추억과 함께 정주하기 시작, 지명을 지을때 본국의 지명에 연관지음

㉰ 주택과 정원 또한 기후나 자연환경이 다름에도 불구하고 본국의 것을 고수함

② 대표적 정원

㉮ 뉴잉글랜드지방 정원 : 영국식 정원 영향

㉯ 윌리암스 버그(Williams Burg) : 프랑스 정형식 정원 영향

㉰ 마운트 버논(Mount Vernon) : 초기 미국대통령 조지워싱턴의 사유지, 영국식과 프랑스정원의 혼합한 절충식

㉱ 몬티첼로(Monticello) : 식민지시대 대표적인 사유지 정원

(3) 19C 미국의 공공정원

① 개요

㉮ 남북전쟁 후 도시 거주자들이 지방에 별장을 지으면서 건축과 함께 조경도 발달

㉯ 이민 인구가 현저하게 증가하여 뉴욕시를 정리할 필요가 있음에 따라 중앙부에 344ha에 이르는 공원을 축조하는 시조례를 제정

㉰ 1845년 뉴욕에 옴스테드가 회화적 수법으로 공원 축조

② 풍경식 조경가

㉮ 앙드레 파르망티에 : 미국에 최초로 풍경식 정원을 설계

㉯ 다우닝(Andrew Jackson Downing) : 미국문화와 부지에 맞게 풍경식 정원을 설계, 버켄헤드 공원의 옹호자로 미국 공공공원의 부족과 필요성을 잡지에 기고, 보우를 데려와 central park 계획에 참가하는데 기여함

③ 옴스테드와 센트럴 파크(central park)

㉮ 현대 조경의 아버지, Landscape architect 명칭을 최초로 사용

㉯ 보우와 옴스테드의 센트럴파크 설계안 그린스워드(greensword) 당선

㉰ 설계도와 설계 개요보고서를 제출

㉣ 설계내용 : 입체적 동선체계, 차음, 차폐를 위한 외주부 식재, 아름다운 자연경관의 view 및 vista 조성, 드라이브 코스, 전형적인 몰과 대로, 마차 드라이브 코스, 산책로, 넓은 잔디밭, 동적 놀이를 위한 경기장, 보트와 스케이팅을 위한 넓은 호수, 교육을 위한 화단과 수목원

㉤ 의의 : 미국 도시공원의 효시가 됨, 국립공원 운동영향으로 요세미티국립공원(1890년)이 지정됨

· 센트럴파크(central park, 1857년)

① 옴스테드와 보우가 설계

② 미국 도시공원의 효시

③ 미국 뉴욕 맨하튼 중심에 남북으로 4.1km, 동서 0.83km 정도 되는 도시공원이다.

④ 옴스테드의 리버사이드단지(River side estate) 계획(1869)

㉮ 전원생활과 도시문화를 결합하려는 이상주의의 절정

㉯ 격자형 가로망을 벗어나고자 한 최초의 시도

⑤ 엘리옷(Eliot)(1859-1897)

㉮ 수도권 공원계통(metro politan park system)수립

㉯ 보스턴공원계통수립 : 실용적, 미적인 도시문제 해결책

⑥ 시카고 만국 박람회(1893)(일명, 콜롬비아 박람회)

㉮ 미대륙 발견 400주년 기념하기 위해 시카고에서 만국박람회가 개최

㉯ 건축은 다니엘 번함과 롯스, 도시설계는 맥킴, 조경은 옴스테드

· 박람회의 영향

① 도시계획에 대한 관심이 증대, 도시 계획이 발달하는 계기

② 도시미화운동(City Beautiful Movement)이 일어남

③ 로마에 아메리칸 아카데미(American academy)가 설립

④ 조경전문직에 대한 일반인의 인식 재고

⑤ 조경계획을 수립함에 있어서 건축·토목 등 공동작업의 계기를 마련

03 20C 조경

(1) 도시미화운동

① 아름다운 도시를 창조함으로써 공익을 확보할 수 있는 도시운동
② 시카고 박람회의 영향으로 로빈슨과 번함에 의해 주도
③ 문제점발생 : 미에 대한 개념의 오류로 도시개선과 장식적 수단으로 잘못 오인됨, 조경직과 도시계획직의 분리(조경의 영역 축소)

(2) 하워드의 전원도시(Garden city) : 영국에서 시작

① 인구의 도시집중과 도시의 무질서한 팽창 및 공업도시화의 문제 해결
② 1902년 하워드의 'garden city of tomorrow' 발간
③ 최초의 전원도시(1903년) 레치워드, 웰윈(1920년)

(3) 미국 뉴저지의 래드번 도시계획(1928)

① 하워드의 전원도시이론 계승
② 라이트와 스타인이 소규모의 전원도시 창조
③ 이론개념 : 슈퍼 블록 설정, 차도와 보도의 분리, 쿨데삭(cul-de-sac)으로 근린성을 높임

(4) 광역조경계획

① 경제공황과 세계 2차 대전, 태평양 전쟁으로 조경, 도시계획에 전환기를 맞이함
② 뉴딜정책의 일환인 T.V.A(Tenessee Valley Authority, 테네시강 유역 개발) : 미시시피강과 테네스강 유역의 21개 댐건설, 거주자를 대상으로 후생 설비를 완비, 공공위락시설을 갖추는 노리스댐과 더글라스댐을 완공

· 하워드(E. Howard)
전원도시를 주장

· 래드번 도시계획
라이트와 스타인
① 하워드 전원도시 이론 계승
② 슈퍼블럭, 보차분리, 쿨데삭(cul-de-sac)

· T.V.A의 의의
① 수자원 개발의 효시
② 지역개발의 효시
③ 설계과정에서 조경가, 토목·건축가 대거 참여

기출문제 및 예상문제

1 "자연은 직선을 싫어한다."라고 주장한 영국의 낭만주의 조경가는?

㉮ 브리지맨 ㉯ 켄트 ㉰ 챔버 ㉱ 렙턴

2 18세기 후반 낭만주의 사조와 함께 영국에서 성행하였던 정원양식은?

㉮ 중정식 정원 ㉯ 정형식 정원
㉰ 풍경식 정원 ㉱ 후원식 정원

3 다음 중 풍경식 정원에서 요구되는 계단의 재료로 가장 적당한 것은?

㉮ 콘크리트 계단 ㉯ 벽돌 계단
㉰ 통나무 계단 ㉱ 인조목 계단

해설 자연풍식정원이므로 자연적 재료를 사용하는 것이 적당하다.

4 영국의 18세기 낭만주의 사상과 관련이 있는 것은?

㉮ 스토우(Stowe) 정원 ㉯ 분구원(分區園)
㉰ 버켄헤드(Birkenhead)공원 ㉱ 베르사이유궁의 정원

해설 영국의 18세기는 자연풍경식정원이 발달은 낭만주의, 풍경호, 계몽사상의 영향을 받았으며 대표작으로는 브릿지맨의 스토우원이있다.

5 19세기 렙턴에 의해 완성된 영국의 정원수법으로 가장 적합한 것은?

㉮ 노단건축식 ㉯ 평면기하학식
㉰ 사의주의 자연풍경식 ㉱ 사실주의 자연풍경식

해설 렙턴은 자연풍경식의 완성자로 Red Book이라하여 정원 개조 전후의 모습을 스케치로 모아 볼 수 있게 하였다.

정답 1. ㉯ 2. ㉰ 3. ㉰ 4. ㉮ 5. ㉱

6 **다음 중 정원에 사용되었던 하하(Ha-Ha)기법을 가장 잘 설명한 것은?**

㉮ 정원과 외부 사이에 수로를 파서 경계하는 기법
㉯ 정원과 외부 사이에 생울타리로 경계하는 기법
㉰ 정원과 외부 사이에 언덕으로 경계하는 기법
㉱ 정원과 외부 사이에 담벽으로 경계하는 기법

하하기법은 경관을 감상할 때 물리적 경계없이 전원을 바라볼 수 있게 한 것으로 담을 설치할 때 능선의 위치를 피하고 도랑이나 계곡 속에 설치하였다.

7 **버킹검의 스토우 가든을 설계하고, 담장 대신 정원부지의 경계선에 도랑을 파서 외로부터의 침입을 막은 Ha-Ha 수법을 실현하게 한 사람은?**

㉮ 에디슨　　㉯ 브릿지맨　　㉰ 켄트　　㉱ 브라운

8 **다음 중 대칭미를 사용하지 않은 것은?**

㉮ 영국의 자연풍경식　　㉯ 프랑스의 평면기하학식
㉰ 이탈리아의 노단건축식　　㉱ 스페인의 중정식

9 **프랑스 풍경식 정원으로 루이 16세의 왕비인 마리 앙뜨와네트와 관련이 있는 곳은?**

㉮ 에름농빌(Ermenonville)　　㉯ 쁘띠 트리아농(Petit Trianon)
㉰ 모르퐁텐느(Morfontaine)　　㉱ 마르메종(Malmaison)

쁘띠 트리아농은 프랑스 풍경식의 대표작으로 루이 16세가 마리 앙뜨와네트가 농가와같은 분위기로 조성하였다.

10 **영국에서 1843년에 조성된 버켄헤드 공원의 의미로 바람직하지 못한 것은?**

㉮ 조셉 팩스턴이 설계하였다.
㉯ 주택단지와 공적 위락용으로 나누었으나 재정적으로 실패하였다.
㉰ 공원 중앙을 차도가 횡단하고 주택단지가 공원을 향해 배치되었다.
㉱ 옴스테드에 영향을 미쳐 후에 센트럴 파크 설계에 도움을 주었다.

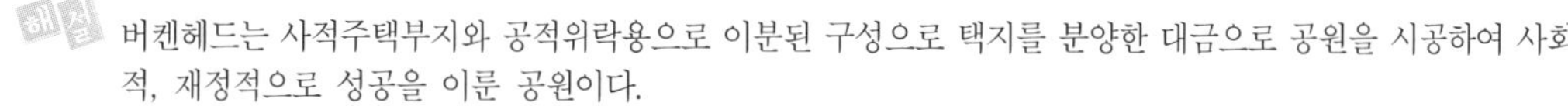
버켄헤드는 사적주택부지와 공적위락용으로 이분된 구성으로 택지를 분양한 대금으로 공원을 시공하여 사회적, 재정적으로 성공을 이룬 공원이다.

정답　6. ㉮　7. ㉯　8. ㉮　9. ㉯　10. ㉯

11 **무스코정원에 대한 설명으로 틀린 것은?**

㉮ 수경시설을 가능한 한 배제하여 사용하지 않았다.
㉯ 센트럴 파크에 낭만주의적 풍경식 조경을 옮기는 데 교량적 역할을 하였다.
㉰ 산책로와 도로가 어울리도록 설계하여 조화를 꾀하였다.
㉱ 도로를 부드럽게 굽어지도록 하였다.

무스코정원은 수경시설조성에 역점을 두었다.

12 **정원양식 중 연대(年代)적으로 가장 늦게 발생한 정원양식은?**

㉮ 프랑스의 평면기하학식 정원양식
㉯ 영국의 풍경식 정원양식
㉰ 이탈리아의 노단건축의 정원양식
㉱ 독일의 근대 건축식 정원양식

해설 ㉮- 17세기, ㉯-18세기, ㉰-16세기, ㉱-19세기

13 **New York Central Park에 대한 설명 중 틀린 것은?**

㉮ 그린 스워드 계획에 의해 이루어졌다.
㉯ 옴스테드의 단독계획에 의해 이루어졌다.
㉰ 영국의 버켄헤드 공원의 영향을 받은 본격적인 최초의 도시공원이다.
㉱ 뉴욕 중심가에 푸르름을 제공하는 데 의의가 있다.

센트럴파크의 설계안은 옴스테드와 보우의 그린스워드 계획이다.

14 **미국에서 하워드의 전원도시의 영향을 받아 도시교외에 개발된 주택지로서 보행자와 자동차를 완전히 분리하고자 한 것은?**

㉮ 래드번(Rad Burn)
㉯ 레치워어드(Letch Worth)
㉰ 웰린(Welwyn)
㉱ 요세미티

래드번계획은 하워드의 전원도시론이 미국에서 결실을 맺은 작품으로 안전하고 쾌적한 주거공간 확보를 위해 보차분리, 통과교통배제, 슈퍼블럭, 쿨데삭(cul-de-sac)등이 특징이다.

15 **미국 최초의 도시공원과 국립공원이 맞게 연결된 것은?**

㉮ 버켄헤드 공원-옐로스톤
㉯ 센트럴 파크-요세미티
㉰ 센트럴 파크-옐로스톤
㉱ 그린힐-요세미티

정답 11. ㉮ 12. ㉱ 13. ㉯ 14. ㉮ 15. ㉰

16 **도시와 정원의 결합을 지향하여 전원도시계획을 제창한 사람은?**

㉮ Olmsted ㉯ Howard
㉰ Taylor ㉱ Unwin

하워드의 전원도시론에 대한 설명이다.

17 **일상생활에 필요한 모든 시설을 도보권 내에 두고, 차량동선을 구역 내에 끌어들이지 않았으며, 간선도로에 의해 경계가 형성되는 도시계획 구상은?**

㉮ 하워드의 전원도시론 ㉯ 테일러의 위성도시론
㉰ 르 꼬르뷔제의 찬란한 도시론 ㉱ 페리의 근린주구 이론

페리의 근린주구이론은 쾌적성, 쾌적성, 주민들간의 사회적 교류를 도모하기 위한 이론이다.

정답 16. ㉯ 17. ㉱

제6장 중국조경사

01 개요

(1) 특징

① 사실주의보다는 상징적 축조가 주를 이루는 사의주의 자연풍경식
② 원시적인 공원과 같은 성격(자연경관을 즐기기 위해 수려한 경관을 가진 곳에 누각이나 정자를 지음)
③ 자연미와 인공미를 겸비한 정원
④ 자연경관이 아름다운 곳을 골라 그 일부에 인위적으로 손을 가하여 암석을 배치하고 수목을 심어 심산유곡과 같은 느낌이 들도록 조성하였다.
⑤ 경관의 조화보다는 대비에 중점
⑥ 자연경관 속의 인공적 건물(기하학적 무늬의 포지, 기암, 동굴)
⑦ 태호석을 사용한 석가산 수법
⑧ 직선과 곡선을 함께 사용
⑨ 중정은 전돌에 의해 포장, 포지에는 여러 무늬가 그려져 있어 조경구성의 요소가 됨

(2) 지방에 따라 성격이 나뉨

① 북방과 강남의 원유비교

	북방황실원유	강남(소주)일대 원유
기후	춥고건조함	온난습윤
공간의 특징	규모가 크고 개방적 공간	좁고 폐쇄적 공간에 치밀하게 조영
소유주	봉건황제를 위한 원유	개인소유로 주인에 따라 원유의 모습이 다름
경관의 주요소	산을 중심으로한 경관 구성, 산경과 수경의 조화 태호석이나 황석 등의 기암을 이용한 배치(석가산)가 주경관	

② 소주지방의 명원의 특징
㉮ 사내의 좁은 부지에 만들어져 폐쇄적이며 사가정원이 주류, 섬세한기교와 석가산 수법이 쓰임, 강남문화중심
㉯ 대표작 : 창랑정(북송), 사자림(원), 졸정원(명), 유원(명), 환수산장(청)

· **동양의 베니스 : 소주**
기온은 온난습윤하며, 토질이 좋아 자원이 풍부하고 교통 또한 매우 발달되어 있다.

· **정원의 기원**
① 원(園) : 과수를 심는 곳
② 포(圃) : 채소를 심는 곳
③ 유(囿) : 금수를 키우는 곳, 왕의 사냥터, 후세의 이궁

02 시대별조경

★ 중요사항

시대	대표적 작품	특징(조경관련문헌)
은, 주	원(園), 유(囿), 포(圃), 영대	· 정원의 기원 : 원, 유, 포 · 영대 : 낮에는 조망, 밤에는 은성명월을 즐김
진	아방궁	
한	상림원 태액지원 대, 관	· 상림원 : 왕의 사냥터, 중국정원 중 가장 오래된 정원, 곤명호를 비롯한 6대호 · 태액지원 : 봉래, 영주, 방장의 세섬축조(신선사상)
삼국시대	화림원	
진	현인궁	· 왕희지 : 난정기에 정원운영기록, 유상곡수연에 관한 기록 · 도연명 : 안빈낙도, 은둔생활
당	온천궁(화청궁) 이덕유의 평천산장	· 온천궁 : 대표적이궁, 태종이 건립, 현종이 화청궁으로 개명 · 문인의 활동 : 두보, 백락천(백거이), 왕유, 이태백 · 관련문헌 : 백락천의 장한가와 두보의 시에서 화청궁의 아름다움을 예찬
송	만세산(석가산) 창랑정(소주)	· 태호석을 본격적으로 사용(석가산수법) · 중심지가 북쪽에서 남쪽 즉, 소주 · 남경 · 으로 이동 · 관련문헌 : 이격비의 낙양명원기, 구양수의 취옹정기, 사마광의 독락원기, 주돈이의 애련설
금	현재 북해공원	
원	사자림(소주)	주덕윤 정원설계, 석가산수법

시대	대표적 작품	특징(조경관련문헌)
명	졸정원(소주)	· 조경활동이 남경과 소주 북경일대에 집중 · 남경과 소주는 관료들의 사가 정원 열기가 고조됨 · 졸정원 : 중국 사가원림의 대표작품, 3/5가 지당중심 · 유원 · 관련문헌 : 계성의 원야(3권), 문진향의 장물지(12권), 왕세정의 유금릉제원기, 육조형의 경
청	이화원 원명원이궁 열하피서산장	· 이화원 : 청대의 대표작으로 대부분이 수원 · 원명원 : 동양 최초로 서양식 기법을 도입(르노트르의 영향)

(1) 주(周)

① 영대 : 시경의 대아편, 왕이 낮에는 조망, 밤에는 은성명월(銀星明月)을 즐기기 위해 높이 쌓아 올린 자리

② 포(圃)와 유(囿)의 존재 : 춘추좌씨전, 주나라의 혜왕이 신하의 포를 징발하여 유로 삼았다는 기록

(2) 한(漢)

① 궁원(금원)

㉮ 상림원(上林苑) : 중국 정원 중 가장 오래된 정원으로 장안에 위치, 사냥터, 곤명호, 곤영지 등의 6대호 조성, 곤명호 양안에 견우직녀석상, 돌고래상(신선사상)

㉯ 태액지원 : 궁궐에서 가까운 금원, 못 속에 봉래, 방장, 영주의 세섬을 축조(신선사상)

② 특징

㉮ 경관을 바라보기위한 건물 : 대, 관(제왕을 위해 축조)

㉯ 한나라 때부터 중정으로 전돌로 포장하는 수법이 사용

· 상림원
중국 정원 중 가장 오래된 정원

(3) 진

① 왕희지의 난정기(蘭亭) : 난정에서 벗을 모아 연석을 베풀은 광경을 문장으로 지음, 원정에 곡수수법을 사용(유상곡수연)

② 도연명의 안빈낙도 : 전원의 안빈낙도 생활을 찬양, 한국인들의 원림생활에 영향을 미침

③ 고개지의 회화

· 유상곡수연
① 진나라, 왕희지 난정기
② 한국과 일본에 영향

(4) 남북조시대

① 불교와 도교가 성행하여 건축과 정원에 영향
② 남조 : 화림원이라는 궁원 계승, 수림과 호수의 자연경관 조영
③ 북조 : 양현지의 '낙양가람기'에 모습이 묘사

(5) 당(唐)

자연 그 자체보다 인위적 정원을 중시하게 되었으며 중국 정원의 기본적 양식이 완성
① 궁원 : 장안의 3원 : 서내원, 동내원, 대흥원
② 이궁 : 온천궁, 구성궁
③ 민간 정원(당대의 시인이자 조경가)
㉮ 백거이(백락천) : 백목단이나 동파종화와 같은 시에서 당 시대의 정원을 잘 묘사
㉯ 이덕유의 평천산장 : 무산 12봉과 동정호의 9파 상징, 신선사상, '평천산거 계자손기'(평천을 팔아 넘기는 자는 내 자손이 아니다.)
㉰ 왕유 : 망천별업이라는 정원 소유

· 온천궁
온천에 행궁을 축조, <u>현종때 화청궁으로 개칭</u>(현종과 양귀비의 환락의 장소로 사용)
백락천의 장한가, 두보의 시에서 화청궁의 아름다움을 예찬

(6) 송(宋)

① 궁원 : 4대원(경림원, 금명지, 의춘원, 옥진원), 만세산원(간산, 주면설계, 태호석사용)
② 민간 정원 : 창랑정(소주)

· **소주의 창랑정**
소순흠조성, 산림경관, 창문장식이 다양함, 소주 4대 명원 중 가장 오래된 정원

③ 관련문헌
㉮ 이격비의 「낙양명원기」 : 낙양지방의 명원 20곳 소개
㉯ 구양수의 「취옹정기」 : 시골에서 산수생활을 표현
㉰ 사마광의 「독락원기」 : 낙양에 독락원을 조성해 은서생활을 표현
㉱ 주돈이 「애련설」 : 주돈이가 연꽃을 군자에 비유하여 예찬한 글, 사상적배경은 불교
㉲ 주밀의 「오흥원림기」(남송)
④ 특징 : 정원에 태호석이 많이 사용, 화석강(태호석을 운반하기 위한 예인선)

그림. 태호석으로 만든 석가산

(7) 금(金)

궁원 : 북경에 태액지 조성 원, 명, 청 삼대 왕조의 궁원구실, 현재 북해공원의 전신

(8) 원(元)

① 궁원 : 석가산 수법으로 금원의 도처에 석가산이나 동굴을 만듬
② 민간 정원
㉮ 북경의 만류당 : 수백그루의 버드나무 식재
㉯ 소주의 사자림 : 원래는 스님을 기념하여 조영한 원림, 화가 주덕윤과 예운림이 설계, 태호석을 이용한 석가산이 유명, 산악경관조성

(9) 명(明)

① 자금성과 궁원

㉮ 자금성 : 북경에 남북 990m, 동서로 760m의 자금성축조(영락제)

㉯ 궁원 : 어화원(정원과 건축물이 모두 좌우 대칭적으로 배치, 석가산과 동굴 조성), 서원(황제의 휴식, 사신접견 등의 연회공간)

② 민간 정원

㉮ 작원 : 미만종이 설계, 북경에 조영, 태호석을 이용한 석가산이 유명

㉯ 졸정원 : 소주에 조영되고 중국 대표적인 사가 정원, 왕헌신조영

· 졸정원의 특징

① 중국 대표적 사가정원

② 반이상이 수경

③ 원향당은 주돈이의 애련설에서 유래

④ '여수동좌헌' 이라는 부채꼴모양의 정자, 창덕궁 후원의 '관람정' 과 사자림의 '선자정' 도 부채꼴 모양의 정자가 있음

㉰ 관련 문헌

계성의 「원야(園冶)」	· 중국 정원의 작정서(作庭書) · 일본에서 탈천공이라는 제목으로 발간 · 3권으로 구성 : 1권 첫머리 「흥조론」에서 조원은 시공자보다 설계자의 중요성 강조 · 차경(借景)수법 강조 : 원차(먼경관), 인차(가까운 경관), 앙차(눈위에 전개되는 경관), 부차(눈아래 전개되는 경관), 응시이차(계절에 따른 경관을 경물로 차용)
문진향의 「장물지」	조경배식에 관한 유일한 책(12권)
왕세정의 「유금릉제원기」	남경의 36개 명원 소개
유조형의 「경」	산거생활을 수필로 적은 것

계성은 풍부한 조경경험을 갖추고 있을 뿐만 아니라, 비교적 높은 학문과 회화 소양을 갖추고 있었다. 원야라는 책에서 당시 조경 경험을 종합하였으며, 역대 중국에서 유일한 조경 전문가라 하겠다.

(10) 청(淸)

· 청대 원림의 특징
① 이궁과 황가 원림의 발달
② 북경주변에 이궁과 황실의 원림을 집중적으로 조성함
③ 웅대한 규모를 바탕으로 자연경관과 인공경관이 결합된 산수원림을 재현함

① 이궁(왕의 피서지, 피난처)

이화원(청의원) 이궁 (북경)	· 대가람인 불향각을 중심으로 한 수원(水苑) · 호수를 중심에 만수산이 있으며 3/4이 수경 · 강남의 명승지를 재현, 청대의 예술적 성과를 대표함 · 신선사상을 배경으로 조성
원명원이궁(북경)	· 동양 최초의 서양식 기법 도입(르 노트르의 영향)★ · 앞뜰에 대분천을 중심으로 한 서양식 정원을 꾸밈
승덕피서산장	· 승덕에 있는 황제의 여름별장 · 강남의 명승지를 모방하여 재현 · 산장안에 사묘(寺廟)가 많다.

② 민간정원 : 과유량이 만든 환수산장이 대표적임

그림. 이화원의 불향각

그림. 이화원의 곤명호

기출문제 및 예상문제

1 다음 중국식 정원의 설명으로 틀린 것은?

㉮ 차경수법을 도입하였다.
㉯ 사실주의보다는 상징적 축조가 주를 이루는 사의주의에 입각하였다.
㉰ 유럽의 정원과 같은 건축식 조경수법으로 발달하였다.
㉱ 대비에 중점을 두고 있으며, 이것이 중국정원의 특색을 이루고 있다.

 중국의 정원은 자연풍경식수법이다.

2 다음과 같은 특징이 반영된 정원은?

- 지역마다 재료를 달리한 정원양식이 생겼다.
- 건물과 정원이 한덩어리가 되는 형태로 발달했다.
- 기하학적인 무늬가 그려져 있는 원로가 있다.
- 조경수법이 대비에 중점을 두고 있다.

㉮ 중국정원 ㉯ 인도정원
㉰ 영국정원 ㉱ 독일풍경식정원

3 청나라 유적이 아닌 것은?

㉮ 열하피서선장 ㉯ 원명원 이궁 ㉰ 이화원 ㉱ 졸정원

해설 졸정원은 명나라 때 조경유적이다.

4 원명원이궁과 만수산이궁은 어느 시대의 대표적 정원인가?

㉮ 명나라 ㉯ 청나라 ㉰ 송나라 ㉱ 당나라

해설 원명원이궁, 만수산이궁은 청나라 때 대표적 이궁이다.

정답 1. ㉰ 2. ㉮ 3. ㉱ 4. ㉯

5 중국정원의 기원이라 할 수 있는 것은?

㉮ 상림원(上林苑)　　㉯ 북해공원(北海公園)
㉰ 원유(苑有)　　㉱ 승덕이궁(承德離宮)

6 다음의 중국정원을 시대별로 조성할 때 순서에 맞게 나열된 것은?

㉠ 상림원	㉡ 졸정원	㉢ 원명원	㉣ 금정원

㉮ ㉡ → ㉠ → ㉢ → ㉣　　㉯ ㉠ → ㉣ → ㉡ → ㉢
㉰ ㉡ → ㉠ → ㉣ → ㉢　　㉱ ㉣ → ㉠ → ㉡ → ㉢

해설 ㉠(한나라) → ㉣(원나라) → ㉡(명나라) → ㉢(청나라)

7 다음 중 중국에서 가장 오래 전에 큰 규모의 정원으로 만들어졌으나 소실되어 남아 있지 않은 것은?

㉮ 중앙공원　　㉯ 북해공원
㉰ 아방궁　　㉱ 만수산이궁

진시황이 아방궁을 건설하였으나 소실되었다.

8 청나라 건륭제가 조영하였으며, 만수산과 곤명호로 구성되어 있는 정원은?

㉮ 서호　　㉯ 졸정원　　㉰ 원명호　　㉱ 이화원

9 중국의 시대별 정원 또는 특징이 바르게 연결된 것은?

㉮ 한나라-아방궁　　㉯ 당나라-온천궁
㉰ 진나라-이화원　　㉱ 청나라-상림원

해설 바르게 고치면
㉮ 한나라-상림원 ㉰ 진나라-아방궁 ㉱ 청나라-이화원

정답　5. ㉮　6. ㉯　7. ㉰　8. ㉱　9. ㉯

제 7 장 일본조경

01 개요

(1) 일본정원의 특징

① 중국의 영향을 받아 사의주의 자연풍경식이 발달
② 자연의 사실적인 취급보다 자연풍경을 이상화하여 독특한 축경법으로 상징화된 모습을 표현(자연재현 → 추상화 → 축경화로 발달)
③ 기교와 관상적 가치에만 치중하여 세부적 수법 발달

(2) 정원의 양식 변천

① 임천식·회유 임천식 : 정원의 중심에 연못과 섬을 만들고 다리를 연결해 주변을 회유하며 감상할 수 있게 만드는 수법
② 고산수식

축산 고산수식	· 나무를 다듬어 산봉우리를, 바위를 세워 폭포수를 상징, 왕모래로 냇물이 흐르는 느낌을 얻을 수 있도록 하는 수법 · 대표작품은 대덕사 대선원, 정토세계의 선사상
평정고산수식	· 왕모래와 바위만 사용하고 식물은 일체 쓰지 않았다. · 일본정원의 골격이라 할 수 있는 석축기법이 최고로 발달한 시대이다. · 대표작품은 용안사의 방장정원, 정토세계의 선사상

③ 다정 양식
- 다실을 중심으로 하여 소박한 멋을 풍기는 양식
- 좁은 공간을 효율적으로 처리하여 모든 시설 설치
- 윤곽선 처리에 있어 곡선이 많이 쓰였다.

④ 원주파 임천형 : 임천양식과 다정양식을 결합하여 실용미를 더한 수법

⑤ 축경식 수법 : 자연경관을 정원에 옮기는 수법

02 시대별조경

<table>
<tr><th colspan="2">시대</th><th colspan="3">특징 및 작품</th></tr>
<tr><td colspan="2">비조(아즈카)시대</td><td colspan="3">· 일본서기 : 백제인 노자공이 612년에 궁남정에 수미산과 오교를 만들었다는 기록
· 수미산석, 귀형석조물 등</td></tr>
<tr><td rowspan="3">평안시대
(헤이안)</td><td>초기</td><td colspan="3">· 신천원, 대각사 차아원
· 해안풍경묘사 : 하원원</td></tr>
<tr><td>중기</td><td colspan="3">· 침전조정원 : 동삼조전, 고양원</td></tr>
<tr><td>후기</td><td colspan="3">· 정토정원 : 평등원, 모월사
· 작정기 : 일본최초의 조원지침서(침전조건물에 어울리는 조원법수록)</td></tr>
<tr><td colspan="2">겸창시대</td><td colspan="3">· 침전조정원 : 수무뢰전, 청원터, 귀산 아궁터
· 막부와 무사정원 : 칭명사, 영복사
· 선종정원 : 영보사, 건장사</td></tr>
<tr><td colspan="2" rowspan="6">실정시대
(무로마치)</td><td colspan="3">· 녹원사, 자조사</td></tr>
<tr><td rowspan="5">· 고산수정원</td><td colspan="2">① 전란의 영향으로 경제가 위축
② 고도의 상징성과 추상성
③ 식재는 상록활엽수, 화목류는 사용하지 않음
④ 의장의 영향 수목산수화, 분재의 영향</td></tr>
<tr><td rowspan="2">축산고산수</td><td>대덕사 대선원</td></tr>
<tr><td>사용재료 : 나무, 바위, 왕모래</td></tr>
<tr><td rowspan="2">평정고산수</td><td>용안사 평정정원</td></tr>
<tr><td>사용재료 : 바위, 왕모래</td></tr>
<tr><td colspan="2" rowspan="2">도산시대</td><td>· 서원조정원</td><td colspan="2">제보사 삼보원, 이조성의 이지환정원, 서본원사 대서원</td></tr>
<tr><td>· 다정원</td><td colspan="2">① 다도를 즐기기 위한 소정원
② 수수분, 석등, 마른소나무가지등 사용
③ 천리휴의 불심암정원, 소굴원주의 고봉암정원</td></tr>
<tr><td colspan="2">강호시대</td><td colspan="3">· 회유임천식 + 다정양식의 혼합형, 다정양식은 계속 발전함
· 계리궁, 수학원이궁, 소석천 후락원, 빈이궁정원, 육의원, 율림공원, 수전사 성취원, 겸육원, 강산후락원</td></tr>
<tr><td colspan="2">명치시대</td><td colspan="3">· 문화개방으로 서양풍의 조경문화 도입
· 축경식정원
· 신숙어원, 적판이궁원, 하비야공원</td></tr>
</table>

(1) 비조(아스카)시대

① 일본서기(일본 조경에 관한 현존하는 최고의 기록)에 기록 : 612년 백제 노자공이 궁의 남정에 수미산과 오교로 된 정원에 관한 기록*

② 수미산 : 구산팔해로 되어 있는 세계 중심에 서있는 상상의 섬, 불교사상 배경

(3) 평안(헤이안)시대 후기

① 초기

㉮ 귀족들이 침전조 형식의 저택과 정원이 다름

㉯ 교토의 여름은 매우 덥고 습도가 높아 시원함을 느낄 수 있도록 폭포와 연못을 설치

㉰ 대표적정원 : 신천원, 대각사 차아원

② 중기

㉮ 침전조정원 : 평안시대 귀족의 주택형식을 침전조라하며, 주거에 해당하는 침전의 남면에는 연회나 행차를 위한 흰모래가 깔려 있으며 동북쪽에 견수(遣水)에 의해 물을 끌어들임

㉯ 대표적정원 : 동삼조전, 고양원, 굴하원

· 작정기

① 침전조 건물에 어울리는 조원법 수록

② 귤준강의 저서

③ 내용 : 돌을 세울 때 마음가짐과 세우는 법, 못·섬의 형태, 야리미즈(견수, 도수법)에 관한 수법, 폭포 만드는법

③ 말기

㉮ 침전조 정원 양식, 정토정원 양식 출현

㉯ 불교식 정토사사의 영향으로 회유임천식 정원양식의 성립

㉰ 정토 정원

- 불교의 정토사상을 바탕으로 한 사원 정원 형식
- 조경기법 : 수미산 석조, 구산팔해, 야박석 등
- 기본 배치 수법 : 남대문 → 홍교 → 중도 → 평교 → 금당으로 이어지는 직선배치
- 대표적 정원 : 평등원정원, 모월사정원, 정유리사정원

(3) 겸창(가마쿠라)시대

㉮ 겸창에 막부(幕府)가 위치한 시대로 국가의 지배자는 조정이 있으며 무가(武家)는 나라를 지키는 업무를 담당, 정원은 침전조정원과 막부와 무사의 정원, 선종의 전파로 정원원칙에 영향을 미침

㉯ 대표적정원
- 침전조정원 : 수무뢰전정원터, 귀산이궁터
- 막부와 무사의 정원 : 칭명사, 영복사
- 선종정원 : 영보사, 건장사

(4) 실정(무로마찌)시대

① 선종의 영향으로 고산수 정원의 형성, 정토정원은 계속유지, 일본정원사상 황금기를 맞이함

② 몽창국사 (몽창소속)

㉮ 겸창, 실정시대의 대표적 조경가, 선종정원의 창시자

㉯ 정토사상의 토대 위에 선종의 자연표현

㉰ 대표적정원 : 서방사정원, 천룡사정원(초원지 중심의 心자형 연못, 못가에 경석 배치, 석조기법이 뛰어남)

③ 초기서원조정원
- 주택건축양식인 서원조(書院造)건축에 대응하여 조성된 정원으로 지천(池川)정원, 고산수정원 등 일정한 양식 없이 다양한 형태를 보완

④ <u>고산수(故山水)정원(Dry Landscape)</u>★

㉮ 정원의 성립배경
- 돌이나 모래로 바다나 계류를 나타내며 물이 쓰이지 않은 정원
- 선사상의 영향으로 고도의 상징성과 추상성을 표현
- 추상적 표현이지만 여전히 정토사상을 기초에 둠
- 정원의 실용적 요소(유락, 산책)를 거부하고 모래와 돌만으로 산수 풍경을 표현
- 중국의 수묵화영향으로 산수를 사실적으로 취급, 잦은 전란으로 인해 재정적인 여유가 없어져 정원 면적이 축소, 새로운 조경양식이 요구됨

축산고산수	· 초기적 수법, 소량의 식물 사용 · 나무를 다듬어 산봉우리의 생김새를 얻게 하고 바위를 세워 폭포를 상징시키며 왕모래를 깔아 냇물이 흐르는 느낌을 얻을 수 있게 하는 수법, 다듬은 수목으로 산봉우리나 먼 산을 상징 · <u>대덕사의 대선원</u> : 2개의 거대한 돌을 세워 먼산의 절벽을 나타내었으며 배후의 입석으로 폭포를 나타냄(구상적 고산수 수법)

평정고산수	· 발전된 단계로 초감각적인 경지를 표현 · 식물은 일체 쓰지 않고 왕모래와 몇 개의 바위만 사용 · 일본정원의 골격이라고 할 수 있는 석축 기교가 최고로 발달 · 용안사 방장정원 : 서양에서 가장 유명한 동양정원, 두꺼운 토담으로 둘러싸인 장방형의 방장마당에 백사를 깔고 물결모양으로 손질, 15개의 암석을 자연스럽게 배치(5, 2, 3, 2, 3개를 동에서 서로 배치), 추상적 고산수 수법

⑤ 대표적정원

㉮ 녹원사(금각사) : 족리의만의 별장으로 북산(北山)문화의 대표적유구, 황금각이 지원 북안에 배치, 야박석 배치되고 화려함, 금각은 누건물로 3층은 사리전, 2층은 관음전, 1층은 침전조풍의 주택

㉯ 자조사(은각사) : 족리의정이 조성, 동산(東山)문화의 대표적 유구로 소박하고 은은한 문화가 특징, 향월대, 은사탄

㉰ 대덕사 대선원 : 축산고산수기법

㉱ 용안사 방장정원 : 평정고산수기법

그림. 금각사

(5) 도산(모모야마)시대

① 종전의 자연순응적 정원에서 탈피한 귀족적이고 호화정원과 다정(茶庭)이 출현

② 서원조정원

㉮ 지배자의 권력을 과시하고자하는 목적으로 조영된 것으로 화려한 색채와 광택을 갖는 재료가 선택되며 명석(名石)과 명목(名木)을 수집하여 전시하는 등 화려한 모습을 보임

㉯ 대표적정원
- 제호사 삼보원 : 풍신수길이 축조, 호화로운 조석(組石)과 명목(名木)이 과다 식재
- 이조성의 이지환정원
- 서본원사 대서원 : 호계(虎溪)의 정원으로 화려하고 강한 힘을 느낄 수 있는 정원

③ 다정원(노지형, 다정)

㉮ 다도를 즐기는 다실을 중심으로 하여 소박한 멋을 풍기는 양식

㉯ 이념적 배경 : 와비와 사비
- 와비 : 인간생활의 어려움을 초월하여 정원에서 미를 찾고 검소하고 한적하게 산다는 개념
- 사비 : 이끼가 끼어있는 정원석에서 고담과 한아를 느끼는 개념

㉰ 특징
- 음지식물을 사용 화목류를 일체 사용하지 않음
- 다도를 즐기는데서 발달한 실용적인면 중요시
- 물통 또는 돌그릇의 샘, 디딤돌, 포석은 풍우에 씻긴 산길, 석등 석탑은 사찰의 분위기, 마른 소나무잎으로 지피는 표현(깊은 산속분위기연출)
- 좁은 공간을 이용하여 필요한 모든 시설 설치
- 윤곽선 처리에 곡선이 많이 쓰임

㉱ 대표적 조원가
- 천리휴 : 초암(草庵)풍, 불심암(不審庵)정원 자연에 가까운 숲속 분위기 연출
- 소굴원주 : 고봉암(孤逢庵)정원으로 대담한 직선, 인공적인 곡선과 도입하여 정원을 연출

· 다정원

① 다실을 중심으로 한 소박한 분위기 정원

② 첨경물 : 물통(돌그릇), 디딤돌, 석등, 석탑 등

(6) 강호(에도)시대

① 일본의 특징적 조경문화(자연축경식정원) 탄생, 원주파임천식(회유식정원과 다정양식의 결합), 다정양식의 완성

② 대표정원 : 계리궁, 수학원이궁, 소석천 후락원, 빈이궁정원, 육의원, 율림공원, 수전사 성취원, 겸육원, 강산후락원

(7) 명치(메이지)시대

① 메이지 유신 이후 문화개방으로 서양풍의 조경문화 도입

② 축경식 정원 : 자연풍경을 그대로 축소시켜 묘사, 규모가 작은 공간에 기암절벽, 폭포, 산, 연못, 절, 탑 등을 한눈에 감상

③ 대표정원 : 신숙어원(앙리 마르티네 설계), 적판이궁원(프랑스 베르사유형식)

④ 히비야공원 : 일본최초의 서양식공원

기출문제 및 예상문제

1 일본정원의 특색은 일반적으로 다음 중 어디에 치중하는가?

㉮ 실용적 ㉯ 기교와 관상적
㉰ 생활과 오락적 ㉱ 사의적

2 일본의 역사적 정원양식의 변천과정이 맞게 연결된 것은?

㉮ 임천식 → 회유임천식 → 축산고산수식 → 평정고산수식 → 다정양식 → 지천임천식 → 축경식
㉯ 회유임천식 → 임천식 → 평정고산수식 → 축산고산수식 → 축경식 → 다정양식 → 지천임천식
㉰ 임천식 → 회유임천식 → 축산고산수식 → 평정고산수식 → 다정양식 → 축경식 → 지천임천식
㉱ 임천식 → 회유임천식 → 축산고산수식 → 평정고산수식 → 지천임천식 → 다정양식 → 축경식

3 일본의 모모야마(桃山)시대에 새롭게 만들어져 발달한 정원양식은?

㉮ 회유임천식 ㉯ 축산고산수식
㉰ 종교수법 ㉱ 다정

4 다음 중 일본의 축산고산수 정원에서 강조의 중심이 될 수 있는 성질이 가장 강한 것은?

㉮ 폭포와 바위돌 ㉯ 왕모래
㉰ 정자 ㉱ 잔디밭

축산고산수는 나무를 다듬어 산봉우리의 생김새를 얻게하고 바위를 세워 폭포를 상징, 왕모래로 냇물을 상징한다.

정답 1. ㉯ 2. ㉮ 3. ㉱ 4. ㉮

5 일본정원과 관련이 적은 것은?

㉮ 축소 지향적　　㉯ 인공적 기교
㉰ 대비의 미　　㉱ 추상적 구성

해설 일본은 대비보다는 조화를 중시하였다.

6 일본의 침전식 정원기법에서 주요 구성요소는?

㉮ 수목과 정원석　　㉯ 화단과 잔디
㉰ 연못과 섬　　㉱ 돌과 모래

7 자연식 조경 중 숲과 깊은 굴곡의 수변을 이용한 정원양식은?

㉮ 전원풍경식　　㉯ 회유임천식
㉰ 고산수식　　㉱ 중정식

8 축소 지향적인 일본의 민족성과 극도의 상징성으로 조성된 정원양식은?

㉮ 중정식　　㉯ 고산수식 정원
㉰ 전원풍경식 정원　　㉱ 평면기하학식

9 일본정원 문화의 시초와 관련된 설명으로 옳지 않은 것은?

㉮ 오 교　　㉯ 노자공
㉰ 아미산　　㉱ 일본서기

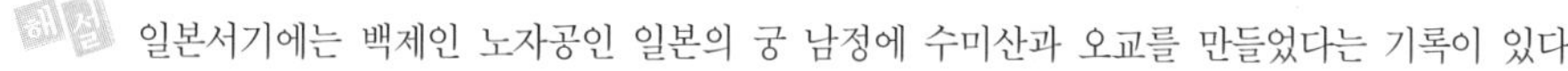
해설 일본서기에는 백제인 노자공인 일본의 궁 남정에 수미산과 오교를 만들었다는 기록이 있다.

정답　5. ㉰　6. ㉰　7. ㉯　8. ㉯　9. ㉰

제8장 한국조경

01 한국정원의 사상적 배경

구분	내용
도교와 은일사상	· 자연주의 철학으로 초탈과 초피를 뜻함 · 사대부별서, 누정
신선사상	· 불로장생을 목적으로 현제의 이익을 추구함 · 봉래, 영주 방장의 삼신산은 사색과 감상의 대상이자 이상향 · 십장생, 연못 내에 중도(섬, 삼신산) 설치
음양오행설	· 음양사상+오행사상 · 정원 연못의 형태(방지원도), 전통주거
풍수지리사상	· 바람은 가두고(바람은 피하고) 물을 구하기 쉬운곳이란 뜻 · 자연환경과 사람의 길흉화복을 연관지어 땅이 생기를 접함으로 복을 얻고 언고 화를 피함 · 배산임수의 양택풍수, 후원식의 탄생, 식재의 방위 및 수종 선택
유교사상	· 공자와 맹자의 이론을 주축으로하는 인간과 정치 실천을 관통하는 체계적 이론으로 학문이자 윤리학이며 종교사상임 · 서원의 공간배치, 궁궐배치, 민가주거공간의 배치의 공간분할에 영향(마당과 채의 구분), 은둔적 사상의 별서정원

02 고대시대 조경(고조선-삼국시대-통일신라)

시대		대표작품
고조선		· 대동사강(大東史綱) 제 1권 단씨조선기(檀氏朝鮮紀)에 기록 · 노을왕이 유(囿)를 조성하여 짐승을 키웠다는 기록
삼국	고구려	안학궁 궁원, 동명왕릉의 진주지
	백제	임류각(경관조망), 궁남지(무왕의 탄생설화), 석연지(정원첨경물)
	신라	정전법(격자형가로망계획)
통일신라		임해전지원(안압지)-신선사상을 배경으로 한 해안풍경을 묘사한 정원
		포석정의 곡수거-왕희지의 난정고사의 유상곡수연
		사절유택-귀족들의 별장
		최치원 은둔생활로 별서풍습시작

(1) 고구려 정원

① 안학궁 궁원

㉮ 안학궁 위치와 형태 : 평양시 대성구역 대성산 소문봉 남쪽

㉯ 형태 : 궁전 중심부는 엄격히 대칭으로 배치, 주변 건물들은 기하학적으로 배치

㉰ 궁원 : 남쪽 궁전과 서문 사이의 정원(자연스러운 연못, 동산, 정자터), 북문정원(동산, 정자터, 괴석배치), 동남쪽에 연못

② 묘지경관 : 동명왕릉의 진주지에는 못 안에 4개의 섬

(2) 백제

① 웅진궁의 임류각(동성왕 22년, 500년)

동성왕 때 궁원의 후원 구실, 경관을 조망하기 위한 높은 누각(물가에 세워 수경, 원경을 즐김)

② 사비궁성의 궁남지(무왕 35년, 634년)

㉮ 무왕 때에 궁남지 조성, 삼국사기와 동사강목에 기록

㉯ 궁 남쪽에 못을 파고, 20여리 밖에서 물을 끌어들였으며, 못 가운데 방장선산(方丈仙山)을 상징하는 섬을 조성, 호안에 능수버들식재

③ 석연지(의자왕)

㉮ 백제말기에 정원 장식 위한 정원용 첨경물

㉯ 화강암질의 돌을 둥근 어항과 같은 생김새로 물을 담에 연꽃을 식재

④ 토목, 건축 기술이 일본에 전해짐

일본서기에 백제의 노자공이 일본으로 건너가 수미산과 오교를 만들었다는 기록이 있음(612년)

(3) 신라

정전법(시가지 가로망 형성 방법, 격자형 구획)

(4) 통일신라

① 임해전와 안압지(동궁과 월지)

㉮ 신선사상을 배경으로 한 해안풍경을 묘사한 정원

㉯ 기능(삼국사기) : 왕과 신하의 정적위락공간, 동적인 선유공간(연회의 장소, 뱃놀이 장소)

㉰ 조성 및 배치

- 면적 : 전체 40,000m^2, 연못 17,000m^2
- 서남쪽에 건물이 배치되고(남쪽과 서쪽은 직선형)

- 동북쪽에 궁원이 배치(동쪽과 북쪽은 곡선형)
- 연못 속의 3개의 섬(신선사상과 결부) : 북서쪽은 중간크기돌, 남동은 가장 큰돌, 가운데는 가장 작은돌
- 가산은 무산십이봉을 상징(신선사상)
- 바닥은 강회로 다짐, 井형의 나무틀에 연꽃을 식재

② 포석정의 곡수거

㉮ 왕희지의 난정기에 영향을 받은 왕의 위락 공간으로 유상곡수연을 즐김

㉯ 과거에는 포석정이라는 정자와 같이 있었다는 것을 추측할 수 있으며 현재는 곡수거만 남아 있음

③ 사절유택 : 계절에 따라 자리를 바꾸어 가며 놀이 즐김(귀족의 별장)

④ 최치원의 은서생활로 별서풍습 시작

그림. 안압지조감도

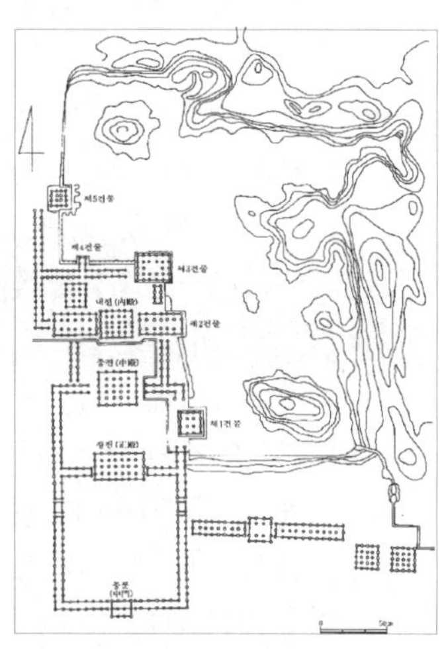

그림. 안압지평면도

그림. 포석정

03 고려시대

<table>
<tr><td rowspan="5">고 려</td><td rowspan="2">궁궐정원</td><td>만월대와 궁원</td><td>· 풍수지리상명당에 자리잡음
· 예종과 의종에 의해 발달
· 귀령각지원(동지), 격구장, 화원, 정자중심, 석가산정원
· 내원서</td></tr>
<tr><td>이궁</td><td>수덕궁원, 장원정(풍수상명당), 중미정, 만춘정</td></tr>
<tr><td>사원정원</td><td colspan="2">문수원남지</td></tr>
<tr><td>민간정원</td><td colspan="2">이규보 이소원정원(사륜정) / 기홍수 곡수지 / 겸렴정 별서 / 맹사성고택</td></tr>
<tr><td>객관정원</td><td colspan="2">사신을 접대하던 장소, 순천관</td></tr>
</table>

(1) 만월대와 궁원

① 귀령각지원(동지) : 공적기능의 정원, 연회장소
② 격구장 : 말을 타고 공을 다투는 놀이로 동적기능 정원
③ 화원 : 화초를 수입하여 화려하고 이국적인 분위기를 조성
④ 정자중심
⑤ 내원서 : 고려 충렬왕 때 정원을 맡아보던 관청*
⑥ 석가산 정원 : 중국에서 도입

(2) 사원정원(선종)

청평사 문수원 남지(이자현이 조영), 사다리꼴의 방지

(3) 정원의 특징

① 강한대비 효과와 사치스러운 양식이 발달
② 시각적 쾌감을 위한 관상위주의 정원
③ 격구장, 석가산, 휴식과 조망을 위한 정자

04 조선시대

<table>
<tr><td rowspan="4">조 선</td><td rowspan="4">궁궐 정원</td><td rowspan="4">경복궁</td><td>경회루지원</td><td>공적기능의 정원(방지방도)</td><td rowspan="4"></td></tr>
<tr><td>아미산원
(교태전후원)</td><td>왕비의 사적정원(계단식후원)</td></tr>
<tr><td>향원정지원</td><td>방지원도</td></tr>
<tr><td>자경전의화문장</td><td>화문장과 십장생 굴뚝</td></tr>
</table>

조 선	궁궐정원	창덕궁	후원	부용정역	방지원도	특징 · 한국의 색채가 농후한 것으로 발달 · 풍수지리설의 영향으로 택지 선정에 영향을 받아 후정이 발달
				애련정역	계단식화계	
				관람정역	관람지(관람정)와 존덕지(존덕정)	
				옥류천역	후정의 가장 안쪽 위치 곡수거와 인공폭포	
		창경궁	통명정원(불교용어 6신통 3명유래)			
		덕수궁	석조전- 우리나라 최초의 서양식 건물 침상원- 우리나라 최초의 서양식 정원			
	민간정원	주택정원	유교사상에 영향, 남·녀·상·하를 엄격히 구분			
		별서정원	양산보의 소쇄원 윤선도의 부용동 원림(세연정역 : 방지방도)			
		별업정원	윤개보의 조석루원			
		누정원림	광한루원림, 활래정지원(방지방도), 명옥헌원, 전신민의 독수정원림			

(1) 궁궐정원

① 왕궁의 기능

외조(外朝)	신하들이 활동하는 관청 등이 있는 공간, 조원은 베풀어지지만 누각과 같은 건물 배치는 하지 않음
치조(治朝)	왕과 신하가 조회하는 정전과 정치를 논하는 편전의 구역, 조원하지 않음이 기본
연조(燕朝)	치조의 후면에 있으며 왕과 왕비의 침전과 편안히 쉬는 시설 구역, 내원이 많이 베풀어짐
상원(上苑)	침전후원 북쪽에 있는 공간으로 휴식과 수학하는 조경공간

② 경복궁(태조 3년 창건)의 원유

경회루 방지 (태종 12년)	· 기능 : 공적기능, 외국사신 영접, 궁중의 연회장소, 주유기능 · 남북113m×동서128m의 방지와 3개의 방도(방지방도) · 가장 큰 섬에 경회루가 건립, 나머지 두 섬엔 소나무가 식재
교태전 후원의 아미산원	· 왕비를 위한 사적인 공간(동서남북의 중앙에 위치) · 평지위에 인공적으로 4단의 화계 축조된 아미산원 · 첨경물로 괴석, 석지(石池), 굴뚝(굴뚝 벽면에 십장생 조각) 쓰임
향원정과 향원지	· 모가 둥글게 처리된 방지(方池)에 중앙에 원형의 섬이 있고 그 위에 향원정이 있으며 취향교(못과 중도를 연결하는 다리)가 연결함 · 향원(香蓮)의 별칭이 연(蓮), 주돈이의 애련설에서 유래
자경전의 화문담과 십장생굴뚝	· 대비가 거처하는 침전으로 화문담(꽃담)과 십장생 굴뚝이 있음 · 전각안의 담에는 화목을 심지 않기 때문에 담 자체가 조원의 경물과 같은 장식

· 자경전의 화문담(화문장)

① 대비의 만수무강을 기원하는 상징물로 장식
② 화문담 : 만수(萬壽)의 문자와 꽃무늬가 내벽에 장식, 외벽엔 거북문, 매화, 대나무, 난초, 석류, 천도복숭아, 국화, 모란이 담벽에 배치
③ 십장생 굴뚝 : 너비 318cm, 높이 236cm, 폭 65cm의 벽면에 십장생(해, 산, 구름, 바위, 소나무, 거북, 사슴, 학, 불로초, 물)과 바다 포도, 연꽃, 대나무가 장식

그림. 경회루전경

그림. 교태전 계단식 후원(아미산)

그림. 향원정과 취향교

그림. 십장생으로 조각된 굴뚝

그림. 화문담(꽃담)

③ 창덕궁(태종5년)
㉮ 지세에 따른 자연스러운 건물배치, 자연지형을 적절히 이용한 궁궐 안의 원림공간
㉯ 자연의 순리를 존중, 자연과 조화를 기본으로 하는 한국문화 특성이 나타난 정원
㉰ 600년 된 다래나무(천연기념물), 향나무(천연기념물)가 있음
㉱ 후원영역

부용정역	·후원 입구에서 가장 가까운 거리에 있는 정원 ·방지원도
애련정역	·연경당(민가를 모방), 99칸 건축물, 단청하지 않음 ·애련지(송대 주돈이 애련설 유래)
관람정역	·상지(존덕지)에 존덕정(6각 지붕 정자), 하지(관람지)에 관람정(부채꼴모양)
옥류천역	·후원의 가장 안쪽에 위치하는 유락 공간 ·C자형 곡수거와 인공폭포가 있어 조화로운 계원을 이룸

그림. 부용정역

그림. 관람정역

그림. 옥류천역

④ 창경궁

통명정원 : 통명(불교의 육신통과 삼명을 의미), 통명전후원의 화계, 석란지(정토사상, 중도형 장방지 무지개형 석교, 괴석 3개, 앙련받침대석 석구를 통한 물유입 됨)

그림. 석란지

⑤ 덕수궁

㉮ 석조전 : 우리나라 최초의 서양건물, 하딩이 설계

㉯ 침상원 : 우리나라 최초의 유럽식정원, 분수와 연못을 중심으로 한 프랑스식 정형정원

(2) 민간정원

별장정원	경제적으로 부유한 사람들이 경승지나 전원지에 제2의 주택을 지어놓던 곳
별당정원	본채와 거리를 두고 건물을 지어 손님을 접대하거나 독서하던 곳
별서정원	문인들이 세속을 피해 은둔과 은일을 목적으로 자연에 회귀하고자 경승지나 전원지에 지어놓은 소박한 주거지
별업정원	부모에게 효도하기 위한 칩거실
누정원림	수려한 자연경관 속에 간단한 누·정을 세워 자연과 벗하기 위한 곳

·주택 공간 조영에 배경사상

① 풍수지리사상 → 후원식, 화계식 발달

② 유교사상 → 상·하·남·녀의 구별이 엄격, 주택공간 배치에 영향(채와 마당으로 구분)

① 주택정원

㉮ 공간구성(상류 주택)

안마당	안채 앞의 마당으로 가장 폐쇄적인 공간, 큰 나무를 식재하지 않음
사랑마당	사랑채 앞의 마당으로 주택 외부와 가까운 곳에 위치, 자연 경물을 이용한 인위적 경관조성기법(괴석이나 경석도입, 담장 밑에 화오설치)
행랑마당	빈객들의 왕래, 노비들의 가사공간으로 특별한 조경수법이 가해지지 않음
바깥마당	주택의 내·외부의 연결공간으로 농산물의 탈곡과 야적 또는 격구장이 되기도 함, 풍수설에서 주작(朱雀)의 오지(汚地)에 해당하며 배수의 필요성에 따라 연못이 배치되기도 함
뒷마당(후원·후정)	안채, 사랑채의 후면 공간으로 약초, 과원의 실용공간으로 활용하고, 경사가 심할 때는 화계가 만들어짐

㉯ 사례 : 이내번의 선교장(강릉), 유이주의 운조루(전남 구례)

② 별서정원*

*소쇄원	·조영 : 양산보(1520~30년, 전남 담양) ·특징 : 자연계류를 중심으로 사면의 일부를 화계식으로 다듬어 정형식 요소를 가미 ·공간구성 : 대봉대역(접근로), 매대역(제월당, 계단식정원), 광풍각역
부용동 원림	·조영 : 윤선도(1637년, 전남 완도 보길도) ·특징 –세연정역 : 계담과 방지방도, 원림 중 가장 정성들여 꾸민 곳, 판석제방, 자연 속에 동화되어 감상하고 유희를 즐기는 장소 –낭음계역 : 수학과 수신의 장소 –동천석실역 : 여름철 더위를 피할수 있는 정자, 은자가 사는 곳이란뜻
서석지원	·조영 : 정영방(1605년) ·특징 : 중도 없는 방지가 마당을 거의 차지, 수경이 정원의 대부분
다산초당원림	·조영 : 정약용(1808~1819년) ·특징 : 정석(丁石)바위, 약천, 다조, 방지원도(섬안에 석가산), 비폭, 주변에 차나무식재

· 별서정원의 배경 요인

① 은둔개념의 유교적 자연관, 은일 개념의 도교적 자연관

② 사례 : 소쇄원, 부용동원림, 서석지원, 다산초당원림

③ 누정원림

㉮ 누(樓)와 정(亭)의 구분

	누의 양식	정의 양식
조영자	고을의 수령	다양한 계층
이용행태	정치, 행사, 연회 등의 공적 이용공간	유상(시짓기, 시읊기, 관람), 사적 이용공간
건물형태	2층으로 된 집(마루를 높임) 방이 없는 경우가 대부분	높은 곳에 세운 집, 방이 있는 경우가 50%
경관기법	허(虛, 비어 있음), 원경, 팔경	

㉯ 사례

- 광한루(1444년) : 삼신선도(봉래·영주·방장), 오작교, 신선사상을 구체적으로 표현
- 활래정 지원(1816년) : 강릉 선교장의 동남쪽에 위치, 방지방도 조성

㉰ 조선시대 정자의 건축적특징

- 방의 유무에 따라 유실형(有室型)과 방이 없는 무실형(無室型)으로
- 유실형은 방의 위치에 따라 방이 가운데 1칸을 차지하면 중심형, 방이 정자의 좌우 한쪽에 몰려있으면 편심형, 방이 정자 좌우로 분리되어 마루가 중심에 위치하는 분리형, 방이 정자의 배면 전체를 차지하는 배면형이 있다.

유실형	중심형	광풍각, 임대정, 명옥헌, 세연정
	편심형	남간정사, 옥류각, 암서재, 초간정, 제월당
	분리형	경정, 다산초당
	배면형	부암정, 거연정
무실형	1칸의 모정형태	

④ 서원조경

㉮ 역할 : 유교사상을 바탕으로 조선시대 사림(士林)에 의해 설립된 학문연구, 선현제향, 지방의 도서관의 역할

㉯ 입지 : 지방의 산수가 수려한 곳에 입지하며 주향자의 연고지를 중심으로 위치

㉰ 공간구성

- 외삼문 → 누각 → 재실(동재, 서재 : 학생들 기숙사) → 강당(교육공간) → 사당(제향공간)
- 입체구성 : 강학공간은 낮으며 제향공간은 점차 높아진다.

⑤ 대표적 민속마을(풍수지리적으로 명당지)

㉮ 하회마을(산태극 수태극의 형상, 연화부수형의 형상)

㉯ 외암리 민속마을

㉰ 양동 마을 : 경주, 산촌 반가

(3) 조경에 관한 문헌

① 강희안의 양화소록 : 강희안, 조경식물에 관한 최초의 문헌★
② 유박의 화암수록 : 양화소록의 부록, 45종의 화목을 품격에 따라 9등급으로 분류
③ 홍만선의 산림경제 : 농가생활에 필요한 백과사전
④ 서유거의 임원경제지 : 정원식물의 종류와 경승지 등이 소개

(4) 조경관리부서★

① 고려 : 내원서-충렬왕
② 조선 : 상림원(태조)-장원서(세조)
③ 동산바치 : 동산을 다스리는 사람, 조선시대 정원사

(5) 정원 식물

① 사절우(매화·소나무·국화·대나무)와 군자의 꽃인 연이 많이 식재 : 유교적 배경(수심양성)
② 국화, 버드나무, 복숭아 : 도연명의 안빈낙도 상징
③ 대나무, 오동나무 : 대평성대 희구
④ 무궁화(목근화), 배롱나무(자미), 연(부거), 목련(목필화), 모란(목단), 동백(산다)

(6) 한국 정원의 특징

① 풍수지리설에 의한 후원식, 화계식
② 직선적인 디자인(화계, 방지)
③ 수목의 인위적 처리를 회피
④ 낙엽활엽수를 식재하여 계절감을 표현

기출문제 및 예상문제

1 동양식 정원과 관련이 없는 것은?

㉮ 음양오행설 ㉯ 자연숭배
㉰ 신선설 ㉱ 인물중심

동양식 정원은 사상에 입각한 사의주의 자연풍경식이며 배경사상은 자연숭배사상, 음양오행사상, 신선사상 등이 있다.

2 백제시대의 정원으로 현존하는 것은?

㉮ 안압지 ㉯ 비원 ㉰ 궁남지 ㉱ 창덕궁

안압지-통일신라시대, 비원- 조선시대 창덕궁의 후원, 창덕궁-조선시대

3 다음 정원 중 시대적인 배열이 맞게 된 것은?

㉮ 임류각 → 궁남지 → 석연지 → 포석정
㉯ 임류각 → 석연지 → 궁남지 → 포석정
㉰ 궁남지 → 임류각 → 석연지 → 포석정
㉱ 석연지 → 궁남지 → 임류각 → 포석정

임류각(동성왕 22년, 500년)-궁남지(무왕 35년, 634년)-석연지(의자왕)-포석정(통일신라시대)

4 다음 설명 중 바르지 않은 것은?

㉮ 통일신라시대에는 곡수원이 발달하였다.
㉯ 함양의 대관림은 신라 초기 민가에서 조성한 방제림이다.
㉰ 포석정은 음양사상이 적용되어 토수부의 귀두는 남성을, 포어는 전복으로서 여성을 상징한다.
㉱ 통일신라시대에는 정원 유적으로 안압지, 포석정, 불국사 등이 있다.

함양의 대관림은 상림원으로 신라시대 함양 태수로 부임한 최치원이 조성한 인공수림이다.

정답 1. ㉱ 2. ㉰ 3. ㉮ 4. ㉯

5 다음 중 고려시대의 정원에 관한 설명으로 옳지 않은 것은?

㉮ 고려시대의 정원관리는 장원서에서 하였다.
㉯ 문수원은 이자현이 조영한 선생활을 실천하는 도장이며, 선종 불교사상의 영향을 받았다.
㉰ 사원조경은 못과 연지가 있었고, 기화이초(奇花異草)등 꽃을 관상 대상으로 하는 식물을 심었다.
㉱ 궁원 내의 양이정은 청자기와를 이은 화려한 정자이다.

해설 고려시대 정원관리는 내원서에서 하였다.

6 우리나라 정원양식이 풍수설에 많은 영향을 받은 시기는?

㉮ 신라 ㉯ 백제 ㉰ 고려 ㉱ 조선

해설 조선시대는 풍수지리설에 의하여 택지선정 등을 하였으며 그로인해 후원식이 탄생하게 되었다.

7 경복궁의 경회루 원지의 형태는?

㉮ 방지형 ㉯ 원지형
㉰ 반달형 ㉱ 노단형

해설 경회루는 방지방도의 형태를 하고 있다.

8 다음 중 신선사상의 영향을 받은 정원은 어느 것인가?

㉮ 일본의 고산수정원 ㉯ 신라의 안압지
㉰ 조선의 경복궁 ㉱ 조선의 경회루

해설 안압지는 연못안에 3개의 섬이 축조되었으며 이를 신선사상과 결부된다.

9 한국적인 색채가 가장 짙은 정원양식이 발생한 시대는?

㉮ 조선시대 ㉯ 고려시대
㉰ 백제시대 ㉱ 신라전성기

정답 5. ㉮ 6. ㉱ 7. ㉮ 8. ㉯ 9. ㉮

10 우리나라의 독특한 정원수법인 후원양식이 가장 성행한 시기는?

㉮ 고려시대 초엽 ㉯ 고려시대 말엽
㉰ 조선시대 ㉱ 삼국시대

해설 조선시대에는 풍수지리사상으로 인해 지형선정에 제약을 받았으며 이로 인해 후원양식이 생겨나게 되었다.

11 우리나라 후원양식의 정원에 설치되는 정원시설물이 아닌 것은?

㉮ 장대석 ㉯ 괴석이나 세심석
㉰ 장식을 겸한 굴뚝 ㉱ 둥근 연못

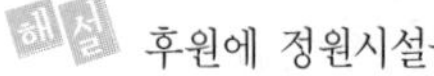
해설 후원에 정원시설물
경사면에 화계를 조성하여 장대석, 굴뚝, 괴석이나 세심석을 배치하였다.

12 조선시대 후원의 장식용이 아닌 것은?

㉮ 괴석 ㉯ 세심석 ㉰ 굴뚝 ㉱ 석가산

13 조선시대에 각 도를 관찰사나 부윤 목사들이 산수 유명한 경승지에 많은 누각을 세워 자연을 감상하곤 하였는데 이는 오늘날 어느 공원의 유형과 같다고 볼 수 있는가?

㉮ 근린공원 ㉯ 체육공원 ㉰ 자연공원 ㉱ 종합공원

14 우리나라 조경의 성격형성에 영향을 끼친 주요 인자가 아닌 것은?

㉮ 신선 사상 ㉯ 급격한 경사를 지닌 구릉 지형
㉰ 사계절이 분명한 기후 ㉱ 순박한 민족성

15 우리나라 조경의 역사적인 조성 순서가 오래된 것부터 바르게 나열된 것은?

㉮ 궁남지 → 안압지 → 소쇄원 → 안학궁
㉯ 안학궁 → 궁남지 → 안압지 → 소쇄원
㉰ 안압지 → 소쇄원 → 안학궁 → 궁남지
㉱ 소쇄원 → 안학궁 → 궁남지 → 안합지

정답 10. ㉰ 11. ㉱ 12. ㉱ 13. ㉰ 14. ㉯ 15. ㉯

16 동양식 정원에서는 연못을 파고 그 한 가운데 섬을 만드는 것이 공통된 수법인데 이러한 수법은 어떤 사상에 근거 한 것인가?

㉮ 신선사상 ㉯ 유교사상
㉰ 불교사상 ㉱ 기독교사상

17 다음 정자와 누에 대한 설명 중 맞지 않는 것은?

㉮ 정자의 이름은 관(觀), 송(松)자가 많이 쓰였고, 누는 풍(風), 망(望)자가 제일 많이 쓰였다.
㉯ 누는 주변으로부터 용이하게 보이기 때문에 그 주인의 권위성을 표현하는 수단으로 이용되기도 하였다.
㉰ 누는 지면을 높게 올려 시야를 멀리까지 연장시킬 수 있도록 하는 천지인(天地人)의 삼재(三才)를 일체화하려는 의도가 깃들여 있다.
㉱ 정자는 많은 사람이 한데 모여 향유하는 공공기능의 건물이다.

해설 정자는 사적인 기능의 건물이다.

18 조선시대 별서정원에 대한 설명 중 옳지 않은 것은?

㉮ 별서정원의 양식에 가장 큰 영향을 끼친 사상은 풍수지리사상이다.
㉯ 별서정원에는 소쇄원, 옥호정, 부용동원림 등이 있다.
㉰ 별서정원의 국화, 매화, 대나무, 소나무는 사절우라 하여 식재했다.
㉱ 별서정원은 유교사상의 영향을 많이 받았다.

해설 조선시대의 별서양식은 유교사상의 영향이 가장 크다.

19 사대부나 양반계급들이 꾸민 별서정원은?

㉮ 전주의 한벽루 ㉯ 수원의 방화수류정
㉰ 담양의 소쇄원 ㉱ 의주의 통군정

해설 양산보는 스승인 조광조가 유배되고 결국사사되자 이에 정치의 꿈을 버리고 고향으로 내려와 자연과 벗하는 별서를 조성하게 되는데 이곳 정원이 소쇄원이다.

정답 16. ㉮ 17. ㉱ 18. ㉮ 19. ㉰

20 다음 중 사대부나 양반계급에 속했던 사람이 자연 속에 묻혀 야인으로서의 생활을 즐기던 별서정원이 아닌 것은?

㉮ 소쇄원　　㉯ 방화수류정
㉰ 부용동정원　　㉱ 다산정원

방화수류정은 조선 정조 18년(1794)에 세운 것으로 건물이 아름답고 조각이 섬세하여 근세 한국 건축 예술의 대표작이다.

21 다음 그림과 같은 묘의 종류는?

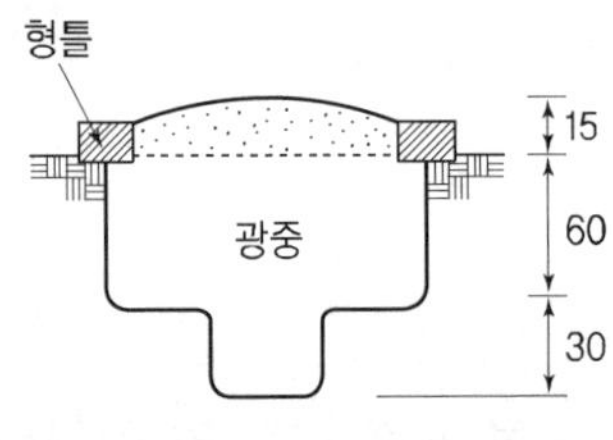

㉮ 봉분형　　㉯ 평분형
㉰ 절충식형　　㉱ 납골묘

22 우리나라에서 최초의 유럽식 정원은?

㉮ 덕수궁 석조전 앞 정원　　㉯ 파고다공원
㉰ 장충공원　　㉱ 구 중앙청사 주위 정원

최초의 유럽식정원인 덕수궁 석조전 앞의 정원은 침상원으로 분수와 연못을 중심으로 한 프랑스식이다.

23 우리나라에서 대중을 위해 만들어진 최초의 공원은?

㉮ 장충공원　　㉯ 파고다공원
㉰ 사직공원　　㉱ 남산공원

정답　20. ㉯　21. ㉮　22. ㉮　23. ㉯

제 2 편

조경계획과 설계일반

제1장 조경계획의 과정

01 조경계획의 일반과정

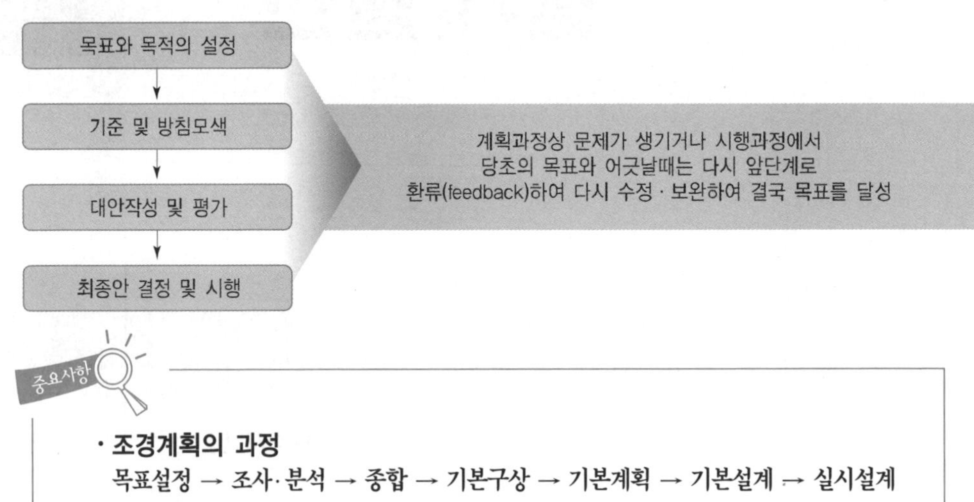

중요사항

· **조경계획의 과정**

목표설정 → 조사·분석 → 종합 → 기본구상 → 기본계획 → 기본설계 → 실시설계

02 조경계획 수립과정

중요사항

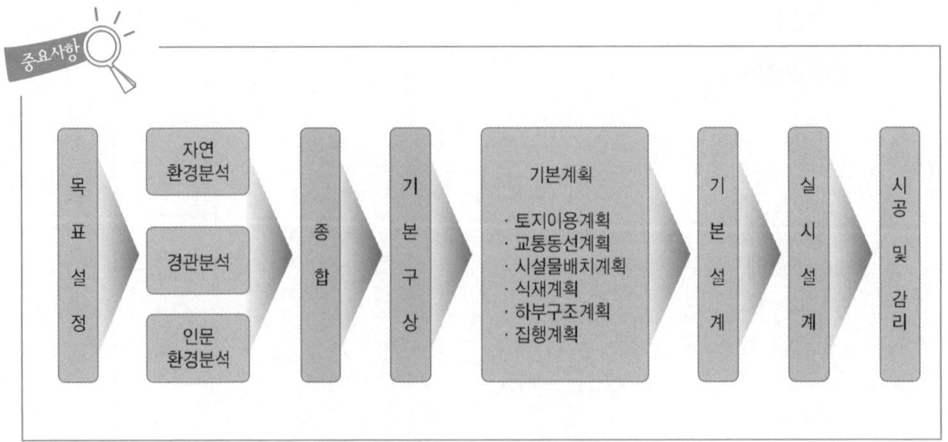

03 계획과 설계의 구분

구 분	계 획(Planning, Programming)	설 계(Design)
정 의	장래 행위에 대한 구상을 짜는일 → planner	제작 또는 시공을 목표로, 아이디어 도출하고 구체적으로 도면 또는 스케치 등의 형태로 표현→ designer
요 구	합리적인 측면	표현적 창의성
구 분	목표설정 → 자료분석 → 기본계획	기본설계 → 실시설계 단계
일반적	· 문제의 발견과 분석에 관련 · 논리적, 객관적으로 문제에 접근 · 체계적이고 일반론이 존재 · 논리성과 능력은 교육에 의해 숙달가능 · 지침서나 분석결과를 서술형식으로 표현	· 문제의 해결과 종합에 관련 · 주관적, 직관적, 창의성, 예술적 강조 · 일반성이 없고 방법론도 여러 가지 임 · 개인의 능력 체험, 미적 감각에 의존 · 주로 도면이나 그림, 스케치로 표현

04 조경계획의 세부과정

(1) 목표설정

프로그램(기본 전제)작성으로 기술되거나 숫자로 표현된 계획의 방향 및 내용으로 구체적으로 세분화 됨

(2) 분석

자연환경분석	지질, 지형, 토양, 기후, 야생동물, 식생 조사
경관분석	자연경관, 문화경관(도시, 농촌경관) 분석
인문환경분석	인구, 토지이용, 교통, 역사적유물, 인간적 행태 등을 조사

(3) 기본구상 및 대안작성

① 계획안에 대한 물리적, 공간적 윤곽이 드러나기 시작
② 프로그램에 제시된 문제 해결 위한 구체적 계획개념 도출
③ 버블 다이어그램(diagram)으로 표현됨
④ 대안작성(기본적인 측면에서 상이한 안을 만드는 것이 바람직)

(4) 기본계획안(최종작성안 : 마스터플랜(Masterplan, Base map))

① 토지이용계획(토지 본래의 잠재력, 이용행위의 관련성)

토지이용 분류	예상되는 토지이용의 종류 구분
적지분석	토지의 잠재력, 사회적 수요에 기초하여 각 용도별로 행해짐
종합배분	중복과 분산이 없도록 각 공간 수요를 고려하고, 타 용도와의 기능적 관계를 고려하여 최종안 작성

② 교통동선계획

㉮ 통행로 선정

- 차량 동선은 짧은 직선 도로가 바람직함
- 보행동선과 차량 동선이 만나는 곳은 보행동선을 우선으로 함

㉯ 교통동선 체계

- 통행수단 : 자동차, 자전거, 보행 동선 등의 상호 연결과 분리가 적절하게 함
- 가능한 막힘이 없는 순환체계가 되게 함
- 도로체계

격자형	균일 분포 가짐, 도심지와 고밀도 토지이용, 평지인 곳에 효율적
위계형	주거단지, 공원, 유원지 등과 같이 모임과 분산의 체계적인 활동이 이루어지는 곳, 다양한 이용 행위 간에 질서를 부여, 구릉지인 곳에 효율적

③ 시설물 배치계획

㉮ 여러 기능이 공존 할 때는 유사한 기능의 구조물을 모아 집단 배치

㉯ 관광지 및 공원의 집단 시설지구 설정 : 무질서한 분산 억제, 환경적 영향을 최소화 시키는데 목적이 있음

④ 식재계획

수종 선택 : 계획 구역의 기후적 여건에서 생장이 가능한가의 가능성 여부 검토, 자생종 검토, 식재기능(방풍림, 풍치림 등)에 따른 수종 선택

⑤ 하부구조계획(전기, 상하수도, 가스, 전화 등 공급처리 시설에 관한 계획)

㉮ 가능한 지하로 매설하여 경관을 살림

㉯ 지하에 매설시 공동구를 설치하여 안전성 높이고 보수가 용이하도록 함

⑥ 집행계획

㉮ 투자계획 : 주어진 예산의 범위에서 계획

㉯ 법규검토 : 법규와 관련된 사항 검토 후 계획과 설계를 실시

㉰ 유지 관리계획 : 유지 관리의 효율성, 편의성, 경제성 고려

(5) 기본설계

① 기본계획의 각 부분을 더욱 구체적으로 발전(각 공간의 정확한 규모, 사용재료, 마감방법 등)
② 입체적 공간의 창조 : 평면구성(2차원의 평면에 표현), 입면구성(공간의 수직적 변화의 표현을 설명), 스케치(공간의 구성을 일반인이 쉽게 이해하도록 입체감 있게 표현)

(6) 실시설계

① 실제 시공이 가능하도록 상세한 시공도면을 작성 하는 것
② 평면상세도, 단면상세도, 시방서, 공사비 내역서 작성 포함

기출문제 및 예상문제

1 조경계획의 과정을 기술한 것 중 가장 잘 표현한 것은?

㉮ 자료분석 및 종합 → 목표설정 → 기본계획 → 실시설계 → 기본설계
㉯ 목표설정 → 기본설계 → 자료분석 및 종합 → 기본계획 → 실시설계
㉰ 기본계획 → 목표설정 → 자료분석 및 종합 → 기본계획 → 실시설계
㉱ 목표설정 → 자료분석 및 종합 → 기본계획 → 기본설계 → 실시설계

2 조경계획의 과정을 나열한 것 중 가장 바른 순서로 된 것은?

㉮ 기초조사 → 식재계획 → 동선계획 → 터가르기
㉯ 기초조사 → 터가르기 → 동선계획 → 식재계획
㉰ 기초조사 → 동선계획 → 식재계획 → 터가르기
㉱ 기초조사 → 동선계획 → 터가르기 → 식재계획

3 조경분야의 프로젝트 수행을 단계별로 구분할 때, 자료의 수집 및 분석, 종합과 가장 밀접하게 관련이 있는 것은?

㉮ 계획 ㉯ 설계
㉰ 내역서 산출 ㉱ 시방서 작성

4 조경분야 프로젝트 수행단계의 순서가 올바른 것은?

㉮ 계획 → 시공 → 설계 → 관리 ㉯ 계획 → 관리 → 시공 → 설계
㉰ 계획 → 관리 → 설계 → 시공 ㉱ 계획 → 설계 → 시공 → 관리

5 생물을 직접 다루며 전체적으로 공학적인 지식을 가장 많이 필요로 하는 수행단계는?

㉮ 계획단계 ㉯ 시공단계
㉰ 관리단계 ㉱ 설계단계

정답 1. ㉱ 2. ㉯ 3. ㉮ 4. ㉱ 5. ㉯

6 좁은 의미의 조경계획으로 볼 수 없는 것은?

㉮ 목표설정 ㉯ 자료분석
㉰ 기본계획 ㉱ 기본설계

7 다음 조경계획 과정 가운데 가장 먼저 해야 하는 것은?

㉮ 기본설계 ㉯ 기본계획
㉰ 실시설계 ㉱ 자연환경분석

조경계획과정

· 목표 → 자료의 수집 및 분석 → 종합 → 기본계획 → 기본설계 → 실시설계
· 분석은 자연환경분석, 경관분석, 인문사회환경으로 나누어 분석한다.

8 다음 중 설계과정을 설명한 것으로 맞는 것은?

㉮ 대지의 조사분석 → 설계개념의 설정 → 기본설계 → 실시설계
㉯ 설정개념의 설정 → 대지의 조사분석 → 기본설계 → 실시설계
㉰ 대지의 조사분석 → 기본설계 → 설계개념의 설정 → 실시설계
㉱ 대지의 조사분석 → 기본설계 → 실시설계 → 설정개념의 설정

9 조경설계시 가장 먼저 시작해야 하는 작업은?

㉮ 현장측량 ㉯ 배식설계
㉰ 구조물설계 ㉱ 토공설계

10 자료를 활용하여 3차원적 공간을 창조해 나가는 수행단계는?

㉮ 조경설계 ㉯ 조경계획
㉰ 조경관리 ㉱ 조경시공

11 조경계획의 과정에서 기초자료의 분석은 주로 자연환경과 인문 · 사회환경의 분석으로 대변 할 수 있다. 다음 사항 중 인문 · 사회환경의 분석요소가 아닌 것은?

㉮ 인구 ㉯ 교통
㉰ 식생 ㉱ 토지이용

식생은 자연환경분석의 요소에 포함한다.

정답 6. ㉱ 7. ㉱ 8. ㉮ 9. ㉮ 10. ㉮ 11. ㉰

12 공간규모를 계획하여 공간의 종류, 규모, 수용인원 등을 결정하는 단계는?

㉮ 목표설정 ㉯ 유지관리
㉰ 실시설계 ㉱ 기본계획

13 다음 그림은 무엇을 나타낸 도면 인가?

㉮ 경사분석도
㉯ 식생분석도
㉰ 경관분석도
㉱ 토지이용 계획도

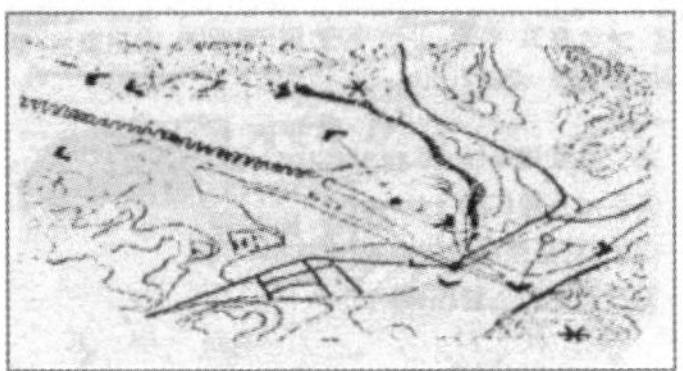

 경관분석도로 관찰점과 조망의 방향을 표시하고 있다.

14 마스터플랜(Master Plan)의 작성이 위주가 되는 설계과정은?

㉮ 기본계획 ㉯ 기본설계
㉰ 실시설계 ㉱ 상세설계

15 조경계획 · 설계의 과정 중 기본계획단계에서 다루어져야 할 문제가 아닌 것은?

㉮ 일정 토지를 계획함에 있어 어떠한 용도로 이용할 것인가?
㉯ 지역간 혹은 지역 내에 어떠한 동선 연결체계를 가질 것인가?
㉰ 하부구조시설들을 어디에 어떤 체계로 가설할 것인가?
㉱ 조사 분석된 자료들은 각각 어떤 상호 관련성과 중요성을 지니는가?

16 다음 중 기본설계 과정에 대하여 올바르게 나타낸 것은?

㉮ 설계원칙의 추출 → 입체적 공간의 창조 → 공간구성 다이어그램의 순으로 진행된다.
㉯ 공간별 배치 및 공간 상호간의 관계를 보여주는 것이 입체적 공간의 창조과정이다.
㉰ 평면도 작성을 위해서는 단지설계 및 지형변경에 관한 기초지식이 많이 요구된다.
㉱ 공간구성 다이어그램은 설계의 표현적 창의력이 가장 많이 작용하는 단계이다.

정답 12. ㉱ 13. ㉰ 14. ㉮ 15. ㉱ 16. ㉰

17 토지이용계획의 순서로 알맞은 것은?

㉮ 토지이용 → 종합배분 → 적지분석
㉯ 적지분석 → 종합배분 → 토지이용분류
㉰ 종합배분 → 적지분석 → 토지이용분류
㉱ 토지이용분류 → 적지분석 → 종합배분

18 조경이 기본계획에서 일반적으로 토지이용분류, 적지분석, 종합배분의 순으로 이루어지는 계획은?

㉮ 동선계획
㉯ 시설물 배치계획
㉰ 토지이용계획
㉱ 식재계획

19 다음 중 통행로 선정 기준으로 옳지 않은 것은?

㉮ 보행인은 우회하더라도 좋은 전망과 그늘을 확보하여 준다.
㉯ 차량은 짧은 직선도로가 바람직하다.
㉰ 보행동선과 차량동선이 만나는 곳은 차량동선을 우선시한다.
㉱ 자연파괴를 최소화시킬 수 있는 장소를 선정한다.

해설 보행동선과 차량동선이 만나면 보행동선을 우선시한다.

20 시공이 가능하도록 시공 도면을 작성하는 조경계획 과정은?

㉮ 실시설계
㉯ 기본계획
㉰ 목표설정
㉱ 기본구상

21 설계단계에 있어서 시방서 및 공사비 내역서 등을 포함하고 있는 설계는?

㉮ 기본구상
㉯ 기본계획
㉰ 기본설계
㉱ 실시설계

정답 17. ㉱ 18. ㉰ 19. ㉰ 20. ㉮ 21. ㉱

제2장 기초조사 및 분석

01 조사대상★

자연환경	지질, 지형, 토양, 기후, 야생동물, 식생을 조사
경관	자연경관, 문화경관(도시, 농촌경관)
인문환경	인구, 토지이용, 교통, 역사적유물, 인간적 행태 등 조사

02 자연환경조사

(1) 식생조사

① 계획대상지의 식물상의 파악하고, 새로 도입해야할 식물의 종류 결정함

② 조사방법

㉮ 전수조사 : 빈약한 식물상을 이루고 있는 곳이나 좁은 면적으로 구성된 곳

㉯ 표본조사 : 식물상이 자연상태의 군락을 이룬 경우, 군락구조의 해석

쿼드라트법	정방형(또는 장방형, 원형) 의 조사지역을 설정하고 식생조사 경지잡초군락 : 0.1~1m², 방목초원군락 : 5~10m², 산림군락 : 200~500m²
접선법	군락내에 일정한 길이의 선을 긋고 그 선 안에 나타나는 식생을 조사
포인트법	높이가 낮은 군락에서만 사용가능
간격법	두 식물간의 거리 또는 임의이 점과 개체간의 거리 측정, 교목, 아교목에 적용

(2) 토양조사

① 토양 : 풍화된 암석의 표면부분

② 토양도의 종류(토양도를 찾아 계획구역 내 토양에 대한 자료수집)

개략토양도	1 : 50,000 축척 농촌진흥청에서 작성
정밀토양도	1 : 25,000 축척 농촌진흥청에서 작성
간이산림토양도	임지에 한해서 1 : 25,000로 산림자원연구소에서 제작

③ 토양단면(soil profile)

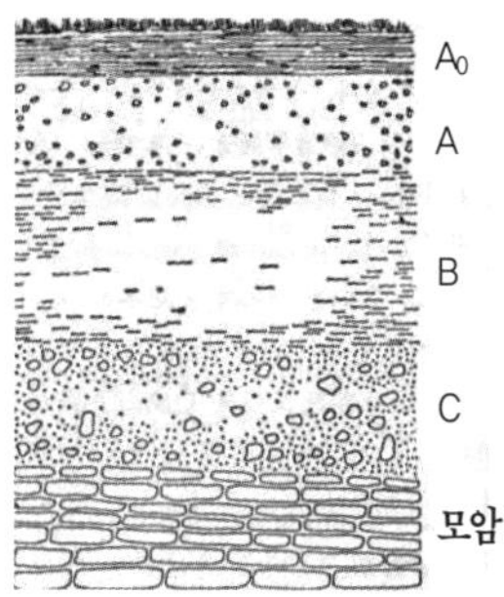

그림. 토양의 단면

A0층(유기물층)	• 낙엽과 분해물질 등 유기물 토양 고유의 층 • 유기물의 분해정도에 따라 L, F, H의 3층으로 분리
A층(표층, 용탈층)	• 광물 토양의 최상층으로 외계와 접촉되어 그 영향을 받는 층 • 흑갈색이며 식물에 필요한 양분 풍부하여 식물의 뿌리가 왕성하게 활동하고 있는 층
B층(집적층)	표층에 비해 부식 함량이 적고 모래의 풍화가 충분히 진행된 갈색토양
C층(모재층)	광물질이 풍화된 층

④ 토성(soil texture)

모래, 미사, 점토 등의 함유비율에 의해 분류됨, 사토(대부분이 모래) → 사질양토(모래와 점토가 50%씩) → 식토(대부분이 점토)

⑤ 토양수분

결합수(화합수)	어떤 성분과 화학적으로 결합되어 있는 물
흡습수	토양입자 표면에 피막처럼 흡착되어 있는 물
모관수	흡습수의 둘레에 싸고 있는 물, 토양공극 사이를 채우고 있는 수분으로 식물유효수분으로 pF(potential Force) 2.7~4.2 범위
중력수	중력에 의하여 자유롭게 흐르는 물, 지하수

(3) 지형조사

① 거시적 파악

㉮ 계획단위이며, 계획지역의 윤곽을 결정하고, 자연조건을 개략 조사하는 단계

㉯ 계획구역과 주변지역간이 물리적 · 사회적 · 경제적 연관성을 파악해 계획안을 반영

㉰ 지역성분석 : 주변지역, 지역연관성, 위치분석

② 미시적 파악

분석내용 : 계획구역의 도면표시, 산정과 계곡 능선의 흐름조사, 등고선의 간격검토(급경사지, 완경사지, 평탄지),개천이나 하천 등 유수패턴 조사, 동선체계와 소로 및 등산로 확인, 경사방향확인

③ 경사도 분석★

G(%) = D/L×100

G, D, L

여기서, G : 경사도(%)
L : 등고선의 직각인 두 등고선간의 평면거리(수평거리)
D : 등고선간격(수직거리)

(4) 수문조사 : 하천조사

① 호수, 습지의 위치를 표시하고 하천의 패턴 하천번호를 조사

② 유형

㉮ 방사형 : 화산 등의 작용으로 형성된 원추형의 산에서 발달

㉯ 수지형 : 우리나라 하천의 경우 화강암질의 영향으로 수지형이 발달

㉰ 창살형 : 습곡, 단층 등의 지질학적 작용에 의해 발달

(5) 기후조사

① 지역기후 : 강우량, 일조시간, 풍속, 풍향 등 조사

② 미기후 : 국부적인 장소에 나타나는 기후가 주변기후와 현저히 달리 나타날 때, 태양열, 공기유통, 안개, 서리피해 지역, 대기오염 자료 등 조사★

㉮ 알베도 : 표면에 닿은 복사열이 흡수되지 않고 반사되는 %(거울 : 1, 잔디면 산림 : 0)

㉯ 쾌적기후 : 우리나라 온도 18~21°

㉰ 동결심도 : 겨울철 땅이 어는 깊이(서울 1m, 남부 40~50cm)

㉱ 일조 : 오전 9시~오후 3시 연속하여 2시간(동지기준)

㉲ 안개와 서리 : 지형이 낮고 배수가 불량한 지역에서 발생함

· 도시의 미기후

① 도시열섬, 대기상승, 강우량증가, 일조량 감소, 고층건물사이에서 풍동현상

② 개선방법 : 나무심기, 차광시설로 복사광선 차단, 콘크리트 또는 아스팔트 억제, 수경 요소 도입, 기존식생보존, 서리끼는 지역, 환기가 안되는 지역, 돌풍지역 개선

(6) 원격탐사(Remote Sensing) 에 의한 환경조사

① 항공기나 인공위성 등을 이용하여 땅위의 것을 탐사

② 장점 : 단시간에 광범위한 지역의 정보수집, 언제나 재현가능, 대상물에 직접 손대지 않고 정보 수집

③ 단점 : 내면 심층부의 정보는 간접적으로 얻을 수 밖에 없고 고비용
④ 사진판독 : 검정색 : 물(하천, 저수지, 강), 탄광지대, 침엽수림, 활엽수림 / 회색 또는 회백색 : 도로 / 백색 : 모래사장

· 자연환경조사의 중심이론
① McHarg의 **생태적 결정론**(ecological determinism)
㉠ **자연과 인간, 자연과학과 인간 환경의 관계를 생태적 결정론으로 연결**
㉡ **적지선정을 위해 도면 결합법**(Overlay method) **제시**
② **경제성에만 치우치기 쉬운 환경계획을 자연과학적 근거에서 인간의 환경 문제를 파악하고 새로운 환경의 창조를 기여**

03 인문·사회 환경 조사

(1) 조사내용

① 인구 : 계획부지를 포함 주변인구 조사, 이용하게 되는 이용자수의 분석
② 토지이용조사 : 토지이용형태조사

주거	상업	공업	녹지, 공원	업무	학교	농경지	개발제한지역
노랑색	빨강색	보라색	녹색	파랑색	파랑색	갈색	연녹색

③ 교통조사
④ 시설물조사
⑤ 역사적 유물 조사 : 문화, 천연기념물, 지역에 스며든 상징적 의미, 전설, 친근감, 깊이감, 이미지를 줄 수 있는 것을 문헌조사 및 주민과의 면담조사로 실시
⑥ 인간행태 유형 : 실제 이용자나 유사한 계층의 사람들을 대상으로 단순관찰, 면담, 질문, 설문지조사

(2) 공간 수요량 계획

① 원수 : 연간 이용자수
② 일 이용자수 : 연간 관광객수에 대한 비율(최대일률, 최대일 집중률, 피크율)
㉮ 최대일률(집중률) : 최대일방문객의 연간방문객에 대한 비율로 계절형에 따라 차이가 남
㉯ 최대일률=최대일이용자수 / 연간이용자수

[최대일률]

구분	1계절형	2계절형	3계절형	4계절형
최대일률	1/30	1/40	1/60	1/100

㉰ 회전율 : 1일 중 가장 많은 이용자수 / 그날의 총 이용자수 비율

③ 수요량산정

㉮ 연간이용자수×최대일률=최대일이용자수

㉯ 최대일이용자수×회전율=최대시이용자수

④ 표준단위 규모

M=Y×C×S×R

여기서, M : 동시 수용력 Y : 연간 이용자수

C : 최대일률 R : 회전율

S : 서비스률(경영효율상 최대일 이용자수의 60~80% 정도 수용 능력)

(3) 중심이론

① 개인적 공간(personal space)

Hall : 대인 거리에 따른 의사소통의 유형으로 분류

거리구분	유지거리	유 형
친밀한 거리	0~1.5ft	아기를 안아주거나 이성간의 가까운 사람들, 스포츠(레슬링, 씨름 : 공격적 거리)시 유지되는 거리
개인적 거리	1.5~4ft	친한 사람간의 일상적 대화 유지거리
사회적 거리	4~12ft	업무상 대화에서 유지되는 거리
공적 거리	12ft 이상	연사, 배우 등의 개인과 청중 사이에 유지되는 거리

② 영역성(territoriality)

㉮ 정의 : 집을 중심으로 고정되어 볼 수 있는 일정지역 또는 공간

㉯ 역할 : 귀속감을 느끼게 함으로써 심리적 안정감, 외부와의 사회적 작용을 함에 있어 구심점 역할

㉰ Altman : 사회적 단위 측면의 영역성 분류

영역구분	영역성
1차적 영역	· 일상생활의 중심이 되는 반영구적으로 점유되는 공간 · 가정이나 사무실로 높은 사생활보호가 요구
2차적 영역	· 사회적인 특정 그룹소속들이 점유하는 공간으로 교실, 기숙사, 교회 등 어느 정도 개인화 시킬 수 있는 공간
공적 영역	· 모든 사람의 접근이 허용, 광장이나 해변

㉱ Newman : 영역의 개념을 옥외 공간 설계에 응용

· 아파트 주변의 범죄발생율이 높은 이유를 연구

· 공간의 귀속감을 주기 위해 중정, 벽, 식재 등의 디자인 기법사용

04 경관조사

(1) 경관의 형식

자연경관		해양, 산림, 평야경관
문화경관	도시경관	가로, 택지, 교외경관
	농촌경관	취락경관, 경작지경관

(2) 경관의 요소 ★

구분	내용	
점 · 선 · 면적인 요소	· 정자목, 집 : 점적요소 · 하천, 도로, 가로수 : 선적요소 · 초지, 전답, 운동장, 호수 : 면적요소	
수직 · 수평적 요소	· 수평적요소 : 저수지, 호수, 수면	· 수직적요소 : 절벽, 전신주
닫혀진 · 열려진 공간	· 닫혀진공간 : 계곡, 수림	· 열려진공간 : 들판, 초지
랜드마크	· 식별성이 높은 지형 · 지질	
전망(view), 비스타(vista)	· 전망(view) : 일정지점에서 볼 때 파노라믹하게 펼쳐지는 공간 · 비스타(vista) : 좌우로의 시선이 제한되고 일정지점으로 시선이 모이도록 구성된 공간	
질감(texture)	· 지표상태에 따라 영향	
색채	· 인공적시설물의 주변과의 조화 · 대비되는 색을 선택	
주요경사	· 급경사 훼손시 경관의 질을 크게 해치며 이를 위한 배려가 요구됨	

(3) 산림경관의 유형 ★

① 거시적경관

구분	내용
파노라믹한 경관	· 시야를 제한받지 않고 멀리트인 경관 · 수평선, 지평선, 높은 곳에 내려다보는 경관 · 조감도적성격과 자연의 웅장함과 존경심
지형경관	· 독특한 형태와 큰규모의 지형지물이 지배적 · 주변 환경의 지표(landmark) · 자연의 큰힘에 존경과 감탄
위요경관	· 수목, 경사면 등의 주위경관요소들에 의해 울타리처럼 둘러쌈 · 평탄한 중심공간에 숲이나 산이 둘러싸는 듯한 경관
초점경관	· 관찰자의 시선이 경관 내의 어느 한 점으로 유도되도록 구성된 경관 · 초점을 중심으로 강한 시각적통일성을 지닌 안정적 구조(vista경관)

② 세부경관★

관개경관 (터널적 경관)	· 교목의 수관아래서 형성되는 경관 · 숲속의 오솔길, 노폭이 좁고 가로수 수관이 큰도로
세부경관	· 내부지향적, 낭만적경관 · 사방으로 시야가 제한되고 협소한 공간규모 · 관찰자가 가까이 접근하여 나무의 모양, 잎, 열매 등을 상세히 보며 감상
일시적경관	· 경관유형에 부수적으로 중복되어 나타남 · 기상변화, 계절감, 시간성의 다양한 모습을 경험 · 대기권의 기상 변화에 따른 경관 분위기 연출, 순간적으로 나타났다가 사라지는 경관 · 설경, 노을, 연못에 투영된 영상, 떼를 지어 날아가는 철새, 동물들의 갑작스런 출현 등

(4) 도시경관

① Lynch : 도시이미지 형성에 기여하는 물리적 요소 5가지 제시, 인간환경의 전체적인 패턴의 이해와 식별성을 높이는데 관계되는 개념

[Lynch의 물리적 요소 5가지]★

통로(paths)	연속성과 방향성을 줌(길, 고속도로(승용차))
모서리(edges)	지역과 지역을 갈라놓거나 관찰자가 통행이 단절되는 부분(관악산, 북한산, 고속도로(보행자), 강)
지역(district)	용도면에서 분류(중심지역, 사대문안의 상업지역)
결절점(node)	도로의 접합점(광장, 로타리)
랜드마크(landmark)	눈에 뚜렷이 인지되는 지표물(시계탑, 63빌딩)

(5) 경관의 우세요소, 우세원칙, 변화요인 ★

우세요소	· 경관형성에 지배적인요소 · 형태, 선, 색채, 질감
우세원칙	· 우세요소를 더 미학적으로 부각시키고 주변대상과 비교될 수 있는 것 · 대조, 연속성, 축, 집중, 상대성, 조형
변화요인	· 경관을 변화시키는 요인 · 운동, 빛, 기후조건, 계절, 거리, 관찰위치, 규모, 시간

*경관의 우세요소(dominance elements)

① 선(Line)

직선	굳건하고 남성적이며 일정한 방향 제시
지그재그선	유동적, 활동적, 여러 방향 제시
곡선	부드럽고 여성적이며 우아한 느낌

② 형태(Form)

기하학적 형태	주로 직선적이고 규칙적 구성
자연적 형태	· 곡선적이고 불규칙적 구성 · 자연경관의 산, 하천, 수목 등과 같은 자연적 형태

③ 질감(Texture)

재질감	촉각과 시각에 느껴지고 보이는 물질의 표면 상태
질감	물체의 표면이 빛을 받았을 때 생겨나는 밝고 어두움의 배합률에 따라 시각적으로 느껴지는 감각
결정사항	• 지표상태 : 잔디밭, 농경지, 숲, 호수 등 각각 독특한 질감 • 관찰거리 : 멀어질수록 전체의 질감을 고려해야 함 • 거칠다 ↔ 섬세하다(부드럽다)로 구분

④ 색채(color)

색의 감정	• 따뜻한 색 : 전진, 정열적, 온화, 친근한 느낌 • 차가운 색 : 후퇴, 지적, 냉정함, 상쾌한 느낌
색채의 적용	• 생동적인 분위기 : 봄철의 노란 개나리꽃, 가을의 붉은 단풍 • 차분하고 엄숙한 분위기 : 침엽수림이나 깊은 연못의 검푸른 수면

05 도시광장의 척도

가로폭(D)과 건물높이(H)의 비율에 따라 폐쇄감의 정도나 인간척도에 맞는 공간감이 달라짐

(1) 카밀로 지테(Camillo Sitte)

① 광장의 최소폭은 건물의 높이와 같고 최대높이의 2배를 넘지 않도록 해야 한다.

② 건물의 높이에 비해 간격이 2배 이상 되면 광장에 폐쇄성이 작용하기 어려우므로, 1배 이상 2배 이내일 때 가장 긴장감을 줄 수 있는 관계가 좋다. $1 \le D/H \le 2$ 가 적당하다.

(2) 린치(K. Lynch)

① D/H = 1 : 2, 1 : 3이 적당하며, 24m가 인간 척도

② 건물높이(H)와 거리(D)의 비

D/H비	앙각(°)	인 지 결 과
D/H=1	45	건물이 시야의 상한선인 30° 보다 높음, 상당한 폐쇄감을 느낌
D/H=2	27	정상적인 시야의 상한선과 일치하므로 적당한 폐쇄감을 느낌
D/H=3	18	폐쇄감에서 다소 벗어나 주 대상물에 더 시선을 느낌
D/H=4	12	공간의 폐쇄감은 완전히 소멸되고 특정적인 공간으로서의 장소의 식별이 불가능해짐

기출문제 및 예상문제

1 다음 중 조경계획 및 설계의 3대 분석 과정에 해당하지 않는 것은?

㉮ 물리·생태적 분석 ㉯ 환경영향평가 분석
㉰ 사회·형태적 분석 ㉱ 시각·미학적 분석

조경계획의 분석
· 물리생태적분석 · 시각미학적분석 · 사회행태적분석

2 다음 자연환경분석 중 자연형성과정을 파악하기 위해서 실시하는 분석내용이 아닌 것은?

㉮ 지형 ㉯ 수문 ㉰ 토지이용 ㉱ 야생동물

토지지용은 인문환경분석에 포함된다.
인문환경분석 : 이용자, 토지이용, 역사적유물, 교통, 시설물, 인간행태조사

3 자연환경조사 단계 중 미기후와 관련된 조사항목이 아닌 것은?

㉮ 태양 복사열을 받는 정도 ㉯ 지하수 유입지역
㉰ 공기유통의 정도 ㉱ 안개 및 서리해 유무

미기후조사내용 : 태양열, 공기유통, 서리피해, 대기오염, 안개 및 서리피해 등

4 미기후(Micro-climate)에 대한 설명 중 옳지 않은 것은?

㉮ 지형은 미기후의 주요 결정요소가 된다.
㉯ 그 지역 주민에 의해 지난 수년 동안의 자료를 얻을 수 있다.
㉰ 일반적으로 지역적인 기후 자료보다 미기후 자료를 얻기가 쉽다.
㉱ 미기후는 세부적인 토지이용에 커다란 영향을 미치게 된다.

미기후는 국부적인 장소에서 나타나는 기후가 주변기후와 다를 때를 말하며 지역기후보다 자료를 얻기는 어렵다.

정답 1. ㉯ 2. ㉰ 3. ㉯ 4. ㉰

5 **자연환경 조사사항과 가장 관계없는 것은?**

㉮ 식생 ㉯ 주위 교통량 ㉰ 기상조건 ㉱ 토양조사

해설 자연환경 조사사항 : 식생, 토양, 기후, 지형, 지질, 야생동물 등

6 **토양단면에 있어 낙엽과 그 분해물질 등 대부분 유기물로 되어 있는 토양 고유의 층으로 L층, F층, H층으로 구성되어 있는 것은?**

㉮ 용탈층(A층) ㉯ 유기물층(Ao층)
㉰ 집적층(B층) ㉱ 모재층(C층)

7 **수목식재에 가장 적합한 토양의 구성비(토양 : 수분 : 공기)는?**

㉮ 50% : 25% : 25% ㉯ 50% : 10% : 40%
㉰ 40% : 40% : 20% ㉱ 30% : 40% : 30%

8 **영구위조(永久萎凋)시의 토양의 수분 함량은 사토(砂土)의 경우 몇 %인가?**

㉮ 2~4% ㉯ 10~15% ㉰ 20~25% ㉱ 30~40%

해설 영구위조는 포화습도의 공기중에서 회복되지 않는 수분량을 말한다.

9 **식생조사를 하는 목적 중 가장 옳지 않은 것은?**

㉮ 토지이용계획을 위한 진단 ㉯ 식재계획을 위한 진단
㉰ 자연보호지역의 설정에 필요한 진단 ㉱ 지하수위의 측정을 위한 진단

10 **자연환경분석에서 종합분석의 내용으로 옳지 않은 것은?**

㉮ 자연환경을 형성하는 개개의 인자의 개별성 분석
㉯ 댐건설로 인한 수중생태계와 기상상태의 변화 분석
㉰ 포장면적 증대로 인한 홍수 위험에 대한 분석
㉱ 주거개발로 인한 식생파괴와 침식관계의 분석

정답 5. ㉯ 6. ㉯ 7. ㉮ 8. ㉮ 9. ㉱ 10. ㉮

11 이용형태를 조사하기 위한 방법으로 적절한 조사방법은 무엇인가?

㉮ 설문조사　　㉯ 면담조사
㉰ 사례조사　　㉱ 현장관찰법

12 이용자 수가 많을 경우에 이용자 태도를 조사하기 위한 적절한 조사방법은?

㉮ 설문조사　　㉯ 사례연구
㉰ 문헌조사　　㉱ 면담조사

13 개인적 공간에 대한 설명으로 옳지 않은 것은?

㉮ 개인의 주변에 형성되고 보이지 않는 경계를 지닌다.
㉯ 타인이 침해하면 불쾌감을 느낀다.
㉰ 모든 사람이 똑같지 않다.
㉱ 개인적 공간은 상황변화에 따라 공간의 크기가 변하지 않는다.

14 일정 지점에서 볼 때 광활하게 펼쳐지는 경관요소를 무엇이라 하는가?

㉮ 랜드마크　　㉯ 통경선
㉰ 전망　　㉱ 질감

· 랜드마크 : 식별성이 높은 지형지물
· 비스타 : 좌우로 시선이 제한되고 일정지점으로 시선이 모임

15 정원의 구성 요소 중 점적인 요소로 구별되는 것은?

㉮ 원로　　㉯ 생울타리　　㉰ 냇물　　㉱ 음수대

16 다음 중 경관의 우세요소가 아닌 것은?

㉮ 형태　　㉯ 선　　㉰ 소리　　㉱ 텍스쳐

해설 경관우세요소 : 형태(Form), 선(Line), 색채(color), 질감(texture)

정답　11. ㉱　12. ㉮　13. ㉱　14. ㉰　15. ㉱　16. ㉰

17 「거칠다」, 「섬세하다」하는 것은 어느 시각적 요소에 해당되는가?

㉮ 질감(質感) ㉯ 방향(方向)
㉰ 크기 ㉱ 농담(濃淡)

18 시각적 경관요소는 대부분 6가지 요소로 분류된다. 다음 설명은 어느 경관을 말하는 것인가?

> 주위 환경요소와는 달리 특이한 성격을 띤 부분의 경관으로 지형적인 변화, 즉 산속에 높은 절벽과 같은 것

㉮ 파노라마경관 ㉯ 천연미적 경관
㉰ 초 점경관 ㉱ 세부적경관

19 안개나 수면에 투영된 영상같이 대기권의 상황변화에 따라 경관의 모습이 달라지는 것을 무엇이라 하는가?

㉮ 지형경관(Feature Landscape) ㉯ 세부경관(Detail Landscape)
㉰ 초점경관(Focal Landscape) ㉱ 일시적 경관(Ephemeral Landscape)

20 떼지어 나는 철새나 설경 또는 수면에 투영된 영상 등에서 느껴지는 경관은?

㉮ 초점경관 ㉯ 관개경관
㉰ 세부경관 ㉱ 일시경관

21 독도는 광활한 바다에 우뚝 솟은 바위섬이다. 독도의 전망대에서 바라보는 경관의 유형으로 가장 적합한 것은?

㉮ 파노라마경관 ㉯ 지형경관
㉰ 위요경관 ㉱ 초점경관

정답 17. ㉮ 18. ㉯ 19. ㉱ 20. ㉱ 21. ㉮

22 수목 혹은 자연 경사면 등의 주위 경관요소들에 의해 울타리처럼 둘러싸여 있는 경관을 무엇이라고 하는가?

㉮ 세부경관　　㉯ 일시적 경관　　㉰ 관개경관　　㉱ 위요경관

23 다음 중 관개경관의 설명으로 옳은 것은?

㉮ 평원에 우뚝 솟은 산봉우리
㉯ 주위 산에 의해 둘러싸인 산중 호수
㉰ 노폭이 좁은 지역에서 나뭇가지와 잎이 도로를 덮은 지역
㉱ 바다 한가운데서 수평선상의 경관을 360° 각도로 조망할 때의 경관

관개경관(터널적경관=캐노피(canopy)경관)
산림의 세부적경관으로 교목의 수관 아래 형성되는 경관으로 숲속의 오솔길, 폭이 좁은 가로수 길 등이 예가 된다.

24 다음 중 좌우로 시선이 제한되어 전방의 일정 지점으로 시선이 모이도록 구성된 경관을 의미하는 것은?

㉮ 질감(Texture)　　㉯ 랜드마크(Landmark)
㉰ 통경선(Vista)　　㉱ 결절점(Nodes)

25 경관의 유형 중 일시적 경관에 해당하지 않은 것은?

㉮ 기상변화에 따른 변화　　㉯ 물위에 투영된 영상(映像)
㉰ 동물의 출현　　㉱ 산 중 호수

26 경관(景觀)의 기본 유형을 그림으로 나타낸 것이다. 이들 중 파노라믹한 경관의 그림은?

㉮
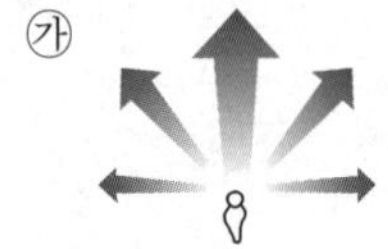
㉯
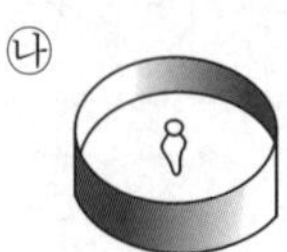
㉰
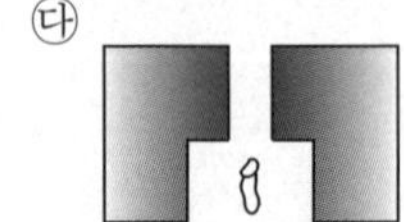
㉱
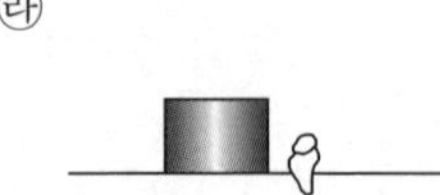

정답　22. ㉱　23. ㉰　24. ㉰　25. ㉱　26. ㉮

27 Kevin Lynch의 5가지 도시 이미지와 관련이 없는 것은?

㉮ 지역(Districts) ㉯ 구조(Structure)
㉰ 단(Edges) ㉱ 통로(Paths)

린치의 5가지 거시적 도시이미지
- Paths(통로, 길)
- Districts(용도에 따른 지역)
- Edges(단, 모퉁이)
- nodes(결절점)
- landmark(랜드마크)

28 정원의 넓이를 한층 더 크고 변화있게 하려는 조경기술 중 가장 좋은 방법은?

㉮ 축을 강조 ㉯ 눈가림수법
㉰ 명암의 대비 ㉱ 통경선

통경선과 눈가림수법
- 통경선 : 정원이 넓고 길게 보이는 효과
- 눈가림수법 : 정원이 변화감, 거리감이 있어 보이는 효과

29 다음 정원에서의 눈가림 수법에 대한 설명으로 틀린 것은?

㉮ 좁은 정원에서는 눈가림 수법을 쓰지 않는 것이 정원을 더 넓어 보이게 한다.
㉯ 눈가림은 변화와 거리감을 강조하는 수법이다.
㉰ 이 수법은 원래 동양적인 것이다.
㉱ 정원이 한층 더 깊이가 있어 보이게 하는 수법이다.

눈가림수법으로 정원에 변화감, 거리감을 주며 이는 정원을 더 넓어보이게 한다.

정답 27. ㉯ 28. ㉯ 29. ㉮

제3장 조경미

01 점

① 사물을 형성하는데 기본요소이며 심리적으로 주의력을 분산 또는 집중시켜 연관성을 갖게 한다.
② 공간에 한점이 놓일 때 우리의 시각은 이 자극에 주의력이 집중된다.
③ 한점에 또 한점이 가해지면 시선은 양쪽으로 분산되며 점과 점은 인장력을 가지게 된다.
④ 2개의 조망점이 있을 때 주의력은 자극이 큰 쪽에서 작은 쪽으로 시선이 유도된다.

02 선의 형태와 특징

① 수직선 : 구조적 높이와 강한 느낌, 존엄성, 상승력, 엄숙, 위엄, 의지적 느낌
② 수평선 : 평화, 친근, 안락, 평등 등 편안한 느낌
③ 사선 : 속도, 운동, 불안정, 위험, 긴장, 변화, 활동적인 느낌
④ 곡선 : 우아함, 매력적임, 부드러움, 여성, 섬세한 느낌

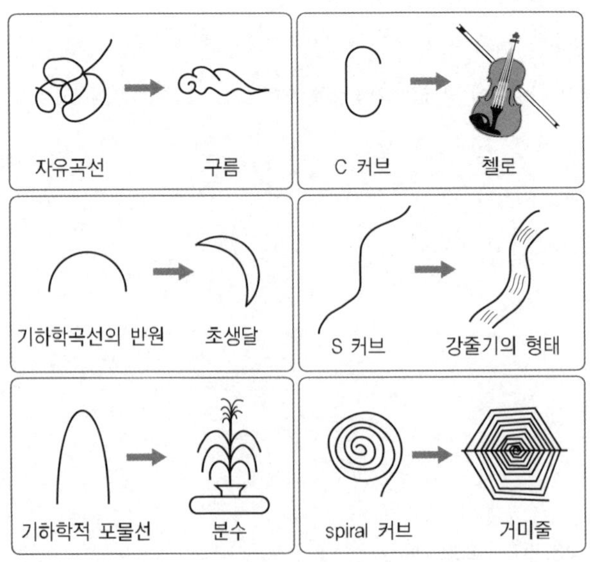

03 스파늉

① 점, 선, 면 등의 요소에 내재하고 있는 창조적인 운동의 일부를 의미하는 힘
② 점, 선, 면 구성요소가 2개 이상 배치되면 상호관련에 의해 발생되는 동세

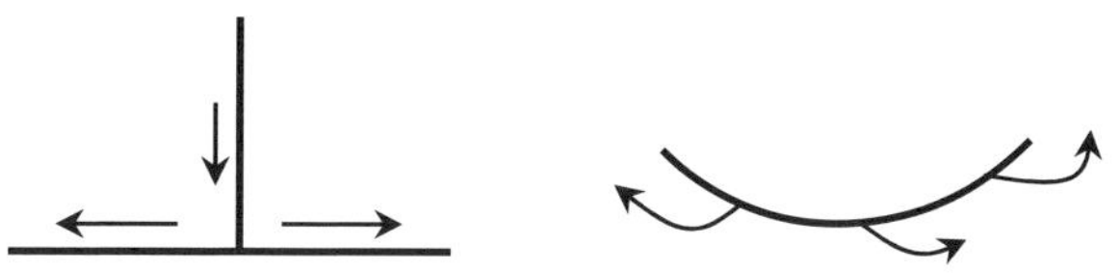

04 통일성

① 전체를 구성하는 부분적 요소들이 동일성 혹은 유사성을 지니고 있어 각 요소들이 유기적으로 잘 짜여져 이어 시각적으로 통일된 하나로 보이는 것
② 통일성이 너무 강조되면 보는 사람으로 하여금 지루함을 느끼게 함

조 화	· 색채나 형태가 유사한 시각적 요소들이 어울리게 함 (예) 구릉지의 곡선과 초가지붕의 곡선(부분 요소들 간의 동질성)
균형과 대칭	· 한쪽에 치우침 없이 양쪽의 크기나 무게가 보는 사람에게 안정감을 주는 구성미 · 대칭균형 : 축을 중심으로 좌우 또는 상하로 균등하게 배치, 정형식 정원 · 비대칭균형 : 모양은 다르나 시각적으로 느껴지는 무게가 비슷하거나 시선을 끄는 정도가 비슷하게 분배되어 균형을 유지하는 것, 자연풍경식 정원
강 조	· 동질의 형태나 색감들 사이에 이와 상반되는 것을 넣어 시각적 산만함을 막고 통일감을 조성하기 위한 수법 (예) 자연경관의 구조물(절벽과 암자, 호숫가의 정자 등)은 전체경관에 긴장감을 주어 통일성이 높아짐
반복	· 동일한 또는 유사한 요소를 반복시킴으로써 전체적으로 동질성을 부여하여 통일성을 이룸 · 지나친 반복은 단조로움을 초래

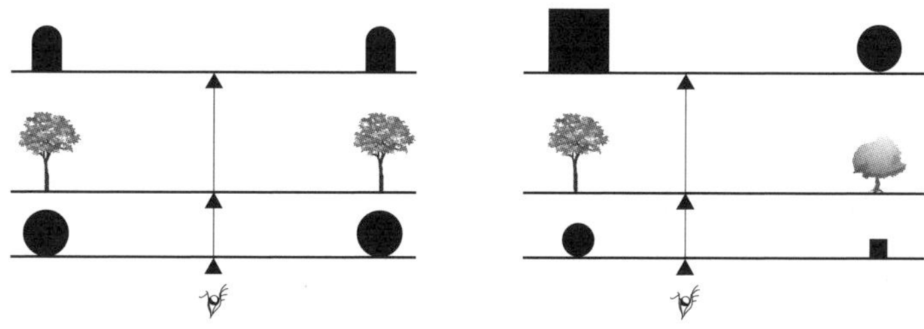

그림. 대칭균형, 비대칭균형

05 다양성

① 전체의 구성요소들이 동일하지 않으면서 구성방법에 있어서도 획일적이지 않아서 변화 있는 구성을 이루는 것

② 다양성을 달성하기 위해서는 구성요소의 규칙적인 변화, 리듬, 대비효과 등의 방법이 있음

변 화	· 구성요소의 길이, 면적 등 물리적 크기 및 비례, 형태, 색채, 질감 등에 규칙적인 변화
리 듬	· 각 요소들이 강약, 장단의 주기성이나 규칙성을 지니면서 전체적으로 연속적인 운동감을 나타냄 · 리듬과 변화는 관련이 있으며 규칙적인 변화가 주기적으로 반복되면 리듬감이 형성
대 비	· 상이한 질감, 형태, 색채를 서로 대조시킴으로써 변화를 준다. · 특정 경관 요소를 더욱 부각시키고 단조로움을 없애고자 할 때에 이용하며, 잘못하면 산만하고 어색한 구성이 된다. (예) 형태상의 대비(수평면의 호수에 면한 절벽)와 색채상의 대비(녹색의 잔디밭에 군식 된 빨간색의 사루비아 꽃)

· 다양성과 통일성의 관계

① 통일성이 높아지면 다양성이 낮아지며, 다양성이 높아지면 통일성이 낮아지는 경향이 있음

② 다양성과 통일성이 서로 적절한 수준에서 유지되어야 훌륭한 미적구성이 됨

06 비례

(1) 개념

① 형태, 색채에 있어 양적으로나 혹은 길이와 폭의 대소에 따라 일정한 크기의 비율로 증가 또는 감소된 상태로 배치 될 때

② 한부분과 전체에 대한 척도 사이의 조화

(2) 피보나치(Fibonacci)수열

0, 1, 1, 2, 3, 5, 8, 13, 21, 34 ...이 각 항은 그 전에 있는 2개항의 합한수가 되며 이를 피보나치 급수라 한다. 이탈리아의 수학자 피보나치가 처음 소개해 피보나치 수열이라고 한다.

(3) 황금비례(Golden section, 황금분할)

고대 그리스인들의 창안한 비례, 1 : 1.618의 비율을 갖는 가장 균형잡힌 비례

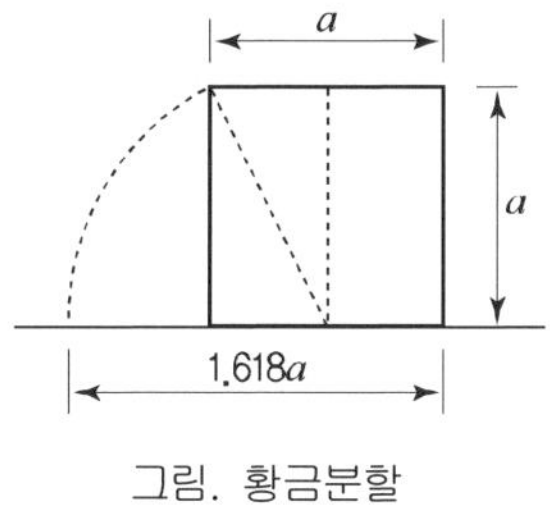

그림. 황금분할

(4) 모듈러(modulor)

르 꼬르뷔지에(Le Corbusier)휴먼스케일을 디자인 원리로 사용함에 있어 단순한 배수보다는 황금비례를 이용함을 주장하고 실천

(5) 삼재미(三才美)

① 동양에서 표현되는 미의 형태로 하늘(天), 땅(地), 인(人)이라 하여 이것이 잘 조화될 때 아름다움이 유발

② 수목의 배치나 정원석, 꽃꽂이 등에 널리 이용되고 있다.

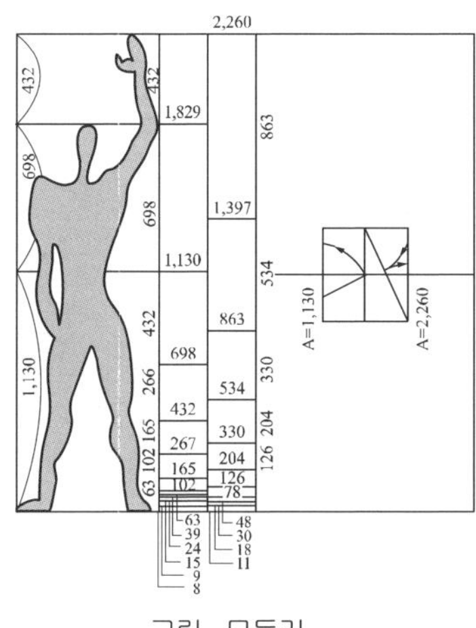

그림. 모듈러

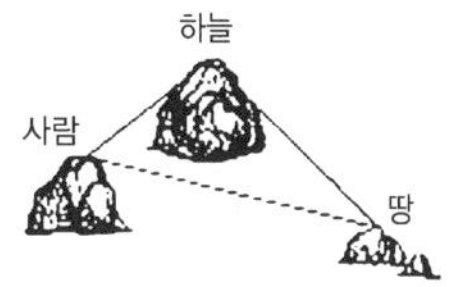

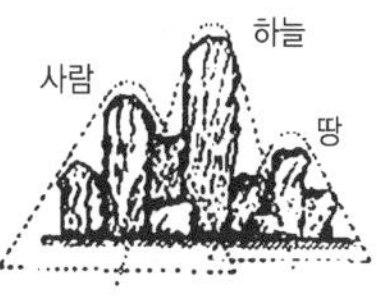

그림. 삼재미(三才美)

07 앙각과 시계

사람이 서서 눈의 위치를 변경하지 않고 보았을 때 시야의 한계범위

앙각	종(縱)으로 보이는 각도로 보통은 ∠18°~∠45° 범위를 볼 수 있으며, 자연스러운 각은 ∠27°
시계	횡(橫)으로 보이는 범위, 시점으로부터 중심축을 기준으로 ∠30°~45°의 범위

08 색채

(1) 색의 지각

① 빛이 물체에 닿으면 일부는 흡수되어 열로 변하며 흡수되지 않고 반사된 빛은 우리의 눈을 통하여 밝기와 색을 느낀다.

② 인간의 모든 반사광을 모두 지각할 수 없으며 약 380nm~780nm의 파장을 지는 전자파만 받아들이는데 이를 가시광선이라고 한다. 780nm보다 긴 파장을 적외선, 380nm보다 짧은 것을 자외선이라 한다.

③ 간상체와 추상체

간상체	망막의 시세포의 일종, 어두운 곳에서 반응, 사물의 움직임에 반응, 흑백으로 인식→ 흑백필름(암순응)
추상체(원추체)	색상인식, 밝은 곳에서 반응세부 내용 파악→ 칼라필름(명순응)

④ 박명시와 푸르키니에 현상

박명시	주간시와 야간시의 중간상태의 시각
푸르키니에(Purkinie) 현상	• 간상체와 추상체 어둡게 되면(새벽녘과 저녁때) 파랑계통의 색(단파장)의 시감도가 높아져서 밝게 보이는 시감각 현상

⑤ 조건등색 = 메타메리즘(metamerism)

㉮ 빛의 스펙트럼 상태가 서로 다른 두 개의 색자극이 특정한 조건에서 같은 색으로 보이는 경우

㉯ 낮에 태양광 아래에서 본 물체의 색이 밤에 실내 형광등 아래에서 보니 달라보이는 현상

(2) 구성요소 : 색의 3속성

색상(Hue)	· 3원색의 판이한 차이(적색, 황색, 청색), 유채색에서만 볼 수 있음 · 감각에 따라 식별되는 색
명도(Value)	· 색의 밝은 정도, 인지도 · 흑과 백을 아래위로 놓고 감각적 척도에 따라 균일하게 내어놓은 것을 Gray Scale이라하며 명도의 기준척도로 사용
채도(Chroma)	· 색의 순수한 정도, 색의 포화 상태, 색채의 강약을 나타내는 성질

(3) 멘셀의 색상환

① 색의 3속성(색상, 명도, 채도)를 3차원적 입체로 표현

색상(Hue)	· 색상을 표시하기 위해서 색명의 머릿글자를 기호로 구성 · R는 빨강, Y는 노랑, G는 초록, B는 파랑, P는 보라의 다섯가지 색상으로 구성하고, 이의 주요 색상과 보색으로 연결되는 BG는 청록, PB는 남색(남보라), RP는 자주, YR은 주황, GY는 연두의 5색상을 추가하여 기본 10색상으로 함
명도(Value)	무채색의 검정을 0으로 하고 흰색을 10으로 나눈 것으로 11단계로 무채색의 기본적인 단계로 구성
채도(Chroma)	무채축을 0으로 하고 수평방향으로 차례로 번호가 커짐

② 표기법 : HV/C 순서로 기록

(예) 5Y8/10 은 “5Y 8의 10”이라고 읽고 색상은 5Y, 명도 8, 채도는 10을 나타냄 명도(Value)

(4) 색의 진출

진출색	· 같은 위치이면서도 가깝게 보이는 현상 · 난색계열(빨강, 주황, 다홍, 귤색, 노랑) · 색의 감정은 온화, 친근, 정열적인 느낌
후퇴색	· 같은 위치이면서도 멀리보이는 현상 · 한색계열(청색, 파랑, 남색) · 색의 감정은 차가운 느낌, 냉정하고 상쾌한 느낌

(5) 색의 혼합

① 가법혼색(가산혼합)

빨강(Red), 초록(Green), 파랑(Blue)은 색광의 3원색, 모두 합치면 백색광이 된다.(명도가 높아짐)

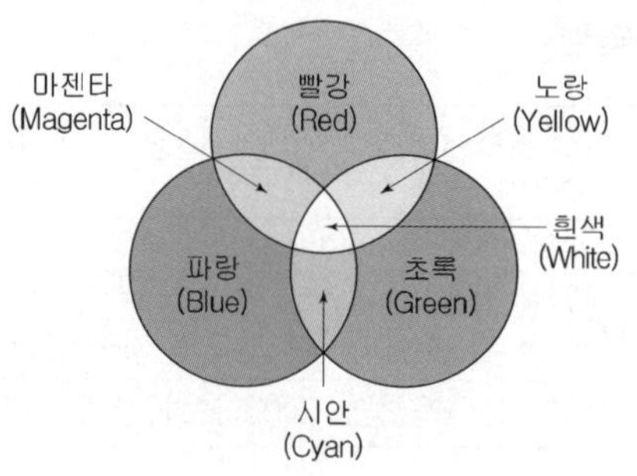

그림. 가법혼색

② 감법혼색(감산혼합)

㉮ 마젠타(Magenta), 노랑(Yellow), 시안(Cyan)이 감법혼색의 3원색이며 이 3원색을 모두 합하면 검정에 가까운 색(명도가 낮아짐)이 된다. 감산혼합, 색료혼색이라고도 한다.

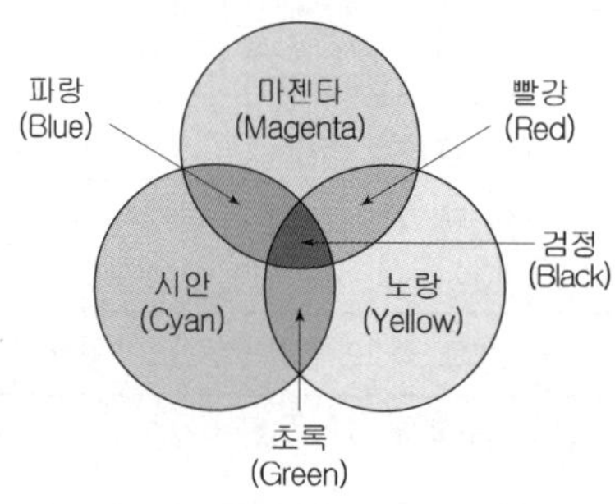

그림. 감법혼색

㉯ 마젠타(Magenta) : 심홍색이라고도 하며, 색의 3원색 중의 하나인 밝은 자주색이다. 인쇄의 4원색(CMYK) 중의 하나로 빨강(Red)보다는 보라(Purple)가 약간 섞인 상태의 색을 말한다.

㉰ 시안(Cyan) : 밝은 파랑. 색의 3원색의 하나로 'C'로 약기한다.

㉱ CMYK : 파랑(Cyan), 자주(Magenta), 노랑(Yellow), 검정(Key=Black)의 약자로 감산혼합법을 이용하는 것이며, 색 구현 체계 중 잉크체계를 의미한다.

(6) 시인성, 유목성, 식별성★

① 시인성 : 대상이 잘 보이는 정도를 말한다. 대부분 대상의 크기와 배경의 색채에 따라서 다르게 보이게 된다. 색의 3속성 중에서 대상물과 배경의 명도 차이가 클수록 멀리서도 잘 보이게 되고 톤의 차이가 크게 날 경우에도 시인성은 높아지게 된다.

② 유목성 : 색이 사람의 시선을 끄는 심리적인 특성을 말한다. 빨강, 주황, 노랑은 녹색이나 파랑보다 눈에 잘 띄는 특성이 있고, 배경에 따라서도 색은 다르게 작용한다.

③ 식별성 : 어떤 대상이 다른 것과 서로 구별되는 속성을 말한다. 정보를 효과적으로 전달하는데 이용되며 주로 지도나 포스터 등의 시각자료에 많이 쓰인다.

(7) 한국의 색

① 오방색★

㉮ 오행의 각 기운과 직결된 백(白), 청(靑), 적(赤), 황(黃), 흑(黑)의 다섯 가지 기본색.

㉯ 음양오행설(陰陽五行說)에서 풀어낸 다섯 가지 순수하고 섞음이 없는 기본색을 오정색(正色, 定色, 五方色)이라 불렀으며 오색(五色), 오채(五彩)라고도 한다.

㉰ 청은 동방, 적은 남방, 황은 중앙, 백은 서방, 흑은 북방으로 오방이 주된 골격을 이루며 양(陽)의 색이다.

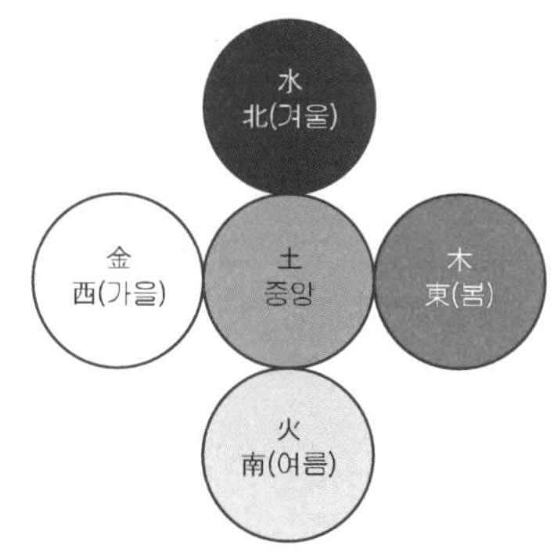

② 오간색

㉮ 음양오행 사상에서 음(陰)에 해당되는 색으로, 다섯 가지 방위인 동, 서, 남, 북, 중앙 사이에 놓이는 색

㉯ 동방 청색과 중앙 황색의 간색인 녹색(綠色), 동방 청색과 서방 백색의 간색인 벽색(碧色), 남방 적색과 서방 백색의 간색인 홍색(紅色), 북방 흑색과 중앙 황색의 간색인 유황색(硫黃色), 북방 흑색과 남방 적색과의 간색인 자색(紫色)이 있다.

(8) 색의 지각적 효과

① 색채의 대비

㉮ 동시대비 : 두 색 이상을 동시에 볼 때 일어나는 대비현상으로 색상의 명도가 다를 때 구별되는 현상으로 동시대비에는 색상대비, 명도대비, 채도대비, 보색대비가 있음

명도대비	명도가 다른 두 색이 서로 영향을 받아 밝은 색은 더 밝게 어두운 색은 더 어둡게 보이는 현상
색상대비	조합된 색에 의해 시각적으로 두드러지게 나타나는 것, 색상환에서 멀리 떨어진 색끼리 조합할수록 색상대비가 큼
채도대비	채도가 높은색과 낮은색이 있을 때 높은색을 더 높게 낮은색은 더 낮게 보임
보색대비	서로 보색관계인 두 색을 나란히 놓으면 서로의 영향으로 인하여 각각의 채도가 더 높아 보이는 현상

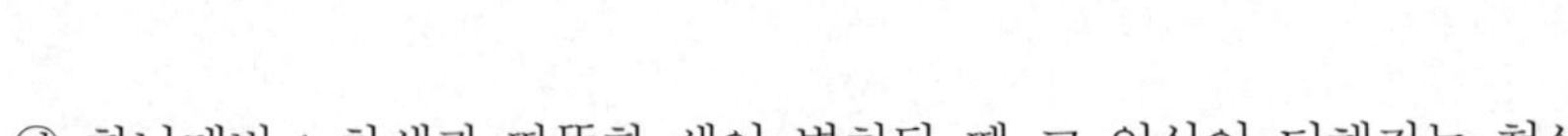

㉯ 한난대비 : 찬색과 따뜻한 색이 병치될 때 그 인상이 더해지는 현상

㉰ 면적대비 : 같은 명도와 채도에서도 색은 면적의 대소에 의해 다르게 보이는 현상, 면적이 커지면 명도와 채도가 증가하고 면적이 작아지면 명도와 채도가 낮아지는 현상

㉱ 계시대비 : 시간적인 차이를 두고, 2개의 색을 순차적으로 볼 때에 생기는 색의 대비 현상

㉲ 연변대비 : 어느 두색이 맞붙어 있을 때 그 경계 언저리는 멀리 떨어져 있는 부분보다 색상대비, 명도대비, 채도대비 현상이 더 강하게 일어나는 현상

② 잔상(after image)

색상에 의하여 망막이 자극을 받게 되면 시세포의 흥분이 중추에 전해져 자극이 끝난 후에도 계속해서 생기는 시감각 현상

기출문제 및 예상문제

1 조경에서 점을 취급할 때 짜임새 구성요소로써 이용되는 것이 아닌 것은?

㉮ 대비　　㉯ 균형
㉰ 강조　　㉱ 분할

2 정원에 소규모 냇물의 흐름을 조성한다면 이는 조경의 어떤 요소에 해당되는가?

㉮ 방향　　㉯ 선
㉰ 점　　㉱ 운동

3 다음 경관의 기본요소에 관한 기술 중 틀린 것은?

㉮ 직선은 강력한 힘을 갖는다.
㉯ 수평적 형태는 평화적이고 안정감을 준다.
㉰ 대지에 직각으로 선 수직선은 정적인 감각을 준다.
㉱ 지그재그선은 활발하며 활력을 준다.

 대지에 직각으로 선 수직선은 상승감을 준다.

4 다음 중 잎의 질감이 약한순서에서 강한순으로 바르게 된 것은?

㉮ 향나무 → 은행나무 → 플라타너스
㉯ 향나무 → 플라타너스 → 은행나무
㉰ 은행나무 → 플라타너스 → 향나무
㉱ 플라타너스 → 향나무 → 은행나무

 침엽수는 부드러운질감, 활엽수는 잎이 클수록 거친질감을 가진다.

정답　1. ㉱　2. ㉯　3. ㉰　4. ㉮

5 다음 중 질감의 대비효과가 제일 큰 것은?

㉮ 이끼-모래
㉯ 콘크리트 바닥-나무 바닥
㉰ 정원석-수석
㉱ 벽돌담-잔디밭

㉮ 색채는 다르나 입자가 유사함
㉯ 인공재와 자연재료로 구성되었으며 수평재라는 공통점
㉰ 석재로 질감이 유사함
㉱ 수직재-수평재, 인공재-자연재, 질감대비가 크다.

6 조경의 시각적인 요소에 대한 설명으로 적합하지 않는 것은?

㉮ 상록의 울창한 숲이나 감청색의 깊은 연못은 차분하고 존엄한 느낌을 준다.
㉯ 대리석의 표면은 우툴두툴한 콘크리트 표면보다 질감이 강하다.
㉰ 질감이란 물체의 표면이 빛을 받았을 때 생기는 밝고 어두움을 배합률에 따라 시각적으로 느끼는 감각을 말한다.
㉱ 직선은 굳건하고 남성적이며, 지그재그선은 유동적이고 활동적이다.

대리석의 표면은 콘크리트 표면보다 부드러운 질감을 준다.

7 따뜻한 색 계통이 주는 감정에 해당되지 않는 것은?

㉮ 전진해 보인다.
㉯ 정열적이거나 온화하다.
㉰ 상쾌한 느낌을 준다.
㉱ 친근한 느낌을 준다.

한색(차가운색)은 후퇴, 냉정, 지적이며, 상쾌한 느낌을 준다.

8 다음은 무엇을 말한 것인가?

㉮ 색광의 3원색
㉯ 색채의 3원색
㉰ 병치혼합
㉱ 중간혼합

정답 5. ㉱ 6. ㉯ 7. ㉰ 8. ㉮

9 **다음 중 명도대비가 가장 큰 것은?**

㉮ 검정과 노랑	㉯ 빨강과 파랑
㉰ 보라와 연두	㉱ 주황과 빨강

해설 명도대비 : 명도가 서로 다른 두색의 영향에 의해서 명도차가 일어나는 현상

10 **정원의 많은 색의 꽃이 일출 때 적색 계통의 색보다 청색 계통의 색이 일찍 눈에 띈다. 그 원리는?**

㉮ 분광반사율이 다르기 때문이다.
㉯ 리브만의 효과(Liebman's Effect)라고 한다.
㉰ 프르키니에 현상이라 한다.
㉱ 맑은 공기로 찬색 계통이 일찍 보이는 현상이다.

해설
· 프르키니에 현상 : 어둠 속에서 빛의 파장이 짧은 녹청색이 더 잘 보임
· 리브만 효과 : 형체가 작거나 복잡할 때, 채도가 낮을 때 보는 거리가 멀 때 빛이 약하거나 너무 강할 때 윤곽이 뚜렷하지 않고 변형되어 보이는 현상

11 **먼셀의 색상환에서 BG는 무슨 색인가?**

㉮ 연두	㉯ 남색
㉰ 청록	㉱ 보라

먼셀의 색상환은 10색을 기본색으로 하고 있으며, 연두-GY, 남색-PB, 보라 P로 나타낸다.

12 **명도 순으로 나열한 것은?**

㉮ 주황-노랑-빨강-초록	㉯ 주황-초록-남색-검정
㉰ 흰색-노랑-초록-연두	㉱ 노랑-남색-초록-연구

13 **식물의 색채효과에 관한 기술 중 가장 적당치 않은 것은?**

㉮ 식물의 색채는 다양할수록 그 효과가 크다.
㉯ 상록수의 어두운 색은 침착, 엄숙 또는 침울한 효과를 준다.
㉰ 어두운 녹색을 밝은 녹색에 잘 대비시키면 이 두가지 색채의 효과가 모두 증대될 수 있다.
㉱ 밝은 색채를 가라앉은 색채에 조화시킬 경우 밝은 색채의 면적은 적어야 효과가 크다.

정답 9. ㉮ 10. ㉰ 11. ㉰ 12. ㉯ 13. ㉮

14 색에 있어 무채색이 많을수록 흐리고 탁해지며, 또 적을수록 밝아진다. 이에 해당하는 것은?

㉮ 색상 ㉯ 명도 ㉰ 채도 ㉱ 순색

15 다음 중 어떤 대상 물체가 하늘을 배경으로 이루어진 윤곽선을 가리키는 것은?

㉮ 비스타 ㉯ 스카이라인 ㉰ 영지 ㉱ 수목절감

해설 스카이라인 : 하늘과 물체가 맞닿은 경계부분의 연결선을 말한다.

16 대비의 미가 나타나는 것은?

㉮ 아치를 가진 주랑(柱廊)
㉯ 재료의 관계가 점차적으로 감소되는 것
㉰ 소나무의 푸른 수관을 배경으로 한 분홍색의 벚꽃
㉱ 재료가 계속 균등하게 배치된 상태

17 대비가 아닌 것은?

㉮ 푸른 잎과 붉은 잎 ㉯ 직선과 곡선
㉰ 완만한 시내와 포플러나무 ㉱ 벚꽃을 배경으로 한 살구꽃

18 정원수의 60%까지를 소나무로 배치하거나 향나무를 심어 전체를 하나의 힘찬 형태나 색채 또는 선으로 통일시켰을 때 나타나는 아름다움을 무엇이라 하는가?

㉮ 단순미 ㉯ 통일미 ㉰ 점층미 ㉱ 균형미

19 조경미의 요소에 들지 않는 것은?

㉮ 재료미 ㉯ 형식미 ㉰ 내용미 ㉱ 복합미

해설 정원의 구성미 : 재료미, 내용미, 형식미
· 재료미 : 정원식물이 지니는 아름다움을 말함
· 내용미 : 정원설계시 설계자의 의도와 개념 등의 내용의 아름다움
· 형식미 : 반복미, 점층미, 균형미 등으로 정원에 여러재료를 배치함으로 나타나는 아름다움

정답 14. ㉰ 15. ㉯ 16. ㉰ 17. ㉱ 18. ㉯ 19. ㉱

20 정원수의 아름다움의 3가지 요소(삼재미)에 해당되지 않는 것은?

㉮ 색채미　　㉯ 형자미(형태미)
㉰ 내용미　　㉱ 식재미

21 다음 중 운율미의 표현이 아닌 것은?

㉮ 변화되는 색채　　㉯ 아름다운 숲과 바위
㉰ 일정하게 들려오는 파도소리　　㉱ 폭포소리

22 디자인의 가장 보편적인 원리로서 하나의 조화 있는 패턴 또는 다양한 요소들 사이에 확립된 질서 혹은 규칙을 무엇이라고 하는가?

㉮ 다양성(Variety)　　㉯ 통일성(Unity)
㉰ 강조(Emphasis)　　㉱ 비례(Proportion)

23 장식분을 줄지어 배치했을 때의 아름다움은?

㉮ 조화미　　㉯ 균형미　　㉰ 반복미　　㉱ 대비미

24 잔디밭, 일제림, 독립수 등의 경관에 나타나는 아름다움은?

㉮ 조화미　　㉯ 단순미　　㉰ 점층미　　㉱ 대비미

해설 일제림(uniform forest) : 동일한 수종의 수관층이 거의 같은 높이로 되어 있는 산림(단층림, 단순림)

25 다음 중 비대칭이 주는 효과가 아닌 것은?

㉮ 단순하기보다는 복잡성을 띠게 된다.　　㉯ 정돈성은 없으나 동적(動的)이다
㉰ 무한한 양상(樣相)을 가질 수 있다.　　㉱ 규칙적이고 통일감이 있다.

26 다음 중 가볍게 느껴지는 색은?

㉮ 파랑　　㉯ 노랑　　㉰ 초록　　㉱ 연두

해설 명도순배열 : 노랑－연두－초록－파랑

정답　20. ㉱　21. ㉯　22. ㉯　23. ㉰　24. ㉯　25. ㉱　26. ㉯

27 정연한 가로수, 뜀돌의 배열, 벽천이나 분수에서 끊임없이 물을 내뿜는 것 등은 어떤 미를 응용한 예인가?

㉮ 점층미　㉯ 반복미　㉰ 대비미　㉱ 조화미

28 다음 중 경관구성의 미적 원리 중 통일성과 관련해 성격이 다른 것은?

㉮ 균형과 대칭　㉯ 강조　㉰ 조화　㉱ 율동

해설 율동은 다양성과 관련한다.

29 피아노의 리듬에 맞추어 분수를 계획할 때 강조해서 적용해야 할 경관 구성원리는?

㉮ 율동　㉯ 조화　㉰ 균형　㉱ 비례

30 다음 중 강조(Accent)에 대한 설명으로 적합하지 않은 것은?

㉮ 비슷한 형태나 색감들 사이에 이와 상반되는 것을 넣어 강조함으로 시각적으로 산만함을 막고 통일감을 조성할 수 있다.
㉯ 전체적인 모습을 꽉 조여 변화 없는 단조로움이 나타나기 쉽다.
㉰ 강조를 위해서는 대상의 외관(外觀)을 단순화시켜야 한다.
㉱ 자연경관에서는 구조물이 강조의 수단으로 사용되는 경우가 많다.

31 다음 조경미의 설명으로 틀린 것은?

㉮ 질감이란 물체의 표면을 보거나 만지므로 느껴지는 감각을 말한다.
㉯ 통일미란 개체가 특징있는 것으로 단순한 자태를 균형과 조화속에 나타내는 미이다.
㉰ 운율미란 연속적으로 변화되는 색채, 형태, 선, 소리 등에서 찾아볼 수 있는 미이다.
㉱ 균형미란 가정한 중심선을 기준으로 양쪽의 크기나 무게가 보는 사람에게 안정감을 줄때를 말한다.

통일미 : 전체를 구성하는 부분적 요소들이 동일성 혹은 유사성을 지니고 있으며, 각 요소들이 유기적으로 잘 짜여져 시각적으로 통일된 하나로 보이는 것

정답　27. ㉯　28. ㉱　29. ㉮　30. ㉯　31. ㉯

제4장 조경설계 및 시설물설계

01 설계 도구

(1) T자

제도판에 평행자가 없는 경우 T자 형으로 만들어진 자로 설계도면에 수평선을 삼각자와 조합하여 수직선과 사선을 긋는다.

(2) 삼각자

직각삼각자는 45°와 60°(30°)가 한 조로 구성

(3) 템플릿

플라스틱 모형자로 원형템플릿은 주로 평면상태의 수목을 표현할 때 사용되며, 사각형과 삼각형, 육각형 등의 다각형 템플릿은 파고라나 벤치, 음수전 등의 시설물에 이용

(4) 삼각스케일

단면이 삼각형모양으로 300mm 되는 길이면 적당하다. 1/100~1/600까지의 축척이 표시되어 있으며 도면을 확대하거나 축소할 때 사용이 된다.

(5) 그 밖의 갖추어야할 용구

제도샤프, 지우개, 제도비 등

(6) 제도 용지 규격 및 용도

① 트레이싱 페이퍼(tracing paper) : 반투명의 종이로 디자인·제도·사진제판 등에서 원도(原圖)나 문자를 트레이스(trace)할 때 사용하는 용지, 청사진용 원고의 제작에도 쓴다.

② 제도용지는 A열 사이즈를 사용한다.

· 제도용지의 세로와 가로의 비는 1 : $\sqrt{2}$ 이며 원도의 크기는 긴 쪽을 좌우방향으로 놓고 사용한다

규 격	Size	주 용 도
A0	841x1,189	실시설계
A1	594x841	실시설계
A2	420x594	기본설계
A3	297x420	각종서류

T자

삼각자

템플릿

스케일

02 제도사항

① 도면은 길이 방향을 좌우 방향으로 놓은 위치를 정 위치로 한다.
② 도면은 왼쪽을 철할 때는 왼쪽은 25mm, 나머지는 10mm 정도의 여백을 줌, 선의 굵기는 설계 내용보다 굵게 친다.
③ 표제란 : 도면의 우측이나 하단부에 위치하며 공사명, 도면명, 축척, 설계도면, 제도일자 기입
④ 방위와 축척을 우측 하단부에 위치한다.
⑤ 치수
㉮ 치수 단위는 원칙적으로 mm를 사용
㉯ 가는 실선으로 치수보조선에 직각으로 그음
㉰ 치수보조선 : 실선 혹은 세선으로 치수선을 긋기 위해 도형 밖으로 인출한 선
⑥ 도면의 좌에서 우로, 아래에서 위로 읽을 수 있도록 기입한다.
⑦ 제도 용지 : 트레싱 페이퍼
⑧ 도면방향 : 북을 위로 하여 작도함이 일반적이다.

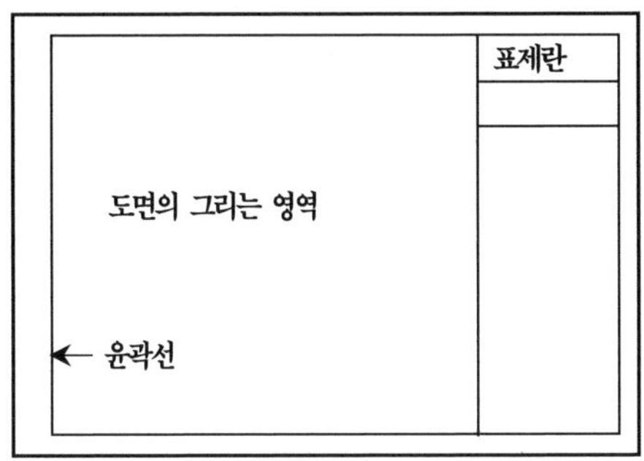

03 선의 종류, 굵기, 용도

구분			굵기	선의 이름	선의 용도
종류		표현			
실선	굵은 실선	━━━━	0.8mm	외형선	· 부지외곽선, 단면의 외형선
	중간선	━━━━	0.5mm		· 시설물 및 수목의 표현 · 보도포장의 패턴 · 계획등고선
		────	0.3mm		
	가는 실선	────	0.2mm	치수선	· 치수를 기입하기 위한 선
				치수 보조선	· 치수선을 이끌어내기 위하여 끌어낸 선
허선	점선	···············		가상선	· 물체의 보이지 않는 부분의 모양을 나타내는 선 · 기존등고선(현황등고선)
	파선	– – – – –			
	1점쇄선	—·—·	0.2~0.8	경계선 중심선	· 물체 및 도형의 중심선 · 단면선, 절단선 · 부지경계선
	2점쇄선	—··—			· 1점쇄선과 구분할 필요가 있을 때

04 재료구조표시 기호

테라코타 및 타일	벽돌일반	석재	잡석
철재	**무근 콘크리트**	**철근 콘크리트**	**목재**

05 도면의 종류

평면도	·계획의 전반적인 사항을 알기 위한 도면 ·시설물 위치, 수목의 위치, 부지 경계선, 지형 등의 표현 −시설물 평면도 : 파고라, 벤치, 건축물 등의 옥외시설물의 평면도 −식재 평면도 : 수목의 종류, 수량, 위치, 규격 등을 표현
입면도	수직적 공간 구성을 보여주기 위한 도면, 정면도, 배면도, 측면도 등으로 세분
단면도	지상과 지하 부분 설명시 사용되며, 시설물의 경우 구조물을 수직으로 자른 단면을 보여주는 도면
상세도	·실제 시공이 가능하도록 표현한 도면으로 재료표현·치수선·시공방법을 반드시 표기하여야 함 ·평면도나 단면도에 비해 확대된 축척을 사용(1/10 ~ 1/50)
투시도	·대상물체를 입체적으로 표현한 그림 ·투시도용어 −PS(시점, Point of Sight) : 물체를 보는 사람 눈의 위치 −PP(화면, Picture Plane) : 지표면에서 수직으로 세운 면 −GL(기선, Ground Line) : 화면과 지면이 만나는 선 −HL(수평선, Horizontal Line) : 눈의 높이와 같은 화면상의 수평선 −VP(소점, Vanishing Point) : 물체의 각 점이 수평선상에 모이는 점 · 조감도(Bird's−eye−view) : 시점위치가 높은 투시도로, 설계대상지를 공중에서 수직으로 본 것을 입체적으로 표현한 그림이다.(새가 하늘을 날며 내려본 느낌의 경관)
투상도	·입체적인 형상을 평면적으로 그리는 방법 ·공간에 있는 물체의 모양이나 크기를 하나의 평면 위에 가장 정확하게 나타내기 위해 일정한 법칙에 따라 평면상에 정확히 그리는 그림 ·3각법(눈 → 투상 → 물체)과 1각법(눈 → 물체 → 투상)이 있다.

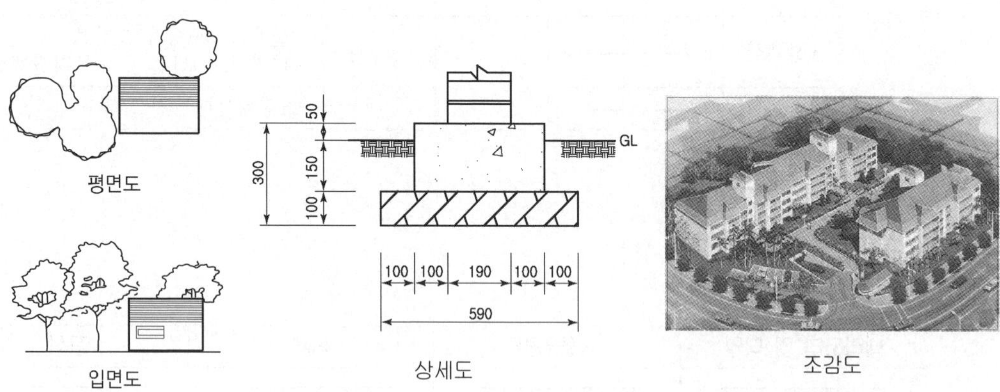

평면도 입면도 상세도 조감도

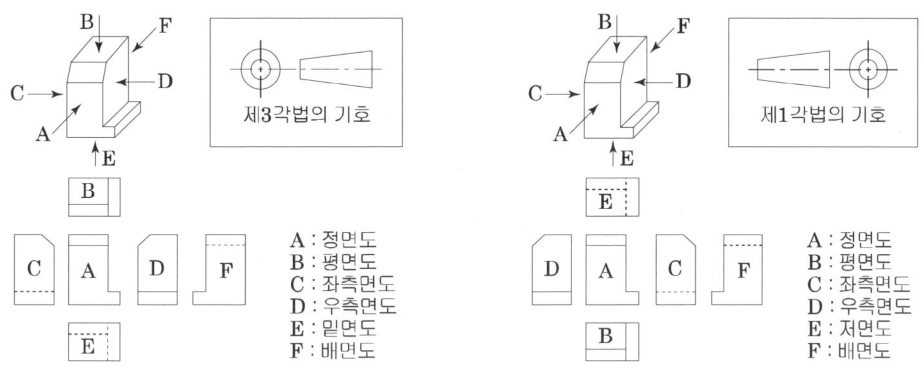

투상도-3각법　　　투상도-1각법

· 투상도법의 종류

사투상도	· 물체의 주요면을 투상면에 평행하게 놓고 투상면에 대하여 수직보다 다소 옆면에서 보고 그린 투상도 · 30도, 45도, 60도 각도를 가장 많이 사용
투시투상도	물체의 앞이나 뒤에 화면을 놓고 물체를 본 시선이 화면과 만나는 각 점을 연결하여 눈에 비치는 모양과 같게 나타낸 투상도
등각투상도	각이 서로 120° 를 이루는 3개의 축을 기본으로 하여, 이들 기본 축에 물체의 높이, 너비, 안쪽 길이를 옮겨서 나타내는 투상도
부등각투상도	화면의 좌우와 상하의 각도가 각기 다른 축측 투상도

06 약어

① E.L(Earth Level) : 표고
② G.L(Ground Level) : 지표선, 지반선
③ F.L(Finish Level) : 계획고
④ THK(Thickness) : 두께
⑤ ST(Steel) : 철재
⑥ 철근 : D 10@ 200 → 지름 10mm 철근을 간격 200mm로 배근

07 제도기호

(1) 시설물표현 : 평면적 형태를 단순화시켜 표현한다.

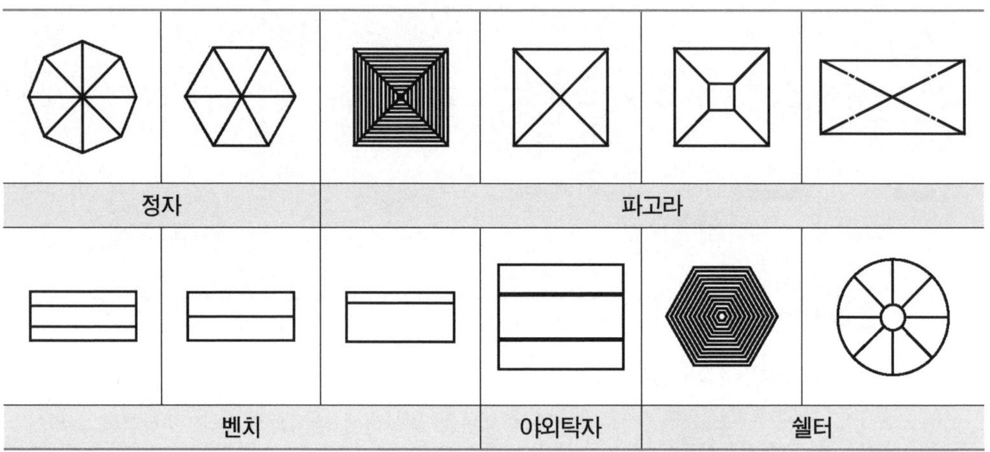

(2) 수목표현

① 일반적으로 수목평면 표현은 위에서 내려다 본 상태로 나타내며 상록교목, 낙엽교목, 관목, 지피식물 등으로 구분하여 표시한다.

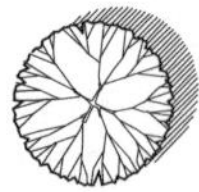
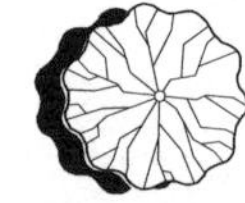
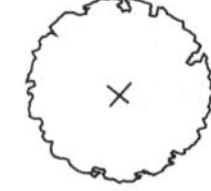

그림. 낙엽활엽교목

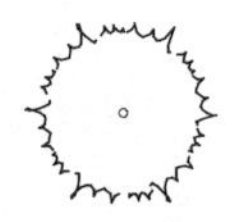
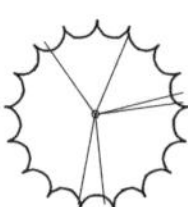

그림. 상록침엽교목

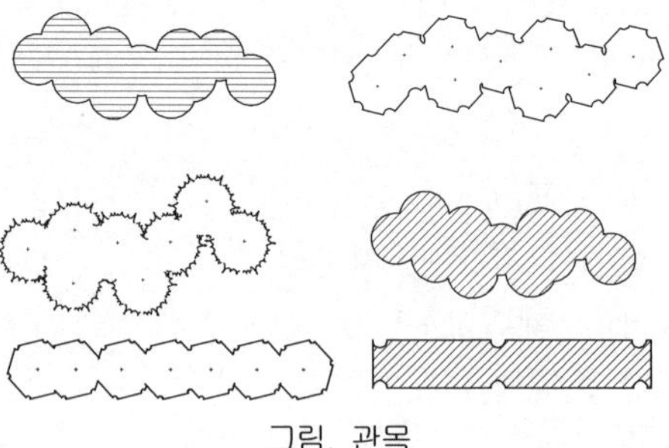

그림. 관목

② 인출선 : 그림자체에 기재할 수 없는 경우 인출하여 사용하는 선을 말하고 주로 수목의 규격, 수종명 등을 기입하기 위해 사용한다.

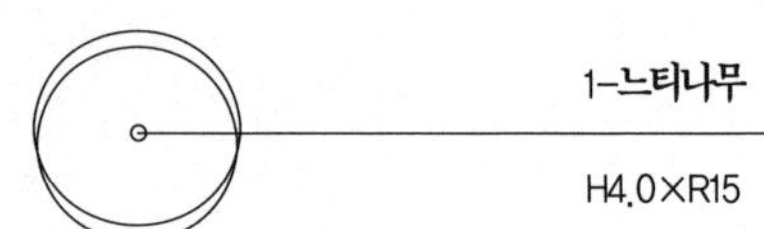

(3) 방위와 스케일

① 바스케일 : 도면에 확대되거나 축소되었을 때 도면상 대략적인 크기를 나타내려 표현

② 방위 : 북쪽을 나타내는 N을 표시한다.

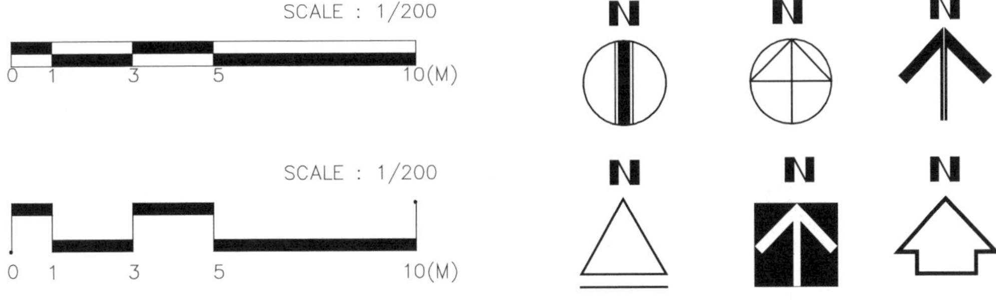

그림. 바스케일

그림. 방위표현의 예

- **척도(scale)**
  - ① **정의 : "대상물의 실제 치수"에 대한 "도면에 표시한 대상물"의 비**
  - ② **종류 : 현척, 축척, 배척**

현척	도형의 크기를 실물과 같은 크기로 그리는 것, 예) 1:1
축척	도형의 크기보다 작게 축소해서 그리는 것, 예) 1:200
배척	도형의 크기를 실물의 크기보다 크게 확대해서 그리는 것, 예) 20:1
NS	non scale, 그림이 치수와 비례하지 않을 경우

- **척도는 그림과 같이 A : B의 형식으로 표시한다.**

A : B
B ← 물체의 실제 크기
A ← 도면에서의 크기

축척 1 : 2
현척 1 : 1
배척 2 : 1

08 조경시설물설계기준

(1) 휴게시설

① 파걸러(그늘시렁)

㉮ 규격 : 높이 220~260cm

㉯ 설치시 고려사항
- 하지의 12~14시를 기준으로 내부 벤치위치 결정
- 통경선이 끝나는 부분이나 공원의 휴게공간 및 산책로의 결절점에 설치
- 조망이 좋은 곳을 향해 설치

그림. 장방형 파고라

그림. 정방형 파고라

② 벤치

㉮ 규격
- 등받이 각도는 수평면을 기준으로 96~110°를 기준
- 앉음판의 높이는 34~46cm, 앉음판의 폭은 38~45cm를 기준
- 1인용 45~47cm, 2인용 120cm, 3인용 180cm 정도로 함

㉯ 배치
- 등의자는 긴 휴식이 필요한 곳, 평의자는 짧은 휴식이 필요한 곳에 설치하며, 공공공간에는 고정식, 정원 등 관리가 쉬운 곳은 이동식을 배치한다.
- 산책로나 가로변에는 통행에 지장이 없도록 배치하며, 폭 2.5m 이하의 산책로 변에는 1.5~2m 정도의 포켓공간을 만들어 경계석으로부터 60cm 이상 떨어뜨려 배치
- 휴지통과의 이격거리는 0.9m, 음수전과의 이격거리는 1.5m 이상의 공간을 확보

(2) 놀이시설

① 미끄럼대

㉮ 배치 : 되도록 북향 또는 동향으로 배치

㉯ 다른 시설이 장애물이 되지 않게 적당한 거리를 띄어 배치

㉰ 미끄럼판 : 높이는 1.2(유아용)~2.2m(어린이용)의 규격을 기준/ 활주판과 지면과의 각도는 30~35°★/1인용 미끄럼판의 폭은 40~45cm

㉱ 착지판 : 길이는 50cm 이상으로 하고 물이 고이지 않도록 바깥쪽으로 2~4° 기울기를 준다.

㉲ 착지면은 10cm 이하로 설계

② 그네

㉮ 배치 : 놀이터의 중앙이나 출입구를 피해 모서리나 부지의 외곽부분에 설치 / 방향은 북향 또는 동향으로 배치

㉯ 규격 : 2인용을 기준으로 높이 2.3~2.5m, 길이 3.0~3.5m, 폭 4.5~5.0m / 안장과 모래밭과의 높이는 35~45cm

(3) 수경시설

① 분수

㉮ 주의 집중요소, 인공적, 도시적 환경에 생동감과 활력을 줌, 경관적 효과가 큰 곳에 배치

㉯ 수조의 너비는 분수높이의 2배, 바람의 영향이 있는 곳은 분수높이의 4배를 기준

② 연못

㉮ 물의 공급과 배수를 위한 유입구와 배수구를 설계

㉯ 인공적인 못에는 바닥에 배수시설을 설계하고, 수위조절을 위한 월류구(Over flow)를 고려

③ 폭포 및 벽천

㉮ 지형의 높이차를 이용하여 물이 중력방향으로 떨어뜨려 모양과 소리를 즐기는 조경시설물

㉯ 좁은 공간, 경사지나 벽면을 이용

그림. 벽천

(4) 트렐리스(trellis)

① 덩굴나무가 타고 올라가도록 만든 격자 구조물

② 보도의 폭이 좁거나 식재기반이 충분하지 못하여 가로수를 심을수 없는 지역에 격자형 구조물로 된 화분을 설치, 덩굴성 식물을 식재함

그림. 트렐리스

(5) 볼라드(bollard)

① 보행자용 도로나 잔디에 자동차의 진입을 막기 위해 설치되는 장애물

② 높이 80~100cm, 지름 10~20cm, 배치간격 1.5m 정도로 함

그림. 볼라드

(6) 계단

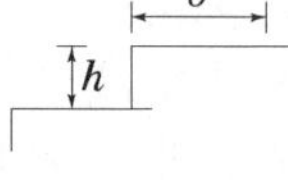

① 단높이(h)와 디딤면 너비(b)의 관계

㉮ 2h+b=60~65cm가 표준

㉯ 축상을 18cm 이하, 디딤면의 너비는 26cm 이상

㉰ 단높이가 높으면 반대로 답면은 좁아야 함

② 계단의 구배 : 30~35°

③ 계단의 구조

㉮ 계단의 단수는 최소 2단 이상(이하일 경우 실족의 우려)

㉯ 계단 바닥은 미끄러움을 방지할 수 있는 구조로 설계

④ 계단참 : 높이 2m를 넘는 계단에는 2m 이내마다 계단의 유효폭 이상의 폭으로 너비 120cm 이상의 참을 둔다.

(7) 경사로

① 유효폭 및 활동공간

㉮ 휠체어사용자가 통행할 수 있도록 접근로의 유효폭은 1.2m 이상

㉯ 휠체어사용자가 다른 휠체어 또는 유모차 등과 교행할 수 있도록 50m마다 1.5m×1.5m 이상의 교행구역을 설치

㉰ 경사진 접근로가 연속될 경우에는 휠체어사용자가 휴식할 수 있도록 30m마다 1.5m×1.5m 이상의 수평면으로 된 참을 설치

그림. 경사로

② 기울기 등

㉮ 접근로의 기울기는 18분의 1 이하로 하여야 한다. 다만, 지형상 곤란한 경우에는 12분의1까지 완화

㉯ 대지 내를 연결하는 주접근로에 단차가 있을 경우 그 높이 차이는 2cm 이하로 함.

(8) 자전거도로

① 자전거도로의 구분

자전거전용도로	자전거만이 통행할 수 있도록 분리대·연석 기타 이와 유사한 시설물에 의하여 차도 및 보도와 구분하여 설치된 자전거도로
자전거보행자겸용도로	자전거 외에 보행자도 통행할 수 있도록 분리대·연석 기타 이하 유사한 시설물에 의하여 차도와 구분하거나 별도 설치된 자전거도로
자전거전용차로 (자전거자동차겸용도로)	다른 차와 공유하면서 안전표지나 노란표시 등으로 자전거 통행구간에 구분한 차도

② 자전거도로의 설계속도

자전거전용도로	시속 30길로미터 이상
자전거보행자겸용도로	시속 20킬로미터
자전거전용차로	시속 20킬로미터

③ 자전거도로의 폭 : 하나의 차로를 기준으로 1.5m 이상(다만, 지역 상황 등에 따라 부득이하다고 인정되는 경우에는 1.2m 이상)

④ 종단경사

종단경사(%)	제한길이(m)
7 이상	120 이하
6 이상~7 미만	170 이하
5 이상~6 미만	220 이하
4 이상~5 미만	350 이하
3 이상~4 미만	470 이하

(9) 주차장의 구획의 기준

① 평행주차형식

구분	너비(m)	길이(m)
경형	1.7	4.5
일반형	2.0	6.0
보도와 차도의 구분이 없는 주거지역의 도로	2.0	5.0
이륜자동차전용	1.0	2.3

② 평행주차 형식 이외의 경우

구분	너비(m)	길이(m)
경형	2.0	3.6
일반형	2.5	5.0
확장형	2.6	5.2
장애인전용	3.3	5.0
이륜자동차전용	1.0	2.3

③ 노상주차장(路上駐車場)

㉮ 정의 : 도로의 노면 또 교통광장(교차점광장만 해당)의 일정한 구역에 설치된 주차장

㉯ 노상주차장의 구조·설비기준

- 주간선도로에 설치하지 않으며 다만, 분리대나 그 밖에 도로의 부분으로서 도로교통에 크게 지장을 주지 아니하는 부분에 대해서는 설치가능
- 너비 6m 미만의 도로에 설치하지 않으며 다만, 보행자의 통행이나 연도(沿道)의 이용에 지장이 없는 경우로서 해당 지방자치단체의 조례로 따로 정하는 경우에는 설치가능
- 종단경사도(자동차 진행방향의 기울기)가 4%를 초과하는 도로에 설치하지 않았으며 다만, 종단경사도가 6% 이하인 도로로서 보도와 차도가 구별되어 있고, 그 차도의 너비가 13m 이상인 도로에 설치하는 경우
- 고속도로, 자동차전용도로 또는 고가도로에 설치하여서는 아니된다.
- 주차대수 규모가 50대 이상인 경우에는 주차대수의 2%부터 4%까지의 범위에서 장애인의 주차수요를 고려하여 지방자치단체의 조례로 정하는 비율 이상의 장애인 전용주차구획을 설치하여야 한다.

④ 노외주차장(路外駐車場)

㉮ 정의 : 도로의 노면 및 교통광장 외의 장소에 설치된 주차장으로서 일반의 이용에 제공되는 것

㉯ 노외주차장의 구조 및 설비기준

- 노외주차장의 출구와 입구에서 자동차의 회전을 쉽게 하기 위하여 필요한 경우에는 차로와 도로가 접하는 부분을 곡선형으로 한다.
- 노외주차장의 출구 부근의 구조는 해당 출구로부터 2m(이륜자동차전용 출구의 경우에는 1.3m)를 후퇴한 노외주차장의 차로의 중심선상 1.4m의 높이에서 도로의 중심선에 직각으로 향한 왼쪽·오른쪽 각각 60도의 범위에서 해당 도로를 통행하는 자를 확인할 수 있도록 하여야 한다.
- 노외주차장의 출입구 너비는 3.5m 이상으로 하여야 하며, 주차대수 규모가 50대 이상인 경우에는 출구와 입구를 분리하거나 너비 5.5m 이상의 출입구를 설치하여 소통이 원활하도록 한다.
- 노외주차장에서 주차에 사용되는 부분의 높이는 주차바닥면으로부터 2.1m 이상으로 하여야 한다.

기출문제 및 예상문제

1 조경제도에서 단면을 그리기 위해 평면도에 절단 위치를 표시하고자 한다. 사용할 선의 종류는?(단, KS F1501을 기준으로 한다.)

㉮ 실선 ㉯ 파선
㉰ 2점쇄선 ㉱ 1점쇄선

2 다음 중 선의 종류와 선긋기의 내용이 잘못 짝지어진 것은?

㉮ 가는실선–수목 인출선 ㉯ 파선–보이지 않는 물체
㉰ 일점쇄선–지역 구분선 ㉱ 이점쇄선–물체의 중심선

해설 1점쇄선–물체의 중심선

3 다음 중 설계도상의 부정형 지역의 면적측정시 사용되는 기구는 어느 것인가?

㉮ 핸드레벨 ㉯ 만능자
㉰ 플래니미터 ㉱ 곡선자

4 조경에서 제도시 가장 많이 사용되는 제도용구로 가장 적당하지 않은 것은?

㉮ 원형 템플릿 ㉯ 삼각 축척자
㉰ 컴퍼스 ㉱ 나침반

5 다음 제도용구 가운데 곡선을 긋기 위한 도구는?

㉮ T자 ㉯ 삼각자
㉰ 운형자 ㉱ 삼각축척자

정답 1. ㉱ 2. ㉱ 3. ㉰ 4. ㉱ 5. ㉰

6 **조경설계에 있어서 수목을 표현할 때 가장 많이 사용하는 제도용구는?**

㉮ T자 ㉯ 원형 템플릿
㉰ 삼각축척(스케일) ㉱ 삼각자

7 **치수선을 표시하지 않는 것은?**

㉮ 상세도 ㉯ 투시도
㉰ 구조도 ㉱ 배치도

8 **도면에 수목을 표시하는 방법으로 잘못된 것은?**

㉮ 간단한 원으로 표현하는 방법도 있다.
㉯ 덩굴성 식물의 경우에는 줄기와 잎을 자연스럽게 표현한다.
㉰ 활엽수의 경우에는 직선이나 톱날형태를 사용하여 표현한다.
㉱ 윤곽선의 크기는 수목의 성숙시 퍼지는 수관의 크기를 나타낸다.

해설 활엽수의 경우 둥근 원의 형태로, 침엽수는 톱날형태 원으로 표현한다.

9 **단면상세도상에서 철근 D-16 ⓐ300이라고 적혀 있을 때, ⓐ는 무엇을 나타내는가?**

㉮ 철근의 간격 ㉯ 철근의 길이
㉰ 철근의 직경 ㉱ 철근의 개수

철근 D-16 ⓐ300은 지름 16mm 철근간격이 30cm를 나타낸다.

10 **다음 중 다른 도면들에 비해 확대된 축척을 사용하여 재료, 공법, 치수 등을 자세히 기입하는 도면의 종류로 가장 적당한 것은?**

㉮ 상세도 ㉯ 투시도
㉰ 평면도 ㉱ 단면도

정답 6. ㉯ 7. ㉯ 8. ㉰ 9. ㉮ 10. ㉮

11 구조물의 외적형태를 보여주기 위한 다음 그림은 어떤 설계도 인가?

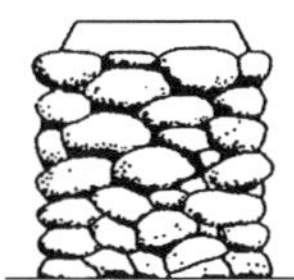

㉮ 평면도
㉯ 투시도
㉰ 입면도
㉱ 조감도

12 설계도의 종류 중에서 입체적인 느낌이 나지 않는 도면은 무엇인가?

㉮ 상세도 ㉯ 투시도
㉰ 조감도 ㉱ 스케치도

13 설계도의 종류 중에서 3차원의 느낌이 가장 실제의 모습과 가깝게 나타나는 것은?

㉮ 입면도 ㉯ 평면도 ㉰ 투시도 ㉱ 상세도

14 다음 중 단면도, 입면도, 투시도 등의 설계도면에서 물체의 상대적인 크기(기준)를 느끼기 위해서 그리는 대상이 아닌 것은?

㉮ 수목 ㉯ 자동차 ㉰ 사람 ㉱ 연 못

15 제도기구를 사용하여 설계자의 의사를 선, 기호, 문장 등으로 제도용지에 표시하는 일을 무엇이라 하는가?

㉮ 설계 ㉯ 계획 ㉰ 제도 ㉱ 제작

16 다음 중 조경에서 제도를 하는 순서가 올바른 것은?

㉠ 축척을 정한다.	㉡ 도면의 윤곽을 정한다.
㉢ 도면의 위치를 정한다.	㉣ 제도를 한다.

㉮ ㉠ → ㉡ → ㉢ → ㉣ ㉯ ㉡ → ㉢ → ㉠ → ㉣
㉰ ㉡ → ㉠ → ㉢ → ㉣ ㉱ ㉢ → ㉡ → ㉠ → ㉣

정답 11. ㉰ 12. ㉮ 13. ㉰ 14. ㉱ 15. ㉰ 16. ㉮

17 도면을 그릴 때 일반적으로 마지막에 실시해야 할 내용인 것은?

㉮ 도면의 축척을 정한다.
㉯ 표제란의 내용을 기재한다.
㉰ 테두리선 및 방위를 그린다.
㉱ 물체의 표현 위치를 정한다.

18 조경분야에서 컴퓨터를 활용함에 있어서 설계 대상자의 특성을 분석하기 위해 자료수집 및 분석에 사용된 것으로 가장 알맞은 것은?

㉮ 워드프로세서(Word Processor)
㉯ 캐드시스템(CAD System)
㉰ 이미지프로세싱(Image Processing)
㉱ 지리정보시스템(GIS)

19 다음 그림과 같이 시공 후 전체적인 모습을 알아보기 쉽도록 그린 그림과 같은 형태의 도면은?

㉮ 평면도
㉯ 입면도
㉰ 조감도
㉱ 상세도

20 치수선이 올바르게 된 것은?

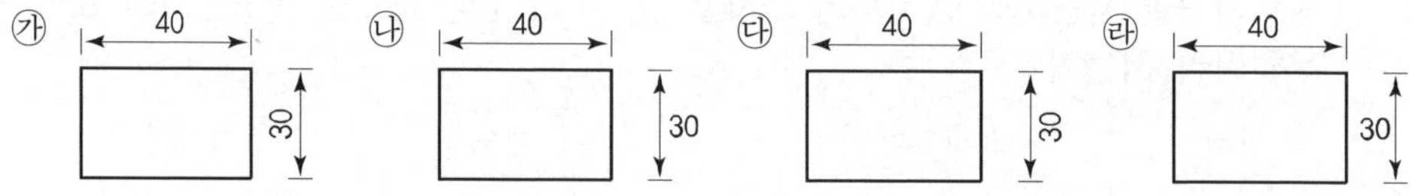

21 다음 중 선을 옳게 그은 것은?

정답 17. ㉯ 18. ㉱ 19. ㉰ 20. ㉮ 21. ㉯

22 다음 구조재 마감 표시 방법 중 보통 벽돌의 도면 표시방법은 어느 것인가?

㉮ ㉯ ㉰ ㉱

23 다음 중 잡석지정 방법 중 가장 적당한 것은?

㉮ ㉯ ㉰ ㉱

24 축척 1/50 도면에서 도상(圖上)에 가로 6cm 세로 8cm 길이로 표시된 연못의 실지 면적은 얼마인가?

㉮ $12m^2$ ㉯ $24m^2$ ㉰ $36m^2$ ㉱ $48m^2$

해설 1/50에서 1cm는 0.5m 이므로
가로 실제길이 : 0.5×6=3m, 세로 실제길이 : 0.5×8=4m 이므로 면적은 $12m^2$이다.

25 스케일 1/100 축척에서 1cm의 실제거리는?

㉮ 10cm ㉯ 1m ㉰ 10cm ㉱ 100m

26 일반적으로 원로에 설치되는 계단의 답면(踏面)의 너비를 b, 축상(蹴上)의 높이를 h라고 할 때 2h+b가 갖는 적당한 수치 범위는?

㉮ 30~40cm ㉯ 60~65cm
㉰ 90~100cm ㉱ 115~125cm

27 계단설계에서 단 높이를 18cm로 했을 때 계단폭은 어느 정도가 가장 적당한가?

㉮ 10~15cm
㉯ 15~20cm
㉰ 20~25cm
㉱ 25~30cm

계단폭 b
단높이 a

해설 2a+b=60~65cm(a : 단높이, b : 계단폭)
(2×18)+b=60~65cm b=24~29cm → 근사치 적용 25~30cm

정답 22. ㉱ 23. ㉮ 24. ㉮ 25. ㉯ 26. ㉯ 27. ㉱

28 다음 중 배치계획시 방향의 고려사항과 관련이 없는 시설은?

㉮ 골프장의 각 코스　　㉯ 실외 야구장
㉰ 축구장　　㉱ 실내 테니스장

29 운동시설 배치 계획시 시설의 설치 방향에 대한 고려를 가장 신경 쓰지 않아도 되는 것은?

㉮ 골프장의 각 코스　　㉯ 실외야구장
㉰ 축구장　　㉱ 스쿼시장

30 정원가구(Garden Furniture)에 해당하지 않는 것은?

㉮ 트렐리스　　㉯ 벤치　　㉰ 탁자　　㉱ 장식화분

31 건물과 정원을 연결시키는 역할을 하는 시설은?

㉮ 아아치　　㉯ 트렐리스　　㉰ 퍼걸러　　㉱ 테라스

32 퍼걸러(Pergola) 설치장소로 적합하지 않은 곳은?

㉮ 건물에 붙여 만들어진 테라스 위　　㉯ 주택 정원의 가운데
㉰ 통경선의 끝 부분　　㉱ 정원의 구석진 곳

33 관상에 중점을 두는 조경물은?

㉮ 환경조각　　㉯ 광장　　㉰ 가로수　　㉱ 건축물

34 공원에서 화장실을 설치할 때 면적이 1.5~2ha마다 몇 개씩 설치하는가?

㉮ 1개　　㉯ 2개　　㉰ 3개　　㉱ 4개

정답　28. ㉱　29. ㉱　30. ㉮　31. ㉱　32. ㉯　33. ㉮　34. ㉮

35 공원 화장실 설계에서 남자용 대변기 2개와 소변기 3개 그리고 여자용 변기 5개를 설치하려면 최소한 어느 정도 면적이 소요되는가?

㉮ $100m^2$ ㉯ $75m^2$ ㉰ $25m^2$ ㉱ $50m^2$

36 일반 공원의 경우 휴지통은 대략 어느 정도 설치하는가?

㉮ 벤치 2~4개당 1개, 20~60m 간격마다 1개
㉯ 벤치 4~6개당 1개, 60~80m 간격마다 1개
㉰ 벤치 2~3개당 1개, 15~25m 간격마다 1개
㉱ 벤치 4~6개당 1개, 60~60m 간격마다 1개

37 어린이놀이터의 모래판의 모래 규격은 얼마가 적당한가?

㉮ 직경 1mm 이상 ㉯ 직경 15mm 이상
㉰ 직경 2mm 이상 ㉱ 직경 3mm 이상

38 조경의 구조물에는 직접기초를 사용하는데, 담장의 기초와 같이 길게 띠 모양으로 받치고 있는 기초를 가르키는 것은?

㉮ 독립기초 ㉯ 복합기초 ㉰ 연속기초 ㉱ 전면기초

39 모래밭 조성에 관한 설명이다. 가장 옳지 않은 것은?

㉮ 하루에 4~5시간의 햇볕이 쬐고 통풍이 잘되는 곳에 설치한다.
㉯ 모래밭은 가능한 한 휴게시설에서 멀리 배치한다.
㉰ 모래밭의 깊이는 놀이의 안전을 고려하여 30cm 이상으로 한다.
㉱ 가장자리는 방부처리한 목재를 사용하여 지표보다 높게 모래막이 시설을 해준다.

해설 모래밭은 휴게시설과 가까이 배치해 감시 · 감독하도록 한다.

40 원로의 기울기가 몇 도 이상일 때 일반적으로 계단을 설치하는가?

㉮ 3° ㉯ 5° ㉰ 10° ㉱ 15°

정답 35. ㉰ 36. ㉮ 37. ㉮ 38. ㉰ 39. ㉯ 40. ㉱

41 보행자 2인이 나란히 통행하는 원로의 폭으로 가장 적합한 것은?

㉮ 0.5~1.0m ㉯ 1.5~2.0m
㉰ 3.0~3.5m ㉱ 4.0~4.5m

42 신체장애자를 위한 경사로(Ramp)를 만들 때 가장 적당한 경사는?

㉮ 8% 이하 ㉯ 10% 이하
㉰ 12% 이하 ㉱ 15% 이하

경사로(RAMP)는 경사8%이하, 너비는 최소폭이 12m 적정폭은 18m로 설계한다.

43 보행인과 차량교통의 분리를 목적으로 설치하는 시설물은?

㉮ 트렐리스(Trellis) ㉯ 벽천
㉰ 볼라드(Bollard) ㉱ 램프

44 다음 [보기]와 같은 특징 설명에 가장 적합한 시설물은?

- 간단한 눈가림 구실을 한다.
- 서양식으로 꾸며진 중문으로 볼 수 있다.
- 보통 가는 철재파이프 또는 각목으로 만든다.
- 장미 등 덩굴식물을 올려 장식한다.

㉮ 파골라 ㉯ 아치
㉰ 트렐리스 ㉱ 펜스

정답 41. ㉯ 42. ㉮ 43. ㉰ 44. ㉯

제5장 각종 조경계획 및 설계

01 정원계획

(1) 분류

① 주택정원 : 단독주택 혹은 연립 주택 등 주거용 건물에 관련되는 정원
② 비주거용 건물의 정원 : 사무실·병원·병원 기타 업무용 건물에 관련되는 정원으로 정원이 설치되는 위치에 따라 전정광장, 옥외정원, 실내정원 등의 특수한 경우를 고려한 주택 정원

(2) 주택정원

• 공간분할(zoning)

전정 (앞뜰)	대문과 현관사이의 공간, 전이공간으로 주택의 첫인상 좌우, 입구로서의 단순성 강조, 차고 설치시 진입을 위한 회전반경에 유의
주정 (안뜰)	가장 중요한 공간, 한 가지 주제를 강조, 가장 특색 있게 꾸밀 수 있는 공간
후정 (뒤뜰)	조용하고 정숙한 분위기, 침실에서의 전망이나 동선을 살리되 외부에서의 시각적, 기능적 차단, 프라이버시가 최대한 보장
작업정 (작업뜰)	주방, 세탁실, 다용도실, 저장고와 연결, 장독대, 빨래터, 건조장 등 전정이나 후정과는 시각적으로 어느 정도 차단하여 동선연결

(3) 비거주용 건물의 정원

① 전정광장(forecourt)

의의	· 건축 앞 또는 주위의 오픈 스페이스로서 건물 입구의 성격 · 건물로 사람들의 동선을 유도하는 외부공간과 내부 공간 사이의 과정적 공간
설계시 고려사항	· 차량주차, 보행인의 출입, 휴식 및 감상 등 여러 기능을 동시에 만족시키도록 배려 · 조각물이나 분수 등으로 초점 경관을 형성하여 특색있게 조성

② 옥상정원(roof garden) ★

의미	· 건축물 옥상에 만드는 정원 · 인공지반 위에 설치되는 모든 정원을 포함
기능	· 토지이용의 효율성 증진, 도시녹지공간의 증대
고려사항	· 하중고려, 옥상 바닥의 보호와 방수 · 식재 토양층의 깊이와 식생의 유지 관리 · 경량토 사용(버뮤큘라이트, 펄라이트, 피스모스, 화산재) · 관목, 지피 식재를 위주의 식재 · 이용의 측면에서는 프라이버시를 지키기 위하여 측면은 담장이나 차폐식재를 하고 위로부터 보호를 위해서는 녹음수를 심거나 정자, 파고라 등을 설치할 필요가 있다.

③ 실내정원(indoor landscaping, living atrium)

의미	호텔, 레스토랑, 아파트에 소규모로 설치되던 실내정원이 대규모 쇼핑센터, 미술관 등 일반대중이 많이 모이는 장소에 소위 아트리움이라는 대규모의 실내 오픈스페이스를 설정하고 이에 정원적 요소를 도입
고려사항	· 식물에 필요한 광선유도와 필요한 습도의 제공 및 관수 고려 · 실내에서 잘 자랄 수 있는 식물 선택

02 공원계획 및 설계

(1) 공원 · 녹지계통의 유형

집중식	· 도시 내 녹지를 한 곳으로 모음 · 생태적 안정성 높으나 접근성이 낮아 소도시에 적합
분산식	생태적 안정성 낮으나 접근성이 높아 대도시에 적합
대상식	· 대상형 도시에서 띠모양으로 녹지를 조성 · 스페인의 마드리드, 러시아의 스탈린그라드
격자식	· 격자형태, 녹지 연결성이 우수하고 접근성이 높음 · 생태적 기능은 적음
방사식	· 집중형 녹지계통에 접근성 높여 주는 방식 · 독일의 하노버, 미국의 래드번
환상식	· 도시를 중심으로 환상상태로 5~10km 폭으로 조성된 것으로 도시가 확대되는 것을 방지하는 데 큰 효과 · 그린벨트, 하워드의 전원도시론
방사환상식	· 방사식 녹지 형태와 환상식 녹지를 결합하여 양자의 장점을 이용한 것으로 이상적인 도시녹지대의 형식 · 쐐기형, 시민이 녹지에 쉽게 도달 · 독일의 쾰른

(2) 도시공원

① 규제 : 국토의 계획 및 이용에 관한법률, 도시공원 및 녹지 등에 관한법

- **도시공원 및 녹지 등에 관한 법**
  목적 : 도시에 있어서의 공원녹지의 확충 · 관리 · 이용 및 도시녹화 등에 관하여 필요한 사항을 규정함으로써 쾌적한 도시환경을 형성하여 건전하고 문화적인 도시생활의 확보와 공공의 복리증진에 기여함을 목적

② 도시공원의 세분 : 기능 및 주제에 의하여 분류

㉮ 국가도시공원 : 국가가 지정하는 공원

㉯ 생활권공원 : 도시생활권의 기반공원 성격으로 설치 · 관리되는 공원 ★

소공원	소규모 토지를 이용하여 도시민의 휴식 및 정서함양을 도모하기 위하여 설치하는 공원
어린이공원	어린이의 보건 및 정서생활의 향상에 기여함을 목적으로 설치된 공원
근린공원	근린거주자 또는 근린생활권으로 구성된 지역생활권 거주자의 보건 · 휴양 및 정서생활의 향상에 기여함을 목적으로 설치된 공원

㉰ 주제공원 : 생활권공원 외에 다양한 목적으로 설치되는 공원

역사공원	도시의 역사적 장소나 시설물, 유적 · 유물 등을 활용하여 도시민의 휴식 · 교육을 목적으로 설치하는 공원
문화공원	도시의 각종 문화적 특징을 활용하여 도시민의 휴식 · 교육을 목적으로 설치하는 공원
수변공원	도시의 하천변 · 호수변 등 수변공간을 활용하여 도시민의 여가 · 휴식을 목적으로 설치하는 공원
묘지공원	묘지이용자에게 휴식 등을 제공하기 위하여 일정한 구역 묘지와 공원시설을 혼합하여 설치하는 공원
체육공원	주로 운동경기나 야외활동 등 체육활동을 통하여 건전한 신체와 정신을 배양함을 목적으로 설치하는 공원
도시농업공원	도시민의 정서순화 및 공동체의식 함양을 위하여 도시농업을 주된 목적으로 설치하는 공원
방재공원	지진 등 재난발생 시 도시민 대피 및 구호 거점으로 활용될 수 있도록 설치하는 공원

㉱ 공원시설 : 도시공원의 효용을 다하기 위하여 설치하는 시설 ★

- 도로 또는 광장
- 화단 · 분수 · 조각 등 조경시설
- 휴게소, 긴 의자 등 휴양시설
- 그네 · 미끄럼틀 등 유희시설

- 테니스장 · 수영장 · 궁도장 등 운동시설
- 식물원 · 동물원 · 수족관 · 박물관 · 야외음악당 등 교양시설
- 주차장 · 매점 · 화장실 등 이용자를 위한 편익시설
- 관리사무소 · 출입문 · 울타리 · 담장 등 공원관리시설

[국가도시공원의 규모 및 운영 · 관리] ★

구분	내용
도시공원 부지	· 도시공원 부지 면적이 300만m^2 이상일 것 · 지방자치단체가 해당 도시공원 부지 전체의 소유권을 확보 (「지방재정법」에 따른 중기 지방재정계획에 5년 이내에 부지 전체의 소유권 확보를 위한 계획이 반영)하였을 것
운영 및 관리	· 공원관리청이 직접 해당 도시공원을 관리할 것 · 해당 도시공원의 관리를 전담하는 조직이 구성되어 있을 것 · 방문객에 대한 안내 · 교육을 담당하는 1명 이상의 전문 인력을 포함하여 8명 이상의 전담인력이 있을 것 · 해당 도시공원의 운영 · 관리 등에 관한 사항을 해당 지방자치단체의 조례로 정하여 관리하고 있을 것

[도시공원의 설치 및 규모의 기준] ★

<table>
<tr><th colspan="3">공원구분</th><th>설치기준</th><th>유치거리</th><th>규모</th></tr>
<tr><td rowspan="6">생활권공원</td><td colspan="2">소공원</td><td>제한없음</td><td>제한 없음</td><td>제한 없음</td></tr>
<tr><td colspan="2">어린이공원</td><td>제한없음</td><td>250m 이하</td><td>1,500m^2 이상</td></tr>
<tr><td rowspan="4">근린공원</td><td>근린생활권 근린공원</td><td>제한없음</td><td>500m 이하</td><td>10,000m^2 이상</td></tr>
<tr><td>도보권 근린공원</td><td>제한없음</td><td>1,000m 이하</td><td>30,000m^2 이상</td></tr>
<tr><td>도시지역권 근린공원</td><td>해당도시공원의 기능을 충분히 발휘할 수 있는 장소에 설치</td><td>제한없음</td><td>100,000m^2 이상</td></tr>
<tr><td>광역권 근린공원</td><td>해당도시공원의 기능을 충분히 발휘할 수 있는 장소에 설치</td><td>제한없음</td><td>1,000,000m^2 이상</td></tr>
<tr><td rowspan="7">주제공원</td><td colspan="2">역사공원</td><td>제한없음</td><td>제한없음</td><td>제한없음</td></tr>
<tr><td colspan="2">문화공원</td><td>제한없음</td><td>제한없음</td><td>제한없음</td></tr>
<tr><td colspan="2">수변공원</td><td>하천·호수 등의 수변과 접하고 있어 친수공간을 조성할 수 있는 곳에 설치</td><td>제한없음</td><td>제한없음</td></tr>
<tr><td colspan="2">묘지공원</td><td>정숙한 장소로 장래 시가화가 예상되지 아니하는 자연녹지지역에 설치</td><td>제한없음</td><td>100,000m^2 이상</td></tr>
<tr><td colspan="2">체육공원</td><td>해당도시공원의 기능을 충분히 발휘할 수 있는 장소에 설치</td><td>제한없음</td><td>10,000m^2 이상</td></tr>
<tr><td colspan="2">도시농업공원</td><td>제한없음</td><td>제한없음</td><td>10,000m^2 이상</td></tr>
<tr><td colspan="2">방재공원</td><td>지진 등 재난발생 시 도시민 대피 및 구호 거점으로 활용</td><td>제한없음</td><td>제한없음</td></tr>
</table>

[도시공원 안 공원시설 부지면적]

공원구분	공원면적	공원시설 부지면적
1. 생활권 공원		
소공원	전부 해당	20% 이하
어린이공원	전부 해당	60% 이하
근린공원	3만제곱미터 미만	40% 이하
	3만제곱미터 이상~10만제곱미터 미만	40% 이하
	10만제곱미터 이상	40% 이하
2. 주제공원		
역사공원	전부 해당	제한 없음
문화공원	전부 해당	제한 없음
수변공원	전부 해당	40% 이하
묘지공원	전부 해당	20% 이상
체육공원	3만제곱미터 미만	50% 이하
	3만제곱미터 이상~10만제곱미터 미만	50% 이하
	10만제곱미터 이상	50% 이하
도시농업공원	전부 해당	40% 이하

* 도시농업공원의 부지면적을 산정할 때 도시텃밭의 면적은 제외한다.

- 도시공원의 면적기준
  - 도시지역안에 거주 주민 : 1인당 $6m^2$ 이상
  - 개발제한구역 · 녹지지역을 제외한 도시지역안 주민 : 1인당 $3m^2$ 이상

㉣ 도시자연공원구역

㉤ 녹지

- 도시지역 안에서 자연환경을 보전하거나 개선하고, 공해나 재해를 방지함으로써 도시 경관의 향상을 도모하기 위하여 결정된 녹지
- 구분 : 완충녹지, 경관녹지, 연결녹지

(3) 자연공원

① 발생

- **1872년 미국에서 국립공원 제도를 최초로 만들어 옐로스톤을 국립공원으로 지정**
- **1967년 우리나라에 공원법이 제정되어 지리산을 국립공원으로 지정**

② 우리나라 국립공원 현황
지리산, 경주, 계룡산, 한려해상, 설악산, 속리산, 한라산, 내장산, 가야산, 덕유산, 오대산, 주왕산, 태안해안, 다도해 해상, 북한산, 치악산, 월악산, 소백산, 월출산, 변산반도, 무등산, 태백산, 팔공산(총 23개)

③ 자연공원법

㉮ 분류 및 지정 · 관리

분류	국립공원, 도립공원, 군립공원, 지질공원
지정과 관리	· 국립공원은 환경부장관이 지정·관리 · 도립공원은 도지사 또는 특별자치도지사가 지정 · 관리 · 광역시립공원은 특별시장 · 광역시장 · 특별자치시장이 지정 · 관리 · 군립공원은 군수가 지정 · 관리 · 시립공원은 시장이 지정 · 관리 · 구립공원은 자치구의 구청장이 지정 · 관리 · 지질공원은 환경부장관이 인증

㉯ 용도지구계획

공원자연보존지구	· 특별히 보호할 필요가 있는 지역 · 생물다양성이 특히 풍부한 곳 · 자연생태계가 원시성을 지니고 있는 곳 · 특별히 보호할 가치가 높은 야생 동식물이 살고 있는 곳 · 경관이 특히 아름다운 곳
공원자연환경지구	· 공원자연보존지구의 완충공간(緩衝空間)으로 보전할 필요가 있는 지역
공원마을지구	· 마을이 형성된 지역으로서 주민생활을 유지하는 데에 필요한 지역
공원문화유산지구	· 「문화재보호법」에 따른 지정문화재를 보유한 사찰(寺刹)과 「전통사찰의 보존 및 지원에 관한 법률」에 따른 전통사찰의 경내지 중 문화재의 보전에 필요하거나 불사(불사)에 필요한 시설을 설치하고자 하는 지역

(4) 수목원·정원

① 관련법 : 수목원·정원의 조성 및 진흥에 관한 법률

② 수목원

㉮ 정의 : 수목을 중심으로 수목유전자원을 수집·증식·보존·관리 및 전시하고 그 자원화를 위한 학술적·산업적 연구 등을 하는 시설

㉯ 구분

구분	조성 및 운영주체
국립수목원	산림청장이 조성·운영하는 수목원
공립수목원	지방자치단체가 조성·운영하는 수목원
사립수목원	법인·단체 또는 개인이 조성·운영하는 수목원
학교수목원	「초·중등교육법」 및 「고등교육법」에 따른 학교 또는 다른 법률에 따라 설립된 교육기관이 교육지원시설로 조성·운영하는 수목원

③ 정원

㉮ 정의 : 식물, 토석, 시설물(조형물을 포함) 등을 전시·배치하거나 재배·가꾸기 등을 통하여 지속적인 관리가 이루어지는 공간(「문화재보호법」에 따른 문화재, 「자연공원법」에 따른 자연공원, 도시공원 및 녹지 등에 관한 법률」에 따른 도시공원 등 대통령령으로 정하는 공간은 제외)

㉯ 구분

구분	조성 및 운영주체
국가정원	국가가 조성·운영하는 정원
지방정원	지방자치단체가 조성·운영하는 정원
민간정원	법인·단체 또는 개인이 조성·운영하는 정원
공동체정원	국가 또는 지방자치단체와 법인, 마을·공동주택 또는 일정지역 주민들이 결성한 단체 등이 공동으로 조성·운영하는 정원
생활정원	국가, 지방자치단체 또는 「공공기관의 운영에 관한 법률」에 따른 공공기관으로서 대통령령으로 정하는 기관이 조성·운영하는 정원으로서 휴식 또는 재배·가꾸기 장소로 활용할 수 있도록 유휴공간에 조성하는 개방형 정원
주제정원	· 교육정원 : 학생들의 교육 및 놀이를 목적으로 조성하는 정원 · 치유정원: 정원치유를 목적으로 조성하는 정원 · 실습정원: 정원설계, 조성 및 관리 등을 통하여 전문인력 양성을 목적으로 조성하는 정원 · 모델정원: 정원산업 진흥을 위하여 새롭게 도입되는 정원 관련 기술을 활용하여 조성하는 정원 · 그 밖에 지방자치단체의 조례로 정하는 정원

03 레크리에이션시설

(1) 리조트(Resort)

① 일상생활권에서 일정거리 이상 떨어져 좋은 자연환경 속에 위치

② 종래의 정적공간에 활동적 레크레이션이 더해진 형태

(2) 마리나(marina)

① '해안의 산책림' 이라는 라틴어

② 계류시설, 보관·수리 시설 등의 완비된 요트나 보트를 이용한 레크레이션을 위한 해양성 유흥지

(3) 해수욕장

기상조건 : 맑은 날이 많고, 기온 24℃ 이상, 수온 23~25℃, 풍속 5~10m/sec 이하

(4) 스키장

① 지형사면 : 북동향의 사면이 가장 좋으며 동향 및 북향은 양호

② 슬로프의 면적 : 15° 의 경사면을 기준으로 1인당 150m² 필요, 최소 100m²

③ 리프트 : 경사는 30° 이하, 폭은 5~7m

(5) 골프장

① 입지조건

㉮ 부지의 형태와 방향 : 부지는 남, 북으로 길고(경기시 눈부심 방지) 약간 구형의 용지가 적합하고 적당한 기울기를 가지고 되도록 많이 이용할 수 있는 곳이 바람직하다.★

㉯ 소요면적 : 평탄지는 18홀의 경우 60~70만m², 구릉지는 80~100만m²

㉰ 지형 : 산림, 연못, 하천 등이 있어 자연의 지형를 보유하고, 전망도 양호한곳

② 골프장의 구성

㉮ 18홀의 경우 쇼트홀 4홀, 미들홀 10홀, 롱홀 4홀

㉯ 9홀의 경우 쇼트홀 2홀, 미들홀 5홀, 롱홀 2홀

· 홀의 계획

① **티**(Tee) : **출발지역** 1~2% **경사, 면적은** 400~500m²

② **그린**(Green) : **홀의 종점부분, 출발지역에서 보이는 곳에 설치, 면적은** 600~900m², **경사는** 2~5%, **벤트그래스 사용**★

③ **하자드**(Hazard) : **연못, 하천, 계곡, 냇가 등의 장애구역**

④ **벙커**(Bunker) : **모래웅덩이**, Tee**에서 바라볼 수 있는 곳에 설계**

⑤ **러프**(Rough): **풀을 깎지 않고 그대로 방치한 것, 모래웅덩이·그린·냇가·페어웨이 주위에 만듦**

⑥ **에이프런**(Apron) : **그린주위에 일정한 폭으로 풀을 깎지 않고 그대로 둔 것**

⑦ **페어웨이 : 티와 그린의 사이공간으로 짧게 깎은 잔디로 이루어짐,** 2~10% **경사,** 25% **이상은 피함**

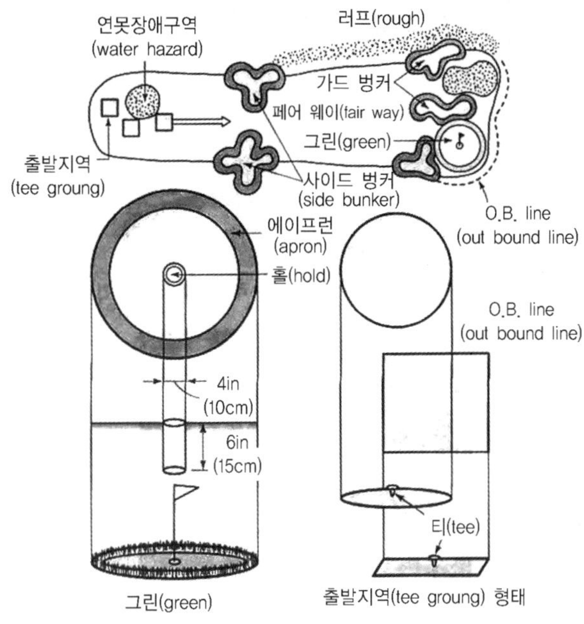
연못장애구역
(water hazard)
러프(rough)
가드 벙커
페어 웨이(fair way)
그린(green)
출발지역
(tee groung)
사이드 벙커
(side bunker)
O.B. line
(out bound line)
에이프런
(apron)
홀(hold)
O.B. line
(out bound line)
4in
(10cm)
6in
(15cm)
티(tee)
그린(green)
출발지역(tee groung) 형태

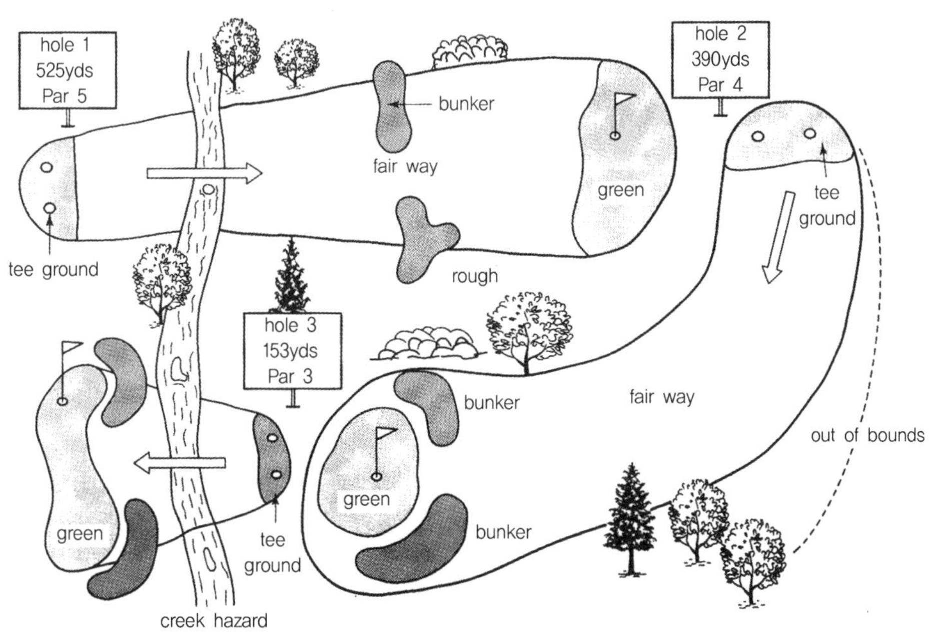
hole 1
525yds
Par 5
bunker
fair way
green
hole 2
390yds
Par 4
tee
ground
tee ground
rough
hole 3
153yds
Par 3
bunker
fair way
out of bounds
green
green
bunker
tee
ground
creek hazard

기출문제 및 예상문제

1 주택정원을 설계할 때 일반적으로 고려할 사항이 아닌 것은?

㉮ 무엇보다도 안전 위주로 설계해야 한다.
㉯ 시공과 관리하기가 쉽도록 설계해야 한다.
㉰ 특수하고 귀중한 재료만을 선정하여 설계해야 한다.
㉱ 재료는 구하기 쉬운 재료를 넣어 설계한다.

2 주택단지 정원의 설계에 관한 사항으로 알맞은 것은?

㉮ 녹지율은 50% 이상이 바람직하다.
㉯ 건물 가까이에 상록성 교목을 식재한다.
㉰ 단지의 외곽부에는 차폐 및 완충식재를 한다.
㉱ 공간효율을 높이기 위해 차도와 보도를 인접 및 교차시킨다.

3 대문에서 현관에 이르는 공간으로 명쾌하고 가장 밝은 공간이 되도록 할 곳은?

㉮ 앞 뜰　　㉯ 안 뜰
㉰ 뒤 뜰　　㉱ 가운데 뜰

4 정원설계에 주로 많이 사용되는 축척은?

㉮ 1/50~1/100　　㉯ 1/300~1/600
㉰ 1/600~1/1,000　　㉱ 1/1,000~1/1,200

5 일반적으로 옥상정원 설계시 고려할 사항으로 가장 관계가 적은 것은?

㉮ 토양층 깊이　　㉯ 방수문제
㉰ 잘 자라는 수목선정　　㉱ 하중문제

정답　1. ㉰　2. ㉰　3. ㉮　4. ㉮　5. ㉰

6 옥상조경을 시공할 때 가장 유의할 점은?

㉮ 건물구조에 영향을 미치는 하중(荷重)문제
㉯ 구성재료 간 조화문제
㉰ 관수 및 배수문제
㉱ 식물재료의 식재문제

7 옥상정원에 대한 설명 중 적합하지 않은 것은?

㉮ 햇볕이 강한 곳이므로 건물구조가 견딜 수 있는 한 큰 나무를 심어 그늘을 만든다.
㉯ 잔디를 입히는 곳의 흙의 두께는 30cm 정도를 표준으로 한다.
㉰ 건물구조가 약할 때에는 큰 화분에 심은 나무를 이용하는 것이 좋다.
㉱ 배수에 특히 유의하여 바닥에 관암거를 설치하고 10cm정도의 왕모래를 깔도록 한다.

해설 옥상정원의 식재는 소교목, 관목으로 하는 것이 하중경감에 유리하다.

8 옥상정원의 인공지반 상단의 식재 토양층 조성시 사용되는 경량재가 아닌 것은?

㉮ 버미큘라이트　㉯ 펄라이트
㉰ 피트모스　㉱ 석회

9 옥상정원에서 식물을 심을 자리는 전체면적의 얼마를 넘지 않도록 하는 것이 좋은가?

㉮ 1/2　㉯ 1/3　㉰ 1/4　㉱ 1/5

10 옥상정원의 환경조건에 대한 설명 중 옳지 않은 것은?

㉮ 토양 수분의 용량이 적다.　㉯ 토양 온도의 변동 폭이 크다.
㉰ 양분의 유실속도가 늦다.　㉱ 바람의 피해를 받기 쉽다.

11 어린이를 위한 운동시설로서 모래터의 깊이는 어느 정도가 가장 알맞은가?

㉮ 5~10cm　㉯ 10~20cm
㉰ 20~30cm　㉱ 30cm 이상

정답　6. ㉮　7. ㉮　8. ㉱　9. ㉯　10. ㉰　11. ㉱

12 어린이놀이터 설치시 고려해야 될 사항 중 가장 먼저 생각해야 되는 것은?

㉮ 안전성　　㉯ 쾌적성
㉰ 미적인 사항　　㉱ 시설물 간의 조화

13 어린이들을 위한 운동시설로서 모래터에 사용되는 모래의 깊이는 어느 정도가 가장 효과적인가?(단, 놀이의 형태에 규제를 받지 않고 자유로이 놀 수 있는 공간이다)

㉮ 약 3cm 정도　　㉯ 약 12cm 정도
㉰ 약 15cm 정도　　㉱ 약 25cm 정도

14 도시공원 가운데 그 규모가 가장 작은 것은?

㉮ 묘지공원　　㉯ 체육공원　　㉰ 근린공원　　㉱ 어린이공원

해설
· 묘지공원−100,000m^2　　· 체육공원−10,000m^2
· 근린공원−10,000~1,000,000m^2　　· 어린이공원−1,500m^2

15 도시공원에 대한 설명으로 가장 올바르지 않은 것은?

㉮ 레크리에이션을 위한 자리를 제공해 준다.
㉯ 그 지역의 중심적인 역할을 한다.
㉰ 도시환경에 자연을 제공해 준다.
㉱ 주변 부지의 생산적 가치를 높게 해준다.

16 도시공원 및 녹지 등에 관한 법률상에서 정한 도시공원의 설치 및 규모의 기준으로 옳은 것은?

㉮ 소공원의 경우 규모 제한은 없다.
㉯ 어린이공원의 경우 규모는 500m^2 이상으로 한다.
㉰ 근린생활권 근린공원의 경우 규모는 5,000m^2 이상으로 한다.
㉱ 묘지공원 경우 규모는 5,000m^2 이상으로 한다.

바르게 고치면
· 어린이공원의 경우 규모는 1500m^2 이상으로 한다.
· 근린생활권 근린공원의 경우 규모는 10,000m^2 이상으로 한다.
· 묘지공원 경우 규모는 100,000m^2 이상으로 한다.

정답　12. ㉮　13. ㉱　14. ㉱　15. ㉱　16. ㉮

17 다음과 같은 조건을 갖춘 공원으로 가장 적당한 것은?

• 한 초등학교 구역에 1개소 설치	• 유치거리 500m 이하
• 면적은 10,000m^2 이상	

㉮ 어린이공원 ㉯ 근린공원 ㉰ 체육공원 ㉱ 도시자연공원

18 공원에 배식할 때 가장 적정한 상록수와 낙엽수의 비율은?

㉮ 3 : 7 ㉯ 5 : 5 ㉰ 6 : 4 ㉱ 8 : 2

19 묘지공원의 설계 지침으로 가장 올바른 것은?

㉮ 장제장 주변은 기능상 키가 작은 관목만을 식재한다.
㉯ 산책로는 이용하기 좋게 주로 직선화한다.
㉰ 묘지공원 내는 경건한 분위기를 위해 어린이 놀이터 등 휴게시설 설치를 일체 금지시킨다.
㉱ 전망대 주변에는 큰 나무를 피하고, 적당한 크기의 화목류를 배치한다.

20 옥외 장치물에서 벤치, 퍼걸러, 정자 등은 무슨 시설인가?

㉮ 휴게시설 ㉯ 안내시설 ㉰ 편익시설 ㉱ 관리시설

21 도시공원 및 녹지 등에 관한 법률상 도시공원 시설의 종류 중 편익시설에 해당되는 것은?

㉮ 관상용식수대 ㉯ 야외극장 ㉰ 전망대 ㉱ 야영장

22 국립공원의 발달에 기여한 최초의 미국 국립공원은?

㉮ 옐로스톤 ㉯ 요세미티 ㉰ 센트럴파크 ㉱ 보스턴 공원

23 미국에서 재정적으로 성공하였으며 도시공원의 효시로 국립공원운동의 계기를 마련한 공원은?

㉮ 센트럴파크 ㉯ 세인트제임스파크
㉰ 뷔테쇼몽파크 ㉱ 프랭크린파크

정답 17. ㉯ 18. ㉰ 19. ㉱ 20. ㉮ 21. ㉰ 22. ㉮ 23. ㉮

24 **국립공원은 누가 지정하여 관리하는가?**

㉮ 건설교통부장관
㉯ 행정자치부장관
㉰ 환경부장관
㉱ 농림부장관

25 **사적지 종류별 조경계획 중 올바르지 않은 것은?**

㉮ 건축물 가까이에는 교목류를 식재하지 않는다.
㉯ 민가의 안마당에는 유실수를 주로 식재한다.
㉰ 성곽 가까이에는 교목을 심지 않는다.
㉱ 묘역 안에는 큰 나무를 심지 않는다.

26 **다음 사적지 조경의 설계지침으로 옳지 않은 것은?**

㉮ 안내판은 사적지별로 개성 있게 제작한다.
㉯ 계단은 화강암이나 넓적한 자연석을 이용한다.
㉰ 모든 시설물에는 시멘트를 노출시키지 않는다.
㉱ 휴게소나 벤치는 사적지와 조화를 이루도록 한다.

해설 안내판은 문화재관리청이 정하는 규격으로 한다.

27 **골프장 코스 중 출발지점을 말하는 것은?**

㉮ 티이(Tee)
㉯ 그린(Green)
㉰ 페어웨이(Fair Way)
㉱ 해저드(Hazard)

28 **다음 중 골프장에서 잔디와 그린이 있는 곳을 제외하고 모래나 연못 등과 같이 장애물을 설치한 곳을 가리키는 것은?**

㉮ 페어웨이 ㉯ 해저드 ㉰ 벙커 ㉱ 러프

29 **골프장 설치장소로 적합하지 않은 것은?**

㉮ 교통이 편리한 위치에 있는 곳
㉯ 골프 코스를 흥미롭게 설계할 수 있는 곳
㉰ 기후의 영향을 많이 받는 곳
㉱ 부지매입이나 공사비가 절약될 수 있는 곳

정답 24. ㉰ 25. ㉯ 26. ㉮ 27. ㉮ 28. ㉯ 29. ㉰

제 3 편

조경재료

제 1 장 조경수목

01 조경재료구분

(1) 생물재료

① 종류 : 조경수목, 지피식물, 화훼류
② 특성 : 자연성, 연속성, 다양성, 조화성, 비규격성 ★

(2) 무생물재료

① 종류 : 목재, 석질 및 점토질, 시멘트 및 콘크리트, 금속, 기타재료
② 특성 : 가공성, 규격성 ★

· **무생물재료의 주요성질**

취성(脆性)	재료가 외력에 의하여 영구 변형을 하지 않고 파괴되거나 극히 일부만 영구변형을 하고 파괴되는 성질. 인성(靭性)과 반대되는 성질을 말한다.
인성(靭性)	외력에 의해 파괴되기 어려운 질기고 강한 충격에 잘 견디는 재료의 성질이다.
연성(延性)	탄성한계를 넘는 힘을 가함으로써 물체가 파괴되지 않고 늘어나는 성질. 전성(展性)과 함께 물체를 가공하는 데 있어 아주 중요한 성질이다.
전성(廛性)	압축력에 대하여 물체가 부서지거나 구부러짐이 일어나지 않고, 물체가 얇게 영구변형이 일어나는 성질이다. 부드러운 금속일수록 이 성질이 강하고, 불순물이 적을 때 강하다
크리프 (creep)	외력이 일정하게 유지되어 있을 때, 시간이 흐름에 따라 재료의 변형이 증대하는 현상

02 조경수목의 명명법

(1) 명명법

보통명	각국어로 불림
학명	국제적인 규칙에 의한 명명(命名)

(2) 학명순서

속명(대문자)+종명(소문자)+명명자

① 속명

식물의 일반적 종류를 의미

(예) Quercus(참나무류), Acer(단풍나무류), Pinus(소나무류) ; 항상 대문자로 시작

② 종명

개체구분을 위한 수식적 용어이며 서술적인 형용사를 씀 / 소문자로 시작

03 수목의 형태상 분류

(1) 교목과 관목★

교목	· 일반적으로 다년생 목질인 곧은 줄기가 있고 줄기와 가지의 구별이 명확하며 중심 줄기의 신장생장이 현저한 수목 · 교목형, 아교목형, 소교목형
관목	교목보다 수고가 낮고 일반적으로 곧은 뿌리가 없으며, 목질이 발달한 여러 개의 줄기를 가짐

(2) 침엽수와 활엽수

침엽수	· 나자식물(겉씨식물)류이며 대체로 잎이 인상(바늘모양)인 것을 말함 · 낙엽침엽수 : 은행나무, 낙우송, 메타세쿼이어 ★
활엽수	피자식물(속씨식물)의 목본류로 잎이 넓음

(3) 상록수와 낙엽수

상록수	항상 푸른 잎을 가지고 있는 수목으로서 낙엽계절에도 모든 잎이 일제히 낙엽이 되지 않음
낙엽수	낙엽계절에 일제히 모든 잎이 낙엽이 되거나, 잎의 구실을 할 수 없는 고엽이 일부 붙어있는 수목을 말함

· 수목 뿌리의 역할

① 저장근 : 양분을 저장하여 비대해진 뿌리
② 부착근 : 줄기에서 새근이 나와 다른 물체에 부착하는 뿌리
③ 호흡근 : 공기 중에 뿌리를 뻗어 호흡하는 뿌리
④ 지주근 : 줄기의 아래쪽 마디에서 많은 부정근을 내어 식물체를 지탱하는 뿌리
⑤ 기생근 : 기주식물의 조직 속에 침입하여 물과 양분을 흡수하는 뿌리

04 관상가치상의 분류

(1) 색채★

① 줄기나 가지가 뚜렷한 수종

색채	조경수종
백색수피	자작나무, 백송 등
적색수피	소나무(적갈색), 주목(짙은적갈색), 흰말채나무 등
청록색수피	벽오동, 식나무 등
얼룩무늬수피	모과나무, 배롱나무, 노각나무, 플라타너스 등
회색수피	서어나무 등

② 열매에 색채가 뚜렷한 수종

색채	조경수종
적색(붉은색)열매	주목, 산수유, 보리수나무, 산딸나무, 팥배나무, 마가목, 백당나무, 매자나무, 매발톱나무, 식나무, 사철나무, 피라칸사, 호랑가시나무 등
황색(노란색)열매	은행나무, 모과나무, 명자나무, 탱자나무 등
검정색열매	벚나무, 쥐똥나무, 꽝꽝나무, 팔손이나무, 산초나무, 음나무 등
보라색열매	좀작살나무

③ 꽃에 색채가 뚜렷한 수종

색채	조경수종
백색꽃	조팝나무, 팥배나무, 산딸나무, 노각나무, 백목련, 탱자나무, 돈나무, 태산목, 치자나무, 호랑가시나무, 팔손이나무 등
적색(붉은색)꽃	박태기나무, 배롱나무, 동백나무 등
황색(노란색)꽃	풍년화, 산수유, 매자나무, 개나리, 백합나무, 황매화, 죽도화 등
자주색(보라색)꽃	박태기나무, 수국, 오동나무, 멀구슬나무, 수수꽃다리, 등나무, 무궁화, 좀작살나무 등
주황색	능소화

*개화시기에 따른 분류

개화기	조경수종
2월	매화나무(백, 홍), 풍년화(황), 동백나무(적)
3월	매화나무, 생강나무(황), 개나리(황), 산수유(황), 동백나무
4월	호랑가시나무(백), 겹벚나무(담홍), 꽃아그배나무(담홍), 백목련(백), 박태기나무(자), 이팝나무(백), 등나무(자), 으름덩굴(자)
5월	귀룽나무(백), 때죽나무(백), 튤립나무(황), 산딸나무(백), 일본목련(백), 고광나무(백), 병꽃나무(홍), 쥐똥나무(백), 다정큼나무(백), 돈나무(백), 인동덩굴(황)
6월	개쉬땅나무(백), 수국(자), 아왜나무(백), 태산목(백), 치자나무(백)
7월	노각나무(백), 배롱나무(적,백), 자귀나무(담홍), 무궁화(자,백) 유엽도(담홍), 능소화(주황)
8월	배롱나무, 싸리나무(자), 무궁화(자,백), 유엽도(담홍)
9월	배롱나무, 싸리나무
10월	금목서(황), 은목서(백)
11월	팔손이(백)

④ 단풍에 색채가 뚜렷한 수종

색채	조경수종
황색(노란색) 단풍	느티나무, 낙우송, 메타세쿼이어, 백합나무, 참나무류, 고로쇠나무, 네군도단풍 등
붉은색(적색) 단풍	감나무, 옻나무, 단풍나무류, 화살나무, 붉나무, 담쟁이덩굴, 마가목, 남천, 좀작살나무 등

(2) 향기

식물부위	조경수종
꽃	매화나무(이른봄), 서향(봄), 수수꽃다리(봄), 장미(5~6월), 마삭줄(5월), 일본목련(6월), 치자나무(6월), 태산목(6월), 함박꽃나무(6월), 인동덩굴(7월), 금·은목서(10월) 등
열매	녹나무, 모과나무, 탱자나무 등
잎	녹나무, 측백나무, 생강나무, 월계수 등

05 생리·생태적 분류

(1) 수세(樹勢)에 따른 분류

① 생장속도

㉮ 양수는 음수에 비해 유묘기에 생장속도가 왕성하다.

㉯ 생장속도가 느리다가 빨라지는 수종도 있다. (예) 전나무

느린수종★	주목, 향나무, 눈향나무, 목서, 동백나무, 호랑가시나무, 남천, 회양목, 참나무류, 모과나무, 산딸나무, 마가목 등
빠른수종	낙우송, 메타세콰이어, 독일가문비, 서양측백, 소나무, 흑송, 일본잎갈나무, 편백, 화백, 가시나무, 사철나무, 팔손이나무, 벽오동, 양버들, 은행나무, 일본목련, 자작나무, 칠엽수, 플라타너스, 회화나무, 단풍나무, 산수유, 무궁화 등

② 맹아력★

맹아력이 강한 수종은 전정에 잘 견디므로 토피어리나 산울타리용 수종으로 적합하다.

맹아력이 강한 수종	교목	낙우송, 메타세콰이어, 히말라야시더, 삼나무, 녹나무, 가시나무, 가중나무, 플라타너스, 회화나무
	관목	개나리, 쥐똥나무, 무궁화, 수수꽃다리, 호랑가시나무, 광나무, 꽝꽝나무, 사철나무, 협죽도, 목서

(2) 이식에 대한 적응성

이식에 의한 피해는 뿌리의 수분흡수와 증산작용이 균형을 잃는 경우 일어난다.

이식이 어려운수종	독일가문비, 전나무, 주목, 가시나무, 굴거리나무, 태산목, 후박나무, 다정큼나무, 피라칸사, 목련, 느티나무, 자작나무, 칠엽수, 마가목 등
이식이 쉬운 수종	낙우송, 메타세콰이어, 편백, 화백, 측백, 가이즈까향나무, 은행나무, 플라타너스, 단풍나무류, 쥐똥나무, 박태기나무, 화살나무 등

(3) 조경수목과 환경

① 기온과 수목

인위적 식재로 이루어진 수목의 분포상태를 식재분포라고 하며 식재분포는 자연분포지역보다 범위가 넓다.

한냉지	독일가문비, 측백, 주목, 잣나무, 전나무, 일본잎갈나무, 플라타너스, 네군도단풍, 목련, 마가목, 은행나무, 자작나무, 화살나무, 철쭉류, 쥐똥나무 등
온난지	가시나무, 녹나무, 동백나무, 후박나무, 굴거리나무 등

② 광선과 수목

㉮ 광포화점 : 빛의 강도가 점차적으로 높아지면 동화작용량도 상승하지만 어느 한계를 넘으면 그 이상 강하게 해도 동화작용량이 상승하지 않는 한계점

㉯ 광보상점 : 광합성을 위한 CO_2의 흡수와 호흡작용에 의한 CO_2의 방출량이 같아지는 점

㉰ 적은 광량에서도 동화작용을 할 때 내음성이 있다고 한다.

㉱ 음수 : 동화효율이 높아 약한 광선 밑에서도 생육할 수 있는 수종
양수 : 동화효율이 낮아 충분한 광선 하에서만 생육할 수 있는 수종

내음성수종	주목, 전나무, 독일가문비, 측백, 후박나무, 녹나무, 호랑가시나무, 굴거리나무, 회양목 등
호양성수종★	소나무, 메타세콰이어, 일본잎갈나무, 삼나무, 측백나무, 가이즈까향나무, 플라타너스, 단풍나무, 느티나무, 자작나무, 위성류, 층층나무, 배롱나무, 산벗나무, 감나무, 모과나무, 목련, 개나리, 철쭉, 박태기나무, 쥐똥나무 등
중용수	잣나무, 섬잣나무, 스트로브잣나무, 편백, 화백, 칠엽수, 회화나무 산딸나무, 화살나무 등

③ 토양과 수목

㉮ 토양수분

내건성 수종	소나무, 곰솔, 리기다소나무, 삼나무, 전나무, 비자나무, 서어나무, 가시나무, 귀룽나무, 오리나무류, 느티나무, 오동나무, 이팝나무, 자작나무, 진달래, 철쭉류 등
호습성 수종	낙우송, 삼나무, 오리나무, 버드나무류, 수국 등
내습성 식물	메타세콰이어, 전나무, 구상나무, 자작나무, 귀룽나무, 느티나무, 오리나무, 층층나무 등
내건성과 내습성이 강한 수종	자귀나무, 플라타너스 등

㉯ 토양양분

척박지에 잘견디는 수종★	소나무, 곰솔, 향나무, 오리나무, 자작나무, 참나무류, 자귀나무, 싸리류, 등나무 등
비옥지를 좋아하는 수종	삼나무, 주목, 측백, 가시나무류, 느티나무, 오동나무, 칠엽수, 회화나무, 단풍나무, 왕벗나무 등

㉰ 토양 반응

강산성에 견디는 수종	소나무, 잣나무, 전나무, 편백, 가문비나무, 리기다소나무, 사방오리, 버드나무, 싸리나무, 신갈나무, 진달래, 철쭉 등
약산성-중성	가시나무, 갈참나무, 녹나무, 느티나무, 일본잎갈나무 등
염기성에 견디는 수종	낙우송, 단풍나무, 생강나무, 서어나무, 회양목 등

㉱ 토심에 따른 수종

심근성★	소나무, 전나무, 주목, 곰솔, 가시나무, 굴거리나무, 녹나무, 태산목, 후박나무, 동백나무, 느티나무, 참나무류, 칠엽수, 회화나무, 단풍나무류, 싸리나무, 말발도리 등
천근성	가문비나무, 독일가문비, 일본잎갈나무, 편백, 자작나무, 버드나무 등

㉲ 토성에 따른 수종(점토의 함량에 따른 토양의 물리적 성질)

사토에 잘 자라는 수종	곰솔, 향나무, 돈나무, 다정큼나무, 위성류, 보리수나무, 자귀나무 등
양토	주목, 히말라야시더, 가시나무, 굴거리나무, 녹나무, 태산목, 감탕나무, 먼나무, 목련, 은행나무, 이팝나무, 칠엽수, 감나무, 단풍나무, 홍단풍, 마가목, 싸리나무 등
식토	소나무, 참나무류, 편백, 가문비나무, 구상나무, 참나무류, 서어나무, 벚나무
일반적으로 사질양토, 양토에서 식물의 생육은 왕성하다.	

④ 공해와 수목

㉮ 아황산가스의 피해

피해증상 : 직접 식물 체내로 침입하여 피해를 줄 뿐만 아니라 토양에 흡수되어 산성화시키고 뿌리에 피해를 주어 지력을 감퇴시킨다.

아황산가스에 강한 수종	상록침엽수	편백, 화백, 가이즈까향나무, 향나무 등
	상록활엽수	가시나무, 굴거리나무, 녹나무, 태산목, 후박나무, 후피향나무 등
	낙엽활엽수	가중나무, 벽오동, 버드나무류, 칠엽수, 플라타너스 등
아황산가스에 약한 수종	상록침엽수	소나무, 잣나무, 전나무, 삼나무, 히말라야시더, 잎갈나무, 독일가문비 등
	낙엽활엽수	느티나무, 튤립나무, 단풍나무, 수양벚나무, 자작나무 등

㉯ 자동차 배기가스의 피해

일산화탄소(CO), 질소산화물(NOX)가 광화학반응을 일으켜 O_3(오존)또는 옥시탄트를 만들어 피해를 주는데 이를 광화학스모그현상이라 한다.

배기가스에 강한 수종	상록침엽수	비자나무, 편백, 가이즈까향나무, 눈향나무 등
	상록활엽수	굴거리나무, 녹나무, 태산목, 후피향나무, 구실잣밤나무, 감탕나무, 졸가시나무, 유엽도, 다정큼나무, 식나무 등
	낙엽활엽수	미류나무, 양버들, 왕버들, 능수버들, 벽오동, 가중나무, 은행나무, 플라타너스, 무궁화, 쥐똥나무 등
배기가스에 약한 수종	상록침엽수	삼나무, 히말라야시더, 전나무, 소나무, 측백나무, 반송 등
	상록활엽수	금목서, 은목서 등
	낙엽활엽수	고로쇠나무, 목련, 튤립나무, 팽나무 등

㉰ 대기오염에 의한 식물의 피해증상

피해는 우선적으로 잎에서 발생하며 회백색 또는 갈색을 띤 반점이 생겨나고, 덜 여문 상태에서 노화하여 잎이 작아지는 동시에 황화하고 엽면이 우툴두툴해진다.

⑤ 내염성

염분의 피해 : 생리적 건조(세포액이 탈수되어 원형질이 분리됨), 염분결정이 기공을 막아 호흡작용을 저해

내염성에 강한수종	리기다소나무, 비자나무, 주목, 곰솔, 측백, 가이즈까향나무, 구실잣밤나무, 굴거리나무, 녹나무, 붉가시나무, 태산목, 후박나무, 감탕나무, 아왜나무, 먼나무, 후피향나무, 동백나무, 호랑가시나무, 팔손이나무, 위성류 등
내염성에 약한수종	독일가문비, 삼나무, 소나무, 히말라야시더, 목련, 단풍나무, 백목련, 자목련, 개나리 등

[과별 주요수목의 특징]

과명	한국명	특징
은행나무과	은행나무	• 낙엽침엽교목, 자웅이주로 중국원산 • 이용 : 가로수 · 녹음수 · 독립수
주목과	주목	• 상록침엽교목, 강음수, 원추형수형, 생장속도가 느림
	눈주목	• 상록침엽관목 • 이용 : 피복용
	비자나무	• 음수, 독립수이용
	개비자	• 상록침엽관목, 음수
소나무과	전나무	• 내공해성 극약, 원추형수형
	구상나무	• 한국특산종, 내공해성 극약
	히말라야시더	• 내답압성·내공해성 약
	일본잎갈나무	• 낙엽침엽교목, 내공해성 · 이식력 약, 노란색단풍
	독일가문비	• 이식용이
	소나무	• 2엽송, 양수, 내건성 · 내척박성 · 내산성 강, 내공해성 극약
	반송	• 반구형의 수형, 독립수로 이용
	백송	• 3엽송
	잣나무	• 5엽송, 이식용이, 차폐식재이용
	리기다소나무	• 3엽송, 내건성·내공해성 강 • 이용 : 사방조림용
	곰솔	• 2엽송, 내공해성 · 내건성 · 이식력 강 • 이용 : 해풍에 강해 해안방풍림으로 이용
	섬잣나무	• 잎과 가지가 절간이 좁고 치밀함
	스트로브잣나무	• 이용 : 생울타리 · 차폐용 · 방풍용으로 이용
낙우송과	메타세콰이아	• 낙엽침엽교목, 호습성, 양수, 생장속도가 빠름 • 이용 : 가로수
	낙우송	• 낙엽침엽교목, 호흡성, 양수
	금송	• 상록침엽교목, 2엽송, 내공해성약 • 이용 : 독립수, 강조식재용
측백나무과	화백	• 내공해성, 이식력 강
	편백	• 음수, 이식 용이
	향나무	• 양수, 내공해성 · 내건성 · 전정에 강함 • 이용 : 독립수 • 배나무 · 모과나무 등의 적성병의 중간기주식물
	가이즈까향나무	• 양수, 내건성 · 내공해성 · 이식력 · 전정에 강함
	눈향나무	• 이용 : 피복용, 돌틈식재, 기초식재용
	서양측백나무	• 독립수, 생울타리, 차폐용
	측백나무	• 양수, 내공해성 · 이식력강함
자작나무과	오리나무	• 양수, 내공해성 · 내습성 · 내건성 강 • 이용 : 사방공사용, 비료목
	자작나무	• 극양수, 전정 · 공해에 약함, 백색수피가 아름다운수종
	서어나무	• 온대극상림 우점종, 음수, 공해에 약함

<table>
<tr><th>과명</th><th>한국명</th><th colspan="2">특징</th></tr>
<tr><td rowspan="3">버드나무과</td><td>은백양나무</td><td colspan="2">· 양수, 내공해성 · 이식력강함, 천근성 · 이용 : 독립수, 차폐용</td></tr>
<tr><td>용버들</td><td colspan="2">· 하수형, 독립수</td></tr>
<tr><td>능수버들</td><td colspan="2">· 하수형, 천근성, 호습성, 내공해성강, 이식강 · 이용 : 가로수</td></tr>
<tr><td rowspan="7">참나무과</td><td>상수리나무</td><td colspan="2" rowspan="6">· 낙엽활엽교목, 생태공원식재</td></tr>
<tr><td>갈참나무</td></tr>
<tr><td>떡갈나무</td></tr>
<tr><td>신갈나무</td></tr>
<tr><td>졸참나무</td></tr>
<tr><td>굴참나무</td></tr>
<tr><td>가시나무</td><td colspan="2">· 상록활엽교목(참나무과 중 상록수)</td></tr>
<tr><td rowspan="2">느릅나무과</td><td>팽나무</td><td colspan="2">· 이용 : 녹음수, 독립수</td></tr>
<tr><td>느티나무</td><td colspan="2">· 괴목, 내공해성 약함, 전정을 하지 않음, 황색단풍
· 이용 : 녹음수, 독립수</td></tr>
<tr><td>뽕나무과</td><td>뽕나무</td><td colspan="2">· 열매(오디)는 조류유치용, 생태공원식재</td></tr>
<tr><td>계수나무과</td><td>계수나무</td><td colspan="2">· 잎이 심장형, 가을에 황색단풍</td></tr>
<tr><td>모란과</td><td>모란</td><td colspan="2">· 낙엽활엽관목, 5월에 홍색꽃</td></tr>
<tr><td rowspan="3">매자나무과</td><td>매발톱나무</td><td colspan="2">· 낙엽활엽관목, 줄기에 가시가 있음</td></tr>
<tr><td>매자나무</td><td colspan="2">· 낙엽활엽관목, 노란꽃 · 적색단풍, 적색열매, 줄기에 가시가 있음</td></tr>
<tr><td>남천</td><td colspan="2">· 상록활엽관목, 적색단풍, 적색열매</td></tr>
<tr><td rowspan="6">목련과</td><td>태산목</td><td colspan="2">· 상록활엽교목(목련과 중 상록수)</td></tr>
<tr><td>백목련</td><td colspan="2">· 흰색꽃이 잎보다 먼저 개화, 전정을 하지 않는 수종, 내답압성약</td></tr>
<tr><td>일본목련</td><td colspan="2">· 목련 중 잎이 커 거친질감형성, 내음성</td></tr>
<tr><td>목련</td><td colspan="2">· 흰색꽃이 잎보다 먼저 개화</td></tr>
<tr><td>함박꽃나무</td><td colspan="2">· 산목련, 잎이 나온 후 백색꽃이 개화</td></tr>
<tr><td>튜립나무</td><td colspan="2">· 목백합나무, 내공해성 강, 노란색단풍</td></tr>
<tr><td rowspan="8">콩과</td><td>자귀나무</td><td>· 6~7월 연분홍색꽃 개화</td><td rowspan="8">· 건조지 척박지에 강함
· 비료목의 역할</td></tr>
<tr><td>박태기나무</td><td>· 4월에 잎보다 먼저 분홍색꽃이 개화</td></tr>
<tr><td>주엽나무</td><td>· 가지는 녹색이고 갈라진 가시가 있음</td></tr>
<tr><td>쪽제비싸리</td><td>· 피복용</td></tr>
<tr><td>칡</td><td>· 만경목</td></tr>
<tr><td>아까시나무</td><td>· 5~6월 백색꽃 개화, 양수</td></tr>
<tr><td>회화나무</td><td>· 괴목, 녹음수</td></tr>
<tr><td>등나무</td><td>· 만경목, 5월 연보라색꽃 개화</td></tr>
<tr><td>운향과</td><td>탱자나무</td><td colspan="2">· 낙엽활엽관목, 줄기에 가시가 있음</td></tr>
<tr><td>소태나무과</td><td>가중나무</td><td colspan="2">· 내공해성 · 이식에 강함 · 이용 : 가로수, 녹음수</td></tr>
</table>

과명	한국명	특징
회양목과	회양목	• 상록활엽관목, 음수, 내공해성 · 이식 · 전정에 강함
옻나무과	붉나무	• 낙엽활엽관목, 가을에 붉은색단풍
칠엽수과	칠엽수	• 낙엽활엽교목, 잎이 커 거친질감수종, 녹음수
녹나무	녹나무	• 상록활엽교목
	생강나무	• 이른봄(3월)에 노란색꽃이 개화, 노란색단풍
	후박나무	• 상록활엽교목 • 이용 : 방화수, 방풍수
돈나무과	돈나무	• 상록활엽관목, 1과 1속 1종식물
조록나무과	풍년화	• 4월에 잎보다 먼저 노란색꽃이 개화
버즘나무과	양버즘나무	• 플라타너스, 낙엽활엽교목, 내공해성 · 이식력 · 전정 · 내건성에 강함, 흰색과 회색의 얼룩무늬수피가 관상가치 • 이용 : 녹음수, 가로수
장미과	명자나무	• 낙엽활엽관목
	모과나무	• 양수, 내공해성 · 이식력 강, 노란열매, 얼룩무늬 수피가 관상가치
	황매화	• 낙엽활엽관목, 5월에 노란색꽃 개화
	왕벚나무	• 내공해성 · 전정에 약함, 수명이 짧음
	피라칸사	• 상록활엽관목, 가을 · 겨울에 적색열매(조류유치용)
	찔레나무	• 내공해성 · 건조지 척박지 강함, 5월에 흰색꽃, 붉은색열매(조류유치용) • 이용 : 생태공원
	해당화	• 낙엽활엽관목, 내공해성 · 이식에 강함, 내염성에 강함
	팥배나무	• 5월 흰색꽃, 붉은열매(조류유치용)
	마가목	• 5월 흰색꽃, 붉은열매(조류유치용), 붉은 단풍
	조팝나무	• 4~5월 흰색꽃이 관상가치,
감탕나무과	호랑가시나무	• 상록활엽관목, 양수, 내공해성 · 이식력 · 전정에 강함 • 잎에 거치가 특징적임, 적색 열매 • 이용 : 생울타리용, 군식용
	꽝꽝나무	• 경계식재용
노박덩굴과	노박덩굴	• 만경목, 노란색열매
	화살나무	• 줄기에 코르크층이 발달하여 2~4열로 날개가 있음, 붉은색단풍
	사철나무	• 상록활엽관목, 내공해성 · 이식력 · 맹아력강함 • 이용 : 생울타리용
단풍나무과	중국단풍	• 붉은색단풍
	신나무	• 붉은색단풍
	고로쇠나무	• 내공해성 · 이식에 강함, 황색단풍
	네군도단풍	• 내공해성 · 이식에 강함, 황색단풍 • 이용 : 공원 조기녹화용, 가로수, 녹음수
	단풍나무	• 내공해성 · 이식에 강함, 붉은색단풍
	복자기	• 내음성, 붉은색 단풍

과명	한국명	특징
포도과	담쟁이덩굴	· 만경목, 내공해성 · 내음성 강함, 붉은색단풍, 검정열매 · 이용 : 벽면녹화용
아욱과	무궁화	· 7~9월 개화
벽오동과	벽오동	· 청색수피가 관상가치가 있음 · 이용 : 녹음수, 가로수
차나무과	동백나무	· 상록활엽교목, 내건성 · 내공해성 · 이식력 · 내염성 · 내조성에 강함 · 겨울철 붉은색 개화
	노각나무	· 얼룩무늬수피가 아름다운수종, 6~7월경 백색 꽃개화
위성류과	위성류	· 낙엽활엽교목, 잎이 부드러운침형으로 부드러운질감, 천근성 · 호습성
보리수나무과	보리수나무	· 비료목, 내한성 · 내공해성 · 척박지에 강함, 붉은색열매
부처꽃과	배롱나무	· 낙엽활엽교목, 목백일홍이라 불림, 7~9월 붉은색 개화, 얼룩무늬수피가 관상가치가 있음
두릅나무과	팔손이	· 상록활엽관목, 음수, 내공해성 · 내염성 강함, 10~11월 흰색꽃이 개화
	송악	· 만경목, 내음성에 강함
층층나무과	식나무	· 상록활엽관목, 10월에 붉은색열매
	층층나무	· 줄기의 배열이 층을 이루는 독특한 수형
	산수유	· 낙엽활엽교목, 3월에 황색꽃개화, 붉은색열매
	산딸나무	· 5월에 흰색이 개화
	흰말채나무	· 낙엽활엽관목, 붉은색 줄기가 관상가치가 있음
진달래과	산철쭉	· 내공해성 · 이식에 강함
	진달래	· 꽃이 개화한후 잎이 개화함
자금우과	자금우	· 음수, 내공해성 · 이식력이 강함
물푸레나무과	미선나무	· 1속1종의 한국 특산종
	개나리	· 4월에 잎이 나오기 전에 꽃이 개화함 · 내공해성 · 척박지에 강함, 맹아력이 강해 전정에 잘견딤 · 이용 : 생울타리
	이팝나무	· 5~6월에 흰색 꽃이 개화
	쥐똥나무	· 맹아력이강해 전정에 잘 견딤, 5월에 백색꽃개화 · 이용 : 생울타리
	수수꽃다리	· 4~5월에 연한자주색꽃이 개화함, 내공해성 · 척박지에 강함
	목서	· 상록활엽관목, 9~10월 개화하며 꽃에 향기가 좋음, 잎에 거치 있음
협죽도과	협죽도	· 내공해성 · 내염성 · 내조성에 강함
	마삭줄	· 만경류
마편초과	좀작살나무	· 가을에 보라색열매감상(조류유치용)
능소화과	능소화	· 만경목, 내공해성 · 이식력 강함, 7~8월에 주황색꽃이 개화
인동과	인동덩굴	· 만경목, 5~6월 흰색꽃개화, 내공해성 · 이식력강함
	아왜나무	· 상록활엽교목, 내염성 · 내조성에 강함 · 이용 : 방화수, 방풍수
	병꽃나무	· 내한성 · 내음성 · 내공해성이 강함

기출문제 및 예상문제

1 다음 중 무생물재료의 특성은?

㉮ 자연성
㉯ 가공성
㉰ 연속성
㉱ 비규격성

무생물재료의 특성 : 가공성, 규격성

2 다음 중 생물재료의 특성이라고 볼 수 없는 것은?

㉮ 생장과 번식을 계속하는 연속성이 있다.
㉯ 형태가 다양하게 변화함으로써 주변과의 조화성을 가진다.
㉰ 개체마다 각기 다른 개성미와 다양성을 가지고 있다.
㉱ 변화하지 않는 불변성과 가공이 가능한 가공성이 있다.

생물재료의 특성 : 자연성, 연속성, 다양성, 조화성

3 다음 중 조경재료를 분류할 때 생물재료에 속하지 않는 것은?

㉮ 수목
㉯ 지피식물
㉰ 초화류
㉱ 목질재료

조경재료
- 생물재료 : 수목, 지피식물, 초화류
- 무생물재료 : 석재, 목재, 시멘트, 콘크리트, 점토, 합성수지, 금속재료, 미장재료, 도장재료

4 조경 수목의 크기에 따른 분류 방법이 아닌 것은?

㉮ 교목류
㉯ 관목류
㉰ 만경목류
㉱ 침엽수류

침엽수·활엽수는 잎의 모양에 따라 분류

정답 1. ㉯ 2. ㉱ 3. ㉱ 4. ㉱

5 다음 설명에 해당하는 나무를 무엇이라 하는가?

> 곧은 줄기가 있고 줄기와 가지의 구별이 명확하며 키가 큰 나무이다.

㉮ 교목　　㉯ 관목
㉰ 덩굴성 나무(만경목)　　㉱ 지피식물

6 활엽수지만 잎의 형태가 침엽수와 같아서 조경적으로 침엽수로 이용하는 것은?

㉮ 은행나무　　㉯ 철쭉　　㉰ 위성류　　㉱ 배롱나무

7 다음 수종 중 관목에 해당하는 것은?

㉮ 백목련　　㉯ 위성류　　㉰ 층층나무　　㉱ 매자나무

8 다음 중 관목에 해당하는 수종은?

㉮ 화살나무　　㉯ 목련　　㉰ 백합나무　　㉱ 산수유

9 다음 중에서 관목끼리 짝지어진 것은?

㉮ 주목, 느티나무, 단풍나무　　㉯ 진달래, 회양목, 꽝꽝나무
㉰ 등나무, 잣나무, 은행나무　　㉱ 매실나무, 명자나무, 칠엽수

10 다음 중 상록침엽관목에 속하는 나무는?

㉮ 영산홍　　㉯ 섬잣나무　　㉰ 회양목　　㉱ 눈향나무

11 일년 내내 푸른 잎을 달고 있으며 잎이 바늘처럼 뾰족한 나무는?

㉮ 상록활엽수　　㉯ 상록침엽수　　㉰ 낙엽활엽수　　㉱ 낙엽침엽수

정답　5. ㉮　6. ㉰　7. ㉱　8. ㉮　9. ㉯　10. ㉱　11. ㉯

12 다음 중 개화기가 길며, 줄기의 수피 껍질이 매끈하고, 적갈색 바탕에 백반이 있어 시각적으로 아름다우며 한여름에 꽃이 드물게 개화하는 부처꽃과(科)의 수종은?

㉮ 배롱나무 ㉯ 벚나무 ㉰ 산딸나무 ㉱ 회화나무

13 다음 중 상록수에 해당하는 나무는?

㉮ 낙우송 ㉯ 섬잣나무 ㉰ 은행나무 ㉱ 메타세쿼이아

14 상록침엽성의 수종에 해당하는 것은?

㉮ 산딸나무 ㉯ 낙우송 ㉰ 비자나무 ㉱ 동백나무

15 다음 중 상록침엽교목에 해당하는 나무는?

㉮ 소나무 ㉯ 회양목 ㉰ 사철나무 ㉱ 꽃물푸레나무

16 다음 수종 중 상록활엽수가 아닌 것은?

㉮ 사철나무 ㉯ 짱짱나무 ㉰ 동백나무 ㉱ 플라타너스

17 상록활엽수이며, 교목인 수종으로 가장 적당한 것은?

㉮ 눈주목 ㉯ 녹나무 ㉰ 히말라야시다 ㉱ 치자나무

18 조경수목의 분류 중 상록관목에 해당되지 않는 것은?

㉮ 피라칸타 ㉯ 짱짱나무 ㉰ 호랑가시나무 ㉱ 보리수나무

19 잎의 모양과 착상 상태에 따른 조경수목의 분류로 맞는 것은?

㉮ 상록침엽수-후박나무 ㉯ 낙엽침엽수-잎갈나무
㉰ 상록활엽수-독일가문비나무 ㉱ 낙엽활엽수-감탕나무

정답 12. ㉮ 13. ㉯ 14. ㉰ 15. ㉮ 16. ㉱ 17. ㉯ 18. ㉱ 19. ㉯

20 꽃을 관상하는 나무로만 짝지어진 것은?

㉮ 박태기나무, 주목, 느티나무
㉯ 배롱나무, 동백나무, 백목련
㉰ 소나무, 대나무, 산수유
㉱ 매화나무, 개나리, 단풍나무

21 개화기가 가장 빠른 것끼리 나열된 것은?

㉮ 풍년화, 꽃사과, 황매화
㉯ 조팝나무, 미선나무, 배롱나무
㉰ 진달래, 낙상홍, 수수꽃다리
㉱ 생강나무, 산수유, 개나리

22 다음 중 황색 꽃을 갖는 나무는?

㉮ 모감주나무
㉯ 조팝나무
㉰ 박태기나무
㉱ 산철쭉

23 3월에 노란 꽃이 피며 가을이면 열매가 빨갛게 달리는 나무는?

㉮ 산수유 ㉯ 남천 ㉰ 치자나무 ㉱ 명자나무

24 다음 중 봄에 노란색으로 개화하지 않는 수종은?

㉮ 개나리 ㉯ 산수유 ㉰ 산딸나무 ㉱ 생강나무

25 다음 중 백색 계통의 꽃이 피는 수종들로 짝지어진 것은?

㉮ 박태기나무, 개나리, 생강나무
㉯ 쥐똥나무, 이팝나무, 층층나무
㉰ 목련, 조팝나무, 산수유
㉱ 무궁화, 매화나무, 진달래

26 줄기가 아름다우며 여름에 개화하여 꽃이 100여 일 간다는 나무는?

㉮ 백합나무
㉯ 불두화
㉰ 배롱나무
㉱ 이팝나무

정답 20. ㉯ 21. ㉱ 22. ㉮ 23. ㉮ 24. ㉰ 25. ㉯ 26. ㉰

27 다음 중 여름과 가을에 꽃을 피우는 수종으로 아닌 것은?

㉮ 호랑가시나무　　㉯ 박태기나무
㉰ 은목서　　㉱ 협죽도

28 다음 중 꽃이 먼저 피고, 잎이 나중에 나는 수목이 아닌 것은?

㉮ 개나리　　㉯ 산수유
㉰ 수수꽃다리　　㉱ 백목련

29 겨울화단에 심을 수 있는 식물은?

㉮ 팬지　　㉯ 매리골드
㉰ 달리아　　㉱ 꽃양배추

30 봄에 강한 향기를 지닌 꽃이 피는 나무는?

㉮ 치자나무　　㉯ 서향
㉰ 불두화　　㉱ 백합나무

31 조경수목의 선정시 꽃의 향기가 주가 되는 나무가 아닌 것은?

㉮ 함박꽃나무　　㉯ 서향
㉰ 태산목　　㉱ 목서류

32 정원 내에 향기가 가장 많이 나게 하기 위하여 식재하는 수종은?

㉮ 담쟁이덩굴　　㉯ 피라칸타
㉰ 식나무　　㉱ 목서

33 감상하는 부분이 주로 줄기가 되는 나무는?

㉮ 자작나무　　㉯ 자귀나무　　㉰ 수양버들　　㉱ 위성류

해설 자작나무는 흰색수피가 관상가치가 있다.

정답 27. ㉯ 28. ㉰ 29. ㉱ 30. ㉯ 31. ㉰ 32. ㉱ 33. ㉮

34 다음 수목 중 당년에 자란 가지에서 꽃이 피는 것은?

㉮ 벚나무 ㉯ 철쭉류 ㉰ 배롱나무 ㉱ 명자나무

해설 당년에 자란가지에서 꽃이피는 수목이란 여름개화수종을 말한다.

35 그 해에 자란 가지에 꽃눈이 분화하여 월동 후 봄에 개화하는 형태의 수종은?

㉮ 능소화 ㉯ 배롱나무 ㉰ 개나리 ㉱ 장미

해설 봄개화수종을 말한다.

36 정원에 식재하였을 때 10월경에 향기가 가장 많이 느껴지는 수종은?

㉮ 담쟁이덩굴 ㉯ 피라칸사스 ㉰ 식나무 ㉱ 금목서

37 노란색 단풍이 아름다운 수종으로 짝지어진 것은?

㉮ 은행나무, 붉나무 ㉯ 백합나무, 고로쇠나무
㉰ 담쟁이, 감나무 ㉱ 검양옻나무, 매자나무

38 다음 중 붉은색(홍색)의 단풍이 드는 수목들로 구성된 것은?

㉮ 낙우송, 느티나무, 백합나무 ㉯ 칠엽수, 참느릅나무, 졸참나무
㉰ 감나무, 화살나무, 붉나무 ㉱ 잎갈나무, 메타세쿼이아, 은행나무

39 다음 중 단풍나무류에 속하는 수종은?

㉮ 신나무 ㉯ 낙상홍 ㉰ 계수나무 ㉱ 화살나무

40 겨울철에 줄기의 붉은색을 감상하기 위한 수종으로 가장 적합한 것은?

㉮ 나무수국 ㉯ 불두화 ㉰ 신나무 ㉱ 흰말채나무

정답 34. ㉰ 35. ㉰ 36. ㉱ 37. ㉯ 38. ㉰ 39. ㉮ 40. ㉱

41 관상적인 측면에서 본 분류 중 열매를 감상하기 위한 수종으로 가장 적합한 것은?

㉮ 은행나무 ㉯ 모과나무 ㉰ 반송 ㉱ 낙우송

42 남부지방에서 새가 좋아하는 열매를 맺어 새들의 유치에 효과적인 나무는?

㉮ 백합나무 ㉯ 층층나무 ㉰ 감탕나무 ㉱ 벽오동

43 가지나 줄기가 상해를 입어 그 부근에서 숨은 눈이 커져 싹이 나오는 성질을 무엇이라 하는가?

㉮ 이식성 ㉯ 맹아성 ㉰ 내답압성 ㉱ 내병성

44 맹아력이 강한 나무로 짝지어진 것은?

㉮ 향나무, 무궁화
㉯ 쥐똥나무, 가시나무
㉰ 느티나무, 해송
㉱ 미류나무, 소나무

45 다음 수종 중 맹아력이 가장 약한 것은?

㉮ 라일락 ㉯ 소나무 ㉰ 쥐똥나무 ㉱ 무궁화

46 다음 중 심근성 나무라 볼 수 없는 것은?

㉮ 전나무 ㉯ 백합나무 ㉰ 은행나무 ㉱ 현사시나무

47 다음 중 심근성 수종으로 가장 적당한 것은?

㉮ 버드나무
㉯ 사시나무
㉰ 자작나무
㉱ 느티나무

해설 천근성 수종–버드나무, 자작나무, 사시나무

정답 41. ㉯ 42. ㉰ 43. ㉯ 44. ㉯ 45. ㉯ 46. ㉱ 47. ㉱

48 다음 중 천근성(淺根性) 수종으로 짝지어진 것은?

㉮ 독일가문비나무, 자작나무　　㉯ 전나무, 백합나무
㉰ 느티나무, 은행나무　　㉱ 백목련, 가시나무

49 다음 수종 중 음수가 아닌 것은?

㉮ 주목　　㉯ 독일가문비
㉰ 팔손이나무　　㉱ 석류나무

50 음지에서 견디는 힘이 강한 수목으로 짝지어진 것은?

㉮ 소나무, 향나무　　㉯ 회양목, 눈주목
㉰ 태산목, 가중나무　　㉱ 자작나무, 느티나무

51 척박한 토양에 가장 잘 견디는 수목은?

㉮ 소나무　㉯ 삼나무　㉰ 주목　㉱ 배롱나무

52 건조한 땅에 잘 견디는 나무는?

㉮ 향나무　㉯ 낙우송　㉰ 계수나무　㉱ 위성류

53 생육환경 중 건조한 지역에서 잘 견디는 수종은?

㉮ 삼나무　㉯ 가중나무　㉰ 수국　㉱ 주엽나무

54 습한 땅에서 견디는 나무가 아닌 것은?

㉮ 낙우송　㉯ 소나무　㉰ 수국　㉱ 주엽나무

정답　48. ㉮　49. ㉱　50. ㉯　51. ㉮　52. ㉮　53. ㉯　54. ㉯

55 다음 중 연못가나 습지 등에서 가장 잘 견디는 수목은?

㉮ 오리나무 ㉯ 향나무 ㉰ 신갈나무 ㉱ 자작나무

56 건조한 땅이나 습지에 모두 잘 견디는 수종은?

㉮ 향나무 ㉯ 계수나무 ㉰ 소나무 ㉱ 꽝꽝나무

57 산성토양에서 가장 잘 견디는 나무는?

㉮ 조팝나무 ㉯ 진달래 ㉰ 낙우송 ㉱ 회양목

58 수목의 생태 특성과 수종들의 연결이 옳지 않은 것은?

㉮ 습한 땅에 잘 견디는 수종-메타세쿼이아, 낙우송, 왕버들 등
㉯ 메마른 땅에 잘 견디는 수종-소나무, 향나무, 아카시아 등
㉰ 산성토양에 잘 견디는 수종-느릅나무, 서어나무, 보리수나무 등
㉱ 식재토양의 토심이 깊은 것(심근성)-호두나무, 후박나무, 가시나무 등

59 양수 수종만으로 짝지어진 것은?

㉮ 향나무, 가중나무 ㉯ 가시나무, 아왜나무
㉰ 회양목, 주목 ㉱ 사철나무, 독일가문비나무

60 다음 중 양수에 속하는 수종은?

㉮ 향나무 ㉯ 독일가문비나무 ㉰ 주목 ㉱ 아왜나무

61 다음 중 양수 수종으로만 짝지어진 것은?

㉮ 식나무, 서어나무 ㉯ 산수유, 모과나무
㉰ 오리나무, 팔손이나무 ㉱ 서향, 회양목

정답 55. ㉮ 56. ㉱ 57. ㉯ 58. ㉰ 59. ㉮ 60. ㉮ 61. ㉯

62 다음 중 양수 수종이 아닌 것은?

㉮ 메타세쿼이아　　㉯ 굴거리나무
㉰ 버즘나무　　㉱ 자작나무

63 양수이며 천근성 수종에 속하는 것은?

㉮ 자작나무　　㉯ 느티나무　　㉰ 백합나무　　㉱ 은행나무

64 다음 중 대기오염에 강한 수목은?

㉮ 은행나무　　㉯ 독일가문비　　㉰ 소나무　　㉱ 자작나무

65 다음 중 아황산가스에 강한 수종으로만 짝지어진 것은?

㉮ 소나무, 전나무　　㉯ 히말라야시다, 느티나무
㉰ 삼나무, 편백나무　　㉱ 사철나무, 은행나무

66 공해 중 아황산가스(SO_2)에 의한 수목의 피해를 설명한 것으로 가장 옳은 것은?

㉮ 한 낮이나 생육이 왕성한 봄, 여름에 피해를 입기 쉽다.
㉯ 밤이나 가을에 피해가 심하다.
㉰ 공기 중의 습도가 낮을 때 피해가 심하다.
㉱ 겨울에 피해가 심하다.

67 덩굴로 자라면서 여름에 아름다운 꽃이 피는 수종은?

㉮ 등나무　　㉯ 홍가시나무　　㉰ 능소화　　㉱ 남천

68 염분에 강한 수종으로 짝지어진 것은?

㉮ 해송, 왕벚나무　　㉯ 단풍나무, 가시나무
㉰ 비자나무, 사철나무　　㉱ 광나무, 목련

정답　62. ㉯　63. ㉮　64. ㉮　65. ㉱　66. ㉮　67. ㉰　68. ㉰

69 다음 중 덩굴성 식물인 것은?

㉮ 서향 ㉯ 송악 ㉰ 병아리꽃나무 ㉱ 피라칸타

70 다음 중 덩굴식물이 아닌 것은?

㉮ 등나무 ㉯ 인동 ㉰ 송악 ㉱ 겨우살이

71 다음 중 1회 신장형 수목은?

㉮ 철쭉 ㉯ 화백 ㉰ 삼나무 ㉱ 소나무

해설 소나무는 1회 신장형 수목으로 일년에 5~6월에 한번만 성장하며 나머지 기간은 양분을 배출한다.

72 다음 중 1속에서 잎이 5개 나오는 수종은?

㉮ 백송
㉯ 소나무
㉰ 리기다소나무
㉱ 잣나무

73 다음 조경수 중 「주목」에 관한 설명으로 틀린 것은?

㉮ 9~10월 붉은색의 열매가 열린다.
㉯ 수피가 적갈색으로 관상가치가 높다.
㉰ 맹아력이 강하며, 음수이나 양지에서 생육이 가능하다.
㉱ 생장속도가 매우 빠르다.

해설 주목은 생장속도가 느린수종이다.

74 다음 중 대나무에 대한 설명으로 틀린 것은?

㉮ 외관이 아름답다.
㉯ 탄력이 있다.
㉰ 잘썩지 않는다.
㉱ 벌레 피해를 쉽게 받는다.

75 다음 중 줄기가 아래로 늘어지는 생김새의 수간을 가진 나무의 모양을 무엇이라 하는가?

㉮ 쌍간 ㉯ 다간 ㉰ 직간 ㉱ 현애

정답 69. ㉯ 70. ㉱ 71. ㉱ 72. ㉱ 73. ㉱ 74. ㉰ 75. ㉱

제2장 수목의 구비조건 및 식재양식

01 조경용 수목의 구비조건

① 이식이 용이하여 이식 후 활착이 잘 되는 것
② 불량한 환경에 적응력이나 병충해에 대한 저항력이 강한 것
③ 관상가치와 형태미가 뛰어난 것
④ 번식과 재배가 잘 되고 관리에 용이할 것
⑤ 구입이 쉬울 것

02 토양환경

(1) 토양의 구성 ★

① 광물질 45%, 유기질 5%, 수분 25%, 공기 25%
② 토양의 적정 부식질함량 : 5~20%

(2) 식물 성상에 따른 표층토의 깊이 ★

분류	생존 최소심도 (cm)	생육최소심도 (cm)
잔디 및 초본류	15	30
소관목	30	45
대관목	45	60
천근성 교목	60	90
심근성 교목	90	150

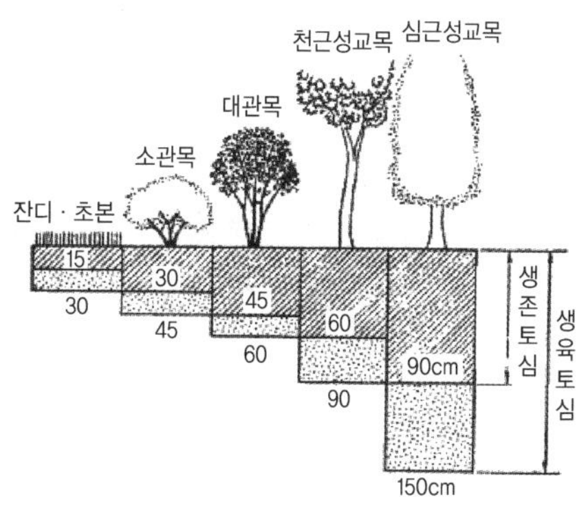

(3) 토양 양분

① 양분요구도과 광선요구도는 상반되는 관계를 가짐
② <u>비료목</u> : <u>근류균을 가진 수종으로 근류균에 의해 공중질소의 고정작용 역할을 하여 토양의 물리적 조건과 미생물적 조건을 개선</u> ★

· **비료목**
① **콩과 식물 : 아까시나무, 자귀나무, 싸리나무, 박태기나무, 등나무, 칡 등**
② **자작나무과 : 사방오리, 산오리, 오리나무 등**
③ **보리수나무과 : 보리수나무, 보리장나무 등**

(4) 토양 반응

① 강우량이 증발량보다 많은 경우 산성을 띠며, 강우로 인한 수용성염기의 용탈, 표토유실
② 내산성 수종 : 가문비나무, 리기다소나무, 싸리나무류, 소나무, 아까시나무, 잣나무, 전나무 등

03 식재시 물리적 요소

(1) 형태(수형)

① 식재설계시 가장 먼저 고려
② 형태는 잔가지나 굵은가지의 배열, 방향 또는 선에 의해 결정
㉮ 원추형 : 낙우송, 메타세콰이어, 히말라야시다, 가이즈까향나무, 편백, 화백
㉯ 우산형 : 네군도단풍, 단풍나무, 매화나무, 왕벚나무
㉰ 원정형 : 플라타너스, 벽오동, 회화나무
㉱ 평정형(배상형) : 느티나무, 가중나무, 배롱나무
㉲ 반구형(선형) : 반송, 개나리, 팔손이, 병꽃나무
㉳ 하수형 : 수양버들, 능수버들

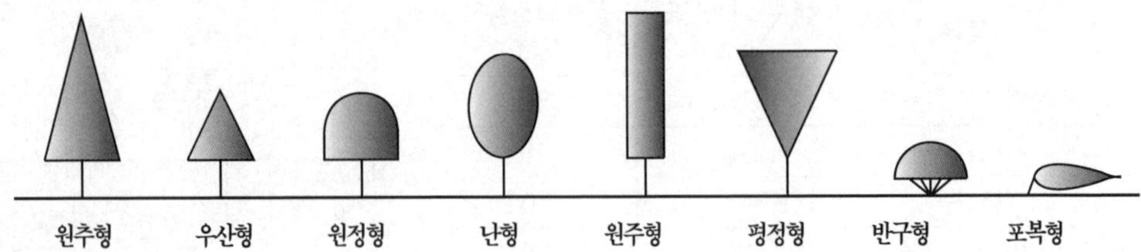

(2) 질감

① 보거나 느낄 수 있는 식물재료의 표면상태
② 결정요소 : 잎, 꽃의 생김새와 크기 착생밀도와 착생상태
③ 수목의 질감
㉮ 거친 질감의 수목 : 벽오동, 태산목, 팔손이, 플라타너스
㉯ 고운 질감의 수목 : 편백, 화백, 잣나무

④ 잎에 거치가 있는 수종 : 호랑가시나무, 목서
⑤ 가지에 가시가 있는 수종 : 매자나무, 명자나무, 찔레나무, 탱자나무

(3) 색채

① 가장 강력한 호소력을 가지는 요소
② 잎에 얼룩이 있는 수종 : 금사철, 은사철, 식나무
③ 수간의 색채가 뚜렷한 수종
㉮ 담갈색 얼룩무늬 : 모과나무, 배롱나무, 노각나무
㉯ 청록색 수피 : 벽오동
㉰ 붉은색 수피 : 소나무, 주목
㉱ 백색수피 : 자작나무
㉲ 청록백색 얼룩무늬 수피 : 플라타너스

04 조경양식에 의한 식재

(1) 정형식 식재

① 축선의 설정과 대칭식재
② 비스타를 구성하는 수림(축선을 강조)
③ 정형식재의 기본패턴

단식	중요한 자리에 단독식재
대식	축의 좌우로 상대적으로 동형, 동수종의 나무를 식재
열식	동형, 동수종의 나무를 일정한 간격으로 직선상으로 식재
교호식재	같은 간격으로 서로 어긋나게 식재
집단식재	군식, 다수의 수목을 규칙적으로 일정지역을 덮어버림, 하나의 덩어리로서의 질량감
요점식재	・가상의 중심선과 부축선이 만나는 곳에 식재 ・원형에서는 중심점・원주, 사각형에서는 4개의 모서리와 대각선의 교차점, 직선에서는 중점과 황금분할점에 식재

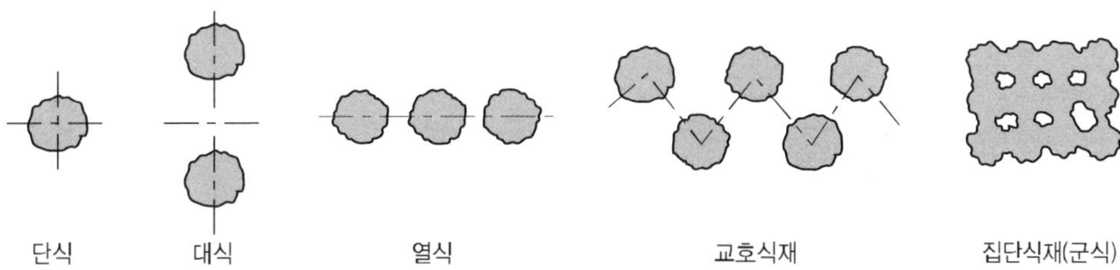

그림. 정형식의 기본양식

(2) 자연풍경식 식재

① 비대칭적인 균형감과 안정된 심리적 질서감에 기초

② 사실적 식재(영국의 풍경식 정원) : 윌리엄 로빈슨의 야생원(wild garden), 벌 막스의 암석원(rock garden)

③ 자연풍경식의 기본 패턴

부등변삼각형 식재	크고 작은 세그루의 나무를 서로의 간격 달리하고 또한 한 직선위에 서지 않도록 하는 수법
임의 식재 (random planting)	부등변 삼각형 식재를 순차적으로 확대해 가는 수법

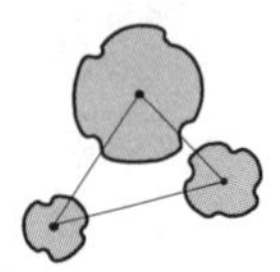

부등변 3각형의 식재

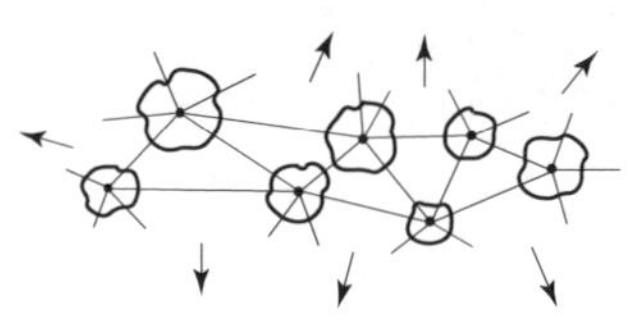

임의 식재

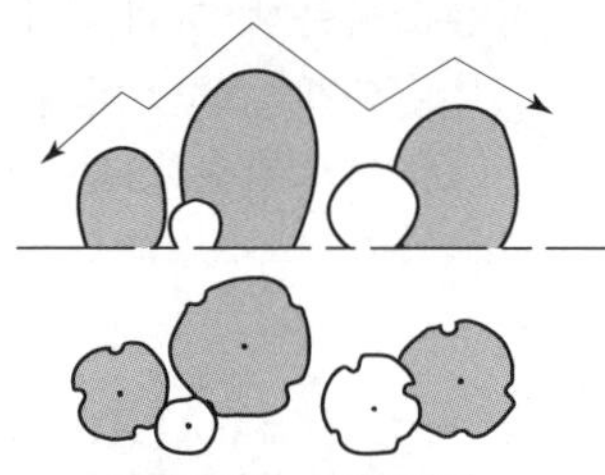

식재입면의 스카이라인

그림. 자연풍경식 식재 기본양식

(3) 자유식 식재

① 기능중시 , 단순한 배식, 적은수의 우량목으로 요점식재함

② 자유로운 형식이므로 특별히 양식이라고 할 만한 식재방법은 따로 없으며 설계자의 아이디어에 의해 새로운 식재형식을 창조

③ 식재 사례 : 직선의 형태가 많음, 루버형, 번개형, 아메바형, 절선형

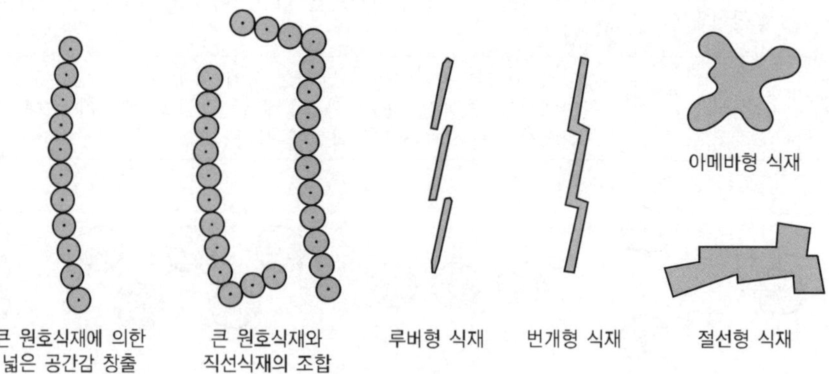

그림. 자유식 식재 사례

(4) 군락 식재

① 식물군락을 성립시키는 환경요인(외적인 요인)

기후요인	기온, 광선, 수분, 바람
토양요인	토질, 토양수분, 토양동물, 토양미생물
생물적 요인	벌목, 경작, 방목, 답압

② 식물군락을 성립시키는 내적요인

경합	자기보존에 필요한 공간과 광선, 수분을 확보하기 위해 개체간 또는 종간에 경합이 생겨 그 결과 개체 또는 종이 변천하는 현상
공존	생존상의 요구조건이 어느 정도 일치하는 식물사이에 있어서는 하나의 기반으로 공동으로 이용하는 형태로 집단생활을 영위

③ 생태학(ecology)

개체군생태학	· 특정공간을 점유하고 있는 동일종의 단위생물집단을 연구 · 지표종 : 환경의 변화 현재의 상태를 가르쳐 주는 종
군집생태학	· 특정지역 혹은 물리적 서식지에 살고 있는 개체군의 집단을 연구 · 식물군집의 수직적 층화(상층 → 중층 → 하층) · 추이대 : 산림과 주변 개활지, 초지와 산림, 해상과 육상 등과 같이 둘 이상의 이질적인 군집의 경계부 · 주연부 효과(가장자리 효과, edge effect) : 추이대(ecotone)이 형성되면 가장자리 효과라는 것이 나타나는데 이는 경계부근에 다양한 종류의 생물들이 서식하고 종풍부도와 밀도가 높아지는 경향을 말함

④ 생태적 천이(Ecological succession)

㉮ 천이 : 일정한 땅에 있어서의 식물군락의 시간적 변화과정

㉯ 극상 : 생물집단이 생성-발전-안정되는 과정에서 최종적으로 도달하는 안정되고 영속성 있는 단계를 극상(climax)이라 한다.

㉰ 천이 과정 : 나지-1년생 초본-다년생 초본-음수관목(양수관목)-양수교목-음수교목

⑤ 식생에 대한 인간의 영향

자연식생	인간에 의한 영향을 입지 않고 자연 그대로의 상태로 생육하고 있는 식생
원 식 생	인간에 의한 영향을 받기 이전의 자연식생
대상식생	인간에 의한 영향으로 대치된 식생, 인간의 생활 영역 속에 현존하는 대부분의 식생
잠재자연식생	변화된 입지 조건하에서 인간에 의한 영향이 제거되었다고 가정할 때 성립이 예상되는 자연식생

⑥ 식생 조사

㉮ 식물종의 조합과 입지조건이 균질하며 군락이 가장 잘 발달한 지역 선정

㉯ 조사구역 : 교목림 150~500m^2 , 관목림 50~200m^2

피도	조사구역내에 존재하는 각 식물종이 차지하는 수관의 투영면적 비율
밀도	단위면적당 개체수
빈도	전체 조사구에서 어떤 종의 출현정도
수도	어떤 종이 출현한 조사구에서의 총개체수
식생조사 방법	쿼트라드법, 접선법, 포인트법, 간격법

⑦ 군락식재 설계

㉮ 현존식생이 자연식생인지 대상식생인지 조사하여 잠재자연식생을 파악

㉯ 군락의 기본 단위인 군집을 본보기로 식재

기출문제 및 예상문제

1 조경수목이 갖추어야 할 조건이 아닌 것은?

㉮ 쉽게 옮겨 심을 수 있을 것
㉯ 착근이 잘 되고 생장이 잘 되는 것
㉰ 그 땅의 토질에 잘 적응 할 수 있는 것
㉱ 희귀하여 가치가 있는 것

2 조경수목의 구비조건이 아닌 것은?

㉮ 관상 가치와 실용적 가치가 높아야 한다.
㉯ 이식이 어렵고, 한 곳에서 오래도록 잘 자라야 한다.
㉰ 불리한 환경에서도 견딜 수 있는 적응성이 커야 한다.
㉱ 병해충에 대한 저항성이 강해야 한다.

3 조경용 수목의 선정조건이 아닌 것은?

㉮ 가격이 비싼 수목
㉯ 환경에 잘 적응하는 수목
㉰ 관상적 가치가 높은 수목
㉱ 이식이 잘 되는 수목

4 다음 중 배식설계에 있어 정형식 배식설계로 가장 적당한 것은?

㉮ 부등변 삼각형 식재
㉯ 대식
㉰ 임의(랜덤)식재
㉱ 배경식재

정형식식재와 자연풍경식 식재의 기본패턴
· 정형식 : 단식, 대식, 열식, 교호식재, 집단식재
· 자연풍경식 : 부등변삼각형식재, 임의식재, 군식, 산재식재, 배경식재

정답 1. ㉱ 2. ㉯ 3. ㉮ 4. ㉯

5 **자연식 배식법의 설명 중 틀린 것은?**

㉮ 정원 안에 자연 그대로의 숲의 생김새를 재생시키려 하는 수법이다.
㉯ 나무의 위치를 정할 때에는 장래 어떠한 관계에 놓일 것인가를 예측하면서 배치한다.
㉰ 여러 그루의 나무가 하나의 직선 위에 줄지어 서게 되는 것을 절대로 피해야 한다.
㉱ 공원과 같은 넓은 녹지에 집단미를 나타낼 경우 여러 가지 수종을 밀식하여 빽빽하게 하는 것이 좋다.

6 **질감(Texture)이 가장 부드럽게 느껴지는 나무는?**

㉮ 태산목 ㉯ 칠엽수
㉰ 회양목 ㉱ 팔손이나무

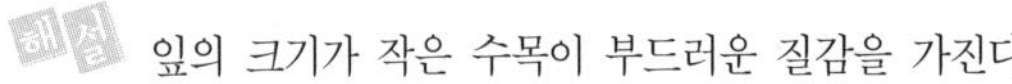
해설 잎의 크기가 작은 수목이 부드러운 질감을 가진다.

7 **다음 중 토피어리(Topiary)란?**

㉮ 분수의 일종 ㉯ 형상수
㉰ 보기 좋은 정원석 ㉱ 휴게용 탁자

해설 조경수를 동물의 형상이나 무성적인 모양으로 다듬어 놓은 것을 말한다.

[토피어리]

8 **다음 중 형상수(Topiary)를 만들기에 가장 적합한 나무는?**

㉮ 주목 ㉯ 단풍나무
㉰ 능수벚나무 ㉱ 전나무

정답 5. ㉱ 6. ㉰ 7. ㉯ 8. ㉮

제3장 기능식재와 유형별식재

- **기능식재**
  - **① 수목을 수학적, 공학적으로 활용**
  - **② 차폐식재, 녹음식재, 가로막기식재, 방음 식재, 방풍식재, 방화식재, 방설식재, 지피식재**

01 차폐식재

(1) 목적

외관상 보기 흉한 곳이나 구조물 등을 은폐하거나 외부에서 내부가 보이지 않게 하기 위해 시선이나 시계를 차단하는 식재

(2) 캄뮤플라즈(camouflage)

① 대상물이 눈에 띄지 않도록 하는 방법, 의장(擬裝)수법·미채(迷彩)수법 이라고 한다.
② 경사지 법면의 잔디 녹화, 담쟁이 덩굴에 의한 벽면 녹화

(3) 차폐식재용 수종

일반적으로 상록수가 좋으며, 수관이 크고, 지엽이 밀생한 것
① 상록침엽교목 : 가이즈까향나무, 측백, 전나무, 주목, 화백, 편백 등
② 상록활엽교목 : 가시나무, 감탕나무, 금목서, 녹나무, 아왜나무, 후피향나무 등
③ 만경류 : 담쟁이덩굴, 인동덩굴, 칡 등

02 녹음식재

(1) 녹음용 수종

① 수관이 크고 머리가 닿지 않을 정도의 지하고를 지녀야할 것
② 잎이 크고 밀생하며 낙엽교목일 것(겨울의 일조량)
③ 병충해와 답압의 피해가 적을 것, 악취 및 가시가 없는 수종

(2) 적합수종

느티나무, 플라타너스, 가중나무, 은행나무, 칠엽수, 오동나무, 회화나무, 팽나무 등

03 가로막기 식재

(1) 용도

담장대용품, 경계의 표시, 눈가림, 진입방지, 통풍조절, 방화방풍, 일사조절, 장식적 목적

(2) 효과

병풍의 기능으로 콘크리트나 판자담보다 월등히 양호, 전통식재수법 중 취병의 수법

(3) 산울타리 조성 기준

① 경계선으로부터 산울타리 완성시 두께의 1/2만큼 안쪽으로 당겨서 식재 90cm 정도 수목을 30cm 간격으로 1열 또는 교호식재

② 표준높이는 120, 150, 180, 210cm의 네가지, 두께는 30~60cm가 적합, 방풍효과를 겸할 경우 높이를 3~5m로 함

04 방음식재

(1) 방음대책

① 식수대를 조성하는 방법

② 담과 같은 차음체를 설치할 것

③ 노면에 요철을 없애는 방법

④ 음원에서 거리를 충분히 떼어 놓은 것

⑤ 노면구배를 완만하게 하는 방법

(2) 방음식재의 구조

① 식수대는 도로 가까이 자리잡도록 하는 것이 효과적

② 식수대의 가장자리 위치는 도로 중심선으로부터 15~24m 떨어진 곳에 위치

③ 식수대의 너비는 20~30m, 수고는 식수대의 중앙부분에서 13.5m 이상 되도록 식재

④ 식수대와 가옥과의 사이는 최소 30m 이상 떨어져야 함

⑤ 시가지의 경우 도로중심선으로부터 3~15m 되는 곳에 위치하고 너비가 3~15m
⑥ 수림대의 앞 뒤 부분에는 상록수를 심고 낙엽수를 중심부분에 식재하는 것이 효과적
⑦ 식수대의 길이는 음원과 수음원 거리의 2배가 적합

(3) 방음식재용 수종

① 지하고가 낮고 잎이 수직방향으로 치밀하게 부착하는 상록교목이 적당
② 지하고가 높을 땐 교목과 관목을 혼식, 배기가스에 잘 견디는 수종

05 방풍식재

(1) 방풍효과가 미치는 범위

① 바람의 위쪽에 대해서는 수고의 6~10배, 바람 아래쪽에 대해서는 25~30배 거리, 가장 효과가 큰 곳은 바람 아래쪽의 수고 3~5배에 해당되는 지점으로 풍속 65%가 감소
② 수목의 높이와 관계를 가지며 감속량은 밀도에 따라 좌우

(2) 방풍식재 조성

① 1.5~2m 간격의 정삼각형 식재로 5~7열로 식재
② 식재대의 폭은 10~20m, 수림대의 길이는 수고의 12배 이상
③ 수림대의 배치는 주풍과 직각이 되는 방향

(3) 방풍식재용 수종

① 심근성, 지엽이 치밀한 상록수가 바람직함
② 소나무, 곰솔, 향나무, 편백, 화백, 녹나무, 가시나무, 후박나무, 동백나무, 감탕나무
③ 방풍용 울타리 : 무궁화, 사철나무, 편백, 화백, 아왜나무, 가시나무
④ 해안 방풍림 : 곰솔(내조력이 강함)

06 방화식재

(1) 방화용 수목 조건

① WD 지수, T=W×D(T : 시간, W : 잎의 함수량, D : 잎의 두께)
② 잎이 두껍고 함수량이 많으며 넓은 잎을 가진 치밀한 수관부위의 상록활엽수가 적당
③ 수관의 중심이 추녀보다 낮은 위치에 있는 수종

(2) 방화용 수목

① 잎에 수지를 함유한 나무는 일단 인화하면 타오름에 주의
부적합한 수종 : 침엽수류, 구실잣밤나무, 모밀잣밤나무, 목서, 비자나무, 태산목
② 적합한 수종 : 가시나무, 아왜나무, 동백나무, 후박나무, 식나무, 사철나무, 다정큼나무, 광나무, 은행나무, 상수리나무, 단풍나무 등

07 방설식재

(1) 수림이 지닌 눈보라 방지기능

식재 밀도가 높을수록, 수고가 높을수록, 지하고가 낮을수록 방설 기능이 높아짐

(2) 눈보라 방지대의 구조

보통은 30m 너비를 가진 수림(최소 20m)

(3) 방설식재용 수종 조건

① 지엽이 밀생할 것
② 심근성으로 바람에 강하고 생장이 왕성할 것
③ 조림이 쉬울 것
④ 눈으로 가지가 꺾이기 어려운 것

08 지피식재

* 지피식재는 기능식재에 해당되며 세부적인 내용은 제4장 지피식물의 내용을 참고해 주세요.

구분	내용
한국잔디	· 들잔디(가장 많이 이용), 금잔디, 비로드잔디 · 난지형잔디 · 주로 뗏장으로 번식
서양잔디	· 켄터키블루그래스, 벤트그래스(골프장 그린에 식재), 라이그래스, 톨페스큐 류 · 주로 한지형잔디(단, 버뮤다그래스는 난지형잔디)
초본류	· 맥문동 : 초여름에 연보라색의 꽃이 개화, 가을에 검정색 열매를 맺음 · 비비추 : 7~8월에 담홍색의 꽃이 개화, 다년생 초화류로 반음지에서 생육가능

09 고속도로 식재 기능과 분류

기 능	식재의 종류
주 행	시선유도식재, 지표식재
사고방지	차광식재, 명암순응식재, 진입방지식재, 완충식재
방 재	비탈면식재, 방풍식재, 방설식재, 비사방지식재
휴 식	녹음식재, 지피식재
경 관	차폐식재, 수경식재, 조화식재
환경보존	방음식재, 임연보호식재

(1) 주행과 관련된 식재

시선 유도식재	· 주행 중의 운전자가 도로선형변화를 미리 판단할 수 있도록 유도 · 수종은 주변 식생과 뚜렷한 식별이 가능한 수종(향나무, 측백, 광나무, 사철나무 등) · 곡률반경(R)=700m 이하의 도로 외측은 관목 또는 교목을 열식
지표식재	· 랜드마크(landmark)적인 역할로 운전자에게 현재의 위치를 알리고자 하는 식재수법 · 휴게소, 서비스 지역, 주차 지역, 인터체인지 등을 알려주는 식재

(2) 사고방지를 위한 식재

차광식재	· 대향에서 오는 차량이나 측도로부터의 광선을 차단하기 위한 식재 · 양차선, 양도로변에 상록수 식재(광나무, 사철나무, 가이즈까향나무)
명암순응식재	· 터널주위에서 명암 순응 시간을 단축시키기 위한 식재, 주로 암순응 단축이 목적 · 터널입구로부터 200~300m 구간에 상록교목을 식재 · 식재 방법 – 터널입구 부분 : 명 → 암, 점차적으로 수고가 높아지도록 어둡게 함 – 터널출구 부분 : 암 → 명, 밝게 식재
진입방지 식재	위험방지를 위해 금지된 곳으로 사람이나 동물이 진입하거나 횡단하는 행위를 막기 위한식재
쿠션식재(완충식재)	차선 밖으로 뛰어 나간 차량의 충격을 완화하여 사고를 감소하기 위한 식재, 가지에 탄력성이 큰 관목류가 적합(예 : 무궁화, 찔레)

(3) 중앙 분리대에 적합한 수종

① 배기가스나 건조에 강한 수종
② 맹아력이 강하며, 하지 밑까지 잘 발달한 상록수가 적당
③ 교목 : 가이즈까향, 종가시나무, 향나무, 아왜나무
④ 관목 : 꽝꽝나무, 다정큼나무, 돈나무, 둥근향나무, 사철나무

10 가로수 식재

(1) 식재 목적

도로의 미화, 미기후조절기능, 대기오염정화, 섬광 및 교통 소음의 차단 및 감소기능, 방풍·방설·방시, 방화 등의 방제기능, 차량주행의 안전

(2) 가로수의 식재 방법

① 열식(주로 정형식 식재)
② 수간거리 6~10m(통상은 8m)
③ 차도 곁으로부터 0.65m 이상 떨어진 곳에 식재, 건물로부터 5~7m 떨어지게 식재
④ 특별한 거리를 제외하고 구간 내 동일 수종 식재

(3) 가로수의 일반조건

① 공해와 병충해에 강한 것
② 수형이 정형적이고 수간이 곧은 수종
③ 적응력이 강하고 생장력이 빠른 수종
④ 여름철에는 녹음을 주며, 겨울엔 일조량을 채워줄 수 있는 수종
⑤ 향토성, 지역성, 친밀감이 있는 수종

11 공장주변 식재

(1) 식재지반 조성

구분	내용
성토법	타지역에서 반입한 흙을 성토하는 방법
객토법	지반을 파내고 외부에서 반입한 토양교체 : 전면객토, 대상객토 등
사주법	오니층(더러운 흙)에 샌드파일(sand pile) 공법에 의해 길이 6~7m, 직경 40cm 정도 철 파이프를 오니층 아래에 자리잡은 다음 원래 지표층까지 넣어 흙을 파낸 후 파이프 속에 모래나 모래가 섞인 산흙 따위로 채운다음 철 파이프를 빼내는 방법
사구법	오니층에 가라앉은 가장 낮은 중심부에서 주변부를 통해 배수구를 파놓은 다음 이 배수구 속에 모래흙을 혼합하여 넣고 이곳에 수목을 식재하는 방법

(2) 수종선정기준

① 환경에 적응성이 강한 것
② 생장속도가 빠르고 잘 자라는 것
③ 이식이 용이한 것
④ 대량으로 공급이 가능하고 구입비가 저렴한 것

(3) 공장의 유형과 재해의 예

공장유형	재해
석유화학지대	아황산가스
제철공업지대	불화수소
시멘트공업지대	분진, 소음
임해공업지대	조해, 염해

(4) 적합한 수종

① 남부지방 : 태산목, 후피향나무, 돈나무, 굴거리나무, 아왜나무, 가시나무, 동백, 호랑가시나무, 돈나무 등

② 중부지방 : 은행나무, 튤립나무, 프라타너스, 무궁화, 잣나무, 향나무, 화백 등

12 임해매립지 식재

(1) 환경조건

① 모래나 산흙을 제외한 기타의 재료는 통기성이 불량

② 부패로 인한 가스나 열이 발생하여 지반의 침하현상이 발생

· 식물생육에 영향을 미치는 염분의 한계농도

① **수목** – 0.05%

② **채소류** – 0.04%

③ **잔디** – 0.1%

(2) 매립지의 염분제거 방법

성토법, 토량개량제로 토성을 개량, 사구법

(3) 임해매립지의 식생

① 선구식생 : 내염성이 강한 취명아주, 명아주, 실망초, 달맞이꽃 등

② 해안수림대 조성요령

③ 해안에 면하는 최전선의 나무 수고는 50cm 정도의 관목으로 하고 내륙부로 옮겨감에 따라 키가 큰 나무를 심어 수관선이 포물선이 되게 한다.

④ 식재 후 1년 동안 식재의 앞쪽에 바람막이 펜스를 설치한다.

⑤ 단목식재는 지양하고 수관이 닿을 정도의 군식이 바람직하다.
⑥ 토양양분(질소질)이 부족하므로 비료목을 30~40% 혼식하는 것이 바람직하다.

(4) 임해매립지 주변 수림대

① 목적 : 조풍(潮風)과 한풍(寒風)의 피해를 막기 위해 실시
② 수종

바닷물이 튀어오르는 곳의 지피식재	버뮤다그래스, 잔디
바닷물을 막는 전방수림(특A급)	곰솔(흑송), 눈향나무, 다정큼나무, 섬쥐똥나무, 유카, 가시나무 등
특 A 급에 이어지는 전방수림(A급)	사철나무, 유엽도
전방수림에 이어지는 후방수림(B급)	비교적 내조성이 큰 수종
내부수림(C급)	일반조경수종

13 옥상(인공지반)정원 식재

(1) 옥상의 환경조건

① 미기후변화가 심하여 표면의 온도변화가 큼
② 매우 덥거나 춥고, 바람이 강하며, 자연상태와 같은 충분한 토심을 확보할 수 없음

(2) 옥상정원 구조적 조건

① 하중 : 가장 많이 고려할 사항
② 하중에 영향을 미치는 요소 : 식재층의 중량, 수목중량, 시설물의 중량 등
③ 식재층의 경량화

경량토 종류	용도	특성
버뮤 큘라이트	식재토양층에 혼용	· 흑운모, 변성암을 고온으로 소성 · 다공질로 보수성, 통기성, 투수성이 좋음 · 염기성 치환용량이 커서 보비력이 크다.
펄라이트	식재토양층에 혼용	· 진주암을 고온으로 소성 · 다공질로 보수성, 통기성, 투수성이 좋음 · 염기성 치환용량이 작아 보비성이 없음
화산자갈 화산모래	배수층	· 화산분출암 속의 수분과 휘발성 성분이 방출 · 다공질로 통기성, 투수성이 좋음
피트	식재, 토양층에 혼용	· 한랭한 습지의 갈대나 이끼가 흙 속에서 탄소화된 것 · 보수성, 통기성, 투수성이 좋음 · 염기성 치환용량이 커서 보비성이 크다. 산도가 높다.

(3) 옥상조경용 수목조건

① 건조지, 척박지에 적합한 수종
② 천근성 수종
③ 뿌리발달이 좋고 가지가 튼튼한 것
④ 생장속도가 느린 것
⑤ 병충해에 강한 것

(4) 옥상녹화시스템의 구성요소

① 옥상녹화시스템은 건물 또는 구조물의 외피, 식재기반, 식생층으로 구성
② 식재기반은 방수층, 방근층, 배수층, 토양여과층, 토양층으로 구성

방수층	수분이 건물로 전화되는 것을 차단
방근층	식물뿌리로부터 방수층과 건물을 보호하는 기능
배수층	식물의 생장과 구조물의 안전과 직결되는 역할을 함
토양여과층	빗물에 씻겨 내리는 세립토양이 시스템하부로 유출되지 않도록 여과하는 기능을 수행
육성토양층	식물의 지속적 생장을 좌우하는 역할, 경량토양사용을 고려
식생층	최상부로 녹화시스템을 피복하는 기능

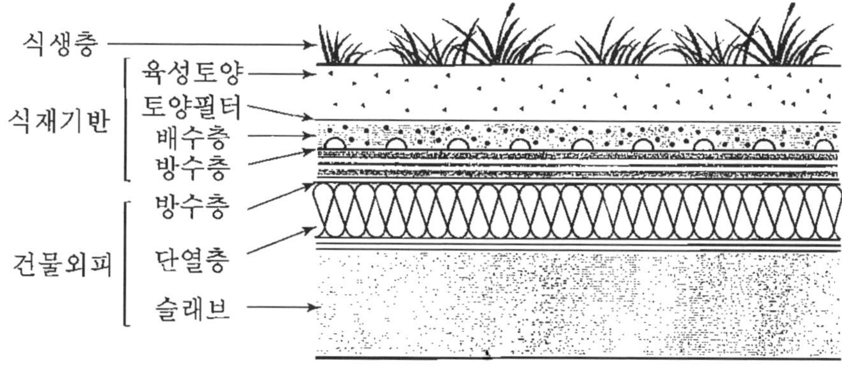

그림. 옥상녹화시스템 구성

14 실내조경 식재

(1) 실내조경식물의 기능과 역할

① 상징적기능 : 자연적인 환경의 대용품으로 식재되는 식물은 감정을 나타내는 연상의 근거가 되어 심미적으로 지나간 시간, 장소, 감정 등을 불러일으킴

② 감각적기능 : 인간의 감정에 영향
③ 건축적기능 : 구획의 명료화, 동선유도, 차폐효과, 사생활보호, 인간척도
④ 공학적기능 : 음향조절, 공기의 정화, 섬광과 반사광의 조절
⑤ 미적기능

시각적요소	적극적요소(눈에 잘 띄는 대상), 소극적요소 (경관을 꾸미거나 배경으로서 역할, 방향을 유도하는 식물 배치일때)
2차원적요소	식물의 형태와 선
3차원적요소	식물이 조각적요소로 보일 수 있음
장식적요소	장식적효과를 발휘

(2) 실내식물의 환경조건 : 광선, 온도, 수분, 습도, 토양, 용기, 배수

(3) 실내공간 특성에 따른 식물도입방법

섬(Island)기법	· 공간이 수평으로 확대되어 산만한 분위기일 때 각 방향으로 흩어지는 시선을 집중시킬 수 있는 초점이 필요 · 사람의 시선이 제일 먼저 가는 부위에 조그마한 정원을 만듦으로써 하나의 섬을 형성하는 방법
겹치기 (Overlap)기법	입구에 몇 개 층이 탁트인 공간이 있는 경우 상층부의 층들이 공중으로 돌출되는 구조가 생김
캐스케이드 (Cascade)기법	· 구조가 벽이 높고 천장이 높아서 아늑함을 느끼지 못하고 위화감을 유발 · 벽면에 기복과 파동을 주어 부드럽게 하는데 목적이 있음

(4) 실내조경환경

① 조도관리
㉮ 최소한의 조도인 1500럭스 이상은 유지
㉯ 인공조명시 형광등과 백열등을 3:1비율로 혼합하며 조명시간은 하루 12시간이 바람직하지만 최소 8시간 이상으로 유지
㉰ 설치시 위에서 아래로 비추는 것을 기본으로 하며, 옆방향 아래에서 위로 비추어도 수목에게 도움이 되며 장식효과
㉱ 조도의 측정은 수목의 잎 표면에서 실시

② 시비와 관수
㉮ 실내 식물은 조도가 낮아 수목의 생장이 느리므로 많은 무기양료를 필요로 하지 않는다.
㉯ 야외 수목보다 증산작용을 훨씬 적게 하므로 자주 관수할 필요가 없다. 물은 실내보관하여 수온을 20℃ 이상으로 만든 후 관수 한다.

③ 온도조절

㉮ 열대식물과 온대식물이 함께 자랄 수 있는 실내 온도는 23~27℃ 적정

㉯ 열대식물은 18℃보다 낮으면 피해를 받고 온대식물은 35℃에서 생장 장애를 나타내므로 22~25℃가 가장 바람직한 온도

기출문제 및 예상문제

1 다음 중 차폐용 수목의 구비조건으로 보기 힘든 것은?

㉮ 가지와 잎이 치밀해야 한다.
㉯ 맹아력이 높아야 한다.
㉰ 아랫가지가 오랫동안 말라죽지 않아야 한다.
㉱ 수관이 크고, 지하고가 높아야 한다.

 수관이 크고, 지하고가 낮아야 한다.

2 정원수 이용 분류상 <보기>의 설명에 해당되는 것은?

• 가지다듬기에 잘 견딜 것
• 아랫가지가 말라 죽지 않을 것
• 잎이 아름답고 가지가 치밀할 것

㉮ 가로수 ㉯ 녹음수
㉰ 방풍수 ㉱ 생울타리

 생울타리수종은 전정에 강하고 아랫가지가 말라 죽지 않아야하며 잎이 아름답고 가지가 치밀한 수종이어야 한다.

3 울타리용 수종의 조건이라고 할 수 없는 것은?

㉮ 성질이 강하고 아름다울 것
㉯ 적당한 높이의 윗가지가 오래도록 말라 죽지 않을 것
㉰ 가급적 상록수로서 잎과 가지가 치밀할 것
㉱ 맹아력이 커서 다듬기 작업에 잘 견딜 것

 적당한 높이와 아랫가지가 오래도록 말라죽지 않을 것

정답 1. ㉱ 2. ㉱ 3. ㉯

4 다음 중 산울타리 수종으로 적당하지 않은 것은?

㉮ 가이즈까향나무 ㉯ 무궁화나무
㉰ 단풍나무 ㉱ 측백나무

5 산울타리용으로 적합하지 않는 나무는?

㉮ 꽝꽝나무 ㉯ 탱자나무
㉰ 후박나무 ㉱ 측백나무

6 다음 중 가시 산울타리용으로 쓰이는 수종이 아닌 것은?

㉮ 탱자나무 ㉯ 쥐똥나무
㉰ 호랑가시나무 ㉱ 찔레나무

7 울타리는 종류나 쓰이는 목적에 따라 높이가 다른데 일반적으로 사람의 침입을 방지하기 위한 울타리의 경우 높이는 어느 정도가 가장 적당한가?

㉮ 20~30cm ㉯ 50~60cm
㉰ 80~100cm ㉱ 180~200cm

8 다음 중 산울타리의 다듬기 방법으로 옳은 것은?

㉮ 전정횟수와 시기는 생장이 완만한 수종의 경우 1년에 5~6회 실시한다.
㉯ 생장이 빠르고 맹아력이 강한 수종은 1년에 8~10회 실시한다.
㉰ 일반 수종은 장마 때와 가을 2회 정도 전정한다.
㉱ 화목류는 꽃이 피기 바로 전 실시하고, 덩굴식물의 경우 여름에 전정한다.

9 산울타리를 조성하려 한다. 맹아력이 가장 강한 나무는 어느 것인가?

㉮ 녹나무 ㉯ 이팝나무
㉰ 소나무 ㉱ 개나리

정답 4. ㉰ 5. ㉰ 6. ㉯ 7. ㉱ 8. ㉰ 9. ㉱

10 일반적으로 높이 10m의 방풍림에 있어서 방풍 효과가 미치는 범위를 바람 위쪽과 바람 아래쪽으로 구분할 수 있는데, 바람 아래쪽은 약 얼마까지 방풍효과를 얻을 수 있는가?

㉮ 100m ㉯ 300m
㉰ 500m ㉱ 1,000m

해설 방풍림의 방풍효과는 바람아래쪽에 대해 수고의 25~30배 거리까지 미친다.

11 다음 중 내풍성이 약하며 바람에 잘 쓰러지는 수종은?

㉮ 느티나무 ㉯ 갈참나무
㉰ 가시나무 ㉱ 미루나무

12 경계식재로 사용하는 조경수목의 조건으로 옳은 것은?

㉮ 지하고가 높은 낙엽활엽수
㉯ 꽃, 열매, 단풍 등이 특징적인 수종
㉰ 수형이 단정하고 아름다운 수종
㉱ 잎과 가지가 치밀하고 전정에 강하고, 아래 가지가 말라죽지 않는 상록수

13 다음 중 방화식재로 사용하기 적당한 수종으로 짝지어진 것은?

㉮ 광나무, 식나무 ㉯ 피나무, 느릅나무
㉰ 태산목, 낙우송 ㉱ 아카시아, 보리수

해설 방화용수목은 잎이 두껍고 함수량이 많은 상록활엽수 등이 적당하다.

14 방풍림을 설치하려고 할 때 가장 알맞은 수종은 어느 것인가?

㉮ 구실잣밤나무 ㉯ 자작나무
㉰ 버드나무 ㉱ 사시나무

해설 방풍림선택시 뿌리가 심근성이며, 실생으로 번식, 줄기와 가지가 강인것을 선택하는 것이 유리하다.

정답 10. ㉯ 11. ㉱ 12. ㉱ 13. ㉮ 14. ㉮

15 **방풍림의 조성은 바람이 불어오는 주풍방향에 대해서 어떻게 조성해야 가장 효과적인가?**

㉮ 30° 방향으로 길게　　㉯ 직각으로 길게
㉰ 45° 방향으로 길게　　㉱ 60° 방향으로 길게

 방풍림은 주풍과 직각방향으로 길게 조성하며 수림대의 길이는 수고의 12배 이상이 필요하다.

16 **다음 중 방풍용 수종에 관한 설명으로 가장 거리가 먼 것은?**

㉮ 심근성이면서 줄기나 가지가 강인한 것
㉯ 녹나무, 참나무, 편백, 후박나무 등이 주로 사용됨
㉰ 실생보다는 삽목으로 번식한 수종일 것
㉱ 바람을 막기 위해 식재되는 수목은 잎이 치밀할 것

해설 삽목보다는 실생번식한 수종이 방풍수로 적합하다.

17 **다음 중 수목의 용도에 대한 설명으로 틀린 것은?**

㉮ 가로수는 병충해 및 공해에 강해야 한다.
㉯ 녹음수는 낙엽활엽수가 좋으며, 가지다듬기를 할 수 있어야 한다.
㉰ 방풍수는 심근성이고, 가급적 낙엽수이어야 한다.
㉱ 방화수는 상록활엽수이고, 잎이 두꺼워야 한다.

18 **다음 중 녹음수로 적당하지 않은 나무는?**

㉮ 플라타너스　　㉯ 느티나무
㉰ 은행나무　　㉱ 반송

 녹음용 수목은 수관이 크고 지하고가 높으며 잎이 크고 치밀한 활엽수가 적당하다.

19 **모래터에 심을 녹음수로 가장 적합한 나무는?**

㉮ 백합나무　　㉯ 가문비나무
㉰ 수양버들　　㉱ 낙우송

정답　15. ㉯　16. ㉰　17. ㉰　18. ㉱　19. ㉮

20 다음 중 녹음용 수종에 관한 설명으로 가장 거리가 먼 것은?

㉮ 여름철에 강한 햇빛을 차단하기 위해 식재되는 나무를 말한다.
㉯ 잎이 크고 치밀하며 겨울에는 낙엽이 지는 나무가 녹음수로 적당하다.
㉰ 지하고가 낮은 교목이며 가로수로 쓰이는 나무가 많다.
㉱ 녹음용 수종으로는 느티나무, 회화나무, 칠엽수, 플라타너스 등이 있다.

21 도시 내 도로주변 녹지에 수목을 식재하고자 할 때 적당하지 않은 수종은?

㉮ 쥐똥나무 ㉯ 벽오동나무 ㉰ 향나무 ㉱ 전나무

해설 도시내 도로주변 식재시 공해에 강한 수종을 식재해야 한다.

22 다음 중 차량 소통이 많은 곳에 녹지를 조성하려고 할 때 가장 적당한 수종은?

㉮ 조팝나무 ㉯ 향나무 ㉰ 왕벚나무 ㉱ 소나무

해설 차량소통이 많으므로 공해에 강한 수종을 식재해야 한다.

23 교목으로 꽃이 화려하고, 공해에 약하나 열식 또는 강변 가로수로 많이 심는 나무는?

㉮ 왕벚나무 ㉯ 수양버들 ㉰ 전나무 ㉱ 벽오동

24 다음 수종 중 가로수로 적당하지 않은 나무는?

㉮ 은행나무 ㉯ 무궁화 ㉰ 느티나무 ㉱ 벚나무

25 다음 중 가로수 식재를 설명한 것으로 옳지 않은 것은?

㉮ 일반적으로 가로수 식재는 도로변에 교목을 줄지어 심는 것을 말한다.
㉯ 가로수 식재 형식은 일정 간격으로 같은 크기의 같은 나무를 일렬 또는 이열로 식재한다.
㉰ 식재 간격은 나무의 종류나 식재목적, 식재지의 환경에 따라 다르나 일반적으로 4~10m로 하는데, 5m 간격으로 심는 경우가 많다.
㉱ 가로수는 보도의 너비가 2.5m 이상 되어야 식재할 수 있으며, 건물로부터는 5.0m 이상 떨어져야 그 나무의 고유한 수형을 나타낼 수 있다.

해설 가로수의 간격은 8m정도의 간격으로 식재하는 것이 좋다.

정답 20. ㉰ 21. ㉱ 22. ㉯ 23. ㉮ 24. ㉯ 25. ㉰

26 가로수로서 갖추어야 할 조건을 기술한 것 중 옳지 않은 것은?

㉮ 강한 바람에도 잘 견딜 수 있는 것
㉯ 사철 푸른 상록수일 것
㉰ 각종 공해에 잘 견디는 것
㉱ 여름철 그늘을 만들고 병해충에 잘 견디는 것

27 가로수는 차도 가장자리에서 얼마 정도 떨어진 곳에 심는 것이 가장 좋은가?

㉮ 10cm　　㉯ 20~30cm
㉰ 40~50cm　　㉱ 60~70cm

28 도로식재 중 사고방지 기능식재에 속하지 않은 것은?

㉮ 명암순응식재　　㉯ 차광식재
㉰ 녹음식재　　㉱ 진입방지식재

29 고속도로 중앙분리대 식재에서 차광률이 가장 높은 나무는?

㉮ 느티나무　　㉯ 협죽도
㉰ 동백나무　　㉱ 향나무

30 고속도로의 시선유도식재는?

㉮ 위치를 알려준다.　　㉯ 침식을 방지한다.
㉰ 속력을 줄이게 한다.　　㉱ 전방의 도로형태를 알려준다.

시선유도식재는 도로의 선형, 지형을 미리 인지할 수 있게 한다.

정답　26. ㉯　27. ㉱　28. ㉰　29. ㉱　30. ㉱

제4장 지피식물

01 지피식물의 조건

① 식물체의 키가 낮을 것(30cm 이하)
② 상록 다년생 식물일 것
③ 생장속도가 빠르고 번식력이 왕성
④ 지표를 치밀하게 피복하여 나지를 만들지 않는 수종
⑤ 관리가 쉽고 답압에 강한 수종
⑥ 잎과 꽃이 아름답고 가시가 없으며 즙이 비교적 적은 수종

· 지피식재
① 식물의 줄기가 넓게 퍼지는 성질을 이용하여 지표를 평면적으로 낮게 덮어주는 식재 방법을 말한다.
② 종류 : 맥문동, 이끼류, 돌나물, 아이비(ivy) 등

02 지피식재의 기능과 효과

① 바람에 날리기 쉬운 흙먼지의 양을 감소
② 토양 침식방지
③ 강우로 인한 진땅방지
④ 미기후의 완화
⑤ 동상방지
⑥ 미적효과

03 지피식물의 종류와 생육특성

종류	양지	반음지	난지	한지	건지	습지
잔디	◎	×	◎	○	◎	×
서양잔디	◎	△	△	◎	×	○
고사리류	×	◎	○	○	×	◎
속새	○	◎	○	◎	○	◎
석창포	○	◎	◎	○	×	◎
애기붓꽃	○	◎	◎	○	×	◎
맥문동	△	◎	◎	○	×	◎
돌나물	◎	○	○	◎	◎	×
아이비	○	◎	◎	○	○	○

(◎ 최적, ○ 적합, △ 다소부적합. × 부적합)

• 잔디 : 지피성, 내답압성, 재생력 등을 가진 초본을 가르킨다.

구 분	종 류
난지형잔디	• 한국잔디 : 들잔디(가장 많이 식재되는 잔디), 고려잔디, 비로드잔디, 갯잔디, 금잔디 • 버뮤다그라스, 버팔로그라스, 버하이아그라스, 써니피드그라스
한지형잔디	• 켄터키블루그라스 • 벤트그라스 : 엽폭이 좁아 치밀하고 고움, 높은 잔디 관리 요구도, 골프장 그린용 • 파인페스큐 • 톨페스큐 : 엽폭이 넓어 거친 질감, 시설용잔디 • 퍼레니얼라이그라스

04 잔디

(1) 식재방법

평떼 붙이기 (Sodding, 전면 떼붙이기)	잔디 식재시 전면적에 걸쳐 뗏장을 맞붙이는 방법으로, 단기간에 잔디밭을 조성할 때 시공된다.
어긋나게 붙이기	뗏장을 20~30cm 간격으로 어긋나게 놓거나 서로 맞물려 어긋나게 배열

줄떼붙이기	줄 사이를 뗏장 너비 또는 그 이하의 너비로 뗏장을 이어 붙여 가는 방법이다. 통상은 5~10cm 넓이의 뗏장을 5cm, 10cm, 20cm, 30cm 간격으로 5cm 정도 깊이의 골을 파고 식재한다.
이음메 붙이기	뗏장 사이의 줄눈 너비를 4cm, 5cm, 6cm 로 간격으로 배열 ※ 소요량 : 4cm(70%), 5cm(65%), 6cm(60%)

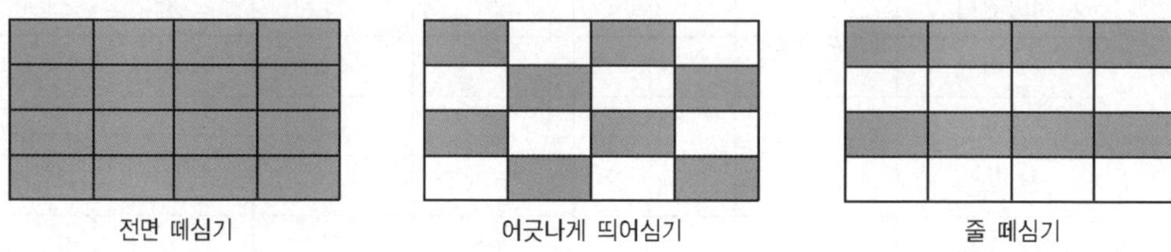

전면 떼심기　　어긋나게 띄어심기　　줄 떼심기

(2) 토양조건

배수가 양호하고 비옥한 사질양토, 토양산도는 pH가 5.5 이상

기출문제 및 예상문제

1 여름의 연보라 꽃과 초록의 잎 그리고 가을에 검은 열매를 감상하기 위한 지피식물은?

㉮ 맥문동
㉯ 꽃잔디
㉰ 영산홍
㉱ 칡

2 겨울철 지상부의 잎이 말라 죽지 않는 지피식물은?

㉮ 비비추
㉯ 맥문동
㉰ 옥잠화
㉱ 들잔디

해설 맥문동 : 상록다년초

3 상록성 지피용으로 사용할 수 있는 초본식물은?

㉮ 잔디
㉯ 누운향나무
㉰ 크로바
㉱ 맥문동

정답 1. ㉮ 2. ㉯ 3. ㉱

제5장 화훼류

01 계절에 따른 화단★

봄화단 (추파, 가을심기)	· 한해 : 팬지, 데이지, 프리뮬러, 금잔화 · 다년생 : 꽃잔디, 은방울꽃, 붓꽃 · 구근(알뿌리조화) : 튤립, 크로커스, 수선화, 히아신스
여름화단 (춘파, 봄심기)	· 한해 : 페튜니아, 천일홍, 맨드라미, 매리골드 · 다년생 : 붓꽃, 옥잠화, 작약 · 구근 : 글라디올러스, 칸나
가을화단 (춘파, 봄심기)	· 한해 : 매리골드, 맨드라미, 페튜니아, 코스모스, 샐비어 · 다년생 : 국화, 루드베키아 · 구근 : 다알리아
겨울화단	꽃양배추

02 화단종류★

(1) 입체화단

기식화단 (assorted flower bed)	· 사방에서 감상할 수 있도록 정원이나 광장의 중심부에 마련된 화단 · 중심에서 외주부로 갈수록 차례로 키가 작은 초화를 심어 작은 동산을 이루는 것으로 모둠화단이라고도 함
경재화단 (boarder flower bed)	· 건물의 담장, 울타리 등을 배경으로 그 앞쪽에 장방형으로 길게 만들어진 화단 · 원로에서 앞쪽으로는 키가 작은 화초에서 큰 화초로 식재되어, 한쪽에서만 감상하게 됨

(2) 평면화단

모전화단(carpet flower bed) =카펫화단	· 화문화단이라고도 하며 넓은 잔디밭이나 광장, 원로의 교차점 한가운데 설치되는 것이 보통이며 키작은 초화를 사용하여 꽃무늬를 나타낸다. · 개화기간이 긴 초화를 선택하고 땅이 보이지 않도록 밀식
리본화단(ribbon flower bed)	공원, 학교, 병원, 광장 등의 넓은 부지의 원로, 보행로 등과 건물, 연못을 따라서 설치된 너비가 좁고 긴 화단

(3) 특수화단

침상화단(sunken garden)	보도에서 1m 정도 낮은 평면에 기하학적 모양의 아름다운 화단을 설계한 것으로 관상가치가 높은 화단
수재화단(water garden)	물을 이용하여 수생식물이나 수중식물을 식재하는 것으로 연, 수련, 물옥잠 등이 식재
암석화단(Rock garden)	바위를 쌓아올리고 식물을 심을 수 있는 노상을 만들어 여러해살이 식물을 식재(회양목, 애기냉이꽃, 꽃잔디)

03 화단용 초화류 구비조건

① 개화기간이 길 것
② 관상가치가 있고 꽃이 많이 달릴 것
③ 건조와 병해충에 강하며 환경에 대한 적응성이 클 것

기출문제 및 예상문제

1 다음 중 다년생 초화류는?

㉮ 국화 ㉯ 맨드라미
㉰ 나팔꽃 ㉱ 코스모스

2 알뿌리로 짝지어진 초화류는?

㉮ 패랭이꽃, 칸나 ㉯ 금붕어꽃, 라넌큘러스
㉰ 튤립, 데이지 ㉱ 달리아, 수선화

3 여름부터 겨울까지 꽃을 감상할 수 있는 알뿌리 화초는?

㉮ 튤립 ㉯ 수선화 ㉰ 아네모네 ㉱ 칸나

4 가을에 씨뿌림해야 하는 1년 초화류로 가장 적당한 것은?

㉮ 팬지 ㉯ 메리골드
㉰ 샐비어 ㉱ 채송화

5 다음 중 추파종은 어느 것인가?

㉮ 채송화 ㉯ 플록스 ㉰ 봉선화 ㉱ 한련화

6 화단 식재용 초화류의 조건으로 틀린 것은?

㉮ 꽃이 많이 달릴 것 ㉯ 개화기간이 길 것
㉰ 키가 되도록 클 것 ㉱ 병해충에 강할 것

정답 1. ㉮ 2. ㉱ 3. ㉱ 4. ㉮ 5. ㉯ 6. ㉰

7 도로나 건물, 산울타리, 담장을 배경으로 폭이 좁고 길게 만든 화단이고 전면 한쪽으로만 관상할 수 있도록 꾸며진 화단을 무엇이라 하는가?

㉮ 기식화단 ㉯ 경재화단
㉰ 노단화단 ㉱ 수재화단

8 다음 화단의 형식 중 평면화단으로 가장 적당한 것은?

㉮ 기식화단 ㉯ 경재화단
㉰ 화문화단 ㉱ 노단화단

· 평면화단 : 모전화단, 리본화단
· 입체화단 : 기식화단, 경재화단

9 감상하기 편리하도록 땅을 1~2m 파내려가 그 바닥에 꾸민 화단은?

㉮ 살피화단 ㉯ 모둠화단
㉰ 양탄자화단 ㉱ 침상화단

10 양탄자화단에 적합하지 않은 화초는?

㉮ 팬지 ㉯ 앨리섬
㉰ 색비름 ㉱ 금잔화

· 양탄자화단 : 모전화단(키가 낮은 초화류를 사용)
· 색비름 : 줄기가 곧게 서고 높이가 80~150cm까지 자라는 한해살이풀

정답 7. ㉯ 8. ㉰ 9. ㉱ 10. ㉰

제 6 장 목 재

01 목재의 구조

(1) 춘재와 추재, 연륜

춘재	봄, 여름에 왕성한 생장으로 인하여 세포벽이 얇고 크기가 큰 형태의 세포가 형성되어, 비교적 재질이 연하고 옅은 색을 가짐
추재	가을, 겨울의 시기에 자란세포로 왕성하지 못한 생장으로 인하여 벽이 두껍고 편평한 소형의 세포가 형성되어, 비교적 재질이 단단하고 치밀하면서 짙은 색을 가짐
연륜(나이테)	수심을 중심으로 동심원의 층이 생김, 생장연수를 나타냄

(2) 변재와 심재

심재(心材)	목질부중 수심부근에 있는 부분, 수축이 적음, 강도와 내구성이 큼
변재(邊材)	· 수피 가까이에 있는 부분, 수축이 큼 · 강도나 내구성이 심재보다 작음

02 특성

장점	· 색, 무늬 등 외관이 아름다움, 재질이 부드러움 · 가벼움, 다루기 쉬움, 열전도율이 낮음, 보온성이 뛰어남 · 비중이 작고 비중에 비해 강도가 크다.
단점	· 내연성이 없음, 부패성, 함수량 증감에 따라 팽창과 수축이 생김 · 부위에 따라 재질이 불균질함

03 목재의 강도와 비중

(1) 목재의 강도는 일반적으로 비중과 비례하며 비중이 클수록 강도가 크다.

(2) 섬유포화점 이하에서는 함수율이 낮을수록 강도가 크다.
(섬유포화점의 함수율은 30%로 섬유포화점 이상에서는 강도는 일정하다.)

· **섬유포화점(fibre saturation point)**

① 목재 세포가 최대 한도의 수분을 흡착한 상태, 함수율이 약 30%의 상태를 말한다.

② 세포내강에는 자유수가 존재하지 않고 세포막은 결합수로 포화되어 있는 상태의 함수율을 말한다.

(3) 목재의 강도순서

인장강도 > 휨강도 > 압축강도 > 전단강도

04 목재의 단위 및 재적

(1) 목재의 단위

① 1재(才)=1치×1치×12자 (1치=3cm, 1자=30cm)

② $1m^3$=299.475재

(2) 통나무(원목)재적 계산(산림청 시행)

길이가 6m 미만인 것 : $D^2 \times h$

D = 통나무의 말구 지름(m)　　h = 통나무의 길이(m)

05 함수율

$$\text{함수율} = \frac{\text{건조전중량} - \text{건중량(건조후중량)}}{\text{건중량(건조후중량)}} \times 100\%$$

(1) 전건재는 함수율 0%, 기건재 함수율은 15%까지 건조

(2) 구조재는 15%, 가구재는 10%까지 건조

기출예제

목재의 함수율이 100g에서 건조하여 20g이 줄었다. 목재의 함수율은?

㉮ 4%　　㉯ 20%　　㉰ 25%　　㉱ 80%

답 ㉰

해설 $\frac{100-80}{80} \times 100 = 25\%$

06 공극률

$$공극률=\left(1-\frac{전건비중}{진비중}\right)\times 100$$

① 목재의 비중 : 목재의 중량을 그 용적으로 나눈 것
② 목재의 모든 공극이 제외된 세포막실질의 비중을 진비중이라고 하고 일반적으로 1.56이 사용되고 있다. 전건비중, 기건비중, 생재비중의 3종류가 있음
③ 기건비중은 침엽수재는 대개 0.3~0.6, 활엽수재는 0.3~0.9 정도의 기건비중을 보임

기출예제

진비중이 1.5, 전건비중이 0.54인 목재의 공극율은?

㉮ 66%　　㉯ 64%　　㉰ 62%　　㉱ 60%

답 ㉯

해설 $공극률=\left(1-\frac{전건비중}{진비중}\right)\times 100$

$\left(1-\frac{0.54}{1.5}\right)\times 100=64\%$

07 건조법

대기건조법 (자연건조법)	· 직사광선, 비를 막고 통풍만으로 건조 20cm 이상 굄목을 받친다. · 정기적으로 바꾸어 쌓는다.
건조전처리 (수액제거법)	· 침수법 : 원목을 1년이상 방치, 뗏목으로 6개월침수, 해수에 3개월 침수하여 수액을 제거, 열탕가열(자비법)증비법, 훈연법 등을 병용하여 제거기간을 단축한다.
인공건조법	· 건조가 빠르고 변형이 적으나 시설비, 가공비가 많이 든다. · 대류식(증기식), 열기송풍식, 고주파법(진공법) 등이 있다.

08 방부법

· 목재의 방부처리

① 목재의 가장 큰 단점인 썩고, 벌레 먹고, 갈라짐에 대한 내성을 높이기 위함

② 균류의 침입을 저지하거나 목재를 균 생육에 부적당한 환경으로 만들기 위함

(1) 방부방법

표면탄화법	· 목재 표면을 태워 피막을 형성 · 일시적 방부효과 : 태운면에 흡수량 증가
방부제칠법	· 유성방부제 : 크레오소오트. 유성페인트 · 수용성방부제 : 황산동, 염화아연 · 유용성방부제 : 유기계방충제, PCP
방부제처리법	· 도포법 : 표면에 도포, 깊이 5~6mm로 간단 · 침지법 : 방부액 속에 7~10일정도 담금, 침투깊이 10~15mm · 상압주입법 : 방부액을 가압하고 목재를 담근후 다시 상온액 중에 담금 · 가압주입법 : 압력용기 속에서 7~12기압으로 가압하여 주입, 비용이 많이 듬 · 생리적 주입법 : 벌목전에 뿌리에 약액을 주입

그 밖에 침지법(물속에 잠기게 함), 일광직사법(햇빛에 장시간 두어 살균력으로 방부효과)

(2) 종류

유성방부제	· 원액상태로 사용하는 기름상태의 방부제 · 크레오소오트
유용성방부제	· 유성 또는 유용성 방부제에 유화제를 첨가하여 물에 희석하여 사용하는 액상의 방부제 · 유기요오드화합물
수용성방부제	· 물에 녹여 사용하는 방부제, 여러종류의 화합물을 혼합 · C.C.A(크롬, 구리, 비소의 혼합물로 인체에 유해하므로 인체접촉 목재 사용 금함) · ACC(구리와 크롬화합물)

09 목재의 제품

(1) 합판

① 베니어판이라고도 함, 베니어는 목재를 얇게 한 것으로 단판이라고도 함
② 단판을 3 · 5 · 7매 등의 홀수로 섬유방향이 직교하도록 접착제를 붙여 만든 것
③ 함수율 변화에 의한 뒤틀림, 신축 등의 변형이 적고 방향성이 없음
④ 내구성과 내습성이 큼
⑤ 제조방법에 따라 Rotary, 반 Rotary, Sliced, Sawed Veneer가 있다.

(2) 집성목재

① 두께가 15~50mm의 판자를 여러장으로 겹쳐서 접착시킨 것
② 판을 섬유방향과 평행으로 접착한 것으로 판이 홀수가 아니라도 된다.
③ 접착제 : 요소수지, 내수용은 페놀수지가 쓰인다.

기출문제 및 예상문제

1 다음 중 목재의 장점으로 옳은 것은?

㉮ 충격과 진동에 대한 저항성이 작다.
㉯ 열전도율이 낮다.
㉰ 충격의 흡수성이 크고, 건조에 의한 변형이 크다.
㉱ 가연성이며 인화점이 낮다.

2 조경에서 목재를 많이 사용하는 이유 중 틀린 것은?

㉮ 무늬가 좋다. ㉯ 가공이 쉽다.
㉰ 구부러진 모양을 만들기 쉽다. ㉱ 운반이 용이하다.

3 목재 방부를 위한 약액주입법 중 가압주입법에 속하지 않는 것은?

㉮ 로리법 ㉯ 리그린법
㉰ 베델법 ㉱ 루핑법

4 목재를 가공해 놓으면 무게가 있어서 보기 좋으나 쉽게 썩는 결점이 있다. 정원 구조물을 만드는 목재재료로 가장 좋지 못한 것은?

㉮ 소나무 ㉯ 밤나무
㉰ 낙엽송 ㉱ 라왕

5 다음 중 목재의 방부제 처리법이 아닌 것은?

㉮ 풍화법 ㉯ 도포법
㉰ 침전법 ㉱ 가압주입법

정답 1. ㉯ 2. ㉰ 3. ㉯ 4. ㉱ 5. ㉮

6 목재에 수분이 침투되지 못하도록 하여 부패를 방지할 수 있는 방법은?

㉮ 표면탄화법 ㉯ 니스도장법 ㉰ 약제주입법 ㉱ 비닐포장법

7 목재의 방부제로 쓰이는 C.C.A 방부제는 어떤 성분을 주로 배합하여 만든 것인가?

㉮ 크롬, 칼슘, 비소 ㉯ 크롬, 구리, 비소
㉰ 칼륨, 구리, 크롬 ㉱ 칼슘, 칼륨, 구리

8 다음의 목재 방부제 처리방법 중 가장 효과적인 것은?

㉮ 주입법 ㉯ 도장법 ㉰ 침투법 ㉱ 표면탄화법

9 방부제의 처리방법 중 흡수성이 증가하는 단점을 가진 방법은 어느 것인가?

㉮ 도장법 ㉯ 표면탄화법 ㉰ 주입법 ㉱ 침투법

10 다음 중 목재의 대표적 충해는?

㉮ 흰개미 ㉯ 매미 ㉰ 바퀴벌레 ㉱ 흰불나방

11 다음 중 목재공사에서 구멍뚫기, 홈파기, 자르기, 기타 다듬질하는 일을 가리키는 것은?

㉮ 마름질 ㉯ 먹매김 ㉰ 모접기 ㉱ 바심질

해설
· 먹매김 : 먹통과 먹칼을 써서 치수금을 긋는 일
· 마름질 : 재료를 소요치수로 잘라내는 일
· 바심질 : 먹매김이 끝난 부재를 깍고 다듬는 일
· 모접기 : 모서리를 깍아 좁은 면을 내거나 둥글게 하는 일

12 다음 중 합판의 특징이 아닌 것은?

㉮ 수축·팽창의 변형이 적다. ㉯ 균일한 크기로 제작 가능하다.
㉰ 균일한 강도를 얻을 수 있다. ㉱ 내화성을 높일 수 있다.

정답 6. ㉯ 7. ㉯ 8. ㉮ 9. ㉯ 10. ㉮ 11. ㉱ 12. ㉱

13 다음 중 합판에 대한 설명이 잘못된 것은?

㉮ 보통합판은 짝수의 단판을 직교시켜 붙여서 만든다.
㉯ 섬유방향에 따라 달라지는 강도의 차이가 없다.
㉰ 합판은 나뭇결이 아름답고 수축·팽창으로 생기는 변형이 거의 없다.
㉱ 평활한 넓은 판을 만들 수 있다.

합판은 홀수 붙임을 한다.

14 대나무를 조경재료로 사용시 어느 시기에 잘라서 쓰는 것이 좋은가?

㉮ 봄철
㉯ 여름철
㉰ 가을이나 겨울철
㉱ 장마철

15 다음 중 대나무에 대한 설명으로 틀린 것은?

㉮ 외관이 아름답다
㉯ 탄력이 있다.
㉰ 잘 썩지 않는다.
㉱ 벌레 피해를 쉽게 받는다.

16 목재의 구조에는 춘재와 추재가 있는데 추재를 바르게 설명한 것은?

㉮ 세포는 막이 얇고 크다.
㉯ 빛깔이 엷고 재질이 연하다.
㉰ 빛깔이 짙고 재질이 치밀하다.
㉱ 춘재보다 자람의 폭이 넓다.

춘재는 세포막이 얇고 크며 빛깔은 엷고 재질이 연하다.

17 다음 목재 중 무른 나무에 속하는 것은?

㉮ 참나무
㉯ 향나무
㉰ 포플러
㉱ 박달나무

· 단단한나무 : 느티나무, 참나무, 향나무 박달나무, 단풍나무,
· 무른나무 : 벚나무, 소나무, 피나무, 은행나무, 오동나무, 미루나무, 포플러 등

정답 13. ㉮ 14. ㉰ 15. ㉰ 16. ㉰ 17. ㉰

18 다음 중 목재가 대기 중의 온도·습도에 대해 평형상태를 이루고 있을 때의 함수율로 가장 적당한 것은?

㉮ 평행함수율　　㉯ 표준함수율
㉰ 기건함수율　　㉱ 법정함수율

19 목재의 비중이라 함은 무엇을 말하는 것인가?

㉮ 생목비중　　㉯ 기건비중
㉰ 절대 건조비중　　㉱ 함수비중

20 목재의 팽창 및 수축 등의 변형은 다음 중 어느 요인에 의한 것인가?

㉮ 수지율　㉯ 함수율　㉰ 열전도율　㉱ 건조율

21 우리나라의 목재가 건조된 상태일 때 기건함수율로 가장 적당한 것은?

㉮ 약 5%　㉯ 약 15%　㉰ 약 25%　㉱ 약 35%

22 조경시설 재료로 사용되는 목재는 용도에 따라 구조용 재료와 장식용 재료로 구분된다. 다음 중 강도 및 내구성이 커서 구조용 재료에 가장 적합한 수종은?

㉮ 단풍나무　　㉯ 은행나무
㉰ 오동나무　　㉱ 소나무

23 목재의 인장강도와 압축강도에 대한 설명으로 가장 옳은 것은?

㉮ 압축강도가 더 크다.
㉯ 인장강도가 더 크다.
㉰ 두개의 강도가 동일하다.
㉱ 휨강도와 두개의 강도가 모두 동일하다.

해설 목재의 강도 : 인장강도>휨강도>압축강도>전단강도

정답　18. ㉰　19. ㉯　20. ㉯　21. ㉯　22. ㉱　23. ㉯

24 목재의 함수율 100g에서 건조하여 20g이 줄었다. 함수율은?

㉮ 4% ㉯ 20%
㉰ 25% ㉱ 80%

$$\text{목재함수율} = \frac{\text{건조전중량} - \text{건중량(건조후중량)}}{\text{건중량(건조후중량)}} \times 100$$

$$\frac{100-80}{80} \times 100 = 25\%$$

25 원목의 4면을 따낸 목재를 무엇이라 부르는가?

㉮ 통나무 ㉯ 가공재
㉰ 조각재 ㉱ 판재

26 곧은결 판재에 대한 설명으로 옳은 것은?

㉮ 뒤틀림이 심하다. ㉯ 판재 너비의 수축률이 크다.
㉰ 마멸이 불균일하고 수명이 짧다. ㉱ 건조 중에 표면 할렬이 덜 생긴다.

판재는 뒤틀림이 적고, 너비 수축출이 작으며, 수명이 길다.

27 목재의 장점이라 할 수 있는 것은?

㉮ 가공하기 쉽고 열전도율이 낮다.
㉯ 부패성이 크다.
㉰ 부위에 따라 재질이 고르지 못하나 불에는 강하다.
㉱ 함수율에 따라 변형되기 쉽다.

28 다음 중 목재의 건조에 관한 설명으로 틀린 것은?

㉮ 건조기간은 자연건조시는 인공건조에 비해 길고, 수종에 따라 차이가 있다.
㉯ 인공건조법에는 증기건조, 공기가열건조, 고주파건조법 등이 있다.
㉰ 자연건조시 두께 3cm의 침엽수는 약 2~6개월 정도 걸리고 활엽수는 그보다 짧게 걸린다.
㉱ 목재의 두꺼운 판을 급속히 건조할 경우에는 고주파건조법이 효과적이다.

활엽수의 자연건조는 6~12개월 정도가 소요된다.

정답 24. ㉰ 25. ㉰ 26. ㉱ 27. ㉮ 28. ㉰

29 목재의 건조방법 중 인공건조법이 아닌 것은?

㉮ 침수법
㉯ 증기법
㉰ 훈연건조법
㉱ 공기가열건조법

30 목재 건조시 건조시간은 단축되나 목재의 크기에 제한을 받고, 강도가 다소 약해지며 광택도 줄어드는 건조방법은?

㉮ 증기법
㉯ 찌는 법
㉰ 공기가열건조법
㉱ 훈연건조법

31 목재 방부처리법이 아닌 것은?

㉮ 도포법
㉯ 침지법
㉰ 분무법
㉱ 가열법

32 목재 방부처리 중 효율적인 방법이 아닌 것은?

㉮ C.C.A 방부처리
㉯ 페인트 도장처리
㉰ 부틸화유기금속 처리
㉱ 크레오소트 처리

33 목재의 C.C.A 방부처리에 관한 설명 중 옳지 않은 것은?

㉮ 목재의 수분함수율을 30% 이하로 건조시킨 후 방부처리한다.
㉯ 1차 가공 후 방부처리 한다.
㉰ 흡수율은 목재 $1m^2$당 3kg이 되어야 한다.
㉱ 침윤도는 변재 부위에 90% 이상 침투되어야 한다.

해설 흡수율은 목재 $1m^2$당 6kg이 되어야 한다.

34 자연식 정원에 퍼걸러와 들보와 도리 및 아치와 트렐리스 재료로 보통 조화롭게 쓰이는 것은?

㉮ 목재
㉯ 콘크리트
㉰ 석재
㉱ P.V.C

정답 29. ㉮ 30. ㉯ 31. ㉱ 32. ㉯ 33. ㉰ 34. ㉮

제 7 장 석 재

01 석재의 특성

장점	불연성, 압축강도가 큼, 내구성, 내화학성, 내마모성, 종류가 다양하고 외관과 색조가 풍부
단점	중량이 커 다루기 어렵고 가공이 곤란, 열이 닿으면 화강암은 튀고, 대리석을 분해하여 강도가 약해짐

02 암석의 생성과정에 따른 분류

(1) 화성암 ★

지구 내부에서 유래하는 마그마가 고결하여 형성된 암석

<u>(예) 화강암, 섬록암, 안산암, 현무암등</u>

(2) 수성암(퇴적암) ★

지구표면의 암석이 풍화작용으로 분해 · 이동되어 지구 표면에 침적하는 퇴적작용으로 생긴 암석

<u>(예) 응회암, 사암, 혈암, 점판암, 석회암 등</u>

(3) 변성암 ★

① 화성암이나 수성암이 지하로부터 변성작용을 받은 암석의 총칭

<u>(예) 편마암, 점판암, 편암, 대리석 등</u>

② 점판암(Slate)

점판암은 변성암에 속하지만 재결정작용이 매우 약하고 암석은 세립인 채로 있어 퇴적암으로 분류하기도 한다.

03 석재의 강도

(1) 비중이 큰 것이 강도도 크다

① 석재의 비중은 2.0~2.7 정도

② 석재의 비중 $= \dfrac{\text{건조무게}}{\text{표면건조포화상태무게} - \text{수중무게}} =$ 약 2.6

(2) 압축강도가 큼

화강암(1,720) > 대리석(1,500) > 안산암(1,150) > 사암(450) > 응회암(180) > 부석(30~18)

04 각종 석재의 종류 및 특성

(1) 화강암

① 견고하고 대형재를 얻기 쉽고 외관이 수려함
② 내구성이 크지만, 내화성은 작음
③ 바닥포장재, 계단, 경계석용으로 사용

(2) 석회석

주성분은 $CaCo_3$, 시멘트 석회의 주원료

(3) 대리석

① 석질이 치밀하고 색채나 무늬가 아름다워 실내장식용으로 사용
② 열이나 산에 약하고 마모에도 약하므로 옥외사용은 부적당

(4) 응회암

화산재가 응고된 것으로 내화도는 크나, 다공질이고 흡수성이 커 경도가 약함

(5) 점판암

결이 미세하여 흡수성이 거의 없는 암석, 천연슬레이트, 비석, 숫돌로 사용

(6) 인조석

외관을 자연석과 유사하게 만든 시멘트 제품

05 석재의 형상 및 치수★

(1) 모암

석산에 자연상태로 있는 암

(2) 원석

모암에서 1차 파괴된 암석

(3) 각석

길이를 가지는 것, 너비가 두께의 3배 미만

(4) 판석

너비가 두께의 3배 이상, 두께가 15cm 미만

(5) 견치석

① 면이 정사각형에 가깝고 면에 직각으로 잰 길이가 최소변의 1.5배 이상

② 1개의 무게는 70~100kg, 찰쌓기 · 메쌓기용 사용

(6) 사고석

고건축의 담장 등 옛 궁궐에서 사용, 길이는 최소변의 1.2배 이상

(7) 잡석

크기가 지름 10~30cm 정도의 것이 크고, 작은 알로 골고루 섞여져 있으며, 형상이 고르지 못한 돌

(8) 호박돌

호박형의 천연석으로서 가공하지 않은 상태의 지름이 18cm 이상의 크기의 돌

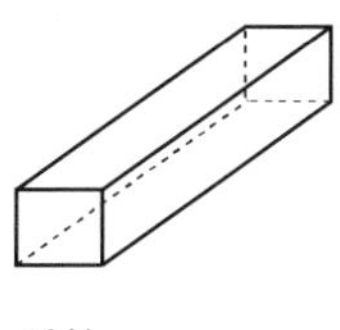

각석

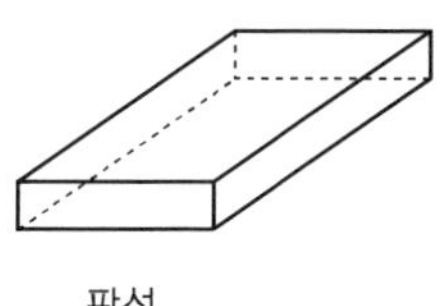

판석

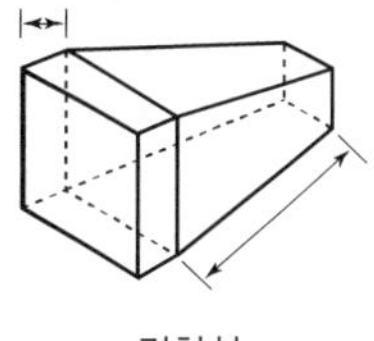

견치석

(9) 마름돌

① 직육면체(30×30×50~60cm)체로 다듬어 놓은 돌
② 시공비가 많이 소요되고 내구성이 요구되는 구조물이나 쌓기용 가공석

06 자연석 분류

(1) 산지에 따른 분류

산석	산이나 들에서 채집한 돌로 풍우에 의해 마모, 이끼 등의 관상가치
수석(하천석)	강이나 하천에서 유수에 의해 표면이 마모되어 돌의 석질 및 무늬가 뚜렷함
해석	바다에서 채집한 돌, 염분을 완전히 제거한 후 사용

(2) 배치에 의한 분류

① 입석(立石) : 세워서 쓰는 돌로 전후·좌우의 사방에서 관상함
② 횡석(橫石) : 가로로 눕혀서 쓰는 돌로 안정감을 줌
③ 평석(平石) : 위부분이 편평한 돌로 안정감이 필요한 부분에 배치
④ 환석(丸石) : 둥근돌을 말하며, 무리로 배석할 때 많이 이용된다.
⑤ 사석(斜石) : 비스듬히 세워서 이용되는 돌로 해안절벽과 같은 풍경을 묘사할 때
⑥ 와석(臥石) : 소가 누워 있는 것과 같은 돌
⑦ 괴석(怪石) : 괴이한 모양의 돌로 단독 또는 조합하여 이용

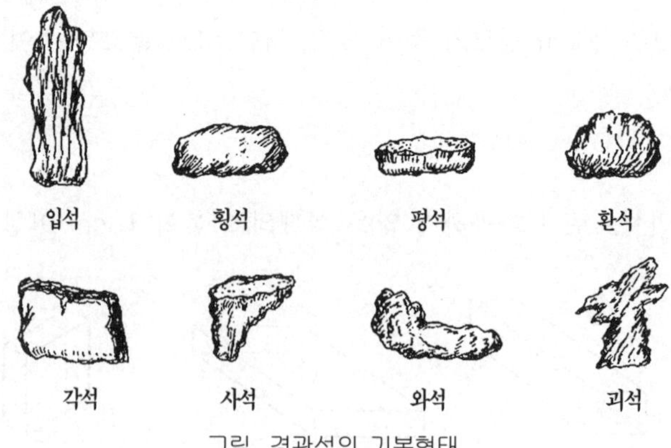

그림. 경관석의 기본형태

07 석재 인력 가공순서

(1) 혹두기(메다듬)

① 원석을 쇠메로 쳐서 요철을 없게 다듬는 것
② 거친 면을 그대로 두어 부풀린 느낌으로 마무리해 중량감, 자연미를 줌

(2) 정다듬

정으로 쪼아 다듬어 평평하게 다듬는 것

(3) 도두락다듬

도두락 망치로 면을 다듬는 것

(4) 잔다듬

정교한 날망치로 면을 다듬는 것

(5) 물갈기

광내기(왁스)

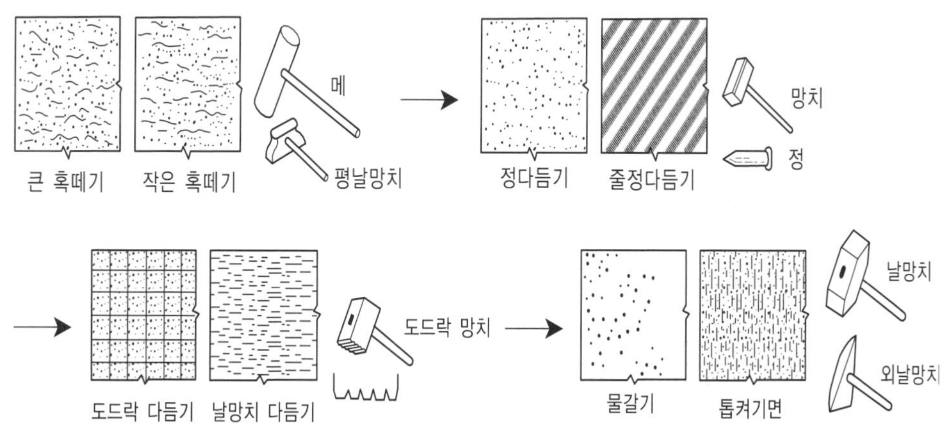

- **석재 인력 가공순서**
  혹두기 → 정다듬 → 도드락다듬 → 잔다듬 → 물갈기, 광내기

기출문제 및 예상문제

1 돌이 풍화·침식되어 표면이 자연적으로 거칠어진 상태를 뜻하는 것은?

㉮ 돌의 뜰녹 ㉯ 돌의 절리
㉰ 돌의 조면 ㉱ 돌의 이끼바탕

돌의 이끼 바탕	경관석에 이끼가 낀 돌은 자연미를 한층 더해 준다.
돌의 조면	돌이 비, 바람 등에 의하여 풍화, 침식되어 표면이 닳아서 거칠어진 상태를 말한다. 일명 아면이라고도 한다.
돌의 뜰녹	세월을 거쳐 풍화 작용을 받으면 조면에 고색을 띤 뜰녹이 생기는데, 뜰녹이 훌륭한 경관석은 관상 가치가 매우 높다. 뜰녹은 석재 성분 중의 철이 산화한 것으로, 화강암이나 안산암의 조면에 흔히 생긴다.
돌의 절리	광물의 배열 상태를 절리라하며, 돌에는 선이나 무늬가 생겨 방향감을 주며, 예술적 가치가 생긴다.

2 석질재료의 장점이 아닌 것은?

㉮ 외관이 매우 아름답다. ㉯ 내구성과 강도가 크다.
㉰ 가격이 저렴하고 시공이 용이하다. ㉱ 변형되지 않으며 가공성이 있다.

석재의 장단점
- 장점 : 외관이 수려함, 내구성과 강도가 큼
- 단점 : 무거워서 다루는데 어려움이 있음, 가공하기 어렵다. 가격이 고가임

3 다음 중 석질이 치밀하고 경질이어서 내구성과 내화성이 좋으므로 조경공사시 가장 보편적으로 많이 사용하는 석재는?

㉮ 화강암 ㉯ 안산암 ㉰ 현무암 ㉱ 응회암

4 다음 중 내화성이 가장 약한 암석은?

㉮ 안산암 ㉯ 화강암 ㉰ 사암 ㉱ 응회암

해설 화강암은 500℃ 이상의 온도에는 파괴가 발생하며, 안산암·사암·응회암은 내화성이 화강암보다 큰 편이다.

정답 1. ㉰ 2. ㉰ 3. ㉮ 4. ㉯

5 화강석의 크기가 20cm×20cm×100cm일 때 중량은?(단, 화강석의 비중은 평균 260t/m³이다.)

㉮ 약 50kg ㉯ 약 100kg
㉰ 약 150kg ㉱ 약 200kg

0.2m×0.2m×1m×2.6=0.104ton → 약 100kg

6 바닥포장용 석재로 가장 우수한 것은?

㉮ 화강암 ㉯ 안산암 ㉰ 대리석 ㉱ 석회암

7 다음 중 수성암(퇴적암) 계통의 석재가 아닌 것은?

㉮ 점판암 ㉯ 사암 ㉰ 석회암 ㉱ 안산암

화성암	퇴적암	변성암
화강암, 안산암, 현무암, 섬록암	응회암, 사암, 혈암, 점판암, 석회암	편마암, 점판암, 편암, 대리석

8 다음 중 화성암이 아닌 것은?

㉮ 대리석 ㉯ 화강암 ㉰ 안산암 ㉱ 섬록암

대리석-변성암

9 퇴적암의 일종으로 판모양으로 떼어낼 수 있어 디딤돌, 바닥포장재 등으로 쓸 수 있는 것은?

㉮ 화강암 ㉯ 안산암 ㉰ 현무암 ㉱ 점판암

10 회색 또는 흑색으로 세립이고 치밀하며, 다공질이고 기둥모양으로 갈라지는 암석은?

㉮ 응회암 ㉯ 화강암 ㉰ 안산암 ㉱ 현무암

정답 5. ㉯ 6. ㉮ 7. ㉱ 8. ㉮ 9. ㉱ 10. ㉱

11 다음 석재 중 흡수율이 가장 큰 것은?

㉮ 화강암 ㉯ 안산암
㉰ 응회암 ㉱ 대리석

해설 석재 중 흡수율이 가장 큰 것은 응회암이며, 흡수율이 큰 암석은 강도가 약해 조경재료로는 적합하지 않다.

12 석재를 조성하고 있는 광물의 조직에 따라 생기는 눈의 모양을 말하며, 돌결이라는 의미로 사용되기도 하고, 조암광물 중에서 가장 많이 함유된 광물의 결정벽면과 일치하므로 화강암에서는 장석의 분리면에 해당하는 것은?

㉮ 층리 ㉯ 편리 ㉰ 석목 ㉱ 석리

석재의 구조와 성질

석리(石理)	석재의 표면의 구성조직으로(돌결) 암석을 구성하는 광물의 종류, 배열, 모양 등의 조직을 말한다.
절리(節理)	암석이 냉각에 의해 수축과 압력 등에 의해 수평과 수직방향으로 갈라져서 생긴 것으로 암석표면에 자연적으로 생긴 괴상, 판상 또는 주상 등의 무늬를 말한다. 화성암에 주로 나타난다. 절리가 아름다운 돌은 관상가치가 높으며 채석을 하는 데에는 이 절리를 이용한다.
층리(層理)	암석이 층상으로 쌓인 상태로 퇴적암, 변성암에 많다. 돌을 쌓을 때에는 층리가 같은 방향으로 생긴 것을 사용한다. → 정원석은 석리, 절리, 층리가 잘 조화된 돌이 관상가치가 높은 정원석이라고 말할 수 있다.
석목(石目)	절리보다 작게 쪼개지기 쉬운 면으로 석재가공에 영향을 준다.

13 석재의 가공 순서별로 바르게 나열된 것은?

㉮ 혹두기, 정다듬, 도드락다듬, 잔다듬 ㉯ 정다듬, 혹두기, 잔다듬, 도드락다듬
㉰ 혹두기, 도드락다듬, 정다듬, 잔다듬 ㉱ 정다듬, 잔다듬, 혹두기, 도드락다듬

14 다음 돌의 가공방법에 대한 설명으로 잘못된 것은?

㉮ 혹두기-표면의 큰 돌출부분만 떼어 내는 정도의 다듬기
㉯ 정다듬-정으로 비교적 고르고 곱게 다듬는 정도의 다듬기
㉰ 잔다듬-도드락 다듬면을 일정 방향이나 평행선으로 나란히 찍어 다듬어 평탄하게 마무하는 다듬기
㉱ 도드락다듬-혹두기한 면을 연마기나 숫돌로 매끈하게 갈아내는 다듬기

㉱는 정다듬에 대한 설명

정답 11. ㉰ 12. ㉱ 13. ㉮ 14. ㉱

15 다음 석재의 가공방법 중 표면을 가장 매끈하게 가공할 수 있는 방법은?

㉮ 혹두기 ㉯ 정다듬
㉰ 잔다듬 ㉱ 도드락다듬

16 석가산을 만들고자 한다. 적당한 돌은?

㉮ 잡석 ㉯ 산석 ㉰ 호박돌 ㉱ 자갈

17 자연석 공사시 돌과 돌 사이에 붙여 심는 것으로 적합하지 않은 것은?

㉮ 회양목 ㉯ 철쭉 ㉰ 맥문동 ㉱ 향나무

18 다음 중 자연석의 설명으로 틀린 것은?

㉮ 산석 및 강석은 50~100cm 정도의 돌로 주로 경관석, 석가산용으로 쓰인다.
㉯ 호박돌은 수로의 사면보호, 연못바닥, 원로의 포장 등에 주로 쓰인다.
㉰ 자연잡석은 지름 30~50cm 정도의 돌로 주로 견치석 쌓기에 쓰인다.
㉱ 자갈은 지름 2~3cm 정도이며, 콘크리트의 골재, 석축의 메움돌 등으로 주로 쓰인다.

해설 잡석 : 크기가 지름 10~30cm 정도의 것이 크고, 작은 알로 골고루 섞여져 있으며, 형상이 고르지 못한 돌로 기초다짐으로 많이 사용한다.

19 가공하지 않은 천연석으로 지름이 10~20cm 정도의 계란형의 돌은?

㉮ 모암 ㉯ 원석 ㉰ 호박돌 ㉱ 조약돌

해설
· 모암 : 석산에 자연상태로 있는 암
· 원석 : 모암에서 1차 파괴된 암석
· 호박돌 : 호박형의 천연석으로 가공하지 않은 지름 18cm 이상의 크기의 돌

20 다음 중 수로의 사면보호, 연못바닥, 벽면 장식 등에 주로 사용되는 자연석은?

㉮ 산석 ㉯ 호박돌 ㉰ 잡석 ㉱ 하천석

정답 15. ㉰ 16. ㉯ 17. ㉱ 18. ㉰ 19. ㉱ 20. ㉯

21 **자연석 중 전후 · 좌우 사방 어디에서나 볼 수 있으며, 키가 높아야 효과적인 돌의 형태는?**

㉮ 입석(立石(입석)) ㉯ 횡석(横石)
㉰ 평석(平石) ㉱ 와석(臥石)

해설
· 횡석 : 가로로 눕혀서 쓰는 돌로 안정감을 줌
· 평석 : 위부분이 편평한 돌로 안정감이 필요한 부분에 배치
· 와석 : 소와 누워 있는 것과 같은 돌

22 **석재의 비중에 대한 설명으로 틀린 것은?**

㉮ 비중이 클수록 조직이 치밀하다. ㉯ 비중이 클수록 흡수율이 크다.
㉰ 비중이 클수록 압축강도가 크다. ㉱ 석재의 비중은 20~2.7이다.

해설 석재의 비중 : 비중이 클수록 강도가 크고 내부공극이 적다. 석재의 공극율이 클수록 흡수율이 크고 강도는 저하된다.

23 **마그마가 지하 10km 정도의 깊이에서 서서히 굳어진 화강암의 주요 구성 광물이 아닌 것은?**

㉮ 석회 ㉯ 석영 ㉰ 장석 ㉱ 운모

해설 화강암은 석영, 장석, 운모의 혼합물이다.

24 **다음 조경소재 중 판석의 쓰임새로 가장 적합한 것은?**

㉮ 주춧돌 ㉯ 콘크리트 골재
㉰ 원로포장 ㉱ 석축

해설 판석 : 두께 15cm 미만, 폭이 두께의 3배이상인 판 모양의 석재

25 **형태가 정형적인 곳에 사용하나, 시공비가 많이 드는 돌은?**

㉮ 산석 ㉯ 강석(하천석)
㉰ 호박돌 ㉱ 마름돌

정답 21. ㉮ 22. ㉯ 23. ㉮ 24. ㉰ 25. ㉱

26 돌을 뜰 때 앞면, 길이, 뒷면, 접촉부 등의 치수를 지정해서 깨낸 돌로 앞면은 정사각형이며, 흙막이용으로 사용되는 재료는?

㉮ 각석 ㉯ 판석
㉰ 마름석 ㉱ 견치석

27 다음 중 암석에서 떼어 낸 석재를 가공하는데나 잔다듬질에 쓰이는 도드락 망치인 것은?

㉮ 
㉯ 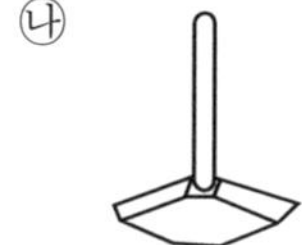
㉰ 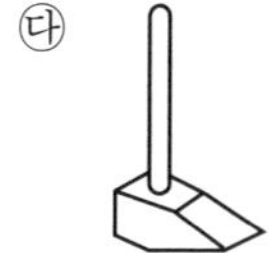
㉱ 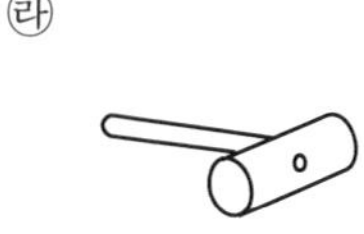

해설 ㉯-날망치, ㉰-외날망치, ㉱-메

28 다음과 같은 돌을 무엇이라 부르는가?

㉮ 견치돌
㉯ 경관석
㉰ 호박돌
㉱ 사괴석

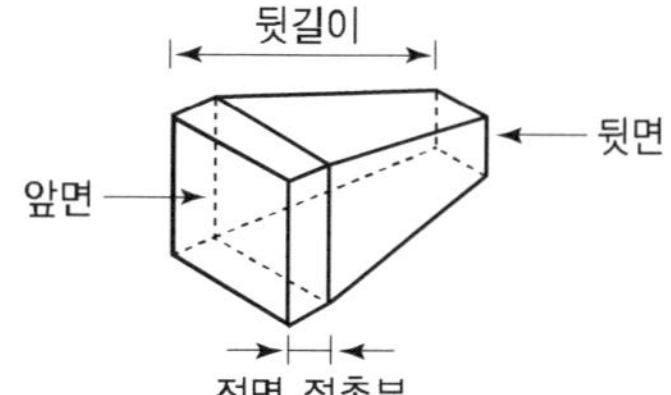

29 화강암 중 회백색 계열을 띠고 있는 돌은?

㉮ 진안석 ㉯ 포천석
㉰ 문경석 ㉱ 철원석

30 석재 중 15~25cm 정도의 정방형 돌로서 주로 전통공간의 포장용 재료나 돌담, 한식건물의 벽체 등에 쓰이는 돌을 무엇이라 하는가?

㉮ 호박돌 ㉯ 간사
㉰ 장대석 ㉱ 사고(괴)석

정답 26. ㉱ 27. ㉮ 28. ㉮ 29. ㉯ 30. ㉱

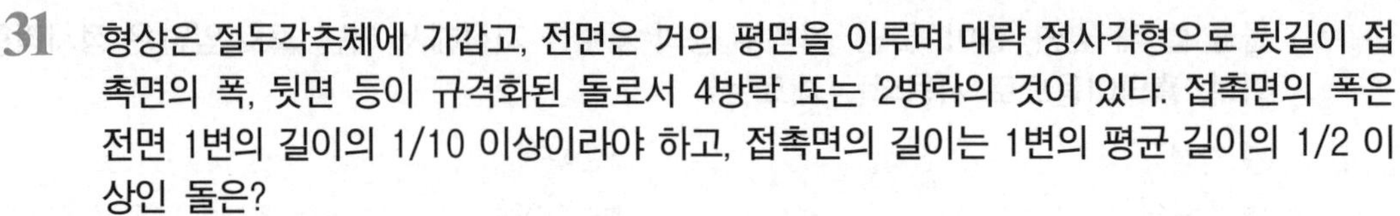

31 형상은 절두각추체에 가깝고, 전면은 거의 평면을 이루며 대략 정사각형으로 뒷길이 접촉면의 폭, 뒷면 등이 규격화된 돌로서 4방락 또는 2방락의 것이 있다. 접촉면의 폭은 전면 1변의 길이의 1/10 이상이라야 하고, 접촉면의 길이는 1변의 평균 길이의 1/2 이상인 돌은?

㉮ 호박돌　　㉯ 다듬돌
㉰ 견치돌　　㉱ 각석

32 화성암의 일종으로 돌색깔은 흰색 또는 담회색으로 주로 경관석, 바닥포장용, 석탑, 석등, 묘석 등으로 사용되는 것은?

㉮ 석회암　　㉯ 점판암
㉰ 응회암　　㉱ 화강암

33 다음 여러 가지 규격재 모양 중 마름돌에 해당하는 것은?

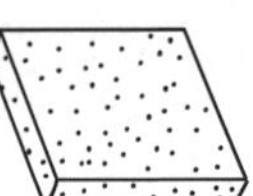

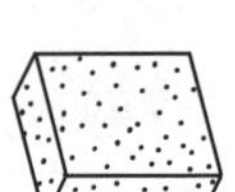
㉰
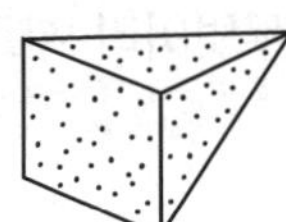
㉱
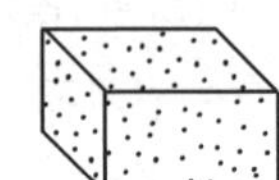

정답　31. ㉰　32. ㉱　33. ㉱

제8장 시멘트

01 성질

(1) 단위

포대, 1포대는 40kg, 시멘트 1m^{3}의 무게는 1,500kg

(2) 물과 반응과정

수화작용(시멘트와 물의 화학반응) → 응결 → 경화 → 수축

02 시멘트 강도의 영향인자

(1) 사용수량

사용수량이 많을수록 강도는 저하된다.

(2) 분말도

① 1g 입자의 표면적의 합계로 표시한다.
② 분말도와 조기강도는 비례한다.

(3) 풍화

시멘트는 제조직후 강도가 제일 크며 점점 공기 중의 습기를 흡수하여 풍화되면서 강도는 저하된다.

(4) 양생조건

양생온도는 30도 까지는 온도가 높을수록 커지고 재령이 경과함에 따라 커진다.

03 시멘트의 종류

(1) 일반시멘트(포틀랜드 시멘트) * 주성분 – 석회석, 점토

보통 시멘트	· 일반적인 시멘트, 일반적인 콘크리트 공사
중용열 시멘트	· 수화열이 작다. 건조수축이 적다 · 콘크리트의 발열량을 적게 만든 것, 내침식성, 내구성양호, 수축률이 작아 댐 공사, 방사선차단용 콘크리트로 적당 · 용도 : 매스콘크리트, 수밀콘크리트, 차폐용 콘크리트, 서중콘크리트
조강 시멘트	· 보통시멘트 7일 강도를 3일에 발휘 · 저온에서도 강도를 발휘한다. · 용도 : 긴급공사, 한중콘크리트, 콘크리트 2차제품
백색 시멘트	· 구조재 축조에는 사용하지 않고 건축미장용으로 사용

(2) 혼합시멘트

고로슬래그 시멘트	· 급냉각 슬래그사용, 균열이 적어 댐 공사에 유리, 장기강도가 큼 · 해수·하수·공장폐수 등에 대한 저항이 큼. 초기강도는 약간 작으나 장기 강도는 크다. · 수화열이 작다, 화학저항이 크다. · 용도 : 매스콘크리트, 수중콘크리트, 콘크리트 2차 제품 등
플라이애쉬 시멘트	· 표면이 매끄러운 구형의 미세립의 석탄회로 보일 내의 연소가스를 집진기로 채취하여 사용 · 워커빌리티 극히 양호, 수밀성향상 · 장기강도가 높음, 수화열이 작음 · 용도 : 매스콘크리트, 수중콘크리트, 콘크리트 2차 제품 등
(실리카) 포졸란시멘트	· 실리카 시멘트에 혼합된 천연 및 인공인 것을 총칭하여 포졸란이라 함 · 워커빌리티 양호, 수밀성 향상 · 장기강도가 높음, 수화열이 작음 · 용도 : 매스콘크리트, 수중콘크리트, 콘크리트 2차 제품 등

(3) 특수 시멘트

알루미나 시멘트 : 알루민산 석회가 주원료이므로 조강성, 내화성, 내식성이 뛰어남. 24시간에 보통시멘트 28일 강도를 발휘, 타 시멘트와 혼용금지, 긴급공사, 동기공사에 적합함

· 조강성이 강한 순서
알루미나시멘트(1일에 28일 강도를 발휘) > 조강시멘트(7일) > 포틀랜드시멘트(28일) > 고로시멘트(5~6주) > 중용열 시멘트(2~3개월)

04 시멘트 저장

① 지표에서 30cm 이상 바닥을 띠우고 방습처리 한다.
② 필요한 출입구, 채광창 외에는 공기의 유통을 막기 위해 개구부를 설치하지 않는다.
③ 3개월 이상 저장한 시멘트 또는 습기를 받았다고 생각되는 시멘트는 재시험실시하고 사용한다.
④ 시멘트의 입하순서로 사용한다.
⑤ 창고 주위에는 배수 도랑을 두고 우수의 침입을 방지한다.
⑥ 반입구와 반출구는 따로 두고 내부 통로를 고려하여 넓이를 정한다.
⑦ 시멘트는 13포대 이상 쌓기를 금지, 장기간 저장할 경우 7포대 이상 넘지 않게 한다.
⑧ 저장창고의 필요면적 $A = 0.4 \times \dfrac{N}{n}$

A : 시멘트 창고 소요 면적
N : 저장하려는 포대수
n : 쌓기단수(단기저장시 13포, 장기저장시 7포)

기출예제

시멘트 500포대를 저장할 수 있는 가설창고의 최소 필요면적은? (단, 쌓기 단수는 최대 13단으로 한다.)

㉮ 15.4m² ㉯ 16.5m²
㉰ 18.5m² ㉱ 20.4m²

답 ㉮

해설

$$0.4 \times \frac{500(\text{저장포대수})}{13(\text{쌓기단수})} = 15.384\ldots \rightarrow 15.4\text{m}^2$$

기출문제 및 예상문제

1 시멘트의 성질을 잘못 설명한 것은?

㉮ 풍화된 것이나 혼화재를 넣은 것이 비중이 커진다.
㉯ 분말도가 높으면 수화열과 풍화작용이 많아 균열된다.
㉰ 분말도가 높으면 수화작용이 빠르고 조기강도가 크다.
㉱ 풍화는 강도를 떨어뜨리는 주요인이다.

시멘트의 비중과 풍화
- 시멘트의 비중으로 풍화정도, 혼화재의 섞인 양, 시멘트의 품질을 알 수 있으며, 풍화된 시멘트는 비중이 낮아진다.
- 시멘트의 풍화는 분말상태가 아니라 딱딱하게 굳어버리는 것인데 시멘트 분말이 공기 중의 수분을 흡수하여 약간의 수화작용으로 탄산석회를 생성하여 굳어지는 것을 말한다.

2 시멘트 관련 용어 중 수화작용에 의해 고결된 상태를 무엇이라 하는가?

㉮ 수화 ㉯ 응결 ㉰ 경화 ㉱ 풍화

3 시멘트 중 간단한 구조물에 가장 많이 사용되는 것은?

㉮ 보통 포틀랜드 시멘트 ㉯ 중용열 포틀랜드 시멘트
㉰ 조강 포틀랜드 시멘트 ㉱ 저열 포틀랜드 시멘트

4 한국산업규격에서 정하고 있는 포틀랜드 시멘트가 상온에서 응결이 끝나는 시간은?

㉮ 1시간 이후에 시작하여 10시간 이내에 끝난다.
㉯ 1~2시간 이후에 시작하여 3~4시간 이내에 끝난다.
㉰ 3시간 이후에 시작하여 일주일 이내에 끝난다.
㉱ 일주일 이후에 시작하여 3주일 이내에 끝난다.

5 다음 시멘트 중 성격이 다른 것은?

㉮ 슬래그 시멘트 ㉯ 플라이애쉬 시멘트
㉰ 조강 포틀랜드 시멘트 ㉱ 포졸란 시멘트

해설 ㉮, ㉯, ㉱ : 혼합시멘트

정답 1. ㉮ 2. ㉯ 3. ㉮ 4. ㉮ 5. ㉰

6 시멘트의 주재료에 속하지 않는 것은?

㉮ 화강암 ㉯ 석회암 ㉰ 질흙 ㉱ 광석찌꺼기

7 겨울철공사, 빠른 시일에 마무리해야 할 공사에 사용하기 편리한 시멘트는?

㉮ 보통 포틀랜드 시멘트 ㉯ 중용열 포틀랜드 시멘트
㉰ 조강 포틀랜드 시멘트 ㉱ 슬래그 시멘트

8 용광로에서 나오는 광석찌꺼기를 석고와 함께 시멘트에 섞은 것으로서 하수도 공사에 쓰이는 것은?

㉮ 실리카 시멘트 ㉯ 고로 시멘트
㉰ 중용열 포오틀랜드 시멘트 ㉱ 조강 포오틀랜드 시멘트

9 다음 중 혼합 시멘트로 가장 적당한 것은?

㉮ 보통 시멘트 ㉯ 조강 시멘트 ㉰ 실리카 시멘트 ㉱ 중용열 시멘트

 혼합시멘트 : 고로 시멘트, 플라이애쉬 시멘트, 포졸란 시멘트(실리카 시멘트)

10 시멘트의 저장법으로 가장 옳은 것은?

㉮ 방습 창고에 통풍이 잘 되도록 한다.
㉯ 땅바닥에서 10cm 이상 떨어진 마루에서 쌓는다.
㉰ 13포대 이상 쌓지 않는다.
㉱ 5개월 이상 저장하지 않는다.

11 시멘트의 분말도에 대한 내용이 아닌 것은?

㉮ 분말도가 높으면 수화작용이 빠르다.
㉯ 분말도가 높으면 조기강도가 떨어진다.
㉰ 분말도가 높으면 워커빌리티가 좋다.
㉱ 분말도가 높으면 수축, 균열이 발생하기 쉽다.

해설 분말도가 높으면 물과 접촉하는 부분이 많아 워커빌리티가 커지고 조기강도는 증가한다. 반면 수축과, 균열이 발생하기 쉽다.

정답 6. ㉮ 7. ㉰ 8. ㉯ 9. ㉰ 10. ㉰ 11. ㉯

제9장 콘크리트

01 콘크리트의 특성

장점	압축강도가 큼, 내화성, 내수성, 내구적
단점	중량이 큼, 인장강도가 작음(철근으로 인장력 보강), 수축에 의한 균열발생

콘크리트의 압축강도는 인장강도에 비해 10배 강하다. 인장강도를 보강해주려 철근이 배근된다.

02 콘크리트의 단위질량

(1) 시멘트반죽(cement paste)

시멘트+물

(2) 모르타르(모르터, mortar)

① 시멘트+물+모래
② 단위질량은 약 2,150kg/m^3

(3) 콘크리트(concreat)

① 시멘트+물+모래+자갈
② 철근콘크리트 약 2,400kg/m^3, 무근콘크리트 약 2,300kg/m^3

03 콘크리트의 재료 및 배합

(1) 골재

① 콘크리트나 모르타르를 만들 때 모래나 자갈, 부순 모래 등을 섞어서 만드는데, 혼합용으로 쓰이는 입자형의 모든 재료

② 둥근 모양이 긴 모양보다 가치가 있으며, 콘크리트 부피의 60~80% 차지

③ 잔골재(모래) : 5mm체에 중량비로 85% 이상 통과하는 골재
굵은골재(자갈) : 5mm체에 중량비로 85% 이상 남는 골재

④ 골재의 입도

㉮ <u>크고 작은 골재 알갱이가 혼합되어 있는 비율로 콘크리트의 유동성, 강도, 경제성에 관계함</u>

㉯ 입도가 좋은 골재는 크고 작은 골재가 고르게 혼합된 것으로서 콘크리트의 공극이 작아져 강도가 증가하나 입도가 나쁜 골재를 사용하면 워커빌리티가 나빠지고 재료분리 증가 및 강도가 저하된다.

⑤ 골재의 함수상태

상태	설명
절대건조상태	건조로(oven)에서 100－110℃의 온도로 일정한 중량이 될 때까지 완전히 건조시킨 상태
공기중 건조상태	기건조상태라고도 하며 골재의 표면은 건조하나 내부에서 포화하는데 필요한 수량보다 작은 양의 물을 포함하는 상태로서 물을 가하면 약간 흡수할 수 있는 상태
표면건조포화상태	골재의 표면에는 수분이 없으나 내부의 공극은 수분으로 충만된 상태로서 콘크리트 반죽 시에 물의 양이 골재에 의하여 증감되지 않는 이상적인 상태
습윤상태	골재의 내부가 완전히 수분으로 채워져 있고 표면에도 여분의 물을 포함하고 있는 상태

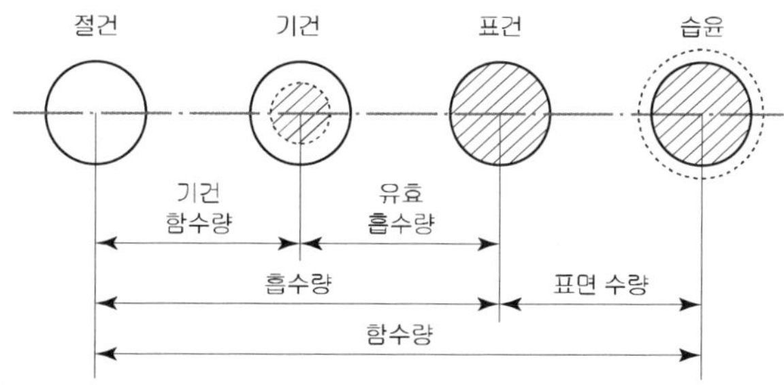

⑥ 골재의 실적율과 공극률

㉮ 공극율 : 골재의 단위용적 내 공극부의 비율

㉯ 골재의 비중을 g, 단위중량을 w라 하면

실적률(d)	$\frac{w}{g} \times 100(\%)$
공극률(v)	$(1-\frac{w}{g}) \times 100(\%) = 100 - d(\%)$

(2) 혼화 재료

혼화재	·시멘트량의 5% 이상, 자체 용적이 콘크리트 성분으로 혼화한 것으로 콘크리트의 성질을 개량하기 위한 것 ·플라이애쉬, 포졸란, 고로슬래그
혼화제	·시멘트량의 1% 이하로 약품으로 소량사용, 배합계산에서 용적을 무시하는 것 ·AE제, 감수제(분산제), 유동화제, 응결경화촉진제(급결제), 지연제, 방수제

① AE제(air entraining agent, 공기연행제)

㉮ 콘크리트속에 다수의 미세기포를 발생시키거나 시멘트 입자를 분산시켜 시공연도를 증가시키거나 감수제 역할을 하는 혼화제

㉯ 목적

- 시공연도의 증진(기포의 볼 베어링 역할)
- 동결융해 저항성 증가(연행공기가 체적 팽창 압력 완화)
- 단위수량 감소효과(AE제, AE감수제 병용시 10~15% 감수효과기대)
- 단위수량 감소로 발열량이 적음
- 체적변화가 작은 콘크리트 형성
- 내구성, 수밀성증대
- 재료분리 저항성, Bleeding 현상감소

② 실리카흄(silica fume)

㉮ 각종 실리콘합금의 제조공정에서 부산물로 얻어지는 초미립자(1㎛ 이하)를 집진지로 회수하여 얻음

㉯ 주성분은 80% 이상이 Sio_2이다. 초기수화에 포졸란 반응을 일으킴

㉰ 블리딩, 재료분리가 감소되며 고강도용 콘크리트를 만듬

(3) 철근의 종류

① 원형

② 이형 : 콘크리트와의 결합력을 높이기 위해 표면에 돌기가 있는 철근으로 원형철근보다 부착력이 40~50% 이상 증가된다.

(4) 물

사람이 먹을 수 있을 정도의 깨끗한 물. 바닷물은 철근을 녹슬게 함

(5) 배합

① 중량배합
② 용적배합 : 잔골재와 굵은 골재의 비를 대체로 1 : 2 정도함
　㉮ 철근 콘크리트=1 : 2 : 4 → 시멘트 : 모래 : 자갈
　㉯ 무근콘크리트=1 : 3 : 6
　㉰ 기초공사=1 : 4 : 8
③ 부배합(rich mix) : 콘크리트 배합시 표준배합보다 단위 시멘트 양이 많은 것(300kg/m^3 이상)
④ 빈배합(poor mix) : 콘크리트 배합시 단위 시멘트량이 적은 배합(150~250kg/m^3 정도)

04 관련개념

(1) 물, 시멘트비(W/C ratio)

콘크리트의 강도는 물과 시멘트의 중량비에 따라 결정됨

$$\frac{\text{물무게}}{\text{시멘트무게}} = 40 \sim 70\%$$

기출예제

시멘트 단위량 300kg/m^3, 단위수량 180kg/m^3 일 때 W/C ratio는?

㉮ 30%　　㉯ 40%　　㉰ 60%　　㉱ 80%

답 ㉰

해설 $\frac{\text{물무게}}{\text{시멘트무게}} = \frac{180}{300} \times 100 = 60\%$　　$\therefore$ W/Cratio = 60%

(2) 워커빌리티(workability)의 측정

① 정의 : 반죽질기에 따라 비비기, 운반, 치기, 다지기, 마무리 등의 작업난이 정도와 재료분리에 저항하는 정도, 시공연도 ★
② 시멘트의 성질, 시멘트량, 사용수량, 잔골재, 굵은골재, 혼화재료, 온도에 의해 영향
③ 측정방법 : slump test, flow test, remolding test, 낙하시험, 컨시스턴시 시험

· 슬럼프 시험(slump test)
콘크리트를 3회에 나누어 각각 25회 다져 채운 다음 5초 후 원통을 가만히 수직으로 올리면 콘크리트는 가라앉는데, 이 주저앉은 정도가 슬럼프 값에(2회 평균, cm로 표시)따라서 측정하며 묽을수록 슬럼프는 크다.

(3) 워커빌리티가 좋지 않을 때 현상 : 분리, 침하, 블리딩, 레이턴스

① 분리 : 시공연도가 좋지 않았을 때 재료가 분리
② 침하, 블리딩 : 콘크리트를 친 후 각 재료가 가라앉고 불순물이 섞인 물이 위로 떠오름
③ 레이턴스 : 블리딩과 같이 떠오른 미립물이 콘크리트 표면에 엷은 회색으로 침전

(4) 굳지 않은 콘크리트의 성질

반죽질기 (consistency)	컨시스턴시, 수량의 다소에 따라 반죽이 되고 진 정도를 나타내는 것
워커빌리티 (workability)	반죽질기에 따라 비비기, 운반, 치기, 다지기, 마무리 등의 작업난이 정도와 재료 분리에 저항하는 정도, 시공연도
성형성 (plasticity)	거푸집에 쉽게 다져 넣을 수 있고 거푸집을 제거하면 천천히 형상이 변하기는 하지만 허물어지거나 재료가 분리하는 일이 없는 굳지 않는 콘크리트의 성질
피니셔빌리티 (finishability)	굵은 골재의 최대지수, 잔골재율, 잔골재의 입도, 반죽질기 등에 따라 마무리하는 난이의 정도, 워커빌리티와 반드시 일치하지는 않음

05 양생(보양)

(1) 정의

콘크리트를 친 후 응결과 경화가 완전히 이루어지도록 보호하는 것

(2) 좋은 양생을 위한 요소

① 적당한 수분 공급 : 살수 또는 침수 → 강도 증진
② 적당한 온도 유지 : 양생온도 15~30℃, 보통은 20℃ 전후가 적당

(3) 콘크리트 양생방법

① 습윤 양생
㉮ 콘크리트 노출면을 가마니, 마대 등으로 덮어 자주 물을 뿌려 습윤 상태를 유지하는 것
㉯ 보통 포틀랜드 시멘트 : 최소 5일간 습윤 상태로 보호
㉰ 조강 포틀랜드 시멘트 : 최소 3일간 유지

② 피막양생
표면에 반수막이 생기는 피막 보양제 뿌려 수분증발 방지, 넓은 지역, 물주기 곤란한 경우에 이용

③ 증기양생
고압증기로 양생시키는 방법

④ 전기양생
저압교류를 통하여 생기는 열로 양생

06 거푸집

콘크리트 구조물에 소요의 형상, 치수를 주기 위하여 사용한다.

(1) 거푸집 시공상 주의 사항

① 형상과 치수가 정확하고 처짐, 배부름, 뒤틀림 등의 변형이 생기지 않게 할 것
② 외력에 충분히 안전할 것
③ 조립이나 제거시 파손 · 손상되지 않게 할 것
④ 소요자재가 절약되고 반복 사용이 가능하게 할 것
⑤ 거푸집 널의 쪽매는 수밀하게 되어 시멘트 풀이 새지 않게 할 것

(2) 긴결재, 긴장재, 박리재

① 격리재(Separater) : 거푸집 상호간의 간격 유지를 위한 것
② 긴장재(Form tie) : 콘크리트를 부었을 때 거푸집이 벌어지거나 우그러들지 않게 연결 고정하는 것
③ 간격재(Spacer) : 철근과 거푸집 간격 유지를 위한 것
④ 박리재 : 콘크리트와 거푸집의 박리를 용이하게 하는 것으로 석유, 중유, 파리핀, 합성수지 등

07 크리프(Creep) 현상

(1) 크리프의 정의

콘크리트에 일정한 하중을 계속 가하면 하중의 증가없이 시간의 경과에 따라 변형이 계속 증대되는 현상

(2) 크리프의 증가원인

① 재령이 적은 콘크리트에 재하시기가 빠를수록
② 강도가 낮을수록(물시멘트비가 클수록)
③ 대기습도가 적을수록(건조정도가 높을수록)
④ 양생(보양)이 나쁠수록
⑤ 재하응력이 클수록
⑥ 외부습도가 높을수록 작으며, 온도가 높을수록 크다.
⑦ 부재치수가 작을수록 크리프는 크다.

기출문제 및 예상문제

1 시멘트의 단위량은 300kg/m^{3}이고, 단위 수량은 180kg/m^{3}이다. W/C 비율은?

㉮ 30%　　㉯ 40%
㉰ 60%　　㉱ 80%

해설 $w/c = \frac{물의무게}{시멘트의무게} \times 100 = \frac{180}{300} \times 100(\%) = 60\%$

2 다음 중 콘크리트의 장점이 아닌 것은?

㉮ 재료의 획득 및 운반이 용이하다.
㉯ 인장강도와 휨강도가 크다.
㉰ 압축강도가 크다.
㉱ 내구성, 내화성, 내수성이 크다.

3 다음 일반적인 콘크리트의 특징을 설명한 것 중 잘못된 것은?

㉮ 형상 및 치수의 제한이 없고 임의의 형상, 크기의 부재나 구조물을 만들 수 있다.
㉯ 재료의 입수 및 운반이 용이하다.
㉰ 압축강도가 크고 내구성, 내화성, 내수성 및 내진성이 우수하다.
㉱ 압축강도에 비하여 인장강도, 휨강도가 크기 때문에 취성적 성질은 없다.

4 조경시공에서 콘크리트 포장을 할 때, 와이어 매쉬(Wire Mesh)는 콘크리트 하면에서 어느 정도의 위치를 설치하는가?

㉮ 콘크리트 두께의 1/4 위치　　㉯ 콘크리트 두께의 1/3 위치
㉰ 콘크리트 두께의 1/2 위치　　㉱ 콘크리트의 밑바닥

정답　1. ㉰　2. ㉯　3. ㉱　4. ㉯

5 폭이 50cm, 높이가 60cm, 길이가 10m인 콘크리트 기초에 소요되는 재료의 양은?(단, 배합비는 1 : 3 : 6이고, 자갈은 0.90m^3, 모래는 0.45m^3, 시멘트는 226kg/m^3이다.)

㉮ 시멘트 678kg, 모래 1.35m^3, 자갈 2.7m^3
㉯ 시멘트 678kg, 모래 2.7m^3, 자갈 1.35m^3
㉰ 시멘트 27kg, 모래 1.35m^3, 자갈 6.78m^3
㉱ 시멘트 135kg, 모래 6.78m^3, 자갈 2.7m^3

콘크리트소요량 0.5×0.6×10=3m^3
콘크리트 배합비가 1(시멘트) : 3(모래) : 6(자갈)이므로
각 재료량은 시멘트 226×3=678kg, 모래 0.45×3= 1.35m^3, 자갈 0.9×3=2.7m^3이 된다.

6 콘크리트의 용적배합시 1 : 2 : 4에서 2는 어느 재료의 배합비를 표시한 것인가?

㉮ 물
㉯ 모래
㉰ 자갈
㉱ 시멘트

7 다음 중 콘크리트제품은 어느 것인가?

㉮ 보도블럭
㉯ 타일
㉰ 적벽돌
㉱ 오지토관

8 한중(寒中) 콘크리트는 기온이 얼마일 때 사용하는가?

㉮ −1℃ 이하
㉯ 4℃ 이하
㉰ 25℃ 이하
㉱ 30℃ 이하

9 콘크리트의 양생을 돕기 위하여 추운 지방이나 겨울에 시멘트에 섞는 재료는 어느 것인가?

㉮ 염화칼슘
㉯ 생석회
㉰ 요소
㉱ 암모니아

정답 5. ㉮ 6. ㉯ 7. ㉮ 8. ㉯ 9. ㉮

10 운반 거리가 먼 레미콘이나 무더운 여름철 콘크리트의 시공에 사용하는 혼화제는 어느 것인가?

㉮ 지연제 ㉯ 감수제 ㉰ 방수제 ㉱ 경화촉진제

해설 지연제는 시멘트의 응결시간을 지연시키기 위해 사용하는 재료이다.

11 콘크리트의 혼화재료 중 혼화재에 해당하는 것은?

㉮ AE제(공기연행제) ㉯ 분산제(감수제)
㉰ 응결촉진제 ㉱ 슬래그

해설 혼화재와 혼화제
· 혼화재 : 고로, 플라이애쉬, 포졸란
· 혼화제 : AE제, 분산제, 응결촉진제, 방수제 등

12 혼화제 중 계면활성작용(Surface Active Reaction)에 의한 콘크리트의 워커빌리티, 동결융해에 대한 저항성 등을 개선시키는 것이 아닌 것은?

㉮ 팽창제 ㉯ 고성능 감수제
㉰ AE제 ㉱ 감수제

13 콘크리트의 골재, 석축의 메움(채움)돌 등으로 주로 사용되는 것은?

㉮ 잡석 ㉯ 호박돌 ㉰ 자갈 ㉱ 견치석

14 지름이 2~3cm 되는 것으로 콘크리트의 골재, 작은 면적의 포장용, 미장용으로 사용되는 것은?

㉮ 왕모래 ㉯ 자갈 ㉰ 호박돌 ㉱ 산석

15 골재의 실적률이 80%이면 공극률은 몇 %인가?

㉮ 10% ㉯ 20% ㉰ 30% ㉱ 40%

정답 10. ㉮ 11. ㉱ 12. ㉮ 13. ㉰ 14. ㉯ 15. ㉯

16 콘크리트의 반죽질기의 정도에 따라 작업의 난이도 및 재료분리의 다소 정도를 나타내는 굳지 않은 콘크리트의 성질을 나타내는 용어는?

㉮ 컨시스턴시(Consistancy)
㉯ 워커빌리티(Workability)
㉰ 플라스티시티(Plasticity)
㉱ 피니셔빌리티(Finishability)

17 굳지 않은 모르타르나 콘크리트에서 물이 분리되어 위로 올라오는 현상은?

㉮ 워커빌리티(Workability)
㉯ 블리딩(Bleeding)
㉰ 피니셔빌리티(Finishability)
㉱ 레이턴스(Laitance)

18 굳지 않은 워커빌리티(Workability)의 측정법이 아닌 것은?

㉮ Slump Test
㉯ Remolding Test
㉰ Flow Test
㉱ Viscosity Test

19 다음 중 모르타르의 구성 성분이 아닌 것은?

㉮ 물
㉯ 모래
㉰ 자갈
㉱ 시멘트

20 다음 중 괄호 안에 들어갈 말로 옳게 나열된 것은?

> 콘크리트가 단단히 굳어지는 것은 시멘트와 물이 화학반응에 의한 것인데, 시멘트와 물이 혼합된 것을 (　　)라 하고, 시멘트와 모래 그리고 물이 혼합된 것을 (　　)라 한다.

㉮ 콘크리트, 모르타르
㉯ 모르타르, 콘크리트
㉰ 시멘트 페이스트, 모르타르
㉱ 모르타르, 시멘트 페이스트

21 콘크리트가 굳은 후 거푸집 판을 콘크리트 면에서 잘 떨어지게 하기 위해 거푸집 판에 처리하는 것은?

㉮ 박리제　㉯ 동바리　㉰ 프라이머　㉱ 쉘락

정답　16. ㉯　17. ㉯　18. ㉱　19. ㉰　20. ㉰　21. ㉮

22 콘크리트 타설시 시공성을 측정하는 가장 일반적인 것은?

㉮ 슬럼프 시험 ㉯ 압축강도 시험
㉰ 휨강도 시험 ㉱ 인장강도 시험

해설 슬럼프시험은 워커빌리티(시공연도)를 측정하는 시험이다.

23 콘크리트 슬럼프 시험에 대한 설명 중 옳지 않은 것은?

㉮ 반죽질기를 측정하는 것이다.
㉯ 슬럼프 값이 높은 수치일수록 좋은 것이다.
㉰ 슬럼프 값의 단위는 cm이다.
㉱ 콘크리트 치기작업의 난이도를 판단할 수 있다.

24 콘크리트 공사시의 슬럼프 시험은 무엇을 측정하기 위한 것인가?

㉮ 반죽질기(Consistency) ㉯ 피니셔빌리티(Finishability)
㉰ 성형성(Plasticity) ㉱ 블리딩(Bleeding)

25 콘크리트 공사 중 콘크리트 표면에 곰보가 생기거나 콘크리트 내부에 공극이 생기지 않도록 하는 방법은?

㉮ 콘크리트 다지기 ㉯ 콘크리트 비비기
㉰ 콘크리트 붓기 ㉱ 콘크리트 양생

26 다음 중 거푸집 설치시 콘크리트에 접하는 면에 칠하는 박리제로 가장 부적당한 것은?

㉮ 중유 ㉯ 듀벨
㉰ 식물성기름 ㉱ 파라핀 합성수지

정답 22. ㉮ 23. ㉯ 24. ㉮ 25. ㉮ 26. ㉯

제10장 그 밖의 재료

01 금속제품

(1) 철금속

① 종류

형강	철골구조용
강판	·강철로 만든판, 강편을 롤러에 넣어 압연 ·후판(판두께 3mm 이상), 박판(판두께 3mm 이하) ·양철(박판에 주석도금), 함석(박판에 아연도금)
철선	철사
와이어로프	·지름 0.26mm−5.0mm인 가는 철선을 몇 개 꼬아서 기본 로프를 만들고 이를 다시 여러개 꼬아 만든 것 ·돌쌓기용 암석운반에 적합

② 강(鋼)의 열처리 방법

㉮ 풀림(annealing) : 강을 적당한 온도(800~1000℃)로 가열하여 소정의 시간까지 유지한 후에 로(爐) 내부에서 천천히 냉각시키는 열처리법

㉯ 불림(normalizing) : 강의 조직을 표준상태로 하기 위하여 변태점 이상의 적당한 온도로 가열한 후 대기 중에서 냉각하는 열처리

㉰ 뜨임질(tempering) : 강도와 경도를 증가시키는 담금질한 금속 재료에 강인성이나 더 높은 경도를 부여하기 위해 적당한 온도로 다시 가열했다가 공기 중에서 서서히 냉각시키는 열처리 방법

㉱ 담금질(quenching) : 금속 재료의 열처리의 일종. 강을 경화시켜 강도를 증가시킬 목적으로 고온의 금속 또는 합금을 물 또는 기름 속에 담금으로써, 임계 영역 이상에서 강을 냉각시키는 방법

③ 방청도료(녹막이칠)의 종류

광명단칠	·보일드유를 유성 paint에 녹인 것, 철재에 사용 ·자중이 무겁고 붉은색을 띠며 피막이 두꺼움
방청·산화철도료	오일스테인이나 합성수지+산화철, 아연분말을 사용, 내구성 우수
징크로메이트 칠	크롬산 아연+알킬드 수지, 알미늄, 아연철판 녹막이칠

연시아나이드 도료	녹막이 효과, 주철제품의 녹막이 칠에 사용
그라파이트 칠	녹막이칠의 정벌칠에 쓰임
워시 프라이머	뿜어서 칠하는 것으로 인산을 첨가한 도료임

④ 부식환경

㉮ 습도가 높을수록 부식속도가 빠르게 진행됨

㉯ 온도가 높을수록 녹의 양은 증가함

㉰ 자외선에 노출시 부식속도가 빠르게 진행됨

(2) 비철금속 : 동과 그 합금, 알루미늄과 그 합금, 니켈과 그 합금, 주석, 납

알루미늄	・비중이 비교적 작고 연질이며, 강도는 낮음 ・경량구조재, 피복재, 설비 등에 사용 ・두랄루민(알루미늄합금의 일종, 내식성과 내구성이 좋음)
구리	・놋쇠(구리와 아연의 합금), 청동(구리와 주석의 합금) ・내식성이 우수, 외부장식재로 사용 ・상온의 건조공기 중에서 변화하지 않으나 습기가 있으면 광택을 소실하고 녹청색이 됨
아연	내식성이 강하며 금속재의 도금에 사용됨
납	비중이 크고 연질이며 전성(얇게 퍼짐), 연성(길게 늘어남)이 풍부함

02 합성수지

(1) 재료의 특징

장점	・성형이 자유로움 ・강도는 큰데 비해 비중이 작고, 건축물의 경량화에 적합 ・일반적으로 투광성이 양호하여 이용가치가 크며 가공이 용이, 표면이 평활하고 아름다우며, 다른 유기재료보다 내수성, 내구성이 우수
단점	경도 및 내마모성이 약하고, 내화・내열・인화성이 없음, 열에 의한 신축이 큼

(2) 종류

열가소성수지	열을 가하면 연화 또는 융용하여 가소성 또는 점성 발생 (예) 염화비닐수지, 아크릴, 폴리에틸렌, 폴리스틸렌
열경화성수지	열을 가해도 유동성이 없음 (예) 요소수지, 멜라민수지, 폴리에스테르수지, 실리콘, 우레탄, 유리섬유 강화 플라스틱(FRP)

· **수지별 특징**

① 실리콘

㉮ 내수성 · 내열성이 우수, 내연성, 전기적 절연성이 있음, 500° 이상 견디는 수지
㉯ 유리 섬유판, 텍스, 피혁류 등 모든 접착이 가능함
㉰ 방수제, 도료, 접착제로 사용됨

② 에폭시

㉮ 액체성태나 용융상태의 수지에 경화제를 넣어 사용함
㉯ 내산성, 내알칼리성이 우수하여 콘크리트 접착에 사용함
㉰ 접착 효과가 매우 우수하여 방수와 포장재로 이용함

③ 멜라민수지

㉮ 내수성이 우수, 무색 투명하며 착색이 자유로움
㉯ 내수성, 내약품성, 내용제성이 뛰어남
㉰ 알킬드수지로 변성하여 도료, 내수베니어합판의 접착제 등에 이용

④ 아크릴

㉮ 투명도가 높아 유기유리라고 불림
㉯ 착색이 자유로워 채광판, 도어판, 칸막이판 등에 이용

⑤ 폴리에틸렌

㉮ 상온에서 유백색의 탄성이 있는 열가소성 수지
㉯ 얇은 시트, 벽체 발포온판 및 건축용 성형품으로 이용

⑥ 염화비닐수지

㉮ 폴리염화 비닐, PVC(Poly Vinyl Chloride)라고도 함
㉯ 파이프, 튜브, 물받이통 등의 제품에 사용

03 점토재료

(1) 점토제품의 원료, 분류 및 특징

① 원료

도토	도자기 제조용 점토의 총칭 도기, 자기의 원료
자토	순수점토, 순백색, 내화성 우수, 가소성부족, 자기원료
토기	연화토, 혈암점토 등 저급점토사용
석기	석회점토 원료, 바닥타일, 벽돌
자기	주원료는 자토나 양질의 도토 사용

② 분류 및 특징

내용 \ 종류		토기(土器) (Terra Ware)	도기(陶器) (Earthen Ware)	석기(石器) (Stone Ware)	자기(자기) (Porcelain)
흡수성		크다	적다	있다	없다
색조		유색, 백색	유색, 백색	유색	백색
소성 온도	1회	500~800℃	1,200~1,300℃	900~1,100℃	900~1,200℃
	2회	600~800℃	1,000~1,100℃	1,300~1,400℃	1,300~1,450℃
주용도		적벽돌, 기와, 토관	내장타일, 위생도기 (Terra cotta Tile)	바닥타일, 클링커 타일	외장타일, 바닥타일, 모자이크타일
특성		최저급원료, 취약함	다공질, 두드리면 탁음, 유약을 사용	불투명, 불투과성을 가짐	양질도토사용, 금속성청음이 남

(2) 벽돌

종류	보통벽돌, 내화벽돌, 특수벽돌(이형벽돌, 경량벽돌, 포장용벽돌)
규격	표준형(190×90×57mm), 기존형(210×100×60mm)

(3) 타일

① 양질의 점토에 장석, 규석, 석회석 등의 가루를 배합하여 성형 후 유약을 입혀 건조시킨후 소성한 제품

② 흡수성이 적고, 휨과 충격에 강하며 건축, 조경장식의 마무리재로 사용된다.

③ 종류 : 모자이크타일, 내장타일, 외장타일, 바닥타일 등

④ 테라코타 : 구운 흙, 장식용 점토제품

(4) 도관, 토관

도관	· 점토를 주 원료로 하여 내외면에 유약을 칠하여 소성한 관 · 투수율이 적으므로 배수, 하수관에 쓰인다.
토관	· 점토를 원료로하여 모양을 만든후 유약을 바르지 않고 소성한 관 · 표면이 거칠고 투수성이 크므로 연기나 공기 등의 환기관으로 사용된다.

(5) 도자기

① 돌을 빻아 빚은 것을 1,300℃ 정도의 온도로 구워 거의 물을 빨아들이지 않음

② 마찰이나 충격에 견디는 힘이 강한 것이 특징임

③ 야외탁자, 음료수대, 계단타일 등에 쓰임

04 도장재료

(1) 페인트

유성페인트	안료, 건성유, 희석제, 건조제등을 혼합한 것
수성페인트	광택이 없고 내장마감용으로 사용

(2) 니스

목질부 도장에 주로 씀, 코팅두께가 얇아 외부구조물엔 부적당

(3) 합성수지 도료

건조시간이 빠르고, 내산·내알카리성이 있어 콘크리트 면에 바를 수 있음

(4) 방청도료

금속의 부식 방지 도료

(예) 연단페인트, 광명단, 징크로메이트계 페인트, 방청산화철페인트, 워시프라이머

(5) 퍼티

① 유지 혹은 수지와 탄산칼슘, 연백 등의 충전재를 혼합하여 만든 것으로 창유리를 끼우는 데 주로 사용되며 도장 바탕을 고르는데도 사용됨

② 목질부 틈 메우기, 새시의 접합부 쿠션 겸 실링재로 사용

05 미장재료

(1) 구분 및 특성

① 수경성(水硬性)재료 : 시멘트모르타르, 석고 플라스터 등 물과 화학 변화하여 굳어지는 재료

② 기경성(氣硬性)재료 : 소석회, 돌로마이트 플라스터, 진흙, 회반죽 등 공기속에서 완전히 경화하는 재료

(2) 혼화재료

① 결합재 – 시멘트플라스터, 소석회 등 다른 미장재료를 결합하여 경화시키는 재료

② 혼화제 – 결합재의 결점을 보완하고 응결 경화시간을 조절하기 위한 재료

- 해초풀 – 점성, 부착성 증진, 보수성유지, 바탕흡수 방지
- 여물 – 강도보강 및 수축·균열방지
- 기타 – 방수제, 방동제, 착색제, 안료, 지연제, 촉진제

· **건설용 재료의 특징(종합)**

① 미장재료 – 구조재의 부족한 요소를 감추고 외벽을 아름답게 나타내 주는 것
② 플라스틱 – 합성수지에 가소제, 채움제, 안정제, 착색제 등을 넣어서 성형한 고분자 물질
③ 역청재료 – 석탄과 석유의 중간 제품으로 자연적 또는 인위적으로 건조시킨 석유 생성물 중의 하나로 도로포장, 방수, 방습재료로 사용
④ 도장재료 – 구조재의 내식성, 방부성, 내마멸성, 방수성, 방습성 및 강도 등이 높아지고 광택 등 미관을 높여 주는 효과를 얻음

기출문제 및 예상문제

1 금속재료의 특성 중 장점이 아닌 것은?

㉮ 인장강도가 크고 종류가 다양하다. ㉯ 재료의 균일성이 높고 공급이 용이하다.
㉰ 강도에 비해 가볍고 불연재하다. ㉱ 내산성과 내알카리성이 크다.

2 다음 중 금속재료의 특성이 바르게 설명된 것은?

㉮ 소재 고유의 광택이 우수하다. ㉯ 소재의 재질이 균일하지 않다.
㉰ 재료의 질감이 따뜻하게 느껴진다. ㉱ 일반적으로 산에 부식되지 않는다.

3 다음 중 재료의 강도에 영향을 주는 요인이 아닌 것은?

㉮ 온도와 습도 ㉯ 하중속도
㉰ 하중시간 ㉱ 자료의 색

4 다음 중 거푸집이나 철근을 묶는 데 사용되는 것은?

㉮ 경판 ㉯ 양철판
㉰ 와이어 로드 ㉱ 철선

5 복잡한 형상의 제작시 품질도 좋고 작업이 용이하며, 내식성이 뛰어나고, 탄소 함유량이 약 1.7~6.6%, 용융점은 1,100~1,200℃로서 선철에 고철을 섞어서 용광로에서 재용해하여 탄소 성분을 조절하여 제조하는 것은?

㉮ 동합금 ㉯ 주철
㉰ 중철 ㉱ 강철

· 주철 : 1.7% 이상 탄소를 함유한 주철은 주물(난로, 맨홀뚜껑 등)을 만드는데 사용 할 수 있다.
· 강철 : 탄소의 함유가 0.3%에서 2% 이하로 철을 주성분으로 하는 금속 합금이다. 철이 가지는 성능(강도, 질긴 성질, 자성, 내열성 등)을 인공적으로 높인 것이다.

정답 1. ㉱ 2. ㉮ 3. ㉱ 4. ㉱ 5. ㉯

6 우리나라에서 사용하고 있는 표준형 벽돌규격은?

㉮ 200mm×100mm×50mm
㉯ 150mm×100mm×50mm
㉰ 210mm×90mm×50mm
㉱ 190mm×90mm×57mm

7 속빈 시멘트 벽돌을 압축강도에 따라 구분하였다. 옳은 것은?

㉮ 1급블록-30kg/cm^2 이상
㉯ 2급블록-70kg/cm^2 이상
㉰ 3급블록-90kg/cm^2 이상
㉱ 중량블록-비중이 18 이상인 블록

해설 1급블록-80kg/cm^2 , 2급블록-60kg/cm^2, 3급블록-40kg/cm^2

8 다음 중 제품의 제작과정이 다른 것은?

㉮ 시멘트벽돌
㉯ 붉은벽돌
㉰ 점토벽돌
㉱ 내화벽돌

해설 ㉯, ㉰, ㉱는 점토가 원료이다.

9 흡수성과 투수성이 거의 없으므로 배수관, 상・하수도관, 전선 및 케이블관 등에 쓰이는 점토제품은?

㉮ 벽돌
㉯ 도관
㉰ 플라스틱
㉱ 타일

10 다음 중 토관의 용도로 적합한 것은?

㉮ 배수관
㉯ 타일
㉰ 환기관
㉱ 원형의자

11 다음 중 점토제품이 아닌 것은?

㉮ 타일
㉯ 기와
㉰ 도관
㉱ 벽토

해설 벽토 : 미장재료를 벽에 바르는 흙을 말한다.

정답 6. ㉱ 7. ㉱ 8. ㉮ 9. ㉯ 10. ㉰ 11. ㉱

12 **플라스틱제품의 특성이 아닌 것은?**

㉮ 비교적 산과 알칼리에 견디는 힘이 강하다.
㉯ 접착시키기가 간단하다.
㉰ 저온에서도 파손이 안 된다.
㉱ 60℃ 이상에서 연화된다.

 플라스틱제품은 온도변화에 약하다.

13 **다음과 같은 특징을 가진 재료는?**

· 성형, 가공이 용이하다.	· 가벼운데 비하여 강하다.
· 내화성이 없다.	· 온도의 변화에 약하다.

㉮ 목질재료 ㉯ 플라스틱제품
㉰ 금속재료 ㉱ 흙

14 **인공폭포, 인공바위 등의 조경시설에 쓰이는 일반적인 재료는?**

㉮ PVC ㉯ 비닐 ㉰ 합성수지 ㉱ FRP

 유리섬유 강화 플라스틱(glass fiber reinforced plastic)
· 열경화성수지로 플라스틱에 강화제인 유리섬유를 넣어 강화시킨 제품이다. 철보다 강하고 알루미늄보다 가벼우며 녹슬지 않고 가공하기 쉽다는 것이 장점이다
· 인공폭포, 인공바위 등의 조경시설에 사용

15 **생태복원용으로 이용되는 재료로 거리가 먼 것은?**

㉮ 식생매트 ㉯ 식생자루 ㉰ 식생호안 블록 ㉱ FRP

해설 생태복원에 사용되는 재료는 가능한 자연재료이어야 한다. FRP는 합성수지로 인공재료이다.

16 **폭포나 벽천 등의 마감재로 부적합한 것은?**

㉮ 자연석 ㉯ 화강암
㉰ 유리섬유 강화 플라스틱 ㉱ 목재

정답 12. ㉰ 13. ㉯ 14. ㉱ 15. ㉱ 16. ㉱

17 **다음의 경계석재료 중 잔디와 초화류의 구분에 주로 사용하며 곡선처리가 가장 용이한 경제적인 재료는?**

㉮ 콘크리트제품 ㉯ 화강석재료 ㉰ 금속재제품 ㉱ 플라스틱제품

 플라스틱은 성형이이 자유롭고 강도와 탄력성이 큰 반면 내열성에 약한 단점이 있다.

18 **플라스틱재료 중 흙 속에서도 부식되지 않은 제품은?**

㉮ 식생 호안블록 ㉯ 유리블록제품
㉰ 콘크리트 격자블록 ㉱ 경질 염화비닐관

 경질 염화비닐관(PVC관)
· 장점 : 내알카리성, 내산성(부식이 없고 위생적임), 관내 마찰손실이 적고 배관가공이 용이하다.
· 단점 : 고온저온에 따라 강도가 저하되며 열팽창률이 크다.

19 **다음 중 열가소성 수지는 어느 것인가?**

㉮ 페놀수지 ㉯ 멜라민수지 ㉰ 폴리에틸렌수지 ㉱ 요소수지

20 **비닐포, 비닐망 등은 어느 수지에 속하는가?**

㉮ 아크릴수지 ㉯ 염화비닐수지
㉰ 폴리에틸렌수지 ㉱ 멜라민수지

해설 · 열경화성수지 : 요소수지, 멜라민수지, 폴리에스테르수지, 실리콘, 우레탄
· 열가소성수지 : 염화비닐수지, 아크릴, 폴리에틸렌, 폴리스틸렌

21 **다음 중 폴리에틸렌관의 설명으로 틀린 것은?**

㉮ 가볍고 충격에 견디는 힘이 크다. ㉯ 시공이 용이하다.
㉰ 유연성이 적다. ㉱ 경제적이다.

 폴리에틸렌관(PE관)
· 가볍고 충격에 강하며 내한성이 우수(한냉지 배관에서도 파괴되지 않고 유연성이 있음)
· 내열성 · 보온성이 pvc관보다 우수
· 내약품성 위생성이 우수

정답 17. ㉱ 18. ㉱ 19. ㉰ 20. ㉯ 21. ㉰

22 다음 중 목재 접착제 중 내수성이 큰 순서대로 바르게 나열된 것은?

㉮ 요소수지 > 아교 > 페놀수지
㉯ 아교 > 페놀수지 > 요소수지
㉰ 페놀수지 > 요소수지 > 아교
㉱ 아교 > 요소수지 > 페놀수지

목제 접착제
- 페놀수지접착제 : 외벽이나 현관등 물이 닿는 장소에 설치하는 목재의 접착제로 내수성, 내열성, 내약품성이 우수함
- 요소접착제 : 약간습도가 높은 곳에 설치하는 목재의 접착제
- 아교접착제 : 접착성능은 우수하나 내수성이 떨어진다.

23 해초풀물이나 기타 전·접착제를 사용하는 미장재료는?

㉮ 벽토
㉯ 회반죽
㉰ 시멘트 모르타르
㉱ 아스팔트

회반죽 : 석고, 소석회+모래+여물을 해초풀로 반죽한 것으로 벽, 천장 등을 도장하는데 사용된다.

24 다음 중 퍼티(Putty)에 관한 설명으로 옳은 것은?

㉮ 페인트칠을 할 때 쓰이는 헝겊으로 된 붓의 일종이다.
㉯ 페인트칠을 한 후 마지막 마감을 할 때 쓰는 약품이다.
㉰ 페인트칠을 할 때 도장 바탕을 고르게 하기 위해 사용하는 것이다.
㉱ 특수 페인트의 일종이다.

퍼티
- 유지 혹은 수지와 연백, 탄산칼슘 등의 충전재를 혼합하여 만든 것
- 용도 : 도장바탕을 고르거나 창유리를 끼우는데 주로 사용

25 다음 중 페인트에 관한 설명으로 틀린 것은?

㉮ 수성페인트 도장은 1회만 한다.
㉯ 녹막이 페인트는 연단 페인트이다.
㉰ 합성수지 페인트는 콘크리트용이다.
㉱ 합성수지 페인트는 유성페인트보다 건조시간이 빠르다.

수성페인트 도장은 3회 도장을 한다.

정답 22. ㉰ 23. ㉯ 24. ㉰ 25. ㉮

26 **녹막이 페인트가 갖추어야 할 성질에 해당하는 것은?**

㉮ 탄력성이 가급적 적을 것 ㉯ 내구성이 작을 것
㉰ 투수성일 것 ㉱ 마찰 충격에 견딜 수 있을 것

녹막이 페인트
· 철제 표면에 칠하여 수분통과를 막아 부식하지 않도록 하는 페인트
· 광명단, 징크로메이트계도료, 산화알루미늄페인트 등

27 **다음 중 칠공사에 사용되는 방청용 도료에 해당하지 않는 것은?**

㉮ 에멀션 페인트 ㉯ 광명단
㉰ 징크로메이트계 ㉱ 워시프라이머

28 **크롬산 아연을 안료로 하고, 알킬드 수지를 전색료로 한 것으로서 알루미늄 녹막이 초벌칠에 적당한 도료는?**

㉮ 광명단 ㉯ 파커라이징(Parkerizing)
㉰ 그라파이트(Graphite) ㉱ 징크로메이트(Zincromate)

· 파커라이징 : 강의 표면에 인산염의 피막(被膜)을 형성시켜 녹스는 것을 방지하는 방법으로 알루미늄, 황동, 구리와 같은 비철금속에는 사용될 수 없다.
· 그라파이트 : 흑연

29 **도료(塗料) 중 바니쉬와 페인트의 근본적인 차이점은?**

㉮ 안료(顔料) ㉯ 건조과정 ㉰ 용도 ㉱ 도장방법

· 바니쉬 : 휘발성있는 액체에 막을 만드는 물질을 녹인 것으로 칠해서 생긴막은 투명하며 광택이 난다.
· 페인트 : 도료의 막을 막을 만드는데 마르기 쉬운 액체에 안료를 섞은 것으로 칠해서 생긴 막은 광택은 있으나 투명하지는 않다.

30 **바탕재료의 부식을 방지하고 아름다움을 증대시키기 위한 목적으로 사용하는 재료는?**

㉮ 니스 ㉯ 피치 ㉰ 벽토 ㉱ 회반죽

정답 26. ㉱ 27. ㉮ 28. ㉱ 29. ㉮ 30. ㉮

31 **도료의 성분에 의한 분류로 틀린 것은?**

㉮ 수성페인트 : 합성수지+용제+안료
㉯ 유성바니시 : 수지+건성유+희석제
㉰ 합성수지도료(용제형) : 합성수지+용제+안료
㉱ 생칠 : 칠나무에서 채취한 그대로의 것

해설 수성페인트는 용제와 건조제, 안료를 섞은 도료를 말한다.

32 **다음 중 역청재료의 용도가 아닌 것은?**

㉮ 방수용 재료 ㉯ 도장재료 ㉰ 줄눈재료 ㉱ 호안재료

해설 역청재료(Bitumen) : 대표적으로 아스팔트와 같은 석유와 비슷한 물질에 대해 사용하며 방수용, 도로 포장 및 많은 제품에 사용된다.

33 **점토제품 중 돌을 빻아 빚은 것을 1,300℃ 정도의 온도로 구웠기 때문에 거의 물을 빨아들이지 않으며, 마찰이나 충격에 견디는 힘이 강한 것은?**

㉮ 벽돌제품 ㉯ 토관제품 ㉰ 타일제품 ㉱ 도자기제품

34 **조경용으로 외장타일, 계단타일, 야외탁자를 만드는 것은 어느 재료인가?**

㉮ 금속재료 ㉯ 플라스틱제품 ㉰ 도자기제품 ㉱ 시멘트제품

35 **타일의 용도에 따라 분류한 것이 아닌 것은?**

㉮ 모자이크타일 ㉯ 내장타일
㉰ 외장타일 ㉱ 콘크리트판

해설 타일의 용도별 분류 : 모자이크타일, 내장타일, 외장타일 등

36 **스테인레스강이라고 하면 최소 몇 % 이상의 크롬이 함유된 것을 말하는가?**

㉮ 45% ㉯ 65% ㉰ 85% ㉱ 10.5%

해설 스테인리스강(stainless steel) : 최소 10.5% 크롬이 들어간 강철 합금으로 내식성이 강화된 강으로 녹, 부식이 일반 강철에 비해서 적다.

정답 **31. ㉮ 32. ㉯ 33. ㉱ 34. ㉰ 35. ㉱ 36. ㉱**

37 **막구조에 대한 내용 중 틀린 것은?**

㉮ 막 면의 겹에 따라 1중막, 2중막으로 나누어진다.
㉯ 자체투광성이 있어 낮에는 인공조명이 필요없다.
㉰ 퍼걸러, 쉘터, 자전거보관대 등 조경분야에서 이용한다.
㉱ 현대 막구조는 미국에서 창안되고 개선되었다.

 막구조는 원시시대에서도 찾아볼 수 있다.

38 **조경용으로 쓰이는 섬유재가 아닌 것은?**

㉮ 볏짚 ㉯ 새끼줄
㉰ 밧줄 ㉱ 털실

해설 조경용 섬유재 : 볏짚, 밧줄, 녹화마대, 새끼줄

39 **다음 중 조경공사에 사용되는 섬유재에 관한 설명으로 틀린 것은?**

㉮ 볏짚은 줄기를 감싸 해충의 잠복소를 만드는 데 쓰인다.
㉯ 새끼줄은 뿌리분이 깨지지 않도록 감는 데 사용한다.
㉰ 밧줄은 마섬유로 만든 섬유로프가 많이 쓰인다.
㉱ 새끼줄은 5타래를 1속이라 한다.

 새끼줄은 10타래를 1속이라 한다.

40 **새끼(볏짚제품)의 용도를 설명한 것 중 틀린 것은?**

㉮ 더위에 약한 나무를 보호하기 위해서 줄기에 감는다.
㉯ 옮겨심는 나무의 뿌리분이 상하지 않도록 감아준다.
㉰ 강한 햇볕에 줄기가 타는 것을 방지하기 위하여 감아준다.
㉱ 천공성 해충의 침입을 방지하기 위하여 감아준다.

41 **수목 이식 후에 수간보호용 자재로 부피가 가장 작고 운반이 용이하며 도시 미관 조성에 가장 적합한 재료는?**

㉮ 짚 ㉯ 새끼 ㉰ 거적 ㉱ 녹화마대

정답 37. ㉱ 38. ㉱ 39. ㉱ 40. ㉮ 41. ㉱

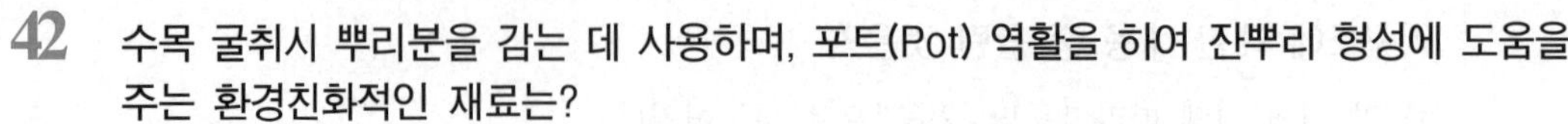

42 수목 굴취시 뿌리분을 감는 데 사용하며, 포트(Pot) 역활을 하여 잔뿌리 형성에 도움을 주는 환경친화적인 재료는?

㉮ 새끼 ㉯ 철선
㉰ 녹화마대 ㉱ 고무밴드

43 다음 중 소형고압블록의 종류 중 S블록으로 가장 적당한 것은?

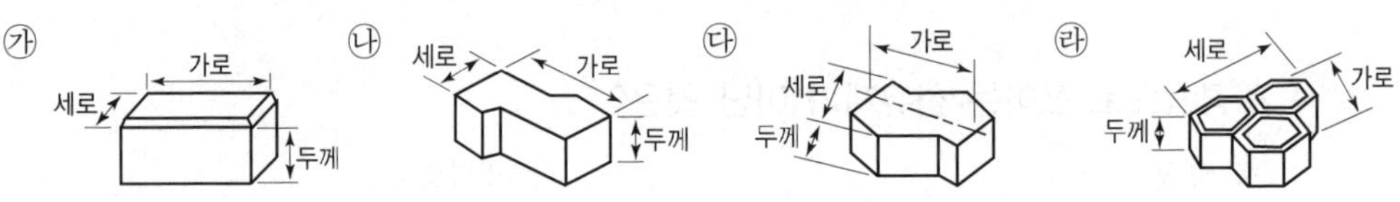

해설 ㉮-I블록, ㉯-Z블록, ㉱-Y블록

정답 42. ㉰ 43. ㉰

제 4 편

조경시공 및 관리

제 1 장 조경시공의 기초

01 조경공사의 특징★

(1) 공종의 다양성

조경공사는 건축, 토목, 설비 등의 각 공정에 포함

(2) 공종의 소규모성

(3) 지방성

조경공사의 주요재료인 식물은 지역특성에 따른 환경의 제약이 있음

(4) 규격과 표준화의 곤란성

식물은 자연에서 얻어지는 것이므로 규격화, 표준화가 곤란

02 공사계약 및 용어

(1) 공사 입찰순서

입찰 통지 → 현장설명 → 입찰 → 견적 → 개찰 → 낙찰 → 계약

(2) 도급계약제도

일식도급	공사 전체를 하나의 도급자에게 맡겨 공사에 필요한 재료, 노무, 현장 시공 업무 일체를 일괄하여 시행시키는 방법
분할도급	공사를 세분하여 따로 도급자를 선정하여 도급 계약하는 방식
공동도급	2개 이상의 회사가 공동 투자하여 기업체를 형성해 공사를 맡아 시행하는 방식

(3) 용어 ★

① 발주자 : 공사를 의뢰하는 사람(시공주)
② 시공자 : 공사를 입찰받아 공사를 완성하는 사람
③ 감독관 : 발주자가 지정하며 공사진행을 감독하는 사람
④ 설계자 : 발주자와 설계계약을 체결해 설계, 공사내역서, 시방서 작성하는 사람
⑤ 감리자 : 공사가 설계서와 시방서대로 이루어지는지를 확인하는 사람
⑥ 현장대리인 : 시공자를 대리해 현장에 상주하는 기술자

03 입찰의 방법

(1) 일반경쟁입찰 ★

관보, 신문, 게시 등을 통하여 일정한 자격을 가진 불특정다수의 희망자를 경쟁 입찰에 참가하도록 하여 가장 유리한 조건을 제시한 자를 선정하여 계약함으로써 일반업자에게 균등한 기회를 주고 공사비가 적게 듬

(2) 지명경쟁입찰 ★

자금력과 신용에서 적당하다 인정되는 특정다수의 경쟁 참가자를 지명하여 입찰방법에 의하여 낙찰자를 결정한 후 계약을 체결하는 방법

(3) 제한경쟁입찰 ★

입찰참가의 자격을 실적, 공법, 도급액 등으로 제한, 일반경쟁입찰과 지명경쟁입찰의 단·장점을 보완하고 취한 방법

(4) 설계시공 일괄입찰(Turnkey Base) ★

설계와 시공계약을 단일의 계약주체와 한꺼번에 수행하는 계약방식 즉, 발주자가 제시하는 공사의 기본계획 및 지침에 따라 설계서, 기타도서를 작성하여 입찰서와 함께 제출

(5) 특명입찰(수의계약) ★

공사의 시공에 가장 적합하다고 인정되는 한명의 업자를 선정하여 입찰시킴

04 시공계획

(1) 정의

설계도면 및 시방서에 의해 양질의 공사목적물을 생산하기 위하여 기간 내에 최소의 비용으로 안전하게 시공할 수 있도록 조건과 방법을 결정하는 계획

(2) 과정

사전조사 → 시공기술계획 → 일정계획 → 가설계획과 조달계획 → 관리계획

05 시공관리

(1) 정의

시공에 관한 계획 및 관리의 모든 것으로 양질의 품질, 적절한 공사기간, 적절한 비용에 안전하게 시공하는 것

(2) 3대 기능

공정관리	시공계획에 입각하여 합리적이고 경제적인 공정을 결정
품질관리	설계도서에 규정된 품질에 일치하고 안정되어 있음을 보증
원가관리	공사를 경제적으로 시공하기 위해 재료비, 노무비, 그 밖의 현장경비를 기록, 통합하고 분석하는 회계절차

06 시방서 종류

(1) 정의★

① 설계자가 설계도면에 표현하기 어려운 사항을 자세히 기술하여 의사를 전달

② 공사의 개요, 절차 및 순서, 시공시주의 사항 등 시공에 필요한 사항을 기록한 것

(2) 종류

표준시방서	시설물의 안정, 공사시행 적정성·품질확보 등을 위하여 시설물별로 정한 표준시공기준
전문시방서	표준시방서를 근거로 하며 특정공사 시공 또는 공사시방서 작성활용, 모든 공종을 대상으로 발주처가 작성
공사시방서	표준·전문시방서를 기본으로 함, 개별공사의 특수성, 지역 여건, 공사방법고려, 도급계약서류에 포함되는 계약문서임

07 공정계획

(1) 공정표종류

	횡선식공정표(바챠트)★	기성고곡선	네트워크공정표★
표현	세로축에 공사명을 배열하고 가로축에 날짜를 표기하며, 공사명별 공사일수를 횡선의 길이로서 나타냄	세로에 공사량, 총인부 등을 표시하고, 가로에 월, 일수 등을 취하여 일정한 사선절선을 가짐 · s-curve · banana-curve	· 각 작업의 상호관계를 그물망(Net Work)로 표현 · 이벤트(event)○ · 액티비티(activity)→ · 더미(dummy)⇢
특징	· 공정별 공사의 착수·완료일이 명시되어 전체공정 판단이 용이 · 공정표가 단순하여 경험이 적은 사람도 이해가 쉬움	· 작업의 관련성은 알수 없으나 전체공정의 진도파악과 시공속도 파악이 용이 · banana 곡선에 의하여 관리의 목표가 얻어진다.	· 상호간의 작업관계가 명확 · 작업의 문제점 예측이 가능 · 최적비용으로 공기단축이 가능 · 공정표작성에 숙련을 요함 · 종류 : PERT, CPM
용도	· 소규모 간단한 공사 · 시급 공사	· 다른방법과 병행, 보조적수단	· 대형공사, 복잡하고 중요한 공사

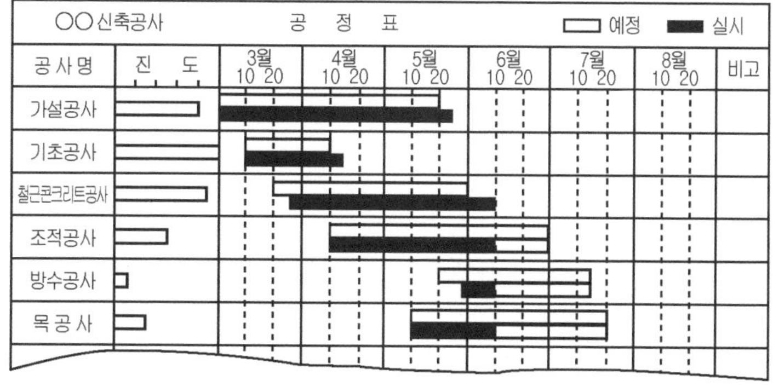

그림. 횡선식공정표

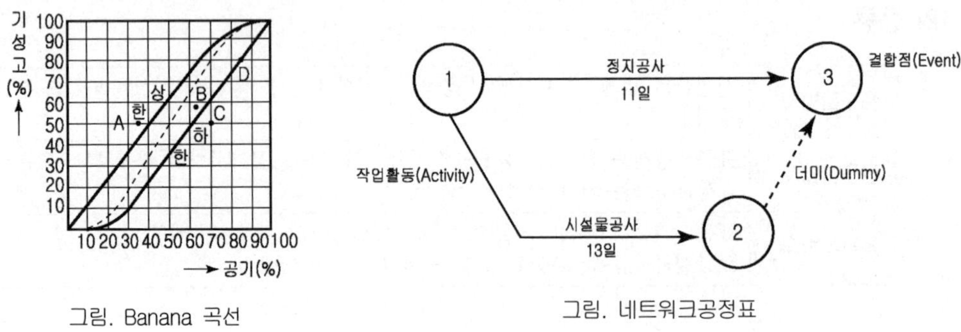

그림. Banana 곡선

그림. 네트워크공정표

(2) 내용

(가설공사 → 기초공사 → 주체공사 → 마무리공사 → 부대시설공사)

가설공사	가설울타리, 가설 건물, 규준틀, 비계 등
기초공사	대지의 장애물 제거, 흙막이 지정(잡석지정, 말뚝박기 등)
주체공사	철근 콘크리트공사, 목공사
마무리공사	돌공사, 타일, 테라코타, 미장, 도장, 창호, 유리, 장식공사
부대시설공사	위생, 난방, 환기, 전기, 가스, 급배수공사, 조경공사

기출문제 및 예상문제

1 조경프로젝트의 수행단계 중 설계된 도면에 따라 자연 및 인공재료를 이용하여 도면의 내용을 실제로 만들어내는 분야는?

㉮ 조경관리 ㉯ 조경계획 ㉰ 조경설계 ㉱ 조경시공

2 조경시공시 지형의 높고 낮음을 주로 측정하는 측량기는?

㉮ 평판 ㉯ 컴퍼스 ㉰ 레벨 ㉱ 트렌싯

3 발주자와 설계 용역 계약을 체결하고 충분한 계획과 자료를 수집하여 넓은 지식과 경험을 바탕으로 시방서와 공사내역서를 작성하는 자를 가리키는 용어는?

㉮ 설계자 ㉯ 감리원 ㉰ 수급인 ㉱ 현장대리인

4 시방서에 대하여 대한 설명으로 옳은 것은?

㉮ 설계도면에 필요한 예산계획서이다.
㉯ 공사계약서이다.
㉰ 평면도, 입면도, 투시도 등을 볼 수 있도록 그려놓은 것이다.
㉱ 공사개요, 시공방법, 특수재료에 관한 사항 등을 명기한 것이다.

5 시방서에 관한 내용 중 옳지 않은 것은?

㉮ 시방서는 간단명료하게 뜻을 충분히 전달할 수 있도록 작성한다.
㉯ 특기시방서와 표준시방서에서 상이한 조항이 있을 때에는 표준시방서가 우선으로 하는 것으로 본다.
㉰ 시공에 관하여 표준이 되는 일반적인 공통사항을 작성하는 것을 표준시방서라 한다.
㉱ 특기시방서는 특별한 사항 및 전문적인 사항을 기재한 것이다.

해설 상이한조항에 있어서는 특기 시방서가 표준시방서보다 우선으로 한다.

정답 1. ㉱ 2. ㉰ 3. ㉮ 4. ㉱ 5. ㉯

6 충분한 계획과 자료를 수집하고 넓은 지식과 경험을 바탕으로 시방서 작성과 공사내역서를 작성하는 자는?

㉮ 설계자　㉯ 감리원　㉰ 수급인　㉱ 현장감리원

7 공사현장의 공사관리 및 기술관리, 기타 공사업무 시행에 관한 모든 사항을 처리하여야 할 사람은 누구인가?

㉮ 공사발주자　㉯ 공사현장대리인
㉰ 공사현장감독관　㉱ 공사현장감리원

8 설계와 시공을 함께 하는 입찰방식은?

㉮ 수의계약　㉯ 특명입찰　㉰ 공동입찰　㉱ 입괄입찰

9 다음 중 유자격자는 모두 입찰에 참여할 수 있으며, 균등한 기회를 제공하고, 공사비 등을 절가할 수 있으나 부적격자에게 낙찰될 우려가 있는 입찰방식은?

㉮ 특명입찰　㉯ 일반경쟁입찰　㉰ 지명경쟁입찰　㉱ 수의계약

10 다음 중 시공관리의 3대 기능이 아닌 것은?

㉮ 노무관리　㉯ 품질관리　㉰ 원가관리　㉱ 공정관리

11 시공관리의 주요 목표라고 볼 수 없는 것은?

㉮ 우량한 품질　㉯ 공사기간의 단축　㉰ 우수한 시각미　㉱ 경제적 시공

12 체계적인 품질관리를 추진하기 위한 관리로 가장 적합한 것은?

㉮ 계획(Plan)－추진(Do)－조치(Action)－검토(Check)
㉯ 계획(Plan)－검토(Check)－추진(Do)－조치(Action)
㉰ 계획(Plan)－조치(Action)－검토(Check)－추진(Do)
㉱ 계획(Plan)－추진(Do)－검토(Check)－조치(Action)

정답　6. ㉮　7. ㉯　8. ㉱　9. ㉯　10. ㉮　11. ㉰　12. ㉱

13 다음 중 조경시공순서로 가장 알맞은 것은?

㉮ 터닦기 → 급·배수 및 호안공 → 콘크리트공사 → 정원시설물 설치 → 식재공사
㉯ 식재공사 → 터닦기 → 정원시설물 설치 → 콘크리트공사 → 급·배수 및 호안공
㉰ 급·배수 및 호안공 → 정원시설물 설치 → 콘크리트공사 → 식재공사 → 터닦기
㉱ 정원시설물 설치 → 급·배수 및 호안공 → 식재공사 → 터닦기 → 콘크리트공사

14 Bar Chart식 공정표를 작성하는 순서가 올바른 것은?

> ㉠ 부분공사, 시공에 필요한 시간을 계획한다.
> ㉡ 이용할 수 있는 공사기간을 가로축을 표시한다.
> ㉢ 공사기간 내에 전체공사를 끝낼 수 있도록 각 부분공사의 소요공간 기간을 도표 위에 자리에 맞추어 일정을 짠다.
> ㉣ 전체공사를 구성하는 모든 부분공사를 세로로 열거한다.

㉮ ㉡ → ㉣ → ㉠ → ㉢　　㉯ ㉣ → ㉡ → ㉠ → ㉢
㉰ ㉠ → ㉡ → ㉢ → ㉣　　㉱ ㉡ → ㉣ → ㉢ → ㉠

15 다음 공정표 중 공사의 전체적인 진척상황을 파악하는 데 가장 유리한 공정표는 무엇인가?

㉮ 횡선식 공정표　　㉯ 네트워크 공정표
㉰ 사선식 공정표　　㉱ CPM 공정표

16 네트워크 공정표의 특성에 관한 설명으로 틀린 것은?

㉮ 개개의 작업이 도시되어 있어 프로젝트 전체 및 부분 파악이 용이하다.
㉯ 작업순서 관계가 명확하여 공사 담당자 간의 정보교환이 원활하다.
㉰ 네트워크 기법의 표시상의 제약으로 작업의 세분화 정도에는 한계가 있다.
㉱ 공정표가 단순하여 경험이 적은 사람도 이용하기 쉽다.

17 다음 중 복잡한 공사와 대형공사에 사용이 되는 공정관리기법은?

㉮ 바 차트　　㉯ 간트 차트
㉰ 네트워크 공정표　　㉱ 곡선식 공정표

정답　13. ㉮　14. ㉯　15. ㉰　16. ㉱　17. ㉰

제 2 장 식재공사

01 수목 규격 표시

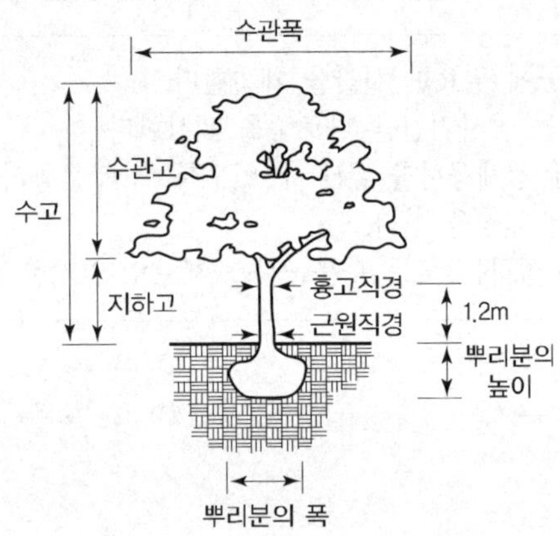

(1) 측정방법

항목	측정방법
수고 (H : height, 단위 : m)	지표면에서 수관 정상까지의 수직 거리로 도장지(웃자람가지)는 제외함
수관폭 (W : width, 단위 : m)	· 수관 양단의 직선거리를 측정 · 타원형의 수관을 최소폭과 최대폭을 합하여 평균한 것을 채택(도장지는 제외함)
근경직경 (R : Root, 단위 : cm)	· 지표부위의 수간의 직경을 측정한다. · 측정부가 원형이 아닌 경우 최대치와 최소치를 합하여 평균값을 채택한다.
흉고직경 (B : Breast, 단위 : cm)	지표면에서 1.2m 부위의 수간의 직경을 측정한다.
지하고 (C : Canopy, 단위 : m)	· 수간 최하단부에서 지표의 수간까지의 수직높이. · 가로수나 녹음수는 적당한 지하고를 지녀야 함
주립수 (S : Stock, 단위 : 지(枝))	근원부로부터 줄기가 여러 갈래로 갈라져 나오는 수종은 줄기의 수를 정함
잔디(단위 : m^2, 매)	가로와 세로의 크기를 일정한 규격을 정하여 표시하며, 평떼일 경우 흙두께를 표시
초본류	분얼, Pot

(2) 표시방법

① 교목 : 수고와 흉고 직경, 근원 직경, 수관폭을 병행하여 사용한다.

수고(H) × 수관폭(W)	전나무, 잣나무, 독일가문비 등
수고(H) × 수관폭(W) × 근원직경(R)	소나무(수목의 조형미가 중시되는 수종)
수고(H) × 근원직경(R)	목련, 느티나무, 모과나무, 감나무 등
수고(H) × 흉고직경(B)	플라타너스, 왕벚나무, 은행나무, 튤립나무, 메타세쿼이아, 자작나무 등

② 관목성 수목

수고(H) × 수관폭(W)	철쭉, 진달래 등
수고(H) × 주립수(지)	개나리, 쥐똥나무 등

③ 묘목 : 간장과 근원직경에 근장을 병행하여 사용한다.
간장(H, 단위 cm)×근원직경(R, 단위 cm)×근장(R, 단위 cm)

④ 만경목
수고(H)×근원직경(R, 단위 cm) : 등나무 등

02 수목의 이식시기

(1) 대나무류

죽순이 나오기 전

(2) 낙엽활엽수

① 가을이식 : 잎이 떨어진 휴면기간, 통상적으로 10~11월
② 봄 이식 : 해토 직후부터 4월 상순, 통상적으로 이른 봄눈이 트기 전에 실시
③ 내한성이 약하고 눈이 늦게 움직이는 수종(배롱나무, 백목련, 석류, 능소화 등은 4월 중순이 안정적 임)

(3) 상록활엽수

5~7월, 장마철(기온이 오르고 공중습도가 높은 시기)

(4) 침엽수

해토 직후부터 4월 상순, 9월 하순~10월 하순

03 수목 이식 공사

현재의 위치에서 다른 장소로 옮겨 심는 작업을 이식공사라 한다.

· 수목식재순서
뿌리돌림(노거수 · 부적기 식재시: 이식하기 6개월~3년 전에 실시) → 굴취 → 운반 → 가식 → 식혈파기 → 심기(물조임, 흙조임) → 물집만들기 → 관수 · 멀칭실시 → 지주목 세우기(교목)

(1) 뿌리돌림 ★

① 목적

㉮ 이식을 위한 예비조치로 현재의 위치에서 미리 뿌리를 잘라 내거나 환상박피를 함으로써 세근이 많이 발달하도록 유도한다.

㉯ 생리적으로 이식을 싫어하는 수목이나 부적기식재 및 노거수(老巨樹)의 이식에는 반드시 필요하며 전정이 병행되어야 한다.

② 시기

㉮ 이식시기로부터 6개월~3년 전에 실시

㉯ 봄과 가을에 가능, 가을에 실시하는 것이 효과적이다.

③ 뿌리돌림의 방법 및 요령

㉮ 근원 직경의 4~6배

㉯ 도복 방지를 위해 네방향으로 자란 굵은 곁뿌리를 하나씩 남겨두며, 15cm 정도 환상박피 한다.(곧은뿌리는 절단하지 않음)

(2) 굴취(수목을 캐내는 작업) ★

① 분의 크기

㉮ 수간 근원직경의 4~6배

㉯ $24+(N-3)\times d$

여기서, N : 줄기의 근원직경, d : 상수(상록수 : 4, 낙엽수 : 5)

② 뿌리분 종류(D : 근원직경)

보통분(일반수종)	분의 크기=4D, 분의 깊이=3D
팽이분(조개분, 심근성수종)	분의 크기=4D, 분의 깊이=4D
접시분(천근성수종)	분의 크기=4D, 분의 깊이=2D

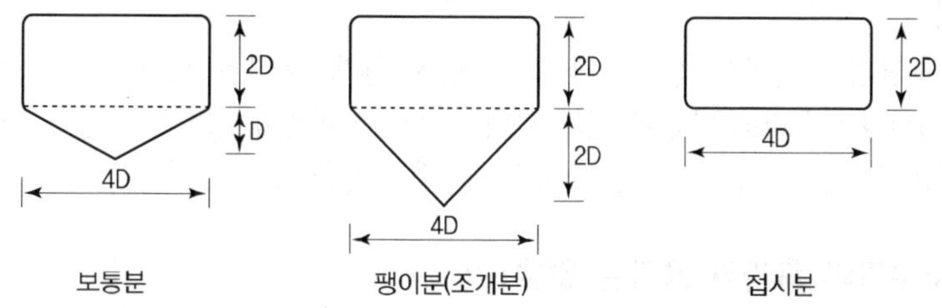

③ 특수굴취법

㉮ 추굴법 : 흙을 파헤쳐 뿌리의 끝 부분을 추적해 가며 캐는 방법 예) 등나무, 담쟁이 덩굴, 밀감나무 등

㉯ 동토법(凍土法, ice ball method) : 해토 전(−12° 전후의 기온에서 활용, 통상적으로 12월경에 실시) 낙엽수에 실시하며, 나무 주위에 도랑을 파 돌리고 밑 부분을 헤쳐 분 모양으로 만들어 2주 정도 방치하여 동결 시킨 후 이식

(3) 운반

① 상·하차는 인력에 의하거나, 대형목의 경우 체인블럭이나 백호우, 랙카 또는 크레인을 사용한다.

② 운반 시 보호조치★

㉮ 뿌리분의 보토를 철저히 한다.

㉯ 세근이 절단되지 않도록 충격을 주지 않아야 한다.

㉰ 수목의 줄기는 간편하게 결박한다.

㉱ 이중 적재를 금한다.

㉲ 수목과 접촉하는 부위는 짚, 가마니 등의 완충재를 깔아 사용

㉳ 뿌리분은 차의 앞쪽을 향하고 수관은 뒤쪽을 향하게 적재

㉴ 수송 도중 바람에 의한 증산을 억제하며, 뿌리분의 수분증발 방지를 위해 물에 적신 거적이나 가마니로 감아준다.

04 수목 식재 공사

(1) 가식

① 이식하기 전에 굴취 한 수목을 임시로 심어두는 것

② 뿌리의 건조, 지엽의 손상을 방지하기 위해 바람이 없고, 약간 습한 곳에 가식하거나 보호설비를 하여 다음날 식재한다.

(2) 식재 구덩이(식혈) 파기

① 뿌리분의 크기의 1.5배~2.0배 이상의 구덩이를 판다

② 불순물을 제거하고, 배수가 불량한 지역은 충분히 굴토하고 자갈 등을 넣어 배수층을 만든다.

(3) 심기

① 토양환경 : 식물의 성상에 따라 적당한 생육 토심을 확보
② 대기환경 : 흐리고 바람이 없는 날의 저녁이나 아침에 실시하고 공중 습도가 높을수록 좋다.
③ 필요시에는 정지, 전정을 실시한 후 뿌리분을 구덩이에 넣는다.

(4) 조임(뿌리와 흙과의 공극을 없앰)★

① 물조임(수식)
㉮ 식재 구덩이에 물을 충분히 넣고, 각목이나 삽으로 흙이 뿌리분에 완전히 밀착되도록 죽쑤기를 한다.
㉯ 물이 완전히 스며든 다음 복토를 하고 흙으로 둥글게 물집을 잡아준다.

② 흙조임(토식)
㉮ 수분을 꺼리는 수목
㉯ 흙을 조금씩 넣어가며 말뚝으로 잘 다짐

(5) 지주목 세우기

① 수목이 안전히 활착할 수 있도록 지주를 설치함

② 지주의 재료
㉮ 박피 통나무, 각목 또는 고안된 재료(각종 파이프, 와이어로프)로 한다. 목재형 지주는 내구성이 강한 것이나 방부처리(탄화, 도료 약물 주입) 한 것으로 한다.
㉯ 지주목과 수목을 결박하는 부위에는 수간에 고무나 새끼 등의 완충재를 사용하여 수간 손상을 방지한다.

③ 지주목설치

지주형	적용수목 · 적용지역	시공방법
단각지주	· 묘목 · 수고 1.2m의 수목	1개의 말뚝을 수목의 주간 바로 옆에 깊이 박고 그 말뚝에 주간을 묶어 고정시킨다.
이각지주	· 수고 1.2~2.5m의 수목 · 소형가로수	수목의 중심으로부터 양쪽으로 일정 간격을 벌려서 각목이나 말뚝을 깊이 30cm 정도로 박고, 박은 나무를 각목과 연결 못으로 고정시킨 다음 가로지르는 각목과 식물의 주간을 새끼나 끈으로 묶는다.
삼발이	· 소형, 대형 수목에 다 적용가능 · 경관상 중요하지 않는 곳	박피 통나무나 각재를 삼각형으로 주간에 걸쳐 새끼나 끈으로 묶어 수목을 안정시킨다.
삼각지주	· 수고 1.2~4.5m 수목 · 도로변이나 광장주변 등 보행자의 통행이 빈번한 곳	각재나 박피통나무를 이용하여 삼각이나 사각으로 박아 가로지른 각재와 주간을 결속한다. 지주 경사각은 70°를 표준으로 한다.
연계형	· 교목 군식지에 적용	각 수목의 주간에 각목 또는 대나무 등의 가로 막대를 대고 주간과 결속하여 고정한다.

지주형	적용수목 · 적용지역	시공방법
매몰형	· 경관상 매우 중요한 위치 · 통행에 지장을 주는 곳에 적용	식재구덩이 하부 뿌리분의 양쪽에 박피통나무를 눕혀 단단히 묻고 이를 지주대로 하여 뿌리분을 철선 또는 로프로 고정한다.
당김줄형	· 대형목 · 경관상 중요한 곳에 적용	완충재를 감아 수피를 보호하고 그 부위에서 세 방향으로 철선을 당겨 지표에 박은 말뚝에 고정한다.

교목식재시 일반적으로 재료소운반, 터파기, 나무세우기, 묻기, 물주기, 지주목세우기, 뒷정리를 품에 포함한다. 다만 지주목을 세우지 않을 때는 다음의 요율을 감한다. 지주목을 세우지 않을 때는 시공량의 11%를 가산한다.

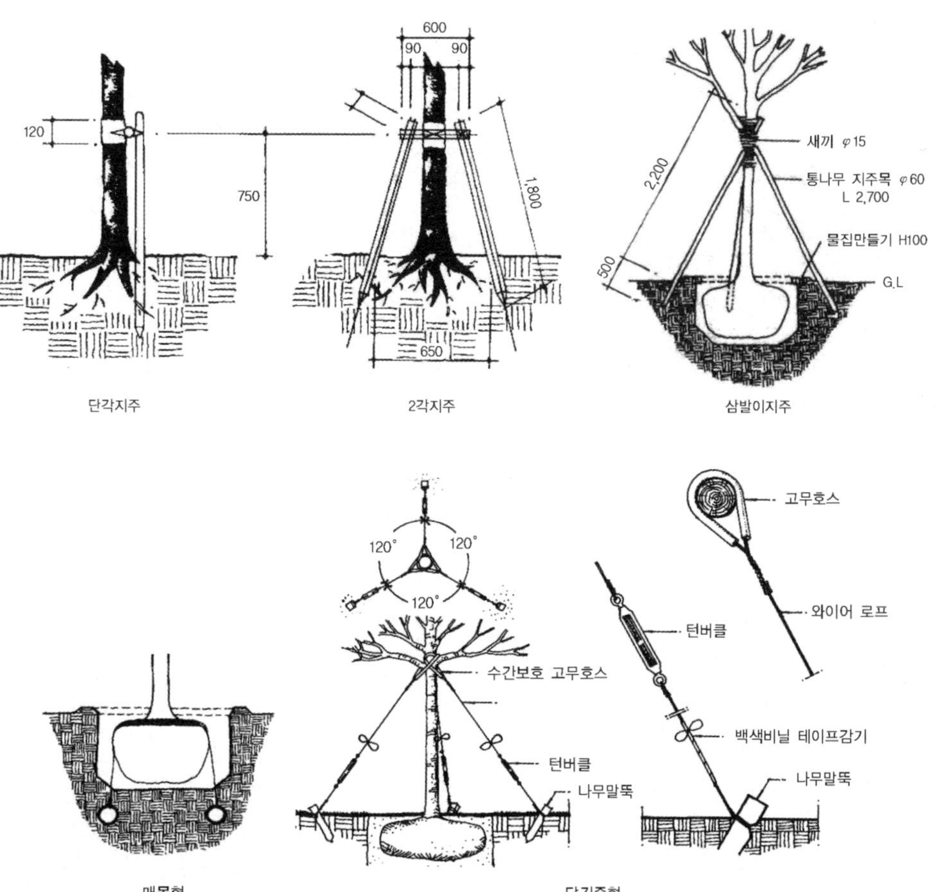

단각지주 2각지주 삼발이지주

매몰형 당김줄형

(6) 전정

① 이식 후 뿌리의 수분 흡수량과 지엽의 수분 증발량의 조절을 위해 실시한다.
② 잎, 밀생지 등을 전정 후 방수처리 한다.
③ 발근촉진제(rooton제)와 수분증산억제제(OED green)를 사용한다.

(7) 수피감기

① 새끼줄, 거적, 가마니, 종이테이프로 싸주어 수분증산을 억제한다.
② 병충해의 침입을 방지한다.
③ 강한 일사와 한해로부터 피해를 예방한다.
④ 수종 : 수피가 얇고 매끈하고 나무(단풍나무, 느티나무, 벚나무 등)에 적용한다.

기출문제 및 예상문제

1 **수목의 생리상 이식 시기로 가장 적당한 시기는?**

㉮ 뿌리활동이 시작되기 직전
㉯ 뿌리활동이 시작된 후
㉰ 새 잎이 나온 후
㉱ 한창 생장이 왕성할 때

2 **상록활엽수의 이식 적기로 가장 좋은 것은?**

㉮ 이른 봄과 장마철
㉯ 여름과 휴면기인 겨울
㉰ 초겨울과 생장기인 늦은 봄
㉱ 늦은 봄과 꽃이 진 시기

3 **다음 중 낙엽활엽수를 옮겨 심는 데 가장 적당한 시기는?**

㉮ 증산이 활발한 생육기
㉯ 증산이 가장 적은 휴면기
㉰ 꽃이 피는 개화기
㉱ 장마기를 지난 생육 정지기

4 **다음 중 모란의 이식 적기는?**

㉮ 2월 상순~3월 상순
㉯ 3월 상순~4월 상순
㉰ 6월 상순~7월 중순
㉱ 9월 중순~10월 중순

5 **다음 중 이식이 가장 쉬운 나무는?**

㉮ 가시나무
㉯ 독일가문비나무
㉰ 자작나무
㉱ 플라타너스

6 **다음 중 이식하기 가장 어려운 수종은?**

㉮ 가이즈까 향나무 ㉯ 쥐똥나무 ㉰ 목련 ㉱ 명자나무

정답 1. ㉮ 2. ㉮ 3. ㉯ 4. ㉱ 5. ㉱ 6. ㉰

7 **다음 중 수목의 뿌리돌림에 대한 작업방법으로 올바른 것은?**

㉮ 한자리에 오래 심겨져 있는 나무를 옮길 경우에만 실시한다.
㉯ 뿌리돌림을 실시하는 시기는 반드시 4계절 중 수액이 이동하기 전 봄철에 실시한다.
㉰ 뿌리돌림을 할 때 노출되는 뿌리는 모두 잘라버린다.
㉱ 수종의 특성에 따라 가지치기, 잎 따주기 등을 하고 필요시 임시 지주를 설치한다.

해설 뿌리돌림은 이식이 어려운 나무, 노거수, 부적기에 이식기 잔뿌리를 유도하여 이식률을 높이기 위해 한다. 봄, 가을에 가능하며 수목의 도복을 방지하기 위해 네 방향의 곧은 뿌리는 절단하기 않고 환상박피를 실시한다.

8 **큰 나무의 뿌리돌림에 대한 설명 중 옳지 않은 못한 것은?**

㉮ 굵은 뿌리를 3~4개 정도 남겨둔다.
㉯ 굵은 뿌리 절단시는 톱으로 깨끗이 절단한다.
㉰ 뿌리돌림을 한 후에 새끼로 뿌리분을 감아두면 뿌리의 부패를 촉진하여 좋지 않다.
㉱ 뿌리돌림을 하기 전 지주목을 설치하여 작업하는 것이 좋다.

9 **수목 식재 후의 관리사항으로서 필요 없는 것은?**

㉮ 전정　　㉯ 뿌리돌림
㉰ 가지치기　　㉱ 시비

10 **소나무 이식 후 줄기에 새끼를 감고 진흙을 바르는 가장 주된 목적은?**

㉮ 건조로 말라 죽는 것을 막기 위하여
㉯ 줄기가 햇볕에 타는 것을 막기 위하여
㉰ 추위에 얼어 죽는 것을 막기 위하여
㉱ 소나무 좀의 피해를 예방하기 위하여

11 **이식할 수목의 가식장소와 그 방법의 설명으로 잘못된 것은?**

㉮ 공사의 지장이 없는 곳에 감독관의 지시에 따라 가식 장소를 정한다.
㉯ 그늘지고 배수가 잘 되지 않는 곳을 선택한다.
㉰ 나무가 쓰러지지 않도록 세우고 뿌리분에 흙을 덮는다.
㉱ 필요한 경우 관수시설 및 수목 보양시설을 갖춘다.

정답　7. ㉱　8. ㉰　9. ㉯　10. ㉱　11. ㉯

12 장마철에 이식한 후 무난히 활착할 수 있는 것은?

㉮ 대나무류　㉯ 낙엽활엽수　㉰ 침엽수　㉱ 상록활엽수

13 이식한 나무가 활착이 잘 되도록 조치하는 방법 중 옳지 않은 것은?

㉮ 현장조사를 충분히 하여 이식계획을 철저히 세운다.
㉯ 나무의 식재방향과 깊이는 원래대로 한다.
㉰ 뿌리가 내려지면 무기질 거름을 충분히 넣고 식재한다.
㉱ 방풍막을 세우고 영양액을 살포해 준다.

해설 유기질 비료를 사용한다.

14 다음 <보기>에서 조경수목의 식재작업을 실시할 때 제일 먼저 선행해야 할 작업은?

㉠ 객토(客土)	㉡ 약제살포	㉢ 지주세우기	㉣ 식혈(植穴)

㉮ ㉠　㉯ ㉡　㉰ ㉢　㉱ ㉣

15 많은 나무를 모아 심었거나 줄지어 심었을 때 적합한 지주설치법은?

㉮ 단각 지주　㉯ 이각 지주
㉰ 삼각 지주　㉱ 연결형(연계형) 지주

16 이식한 수목의 줄기와 가지에 새끼로 수피감기하는 이유가 아닌 것은?

㉮ 경관을 향상시킨다.
㉯ 수피로부터 수분 증산을 억제한다.
㉰ 병해충의 침입을 막아준다.
㉱ 강한 태양광선으로부터 피해를 막아 준다.

17 뿌리분의 직경을 정할 때 그 계산식이 바른 것은?(단, A : 뿌리분의 직경, N : 근원직경, d : 상록수와 낙엽수의 상수)

㉮ $A=24+(N-3)\times d$　㉯ $A=22+(N+3)\times d$
㉰ $A=26+(N-3)\times d$　㉱ $A=20+(N+3)\times d$

정답　12. ㉱　13. ㉰　14. ㉱　15. ㉱　16. ㉮　17. ㉮

18 지주목 설치 요령 중 적합하지 않은 것은?

㉮ 지주목을 묶어야 할 나무줄기 부위는 타이어튜브나 마대 혹은 새끼를 감는다.
㉯ 지주목의 아래는 뾰족하게 깎아서 땅속으로 30~50cm 깊이로 박는다.
㉰ 지상부의 지주는 페인트칠을 하는 것이 좋다.
㉱ 통행인이 많은 곳은 삼발이형, 적은 곳은 사각 지주, 삼각 지주가 많이 설치된다.

해설 통행이 많은 곳은 삼각, 사각지주가 적당하다.

19 지주세우기에서 일반적으로 대형의 나무에 적용하며, 경관적 가치가 요구되는 곳에 설치하는 지주 형태는?

㉮ 이각형　㉯ 삼발이형
㉰ 삼각 및 사각 지주형　㉱ 당김줄형

20 수목의 가슴높이 지름을 나타내는 기호는?

㉮ F　㉯ SD　㉰ B　㉱ CLD

21 다음 기구 중 수목의 흉고직경을 측정할 때 사용하는 것은?

㉮ 경척　㉯ 덴드로메타　㉰ 와이제측고기　㉱ 윤척

해설 수목의 흉고직경 측정시 윤척, 직경테이프가 사용된다.

22 다음 중 흉고직경을 측정할 때 지상으로부터 얼마 높이의 부분을 측정하는 것이 이상적인가?

㉮ 60cm　㉯ 90cm　㉰ 120cm　㉱ 200cm

23 다음 설명 중 맞는 것은?

㉮ 지표로부터 줄기 끝가지의 높이를 수고라고 하고 도장지까지 포함한다.
㉯ 지표로부터 줄기 끝가지의 높이를 수고라고 하고 도장지는 2/3까지만 포함한다.
㉰ 지표로부터 줄기 끝가지의 높이를 수고라고 하고 도장지는 1/2까지만 포함한다.
㉱ 지표로부터 줄기 끝가지의 높이를 수고라고 하고 도장지는 포함하지 않는다.

정답　18. ㉱　19. ㉱　20. ㉰　21. ㉱　22. ㉰　23. ㉱

24 식물 생육에 필요한 토양의 생존최소깊이와 생장최소깊이가 바르게 연결된 것은? (단, 단위는 cm)

㉮ 잔디 및 초본류-15, 30　　㉯ 대관목-30, 45
㉰ 천근성 교목-45, 60　　㉱ 심근성 교목-60, 90

해설 ㉯ 대관목 : 45, 60　㉰ 천근성 교목 : 60, 90　㉱ 심근성 교목 : 90, 150

25 수목 인출선의 내용이 $\frac{3-소나무}{H3.0\times W2.5}$ 일 때, 이에 대한 설명으로 잘못된 것은?

㉮ 소나무의 3주 심는다는 뜻이다.　　㉯ H의 단위는 cm이다.
㉰ W는 수관폭을 의미한다.　　㉱ 소나무의 높이는 300cm이다.

26 조경수목의 규격을 표시할 때 수고와 수관폭으로 표시하는 것이 좋은 것은?

㉮ 느티나무　　㉯ 주목
㉰ 은사시나무　　㉱ 벚나무

27 수목의 식재품 적용시 흉고직경에 의한 식재품을 적용하는 것이 가장 적합한 수종은 어느 것인가?

㉮ 산수유　　㉯ 은행나무
㉰ 꽃사과　　㉱ 백목련

28 다음 중 뿌리뻗음이 가장 웅장한 느낌을 주고 광범위하게 뻗어가는 수종은?

㉮ 소나무　　㉯ 느티나무
㉰ 목련　　㉱ 수양버들

29 수목을 이식하려고 굴취할 경우에 뿌리분(盆)의 크기는 어느 정도가 가장 적합한가?

㉮ 근원직경의 4배　　㉯ 흉고직경의 4배
㉰ 근원직경의 1/4배　　㉱ 수고의 1/10배

정답　24. ㉮　25. ㉯　26. ㉯　27. ㉯　28. ㉯　29. ㉮

30 **수목의 굴취방법에 대한 설명으로 틀린 것은?**

㉮ 옮겨 심을 나무는 그 나무의 뿌리가 퍼져 있는 위치의 흙을 붙여 뿌리분을 만드는 방법과 뿌리만을 캐내는 방법이 있다.
㉯ 일반적으로 크기가 큰 수종, 상록수, 이식이 어려운 수종, 희귀한 수종 등은 뿌리분을 크게 만들어 옮긴다.
㉰ 일반적으로 뿌리분의 크기는 근원 반지름의 4~6배를 기준으로 하며, 보통분의 깊이는 근원 반지름의 3배이다.
㉱ 뿌리분의 모양은 심근성 수종은 조개분 모양, 천근성인 수종은 접시분 모양, 일반적인 수종은 보통분으로 한다.

 뿌리분의 크기는 근원지름의 4~6배를 기준으로 하며, 보통분의 깊이는 근원지름의 3배 이다.

31 **수목을 굴취한 이후에 옮겨심기 순서의 설명이 가장 옳은 것은?**

㉮ 구덩이 파기 → 수목 넣기 → 2/3 정도 흙 채우기 → 물 부어 막대기 다지기 → 나머지 흙 채우기
㉯ 구덩이 파기 → 수목 넣기 → 물 붓기 → 2/3 정도 흙 채우기 → 다지기 → 나머지 흙 채우기
㉰ 구덩이 파기 → 2/3 정도 흙 채우기 → 수목 넣기 → 물 부어 다지기 → 나머지 흙 채우기
㉱ 구덩이 파기 → 물 붓기 → 수목 넣기 → 나머지 흙 채우기

32 **굴취해 온 나무를 가식할 장소로 적합하지 않은 곳은?**

㉮ 식재지에서 가까운 곳
㉯ 배수가 잘되는 곳
㉰ 햇빛이 드는 양지 바른 곳
㉱ 그늘이 많이 지는 곳

 가식장소는 식재지와 가까운 곳에 증산작용을 최소로 할 수 있는 곳이 적당하다.

33 **근원 직경이 15cm인 수목의 뿌리분은 직경이 얼마인가?**

㉮ 40cm ㉯ 60cm
㉰ 90cm ㉱ 150cm

 뿌리분직경=근원직경×4배=15cm×4=60cm

정답 30. ㉰ 31. ㉮ 32. ㉱ 33. ㉯

34 그림과 같은 뿌리분 새끼감기의 방법은?

㉮ 4줄 한번 걸기
㉯ 4줄 두번 걸기
㉰ 4줄 세번 걸기
㉱ 3줄 두번 걸기

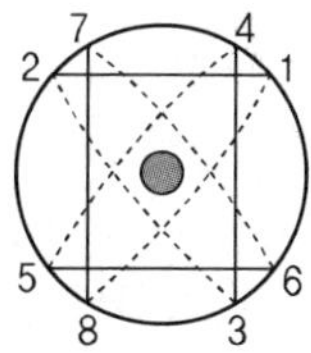

35 다음 새끼로 뿌리분을 감는 방법을 나타낸 그림 중 석줄 두 번 걸기를 표현한 것은?

㉮ 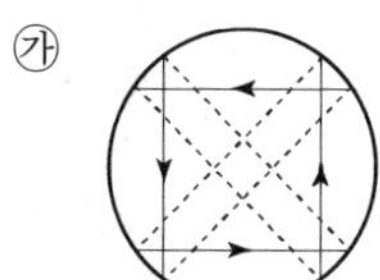 ㉯ 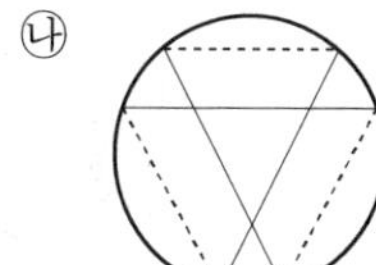 ㉰ 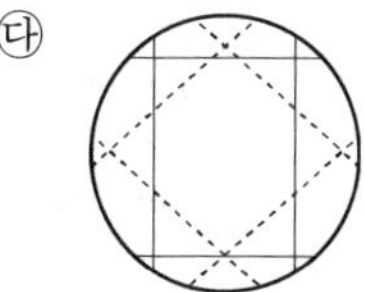 ㉱ 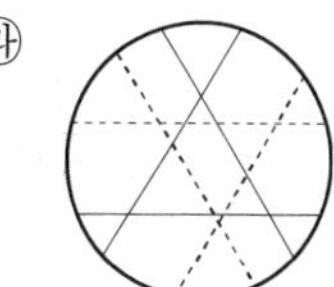

해설 ㉮ 네줄 한번 감기, ㉯ 석줄 한번 감기, ㉰ 네줄두번감기, ㉱ 석줄 두번감기

36 그림과 같은 뿌리분에 새끼감기 요령은 어떤 방법에 의한 것인가?

㉮ 4줄 감기
㉯ 4줄 세 번 감기
㉰ 3줄 두 번 감기
㉱ 돌려감기

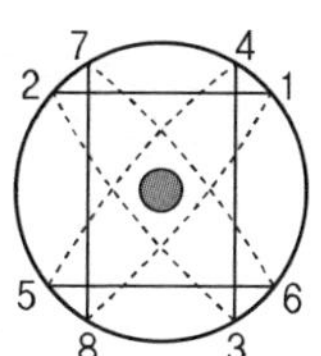

37 다음 뿌리분의 생김새 중 보통분은? (단, d : 뿌리근원지름)

㉮
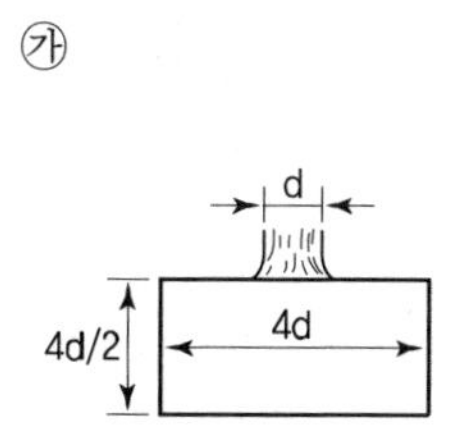

㉯
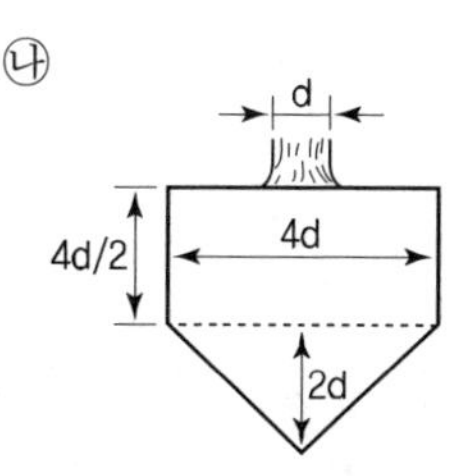

㉰
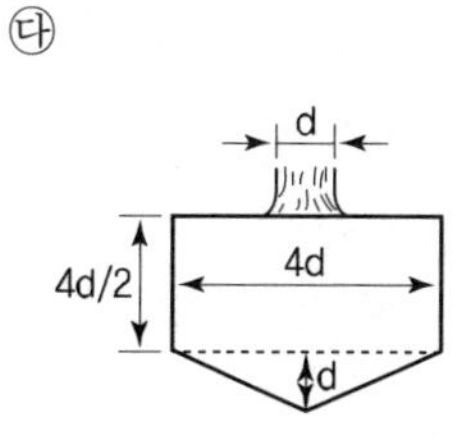

㉱
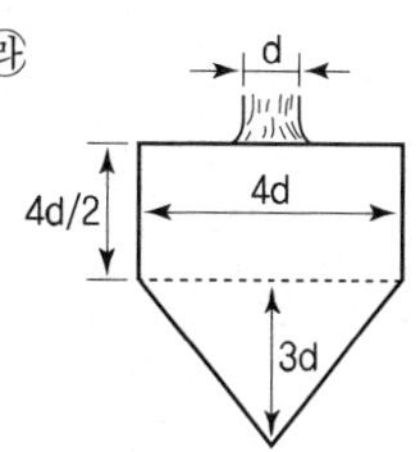

해설 ㉮ 천근성수목-접시분, ㉯ 심근성수목-조개분

정답 34. ㉮ 35. ㉱ 36. ㉮ 37. ㉰

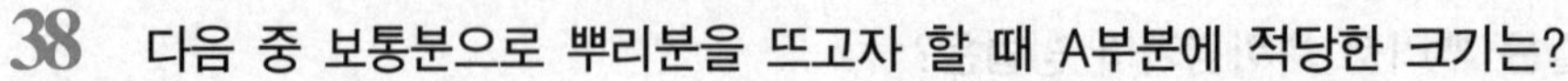

38 다음 중 보통분으로 뿌리분을 뜨고자 할 때 A부분에 적당한 크기는?

㉮ 1/4d
㉯ d
㉰ 2d
㉱ 1/2d

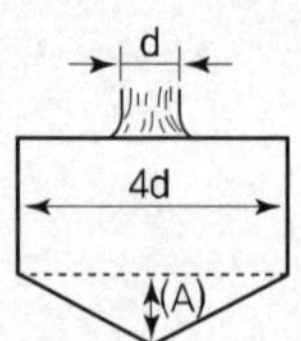

39 다음 중 뿌리분에 밧줄을 걸어 이동하는 방법 「북걸기」로 가장 적합한 것은?

㉮

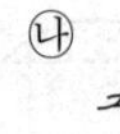
㉯

㉰
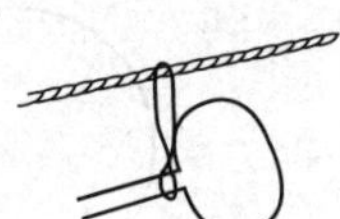

㉱
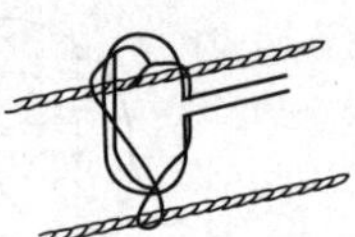

정답 38. ㉯ 39. ㉱

제3장 토공사

01 토공의 개요

(1) 토공의 정의

자연 지형에 시설물을 시공하기 위한 기초 지반 형성 작업으로 흙의 굴착, 싣기, 쌓기, 다지기 등 흙을 대상으로 하는 모든 작업을 말함

(2) 토공의 용어

① 절토(Cutting) : 흙을 파내는 작업으로 굴착이라고도 함
② 준설(Dredging) : 수중의 흙을 파내는 수중에서의 굴착
③ 성토(Banking) : 도로 제방이나 축제와 같이 흙을 쌓는 것
④ 매립(Reclamation) : 저지대에 상당한 면적으로 성토하는 작업, 수중에서의 성토
⑤ 축제(Embankment) : 하천 제방, 도로, 철도 등과 같이 상당히 긴 성토를 말함
⑥ 정지 : 부지 내에서의 성토와 절토를 말함
⑦ <u>유용토 : 절토한 흙 중에서 성토에 쓰이는 흙을 말함</u>

(3) 절토(흙깍기)

① <u>절취 : 시설물 기초 위해 지표면의 흙을 약간(20cm) 걷어내는 일</u>
② <u>터파기 : 절취 이상의 땅을 파내는 일</u>
③ 절토 방법 및 순서

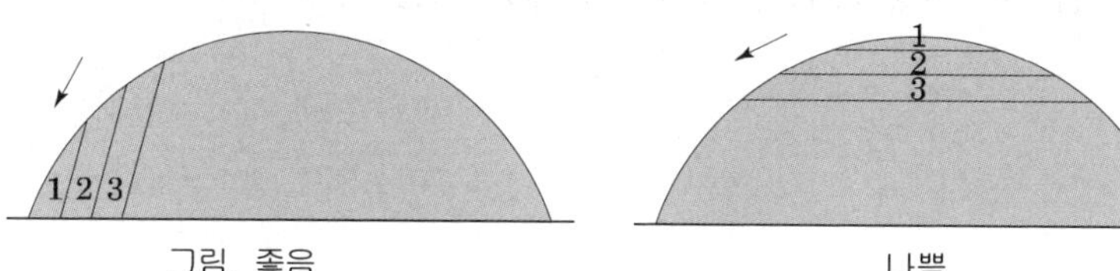

그림. 좋음 나쁨

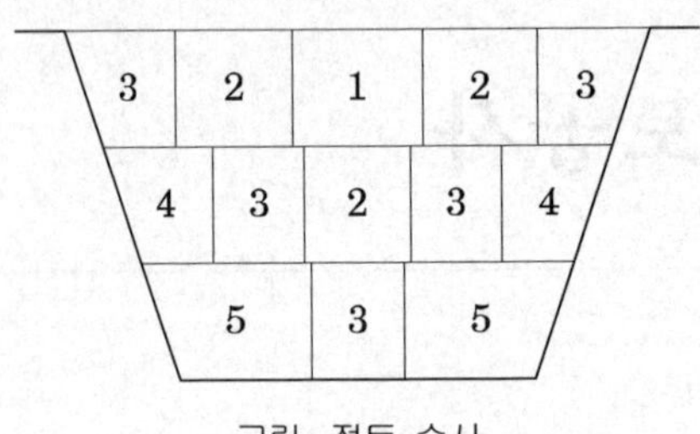

그림. 절토 순서

④ 굴삭기 : 불도저, 파워셔블, 백호 등

(4) 성토(흙쌓기)

① 다져진 흙, 도시 쓰레기, 시공자재물 및 수목 등의 이물질 혼합되지 않을 것

② 더돋기(여성고)★
성토시에는 압축 및 침하에 의해 계획 높이보다 줄어들게 하는 것을 방지하고 계획높이를 유지하고자 실시하는 것, 성토고 3m 미만일 때 성토고의 10%

③ 축제 : 철도나 도로의 성토

④ 마운딩(造山, 築山작업) : 조경에서 경관의 변화, 방음, 방풍, 방설을 목적으로 작은 동산을 만드는 것

⑤ 흙쌓기 공법

수평쌓기	수평층으로 흙을 쌓아 올리는 방법
전방쌓기	앞으로 전진하여 쌓아가는 방법
가교쌓기	다리 가설하여 흙 운반 궤도차로 떨어뜨림

(5) 다 짐

① 성토된 부분의 흙이 단단해 지도록 다지는 일

② 기계다짐과 인력다짐

③ 전압 : 흙이나 포장 재료를 롤러로 굳게 다지는 작업

· **정지**
계획 등고선에 따라 절 · 성토로 부지 정리하는 것으로 경사 고려하여 배수에 유의할 것

	절토	성토
장점	지반이 안정됨	이용면적을 넓힘
단점	남은 토의 처리문제	지반이 안정되지 않고 사태나 침식의 우려

· **표토**
A층, 흙갈색, 오랜 시간에 걸쳐 형성된 토양으로 다량의 유기물과 식물 생육에 좋은 토양구조를 가짐, 따라서 정지 작업시 채취된 표토를 재활용함

02 비탈면 경사

① 수직높이를 1로 보고 수평거리의 비율을 정함
② 각도나 %로 나타냄
③ 보통 토질의 성토경사는 1 : 1.5, 절토경사는 1 : 1을 기준

· **경사도 측정**
① **수평단위당 토지의 높고 낮음**
② $G=\frac{D}{L}\times 100$

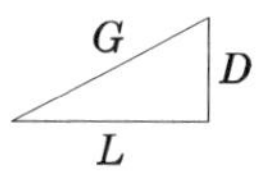

G : **경사도** D : **높이차** L : **두 지점간의 수평거리**

기출예제

수직높이가 10m이고 수평거리가 15m 일 때 구배는?

㉮ 50% ㉯ 43%
㉰ 67% ㉱ 100%

답 ㉰

해설 (1) 1 : 1.5
(2) $\frac{수직높이}{수평거리}\times 100=\frac{10}{15}\times 100=67\%$
(3) 각도는 $\tan\theta=\frac{10}{15}$ 에서 θ = 약 34° 정도가 된다.

03 비탈면조성과 보호

① 자연 비탈면 : 물, 중력에 의한 침식 등으로 이루어짐
② 성토비탈면이 더 완만한 경사를 유지해야 한다.
③ 비탈면이 길면 붕괴 우려가 있으므로 단을 만들어 안정 도모
④ 비탈어깨와 비탈 밑은 예각을 피하여 라운딩 처리하여 안정성과 주변 자연지형의 곡선과 잘 조화되게 한다.

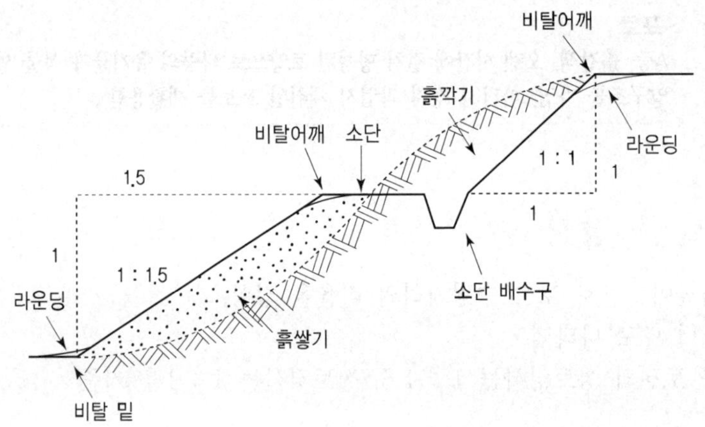

04 토공기계

① 버킷 : 흙의 굴착 및 적재시 사용
② 멀티라인 : 쓰레기 등 적재시 사용
③ 브레이커 : 암반 등을 깨는데 사용
④ 클렘쉘 : 조개 껍질처럼 양쪽으로 열리는 버킷을 흙을 집는 것처럼 굴착하는 기계
⑤ 파워셔블 : 높은 곳의 흙을 낮은 곳으로 깍아 내릴 때 사용
⑥ 타이어 로더 : 낮은 곳의 흙을 높은 곳을 적재시 사용
⑦ 그레이더 : 운동장의 바닥 등을 평탄화 할 때 사용

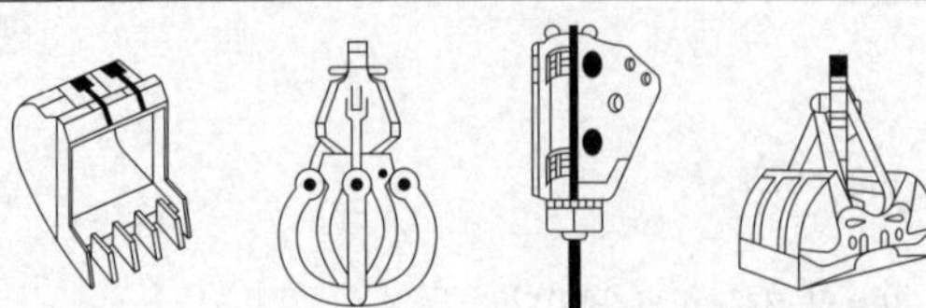

① 버킷 ② 멀티타인 ③ 브레이커 ④ 클램쉘

05 토량의 변화 ★

① 자연 상태의 흙을 파내면 공극이 증가되어 부피가 증가한다.

토 질		부피증가율
모 래		보통 15~20%
자 갈		5~15%
진 흙		20~45%
모래, 점토, 자갈, 혼합물		30%
암석	연암	25~60
	경암	70~90

② 토량의 증가율 $L = \dfrac{\text{흐트러진상태의 토량 } m^3}{\text{자연상태의 토량 } m^3}$

토량의 감소율 $C = \dfrac{\text{다져진상태의 토량 } m^3}{\text{자연상태의 토량 } m^3}$

③ 토량환산계수 적용시

㉮ $10m^3$의 자연상태 토량에 대한 흐트러진 상태의 토량은 $10 \times L(m^3)$이다.

㉯ $10m^3$의 자연상태 토량을 굴착한 후 흐트러진 다음 다짐 후의 토량은 $10 \times C(m^3)$이다.

㉰ $10m^3$의 성토에 필요한 원지반의 토량은 $10 \times \dfrac{1}{C}(m^3)$이다.

06 터파기, 되메우기, 잔토처리

① 터파기 : 절취 이상의 흙을 파내는 작업

줄기초 파기	$V = (\dfrac{a+b}{2})h \times$ (줄기초길이)

② 되메우기 : 파기 한 장소에 구조물을 설치한 후 파낸 흙을 다시 메우는 작업을 말한다.

· 되메우기 토량=터파기 체적−기초 구조부 체적

③ 잔토처리 : 터파기한 양의 일부 흙을 되메우기 하고 남은 잔여 토량을 버리는 작업을 말한다.

· 잔토처리량 = 터파기체적−되메우기체적

07 토적계산

① 양단면 평균법

$V(\text{체적}) = \frac{l}{2}(A_1 + A_2)$ (A_1, A_2 : 양단면적 면적, l : 양단면 거리)

② 중앙단면법

$V(\text{체적}) = A_m \cdot l$ (A_m : 중앙단면, l : 양단면간의 거리)

③ 각주공식

$V(\text{체적}) = \frac{l}{6}(A_1 + 4A_m + A_2)$

(A_1, A_2 : 양단면적, A_m: 중앙단면, l : 양단면간의 거리)

토적계산 값의 크기

양단면평균법 〉 각주공식 〉 중앙단면법

08 기초공사

기초(基礎, foundation) : 기둥, 벽, 토대 및 동바리 등으로부터의 하중을 지반 또는 터다지기에 전하기 위해 두는 구조 부분을 말하며 독립기초, 줄기초, 복합기초, 온통기초 등으로 구분된다.

① 줄기초 : 연속기초라고도 하며 담장의 기초와 같이 길이로 길게 받치는 구조를 말한다.

② 독립기초 : 기둥 바로 밑에 설치된 가장 경제적인 기초이고, 부등침하(不等沈下) 및 이동을 막기 위하여 기초보로 연결하는 구조를 말한다.

③ 온통기초 : 건축물의 전면 또는 광범위한 부분에 걸쳐서 기초 슬래브를 두는 경우의 기초를 말한다.

지형도

(1) 표시법

음영법(shading)	빛이 비출 때 경사에 따른 그림자를 이용한 방법, 평탄한 것은 엷게, 급경사는 어둡게 나타남
점고법(spot height system)	지표면과 수면상에 일정한 간격으로 점의 표고와 수심을 숫자로 기입하는 방법
등고선법(contour system)	지표와 같은 높이의 점을 연결하는 곡선

(2) 등고선의 성질

① 등고선 위의 모든 점은 높이가 같다.
② 등고선 도면의 안이나 밖에서 폐합되며, 도중에서 없어지지 않는다.
③ 산정과 오목지에서는 도면 안에서 폐합된다.
④ 급경사지는 등고선의 간격이 좁고, 완경사지는 등고선의 간격이 넓다.
⑤ 높이가 다른 등고선은 동굴과 절벽을 제외하고 교차하거나 합쳐지지 않는다.

(3) 등고선의 종류와 간격

종 류	간 격
주곡선	지형표시의 기본선, 가는 실선
계곡선	주곡선 5개마다 굵게 표시한 선, 굵은실선
간곡선	주곡선 간격의 1/2, 세파선으로 표시
조곡선	간곡선 간격의 1/2, 세점선으로 표시

(4) 등고선의 종류와 축척(단위 : m)

	1 : 50,000	1 : 25,000	1 : 10,000
계곡선	100	50	25
주곡선	20	10	5
간곡선	10	5	2.5
조곡선	5	2.5	1.25

(5) 등고선에서 능선과 계곡의 특징

① 능선 : U자형 바닥의 높이가 낮은 높이의 등고선을 향하고, 능선의 등고선은 아래로 내려온다.
② 계곡 : U자형 바닥의 높이가 높은 높이의 등고선을 향하고, 계곡의 등고선은 정상을 향한다.

10 측량

(1) 측량의 정의

지면상의 여러 점들의 위치를 결정하고 이를 수치나 도면으로 나타내거나 현지에서 측정하는 것

(2) 오차의 원인

① 기계적 오차(instrumental error) : 기계의 조작 불완전, 기계의 조정 불완전, 기계의 부분적 수축 팽창, 기계의 성능 및 구조에 기인되어 일어나는 오차이다.
② 개인적 오차(personal error) : 측량자의 시각 및 습성, 조작의 불량, 부주의, 과오, 그 밖에 감각의 불완전 등으로 일어나는 오차이다.
③ 자연 오차(natural error) : 온도, 습도, 기압의 변화, 광선의 굴절, 바람 등의 자연현상으로 인하여 일어나는 오차이다.

(3) 오차의 종류

구분	내용
과대오차	측정자 부주의에 의해 발생하는 오차이며 소거한다.
정오차 (누차, 누적오차)	오차의 발생원인이 확실하고, 측정횟수에 비례하여 일정한 크기와 방향으로 나타나 누차라고도 한다. 정오차는 계산하여 보정한다.
우연오차 (부정오차, 우차, 상차)	오차 발생원인이 불분명하여 주의해도 없앨 수 없는 오차로 부정오차라 하며, 때로는 서로 상쇄되어 없어지기도 하므로 상차라 하고, 우연히 발생한다하여 우차라고도 한다.

(4) 각종 측량방법

① 평판측량

㉮ 평판측량 3요소 ★

요소	내용
정준	수평 맞추기, 평판이 수평이 되도록 함
치심	중심 맞추기, 지상의 측점과 도상의 측점을 일치시킴
표정(정위)	방향, 방위 맞추기(평판측량의 오차 중 가장 큰 영향을 준다.), 평판을 일정한 방향에 따라 고정시키는 작업

㉯ 평판측량방법

방법	내용
방사법	장애물이 없을 때 한번에 세워 측량
전진법(도선법)	장애물이 많아 방법이 불가능할 때 / 정밀도가 높음
교회법(교선법)	광대한 지역에 2~3개의 미지점을 잡아 교선을 가지고 측정 / 작업이 신속

② 수준측량(leveling)

㉮ 여러 점의 표고 또는 고저차를 구하거나 목적하는 높이를 설정하는 측량이며, 기준점은 평균해수면이다.

㉯ 수준측량에 사용되는 도구는 레벨, 함척, 줄자 등이 사용된다.

③ 수준측량시 관련용어

전시(F.S : Fore sight)	지반고를 모르는 점(미지점)에 표척을 세웠을 때 읽음값
후시(B.S : Back sight)	지반고를 알고 있는 점(기지점)에 표척을 세웠을 때 읽음값
중간시, 간시 (I.P : Intermediate Point)	그 점의 표고를 구하고자 전시만 취한 점
이기점(T.P : Turning Point)	전환점, 기계를 옮기기 위한 점으로 전시와 후시를 동시에 취하는 점

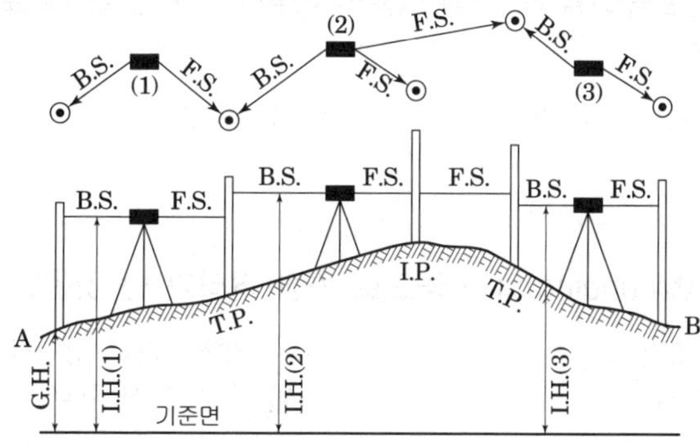

그림. 수준측량용어

④ 사진측량

㉮ 영상을 이용하여 피사체의 정량적(위치, 형상), 정성적(특성)으로 해석하는 측량

㉯ 항공사진의 축척

사진축적(M) : $M = \frac{1}{m} = \frac{\ell}{L} = \frac{f}{H}$

(m : 축척의 분모수, L : 지상거리, ℓ : 화면거리, f : 초점거리, H : 촬영고도)

(5) 축척과 거리 및 면적

① 실제거리와 도면상의 거리가 주어지고 축척을 구할 때

$$축척 = \frac{도면상거리}{실제거리}$$

② 도면상의 면적이 주어지고 실제면적을 구할 때

$$(축척)^2 = \frac{도면상면적}{실제면적}$$

기출문제 및 예상문제

1 흙쌓기 작업시 가라앉을 것을 예측하여 더돋기를 할 때 일반적으로 계획된 높이보다 어느 정도 더 높이 쌓아 올리는가?

㉮ 1~5% ㉯ 10~15% ㉰ 20~25% ㉱ 30~35%

2 토목공사에서 성토높이를 H, 여성고(餘盛高)를 H라고 했을 때 보통 토질에 적합한 H의 값은 얼마인가?

㉮ H/2 ㉯ H/5 ㉰ H/10 ㉱ H/20

3 다음 중 마운딩(Mounding)의 기능으로 가장 거리가 먼 것은?

㉮ 배수 방향의 조절 ㉯ 자연스러운 경관을 조성
㉰ 공간기능을 연결 ㉱ 유효 토심 확보

4 흙쌓기시에는 일정 높이마다 다짐을 실시하며 성토해 나가야 하는데, 그렇지 않을 경우에는 나중에 압축과 침하에 의해 계획 높이보다 줄어들게 된다. 그러한 것을 방지하고자 하는 행위를 무엇이라 하는가?

㉮ 정지(Grading) ㉯ 취토(Borrow-pit)
㉰ 흙쌓기(Filling) ㉱ 더돋기(Extra Banking)

5 다음 그림의 비탈면 기울기를 나타낸 것은?

㉮ 경사는 1할이다.
㉯ 경사는 20% 이다.
㉰ 경사는 50° 이다.
㉱ 경사는 1 : 2이다.

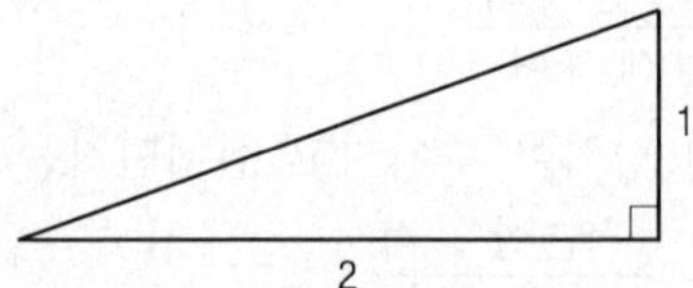

정답 1. ㉯ 2. ㉰ 3. ㉰ 4. ㉱ 5. ㉱

6 다음과 같은 비탈경사가 1 : 0.3의 절토면에 맞추어서 거푸집을 만들고자 할 때에 말뚝의 높이를 1.5m로 한다면 지표 AB간의 거리는 어느 정도로 하면 좋은가?

㉮ 0.37m
㉯ 0.45m
㉰ 0.5m
㉱ 0.5m

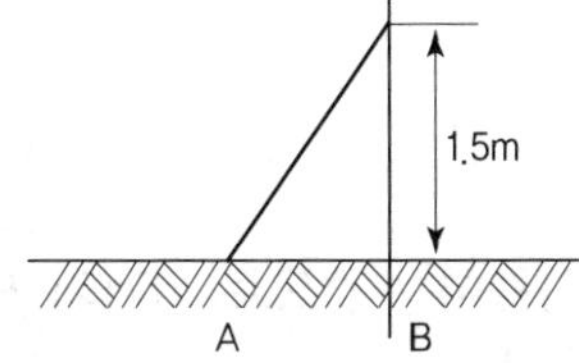

 1(수직고) : 0.3(수평거리)=1.5m : x (수평거리)
∴ 수평거리=0.45m

7 비탈면의 기울기는 관목 식재시 어느 정도로 하는 것이 좋은가?

㉮ 1 : 0.3보다 완만하게
㉯ 1 : 2보다 완만하게
㉰ 1 : 4보다 완만하게
㉱ 1 : 6보다 완만하게

8 비탈면에 교목을 식재할 때 비탈면의 기울기는 어느 정도보다 완만하여야 하는가?

㉮ 1 : 1
㉯ 1 : 15
㉰ 1 : 2
㉱ 1 : 3

9 비탈면 경사의 표시에서 1 : 25에서 25는 무엇을 뜻하는가?

㉮ 수직고
㉯ 수평거리
㉰ 경사면의 길이
㉱ 안식각

 1 : 25 → 여기서 1(수직높이) : 25(수평거리)

10 다음 중 땅깎기를 할 때 단단한 바위의 경우 비탈면이 알맞은 기울기는?

㉮ 1 : 0.3~1 : 0.8
㉯ 1 : 0.5~1 : 12
㉰ 1 : 10~1 : 15
㉱ 1 : 15~1 : 20

11 다음 중 경사도가 가장 큰 것은?

㉮ 100% 경사
㉯ 45° 경사
㉰ 1할 경사
㉱ 1 : 0.7

정답 6. ㉯ 7. ㉯ 8. ㉱ 9. ㉯ 10. ㉮ 11. ㉱

12 다음 장비 중 조경공사의 운반용 기계가 아닌 것은?

㉮ 덤프트럭(Dump Truck) ㉯ 크레인(Crane)
㉰ 백호(Back Hoe) ㉱ 지게차(Forklift)

13 흙을 굴착하는 데 사용하는 것으로 기계가 서있는 위치보다 높은 곳의 굴삭을 하는 데 효과적인 토공기계는?

㉮ 모터 그레이더 ㉯ 파워 셔블
㉰ 드래그 라인 ㉱ 크램 쉘

- 모터 그레이더(Motor grader) : 정지작업 땅고르기 작업시 사용
- 파워 셔블(Power shovel) : 굴착기계로 기계가 서있는 위치보다 높은 곳의 굴삭을 하는데 사용
- 드래그 라인(Drag LIne) : 굴착기계로 기계가 서있는 위치보다 낮은 곳의 굴삭을 하는데 사용
- 크램 쉘 : 조개껍질처럼 양쪽으로 열리는 버킷으로 흙을 굴착하며 좁은곳의 수직터파기에 사용

14 다음과 같이 설명하는 토공사 장비의 종류는?

- 기계가 서있는 위치보다 낮은 곳의 공작에 용이함
- 넓은 면적을 팔 수 있으나 파는 힘은 강력하지 못함
- 연질지반 굴착, 모래채취, 수중 흙파올리기에 이용함

㉮ 백호 ㉯ 파워셔블 ㉰ 불도저 ㉱ 드래그 라인

15 토공사용 기계에 대한 설명으로 부적당한 것은?

㉮ 불도저는 일반적으로 60m 이하의 배토작업에 사용한다.
㉯ 드래그라인은 기계위치보다 낮은 연질 지반의 굴착에 유리하다.
㉰ 클램쉘은 좁은 곳의 수직터파기에 쓰인다.
㉱ 파워셔블은 기계가 위치한 면보다 낮은 곳의 흙파기에 쓰인다.

16 주택정원을 공사할 때 어느 공종을 가장 먼저 실시하여야 하는가?

㉮ 돌쌓기 ㉯ 콘크리트 치기 ㉰ 터닦기 ㉱ 나무심기

정답 12. ㉰ 13. ㉯ 14. ㉱ 15. ㉱ 16. ㉰

17 토량변화율 L=1.2, 자연상태의 흙 $3m^2$일 때 흙의 체적은?

㉮ $3.0m^3$ ㉯ $3.2m^3$ ㉰ $3.4m^3$ ㉱ $3.6m^3$

흙의 변화율을 고려한 흙의 체적=자연상태 흙×토량변화율=3×1.2=$3.6m^3$

18 성토 $4,500m^3$를 축조하려 한다. 토취장의 토질은 점성토로 토량변화율은 L=1.20, C=0.90이다. 자연상태의 토량을 어느 정도 굴착하여야 하는가?

㉮ $5,000m^3$ ㉯ $5,400m^3$
㉰ $6,000m^3$ ㉱ $4,860m^3$

성토량=자연상태 토량×C 따라서
자연상태의 토량=성토량÷ C=4,500÷0.9=$5,000m^3$

19 토공사에서 흐트러진 상태의 토양변화율이 1.1일 때 토공사에서 터파기량이 $10m^3$, 되메우기량이 $7m^3$일 때 잔토처리량은?

㉮ $3m^3$ ㉯ $3.3m^3$ ㉰ $7m^3$ ㉱ $17m^3$

터파기－되메우기=잔토처리량
$10m^3-7m^3=3m^3$에서 토량변화율을 고려하면 3×1.1=$3.3m^3$

20 흙은 같은 양이라 하더라도 자연상태(N)와 흐트러진 상태(S), 인공적으로 다져진 상태(H)에 따라 각각 그 부피가 달라진다. 자연상태의 흙의 부피(N)를 1로 할 경우 부피가 많은 순서로 적당한 것은?

㉮ N>S>H ㉯ N>H>S
㉰ S>N>H ㉱ S>H>N

21 평행하게 마주보는 두 면적이 각각 $5.6m^2$, $3.8m^2$이고 양단면간의 수평거리가 6m일 때 양단면 평균법에 의한 토적량은?

㉮ $10.8m^3$ ㉯ $15.4m^3$ ㉰ $28.2m^3$ ㉱ $56.4m^3$

$\frac{5.6+3.8}{2}\times 6=28.2m^3$

정답 17. ㉱ 18. ㉮ 19. ㉯ 20. ㉰ 21. ㉰

22 양단면 모양과 양단면의 거리가 아래 그림과 같을 때, 양단면평균법에 의해 토량을 산출한 값은?

㉮ 480m³
㉯ 520m³
㉰ 640m³
㉱ 720m³

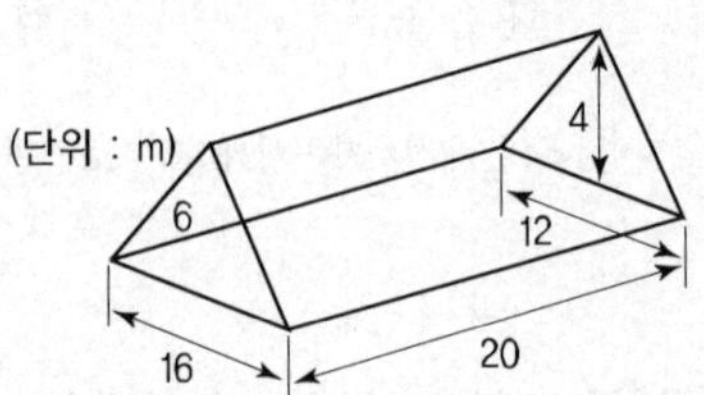

해설 토공량 $= \frac{20(\text{길이})}{2} \times \left(\frac{6\times16}{2} + \frac{4\times12}{2}\right) = 720\text{m}^3$

23 등고선에 관한 설명 중 틀린 것은?

㉮ 등고선 상에 있는 모든 점들은 같은 높이로서 등고선은 같은 높이의 점들을 연결한다.
㉯ 등고선은 급경사지에서는 간격이 좁고, 완경사지에서는 넓다.
㉰ 높이가 다른 등고선이라도 절벽, 동굴에서는 교차한다.
㉱ 모든 등고선은 도면 안 또는 밖에서 만나지 않고, 도중에 소실된다.

 모든 등고선은 도면 안 또는 밖에서 만나며, 도중에 소실되지 않는다.

24 아래 그림에서 (A)점과 (B)점의 차는 얼마인가? (단, 등고선간격은 5m이다.)

㉮ 10m
㉯ 15m
㉰ 20m
㉱ 25m

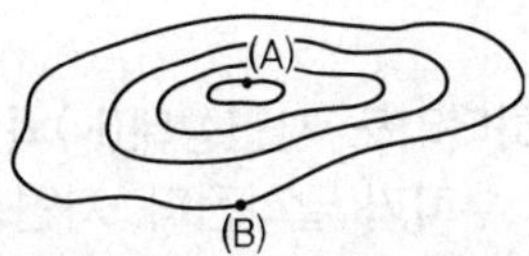

해설 5m×3칸=15m

25 지형도에서 U자 모양으로 그 바닥이 낮은 높이의 등고선을 향하면 이것은 무엇을 의미하는가?

㉮ 계곡　　㉯ 능선
㉰ 현애　　㉱ 동굴

정답　22. ㉱　23. ㉱　24. ㉯　25. ㉯

제4장 포장공사

01 포장 재료 선정 기준

보행자가 안전하고, 쾌적하게 보행할 수 있는 재료가 선정되어야한다.

① 내구성이 있고 시공비·관리비가 저렴한 재료

② 재료의 질감·재료가 아름다울 것

③ 재료표면이 태양 광선의 반사가 적고, 우천시·겨울철 보행시 미끄럼이 적을 것

④ 재료가 풍부하며, 시공이 용이 할 것

02 사용 재료별 분류

인공재료	·아스팔트 콘크리트 포장 ·투수 콘크리트 포장 ·콘크리트 블록 포장	·시멘트 콘크리트 포장 ·벽돌 포장 ·타일 포장
자연재료	·자연석, 판석 포장 ·마사토 포장	·호박돌, 조약돌 포장 ·잔디식재블록

03 콘크리트 블럭포장

(1) 보도블록포장(유색, 무색 등)

① 특징 : 시멘트 콘크리트 포장보다 질감이 우수하고 시공도 용이하다.

② 장점 : 블록 표면의 패턴의 문양에 색채를 넣어 시각적 효과를 증진시키며, 공사비가 저렴하다.

③ 단점 : 줄눈이 모래로 채워져 결합력 약함, 콘크리트를 쳐서 기층을 강화하고 그 위에 설치한다.

④ 포장방법

㉮ 기존 지반 다지고 모래를 4cm 깔고 포장한다.

㉯ 포장면은 경사를 주어 배수를 고려한다.

㉰ 줄눈을 좁게 하고 가는 모래를 살포한 후 줄눈 2~5mm로 만든다.
㉱ 진동기로 다져서 요철이 없도록 마무리한다.

(2) 소형고압블럭(I.L.P, Interlocking Paver) 포장

① 특징 : 고압으로 성형된 소형 콘크리트 블록으로 블록 상호가 맞물림으로 교통 하중을 분산시키는 우수한 포장 방법이다.
② 장점 : 연약 지반에 시공이 용이하고 유지 관리비가 저렴하다.

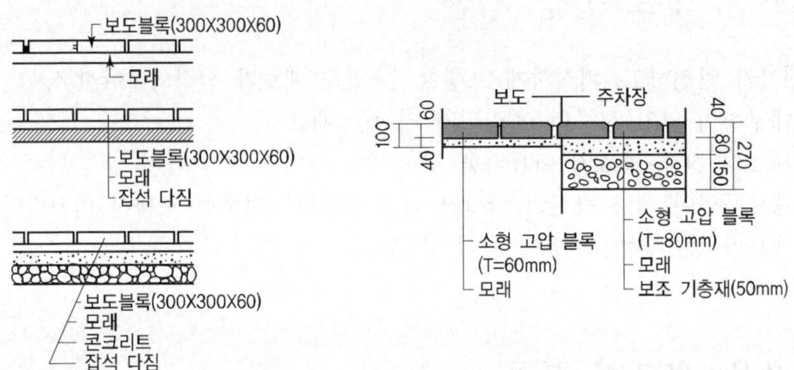

04 벽돌포장

(1) 특징

건축용 벽돌을 이용하며, 시공방법은 보도블록포장과 같다

(2) 장점

질감과 색상에 친근감을 주며, 보행감이 좋다.

(3) 단점

마모가 쉽고 탈색이 쉽다. 압축강도가 약하고 벽돌간의 결합력이 약하다.

05 판석포장

(1) 특징

주로 보행동선에 사용되며, 석재의 가공법에 따라 다양한 질감과 포장 패턴의 구성이 용이하다.

(2) 장점

시각적 효과가 우수한 포장 방법이다.

(3) 단점

불투수성 재료를 사용하여 포장면의 유출량이 많아지므로 배수에 유의하여야 한다.

(4) 포장방법

① 기층은 잡석다짐 후 콘크리트 치고 모르타르로 판석 고정시킨다.(판석이 횡력에 약하기 때문)
② 판석 배치는 十자형 보다는 Y자형이 시각적으로 좋다.
③ 줄눈의 폭은 보통 10~20 mm, 깊이 5~10 mm 정도로 한다.

06 콘크리트포장

(1) 장점

내구성과 내마모성이 좋다.

(2) 단점

파손된 곳의 보수가 어렵고 보행감이 좋지 않다.

(3) 포장시 주의 사항

① 하중을 받는 곳은 철근, 덜 받는 곳은 와이어 메시를 사용한다.
② 신축줄눈(이음)을 설치하여 포장 슬래브의 균열과 파괴를 예방한다. 채움재로는 나무판재, 합성수지, 역청 등을 사용한다.
③ 수축줄눈(포장 슬래면을 일정 간격으로 잘라 놓은 것)을 만들어 온도변화에 표면의 불규칙하게 생기는 균열을 방지한다.
④ 포장 마감은 흙손이나 빗자루로 표면을 긁어 미끄러운 표면에 요철을 주거나 광선의 반사를 방지한다.

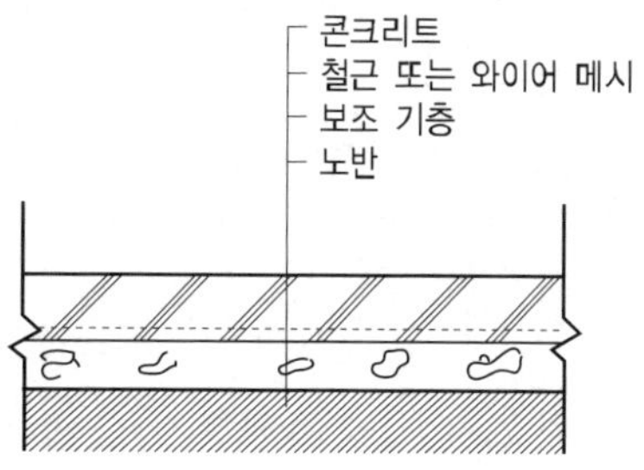

07 투수콘 포장

(1) 특징

아스팔트 유제에 다공질 재료를 혼합하여 표면수의 통과를 가능하게 한 포장

(2) 장점

① 보행 감각이 좋고 미끄러짐과 눈부심을 방지한다.
② 강우 때에도 물이 땅으로 스며 보행에 불편이 없다.
③ 하수도 부담 경감과 식물 생육과 토양 미생물을 보호한다.

(3) 단점

지하매설물의 보수 및 교체시 시공이 어렵다.

(4) 포장방법

① 지반을 다지고 모래로 필터층을 만든다.
② 지름 40mm 이하의 부순돌 골재로 기층을 조성한다.(공극률을 높이기 위해 잔골재를 거의 혼합하지 않는다)
③ 투수성 혼화재료를 깔고 다진다.

(5) 용도

① 보도나 광장 또는 자전거 도로
② 하중을 많이 받지 않는 차도나 주차장

기출문제 및 예상문제

1 다음 중 보도 포장재료로서 적당치 않은 것은?

㉮ 내구성이 있을 것
㉯ 자연배수가 용이할 것
㉰ 보행시 마찰력이 전혀 없을 것
㉱ 외관 및 질감이 좋을 것

2 다음 그림은 보도블록 포장의 단면도이다. 모래에 해당되는 것은?

㉮ 1
㉯ 2
㉰ 3
㉱ 4

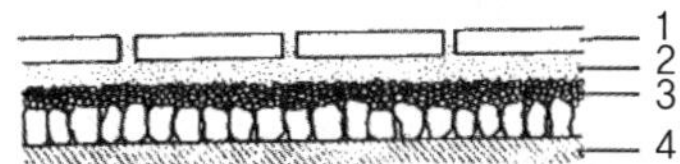

1-보도블럭, 2-모래, 3-자갈과 잡석, 4-원지반

3 천연석을 잘게 분쇄하여 색소와 시멘트를 혼합 연마한 것으로 부드러운 질감을 느끼게 하지만 미끄러운 결점이 있는 보·차도용 콘크리트 제품은?

㉮ 경계블록
㉯ 보도블록
㉰ 인조석 보도블록
㉱ 강력압력 보도블록

4 흙에 시멘트와 다목적 토양개량제를 섞어 기층과 표층을 겸하는 간이포장재료는?

㉮ 우레탄
㉯ 콘크리트
㉰ 카프
㉱ 칼라 세라믹

5 보도블록 설치시 충격이나 하중을 흡수하는 역할을 하는 기초공사는?

㉮ 잡석다짐
㉯ 자갈다짐
㉰ 모래다짐
㉱ 밑창 콘크리트 치기

정답 1. ㉰ 2. ㉯ 3. ㉰ 4. ㉰ 5. ㉰

6 **조경바닥 포장재료인 판석시공에 관한 설명으로 틀린 것은?**

㉮ 판석은 점판암이나 화강석을 잘라서 쓴다.
㉯ Y형의 줄눈은 불규칙하므로 통일성 있게 +자형의 줄눈이 되도록 한다.
㉰ 기층은 잡석다짐 후 콘크리트로 조성한다.
㉱ 가장자리에 놓는 것은 선에 맞춰 판석을 절단한다.

해설 줄눈은 +자형보다 Y자형 줄눈이 되도록 한다.

7 **다음 중 조경용 포장재료로 사용되는 판석의 최대 두께로 가장 적당한 것은?**

㉮ 15cm 미만 ㉯ 20cm 미만
㉰ 25cm 미만 ㉱ 35cm 미만

8 **소형고압블럭시공시 하중, 강도를 고려하여 보도용으로 설치되는 블록의 두께로 가장 적합한것은?**

㉮ 2cm ㉯ 4cm
㉰ 6cm ㉱ 8cm

해설 보도용-6cm, 차도용-8cm

9 **포장재료 중 광장 등 넓은 지역 포장하며, 바닥에 색채 및 자연스런 문양을 다양하게 할 수 있는 소재는?**

㉮ 벽돌 ㉯ 우레탄
㉰ 자기타일 ㉱ 고압 블럭

10 **포장재료 중 내구성이 강하고 마모 우려가 없어 건물 진입부나 산책로 등에 주로 쓰이는 재료는?**

㉮ 벽돌 ㉯ 자갈
㉰ 화강석 ㉱ 석재타일

정답 6. ㉯ 7. ㉮ 8. ㉰ 9. ㉯ 10. ㉰

11 **벽돌포장에 관한 설명으로 옳지 않은 것은?**

㉮ 질감이 좋고 특유한 자연미가 있어 친근감을 준다.
㉯ 마멸되기 쉽고 강도가 약하다.
㉰ 다양한 포장패턴을 연출할 수 있다.
㉱ 평깔기는 모로 세워깔기에 비해 더 많은 벽돌수량이 필요하다.

 모로 세워깔기가 평깔기보다 더 많은 벽돌수량이 필요하다.

12 **테니스장에 소금을 뿌리는 이유는?**

㉮ 배수를 위하여
㉯ 흙의 뭉침 방지
㉰ 답압을 위하여
㉱ 표층의 분리 방지

13 **조경시공에서 콘크리트포장을 할 때 와이어메쉬(wire mesh)는 콘크리트 하면에서 어느 정도의 위치에 설치하는가?**

㉮ 콘크리트 두께의 1/4 위치
㉯ 콘크리트 두께의 1/3 위치
㉰ 콘크리트 두께의 1/2 위치
㉱ 콘크리트 밑바닥

정답 11. ㉱ 12. ㉱ 13. ㉯

제5장 배수공사

01 배수방법

(1) 명거배수

배수구를 지표로 노출시킴

U형

돌붙임배수로

콘크리트측구

그림. 명거배수

(2) 암거배수

배수관을 지하에 매설하여 처리

① 분류식 : 오수(汚水)와 우수(雨水)의 분리계획으로 별개의 하수관거로 이용 오수관만 깊이 매설하고 오수, 우수를 각각 매설하므로 많은 비용이 소요

② 합류식 : 오수와 우수를 동일 관거에 수용

(3) 심토층배수

심토층에서 유출되는 물을 유공관이나 자갈층 형성으로 처리

(4) 심토전면배수

표면배수와 심토층배수를 동시에 시행

02 배수계통

(1) 직각식(수직식)

해안지역에서 하수를 강에 직각으로 연결시키는 방법

(2) 차집식

오수와 우수의 분리식, 비올땐 하천으로 방류하고, 맑은날엔 오수를 직접 방류하지 않고 차집구로 하류에 위치한 하수처리장까지 유하시킴

(3) 선형식

지형이 한 방향으로 규칙적인 경사지에 설치함

(4) 방사식

지역이 광대하여 한 개소로 모으기 곤란할 때 사용되며, 최대연장이 짧으며 소관경이므로 경비절약, 처리장이 많다는 결점

(5) 평행식

지형의 고저차가 있는 경우에 사용

(6) 집중식

사방에서 한 지점을 향해 집중적으로 흐르게 해서 다음 지점으로 압송시킬 경우

03 간선과 지선

(1) 간선

① 하수종말처리장이나 토구에 연결·도입되는 모든 노선을 의미
② 연장이 길이가 길어 하류로 갈수록 매설심도도 깊고 대관거를 필요로 하므로 공사비의 상승과 공사의 위험성이 따름

(2) 지선

① 간선을 매설하고 각 건물이나 배수지역으로부터 관거 배수설치와 표면배수를 원활하게 하기 위해 설치

② 지선을 결정하는 방침
㉮ 배수상의 분수령을 중시
㉯ 우회곡절(迂廻曲折)을 피할 것
㉰ 교통이 빈번한 가로나 지하매설물이 많은 가로에는 대관거 매설을 피할 것
㉱ 폭원이 넓은 가로에는 소관거를 2조로 시설하고 그 양측에 설치할 것
㉲ 급한 고개에는 구배가 급한 대관거를 매설하지 말 것

04 배수유입구조물

(1) 낙하유입(Drop Inlet)

지표에서 집수하여 지하 관거로 직접 연결시키는 것, 트레치드레인, 측구

(2) 집수지(Catch Basin)

구조물 바닥의 침전지를 설계, 물을 집수하는 시설로 녹지지역에 설치가능

(3) 우수받이(Street Inlet) ★

① 측구에서 흘러나오는 빗물을 하수본관에 유하시키기 위해 중간에 설치하는 시설
② 설치간격은 20m에 1개 비율(표준간격), 최대 30m 이내 설치

05 접근할 수 있는 구조물 : 맨홀

(1) 맨홀

배수구에 접근할 수 있는 구조물로 관내의 검사, 청소를 위한 출입구

(2) 맨홀의 위치

관의 기점, 구배, 내경이 변하는 장소에 설치

06 심토층 배수 설계

(1) 배수계획

① 일반적으로 명거를 사용하는 것이 경제적이며 유공관 사용

② 맹암거(盲暗渠, stone filled drain dummy ditch)
　㉮ 배수를 통한 지하수위의 조절을 위해 땅 속에 매설한 수로
　㉯ 지하에 도랑을 파고 모래, 자갈, 호박돌을 채워 공극을 크게 하여 배수되도록 함

③ 유공관(有孔管, perforated drainpipe)
　㉮ 암거지하에 매설하는 관체에 다수의 구멍이 있는 배수용 관을 설치해 배수를 유도함
　㉯ 빗물을 집수, 배수하는 경우에 사용, 재질은 폴리에틸렌, 강관 등을 사용

④ 관거의 설계 기준
　㉮ 관거의 크기 : 주관 150~200mm, 지관 100mm
　㉯ 경사 : 최소유속 0.6m/sec, 1%의 경사유지
　㉰ 깊이 : 동결심도 이하

(2) 설계표준★

구분	내용
어골형	경기장과 같은 평탄지에 적합, 전 지역에서 배수가 균일하게 요구되는 지역에 설치, 주관을 경사지게 배치하고 양측에 설치, 지관은 30m 이하, 45° 이하의 교각으로 설치
즐치형	지선을 주선과 직각 방향으로 일정한 간격으로 평행이 되게 배치하는 방법 평탄한 지역의 균일한 배수 사용
선 형	1개의 지점으로 집중되게 설치, 주관과 지관의 구분 없이 같은 크기의 관사용
차단형	도로법면에 많이 사용, 경사면 자체 유수방지
자연형	대규모 공원같이 완전한 배수가 요구되지 않는 지역에서 사용, 지형에 따라 설치하며 주관을 중심으로 양측에 지관 설치

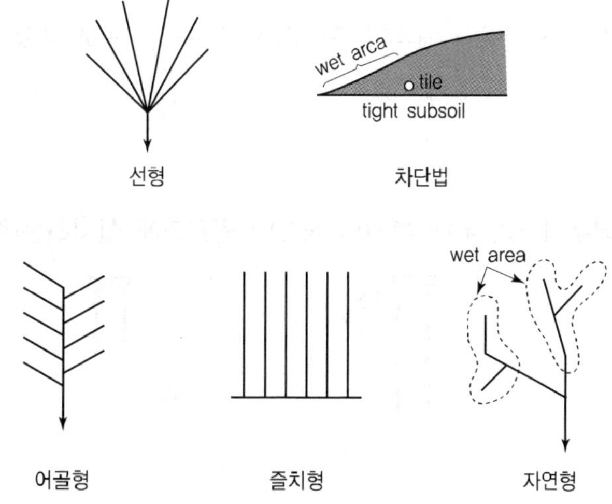

선형　차단법

어골형　즐치형　자연형

기출문제 및 예상문제

1 표면 배수시 빗물받이는 몇 m마다 설치하는가?

㉮ 1~10m ㉯ 20~30m
㉰ 40~50m ㉱ 60~70m

2 도로에 배수관이 설치되는 경우 L형 측구 몇 m마다 우수관거를 설치해야 하는가?

㉮ 10m ㉯ 15m ㉰ 20m ㉱ 40m

3 암거배수의 설명으로 옳은 것은?

㉮ 강수시 표면에 떨어진 물을 처리하기 위한 배수 시설
㉯ 땅 밑에 돌이나 관을 묻어 배수시키는 시설
㉰ 지하수를 이용하기 위한 시설
㉱ 돌이나 관을 땅에 수직으로 뚫어 설치하는 것

4 경기장과 같이 전지역의 배수가 균일하게 요구되는 곳에 주로 이용되는 암거형태는?

㉮ 어골형 ㉯ 즐치형 ㉰ 자연형 ㉱ 차단법

5 표면수를 배수시키기 위해 부지의 둘레나 원로가에 설치하는데 적합한 토관은?

㉮ ㉯ ㉰ ㉱

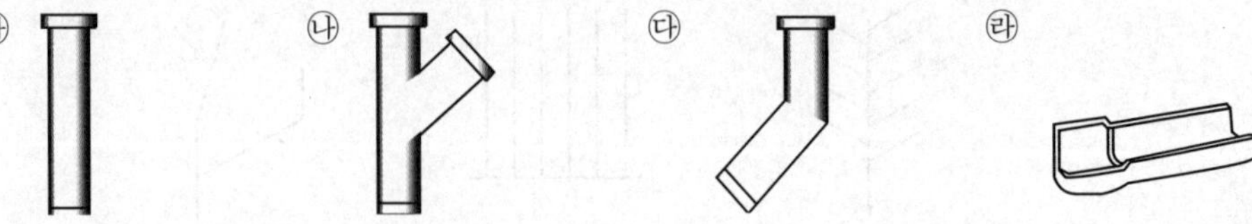

정답 1. ㉯ 2. ㉰ 3. ㉯ 4. ㉮ 5. ㉱

6 **배수공사 중 지하층 배수와 관련된 내용으로 틀린 것은?**

㉮ 지하층 배수는 속도랑을 설치해 줌으로써 가능하다.
㉯ 암거배수의 배치형태는 어골형, 즐치형, 차단법, 자연형 등이 있다.
㉰ 속 도랑의 깊이는 심근성보다 천근성 나무를 식재할 때 더 깊게 한다.
㉱ 큰 공원에서는 자연 지형에 따라 배치하는 자연형 배수방법이 많이 이용된다.

해설 심근성수목이 천근성보다 속도랑 깊이를 더 깊게 한다.

7 **옥외조경공사 지역의 배수관 설치에 관한 설명으로 잘못된 것은?**

㉮ 경사는 관의 지름이 작은 것일수록 급하게 한다.
㉯ 배수관의 깊이는 동결심도 바로 위쪽에 설치한다.
㉰ 관에 소켓이 있을 때는 소켓이 관의 상류쪽으로 향하도록 한다.
㉱ 관의 이음부는 관 종류에 따른 적합한 방법으로 시공하며, 이음부의 관 내부는 매끄럽게 마감한다.

해설 배수관의 깊이는 동결심도 아래에 설치한다.

8 **다음 그림 중 정구장 같은 면적의 전지역을 균일하게 배수하려는 빗살형 암거방법은?**

㉮ 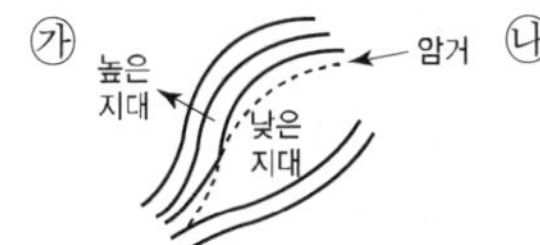

㉯ 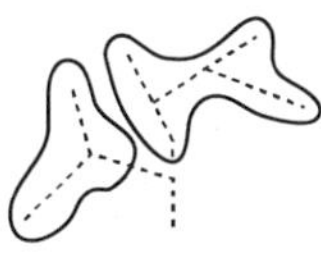

㉰ 

㉱ 

9 **다음 그림과 토관 중 45° 곡관은?**

㉮ 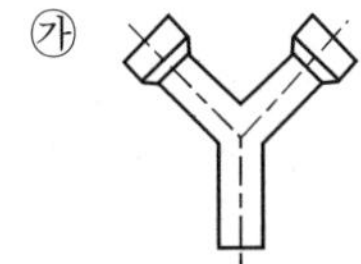

㉯ 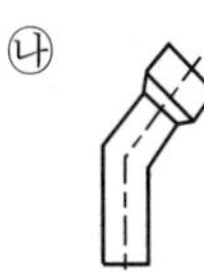

㉰ 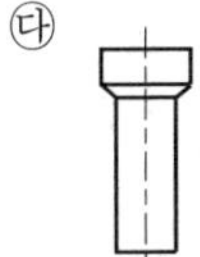

㉱ 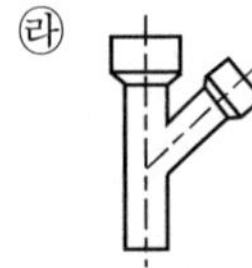

정답 6. ㉰ 7. ㉯ 8. ㉰ 9. ㉯

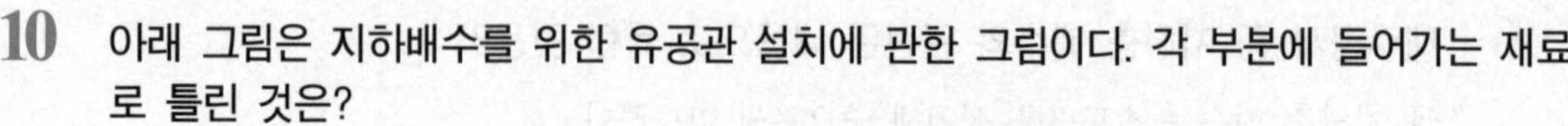

10 아래 그림은 지하배수를 위한 유공관 설치에 관한 그림이다. 각 부분에 들어가는 재료로 틀린 것은?

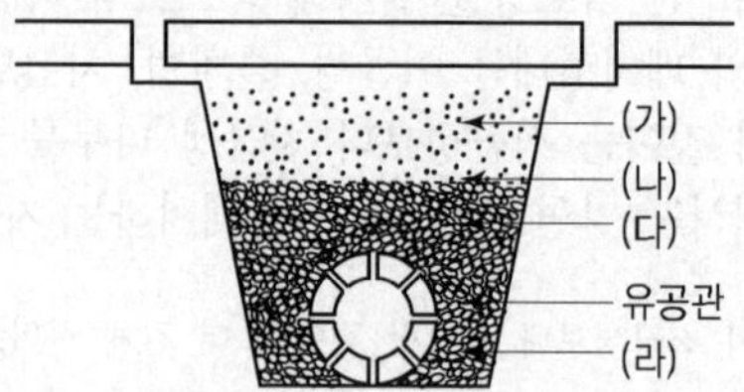

㉮ (가)-흙
㉯ (나)-필터
㉰ (다)-잔자갈
㉱ (라)-호박돌

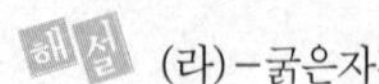
해설 (라)-굵은자갈

11 대규모 공원과 같이 완전한 배수가 요구되지 않는 지역에서 등고선을 고려하여 주관을 설치하고, 주관을 중심으로 양측에 지관을 지형에 따라 필요한 곳에 설치하는 방법은?

㉮ 부채살형　　㉯ 빗살형
㉰ 어골형　　㉱ 자연형

정답　10. ㉱　11. ㉱

제6장 살수 및 수경시설

01 살수기(sprinkler)

부품 : 밸브(valve), 분무정부(sprinkler head), 조절장치(control devices), 관(pipe), 부속품(fitting), 펌프(pump)

02 살수기종류

구분	내용
분무살수기	･고정된 동체와 분사공만으로 된 가장 간단히 살수기 ･비교적 다른 살수기 보다 저렴하다
분무입상살수기	･물이 흐를 때 동체가 입상관에 의해 분무공이 지표면 위로 올라오게 장치된 살수기 ･물이 흐르지 않으면 다시 지표면과 같게 된다.
회전살수기	･관개지역에 살수하도록 회전하며 한 개 또는 여러개의 분무공을 가짐 ･넓은 잔디지역에 사용함이 효과적
회전입상살수기	･물이 흐르면 동체로부터 분무공이 올라와서 살수 ･대규모의 살수 관개시설에서 가장 많이 이용

03 살수기 설계 시 고려사항

(1) 관수량조절

① 토양의 보수력, 살수중의 수분 손실량

② 잔디의 생육에 따른 증산량에 의해 좌우

(2) 살수기 배치간격

① 정사각형, 정삼각형배치가 기본이며 삼각형 배치가 가장 효율적이다.

② 간격이 동일하면 일관된 강수율을 갖게 한다.

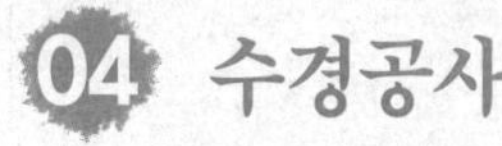

04 수경공사

(1) 수경연출기법

구분	종류	공간성격	이미지	물의 운동	음향
평정수(담겨진 물)	호수, 연못, 풀, 샘	정적	평화로움	고임(정지)	작다.
유수(흐르는 물)	강, 하천, 수로	동적	생동감, 율동	흐름+고임	중간
분수(분사하는물)	조형분수	동적	화려함	분출+떨어짐+고임	유동적
낙수(떨어지는물)	폭포, 벽천, 캐스캐이드	동적	강한 힘	떨어짐+흐름+고임	크다.

(2) 지침

① 급수구 위치는 표면 수면보다 높게
② 월류구(overflow)는 수면과 같은 위치에 설치
③ 퇴수구는 연못 바닥의 경사를 따라 배치-가장 낮은 곳
④ 순환펌프, 정수실 등은 노출되지 않게 관목 등으로 차폐
⑤ 연못의 식재함(포켓) 설치-어류 월동 보호소, 수초 식재

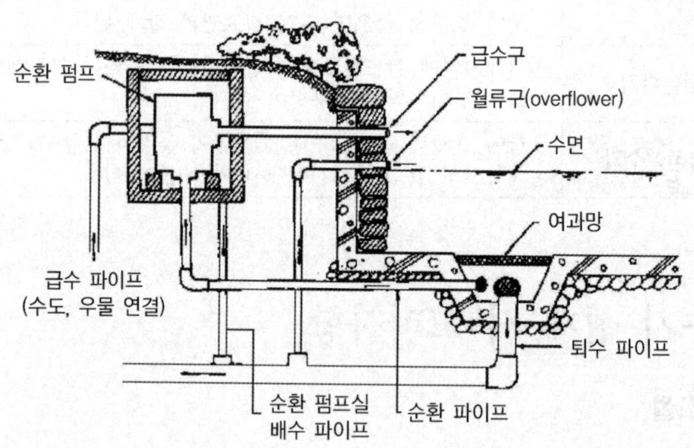

(3) 벽천

① 물을 떨어뜨려 모양과 소리를 즐길 수 있도록 하는 것
② 좁은 공간, 경사지나 벽면 이용, 평지에 벽면을 만들어 설치
③ 수조, 순환펌프가 필요

기출문제 및 예상문제

1 **물에 대한 설명이 틀린 것은?**

㉮ 호수, 연못, 풀 등은 정적으로 이용된다.
㉯ 분수, 폭포, 벽천, 계단폭포 등은 동적으로 이용된다.
㉰ 조경에 물의 이용은 동·서양 모두 즐겨 했다.
㉱ 벽천은 다른 수경에 비해 대규모 지역에 어울리는 방법이다.

해설 벽천은 소규모지역에서 잘 어울리는 방법이다.

2 **다음 중 동체로부터 분무공이 올라와서 회전하는 살수기는?**

㉮ 회전입상살수기
㉯ 회전살수기
㉰ 분무살수기
㉱ 분무입상살수기

3 **잔디지역에 설치되며 잔디를 깎는 데 지장을 주지 않는 분무방식은?**

㉮ 분무기
㉯ 고정식분무 살수기(Spray Sprinkler)
㉰ 입상 살수기(Pop-Up Sprinkler)
㉱ 낙수기(Emitter)

4 **잔디밭에 물을 공급하는 관수에 대한 설명으로 틀린 것은?**

㉮ 식물에 물을 공급하는 방법은 지표관개법과 살수관개법으로 나눌 수 있다.
㉯ 살수관개법은 설치비가 많이 들지만, 관수효과가 높다.
㉰ 수압에 의해 작동하는 회전식은 360°까지 임의 조절이 가능하다.
㉱ 회전장치가 수압에 의해 지면보다 10cm 상승 또는 하강하는 팝업(pop -up)살수기는 평소 시각적으로 불량하다.

해설 팝업(입상)살수기는 관수때만 상승하므로 시각적으로 불량하지 않다.

정답 1. ㉱ 2. ㉮ 3. ㉰ 4. ㉱

5 **진흙 굳히기 공법은 어느 공사에서 사용되는가?**

㉮ 원로공사 ㉯ 암거공사
㉰ 연못공사 ㉱ 옹벽공사

6 **연못공사에서 오버플로우에 대한 설명으로 잘못된 것은?**

㉮ 연못 수면의 높이를 조절하는 장치이다.
㉯ 연못의 수질을 조절하는 장치이다.
㉰ 가급적 눈에 띄지 않도록 한다.
㉱ 연못 수면에 최대 높이는 오버플로 상부의 높이와 같다.

해설 오버플로우는 일정한 물의 수위를 유지하기 위한 시설이다.

7 **연못의 급배수에 대한 설명으로 적당하지 않은 것은?**

㉮ 배수공은 연못 바닥의 가장 깊은 곳에 설치한다.
㉯ 항상 일정한 수위를 유지하기 위한 시설을 토수구라 한다.
㉰ 배수공에는 철망을 설치할 필요가 없다.
㉱ 급배수에 필요한 파이프의 굵기는 강우량과 급수량을 고려해야 한다.

해설 항상 일정한 수위를 유지하기 위한 시설을 오버플로우라 한다.

정답 5. ㉰ 6. ㉯ 7. ㉯

제7장 석축 및 옹벽공사

01 석축공사

(1) 자연석 무너짐 쌓기

① 정의 : 비탈면, 연못의 호안이나 정원 등 흙의 붕괴를 방지하여 경사면을 보호할 뿐만 아니라 주변 경관과 시각적으로도 조화를 이룰 수 있도록 자연석을 설치
② 돌틈식재 : 돌 사이에 빈틈에 회양목이나 철쭉 등의 관목류, 초화류를 식재
③ 기초석의 깊이 : 지표면에서 20~30cm 묻혀준다.

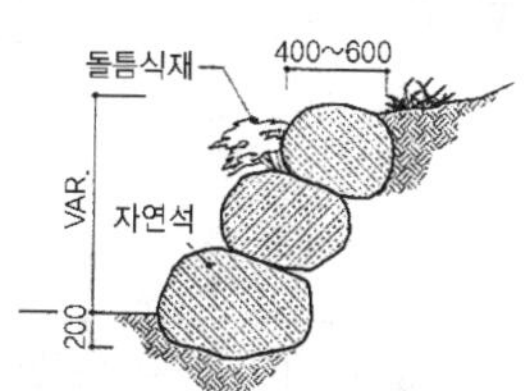

그림. 자연식무너짐쌓기

(2) 호박돌쌓기

① 자연스러운 멋을 내고자할 때 사용
② 호박돌은 안정성이 없으므로 찰쌓기 수법 사용
③ 하루에 쌓는 높이는 보통 1.2m 이하

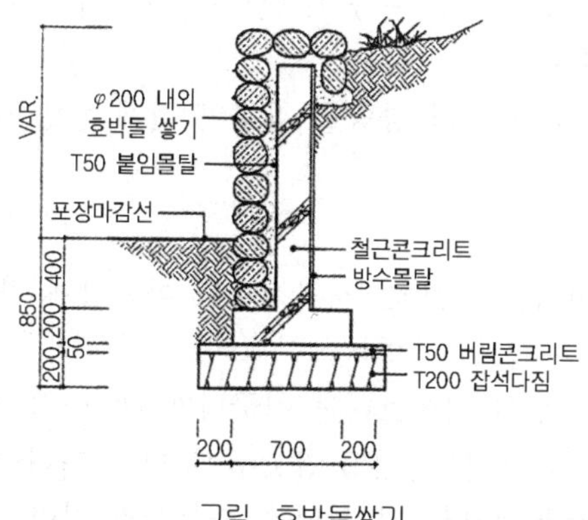

그림. 호박돌쌓기

(3) 마름돌쌓기(일정한 모양으로 다듬어 놓은 돌을 쌓음)

① 콘크리트나 모르타르의 사용 유무에 따라

구분	내용
찰쌓기 (wet masonry)	· 줄눈에 모르타르를 사용하고, 뒤채움에 콘크리트를 사용하는 방식 · 견고하나 배수가 불량해지면 토압이 증대되어 붕괴 우려가 있다.
메쌓기 (dry masonry)	· 콘크리트나 모르타르를 사용하지 않고 쌓는 방식 · 배수는 잘되나 견고하지 못해 높이에 제한을 둔다.

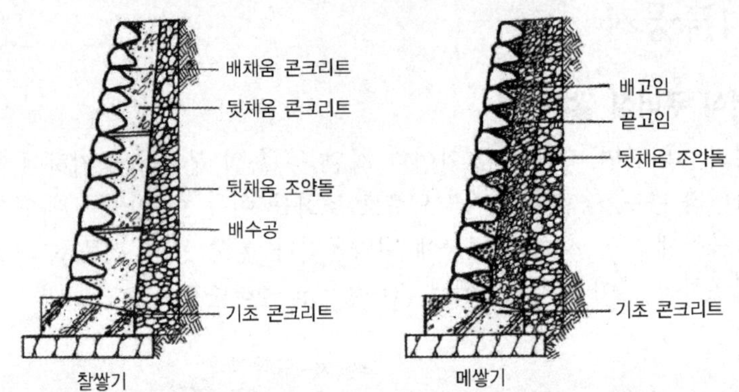

② 줄눈의 모양에 따라

구분	내용
켜쌓기	가로줄눈이 수평이 되도록 각 층을 직선으로 쌓는 방법으로 시각적으로 보기 좋으므로 조경공간에 주로 사용
골쌓기	줄눈을 물결모양으로 골을 지워가며 쌓는 방법, 하천 공사 등에 주로 쓰임

(4) 자연석 놓기

① 시선이 집중되는 곳이나 중요한 자리에 한두개 또는 몇 개를 짜임새 있게 놓고 감상한다.
② 경관석은 1,3,5,.. 등 홀수로 놓아야 자연스럽게 보인다.
③ 경관석을 다 놓은 후에는 그 주변에 알맞은 관목이나 초화류를 식재하여 주변과 조화롭게 보이도록 한다.
④ 전체 체적을 계산하여 단위 중량을 곱하여 전체 중량(ton)을 산출한다.

(5) 디딤돌놓기

① 보행의 편의, 지피식물의 보호, 시각적으로 아름답게 하고자 하는 돌
② 방법
㉮ 크고 작은 돌을 섞어 직선보다는 어긋나게 배치, 높이는 지면보다 3~6cm 높게 함
㉯ 한발로 디디는 돌의 지름은 25~30cm, 두발로 디디는 돌은 50~60cm의 돌을 사용
㉰ 두께는 10~20cm, 디딤돌과 디딤돌 중심간의 거리는 40cm로 함

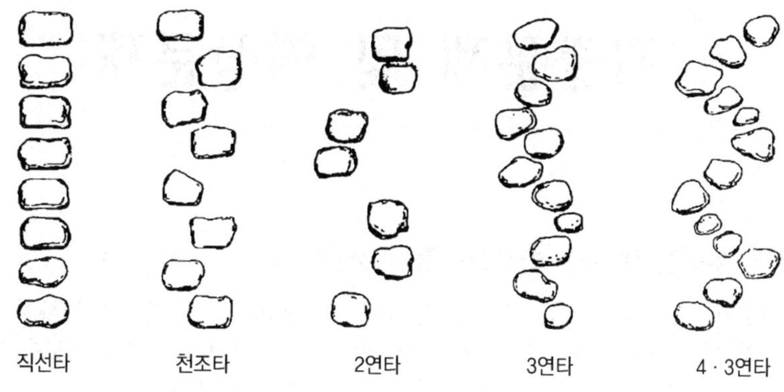

그림. 디딤돌의 배석법 예

02 옹벽

(1) 정의

토사의 붕괴를 막기 위해 만드는 벽식 구조물을 옹벽이라 한다.

(2) 옹벽의 종류와 특성

중력식옹벽	· 상단이 좁고 하단이 넓은 형태 · 자중으로 토압에 저항하도록 설계됨 · 3m의 내외의 낮은 옹벽, 무근콘크리트로 사용
켄틸레버옹벽	· 5m 내외의 높지 않은 경우에 사용 · 철근 콘크리트 사용
부축벽식	· 안전성을 중시 · 6m 이상의 상당히 높은 흙막이 벽에 쓰임

그림. 중력식 옹벽

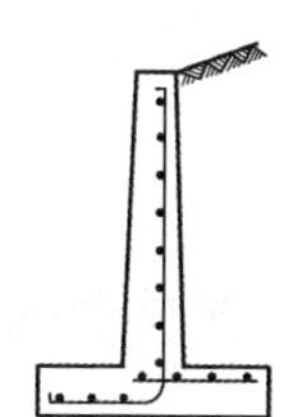

그림. 컨틸레버식 옹벽

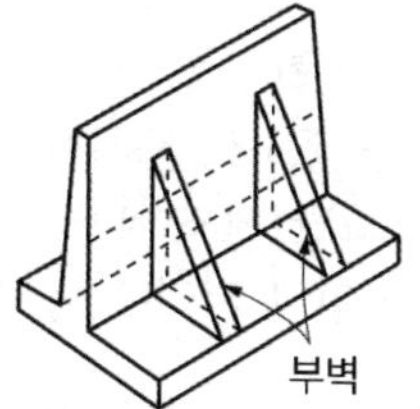

그림. 부벽식 옹벽

그림. 조립식 옹벽

(3) 콘크리트 및 철근콘크리트 옹벽 시공

① 신축이음 15~20m 마다 설치한다.

② 배수구멍 설치 : 2~3m^2 당 1개씩, 지름 3~6cm(보통 5cm)의 물빼기용 관을 설치한다.

기출문제 및 예상문제

1 **자연석 무너짐 쌓기의 설명으로 틀린 것은?**

㉮ 기초가 될 밑돌은 약간 큰 돌을 땅속에 20~30cm 정도 깊이로 묻히게 한다.
㉯ 제일 윗부분에 놓이는 돌은 돌의 윗부분이 모두 고저차가 크게 나도록 놓는다.
㉰ 도로가 돌이 맞물리는 곳에는 작은 돌을 끼워 넣지 않는다.
㉱ 돌을 쌓고 난 후 돌과 돌 사이에 키가 작은 관목을 심는다.

2 **크고 작은 돌을 자연 그대로의 상태가 되도록 쌓아 올리는 방법을 무엇이라 하는가?**

㉮ 견치석 쌓기　　㉯ 호박돌 쌓기
㉰ 자연석 무너짐 쌓기　　㉱ 평석 쌓기

3 **다음 중 호박돌 쌓기에 이용되는 쌓기의 방법으로 가장 적당한 것은?**

㉮ 견치석 쌓기
㉯ 줄눈 어긋나게 쌓기
㉰ 이음매 경사지게 쌓기
㉱ 평석 쌓기

4 **경관석 놓기 설명으로 가장 옳은 것은?**

㉮ 경관석 주변에는 식재를 하지 않는다.
㉯ 일반적으로 3, 5, 7 등 홀수로 배치한다.
㉰ 경관석은 항상 단독으로만 배치한다.
㉱ 경관석의 배치는 돌 사이의 거리나 크기 등을 조정 배치하여 힘이 분산되도록 한다.

해설 경관석을 놓은 후 주변에 관목과 초화류를 식재하여 주변과 조화롭게 보이도록 한다.

정답 1. ㉯ 2. ㉰ 3. ㉯ 4. ㉯

5 **자연석 놓기 중에서 경관석 놓기를 설명한 것 중 틀린 것은?**

㉮ 시선이 집중되는 곳이나 중요한 자리에 한두개 또는 몇 개를 짜임새 있게 놓고 감상한다.
㉯ 경관석을 놓았을 때 보는 사람으로 하여금 아름다움을 느끼게 멋과 기풍이 있어야한다.
㉰ 경관석짜기의 기본은 주석(중심석)과 부석을 바꾸어놓고 4, 6, 8,.. 등 균형감 있게 짝수로 놓아야 자연스럽게 보인다.
㉱ 경관석을 다 놓은 후에는 그 주변에 알맞은 관목이나 초화류를 식재하여 조화롭고 돋보이는 경관이 되도록한다.

해설 경관석은 1, 3, 5 등 홀수로 놓는 것이 자연스럽다.

6 **돌쌓기의 종류 중 찰쌓기에 대한 설명으로 옳은 것은?**

㉮ 뒤채움에 콘크리트를 사용하고, 줄눈에 모르타르를 사용하여 쌓는다.
㉯ 돌만을 맞대어 쌓고 잡석, 자갈 등으로 뒤채움을 하는 방법이다.
㉰ 마름돌을 사용하여 돌 한켠의 가로줄눈이 수평적 직선이 되도록 쌓는다.
㉱ 막돌, 깬 돌, 깬 잡석을 사용하여 줄눈을 파상 또는 골을 지어 가며 쌓는 방법이다.

7 **돌쌓기 공사에서 4목도 돌이란 무게가 몇 kg 정도의 것을 말하는가?**

㉮ 약 100kg ㉯ 약 150kg ㉰ 약 200kg ㉱ 약 300kg

8 **쌓기 평균 뒷길이가 60cm, 공극률이 40%인 자연석 직각 쌓기 공사의 $10m^2$당 쌓기 면적의 평균 중량은?(단, 자연석의 단위중량 $2.65ton/m^3$)**

㉮ 63.6ton ㉯ 636ton ㉰ 95.5ton ㉱ 9.54ton

해설 총중량=$10m^2 \times 0.6m \times 0.6 \times 2.65t/m^3$=9.54ton

9 **자연석 쌓기 할 면적이 $100m^2$, 자연석의 평균 뒷길이가 20cm, 단위중량이 $2.5ton/m^3$, 자연석을 쌓을 때의 공극률이 30%라고 할 때 조경공의 노무비는?(단 정원석 쌓기에 필요한 조경공은 1ton당 25명, 조경공의 노임단가는 43,800원이다.)**

㉮ 3,550,000원 ㉯ 2,190,000원
㉰ 2,380,000원 ㉱ 3,832,500원

· 총중량 $100m^2 \times 0.2 \times 0.7$(실적율)$\times 2.5ton/m^3$=35ton
· 1ton당 노임=25×43,800=1,095,000원
· 총노무비=35×1,095,000=38,325,000원

정답 5. ㉰ 6. ㉮ 7. ㉰ 8. ㉱ 9. ㉱

10 디딤돌로 이용할 돌의 두께로 가장 적당한 것은?

㉮ 1~5cm ㉯ 10~20cm
㉰ 25~35cm ㉱ 35~45cm

11 일반적인 성인의 보폭으로 디딤돌을 놓을 때 좋은 보행감을 느낄 수 있는 디딤돌과 디딤돌 사이의 중심간 길이로 가장 적당한 것은?

㉮ 20cm 정도 ㉯ 40cm 정도
㉰ 50cm 정도 ㉱ 80cm 정도

12 디딤돌을 놓을 때 답면(踏面)은 지표(地表)보다 어느 정도 높게 앉혀야 하는가?

㉮ 3~6cm ㉯ 7~10cm
㉰ 15~20cm ㉱ 25~30cm

13 다음 중 서양식 정원에서 많이 쓰이는 디딤돌 놓는 수법은 어느 것인가?

㉮ 직선타(直線打) ㉯ 삼연타(三連打)
㉰ 사삼타(四三打) ㉱ 천조타(天鳥打)

14 일반적으로 상단이 좁고 하단이 넓은 형태의 옹벽으로 3m 내외의 낮은 옹벽에 많이 쓰이는 것은?

㉮ 중력식 옹벽 ㉯ 캔틸레버 옹벽
㉰ 부축벽 옹벽 ㉱ 석축 옹벽

15 옹벽공사시 뒷면에 물이 고이지 않도록 몇 m^2마다 배수구 1개씩 설치하는 것이 좋은가?

㉮ $1m^2$ ㉯ $3m^2$ ㉰ $5m^2$ ㉱ $7m^2$

해설 옹벽공사시 $2\sim3m^2$당 배수구 1개씩 설치한다.

정답 10. ㉯ 11. ㉯ 12. ㉮ 13. ㉮ 14. ㉮ 15. ㉯

제8장 조적공사

01 종류와 규격

(1) 종류

보통벽돌, 내화벽돌, 특수벽돌(이형벽돌, 경량벽돌, 포장용벽돌)

(2) 규격★

표준형(190×90×57mm), 기존형(210×100×60mm)

02 벽돌쌓는 방법

(1) 영국식쌓기★

① 한단은 마구리, 한단은 길이쌓기로 하고 모서리 벽 끝에는 이오토막을 씀
② 통줄눈이 최소화되어 벽돌쌓기 중 가장 튼튼한 방법으로 내력 벽체에 쓰임

(2) 네덜란드식쌓기(화란식)

① 영국식쌓기와 같고, 모서리 끝에 칠오토막을 씀
② 모서리부분이 다소 견고함. 내력벽체에 사용

(3) 프랑스식쌓기

매단에 길이 쌓기와 마구리 쌓기가 번갈아 나옴

(4) 미식쌓기

5단까지 길이쌓기로 하고 그 위에 한단은 마구리쌓기로 하여 본 벽돌벽에 물려 쌓음

(5) 길이쌓기

0.5B 두께의 간이 벽에 쓰임

(6) 옆세워쌓기

마구리를 세워 쌓는 것

(7) 마구리 쌓기

원형굴뚝 등에 쓰이고 벽두께 1.0B쌓기 이상 쌓기에 쓰임

(8) 길이세워쌓기

길이를 세워 쌓는 것

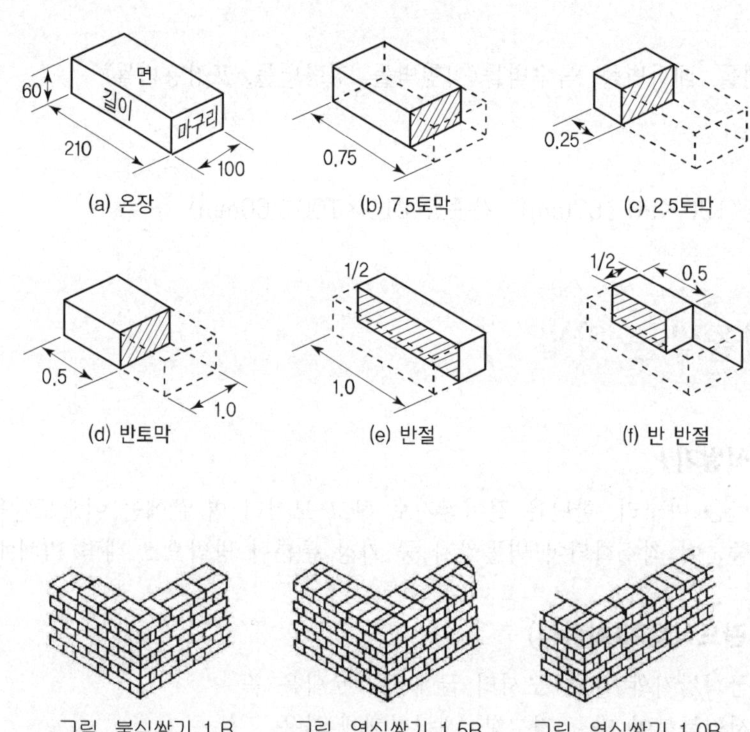

(a) 온장 (b) 7.5토막 (c) 2.5토막

(d) 반토막 (e) 반절 (f) 반 반절

그림. 불식쌓기 1.B 그림. 영식쌓기 1.5B 그림. 영식쌓기 1.0B

03 벽돌의 매수(m^2 당)

	0.5 B	1.0 B	1.5 B	2.0 B
기존형	65	130	195	260
표준형	75	149	224	298

04 벽돌쌓기 시 주의점★

① 벽돌은 정확한 규격이어야 하며, 잘 구워진 것이어야한다.
② 벽돌은 쌓기 전에 흙, 먼지 등을 제거하고 10분 이상 물에 담가 놓아 모르타르가 잘 붙도록 함
③ 모르타르는 정확한 배합이어야 하고, 비벼 놓은지 1시간이 지난 모르타르는 사용하지 않음
④ 벽돌쌓기는 각 층은 압력에 직각으로 되게 하고 압력방향의 줄눈은 반드시 어긋나게 함
⑤ 특별한 경우 이외는 화란식쌓기, 영식쌓기로 한다.
⑥ <u>하루 벽돌 쌓는 높이는 적정 1.2m 이하(최대 쌓기높이 1.5m)로 하고,</u> 모르타르가 굳기 전에 압력을 가해서는 안 되며 12시간 경과 후 다시 쌓음
⑦ 벽돌 일이 끝나면 치장벽면에는 치장줄눈 파기
⑧ 벽돌쌓기가 끝나면 물을 뿌려서 양생하고 일광직사를 피함
⑨ 벽돌줄눈의 모르타르 배합비는 보통은 1 : 3, 중요한곳 1 : 2, 치장줄눈 1 : 1 또는 1 : 2

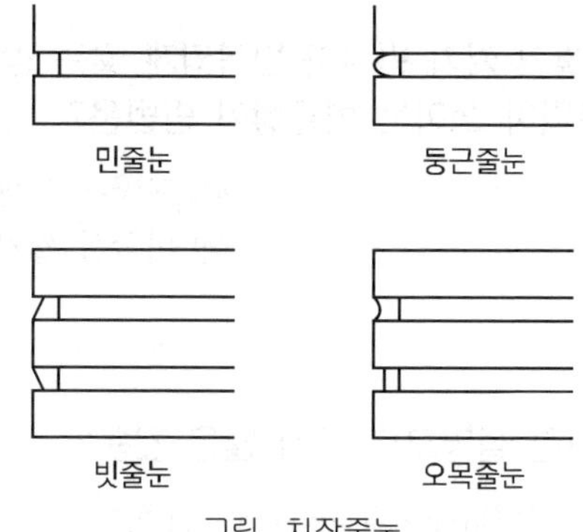

그림. 치장줄눈

기출문제 및 예상문제

1 벽돌 표준형의 크기는 190mm×90mm×57mm이다. 벽돌줄눈의 두께를 10mm로 할 때, 표준형 벽돌벽 1.5B의 두께는 얼마인가?

㉮ 170mm ㉯ 270mm ㉰ 290mm ㉱ 330mm

2 다음 벽돌의 줄눈 종류 중 우리나라 전통담장의 사고석 시공에서 흔히 볼 수 있는 줄눈의 형태는?

㉮ 오목줄눈 ㉯ 둥근줄눈 ㉰ 빗줄눈 ㉱ 내민줄눈

3 길이쌓기 켜와 마구리쌓기 켜가 번갈아 반복되게 쌓는 방법으로 모서리나 벽이 끝나는 곳에 반절이나 2 · 5토막이 쓰이는 벽돌쌓기 방법은?

㉮ 영국식 쌓기 ㉯ 프랑스식 쌓기
㉰ 영롱쌓기 ㉱ 미국식 쌓기

4 다음 중 벽돌구조에 대한 설명으로 옳지 않은 것은?

㉮ 표준형 벽돌의 크기는 190mm×90mm×57mm이다.
㉯ 이오토막은 네덜란드식, 칠오토막은 영국식쌓기의 모서리 또는 끝부분에 주로 사용된다.
㉰ 벽의 중간에 공간을 두고 안팎으로 쌓는 조적벽을 공간벽이라고 한다.
㉱ 내력벽에는 통줄눈을 피하는 것이 좋다.

해설 네덜란드식 쌓기는 칠오토막, 영국식 쌓기는 이오토막을 사용한다.

5 모든 벽돌 쌓기 방법 중 가장 튼튼한 것으로, 길이쌓기켜와 마구리쌓기켜가 번갈아 나오는 방법은?

㉮ 영국식 쌓기 ㉯ 프랑스식 쌓기 ㉰ 영롱 쌓기 ㉱ 무늬 쌓기

정답 1. ㉰ 2. ㉱ 3. ㉮ 4. ㉯ 5. ㉮

6 전통 가옥이 담장에서 사괴석이나 호박돌을 쌓을 때 가장 많이 볼 수 있는 줄눈은?

㉮ 민줄눈　　㉯ 내민줄눈
㉰ 평줄눈　　㉱ 빗살줄눈

7 벽돌 한 장의 190×90×57일 때 0.5B 쌓기 기준으로 1m²당 소요수량을 구하면?(단, 줄눈간격은 1cm이다.)

㉮ 58매　　㉯ 92매　　㉰ 65매　　㉱ 75매

8 다음 중 벽돌쌓기 작업에 관한 설명으로 틀린 것은?

㉮ 시공시 가능하면 통줄눈으로 쌓는다.
㉯ 벽돌은 쌓기 전에 충분히 물을 축여 쌓는다.
㉰ 벽돌은 어느 부분이든 균일한 높이로 쌓아 올라간다.
㉱ 치장줄눈은 되도록 짧은 시일에 하는 것이 좋다.

해설 벽돌쌓기 작업은 막힌줄눈으로 쌓아야 하중분산에 유리하다.

9 벽돌쌓기에서 방수를 겸한 치장줄눈용으로 쓰이는 시멘트와 모래의 배합 비율은?

㉮ 1 : 1　　㉯ 1 : 2　　㉰ 1 : 3　　㉱ 1 : 4

10 다음 그림과 같이 쌓는 벽돌쌓기의 방법은?

㉮ 영국식쌓기
㉯ 프랑스식쌓기
㉰ 영롱쌓기
㉱ 미국식쌓기

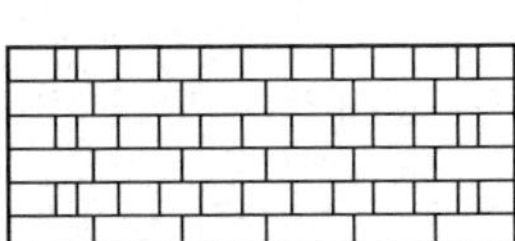

정답　6. ㉯　7. ㉱　8. ㉮　9. ㉮　10. ㉮

제9장 조명공사

01 조명 용어

(1) 광속

방사속 중에 육안으로 느끼는 부분, 단위는 루멘(lum)

(2) 광도

점광원(點光源)이 내는 빛의 세기 단위로 그 발광체가 발하는 광속의 밀도의 단위

(3) 촉광(cd : candle power)

단위 입체각에 대해 1 lum의 율로 광속이 방사되었을 때의 광도

(4) 조도(조명시설의 밝기)

어떤 단위 면에 수직투하된 광속의 밀도(빛의 세기를 나타내는 양), 단위는 럭스(lux)

(5) 휘도

일정한 넓이를 가진 광원 또는 빛의 반사체 표면의 밝기를 나타내는 양(量). 단위 : 스틸브(sb)

(6) 연색성

인공조명의 색재현 정도, 물체색은 달리 결정하는 조명광원 성질

02 광원의 종류와 특성

(1) 백열전구

열에 의해 빛을 발하며 연색성은 매우 좋으나 효율이 낮음

(2) 형광등

열손실이 적으며 효율이 좋음

(3) 수은등

수명이 길고 효율이 높으며, 진동과 충격에 강한 반면 연색성이 낮음

(4) 할로겐등

수은등을 보완하여 만든 것으로 수은등보다 효율이 높아 사용비가 적게듬

(5) 나트륨등

고압나트륨등	에너지 효율은 좋음, 발광시간은 3분정도, 노란색광원이 특징적이나 물체의 색을 구별하기 어려움
저압나트륨등	가장 효율이 높아 수명이 다해도 밝기에는 변함이 없음, 안개속에서 먼거리까지 투시가능, 연색성이 낮음

(6) 메탈할라이드

효율이 높으며 연색성이 우수, 고압나트륨등과 혼광하면 효과적임

[광원의 특성 비교]

종류	백열전구	할로겐등	형광등	수은등	나트륨등	메탈할라이드
용량(w)	2~1,000	500~1,500	6~110	40~1,000	20~400	70~1,000
효율(lm/W)	7~22	20~22	48~80	30~55	80~150	70~80
수명(h)	1,000 ~1,500	2,000 ~3,000	7,500 ~12,000	10,000 ~20,000	6,000 ~12,000	6,000 ~12,000
광색	적색	백색	백색	청백색	저압–등황색 고압–황백색	등황색
연색성	우수	우수	양호	낮음	낮음	우수
용도	좁은장소 (주택, 정원) 액센트조명	경기장, 광장, 주택, 건물외관	정원, 공원, 광장, 가로	정원, 공원, 광장	도로, 공원, 광장, 건물외관	도로, 공원, 광장, 건물외관

03 조명시설시 주의사항

① 조경시설의 밝기는 광원의 종류, 등주의 높이·간격 위치
② 최저와 최고의 조도 평균차가 30% 이하로 되게 함(균일도)
③ 조명은 위에서 밑으로 향하는 것이 좋음

제 10 장 조경적산

01 수량계산

① 시공현장에서 소요되는 재료의 물량을 집계한 것으로 적산업무의 첫 단계
② 총공사비 산정에 가장 중요한 과정으로 수목의 주수와 시공재료의 길이, 면적, 체적 및 시공기계의 경비를 산출하기 위한 시간 등이 포함되어 있음

02 수량의 종류

① 설계수량 : 실시설계 및 상세설계에 표시된 재료 및 치수에 의하여 산출
② 계획수량 : 설계도에 명시되어 있지 않으나 시공현장 조건에 따라 수립시 소요되는 수량
③ 소요수량 : 설계수량과 계획수량의 산출량에 운반, 저장, 가공 및 시공과정에서 발생되는 손실량을 예측하여 부가한 할증수량

03 수량계산의 기준

① 수량의 단위 및 소수자리는 표준품셈 단위표준에 의한다.
② 수량의 계산은 지정 소수자리 아래 1자리까지 산출하여 반올림 한다.
③ 계산에 쓰이는 분도(分度)는 분까지, 원둘레율(圓周率), 삼각함수(三角函數) 및 호도(弧度)의 유효숫자는 3자리(3位)로 한다.
④ 곱하거나 나눗셈에 있어서는 기재된 순서에 따라 계산한다.
⑤ 면적 및 체적의 계산은 측량 결과 또는 설계도서를 바탕으로 수학적 공식에 의해 산출함을 원칙으로 한다.
⑥ 다음에 열거하는 것의 체적과 면적은 구조물의 수량에서 공제하지 아니한다. 콘크리트 구조물 중의 말뚝머리, 볼트의 구멍, 모따기 또는 물구멍(水切), 이음줄눈의 간격, 포장공종의 1개소 당 0.1m² 이하의 구조물 자리, 강(鋼)구조물의 리벳 구멍, 철근 콘크리트 중의 철근
⑦ 성토 및 사석공의 준공토량은 성토 및 사석공 설계도의 양으로 한다. 그러나 지반침하량은 지반성질에 따라 가산할 수 있다.
⑧ 절토(切土)량은 자연상태의 설계도의 양으로 한다.

04 재료의 단위 및 금액의 단위

(1) 재료의 단위

① 공사면적 : m^2, 소수 1위까지 사용
② 모래나 자갈, 모르타르, 콘크리트 : m^3, 소수 2위까지 사용
③ 목재 : m^3, 소수 3위까지 사용

(2) 금액의 단위

종 목	단위	지위	비 고
설계서의 총계	원	1,000	이하 버림(단, 만원 이하 일 때 100원까지)
설계서의 소계	원	1	미만 버림
설계서의 금액	원	1	미만 버림
일위대가표의총계	원	1	미만 버림
일위대가표의금액	원	0.1	미만 버림

05 할증률 계산

(1) 재료의 할증

설계수량과 계획수량의 적산량에 운반, 저장, 절단, 가공 및 시공과정에서 발생하는 손실량을 예측하여 부가하는 것

(2) 재료비=단가×총 소요량(할증률 포함)★

재 료		할증률(%)	재 료		할증률(%)
목재	각재	5	도 료		2
	각재(건축)	5-10	타일	모자이크	3
	판재	10		도기	3
	판재(건축)	10-20		자기	3
원석(마름돌용)		30	속빈시멘트블록		4
합 판	일반용	3	경계블록		3
	수장용	5	호안블록		5
테라코타		3	벽돌	붉은벽돌	3
조경용잔디		10		내화벽돌	3
수목		10		시멘트벽돌	5

06 공사비 산출★

(1) 공사비의 구성(총공사원가)

① 순공사원가, 일반관리비, 이윤, 세금

② 순공사원가의 구성

㉮ 재료비 : 직접재료비, 간접재료비

㉯ 노무비 : 직접노무비, 간접노무비

㉰ 경비 : 전력비, 운반비, 기계경비, 안전관리비, 특허권사용료, 외주가공비, 수도료, 광열비등

(2) 공사원가 산정

구분		내용
순공사비	재료비	· 직접재료비 : 공사목적물의 기본 구성비용 · 간접재료비 : 공사에 보조적으로 소비되는 비용 · 작업부산물: 시공 중 발생하는 작업 잔재류 중 환금이 가능한 것 · 할증산입 : 수목, 잔디 10%, 가재 5%, 판재 10%, 합판 3%, 붉은 벽돌 3% · 재료비=직접재료비+간접재료비−작업부산물
	노무비	· 직접노무비 : 직접 작업에 참여하는 인부에게 드는 비용 · 간접노무비 : 현장에서 보조로 종사하는 감독자 등에게 드는 비용 ※간접노무비=직접노무비×15% 내외
	경비	· 정의 : 순공사비 중 재료비, 노무비를 제외한 비용 · 내용 : 수도광열비, 도시인쇄비, 기계경비, 전력비, 운반비, 소모품비, 통신비, 지급임차료, 가설비, 연구개발비, 산재보험료, 안전관리비, 품질관리비, 기술료, 특허권사용료, 외주가공비 등
일반관리비		· 회사가 사무실을 운영하기 위해 드는 비용 · 일반관리비=순공사원가(재료비+노무비+경비)×5~6%
이윤		· (순공사원가+일반관리비−재료비)×15% 내외 · 또는(노무비+경비+일반관리비)×15%
총공사비		· 총공사비=순공사비+일반관리비+이윤

기출문제 및 예상문제

1 다음 중 순공사원가를 가장 바르게 표시한 것은?

㉮ 재료비+노무비+경비
㉯ 재료비+노무비+일반관리비
㉰ 재료비+일반관리비+이윤
㉱ 재료비+노무비+경비+일반관리비+이윤

2 공사원가계산 체계에서 이윤 산정시 고려하는 내용이 아닌 것은?

㉮ 재료비 ㉯ 노무비 ㉰ 경비 ㉱ 일반관리비

3 공사원가의 비용 중 안전관리비는 어디에 속하는가?

㉮ 간접재료비 ㉯ 간접노무비
㉰ 경비 ㉱ 일반관리비

4 인간과 기계가 공사 목적물을 만들기 위하여 단위 물량 당 소요로 하는 노력과 품질을 수량으로 표현한 것을 무엇이라 하는가?

㉮ 할증 ㉯ 품셈 ㉰ 견적 ㉱ 내역

5 설계서에서 사용하는 재료의 규격 단위와 단위수량의 연결이 틀린 것은?

㉮ 잔디(떼)−cm−m^2 ㉯ 모래자갈−mm−m^3
㉰ 합판−mm−장 ㉱ 철강재−m−ton

해설 철강재−mm−kg

정답 1. ㉮ 2. ㉮ 3. ㉰ 4. ㉯ 5. ㉱

6 **수목식재시 3m×4m에 한 본을 심을 때, 1ha에 수목 몇 본의 식재가 가능한가?**

㉮ 450본 ㉯ 835본 ㉰ 622본 ㉱ 855본

1ha= 10,000m^2 이므로 10,000÷12=833.33 → 약 835본

7 **설계서의 단위 및 소수위 표준의 적용이 틀린 것은?**

㉮ 길이－m－1위 ㉯ 면적－m^2－2위 ㉰ 인부－인－2위 ㉱ 체적－m^3－2위

면적－m^2－1위

8 **자연석 100ton을 절개지에 쌓으려 한다. 다음 표를 참고할 때 노임은 얼마인가?**

구분	조경공	보통인부
쌓기	2.5인	2.3인
놓기	2.0인	2.0인
1일 노임	30,000원	10,000원

㉮ 2,500,000원 ㉯ 5,600,000원
㉰ 8,260,000원 ㉱ 9,800,000원

1ton 당 쌓기 노임 (2.5×30,000+23×10,000)=98,000원
100×98,000=9,800,0000원

9 **잔디 1m^2에 필요한 뗏장은?(전면붙이기)**

㉮ 10매 ㉯ 11매 ㉰ 15매 ㉱ 20매

1m^2÷(0.3×0.3)=11.11 → 11매

10 **면적 100m^2에 30cm×30cm 잔디를 입히려면 몇 매가 필요한가?**

㉮ 1,010매 ㉯ 1,100매 ㉰ 1,160매 ㉱ 1,250매

1m^2 당 11매 이므로 100m^2×11=1,100매

정답 6. ㉯ 7. ㉯ 8. ㉱ 9. ㉯ 10. ㉯

11 교목식재시 지주목을 설치하지 않을 때 품셈에서 몇 %를 제하는가? (단, 기계시공시 요율을 적용한다.)

㉮ 10% ㉯ 15% ㉰ 20% ㉱ 25%

해설 표준품셈의 교목식재시 일반적으로 재료소운반, 터파기, 나무세우기, 묻기, 물주기, 지주목세우기, 뒷정리를 품에 포함한다. 다만 지주목을 세우지 않을 때는 다음의 요율을 감한다.

인력시공시	기계시공시
인력품의 10%	인력품의 20%

12 시공수량 A, 품셈 B, 노무단가 C라 했을 때 노무비의 올바른 산출법은?

㉮ A÷B=C
㉯ A×B−C
㉰ A÷B×C
㉱ A×B×C

13 자연상태에서 점질토(보통의 것)의 m^3당 중량으로 가장 적합한 것은?

㉮ 900~1,100kg
㉯ 1,200~1,400kg
㉰ 1,500~1,700kg
㉱ 1,800~2,000kg

14 조경 적산의 수량계산시 품에서 포함된 것으로 규정된 소운반거리는(A)m 이내의 거리를 말하며, 별도 계상되는 경사면의 소운반거리는 수직높이 1m를 수평거리 (B)m의 비율로 본다. A, B는?

㉮ A=20, B=6
㉯ A=15, B=6
㉰ A=20, B=3
㉱ A=15, B=3

15 다음 중 재료별 할증률(%)의 크기가 가장 작은 것은?

㉮ 조경용 수목
㉯ 경계 블록
㉰ 잔디 및 초화류
㉱ 수장용 합판

해설 조경용수목 10% , 경계블록 3%, 잔디 및 초화류 10%, 수장용합판 5%

정답 11. ㉰ 12. ㉱ 13. ㉰ 14. ㉮ 15. ㉯

16 조경용 수목의 할증률은 얼마로 하는가?

㉮ 3% ㉯ 5% ㉰ 10% ㉱ 20%

17 다음 중 $40m^2$의 면적에 팬지를 20cm×20cm 간격으로 심고자 한다. 팬지 묘의 필요 본수로 가장 적당한 것은?

㉮ 100본 ㉯ 250본
㉰ 500본 ㉱ 1,000본

$40m^2 \div (0.2 \times 0.2) = 1,000$본

18 가로 1m×세로 10m의 공간에 H0.4m×W0.5m 규격의 철쭉으로 생울타리를 만들려고 하면 사용되는 철쭉의 수량은?

㉮ 약 20주 ㉯ 약 40주
㉰ 약 80주 ㉱ 약 120주

식재면적 $1m \times 10m = 10m^2$, 수관폭(W)0.5m 이면 m^2 당 4주 이므로
전체사용주수=10×4=40주

19 건설표준품셈에서 붉은 벽돌의 할증률은 얼마까지 적용할 수 있는가?

㉮ 3% ㉯ 5% ㉰ 10% ㉱ 15%

정답 16. ㉰ 17. ㉱ 18. ㉯ 19. ㉮

제 11 장 조경관리일반

01 조경 관리의 의의

환경의 재창조와 쾌적함의 연출로서 조경관리의 질적 수준의 향상과 유지를 기하고 운영 및 이용에 관해 관리하는 것이다.

02 조경관리의 구분 ★

유지관리	조경수목과 시설물을 항상 이용에 용이하게 점검 보수하여 구성요소의 설치목적에 따른 기능이 공공을 위한 서비스 제공을 원활히 하는 것이다.
운영관리	이용 가능한 구성요소를 더 효과적이고 안전하고 또 더 많은 사람이 이용하기 위한 방법으로 예산, 재무제도, 조직, 재산 등의 관리가 있다.
이용관리	이용자의 행태와 선호를 조사, 분석하여 그 시대와 사회에 맞는 적절한 이용프로그램을 개발하여 홍보하며, 또 이용의 기회를 증대시킴, 안전관리, 이용지도, 홍보 운영관리의 계획이 있다.

(1) 운영관리

① 내용 : 조경대상물의 노후나 변질, 생물의 경우 생장이나 번식으로 변화, 이용자수와 이용행태에 따라 변화성

② 관리계획

㉮ 부족이 예측되는 시설의 증설(출입구, 매점, 화장실, 음수대, 휴게시설 등)

㉯ 이용에 의한 손상이 생기는 시설물의 보충(잔디, 벤치, 울타리 등의 모든 시설물)

㉰ 내구연한이 된 각종 시설물, 군식지의 행태적 조건에 따른 갱신 질적인 변화

③ 예산 : 단위연도당 예산(a)=작업전체의 비용(T)×작업률(P)
(3년의 1회일 경우 1/3)

④ 운영 관리의 방식

㉮ 직영방식 : 관리주체가 직접 운영관리

㉯ 도급방식 : 관리 전문 용역회사나 단체에 위탁하는 방식

구 분	직영방식	도급방식
대상업무	· 재빠른 대응이 필요한 업무 · 연속해서 행할 수 없는 업무 · 진척상황이 명확치 않고 검사하기 어려운 업무 · 금액이 적고 간편한 업무	· 장기에 걸쳐 단순작업을 행하는 업무 · 전문지식, 기능 자격을 요하는 업무 · 규모가 크고 노력, 재료 등을 포함한 업무 · 관리주체가 보유한 설비로는 불가능한 업무
장점	· 관리책임이나 책임소재가 명확 · 긴급한 대응이 가능 · 관리실태를 정확히 파악 · 임기응변의 조치가 가능	· 규모가 큰 시설의 관리에 적합 · 전문가를 합리적으로 이용함 · 전문적 지식, 기능, 자격에 의한 양질의 서비스를 기할 수 있음 · 관리비가 저렴, 장기적으로 안정될 수 있음
단점	· 일상적인 일로 업무에서 타성화되기 쉬움 · 직원의 배치전환이 어려움 · 필요 이상의 인건비 지출	· 책임의 소재나 권한의 범위가 불명확함 · 전문업자를 충분하게 활용치 못할 수가 있음

(2) 이용 관리

대상지의 보존이란 차원에서 이용자의 행위를 규제하고, 적절한 이용이 되도록 지도 감독하는 것과 편리한 이용이란 차원에서 이용자가 필요로 하는 서비스를 제공하는 것

① 이용지도 : 공원 내에서 행위의 금지 및 주의, 이용안내, 상담, 레크레이션 지도 등으로 이용자가 편리하게 이용할 수 있게 배려하는 것

② 안전관리(사고의 종류)

· 사고처리 순서
사고자 구호 → 사고내용을 관계자에 통보 → 사고상황의 파악 및 기록 → 사고책임의 명확화

③ 주민 참가 : 내셔널 트러스트(National Trust)

· 내셔널트러스트(National Trust)
역사적 명승지 및 자연적 경승지를 위한 내셔널 트러스트로 영국의 로버드 헌터경 등 3인에 위해 주창, 국민에 의한 국토보존과 관리의 의미가 깊음

· 주민참가과정
안시타인은 주민참가 과정에 대해 [비참가의 단계] → [형식참가 단계] → [시민권력의 단계] 순 으로 설명하고 있다.

시민권력의 단계	자치관리(citizen control)
	권한위양(delegated power)
	파트너쉽(partnership)
형식참가의 단계	유화(placation)
	상담(consultation)
	정보제공(informing)
비참가의 단계	치료(therapy)
	조작(manipulation)

03 레크레이션 관리

(1) 개념

① 생태적 측면

㉮ 유지관리, 이용자들의 이용에 따라 발생

㉯ 부지에 생태적 악영향을 미치는 요인 : 반달리즘, 과밀이용, 무지(ignorant)

㉰ 관리원칙

- 자원관리는 사회적 가치와 연계되어 있어 이용자의 문제가 유지관리의 문제가 됨
- 부지의 변형이 가능함
- 접근성이 레크레이션 이용에 결정적인 영향을 미침
- 레크레이션 자연은 자연적 경관미를 제공함
- 레크레이션 자원은 훼손 후 원상복구가 불가능함

② 사회적 측면 : 이용자관리

(2) 레크레이션 공간의 관리개념

① 도시공원녹지 : 이용자의 레크레이션 경험의 질 유지에 중점

② 자연공원녹지 : 자원의 보전과 보호를 우선적으로하며, 이용에 따른 영향을 최소화하려는 관리계획

(3) 레크레이션 관리체계의 3가지 기본요소

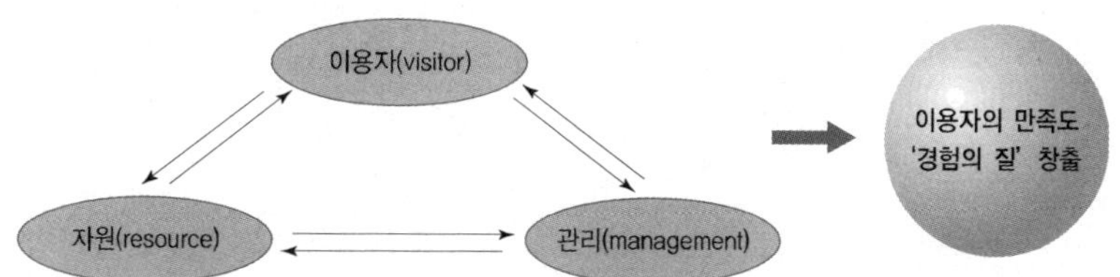

이용자 관리	이용자의 질을 극대화하기 위한 사회적 관리, 가장 중요함
자원관리	monitoring, programing의 2단계 작업구성, 생태계 관리, 레크레이션 활동 및 이용이 발생하는 근거, 이용자의 만족도를 좌우하는 요소
서비스관리	이용자를 수용하기 위해 물리적인 공간을 개발하거나 접근로 및 특정의 서비스를 제공하는 것

(4) 레크리에이션 관리의 기본전략

완전방임형	이용자는 이용하고 훼손지는 스스로 회복을 기대, 자연파괴에 따른 더 이상 적용될 수 없는 개념
폐쇄 후 자연 회복형	회복에 오랜 시간이 소요, 자원중심형의 자연지역적인 경우에 적용
폐쇄 후 육성관리	빠른 회복을 위하여 적당한 육성관리
순환식 개방에 의한 휴식기간 확보	충분한 시설과 공간이 추가적으로 확보되어야 회복을 위한 휴식기간을 순환적으로 가질 수 있음
계속적 개방, 이용 상태 하에서 육성관리	가장 이상적인 관리전략, 최소한의 손상이 발생하는 경우에 한해서 유효한 방법

(5) 모니터링(monitoring)

① 이용에 따른 물리적 자원에 대한 영향과 관리작업의 효율 등 제반 관리적 상황에 대한 파악을 위해 활용

② 시각적 평가, 사진, 물리적 자원의 변화 측정

③ 합리적인 측정단위의 위치 설정, 저비용, 측정기법의 신뢰성, 영향을 적절하게 측정할 수 있는 지표설정

(6) 레크레이션 수용능력

① 수용능력의 개념은 원래는 생태계 관리분야에서 유래

② 초지용량 및 산림용량 등 소위 지속산출(sustained yield)의 개념에서 비롯

[식물관리의 작업시기 및 횟수]

	작업종류	작업시기 및 횟수													적 요
		4월	5월	6월	7월	8월	9월	10월	11월	12월	1월	2월	3월	연간 작업횟수	
식재지	전정(상록)		━	━			━	━						1~2	
	전정(낙엽)				━	━			━	━	━	━		1~2	
	관목다듬기		━	━	━	━	━	━	━					1~3	
	깍기(생울타리)		━	━	━	━	━	━	━					3	
	시 비			━						━	━	━	━	1~2	
	병충해 방지		━	━	━	━	━				━	━		3~4	살충제 살포
	거적감기							━	━			━		1	동기 병충해 방제
	제초·풀베기	━	━	━	━	━	━	━	━					3~4	
	관 수			━	━	━								적 의	식재장소, 토양조건 등에 따라 횟수 결정
	줄기감기		━											1	햇빛에 타는 것으로 부터 보호
	방 한	━							━	━				1	난지에는 3월부터 철거
	지주결속 고치기				━	━	━							1	태풍에 대비해서 8월 전후에 작업
잔디밭	잔디깍기		━	━	━	━	━	━						7~8	
	뗏밥주기	━										━	━	1~2	운동공원에는 2회 정도 실시
	시 비	━	━	━	━	━	━					━	━	1~3	
	병충해 방지	━		━	━	━	━						━	3	살균제 1회, 살충제 2회
	제 초	━	━	━	━	━	━	━						3~4	
	관 수				━	━	━							적 의	
원로	풀 베 기		━	━	━	━	━	━						5~6	
	제 초	━	━	━	━	━	━	━						3~4	
광장	제초 · 풀베기		━	━	━	━	━	━						4~5	
자연림	잡초베기			━	━	━	━	━						1~2	
	병충해 방지	━	━	━	━									2~3	
	고사목 처리	━	━	━	━	━	━	━	━	━	━	━	━	1	연간 작업
	가지치기	━				━	━	━	━	━	━	━	━		

기출문제 및 예상문제

1 운영관리계획 중 질적인 변화를 충족하게 하는 관리계획에 필요한 것은?

㉮ 생태적으로 안정된 식생유지
㉯ 귀화식물의 증대
㉰ 야간조명으로 인한 일장 효과의 장애
㉱ 지표면의 폐쇄로 인한 토양조건의 악화

2 조경프로젝트의 수행단계 중 식생의 이용 및 시설물의 효율적 이용, 유지, 보수 등 전체적인 것을 다루는 단계는?

㉮ 조경관리 ㉯ 조경설계 ㉰ 조경계획 ㉱ 조경시공

3 시설물 유지관리의 목표가 아닌 것은?

㉮ 조경공간과 조경시설을 깨끗하고 정돈된 상태로 유지한다.
㉯ 경관미가 있는 공간과 시설을 조성·유지한다.
㉰ 건강하고 안전한 환경조성에 기여할 수 있도록 유지·관리한다.
㉱ 시설물의 많은 이용을 피하여 수입을 증대한다.

4 연간 유지관리에 포함시키는 것은?

㉮ 공원지역 내의 손질계획 ㉯ 건물의 갱신계획
㉰ 수목의 전정, 잔디관리계획 ㉱ 도로포장계획

5 다음 중 유지관리의 일반적인 원칙으로 옳지 않은 것은?

㉮ 유지관리비용은 가능한 한 최소가 되도록 한다.
㉯ 그 지역의 생태적 특성을 반드시 고려할 필요가 있다.
㉰ 유지관리비용을 최소화하려면 시공비용도 최소로 해야 한다.
㉱ 유지관리상의 문제는 설계 및 시공단계에서도 고려되어야 한다.

정답 1. ㉮ 2. ㉮ 3. ㉱ 4. ㉰ 5. ㉰

6 **유지관리시 크게 영향을 미치는 요인이 아닌 것은?**

㉮ 계획 · 설계목적
㉯ 이용빈도와 이용실태
㉰ 유지관리금액
㉱ 재료와 시공방법

7 **조경수목과 시설물관리를 위한 예산 · 재무조직 등의 업무기능을 수행하는 조경관리에 해당 하는 것은?**

㉮ 유지관리
㉯ 운영관리
㉰ 이용관리
㉱ 사후관리

8 **조경관리계획의 수립절차의 순서로 옳은 것은?**

㉮ 관리목표의 결정 → 관리계획의 수립 → 조직의 구성
㉯ 관리계획의 수립 → 관리목표의 결정 → 조직의 구성
㉰ 조직의 구성 → 관리목표의 결정 → 관리계획의 수립
㉱ 관리목표의 결정 → 조직의 구성 → 관리계획의 수립

9 **운영관리업무를 수행하는 직영방식의 장점으로 볼 수 없는 것은?**

㉮ 관리책임이나 책임소재가 명확하다.
㉯ 전문적 지식, 기능, 자격에 의한 양질의 서비스를 기할 수 있다.
㉰ 애착심을 가지고 관리효율의 향상을 꾀할 수 있다.
㉱ 관리자의 취지가 확실히 나타날 수 있다.

10 **직영방식과 도급방식의 적용업무가 바르게 연결된 것은?**

㉮ 직영방식–장기에 걸쳐 단순작업을 행하는 경우
㉯ 직영방식–전문적 지식, 기능, 자격을 요하는 경우
㉰ 도급방식–재빠른 대응이 필요한 경우
㉱ 도급방식–규모가 크고 노력, 재료 등을 포함하는 경우

 적용업무

· 직영방식 : 소규모관리, 재빠른 대응이 필요한 업무
· 도급방식 : 대규모관리, 장기간에 걸친 단순업무, 전문적지식, 기능 · 자격을 요하는 업무

정답 6. ㉮ 7. ㉯ 8. ㉮ 9. ㉯ 10. ㉱

11 다음 조경관리업무 중 도급방식을 취하는 것이 유리한 것은?

㉮ 재빠른 대응이 필요한 업무
㉯ 일상적인 유지관리 업무
㉰ 규모가 크고 전문적 지식이 요구되는 업무
㉱ 연속해서 행할 수 없는 업무

12 조경수목의 연간관리 작업계획표를 작성하려고 할 때 작업내용에 포함되지 않는 것은?

㉮ 병해충 방제　　㉯ 시비
㉰ 뗏밥주기　　㉱ 수관 손질

 뗏밥주기는 잔디의 작업내용에 포함된다.

13 다음 조경시설물 중 보수 사이클이 가장 짧은 것은?

㉮ 분수의 전기, 기계 등의 조정 점검　　㉯ 벤치의 도장
㉰ 시계탑의 분해점검　　㉱ 분수의 물교체, 청소, 낙엽 등의 제거

· 분수의 전기, 기계 등의 조정 점검 : 1년
· 벤치의 도장 : 2~3년
· 시계탑의 분해점검 : 1~3년
· 분수의 물교체, 청소, 낙엽 등의 제거 : 반년~1년

14 설치하자에 대한 사고방지대책이 아닌 것은?

㉮ 구조 및 재질의 안전상 결함은 즉시 철거 또는 개량한다.
㉯ 설치 및 제작의 문제는 보강조치한다.
㉰ 설치 후에도 이용방법을 관찰하여 대책수립을 수립한다.
㉱ 부식, 마모 등에 대한 안전기준을 설정한다.

15 그네에서 뛰어내리는 곳에 벤치가 배치되어 있어 충돌하는 사고가 발생하였다. 다음 중 어떤 사고의 종류인가?

㉮ 설치하자에 의한 사고　　㉯ 관리하자에 의한 사고
㉰ 이용자 부주의에 의한 사고　　㉱ 자연재해에 의한 사고

정답　11. ㉰　12. ㉰　13. ㉱　14. ㉱　15. ㉮

16 위험물 방지에 의한 이용자 사고에 해당하는 것은?

㉮ 설치하자　　㉯ 관리하자
㉰ 이용자 부주의　　㉱ 주최자 부주의

17 옥외 레크리에이션 관리체계의 기본요소가 아닌 것은?

㉮ 관리　　㉯ 자연자원기반
㉰ 이용자　　㉱ 설계자

정답　16. ㉯　17. ㉱

제 12 장 멀칭, 관수 및 시비

01 멀칭(mulching)★

(1) 정의

수피, 낙엽, 볏집, 땅콩깍지, 풀 및 제재소에서 나오는 부산물, 분쇄목 등을 사용하여 토양 피복, 보호해서 식물의 생육을 돕는 역할을 함

(2) 멀칭의 기대 효과

① 토양수분유지
② 토양의 비옥도 증진
③ 토양구조의 개선
④ 토양이 굳어짐을 방지
⑤ 토양온도를 조절(겨울철은 필수)
⑥ 토양침식과 수분손실 방지
⑦ 잡초의 발생이 억제
⑧ 태양열의 복사와 반사를 감소
⑨ 염분농도조절
⑩ 병충해 발생을 억제

02 관 수

(1) 식물에 의한 수분의 이용

식물이 호흡과 토양으로부터 증산되어 유실되는 수분의 비율을 고려해야 함

(2) 관수의 시기와 요령

① 시기 : 아침이나 오후 늦은 시간에 실시하는 것이 좋다.
② 요령 : 땅이 흠뻑 젖도록 충분히 공급함이 좋다.
③ ET : 단위시간 당 유실된 수분의 양을 mm, inch로 표시

(3) 방법

구분	내용
지표관개법 (Surface Irrigation)	· 물도랑이나, 웅덩이를 설치해 표면에 흘려보냄, 효율은 20~40% · 침수식, 도랑식
살수 관개법 (Springkler Irrigation)	· 토양내로 투수속도가 빠르기 때문에 유량을 조절, 효율은 80% · 비교적 균일하게 관수할 수 있으나, 토양경도가 증가하면 지표면 유실 우려
점적식 관개 (Drip Irrigation)	일명 물방울 관개법, 효율은 90%

- **관수의 효과**

  관수는 건조를 막기 위한 가장 적극적인 방법이지만, 지나친 관수는 토양 속의 공기량을 줄이고 토양의 온도를 저하시키며 수목의 활착에도 좋지 않다.

- **관수로 얻을 수 있는 효과**

  ① 수분은 원형질의 주성분을 이루며, 탄소동화작용의 직접적인 재료가 된다.
  ② 토양 중의 양분과 비료를 녹여 뿌리가 흡수할 수 있는 형태로 바꾸어 준다.
  ③ 세포액의 팽압에 의해 체형을 유지한다.
  ④ 증산으로 잎의 온도 상승을 막고 수목의 체온을 유지한다.
  ⑤ 지표와 공중의 습도가 높아져 수목의 증산량이 감소한다.
  ⑥ 뿌리 호흡과 미생물 등에 의한 토양 중의 유해 가스를 밀어낸다.
  ⑦ 토양의 건조를 막고 토양 중의 염류를 제거한다.
  ⑧ 식물체 표면의 오염 물질을 씻어 내며 초기 병해충을 방제할 수 있다.

03 시 비

(1) 시비(비료)의 목적

① 조경수목의 영양생장과 생식생장을 도움을 줌
② 병해충에 대한 저항력 증진시킴
③ 원활한 생육이 되도록 함

(2) 시비의 종류

구분	내용
숙비(기비, 밑거름)	· 지효성 유기질비료(두엄, 계분, 퇴비, 골분, 어분) · 낙엽 후 10~11월(휴면기), 2~3월(근부활동기) · 일반적으로 보통 토양의 경우 1년 양의 70%를 주어 서서히 효과를 기대한다.
추비(화비, 덧거름)	· 속효성 무기질비료(N, P, K 등 복합비료) · 수목 생장기인 꽃이 진 직후나 열매 딴 후 수세회복이 목적 · 소량으로 시비

(3) 무기질비료의 종류

구분	종류
질소질 비료	황산암모늄, 요소, 질산암모늄, 석회질소
인산질 비료	과린산석회, 용성인비
칼리질 비료	염화칼륨, 황산칼륨, 초목회
석회질 비료	생석회, 소석회, 탄산석회, 황산석회

(4) 시비방법

① 표토시비법(surface application)
작업은 신속하나 비료유실이 많음

② 토양내 시비법(soil incorporation)

㉮ 비교적 용해하기 어려운 비료를 시비하는데 효과적

㉯ 토양수분이 적당히 유지될 때 시비

㉰ 시비용 구덩이의 깊이는 20cm, 폭은 20~30m인 것으로 근원 직경의 3~7배 정도 띄워서 판다.

㉱ 시비 방법

방사상시비	뿌리가 상하기 쉬운 노목에 실시
윤상 시비	비교적 어린 나무에 실시
대상 시비	뿌리가 상하기 쉬운 노목
전면 시비	비료를 시비한 후 갈아엎어줌
선상 시비	생울타리 시비법

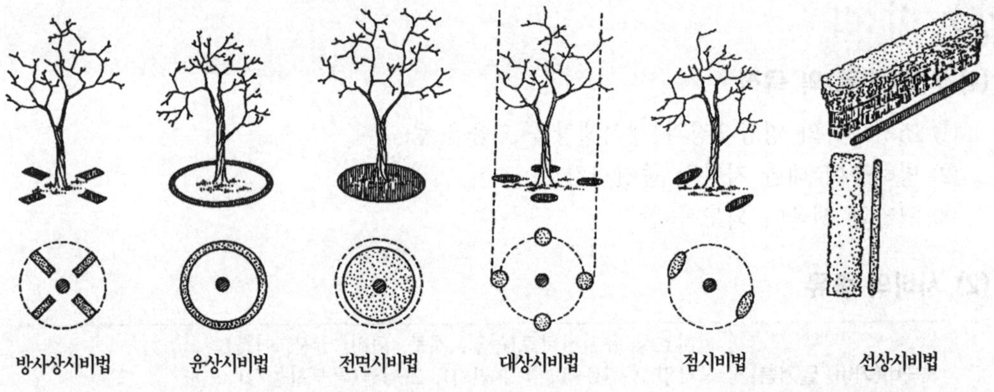

그림. 수목의 시비 방법

(5) 엽면시비법(foliage spray)

① 물에 희석하여 직접 엽면에 살포, 미량원소 부족시 효과가 빠름

② 쾌청한 날(광합성이 왕성할 때) 아침이나 저녁에 살포

③ 대체적으로 물 100ℓ 당 60~120㎖로 묽은농도로 희석

(6) 수간주사(trunk inplant and injection)

① 위의 방법으로 시비가 곤란하거나 거목이나 경제성이 높은 수종

② 시기 : 4~9월 증산 작용이 왕성한 맑은 날에 실시

③ 방법

㉮ 주사액이 형성층까지 닿아야함, 구멍은 통상적으로 수간 밑 2곳에 뚫음

㉯ 5~10cm 떨어진 곳에 반대편에 위치, 수간주입 구멍의 각도는 20~30°

㉰ 구멍지름은 5 mm, 깊이 3~4cm 조성

㉱ 수간 주입기는 높이 150~180cm에 고정시킴

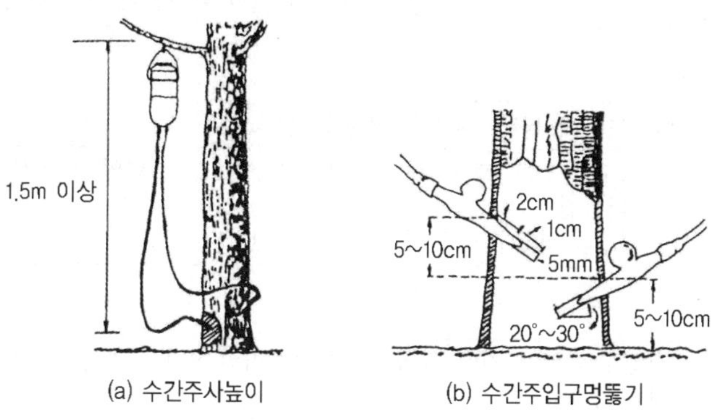

(a) 수간주사높이 (b) 수간주입구멍뚫기

그림. 수간주사방법

(7) 양분의 역할과 결핍현상 ★

- 식물성분에 필수적인 다량원소 : N, P, K, Ca, S, Mg(C, H, O는 물, 공기, 이산화탄소에서 얻음)
- 식물성분에 필수적인 미량원소 : Mn, Zn, B, Cu, Fe, Mo, Cl
- 비료의 3요소 : N-P-K
- 비료의 4요소 : N-P-K-Ca

① 질소(N)

역할	영양생장을 왕성하게 하고 뿌리와 잎, 줄기 등 수목의 생장에 도움을 준다.
결핍현상	· 활엽수 : 황록색으로 변함 현상, 잎 수가 적어지고 두꺼워짐, 조기낙엽 · 침엽수 : 침엽이 짧고 황색을 띰

② 인(P)

역할	새로운 눈이나 조직, 종자에 많이 함유, 조직을 튼튼히 함, 세포분열 촉진한다.
결핍현상	· 생육초기 뿌리의 발육이 저해되고 잎이 암록색으로 됨 · 활엽수 : 정상잎 보다는 그 크기가 작고, 조기 낙엽, 꽃의 수가 적으며 열매의 크기도 작아진다. · 침엽수 : 침엽이 구부러지며 나무의 하부에서 상부로 점차 고사한다

③ 칼륨(K)

역할	생장이 왕성한 부분에 많이 함유, 뿌리나 가지 생육 촉진, 병해, 서리 한발에 대한 저항성 증가
결핍현상	· 활엽수 : 잎이 황화현상, 잎 끝이 말린다. · 침엽수 : 침엽이 황색 또는 적갈색으로 변하며 끝부분이 괴사하게 된다.

④ 칼슘(Ca)

역할	세포막을 강건하게 만들며 잎에 많이 존재, 분열 조직의 생장, 뿌리끝의 발육에 필수적이다.
결핍현상	· 활엽수 : 잎의 백화 또는 괴사현상, 어린잎은 다소 작아지고 엽선부분이 뒤틀림 새가지는 잎의 끝부분이 고사, 뿌리는 끝부분이 갑자기 짧아져서 고사 · 침엽수 : 정단부분의 생육정지하며 잎의 끝부분이 고사한다.

⑤ 마그네슘(Mg)

역할	광합성에 관여하는 효소의 활성을 높임
결핍현상	· 활엽수 : 잎이 얇아지며 부스러지기 쉽고 조기낙엽, 잎가부위에 황백현상, 열매는 작아짐 · 침엽수 : 침엽수는 잎 끝 황색으로 변한다.

⑥ 황(S)

결핍현상	· 활엽수 : 잎은 짙은 황록색, 수종에 따라 잎이 작아짐, 질소부족현상과 동일 증상을 보인다. · 침엽수 : 질소의 부족현상과 동일한 증상을 보인다.

기출문제 및 예상문제

1 수목에 약액의 수간주입 방법 설명으로 틀린 것은?

㉮ 약액의 수간 주입은 수액 이동이 활발한 5월 초~9월 말에 실시한다.
㉯ 흐린 날에 실시해야 약액의 주입이 빠르다.
㉰ 영양액이 들어있는 수간 주입기를 사람 키 높이 되는 곳에 끈으로 매단다.
㉱ 약통 속에 약액이 다 없어지면, 수간 주입기를 걷어내고 도포제를 바른 다음, 코르크 마개로 주입구멍을 막아준다.

2 수목에 거름을 주는 요령 중 맞는 것은?

㉮ 효력이 늦은 거름은 늦가을부터 이른 봄 사이에 준다.
㉯ 효력이 빠른 거름은 3월경 싹이 틀 때, 꽃이 졌을 때, 그리고 열매따기 전 여름에 준다.
㉰ 산울타리는 수관선 바깥쪽으로 방사상으로 땅을 파고 거름을 준다.
㉱ 속효성 거름주기는 늦어도 11월 초 이내에 이루어지도록 한다.

바르게 고치면
㉯는 속효성비료에 대한 설명으로 꽃이 진후나 열매 딴 후 시비한다.
㉰ 산울타리는 길이방향으로 선상시비를 한다.
㉱ 속효성비료는 7월 이내에 이루어지도록 한다.

3 거름을 줄 때 지켜야 할 점으로 잘못된 것은?

㉮ 흙이 몹시 건조하면 맑은 물로 땅을 축이고 거름주기를 한다.
㉯ 두엄, 퇴비 등으로 거름을 줄 때는 다소 덜 썩은 것을 선택하여 사용한다.
㉰ 속효성 거름 주기는 7월 말 이내에 끝낸다.
㉱ 거름을 주고 난 다음에는 흙으로 덮어 정리작업을 실시한다.

두엄, 퇴비 등은 완전히 부식된 것을 사용한다.

4 생울타리처럼 수목이 대상으로 군식되었을 때 거름을 주는 방법으로 가장 적당한 것은?

㉮ 전면 거름주기　　㉯ 방사상 거름주기
㉰ 천공 거름주기　　㉱ 선상 거름주기

정답　1. ㉯　2. ㉮　3. ㉯　4. ㉱

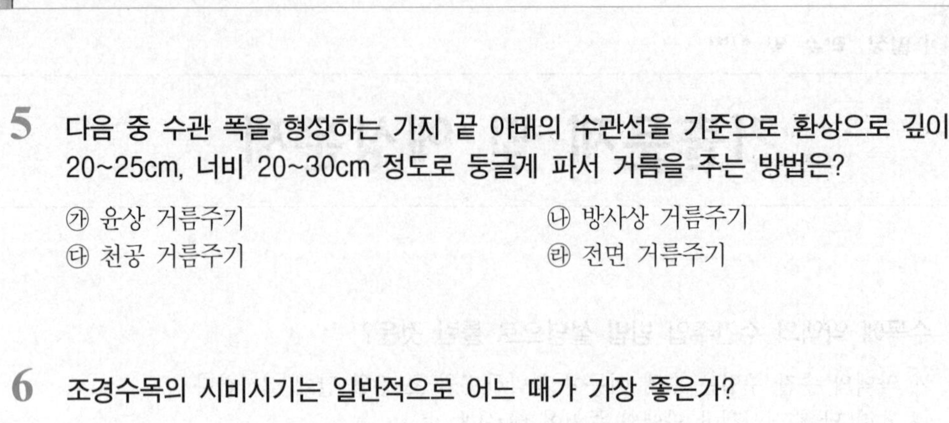

5 다음 중 수관 폭을 형성하는 가지 끝 아래의 수관선을 기준으로 환상으로 깊이 20~25cm, 너비 20~30cm 정도로 둥글게 파서 거름을 주는 방법은?

㉮ 윤상 거름주기 ㉯ 방사상 거름주기
㉰ 천공 거름주기 ㉱ 전면 거름주기

6 조경수목의 시비시기는 일반적으로 어느 때가 가장 좋은가?

㉮ 개화 전 ㉯ 개화 후 ㉰ 장마 후 ㉱ 낙엽진 후

7 다음 중 시비 후 토양 속에서 식물에 흡수되는 속도가 가장 늦은 지효성 비료는?

㉮ 요소 ㉯ 용성인비 ㉰ 골분 ㉱ 석회

8 양분의 결핍현상으로 활엽수의 경우, 잎맥, 잎자루 및 잎의 밑부분이 적색 또는 자색으로 변하며 조기에 낙엽현상이 생기고 꽃의 수는 적게 맺히며 열매의 크기가 작아지는 현상을 일으키는 것은?

㉮ 질소(N) ㉯ 인산(P) ㉰ 칼륨(K) ㉱ 칼슘(Ca)

9 관상용 열매의 착색을 촉진시키기 위하여 살포하는 농약은?

㉮ 지베렐린수용제(지베렐린) ㉯ 비나인수화제(비나인)
㉰ 말레이액제(액아단) ㉱ 에세폰액제(에스렐)

해설 에세폰액제(에스렐) : 에틸렌가스로 식물세포신장을 억제, 비대생장을 촉진, 종자 휴면타파, 노화촉진, 과실성숙을 촉진, 엽록소 파괴 및 색소를 형성하여 착색을 빠르게 함

10 신장 생장이 불량하여 줄기나 가지가 가늘고 작아지며, 묵은 잎이 황변하여 떨어질 때 결핍된 비료의 요소는?

㉮ 질소 ㉯ 인 ㉰ 칼륨 ㉱ 칼슘

정답 5. ㉮ 6. ㉱ 7. ㉰ 8. ㉯ 9. ㉱ 10. ㉮

11 이 비료성분은 탄소동화작용, 질소동화작용, 호흡작용 등 생리기능에 중요하며, 뿌리, 가지, 잎 등의 생장점에 많이 분포되어 있다. 결핍시 신장생장이 불량하여 줄기나 가지가 가늘고 작아지며, 묵은 잎부터 황변하게 떨어지게 하는 것은?

㉮ Fe ㉯ P ㉰ Ca ㉱ N

12 아황산가스의 피해가 심할 때 사용하는 시비는 어느 것이 좋은가?

㉮ 석회 ㉯ 암모니아 ㉰ 염화칼슘 ㉱ 퇴비

13 비료 성분 중 질소의 결핍현상과 가장 거리가 먼 것은?

㉮ 활엽수의 경우 황록색으로 변색된다.
㉯ 침엽수의 경우 잎이 짧아진다.
㉰ 수관의 하부가 황색을 띤다.
㉱ 조기에 낙엽이 되거나 부서지기 쉽다.

해설 ㉱-마그네슘 결핍

14 엽면시비에 관한 설명 중 틀린 것은?

㉮ 이식 후나 뿌리에 장애를 받았을 경우에 사용한다.
㉯ 비료의 농도는 가급적 진하게 하고 한 번에 충분한 양을 하는 것이 효과적이다.
㉰ 약액이 고루 부착되도록 전착제를 사용하는 것이 효과적이다.
㉱ 살포시기는 한낮을 피해 맑은 날 아침이나 저녁 때가 좋다.

해설 비료의 농도는 묽은 농도로 여러번 실시하는 것이 효과적이다.

15 수목의 밑동으로부터 밖으로 방사상 모양으로 땅을 파고 거름을 주는 방법은?

① 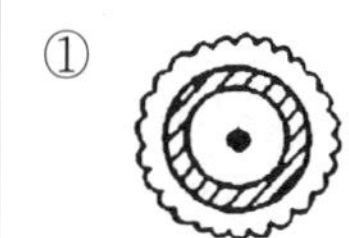
② 
③ 
④ 

㉮ ① ㉯ ② ㉰ ③ ㉱ ④

해설 ① 윤상시비법, ③ 전면시비법, ④ 천공시비법

정답 11. ㉱ 12. ㉮ 13. ㉱ 14. ㉯ 15. ㉯

16 다음 그림은 정원수의 거름주는 방법이다. 이중 방사상 시비법에 해당하는 것은?

㉮ ①
㉯ ②
㉰ ③
㉱ ④

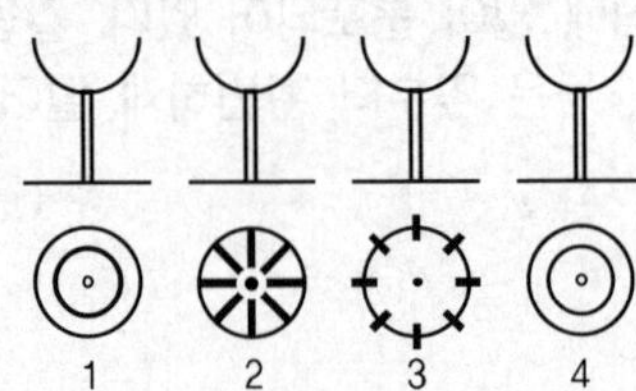

17 분쇄목 우드칩(wood chip)의 사용시 효과로 틀린 것은?

㉮ 토양의 미생물 발생억제
㉯ 토양의 경화방지
㉰ 토양의 호흡증대
㉱ 토양의 수분유지

 분쇄목 우드칩으로 멀칭시 토양의 미생물발생에 긍정적인 영향을 준다.

정답 16. ㉯ 17. ㉮

제 13 장 조경수목의 정지 및 전정관리

01 용어정리

(1) 정지(training)

수목의 수형을 영구히 유지, 보존하기위해 줄기나 가지의 성장조절, 수형을 인위적으로 만들어가는 기초정리 작업

(2) 전정(pruning)

수목관상, 개화결실, 생육상태 조절 등의 목적에 따라 정지하거나 발육을 위해 가지나 줄기의 일부를 잘라내는 정리 작업

02 전정의 목적★

구분	내용
미관상 목적	· 수형에 불필요한 가지 제거로 수목의 자연미를 높임 · 인공적인 수형을 만들 경우 조형미를 높임
실용상 목적	· 방화수, 방풍수, 차폐수 등을 정지, 전정하여 지엽의 생육을 도움 · 가로수의 하계전정 : 통풍원활, 태풍의 피해방지
생리상의 목적	· 지엽이 밀생한 수목 : 정리하여 통풍·채광이 잘 되게 하여 병충해방지, 풍해와 설해에 대한 저항력을 강화시킴 · 쇠약해진 수목 : 지엽을 부분적으로 잘라 새로운 가지를 재생해 수목에 활력제공 · 개화결실수목 : 도장지, 허약지 등을 전정하여 생장을 억제하여 개화·결실 촉진 · 이식한 수목 : 지엽을 자르거나 잎을 훑어주어 수분의 균형을 이루어 활착을 좋게 함

03 전정 시기별 분류

(1) 봄전정(4, 5월)

상록활엽수(감탕나무, 녹나무)	잎이 떨어지고 새잎이 날 때 전정
침엽수(소나무, 반송, 섬잣나무)	순꺾기(순자르기)
봄꽃나무(진달래, 철쭉류)	꽃이 진후 바로 전정
여름꽃나무(무궁화, 배롱나무, 장미)	눈이 움직이기 전에 이른 봄에 전정

(2) 여름전정(6~8월)

강전정은 피함(태풍의 피해를 막기 위해 가지솎기)

(3) 가을전정(9~11월)

동해피해를 입기 쉬워 약전정을 실시, 남부지방은 상록활엽수 전정

(4) 겨울전정(12~3월)

수형을 잡기 위한 굵은 가지 강전정을 실시

· 전정을 하지 않는 수종

① **침엽수 : 독일가문비, 금송, 히말라야시다 등**
② **상록활엽수 : 동백나무, 치자나무, 굴거리나무, 녹나무, 태산목, 만병초, 팔손이**
③ **낙엽활엽수 : 느티나무, 팽나무, 수국, 떡갈나무, 벚나무, 회화나무, 백목련 등**

04 수목의 생장 습성

(1) 정부 우세성

윗가지는 힘차게 자라고 아랫가지는 약해진다.

(2) 활엽수가 침엽수에 비해 강전정에 잘 견딤

(3) 화아 착생 위치의 분류

① 정아에서 분화하는 수종 : 목련, 철쭉, 후박나무 등
② 측아에서 분화하는 수종 : 벚나무, 매화나무, 복숭아나무, 아카시아, 개나리

(4) 화목류의 개화습성

① 신소지(1년생)개화하는 수종 : 장미, 무궁화, 협죽도, 배롱나무, 싸리, 능소화, 아까시나무, 감나무, 등나무, 불두화 등
② 2년생지 개화하는 수종 : 매화나무, 수수꽃다리, 개나리, 박태기나무, 벚나무, 목련, 진달래, 철쭉, 생강나무, 산수유 등
③ 3년생지 개화하는 수종 : 사과나무, 배나무, 명자나무 등

그림. 새가지(Shoot)의 특징

05 정지, 전정의 요령

(1) 정지, 전정의 대상

밀생지(지나치게 자르면 도장지 발생), 교차지, 도장지, 역지, 병지, 고지, 수하지(垂下枝 : 똑바로 아래로 향해서 처진 가지), 평행지, 윤생지, 정면으로 향한 가지, 대생지

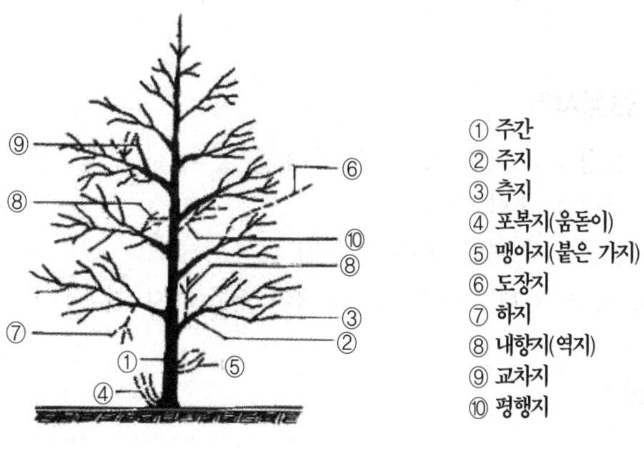

(2) 요령

① 주지선정
② 정부 우세성을 고려해 상부는 강하게 전정, 하부는 약하게 전정

③ 위에서 아래로, 오른쪽에서 왼쪽으로 돌아가면서 전정
④ 굵은 가지는 가능한 수간에 가깝게, 수간과 나란히 자름
⑤ 수관내부는 환하게 솎아내고 외부는 수관선에 지장이 없게 함
⑥ 뿌리 자람의 방향과 가지의 유인을 고려
⑦ 가지끝을 자를 경우 아래쪽으로 향한 눈이 있는 바로 위쪽을 전정(수관이 옆으로 퍼지게 하기 위함)

· 굵은가지의 전정
밑동으로부터 10~15cm 정도 되는 곳에 아래쪽으로부터 굵기 1/3정도 되는 깊이까지 톱으로 상처를 만든후 이 위치보다 높은 곳을 위로부터 자른 후 가지가 떨어져 나가면 밑동에 톱을 내어 가지의 남은 부분을 제거함

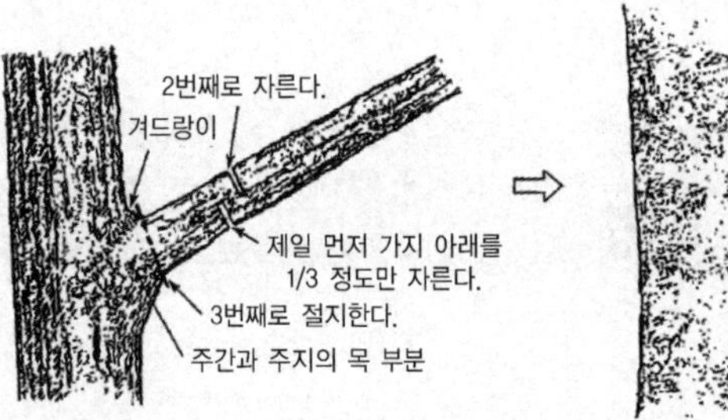

· 가는 가지의 전정
자를 가지의 바깥쪽 눈 7~10mm 바로 위를 비스듬히 자름

(3) 목적에 따른 전정시기

① 수형위주의 전정 : 3~4월 중순, 10~11월 말
② 개화목적의 전정 : 개화 직후
③ 결실목적의 전정 : 수액이 유동하기 전
④ 수형을 축소 또는 왜화 : 이른 봄 수액이 유동하기 전

(4) 산울타리 전정 ★

시기	일반수목은 장마철과 가을, 화목류는 꽃진 후, 덩굴식물은 가을
횟수	생장이 완만한 수종은 연 2회, 맹아력이 강한 수종은 연 3~4회
방법	식재 후 3년 지난 이후에 전정하며 높은 울타리는 옆에서 위로 전정, 상부는 깊게, 하부는 얕게 전정, 높이가 1.5m 이상일 경우에는 위부분은 좁은 사다리꼴 전정

06 전지, 전정 후 처리 방법

① 부후균의 침입을 받기 쉽기 때문에 우수프론과 메르크론 1000 배액으로 소독
② 크레오소트, 구리스유, 페인트, 접랍 등 유성도료로 방수 처리하거나 빗물이 닿지 않도록 뚜껑을 덮어줌

07 부정아를 자라게 하는 방법

(1) 적아(눈지르기)

눈이 움직이기 전 불필요한 눈 제거, 전정이 불가능한 수목에 이용(모란, 벚나무, 자작나무 등)

(2) 적심(순자르기)★

① 지나치게 자라는 가지신장을 억제하기 위해 신초의 끝부분을 따버림, 순이 굳기 전에 실시
② 소나무류 순지르기(꺾기)
  ㉮ 나무의 신장을 억제, 노성(老成)된 우아한 수형을 단기간 내에 인위적으로 유도, 잔가지가 형성되어 소나무 특유의 수형 형성
  ㉯ 방법 : 4~5월경 5~10cm로 자란 새순을 3개 정도 남기고 중심순을 포함하여 손으로 제거

(3) 적엽(잎따기)

① 지나치게 우거진 잎이나 묵은잎 따주기
② 단풍나무나 벚나무류를 이식 부적기에 이식시 수분증발을 막아줌

(4) 유인

① 가지의 생장을 정지시켜 도장을 억제, 착화를 좋게 한다.
② 줄기를 마음대로 유인하여 원하는 수형을 만들어간다.

(5) 가지비틀기

① 가지가 너무 뻗어나가는 것 막고, 착화를 좋게 한다.
② 조경수목으로는 소나무와 분재용으로 사용한다.

(6) 아상

① 원하는 자리에 새로운 가지를 나오게 하거나 꽃눈 형성시키기 위해 이른봄에 실시
② 뿌리에서 상승하는 양분이나 수분의 공급이 차단되어 생장을 억제하거나 촉진시킨다.

(7) 단근(뿌리돌림)

시기	이식하기 6개월~3년 전(뿌리돌림 하였다가 이식적기에 이식)
목적	· 수목의 지하부(뿌리)와 지상부의 균형유지 · 뿌리의 노화현상 방지 · 아랫가지의 발육 및 꽃눈의 수를 늘림 · 수목의 도장 억제
방법	· 근원 직경의 5~6배 되는 곳에 도랑을 파서 근부를 노출케 함 · 뿌리끊기는 90° 로 절단해 45° 정도 기울기로 자름 · 4~5개의 굵은 뿌리를 남기고 단근 · 환상박피 : 신뿌리를 가지게 하는 효과 · 생울타리는 줄기에서 60cm 길이에 길이 방향으로 단근한다.

08 정지, 전정의 도구

① 사다리, 톱, 전정가위(조경수목, 분재전정시), 적심가위, 순치기 가위, 적과가위, 적화가위
② 고지가위(갈고리 가위)★ : 높은 부분의 가지를 자를 때나 열매를 채취할 때 사용한다.

· C/N율

① 식물체 내의 탄수화물과 질소의 비율(중량비율)
② C/N율에 의해 생육과 개화 결실이 지배된다고도 보는데, C/N율이 높으면 개화를 유도하고 C/N율이 낮으면 영양생장이 계속됨
③ 토양에 유기물을 넣을 때 C/N율이 30 이상이면 토양 중에 있는 질소를 미생물이 빼앗으므로, 식물은 질소기아에 걸리게 됨, 탄소율(탄질률)이 높은 볏짚 · 왕겨 등을 넣을 때는 여분의 질소질 비료를 공급하도록 함

· 질소기아(nitrogen starvation)

양의 비율로 토양 중에 있는 질소의 양이 작물의 생육에는 부족하지 않으나, 탄질율이 30 이상 높은 유기물을 넣을 때 미생물이 원래 토양 중에 있는 질소를 빼앗아 이용함 작물이 일시적으로 질소의 부족증상을 일으키는 현상

· T/R율(top/root ratio)

① 무게비율로 식물체의 지상부와 지하부의 무게 비율을 말하며 식물체는 T/R율이 1이 되며 생장하려는 성질
② S/R율(shoot/root ratio)로 나타내기도 하고 지하부의 생장을 위주로 할 때에는 S/R의 역수 R/S율을 사용하기도 함.

기출문제 및 예상문제

1 정지 · 전정의 목적이 아닌 것은?

㉮ 미관향상 ㉯ 기능부여 ㉰ 개화촉진 ㉱ 식재시기조절

2 정지 · 전정의 효과 중 틀린 것은?

㉮ 병해충 방제
㉯ 뿌리발달의 조절
㉰ 수형유지
㉱ 도장지 등을 제거함으로써 수목의 왜화 단축

3 수목은 경관적 · 생태적 이유로 전정을 하게 되는데 가지가 서로 상반되게 뻗어 있는 경우는 무엇인가?

㉮ 도장지 ㉯ 윤생지 ㉰ 교차지 ㉱ 대생지

4 조경수의 정지 및 전정에 관한 일반원칙으로 옳지 않은 것은?

㉮ 주지(主枝)는 가급적 하나로 키운다. ㉯ 무성하게 자란 가지는 제거한다.
㉰ 도장지(徒長枝)는 최대한 보호한다. ㉱ 평행지를 만들지 않는다.

5 수목의 전정작업요령에 관한 설명 중 틀린 것은?

㉮ 전정작업을 하기 전 나무의 수형을 살펴 이루어질 가지의 배치를 염두에 둔다.
㉯ 우선 나무의 정상부로부터 주지의 전정을 실시한다.
㉰ 주지의 전정은 주간에 대해서 사방으로 고르게 굵은 가지를 배치하는 동시에 상하(上下)로도 적당한 간격으로 자리잡도록 한다.
㉱ 상부는 가볍게, 하부는 약하게 한다.

해설 상부는 강하게, 하부는 약하게 전정한다.

정답 1. ㉱ 2. ㉱ 3. ㉰ 4. ㉰ 5. ㉱

6 **낙엽활엽수의 강전정시기 중 가장 피해가 적은 것은?**

㉮ 춘계 ㉯ 하계 ㉰ 추계 ㉱ 동계

7 **전정의 요령으로 옳지 않은 것은?**

㉮ 나무 전체를 충분히 관찰하여 수형을 결정한 후 수형이나 목적에 맞게 전정한다.
㉯ 불필요한 도장지는 단 한번에 제거해야 한다.
㉰ 수양버들처럼 아래로 늘어지는 나무는 위쪽의 눈을 남겨 둔다.
㉱ 특별한 경우를 제외하고는 줄기 끝에서 여러 개의 가지가 발생하지 않도록 해야 한다.

8 **조경수의 전정방법으로 옳지 않은 것은?**

㉮ 전체적인 수형을 구성을 미리 정한다.
㉯ 충분한 햇빛을 받을 수 있도록 가지를 배치한다.
㉰ 병해충 피해를 받은 가지를 제거한다.
㉱ 아래에서 위로 올라가면서 전정한다.

전정방법 : 주지를 선정, 위에서 아래로 오른쪽에서 왼쪽으로 돌아가면서 전정한다.

9 **수목의 굵은 가지치기 요령 중 가장 거리가 먼 것은?**

㉮ 잘라낼 부위는 가지의 밑둥으로부터 10~15cm 부위를 위에서부터 밑까지 내리 자른다.
㉯ 잘라낼 부위는 아래쪽에 가지굵기의 1/3 정도 깊이까지 톱자국을 먼저 만들어 놓는다.
㉰ 톱을 돌려 아래쪽에 만들어 놓은 상처보다 약간 높은 곳을 위로부터 내리 자른다.
㉱ 톱으로 자른 자리의 거친 면은 손칼로 깨끗이 다듬는다.

잘라낼 부위는 가지의 밑둥으로부터 10~15cm 부위를 아래쪽에서 1/3 정도까지 깊이까지 톱자국을 먼저 만든 상처보다 다음 약간 높은 곳을 위로부터 내리 자른후 거친면을 손칼로 다듬어낸다.

10 **정원수를 이식할 때 가지와 잎을 적당히 잘라 주었다. 다음 목적 중 해당되는 것은?**

㉮ 생장 조절을 돕는 가지 다듬기
㉯ 생장을 억제하는 가지 다듬기
㉰ 세력을 갱신하는 가지 다듬기
㉱ 생리 조절을 위한 가지 다듬기

정답 6. ㉱ 7. ㉯ 8. ㉱ 9. ㉮ 10. ㉱

11 **다음 중 한 가지에 많은 봉우리가 생긴 경우 솎아 낸다든지, 열매를 따버리는 등의 작업 목적으로 가장 적당한 것은?**

㉮ 생장조장을 돕는 가지 다듬기
㉯ 세력을 갱신하는 가지 다듬기
㉰ 착화 및 착과 촉진을 위한 가지 다듬기
㉱ 생장을 억제하는 가지 다듬기

12 **전년도의 가지에 꽃이 피는 라일락의 개화상태를 감상하기 위한 가장 적절한 전정시기는?**

㉮ 봄철 꽃이 진 바로 직후
㉯ 지엽이 무성한 여름철
㉰ 낙엽이 진 직후의 가을철
㉱ 겨울철 휴면기

13 **향나무, 주목 등을 일정한 모양으로 유지하기 위하여 전정을 하여 형태를 다듬었다. 가지 다듬기는 어떤 목적을 위한 작업인가?**

㉮ 생장 조절을 돕는 가지 다듬기
㉯ 생장을 억제하는 가지 다듬기
㉰ 세력을 갱신하는 가지 다듬기
㉱ 생리 조절을 위한 가지 다듬기

14 **생울타리 관리시 가지가 무성하여 아랫가지가 말라 죽을 때 뿌리자름방법으로 옳은 것은?**

㉮ 줄기에서 30cm 길이에 울타리 길이 방향으로 길게 구덩이를 파서 뿌리를 잘라 준다.
㉯ 줄기에서 60cm 길이에 울타리 길이 방향으로 길게 구덩이를 파서 뿌리를 잘라 준다.
㉰ 줄기에서 80cm 길이에 울타리 길이 방향으로 길게 구덩이를 파서 뿌리를 잘라 준다.
㉱ 줄기에서 90cm 길이에 울타리 길이 방향으로 길게 구덩이를 파서 뿌리를 잘라 준다.

15 **굵은 가지를 전정하였을 때 전정 부위에 반드시 도포제를 발라주어야 하는 수종은?**

㉮ 잣나무
㉯ 메타세쿼이아
㉰ 소나무
㉱ 벚나무

정답　**11. ㉰　12. ㉮　13. ㉯　14. ㉯　15. ㉱**

16 **인공적인 수형을 만드는데 적합한 수목의 특징으로 틀린 것은?**

㉮ 자주 다듬어도 자라는 힘이 쇠약해지지 않는 나무
㉯ 병이나 벌레 등에 견디는 힘이 강한 나무
㉰ 되도록 잎이 작고 잎의 양이 많은 나무
㉱ 다듬어 줄 때마다 잔가지와 잎보다는 굵은 가지가 잘 자라는 나무

17 **다음 중 인공적 수형을 만드는데 적합한 수종이 아닌 것은?**

㉮ 꽝꽝나무 ㉯ 아왜나무 ㉰ 주목 ㉱ 벚나무

18 **다음 조경수 가운데 자연적인 수형이 구형인 것은?**

㉮ 배롱나무 ㉯ 백합나무 ㉰ 회화나무 ㉱ 은행나무

19 **전정도구 중 주로 연하고 부드러운 가지나 수관 내부의 가늘고 약한 가지를 자를 때와 꽃꽂이를 할 때 흔히 사용하는 것은?**

㉮ 대형전정가위 ㉯ 적심가위 또는 순치기가위
㉰ 적화, 적과가위 ㉱ 조형전정가위

20 **소나무나 오엽송 등의 높은 위치에 가지를 전정하거나 열매를 채취할 경우 사용하는 전정 가위는?**

㉮ 갈고리 전정가위(고지가위) ㉯ 조형전정가위
㉰ 대형전정가위 ㉱ 순치기가위

21 **전정가위의 사용법에 대한 설명으로 잘못된 것은?**

㉮ 전정가위의 날을 가지 밑으로 가게 한다.
㉯ 전정가위를 가지에 비스듬히 대고 자른다.
㉰ 잘려지는 부분을 잡고 밑으로 약간 눌러준다.
㉱ 가위를 위쪽에서 몸 앞쪽으로 돌리는 듯 자른다.

해설 전정가위를 제거할 가지에 가위날을 밑으로 가게한 후 직각으로 대고 자른다.

정답 16. ㉱ 17. ㉱ 18. ㉰ 19. ㉯ 20. ㉮ 21. ㉯

22 **조경수목의 하자로 판단이 되는 기준은?**

㉮ 수관부의 가지가 약 1/2 이상 고사시
㉯ 수관부의 가지가 약 2/3 이상 고사시
㉰ 수관부의 가지가 약 3/4 이상 고사시
㉱ 수관부의 가지가 약 3/5 이상 고사시

23 **눈이 트기 전 가지의 여러 곳에 자리잡은 눈 가운데 필요로 하지 않은 눈을 따버리는 작업을 무엇이라 하는가?**

㉮ 순지르기
㉯ 열매따기
㉰ 눈따기
㉱ 가지치기

24 **소나무의 순따기에 관한 설명 중 바르지 못한 것은?**

㉮ 해마다 5~6월경 새순이 6~9cm 자라는 무렵에 실시한다.
㉯ 손끝으로 따주어야 하고, 가을까지 끝내면 된다.
㉰ 노목이나 약해보이는 나무는 다소 빨리 실시한다.
㉱ 순따기를 한 후에는 토양이 과습하지 않아야 한다.

25 **수목의 전정에 관한 다음 사항 중 틀린 것은?**

㉮ 가로수의 밑가지는 2m 이상 되는 곳에서 나오도록 한다.
㉯ 이식 후 활착을 위한 전정은 본래의 수형이 파괴되지 않도록 한다.
㉰ 봄 전정(4~5월)시 진달래, 목련 등의 화목류는 개화가 끝난 후에 하는 것이 좋다.
㉱ 여름 전정(6~8월)은 수목의 생장이 왕성한 때이므로 강전정을 해도 나무가 상하지 않아서 좋다.

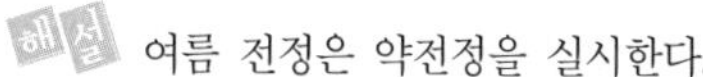
해설 여름 전정은 약전정을 실시한다.

26 **제1신장기를 마치고 가지와 잎이 무성하게 자라면 통풍이나 채광이 나쁘게 되기 때문에 도장지나 너무 혼잡하게 된 가지를 잘라 주어 광·통풍을 좋게 하기 위한 전정은?**

㉮ 봄 전정
㉯ 여름 전정
㉰ 가을 전정
㉱ 겨울 전정

정답 22. ㉯ 23. ㉰ 24. ㉯ 25. ㉱ 26. ㉯

27 줄기의 썩은 부분을 도려내고 구멍에 충진 수술을 하고자 한다. 가장 효과적인 시기는?

㉮ 2월 이전 ㉯ 4월 이후
㉰ 11월 이후 ㉱ 12월 이후

28 동계 전정에 대한 설명으로 틀린 것은?

㉮ 낙엽수는 휴면기에 실시하므로 전정을 하여도 나무에 별 피해가 없다.
㉯ 제거대상 가지를 발견하기 쉽고 작업도 용이하다.
㉰ 12~3월에 실시한다.
㉱ 상록수는 동계에 강전정하는 것이 가장 좋다.

29 전정시기에 따른 전정요령에 대한 설명 중 틀린 것은?

㉮ 진달래, 목련 등 꽃나무는 꽃이 충실하게 되도록 개화 직전에 전정해야 한다.
㉯ 하계전정시는 통풍과 일조가 잘되게 하고, 도장지는 제거해야 한다.
㉰ 떡갈나무는 묵은 잎이 떨어지고, 새 잎이 나올 때가 전정의 적기이다.
㉱ 가을에 강전정을 하면 수세가 저하되어 역효과가 난다.

30 전정시기와 횟수에 관한 설명 중 옳지 않은 것은?

㉮ 침엽수는 10~11월경이나 2~3월에 한 번 실시한다.
㉯ 상록활엽수는 5~6월과 9~10월경 두 번 실시한다.
㉰ 낙엽수는 일반적으로 11~3월 및 7~8월경에 각각 한 번 또는 두 번 전정한다.
㉱ 관목류는 일반적으로 계절이 변할 때마다 전정하는 것이 좋다.

31 정원수의 전지 및 전정방법으로 틀린 것은?

㉮ 보통 바깥눈의 바로 윗부분을 자른다.
㉯ 도장지, 병지, 고사지, 쇠약지, 서로 휘감긴 가지 등을 제거한다.
㉰ 침엽수의 전정은 생장이 왕성한 7~8월경에 실시하는 것이 좋다.
㉱ 도구로는 고지가위, 양손가위, 꽃가위, 한손가위 등이 있다.

정답 27. ㉯ 28. ㉱ 29. ㉮ 30. ㉱ 31. ㉰

32 소나무의 순자르기는 어떤 목적을 위한 가지다듬기인가?

㉮ 생장 조장을 돕는 가지다듬기
㉯ 생장을 억제하는 가지다듬기
㉰ 세력을 갱신하는 가지다듬기
㉱ 생리 조정을 위한 가지다듬기

33 소나무의 순자르기방법이 잘못된 것은?

㉮ 수세가 좋거나 어린나무는 다소 빨리 실시하고 노목이나 약해 보이는 나무는 5~7일 늦게 한다.
㉯ 손으로 순을 따 주는 것이 좋다.
㉰ 5월경에 새순이 5~10cm 길이로 자랐을 때 실시한다.
㉱ 자라는 힘이 지나치다고 생각될 때에는 1/3~1/2정도 남겨두고 끝부분을 따 버린다.

노목이나 약해보이는 나무는 빨리 실시하고 수세가 좋거나 어린 나무는 5~7일 정도 늦게 실시한다.

34 노목이나 쇠약해진 나무의 보호대책으로 가장 옳지 않은 것은?

㉮ 말라죽은 가지는 밑동으로부터 잘라내어 불에 태워버린다.
㉯ 바람맞이에 서 있는 노목은 받침대를 세워 흔들리는 것을 막아준다.
㉰ 유기질거름 보다는 무기질거름만을 수시로 나무에 준다.
㉱ 나무 주위의 흙을 자주 갈아 엎어 공기유통과 빗물이 잘 스며들게 한다.

35 다음 다듬어야 할 가지들 중 얽힌 가지는?

㉮ 1
㉯ 2
㉰ 3
㉱ 4

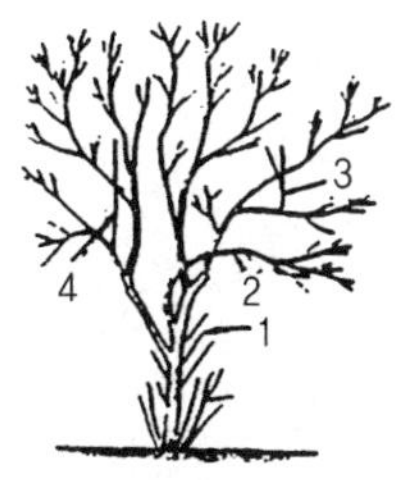

36 다음 그림 중 윤상거름 주기를 할 때, 시비의 위치로 가장 적합한 곳은?

㉮ ①
㉯ ②
㉰ ③
㉱ ④

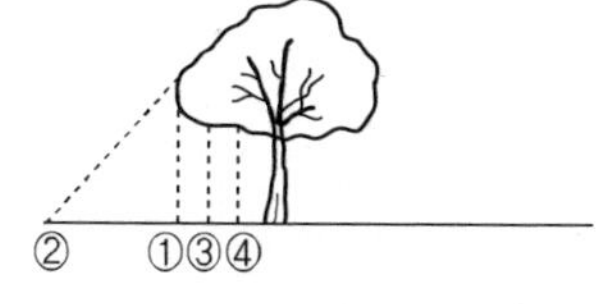

정답 32. ㉯ 33. ㉮ 34. ㉰ 35. ㉯ 36. ㉮

37 다음 그림 중 수목의 가지에서 마디 위 다듬기 요령으로 가장 좋은 것은?

해설 마디 위 다듬기 요령 : 바깥눈 7~10mm 위에서 눈과 평행하기 자른다.

38 토피어리(형상수)를 만드는 방법 및 순서에 관한 설명으로 틀린 것은?

㉮ 상처에 유합조직이 생기기 쉬운 따뜻한 계절을 택하여 실시한다.
㉯ 불필요하다고 판단되는 가지를 쳐버린 다음, 남은 가지를 적당한 방향으로 유인하다.
㉰ 강전정으로 형태를 단번에 만들지 말고, 순차적으로 원하는 수형을 만들어간다.
㉱ 토피어리를 만드는 방법은 어떤 수종이든 규준틀을 만들어 가지를 유인하는 것이 가장 효과적이다.

정답 37. ㉱ 38. ㉱

제14장 조경수목의 병해

01 병해 용어

① 주인 : 병 발생의 주된 원인
② 유인 : 병 발생의 2차적 원인
③ 기주식물 : 병원체가 이미 침입하여 정착한 병든 식물
④ 감수성 : 수목이 병원 걸리기 쉬운 성질
⑤ 전반 : 병원체가 여러 가지 방법으로 기주식물에 도달하는 것

물에 의한 전반	향나무 적성병균
바람에 의한 전반	잣나무 털녹병균
곤충, 소동물에 의한 전반	오동나무·대추나무 빗자루병, 포플러 모자이크 병균
토양에 의한 전반	묘목의 입고병균

⑥ 감염 : 병원체가 그 내부에 정착하여 기생관계가 성립되는 과정
⑦ 잠복기간 : 감염에서 병징이 나타나기까지, 발병하기까지의 기간
⑧ 병징 : 병든식물자체의 조직변화(색깔의 변화, 천공, 위조, 괴사, 위축)
⑨ 표징 : 병원체가 병든 식물체상의 환부에 나타나 병의 발생을 알림(진균의 경우)
⑩ 병환 : 병원체가 새로운 기주식물에 감염하여 병을 일으키고 병원체를 형성하는 일련의 연속적인 과정

02 병원의 분류

(1) 전염성

병원체	표징	병의 예
바이러스(virus)	없음	모자이크병
파이토플라즈마(phyfoplasma)	없음	대추나무 빗자루병, 뽕나무 오갈병
세균(bacteria)	거의 없음	뿌리혹병, 풋마름병, 불마름병
진균(fungi)	균사, 균사속, 포자, 버섯 등	엽고병, 녹병, 모잘록병, 벚나무 빗자루병, 흰가루병, 가지마름병, 그을림병 등
선충(nematode)	없음	소나무 시듦병

(2) 비전염성

① 부적당한 토양조건 : 토양수분의 과부족, 양분결핍 및 과잉, 토양 중 유해물질, 통기성 불량, 토양산도의 부적합
② 부적당한 기상조건 : 지나친 고온 및 저온, 광선부족, 건조와 과습, 바람 · 폭우 · 서리 등
③ 유해물질에 의한 병 : 대기오염, 토양 오염, 염해, 농약의 해
④ 농기구 등에 의한 기계적 상해

03 식물병의 방제법

① 비배관리 : 질소질 비료를 과용하면 동해(凍害) 또는 상해(霜害)를 받기 쉽다.
② 환경조건의 개선 : 토양전염병은 과습할 때 피해가 크므로 배수, 통풍을 조절 할 것
③ 전염원의 제거 : 간염된 가지나 잎을 소각하거나 땅속에 묻는다.
④ 중간기주식물 : 균이 생활사를 완성하기 위해 식물 군을 옮겨가면서 생활하는데 2종의 기주식물 중 경제적 가치가 적은 쪽을 말함

[녹병균의 중간기주식물의 예]

병명	기주식물	
	녹병포자 · 녹포자세대	중간기주(여름포자 · 겨울포자세대)
잣나무 털녹병	잣나무	송이풀, 까치밥나무
소나무 혹병	소나무	졸참나무, 신갈나무
배나무 적성병	배나무	향나무(여름포자세대가 없음)
포플러나무 녹병	포플러	낙엽송

⑤ 윤작실시 : 연작에 의해 피해가 증가하는 수병(침엽수의 입고병, 오리나무 갈색무늬병, 오동나무의 탄저병)
⑥ 식재 식물의 검사
⑦ 종자나 토양 소독
⑧ 내병성 품종의 이용

04 약제 종류

(1) 살포시기에 따른 분류

보호살균제	침입전에 살포하여 병으로부터 보호하는 약제(동제)
직접살균제	병환부위에 뿌려 병균을 죽이는 것(유기수은제)
치료제	병원체가 이미 기주식물의 내부조직에 침입한 후 작용

(2) 주요성분에 따른 분류

① 동제(보르도액)(보호살균제)

㉮ 석회유액과 황산동액으로 조제 a-b식으로 부름(a : 황산동, b :생석회)

㉯ 석회유에 황산동액을 혼합(가열되어 약해를 받을 수 있음)

㉰ 사용할 때 마다 조제하여야 효과적이다.

㉱ 바람이 없는 약간 흐린 날 식물체 표면에 골고루 살포하며 전착제를 사용해 효과를 높인다.

㉲ 흰가루병, 토양전염성병에는 효과 없다.

② 유기수은제 : 병원균에 의한 전염성병을 방제할 목적(직접살균제), 독성문제로 사용금지

③ 황제 : 무기황제(석회황합제), 유기황제 : 지네브제(다이젠 M-45), 마네브제(다이젠 M-22), 퍼밤제, 지람제

④ 유기합성살균제 : PCNB제, CPC제, 캡탄제

⑤ 항생물질계

㉮ 파이토플라즈마에 의한 수병 치료에 효과를 보이고 있음

㉯ 테트라사이클린계 : 오동나무·대추나무 빗자루병

㉰ 사이클론헥시마이드 : 잣나무 털녹병

05 조경수목의 주요 병해

(1) 흰가루병★

① 병상 및 환경

㉮ 잎에 흰곰팡이 형성, 광합성을 방해, 미적 가치를 크게 해침

㉯ 자낭균에 의한 병으로 활엽수에 광범위하게 퍼짐(기주선택성을 보임)

㉰ 주야의 온도차가 크고, 기온이 높고 습기가 많으면서 통풍이 불량한 경우에 신초부위에서 발생

② 방제 : 일광 통풍을 좋게함, 석회황합제 살포, 여름엔 수화제(만코지, 지오판, 베노밀) 2주간격으로 살포, 4-4식 보르도액, 병든가지는 태우거나 땅속에 묻어서 전염원을 없앤다.

(2) 그을음병★

① 병상 및 환경

㉮ 진딧물이나 깍지벌레 등의 흡즙성 해충이 배설한 분비물을 이용해서 병균이 자람

㉯ 잎, 가지, 줄기를 덮어서 광합성을 방해하고 미관을 해침

㉰ 자낭균에 의한 병으로 사철나무, 쥐똥나무, 라일락, 대나무 등에서 관찰

② 방제 : 일광 통풍을 좋게함, 진딧물이나 깍지벌레 등의 흡즙성해충을 방제, 만코지수화제, 지오판 수화제 살포

(3) 붉은별 무늬병(적성병)★

① 병상 및 환경 : 6~7월에 모과나무, 배나무, 명자꽃의 잎과 열매에 녹포자퇴의 형상이 생김, 병든잎 조기 낙엽(장미과에 속하는 조경수에 피해)

② 방제 : 만코지수화제, 폴리옥신 수화제 살포, 중간기주제거(과수원근처 2km이내엔 향나무 식재할 수 없음)

(4) 갈색무늬병(갈반병)

① 병상 및 환경

㉮ 자낭균에 의해 생기며 활엽수에 흔히 발견

㉯ 잎에 작은 갈색 점무늬가 나타나고 점차 커지고 불규칙하거나 둥근병반을 만듦

㉰ 6~7월부터 병징이 나타나서 조기낙엽되어 수세가 약해짐

② 방제 : 병든잎을 수시로 태우거나 묻어버림, 초기엔 만테브 수화제, 베노밀 수화제를 2주간격으로 살포, 보르도액 살포

(5) 빗자루병★

① 병상 및 환경

㉮ 병든잎과 가지가 왜소해지면서 빗자루처럼 가늘게 무수히 갈라짐

㉯ 파이토플라즈마에 의한 빗자루병 : 대추나무, 오동나무, 붉나무 등에서 발견되며 마름무늬 매미충의 매개충에 의해 매개전염

㉰ 자낭균에 의한 빗자루병 : 벚나무, 대나무에서 발견

② 방제

㉮ 파이토플라스마의 의한 빗자루병 : 매개충을 메프 수화제나 비피유제로 6~10월 2주간격으로 살포, 옥시테트라사이클린계 항생제 수간주사, 병든부위 자른후 소각

㉯ 자낭균에 의한 빗자루병 : 이른 봄에 병지를 잘라 태우거나 꽃이 진후 보르도액이나 만코지 수화제를 2~3회 나무전체에 살포함

(6) 줄기마름병(동고병)

① 병상 및 환경 : 수피에 외상이 생겨 병원균이 침입하여 줄기와 가지가 말라 고사

② 방제 : 전정 후 상처치료제와 방수제 사용

(7) 모잘록병

① 병상 및 환경

㉮ 토양으로부터 종자, 어린묘에 감염되며 토양이 과습할 때 발생

㉯ 침엽수(소나무, 전나무, 낙엽송, 가문비나무)에 많이 발생

② 방제

㉮ 토양이나 종자 소독, 토양 배수관리 철저, 통기성을 좋게 함

㉯ 질소과용을 금지하고 인산질 비료를 충분히 사용하고 완전히 썩은 퇴비를 줌

(8) 소나무재선충병★

① 병상 및 환경

공생 관계에 있는 솔수염하늘소(수염치레하늘소)의 몸에 기생하다가, 솔수염하늘소의 성충이 소나무의 잎을 갉아 먹을 때 나무에 침입하는 재선충에 의해 소나무가 말라 죽는 병이다.

② 방제

매개충의 확산 경로 차단을 위한 항공·지상 약제 살포·재선충과 매개충을 동시에 제거하기 위한 고사목 벌채 및 훈증

(9) 참나무시들음병★

① 병상 및 환경

㉮ 병원균 : *Raffaelea quercus-mongolicae*(라펠리아 속의 신종 곰팡이)

㉯ 매개충 : 광릉긴나무좀(Platypus koryoensis)으로 참나무·갈참나무·상수리나무·서어나무 등에 서식하며 수세가 약한 나무나 잘라 놓은 나무의 목질부(木質部)를 가해한다.

㉰ 병원균이 지닌 매개충이 생임목에 침입하여 변재부에서 곰팡이를 감염시키면 곰팡이가 침입갱도를 따라 퍼짐·퍼진 곰팡이가 도관을 막아 수분과 양분의 상승을 차단함으로 시들으면서 죽게 된다.

② 방제

소구역모두베기, 벌채 및 훈증, 지상약제살포, 유인목설치, 끈끈이트랩설치

기출문제 및 예상문제

1 배나무 붉은별무늬병의 겨울포자 세대의 중간기주 식물은?

㉮ 잣나무　　㉯ 향나무
㉰ 배나무　　㉱ 느티나무

2 다음 병원체의 월동방법 중 토양 중에서 월동하는 병원균은?

㉮ 자주빛날개무늬병균　　㉯ 소나무잎떨림병균
㉰ 밤나무줄기마름병균　　㉱ 잣나무털녹병균

3 다음 중 잡초방제용 제초제가 아닌 것은?

㉮ 메프수화제(스미치온)　　㉯ 씨마네수화제(씨마진)
㉰ 알라유제(라쏘)　　㉱ 파라코액제(그라목손)

해설 ㉮-살충제

4 다음 중 생장조절제가 아닌 것은?

㉮ 비에이액제(영일비에이)　　㉯ 도마도톤액제(정미도마도톤)
㉰ 인돌비액제(도래미)　　㉱ 파라코액제(그라목손)

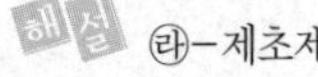

해설 ㉱-제초제

5 수목에 피해를 주는 병해 가운데 나무 전체에 발생하는 병은?

㉮ 흰비단병, 근두암종병　　㉯ 암종병, 가지마름병
㉰ 시듦병, 세균성 연부병　　㉱ 붉은별무늬병, 갈색무늬병

정답　1. ㉯　2. ㉮　3. ㉮　4. ㉱　5. ㉰

6 잣나무 털녹병균의 중간기주 역할을 하는 나무는?

㉮ 송이풀, 까치밤나무
㉯ 측백나무, 향나무
㉰ 모과나무, 배나무
㉱ 굴참나무, 졸참나무

7 일반적으로 빗자루병이 가장 쉽게 발생하는 대표 수종은?

㉮ 향나무
㉯ 동백나무
㉰ 대추나무
㉱ 장미

해설 빗자루병 발병수종 : 대추나무, 오동나무

8 갈색무늬병에 관한 설명 중 틀린 것은?

㉮ 보르도액을 살포하여 방제한다.
㉯ 주로 봄부터 가을 사이에 발생한다.
㉰ 발생하기 전에 농약을 예방·살포하는 것이 바람직하다.
㉱ 깍지벌레를 구제한다.

9 다음 보기에서 설명하고 있는 병은?

- 수목에 치명적인 병은 아니지만 발생하면 생육이 위축되고 외관을 나쁘게 한다.
- 장미, 단풍나무, 배롱나무, 벚나무 등에 많이 발생한다.
- 병든 낙엽을 모아 태우거나 땅속에 묻음으로써 전염원을 차단하는 것이 필수적이다.
- 통기불량, 일조부족, 질소과다 등이 발병유인이다.

㉮ 흰가루병
㉯ 녹병
㉰ 빗자루병
㉱ 그을음병

흰가루병 : 주야의 온도차가 크고, 기온이 높고 습기가 많으면서 통풍이 불량한 경우에 신초부위에서 발생

정답 6. ㉮ 7. ㉰ 8. ㉱ 9. ㉮

제 15 장 조경수목의 충해

01 곤충의 형태

(1) 구분

① 머리(입틀 : 저작구, 흡수구, 눈, 촉각), 가슴, 배 3부분으로 구성
② 가슴이나 배에는 기문이라는 구멍이 있으며 이 구멍을 통해 기관호흡을 하고 해충방제 시 약제가 체내에 침입하여 죽게함

(2) 변태

알에서 부화한 유충이 여러 차례 탈피하여 성충으로 변하는 현상
① 완전변태 : 알 → 애벌레 → 번데기 → 성충
② 불완전변태 : 알 → 애벌레 → 성충

02 가해습성에 따른 조경수의 해충 분류★

가해습성	주요해충
흡즙성	응애, 진딧물, 깍지벌레, 방패벌레
식엽성	흰불나방, 풍뎅이류, 잎벌, 집시나방, 회양목명나방
천공성	소나무좀, 하늘소, 박쥐나방
충영형성	솔잎혹파리

03 흡즙성해충

(1) 깍지벌레류

콩 꼬투리 모양의 보호깍지로 싸여 있고 왁스물질을 분비하는 작은 곤충으로 몸길이가 2~8mm

① 피해

㉮ 조경수목에 많은 피해를 주며, 주로 가지에 붙어서 즙액을 빨고 잎에서 빨아 가지의 생장이 저해되고 수세가 약해짐

㉯ 깍지벌레의 분비물 때문에 2차적 그을음병을 유발

② 방제

화학적 방제법	기계유제 살포, 침투성 농약을 타서 함께 살포, 활력이 왕성한 나무에서는 질소비료를 삼가함
생물학적 방제	무당벌레류, 풀잠자리

(2) 응애류

몸길이가 0.5mm 이하로 아주 작은 절지동물

① 피해

㉮ 나무의 즙액을 빨아 먹으며 잎에 황색반점을 만들고 반점이 많아지면 잎 전체가 황갈색으로 변함

㉯ 나무의 생장이 감퇴되고 약해지고 피해가 심하면 고사함

② 방제

화학적 방제법	같은 약제의 계속 이용을 피함, 테디온유제, 디코폴유제
생물학적 방제	무당벌레류, 풀잠자리, 거미 등

(3) 진딧물류★

① 피해

㉮ 침엽수와 활엽수에 광범위하게 피해를 주며 번식이 빠름

㉯ 즙액을 빨아먹고 감로를 생산해 개미와 벌이 모여들고 2차적으로 그을음병을 초래

㉰ 월동난에서 부화한 유충이 수목의 줄기 및 가지에 기생하며 잎이 마르고 수세약화, 활엽수 및 침엽수 수종에 피해

② 방제

화학적 방제법	살충용 비누를 타서 동력분무기로 분사, 메타유제, 아시트수화제, 마라톤유제, 개미를 박멸
생물학적 방제	풀잠자리, 무당벌레류, 꽃등애류, 기생봉 등

(4) 방패벌레

성충의 몸길이가 4mm 이내 되는 작은 곤충으로 위에서 내려다보면 방패모양

① 피해

㉮ 활엽수 잎의 뒷면에서 즙액을 빨아 먹음

㉯ 연 2회에서 5회까지 종에 따라 다르며 버즘나무, 물푸레나무에 연 2회 가해

② 화학적 방제법 : 메프유제, 나크 수화제를 수관에 7~10일 간격으로 2~3회 살포

04 식엽성해충

(1) 흰불나방★

성충의 몸이 흰색이고 야간 불빛에 잘 모여서 얻은 이름, 미국이 원산

① 피해

㉮ 1년에 2회 발생, 1회(5~6월), 2회(7~8월)

㉯ 겨울철에 번데기 상태로 월동, 성충의 수명은 3~4일

㉰ 가로수와 정원수에 피해가 심하며 포플러, 버즘나무 등 160 여종의 활엽수 잎을 먹으며 부족하면 초본류도 먹는다.

㉱ 1화기 유충은 6월하순까지는 집단생활을 하므로 벌레집을 제거하는 것이 효율적

화학적 방제법	디프유제, 메트수화제, 파프수화제, 주론수화제,
생물학적 방제	・천적이용 : 긴등기 생파리, 송충알벌, 검정명주 딱정벌레, 나방살이납작맵시벌 ・생물농약 : 비티(Bt)수화제(슈리사이드)를 수관에 살포

(2) 솔나방

① 피해

㉮ 송충과 애벌레가 솔잎을 갉아 먹으며, 가을에 잠복소 설치

㉯ 소나무, 곰솔, 리기다소나무, 잣나무, 낙엽송 등에 피해

화학적 방제법	디프액제, 파라티온
생물학적 방제	맵시벌, 고치벌

(3) 그밖의 식엽성 해충

회양목 명나방, 매미나방(집시나방), 잎벌류

05 천공성해충

(1) 소나무좀★

성충의 몸길이가 5mm 보다 작은 곤충

① 피해

㉮ 수세가 약한 나무를 집중적 가해(이식조경수에 피해)

㉯ 소나무, 곰솔, 잣나무 등 소나무류에만 기생, 연1회 발생하지만 봄과 여름 두 번에 걸쳐 가해

㉰ 성충으로 월동하며 3월 말~4월초 수목의 수피에 구멍을 내고 들어가 알을 산란

② 방제

㉮ 봄철 수목이식시 수간에 살충제 살포, 성충의 산란을 막거나 훈증으로 죽임

㉯ 메프유제와 다수진 유제를 혼합하여 5~7일 간격으로 3~5회 살포

(2) 바구미

성충의 몸길이가 10mm이내의 곤충

① 피해

㉮ 소나무, 곰솔, 잣나무류, 가문비나무 등 쇠약한 수목 벌채한 원목을 가해

㉯ 연1회 발생, 성충으로 월동 4월에 수피가 얇은 곳에 구멍을 뚫고 알(1~2개)을 산란하고 부화한 유충은 형성층을 가해하여 가지를 고사시킴

② 방제

㉮ 나무의 수세를 튼튼하게 함, 다른 쇠약목이나 벌채 원목으로 유인하여 산란 후 5월 중순에 껍질을 벗겨 소각

㉯ 약제방제는 4월 중순부터 메프 · 파프 유제를 10간격으로 2~3회 살포

(3) 하늘소

① 피해

㉮ 유충이 침엽수와 활엽수의 형성층을 가해하여 수세가 쇠약해져 고사하거나 줄기가 부러짐

㉯ 측백나무 하늘소 : 향나무류, 측백나무, 편백, 삼나무 가해(연1회 발생, 성충의 발생 및 산란은 3~4월)

㉰ 알락 하늘소 : 단풍나무, 버즘나무, 튤립나무, 벚나무 외에 많은 활엽수 가해

② 방제

㉮ 유충기에 메프유제를 고농도 살포, 침입공이 발견되면 철사를 넣어 죽임

㉯ 산란기에 수간 밑동을 비닐로 싸거나 석회유를 도포

(4) 박쥐나방

박쥐처럼 저녁에 활동

① 피해

㉮ 버드나무류, 포플러류, 버즘나무, 단풍나무, 과수 등 활엽수, 침엽수 등 조경수에서 줄기를 가해하여 바람에 쉽게 부러지게 만듬

㉯ 지표면에서 알로 월동한 후 5월에 부화하여 잡초의 지제부(지하부와 지상부의 경계부위)를 먹다가 수목으로 이동하여 가지와 줄기를 파먹음

② 방제

㉮ 벌레집(눈으로 식별가능)을 제거하고 구멍에 메프 수화제 주입

㉯ 조경수 주변에 풀깎기 철저(유충이 먹을 수 있는 풀 제거), 주변에 살충제를 섞은 톱밥멀칭

06 충영형성해충

(1) 솔잎혹파리

성충의 몸길이가 2.5mm의 아주 작은 파리

① 피해

㉮ 소나무와 곰솔 등 2엽송 잎의 기부에 혹을 형성(연 1회발생)

㉯ 유충이 솔잎 기부에 벌레혹(충영)을 형성하고 수액을 빨아 먹으며 잎이 더 이상 자라지 못하고 갈색으로 변하게 조기 낙엽

② 방제

화학적 방제법	· 침투성 포스팜(다이메크론) 50% 유제를 6월에 수간주사(약해에 주의) · 스미치온 500배액을 산란기(6월중)에 수관에 살포
생물학적 방제	· 산솔새가 유충을 잡아먹으므로 산솔새를 보호 · 천적으로는 솔잎혹파리먹좀벌, 혹파리등뿔먹좀벌 등

(2) 밤나무 혹벌

① 피해

유충이 밤나무 눈에 기생하여 충영을 형성 새순이 자라지 못하게 하여 결실에 장애

② 방제

㉮ 성충이 탈출 전에 벌레혹을 제거하여 소각

㉯ 천적 : 꼬리좀벌, 노랑꼬리좀벌, 배잘록왕꼬리좀벌, 상수리좀벌, 큰다리 남색좀벌류 등

07 해충의 방제

(1) 법적 규제

식물검역을 통해 해충의 국내 반입을 사전에 봉쇄

(2) 저항성수종선택

병충해가 적고 환경내성이 있는 품종선택(주목, 개나리, 튤립나무 등)

(3) 종다양성유지

다양한 수종을 선택

(4) 환경조절

① 적절한 시비, 배수, 관수로 수목의 활력을 증진
② 적절한 솎아베기(간벌), 가지치기를 통해 해충을 억제
③ 낙엽 가지 등 지피물 제거하여 해충의 월동장소나 숨을장소 없앰

(5) 생물학적방제 : 생물의 천적을 이용하는 방법

① 해충을 잡아먹는 포식성 곤충, 기생성 곤충을 이용 : 무당벌레, 풀잠자리가 진딧물을 잡아먹음
② 나방류에는 기생하는 병균이용 : 체내에 병을 일으키는 박테리아를 살포하는 비티(Bt) 수화제 이름으로 시판
③ 해충에 기생하는 곤충을 이용 : 먹좀벌류

(6) 화학적방제

① 약제살포
② 도포에 의한 방제
③ 살충제는 독성이 커서 환경적으로 안전한 약제 개발(비누와 기름) : 기계유 유제는 깍지벌레 효과, 살충용 비누는 진딧물에 효과

(7) 기계적방제 : 포살법, 경운법, 유살법, 소살법

① 경운법 : 땅을 갈아 엎어 땅속에 숨은 해충의 유충과 성충 등을 표층으로 노출해 서식환경을 파괴하는 방법
② 유살법 : 곤충의 추광성(趨光性)을 이용하는 것, 단파장(短波長) 광선을 이용한 유아등(誘蛾燈)이 많이 이용함
③ 소살법 : 해충이 군서 시 경우 등을 사용해 불로 태워 죽이는 방법
④ 포살법 : 해충을 손이나 도구로 잡아 죽이는 방법

08 사용목적에 따른 농약의 분류 ★

살균제	·병을 일으키는 곰팡이와 세균을 구제하기 위한 약 ·직접살균제, 종자소독제, 토양소독제, 과실방부제 등 ·분홍색포장재
살충제	·해충을 구제하기 위한 약 ·소화중독제, 접촉독제, 침투이행성살충제 등 ·초록색포장재
살비제	·곤충에 대한 살충력은 없으며 응애류에 대해 효력
살선충제	·토양에서 식물뿌리 기생하는 선충 방제
제초제	·잡초방제, 노란색포장재 ·비선택성 : 붉은색포장재
식물생장조절제	·생장촉진제 : 발근촉진용 ·생장억제제 : 생장, 맹아, 개화결실 억제 ·청색포장재

9 살충제의 분류

소화중독제	·해충의 먹이가 되는 식물의 잎에 농약을 살포하여 부착시키므로서 해충이 먹이와 함께 농약을 소화기관내로 흡수되어 독작용을 나타내게 하는 약제
접촉독제	·살포된 약제가 해충의 피부에 접촉되어 체내로 흡입되므로서 독작용을 나타내는 약제 ·직접 충체에 약제가 접촉하였을 때에만 살충작용이 일어나는 직접접촉독제
침투성살충제	·약제를 식물의 잎 또는 뿌리에 처리하여 식물체내로 흡수 이행시켜 식물체 각 부위에 분포시키므로서 흡즙해충에 독성을 나타내는 약제
유인제	해충을 일정한 장소로 유인하여 포살하는 약제
기피제	유인제와는 반대로 식물에 해충이 접근하지 못하게 하는 약제
불임제	해충을 불임화시켜 자손의 번식을 못하게 함므로서 해충을 멸종시키기 위하여 사용하는 약제
생물농약	·해충의 천적(병원균, 바이러스(virus), 기생 봉)을 이용하여 해충을 방제하는 약제 ·병원균에 길항(拮抗)하는 미생물도 일종의 생물농약

10 소요 약량 계산

(1) ha당 원액 소요량

$$\frac{ha\text{당 사용량}}{\text{사용희석 배수}} = \frac{\text{사용할 농도(\%)} \times \text{살포량}}{\text{원액농도}}$$

(2) 배액계산

① 보통은 1,000배액이나 500배 혹은 2,000배 용액도 사용

② 관리지역의 잎에 약액이 충분히 묻을 수 있도록 총소요량을 먼저 추정

$$\text{소요약량} = \frac{\text{총소요량}}{\text{희석배수}}$$

(3) 희석할 물의 양

$$\text{희석할 물의 양} = \left(\frac{\text{원액의 농도}}{\text{희석 할 농도}} - 1\right) \times \text{원액의 용량} \times \text{원액의 비중}$$

(4) 농약의 농도

① 농약의 농도는 용매와 용질을 서로 섞어 그 비율을 나타낸 것으로 액제 또는 수화제 물에 풀어 살포액을 만들 때 몇배액, 몇 %액 등으로 표시함

② 농약량표기 : 유제, 액제는 $m\ell$ 단위, 수화제는 g 단위로 표기)

③ 농도환산표

- 1L = 1,000$m\ell$ = 1,000g = 1,000cc
- 1g = 1,000mg = 1,000,000μg
- 1g = 1$m\ell$ = 1cc
- 1ppm = 1mg/1ℓ = 1g/1,000,000mg

기출문제 및 예상문제

1 **응애류에 관한 구제약이 아닌 것은?**

㉮ 테디온유제 ㉯ 디코폴유제
㉰ 아미트유제 ㉱ 캡타폴수화제

캡타폴수화제 : 살균제

2 **소나무에 많이 발생하는 솔나방의 구제에 가장 효과적인 농약은?(단, 월동 유충 활동기(4~5월)및 부화유충 발생기(8월 하순~9월 중순)가 사용 적기다.)**

㉮ 만코제브수화제(다이센엠-45)
㉯ 캡탄수화제(경농캡탄)
㉰ 폴리옥신디 · 티오파네이트메틸수화제(보람)
㉱ 트리클로르폰수화제(디프록스)

3 **다음 <보기>와 같은 특징을 지닌 해충은?**

• 감나무, 벚나무, 사철나무 등에 잘 발생한다. • 콩 꼬투리 모양의 보호깍지로 싸여 있고, 왁스 물질을 분비하기도 한다. • 기계유 유제, 메티다티온 유제를 살포한다.

㉮ 바구미 ㉯ 진딧물 ㉰ 깍지벌레 ㉱ 응애

4 **진딧물, 깍지벌레와 관계가 가장 깊은 병은?**

㉮ 흰가루병 ㉯ 빗자루병 ㉰ 줄기마름병 ㉱ 그을음병

5 **다음 중 루비깍지벌레의 구제에 가장 효과적인 농약은?**

㉮ 메타유제(메타시스톡스) ㉯ 티디폰수화제(바라톡)
㉰ 디프수화제(디프록스) ㉱ 메치온유제(수프라사이드)

정답 1. ㉱ 2. ㉱ 3. ㉰ 4. ㉱ 5. ㉱

6 수확한 목재를 주로 가해하는 대표적 해충은?

㉮ 흰개미 ㉯ 매미 ㉰ 풍뎅이 ㉱ 흰불나방

7 잠복소를 설치하는 목적으로 가장 적합한 것은?

㉮ 동해의 방지를 위해
㉯ 월동벌레를 유인하여 봄에 태우기 위해
㉰ 겨울의 가뭄 피해를 막기 위해
㉱ 동해나 나무생육 조절을 위해

8 플라타너스에 발생된 흰불나방을 구제하고자 할 때 가장 효과가 좋은 약제는?

㉮ 주론수화제(디밀린)
㉯ 디코폴유제(켈센)
㉰ 포스팜육제(디무르)
㉱ 지오판도포제(톱신페스트)

9 다음 조경식물의 주요 해충 중 흡즙성 해충은?

㉮ 깍지벌레 ㉯ 독나방 ㉰ 오리나무잎벌 ㉱ 미끈이하늘소

10 병해충의 화학적 방제내용으로 옳지 못한 것은?

㉮ 병해충을 일찍 발견해야 한다.
㉯ 되도록 발생 후에 약을 뿌려준다.
㉰ 발생하는 과정이나 습성을 미리 알아두어야 한다.
㉱ 약해에 주의해야 한다.

11 해충의 방제방법 분류상 잠복소를 설치하여 해충을 방제하는 방법은?

㉮ 물리적 방제법
㉯ 내병성 품종이용법
㉰ 생물적 방제법
㉱ 화학적 방제법

12 병해충 방제를 목적으로 쓰이는 농약의 포장지 표기형식 중 색깔이 분홍색을 나타내는 농약의 종류는?

㉮ 살충제 ㉯ 살균제 ㉰ 제초제 ㉱ 살비제

정답 6. ㉮ 7. ㉯ 8. ㉮ 9. ㉮ 10. ㉯ 11. ㉮ 12. ㉯

13 **진딧물 구제에 적당한 약제가 아닌 것은?**

㉮ 메타유제(메타시스톡스) ㉯ 디디브이피제(Ddvp)
㉰ 포스팜제(다이메크론) ㉱ 만코지제(다이센 M45)

14 **다음 중 솔잎혹파리의 구제방법으로 틀린 것은?**

㉮ 먹좀벌을 방사하여 구제한다.
㉯ 10~11월에 피해목을 벌목하여 태워 구제한다.
㉰ 6월 상순~7월 중순에 다이진(다이아톤) 50% 유제 등을 수간에 주사한다.
㉱ 성충 우화 최성기에 메프수화제(스미치온) 500배액을 수관에 살포한다.

15 **조경수목의 약제 살포 요령으로 옳지 않은 것은?**

㉮ 바람이 부는 방향에서 등지고 살포해야 한다.
㉯ 방제효과를 높이기 위해 약제의 희석 배율을 높여서 살포해야 한다.
㉰ 작업 중에는 음식을 먹거나 담배를 피우면 안된다.
㉱ 바람이 없는 날에 뿌리는 것이 좋다.

16 **농약 살포시 주의할 점이 아닌 것은?**

㉮ 바람을 등지고 뿌린다.
㉯ 정오부터 2시경까지는 뿌리지 않는 것이 좋다.
㉰ 마스크, 안경, 장갑을 착용한다.
㉱ 약효가 흐린 날이 좋으므로 흐린 날 뿌린다.

17 **다수진50% 유제 100cc를 0.05%로 희석하려 할 때 필요한 물의 양은?**

㉮ 2~3배 ㉯ 4~6배
㉰ 7~8배 ㉱ 9~10배

해설 50% ÷0.05%=1000cc → 1000배액으로 100cc의 10배 정도의 물이 필요하다.

정답 13. ㉱ 14. ㉯ 15. ㉯ 16. ㉱ 17. ㉱

제16장 식물의 생육장애

01 저온의 해

(1) 동해(凍害, freezing damage)

① 추위로 세포막벽 표면에 결빙현상이 일어나 원형질이 분리되어 식물체가 죽음에 이르는 것
② 발생지역
㉮ 오목한 지형에 있는 수목에서 동해가 더 많이 발생한다.
㉯ 북쪽 경사면보다는 일교차가 심한 남쪽 경사면이 더 많이 발생한다.
㉰ 맑고 바람 없는 날 발생하기 쉽다.
㉱ 다 자란 수목(성목)보다 어린 수목(유목)에서 많이 발생한다.
㉲ 건조한 토양보다 과습한 토양에서 많이 발생한다.
㉳ 늦 가을과 이른 봄, 몹시 추운 겨울에 많이 발생한다.
㉴ 북서쪽이 터진 곳이나 북서쪽의 경사면, 높은 지역에서 많이 발생한다.
㉵ 토양이 깊이 어는 응달지역으로 강우나 강설이 적은 곳에서 자주 발생한다.
㉶ 겨울철 질소과다 지역에서 많이 발생한다.
③ 약한 수종 : 상록활엽수
④ 서리의 해(상해 : 霜害)
㉮ 만상(晩霜, spring forst) : 이른 봄 서리로 인한 수목의 피해
㉯ 조상(早霜, autumn forst) : 나무가 휴면기에 접어들기 전의 서리로 피해를 입는 경우
㉰ 동상(凍霜, winter forst) : 겨울동안 휴면상태에서 생긴 피해

(2) 피해 현상

상렬(霜裂)★	· 수액이 얼어 부피가 증대되어 수간의 외층이 냉각·수축하여 수직방향으로 갈라지는 현상으로 껍질과 수목의 수직적인 분리
cup-shakes	· 상렬과 반대되는 현상으로 수간의 외층조직이 태양광선에 의해 온도가 높아져 있다가 갑자기 낮은 온도로 인해 외층조직이 팽창을 일으키는 것
상해옹이 (forst canker)	· 수간의 남쪽이나 서쪽에서 발생 · 수목의 수간, 가지, 갈라진 지주 등에서 지면 가까이에 있는 수목껍질과 신생조직은 저온에 의해 조직이 여물기 전에 피해는 받는 것

(3) 예방법

① 통풍, 배수가 양호한 곳에 식재
② 낙엽이나 피트모스 등으로 멀칭
③ 남서쪽 수피가 햇볕에 직접 받지 않도록 하며 수간에 짚싸기 실시
④ 상록수 주변은 0℃ 이하가 되기 전에 충분히 관수

02 고온의 장해

일소, 피소 (日燒 : sun scald)	· 여름철 직사광선으로 잎이 갈색으로 변하거나 수피가 열을 받아 갈라지는 현상 · 껍질이 얇은 수종을 수간이 짚싸기를 실시해야 안전
한해 (旱害 : drought injury)	· 여름철에 높은 기온과 가뭄으로 토양에 습도가 부족해 식물내에 수분 결핍되는 현상 · 호습성 수종, 천근성 수종은 주위를 요한다.

03 대기오염에 의한 수목의 피해

(1) 대기 오염 물질 분류

질소화합물, 광화학화합물(오존, PAN), 미립자(검댕, 먼지), 황화합물, 탄화수소

(2) 완화대책

① 저항성이 있는 수종 선택(은행나무, 편백, 가이즈까향나무, 플라타너스 등)
② 잎을 주기적으로 물로 세척 : 분진과 같은 미립자제거
③ 적절한 관수로 기공이 자주 열리게 하지 않은 것이 좋음
④ 생장이 왕성시 생장억제제를 살포하여 생장을 둔화시킴
⑤ 질소비료를 적게주며 인과 칼륨비료를 사용, 석회질비료 사용

기출문제 및 예상문제

1 추위에 의해 나무의 줄기 또는 수피가 수선방향으로 갈라지는 현상을 무엇이라 하는가?

㉮ 고사　　㉯ 피소
㉰ 상렬　　㉱ 괴사

2 다음 중 상렬의 피해가 많이 나타나지 않는 수종은?

㉮ 소나무　　㉯ 단풍나무
㉰ 일본목련　　㉱ 배롱나무

3 동해(凍害) 발생에 관한 설명 중 틀린 것은?

㉮ 난지산(暖地産) 수종, 생육지에서 멀리 떨어져 이식된 수종일수록 동해에 약하다.
㉯ 건조한 토양보다 과습한 토양에서 더 많이 발생한다.
㉰ 바람이 없고 맑게 개인 밤의 새벽에는 서리가 적어 피해가 드물다.
㉱ 침엽수류와 낙엽활엽수류는 상록활엽수류보다 내동성이 크다.

4 모과나무, 감나무, 배롱나무 등의 수목에 사용하는 월동방법으로 가장 적당한 것은?

㉮ 흙묻기　　㉯ 짚싸기
㉰ 연기 씌우기　　㉱ 시비 조절하기

5 수피가 얇은 나무에서 수피가 타는 것을 방지하기 위하여 실시해야 할 작업은?

㉮ 수관주사주입　　㉯ 낙엽깔기
㉰ 줄기싸기　　㉱ 받침대 세우기

해설 수피감기의 효과
· 내한성(보온효과)증진, 동해를 예방　　· 이식후 증산작용을 억제
· 병충해 침입방지(겨울철에 잠복소 설치)　　· 여름철 직사광선으로부터의 보호

정답　1. ㉰　2. ㉮　3. ㉰　4. ㉯　5. ㉰

6 **추위로 줄기 밑 수피가 얼어 터져 세로방향의 금이 생겨 말라죽는 경우가 생기는 수종은?**

㉮ 단풍나무　　㉯ 은행나무
㉰ 버즘나무　　㉱ 소나무

7 **볏짚의 쓰임 용도로 가장 부적합한 것은?**

㉮ 줄기를 싸 주거나 줄기를 덮어 준다.
㉯ 줄기를 감싸 해충의 잠복소를 만들어 준다.
㉰ 내한력이 약한 나무를 보호하기 위해 사용한다.
㉱ 이식작업이나 운반 등 무거운 물체를 목도할 때 사용된다.

8 **가로수의 뿌리 덮개의 기능이 아닌 것은?**

㉮ 비료를 주기 위해서　　㉯ 병해충의 방지를 위해서
㉰ 뿌리를 보호하기 위해서　　㉱ 도시미관 증진을 위해서

9 **대기오염의 피해현상이 아닌 것은?**

㉮ 잎의 끝부분이나 가장자리 엽맥 사이의 회갈색 반점이 생긴다.
㉯ 잎이 빨리 떨어진다.
㉰ 엽맥이 갈색반점이 생기고 반점에 잔털이 생긴다.
㉱ 잎이 작아지고 엽면이 우툴두툴해진다.

정답　6. ㉮　7. ㉱　8. ㉯　9. ㉱

제17장 노거수관리

01 동공처리 순서(수관 외과수술)

(1) 순서 ★

부패한 목질부를 깨끗이 깎아낸다 → 동공내부다듬기 → 버팀대 박기(휘어짐을 방지함) → 소독 및 방부처리 : 더 이상 부패가 발생되지 않게 함 → 살균제, 살충제, 방부처리 → 동공충전 → 방수처리 → 표면경화처리 → 인공수피처리

(2) 동공충전재

① 동공은 곤충과 빗물이 들어가지 않도록 하며 수간의 지지력을 보강하기 위해 어떤 물질로 채움

② 기존의 사용재료 : 콘크리트, 아스팔트, 목재, 고무밀납 등 사용

③ 합성수지

비발포성수지	부피가 늘어나지 않음, 에폭시 수지, 폴리우레탄 고무(귀중한 문화재일 경우 적격)가 탄력이 있고 수술용으로 적격, 가격이 고가
발포성수지	부피가 늘어남, 커다란 동공에 채울 때 유리, 동공의 구석까지 빈틈없이 채움, 폴리우레탄폼은 경제적이고 작업은 쉬우나 강도가 약함

02 뿌리의 보호 : 나무우물(Tree Well) 만들기

① 성토로 인해 묻히게 된 나무 둘레의 흙을 파올리고 나무 줄기를 중심으로 일정한 넓이로 지면까지 돌담을 쌓아서 원래의 지표를 유지하여 근계의 활동을 원활하게 해주는 것

② 돌담을 쌓을 땐 뿌리의 호흡을 위해 반드시 메담쌓기(Dry Well, 건정, 마른우물)

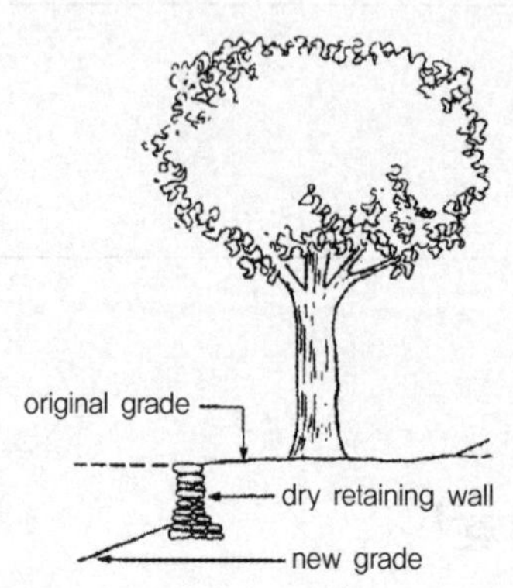

그림. 나무우물(Tree well)

03 노거수의 관리 내용 ★

① 상처치료
② 뿌리보호
③ 동공처리
④ 양분공급 : 수간수사, 엽면시비
⑤ 지주목설치(밑으로 처진 가지를 받쳐줌)
⑥ 전정실시(불필요한 가지를 제거)
⑦ 주변에 멀칭실시

기출문제 및 예상문제

1 수목줄기의 썩은부분을 도려내고 구멍에 충진수술을 하고자 할 때 가장 효과적인 시기는?

㉮ 1월~3월　　㉯ 4~6월
㉰ 10월~12월　　㉱ 아무시기나 상관없다.

2 부패된 줄기(주지)의 동공처리 순서는?

㉮ 살균 및 살충제 사용-오염된 부분 제거-방수 처리-충전제 사용
㉯ 오염된 부분 제거-방수 처리-살균 및 살충제 사용-충전제 사용
㉰ 방수 처리-살균 및 살충제 사용-오염된 부분 제거-충전제 사용
㉱ 오염된 부분 제거-살균 및 살충제 사용-방수 처리-충전제 사용

3 다음과 같이 교목의 근원부로부터 50cm 성토할 때 이 수목의 보호조치로 가장 적절한 방법은?

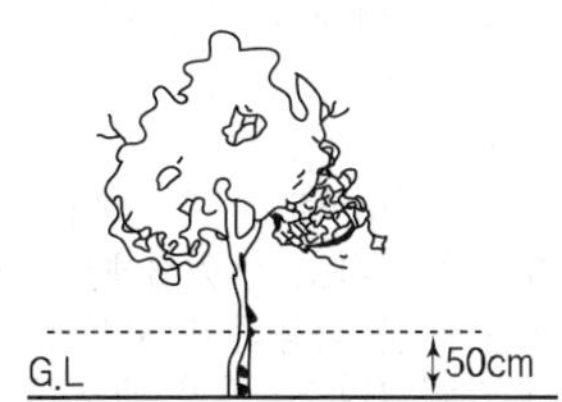

㉮ 주간(主幹)을 중심으로 조금 더 높게 성토하여 배수가 잘 되게 한다.
㉯ 주간을 중심으로 방사상으로 배수로를 설치한다.
㉰ 주간을 중심으로 환상으로 시비를 한다.
㉱ 주간을 중심으로 마른 우물(dry-well)을 설치한다.

정답　1. ㉯　2. ㉱　3. ㉱

제 18 장 잔디관리

01 잔디의 종류★

난지형 잔디	[한국잔디] · 건조, 고온, 척박지에서 생육하며, 산성토양에 잘 견딤 · 종자번식이 어렵고, 완전 포복경과 지하경에 의해 옆으로 퍼진다. · 종류 –들잔디(Zoysia japonica) : 한국에서 가장 많이 식재되는 잔디, 공원, 경기장, 법면녹화, 묘지 등에 많이 사용 –그밖에 고려잔디, 비로드잔디, 갯잔디
	[버뮤다그라스] 손상에 의한 회복속도가 빨라 경기장용으로 사용
한지형 잔디	[켄터키블루그라스] 골프장 페어웨이, 경기장, 일반잔디밭에사용 [벤트 그라스(Creeping Bentglass : Agrostis palustris)] · 엽폭이 2~3mm로 매우 가늘어 치밀하고 고움 · 병이 많이 발생해서 철저한 관리가 필요 · 골프장 그린용으로 이용 [톨 페스큐] · 엽폭이 5~10mm로 매우 넓어 거친 질감, · 고온건조에 강하고 병충해에도 강하나 내한성이 비교적 약함 · 토양조건에 잘 적응하여 시설용 잔디로 이용(비행장, 공장, 고속도로변) 페레니얼 라이그라스, 파인 페스큐

02 잔디깍기(Mowing)

(1) 목적

이용편리, 잡초방제, 잔디분얼 촉진, 통풍 양호, 병충해 예방

(2) 시기

한국잔디는 6~8월, 서양잔디는 5, 6월과 9, 10월에 실시

(3) 깎는 높이

한번에 초장의 1/3 이상을 깎지 않도록 한다.

① 골프장
그린 : 10mm 이하(5~8mm), 티 : 10~12mm, 페어웨이 : 20~25mm, 러프 : 45~50mm

② 축구경기장 : 10~20mm

③ 공원, 주택정원 : 30~40mm

(4) 스캘핑

① 스캘핑(scalping)
한번에 잔디를 너무 많이 깎아 줄기나 포복경 및 죽은 잎들이 노출되어 누렇게 보이는 현상으로 이는 정단 부분의 분열조직의 일부가 제거되어 일시적으로 생육이 억제되거나 심하면 고사

② 강한 햇볕으로 인한 일소현상, 스트레스가 원인

03 잔디깍기 기계의 종류

핸드모어	50평(150m²) 미만의 잔디밭 관리에 용이
그린모어	골프장 그린, 테니스 코드용으로 잔디 깍은 면이 섬세하게 유지되어야 하는 부분에 사용
로터리모어	50평 이상의 골프장러프, 공원의 수목하부, 다소 거칠어도 되는 부분에 사용
어프로치모어	잔디면적이 넓고 품질이 좋아야 하는 지역
갱모어	골프장, 운동장, 경기장 등 5,000평 이상인 지역에서 사용, 경사지·평탄지에서도 균일하게 깎임

04 제초

(1) 화학적 제초 방제

약제가 잡초에 작용하는 기작에 따른 분류

① 접촉성제초제 : 식물 부위에 닿아 흡수되나 근접한 조직에만 이동되어 부분적으로 살초한다.

② 이행성제초제 : 식물 생리에 영향을 끼쳐 식물체를 고사시키며, 대부분의 선택성 제초제가 이에 속한다.

③ 선택성 제초제 : 2.4-D, 반벨

④ 비선택성 제초제 : 근사미, 그라목손

(2) 잔디밭에서 가장 문제시 되는 잡초

크로바, 바랭이류

05 시비 및 관수

(1) 시비

① N : P : K = 3 : 1 : 2가 적당(질소성분이 가장 중요)
② 잔디깎는 횟수가 많아지면 시비횟수도 많아짐

(2) 관수

① 관수시기 : 여름은 아침이나 저녁에 실시하고 겨울은 오전 중에 실시
② 관수 후 10시간 정도 잔디가 마를 수 있도록 조절
③ 1일 8mm 정도 소모되고 소모량의 80% 정도 관수
④ 시린지(syringe) : 여름 고온시 기후가 건조할 때 잔디표면에 물을 분무해서 온도를 낮추는 방법

06 배토(Topdressing : 뗏밥주기)★

(1) 목적

노출된 지하줄기의 보호, 지표면을 평탄하게 함, 잔디 표층상태를 좋게 함, 부정근, 부정아를 발달시켜 잔디 생육을 원활하게 해줌

(2) 방법

① 세사 : 밭흙 : 유기물=2 : 1 : 1 로 5mm채를 통과한 것을 사용
② 잔디의 생육이 가장 왕성한 시기에 실시(난지형 늦봄, 한지형은 이른 봄, 가을)
③ 소량으로 자주 사용하며 일반적으로 2~4mm 두께로 사용하며, 15일 후 다시줌, 연간 1~2회

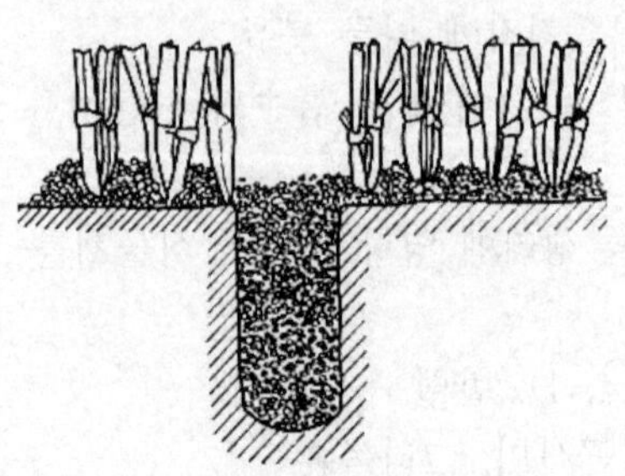

그림. 배토작업

07 통기작업

(1) 코오링(Core aerification)

이용으로 단단해진 토양을 지름 0.5~2cm 정도의 원통형 모양으로 2~5cm 깊이로 제거함

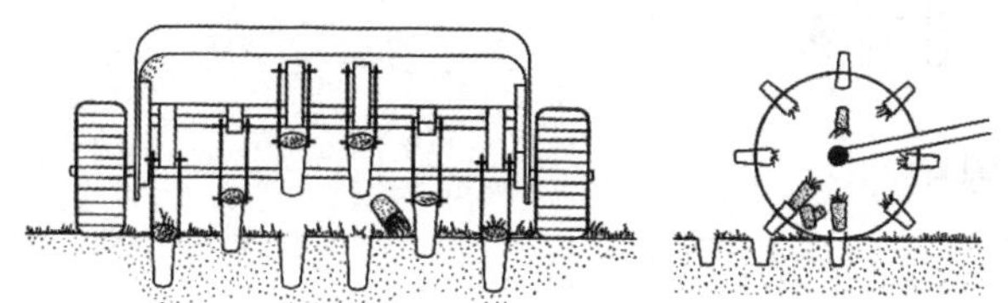

(2) 슬라이싱(Slicing)

칼로 토양 절단(코오링 보다 약한 개념)하는 작업으로 잔디의 밀도를 높임, 상처가 작아 피해도 작다.

(3) 스파이킹(Spiking)

끝이 뾰족한 못과 같은 장비로 구멍을 내는 것으로 회복에 걸리는 시간이 짧고 스트레스 기간 중에 이용되기도 함

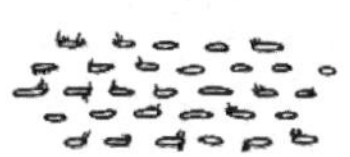

(4) 버티컬 모잉(Vertical Mowing)

슬라이싱과 유사

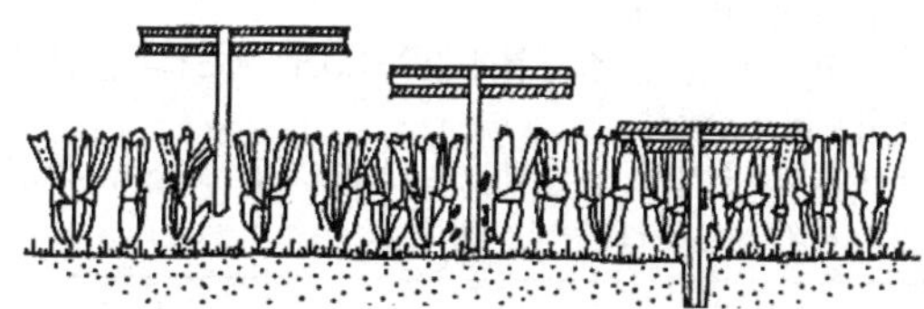

08 잔디의 생육을 불량하게 하는 요인★

(1) 태취(thatch)

① 잘려진 잎이나 말라 죽은 잎이 땅위에 쌓여 있는 상태
② 스폰지 같은 구조를 가지게 되어 물과 거름이 땅에 스며들기 힘들어짐

(2) 매트(mat)

태취 밑에 검은 펠트와 같은 모양으로 썩은 잔디의 땅속줄기와 같은 질긴 섬유 물질이 쌓여 있는 상태

09 병충해 방제★

(1) 한국잔디의 병★

고온성 병	[라지 패치] · 토양전염병으로 병징이 원형 또는 동공형으로 나타나고 그 반경이 수십cm에서 수 m에 달함 · 여름 장마철 전후로 발병이 예상, 축적된 태치, 고온다습시 발생 [녹병] · 여름에서 초가을에 잎에 적갈색 가루가 입혀진 모습, 기온이 떨이지면 없어짐, 질소부족시 많이 발생, 배수불량, 5~6월 · 9~10월에 발생 · 다이젠, 석회황합제 사용
저온성 병	후사리움 패치 : 질소성분 과다 지역

(2) 한지형 잔디의 병

고온성 병	[브라운 패치] · 엽부병, 입고병으로도 불리며 여름 고온기에 나타나고 지름이 수 cm에서 수십 cm 정도의 원형 및 부정형 황갈색 병반을 이룸 [면부병(Pythium blight)] · 배수와 통풍이 큰 영향을 줌, 병에 걸린 잎은 물에 젖은 것처럼 땅에 누우며 미끈미끈한 감촉이 주며 토양에서 특유한 썩는 냄새가 남 [Helminthosporium] · 고온 다습시, 장마철에 20~30cm 정도의 둥근반점이 나타나고 확산속도가 빠름 [Dollar spot] · 잎과 줄기에 담황색의 반점이(지름 15cm 이하) 무수히 동전처럼 나타나 잎과 줄기가 고사하는 병
저온성 병	설부병(snow mold)

(3) 한국잔디의 피해해충

황금충 : 한국 잔디에 가장 많은 피해를 입하는 해충으로 유충이 지하경을 먹음, 메트유제, 아시트수화제, 햅타제 살포

기출문제 및 예상문제

1 대표적인 난지형잔디로 내답압성이 크며, 관리하기가 가장 용이한 것은?

㉮ 버뮤다그래스 ㉯ 금잔디
㉰ 톨페스큐 ㉱ 라이그라스

2 우리나라에서 가장 많이 이용되는 잔디는?

㉮ 들잔디 ㉯ 고려잔디
㉰ 비로드잔디 ㉱ 갯잔디

3 잔디에 관한 설명으로 틀린 것은?

㉮ 잔디는 생육온도에 따라 난지형 잔디와 한지형 잔디로 구분된다.
㉯ 잔디의 번식방법에는 종자파종과 영양번식이 있다.
㉰ 한국잔디는 일반적으로 종자번식이 잘 되기 때문에 건설현장에서 종자파종으로 잔디밭을 조성한다.
㉱ 종자파종은 뗏장심기에 비하여 균일하고 치밀한 잔디면을 만들 수 있다.

해설 한국잔디는 종자번식이 어렵고 지하경, 포복경으로 자라 영양번식이 유리하여 뗏장으로 심는다.

4 서양잔디 중 가장 양질의 잔디면을 만들 수 있어 그린용으로 폭넓게 이용되고, 초장을 4~7mm로 짧게 깎아 관리하는 잔디로 가장 적당한 것은?

㉮ 한국잔디류 ㉯ 버뮤다그라스류
㉰ 라이그라스류 ㉱ 벤트그라스류

정답 1. ㉮ 2. ㉮ 3. ㉰ 4. ㉱

5 **한국잔디의 특징을 설명한 것 중 옳은 것은?**

㉮ 약산성의 토양을 좋아한다. ㉯ 그늘을 좋아한다.
㉰ 잔디를 깎으면 깎을수록 약해진다. ㉱ 습윤지를 좋아한다.

한국잔디의 특징
· 건조, 고온, 척박지에 생육, 산성토양에 강함
· 지하경, 포복경에 의해 번식한다.

6 **다음 중 잔디(한국잔디)의 특성으로 볼 수 없는 것은?**

㉮ 지피성이 강하다. ㉯ 내답압성이 강하다.
㉰ 재생력이 강하다. ㉱ 내습력이 강하다.

7 **재래종 잔디의 특성이 아닌 것은?**

㉮ 양지를 좋아한다. ㉯ 병해충에 강하다.
㉰ 뗏장으로 번식한다. ㉱ 자주 깎아 주어야 한다.

8 **잔디에 뗏밥을 주는 작업을 무엇이라 하는가?**

㉮ 통기작업(Core Aerification) ㉯ 슬라이싱(Slicing)
㉰ 버티컬모잉(Vertical mowing) ㉱ 배토(Topdressing)

9 **잔디깎기작업의 효과가 아닌 것은?**

㉮ 잡초 발생을 줄일 수 있다. ㉯ 평편한 잔디밭을 만들 수 있다.
㉰ 잔디 포기 갈라짐을 억제시켜 준다. ㉱ 아름다운 잔디면을 감상할 수 있다.

10 **잔디 뗏밥주기의 방법으로 옳지 않은 것은?**

㉮ 흙은 5mm 체로 쳐서 사용한다.
㉯ 난지형 잔디의 경우는 생육이 왕성한 6~8월에 준다.
㉰ 잔디 포지전면을 골고루 뿌리고 레이크로 긁어 준다.
㉱ 일시에 많이 주는 것이 효과적이다.

정답 5. ㉮ 6. ㉱ 7. ㉱ 8. ㉱ 9. ㉰ 10. ㉱

11 난지형 잔디밭에 뗏밥을 넣어주는 적기는?

㉮ 3~4월　㉯ 6~8월　㉰ 9~10월　㉱ 11~1월

12 우리나라 들잔디의 종자처리방법으로 가장 적합한 것은?

㉮ Koh 20.25% 용액에 10.25분간 처리 후 파종한다.
㉯ Koh 20.25% 용액에 20.30분간 처리 후 파종한다.
㉰ Koh 20.25% 용액에 30.45분간 처리 후 파종한다.
㉱ Koh 20.25% 용액에 1시간 처리 후 파종한다.

해설 들잔디 종자는 수산화칼리용액(Koh) 20.25% 용액에 30.45분간 처리 후 파종하면 단기간에 발아한다.

13 들잔디(평떼)의 일반적인 뗏장규격으로 옳은 것은?

㉮ 10cm×10cm　㉯ 20cm×20cm　㉰ 30cm×30cm　㉱ 40cm×40cm

14 식재를 위한 표토 복원 두께의 연결이 옳지 않은 것은?

㉮ 초화류 식재지－5~10cm　㉯ 관목 식재지－40~50cm
㉰ 교목 식재지－60cm 이상　㉱ 지피류 식재지－20~30cm

해설 초화류 식재지 : 15~30cm

15 잔디의 식재지 표토의 최소토심(생육최소깊이)은 얼마인가?

㉮ 10cm　㉯ 20cm　㉰ 30cm　㉱ 40cm

16 잔디의 뗏밥넣기에 관한 설명 중 가장 옳지 않은 것은?

㉮ 뗏밥은 가는 모래 2, 밭흙 1, 유기물 약간을 섞어 사용한다.
㉯ 뗏밥은 일반적으로 가열하여 사용하며, 증기소독, 화학약품소독을 하기도 한다.
㉰ 뗏밥은 한지형 잔디의 경우 봄, 가을에 주고 난지형 잔디의 경우 생육이 왕성한 6~8월에 주는 것이 좋다.
㉱ 뗏밥의 두께는 15mm 정도로 주고, 다시 줄 때에는 일주일이 지난 후에 주어야 좋다.

해설 뗏밥의 두께는 2~4mm 정도로 소량으로 시비한다.

정답　11. ㉯　12. ㉰　13. ㉰　14. ㉮　15. ㉰　16. ㉱

17 **잔디깎기의 목적으로 옳지 않은 것은?**

㉮ 잡초 방제　　　　㉯ 이용편리 도모
㉰ 병충해 방지　　　㉱ 잔디의 분얼억제

해설 잔디깎기의 목적 : 잡초방제, 통풍양호, 이용편리를 도모, 병충해방지, 잔디의 분얼촉진

18 **잔디의 거름주기 방법으로 적합하지 않은 것은?**

㉮ 질소질 거름은 1회 주는 양이 $1m^2$당 10g 이상이어야 한다.
㉯ 난지형 잔디는 하절기에, 한지형 잔디는 봄과 가을에 집중해서 준다.
㉰ 화학비료인 경우 연간 2~8회 정도로 나누어 거름주기 한다.
㉱ 가능하면 제초작업 후 비오기 전에 실시한다.

해설 질소질 거름은 1회 주는 양이 $1m^2$당 4g을 넘지 않게 한다.

19 **배수불량 및 과다한 밟기가 원인으로 잎에 황색의 반점과 황색가루가 발생하는 잔디에 가장 많이 발생하는 병은?**

㉮ 녹 병　　　　㉯ 탄저병
㉰ 근부병　　　㉱ 잎마름병

20 **$45m^2$에 전면 붙이기에 의해 잔디 조경을 하려고 한다. 필요한 평떼량은 얼마인가?(단, 잔디 1매의 규격은 30cm×30cm×3cm이다.)**

㉮ 약 200매　　　㉯ 약 300매
㉰ 약 500매　　　㉱ 약 700매

전면붙이기일 때 $1m^2$ 당=약 11매
11장×$45m^2$=495매 → 약 500매

21 **다음 중 한지형 잔디에 속하지 않는 것은?**

㉮ 버뮤다 그라스　　　㉯ 이탈리안 라이그라스
㉰ 크리핑 벤트그라스　㉱ 켄터키 블루그라스

㉮는 난지형잔디에 속함

정답　17. ㉱　18. ㉮　19. ㉮　20. ㉰　21. ㉮

22 다음 중 잔디밭의 넓이가 50평 이상으로 잔디의 품질이 아주 좋지 않아도 되는 골프장의 러프(Rough)지역, 공원의 수목지역 등에 많이 사용하는 잔디 깎는 기계는?

㉮ 핸드모우어(Hand Mower)
㉯ 그린모우어(Green Mower)
㉰ 로타리 모우어(Rotary Mower)
㉱ 갱모우어(Gang Mower)

23 다져진 잔디밭에 공기 유통이 잘되도록 구멍을 뚫는 기계는?

㉮ 소드 바운드(Sod Bound)
㉯ 론 모우어(Lawn Mower)
㉰ 론 스파이크(Lawn Spike)
㉱ 레이크(Rake)

24 잡초제거를 위한 제초제 등 잔디밭에 사용할 때 각별한 주의가 요구되는 것은?

㉮ 선택성제초제
㉯ 비선택성제초제
㉰ 접촉성제초제
㉱ 호르몬형제초제

정답 22. ㉰ 23. ㉰ 24. ㉯

제 19 장 초화류관리

01 토양관리

(1) 토양조건

통기성, 배수성, 보수성, 보비성이 양호한 토양

(2) 토양개량제

① 유기물질 : 토탄류, 짚, 왕겨, 줄기, 목재 부산물, 동식물 노폐물
② 굵은 골재 : 모래와 자갈, 펄라이트, 버뮤큘라이트, 소성점토

(3) 토양배합

밭토양 : 유기물질(1/3) : 굵은골재

02 월동관리

① 부지선택 : 지대가 가장 낮고 움푹 들어간 지역
② 식물체의 내한성 차이 : 내한성이 강한 식물이나 품종을 이용하거나 내한성을 증진시킴
③ 보온막 설치 : 비닐이나 짚으로 싸주기
④ 가온 : 인공적 난방

03 관수시기

① 자연석을 쌓은 곳은 자주 관수
② 봄·가을 : 오전 9~10시
③ 여름 : 건조상태를 보아 오전·오후 관수
④ 겨울 : 물을 데워서 10~11시 관수

제20장 조경시설물관리

01 목재 시설물의 유지관리

(1) 손상의 종류

손상의 종류	손상의 성질	보수방법의 예
인위적인 힘	고의로 물리적인 힘을 가하거나 사용에 의한 손상으로 발생	파손부분 교체 및 보수
온도와 습도에 의한 파손	건조가 불충분하여 목재에 남아 있는 수액으로 부패	· 파손 부분을 제거한 후 나무 못박기, 퍼티 채움 · 교체
균류에 의한 피해	균의 분비물이 목질을 융해시키고 균은 이를 양분으로 섭취하여 목재가 부패됨(균은 온도 20~30℃ 정도 함수율은 20% 이상에서 발육이 왕성)	· 유상 방균제, 수용성 방부제 살포 · 부패된 부분을 제거한 후 나무 못박기, 퍼티 등을 채움
충류에 의한 피해	습윤한 목재를 충류에 의해 피해를 받기 쉬움	· 유기염소, 유기인 계통의 방충제 살포 · 부패된 부분을 제거한 후 나무 못박기, 퍼티 등을 채움 · 교체

(2) 충류와 방충제

① 건조재 가해 충류 : 가루나무좀과, 개나무좀과, 빗살수염벌레과, 하늘소과
② 습윤재 가해 충류 : 흰개미류
③ 목재 방충제 : 유기염소, 유기인, 붕소, 불소 계통 등

(3) 균류와 방균제

온도, 습도 등을 통제하여 번식 억제

(4) 갈라졌을 경우

피복된 페인트 등 제거 → 갈라진 틈을 퍼티로 채움 → 샌드페이퍼로 문지르고 마무리 → 부패방지를 위해 조합페인트, 바니스 포장

02 콘크리트제의 유지관리

(1) 균열부의 보수

① 표면실링(sealing)공법
　㉮ 0.2mm 이하의 균열부에 적용
　㉯ 표면을 청소후 에어 컴프레셔로 먼지를 제거하고 에폭시계를 도포
② V자형 절단 공법
　㉮ 표면실링보다 효과적인 공법으로 누수가 있는 곳
　㉯ 폴리우레탄폼계
③ 고무압식 주입공법
　주입구와 주입파이프 중간에 고무튜브를 설치하여 시멘트 반죽이나 고무유액을 혼입하는 것이 일반적

03 철재의 유지관리

① 인위적인 힘에 의한 파손(휘거나, 닳아서 손상, 용접부위의 파열 등) 나무망치로 원상복구, 부분절단 후 교체
② 온도, 습도에 의한 부식 : 샌드페이퍼로 닦아낸 후 도장

04 석재의 유지관리

(1) 파손

접착부위를 에틸 알콜로 세척 후 접착제(에폭시계, 아크릴계 등)로 접착, 24시간 정도 고무로프로 고정

(2) 균열

표면실링공법, 고무압식 주입공법

05 옥외조명

(1) 광원의 유형

백열등, 형광등, 수은등, 나트륨등, 할로겐등, 메탈할라이드

(2) 등주의 재료

등주재료	제작	장점	단점
알루미늄	알루미늄 합금 등으로 제조	· 부식에 대한 저항강 · 유지관리 용이 · 가벼워 설치용이 · 비용저렴	내구성 약 펜던트 부착이 곤란
콘크리트재	철근 콘크리트와 압축 콘크리트의 원심적 기계과정에 의해 제조	· 유지관리가 용이 · 부식에 강 · 내구성이 강	무거움, 타부속물 부착이 곤란
목재	미송과 육송 등으로 제조	· 전원적 성격이 강 · 초기의 유지관리용이	부패를 막기 위해 반드시 방부처리 요함
철재	합금, 강철혼합으로 제조	· 내구성 강 · 펜던트 부착이 용이	부식을 피하기 위해 방청처리 요함

06 표지판의 유지관리

(1) 유형

유도표지	문자나 기호를 디자인하여 도안화함, 표지판이 위치한 장소의 지명, 다음 대상지 및 주요시설물이 위치한 장소의 방향, 거리 표시
안내표지	탐방이 주가 되는 대상지에 대한 관광, 이용시설 및 방법에 대해 안내 탐방 대상지의 위치, 소요시간, 방향 등 종합적 기재
해설표지	문화재나 역사적 유물에 대한 배경, 가치, 중요성을 설명하여 대상물에 대한 지식 강조, 효율적인 관광 유도 및 교육적 효과 강조
도로표지	도로상의 위치 지정, 여행자의 편의를 위해 설치

(2) 유지관리

① 포장도로, 공원 등에서는 월 1회, 비포장도로는 월 2회 청소

② 재도장은 2~3년에 1회

③ 강관, 강판의 청소시 보통세제 사용

07 유희시설

(1) 전반적인 관리

① 해안의 염분, 대기오염이 현저한 지역에서는 철재, 알루미늄 등의 재료에 강력한 방청처리를 하며, 스테인리스제품을 사용

② 바닥모래는 굵은 모래, 충분히 건조된 것을 사용
③ 사용재료에 균열발생 등 파손우려가 있거나 파손된 시설물은 사용하지 못하도록 보호조치

(2) 보수 및 교체

철재 유희시설	· 도장이 벗겨진 곳은 방청 처리 후 유성페인트 칠을 함 · 앵커볼트, 볼트, 너트의 이완시 조임, 오래된 부품은 교체 · 회전부분에 정기적인 구리스 주입
목재	· 정기적으로 도색을 하고, 도장이 벗겨진 곳은 방부처리를 함 · 목재와 기초 콘크리트 부재와의 접합부분에 모르타르 등으로 보수
콘크리트	· 3년에 1번 정도 재도장 · 보수면의 도장은 3주 이상 충분히 건조한 후 칠함
합성수지	· 성형이 용이하고, 마모되기 쉬우며, 자외선이나 온도에 따라 변하기 쉬움 · 벌어진 금이 생긴 경우 부분 보수 또는 전면 교체

기출문제 및 예상문제

1 조경시설물관리를 위한 연간 작업계획표를 작성하려 할 때 작업내용에 포함되지 않는 것은?

㉮ 하자공사　　㉯ 안전점검
㉰ 전면도장　　㉱ 수관손질

2 설치비는 비싸나 유지관리비가 싸며 열효율이 높고 투시성이 뛰어난 등은?

㉮ 나트륨등　　㉯ 금속 할로겐등
㉰ 수은등　　㉱ 형광등

3 다음 중 시설물의 관리를 위한 방법으로 적합하지 못한 것은?

㉮ 콘크리트 포장의 갈라진 부분은 파손된 재료 및 이물질을 완전히 제거한 후 조치한다.
㉯ 배수시설은 정기적인 점검을 실시하고, 배수구의 잡물을 제거한다.
㉰ 벽돌 및 자연석 등의 원로포장 파손시 많은 부분을 철저히 조사한다.
㉱ 유희시설물 점검은 용접부분 및 움직임이 많은 부분을 철저히 조사한다.

해설 벽돌 및 자연석 등의 원로포장 파손시 파손된 블록을 교체한다.

4 해안지대의 철제 조경시설물은 어느 정도의 간격으로 도장해야 하는가?

㉮ 4~5개월　　㉯ 6~12개월　　㉰ 2~3년　　㉱ 4~5년

5 목재 유희시설물을 보수하려고 한다. 방충 효과를 알아보기 위해 함수율을 계산하려 할 때 맞는 것은?(목재의 건조 전 중량은 120kg, 건조 후 80kg)

㉮ 20%　　㉯ 40%　　㉰ 50%　　㉱ 60%

해설 $$\text{목재함수율} = \frac{\text{건조전중량} - \text{건조중량}}{\text{건조중량}} \times 100\%$$
$$= \frac{120-80}{80} \times 100 = 50\%$$

정답　1. ㉱　2. ㉮　3. ㉰　4. ㉰　5. ㉰

6 목재로 구성하기에 적합하지 않은 조경 시설물은?

㉮ 파고라 ㉯ 의자
㉰ 쓰레기통 ㉱ 데크(Deck)

7 조경공사 후 벤치나 야외탁자의 유지관리방법으로 적절하지 않은 것은?

㉮ 목재부분이 부패되었을 때에는 방충제나 방균제를 살포한다.
㉯ 콘크리트재 부분의 경미한 균열은 실(Seal)재를 주입한다.
㉰ 철재부분의 부식은 사포로 닦고 도장한다.
㉱ 석재부분의 균열폭이 큰 경우에는 고무압식 주입공법을 적용하여 보수한다.

8 시설물 하자의 보수방법이 아닌 것은?

㉮ 벤치의 기초부위가 파괴되었을 때, 기초 콘크리트를 파내어 부수고 난 뒤 다시 철부제에 보조철근을 용접한 후 거푸집을 설치하고 기초 콘크리트를 재타설한다.
㉯ 철제품의 도색이 벗겨진 곳에는 방청처리 후 수성 페인트를 칠한다.
㉰ 철재 유희시설의 회전부분 축부에 기름이 떨어지면 동요나 잡음이 생기므로 정기적으로 글리스를 주입한다.
㉱ 앵커볼트, 볼트, 너트 등이 이완되었을 경우에는 스패너, 드라이브, 망치 등을 사용하여 조인다.

해설 철제품은 방청처리 후 유성페인트를 칠한다.

9 철의 부식을 막기 위해 제일 먼저 칠하는 페인트는?

㉮ 에나멜 페인트 ㉯ 카세인
㉰ 광명단 ㉱ 바니시

10 시설물 관리를 위한 페인트칠하기의 방법으로 옳지 않은 것은?

㉮ 목재의 바탕칠을 할 때는 먼저 표면상태 및 건조 상태를 확인해야 한다.
㉯ 철재의 바탕칠을 할 때에는 불순물을 제거한 후 바로 페인트칠을 하면 된다.
㉰ 목재의 갈라진 구멍, 홈, 틈은 퍼티로 땜질하며 24시간 후 초벌칠을 한다.
㉱ 콘크리트, 모르타르면의 틈은 석고로 땜질하고 유성 또는 수성 페인트를 칠한다.

정답 6. ㉰ 7. ㉯ 8. ㉯ 9. ㉰ 10. ㉯

11 **콘크리트 벤치보수방법이 아닌 것은?**

㉮ 패칭공법
㉯ 표면실링공법
㉰ V자형 절단공법
㉱ 고무압식 주입공법

12 **목재 안내판을 설치할 경우 안내글씨의 교체시 계획 보수 연한은?**

㉮ 1년
㉯ 2~3년
㉰ 4~5년
㉱ 6~7년

13 **다음은 도로, 간판, 표지의 점검 및 보수에 관한 사항이다. 옳지 않은 것은?**

㉮ 연결 부위 및 볼트, 너트의 탈락 유무를 확인한다.
㉯ 지주의 매립 부분 및 볼트, 너트 붙임 부분의 도장부위를 주의해서 점검한다.
㉰ 콘크리트 중에 지주를 매입했을 때 앵커 플레이트 및 앵커볼트의 붙임 여부를 확인한다.
㉱ 도장 부분이 배기가스나 매연 등으로 더러워졌을 경우에는 묽은 염산이나 황산 등으로 닦아 내도록 한다.

 청소시 보통세제를 이용한다.

14 **가로등 조명 중 가장 수명이 긴 것은?**

㉮ 수은등
㉯ 할로겐등
㉰ 형광등
㉱ 백열등

15 **다음 옥외조명의 광원 중 색채 연출이 가장 불리한 것은?**

㉮ 백열등
㉯ 코팅수은등
㉰ 나트륨등
㉱ 금속할로겐등

정답 11. ㉮ 12. ㉯ 13. ㉱ 14. ㉮ 15. ㉰

제21장 포장관리

01 토사포장

(1) 포장방법

바닥을 고른 후 자갈, 깬돌, 모래, 점토의 혼합물(노면자갈)을 30~50cm 깔아 다진다.

① 노면자갈의 최대 굵기는 30~50mm 이하가 이상적, 노면 총 두께의 1/3 이하
② 점질토는 5~10% 이하, 모래질은 15~30%, 자갈은 55~75% 정도가 적당

(2) 점검 및 파손원인

① 지나친 건조 및 심한 바람
② 강우에 의한 배수불량, 흡수로 인한 연약화
③ 수분의 동결이나 해동될때 질퍽거림
④ 차량 통행량증가 및 중량화로 노면의 약화 및 지지력 부족

(3) 개량공법

① 지반치환공법 : 동결심도 하부까지 모래질이나 자갈모래로 환토
② 노면치환공법 : 노면자갈을 보충하여 지지력 보완
③ 배수처리공법 : 횡단구배 유지, 측구의 배수, 맹암거로 지하수위 낮추기

02 아스팔트포장

(1) 포장구조

노상위에 보조기층(모래, 자갈), 기층, 중간층 및 표층의 순서로 구성

(2) 파손상태 및 원인

① 균열 : 아스팔트량 부족, 지지력부족, 아스팔트 혼합비가 나쁠 때
② 국부적 침하 : 노상의 지지력부족 및 부동침하, 기초 노체의 시공불량
③ 요철 : 노상 · 기층 등이 연약해 지지력 불량할 때, 아스콘 입도불량

④ 연화 : 아스팔트량 과잉, 골재 입도 불량, 텍코트의 과잉 사용시
⑤ 박리 : 아스팔트 및 골재가 떨어져 나가는 현상, 아스팔트 부족시

(3) 보수 방법

① 패칭공법
　㉮ 균열, 국부침하, 부분 박리에 적용
　㉯ 파손부분을 사각형으로 따내어 제거 → 깨끗이 쓸어내고 택코팅 → 롤러, 래머, 콤팩터 등으로 다지기 → 표면에 모래, 석분 살포→ 표면온도가 손을 댈 수 있을 정도일 때 교통 개방
② 표면처리공법 : 차량통행이 적고, 균열 정도, 범위가 심각하지 않을 경우 메우거나 덮어 씌워 재생
③ 덧씌우기 공법(Overlay) : 기존포장을 재생, 새포장으로 조성

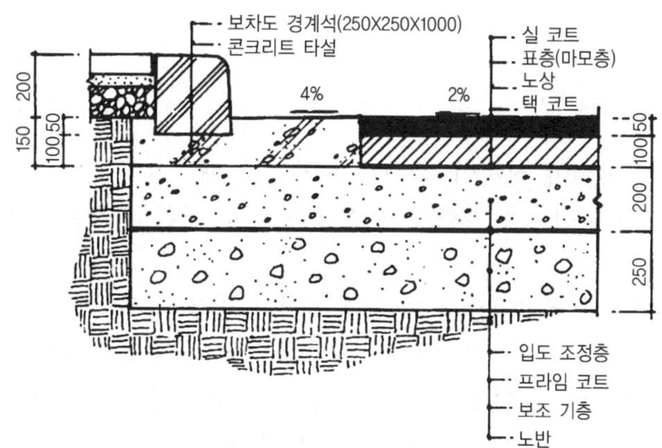

03 시멘트 콘크리트포장

(1) 포장구조

① 기층위에 표층으로서 시멘트 콘크리트 판을 시공한 포장
② 5~7m 간격으로 줄눈을 설치하여 온도변화, 함수량변화에 의한 파손을 방지
③ 종류 : 무근포장. 철근(6mm 철망)포장

(2) 파손원인

① 시공불량, 물시멘트비·다짐·양생의 결함, 줄눈을 사용하지 않아 균열발생
② 노상 또는 보조기층의 결함(지지력부족, 배수시설부족, 동결융해로 지지력 부족)
③ 파손의 상태 : 균열, 융기, 단차, 마모에 의한 바퀴자국, 박리, 침하

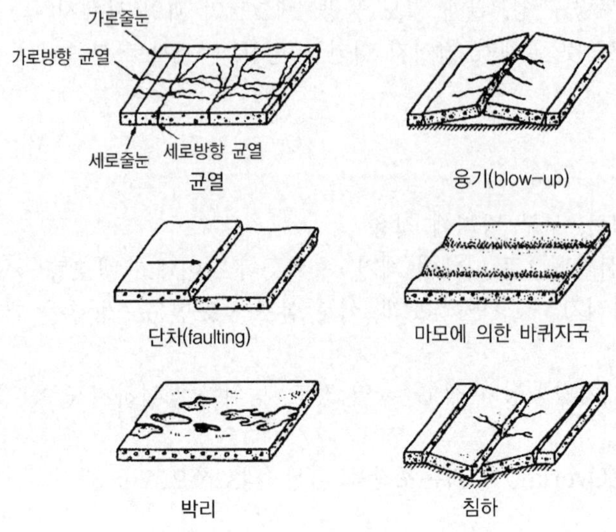

(3) 시공방법

① 패칭공법 : 파손이 심하여 보수가 불가능할 때

② 모르타르주입공법 : 포장판과 기층의 공극을 메워 포장판을 들어올려 기층의 지지력 회복

③ 덧씌우기공법 : 전면적으로 파손될 염려가 있을 경우

④ 충전법 : 청소 → 접착제살포 → 충전재주입 → 건조 모래살포

⑤ 꺼진곳 메우기 : 균열부 청소 → 아스팔트유제 도포 → 아스팔트 모르타르(균열폭 2cm 이하) 또는 아스팔트 혼합물로 메우기

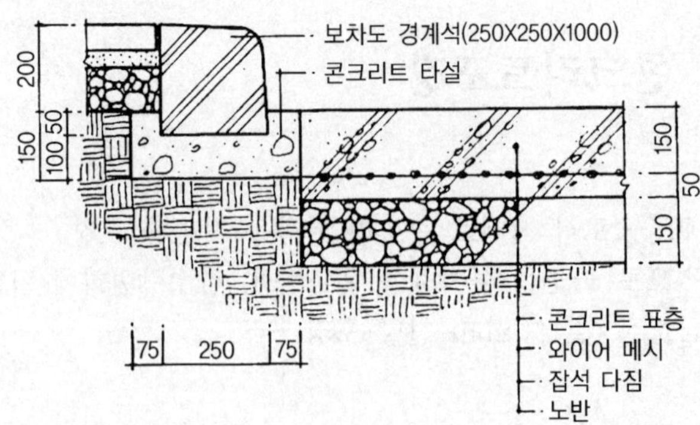

04 블록포장

(1) 포장유형

① 시멘트 콘크리트 재료 : 콘크리트 평판블록, 벽돌블록, 인터로킹블록
② 석재료 : 화강석 평판블록, 판석블록

(2) 포장구조

① 모래층만 4cm 정도 깔고 평판블록 부설
② 이음새 폭 : 3~5mm, 보통 5mm

(3) 파손형태와 원인

블록모서리 파손, 블록 자체 파손, 블록포장 요철, 단차, 만곡

(4) 보수 및 시공방법

보수위치 결정 → 블록제거 → 안정모래층 보수 → 기계전압(Compacter, rammer) → 모래층 수평 고르기 후 블록 깔기→ 가는 모래 뿌려 이음새가 들어가도록 함 → 다짐

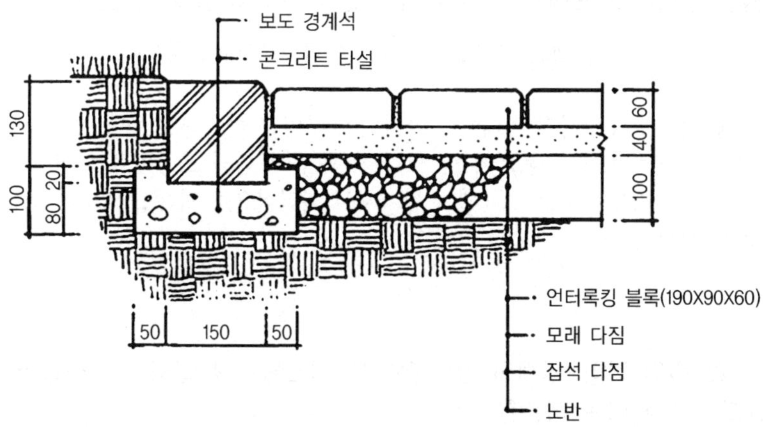

기출문제 및 예상문제

1 도로의 포장상태의 유지관리를 위해 고려할 사항이 아닌 것은?

㉮ 포장면의 수평면을 확인한다.
㉯ 도로포장에 설치된 배수시설을 점검한다.
㉰ 지하 매설물의 파손 여부를 확인한다.
㉱ 도로의 질감변화를 살핀다.

2 콘크리트의 보수방법으로 옳지 않은 것은?

㉮ 충전법
㉯ 덧씌우기
㉰ 모르타르 주입공법
㉱ 소딩(Sodding)

3 다음은 콘크리트 포장의 보수에 대한 설명이다. 이중 옳지 않은 것은?

㉮ 줄눈이나 균열이 생긴 부분은 더 이상 수축 팽창하지 않도록 시멘트 모르타르로 채워 넣는다.
㉯ 기층 재료를 보강하기 위해서는 포장면에 구멍을 뚫고 시멘트나 아스팔트를 주입해 넣는다.
㉰ 포장 슬래브가 불균일할 때는 모르타르 주입에 의해 포장면을 들어 올린다.
㉱ 콘크리트 포장 슬래브의 균열이 많아져서 전면적으로 파손될 염려가 있는 경우에는 덧씌우기를 한다.

4 아스팔트량의 과잉, 골재의 입도불량 등 아스팔트 침입도가 부적합한 역청재료 사용시 도로에서 나타나는 파손현상은?

㉮ 균열
㉯ 국부적 침하
㉰ 표면연화
㉱ 박리

정답 1. ㉱ 2. ㉱ 3. ㉮ 4. ㉰

5 **다음 중 토사 포장의 개량공법에 속하지 않는 것은?**

㉮ 지반치환공법　　　㉯ 노면치환공법
㉰ 배수처리공법　　　㉱ 패칭공법

 ㉱ 패칭공법은 아스팔트, 콘크리트 포장 개량공법이다.

6 **토사 포장 보수용 노면자갈의 배합비율로 가장 부적당한 것은?**

㉮ 자갈 70%, 모래 25%, 점토 5%
㉯ 자갈 65%, 모래 25%, 점토 10%
㉰ 자갈 60%, 모래 30%, 점토 10%
㉱ 자갈 50%, 모래 30%, 점토 20%

 점토는 5~10% 이하로 한다.

정답　5. ㉱　6. ㉱

제 5 편

과년도 기출문제

과년도 기출문제 | 2011년 1회(11.2.13 시행)

1 식재설계시 인출선에 포함되어야 할 내용이 아닌 것은?

㉮ 수량 ㉯ 수목명
㉰ 규격 ㉱ 수목 성상

 인출선의 예

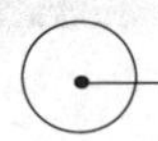

2 14세기경 일본에서 나무를 다듬어 산봉우리를 나타내고 바위를 세워 폭포를 상징하며 왕모래를 깔아 냇물처럼 보이게 한 수법은?

㉮ 침전식 ㉯ 임천식
㉰ 축산고산수식 ㉱ 평정 고산수식

3 통일신라 시대의 안압지에 관한 설명으로 틀린 것은?

㉮ 연못의 남쪽과 서쪽은 직선이고 동안은 돌출하는 반도로 되어 있으며, 북쪽은 굴곡 있는 해안형으로 되어 있다.
㉯ 신선사상을 배경으로 한 해안풍경을 묘사하였다.
㉰ 연못 속에는 3개의 섬이 있는데 임해전의 동쪽에 가장 큰 섬과 가장 작은 섬이 위치한다.
㉱ 물이 유입되고 나가는 입구와 출구가 한군데 모여 있다.

해설 안압지
- 통일신라시대의 조경유적
- 신선사상을 배경으로 한 해안풍경을 묘사한 정원
- 조성과 배치 : 남서쪽은 직선형, 북동쪽은 곡선형 / 연못에는 3개의 섬 / 남쪽에 입수구, 북안서쪽으로 연못의 출구수가 발견됨

4 염분 피해가 많은 임해공업지대에 가장 생육이 양호한 수종은?

㉮ 노간주나무
㉯ 단풍나무
㉰ 목련
㉱ 개나리

5 다음 중 미기후에 대한 설명으로 가장 거리가 먼 것은?

㉮ 호수에서 바람이 불어오는 곳은 겨울에는 따뜻하고 여름에는 서늘하다.
㉯ 야간에는 언덕보다 골짜기의 온도가 낮고, 습도는 높다.
㉰ 야간에 바람은 산위에서 계곡을 향해 분다.
㉱ 계곡의 맨 아래쪽은 비교적 주택지로서 양호한 편이다.

6 조경이 타 건설 분야와 차별화될 수 있는 가장 독특한 구성 요소는?

㉮ 지형 ㉯ 암석
㉰ 식물 ㉱ 물

7 정원의 개조 전·후의 모습을 보여주는 레드북(Red book)의 창안자는?

㉮ 험프리 랩턴(Humphrey Repton)
㉯ 윌리엄 켄트(William Kent)
㉰ 란 셀로트 브라운(Lan Celot Brown)
㉱ 브리지맨(Bridge man)

해설 험프리 랩턴
- 풍경식 정원의 완성자
- 레드북 : 설계전·후의 스케치의 모음집
- 자연미를 추구하는 동시에 실용적이고 인공적인 특징을 잘 소화했다는 평을 받음

1. ㉱ 2. ㉰ 3. ㉱ 4. ㉮ 5. ㉱ 6. ㉰
7. ㉮

8 **도형의 색이 바탕색의 잔상으로 나타나는 심리 보색의 방향으로 변화되어 지각되는 대비효과를 무엇이라고 하는가?**

㉮ 색상대비 ㉯ 명도대비
㉰ 채도대비 ㉱ 동시대비

9 **수목 규격의 표시는 수고, 수관폭, 흉고직경, 근원직경, 수관 길이를 조합하여 표시할 수 있다. 표시법 중 H×W×R로 표시할 수 있는 가장 적합한 수종은?**

㉮ 은행나무 ㉯ 사철나무
㉰ 주목 ㉱ 소나무

해설 H×W×R로 표시하는 수목은 조형미가 중시되는 수종이 적합하다.

10 **경관 구성은 우세요소와 가변요소로 구분할 수 있는 데, 다음 중 우세요소에 해당하지 않는 것은?**

㉮ 형태 ㉯ 위치
㉰ 질감 ㉱ 시간

해설
- 경관의 우세요소 : 경관의 지배적요소/형태, 선, 색채, 질감
- 가변요소 : 경관을 변화시키는 요인/광선, 기상조건, 계절, 거리, 운동, 규모, 시간

11 **중국 송 시대의 수법을 모방한 화원과 석가산 및 누각 등이 많이 나타난 시기는?**

㉮ 백제시대 ㉯ 신라시대
㉰ 고려시대 ㉱ 조선시대

해설 고려시대 정원의 특징
- 시각적 쾌감을 부여하기 위한 관상위주의 정원
- 중국으로부터 석가산이 유입
- 격구장, 휴식과 조망을 위한 정자가 정원시설의 일부가 됨

12 **맥하그(Ian McHarg)가 주장한 생태적 결정론(ecological determinism)의 설명으로 옳은 것은?**

㉮ 자연계는 생태계의 원리에 의해 구성되어 있으며, 따라서 생태적 질서가 인간환경의 물리적 형태를 지배한다는 이론이다.
㉯ 생태계의 원리는 조경설계의 대안결정을 지배해야 한다는 이론이다.

㉰ 인간환경은 생태계의 원리로 구성되어 있으며, 따라서 인간사회는 생태적 진화를 이루어 왔다는 이론이다.
㉱ 인간행태는 생태적 질서의 지배를 받는다는 이론이다.

해설 맥하그 – 생태적결정론
경제성에만 치우치기 쉬운 환경계획을 자연과학적 근거에서 인간의 환경문제를 파악하고 새로운 환경의 창조를 기여한다는 내용

13 **자연공원을 조성하려 할 때 가장 중요하게 고려해야 할 요소는?**

㉮ 자연경관 요소 ㉯ 인공경관 요소
㉰ 미적 요소 ㉱ 기능적 요소

해설 자연공원은 국립공원, 군립공원, 도립공원으로 자연경관요소가 우선시 된다.

14 **경관구성의 미적 원리는 통일성과 다양성으로 구분할 수 있다. 다음 중 통일성과 관련이 가장 적은 것은?**

㉮ 균형과 대칭 ㉯ 강조
㉰ 조화 ㉱ 율동

해설 통일성과 다양성을 달성하기 위한 구성요소
- 통일성 : 조화, 균형과 대칭, 강조, 반복
- 다양성 : 변화, 리듬, 대비, 율동

15 **조선시대의 정원 중 연결이 올바른 것은?**

㉮ 양산보 – 다산초당
㉯ 윤선도 – 부용동 정원
㉰ 정약용 – 운조루 정원
㉱ 이유주 – 소쇄원

8. ㉮ 9. ㉱ 10. ㉱ 11. ㉰ 12. ㉮
13. ㉮ 14. ㉱ 15. ㉯

16 건조된 소나무(적송)의 단위 중량에 가장 가까운 것은?

㉮ 250kg/m³ ㉯ 360kg/m³
㉰ 590kg/m³ ㉱ 1100kg/m³

17 감수제를 사용하였을 때 얻는 효과로써 적당하지 않는 것은?

㉮ 내약품성이 커진다.
㉯ 수밀성이 향상되고 투수성이 감소된다.
㉰ 소요의 워커빌리티를 얻기 위하여 필요한 단위수량을 약 30%정도 증가시킬 수 있다.
㉱ 동일 워커빌리티 및 강도의 콘크리트를 얻기 위하여 필요한 단위 시멘트량을 감소시킨다.

 감수제

혼화제의 일종으로, 시멘트의 분말을 분산시켜서 콘크리트의 워커빌리티를 얻기에 필요한 단위수량을 감소시키는 것을 주목적으로 한 재료

18 다음 중 내식성이 가장 높은 재료는?

㉮ 티탄 ㉯ 동
㉰ 아연 ㉱ 스테인레스강

19 아스팔트의 양부를 판단하는데 적합한 것은?

㉮ 연화도 ㉯ 침입도
㉰ 시공연도 ㉱ 마모도

 아스팔트의 양부를 판단하는데 중요한 기준인 침입도는 아스팔트의 경도를 나타낸다.

20 다음 중 1속에서 잎이 5개 나오는 수종은?

㉮ 백송 ㉯ 방크스소나무
㉰ 리기다소나무 ㉱ 스트로브잣나무

해설 · 백송, 리기다소나무 : 3엽송
· 방크스소나무 : 2엽송

21 목재의 심재와 비교한 변재의 일반적인 특징 설명으로 틀린 것은?

㉮ 재질이 단단하다. ㉯ 흡수성이 크다.
㉰ 수축변형이 크다. ㉱ 내구성이 작다.

22 황색 계열의 꽃이 피는 수종이 아닌 것은?

㉮ 풍년화 ㉯ 생강나무
㉰ 궁목서 ㉱ 등나무

23 다음 중 이식의 성공률이 가장 낮은 수종은?

㉮ 가시나무 ㉯ 버드나무
㉰ 은행나무 ㉱ 사철나무

24 액체상태나 용융상태의 수지에 경화제를 넣어 사용하며 내산, 내알카리성 등이 우수하여 콘크리트, 항공기, 기계부품 등의 접착에 사용되는 것은?

㉮ 멜라민계접착제 ㉯ 에폭시계접착제
㉰ 페놀계접착제 ㉱ 실리콘계접착제

25 유성도료에 관한 설명 중 옳지 않은 것은?

㉮ 유성페인트는 내후성이 좋다.
㉯ 유성페인트는 내알카리성이 양호하다.
㉰ 보일드유와 안료를 혼합한 것이 유성페인트이다.
㉱ 건성유 자체로도 도막을 형성할 수 있으나 건성유를 가열처리하여 점도, 건조성, 색채 등을 개량한 것이 보일드유이다.

26 다음 중 속명(屬名)이 Trachelospernum이고, 명명이Chineses Jasmine이며, 한자명이 백화등(白花藤)인 것은?

㉮ 으아리 ㉯ 인동덩굴
㉰ 줄사철 ㉱ 마삭줄

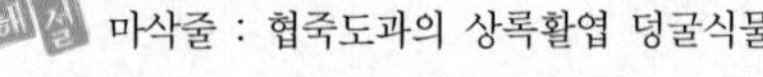 마삭줄 : 협죽도과의 상록활엽 덩굴식물

16. ㉰ 17. ㉰ 18. ㉮ 19. ㉯ 20. ㉱
21. ㉮ 22. ㉱ 23. ㉮ 24. ㉯ 25. ㉯
26. ㉱

27 다음 중 인공 폭포, 인공암 등을 만드는데 사용되는 플라스틱 제품인 것은?

㉮ ILP ㉯ FRP
㉰ MDF ㉱ OSB

 FRP (Fiber Reinforced Plastics)
합성수지 속에 섬유기재를 혼입시켜 기계적 강도를 향상시킨 수지의 총칭. 수명이 길고 가볍고 강하며 부패하지 않는 등의 특징을 가지고 있다.

28 한국산업표준(KS)에 규정된 벽돌의 표준형 크기는?

㉮ 190 × 90 × 57mm
㉯ 195 × 90 × 60mm
㉰ 210 × 100 × 60mm
㉱ 210 × 95 × 57mm

29 암석 재료의 특징에 관한 설명 중 틀린 것은?

㉮ 외관이 매우 아름답다.
㉯ 내구성과 강도가 크다.
㉰ 변형되지 않으며, 가공성이 있다.
㉱ 가격이 싸다.

30 흰말채나무의 특징 설명으로 틀린 것은?

㉮ 노란색의 열매가 특징적이다.
㉯ 층층나무과로 낙엽활엽관목이다.
㉰ 수피가 여름에는 녹색이나 가을, 겨울철의 붉은 줄기가 아름답다.
㉱ 잎은 대생하며 타원형 또는 난상타원형이고, 표면에 작은 털이 있으며 뒷면은 흰색의 특징을 갖는다.

 흰말채나무
· 층층나무과의 낙엽활엽 관목
· 나무껍질은 붉은색이고 잎은 마주나고 타원 모양이거나 달걀꼴 타원 모양
· 열매는 타원 모양의 핵과(核果)로서 흰색 또는 파랑빛을 띤 흰색이며 8~9월에 익는다. 종자는 양쪽 끝이 좁고 납작함

31 다음 중 높이떼기의 번식방법을 사용하기 가장 적합한 수종은?

㉮ 개나리 ㉯ 덩굴장미
㉰ 등나무 ㉱ 배롱나무

 높이떼기번식
· 식물의 가지를 잘라내지 않는 상태에서 뿌리를 내어 번식시키는 방법을 가리키며 식물의 인위적인 번식 방법 중 하나임
· 고취법(高取法 – 취목)과 저취법(低取法 – 휘묻이)이라는 두 가지 방법이 있으며
· 저취법의 휘묻이라는 단어에는 '가지를 휘어서 묻는다'라는 의미가 있기 때문에 실제 휘묻이라고 할 때는 저취법을 의미한다. 이는 가지에 굴성(휘는 성질)이 있는 덩굴장미나 로즈메리, 개나리 등에 주로 적용되는 방법임
· 높이떼기 즉, 고취법은 곧게 서 있는 나무의 가지에서 껍질을 둥글게 벗겨낸 후, 충분히 습기가 있는 물이끼로 싼 후에 물기가 새지 않도록 다시 비닐로 싼다. 이렇게 하면 껍질이 벗겨진 부분에 영양분이 모여서 뿌리가 다시 나므로, 이후 뿌리가 난 부분을 잘라내서 땅에 다시 심어서 키운다.

32 초기 강도가 매우 크고 해수 및 기타 화학적 저항성이 크며 열분해 온도가 높아 내화용 콘크리트에 적합한 시멘트는?

㉮ 조강 포틀랜드 시멘트
㉯ 알루미나 시멘트
㉰ 고로슬래그 시멘트
㉱ 플라이애쉬 시멘트

33 죽(竹)은 대나무류, 조릿대류, 밤부류로 분류할 수 있다. 그 중 조릿대류로 길게 자라며, 생장 후에도 껍질이 떨어지지 않으며 붙어있는 종류는?

㉮ 죽순대 ㉯ 오죽
㉰ 신이대 ㉱ 마디대

 신이대
· 이대라고도 하며 외떡잎식물 벼목 화본과의 커다란 조릿대류
· 산과 들이나 바닷가에서 자라며, 높이 2~4m, 지름 5~15mm이다. 땅속줄기가 옆으로 길게 벋으면서 군데군데에서 죽순이 나와 자라고 윗부분에서 5~6개의 가지가 나온다.

27. ㉯ 28. ㉮ 29. ㉱ 30. ㉮ 31. ㉱
32. ㉯ 33. ㉰

34 다음 수종 중 양수에 속하는 것은?

㉮ 백목련 ㉯ 후박나무
㉰ 팔손이 ㉱ 전나무

35 재료의 기계적 성질 중 작은 변형에도 파괴되는 성질을 무엇이라 하는가?

㉮ 취성 ㉯ 소성
㉰ 강성 ㉱ 탄성

취성(brittleness)
· 물체가 연성(延性)을 갖지 않고 파괴되는 성질
· 취성을 나타내는 대표적인 예로 유리를 들 수 있는데, 온도가 높아지면 취성을 상실함

36 잔디밭을 만들 때 잔디 종자가 사용되는데 다음 중 우량 종자의 구비 조건으로 부적합한 것은?

㉮ 여러번 교잡한 잡종 종자일 것
㉯ 본질적으로 우량한 인자를 가진 것
㉰ 완숙종자일 것
㉱ 신선한 햇 종자일 것

37 약제를 식물체의 뿌리, 줄기, 잎 등에 흡수시켜 깍지벌레와 같은 흡즙성 해충을 죽게 하는 살충제의 형태는?

㉮ 기피제 ㉯ 유인제
㉰ 소화중독제 ㉱ 침투성살충제

38 기본 설계도 중 위에서 수직 투영된 모양을 일정한 축척으로 나타내는 도면으로 2차원적이며, 입체감이 없는 도면은?

㉮ 평면도 ㉯ 단면도
㉰ 입면도 ㉱ 투시도

39 정원수 전정의 목적으로 부적합한 것은?

㉮ 지나치게 자라는 현상을 억제하여 나무의 자라는 힘을 고르게 한다.
㉯ 움이 트는 것을 억제하여 나무를 속성으로 생김새를 만든다.
㉰ 강한 바람에 의해 나무가 쓰러지거나 가지가 손상되는 것을 막는다.
㉱ 채광, 통풍을 도움으로서 병해충의 피해를 미연에 방지한다.

40 시방서의 기재사항이 아닌 것은?

㉮ 재료의 종류 및 품질
㉯ 건물인도의 시기
㉰ 재료의 필요한 시험
㉱ 시공방법의 정도 및 완성에 관한 사항

41 벽돌쌓기 시공에서 벽돌 벽을 하루에 쌓을 수 있는 최대 높이는 몇 m 이하인가?

㉮ 1.0m ㉯ 1.2m
㉰ 1.5m ㉱ 2.0m

하루최대 벽돌 쌓기 – 1.5m

42 다음 중 거푸집을 빨리 제거하고 단시일에 소요 강도를 내기 위하여 고온, 증기로 보양하는 것으로 한중콘크리트에도 유리한 보양법은?

㉮ 습윤보양 ㉯ 증기보양
㉰ 전기보양 ㉱ 피막보양

43 주거지역에 인접한 공장부지 주변에 공장경관을 아름답게 하고, 가스, 분진 등의 대기오염과 소음 등을 차단하기 위해 조성되는 녹지의 형태는?

㉮ 차폐녹지 ㉯ 차단녹지
㉰ 완충녹지 ㉱ 자연녹지

34. ㉮	35. ㉮	36. ㉮	37. ㉱	38. ㉮
39. ㉯	40. ㉯	41. ㉰	42. ㉯	43. ㉰

44 측백나무 하늘소 방제로 가장 알맞은 시기는?

㉮ 봄 ㉯ 여름
㉰ 가을 ㉱ 겨울

45 뿌리돌림의 방법으로 옳은 것은?

㉮ 노목은 피해를 줄이기 위해 한번에 뿌리돌림 작업을 끝내는 것이 좋다.
㉯ 뿌리돌림을 하는 분은 이식할 당시의 뿌리분보다 약간 크게 한다.
㉰ 낙엽수의 경우 생장이 끝난 가을에 뿌리돌림을 하는 것이 좋다.
㉱ 뿌리돌림 시 남겨 둘 곧은 뿌리는 15 ~ 20cm의 폭으로 환상 박피한다.

46 점질토와 사질토의 특성 설명으로 옳은 것은?

㉮ 투수계수는 사질토가 점질토 보다 작다.
㉯ 건조 수축량은 사질토가 점질토 보다 크다.
㉰ 압밀속도는 사질토가 점질토 보다 빠르다.
㉱ 내부마찰각은 사질토가 점질토 보다 작다.

47 건설표준품셈에서 시멘트 벽돌의 할증율은 얼마까지 적용할 수 있는가?

㉮ 3% ㉯ 5%
㉰ 10% ㉱ 15%

48 콘크리트 공사의 시공과정 중 휴식시간 등으로 응결하기 시작한 콘크리트에 새로운 콘크리트를 이어 칠 때 일체화가 저해되어 발생하는 줄눈의 형태는?

㉮ 콜드 조인트(cold joint)
㉯ 콘트롤 조인트(control joint)
㉰ 익스팬션 조인트(expansion joint)
㉱ 콘트런션 조인트(contraction joint)

해설 콜드 조인트
· 응결하기 시작한 콘크리트에 새로운 콘크리트를 이어치기 할때 일체화되지 않아 이음부분의 시공불량이 일어나는 현상
· 물이 통과하기 쉬워 동결, 융해, 작용을 받아 철근부식 및 균열 발생시키므로 콘크리트의 강도, 내구성, 수밀성을 저하시킨다.

49 치장벽돌을 사용하여 벽체의 앞면 5~6켜 까지는 길이쌓기로 하고 그 위 한켜는 마구리쌓기로 하여 본 벽돌벽에 물려 쌓는 벽돌쌓기 방식은?

㉮ 불식쌓기 ㉯ 미식쌓기
㉰ 영식쌓기 ㉱ 화란식쌓기

50 거푸집에 미치는 콘크리트의 측압에 관한 설명으로 틀린 것은?

㉮ 시공연도가 좋을수록 측압은 크다.
㉯ 수평부재가 수직부재보다 측압이 작다.
㉰ 경화속도가 빠를수록 측압이 크다.
㉱ 붓기 속도가 빠를수록 측압이 크다.

해설 콘크리트의 측압 콘크리트 타설시 기둥, 벽체의 거푸집에 가해지는 콘크리트의 수평방향 압력을 말하며, 콘크리트의 단위용적 중량, 타설높이, 타설속도, 온도, 슬럼프에 따라 다르다.

51 단독도급과 비교하여 공동도급(joint venture) 방식의 특징으로 거리가 먼 것은?

㉮ 대규모 공사를 단독으로 도급하는 것보다 적자 등의 위험 부담이 분담된다.
㉯ 공동도급에 구성된 상호간의 이해충돌이 없고 현장관리가 용이하다.
㉰ 2이상의 업자가 공동으로 도급함으로서 자금 부담이 경감된다.
㉱ 각 구성원이 공사에 대하여 연대책임을 지므로 단독 도급에 비해 발주자는 더 큰 안정성을 기대할 수 있다.

52 수목의 흰가루병은 가을이 되면 병환부에 흰가루가 섞여서 미세한 흑색의 알맹이가 다수 형성되는데 다음 중 이것을 무엇이라 하는가?

㉮ 균사(菌絲)
㉯ 자낭구(子囊球)
㉰ 분생자병(分生子柄)
㉱ 분생포자(分生胞子)

44. ㉮	45. ㉱	46. ㉰	47. ㉯	48. ㉮
49. ㉯	50. ㉰	51. ㉯	52. ㉯	

53 다음 중 기준점 및 규준틀에 관한 설명으로 틀린 것은?

㉮ 규준틀은 공사가 완료된 후에 설치한다.
㉯ 규준틀은 토공의 높이, 너비 등의 기준을 표시한 것이다.
㉰ 기준점은 이동의 염려가 없는 곳에 설치한다.
㉱ 기준점은 최소 2개소 이상 여러 곳에 설치한다.

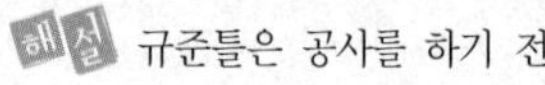
해설 규준틀은 공사를 하기 전에 설치한다.

54 다음 중 한발의 해에 가장 강한 수종은?

㉮ 오리나무　　㉯ 버드나무
㉰ 소나무　　㉱ 미루나무

55 수목의 총중량은 지상부와 지하부의 합으로 계산할 수 있는데, 그 중 지하부(뿌리분)의 무게를 계산하는 식은 W = V × K이다. 이 중 V가 지하부(뿌리분)의 체적일 때 K는 무엇을 의미하는가?

㉮ 뿌리분의 단위체적 중량
㉯ 뿌리분의 형상 계수
㉰ 뿌리분의 지름
㉱ 뿌리분의 높이

56 자연석 무너짐 쌓기에 대한 설명으로 부적합한 것은?

㉮ 크고 작은 돌이 서로 삼재미가 있도록 좌우로 놓아나간다.
㉯ 돌을 쌓은 단면의 중간이 볼록하게 나오는 것이 좋다.
㉰ 제일 윗부분에 놓이는 돌은 돌의 윗부분이 수평이 되도록 놓는다.
㉱ 돌과 돌이 맞물리는 곳에는 작은 돌을 끼워 넣지 않도록 한다.

57 축척 1/1000의 도면의 단위 면적이 $16m^2$일 것을 이용하여 축척 1/2000의 도면의 단위 면적으로 환산하면 얼마인가?

㉮ $32m^2$　　㉯ $64m^2$
㉰ $128m^2$　　㉱ $256m^2$

해설 $1m^2 : 16\ m^2 = 4m^2 : x$
$x = 64\ m^2$

58 1/100 축척의 도면에서 가로20m, 세로 50m의 공간에 잔디를 전면붙이기를 할 경우 몇 장의 잔디가 필요한가? (단, 잔디는 25 × 25cm규격을 사용한다.)

㉮ 5500장　　㉯ 11000장
㉰ 16000장　　㉱ 22000장

해설 $\dfrac{\text{전체면적}}{\text{잔디1장의 면적}} = \dfrac{20 \times 50}{0.25 \times 0.25} = 16000$장

59 비료는 화학적 반응을 통해 산성비료, 중성비료, 염기성 비료로 분류되는데, 다음 중 산성비료에 해당하는 것은?

㉮ 황산암모늄　　㉯ 과인산석회
㉰ 요소　　㉱ 용성인비

60 석재의 가공 공정상 날망치를 사용하는 표면 마무리 작업은?

㉮ 혹떼기　　㉯ 잔다듬
㉰ 정다듬　　㉱ 도드락다듬

해설 석재 인력가공순서
① 혹두기 : 원석의 쇠메로 쳐서 요철을 없게 다듬는것
② 정다듬 : 정으로 쪼아 다듬는 것
③ 도두락다듬 : 도두락 망치로 면을 다듬는것
④ 잔다듬 : 정교한 날망치로 면을 다듬는 것
⑤ 물갈기

53. ㉮　54. ㉰　55. ㉮　56. ㉯　57. ㉯
58. ㉰　59. ㉮　60. ㉯

과년도 기출문제 | 2011년 4회(11.7.31 시행)

1 다음 우리나라 조경 가운데 가장 오래된 것은?

㉮ 소쇄원(瀟灑園) ㉯ 순천관(順天館)
㉰ 아미산정원 ㉱ 안압지(眼壓池)

해설 안압지 – 통일신라시대 정원 유적
㉮ – 조선시대의 별서
㉯ – 고려시대의 객관정원(외국에서 사신이 오면 접대하던 장소)
㉰ – 경복궁 교태전 후원

2 설계 도면에서 표제란에 위치한 막대 축척이 1/200이다. 도면에서 1cm는 실제 몇 m인가?

㉮ 0.5m ㉯ 1m
㉰ 2m ㉱ 4m

해설 1/200은 도상거리 1cm는 실제거리 2m를 나타낸다.

3 경관의 시각적 구성 요소를 우세요소와 가변요소로 구분할 때 가변요소에 해당하지 않는 것은?

㉮ 광선 ㉯ 기상조건
㉰ 질감 ㉱ 계절

해설
· 경관의 우세요소: 경관의 지배적요소 / 형태, 선, 색채, 질감
· 가변요소 : 경관을 변화시키는 요인 / 광선, 기상조건, 계절, 거리, 운동, 규모, 시간

4 주택정원에 설치하는 시설물 중 수경시설에 해당하는 것은?

㉮ 퍼걸러 ㉯ 미끄럼틀
㉰ 정원등 ㉱ 벽천

해설 수경시설에는 벽천, 연못, 분수, 실개울 등이 해당된다.

5 다음 골프와 관련된 용어 설명으로 옳지 않는 것은?

㉮ 에프론 컬라(apron collar) : 임시로 그린의 표면을 잔디가 아닌 모래로 마감한 그린을 말한다.
㉯ 코스(course) : 골프장내 플레이가 허용되는 모든 구역을 말한다.
㉰ 해저드(hazard) : 벙커 및 워터 해저드를 말한다.
㉱ 티샷(tee shot) : 티그라운드에서 제1타를 치는 것을 말한다.

해설 Apron Collar : 그린(Green)에 바로 붙은 풀이 짧게 깎인 지역, 페어웨이 잔디 보다는 짧고 그린의 잔디보다는 길다.

6 자연 그대로의 짜임새가 생겨나도록 하는 사실주의 자연풍경식 조경 수법이 발달한 나라는?

㉮ 스페인 ㉯ 프랑스
㉰ 영국 ㉱ 이탈리아

해설 영국에서는 18c에 사실주의 자연풍경식이 유행하게 된다.

7 조경식물에 대한 옛 용어와 현대 사용되는 식물명의 연결이 잘못된 것은?

㉮ 자미(紫薇) – 장미
㉯ 산다(山茶) – 동백
㉰ 옥란(玉蘭) – 백목련
㉱ 부거(芙渠) – 연(蓮)

해설 자미 – 배롱나무

1. ㉱ 2.㉰ 3. ㉰ 4. ㉱ 5. ㉮ 6. ㉰
7. ㉮

8 다음 중 고대 로마의 폼페이 주택정원에서 볼 수 없는 것은?

㉮ 아트리움 ㉯ 페리스틸리움
㉰ 포름 ㉱ 지스터스

로마 주택정원의 공간구성 : 아트리움→페리스틸리움→지스터스, 포름은 그리스시대 최초의 광장인 아고라가 로마시대에 포름으로 발전하였다.

9 넓은 초원과 같이 시야가 가리지 않고 멀리 터져 보이는 경관을 무엇이라 하는가?

㉮ 전경관 ㉯ 지형경관
㉰ 위요경관 ㉱ 초점경관

10 다음 중 차경(借景)을 가장 잘 설명한 것은?

㉮ 멀리 보이는 자연풍경을 경관 구성 재료의 일부로 이용하는 것
㉯ 산림이나 하천 등의 경치를 잘 나타낸 것
㉰ 아름다운 경치를 정원 내에 만든 것
㉱ 연못의 수면이나 잔디밭이 한눈에 보이지 않게 하는 것

차경(appropriation, appropriative landscape, 借景)멀리 바라보이는 자연의 풍경을 경관 구성 재료의 일부로 이용하는 수법을 말함

11 중국정원의 가장 중요한 특색이라 할 수 있는 것은?

㉮ 조화 ㉯ 대비
㉰ 반복 ㉱ 대칭

12 정원에서 미적요소 구성은 재료의 짝지움에서 나타나는데 도면상 선적인 요소에 해당되는 것은?

㉮ 분수 ㉯ 독립수
㉰ 원로 ㉱ 연못

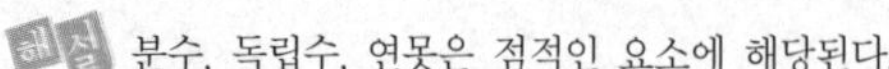
분수, 독립수, 연못은 점적인 요소에 해당된다.

13 다음 중 조경가의 입장에서 가장 우선을 두어야 할 것은?

㉮ 편리한 교통체계의 증설
㉯ 공공을 위한 녹지의 조성
㉰ 미개발지의 화려한 개발 촉진
㉱ 상업위주의 도입시설 증설

14 백제시대에 정원의 점경물로 만들어졌고, 물을 담아 연꽃을 심고 부들, 개구리밥, 마름 등의 부엽식물을 곁들이며 물고기도 넣어 키웠던 것은?

㉮ 석연지 ㉯ 석조전
㉰ 안압지 ㉱ 포석정

석연지
백제말기에 정원장식을 위한 정원용 첨경물로 화강암질의 돌을 둥근 어항과 같은 생김새로 물을 담아 연꽃을 심어 즐겼다.

15 일본 정원의 발달순서가 올바르게 연결된 것은?

㉮ 임천식 – 축산고산수식 – 평정고산수식 – 다정식
㉯ 다정식 – 회유식 – 임천식 – 평정고산수식
㉰ 회유식 – 임천식 – 평정고산수식 – 축산고산수식
㉱ 축산고산수식 – 다정식 – 임천식 – 회유식

16 배수가 잘 되지 않는 저습지대에 식재하려 할 경우 적합하지 않는 수종은?

㉮ 메타세쿼이어 ㉯ 자작나무
㉰ 오리나무 ㉱ 능수버들

8. ㉰ 9. ㉮ 10. ㉮ 11. ㉯ 12. ㉰
13. ㉯ 14. ㉮ 15. ㉮ 16. ㉯

17 목재의 단면에서 수액이 적고 강도, 내구성이 등이 우수하기 때문에 목재로서 이용가치가 큰 부위는?

㉮ 변재 ㉯ 수피
㉰ 심재 ㉱ 변재와 심재사이

 변재와 심재

변재	수피가까이에 있는 부분으로 수축이 크다.
심재	목질부 중 수심부근에 있는 부분으로 신축이 적다.

18 합판의 특징에 대한 설명으로 옳은 것은?

㉮ 팽창, 수축 등으로 생기는 변형이 크다.
㉯ 목재의 완전 이용이 불가능하다.
㉰ 제품이 규격화되어 사용에 능률적이다.
㉱ 섬유방향에 따라 강도의 차이가 크다.

 합판의 특징

- 절삭, 휨가공, 접합 등의 작업이 용이
- 무게에 비해 강도적 성질이 우수
- 단판의 교차접착에 의한 수축, 팽창이 적음
- 건조한 목재를 사용하므로 전기절연성이 우수
- 단판을 이용하므로 넓은 면적의 판상제품으로 제조할 수 있기 때문에 목재 자원의 효율적 이용을 꾀할 수 있음

19 양질의 포졸란을 사용한 시멘트의 일반적인 특징 설명으로 틀린 것은?

㉮ 수밀성이 크다.
㉯ 해수(海水)등에 화학 저항성이 크다.
㉰ 발열량이 적다.
㉱ 강도의 증진이 빠르나 장기강도가 작다.

 포졸란시멘트 : 워커빌리티가 양호, 장기강도가 크며 수화열이 작다.

20 미리 골재를 거푸집 안에 채우고 특수 탄화제를 섞은 모르타르를 주입하여 골재의 빈틈을 메워 콘크리트를 만드는 형식은?

㉮ 서중콘크리트
㉯ 프리팩트콘크리트
㉰ 프리스트레스트콘크리트
㉱ 한중콘크리트

 프리팩트콘크리트(prepacked concrete)
거푸집에 골재를 넣고 그 골재 사이 공극(孔隙)에 모르타르를 넣어서 만든 콘크리트로 자갈이 촘촘하게 차 있어서 시멘트가 적게 들고 치밀하여 곰보현상이 적고 내수성 · 내구성이 뛰어나며 골재를 먼저 넣으므로 중량콘크리트 시공을 할 수도 있다.

21 시공 시 설계도면에 수목의 치수를 구분하고자 한다. 다음 중 흉고직경을 표시하는 기호는?

㉮ B ㉯ C.L
㉰ F ㉱ W

22 다음 중 심근성 수종이 아닌 것은?

㉮ 자작나무 ㉯ 전나무
㉰ 후박나무 ㉱ 백합나무

23 다음[보기]가 설명하고 있는 수종은?

[보기]
- 17세기 체코 선교사를 기념하는데서 유래되었다.
- 상록활엽소교목으로 수형은 구형이다.
- 꽃은 한 개씩 또는 액생, 꽃받침과 꽃잎은 5~7개 이다.
- 열매는 삭과, 둥글며 3개로 갈라지고, 지름 3~4cm 정도이다.
- 짙은 녹색의 잎과 겨울철 붉은색 꽃이 아름다우며 음수로서 반음지나 음지에 식재, 전정에 잘 견딘다.

㉮ 생강나무 ㉯ 동백나무
㉰ 노각나무 ㉱ 후박나무

17. ㉰ 18. ㉰ 19. ㉱ 20. ㉯ 21. ㉮
22. ㉮ 23. ㉯

24 **화강암(granite)의 특징 설명으로 옳지 않은 것은?**

㉮ 조직이 균일하고 내구성 및 강도가 크다.
㉯ 내화성이 우수하여 고열을 받는 곳에 적당하다.
㉰ 외관이 아름답기 때문에 장식재로 쓸 수 있다.
㉱ 자갈, 쇄석 등과 같은 콘크리트용 골재로 많이 사용된다.

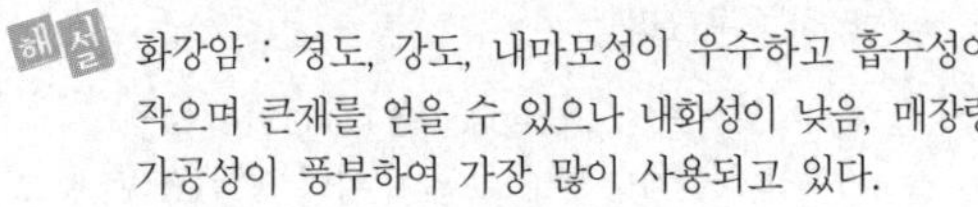

해설 화강암 : 경도, 강도, 내마모성이 우수하고 흡수성이 작으며 큰재를 얻을 수 있으나 내화성이 낮음, 매장량 가공성이 풍부하여 가장 많이 사용되고 있다.

25 **이른 봄에 꽃이 피는 수종끼리만 짝지어진 것은?**

㉮ 매화나무, 풍년화, 박태기나무
㉯ 은목서, 산수유, 백합나무
㉰ 배롱나무, 무궁화, 동백나무
㉱ 자귀나무, 태산목, 목련

26 **기름을 뺀 대나무로 등나무를 올리기 위한 시렁을 만들면 윤기가 나고 색이 변하지 않는다. 대나무 기름 빼는 방법으로 옳은 것은?**

㉮ 불에 쬐어 수세미로 닦아 준다.
㉯ 알코올 등으로 닦아 준다.
㉰ 물에 오래 담가 놓았다가 수세미로 닦아준다.
㉱ 석유, 휘발유 등에 담근 후 닦아 준다.

27 **골재의 표면에는 수분이 없으나 내부의 공극은 수분으로 가득차서 콘크리트 반죽시에 투입되는 물의 량이 골재에 의해 증감되지 않는 이상적인 상태를 무엇이라 하는가?**

㉮ 표면건조 포화상태 ㉯ 습윤상태
㉰ 공기중 건조상태 ㉱ 절대건조상태

해설 골재의 함수상태
골재가 수분의 흡수 정도에 따라 절건상태 → 기건상태 → 표건상태 → 습윤상태로 구분

구분	내용
절대 건조상태	노건조 상태라고도 하며 건조로 (oven)에서 100 - 110℃의 온도로 일정한 중량이 될 때까지 완전히 건조시킨 상태
공기중 건조상태	기건조 상태라고도 하며 골재의 표면은 건조하나 내부에서 포화하는데 필요한 수량보다 작은 양의 물을 포함하는 상태로서 물을 가하면 약간 흡수할 수 있는 상태
표면건조내 부포수상태	골재의 표면에는 수분이 없으나 내부의 공극은 수분으로 충만된 상태로서 콘크리트 반죽 시에 물양이 골재에 의하여 증감되지 않는 이상적인 상태
습윤상태	골재의 내부가 완전히 수분으로 채워져 있고 표면에도 여분의 물을 포함하고 있는 상태

28 **다음 중 교목으로만 짝지어진 것은?**

㉮ 동백나무, 회양목, 철쭉
㉯ 전나무, 송악, 옥향
㉰ 녹나무, 잣나무, 소나무
㉱ 백목련, 명자나무, 마삭줄

29 **일반적으로 여름에 백색 계통의 꽃이 피는 수목은?**

㉮ 산사나무 ㉯ 왕벚나무
㉰ 산수유 ㉱ 산딸나무

24. ㉯ 25. ㉮ 26. ㉮ 27. ㉮ 28. ㉰
29. ㉱

30 흙막이용 돌쌓기에 일반적으로 가장 많이 사용되는 것으로 앞면의 길이를 기준으로 하여 길이는 1.5배 이상, 접촉부 너비는 1/10 이상으로 하는 시공 재료는?

㉮ 호박돌 ㉯ 경관석
㉰ 판석 ㉱ 견치돌

견치돌
돌쌓기에 쓰는 정사각뿔 모양의 돌로 돌담·옹벽·호안(護岸) 등에 사용된다. 견치돌은 앞면(큰면)이 30×30cm 미만이며, 뒤굄 길이(큰 면과 작은 면 사이의 길이)는 큰 면의 약 1.5배(45cm안팎)이다.

31 우리나라에서 사용하는 표준형 벽돌의 규격은? (단, 단위는 mm로 한다.)

㉮ 300 × 300 × 60 ㉯ 190 × 90 × 57
㉰ 210 × 100 × 60 ㉱ 390 × 190 × 190

32 케빈린치(K.Lynch)가 주장하는 경관의 이미지 요소 중에서 관찰자의 이동에 따라, 연속적으로 경관이 변해가는 과정을 설명할 수 있는 것은?

㉮ landmark(지표물) ㉯ path(통로)
㉰ edge(모서리) ㉱ district(지역)

33 일반적으로 추운 지방이나 겨울철에 콘크리트가 빨리 굳어지도록 주로 섞어 주는 것은?

㉮ 석회 ㉯ 염화칼슘
㉰ 붕사 ㉱ 마그네슘

34 수목식재 후 지주목 설치시에 필요한 완충재료로서 작업능률이 뛰어나고 내구성이 뛰어난 환경친화적인 재료이며, 상열을 막기 위해 막기 위해 사용하는 것은?

㉮ 새끼 ㉯ 고무판
㉰ 보온덮개 ㉱ 녹화테이프

35 다음 중 방음용 수목으로 사용하기 부적합한 것은?

㉮ 아왜나무 ㉯ 녹나무
㉰ 은행나무 ㉱ 구실잣밤나무

해설 방음용수목으로는 상록수가 적합하다.

36 배식설계도 작성 시 고려될 사항으로 옳지 않은 것은?

㉮ 배식평면도에는 수목의 위치, 수종, 규격, 수량 등을 표기한다.
㉯ 배식평면도에서는 일반적으로 수목수량표를 표제란에 기입한다.
㉰ 배식평면도는 시설물평면도와 무관하게 작성할 수 있다.
㉱ 배식평면도는 작성시 성장을 고려하여 설계할 필요가 있다.

37 다음 설계 기호는 무엇을 표시한 것인가?

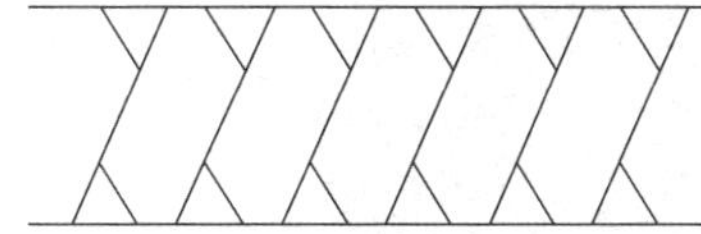

㉮ 인조석다짐 ㉯ 잡석다짐
㉰ 보도블록포장 ㉱ 콘크리트포장

38 비교적 좁은 지역에서 대축척으로 세부 측량을 할 경우 효율적이며, 지역 내에 장애물이 없는 경우 유리한 평판 측량방법은?

㉮ 방사법 ㉯ 전진법
㉰ 전방교회법 ㉱ 후방교회법

평판측량방법

방법	설명
방사법	측량지역에 장애물이 없는 곳에서 한번에 여러점을 세워 쉽게 구할 수 있음
전진법	측량지역에 장애물이 있어 이 장애물을 비켜서 측점사이의 거리와 방향을 측정하고 평판을 옮겨가면서 측량하는 방법
교회법	광대한 지역에서 소축척의 측량, 거리를 실측하지 않으므로 작업이 신속하다.

30. ㉱ 31. ㉯ 32. ㉯ 33. ㉯ 34. ㉱
35. ㉰ 36. ㉰ 37. ㉯ 38. ㉮

39 다음 중 질소질 속효성 비료로서 주로 덧거름으로 쓰이는 비료는?

㉮ 황산암모늄 ㉯ 두엄
㉰ 생석회 ㉱ 깻묵

40 터파기 공사를 할 경우 평균부피가 굴착전 보다 가장 많이 증가하는 것은?

㉮ 모래 ㉯ 보통흙
㉰ 자갈 ㉱ 암석

토질의 부피증가율

구분		증가율
모래		15~20%
자갈		5~15%
진흙		20~45%
모래, 점토, 자갈의 혼합물		30%
암석	연암	25~60%
	경암	70~90%

41 다음 도시공원 시설 중 유희시설에 해당되는 것은?(단, 도시공원 및 녹지 등에 관한 법률 시행규칙을 적용한다.)

㉮ 야영장 ㉯ 잔디밭
㉰ 도서관 ㉱ 낚시터

유희시설
시소, 정글짐, 사다리, 순환궤도차, 궤도, 모험놀이장, 유원시설, 발물놀이터, 뱃놀이터, 낚시터 그 밖에 이와 유사한 시설로서 도시민의 여가선용을 위한 놀이시설

42 정원에서 간단한 눈가림 구실을 할 수 있는 시설물로 가장 적합한 것은?

㉮ 파고라 ㉯ 트렐리스
㉰ 정자 ㉱ 테라스

43 수목을 옮겨심기 전에 뿌리돌림을 하는 이유로 가장 중요한 것은?

㉮ 관리가 편리하도록
㉯ 수목내의 수분 양을 줄이기 위하여
㉰ 무게를 줄여 운반이 쉽게 하기 위해
㉱ 잔뿌리를 발생시켜 수목의 활착을 돕기 위하여

해설 뿌리돌림의 목적
- 이식을 위한 예비조치로 현재의 위치에서 미리 뿌리를 잘라 내거나 환상박피 함으로써 세근이 많이 발달하도록 유도한다.
- 생리적으로 이식을 싫어하는 수목이나 부적기 식재 및 노거수의 이식에는 반드시 필요하며 전정이 병행되어야한다.

44 오리나무잎벌레의 천적으로 가장 보호되어야 할 곤충은?

㉮ 벼룩좀벌 ㉯ 침노린재
㉰ 무당벌레 ㉱ 실잠자리

45 조경 수목에 거름 주는 방법 중 윤상 거름주기 방법으로 옳은 것은?

㉮ 수목의 밑동으로부터 밖으로 방사상 모양으로 땅을 파고 거름을 주는 방식이다.
㉯ 수관폭을 형성하는 가지 끝 아래의 수관선을 기준으로 환상으로 둥글게 파고 거름을 주는 방식이다.
㉰ 수목의 밑동부터 일정한 간격을 두고 도랑처럼 길게 구덩이를 파서 거름 주는 방식이다.
㉱ 수관선상에 구멍을 군데군데 뚫고 거름 주는 방식으로 주로 액비를 비탈면에 줄때 적용한다.

46 식물병의 발병에 관여하는 3대 요인과 가장 거리가 먼 것은?

㉮ 일조부족 ㉯ 병원체의 밀도
㉰ 야생동물의 가해 ㉱ 기주식물의 감수성

39. ㉮ 40. ㉱ 41. ㉱ 42. ㉯ 43. ㉱
44. ㉰ 45. ㉯ 46. ㉰

47 제거대상 가지로 적당하지 않는 것은?

㉮ 얽힌 가지　　　㉯ 죽은 가지
㉰ 세력이 좋은 가지　㉱ 병충해 피해 입은 가지

해설 전정의 대상 : 밀생지, 교차지, 도장지, 역지, 병지, 고치, 수하지, 평행지, 윤생지, 대생지

48 소나무류를 옮겨 심을 경우 줄기를 진흙으로 이겨 발라 놓은 이유가 아닌 것은?

㉮ 해충을 구제하기 위해
㉯ 수분의 증산을 억제
㉰ 겨울을 나기 위한 월동 대책
㉱ 일시적인 나무의 외상을 방지

49 조경수목의 관리를 위한 작업 가운데 정기적으로 해주지 않아도 되는 것은?

㉮ 전정(剪定) 및 거름주기
㉯ 병충해 방제
㉰ 잡초제거 및 관수(灌水)
㉱ 토양개량 및 고사목 제거

50 경관석을 여러 개 무리지어 놓은 것에 대한 설명 중 틀린 것은?

㉮ 홀수로 조합한다.
㉯ 일직선상으로 놓는다.
㉰ 크기가 서로 다른 것을 조합한다.
㉱ 경관석 여러 개를 무리지어 놓는 것을 경관석 짜임이라 한다.

51 울타리는 종류나 쓰이는 목적에 따라 높이가 다른데 일반적으로 사람의 침입을 방지하기 위한 울타리의 경우 높이는 어느 정도가 가장 적당한가?

㉮ 20 ~ 30cm　㉯ 50 ~ 60cm
㉰ 80 ~ 100cm　㉱ 180 ~ 200cm

52 콘크리트 부어 넣기의 방법이 옳은 것은?

㉮ 비빔장소에서 먼 곳으로부터 가까운 곳으로 옮겨가며 붓는다.
㉯ 계획된 작업구역 내에서 연속적인 붓기를 하면 안된다.
㉰ 한 구역내에서는 콘크리트 표면이 경사지게 붓는다.
㉱ 재료가 분리된 경우에는 물을 넣어 다시 비벼 쓴다.

53 수목 줄기의 썩은 부분을 도려내고 구멍에 충진 수술을 하고자 할 때 가장 효과적인 시기는?

㉮ 1~3월　㉯ 5~8월
㉰ 10~12월　㉱ 시기는 상관없다.

54 비탈면에 교목과 관목을 식재하기에 적합한 비탈면 경사로 모두 옳은 것은?

㉮ 교목 1 : 2 이하, 관목 1 : 3 이하
㉯ 교목 1 : 3 이상, 관목 1 : 2 이상
㉰ 교목 1 : 2 이상, 관목 1 : 3 이상
㉱ 교목 1 : 3 이하, 관목 1 : 2 이하

55 아스팔트 포장에서 아스팔트 양의 과잉이나 골재의 입도 불량일 때 발생하는 현상은?

㉮ 균열　㉯ 국부침하
㉰ 파상요철　㉱ 표면연화

아스팔트 포장의 파손상태 및 원인
· 균열 : 아스팔트량 부족, 지지력 부족, 아스팔트 혼합비가 나쁠때
· 국부침하 : 노상의 지지력부족 및 부동침하
· 파상요철 : 노상과 기층이 연약해 지지력이 불량할 때
· 표면연화 : 아스팔트량 과잉, 골재입도불량, 텍코트의 과잉 사용시

56 계절적 휴면형 잡초 종자의 감응 조건로 가장 적합한 것은?

㉮ 온도　㉯ 일장
㉰ 습도　㉱ 광도

47. ㉰	48. ㉰	49. ㉱	50. ㉯	51. ㉱
52. ㉮	53. ㉯	54. ㉱	55. ㉱	56. ㉯

57 2.0B 벽두께로 표준형 벽돌 쌓기를 실시할 때 기준량(m^2당)은?

㉮ 약 195장 ㉯ 약 224장
㉰ 약 244장 ㉱ 약 298장

58 농약보관 시 주의하여야 할 사항으로 옳은 것은?

㉮ 농약은 고온보다 저온에서 분해가 촉진된다.
㉯ 분말제제는 흡습되어도 물리성에는 영향이 없다.
㉰ 유제는 유기용제의 혼합으로 화재의 위험성이 있다.
㉱ 고독성 농약은 일반 저독성 약재와 혼적하여도 무방하다.

59 주로 수량의 다소에 따라서 반죽이 되고 진 정도를 나타내는 굳지 않은 콘크리트의 성질은?

㉮ workabilty(워커빌리티)
㉯ plasticity(성형성)
㉰ consistency(반죽질기)
㉱ finishability(피니셔빌리티)

 굳지 않는 콘크리트의 성질

- 반죽질기 : 수량의 다소에 따라 반죽이 되고 진 정도를 나타내는 것
- 워커빌리티 : 반죽질기에 따라 비비기, 운반, 치기, 다지기, 마무리 등의 작업난이 정도와 재료분리에 저항하는 정도
- 성형성 : 거푸집에 쉽게 다져넣을 수 있고 거푸집을 제거하면 천천히 형상이 변하기는 하지만 허물어지거나 재료가 분리하는 일 없는 굳지 않는 콘크리트 성질
- 피니셔빌리티 : 굵은 골재치수, 잔골재율, 반죽질기 등에 따라 마무리하는 난이정도, 워커빌리티와는 반드시 일치하지 않음

60 알루민산 석회를 주광물로 한 시멘트로 조기강도(24시간에 보통포틀랜드 시멘트의 28일 강도)가 아주 크므로 긴급공사 등에 많이 사용되며, 해안공사, 동절기 공사에 적합한 시멘트의 종류는?

㉮ 알루미나시멘트 ㉯ 백색포틀랜드시멘트
㉰ 팽창시멘트 ㉱ 중용열포플랜드시멘트

57. ㉱ 58. ㉰ 59. ㉰ 60. ㉮

과년도 기출문제 | 2012년 1회(12.2.12 시행)

1 다음 중 가장 가볍게 느껴지는 색은?

㉮ 파랑　　㉯ 노랑
㉰ 초록　　㉱ 연두

해설 가벼운 색은 색감이 밝고 가볍고 명도가 높아 가볍게 느껴지는 색을 말한다.

2 영국 정형식 정원의 특징 중 매듭화단이란 무엇인가?

㉮ 낮게 깎은 회양목 등으로 화단을 기하학적 문양으로 구획한 화단
㉯ 수목을 전정하여 정형적 모양으로 만든 미로
㉰ 가늘고 긴 형태로 한쪽 방향에서만 관상할 수 있는 화단
㉱ 카펫을 깔아 놓은 듯 화려하고 복잡한 문양이 펼쳐진 화단

3 옴스테드와 캘버트 보가 제시한 그린스워드안의 내용이 아닌 것은?

㉮ 평면적 동선체계
㉯ 차음과 차폐를 위한 주변식재
㉰ 넓고 쾌적한 마차 드라이브 코스
㉱ 동적놀이를 위한 운동장

해설 바르게 고치면 → ㉮ 입체적 동선체계

4 다음 정원 시설 중 우리나라 전통조경시설이 아닌 것은?

㉮ 취병(생울타리)　　㉯ 화계
㉰ 벽천　　㉱ 석지

5 사대부나 양반 계급에 속했던 사람이 자연 속에 묻혀 야인으로서의 생활을 즐기던 별서 정원이 아닌 것은?

㉮ 소쇄원　　㉯ 방화수류정
㉰ 다산초당　　㉱ 부용동정원

해설 방화수류정 – 경기도 수원시 장안구 장안동에 있는 조선 후기의 누정

6 조선시대 후원양식에 대한 설명 중 틀린 것은?

㉮ 중엽이후 풍수지리설의 영향을 받아 후원양식이 생겼다.
㉯ 건물 뒤에 자리잡은 언덕빼기를 계단 모양으로 다듬어 만들었다.
㉰ 각 계단에는 향나무를 주로 한 나무를 다듬어 장식하였다.
㉱ 경복궁 교태전 후원인 아미산, 창덕궁 낙선재의 후원 등이 그 예이다.

해설 후원의 계단에는 주로 화목류로 심어 장식하였다.

7 다음 중 도시공원 및 녹지 등에 관한 법률 시행규칙에서 공원 규모가 가장 작은 것은?

㉮ 묘지공원　　㉯ 체육공원
㉰ 광역권근린공원　　㉱ 어린이공원

해설 ㉮ 묘지공원 – 100,000m^2 이상
㉯ 체육공원 – 10,000m^2 이상
㉰ 광역권근린공원 – 1,000,000m^2 이상
㉱ 어린이공원 – 1,500m^2 이상

1. ㉯ 2. ㉮ 3. ㉮ 4. ㉰ 5. ㉯ 6. ㉰ 7. ㉱

8 보행에 지장을 주어 보행 속도를 억제하고자 하는 포장 재료는?

㉮ 아스팔트 ㉯ 콘크리트
㉰ 블록 ㉱ 조약돌

9 조경 양식을 형태적으로 분류했을 때 성격이 다른 것은?

㉮ 평면기하학식 ㉯ 중정식
㉰ 회유임천식 ㉱ 노단식

 ㉮, ㉯, ㉱는 정형식, ㉰는 자연풍경식

10 19세기 유럽에서 정형식 정원의 의장을 탈피하고 자연그대로의 경관을 표현하고자 한 조경 수법은?

㉮ 노단식 ㉯ 자연풍경식
㉰ 실용주의식 ㉱ 회교식

 19세기 영국의 자연풍격식은 자연그대로의 경관을 표현하고자한 조경 수법이다.

11 사적인 정원 중심에서 공적인 대중 공원의 성격을 띤 시대는?

㉮ 14세기 후반 에스파니아
㉯ 17세기 전반 프랑스
㉰ 19세기 전반 영국
㉱ 20세기 전반 미국

 19세기 영국의 자연풍경식정원의 발달은 사적인정원 중심에서 대중을 위한 공원에 영향을 주게 된다.

12 고대 그리스에서 아고라(agora)는 무엇인가?

㉮ 광장 ㉯ 성지
㉰ 유원지 ㉱ 농경지

13 고려시대 궁궐정원을 맡아보던 관서는?

㉮ 원야 ㉯ 장원서
㉰ 상림원 ㉱ 내원서

 조경관리부서
· 고려 – 충렬왕
· 조선 – 상림원(태조) – 장원서(세조)

14 주차장법 시행규칙상 주차장의 주차단위구획 기준은? (단, 평행주차형식 외의 장애인전용 방식이다.)

㉮ 2.0m×4.5m 이상
㉯ 3.0m×5.0m 이상
㉰ 2.3m×4.5m 이상
㉱ 3.3m×5.0m 이상

15 조감도는 소점이 몇 개 인가?

㉮ 1개 ㉯ 2개
㉰ 3개 ㉱ 4개

 조감도는
· 투시도법 중에서 최대의 입체감을 살릴 수 있으며, 건물, 조경 등에 많이 사용된다.
· 3소점 투시(경사투시)시 물체를 내려보거나 올려보는 듯한 느낌의 투시 좌우의 소정을 높이면 조감도에 가까우며 입체감을 최대로 살릴 수 있다.

16 스프레이 건(spray gun)을 쓰는 것이 가장 적합한 도료는?

㉮ 수성페인트 ㉯ 유성페인트
㉰ 래커 ㉱ 에나멜

17 다음 중 상록용으로 사용할 수 없는 식물은?

㉮ 마삭줄 ㉯ 불로화
㉰ 고사리 ㉱ 남천

 ㉮ 마삭줄 – 상록만경식물, 덩굴식물
㉯ 불로화 – 국화과의 한해살이풀로 멕시코엉겅퀴라고도 함
㉰ 골고사리 – 양치식물, 꼬리고사리과의 상록 여러해살이풀
㉱ 남천 – 매자나무과의 상록활엽관목

8. ㉱ 9. ㉰ 10. ㉯ 11. ㉰ 12. ㉮ 13. ㉱
14. ㉱ 15. ㉰ 16. ㉰ 17. ㉯

18 다음 [보기]가 설명하고 있는 것은?

> [보기]
> - 열경화성수지도료이다.
> - 내수성이 크고 열탕에서도 침식되지 않는다.
> - 무색 투명하고 착색이 자유로우면 아주 굳고 내수성, 내약품성, 내용제성이 뛰어나다.
> - 알키드수지로 변성하여 도료, 내수베니어 합판의 접착제 등에 이용된다.

㉮ 석탄산수지 도료
㉯ 프탈산수지 도료
㉰ 염화비닐수지 도료
㉱ 멜라민수지 도료

19 다음 중 거푸집에 미치는 콘크리트의 측압 설명으로 틀린 것은?

㉮ 경화속도가 빠를수록 측압이 크다.
㉯ 시공연도가 좋을수록 측압은 크다
㉰ 붓기속다가 빠를수록 측압이 크다.
㉱ 수평부재가 수직부재보다 측압이 작다.

 경화속도가 빠를수록 측압은 작다.

20 근대 독일 구성식 조경에서 발달한 조경시설물의 하나로 실용과 미관을 겸비한 시설은?

㉮ 연못　　㉯ 벽천
㉰ 분수　　㉱ 캐스케이드

21 다음 수목 중 봄철에 꽃을 가장 빨리 보려면 어떤 수종을 식재해야 하는가?

㉮ 말발도리　　㉯ 자귀나무
㉰ 매실나무　　㉱ 금목서

 ㉮ 말발도리 – 5~6월 흰색꽃 개화
㉯ 자귀나무 – 6~7월 연분홍색꽃 개화
㉰ 매실나무 – 4월 흰색꽃개화
㉱ 금목서 – 9~10월 노란색꽃개화

22 단위용적중량이 1.65t/m^3이고 굵은 골재 비중이 2.65일 때 이 골재의 실적률(A)과 공극률(B)은 각각 얼마인가?

㉮ A : 62.3%, B : 37.7%
㉯ A : 69.7%, B : 30.3%
㉰ A : 66.7%, B : 33.3%
㉱ A : 71.4%, B : 28.6%

 ① 골재의 실적률(G)
= (골재의 단위용적질량)/(골재의 비중)×100
= (1.65/2.65)×100
= 62.26→ 62.3%
② 공극률 = 100% – 62.3% = 37.7%

23 블리딩 현상에 따라 콘크리트 표면에 떠올라 표면의 물이 증발함에 따라 콘크리트 표면에 남는 가볍고 미세한 물질로서 시공시 작업이음을 형성하는 것에 대한 용어로서 맞는 것은?

㉮ Workability　　㉯ Consistency
㉰ Laitance　　㉱ Plasticity

 ㉮ Workability – 워커빌리티, 콘크리트를 혼합한 다음 운반해서 다져넣을 때까지 시공성의 좋고 나쁨을 나타내는 성질 즉 콘크리트의 시공성을 나타내다.
㉯ Consistency – 컨시스턴시, 반죽의 질기, 흙이나 콘크리트에 있어서 수분의 다소에의 한 연도(軟度)를 나타낸다.
㉰ Laitance – 레이턴스, 콘크리트를 친 후 양생(물이 상승하는 현상)에 따라 내부의 미세한 물질이 부상하여 콘크리트가 경화한 후, 표면에 형성되는 흰빛의 얇은 막을 말한다. 이 성분의 대부분은 시멘트의 미립분이지만, 부착력이 약하고 수밀성(水密性)도 나쁘기 때문에 콘크리트를 그 위에 쳐서 이어나갈 때는 레이턴스를 제거해야 한다.
㉱ Plasticity – 플라스티시티 , 거푸집에 쉽게 다져 넣을수 있고 거푸집을 제거하면 형상은 변하나, 허물어지거나 재료분리가 되지 않는 정도로 성형성이라고도 한다.

18. ㉱ 19. ㉮ 20. ㉯ 21. ㉰ 22. ㉮
23. ㉰

24 다음 중 가로수를 심는 목적이라고 볼 수 없는 것은?

㉮ 녹음을 제공한다
㉯ 도시환경을 개선한다.
㉰ 방음과 방화의 효과가 있다.
㉱ 시선을 유도한다.

25 수준측량과 관련이 없는 것은?

㉮ 레벨　　㉯ 표척
㉰ 앨리데이드　　㉱ 야장

해설 ① 수준측량시 사용되는 측량기계
· 레벨 : 수준측량에서 가장 중요한 기계이다. 레벨은 요구되는 정밀도에 따라 다양한 종류가있다.
· 표척 : 표척에는 함척, 통척, 접는자등이 있다. 측점상에 수직으로 세워서 레벨에 의해 그 눈금을 읽거나 두점간의 고저차로부터 측점의 지반고를 구하는 것이다.
· 야장 : field book, 측량의 측정값을 현장에서 기록하는 수첩
② 앨리데이드 – 평판측량시 사용되는 측량기구

26 다음 골재의 입도(粒度)에 대한 설명 중 옳지 않은 것은?

㉮ 입도시험을 위한 골재는 4분법(四分法)이나 시료분취기에 의하여 필요한 량을 채취한다.
㉯ 입도란 크고 작은 골재알(粒)이 혼합되어 있는 정도를 말하며 체가름 시험에 의하여 구할 수 있다.
㉰ 입도가 좋은 골재를 사용한 콘크리트는 공극이 커지기 때문에 강도가 저하한다.
㉱ 입도곡선이란 골재의 체가름 시험결과를 곡선으로 표시한 것이며 입도곡선이 표준입도곡선 내에 들어가야 한다.

 골재의 입도
골재의 입도란 크고 작은 골재의 혼합된 정도를 말한다. 입도가 좋은 골재는 크고 작은 골재가 고르게 혼합된 것으로서 콘크리트의 공극이 작아져 강도가 증가하나 입도가 나쁜 골재를 사용하면 워커빌리티가 나빠지고 재료 분리 증가 및 강도가 저하된다.

27 다음 중 비옥지를 가장 좋아하는 수종은?

㉮ 소나무　　㉯ 아까시나무
㉰ 사방오리나무　　㉱ 주목

28 용광로에서 선철을 제조할 때 나온 광석 찌꺼기를 석고와 함께 시멘트에 섞은 것으로서 수화열이 낮고, 내구성이 높으며, 화학적 저항성이 큰 한편, 투수가 적은 특징을 갖는 것은?

㉮ 실리카시멘트　　㉯ 고로시멘트
㉰ 알루미나시멘트　　㉱ 조강 포틀랜드시멘트

29 목재 방부제가 요구되는 성질로 부적합한 것은?

㉮ 목재에 침투가 잘 되고 방부성이 큰 것
㉯ 목재에 접촉되는 금속이나 인체에 피해가 없을 것
㉰ 목재의 인화성, 흡수성에 증가가 없을 것
㉱ 목재의 강도가 커지고 중량이 증가될 것

30 다음 수종들 중 단풍이 붉은색이 아닌 것은?

㉮ 신나무　　㉯ 복자기
㉰ 화살나무　　㉱ 고로쇠나무

 고로쇠나무 – 노란색 단풍

31 유리의 주성분이 아닌 것은?

㉮ 규산　　㉯ 소다
㉰ 석회　　㉱ 수산화칼슘

해설 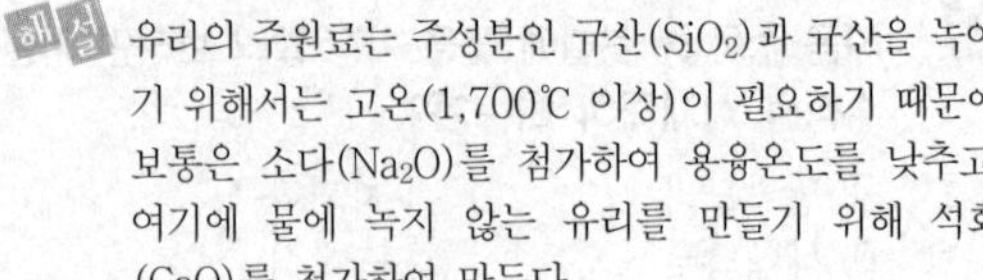
유리의 주원료는 주성분인 규산(SiO_2)과 규산을 녹이기 위해서는 고온(1,700℃ 이상)이 필요하기 때문에 보통은 소다(Na_2O)를 첨가하여 용융온도를 낮추고, 여기에 물에 녹지 않는 유리를 만들기 위해 석회(CaO)를 첨가하여 만든다.

24. ㉰　25. ㉰　26. ㉰　27. ㉱　28. ㉯
29. ㉱　30. ㉱　31. ㉱

32 다음 [보기]가 설명하는 식물명은?

> [보기]
> - 홍초과에 해당된다.
> - 잎은 넓은 타원형이며 길이 30~40㎝로서 양끝이 좁고 밑부분이 엽초로 되어 원줄기를 감싸며 측맥이 평행하다.
> - 삭과는 둥글고 잔돌기가 있다.
> - 뿌리는 고구마 같은 굵은 근경이 있다.

㉮ 하이신스 ㉯ 튤립
㉰ 수선화 ㉱ 칸나

33 다음 수목 중 일반적으로 생장속도가 가장 느린 것은?

㉮ 네군도단풍 ㉯ 층층나무
㉰ 개나리 ㉱ 비자나무

34 조경 시설물 중 유리섬유강화플라스틱(FRP)으로 만들기 가장 부적합한 것은?

㉮ 인공암 ㉯ 화분대
㉰ 수목 보호판 ㉱ 수족관의 수조

35 다음 중 수목을 기하학적인 모양으로 수관을 다듬어 만든 수형을 가리키는 용어는?

㉮ 정형수 ㉯ 형상수
㉰ 경관수 ㉱ 녹음수

36 비탈면의 기울기는 관목 식재시 어느 정도 경사보다 완만하게 식재하여야 하는가?

㉮ 1:0.3보다 완만하게
㉯ 1:1보다 완만하게
㉰ 1:2보다 완만하게
㉱ 1:3보다 완만하게

37 다음 중 농약의 혼용사용 시 장점이 아닌 것은?

㉮ 약해 증가 ㉯ 독성 경감
㉰ 약효 상승 ㉱ 약효지속기간 연장

38 다음 배수관 중 가장 경사를 급하게 설치해야 하는 것은?

㉮ ϕ100mm ㉯ ϕ200mm
㉰ ϕ300mm ㉱ ϕ400mm

해설 배수관 관경이 작으면 경사를 급하게 설치한다.

39 다음 중 전정을 할 때 큰 줄기나 가지자르기를 삼가야 하는 수종은?

㉮ 벚나무 ㉯ 수양버들
㉰ 오동나무 ㉱ 현사시나무

40 다음 보도블록 포장공사의 단면 그림 중 블록 아랫부분은 무엇으로 채우는 것이 좋은가?

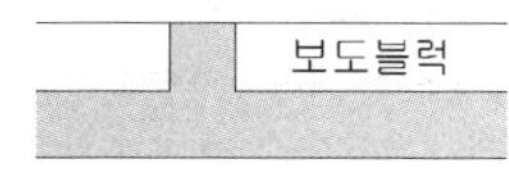

㉮ 자갈 ㉯ 모래
㉰ 잡석 ㉱ 콘크리트

해설 블록아래는 보통 모래를 완충층으로 다짐한다.

41 자연석(조경석) 쌓기의 설명으로 옳지 않은 것은?

㉮ 크고 작은 자연석을 이용하여 잘 배치하고, 견고하게 쌓는다.
㉯ 사용되는 돌의 선택은 인공적으로 다듬은 것으로 가급적 벌어짐이 없이 연결될 수 있도록 배치한다.
㉰ 자연석으로 서로 어울리게 배치하고 자연석 틈 사이에 관목류를 이용하여 채운다.
㉱ 맨 밑에는 큰 돌을 기초석을 배치하고, 보기 좋은 면이 앞면으로 오게 한다.

32. ㉱ 33. ㉱ 34. ㉱ 35. ㉯ 36. ㉰
37. ㉮ 38. ㉮ 39. ㉮ 40. ㉯ 41. ㉯

42 다음 중 일반적인 토양의 상태에 따른 뿌리 발달의 특징 설명으로 옳지 않은 것은?

㉮ 비옥한 토양에서는 뿌리목 가까이에서 많은 뿌리가 갈라져 나가고 길게 뻗지 않는다.
㉯ 척박지에서는 뿌리의 갈라짐이 적고 길게 뻗어 나간다.
㉰ 건조한 토양에서는 뿌리가 짧고 좁게 퍼진다.
㉱ 습한 토양에서는 호흡을 위하여 땅 표면 가까운 곳에 뿌리가 퍼진다.

43 항공사진 측량의 장점 중 틀린 것은?

㉮ 축척 변경이 용이하다.
㉯ 분업화에 의한 작업능률성이 높다.
㉰ 동적인 대상물의 측량이 가능하다.
㉱ 좁은 지역 측량에서 50% 정도의 경비가 절약된다.

해설 항공사진측량
- 지도를 제작하기 위하여 항공사진을 촬영하고 해석법에 의하여 피사체의 위치, 형상 및 특성을 결정하는 기법을 의미한다.
- 항공사진 측량은 기존의 측량에 비해 피사체의 특성 등 정성적인 측정이 가능하고 움직이는 대상물을 분석할 수 있으며, 정확도가 균일하고, 접근하기 어려운 지역의 측정이 가능하다는 장점이 있다. 그러나 시설비용이 많이 들고 사진에 나타나지 않는 부분에 대해서는 현장조사로 보완해야 하는 단점이 있다.

44 벽돌쌓기에서 사용되는 모르타르의 배합비 중 가장 부적합한 것은?

㉮ 1:1 ㉯ 1:2
㉰ 1:3 ㉱ 1:4

45 실내조경 식물의 선정 기준이 아닌 것은?

㉮ 낮은 광도에 견디는 식물
㉯ 온도 변화에 예민한 식물
㉰ 가스에 잘 견디는 식물
㉱ 내건성과 내습성이 강한 식물

46 원로의 디딤돌 놓기에 관한 설명으로 틀린 것은?

㉮ 디딤돌은 주로 화강암을 넓적하고 둥글게 기계로 깎아 다듬어 놓은 돌만을 이용한다.
㉯ 디딤돌은 보행을 위하여 공원이나 정원에서 잔디밭, 자갈 위에 설치하는 것이다.
㉰ 징검돌은 상·하면이 평평하고 지름 또한 한 면이 길이가 30~60㎝ 이상인 크기의 강석을 주로 사용한다.
㉱ 디딤돌의 배치간격 및 형식 등은 설계도면에 따르되 윗면은 수평으로 놓고 지면과의 높이는 5㎝내외로 한다.

47 거실이나 응접실 또는 식당 앞에 건물과 잇대어서 만드는 시설물은?

㉮ 정자 ㉯ 테라스
㉰ 모래터 ㉱ 트렐리스

48 오늘날 세계 3대 수목병에 속하지 않는 것은?

㉮ 잣나무 털녹병
㉯ 느릅나무 시들음병
㉰ 밤나무 줄기마름병
㉱ 소나무류 리지나뿌리썩음병

49 다음 중 공사현장의 공사 및 기술관리, 기타 공사업무 시행에 관한 모든 사항을 처리하여야 할 사람은?

㉮ 공사 발주자
㉯ 공사 현장대리인
㉰ 공사 현장감독관
㉱ 공사 현장감리원

42. ㉰ 43. ㉱ 44. ㉱ 45. ㉯ 46. ㉮
47. ㉯ 48. ㉱ 49. ㉯

50 경사가 있는 보도교의 경우 종단 기울기가 얼마를 넘지 않도록 하며, 미끄럼을 방지하기 위해 바닥을 거칠게 표면처리 하여야 하는가?

㉮ 3°　　㉯ 5°
㉰ 8°　　㉱ 15°

51 지역이 광대해서 하수를 한 개소로 모으기가 곤란할 때 배수지역을 수개 또는 그 이상으로 구분해서 배관하는 배수 방식은?

㉮ 직각식　　㉯ 차집식
㉰ 방사식　　㉱ 선형식

52 조경설계 과정에서 가장 먼저 이루어져야 하는 것은?

㉮ 구상개념도 작성　　㉯ 실시설계도 작성
㉰ 평면도 작성　　㉱ 내역서 작성

 조경설계과정
구상개념도작성 → 평면도작성 → 실시설계도 작성 → 내역서작성

53 조경수 전정의 방법이 옳지 않은 것은?

㉮ 전체적인 수형의 구성을 미리 정한다.
㉯ 충분한 햇빛을 받을 수 있도록 가지를 배치한다.
㉰ 병해충 피해를 받은 가지는 제거한다.
㉱ 아래에서 위로 올라가면서 전정한다.

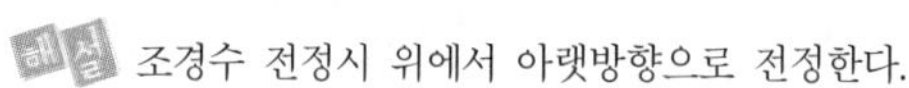
해설 조경수 전정시 위에서 아랫방향으로 전정한다.

54 벽돌쌓기 시공에 대한 주의사항으로 틀린 것은?

㉮ 굳기 시작한 모르타르는 사용하지 않는다.
㉯ 붉은 벽돌은 쌓기 전에 충분한 물 축임을 실시한다.
㉰ 1일 쌓기 높이는 1.2m를 표준으로 하고, 최대 1.5m 이하로 한다.
㉱ 벽돌벽은 가급적 담장의 중앙부분을 높게 하고 끝부분을 낮게 한다.

55 나무를 옮겨 심었을 때 잘려 진 뿌리로부터 새 뿌리가 나오게 하여 활착이 잘되게 하는데 가장 중요한 것은?

㉮ 호르몬과 온도
㉯ C/N율과 토양의 온도
㉰ 온도와 지주목의 종류
㉱ 잎으로 부터의 증산과 뿌리의 흡수

56 직영공사의 특징 설명으로 옳지 않은 것은?

㉮ 공사내용이 단순하고 시공 과정이 용이할 때
㉯ 풍부하고 저렴한 노동력, 재료의 보유 또는 구입편의가 있을 때
㉰ 시급한 준공을 필요로 할 때
㉱ 일반도급으로 단가를 정하기 곤란한 특수한 공사가 필요할 때

57 솔수염하늘소의 성충이 최대로 출현하는 최성기로 가장 적합한 것은?

㉮ 3~4월　　㉯ 4~5월
㉰ 6~7월　　㉱ 9~10월

해설 솔수염하늘소
- 소나무재선충의 매개충으로 솔수염하늘소에 재선충이 기생한다. 솔수염하늘소는 길쭉한 몸이 위아래로 약간 납작한 모양이다. 앞가슴은 넓은 타원형이고, 앞가슴등판의 앞쪽은 조금 굽어 있다. 다리가 없고, 나무 속을 파먹으며 들어가서 뒤는 배설물로 메워 놓는다.
- 성충의 출현기는 6~7월로 6월 중순에 가장 큰 피해를 준다.

58 다음 수목 중 식재시 근원직경에 의한 품셈을 적용할 수 있는 것은?

㉮ 은행나무　　㉯ 왕벚나무
㉰ 아왜나무　　㉱ 꽃사과나무

50. ㉰ 51. ㉰ 52. ㉮ 53. ㉱ 54. ㉱ 55. ㉱
56. ㉰ 57. ㉰ 58. ㉱

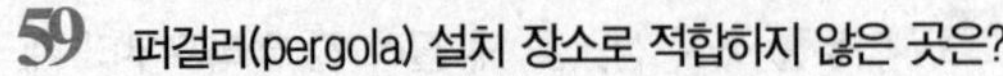
59 퍼걸러(pergola) 설치 장소로 적합하지 않은 곳은?

㉮ 건물에 붙여 만들어진 테라스 위
㉯ 주택 정원의 가운데
㉰ 통경선의 끝 부분
㉱ 주택 정원의 구석진 곳

60 조경 시설물 중 관리 시설물로 분류되는 곳은?

㉮ 분수, 인공폭포
㉯ 그네, 미끄럼틀
㉰ 축구장, 철봉
㉱ 조명시설, 표지판

59. ㉯ 60. ㉱

과년도 기출문제 | 2012년 4회(12.7.22 시행)

1 다음 중 정형식 정원에 해당하지 않는 양식은?

㉮ 평면기하학식 ㉯ 노단식
㉰ 중정식 ㉱ 회유임천식

 ㉮ 평면기하학식 – 프랑스(정형식)
㉯ 노단식 – 이탈리아(정형식)
㉰ 중정식 – 스페인(정형식)
㉱ 회유임천식 – 일본정원양식(자연풍경식)

2 다음 중 식물재료의 특성으로 부적합한 것은?

㉮ 생물로서 생명활동을 하는 자연성을 지니고 있다.
㉯ 불변성과 가공성을 지니고 있다.
㉰ 생장과 번식을 계속하는 연속성이 있다.
㉱ 계절적으로 다양하게 변화함으로써 주변과의 조화성을 가진다.

3 우리나라 후원양식의 정원수법이 형성되는데 영향을 미친 것이 아닌 것은?

㉮ 불교의 영향 ㉯ 음양오행설
㉰ 유교의 영향 ㉱ 풍수지리설

4 조선시대 정자의 평면유형은 유실형(중심형, 편심형, 분리형, 배면형)과 무실형으로 구분할 수 있는데 다음 중 유형이 다른 하나는?

㉮ 광풍각 ㉯ 임대정
㉰ 거연정 ㉱ 세연정

 조선시대 정자는 방의 유무에 따라 유실형(有室型)과 방이 없는 무실형(無室型)으로 나누며 방의 위치에 따라 방이 가운데 1칸을 차지하면 중심형, 방이 정자의 좌우 한쪽에 몰려있으면 편심형, 방이 정자 좌우로 분리되어 마루가 중심에 위치하는 분리형, 방이 정자의 배면 전체를 차지하는 배면형이 있다.

유실형	중심형	광풍각, 임대정, 명옥헌, 세연정
	편심형	남간정사, 옥류각, 암서재, 초간정, 제월당
	분리형	경정, 다산초당
	배면형	부암정, 거연정
무실형	1칸의 모정형태	

5 노외주차장의 구조 · 설비기준으로 틀린 것은? (단, 주차장법 시행규칙을 적용한다.)

㉮ 노외주차장의 출구와 입구에서 자동차의 회전을 쉽게 하기 위하여 필요한 경우에는 차로와 도로가 접하는 부분을 곡선형으로 하여야 한다.
㉯ 노외주차장의 출구 부근의 구조는 해당 출구로부터 2m를 후퇴한 노외주차장의 차로의 중심선상 1.0m의 높이에서 도로의 중심선에 직각으로 향한 왼쪽 · 오른쪽 각각 45도의 범위에서 해당 도로를 통행하는 자를 확인할 수 있도록 하여야 한다.
㉰ 노외주차장의 출입구 너비는 3.5m 이상으로 하여야 하며, 주차대수 규모가 50대 이상인 경우에는 출구와 입구를 분리하거나 너비 5.5m 이상의 출입구를 설치하여 소통이 원활하도록 하여야 한다.
㉱ 노외주차장에서 주차에 사용되는 부분의 높이는 주차바닥면으로부터 2.1m 이상으로 하여야 한다.

 바르게 고치면
노외주차장의 출구 부근의 구조는 해당 출구로부터 2미터(이륜자동차전용 출구의 경우에는 1.3미터)를 후퇴한 노외주차장의 차로의 중심선상 1.4미터의 높이에서 도로의 중심선에 직각으로 향한 왼쪽 · 오른쪽 각각 60도의 범위에서 해당 도로를 통행하는 자를 확인할 수 있도록 하여야 한다.

1. ㉱ 2. ㉯ 3. ㉮ 4. ㉰ 5. ㉯

6 우리나라 고유의 공원을 대표할만한 문화재적 가치를 지닌 정원은?

㉮ 경복궁의 후원 ㉯ 덕수궁의 후원
㉰ 창경궁의 후원 ㉱ 창덕궁의 후원

7 화단의 초화류를 엷은 색에서 점점 짙은 색으로 배열할 때 가장 강하게 느껴지는 조화미는?

㉮ 통일미 ㉯ 균형미
㉰ 점층미 ㉱ 대비미

8 센트럴 파크(Central park)에 대한 설명 중 틀린 것은?

㉮ 르코르뷔지에(Le corbusier)가 설계하였다.
㉯ 19세기 중엽 미국 뉴욕에 조성되었다.
㉰ 면적은 약 334헥타르의 장방형 슈퍼블럭으로 구성되었다.
㉱ 모든 시민을 위한 근대적이고 본격적인 공원이다.

해설 센트럴파크 - 옴스테드와 보우가 공동설계

9 조경제도 용품 중 곡선자라고 하여 각종 반지름의 원호를 그릴 때 사용하기 가장 적합한 재료는?

㉮ 원호자 ㉯ 운형자
㉰ 삼각자 ㉱ T자

10 다음 중 사절우(四節友)에 해당되지 않는 것은?

㉮ 소나무 ㉯ 난초
㉰ 국화 ㉱ 대나무

해설 사절우 : 매화, 소나무, 국화, 대나무

11 주변지역의 경관과 비교 할 때 지배적이며, 특징을 가지고 있어 지표적인 역할을 하는 것을 무엇이라고 하는가?

㉮ vista ㉯ districts
㉰ nodes ㉱ landmarks

12 조선시대 경승지에 세운 누각 등 중 경기도 수원에 위치한 것은?

㉮ 연광정 ㉯ 사허정
㉰ 방화수류정 ㉱ 영호정

㉮ 연광정 - 평양 중구역 대동문동에 있는 조선시대의 정자
㉯ 사허정 - 평양시 중구역 경산동 금수산에 누정으로 을미대라고도 함
㉰ 방화수류정 - 경기도 수원시 장안구 장안동에 있는 조선 후기의 누정
㉱ 영호정 - 전라남도 나주시 다도면 풍산리 도천마을에 있는 정자 / 북한의 행정구역상 자강도 초산군 초산읍에 있는 조선시대의 누정

13 다음 중 조화(Harmony)의 설명으로 가장 적합한 것은?

㉮ 각 요소들이 강약, 장단의 주기성이나 규칙성을 가지면서 전체적으로 연속적인 운동감을 가지는 것
㉯ 모양이나 색깔 등이 비슷비슷하면서도 실은 똑같지 않은 것끼리 모여 균형을 유지하는 것
㉰ 서로 다른 것끼리 모여 서로를 강조시켜 주는 것
㉱ 축선을 중심으로 하여 양쪽의 비중을 똑같이 만드는 것

14 단독 주택정원에서 일반적으로 장독대, 쓰레기통, 창고 등이 설치되는 공간은?

㉮ 뒤뜰 ㉯ 안뜰
㉰ 앞뜰 ㉱ 작업뜰

6. ㉱ 7. ㉰ 8. ㉮ 9. ㉮ 10. ㉯ 11. ㉱
12. ㉰ 13. ㉯ 14. ㉱

15 다음 중 색의 3속성에 관한 설명으로 옳은 것은?

㉮ 감각에 따라 식별되는 색의 종명을 채도라고 한다.
㉯ 두 색상 중에서 빛의 반사율이 높은 쪽이 밝은 색이다.
㉰ 색의 포화상태 즉, 강약을 말하는 것은 명도이다.
㉱ 그레이 스케일(gray scale)은 채도의 기준척도로 사용된다.

 바르게 고치면
㉮ 감각에 따라 식별되는 색의 종명을 색상라고 한다.
㉰ 색의 포화상태 즉, 강약을 말하는 것은 채도이다.
㉱ 그레이 스케일(gray scale)은 명도의 기준척도로 사용된다.

16 가을에 그윽한 향기를 가진 등황색 꽃이 피는 수종은?

㉮ 금목서 ㉯ 남천
㉰ 팔손이나무 ㉱ 생강나무

 목서
물푸레나무과의 상록 대관목으로 10월에 잎겨드랑이에 모여 달리며 등황색의 꽃으로 향기가 뛰어나다.

17 석재를 형상에 따라 구분 할 때 견치돌에 대한 설명으로 옳은 것은?

㉮ 폭이 두께의 3배 미만으로 육면체 모양을 가진 돌
㉯ 치수가 불규칙하고 일반적으로 뒷면이 없는 돌
㉰ 두께가 15cm미만이고, 폭이 두께의 3배 이상인 육면체 모양의 돌
㉱ 전면은 정사각형에 가깝고, 뒷길이, 접촉면, 뒷면 등의 규격화 된 돌

 ㉮ 각석
㉯ 깬돌(할석)
㉰ 판석

18 다음 중 음수대에 관한 설명으로 옳지 않은 것은?

㉮ 표면재료는 청결성, 내구성, 보수성을 고려한다.
㉯ 양지 바른 곳에 설치하고, 가급적 습한 곳은 피한다.
㉰ 유지관리상 배수는 수직 배수관을 많이 사용하는 것이 좋다.
㉱ 음수전의 높이는 성인, 어린이, 장애인 등 이용자의 신체특성을 고려하여 적정높이로 한다.

19 투명도가 높으므로 유기유리라는 명칭이 있고 착색이 자유로워 채광판, 도어판, 칸막이판 등에 이용되는 것은?

㉮ 아크릴수지 ㉯ 멜라민수지
㉰ 알키드수지 ㉱ 폴리에스테르수지

 아크릴수지
· 유리 이상의 투명도가 있고 성형가공도 쉬우며, 보통 유리에 비하여 무게는 약 반이고 각종 강도·굳기·내열성은 작지만 물·산·알칼리에 강하므로 유기(有機)유리라고도 하며 유리 대신으로 쓰인다.

20 콘크리트의 흡수성, 투수성을 감소시키기 위해 사용하는 방수용 혼화제의 종류(무기질계, 유기질계)가 아닌 것은?

㉮ 염화칼슘 ㉯ 탄산소다
㉰ 고급지방산 ㉱ 실리카질 분말

해설 방수제
· 콘크리트의 흡수성과 투수성을 감소시키는 혼화제로서 콘크리트 속의 공극충진과 콘크리트 내부에 폐수막을 형성시킨다.
· 종류로는 무기질계(염화칼슘, 규산소다, 실리카질 분말 등)와 유기질계(고급지방산, 파라핀에멀젼, 고무라텍스 등)등이 많이 쓰인다.

15. ㉯ 16. ㉮ 17. ㉱ 18. ㉰ 19. ㉮ 20. ㉯

21 정원수는 개화 생리에 따라 당년에 자란 가지에 꽃 피는 수종, 2년생 가지에 꽃피는 수종, 3년생 가지에 꽃 피는 수종으로 구분한다. 다음 중 2년생 가지에 꽃 피는 수종은?

㉮ 장미 ㉯ 무궁화
㉰ 살구나무 ㉱ 명자나무

22 다음 합판의 제조 방법 중 목재의 이용효율이 높고, 가장 널리 사용되는 것은?

㉮ 로타리 베니어(rotary veneer)
㉯ 슬라이스 베니어(sliced veneer)
㉰ 쏘드 베니어(sawed veneer)
㉱ 플라이우드(plywood)

해설 ① 합판의 제조 방법
- 로타리 베니어 : 일반적으로 가장 널리 사용되고 있는 것으로 원목을 회전하여 넓은 대팻날로 두루마리처럼 연속적으로 벗기는 방식
- 슬라이스 베니어 : 상, 하 수평으로 이동하면서 얇게 절단하는 방식
- 쏘드 베니어 : 띠톱으로 얇게 쪼개어 단면을 만드는 방식

② 플라이우드(plywood) = 합판
목재의 얇은 판을 나뭇결의 방향이 서로 직교(直交)하도록 접착제로 붙인 것. 합판을 만드는 데 쓰는 박판(薄板)을 베니어(veneer)라고 함

23 우리나라 들잔디(zoysia japonica)의 특징으로 옳지 않은 것은?

㉮ 여름에는 무성하지만 겨울에는 잎이 말라 죽어 푸른빛을 잃는다.
㉯ 번식은 지하경(地下莖)에 의한 영양번식을 위주로 한다.
㉰ 척박한 토양에서 잘 자란다.
㉱ 더위 및 건조에 약한 편이다.

해설 들잔디는 난지형잔디로 더위와 건조에 강한편이다.

24 담금질을 한 강에 인성을 주기 위하여 변태점 이하의 적당한 온도에서 가열한 다음 냉각시키는 조작을 의미하는 것은?

㉮ 풀림 ㉯ 사출
㉰ 불림 ㉱ 뜨임질

 열처리 및 가공 관련용어
- 풀림 – 높은 온도(800~1000도)로 가열 후 노(爐) 중에서 서서히 냉각하여 강의 조지기 표준화, 균질화 되어 내부응력을 제거시켜 금속을 정상적인 성질로 회복시키는 열처리
- 불림 – 변태점 이상 가열후 공기중에서 냉각시켜 가공시킨 것으로 강 조직의 흩어짐을 표준조직으로 풀림처리한것
- 뜨임 – 담금질한 강을 변태점이하에서 가열하여 인성을 증가시키는 열처리로 경도가 감소하고 신장률과 충격값은 증가함
- 담금질 – 금속을 고온으로 가열 후 보통물이나 기름에 갑자기 냉각시켜 조직 등 변화경과시킨 것

25 심근성 수종에 해당하지 않는 것은?

㉮ 섬잣나무 ㉯ 태산목
㉰ 은행나무 ㉱ 현사시나무

 현사시나무 – 천근성수종

26 흰말채나무의 설명으로 옳지 않은 것은?

㉮ 층층나무과로 낙엽활엽관목이다.
㉯ 노란색의 열매가 특징적이다.
㉰ 수피가 여름에는 녹색이나 가을, 겨울철의 붉은 줄기가 아름답다.
㉱ 잎은 대생하며 타원형 또는 난상타원형이고, 표면에 작은털, 뒷면은 흰색의 특징을 갖는다.

 흰말채나무
층층나무과의 낙엽활엽 관목으로 5~6월에 흰색꽃이 개화하고 8~9월 흰색열매가 특징적이다. 나뭇가지가 붉은색으로 겨울철에 특히 관상가치가 있다.

21. ㉰ 22. ㉮ 23. ㉱ 24. ㉱ 25. ㉱ 26. ㉯

27 미장재료 중 혼화재료가 아닌 것은?

㉮ 방수제　　　　㉯ 방동제
㉰ 방청제　　　　㉱ 착색제

 미장재료의 혼화재료
① 결합재 – 시멘트플라스터, 소석회 등 다른 미장재료를 결합하여 경화시키는 재료
② 혼화제 – 결합재의 결점을 보완하고 응결 경화시간을 조절하기 위한 재료
· 해초풀 – 점성, 부착성 증진, 보수성유지, 바탕흡수 방지
· 여물 – 강도보강 및 수축·균열방지
· 기타 – 방수제, 방동제, 착색제, 안료, 지연제, 촉진제

28 목재의 강도에 관한 설명 중 가장 거리가 먼 것은?

㉮ 휨강도는 전단강도보다 크다.
㉯ 비중이 크면 목재의 강도는 증가하게 된다.
㉰ 목재는 외력이 섬유방향으로 작용할 때 가장 강하다.
㉱ 섬유포화점에서 전건상태에 가까워짐에 따라 강도는 작아진다.

 목재의 강도
① 인장강도 > 휨강도 > 압축강도 > 전단강도
② 목재의 강도는 섬유 방향이 가장 크고, 직각 방향이 가장 작다.
③ 섬유포화점과 강도
· 생나무가 건조하여 함수율이 30% 정도인 상태를 섬유포화점 이라하며 섬유포화점이상에서는 함수율의 변화에 따른 강도의 차는 거의 없다.
· 그러나 섬유포화점보다 함수율이 낮아지면 목재의 강도는 증가하며 전건상태 즉, 거의 마른상태의 목재가 되면 강도는 증가한다.

29 보통포틀랜드 시멘트와 비교했을 때 고로(高爐) 시멘트의 일반적 특성에 해당되지 않는 것은?

㉮ 초기강도가 크다.
㉯ 내열성이 크고 수밀성이 양호하다.
㉰ 해수(海水)에 대한 저항성이 크다.
㉱ 수화열이 적어 매스콘크리트에 적합하다.

해설 고로시멘트는 장기강도가 크다.

30 인공폭포나 인공동굴의 재료로 가장 일반적으로 많이 쓰이는 경량소재는?

㉮ 복합 플라스틱 구조재(FRP)
㉯ 레드 우드(Red wood)
㉰ 스테인레스 강철(Stainless steel)
㉱ 폴리에틸렌(Polyethylene)

 FRP (fiber reinforced plastics)
· 불포화 폴리에스테르 수지액(resin)을 유리섬유 또는 기타 보강재에 함침시켜 적층하고 성형하여 만들어지는 반영구적이며 강도가 매우 큰 복합플라스틱 구조재로 경량이다.

31 콘크리트에 사용되는 골재에 대한 설명으로 옳지 않은 것은?

㉮ 잔 것과 굵은 것이 적당히 혼합된 것이 좋다.
㉯ 불순물이 묻어 있지 않아야 한다.
㉰ 형태는 매끈하고 편평, 세장한 것이 좋다.
㉱ 유해물질이 없어야 한다.

 콘크리트에 사용되는 골재는 표면은 거칠고 둥근모양이 긴모양보다 가치가 있다.

32 다음 중 줄기의 색채가 백색 계열에 속하는 수종은?

㉮ 모과나무　　　　㉯ 자작나무
㉰ 노각나무　　　　㉱ 해송

33 벽돌쌓기 방법 중 가장 견고하고 튼튼한 것은?

㉮ 영국식 쌓기　　　　㉯ 미국식 쌓기
㉰ 네덜란드식 쌓기　　㉱ 프랑스식 쌓기

34 다음 중 차폐식재로 사용하기 가장 부적합한 수종은?

㉮ 계수나무　　　　㉯ 서양측백
㉰ 호랑가시　　　　㉱ 쥐똥나무

27. ㉰ 28. ㉱ 29. ㉮ 30. ㉮ 31. ㉰ 32. ㉯
33. ㉮ 34. ㉮

35 다음 중 점토에 대한 설명으로 옳지 않은 것은?

㉮ 암석이 오랜 기간에 걸쳐 풍화 또는 분해되어 생긴 세립자물질이다.

㉯ 가소성은 점토입자가 미세할수록 좋고 또한 미세부분은 콜로이드로서의 특성을 가지고 있다.

㉰ 화학성분에 따라 내화성, 소성시 비틀림 정도, 색채의 변화 등의 차이로 인해 용도에 맞게 선택된다.

㉱ 습윤상태에서는 가소성을 가지고 고온으로 구우면 경화되지만 다시 습윤상태로 만들면 가소성을 갖는다.

해설 암석의 풍화로 생긴 붉은 빛의 점성이 많은 미립의 흙. 습윤 상태에서 가소성을 나타내고 고온으로 구우면 경화되며 다시 가소성을 가지지는 않는다.
벽돌, 기와, 타일, 토관, 도관, 테라코타, 위생도기, 시멘트 등의 원료로 쓰인다.

36 비중이 1.15인 이소푸로치오란 유제(50%) 100ml로 0.05% 살포액을 제조하는데 필요한 물의 양은?

㉮ 104.9L ㉯ 110.5L
㉰ 114.9L ㉱ 124.9L

해설 ① 50% → 0.05 % 로 희석하므로 50÷0.05 = 1000배액
② 물의 비중이 1이므로 1000 - 1 = 999
③ 999×1.15(비중)×100ml = 114885ml → 114.885L 약 114.9L

37 한켜는 마구리 쌓기, 다음 켜는 길이 쌓기로 하고 길이켜의 모서리와 벽 끝에 칠오토막을 사용하는 벽돌쌓기 방법은?

㉮ 네덜란드식 쌓기 ㉯ 영국식 쌓기
㉰ 프랑스식 쌓기 ㉱ 미국식 쌓기

38 중앙에 큰 암거를 설치하고 좌우에 작은 암거를 연결시키는 형태로, 경기장과 같이 전 지역의 배수가 균일하게 요구되는 곳에 주로 이용되는 형태는?

㉮ 어골형 ㉯ 즐치형
㉰ 자연형 ㉱ 차단법

39 상해(霜害)의 피해와 관련된 설명으로 틀린 것은?

㉮ 분지를 이루고 있는 우묵한 지형에 상해가 심하다.

㉯ 성목보다 유령목에 피해를 받기 쉽다.

㉰ 일차(一差)가 심한 남쪽 경사면 보다 북쪽 경사면이 피해가 심하다.

㉱ 건조한 토양보다 과습한 토양에서 피해가 많다.

해설 일차가 심한 남쪽 경사면이 상해의 피해가 더 심하다.

40 하수도시설기준에 따라 오수관거의 최소관경은 몇 mm를 표준으로 하는가?

㉮ 100mm ㉯ 150mm
㉰ 200mm ㉱ 250mm

41 상록수를 옮겨심기 위하여 나무를 캐 올릴 때 뿌리분의 지름으로 가장 적합한 것은?

㉮ 근원직경의 1/2배 ㉯ 근원직경의 1배
㉰ 근원직경의 3배 ㉱ 근원직경의 4배

42 솔나방의 생태적 특성으로 옳지 않은 것은?

㉮ 식엽성 해충으로 분류된다.

㉯ 줄기에 약 400개의 알을 낳는다.

㉰ 1년에 1회로 성충은 7~8월에 발생한다.

㉱ 유충이 잎을 가해하며, 심하게 피해를 받으면 소나무가 고사하기도 한다.

해설 솔나방은 식엽성해충으로 유충은 소나무류 · 솔송나무 · 전나무의 잎을 먹는 산림해충이다.

35. ㉱ 36. ㉰ 37. ㉮ 38. ㉮ 39. ㉰ 40. ㉰
41. ㉱ 42. ㉯

43 일반적인 조경관리에 해당되지 않는 것은?

㉮ 운영관리 ㉯ 유지관리
㉰ 이용관리 ㉱ 생산관리

44 다음 해충 중 성충의 피해가 문제되는 것은?

㉮ 솔나방 ㉯ 소나무좀
㉰ 뽕나무하늘소 ㉱ 밤나무순혹벌

45 조경설계기준에서 인공지반에 식재된 식물과 생육에 필요한 최소 식재토심으로 옳은 것은? (단, 배수구배는 1.5~2%, 자연토양을 사용)

㉮ 잔디 : 15cm ㉯ 초본류 : 20cm
㉰ 소관목 : 40cm ㉱ 대관목 : 60cm

해설 바르게 고치면
㉯ 초본류 : 15cm
㉰ 소관목 : 30cm
㉱ 대관목 : 45cm

46 다음 중 한발이 계속될 때 짚 깔기나 물주기를 제일 먼저 해야 될 나무는?

㉮ 소나무 ㉯ 향나무
㉰ 가중나무 ㉱ 낙우송

 한발(drought)
· 가뭄이라고도하며, 강수(降水)가 비정상적으로 적어 건조한 날씨가 계속되어, 물 부족 때문에 식물의 생육이 저해되고 심할 때는 말라죽기도 한다.
· 주로 천근성수종이나 호습성 수종의 경우 한발에 피해에 유의해야한다.

47 우리나라의 조선시대 전통정원을 꾸미고자 할 때 다음 중 연못시공으로 적합한 호안공은?

㉮ 자연석 호안공 ㉯ 사괴석 호안공
㉰ 편책 호안공 ㉱ 마름돌 호안공

48 다음 중 농약의 보조제가 아닌 것은?

㉮ 증량제 ㉯ 협력제
㉰ 유인제 ㉱ 유화제

 농약의 보조제
· 전착제, 유화제, 증량제, 협력제 등이 속한다.

49 주로 종자에 의하여 번식되는 잡초는?

㉮ 올미 ㉯ 가래
㉰ 피 ㉱ 너도방동사니

50 표면건조 내부 포수상태의 골재에 포함하고 있는 흡수량의 절대 건조상태의 골재 중량에 대한 백분율은 다음 중 무엇을 기초로 하는가?

㉮ 골재의 함수율 ㉯ 골재의 흡수율
㉰ 골재의 표면수율 ㉱ 골재의 조립율

51 삼각형의 세변의 길이가 각각 5m, 4m, 5m라고 하면 면적은 약 얼마인가??

㉮ 약 $8.2m^2$ ㉯ 약 $9.2m^2$
㉰ 약 $10.2m^2$ ㉱ 약 $11.2m^2$

 피타고라스정리로 구하면
직각삼각형 A에서 $5^2 = 2^2 + x^2$ 이므로 $x^2 = 21$
따라서 $x = \sqrt{21}$
전체 삼각형 면적은 $4 \times \sqrt{21} \times \frac{1}{2} = 9.16$→약 $9.2m^2$

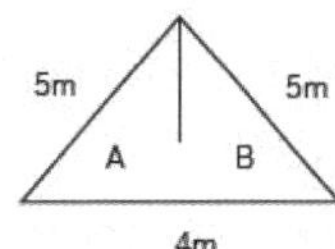

43. ㉱ 44. ㉯ 45. ㉮ 46. ㉱ 47. ㉯ 48. ㉰
49. ㉰ 50. ㉯ 51. ㉯

52 곁눈 밑에 상처를 내어 놓으면 잎에서 만들어진 동화물질이 축적되어 잎눈이 꽃눈으로 변하는 일이 많다. 어떤 이유 때문인가?

㉮ C/N 율이 낮아지므로
㉯ C/N 율이 높아지므로
㉰ T/R 율이 낮아지므로
㉱ T/R 율이 높아지므로

53 관상하기에 편리하도록 땅을 1~1m깊이로 파 내려가 평평한 바닥을 조성하고, 그 바닥에 화단을 조성한 것은?

㉮ 기식화단　㉯ 모둠화단
㉰ 양탄자화단　㉱ 침상화단

54 다음 중 줄기의 수피가 얇아 옮겨 심은 직후 줄기감기를 반드시 하여야 되는 수종은?

㉮ 배롱나무　㉯ 소나무
㉰ 향나무　㉱ 은행나무

55 돌쌓기 시공상 유의해야 할 사항으로 옳지 않은 것은?

㉮ 서로 이웃하는 상하층의 세로 줄눈을 연속되게 한다.
㉯ 돌쌓기 시 뒤채움을 잘 하여야 한다.
㉰ 석재는 충분하게 수분을 흡수시켜서 사용해야 한다.
㉱ 하루에 1~1.2m 이하로 찰쌓기를 하는 것이 좋다.

해설 서로 이웃하는 상하층의 세로 줄눈은 어긋나게 한다.

56 잔디밭의 관수시간으로 가장 적당한 것은?

㉮ 오후 2시 경에 실시하는 것이 좋다.
㉯ 정오 경에 실시하는 것이 좋다.
㉰ 오후 6시 이후 저녁이나 일출 전에 한다.
㉱ 아무 때나 잔디가 타면 관수한다.

57 다음 중 무거운 돌을 놓거나, 큰 나무를 옮길 때 신속하게 운반과 적재를 동시에 할 수 있어 편리한 장비는?

㉮ 체인블록　㉯ 모터그레이더
㉰ 트럭크레인　㉱ 콤바인

58 내충성이 강한 품종을 선택하는 것은 다음 중 어느 방제법에 속하는가?

㉮ 물리적 방제법　㉯ 화학적 방제법
㉰ 생물적 방제법　㉱ 재배학적 방제법

59 작물 - 잡초 간의 경합에 있어서 임계 경합기간(critical period of competition)이란?

㉮ 경합이 끝나는 시기
㉯ 경합이 시작되는 시기
㉰ 작물이 경합에 가장 민감한 시기
㉱ 잡초가 경합에 가장 민감한 시기

60 다음 중 정원수의 덧거름으로 가장 적합한 것은?

㉮ 요소　㉯ 생석회
㉰ 두엄　㉱ 쌀겨

 덧거름은 추비로 속효성 무기질 비료를 말하며 N, P, K등의 복합비료가 해당된다.

52. ㉯ 53. ㉱ 54. ㉮ 55. ㉮ 56. ㉰ 57. ㉰
58. ㉱ 59. ㉰ 60. ㉮

과년도 기출문제 | 2013년 1회(13.1.27 시행)

1 다음 중 조선시대 중엽 이후에 정원양식에 가장 큰 영향을 미친 사상은?

㉮ 음양오행설 ㉯ 신선설
㉰ 자연복귀설 ㉱ 임천회유설

2 다음 중 일본에서 가장 먼저 발달한 정원 양식은?

㉮ 고산수식 ㉯ 회유임천식
㉰ 다정 ㉱ 축경식

해설 일본정원 변천과정
회유임천식→고산수식→다정→축경식

3 공공의 조경이 크게 부각되기 시작한 때는?

㉮ 고대 ㉯ 중세
㉰ 근세 ㉱ 군주시대

 공공조경은 근세에 영국에서 산업혁명의 시작으로 도시에 인구가 모이면서 도시문제의 해결측면에서 공원의 중요성이 크게 부각되었다.

4 골프장에서 우리나라 들잔디를 사용하기가 가장 어려운 지역은?

㉮ 페어웨이 ㉯ 러프
㉰ 티 ㉱ 그린

 골프장의 그린은 홀의 종점으로 항상 푸르름을 유지해야하므로 서양잔디가 도입되며 주로 벤트그래스류가 식재된다.

5 다음 중 몰(mall)에 대한 설명으로 옳지 않은 것은?

㉮ 도시환경을 개선하는 한 방법이다.
㉯ 차량은 전혀 들어갈 수 없게 만들어진다.
㉰ 보행자 위주의 도로이다.
㉱ 원래의 뜻은 나무그늘이 있는 산책길이란 뜻이다.

 몰(mall)의 종류는 차량통제방법에 따라 full mall, transit mall, semi mall 이 있다.

full mall	차량통행을 완전히 차단
transit mall	공공교통수단만 통과, 기타 차량은 통행금지
semi mall	자동차 출입허용, 통과교통의 접근과 속도를 제한함

6 프랑스의 르 노트르(Le Notre)가 유학하여 조경을 공부한 나라는?

㉮ 이탈리아 ㉯ 영국
㉰ 미국 ㉱ 스페인

7 조경의 대상을 기능별로 분류해 볼 때 「자연공원」에 포함되는 것은?

㉮ 묘지공원 ㉯ 휴양지
㉰ 군립공원 ㉱ 경관녹지

해설 자연공원 분류 : 국립공원, 도립공원, 군립공원, 지질공원

8 통일신라 문무왕 14년에 중국의 무산 12봉을 본 딴 산을 만들고 화초를 심었던 정원은?

㉮ 비원 ㉯ 안압지
㉰ 소쇄원 ㉱ 향원지

해설 ㉮ 비원 –조선, 창덕궁후원
㉰ 소쇄원 – 조선, 양산보의 별서정원
㉱ 향원지 – 조선, 경복궁

1. ㉮ 2. ㉯ 3. ㉰ 4. ㉱ 5. ㉯ 6. ㉮ 7. ㉰ 8. ㉯

9 다음 중 중국 4대 명원(四大名園)에 포함되지 않는 것은?

㉮ 작원 ㉯ 사자림
㉰ 졸정원 ㉱ 창랑정

 중국4대명원 : 사자림, 졸정원, 창랑정, 유원

10 우리나라의 산림대별 특징 수종 중 식물의 분류학상 한림대(cold temperate forest)에 해당되는 것은?

㉮ 아왜나무 ㉯ 구실잣밤나무
㉰ 붉가시나무 ㉱ 잎갈나무

해설
- 잎갈나무 : 깊은 산이나 고원에서 자란다. 높이 35m 정도이고, 가지가 수평으로 퍼지거나 밑으로 처진다. 잎은 바늘 모양으로 흩어져나거나 모여난다.
- 아왜나무, 구실잣밤나무, 붉가시나무 : 온대림수종

11 도시공원 및 녹지 등에 관한 법률에 의한 어린이공원의 기준에 관한 설명으로 옳은 것은?

㉮ 유치거리는 500m 이하로 제한한다.
㉯ 1개소 면적은 $1200m^2$ 이상으로 한다.
㉰ 공원시설 부지면적은 전체 면적의 60% 이하로 한다.
㉱ 공원구역 경계로부터 500m 이내에 거주하는 주민 250명 이상의 요청시 어린이공원조성계획의 정비를 요청할 수 있다.

해설 바르게 고치면
㉮ 유치거리는 250m 이하로 제한한다.
㉯ 1개소 면적은 $1500m^2$ 이상으로 한다.
㉱ 공원구역 경계로부터 250m 이내에 거주하는 주민 500명 이상의 요청시 어린이공원조성계획의 정비를 요청할 수 있다.

12 디자인 요소를 같은 양. 같은 간격으로 일정하게 되풀이하여 움직임과 율동감을 느끼게 하는 것으로 리듬의 유형 중 가장 기본적인 것은?

㉮ 반복 ㉯ 점층
㉰ 방사 ㉱ 강조

13 계단의 설계 시 고려해야 할 기준을 옳지 않은 것은?

㉮ 계단의 경사는 최대 30~35° 가 넘지 않도록 해야 한다.
㉯ 단 높이를 H, 단 너비를 B로 할 때 2h+b = 60~65cm가 적당하다.
㉰ 진행 방향에 따라 중간에 1인용일 때 단 너비 90~110cm 정도의 계단 참을 설치한다.
㉱ 계단의 높이가 5m 이상이 될 때에만 중간에 계단참을 설치한다.

 계단의 높이가 2m 이상이 될 때에만 중간에 계단참을 설치한다.

14 다음 중 조경에 관한 설명으로 옳지 않은 것은?

㉮ 주택의 정원만 꾸미는 것을 말한다.
㉯ 경관을 보존 정비하는 종합과학이다.
㉰ 우리의 생활환경을 정비하고 미화하는 일이다.
㉱ 국토 전체 경관의 보존, 정비를 과학적이고 조형적으로 다루는 기술이다.

15 다음 중 경복궁 교태전 후원과 관계없는 것은?

㉮ 화계가 있다.
㉯ 상량전이 있다.
㉰ 아미산이라 칭한다.
㉱ 굴뚝은 육각형이 4개가 있다.

- 경복궁의 교태전 후원은 왕비의 사적인 후원으로 아미산이라 한다. 4단의 화계로 조성되었으며 6각형의 굴뚝 4개, 괴석, 석지 등의 조형물과 꽃나무 등이 식재되어 있다.
- 상량전 : 창덕궁 낙선재 뒤편으로 육각형의 누각 상량전이 위치하며 상량전에 서면 낙선재 권역이 한눈에 들어온다

9. ㉮ 10. ㉱ 11. ㉰ 12. ㉮ 13. ㉱ 14. ㉮ 15. ㉯

16 **다음 조경용 소재 및 시설물 중에서 평면적 재료에 가장 적합한 것은?**

㉮ 잔디 ㉯ 조경수목
㉰ 퍼걸러 ㉱ 분수

17 **콘크리트용 혼화재로 실리카 퓸(Silica fume)을 사용한 경우 효과에 대한 설명으로 잘못된 것은?**

㉮ 내화학 약품성이 향상된다.
㉯ 단위수량과 건조수축이 감소된다.
㉰ 알칼리 골재반응의 억제효과가 있다.
㉱ 콘크리트의 재료분리 저항성, 수밀성이 향상된다.

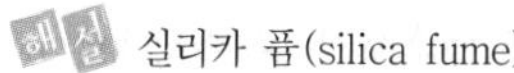
해설 실리카 퓸(silica fume)
실리콘 제조 시 발생하는 초미립자의 규소 부산물을 전기집진장치에 의해서 얻어지는 혼화재로서 실리카흄이 혼합된 묽은 콘크리트의 스럼프치를 얻기 위해서는 단위수량이 높아져야 하는 문제점을 갖고 있기 때문에 고성능 감수제 등을 사용해야 하는데 잘 혼합된 콘크리트는 실리카흄이 시멘트 입자 사이사이의 빈 공극을 채워 고강도, 고내구성의 경화 콘크리트를 구현할 수 있습니다.

18 **다음 중 열경화성 수지의 종류와 특징 설명이 옳지 않은 것은?**

㉮ 페놀수지 : 강도 · 전기전열성 · 내산성 · 내수성 모두 양호하나 내알칼리성이 약하다.
㉯ 멜라민수지 : 요소수지와 같으나 경도가 크고 내수성은 약하다.
㉰ 우레탄수지 : 투광성이 크고 내후성이 양호하며 착색이 자유롭다.
㉱ 실리콘수지 : 열절연성이 크고 내약품성 · 내후성이 좋으며 전기적 성능이 우수하다.

해설 우레탄수지 : 도료의 점도가 낮아 작업이 쉽고 광택이 우수하며 내후성과 내약품성이 우수, 도막의 설계가 자유롭다.

19 **목재가 통상 대기의 온도, 습도와 평형된 수분을 함유한 상태의 함수율은?**

㉮ 약 7% ㉯ 약 15%
㉰ 약 20% ㉱ 약 30%

20 **목재의 심재와 변재에 관한 설명으로 옳지 않은 것은?**

㉮ 심재는 수액의 통로이며 양분의 저장소이다.
㉯ 심재의 색깔은 짙으며 변재의 색깔은 비교적 엷다.
㉰ 심재는 변재보다 단단하여 강도가 크고 신축 등 변형이 적다.
㉱ 변재는 심재 외측과 수피 내측 사이에 있는 생활세포의 집합이다.

해설 변재는 목질이 연하며, 물과 양분을 전달하고 저장한다. 심재는 변재보다 단단하고 나무를 지탱하며 타닌, 리그닌 등이 함유되어 색은 짙다.

21 **점토, 석영, 장석계, 도석 등을 원료로 하여 적당한 비율로 배합한 다음 높은 온도로 가열하여 유리화 될 때까지 충분히 구워 굳힌 제품으로서, 대게 흰색 유리질로서 반투명하여 흡수성이 없고 기계적 강도가 크며, 때리면 맑은 소리를 내는 것은?**

㉮ 토기 ㉯ 자기
㉰ 도기 ㉱ 석기

해설 토기, 석기, 도기, 자기
- 토기 : 대개 유약을 입히지 않아 물을 넣으며 물이 스며서 밖으로 번져나오는 것으로 보통 700~800° 정도의 낮은 온도에서 구워진다.
- 도기 : 토기보다 단단하며 대개 유약을 입혀서 1000~1100°에서 번조하여 물의 흡수율이 15%이하로서, 수분이 기벽에 스며드는 붉은 화분이나 떡시루 및 청동기시대 민무늬토기에 해당한다.
- 석기 : 주로 태토 속의 장석이 녹아서 유리질이 되며 그것이 더 단단한 다른 돌가루 들 사이로 흘러들어가 기벽을 단단히 만드는 것이다. 불의 온도는 1200° 전후의 고온이 된다. 그래서 석기는 때리면 쇠붙이 소리가 나며 물이 기벽에 스며들지 않는다.
- 자기 : 1300° 이상의 고온에서 구워내기 때문에 태토의 유리질화가 더욱 진전되어 기벽을 광선에 비춰 보면 비칠 정도의 반투명체이다.

16. ㉮ 17. ㉯ 18. ㉰ 19. ㉯ 20. ㉮ 21. ㉯

22 구조재료의 용도상 필요한 물리·화학적 성질을 강화시키고, 미관을 증진시킬 목적으로 재료의 표면에 피막을 형성시키는 액체 재료를 무엇이라고 하는가?

㉮ 도료 ㉯ 착색
㉰ 강도 ㉱ 방수

23 겨울철 화단용으로 가장 알맞은 식물은?

㉮ 팬지 ㉯ 페튜니아
㉰ 샐비어 ㉱ 꽃양배추

24 수목의 규격을 "H x W"로 표시하는 수종으로만 짝지어진 것은?

㉮ 소나무, 느티나무 ㉯ 회양목, 장미
㉰ 주목, 철쭉 ㉱ 백합나무, 향나무

25 정적인 상태의 수경경관을 도입하고자 할 때 바른 것은?

㉮ 하천 ㉯ 계단 폭포
㉰ 호수 ㉱ 분수

26 다음 중 석탄은 235~315℃에서 고온건조하여 얻은 타르 제품으로서 독성이 적고 자극적인 냄새가 있는 유성 목재 방부제는?

㉮ 콜타르 ㉯ 크레오소트유
㉰ 플로오르화나트륨 ㉱ 펜타클로르페놀

27 다음 중 목재 내 할렬(checks)은 어느 때 발생하는가?

㉮ 목재의 부분별 수축이 다를 때
㉯ 건조 초기에 상태습도가 높을 때
㉰ 함수율이 높은 목재를 서서히 건조할 때
㉱ 건조 응력이 목재의 횡인장강도 보다 클 때

해설 할렬(checks) : 건조응력이 횡인장강도보다 클때 섬유방향으로 터지는 현상으로 횡단면할렬, 표면할렬, 내부할렬이 있다.

- 횡단면 할렬 : 횡단면의 급속한 건조로 발생하며, 방지책은 제재품의 횡단면상에 방수용 칠 또는 흡습성 도료와 같은 물질을 칠함으로써 수분증발을 억제시킴으로써 어느 정도 예방할 수 있음
- 표면 할렬 : 건조초기의 낮은 상대 습도에서 급속건조할 경우 표층은 내부보다 신속하게 건조되기 때문에 나타난다. 몇몇 수종들은 고온저습의 기후에서 강풍에 부딪치거나 직사광선에 노출될 때 잘 나타난다. 이 밖에도 건조후기에 건조속도를 갑자기 높일 때 또는 급속한 재건조시 목재표면의 약한부분이 터짐
- 내부 할렬 : 건조초기에 과한 건조로 인한 건조응력이 유발되어 내부 함수율이 섬유포화점이하로 건조되어 내부 수선조직이 터지는 현상

28 다음 목재 접착제 중 내수성이 큰 순서대로 바르게 나열된 것은?

㉮ 요소수지 > 아교 > 페놀수지
㉯ 아교 > 페놀수지 > 요소수지
㉰ 페놀수지 > 요소수지 > 아교
㉱ 아교>요소수지 > 페놀수지

29 다음 석재 중 일반적으로 내구연한이 가장 짧은 것은?

㉮ 석회암 ㉯ 화강석
㉰ 대리석 ㉱ 석영암

30 여름철에 강한 햇빛을 차단하기 위해 식재되는 수목을 가리키는 것은?

㉮ 녹음수 ㉯ 방풍수
㉰ 차폐수 ㉱ 방음수

31 다음 중 조경수의 이식에 대한 적응이 가장 쉬운 수종은?

㉮ 벽오동 ㉯ 전나무
㉰ 섬잣나무 ㉱ 가시나무

22. ㉮ 23. ㉱ 24. ㉰ 25. ㉰ 26. ㉯ 27. ㉱
28. ㉰ 29. ㉮ 30. ㉮ 31. ㉮

32 건물주위에 식재시 양수와 음수의 조합으로 되어 있는 수종들은?

㉮ 눈주목, 팔손이나무
㉯ 사철나무, 전나무
㉰ 자작나무, 개비자나무
㉱ 일본잎갈나무, 향나무

33 강(鋼)과 비교한 알루미늄의 특징에 대한 내용 중 옳지 않은 것은?

㉮ 강도가 작다. ㉯ 비중이 작다.
㉰ 열팽창율이 작다. ㉱ 전기 전도율이 높다.

34 다음 중 낙우송의 설명으로 옳지 않은 것은?

㉮ 잎은 5~10cm 길이로 마주나는 대생이다.
㉯ 소엽은 편평한 새의 깃모양으로서 가을에 단풍이 든다.
㉰ 열매는 둥근 달걀 모양으로 길이 2~3cm 지름 1.8~3.0cm의 암갈색이다.
㉱ 종자는 삼각형의 각모에 광택이 있으면 날개가 있다.

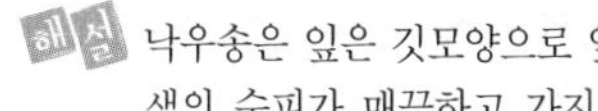

해설 낙우송은 잎은 깃모양으로 잎이 어긋나고(호생) 흑갈색의 수피가 매끈하고 가지의 경사각이 넓다.

35 두께 15cm 미만이며, 폭이 두께의 3배 이상인 판 모양의 석재를 무엇이라고 하는가?

㉮ 각석 ㉯ 판석
㉰ 마름돌 ㉱ 견치돌

36 다음 제초제 중 잡초와 작물 모두를 사멸시키는 비선택성 제초제는?

㉮ 디캄바액제 ㉯ 글리포세이트액제
㉰ 펜티온유제 ㉱ 에테폰액제

해설 ㉮ 디캄바액제 – 반벨
㉰ 펜티온유제 – 살충제
㉱ 에테폰액제 – 숙기촉진제

37 소나무류의 순따기에 알맞은 적기는?

㉮ 1 ~ 2월 ㉯ 3 ~ 4월
㉰ 5 ~ 6월 ㉱ 7 ~ 8월

38 다음 설명하는 잡초로 옳은 것은?

[보기]
- 일년생 광엽잡초
- 눈잡초로 많이 발생할 경우는 기계수확이 곤란
- 줄기 기부가 비스듬히 땅을 기며 뿌리가 내리는 잡초

㉮ 메꽃 ㉯ 한련초
㉰ 가막사리 ㉱ 사마귀풀

해설 ㉮ 메꽃 : 전국 각처의 들에서 자라는 덩굴성 다년생 초본, 생육환경은 음지를 제외한 어느 환경에서도 자란다. 키는 50~100㎝이고, 잎은 긴 타원형으로 어긋나고 길이는 5~10㎝, 폭은 2~7㎝로 뾰족하다. 뿌리는 흰색으로 굵으며 사방으로 퍼지며 뿌리마다 잎이 나오고 다시 지하경이 발달하여 뻗어나간다. 꽃은 엷은 홍색으로 깔때기 모양을 하고 있으며 길이는 5~6㎝, 폭은 약 5㎝이다. 열매는 둥글고 꽃이 핀 후 일반적으로 결실을 하지 않는다. 어린순과 뿌리는 식용 및 약용으로 쓰인다.

㉯ 한련초 : 경기도 이남의 길가나 밭에서 나는 한해살이 초본이다. 생육환경은 양지 혹은 반그늘에서 자란다. 키는 10~60cm이고, 잎은 길이 3~10cm, 폭 0.5~2.5cm로 양면에 굵은 털이 있으며 가장자리에 잔톱니가 있고 마주난다. 꽃은 지름이 약 1cm 정도로 가지 끝과 원줄기 끝에 한 개씩 달린다. 열매는 11월경에 맺으며 길이 약 0.3cm 정도의 흑색이다.

· 일년생 광엽잡초
· 눈잡초로 많이 발생할 경우는 기계수확이 곤란
· 줄기 기부가 비스듬히 땅을 기며 뿌리가 내리는 잡초

32. ㉰ 33. ㉰ 34. ㉮ 35. ㉯ 36.㉯ 37. ㉰
38. ㉱

39 다음 가지다듬기 중 생리조정을 위한 가지 다듬기는?

㉮ 병 · 해충 피해를 입은 가지를 잘라 내었다.
㉯ 향나무를 일정한 모양으로 깎아 다듬었다.
㉰ 늙은 가지를 젊은 가지로 갱신 하였다.
㉱ 이식한 정원수의 가지를 알맞게 잘라 냈다.

40 평판측량에서 평판을 정치하는데 생기는 오차 중 측량결과에 가장 큰 영향을 주므로 특히 주의해야 할 것은?

㉮ 수평맞추기 오차
㉯ 중심맞추기 오차
㉰ 방향맞추기 오차
㉱ 엘리데이드의 수준기에 따른 오차

41 조경설계기준상 공동으로 사용되는 계단의 경우 높이가 2m 를 넘는 계단에는 2m 이내마다 당해 계단의 유효폭 이상의 폭으로 너비 얼마 이상의 참을 두어야 하는가? (단, 단높이는 18cm이하, 단너비는 26cm 이상이다)

㉮ 70cm ㉯ 80cm
㉰ 100cm ㉱ 120cm

42 잔디밭을 조성하려 할 때 뗏장붙이는 방법으로 틀린 것은?

㉮ 뗏장붙이기 전에 미리 땅을 갈고 정지(整地)하여 밑거름을 넣는 것이 좋다.
㉯ 뗏장붙이는 방법에는 전면붙이기, 어긋나게 붙이기, 줄 붙이기 등이 있다.
㉰ 줄붙이기나 어긋나게붙이기는 뗏장을 절약하는 방법이지만, 아름다운 잔디밭이 완성되기까지에는 긴 시간이 소요된다.
㉱ 경사면에는 평떼 전면붙이기를 시행한다.

43 시멘트의 각종 시험과 연결이 옳은 것은?

㉮ 비중시험 - 길모아 장치
㉯ 분말도시험 - 루사델리 비중병
㉰ 응결시험 - 블레인법
㉱ 안정성시험 - 오토클레이브

 시멘트 각종 시험

종류	시험방법, 내용	사용기구
비중 시험	$\frac{\text{시멘트의 중량}(g)}{\text{비중병의 눈금차이}(cc)}$ = 시멘트비중	루사델리 비중병 (루사델리 플라스크)
분말도 시험	① 체가름방법 ② 비표면적시험(블레인법)	① 표준체 ② 브레인 공기투과장치 사용
응결 시험	① 길모아(gillmore)침에 의한 응결시간 시험방법 ② 비카(vicat)침에 의한 응결시간 시험방법	① 길모아장치 ② 비카장치
안정성 시험	오토 클레이브 팽창도 시험방법	오토 클레이브

44 다음 중 식엽성(食葉性) 해충이 아닌 것은?

㉮ 솔나방 ㉯ 텐트나방
㉰ 복숭아명나방 ㉱ 미국흰불나방

 복숭아명나방 : 종실가해해충

45 경석(景石)의 배석(配石)에 대한 설명으로 옳은 것은?

㉮ 원칙적으로 정원 내에 눈에 띄지 않는 곳에 두는 것이 좋다.
㉯ 차경(借景)의 정원에 쓰면 유효하다.
㉰ 자연석보다 다소 가공하여 형태를 만들어 쓰도록 한다.
㉱ 입석(立石)인 때에는 역삼각형으로 놓는 것이 좋다.

46 다음 시멘트의 종류 중 혼합시멘트가 아닌 것은?

㉮ 알루미나 시멘트
㉯ 플라이 애쉬 시멘트
㉰ 고로 슬래그 시멘트
㉱ 포틀랜드 포졸란 시멘트

해설 알루미나시멘트 : 특수시멘트

39. ㉱ 40. ㉰ 41. ㉱ 42. ㉱ 43. ㉱ 44. ㉰
45. ㉯ 46. ㉮

47 조형(造形)을 목적으로 한 전정을 가장 잘 설명한 것은?

㉮ 고사지 또는 병지를 제거한다.
㉯ 밀생한 가지를 솎아준다.
㉰ 도장지를 제거하고 결과지를 조정한다.
㉱ 나무 원형의 특징을 살려 다듬는다.

48 다져진 잔디밭에 공기 유통이 잘되도록 구멍을 뚫는 기계는?

㉮ 소드 바운드(sod bound)
㉯ 론 모우어(lawn mower)
㉰ 론 스파이크(lawn spike)
㉱ 레이크(rake)

49 지하층의 배수를 위한 시스템 중 넓고 평탄한 지역에 주로 사용되는 것은?

㉮ 어골형, 평행형　　㉯ 즐치형, 선형
㉰ 자연형　　㉱ 차단법

50 다음 중 흙쌓기에서 비탈면의 안정효과를 가장 크게 얻을 수 있는 경사는?

㉮ 1 : 0.3　　㉯ 1 : 0.5
㉰ 1 : 0.8　　㉱ 1 : 1.5

51 다음 중 들잔디의 관리 설명으로 옳지 않은 것은?

㉮ 들잔디의 깎기 높이는 2~3cm 로 한다.
㉯ 뗏밥은 초겨울 또는 해동이 되는 이른 봄에 준다.
㉰ 해충은 황금충류가 가장 큰 피해를 준다.
㉱ 병은 녹병의 발생이 많다.

52 생울타리를 전지 · 전정 하려고 한다. 태양의 광선을 골고루 받게 하여 생울타리의 밑가지 생육을 건전하게 하려면 생울타리의 단면 모양은 어떻게 하는 것이 가장 적합한가?

㉮ 삼각형　　㉯ 사각형
㉰ 팔각형　　㉱ 원형

53 설계도서에 포함되지 않는 것은?

㉮ 물량내역서　　㉯ 공사시방서
㉰ 설계도면　　㉱ 원형

54 다음 중 파이토플라스마에 의한 수목병은?

㉮ 뽕나무 오갈병　　㉯ 잣나무 털녹병
㉰ 밤나무 뿌리혹병　　㉱ 낙엽송 끝마름병

해설 파이토플라스마에 의한 수목병 : 대추나무빗자루병, 뽕나무오갈병

55 골재알의 모양을 판정하는 척도인 실적율(%)을 구하는 식으로 옳은 것은?

㉮ 공극률 − 100　　㉯ 100 − 공극률
㉰ 100 − 조립률　　㉱ 조립률 − 100

56 건물이나 담장 앞 또는 원로에 따라 길게 만들어지는 화단은?

㉮ 모둠화단　　㉯ 경재화단
㉰ 카펫화단　　㉱ 침상화단

57 표준형 벽돌을 사용하여 1.5B로 시공한 담장의 총 두께는? (단, 줄눈의 두께는 10mm 이다)

㉮ 210mm　　㉯ 270mm
㉰ 290mm　　㉱ 330mm

해설 표준형벽돌의 규격 : 190×90×57
1.5B = 1.0B+0.5B= 190+10(줄눈)+90=290mm

47. ㉱ 48. ㉰ 49. ㉮ 50. ㉱ 51. ㉯ 52. ㉮
53. ㉱ 54. ㉮ 55. ㉯ 56. ㉯ 57. ㉰

58 수간에 약액 주입시 구멍 뚫는 각도로 가장 적절한 것은?

㉮ 수평 ㉯ 0 ~ 10
㉰ 20 ~ 30 ㉱ 50 ~ 60

 수간주사시 주사약은 형성층까지 닿아야하며 구멍은 통상 수간 밑 2곳을 뚫는다. 수간주입구멍의 각도는 20~30도, 구멍지름은 5mm, 깊이 3~4cm로 한다.

59 토양의 입경조성에 의한 토양의 분류를 무엇이라고 하는가?

㉮ 토성 ㉯ 토양통
㉰ 토양반응 ㉱ 토양분류

60 비료의 3요소가 아닌 것은?

㉮ 질소(N) ㉯ 인산(P)
㉰ 칼슘(Ca) ㉱ 칼륨(K)

해설 비료의 3요소 : 질소, 인산, 칼륨

58. ㉰ 59. ㉮ 60. ㉰

과년도 기출문제 | 2013년 4회(13.7.21 시행)

1 줄기나 가지가 꺾이거나 다치면 그 부근에 숨은 눈이 자라 싹이 나오는 것을 무엇이라 하는가?

㉮ 휴면성 ㉯ 생장성
㉰ 성장력 ㉱ 맹아력

2 다음 중 왕과 왕비만이 즐길 수 있는 사적인 정원이 아닌 곳은?

㉮ 경복궁의 아미산
㉯ 창덕궁 낙선재의 후원
㉰ 덕수궁 석조전 전정
㉱ 덕수궁 준명당의 후원

해설 덕수궁 석조전 전정
덕수궁 석조전은 최초의 서양식 석조 건물로 고종이 편전으로 사용했던 건물로 앞의 전정은 우리나라 최초의 서양식 정원이 만들어졌다.

3 일본의 다정이 나타내는 아름다움의 미는?

㉮ 조화미 ㉯ 대비미
㉰ 단순미 ㉱ 통일미

4 주위가 건물로 둘러싸여 있어 식물의 생육을 위한 채광, 통풍, 배수 등에 주의해야 할 곳은?

㉮ 주정(主庭) ㉯ 후정(後庭)
㉰ 중정(中庭) ㉱ 원로(園路)

5 훌륭한 조경가가 되기 위한 자질에 대한 설명 중 틀린 것은?

㉮ 건축이나 토목 등에 관련된 공학적인 지식도 요구된다.
㉯ 합리적 사고보다는 감성적 판단이 더욱 필요하다.
㉰ 토양, 지질, 지형, 수문(水文) 등 자연과학적 지식이 요구된다.
㉱ 인류학, 지리학, 사회학, 환경심리학 등에 관한 인문과학적 지식도 요구된다.

해설 조경가는 공학적, 자연과학적, 인문과학적 지식과 합리적인 사고가 요구된다.

6 다음 설명하는 그림은?

[보기]
- 눈 높이나 눈보다 조금 높은 위치에서 보여지는 공간을 실제 보이는 대로 자연스럽게 표현한 그림
- 나타내고자 하는 의도의 윤곽을 잡아 개략적으로 표현하고자 할 때, 즉 아이디어를 수집, 기록, 정착화 하는 과정에 필요
- 디자이너에게 순간적으로 떠오르는 불확실한 아이디어의 이미지를 고정, 정착화시켜 나가는 초기 단계

㉮ 투시도 ㉯ 스케치
㉰ 입면도 ㉱ 조감도

1. ㉱ 2. ㉰ 3. ㉮ 4. ㉰ 5. ㉯ 6. ㉯

7 조경 양식 중 노단식 정원 양식을 발전시키게 한 자연적인 요인은?

㉮ 기후 ㉯ 지형
㉰ 식물 ㉱ 토질

8 다음 중 어린이 공원의 설계시 공간구성 설명으로 옳은 것은?

㉮ 동적인 놀이공간에는 아늑하고 햇빛이 잘 드는 곳에 잔디밭, 모래밭을 배치하여 준다.
㉯ 정적인 놀이공간에는 각종 놀이시설과 운동시설을 배치하여 준다.
㉰ 감독 및 휴게를 위한 공간은 놀이공간이 잘 보이는 곳으로 아늑한 곳으로 배치한다.
㉱ 공원 외곽은 보행자나 근처 주민이 들여다 볼 수 없도록 밀식한다.

9 조경 양식을 형태(정형식, 자연식, 절충식) 중심으로 분류할 때, 자연식 조경 양식에 해당하는 것은?

㉮ 서아시아와 프랑스에서 발달된 양식이다.
㉯ 강한 축을 중심으로 좌우 대칭형으로 구성된다.
㉰ 한 공간 내에서 실용성과 자연성을 동시에 강조하였다.
㉱ 주변을 돌 수 있는 산책로를 만들어서 다양한 경관을 즐길 수 있다.

10 휴게공간의 입지 조건으로 적합하지 않은 것은?

㉮ 경관이 양호한 곳
㉯ 시야에 잘 띄지 않는 곳
㉰ 보행동선이 합쳐지는 곳
㉱ 기존 녹음수가 조성된 곳

11 조선시대 전기 조경관련 대표 저술서이며, 정원식물의 특성과 번식법, 괴석의 배치법, 꽃을 화분에 심는 법, 최화법(催化法), 꽃이 꺼리는 것, 꽃을 취하는 법과 기르는법, 화분 놓는 법과 관리법 등의 내용이 수록되어 있는 것은?

㉮ 양화소록 ㉯ 작정기
㉰ 동사강목 ㉱ 택리지

12 수고 3m인 감나무 3주의 식재공사에서 조경공 0.25인, 보통인부 0.20인의 식재노무비 일위 대가는 얼마인가?
(단, 조경공 : 40,000원/일, 보통인부 : 30,000원/일)

㉮ 6,000원 ㉯ 10,000원
㉰ 16,000원 ㉱ 48,000원

해설 일위대가란 단위공사에 소요되는 기본적인 재료와 표준적인 인력의 소모량
감나무 1주당 일위대가
= 0.25×40,000+0.20×30,000 =16,000원

13 도시공원 및 녹지 등에 관한 법률에서 정하고 있는 녹지가 아닌 것은?

㉮ 완충녹지 ㉯ 경관녹지
㉰ 연결녹지 ㉱ 시설녹지

도시공원 및 녹지 등에 관한 법률상 녹지분류 : 완충녹지, 연결녹지, 경관녹지

14 다음 중 이탈리아의 정원 양식에 해당하는 것은?

㉮ 자연풍경식 ㉯ 평면기하학식
㉰ 노단건축식 ㉱ 풍경식

7. ㉯ 8. ㉰ 9. ㉱ 10. ㉯ 11. ㉮ 12. ㉰
13. ㉱ 14. ㉰

15 도면상에서 식물재료의 표기방법으로 바르지 않는 것은?

㉮ 덩굴성 식물의 규격은 길이로 표시한다.
㉯ 같은 수종은 인출선을 연결하여 표시하도록 한다.
㉰ 수종에 따라 규격은 H×W, H×B, H×R 등의 표기방식이 다르다.
㉱ 수목에 인출선을 사용하여 수종명, 규격, 관목, 교목을 구분하여 표시하고 총수량을 함께 기입한다.

해설 수목의 인출선을 사용하여 주수, 수종명, 규격을 표기한다.

16 형상은 재두각추제에 가깝고 전면은 거의 평면을 이루며 대략 정사각형으로서 뒷길이, 접촉면의 폭, 뒷면 등이 규격화 된 돌로, 접촉면의 폭은 전면 1변의 길이의 1/10 이상이라야 하고, 접촉면의 길이는 1변의 평균길이의 1/2 이상인 석재는?

㉮ 사고석 ㉯ 각석
㉰ 판석 ㉱ 견치석

17 콘크리트의 균열발생 방지법으로 옳지 않는 것은?

㉮ 물시멘트비를 작게 한다.
㉯ 단위 시멘트량을 증가시킨다.
㉰ 콘크리트의 온도상승을 작게 한다.
㉱ 발열량이 적은 시멘트와 혼화제를 사용한다.

해설 콘크리트의 균열발생 방지법
· 물시멘트비를 작게 한다.
· 시멘트 사용량을 줄인다.
· 콘크리트의 온도상승을 작게 한다.
· 발열량이 적은 시멘트와 혼화제를 사용한다.
· 슬럼프값을 작게 한다.

18 다음 중 야외용 조경 시설물 재료로서 가장 내구성이 낮은 재료는?

㉮ 미송 ㉯ 나왕재
㉰ 플라스틱재 ㉱ 콘크리트재

19 여름에 꽃을 피우는 수종이 아닌것은?

㉮ 배롱나무 ㉯ 석류나무
㉰ 조팝나무 ㉱ 능소화

해설 조팝나무 : 장미과의 낙엽활엽관목으로 꽃은 4~5월에 피고 백색이며 가지에 무수히 달린다.

20 정원에 사용되는 자연석의 특징과 선택에 관한 내용 중 옳지 않는 것은

㉮ 정원석으로 사용되는 자연석은 산이나 개천에 흩어져 있는 돌을 그대로 운반하여 이용한 것이다.
㉯ 경도가 높은 돌은 기품과 운치가 있는 것이 많고 무게가 있어 보여 가치가 높다.
㉰ 부지내 타물체와의 대비, 비례, 균형을 고려하여 크기가 적당한 것을 사용한다.
㉱ 돌에는 색채가 있어서 생명력을 느낄 수 있고 검은색과 흰색은 예로부터 귀하여 여겨지고 있다.

21 다음 주종 중 상록활엽수가 아닌 것은?

㉮ 동백나무 ㉯ 후박나무
㉰ 굴거리나무 ㉱ 메타세쿼이어

해설 메타세쿼이어 : 낙엽침엽교목

22 다음 중 인공토양을 만들기 위한 경량재가 아닌 것은?

㉮ 부엽토
㉯ 화산재
㉰ 펄라이트(perlite)
㉱ 버미큘라이트(vermiculite)

해설 부엽토 : 나뭇잎이나 작은 가지 등이 미생물에 의해 부패, 분해되어 생긴 흙으로 배수가 좋고 수분과 양분을 많이 가지고 있다.

15. ㉱ 16. ㉱ 17. ㉯ 18. ㉯ 19. ㉰ 20. ㉱
21. ㉱ 22. ㉮

23 일정한 응력을 가할 때, 변형이 시간과 더불어 증대하는 현상을 의미하는 것은?

㉮ 탄성 ㉯ 취성
㉰ 크리프 ㉱ 릴랙세이션

- 탄성(elasticity) : 외부 힘에 의하여 변형을 일으킨 물체가 힘이 제거되었을 때 원래의 모양으로 되돌아가려는 성질
- 취성(brittleness) : 재료가 외력에 의하여 영구 변형을 하지 않고 파괴되거나 극히 일부만 영구 변형을 하고 파괴되는 성질
- 크리프(creep) : 외력이 일정하게 유지되어 있을 때, 시간이 흐름에 따라 재료의 변형이 증대하는 현상
- 릴랙세이션(relaxation) : PC 강재에 고장력을 가한 상태 그대로 장기간 양끝을 고정해 두면, 점차 소성 변형하여 인장 응력이 감소해 가는 현상

24 학교조경에 도입되는 수목을 선정할 때 조경수목의 생태적 특성 설명으로 옳은 것은?

㉮ 학교 이미지 개선에 도움이 되며, 계절의 변화를 느낄 수 있도록 수목을 선정
㉯ 학교가 위치한 지역의 기후, 토양 등의 환경에 조건이 맞도록 수목을 선정
㉰ 교과서에 나오는 수목이 선정되도록 하며 학생들과 교직원들이 선호하는 수목을 선정
㉱ 구입하기 쉽고 병충해가 적고 관리하기가 쉬운 수목을 선정

25 다음 중 유리의 제성질에 대한 일반적인 설명으로 옳지 않는 것은?

㉮ 열전도율과 열팽창률이 작다.
㉯ 굴절율은 2.1~2.9정도이고, 납을 함유하면 낮아진다.
㉰ 약한 산에는 침식되지 않지만 염산·황산·질산 등에는 서서히 침식된다.
㉱ 광선에 대한 성질은 유리의 성분, 두께, 표면의 평활도 등에 따라 다르다.

유리의 굴절율은 1.45~2.0정도이고, 납을 함유하면 높아진다.

26 플라스틱 제품의 특성이 아닌 것은?

㉮ 비교적 산과 알칼리에 견디는 힘이 콘크리트나 철 등에 비해 우수하다.
㉯ 접착이 자유롭고 가공성이 크다.
㉰ 열팽창계수가 적어 저온에서도 파손이 안된다.
㉱ 내열성이 약하여 열가서성수지는 60℃이상에서 연화된다.

플라스틱 제품은 열팽창계수(온도 1℃ 상승에 따른 단위 부피당 팽창량을 체적 팽창 계수)가 크다.

27 92~96%의 철을 함유하고 나머지는 크롬·규소·망간·유황·인 등으로 구성되어 있으며 창호철물, 자물쇠, 맨홀 뚜껑 등의 재료로 사용되는 것은?

㉮ 선철 ㉯ 강철
㉰ 주철 ㉱ 순철

- 선철(pig iron) : 용광로에서 철광석으로 만든 철을 말한다. 주물과 강철의 원료가 된다. 1100~1200℃에서 용해되고 성분은 철 92~93%, 탄소 2.5~5%, 규소 1.0~3.5%, 황 및 인 0.1% 이하를 함유한다.
- 강철(steel) : 탄소를 약 0.04~1.7% 함유하는 철을 말한다. 강도가 비교적 크므로, 단조(鍛造) 또는 고도로 가열한 후, 급냉시켜 경도를 높일 수 있다. 탄소 외에도 규소(Si), 망간(Mn), 인(P), 황(S) 등의 원소를 소량씩 포함하고 있고, 이 함유성분에 따라 강철의 성질은 변한다. 또 동일 성분의 것이라도 금속조직에 따라 성질이 다르다.
- 주철(cast iron) : 1.7% 이상의 탄소를 함유하는 철은 약 1,150℃에서 녹으므로 주물을 만드는 데 사용할 수 있으나, 이 중에서 3.0~3.6%의 탄소량에 해당하는 것을 일반적으로 주철이라고 한다. 주철을 녹이기 위해서 큐폴라라고 하는 용해로가 사용되며, 고로(高爐:용광로)에서 얻은 선철을 여기에 넣고, 코크스를 연료로 하여 녹인다. 보통 주철은 난로·맨홀의 뚜껑을 비롯해서 널리 주물제품으로 사용된다.
- 순철(pure iron) : 불순물을 전혀 함유하지 않은 순도 100%인 철이다. 순철을 만들기 위해서는 정련법이 매우 특수해야 하며, 공업적으로 생산되는 비교적 고순도의 철은 암코철·전해철·카보닐철 등이 있다.

23. ㉰ 24. ㉯ 25. ㉯ 26. ㉰ 27. ㉰

28 콘크리트의 단위중량 계산, 배합설계 및 시멘트의 품질판정에 주로 이용되는 시멘트의 성질은?

㉮ 분말도 ㉯ 응결시간
㉰ 비중 ㉱ 압축강도

29 다음 [보기]의 설명에 해당하는 수종은?

[보기]
- 어린가지의 색은 녹색 또는 적갈색으로 엽흔이 발달하고 있다.
- 수피에서는 냄새가 나며 약간 골이 파여 있다.
- 단풍나무 중 복엽이면서 가장 노란색 단풍이 든다.
- 내조성, 속성수로서 조기녹화에 적당하며 녹음수로 이용가치가 높으며 폭이 없는 가로에 가로수로 심는다.

㉮ 복장나무 ㉯ 네군도단풍
㉰ 단풍나무 ㉱ 고로쇠나무

30 여름부터 가을까지 꽃을 감상할 수 있는 알뿌리 화초는?

㉮ 금잔화 ㉯ 수선화
㉰ 색비름 ㉱ 칸나

31 콘크리트 공사 중 거푸집 상호간의 간격을 일정하게 유지시키기 위한 것은?

㉮ 캠버(camber) ㉯ 긴장기(form tie)
㉰ 스페이서(spacer) ㉱ 세퍼레이터(seperator)

- 캠버(camber) : 위쪽에 볼록 모양으로 만곡하는 것, 높이 조절용 솟음, 쐐기
- 긴장기(form tie) : 콘크리트 시공에서 상대하는 거푸집의 간격을 일정하게 유지하기 위해 사용하는 볼트
- 세퍼레이터(seperator) : 거푸집상호간격 유지
- 스페이서(spacer) : 피복두께 유지목적

32 다음 중 트래버틴(travertin)은 어떤 암석의 일종인가?

㉮ 화강암 ㉯ 안산암
㉰ 대리석 ㉱ 응회암

 트래버틴(travertin) : 성분은 대리석과 동일하나 불균질하며 곳곳에 구멍이 있으며 적갈색 반문이 있어 특수장식재료 사용된다.

33 다음 중 산울타리 수종이 갖추어야 할 조건으로 틀린 것은?

㉮ 전정에 강할 것
㉯ 아랫가지가 오래갈 것
㉰ 지엽이 치밀할 것
㉱ 주로 교목활엽수일 것

34 다음[보기]에서 설명하는 합성수지는?

[보기]
- 특히 내수성, 내열성이 우수하다.
- 내연성, 전기적 절연성이 있고 유리섬유판, 텍스, 피혁류 등 모든 접착이 가능하다.
- 방수제로도 사용하고 500℃이상 견디는 유일한 수지이다.
- 용도는 방수제, 도료, 접착제로 쓰인다.

㉮ 페놀수지 ㉯ 에폭시수지
㉰ 실리콘수지 ㉱ 폴리에스테르수지

35 목재의 방부법 중 그 방법이 나머지 셋과 다른 하나는?

㉮ 도포법 ㉯ 침지법
㉰ 분무법 ㉱ 방청법

28. ㉰ 29. ㉯ 30. ㉱ 31. ㉱ 32. ㉰ 33. ㉱
34. ㉰ 35. ㉱

36 수목의 식재시 해당 수목의 규격을 수고와 근원 직경으로 표시하는 것은?
(단, 건설공사 표준품셈을 적용한다.)

㉮ 목련　　　　　㉯ 은행나무
㉰ 자작나무　　　㉱ 현사시나무

 은행나무, 자작나무, 현사시나무 : 수고×흉고직경

37 다음 중 미국흰불나방 구제에 가장 효과가 좋은 것은?

㉮ 디캄바액제(반벨)
㉯ 디니코나졸수화제(빈나리)
㉰ 시마진수화제(씨마진)
㉱ 카바릴수화제(세빈)

- 디캄바액제(반벨) : 선택성제초제
- 디니코나졸수화제(빈나리) : 침투이행성 살균제
- 시마진수화제(씨마진) : 제초제
- 카바릴수화제(세빈) : 해충방제 살충제

38 난지형 잔디에 뗏밥을 주는 가장 적합한 시기는?

㉮ 3~4월　　　　㉯ 5~7월
㉯ 9~10월　　　㉱ 11~1월

해설 잔디뗏밥은 잔디의 생육이 왕성한 시기에 실시하며 난지형은 늦봄에 한지형은 이른 봄과 가을이 적합하다.

39 조경수를 이용한 가로막이 시설의 기능이 아닌 것은?

㉮ 보행자의 움직임 규제　　㉯ 시선차단
㉰ 광선방지　　　　　　　　㉱ 악취방지

40 모래밭(모래터) 조성에 관한 설명으로 가장 부적합한 것은?

㉮ 적은도 하루에 4~5시간의 햇볕이 쬐고 통풍이 잘되는 곳에 설치한다.
㉯ 모래밭은 가급적 휴게시설에서 멀리 배치한다.
㉰ 모래밭의 깊이는 놀이의 안전을 고려하여 30cm 이상으로 한다.
㉱ 가장자리는 방부처리한 목재 또는 각종 소재를 사용하여 지표보다 높게 모래막이 시설을 해준다.

41 우리나라 조선정원에서 사용되었던 홍예문의 성격을 띤 구조물이라 할 수 있는 것은?

㉮ 정자　　　　㉯ 테라스
㉰ 트렐리스　　㉱ 아아치

42 경관석 놓기의 설명으로 옳은 것은?

㉮ 경관석은 항상 단독으로만 배치한다.
㉯ 일반적으로 3,5,7 등 홀수로 배치한다.
㉰ 같은 크기의 경관석으로 조합하면 통일감이 있어 자연스럽다.
㉱ 경관석의 배치는 돌 사이의 거리나 크기 등을 조정 배치하여 힘이 분산되도록 한다.

43 다음 중 정형식 배식유형은?

㉮ 부등변삼각형식재　㉯ 임의식재
㉰ 군식　　　　　　　㉱ 교호식재

44 사철나무 탄저병에 관한 설명으로 틀린 것은?

㉮ 관리가 부실한 나무에서 많이 발생하므로 거름주기와 가지치기 등의 관리를 철저히 하면 문제가 없다.
㉯ 흔히 그을음병과 같이 발생하는 경향이 있으며 병징도 혼동될 때가 있다.
㉰ 상습발생지에서는 병든 잎을 모아 태우거나 땅속에 묻고, 6월경부터 살균제를 3~4회 살포한다.
㉱ 잎에 크고 작은 점무늬가 생기고 차츰 움푹 들어가면서 진전되므로 지저분한 느낌을 준다.

45 벽돌쌓기법에서 한 켜는 마구리쌓기, 다음 켜는 길이쌓기로 하고 모서리 벽 끝에 이오토막을 사용하는 벽돌쌓기 방법인 것은?

㉮ 미국식쌓기　　㉯ 영국식쌓기
㉰ 프랑스식쌓기　㉱ 마구리쌓기

36. ㉮ 37. ㉱ 38. ㉯ 39. ㉱ 40. ㉯ 41. ㉱
42. ㉯ 43. ㉱ 44. ㉯ 45. ㉯

46 다음 중 수목의 전정시 제거해야하는 가지가 아닌 것은?

㉮ 밑에서 움돋는 가지
㉯ 아래를 향해 자란 하향지
㉰ 위를 향해 자라는 주지
㉱ 교차한 교차지

47 설계도면에서 선의 용도에 따라 구분할 때 "실선"의 용도에 해당되지 않는 것은?

㉮ 대상물의 보이는 부분을 표시한다.
㉯ 치수를 기입하기 위해 사용한다.
㉰ 지시 또는 기호 등을 나타내기 위해 사용한다.
㉱ 물체가 있을 것으로 가상되는 부분을 표시한다.

 물체가 있을 것으로 가상되는 부분을 표시 – 파선

48 수종에 있는 골재를 채취했을 때 무게가 1000g, 표면건조내부포화상태의 무게가 900g, 대기건조상태의 무게가 860g, 완전건조상태의 무게가 850g일 때 함수율 값은?

㉮ 4.65% ㉯ 5.88%
㉰ 11.11% ㉱ 17.65%

 함수율 $= \dfrac{\text{습윤상태} - \text{완전건조상태}}{\text{완전건조상태}} \times 100(\%)$

$= \dfrac{1,000 - 850}{850} \times 100 = 17.6470 \rightarrow 17.65\%$

49 다음 중 접붙이기 번식을 하는 목적으로 가장 거리가 먼 것은?

㉮ 종자가 없고 꺾꽂이로도 뿌리 내리지 못하는 수목의 증식에 이용된다.
㉯ 씨뿌림으로는 품종이 지니고 있는 고유의 특징을 계승시킬 수 없는 수목의 증식에 이용된다.
㉰ 가지가 쇠약해지거나 말라 죽는 경우 이것을 보태주거나 또는 힘을 회복시키기 위해서 이용된다.
㉱ 바탕나무의 특성보다 우수한 품종을 개발하기 위해 이용된다.

50 다음 중 밭에 많이 발생하여 우생하는 잡초는?

㉮ 바랭이 ㉯ 올미
㉰ 가래 ㉱ 너도방동사니

51 다음 중 건설장비 분류상 "배토정지용 기계"에 해당되는 것은?

㉮ 램머 ㉯ 모터그레이더
㉰ 드래그라인 ㉱ 파워쇼벨

52 소나무의 순지르기, 활엽수의 잎 따기 등에 해당하는 전정법은?

㉮ 생장을 돕기 위한 전정
㉯ 생장을 억제하기 위한 전정
㉰ 생리를 조절하는 전정
㉱ 세력을 갱신하는 전정

53 염해지 토양의 가장 뚜렷한 특징을 설명한 것은?

㉮ 유기물의 함량이 높다
㉯ 활성철의 함량이 높다
㉰ 치환성석회의 함량이 높다
㉱ 마그네슘, 나트륨 함량이 높다

54 배롱나무, 장미 등과 같은 내한성이 약한 나무의 지상부를 보호하기 위하여 사용되는 가장 적합한 월동 조치법은?

㉮ 흙묻기 ㉯ 새끼감기
㉯ 연기씌우기 ㉱ 짚싸기

46. ㉰ 47. ㉱ 48. ㉱ 49. ㉱ 50. ㉮ 51. ㉯
52. ㉯ 53. ㉱ 54. ㉱

55 다음 중 큰 나무의 뿌리돌림에 대한 설명으로 가장 거리가 먼 것은

㉮ 굵은 뿌리를 3~4개 정도 남겨둔다.
㉯ 굵은 뿌리 절단시 톱으로 깨끗이 절단한다.
㉰ 뿌리돌림을 한 후에 새끼로 뿌리분을 감아두면 뿌리의 부패를 촉진하여 좋지 않다.
㉱ 뿌리돌림을 하기 전 수목이 흔들리지 않도록 지주목을 설치하여 작업하는 방법도 좋다.

56 다음 중 침상화단(sunken garden)에 관한 설명으로 가장 적합한 것은?

㉮ 관상하기 편리하도록 지면을 1~2m 정도 파내려가 꾸민 화단
㉯ 중앙부를 낮게 하기 위하여 키 작은 꽃을 중앙에 심어 꾸민 화단
㉰ 양탄자를 내려다 보듯이 꾸민 화단
㉱ 경계부분을 따라서 1열로 꾸민 화단

57 양분결핍 현상이 생육초기에 일어나기 쉬우며, 새잎에 황화 현상이 나타나고 엽맥 사이가 비단무늬 모양으로 되는 결핍 원소는?

㉮ Fe ㉯ Mn
㉰ Zn ㉱ Cu

58 공원 내에 설치된 목재벤치 좌판(坐板)의 도장보수는 보통 얼마 주기로 실시하는 것이 좋은가?

㉮ 계절이 바뀔 때 ㉯ 6개월
㉰ 매년 ㉱ 2~3년

해설 목재벤치의 보수사이클은 2~3년 주기로 실시한다.

59 다음 중 교목류의 높은 가지를 전정하거나 열매를 채취할 때 주로 사용할 수 있는 가위는?

㉮ 대형전정가위 ㉯ 조형전정가위
㉰ 순치기가위 ㉱ 갈쿠리전정가위

60 평판측량에서 도면상에 없는 미지점에 평판을 세워 그 점(미지점)의 위치를 결정하는 측량방법은?

㉮ 원형교선법 ㉯ 후방교선법
㉰ 측방교선법 ㉱ 복전진법

55. ㉰ 56. ㉮ 57. ㉮ 58. ㉱ 59. ㉱ 60. ㉯

과년도 기출문제 | 2014년 1회(14.1.26 시행)

1 식재설계에서의 인출선과 선의 종류가 동일한 것은?

① 단면선 ② 숨은선
③ 경계선 ④ 치수선

해설 인출선과 치수선은 가는실선으로 그린다.

2 로마의 조경에 대한 설명으로 알맞은 것은?

① 집의 첫 번째 중정(Atrium)은 5점형 식재를 하였다.
② 주택정원은 그리스와 달리 외향적인 구성이었다.
③ 집의 두 번째 중정(Peristylium)은 가족을 위한 사적 공간이다.
④ 겨울 기후가 온화하고 여름이 해안기후로 기원하여 노단형의 별장(Villa)이 발달 하였다.

해설 로마시대 주택정원의 구분

	아트리움(Atrium)	페리스틸리움(peristylium)	지스터스(xystus)
공간구성	제 1중정 무열주중정	제 2중정(주정) 주랑식중정	후원
목적	공적장소 (손님접대)	사적공간 (가족용)	· 제1·2중정과 동일 축선상에 배치 · 5점형 식재

3 시공 후 전체적인 모습을 알아보기 쉽도록 그린 그림과 같은 형태의 도면은?

① 평면도 ② 입면도
③ 조감도 ④ 상세도

4 귤준망의 [작정기]에 수록된 내용이 아닌 것은?

① 서원조 정원 건축과의 관계
② 원지를 만드는 법
③ 지형의 취급방법
④ 입석의 의장법

해설 작정기는 침전조에 어울리는 조원법이 수록되었다.

5 다음 중 일반적으로 옥상정원 설계시 일반조경 설계보다 중요하게 고려할 항목으로 관련이 가장 적은 것은?

① 토양층 깊이 ② 방수 문제
③ 지주목의 종류 ④ 하중 문제

해설 옥상정원 설계시 고려사항
· 하중고려, 옥상 바닥의 보호와 방수
· 식재 토양층의 깊이와 식생의 유지 관리
· 적절한 수종의 선택(관목, 지피 식재를 위주)

6 다음 중 색의 대비에 관한 설명이 틀린 것은?

① 보색인 색을 인접시키면 본래의 색보다 채도가 낮아져 탁해 보인다.
② 명도단계를 연속시켜 나열하면 가각 인접한 색끼리 두드러져 보인다.
③ 명도가 다른 두 색을 인접 시키면 명도가 낮은 색은 더욱 어두워 보인다.
④ 채도가 다른 두 색을 인접 시키면 채도가 높은 색은 더욱 선명해 보인다.

해설 보색인 색을 인접시키면 본래의 색보다 채도가 높아져 선명해보인다.

1. ④ 2. ③ 3. ③ 4. ① 5. ③ 6. ①

7 다음 중 일본정원과 관련이 가장 적은 것은?

① 축소 지향적 ② 인공적 기교
③ 통경선의 강조 ④ 추상적 구성

 통경선을 강조한 정원은 프랑스의 평면기하학식이 대표적이다.

8 토양의 단면 중 낙엽이 대부분 분해되지 않고 원형 그대로 쌓여 있는 층은?

① L층 ② F층
③ H층 ④ C층

 토양단면의 Ao층(유기물층)
낙엽과 분해물질 등 유기물 토양 고유의 층, 유기물의 분해정도에 따라 L, F, H의 3층으로 분리하며 L층은 분해되지 않고 원형 그대로 쌓여 있는 층, F층은 분해가 50% 정도 진행된 층, H층은 완전히 부식된 층을 말한다.

9 도시공원 및 녹지 등에 관한 법률에서 어린이공원의설계기준으로 틀린 것은?

① 유지거리는 250m 이하, 1개소의 면적은 1500m^2 이상의 규모로 한다.
② 휴양시설 중 경로당을 설치하여 어린이와의 유대감을 형성할 수 있다.
③ 유희시설에 설치되는 시설물에는 정글짐, 미끄럼틀, 시소 등이 있다.
④ 공원 시설 부지면적은 전체 면적의 60% 이하로 하여야한다.

 어린이 공원에는 휴양시설 중 경로당은 설치할 수 없다.

10 계획 구역 내에 거주하고 있는 사람과 이용자를 이해하는데 목적이 있는 분석 방법은?

① 자연환경분석 ② 인문환경분석
③ 시각환경분석 ④ 청각환경분석

11 수목을 표시를 할 때 주로 사용되는 제도 용구는?

① 삼각자 ② 템플릿
③ 삼각축척 ④ 곡선자

12 앙드레 르노트르(Andre Le notre)가 유명하게 된 것은 어떤 정원을 만든 후 부터인가?

① 베르사이유(Versailles)
② 센트럴 파크(Central Prak)
③ 토스카나장(Villa Toscana)
④ 알함브라(Alhambra)

 앙드레 르 노트르
평면기하학식을 확립한 조경가로 대표작은 보르비꽁트, 베르사이유 정원이 있다.

13 조경 프로젝트의 수행단계 중 주로 공학적인 지식을 바탕으로 다른 분야와는 달리 생물을 다룬다는 특수한 기술이 필요한 단계로 가장 적합한 것은?

① 조경계획 ② 조경설계
③ 조경관리 ④ 조경시공

14 경관 구성의 기법 중 '한 그루의 나무를 다른 나무와 연결시키지 않고 독립하여 심는 경우를 말하며, 멀리서도 눈에 잘 띄기 때문에 랜드 마크의 역할' 도 하는 수목 배치 기법은?

① 점식 ② 열식
③ 군식 ④ 부등변 삼각형 식재

7. ③ 8. ① 9. ② 10. ② 11. ②
12. ① 13. ④ 14. ①

15 다음 중 이탈리아 정원의 장식과 관련된 설명으로 가장 거리가 먼 것은?

① 기둥 복도, 열주, 퍼골라, 조각상, 장식분이 된다.
② 계단 폭포, 물무대, 정원극장, 동굴 등이 장식된다.
③ 바닥은 포장되며 곳곳에 광장이 마련되어 화단으로 장식된다.
④ 원예적으로 개량된 관목성의 꽃나무나 알뿌리 식물 등이 다량으로 식재되어진다.

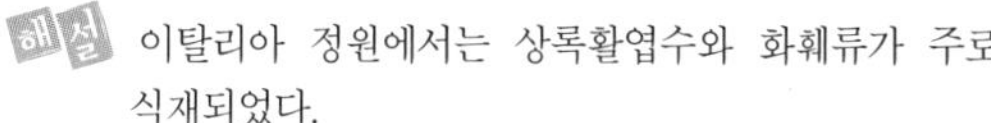

해설 이탈리아 정원에서는 상록활엽수와 화훼류가 주로 식재되었다.

16 다음 중 정원 수목으로 적합하지 않은 것은?

① 잎이 아름다운 것
② 값이 비싸고 희귀한 것
③ 이식과 재배가 쉬운 것
④ 꽃과 열매가 아름다운 것

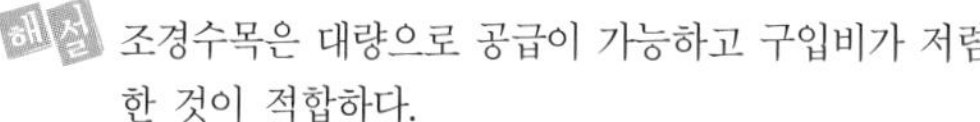

해설 조경수목은 대량으로 공급이 가능하고 구입비가 저렴한 것이 적합하다.

17 다음 중 옥상정원을 만들 때 배합하는 경량재로 사용하기 가장 어려운 것은?

① 사질 양토　② 버미큘라이트
③ 펄라이트　④ 피트

18 다음 중 난지형 잔디에 해당되는 것은?

① 레드톱
② 버뮤다그라스
③ 켄터키 블루그라스
④ 톨 훼스큐

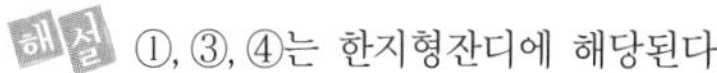

해설 ①, ③, ④는 한지형잔디에 해당된다.

19 다음 중 물푸레나무과에 해당되지 않는 것은?

① 미선나무　② 광나무
③ 이팝나무　④ 식나무

해설 식나무 – 층층나무과 상록활엽관목

20 석재의 가공 방법 중 혹두기 작업의 바로 다음 후속작업으로 작업면을 비교적 고르고 곱게 처리할 수 있는 작업은?

① 물갈기　② 잔다듬
③ 정다듬　④ 도드락다듬

해설 석재 가공방법
혹두기 → 정다듬 → 도드락다듬 → 잔다듬 → 물갈기, 광내기

21. 주철강의 특성 중 틀린 것은?

① 선철이 주재료이다.
② 내식성이 뛰어나다.
③ 탄소 함유량은 1.7~6.6%이다.
④ 단단하여 복잡한 형태의 주조가 어렵다.

해설 주철강은 주철은 탄소 함유량이 1.7~6.6%로 내식성이 우수하고 주조가 용이하다.

22 조경 수목 중 아황산가스에 대해 강한 수종은?

① 양버즘나무　② 삼나무
③ 전나무　④ 단풍나무

23 실리카질 물질(SiO_2)을 주성분으로 하여 그 자체는 수경성(hydraulicity)이 없으나 시멘트의 수화에 의해 생기는 수산화칼슘($Ca(OH)_2$) 상온에서 서서히 반응하여 불용성의 화합물을 만드는 광물질 미분말의 재료는?

① 실리카흄　② 고로슬래그
③ 플라이애시　④ 포졸란

15. ④　16. ②　17. ①　18. ②　19. ④
20. ③　21. ④　22. ①　23. ④

24 섬유포화점은 목재 중에 있는 수분이 어떤 상태로 존재 하고 있는 것을 말하는가?

① 결합수만이 포함되어 있을 때
② 자유수만이 포함되어 있을 때
③ 유리수만이 포화되어 있을 때
④ 자유수와 결합수가 포화되어 있을 때

25 다음 중 고광나무(Philadelphus schrenkii)의 꽃 색깔은?

① 적색 ② 황색
③ 백색 ④ 자주색

고광나무
- 낙엽활엽관목
- 4~5월에 흰색 꽃이 잎겨드랑이나 꼭대기에 총상꽃차례로 5~7개가 달리며 꽃대와 꽃가지에 잔털이 있다.

26 다음 중 가을에 꽃향기를 풍기는 수종은?

① 매화나무 ② 수수꽃다리
③ 모과나무 ④ 목서류

목서 : 꽃은 10월에 피고 황백색으로 잎겨드랑이에 모여 달리며 향기가 매우 우수하다.

27 골재의 함수상태에 대한 설명 중 옳지 않은 것은?

① 절대건조상태는 105±5℃ 정도의 온도에서 24시간 이상 골재를 건조시켜 표면 및 골재알 내부의 빈틈에 포함되어 있는 물이 제거된 상태이다.
② 공기 중 건조 상태는 실내에 방치한 경우 골재입자의 표면과 내부의 일부가 건조된 상태이다.
③ 표면건조포화상태는 골재입자의 표면에 물은 없으나 내부의 빈틈에 물이 꽉 차있는 상태이다.
④ 습윤 상태는 골재 입자의 표면에 물이 부착되어 있으나 골재 입자 내부에는 물이 없는 상태이다.

바르게 고치면
습윤상태 골재의 내부가 수분으로 포화되어있고, 표면에도 수분이 부착되어 있는 상태를 말한다.

28 다음 중 자작나무과(科)의 물오리나무 잎으로 가장 적합한 것은?

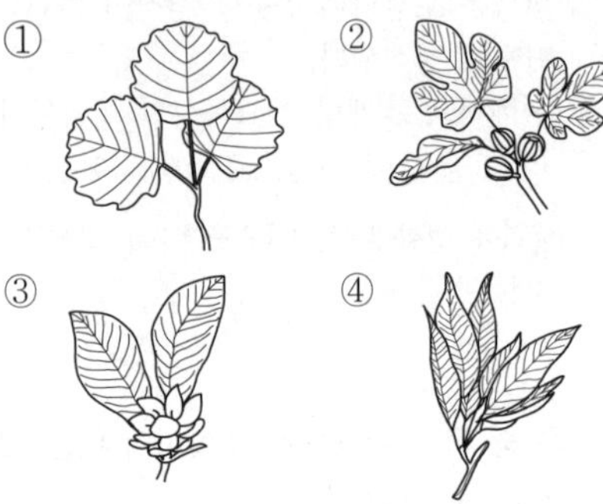

물오리나무
- 수고 20m에 이르며 원추형의 수형을 이루며, 수피는 비교적 미끈한 암갈색으로 회색의 껍질눈이 있으며 어린 가지에 부드러운 털이 밀생하다가 점차 없어진다.
- 어긋나게 달리는 잎은 타원형 또는 넓은 난형으로 끝이 뾰족하고 가장자리가 5~8개로 얕게 갈라지며 겹톱니가 있다.

29 겨울 화단에 식재하여 활용하기 가장 적합한 식물은?

① 팬지 ② 메리골드
③ 달리아 ④ 꽃양배추

24. ① 25. ③ 26. ④ 27. ④ 28. ①
29. ④

30 화성암의 심성암에 속하며 흰색 또는 담회색인 석재는?

① 화강암　② 안산암
③ 점판암　④ 대리석

구분			색과 광물 흑운모, 각섬석, 휘석, 감람석 (철과 마그네슘)	색과 광물 석영, 장석 (산소와 규소)
			어둡다 ↔ 밝다	
알갱이의 크기와 냉각 속도	지표에서 식어서 빨리 식고 알갱이가 작음	화산암 (세립질)	현무암	유문암
	지하 깊은 곳에서 식어서 천천히 식고 알갱이가 큼	심성암 (조립질)	반려암	화강암

31 태취(Thatch)란 지표면과 잔디(녹색식물체) 사이에 형성되는 것으로 이미 죽었거나 살아있는 뿌리, 줄기 그리고 가지 등이 서로 섞여 있는 유기층을 말한다. 다음 중 태취의 특징으로 옳지 않은 것은?

① 한겨울에 스캘핑이 생기게 한다.
② 태취층에 병원균이나 해충이 기거하면서 피해를 준다.
③ 탄력성이 있어서 그 위에서 운동할 때 안전성을 제공한다.
④ 소수성인 태취의 성질로 인하여 토양으로 수분이 전달되지 않아서 국부적으로 마른지역을 형성하며 그 위에 잔디가 말라 죽게 한다.

 스캘핑(scalping)

한번에 잔디를 너무 많이 깎아 줄기나 포복경 및 죽은 잎들이 노출되어 누렇게 보이는 현상으로 이는 정단 부분의 분열조직의 일부가 제거되어 일시적으로 생육이 억제되거나 심하면 고사 한다.

32 수목은 생육조건에 따라 양수와 음수로 구분하는데, 다음 중 성격이 다른 하나는?

① 무궁화　② 박태기나무
③ 독일가문비나무　④ 산수유

해설 독일가문비나무 - 음수

33 다음 도료 중 건조가 가장 빠른 것은?

① 오일페인트　② 바니쉬
③ 래커　④ 레이

34 다음 노박덩굴과(Celastraneae) 식물 중 상록계열에 해당하는 것은?

① 노박덩굴　② 화살나무
③ 참빗살나무　④ 사철나무

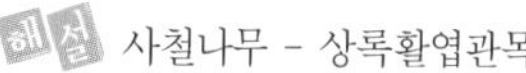 사철나무 - 상록활엽관목

35 지력이 낮은 척박지에서 지력을 높이기 위한 수단으로 식재 가능한 콩과(科) 수종은?

① 소나무　② 녹나무
③ 갈참나무　④ 자귀나무

 비료목

① 근류균을 가진 수종으로 근류균에 의해 공중질소의 고정작용 역할을 하여 토양의 물리적 조건과 미생물적 조건을 개선
② 종류
- 콩과 식물 : 아까시나무, 자귀나무, 싸리나무, 박태기나무, 등나무, 칡 등
- 자작나무과 : 사방오리, 산오리, 오리나무 등
- 보리수나무과 : 보리수나무, 보리장나무 등

30. ①　31. ①　32. ③　33. ③　34. ④
35. ④

36 다음 중 소나무의 순자르기 방법으로 가장 거리가 먼 것은?

① 수세가 좋거나 어린나무는 다소 빨리 실시하고, 노목이나 약해 보이는 나무는 5~7일 늦게 한다.
② 손으로 순을 따 주는 것이 좋다.
③ 5~6월경에 새순이 5~10cm 자랐을 때 실시한다.
④ 자라는 힘이 지나치다고 생각될 때에는 1/3 ~ 1/2 정도 남겨두고 끝 부분을 따 버린다.

해설 소나무류 순지르기(꺾기)
- 나무의 신장을 억제, 노성(老成)된 우아한 수형을 단기간 내에 인위적으로 유도, 잔가지가 형성되어 소나무 특유의 수형 형성
- 방법 : 4~5월경 5~10cm로 자란 새순을 3개 정도 남기고 중심순을 포함하여 손으로 제거

37 토양침식에 대한 설명으로 옳지 않은 것은?

① 토양의 침식량은 유거수량이 많을수록 적어진다.
② 토양유실량은 강우량보다 최대강우강도와 관계가 있다.
③ 경사도가 크면 유속이 빨라져 무거운 입자도 침식된다.
④ 식물의 생장은 투수성을 좋게 하여 토양 유실량을 감소시킨다.

해설 토양의 침식량은 유거수량이 많을수록 커진다.

38 다음 중 잡초의 특성으로 옳지 않은 것은?

① 재생 능력이 강하고 번식 능력이 크다.
② 종자의 휴면성이 강하고 수명이 길다.
③ 생육 환경에 대하여 적응성이 작다.
④ 땅을 가리지 않고 흡비력이 강하다.

해설 잡초는 생육환경에 대한 적응성이 크다.

39 임목(林木) 생장에 가장 좋은 토양구조는?

① 판상구조(platy)
② 괴상구조(blocky)
③ 입상구조(granular)
④ 견파상구조(nutty)

40 소나무류의 잎솎기는 어느 때 하는 것이 가장 좋은가?

① 12월경 ② 2월경
③ 5월경 ④ 8월경

해설 소나무류 순지르기 : 4~5월경
소나무류 잎솎기 : 8월경

41 겨울철에 제설을 위하여 사용되는 해빙염(deicing salt)에 관한 설명으로 옳지 않은 것은?

① 염화칼슘이나 염화나트륨이 주로 사용된다.
② 장기적으로는 수목의 쇠락(decline)으로 이어진다.
③ 흔히 수목의 잎에는 괴사성 반점(점무늬)이 나타난다.
④ 일반적으로 상록수가 낙엽수보다 더 큰 피해를 입는다.

42 다음 ( )에 알맞은 것은?

"공사 목적물을 완성하기까지 필요로 하는 여러 가지 작업의 순서와 단계를 ( )(이)라고 한다. 가장 효과적으로 공사 목적물을 만들 수 있으며 시간을 단축시키고 비용을 절감할 수 있는 방법을 정할 수 있다."

① 공종 ② 검토
③ 시공 ④ 공정

36. ① 37. ① 38. ③ 39. ③ 40. ④
41. ③ 42. ④

43 토양수분 중 식물이 이용하는 형태로 가장 알맞은 것은?

① 결합수　② 자유수
③ 중력수　④ 모세관수

 토양수분

- 결합수(화합수) : 어떤 성분과 화학적으로 결합되어 있는 물
- 흡습수 : 토양입자 표면에 피막처럼 흡착되어 있는 물
- 모관수 : 흡습수의 둘레에 싸고 있는 물로 식물이 이용하는 형태, 토양공극 사이를 채우고 있는 수분으로 식물유효수분으로 pF(potential Force) 2.7~4.2 범위
- 중력수 : 중력에 의하여 자유롭게 흐르는 물, 지하수

44 콘크리트용 골재로서 요구되는 성질로 틀린 것은?

① 단단하고 치밀할 것
② 필요한 무게를 가질 것
③ 알의 모양은 둥글거나 입방체에 가까울 것
④ 골재의 낱알 크기가 균등하게 분포할 것

 골재는 잔 것과 굵은 것이 혼합된 것이 좋다.

45 지형을 표시하는데 가장 기본이 되는 등고선의 종류는?

① 조곡선　② 주곡선
③ 간곡선　④ 계곡선

46 축척이 1/5000인 지도상에서 구한 수평 면적이 $5cm^2$ 라면 지상에서의 실제면적은 얼마인가?

① $1250m^2$　② $12500m^2$
③ $2500m^2$　④ $25000m^2$

 $\frac{1}{5000}$ 지도상에서 1cm = 50m이므로 $1cm^2 = 2500m^2$ 이다. 따라서 $5cm^2$의 실제면적은 $5 \times 2500 = 12500$ m^2 이다.

47 용적 배합비 1 : 2 : 4 콘크리트 $1m^3$ 제작에 모래가 $0.45m^3$ 필요하다. 자갈은 몇 m^3 필요한가?

① $0.45m^3$　② $0.5m^3$
③ $0.90m^3$　④ $0.15m^3$

 1:2:4의 배합에서 순은 시멘트 : 모래 : 자갈로 자갈은 모래의 2배가 필요하다.

48 소나무류 가해 해충이 아닌 것은?

① 알락하늘소　② 솔잎혹파리
③ 솔수염하늘소　④ 솔나방

 알락하늘소 – 단풍나무, 버즘나무, 튤립나무, 벚나무 외에 많은 활엽수 가해한다.

49 다음 중 등고선의 성질에 관한 설명으로 옳지 않은 것은?

① 등고선 상에 있는 모든 점은 높이가 다르다.
② 등경사지는 등고선 간격이 같다.
③ 급경사지는 등고선의 간격이 좁고, 완경사지는 등고선 간격이 넓다.
④ 등고선은 도면의 안이나 밖에서 폐합되며 도중에 없어지지 않는다.

 등고선 상의 모든 점은 높이가 같다.

50 시멘트의 응결을 빠르게 하기 위하여 사용하는 혼화제는?

① 지연제　② 발포제
③ 급결제　④ 기포제

43. ④　44. ④　45. ②　46. ②　47. ③
48. ①　49. ①　50. ③

51 다음 중 방위각 150° 를 방위로 표시하면 어느 것인가?

① N 30° E ② S 30° E
③ S 30° W ④ N 30° W

 방위각은 진북선에서 시계방향으로 잰 각을 말하며, 이때 기준이 되는 북쪽은 진북, 도북, 자북이 있는데, 보통 자북방위각을 많이 사용한다. 시계를 예를 들어 설명하면, 12시 방향은 자북 즉 방위각 0°=360°, 3시 방향은 방위각 90°, 6시는 180°, 9시는 270°, 5시는 150°이다.

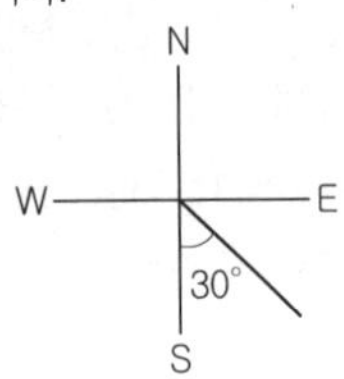

52 난지형 한국잔디의 발아적온으로 맞는 것은?

① 15~20℃ ② 20~23℃
③ 25~30℃ ④ 30~33℃

53 전정도구 중 주로 연하고 부드러운 가지나 수관 내부의 가늘고 약한 가지를 자를 때와 꽃꽂이를 할 때 흔히 사용하는 것은?

① 대형전정가위
② 순치기가위 또는 적심가위
③ 적화, 적과가위
④ 조형 전정가위

54 고속도로의 시선유도 식재는 주로 어떤 목적을 갖고 있는가?

① 위치를 알려준다.
② 침식을 방지한다.
③ 속력을 줄이게 한다.
④ 전방의 도로 형태를 알려준다.

 시선유도식재
- 주행과 관련된 식재
- 주행 중의 운전자가 도로선형변화를 미리 판단할 수 있도록 유도한다.

55 다음 중 여성토의 정의로 가장 알맞은 것은?

① 가라앉을 것을 예측하여 흙을 계획높이 보다 더 쌓는 것
② 중앙분리대에서 흙을 볼록하게 쌓아 올리는 것
③ 옹벽 앞에 계단처럼 콘크리트를 쳐서 옹벽을 보강하는 것
④ 잔디밭에서 잔디에 주기적으로 뿌려 뿌리가 노출되지 않도록 준비하는 토양

 여성고(여유분의 흙, 더돋기)
성토시에는 압축 및 침하에 의해 계획 높이보다 줄어들게 하는 것을 방지하고 계획높이를 유지하고자 실시하는 것, 대개 높이의 10% 미만이 적당하다.

56 다음 선의 종류와 선긋기의 내용이 잘못 짝지어진 것은?

① 파선 : 단면
② 가는 실선 : 수목인출선
③ 1점 쇄선 : 경계선
④ 2점 쇄선 : 중심선

 중심선 : 1점쇄선

57 다음 중 비탈면을 보호하는 방법으로 짧은 시간과 급경사 지역에 사용하는 시공방법은?

① 자연석 쌓기법
② 콘크리트 격자틀공법
③ 떼심기법
④ 종자뿜어 붙이기법

51. ② 52. ④ 53. ② 54. ④ 55. ①
56. ④ 57. ④

58 농약을 유효 주성분의 조성에 따라 분류한 것은?

① 입제 ② 훈증제
③ 유기인계 ④ 식물생장 조정제

농약제제

① 유효성분(원제) : 유기인계, 카바메이트계, 유기염소계, 황계, 동계 등으로 구분한다.
② 증량제 : 유효성분 희석약제
③ 보조제 : 증량(增量), 유화(乳化), 협력(協力) 등의 역할을 하는 전착제, 증량제, 유화제, 협력제 등이 있다.

59 이식한 수목의 줄기와 가지에 새끼로 수피감기하는 이유로 가장 거리가 먼 것은?

① 경관을 향상시킨다.
② 수피로부터 수분 증산을 억제한다.
③ 병해충의 침입을 막아준다.
④ 강한 태양광선으로부터 피해를 막아 준다.

60 다음 중 천적 등 방제대상이 아닌 곤충류에 가장 피해를 주기 쉬운 농약은?

① 훈증제 ② 전착제
③ 침투성 살충제 ④ 지속성 접촉

58. ③ 59. ① 60. ④

과년도 기출문제 | 2014년 4회(14.7.20 시행)

1 창경궁에 있는 통명전 지당의 설명으로 틀린 것은?

① 장방형으로 장대석으로 쌓은 석지이다.
② 무지개형 곡선 형태의 석교가 있다.
③ 괴석 2개와 앙련(仰蓮) 받침대석이 있다.
④ 물은 직선의 석구를 통해 지당에 유입된다.

해설 통명전 지당 (창경궁 후원에 위치)
- 정토사상배경의 지당(중도형방장지)
- 지당은 장방형으로 네벽을 장대석으로 쌓아올리고 석난간을 돌린 석지
- 지당의 석교는 무지개형 곡선형태이며, 속에는 석분에 심은 괴석3개와 기물을 받혔던 앙련 받침대석이 있음
- 수원의 북쪽 4.6m 거리에 지하수가 솟아나는 샘으로 이물은 직선의 석구(石溝)를 통해 지당 속 폭포로 떨어지게 됨

2 도면 작업에서 원의 반지름을 표시할 때 숫자 앞에 사용하는 기호는?

① ϕ ② D
③ R ④ $\varDelta$

3 짐을 운반하여야 한다. 다음 중 같은 크기의 짐을 어느 색으로 포장했을 때 가장 덜 무겁게 느껴지는 가?

① 다갈색 ② 크림색
③ 군청색 ④ 쥐색

해설 밝은색은 가볍게 느껴진다.

4 이탈리아 조경 양식에 대한 설명으로 틀린 것은?

① 별장이 구릉지에 위치하는 경우가 많아 정원의 주류는 노단식
② 노단과 노단은 계단과 경사로에 의해 연결
③ 축선을 강조하기 위해 원로의 교점이나 원점에 분수 등을 설치
④ 대표적인 정원으로는 베르사유 궁원

 베르사유 궁원은 프랑스정원으로 평면기하학식으로 만들어졌다.

5 다음 중 9세기 무렵에 일본 정원에 나타난 조경 양식은?

① 평정고산수양식 ② 침전조 양식
③ 다정양식 ④ 회유임천양식

6 조선시대 궁궐의 침전 후정에서 볼 수 있는 대표적인 것은?

① 자수화단(花壇)
② 비폭(飛瀑)
③ 경사지를 이용해서 만든 계단식의 노단
④ 정자수

7 조선시대 선비들이 즐겨 심고 가꾸었던 사절우(四節友)에 해당하는 식물이 아닌 것은?

① 난초 ② 대나무
③ 국화 ④ 매화나무

해설 사절우 : 유교적 배경으로 매화, 소나무, 국화, 대나무를 지칭한다.

1. ③ 2. ③ 3. ② 4. ④ 5. ② 6. ③ 7. ①

8 수도원 정원에서 원로의 교차점인 중정 중앙에 큰나무 한 그루를 심는 것을 뜻하는 것은?

① 파라다이소(Paradiso)
② 바(Bagh)
③ 트렐리스(Trellis)
④ 페리스틸리움(Peristylium)

9 위험을 알리는 표시에 가장 적합한 배색은?

① 흰색-노랑 ② 노랑-검정
③ 빨강-파랑 ④ 파랑-검정

10 다음 조경의 효과로 가장 부적합한 것은?

① 공기의 정화 ② 대기오염의 감소
③ 소음 차단 ④ 수질오염의 증가

11 물체의 앞이나 뒤에 화면을 놓은 것으로 생각하고, 시점에서 물체를 본 시선과 그 화면이 만나는 각점을 연결하여 물체를 그리는 투상법은?

① 사투상법 ② 투시도법
③ 정투상법 ④ 표고투상법

12 "물체의 실제 치수" 에 대한 "도면에 표시한 대상물"의 비를 의하는 용어는?

① 척도 ② 도면
③ 표제란 ④ 연각선

 축척(scale, 縮尺)은 지표상의 실제거리와 지도상에 나타낸 거리와의 비율을 말한다.

13 이격비의 "낙양원명기" 에서 원(園)을 가리키는 일반적인 호칭으로 사용되지 않은 것은?

① 원지 ② 원정
③ 별서 ④ 택원

14 수집된 자료를 종합한 후에 이를 바탕으로 개략적인 계획안을 결정하는 단계는?

① 목표설정 ② 기본구상
③ 기본설계 ④ 실시설계

15 스페인 정원의 특징과 관계가 먼 것은?

① 건물로서 완전히 둘러싸인 가운데 뜰 형태의 정원
② 정원의 중심부는 분수가 설치된 작은 연못 설치
③ 웅대한 스케일의 파티오 구조의 정원
④ 난대, 열대 수목이나 꽃나무를 화분에 심어 중요한 자리에 배치

 스페인의 정원인 patio식 휴먼 스케일(human scale)로 인간 기준의 척도를 가진다.

16 다음 중 녹나무과(科)로 봄에 가장 먼저 개화하는 수종은?

① 치자나무 ② 호랑가시나무
③ 생강나무 ④ 무궁화

17 다음 중 조경수목의 계절적 현상 설명으로 옳지 않은 것은?

① 싹틈 : 눈은 일반적으로 지난 해 여름에 형성되어 겨울을 나고 봄에 기온이 올라감에 따라 싹이 튼다.
② 개화 : 능소화, 무궁화, 배롱나무 등의 개화는 그 전년에 자란 가지에서 꽃눈이 분화하여 그 해에 개화한다.
③ 결실 : 결실량이 지나치게 많을 때에는 다음 해의 개화 결실이 부실해지므로 꽃이 진 후 열매를 적당히 솎아 준다.
④ 단풍 : 기온이 낮아짐에 따라 잎 속에서 생리적인 현상이 일어나 푸른 잎이 다홍색, 황색 또는 갈색으로 변하는 현상이다.

8. ①	9. ②	10. ④	11. ②	12. ①
13. ③	14. ②	15. ③	16. ③	17. ②

18 콘크리트용 혼화재료로 사용되는 고로슬래그 미분말에 대한 설명 중 틀린 것은?

① 고로슬래그 미분말을 사용한 콘크리트는 보통 콘크리트보다 콘크리트 내부의 세공경이 작아져 수밀성이 향상된다.

② 고로슬래그 미분말은 플라이애시나 실리카흄에 비해 포틀랜드시멘트와의 비중차가 작아 혼화재로 사용할 경우 혼합 및 분산성이 우수하다.

③ 고로슬래그 미분말을 혼화재로 사용한 콘크리트는 염화물이온 침투를 억제하여 철근부식 억제효과가 있다

④ 고로슬래그 미분말의 혼합률을 시멘트 중량에 대하여 70% 혼합한 경우 중성화 속도가 보통 콘크리트의 2배 정도로 감소된다.

 고로슬래그

- 선철의 제련시에 부산물로서 발생하는 고온용융상태의 고로슬래그를 물로 급냉처리한 고로수쇄슬래그를 건조 및 분쇄하여 제조하며, 급냉시켜 유리화한 것이기 때문에 반응성이 높아 고로시멘트용 슬래그나 시멘트·콘크리트용 혼화재료로 사용된다.
- 화학반응 : 고로슬래그 미분말은 그 자체는 경화하는 성질이 미약하나, 알칼리에 의해서 경화(잠재수경성)한다. 시멘트 수화생성물인 수산화칼슘과 황산염의 작용에 의해서 경화가 촉진되어 압축강도를 향상시킨다.
- 치환율(시멘트 대신 사용하는 혼화재의 중량비 %)에 의한 효과로서는 치환율을 크게 함으로써 발열속도가 저감되는 것과 함께 콘크리트의 온도상승이 억제된다.

19 다음 재료 중 연성(延性 : Ductility)이 가장 큰 것은?

① 금　② 철
③ 납　④ 구리

 연성 : 탄성한계를 넘는 힘을 가함으로써 물체가 파괴되지 않고 늘어나는 성질

20 콘크리트의 응결, 경화 조절의 목적으로 사용되는 혼화제에 대한 설명 중 틀린 것은?

① 콘크리트용 응결, 경화 조정제는 시멘트의 응결, 경화 속도를 촉진시키거나 지연시킬 목적으로 사용되는 혼화제이다.

② 촉진제는 그라우트에 의한 지수공법 및 뿜어붙이기 콘크리트에 사용된다.

③ 지연제는 조기 경화현상을 보이는 서중 콘크리트나 수송거리가 먼 레디믹스트 콘크리트에 사용된다.

④ 급결제를 사용한 콘크리트의 조기 강도증진은 매우 크나 장기강도는 일반적으로 떨어진다.

 촉진제는 콘크리트의 경화속도를 촉진시키기 위하여 사용되는 혼화제로 보통 염화칼슘이 사용된다.

21 크기가 지름 20~30cm 정도의 것이 크고 작은 알로 고루 고루 섞여져 있으며 형상이 고르지 못한 깬돌이라 설명하기도 하며, 큰 돌을 깨서 만드는 경우도 있어 주로 기초용으로 사용하는 석재의 분류명은?

① 산석　② 이면석
③ 잡석　④ 판석

- 산석 : 산이나 들에서 채집한 돌로 풍우에 의해 마모되고, 돌에 이끼가 끼어있어 관상가치가 있다.
- 야면석 : 모가 나지 않은 자연상태의 돌로 하천이나 산간에 산재하여 있는 돌로서 돌쌓기공사에 사용할 수 있는 정도로 큰 돌
- 판석 : 너비가 두께의 3배 이상, 두께가 15cm 미만의 돌

18. ④　19. ①　20. ②　21. ③

22 다음 괄호 안에 들어갈 용어로 맞게 연결된 것은?

> 외력을 받아 변형을 일으킬 때 이에 저항하는 성질로서 외력에 대한 변형을 적게 일으키는 재료는 (㉠)가(이) 큰 재료이다. 이것은 탄성계소와 관계가 있으나 (㉡)와(과)는 직접적인 관계가 없다.

① ㉠ 강도(strength), ㉡ 강성(stillness)
② ㉠ 강성(stillness), ㉡ 강도(strength)
③ ㉠ 인성(toughness), ㉡ 강성(stiliness)
④ ㉠ 인성(toughness), ㉡ 강도(strength)

23 조경용 포장재료는 보행자가 안전하고, 쾌적하게 보행할 수 있는 재료가 선정되어야 한다. 다음 선정기준 중 옳지 않은 것은?

① 내구성이 있고, 시공. 관리비가 저렴한 재료
② 재료의 질감, 색채가 아름다운 것
③ 재료의 표면 청소가 간단하고, 건조가 빠른 재료
④ 재료의 표면이 태양 광선의 반사가 많고, 보행시 자연스런 매끄러운 소재

24 다음 설명에 가장 적합한 수종은?

> • 교목으로 꽃이 화려하다.
> • 전정을 싫어하고 대기오염에 약하며, 토질을 가리는 결점이 있다.
> • 매우 다방면으로 이용되며, 열식 또는 군식으로 많이 식재된다.

① 왕벚나무　② 수양버들
③ 전나무　④ 벽오동

25 다음 설명하는 열경화수지는?

> • 강도가 우수하며, 베이클라이트를 만든다.
> • 내산성, 전기 절연성, 내약품성, 내수성이 좋다.
> • 내알칼리성이 약한 결점이 있다.
> • 내수합판, 접착제 용도로 사용된다.

① 요소계수지　② 메타아크릴수지
③ 염화비닐계수지　④ 페놀계수지

26 다음 중 곰솔(해송)에 대한 설명으로 옳지 않은 것은?

① 동아(冬芽)는 붉은 색이다.
② 수피는 흑갈색이다.
③ 해안지역의 평지에 많이 분포한다.
④ 줄기는 한해에 가지를 내는 층이 하나여서 나무의 나이를 짐작할 수 있다.

해설 소나무의 동아(冬芽 : 겨울눈)의 색은 붉은 색이나 곰솔은 회백색인 것이 특징이다.

27 목재를 연결하여 움직임이나 변형 등을 방지하고, 거푸집의 변형을 방지하는 철물로 사용하기 가장 부적합한 것은?

① 볼트, 너트　② 못
③ 꺾쇠　④ 리벳

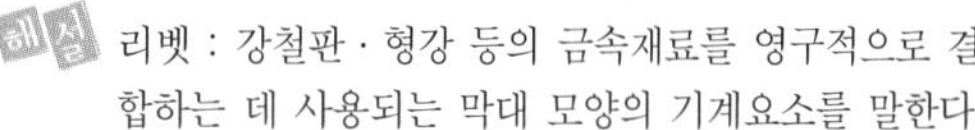
해설 리벳 : 강철판 · 형강 등의 금속재료를 영구적으로 결합하는 데 사용되는 막대 모양의 기계요소를 말한다.

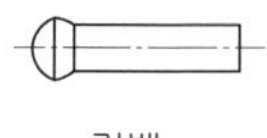

리벳

22. ②　23. ④　24. ①　25. ④　26. ①
27. ④

28 다음 중 합판에 관한 설명으로 틀린 것은?

① 합판을 베니어판이라 하고 베니어란 원래 목재를 얇게 한 것을 말하며, 이것을 단판이라고도 한다.
② 슬라이스트 베니어(Sliced veneer)는 끌로서 각목을 얇게 절단한 것으로 아름다운 결을 장식용으로 이용하기에 좋은 특징이 있다.
③ 합판의 종류에는 섬유판, 조각판, 적층판 및 강화적층재 등이 있다.
④ 합판의 특징은 동일한 원재로부터 많은 장목판과 나무결무늬판이 제조되며, 팽창 수축 등에 의한 결점이 없고 방향에 따른 강도 차이가 없다.

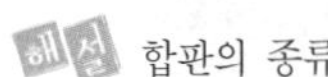

합판의 종류

특수합판	일반합판
· 약액처리합판 · 표면특수합판 · 삼재특수합판	· 국산재합판 · 나왕합판

29 한국의 전통조경 소재 중 하나로 자연의 모습이나 형상석으로 궁궐 후원 첨경물로 석분에 꽃을 심듯이 꽂거나 화계 등에 많이 도입되었던 경관석은?

① 각석 ② 괴석
③ 비석 ④ 수수분

30 자동차 배기가스에 강한 수목으로만 짝지어진 것은?

① 화백, 향나무
② 삼나무, 금목서
③ 자귀나무, 수수꽃다리
④ 산수국, 자목련

31 질량 113kg의 목재를 절대 건조시켜서 100kg으로 되었다면 전건량기준 함수율은?

① 0.13% ② 0.30%
③ 3.0% ④ 13.00%

해설 함수율 $= \dfrac{\text{습윤상태} - \text{절대건조상태}}{\text{절대건조상태}} \times 100(\%)$

$= \dfrac{113-100}{100} \times 100 = 13\%$

32 다음 중 은행나무의 설명으로 틀린 것은?

① 분류상 낙엽활엽수이다.
② 나무껍질은 회백색, 아래로 깊이 갈라진다.
③ 양수로 적윤지 토양에 생육이 적당하다.
④ 암수한그루이고 5월초에 잎과 꽃이 함께 개화한다.

해설 은행나무 : 낙엽침엽교목으로 잎에 의해서 분류된것이 아니라 나자식물(겉씨식물)에 속해 침엽수로 구분된다. 일반적으로 침엽수는 겉씨식물로 분류된다.

33 다음 중 플라스틱 제품의 특징으로 옳은 것은?

① 불에 강하다.
② 비교적 저온에서 가공성이 나쁘다.
③ 흡수성이 크고 투수성이 불량하다.
④ 내후성 및 내광성이 부족하다.

34 장미과(科) 식물이 아닌 것은?

① 피라칸다 ② 해당화
③ 아카시나무 ④ 왕벚나무

아까시나무는 콩과에 속한다.

28. ③ 29. ② 30. ① 31. ④ 32. ①
33. ④ 34. ③

35 골재의 표면수는 없고, 골재 내부에 빈틈이 없도록 물로 차 있는 상태는?

① 절대건조상태　② 기건상태
③ 습윤상태　④ 표면건조 포화상태

절대건조상태	골재립 내부의 공극에 포함되어 있는 물이 전부 제거된 상태를 절대 건조 상태
기건상태	기건상태 골재를 대기중에 방치하여 건조시킨 것으로 골재 입자의 내부에 약간 수분이 있는 상태
표면건조 포화상태	골재의 표면수는 없고, 골재 내부에 빈틈이 없도록 물로 차 있는 상태
습윤상태	내부가 수분으로 포화되어있고, 표면에도 수분이 부착되어 있는 상태

36 수목식재시 수목을 구덩이에 앉히고 난 후 흙을 넣는 데 수식(물죔)과 토식(흙죔)이 있다. 다음 중 토식을 실시하기에 적합하지 않은 수종은?

① 목련　② 전나무
③ 서향　④ 해송

- 수식(물조임) : 물을 사용하여 조임을 함
- 토식(흙조임) : 수분을 꺼리는 나무의 경우는 흙조임을 실시하며 건조한 곳에 사는 소나무, 향나무 등이 해당된다.

37 식물의 아래 잎에서 황화현상이 일어나고 심하면 잎 전면에 나타나며, 잎이 작지만 잎수가 감소하며 초본류의 초장이 작아지고 조기 낙엽이 비료결핍의 원인이라면 어느 비료 요소와 관련된 설명인가?

① P　② N
③ Mg　④ K

38 뿌리분의 크기를 구하는 식으로 가장 적합한 것은?

① 24+(N−3)×d　② 24+(N+3)÷d
③ 24−(n−3)+d　④ 24−(n−3)−d

39 제초제 1000ppm은 몇 %인가?

① 0.01%　② 0.1%
③ 1%　④ 10%

ppm(parts per million) = $\frac{1}{1,000,000}$ 을 나타내는 단위로 용액 100,0000g 에 들어있는 용질의 g수를 나타낸다. ppm값을 10,000으로 나누면 %(percentage)로 단위를 변환을 한다.
1,000÷10,000 = 0.1%

40 수목 외과 수술의 시공 순서로 옳은 것은?

① 동공 가장자리의 형성층 노출 ② 부패부 제거 ③ 표면 경화처리 ④ 동공 충진 ⑤ 방수처리 ⑥ 인공수피 처리 ⑦ 소독 및 방부처리

① ①−⑥−②−③−④−⑤−⑦
② ②−⑦−①−⑥−⑤−③−④
③ ①−②−③−④−⑤−⑥−⑦
④ ②−①−⑦−④−⑤−③−⑥

35. ④　36. ①　37. ②　38. ①　39. ②
40. ④

41 저온의 해를 받은 수목의 관리방법으로 적당하지 않은 것은?

① 멀칭
② 바람막이 설치
③ 강전정과 과다한 시비
④ wilt-pruf(시들음방지제) 살포

42 더운 여름 오후에 햇빛이 강하면 수간의 남서쪽 수피가 열에 의해서 피해(터지거나 갈라짐)를 받을 수 있는 현상을 무엇이라 하는가?

① 피소　　② 상렬
③ 조상　　④ 한상

 상렬, 조상, 한상 → 수목의 저온해에 대한 피해
- 상렬(霜裂) : 수액이 얼어 부피가 증대되어 수간의 외층이 냉각·수축하여 수선방향으로 갈라지는 현상으로 껍질과 수목의 수직적인 분리
- 만상(晩霜, spring forst) : 이른 봄 서리로 인한 수목의 피해
- 한상(寒傷, chilling damage) : 열대 식물이 한랭으로 식물체내 결빙은 없으나 생활기능이 장해를 받아 죽음에 이르는 것

43 다음 중 재료의 할증률이 다른 것은?

① 목재(각재)　　② 시멘트벽돌
③ 원형철근　　④ 합판(일반용)

해설 ① 목재(각재) : 5%,　② 시멘트벽돌 : 5%,
③ 원형철근 : 5%,　④ 합판(일반용) : 3%

44 소형고압블록 포장의 시공방법에 대한 설명으로 옳은 것은?

① 차도용은 보도용에 비해 얇은 두께 6cm의 블록을 사용한다.
② 지반이 약하거나 이용도가 높은 곳은 지반위에 잡석으로만 보강한다.
③ 블록 깔기가 끝나면 반드시 진동기를 사용해 바닥을 고르게 마감한다.
④ 블록의 최종 높이는 경계석보다 조금 높아야 한다.

 소형고압블록 포장시 차도용은 8cm, 보도용은 6cm 블록을 사용하며 지반이 약하거나 이용도가 높은 곳은 잡석과 콘크리트로 보강하며 블록의 최종높이는 경계석과 같게 한다.

45 식물이 필요로 하는 양분요소 중 미량원소로 옳은 것은?

① O　　② K
③ Fe　　④ S

 다량원소와 미량원소

다량원소	N, P, K, Ca, S. Mg
미량원소	Mn, Zn, B, Cu, Fe, Mo, Cl

46 2개 이상의 기둥을 합쳐서 1개의 기초로 받치는 것은?

① 줄기초　　② 독립기초
③ 복합기초　　④ 연속기초

 기초 (基礎, foundation) :기둥, 벽, 토대 및 동바리 등으로부터의 하중을 지반 또는 터다지기에 전하기 위해 두는 구조 부분을 말하며 독립기초, 줄기초, 복합기초, 온통기초 등으로 구분된다.
- 줄기초 : 연속기초라고도 하며 담장의 기초와 같이 길이로 길게 받치는 구조를 말한다.
- 독립기초 : 기둥 바로 밑에 설치된 가장 경제적인 기초이고, 부등침하(不等沈下) 및 이동을 막기 위하여 기초보로 연결하는 구조를 말한다.
- 온통기초 : 건축물의 전면 또는 광범위한 부분에 걸쳐서 기초 슬래브를 두는 경우의 기초를 말한다.

41. ③ 42. ① 43. ④ 44. ③ 45. ③ 46. ③

47 다음 중 평판측량에 사용되는 기구가 아닌 것은?

① 평판 ② 삼각대
③ 레벨 ④ 엘리데이드

해설 레벨 : 수준측량에 사용되는 기구를 말한다.

48 진딧물이나 깍지벌레의 분비물에 곰팡이가 감염되어 발생하는 병은?

① 흰가루병 ② 녹병
③ 잿빛곰팡이병 ④ 그을음병

해설 그을음병
진딧물이나 깍지벌레 등의 흡즙성 해충이 배설한 분비물을 이용해서 병균이 자라며, 잎이나 가지, 줄기를 덮어서 광합성을 방해하고 미관을 해친다.

49 콘크리트 혼화제 중 내구성 및 워커빌리티(workbility)를 향상시키는 것은?

① 감수제 ② 경화촉진제
③ 지연제 ④ 방수제

해설 혼화제 부연설명
① 감수제 : 시멘트입자가 분산하여 유동성이 많아지고 골재분리가 적으며 강도, 수밀성, 내구성이 증대해 워커빌러티가 증대
② 응결경화촉진제 : 초기강도 증가, 한중콘크리트에 사용, 염화칼슘 사용
③ 지연제 : 수화반응을 지연시켜 응결시간을 늦춤
④ 방수제 : 수밀성을 증진할 목적으로 사용

50 해충의 방제방법 중 기계적 방제에 해당되지 않는 것은?

① 포살법 ② 진동법
③ 경운법 ④ 온도처리법

해설 기계적방제 : 해충을 손이나 간단한 기계를 이용하여 직접·간접으로 죽이거나 정상적인 생리작용을 저해하는 방제방법을 말한다.

51 철재시설물의 손상부분을 점검하는 항목으로 가장 부적합한 것은?

① 용접 등의 접합부분
② 충격에 비틀린 곳
③ 부식된 곳
④ 침하된 것

52 기초 토공사비 산출을 위한 공정이 아닌 것은?

① 터파기 ② 되메우기
③ 정원석 놓기 ④ 잔토처리

53 공정 관리기법 중 횡선식 공정표(bar-chart)의 장점에 해당하는 것은?

① 신뢰도가 높으며 전자계산기의 이용이 가능하다.
② 각 공종별의 착수 및 종료일이 명시되어 있어 판단이 용이하다.
③ 바나나 모양의 곡선으로 작성하기 쉽다.
④ 상호관계가 명확하며, 주 공정선의 밑에는 현장인원의 중점배치가 가능하다.

해설 횡선식공정표의 장·단점

구분	내용
장 점	· 공정별 공사와 전체의 공정시기 등에 일목요연하다. · 공정별 공사의 착수·완료일이 명시되어 판단이 용이하다. · 공정표가 단순하여 경험이 적은 사람도 이해가 쉽다.
단 점	· 작업간에 관계가 명확하지 않다. · 작업상황이 변동되었을 때 탄력성이 없다.
용 도	소규모 간단한 공사, 시급을 요하는 긴급한 공사에 사용된다.

47. ③ 48. ④ 49. ① 50. ④ 51. ④
52. ③ 53. ②

54 다음 중 시방서에 포함되어야 할 내용으로 가장 부적합한 것은?

① 재료의 종류 및 품질
② 시공방법의 정도
③ 재료 및 시공에 대한 검사
④ 계약서를 포함한 계약 내역서

55 토양의 변화에서 체적비(변화율)는 L과 C로 나타낸다. 다음 설명 중 옳지 않은 것은?

① L값은 경암보다 모래가 더 크다.
② C는 다져진 상태의 토량과 자연상태의 토량의 비율이다.
③ 성토, 절토 및 사토량의 산정은 자연상태의 양을 기준으로 한다.
④ L은 흐트러진 상태의 토량과 자연상태의 토량의 비율이다.

- 자연상태토량기준으로 L값은 흐트러진 상태, C값은 다져진 상태를 말하며 변화율은 C < 자연상 상태 < L 순이다.
- 토량의 증가율 $L = \frac{\text{흐트러진상태의토량m}^3}{\text{자연상태의토량m}^3}$,

  토량의 감소율 $C = \frac{\text{다져진상태의토량m}^3}{\text{자연상태의토량m}^3}$
- 부피증가율은 경암이 모래보다 체적변화율이 더 크다.

토 질		부피증가율
모 래		보통 15~20%
자 갈		5~15%
진 흙		20~45%
모래, 점토, 자갈, 혼합물		30%
암석	연암	25~60
	경암	70~90

56 콘크리트 $1m^3$에 소요되는 재료의 양으로 계량하여 1:2:4 또는 1:3:6 등의 배합 비율로 표시하는 배합을 무엇이라 하는가?

① 표준계량 배합 ② 용적배합
③ 중량배합 ④ 시험중량배합

57 조경식재 공사에서 뿌리돌림의 목적으로 가장 부적합한 것은?

① 뿌리분을 크게 만들려고
② 이식 후 활착을 돕기 위해
③ 잔뿌리의 신생과 신장도모
④ 뿌리 일부를 절단 또는 각피하여 잔뿌리 발생촉진

 뿌리돌림의 목적

- 수목의 지하부(뿌리)와 지상부의 균형유지
- 뿌리의 노화현상 방지
- 아랫가지의 발육 및 꽃눈의 수를 늘림
- 수목의 도장 억제

58 조경공사의 시공자 전정방법 중 일반 공개경쟁입찰방식에 관한 설명으로 옳은 것은?

① 예정가격을 비공개로 하고 견적서를 제출하여 경쟁입찰에 단독으로 참가하는 방식
② 계약의 목적, 성질 등에 따라 참가자의 자격을 제한하는 방식
③ 신문, 게시 등의 방법을 통하여 다수의 희망자가 경재에 참가하여 가장 유리한 조건을 제시한 자를 전정하는 방식
④ 공사 설계서와 시공도서를 작성하여 입찰서와 함께 제출하여 입찰하는 방식

54. ④ 55. ① 56. ② 57. ① 58. ③

59 농약의 사용목적에 따른 분류 중 응애류에만 효과가 있는 것은?

① 살충제 ② 살균제
③ 살비제 ④ 살초제

 농약의 사용목적에 따라 분류

살균제	· 병을 일으키는 곰팡이와 세균을 구제하기 위한 약 · 직접살균제, 종자소독제, 토양소독제, 과실방부제 등
살충제	· 해충을 구제하기 위한 약 · 소화중독제, 접촉독제, 침투이행성살충제 등
살비제	· 곤충에 대한 살충력은 없으며 응애류에 대해 효력
제초제	· 잡초방제 · 선택성과 비선택성

60 "느티나무 10주에 600,000원, 조경공 1인과 보통공 2인이 하루에 식재한다."라고 가정할 때 느티나무 1주를 식재할 때 소요되는 비용은? (단, 조경공 노임은 60,000원/일, 보통공 40,000원/일 이다)

① 68,000원 ② 70,000원
③ 72,000원 ④ 74,000원

 ① 하루 소요 비용
= 600,000+(60,000×1.0)+(40,000×2.0)
= 740,000 → 10주 식재 비용
② 1주당 식재 비용 = 740,000÷10 = 74,000원

59. ③ 60. ④

과년도 기출문제 | 2015년 1회(15.1.25 시행)

1 다음 중 19세기 서양의 조경에 대한 설명으로 틀린 것은?

① 1899년 미국 조경가협회(ASLA)가 창립되었다.
② 19세기 말 조경은 토목공학기술에 영향을 받았다.
③ 19세기 말 조경은 전위적인 예술에 영향을 받았다.
④ 19세기 초에 도시문제와 환경문제에 관한 법률이 제정되었다.

2 다음 이슬람 정원 중 『알함브라 궁전』에 없는 것은?

① 알베르카 중정
② 사자의 중정
③ 사이프레스의 중정
④ 헤네랄리페 중정

 알함브라 궁전에는 알베르카의 중정, 레하의 중정, 사자의 중정, 다라하의 중정이 있다.

3 브라운파의 정원을 비판하였으며 큐가든에 중국식 건물, 탑을 도입한 사람은?

① Richard Steele
② Joseph Addison
③ Alexander Pope
④ William Chambers

 윌리암 챔버(William Chambers)
큐가든에 중국식 건물, 탑을 세웠다. 브라운파의 정원을 비판하였으며, 동양정원론(A Dissertation on oriental Gardening)을 출판해 중국정원을 소개하였다.

4 고대 그리스에서 청년들이 체육 훈련을 하는 자리로 만들어졌던 것은?

① 페리스틸리움　② 지스터스
③ 짐나지움　④ 보스코

5 조경계획 과정에서 자연환경 분석의 요인이 아닌 것은?

① 기후　② 지형
③ 식물　④ 역사성

해설 역사성은 인문 · 사회환경분석의 요인이다.

6 제도에서 사용되는 물체의 중심선, 절단선, 경계선 등을 표시하는데 가장 적합한 선은?

① 실선　② 파선
③ 1점쇄선　④ 2점쇄선

7 조선시대 중엽 이후 풍수설에 따라 주택조경에서 새로이 중요한 부분으로 강조된 것은?

① 앞뜰(前庭)　② 가운데뜰(中庭)
③ 뒤뜰(後庭)　④ 안뜰(主庭)

해설 조선시대에는 풍수지리설에 의해 뒤뜰, 즉 후원식이 자리잡게 되었다.

8 다음 중 정신 집중으로 요구하는 사무공간에 어울리는 색은?

① 빨강　② 노랑
③ 난색　④ 한색

1. ④ 2. ④ 3. ④ 4. ③ 5. ④ 6. ③
7. ③ 8. ④

9 조경계획 및 설계에 있어서 몇가지의 대안을 만들어 각 대안의 장·단점을 비교한 후에 최종안으로 결정하는 단계는?

① 기본구상 ② 기본계획
③ 기본설계 ④ 실시설계

 기본구상 및 대안작성의 부연설명

- 계획안에 대한 물리적, 공간적 윤곽이 드러나기 시작
- 프로그램에 제시된 문제 해결 위한 구체적 계획개념 도출
- 버블 다이어그램(diagram) 으로 표현됨
- 대안작성(기본적인 측면에서 상이한 안을 만드는 것이 바람직)

10 다음 중 스페인의 파티오(patio)에서 가장 중요한 구성 요소는?

① 물 ② 원색의 꽃
③ 색채타일 ④ 짙은 녹음

11 보르 뷔 콩트(Vaux-le-Vicomte) 정원과 가장 관련 있는 양식은?

① 노단식 ② 평면기하학식
③ 절충식 ④ 자연풍경식

 프랑스의 보르 뷔 콩트 정원은 르 노트르의 출세작으로 최초의 평면기하학식정원이다.

12 다음 중 『면적대비』의 특징 설명으로 틀린 것은?

① 면적의 크기에 따라 명도와 채도가 다르게 보인다.
② 면적의 크고 작음에 따라 색이 다르게 보이는 현상이다.
③ 면적이 작은 색은 실제보다 명도와 채도가 낮아져 보인다.
④ 동일한 색이라도 면적이 커지면 어둡고 칙칙해 보인다.

 면적대비(面積對比, area contrast)

- 동일한 색이라 하더라도 면적에 따라서 채도와 명도가 달라 보이는 현상
- 면적이 커지면 명도와 채도가 증가하고 반대로 작아지면 명도와 채도가 낮아지는 현상이다. 반사율과 흡수율에 따라서 차이가 있을 수 있다.

13 정토사상과 신선사상을 바탕으로 불교 선사상의 직접적 영향을 받아 극도의 상징성(자연석이나 모래 등으로 산수자연을 상징)으로 조성된 14~15세기 일본의 정원양식은?

① 중정식 정원
② 고산수식 정원
③ 전원풍경식 정원
④ 다정식 정원

 일본의 고산수식 정원

물을 사용하지 않고, 돌과 모래를 사용하여 물을 상징적으로 표현한 정원으로 극도의 추상적인 조영수법으로 암석은 폭포나 섬을 형상화하거나 동물의 움직임으로 나타냈고 모래무늬로 물의 흐름 또는 바다를 형상화하였다. 축산고산수와 평정고산수로 구분한다.

14 다음 중 추위에 견디는 힘과 짧은 예취에 견디는 힘이 강하며, 골프장의 그린을 조성하기에 가장 적합한 잔디의 종류는?

① 들잔디 ② 벤트그래스
③ 버뮤다그래스 ④ 라이그래스

15 조경설계기준상의 조경시설로서 음수대의 배치, 구조 및 규격에 대한 설명이 틀린 것은?

① 설치위치는 가능하면 포장지역 보다는 녹지에 배치하여 자연스럽게 지반면보다 낮게 설치한다.
② 관광지·공원 등에는 설계대상 공간의 성격과 이용특성 등을 고려하여 필요한 곳에 음수대를 배치한다.
③ 지수전과 제수밸브 등 필요시설을 적정 위치에 제 기능을 충족시키도록 설계한다.
④ 겨울철의 동파를 막기 위한 보온용 설비와 퇴수용 설비를 반영한다.

 음수대의 배치는 관광지·공원 등에는 설계대상 공간의 성격과 이용특성 등을 고려하여 필요한 곳에 음수대를 배치하며, 녹지에 접한 포장부위에 배치한다.

9. ① 10. ① 11. ② 12. ④ 13. ② 14. ②
15. ①

16 다음 중 아스팔트의 일반적인 특성 설명으로 옳지 않은 것은?

① 비교적 경제적이다.
② 점성과 감온성을 가지고 있다.
③ 물에 용해되고 투수성이 좋아 포장재로 적합하지 않다.
④ 점착성이 크고 부착성이 좋기 때문에 결합재료, 접착재료로 사용한다.

17 타일의 동해를 방지하기 위한 방법으로 옳지 않은 것은?

① 붙임용 모르타르의 배합비를 좋게 한다.
② 타일은 소성온도가 높은 것을 사용한다.
③ 줄눈 누름을 충분히 하여 빗물의 침투를 방지한다.
④ 타일은 흡수성이 높은 것일수록 잘 밀착됨으로 방지효과가 있다.

18 회양목의 설명으로 틀린 것은?

① 낙엽활엽관목이다.
② 잎은 두껍고 타원형이다.
③ 3~4월경에 꽃이 연한 황색으로 핀다.
④ 열매는 삭과로 달걀형이며, 털이 없으며 갈색으로 9~10월경에 성숙한다.

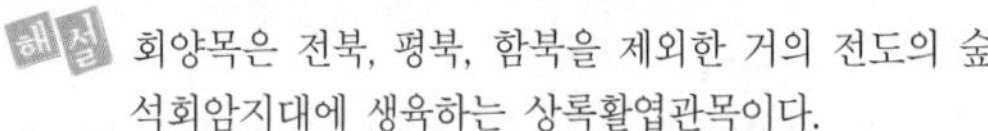
해설 회양목은 전북, 평북, 함북을 제외한 거의 전도의 숲 석회암지대에 생육하는 상록활엽관목이다.

19 다음 중 아황산가스에 견디는 힘이 가장 약한 수종은?

① 삼나무 ② 편백
③ 플라타너스 ④ 사철나무

20 다음 중 조경수목의 생장 속도가 느린 것은?

① 모과나무 ② 메타세쿼이어
③ 백합나무 ④ 개나리

21 목재가공 작업 과정 중 소지조정, 눈막이(눈메꿈), 샌딩실러 등은 무엇을 하기 위한 것인가?

① 도장 ② 연마
③ 접착 ④ 오버레이

해설 목재관련 도료

- 샌딩실러(sanding sealer) : 목재에 투명 락카 도장을 할 때 중도에 적합한 액상, 반투명, 휘발건조성의 도료로, 주요 도막 형성 요소로 하여 자연 건조되어 연마하기 쉬운 도막을 형성
- 소지조정(surface preparation, pretreatment) : 기름빼기, 녹제거, 구멍메꾸기 등 하도를 하기 위한 준비 작업으로서 소지(도장소재의 표면)에 대하여 하는 전처리
- 눈막이(눈메꿈) : 바탕을 고르게 해주는 공정

22 다음 중 미선나무에 대한 설명으로 옳은 것은?

① 열매는 부채 모양이다.
② 꽃색은 노란색으로 향기가 있다.
③ 상록활엽교목으로 산야에서 흔히 볼 수 있다.
④ 원산지는 중국이며 세계적으로 여러 종이 존재한다.

해설 미선나무

- 물푸레나무과에 속하는 낙엽활엽관목이다.
- 우리나라에서만 자라는 한국 특산식물이며, 미선나무의 이름은 한자어 '尾扇'에서 유래하며, 열매가 둥근부채를 닮아 미선나무라고 부른다.
- 3월에 잎보다 꽃이 먼저개화하며, 개나리꽃모양의 흰색 꽃은 향기가 뛰어나다.

23 조경 재료는 식물재료와 인공재료로 구분된다. 다음 중 식물재료의 특징으로 옳지 않은 것은?

① 생장과 번식을 계속하는 연속성이 있다.
② 생물로서 생명 활동을 하는 자연성을 지니고 있다.
③ 계절적으로 다양하게 변화함으로써 주변과의 조화성을 가진다.
④ 기후변화와 더불어 생태계에 영향을 주지 못한다.

16. ③ 17. ④ 18. ① 19. ① 20. ① 21. ①
22. ① 23. ④

24 친환경적 생태하천에 호안을 복구하고자 할 때 생물의 종다양성과 자연성 향상을 위해 이용되는 소재로 가장 부적합한 것은?

① 섶단　② 소형고압블럭
③ 돌망태　④ 야자롤

 소형고압블럭은 포장재료이다.

25 토피어리(topiary)란?

① 분수의 일종　② 형상수(形狀樹)
③ 조각된 정원석　④ 휴게용 그늘막

 토피어리는 식물로 모형을 만드는 것으로 형상수라고 한다.

그림. 토피어리

26 시멘트의 성질 및 특성에 대한 설명으로 틀린 것은?

① 분말도는 일반적으로 비표면적으로 표시한다.
② 강도시험은 시멘트 페이스트 강도시험으로 측정한다.
③ 응결이란 시멘트 풀이 유동성과 점성을 상실하고 고화하는 현상을 말한다.
④ 풍화란 시멘트가 공기 중의 수분 및 이산화탄소와 반응하여 가벼운 수화반응을 일으키는 것을 말한다.

27 100cm×100cm×5cm 크기의 화강석 판석의 중량은? (단, 화강석의 비중 기준은 2.56ton / m^3 이다.)

① 128kg　② 12.8kg
③ 195kg　④ 19.5kg

해설 1.0m×1.0m×0.05m×2,560kg/m^3 = 128kg

28 가죽나무(가중나무)와 물푸레나무에 대한 설명으로 옳은 것은?

① 가중나무와 물푸레나무 모두 물푸레나무과(科)이다.
② 잎 특성은 가중나무는 복엽이고 물푸레나무는 단엽이다.
③ 열매 특성은 가중나무와 물푸레나무 모두 날개 모양의 시과이다.
④ 꽃 특성은 가중나무와 물푸레나무 모두 한 꽃에 암술과 수술이 함께 있는 양성화이다.

	가죽나무(가중나무)	물푸레나무
과	소태나무과 낙엽활엽교목	물푸레나무과 낙엽활엽교목
잎	잎은 대생하고 13~25개의 소엽으로 된 우상복엽	잎은 마주나고 소엽으로 기수1회우상복엽
열매	시과(날개모양)	시과(날개모양)
꽃	꽃은 2가화(二家花), 원추화서로 6~7월에 녹색이 도는 흰색의 작은 꽃이 핀다.	꽃은 2가화이지만 양성화도 있다. 4-5월에 새 가지 끝이나 잎겨드랑이에 원추화서이다.

29 암석은 그 성인(成因)에 따라 대별되는데 편마암, 대리석등은 어느 암으로 분류 되는가?

① 수성암　② 화성암
③ 변성암　④ 석회질암

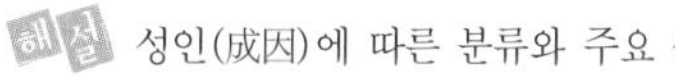 성인(成因)에 따른 분류와 주요 석재

화성암	화강암, 섬록암, 안산암, 현무암 등
수성암(퇴적암)	응회암, 사암, 혈암, 점판암, 석회암 등
변성암	편마암, 점판암, 편암, 대리석, 사문암 등

30 소철과 은행나무의 공통점으로 옳은 것은?

① 속씨식물　② 자웅이주
③ 낙엽침엽교목　④ 우리나라 자생식물

 자웅이주
종자식물에서 암수의 생식기관 및 생식세포가 다른 개체에 생기는 현상으로 암수딴그루라고도 한다.

24. ②　25. ②　26. ②　27. ①　28. ③　29. ③　30. ②

31 가연성 도료의 보관 및 장소에 대한 설명 중 틀린 것은?

① 직사광선을 피하고 환기를 억제한다.
② 소방 및 위험물 취급 관련 규정에 따른다.
③ 건물 내 일부에 수용할 때에는 방화구조적인 방을 선택한다.
④ 주위 건물에서 격리된 독립된 건물에 보관하는 것이 좋다.

 가연성도료 보관장소는 직사광선을 피하고 환기가 잘 되어야 한다.

32 화성암은 산성암, 중성암, 염기성암으로 분류가 되는데, 이 때 분류 기준이 되는 것은?

① 규산의 함유량
② 석영의 함유량
③ 장석의 함유량
④ 각섬석의 함유량

 화성암은 조직에 따라 화산암, 반심성암, 심성암으로 구분하고 구성성분(이산화규소 SiO_2, silicic acid)에 따라 산성암, 중성암, 염기성암으로 분류된다.

33 다음 수목들은 어떤 산림대에 해당되는가?

잣나무, 전나무, 주목, 가문비나무, 분비나무, 잎갈나무, 종비나무

① 난대림　② 온대 중부림
③ 온대 북부림　④ 한 대림

34 백색계통의 꽃을 감상할 수 있는 수종은?

① 개나리　② 이팝나무
③ 산수유　④ 맥문동

 이팝나무는 물푸레나무과 낙엽활엽교목으로 5~6월에 백색꽃이 개화한다.

35 목재 방부제로서의 크레오소트 유(creosote 油)에 관한 설명으로 틀린 것은?

① 휘발성이다.
② 살균력이 강하다.
③ 페인트 도장이 곤란하다.
④ 물에 용해되지 않는다.

 크레오소트유(creosote)
콜타르(coal tar)에서 얻어진 검고 짙은 증류액으로 물보다 무겁고 125~200°C 범위의 연속적 비점을 갖는다. 목재의 유상 방부제로 사용되어 왔으며 철도침목 등 토양과 접촉하는 목재에 사용한다.

36 다음 중 순공사원가에 속하지 않는 것은?

① 재료비　② 경비
③ 노무비　④ 일반관리비

37 시공관리의 3대 목적이 아닌 것은?

① 원가관리　② 노무관리
③ 공정관리　④ 품질관리

 시공관리 3대 목적

구분	내용
공정관리	시공계획에 입각하여 합리적이고 경제적인 공정을 결정
품질관리	설계도서에 규정된 품질에 일치하고 안정되어 있음을 보증
원가관리	공사를 경제적으로 시공하기 위해 재료비, 노무비, 그 밖의 현장경비를 기록, 통합하고 분석하는 회계절차

31. ①　32. ①　33. ④　34. ②　35. ①　36. ④
37. ②

38 다음 중 굵은 가지 절단 시 제거하지 말아야 하는 부위는?

① 목질부　　② 지피융기선
③ 지륭　　④ 피목

지륭이란 가지밑살이라고도 부르며 가지를 지탱하기 위해 줄기조직으로부터 자라 나온 가지의 하단부에 있는 약간 부어오른 듯한 불룩한 조직을 말한다. 나무는 대부분 지륭 안에 가지 보호대(保護帶, Branch protection zone)라고 부르는 독특한 화학적 방어층을 가지고 있는데 이 보호대는 가지를 잘랐을 때 외부에서 부후균이 줄기 내로 침입, 확산하는 것을 억제하는 화학물질을 함유하고 있다. 따라서 굵은가지 절단시 제거하지 말아야한다.

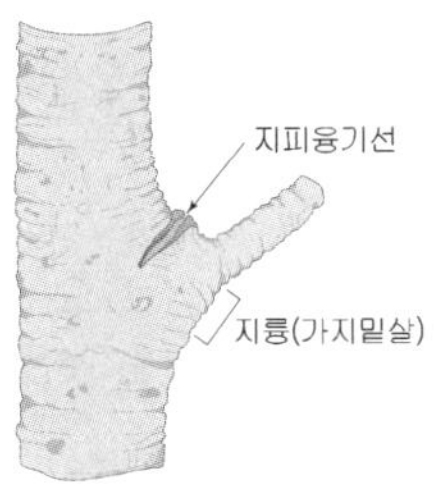

39 다음 중 L형 측구의 팽창줄눈 설치시 지수판의 간격은?

① 20m 이내　　② 25m 이내
③ 30m 이내　　④ 35m 이내

40 농약은 라벨과 뚜껑의 색으로 구분하여 표기하고 있는데, 다음 중 연결이 바른 것은?

① 제초제 - 노란색　　② 살균제 - 녹색
③ 살충제 - 파란색　　④ 생장조절제 - 흰색

방제대상별 농약포장지 색
- 살균제 - 분홍색　　· 살충제 - 초록색
- 제초제 - 노랑색　　· 생장조절제 - 파랑색(청색)

41 다음 중 토사붕괴의 예방대책으로 틀린 것은?

① 지하수위를 높인다.
② 적절한 경사면의 기울기를 계획한다.
③ 활동할 가능성이 있는 토석은 제거하여야 한다.
④ 말뚝(강관, H형강, 철근 콘크리트)을 타입하여 지반을 강화시킨다.

해설 토사붕괴 예방대책으로는 배수가 잘되게 하여 지하수위를 낮춘다.

42 근원직경이 18cm 나무의 뿌리분을 만들려고 한다. 다음 식을 이용하여 소나무 뿌리분의 지름을 계산하면 얼마인가? (단, 공식 24 + (N−3) × d, d는 상록수 4, 활엽수 5이다.)

① 80cm　　② 82cm
③ 84cm　　④ 86cm

뿌리분의 지름 = 24+(N−3)×d
= 24+(18−3)×4= 84cm

43 다음 그림과 같이 측량을 하여 각 측점의 높이를 측정하였다. 절토량 및 성토량이 균형을 이루는 계획고는?

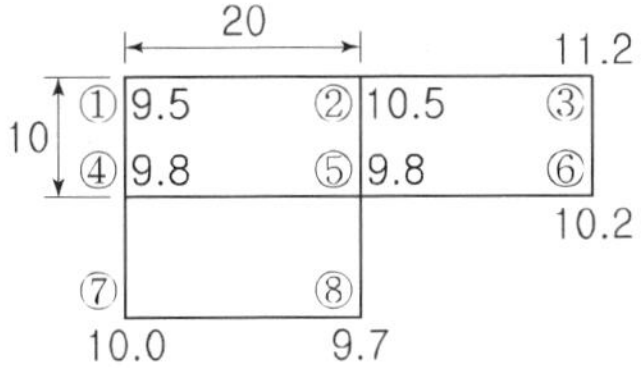

① 9.59m　　② 9.95m
③ 10.05m　　④ 10.50m

$V(체적) = \frac{A}{4}(\Sigma h1 + 2\Sigma h2 + 3\Sigma h3 + 4\Sigma h4)$

여기서, A : 수평단면적(사각형 1개 면적)

h_1, h_2, h_3, h_4 : 각 점의 수직고 (꼭지점이 면과 맞닿는 개수)

$\Sigma h_1 = 9.5+11.2+10.2+10.0+9.7=50.6$

$\Sigma h_2 = 10.5 + 9.8 = 20.3$

$\Sigma h_3 = 9.8$

체적 $\frac{20\times10}{4}(50.6\times20.3\times9.8)=6030m^3$

절토량 및 성토량이 균형을 이루는 계획고

$= \frac{총성토량}{부지면적} = \frac{6,030}{600} = 10.05m$

38. ③ 39. ① 40. ① 41. ① 42. ③ 43. ③

44 일반적인 공사 수량 산출 방법으로 가장 적합한 것은?

① 중복이 되지 않게 세분화 한다.
② 수직방향에서 수평방향으로 한다.
③ 외부에서 내부로 한다.
④ 작은 곳에서 큰 곳으로 한다.

45 목재 시설물에 대한 특징 및 관리 등의 설명으로 틀린 것은?

① 감촉이 좋고 외관이 아름답다.
② 철재보다 부패하기 쉽고 잘 갈라진다.
③ 정기적인 보수와 칠을 해주어야 한다.
④ 저온 때 충격에 의한 파손이 우려된다.

46 병의 발생에 필요한 3가지 요인을 정량화하여 삼각형의 각 변으로 표시하고 이들 상호관계에 의한 삼각형의 면적을 발병량으로 나타내는 것을 병삼각형이라 한다. 여기에 포함되지 않는 것은?

① 병원체　② 환경
③ 기주　④ 저항성

병발생의 3가지 요인은 병원체(주인), 수목(기주), 환경(유인)에 포함된다.

47 살비제(acaricide)란 어떤 약제를 말하는가?

① 선충을 방제하기 위하여 사용하는 약제
② 나방류를 방제하기 위하여 사용하는 약제
③ 응애류를 방제하기 위하여 사용하는 약제
④ 병균이 식물체에 침투하는 것을 방지하는 약제

48 식물의 주요한 표징 중 병원체의 영양기관에 의한 것이 아닌 것은?

① 균사　② 균핵
③ 포자　④ 자좌

식물병원균은 포자나 균핵 또는 여러 종류의 월동기관을 형성하여 불리한 환경으로부터 개체를 보존하려고 하며, 또 다른 병원체는 좌자(stomata)라는 휴면체를 만들어 지표잔존물, 토양 속에서 월동을 한다.

49 다음 중 한국잔디류에 가장 많이 발생하는 병은?

① 녹병　② 탄저병
③ 설부병　④ 브라운 패치

50 20L 들이 분부기 한통에 1000배액의 농약 용액을 만들고자 할 때 필요한 농약의 약량은?

① 10mℓ　② 20mℓ
③ 30mℓ　④ 50mℓ

$$소요약량(배액살포) = \frac{총사용량}{사용희석배수}$$

$$\frac{20L}{1000} = 0.02L \rightarrow (1L = 1{,}000m\ell)\ 20m\ell$$

51 일반적인 식물간 양료 요구도(비옥도)가 높은 것부터 차례로 나열 된 것은?

① 활엽수 > 유실수 > 소나무류 > 침엽수
② 유실수 > 침엽수 > 활엽수 > 소나무류
③ 유실수 > 활엽수 > 침엽수 > 소나무류
④ 소나무류 > 침엽수 > 유실수 > 활엽수

52 석재판(板石) 붙이기 시공법이 아닌 것은?

① 습식공법　② 건식공법
③ FRP공법　④ GPC공법

해설 석재판 붙이기 시공법
- 습식공법 : 타일처럼 석재판 뒷면에 몰탈을 채워 벽체 붙이는 방법
- 건식공법 : 붙일 때 각관(사각 스틸 파이프)으로 틀을 만들어 콘크리트 벽체에 고정시킨 뒤 앵글과 볼트로 석재판을 붙이는 것
- GPC(granite veneer precast concrete)공법 : 석공사 시공법 중 한가지로써, 석재에 백화방지 배면도포후, 콘크리트를 타설하여 일체화를 시킨 후 양중하여 시공하는 공법이다.

44. ① 45. ④ 46. ④ 47. ③ 48. ③ 49. ①
50. ② 51. ③ 52. ③

53 수목의 필수원소 중 다량원소에 해당하지 않는 것은?

① H ② K
③ Cl ④ C

· 식물성분에 필수적인 : N, P, K, Ca,S. Mg
· 식물성분에 필수적인 미량원소 : Mn, Zn, B, Cu, Fe, Mo, Cl

54 우리나라에서 발생하는 수목의 녹병 중 기주교대를 하지 않는 것은?

① 소나무 잎녹병
② 후박나무 녹병
③ 버드나무 잎녹병
④ 오리나무 잎녹병

기주교대
균류중에 녹병균은 그의 생활사를 완성하기 위해 전혀 다른 2종의 식물을 기주로 하는데 홀씨의 종류에 따라 기주를 바꾸게 된다.

55 축척 $\frac{1}{1,200}$의 도면을 $\frac{1}{600}$로 변경하고자 할 때 도면의 증가 면적은?

① 2배 ② 3배
③ 4배 ④ 6배

$\frac{1}{m} = \frac{\text{도상거리}}{\text{실제거리}}$ 이므로 거리상으로는 2배 확대되었으며 면적상으로는 4배 증가하였다.

56 다음 중 생울타리 수종으로 가장 적합한 것은?

① 쥐똥나무 ② 이팝나무
③ 은행나무 ④ 굴거리나무

울타리 수종 선정조건
· 맹아력이 강한 수종, 지엽밀생, 건조와 공해에 강한수종, 아랫가지가 쉽게 고사하지 않는 것
· 개나리, 쥐똥나무, 사철나무 등이 가장 적절하다.

57 다음 중 시비시기와 관련된 설명 중 틀린 것은?

① 온대지방에서는 수종에 관계없이 가장 왕성한 생장을 하는 시기가 봄이며, 이 시기에 맞게 비료를 주는 것이 가장 바람직하다.
② 시비효과가 봄에 나타나게 하려면 겨울눈이 트기 4~6주 전인 늦은 겨울이나 이른 봄에 토양에 시비한다.
③ 질소비료를 제외한 다른 대량원소는 연중 필요할 때 시비하면 되고, 미량원소를 토양에 시비할 때에는 가을에 실시한다.
④ 우리나라의 경우 고정생장을 하는 소나무, 전나무, 가문비나무 등은 9~10월 보다는 2월에 시비가 적절하다.

58 조경관리 방식 중 직영방식의 장점에 해당하지 않는 것은?

① 긴급한 대응이 가능하다.
② 관리실태를 정확히 파악할 수 있다.
③ 애착심을 가지므로 관리효율의 향상을 꾀한다.
④ 규모가 큰 시설 등의 관리를 효율적으로 할 수 있다.

직영방식의 장점
관리책임이나 책임소재가 명확·긴급한 대응이 가능·관리실태를 정확히 파악·임기응변의 조치가 가능·양질의 서비스제공 가능·관리효율의 향상을 꾀함

53. ③ 54. ② 55. ③ 56. ① 57. ④
58. ④

59 소나무좀의 생활사를 기술한 것 중 옳은 것은?

① 유충은 2회 탈피하며 유충기간은 약 20일이다.
② 1년에 1~3회 발생하며 암컷은 불완전변태를 한다.
③ 부화한 약충은 잎, 줄기에 붙어 즙액을 빨아 먹는다.
④ 부화한 애벌레가 쇠약목에 침입하여 갱도를 만든다.

 소나무좀

- 소나무류의 수간에 성충이 구멍을 뚫어 알을 낳고 부화한 유충이 구멍을 뚫고 식해함
- 수세가 약한 나무를 집중적 가해(이식조경수에 피해)
- 소나무, 곰솔, 잣나무 등 소나무류에만 기생, 연1회 발생하지만 봄과 여름 두 번에 걸쳐 가해
- 성충으로 월동하며 3월 말~4월초 수목의 수피에 구멍을 내고 들어가 알을 산란한다.

60 소나무류의 순자르기에 대한 설명으로 옳은 것은?

① 10~12월에 실시한다.
② 남길 순도 1/3~1/2 정도로 자른다.
③ 새순이 15cm 이상 길이로 자랐을 때에 실시한다.
④ 나무의 세력이 약하거나 크게 기르고자 할 때는 순자르기를 강하게 실시한다.

 소나무류 순자르기(꺾기)

- 나무의 신장을 억제, 노성(老成)된 우아한 수형을 단기간 내에 인위적으로 유도, 잔가지가 형성되어 소나무 특유의 수형 형성
- 방법 : 4~5월경 5~10cm로 자란 새순을 3개 정도 남기고 중심순을 포함하여 손으로 제거한다.

59. ① 60. ②

과년도 기출문제 | 2015년 4회(15.7.19 시행)

1 다음 중 색의 삼속성이 아닌 것은?

① 색상　② 명도
③ 채도　④ 대비

색의 3속성(tree attribute of color)
색자극 요소에 의해 일어나는 세 가지 색채의 지각 성질을 말한다. 색채의 3속성은 색상, 명도, 채도로 이들은 각각 색의 3요소인 주파장, 시감 반사율(분광률), 순도(포화도)에 대응한다.

2 다음 중 기본계획에 해당되지 않는 것은?

① 땅가름　② 주요시설배치
③ 식재계획　④ 실시설계

기본계획
최종작성안 즉, 마스터플랜(Masterplan, Base map)으로 토지이용계획(땅가름), 교통동선계획, 시설물계획, 식재계획, 하부구조계획, 집행계획으로 구분된다.

3 다음 중 서원 조경에 대한 설명으로 틀린 것은?

① 도산서당의 정우당, 남계성원의 지당에 연꽃이 식재된 것은 주렴계의 애련설의 영향이다.
② 서원의 진입공간에는 홍살문이 세워지고, 하마비와 하마석이 놓여진다.
③ 서원에 식재되는 수목들은 관상을 목적으로 식재되었다.
④ 서원에 식재되는 대표적인 수목은 은행나무로 행단과 관련이 있다.

서원조경의 부연설명
- 강학공간은 정숙한 분위기를 강조하기 위해 수식을 가하지 않았으며 소나무, 배롱나무, 은행나무, 향나무, 느티나무, 매화나무, 회화나무 등이 가장 많이 식재되었다.
- 수목 중 가장 대표적인 수목은 행단(杏亶)과 관련된 은행나무가 식재이다.

4 일본의 정원 양식 중 다음 설명에 해당하는 것은?

> – 15세기 후반에 바다의 경치를 나타내기 위해 사용 하였다.
> – 정원소재로 왕모래와 몇 개의 바위만으로 정원을 꾸미고, 식물은 일체 쓰지 않았다.

① 다정양식　② 축산고산수양식
③ 평정고산수양식　④ 침전조정원양식

5 다음 중 쌍탑형 가람배치를 가지고 있는 사찰은?

① 경주 분황사　② 부여 정림사
③ 경주 감은사　④ 익산 미륵사

① 경주 분황사 – 1탑 3금당 형식으로 品자형의 형식
② 부여 정림사 – 1탑 1금당 형식의 사찰
③ 경주 감은사 – 쌍탑형의 사찰
④ 익산 미륵사 – 3탑 3금당의 형식의 사찰

6 다음 중 프랑스 베르사유 궁원의 수경시설과 관련이 없는 것은?

① 아폴로 분수　② 물극장
③ 라토나 분수　④ 양어장

해설 양어장은 이탈리아의 노단건축식에 정적 수경요소로 양어장, 수로 등의 시설이 있다.

1. ④ 2. ④ 3. ③ 4. ③ 5. ③ 6. ④

7 다음 설계 도면의 종류 중 2차원의 평면을 나타내지 않는 것은?

① 평면도
② 단면도
③ 상세도
④ 투시도

 투시도는 3차원적 입체로 입체감과 거리감을 느낄 수 있도록 시점과 물체의 각점을 연결하여 그린 그림이다.

8 중국 옹정제가 제위 전 하사받은 별장으로 영국에 중국식 정원을 조성하게 된 계기가 된 곳은?

① 원명원 ② 기창원
③ 이화원 ④ 외팔묘

9 자유, 우아, 섬세, 간접적, 여성적인 느낌을 갖는 선은?

① 직선 ② 절선
③ 곡선 ④ 점선

10 다음 중 휴게시설물로 분류할 수 없는 것은?

① 퍼걸러(그늘시렁)
② 평상
③ 도섭지(발물놀이터)
④ 야외탁자

 도섭지(발물놀이터)는 발목 정도를 담글 수 있는 깊이로, 유아 및 어린이들의 유희시설에 해당된다.

11 파란색 조명에 빨간색 조명과 초록색 조명을 동시에 켰더니 하얀색으로 보였다. 이처럼 빛에 의한 색채의 혼합 원리는?

① 가법혼색 ② 병치혼색
③ 회전혼색 ④ 감법혼색

해설 가법혼색
빨강(Red), 초록(Green), 파랑(Blue)은 색광의 3원색을 모두 합치면 백색광이 된다. 색광혼합은 색광을 가할수록 혼합색이 점점 밝아져 가법 혼색이라고 한다.

12 이집트 하(下)대의 상징 식물로 여겨졌으며, 연못에 식재되었고, 식물의 꽃은 즐거움과 승리를 위미하여 신과 사자에게 바쳐졌었다. 이집트 건축의 주두(柱頭) 장식에도 사용되었던 이 식물은?

① 자스민 ② 무화과
③ 파피루스 ④ 아네모네

13 조경분야의 기능별 대상 구분 중 위락관광시설로 가장 적합한 것은?

① 오피스빌딩정원 ② 어린이공원
③ 골프장 ④ 군립공원

 ① 오피스빌딩정원 – 비거주용 건물의 정원
② 어린이공원 – 도시공원
③ 골프장 – 위락관광시설
④ 군립공원 – 자연공원

14 벽돌로 만들어진 건축물에 태양광선이 비추어지는 부분과 그늘진 부분에서 나타나는 배색은?

① 톤 인 톤(tone in tone) 배색
② 톤 온 톤(tone on tone) 배색
③ 까마이외(camaieu) 배색
④ 트리콜로르(tricolore) 배색

 색채의 조화에 대한 내용으로 부연설명하면 다음과 같다.

- 톤온톤(toneontone) 배색은 동일 또는 유사색상을 2가지 이상의 톤으로 조합한 배색을 말한다. (색상이 같고 색조가 다른 배색)
- 톤인톤(toneintone)배색은 유사색상의 배색과 같이 톤은 같게, 색상은 조금씩 다르게 하는 배색으로 온화하고 부드러운 효과를 준다.
- 까마이외배색(Camaieu)은 거의 동일한 색상에 미세한 명도차를 주는 배색으로 톤온톤과 비슷하나 변화폭이 매우 작다.
- 트리콜로배색(Triicolore)은 하나의 면을 3가지 색으로 나누는 배색으로 흰색과 vivid 컬러의 사용으로 강렬, 대비, 안정감 높은 배색이다. 국기 배색에서 나온 기법(프랑스, 멕시코 등)이다.

7. ④ 8. ① 9. ③ 10. ③ 11. ①
12. ③ 13. ③ 14. ②

15 골프장에서 티와 그린 사이의 공간으로 잔디를 짧게 깎는 지역은?

① 해저드
② 페어웨이
③ 홀 커터
④ 벙커

16 골재의 함수상태에 관한 설명 중 틀린 것은?

① 골재를 110℃정도의 온도에서 24시간 이상 건조시킨 상태를 절대건조 상태 또는 노건조 상태(oven dry condition)라 한다.
② 골재를 실내에 방치할 경우, 골재입자의 표면과 내부의 일부가 건조된 상태를 공기 중 건조상태라 한다.
③ 골재입자의 표면에 물은 없으나 내부의 공극에는 물이 꽉 차있는 상태를 표면건조포화상태라 한다.
④ 절대건조 상태에서 표면건조 상태가 될 때까지 흡수되는 수량을 표면수량(surface moisture)이라 한다.

 바르게 고치면
절대건조 상태에서 표면건조 상태가 될 때까지 흡수되는 수량을 흡수량이라 한다.

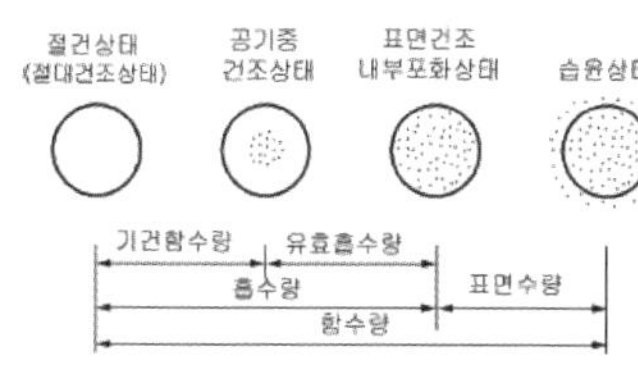

그림. 골재의 함수량

17 다음 중 가로수용으로 가장 적합한 수종은?

① 회화나무 ② 돈나무
③ 호랑가시나무 ④ 풀명자

 가로수용은 수종의 형태조건은 온대지방은 낙엽활엽수, 난대지방은 상록활엽수가 적합하다. 수고는 3.5m 이상, 흉고직경 6cm 이상(근원직경 8cm 이상), 지하고 1.8m 이상의 교목성 수목이 적합하다.

18 진비중이 1.5, 전건비중이 0.54인 목재의 공극율은?

① 66% ② 64%
③ 62% ④ 60%

 목재의 전건비중의 공극율계산

$$(1-\frac{\text{전건비중}}{\text{진비중}})\times100=(1-\frac{0.54}{1.5})\times100=64\%$$

19 나무의 높이나 나무고유의 모양에 따른 분류가 아닌 것은?

① 교목 ② 활엽수
③ 상록수 ④ 덩굴성수목(만경목)

상록수, 낙엽수는 가을에 낙엽 여부에 따라 구분된다.

20 다음 중 산울타리 수종으로 적합하지 않은 것은?

① 편백 ② 무궁화
③ 단풍나무 ④ 쥐똥나무

해설 산울타리 수종생울타리 수종 선정조건은 맹아력이 강한 수종, 지엽이 밀생, 건조와 공해에 강한 수종, 아랫가지가 쉽게 고사하지 않는 수종이 바람직하다.

15. ② 16. ④ 17. ① 18. ② 19. ③ 20. ③

21 다음 중 모감주나무(Koelreuteria paniculata Laxmann)에 대한 설명으로 맞는 것은?

① 뿌리는 천근성으로 내공해성이 약하다.
② 열매는 삭과로 3개의 황색종자가 들어있다.
③ 잎은 호생하고 기수1회우상복엽이다.
④ 남부지역에서만 식재가능하고 성상은 상록활엽교목이다.

 모감주나무

- 무환자나무과의 낙엽활엽 소교목
- 중부 이남의 해안가 산지에서 자라며 추위와 공해에 강하고 양지바른 곳에서 잘 생육한다.
- 열매는 캡슐열매(삭과)로 세모꼴 주머니 같고, 세 부분으로 갈라지며, 그 속에 둥글며 딱딱한 흑색 종자가 들어 있다.
- 잎은 어긋나며(호생), 기수1회 우상복엽이다.
- 꽃은 6~7월에 가지 끝에서 황색으로 피며, 그 기부는 적색을 띠고, 원추꽃차례다.

22 복수초(Adonis amurensis Regel &Radde)에 대한 설명으로 틀린 것은?

① 여러해살이풀이다.
② 꽃색은 황색이다.
③ 실생개체의 경우 1년 후 개화한다.
④ 우리나라에는 1속 1종이 난다.

 복수초

- 우리나라 각처의 숲 속에서 자라는 미나리아재비과 여러해살이풀이다. 생육환경은 햇볕이 잘 드는 양지와 습기가 약간 있는 곳에서 자란다.
- 꽃은 황색으로 4월 초순에 개화한다.
- 우리나라에는 1속 1종이 나며 번식은 실생이나 포기나누기로 한다. 실생의 경우 5월말 경에 종자를 채취하여 곧바로 낙엽수 하부에 파종하면 이듬해 3월말 경에 발아한다.

23 다음 중 지피(地被)용으로 사용하기 가장 적합한 식물은?

① 맥문동 ② 등나무
③ 으름덩굴 ④ 멀꿀

 맥문동

맥문동은 우리나라 중부 이남의 산지에서 자라는 상록 다년생 초본이다. 생육환경은 반그늘 혹은 햇볕이 잘 들어오는 나무 아래에서 자란다. 키는 30~50cm이고, 꽃은 연한 자주색으로 한 마디에 여러 송이의 꽃이 핀다.

24 다음 중 열가소성 수지에 해당되는 것은?

① 페놀수지 ② 멜라민수지
③ 폴리에틸렌수지 ④ 요소수지

 페놀수지, 멜라민수지, 요소수지는 열경화성수지이다.

25 다음 중 약한 나무를 보호하기 위하여 줄기를 싸주거나 지표면을 덮어주는데 사용되기에 가장 적합한 것은?

① 볏짚 ② 새끼줄
③ 밧줄 ④ 바크(bark)

26 목질 재료의 단점에 해당되는 것은?

① 함수율에 따라 변형이 잘 된다.
② 무게가 가벼워서 다루기 쉽다.
③ 재질이 부드럽고 촉감이 좋다.
④ 비중이 적은데 비해 압축, 인장강도가 높다.

27 다음 중 열매가 붉은색으로만 짝지어진 것은?

① 쥐똥나무, 팥배나무
② 주목, 칠엽수
③ 피라칸다, 낙상홍
④ 매실나무, 무화과나무

21. ③ 22. ③ 23. ① 24. ③ 25. ①
26. ① 27. ③

28 다음 중 지피식물의 특성에 해당되지 않는 것은?

① 지표면을 치밀하게 피복해야 함
② 키가 높고, 일년 생이며 거칠어야 함
③ 환경조건에 대한 적응성이 넓어야 함
④ 번식력이 왕성하고 생장이 비교적 빨라야 함

 지피식물의 조건

- 식물체의 키가 낮을 것 (30cm 이하)
- 상록 다년생 식물일 것
- 생장속도가 빠르고 번식력이 왕성
- 지표를 치밀하게 피복하여 나지를 만들지 않는 수종
- 관리가 쉽고 답압에 강한 수종
- 잎과 꽃이 아름답고 가시가 없으며 즙이 비교적 적은 수종

29 다음 [보기]의 설명에 해당하는 수종은?

– "설송(雪松)"이라 불리기도 한다. – 천근성 수종으로 바람에 약하며, 수관폭이 넓고 속성수로 크게 자라기 때문에 적지 선정이 중요하다. – 줄기는 아래로 처지며, 수피는 회갈색으로 얇게 갈라져 벗겨진다. – 잎은 짧은 가지에 30개가 총생, 3~4cm로 끝이 뾰족하며, 바늘처럼 찌른다.

① 잣나무　② 솔송나무
③ 개잎갈나무　④ 구상나무

 개잎갈나무는 소나무과의 상록교목으로 히말라야시다·히말라야삼나무·설송(雪松)이라고도 한다.

30 다음 중 목재 접착시 압착의 방법이 아닌 것은?

① 도포법　② 냉압법
③ 열압법　④ 냉압 후 열압법

31 목재가 함유하는 수분을 존재 상태에 따라 구분한 것 중 맞는 것은?

① 모관수 및 흡착수
② 결합수 및 화학수
③ 결합수 및 응집수
④ 결합수 및 자유수

해설 목재 함유수분

- 존재상태에 따라 자유수와 결합수로 구분한다,
- 결합수는 목재가 함유하고 있는 수분은 세포벽 내에 존재하는 수분으로 생체 등의 조직이나 구성성분에 단단하게 결합되어 쉽게 제거할 수 없는 물이다.
- 자유수는 세포내강 및 미세공극에 액상으로 존재하는 수분으로 생체 또는 토양 속에 있으면서 그들 조직과 결합되지 않고 자유로이 이동할 수 있는 물이다.

32 다음 설명의 (　)안에 가장 적합한 것은?

조경공사표준시방서의 기준 상 수목은 수고나 가지의 약 (　) 이상이 고사하는 경우에 고사목으로 판정하고 지피·초본류는 해당 공사의 목적에 부합되는가를 기준으로 감독자의 육안검사 결과에 따라 고사여부를 판정한다.

① 1/2　② 1/3
③ 2/3　④ 3/4

33 벤치 좌면 재료 가운데 이용자가 4계절 가장 편하게 사용 할 수 있는 재료는?

① 플라스틱　② 목재
③ 석재　④ 철재

34 다음 중 한지형(寒地形) 잔디에 속하지 않는 것은?

① 벤트그래스
② 버뮤다그래스
③ 라이그래스
④ 켄터키블루그래스

 버뮤다 그래스는 난지형잔디에 속한다.

28. ②　29. ③　30. ①　31. ④　32. ③
33. ②　34. ②

35 다음 중 화성암에 해당하는 것은?

① 화강암 ② 응회암
③ 편마암 ④ 대리석

 화성암은 지구 내부에서 유래하는 마그마가 고결하여 형성된 암석으로 화강암, 섬록암, 안산암, 현무암 등 해당된다.

36 다음 중 시설물의 사용연수로 가장 부적합한 것은?

① 철재 시소 : 10년
② 목재 벤치 : 7년
③ 철재 파고라 : 40년
④ 원로의 모래자갈 포장 : 10년

 철재 파고라는 20년을 사용 연수로 한다.

37 다음 중 금속재의 부식 환경에 대한 설명이 아닌 것은?

① 온도가 높을수록 녹의 양은 증가한다.
② 습도가 높을수록 부식속도가 빨리 진행된다.
③ 도장이나 수선 시기는 여름보다 겨울이 좋다.
④ 내륙이나 전원지역보다 자외선이 많은 일반 도심지가 부식속도가 느리게 진행된다.

 금속재의 부식은 온도와 습도가 높을수록 증가하며, 도심지가 내륙이나 전원지역보다 느리게 진행된다.

38 다음 중 같은 밀도(密度)에서 토양공극의 크기(size)가 가장 큰 것은?

① 식토 ② 사토
③ 점토 ④ 식양토

39 다음 중 경사도에 관한 설명으로 틀린 것은?

① 45° 경사는 1 : 1이다.
② 25% 경사는 1 : 4이다.
③ 1 : 2는 수평거리 1, 수직거리 2를 나타낸다.
④ 경사면은 토양의 안식각을 고려하여 안전한 경사면을 조성한다.

해설 바르게 고치면
1 : 2 경사는 1은 수직거리(높이), 2는 수평거리로 나타낸다.

40 표준시방서의 기재 사항으로 맞는 것은?

① 공사량 ② 입찰방법
③ 계약절차 ④ 사용재료 종류

 표준시방서는 시설물의 안정, 공사시행 적정성 · 품질 확보 등을 위하여 시설물 별로 정한 표준시공기준이 된다.

41 다음과 같은 피해 특징을 보이는 대기오염 물질은?

- 침엽수는 물에 젖은 듯한 모양, 적갈색으로 변색
- 활엽수 잎의 끝부분과 엽맥사이 조직의 괴사, 물에 젖은 듯한 모양(엽육조직 피해)

① 오존 ② 아황산가스
③ PAN ④ 중금속

42 표준품셈에서 수목을 인력시공 식재 후 지주목을 세우지 않을 경우 인력품의 몇 %를 감하는가?

① 5% ② 10%
③ 15% ④ 20%

 교목식재시 일반적으로 재료소운반, 터파기, 나무세우기, 묻기, 물주기, 지주목세우기, 뒷정리를 품에 포함한다. 다만 지주목을 세우지 않을 때는 다음의 요율을 감한다.

인력시공시	기계시공시
인력품의 10%	인력품의 20%

35. ① 36. ③ 37. ④ 38. ② 39. ③
40. ④ 41. ② 42. ②

43 다음 중 멀칭의 기대 효과가 아닌 것은?

① 표토의 유실을 방지
② 토양의 입단화를 촉진
③ 잡초의 발생을 최소화
④ 유익한 토양미생물의 생장을 억제

해설 멀칭시 유익한 토양미생물의 생장을 도와 토양의 비옥도를 증진한다.

44 다음 중 등고선의 성질에 대한 설명으로 맞는 것은?

① 지표의 경사가 급할수록 등고선 간격이 넓어진다.
② 같은 등고선 위의 모든 점은 높이가 서로 다르다.
③ 등고선은 지표의 최대 경사선의 방향과 직교하지 않는다.
④ 높이가 다른 두 등고선은 동굴이나 절벽의 지형이 아닌 곳에서는 교차하지 않는다.

바르게 고치면
높이가 다른 등고선은 절벽과 동굴을 제외하고 교차하거나 합치지 않는다. 단 절벽과 동굴에서는 2점에서 교차한다.

45 습기가 많은 물가나 습원에서 생육하는 식물을 수생식물이라 한다. 다음 중 이에 해당하지 않는 것은?

① 부처손, 구절초
② 갈대, 물억세
③ 부들, 생이가래
④ 고랭이, 미나리

- 부처손 : 부처손과 여러해살이 식물로 건조한 바위면에서 자란다.
- 구절초 : 국화과의 여러해살이 식물로 높은 지대의 능선에서 군락을 형성하여 자라며, 들에서도 흔히 자란다.

46 인공지반에 식재된 식물과 생육에 필요한 식재 최소토심으로 가장 적합한 것은? (단, 배수구배는 1.5~2.0%, 인공토양 사용시로 한다.)

① 잔디, 초본류 : 15cm
② 소관목 : 20cm
③ 대관목 : 45cm
④ 교목 : 90cm

해설 인공토양 사용시 식재 토심

구분	식재토심(배수층제외)	인공토양 사용시
초화류 및 지피식물	15cm 이상	10cm 이상
소관목	30cm 이상	20cm 이상
대관목	45cm 이상	30cm 이상
교목	70cm 이상	60cm 이상

47 가로 2m × 세로 50m의 공간에 H0.4×W0.5 규격의 영산홍으로 생울타리를 만들려고 하면 사용되는 수목의 수량은 약 얼마인가?

① 50주 ② 100주
③ 200주 ④ 400주

해설 1㎡에 H0.4×W0.5 식재시 폭이 0.5m 이므로 $1m^2 \div 0.5$ = 4주이다. 따라서, 전체 식재면적이 2m×50m = $100m^2$이므로 $100m^2 \times 4$주= 400주 이다.

48 식물병에 대한 『코흐의 원칙』의 설명으로 틀린 것은?

① 병든 생물체에 병원체로 의심되는 특정 미생물이 존재해야 한다.
② 그 미생물은 기주생물로부터 분리되고 배지에서 순수배양되어야 한다.
③ 순수배양한 미생물을 동일 기주에 접종하였을 때 동일한 병이 발생되어야 한다.
④ 병든 생물체로부터 접종할 때 사용하였던 미생물과 동일한 특성의 미생물이 재분리되지만 배양은 되지 않아야 한다.

43. ④ 44. ④ 45. ① 46. ② 47. ④
48. ④

 식물병진단에 관한 로버트 코호의 4원칙
- 미생물은 반드시 환부에 존재해야 한다.
- 미생물은 분리되어 배지상에 순수 배양되어야한다.
- 순수 배양한 미생물을 접종하여 동일한 병이 발생되어야 한다.
- 발병한 피해부에 접종에 사용한 미생물과 동일한 성질을 가진 미생물이 재분리 되어야 한다.

49 **다음 중 철쭉류와 같은 화관목의 전정시기로 가장 적합한 것은?**

① 개화 1주 전
② 개화 2주 전
③ 개화가 끝난 직후
④ 휴면기

 화관목의 전정시기는 개화직후 전정해야 다음해에 꽃을 볼 수 있다.

50 **미국흰불나방에 대한 설명으로 틀린 것은?**

① 성충으로 월동한다.
② 1화기 보다 2화기에 피해가 심하다.
③ 성충의 활동시기에 피해지역 또는 그 주변에 유아등이나 흡입포충기를 설치하여 유인 포살한다.
④ 알 기간에 알덩어리가 붙어 있는 잎을 채취하여 소각하며, 잎을 가해하고 있는 군서 유충을 소살한다.

 바르게고치면
겨울철에 번데기 상태로 월동한다.

51 **다음 중 제초제 사용의 주의사항으로 틀린 것은?**

① 비나 눈이 올 때는 사용하지 않는다.
② 될 수 있는 대로 다른 농약과 섞어서 사용한다.
③ 적용 대상에 표시되지 않은 식물에는 사용하지 않는다.
④ 살포할 때는 보안경과 마스크를 착용하며, 피부가 노출되지 않도록 한다.

 다른 농약과 섞어 뿌리고자 할 때에는 반드시 혼용이 가능한지를 확인한 후 사용한다.

52 **다음 중 시멘트와 그 특성이 바르게 연결된 것은?**

① 조강포틀랜드시멘트 : 조기강도를 요하는 긴급공사에 적합하다.
② 백색포틀랜드시멘트 : 시멘트 생산량의 90% 이상을 점하고 있다.
③ 고로슬래그시멘트 : 건조수축이 크며, 보통시멘트보다 수밀성이 우수하다.
④ 실리카시멘트 : 화학적 저항성이 크고 발열량이 적다.

 조강포틀랜드시멘트
일반시멘트로 조기강도가 커서 긴급공사나 한중공사에 적합하다.

53 **일반적인 토양의 표토에 대한 설명으로 가장 부적합한 것은?**

① 우수(雨水)의 배수능력이 없다.
② 토양오염의 정화가 진행된다.
③ 토양미생물이나 식물의 뿌리 등이 활발히 활동하고 있다.
④ 오랜 기간의 자연작용에 따라 만들어진 중요한 자산이다.

54 **잔디재배 관리방법 중 칼로 토양을 베어주는 작업으로, 잔디의 포복경 및 지하경도 잘라주는 효과가 있으며 레노베이어, 론에어 등의 장비가 사용되는 작업은?**

① 스파이킹 ② 롤링
③ 버티컬 모잉 ④ 슬라이싱

 슬라이싱(Slicing)
칼로 토양 절단(코오링 보다 약한 개념)하는 작업으로 잔디의 밀도를 높임, 상처가 작아 피해도 작다.

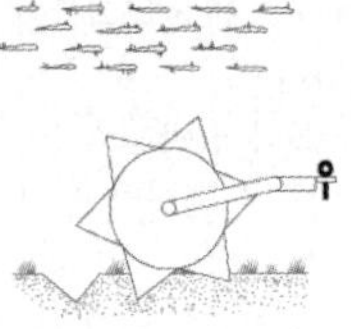

그림. 슬라이싱

49. ③ 50. ① 51. ② 52. ① 53. ① 54. ④

55 벽돌(190×90×57)을 이용하여 경계부의 담장을 쌓으려고 한다. 시공면적 $10m^2$에 1.5B 두께로 시공할 때 약 몇 장의 벽돌이 필요한가? (단, 줄눈은 10mm이고, 할증률은 무시한다.)

① 약 750장　② 약 1490장
③ 약 2240장　④ 약 2980장

 표준형벽돌의 $1m^2$ 당 소요매수

	0.5B	1.0B	1.5B	2.0B
표준형	75	149	224	298

$10m^2$ × 224 = 2240장

56 평판측량의 3요소가 아닌 것은?

① 수평 맞추기[정준]
② 중심 맞추기[구심]
③ 방향 맞추기[표정]
④ 수직 맞추기[수준]

 평판측량의 3요소
- 정준 : 수평 맞추기
- 치심 : 중심 맞추기
- 표정(정위) : 방향, 방위 맞추기(평판측량의 오차 중 가장 큰 영향을 준다.)

57 페니트로티온 45% 유제 원액 100cc를 0.05%로 희석 살포액을 만들려고 할 때 필요한 물의 양은 얼마인가? (단, 유제의 비중은 1.0이다.)

① 69,900cc　② 79,900cc
③ 89,900cc　④ 99,900cc

 희석할 물의 양

$$= \text{원액의 용량} \times \left(\frac{\text{원액의 농도}}{\text{희석할 농도}} - 1\right) \times \text{원액의 비중}$$

$$= 100 \times \left(\frac{45\%}{0.05\%} - 1\right) \times 1 = 89{,}900\text{cc}$$

58 대추나무에 발생하는 전신병으로 마름무늬매미충에 의해 전염되는 병은?

① 갈반병　② 잎마름병
③ 혹병　④ 빗자루병

해설 빗자루병
- 병상 및 환경 : 병든잎과 가지가 왜소해지면서 빗자루처럼 가늘게 무수히 갈라진다.
- 대추나무, 오동나무, 붉나무 등에서 발견되는 빗자루병은 마이코플라즈마가 원인으로 마름무늬 매미충의 매개충에 의해 매개전염된다.

59 다음 복합비료 중 주성분 함량이 가장 많은 비료는?

① 21-21-17　② 11-21-11
③ 18-18-18　④ 0-40-10

60 해충의 방제방법 중 기계적 방제방법에 해당하지 않는 것은?

① 경운법　② 유살법
③ 소살법　④ 방사선이용법

해설 해충의 방제 유형
- 기계적 방제 : 포살법, 경운법, 유살법, 소살법
- 생물학적방제 : 천적이용
- 화학적방제 : 농약사용
- 자연적방제 : 비배관리
- 매개충제거

55. ③　56. ④　57. ③　58. ④　59. ①
60. ④

과년도 기출문제 | 2016년 1회(16.1.24 시행)

1 중세 유럽의 조경 형태로 볼 수 없는 것은?

① 과수원 ② 약초원
③ 공중정원 ④ 회랑식 정원

해설 공중정원은 고대 메소포타미아의 조경 형태이다.

2 일본 고산수식 정원의 요소와 상징적인 의미가 바르게 연결된 것은?

① 나무 – 폭포 ② 연못 – 바다
③ 황모래 – 물 ④ 바위 – 산봉우리

해설 고산수는 물을 사용하지 않고, 돌과 모래를 사용하여 물을 상징적으로 표현한 정원으로 극도로 추상적인 조영수법으로 암석은 폭포나 섬을 형상화하거나 동물의 움직임으로 나타냈고 모래무늬로 물의 흐름 또는 바다를 형상화함.

3 다음 중 중국정원의 양식에 가장 많은 영향을 끼친 사상은?

① 선사상 ② 신선사상
③ 풍수지리사상 ④ 음양오행사상

해설 중국정원에서 신선설은 산악신앙과도 관련이 있어 신선이 산다는 해중의 봉래, 영주, 방장의 삼신산(三神山)은 사색과 감상의 대상이 될 뿐만 아니라 인간이 추구하는 환상적인 이상향, 즉 동양의 유토피아를 나타낸다.

4 다음 중 서양식 전각과 서양식 정원이 조성되어 있는 우리나라 궁궐은?

① 경복궁 ② 창덕궁
③ 덕수궁 ④ 경희궁

해설 덕수궁

- 조영 : 선조
- 공간구성
  - 석조전 : 우리나라 최초의 서양건물, 하딩이 설계
  - 침상원 : 우리나라 최초의 유럽식정원, 분수와 연못을 중심으로 한 정형 정원

5 고대 로마의 대표적인 별장이 아닌 것은?

① 빌라 투스카니
② 빌라 감베라이아
③ 빌라 라우렌티아나
④ 빌라 아드리아누스

해설 감베라이아는 17세기 이탈리아의 빌라이다.

6 미국 식민지 개척을 통한 유럽 각국의 다양한 사유지 중심의 정원양식이 공공적인 성격으로 전환되는 계기에 영향을 끼친 것은?

① 스토우 정원 ② 보르비콩트 정원
③ 스투어헤드 정원 ④ 버컨헤드 공원

해설 Birkenhead Park

- 1843년에 조셉 팩스턴(Joseph Paxton)이 설계
- 공적 위락용과 사적 주택부지로 이분된 구성
- 의의
  - 1843년 선거법 개정안 통과로 실현된 최초의 시민의 힘으로 설립된 공원
  - 재정적, 사회적 성공은 영국내 수많은 도시에서 도시공원의 설립에 자극적인 계기
  - 옴스테드의 Central Park 공원개념 형성에 영향을 줌

1. ③ 2. ③ 3. ② 4. ③ 5. ② 6. ④

7 프랑스 평면기하학식 정원을 확립하는데 가장 큰 기여를 한 사람은?

① 르 노트르 ② 메이너
③ 브리지맨 ④ 비니올라

해설 앙드레 르 노트르는 17세기에 프랑스 평면기하학식을 확립한 조경가이다. 대표적인 작품으로는 보르비 꽁트와 베르사유궁원이 있다.

8 형태와 선이 자유로우며, 자연재료를 사용하여 자연을 모방하거나 축소하여 자연에 가까운 형태로 표현한 정원 양식은?

① 건축식 ② 풍경식
③ 정형식 ④ 규칙식

해설 풍경식은 자연풍경식, 자연식, 축경식의 정원을 포함하며 동양을 중심으로 발달한 조경양식으로 자연을 모방한 양식이다.

9 다음 후원 양식에 대한 설명 중 틀린 것은?

① 한국의 독특한 정원 양식 중 하나이다.
② 괴석이나 세심석 또는 장식을 겸한 굴뚝을 세워 장식하였다.
③ 건물 뒤 경사지를 계단모양으로 만들어 장대석을 앉혀 평지를 만들었다.
④ 경주 동궁과 월지, 교태전 후원의 아미산원, 남원시 광한루 등에서 찾아볼 수 있다.

해설 한국의 독특한 정원 양식으로 풍수지리사상의 영향으로 후원양식 발달하였다. 경사지를 활용한 화계에는 괴석이나 세심석 또는 굴뚝을 세워 장식하였다. 경복궁 교태전 후원의 아미산원에서 찾아볼 수 있다.

10 현대 도시환경에서 조경 분야의 역할과 관계가 먼 것은?

① 자연환경의 보호유지
② 자연 훼손지역의 복구
③ 기존 대도시의 광역화 유도
④ 토지의 경제적이고 기능적인 이용 계획

해설 조경(ASLA)은 토지를 계획, 설계, 관리하는 예술로서 자원보전과 관리를 고려하면서 문화적, 과학적 지식을 활용하여 자연요소와 인공요소를 구성함으로써 유용하고 쾌적한 환경을 조성하는 것이다.

11 다음 설명의 ( )안에 들어갈 시설물은?

> 시설지역 내부의 포장지역에도 ( )을/를 이용하여 낙엽성 교목을 식재하면 여름에도 그늘을 만들 수 있다.

① 볼라드(bollard) ② 휀스(fence)
③ 벤치(bench) ④ 수목 보호대(grating)

12 기존의 레크레이션 기회에 참여 또는 소비하고 있는 수요(需要)를 무엇이라 하는가?

① 표출수요 ② 잠재수요
③ 유효수요 ④ 유도수요

해설 수요의 종류

- 잠재수요(latent demand) : 사람들에게 본래 내재하는 수요 적당한시설, 접근수단, 정보가 제공되면 참여가 기대
- 유도수요(induced demand) : 매스미디어나 교육과정에 의해 자극시켜 잠재수요를 개발하는 수요로 개인기업이나 공공부문에서 이용
- 표출수요(expressed demand) : 기존의 레크레이션 기회에 참여 또는 소비하고 있는 이용, 사람들의 기호도가 파악됨

13 주택정원의 시설구분 중 휴게시설에 해당되는 것은?

① 벽천, 폭포 ② 미끄럼틀, 조각물
③ 정원등, 잔디등 ④ 퍼걸러, 야외탁자

> 7. ① 8. ② 9. ④ 10. ③ 11. ④ 12. ①
> 13. ④

14 조경계획 · 설계에서 기초적인 자료의 수집과 정리 및 여러 가지 조건의 분석과 통합을 실시하는 단계를 무엇이라 하는가?

① 목표 설정 ② 현황분석 및 종합
③ 기본 계획 ④ 실시 설계

15 다음 『채도대비』에 관한 설명 중 틀린 것은?

① 무채색끼리는 채도 대비가 일어나지 않는다.
② 채도대비는 명도대비와 같은 방식으로 일어난다.
③ 고채도의 색은 무채색과 함께 배색하면 더 선명해 보인다.
④ 중간색을 그 색과 색상은 동일하고 명도가 밝은 색과 함께 사용하면 훨씬 선명해 보인다.

 채도대비 (chromatic contrast)

- 채도가 다른 두 색을 인접시켰을 때 서로의 영향을 받아 채도가 높은 색은 더욱 높아 보이고 채도가 낮은 색은 더욱 낮아 보이는 현상.
- 예를 들어 채도가 높은 색의 중앙에 둔 채도가 낮은 색은 한층 채도가 낮은 것으로 보이고 채도가 낮은 색의 중앙에 둔 높은 채도의 색은 채도가 높아져 보이며, 무채색 위에 둔 유채색은 훨씬 맑은 색으로 채도가 높아져 보이는 현상을 말한다.

16 좌우로 시선이 제한되어 일정한 지점으로 시선이 모이도록 구성하는 경관 요소는?

① 전망 ② 통경선(Vista)
③ 랜드마크 ④ 질감

- 랜드마크 (landmark) : 식별성이 높은 지형 · 지질
- 전망(view) : 일정지점에서 볼 때 파노라믹하게 펼쳐지는 공간
- 비스타(vista) : 좌우로의 시선이 제한되고 일정지점으로 시선이 모이도록 구성된 공간
- 질감(texture) : 지표상태에 따라 영향

17 조경 시공 재료의 기호 중 벽돌에 해당하는 것은?

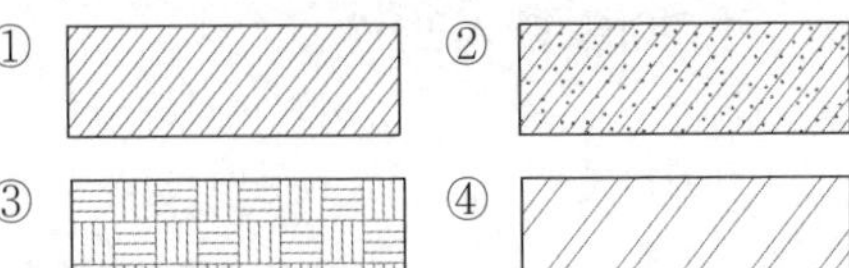

 ① 벽돌
② 타일 및 테라코타
③ 지반
④ 철재

18 다음 중 곡선의 느낌으로 가장 부적합한 것은?

① 온건하다. ② 부드럽다.
③ 모호하다. ④ 단호하다.

19 모든 설계에서 가장 기본적인 도면은?

① 입면도 ② 단면도
③ 평면도 ④ 상세도

20 조경 실시설계 단계 중 용어의 설명이 틀린 것은?

① 시공에 관하여 도면에 표시하기 어려운 사항을 글로 작성한 것을 시방서라고 한다.
② 공사비를 체계적으로 정확한 근거에 의하여 산출한 서류를 내역서라고 한다.
③ 일반관리비는 단위 작업당 소요인원을 구하여 일당 또는 월급여로 곱하여 얻어진다.
④ 공사에 소요되는 자재의 수량, 품 또는 기계 사용량 등을 산출하여 공사에 소요되는 비용을 계산한 것을 적산이라고 한다.

해설 일반관리비

- 회사가 사무실을 운영하기 위해 드는 비용, 기업유지를 위한 관리활동 부분 제비용
- 일반관리비=(재료비+노무비+경비)×일반관리비율(5~6%)

14. ② 15. ④ 16. ② 17. ① 18. ④
19. ③ 20. ③

21 석재의 성인(成因)에 의한 분류 중 변성암에 해당되는 것은?

① 대리석 ② 섬록암
③ 현무암 ④ 화강암

 변성암
- 화성암이나 수성암이 지하로부터 변성작용을 받은 암석의 총칭
- 편마암, 점판암, 편암, 대리석, 사문암 등

22 레미콘 규격이 25 - 210 - 12로 표시되어 있다면 ⓐ - ⓑ - ⓒ 순서대로 의미가 맞는 것은?

① ⓐ 슬럼프, ⓑ 골재최대치수, ⓒ 시멘트의 양
② ⓐ 물 · 시멘트비, ⓑ 압축강도, ⓒ 골재최대치수
③ ⓐ 골재최대치수, ⓑ 압축강도, ⓒ 슬럼프
④ ⓐ 물 · 시멘트비, ⓑ 시멘트의 양, ⓒ 골재최대치수

 레드믹스트 콘크리트 (Ready mixed concreat)
굵은골재최대치수-압축강도-슬럼프값을 조합하여 표시한다.
예) 25-210-8

23 다음 설명에 적합한 열가소성수지는?

- 강도, 전기전열성, 내약품성이 양호하고 가소재에 의하여 유연고무와 같은 품질이 되며 고온, 저온에 약하다.
- 바닥용타일, 시트, 조인트재료, 파이프, 접착제, 도료 등이 주용도이다.

① 페놀수지 ② 염화비닐수지
③ 멜라민수지 ④ 에폭시수지

 폴리염화 비닐은 PVC라고도 한다. 150~170℃에서 연화되기 때문에 가공하기 쉬운 열가소성(熱可塑性) 수지이다.

24 인공 폭포, 수목 보호판을 만드는데 가장 많이 이용되는 제품은?

① 유리블록제품
② 식생호안블록
③ 콘크리트격자블록
④ 유리섬유강화플라스틱

25 알루미나 시멘트의 최대 특징으로 옳은 것은?

① 값이 싸다.
② 조기강도가 크다.
③ 원료가 풍부하다.
④ 타 시멘트와 혼합이 용이하다.

 알루미나시멘트(alumina cement)
주성분은 알루미나 · 생석회 CaO · 무수규산 등의 용융물이며, 포틀랜드시멘트에 비해서 알루미나 성분이 상당히 많다. 20세기 초에 프랑스와 미국에서 각각 독자적으로 개발되었는데 물과 섞은 다음 경화(硬化)할 때까지의 시간이 짧은, 조강 시멘트로서 냉한지에서의 공사나 급한 공사에 사용된다.

26 다음 중 목재의 장점에 해당하지 않는 것은?

① 가볍다.
② 무늬가 아름답다.
③ 열전도율이 낮다.
④ 습기를 흡수하면 변형이 잘 된다.

 습기를 흡수하면 변형이 잘 되는 성질은 단점에 해당된다.

21. ① 22. ③ 23. ② 24. ④ 25. ②
26. ④

27 **다음 금속 재료에 대한 설명으로 틀린 것은?**

① 저탄소강은 탄소함유량이 0.3% 이하이다.
② 강판, 형강, 봉강 등은 압연식 제조법에 의해 제조된다.
③ 구리에 아연 40%를 첨가하여 제조한 합금을 청동이라고 한다.
④ 강의 제조방법에는 평로법, 전로법, 전기로법, 도가니법 등이 있다.

해설 구리와 아연의 합금을 황동이라 하며, 구리와 주석의 합금을 청동이라고 한다.

28 **다음 조경시설 소재 중 도로 절 · 성토면의 녹화공사, 해안매립 및 호안공사, 하천제방 및 급류부위의 법면보호공사 등에 사용되는 코코넛 열매를 원료로 한 천연섬유 재료는?**

① 코이어 메시 ② 우드칩
③ 테라소브 ④ 그린블록

29 **견치석에 관한 설명 중 옳지 않은 것은?**

① 형상은 재두각추체(裁頭角錐體)에 가깝다.
② 접촉면의 길이는 앞면 4변의 제일 짧은 길이의 3배 이상이어야 한다.
③ 접촉면의 폭은 전면 1변의 길이의 1/10 이상이어야 한다.
④ 견치석은 흙막이용 석축이나 비탈면의 돌붙임에 쓰인다.

해설 견치석 면이 정사각형에 가깝고 면에 직각으로 잰 길이가 최소변의 1.5배 이상이어야 한다.

30 **무근콘크리트와 비교한 철근콘크리트의 특성으로 옳은 것은?**

① 공사기간이 짧다.
② 유지관리비가 적게 소요된다.
③ 철근 사용의 주목적은 압축강도 보완이다.
④ 가설공사인 거푸집 공사가 필요 없고 시공이 간단하다.

 철근콘크리트는 시공 기간이 길고 압축강도를 보완하기 위한 목적으로 철근이 사용되며 거푸집 공사가 반드시 필요하다.

31 **『Syringa oblata var.dilatata』는 어떤 식물인가?**

① 라일락 ② 목서
③ 수수꽃다리 ④ 쥐똥나무

32 **다음 중 수관의 형태가 "원추형"인 수종은?**

① 전나무 ② 실편백
③ 녹나무 ④ 산수유

33 **다음 중 인동덩굴(Lonicera japonica Thunb.)에 대한 설명으로 옳지 않은 것은?**

① 반상록 활엽 덩굴성
② 원산지는 한국, 중국, 일본
③ 꽃은 1~2개씩 엽액에 달리며 포는 난형으로 길이는 1~2cm
④ 줄기가 왼쪽으로 감아 올라가며, 소지는 회색으로 가시가 있고 속이 빔

 인동덩굴의 줄기는 오른쪽으로 감아 올라가며 잔가지는 적갈색이며 털이 나 있고 속이 비어 있다.

34 **서향(Daphne odora Thunb.)에 대한 설명으로 맞지 않는 것은?**

① 꽃은 청색계열이다.
② 성상은 상록활엽관목이다.
③ 뿌리는 천근성이고 내염성이 강하다.
④ 잎은 어긋나기하며 타원형이고, 가장자리가 밋밋하다.

 서향은 팥꽃나무과의 상록활엽관목으로 꽃은 3~4월에 피고 백색 또는 홍자색이며 묵은가지 끝에 모여 달리고 향기가 있다. 꽃받침은 통처럼 생기고 끝이 4개로 갈라진다.

27. ③ 28. ① 29. ② 30. ② 31. ③
32. ① 33. ④ 34. ①

35 팥배나무(Sorbus alnifolia K.Koch)의 설명으로 틀린 것은?

① 꽃은 노란색이다.
② 생장속도는 비교적 빠르다.
③ 열매는 조류 유인식물로 좋다.
④ 잎의 가장자리에 이중거치가 있다.

 팥배나무는 장미과의 낙엽활엽교목으로 꽃은 5월에 피고 흰색이며 6~10개의 꽃이 산방꽃차례에 달린다. 열매는 타원형이며 반점이 뚜렷하고 9~10월에 홍색으로 익는다. 열매가 붉은 팥알같이 생겼다고 팥배나무라고 한다. 한국 · 일본 · 중국에 분포한다.

36 골담초(Caragana sinica Rehder)에 대한 설명으로 틀린 것은?

① 콩과(科) 식물이다.
② 꽃은 5월에 피고 단생한다.
③ 생장이 느리고 덩이뿌리로 위로 자란다.
④ 비옥한 사질양토에서 잘 자라고 토박지에서도 잘 자란다.

 골담초
콩과의 낙엽활엽 관목으로 줄기에 가시가 뭉쳐나고 높이는 2m에 달하며 5개의 능선이 있고 회갈색이다. 꽃은 5월에 1개씩 총상꽃차례로 피며 길이 2.5~3cm이고 나비 모양이다. 꽃받침은 종 모양으로 위쪽 절반은 황적색이고 아래쪽 절반은 연한 노란색이다. 열매는 협과로 원기둥 모양이고 털이 없으며 9월에 익는다.

37 다음 중 조경수의 이식에 대한 적응이 가장 어려운 수종은?

① 편백 ② 미루나무
③ 수양버들 ④ 일본잎갈나무

 일본잎갈나무
소나무과의 낙엽침엽 교목으로 낙엽송(落葉松)이라고도 하며 높이 30m에 달하는데 조림수이며 목재는 건축 · 침목 · 펄프 · 선박 · 토공용재 등으로 쓰인다.

38 조경 수목은 식재기의 위치나 환경조건 등에 따라 적절히 선정하여야 한다. 다음 중 수목의 구비조건으로 가장 거리가 먼 것은?

① 병충해에 대한 저항성이 강해야 한다.
② 다듬기 작업 등 유지관리가 용이해야 한다.
③ 이식이 용이하며, 이식 후에도 잘 자라야 한다.
④ 번식이 힘들고 다량으로 구입이 어려워야 희소성 때문에 가치가 있다.

 조경 수목은 번식이 용이하고 다량으로 구입이 가능해야한다.

39 방풍림(wind shelter) 조성에 알맞은 수종은?

① 팽나무, 녹나무, 느티나무
② 곰솔, 대나무류, 자작나무
③ 신갈나무, 졸참나무, 향나무
④ 박달나무, 가문비나무, 아까시나무

 방풍림은 줄기나 가지가 바람에 제거되기 어려운 것으로 바람에 견디는 힘이 강한 심근성 수종이어야 한다.

40 미선나무(Abeliophyllum distichum Nakai)의 설명으로 틀린 것은?

① 1속 1종 ② 낙엽활엽관목
③ 잎은 어긋나기 ④ 물푸레나무과(科)

 미선나무
우리나라에서만 자라는 한국 특산식물로 열매의 모양이 부채를 닮아 미선나무로 불리는 물푸레나무과 낙엽활엽관목이다. 잎은 대생(마주나기)으로 2줄기로 달리며 타원상 난형이다.

35. ① 36. ③ 37. ④ 38. ④ 39. ①
40. ③

41 농약제제의 분류 중 분제(粉劑, dusts)에 대한 설명으로 틀린 것은?

① 잔효성이 유제에 비해 짧다.
② 작물에 대한 고착성이 우수하다.
③ 유효성분 농도가 1~5% 정도인 것이 많다.
④ 유효성분을 고체증량제와 소량의 보조제를 혼합 분쇄한 미분말을 말한다.

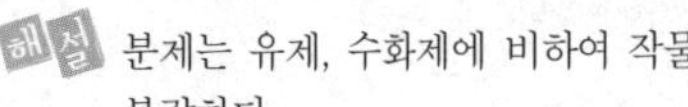
분제는 유제, 수화제에 비하여 작물에 대한 고착성이 불량하다.

42 다음 중 철쭉, 개나리 등 화목류의 전정시기로 가장 알맞은 것은?

① 가을 낙엽 후 실시한다.
② 꽃이 진 후에 실시한다.
③ 이른 봄 해동 후 바로 실시한다.
④ 시기와 상관없이 실시할 수 있다.

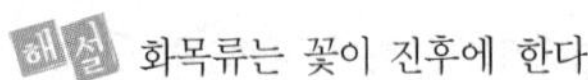
화목류는 꽃이 진후에 한다.

43 양버즘나무(플라타너스)에 발생된 흰불나방을 구제하고자 할 때 가장 효과가 좋은 약제는?

① 디플루벤주론수화제
② 결정석회황합제
③ 포스파미돈액제
④ 티오파네이트메틸수화제

디플루벤주론(diflubenzuron)수화제
디밀린이라는 상품명으로 더욱 잘 알려져 있으며 '주론'이라는 품목명으로 25 % 수화제가 고시되어 있다. 이 약제는 해충을 직접 살해하는 것이 아니고 곤충체의 표피조직인 키틴질의 형성을 저해하며, 곤충알의 부화를 억제하고 곤충을 가해하는 새로운 살충작용을 가진 농약으로, 약효가 서서히 나타나며 약효 지속기간도 길지만 사람 · 가축에는 무해하다. 흰불나방 · 솔나방과 잎말이나방, 그리고 버섯파리 등의 방제약제로 등록된 소화중독제 농약으로 사용된다.

44 조경수목에 공급하는 속효성 비료에 대한 설명으로 틀린 것은?

① 대부분의 화학비료가 해당된다.
② 늦가을에서 이른 봄 사이에 준다.
③ 시비 후 5~7일 정도면 바로 비효가 나타난다.
④ 강우가 많은 지역과 잦은 시기에는 유실정도가 빠르다.

속효성비료
무기질비료(N, P, K 등 복합비료)로 수목 생장기인 꽃이 진 직후나 열매 딴 후 수세회복을 목적으로 소량으로 시비한다.

45 잔디공사 중 떼심기 작업의 주의사항이 아닌 것은?

① 뗏장의 이음새에는 흙을 충분히 채워준다.
② 관수를 충분히 하여 흙과 밀착되도록 한다.
③ 경사면의 시공은 위쪽에서 아래쪽으로 작업한다.
④ 뗏장을 붙인 다음에 롤러 등의 장비로 전압을 실시한다.

46 다음 설명에 해당하는 것은?

- 나무의 가지에 기생하면 그 부위가 국소적으로 이상비대 한다.
- 기생 당한 부위의 윗부분은 위축되면서 말라 죽는다.
- 참나무류에 가장 큰 피해를 주며, 팽나무, 물오리나무, 자작나무, 밤나무 등의 활엽수에도 많이 기생한다.

① 새삼 ② 선충
③ 겨우살이 ④ 바이러스

겨우살이
참나무 · 물오리나무 · 밤나무 · 팽나무 등 나무에 기생하며 스스로 광합성하여 엽록소를 만드는 반기생식물로 사계절 푸른 잎을 지닌다. 둥지같이 둥글게 자라 지름이 1m에 달하는 것도 있다. 잎은 마주나고 다육질이며 바소꼴로 잎자루가 없다. 가지는 둥글고 황록색으로 털이 없으며 마디 사이가 3~6cm이다.

41. ② 42. ② 43. ① 44. ② 45. ③ 46. ③

47 **천적을 이용해 해충을 방제하는 방법은?**

① 생물적 방제　② 화학적 방제
③ 물리적 방제　④ 임업적 방제

 생물적 방제
화학농약을 사용하는 대신 미생물, 곤충, 식물 그 외의 생물 사이의 길항작용이나 기생관계를 이용하여 인간에 유해한 병원균, 해충, 잡초를 방제하는 방제법

48 **곰팡이가 식물에 침입하는 방법은 직접침입, 자연개구로 침입, 상처침입으로 구분할 수 있다. 다음 중 직접침입이 아닌 것은?**

① 피목침입
② 흡기로 침입
③ 세포간 균사로 침입
④ 흡기를 가진 세포간 균사로 침입

해설 피목은 자연개구로 침입으로 직접침입 방법이 아니다.

49 **비탈면의 잔디를 기계로 깎으려면 비탈면의 경사가 어느 정도보다 완만하여야 하는가?**

① 1:1보다 완만해야한다.
② 1:2보다 완만해야한다.
③ 1:3보다 완만해야한다.
④ 경사에 상관없다.

해설 비탈면 잔디 깎기는 1:3보다 완만해야 한다.

50 **수목 식재 후 물집을 만드는데, 물집의 크기로 가장 적당한 것은?**

① 근원지름(직경)의 1배
② 근원지름(직경)의 2배
③ 근원지름(직경)의 3~4배
④ 근원지름(직경)의 5~6배

해설 수목 식재 후 흙과 뿌리와의 밀착을 좋게 하기 위해 근원 직경의 5~6배 크기로 물집을 잡는다.

51 **토공사에서 터파기할 양이 $100m^3$, 되메우기양이 $70m^3$일 때 실질적인 잔토처리량(m^3)은? (단, L=1.1, C=0.8이다.)**

① 24　② 30
③ 33　④ 39

- 터파기-되메우기 = 잔토처리량
- 잔토처리량×L = 흐트러진 상태의 잔토처리량

$100-70 = 30\times1.1 = 33m^3$

52 **다음 설명의 (　)안에 적합한 것은?**

> (　)란 지질 지표면을 이루는 흙으로, 유기물과 토양 미생물이 풍부한 유기물층과 용탈층 등을 포함한 표층 토양을 말한다.

① 표토　② 조류(algae)
③ 풍적토　④ 충적토

 표토는 토양 단면의 최상위에 위치하는 토양으로 최상에 유기물이나 양분을 함유하고 있으며 하층과 비교해서 암색을 띄고 뿌리가 많이 분포한다.

53 **조경시설물 유지관리 연간 작업계획에 포함되지 않는 작업 내용은?**

① 수선, 교체　② 개량, 신설
③ 복구, 방제　④ 제초, 전정

해설 제초, 전정은 조경 수목 유지관리 계획에 포함된다.

54 **건설공사 표준품셈에서 사용되는 기본(표준형) 벽돌의 표준 치수(mm)로 옳은 것은?**

① 180×80×57　② 190×90×57
③ 210×90×60　④ 210×100×60

해설 표준형 벽돌의 규격은 190×90×57mm이다.

47. ①　48. ①　49. ③　50. ④　51. ③
52. ①　53. ④　54. ②

55 다음 설명에 해당하는 공법은?

> (1) 면상의 매트에 종자를 붙여 비탈면에 포설, 부착하여 일시적인 조기녹화를 도모하도록 시공한다.
> (2) 비탈면을 평평하게 끝손질한 후 매꽂이 등을 꽂아주어 떠오르거나 바람에 날리지 않도록 밀착한다.
> (3) 비탈면 상부 0.2m 이상을 흙으로 덮고 단부(端部)를 흙속에 묻어 넣어 비탈면 어깨로부터 물의 침투를 방지한다.
> (4) 긴 매트류로 시공할 때에는 비탈면의 위에서 아래로 길게 세로로 깔고 흙샇기 비탈면을 다지고 붙일 때에는 수평으로 깔며 양단을 0.05m 이상 중첩한다.

① 식생대공 ② 식생자루공
③ 식생매트공 ④ 종자분사파종공

56 수준측량에서 표고(標高 : elevation)라 함은 일반적으로 어느 면(面)으로부터 연직거리를 말하는가?

① 해면(海面) ② 기준면(基準面)
③ 수평면(水平面) ④ 지평면(地平面)

 표고는 기준면으로부터 어느 점까지의 연직거리(수직거리)를 말한다.

57 다음 중 콘크리트의 공사에 있어서 거푸집에 작용하는 콘크리트 측압의 증가 요인이 아닌 것은?

① 타설 속도가 빠를수록
② 슬럼프가 클수록
③ 다짐이 많을수록
④ 빈배합일 경우

 거푸집 측압에 영향을 주는 요소
- 콘크리트 타설 속도가 빠를수록 측압이 크다
- 슬럼프값이 클수록 측압이 크다
- 콘크리트의 비중이 클수록 측압이 크다
- 시멘트량이 부배합 일수록 크다.
- 온도가 높고, 습도가 낮으면 경화가 빠르므로 콘크리트 측압이 작아진다.
- 시멘트중 조강 등 응결시간이 빠를수록 작아진다.

58 다음 중 현장 답사 등과 같은 높은 정확도를 요하지 않는 경우에 간단히 거리를 측정하는 약측정 방법에 해당하지 않는 것은?

① 목측 ② 보측
③ 시각법 ④ 줄자측정

 측량시 간단히 측정하는 약측정 방법은 목측, 보측, 시각법 등이 있다.

59 다음 [보기]가 설명하는 특징의 건설장비는?

> [보기]
> - 기동성이 뛰어나고, 대형목의 이식과 자연석의 운반, 놓기, 쌓기 등에 가장 많이 사용된다.
> - 기계가 서있는 지반보다 낮은 곳의 굴착에 좋다.
> - 파는 힘이 강력하고 비교적 경질지반도 적용한다.
> - Drag Shovel이라고도 한다.

① 로더(Loader) ② 백호우(Back Hoe)
③ 불도저(Bulldozer) ④ 덤프트럭(Dump Truck)

 백호우
기계가 서 있는 지면보다 낮은 장소의 굴착에도 적당하고 수중 굴착도 가능한 기계를 말한다. 굳은 지반의 토질에서도 굴착 정형이 가능하다.

60 토양환경을 개선하기 위해 유공관을 지면과 수직으로 뿌리 주변에 세워 토양내 공기를 공급하여 뿌리호흡을 유도하는데, 유공관의 깊이는 수종, 규격, 식재지역의 토양 상태에 따라 다르게 할 수 있으나, 평균 깊이는 몇 미터 이내로 하는 것이 바람직한가?

① 1m ② 1.5m
③ 2m ④ 3m

 수목분 주위에 평균 1m 정도 깊이로 파고 유공관을 설치하여 토양내 공기를 공흡하여 뿌리 호흡을 원활히 한다.

55. ③ 56. ② 57. ④ 58. ④ 59. ② 60. ①

과년도 기출문제 | 2016년 4회(16.7.10 시행)

1 조선시대 궁궐이나 상류주택 정원에서 가장 독특하게 발달한 공간은?

① 전정 ② 후정
③ 주정 ④ 중정

해설 조선시대는 풍수지리설의 영향으로 택지선정이 크게 제약을 받아 후원식, 화계식이 발달하였다.

2 영국 튜터 왕조에서 유행했던 화단으로 낮게 깎은 회양목 등으로 화단을 여러 가지 기하학적 문양으로 구획 짓는 것은?

① 기식화단 ② 매듭화단
③ 카펫화단 ④ 경재화단

3 중정(patio)식 정원의 가장 대표적인 특징은?

① 토피어리 ② 색채타일
③ 동물 조각품 ④ 수렵장

해설 중정식은 스페인의 정원양식으로 파티오(Patio) 중심의 내향적 공간을 추구하였으며 대표적인 작품으로는 알함브라궁원이 있다.

4 16세기 무굴제국의 인도정원과 가장 관련이 깊은 것은?

① 타지마할 ② 퐁텐블로
③ 클로이스터 ④ 알함브라 궁원

해설 무굴제국의 타지마할(TAJ MAHAL)은 이슬람 건축의 백미라고 일컫는다. 샤자한이 왕비 뭄타즈 마할을 추념하기 위해 조성하였다.

5 이탈리아의 노단 건축식 정원, 프랑스의 평면기하학식 정원 등은 자연 환경 요인 중 어떤 요인의 영향을 가장 크게 받아 발생한 것인가?

① 기후 ② 지형
③ 식물 ④ 토지

해설 이탈리아는 구릉과 산악을 중심으로 정원이 발달하였으며 프랑스는 평탄한 저습지에 정원 발달하였다.

6 중국 청나라 시대 대표적인 정원이 아닌 것은?

① 원명원 이궁
② 이화원 이궁
③ 졸정원
④ 승덕피서산장

해설 졸정원은 명나라의 대표적인 사가정원이다.

7 정원요소로 징검돌, 물통, 세수통, 석등 등의 배치를 중시하던 일본의 정원 양식은?

① 다정원
② 침전조 정원
③ 축산고산수 정원
④ 평정고산수 정원

해설 일본의 다정원은 다도를 즐기기 위한 소정원으로 정원 안에 징검돌, 물통, 세수통, 석등 등을 배치하였다.

1. ② 2. ② 3. ② 4. ① 5. ② 6. ③ 7. ①

8 **다음 중 창경궁(昌慶宮)과 관련이 있는 건물은?**

① 만춘전　　② 낙선재
③ 함화당　　④ 사정전

① 만춘전, ③ 함화당, ④ 사정전은 경복궁에 있는 건물이다.

9 **메소포타미아의 대표적인 정원은?**

① 베다사원
② 베르사이유 궁전
③ 바빌론의 공중정원
④ 타지마할 사원

10 **경관요소 중 높은 지각 강도(A)와 낮은 지각 강도(B)의 연결이 옳지 않은 것은?**

① A : 수평선, B : 사선
② A : 따뜻한 색채, B : 차가운 색채
③ A : 동적인 상태, B : 고정된 상태
④ A : 거친 질감, B : 섬세하고 부드러운 질감

11 **국토교통부장관이 규정에 의하여 공원녹지기본계획을 수립 시 종합적으로 고려해야 하는 사항으로 가장 거리가 먼 것은?**

① 장래 이용자의 특성 등 여건의 변화에 탄력적으로 대응할 수 있도록 할 것
② 공원녹지의 보전 · 확충 · 관리 · 이용을 위한 장기발전방향을 제시하여 도시민들의 쾌적한 삶의 기반이 형성되도록 할 것
③ 광역도시계획, 도시 · 군기본계획 등 상위계획의 내용과 부합되어야 하고 도시 · 군기본계획의 부문별 계획과 조화되도록 할 것
④ 체계적 · 독립적으로 자연환경의 유지 · 관리와 여가활동의 장은 분리 형성하여 인간으로부터 자연의 피해를 최소화 할 수 있도록 최소한의 제한적 연결망을 구축할 수 있도록 할 것

바르게 고치면
체계적 · 지속적으로 자연환경을 유지 · 관리하여 여가활동의 장이 형성되고 인간과 자연이 공생할 수 있는 연결망을 구축할 수 있도록 할 것

12 **다음 중 좁은 의미의 조경 또는 조원으로 가장 적합한 설명은?**

① 복잡 다양한 근대에 이르러 적용되었다.
② 기술자를 조경가라 부르기 시작하였다.
③ 정원을 포함한 광범위한 옥외 공간 전반이 주 대상이다.
④ 식재를 중심으로 한 전통적인 조경기술로 정원을 만드는 일만을 말한다.

13 **수목 또는 경사면 등의 주위 경관 요소들에 의하여 자연스럽게 둘러싸여 있는 경관을 무엇이라 하는가?**

① 파노라마 경관　　② 지형경관
③ 위요경관　　④ 관개경관

14 **조경양식에 대한 설명으로 틀린 것은?**

① 조경양식에는 정형식, 자연식, 절충식 등이 있다.
② 정형식 조경은 영국에서 처음 시작된 양식으로 비스타 축을 이용한 중앙 광로가 있다.
③ 자연식 조경은 동아시아에서 발달한 양식이며 자연 상태 그대로를 정원으로 조성한다.
④ 절충식 조경은 한 장소에 정형식과 자연식을 동시에 지니고 있는 조경양식이다.

정형식 조경은 서양에서 주로 발달했으며, 좌우대칭이고 땅가름이 엄격하고 규칙적이다.

8. ② 9. ③ 10. ① 11. ④ 12. ④ 13. ③ 14. ②

15 도시기본구상도의 표시기준 중 노란색은 어느 용지를 나타내는 것인가?

① 주거용지　　② 관리용지
③ 보존용지　　④ 상업용지

16 다음 그림과 같은 정투상도(제3각법)의 입체로 맞는 것은?

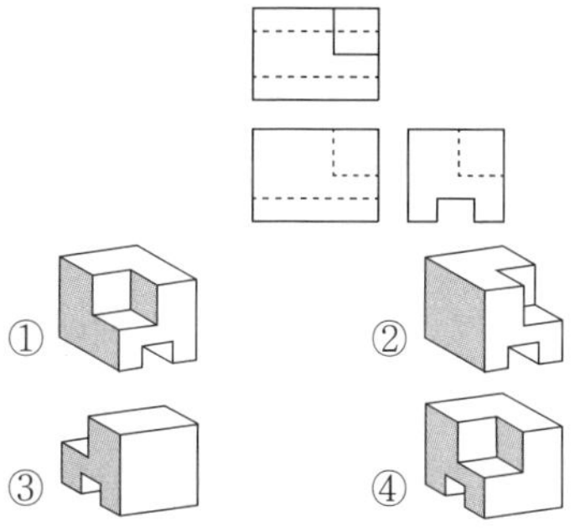

해설 정투상도 제3각법
물체를 3각 안에 놓고 물체를 투상한 것을 말한다. 물체의 앞의 유리판에 투영한다.

투상순서	눈 → 투상 → 물체
투상도의 위치	· 좌측면도는 정면도의 좌측에 위치한다. · 평면도는 정면도의 위에 위치한다. · 우측면도는 정면도의 우측에 위치한다. · 저면도는 정면도의 아래에 위치한다.

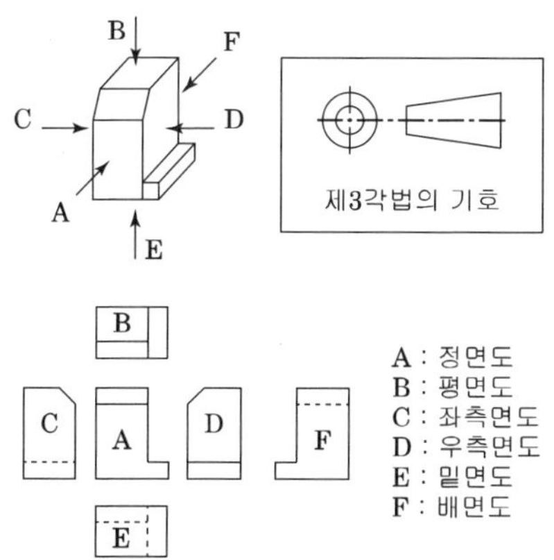

17 가법혼색에 관한 설명으로 틀린 것은?

① 2차색은 1차색에 비하여 명도가 높아진다.
② 빨강 광원에 녹색 광원을 흰 스크린에 비추면 노란색이 된다.
③ 가법혼색의 삼원색을 동시에 비추면 검정이 된다.
④ 파랑에 녹색 광원을 비추면 시안(cyan)이 된다.

해설 바르게 고치면
가법혼색의 삼원색을 동시에 비추면 흰색이 된다.

18 다음 중 직선의 느낌으로 가장 부적합한 것은?

① 여성적이다.　　② 굳건하다.
③ 딱딱하다.　　④ 긴장감이 있다.

해설 직선의 느낌은 남성적이며, 굳건함, 강직함, 견고함, 긴장감 등이 있다.

19 건설재료 단면의 경계표시 기호 중 지반면(흙)을 나타낸 것은?

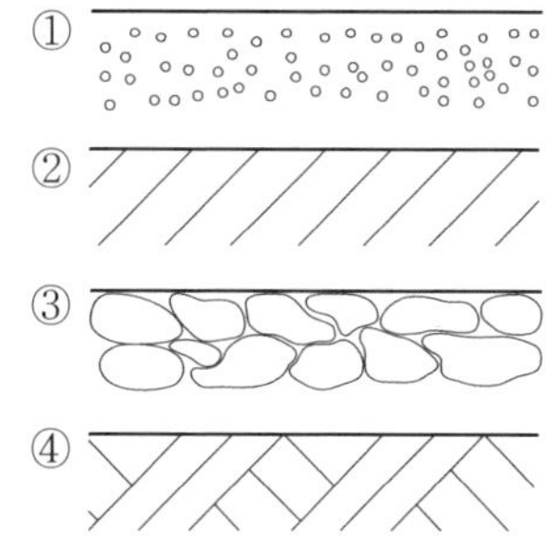

15. ①　16. ②　17. ③　18. ①　19. ④

20 [보기]의 ( )안에 적합한 쥐똥나무 등을 이용한 생울타리용 관목의 식재간격은?

> [보기]
> 조경설계기준 상의 생울타리용 관목의 식재간격은 (~)m, 2~3줄을 표준으로 하되, 수목 종류와 식재장소에 따라 식재간격이나 줄 숫자를 적정하게 조정해서 시행해야 한다.

① 0.14 ~ 0.20 ② 0.25 ~ 0.75
③ 0.8 ~ 1.2 ④ 1.2 ~ 1.5

21 일반적인 합성수지(plastics)의 장점으로 틀린 것은?

① 열전도율이 높다.
② 성형가공이 쉽다.
③ 마모가 적고 탄력성이 크다.
④ 우수한 가공성으로 성형이 쉽다.

 합성수지는 열전도율이 낮고 성형성이 쉬우나 열에는 신축이 크다.

22 [보기]에 해당하는 도장공사의 재료는?

> [보기]
> - 초화면(硝化綿)과 같은 용제에 용해시킨 섬유계 유도체를 주성분으로 하고 여기에 합성수지, 가소제와 안료를 첨가한 도료이다.
> - 건조가 빠르고 도막이 견고하며 광택이 좋고 연마가 용이하며, 불점착성 · 내마멸성 · 내수성 · 내유성 · 내후성 등이 강한 고급 도료이다.
> - 결점으로는 도막이 얇고 부착력이 약하다.

① 유성페인트 ② 수성페인트
③ 래커 ④ 니스

23 변성암의 종류에 해당하는 것은?

① 사문암 ② 섬록암
③ 안산암 ④ 화강암

 변성암
- 화성암이나 수성암이 지하로부터 변성작용을 받은 암석의 총칭
- 편마암, 점판암, 편암, 대리석, 사문암 등

24 일반적으로 목재의 비중과 가장 관련이 있으며, 목재성분 중 수분을 공기 중에서 제거한 상태의 비중을 말하는 것은?

① 생목비중 ② 기건비중
③ 함수비중 ④ 절대 건조비중

 기건비중
공기 속의 온도와 평형을 이룰 때까지 건조 상태로 존재하는 목재의 비중

25 조경에서 사용되는 건설재료 중 콘크리트의 특징으로 옳은 것은?

① 압축강도가 크다.
② 인장강도와 휨강도가 크다.
③ 자체 무게가 적어 모양변경이 쉽다.
④ 시공과정에서 품질의 양부를 조사하기 쉽다.

 콘크리트의 장점은 압축강도가 크고 내화성, 내수성, 내구성이 크다. 단점으로는 중량이 크며 인장강도가 작아 철근으로 인장력 보강하여야 한다.

26 시멘트의 제조 시 응결시간을 조절하기 위해 첨가하는 것은?

① 광재 ② 점토
③ 석고 ④ 철분

 시멘트의 제조시 석고는 시멘트의 응결조절작용을 한다.

20. ② 21. ① 22. ③ 23. ① 24. ②
25. ① 26. ③

27 타일붙임재료의 설명으로 틀린 것은?

① 접착력과 내구성이 강하고 경제적이며 작업성이 있어야 한다.
② 종류는 무기질 시멘트 모르타르와 유기질 고무계 또는 에폭시계 등이 있다.
③ 경량으로 투수율과 흡수율이 크고, 형상·색조의 자유로움 등이 우수하나 내화성이 약하다.
④ 접착력이 일정기준 이상 확보되어야만 타일의 탈락현상과 동해에 의한 내구성의 저하를 방지할 수 있다.

28 미장 공사 시 미장재료로 활용될 수 없는 것은?

① 견치석 ② 석회
③ 점토 ④ 시멘트

해설 견치석은 돌쌓기 공사에 사용된다.

29 알루미늄의 일반적인 성질로 틀린 것은?

① 열의 전도율이 높다.
② 비중은 약 2.7 정도이다.
③ 전성과 연성이 풍부하다.
④ 산과 알칼리에 특히 강하다.

해설 알루미늄은 산과 알칼리에는 부식되므로 주의를 요한다.

30 콘크리트 혼화제의 역할 및 연결이 옳지 않은 것은?

① 단위수량, 단위시멘트량의 감소 : AE감수제
② 작업성능이나 동결융해 저항성능의 향상 : AE제
③ 강력한 감수효과와 강도의 대폭 증가 : 고성능감수제
④ 염화물에 의한 강재의 부식을 억제 : 기포제

해설 기포제
콘크리트의 단위용적중량의 경감 혹은 단열성의 부여를 목적으로 안정된 기포를 물리적인 수법으로 도입시키는 혼화제이다.

31 공원식재 시공 시 식재할 지피식물의 조건으로 가장 거리가 먼 것은?

① 관리가 용이하고 병충해에 잘 견뎌야 한다.
② 번식력이 왕성하고 생장이 비교적 빨라야 한다.
③ 성질이 강하고 환경조건에 대한 적응성이 넓어야 한다.
④ 토양까지의 강수 전단을 위해 지표면을 듬성듬성 피복하여야 한다.

해설 지피식물은 지표를 치밀하게 피복하여 나지를 만들지 않는 식물이어야 한다.

32 줄기가 아래로 늘어지는 생김새의 수간을 가진 나무의 모양을 무엇이라 하는가?

① 쌍간 ② 다간
③ 직간 ④ 현애

33 다음 중 광선(光線)과의 관계 상 음수(陰樹)로 분류하기 가장 적합한 것은?

① 박달나무 ② 눈주목
③ 감나무 ④ 배롱나무

34 가죽나무가 해당되는 과(科)는?

① 운향과 ② 멀구슬나무과
③ 소태나무과 ④ 콩과

35 고로쇠나무와 복자기에 대한 설명으로 옳지 않은 것은?

① 복자기의 잎은 복엽이다.
② 두 수종은 모두 열매는 시과이다.
③ 두 수종은 모두 단풍색이 붉은색이다.
④ 두 수종은 모두 과명이 단풍나무과 이다.

해설 고로쇠의 단풍은 노란색, 복자기의 단풍은 붉은색이다.

27. ③	28. ①	29. ④	30. ④	31. ④
32. ④	33. ②	34. ③	35. ③	

36 수피에 아름다운 얼룩무늬가 관상 요소인 수종이 아닌 것은?

① 노각나무　　② 모과나무
③ 배롱나무　　④ 자귀나무

37 열매를 관상목적으로 하는 조경 수목 중 열매색이 적색(홍색) 계열이 아닌 것은?(단, 열매색의 분류 : 황색, 적색, 흑색)

① 주목　　② 화살나무
③ 산딸나무　　④ 굴거리나무

해설 굴거리나무
- 대극과에 속하는 상록활엽교목
- 높이는 10m까지 자라고, 꽃은 4~5월에 피며, 열매는 10월경 검은 자주빛으로 익는다. 제주도를 비롯한 전라남도와 경상남도의 섬에 자생한다.

38 흰말채나무의 특징 설명으로 틀린 것은?

① 노란색의 열매가 특징적이다.
② 층층나무과로 낙엽활엽관목이다.
③ 수피가 여름에는 녹색이나 가을, 겨울철의 붉은 줄기가 아름답다.
④ 잎은 대생하며 타원형 또는 난상타원형이고, 표면에 작은 털이 있으며 뒷면은 흰색의 특징을 갖는다.

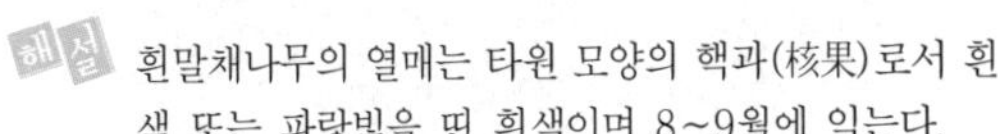

해설 흰말채나무의 열매는 타원 모양의 핵과(核果)로서 흰색 또는 파랑빛을 띤 흰색이며 8~9월에 익는다.

39 수목식재에 가장 적합한 토양의 구성비는? (단, 구성은 토양 : 수분 : 공기의 순서임)

① 50% : 25% : 25%
② 50% : 10% : 40%
③ 40% : 40% : 20%
④ 30% : 40% : 30%

40 차량 통행이 많은 지역의 가로수로 가장 부적합한 것은?

① 은행나무　　② 층층나무
③ 양버즘나무　　④ 단풍나무

해설 가로수는 가급적 수간이 곧은 정형수로 지하고가 높은 교목이 적당하다.

41 지주목 설치에 대한 설명으로 틀린 것은?

① 수피와 지주가 닿은 부분은 보호조치를 취한다.
② 지주목을 설치할 때에는 풍향과 지형 등을 고려한다.
③ 대형목이나 경관상 중요한 곳에는 당김줄형을 설치한다.
④ 지주는 뿌리 속에 박아 넣어 견고히 고정되도록 한다.

42 조경공사의 유형 중 환경생태복원 녹화공사에 속하지 않는 것은?

① 분수공사
② 비탈면녹화공사
③ 옥상 및 벽체녹화공사
④ 자연하천 및 저수지공사

해설 분수공사는 수경시설공사에 해당된다.

43 수목의 가식 장소로 적합한 곳은?

① 배수가 잘 되는 곳
② 차량출입이 어려운 한적한 곳
③ 햇빛이 잘 안들고 점질 토양의 곳
④ 거센 바람이 불거나 흙 입자가 날려 잎을 덮어 보온이 가능한 곳

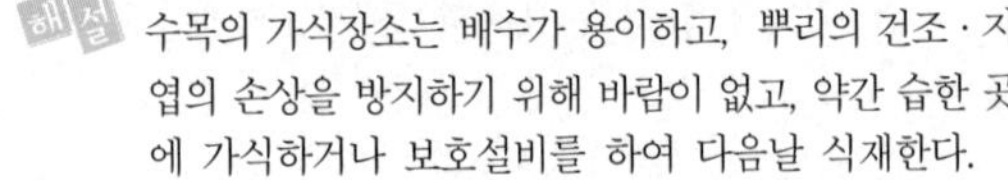

해설 수목의 가식장소는 배수가 용이하고, 뿌리의 건조·지엽의 손상을 방지하기 위해 바람이 없고, 약간 습한 곳에 가식하거나 보호설비를 하여 다음날 식재한다.

36. ④	37. ④	38. ①	39. ①	40. ④
41. ④	42. ①	43. ①		

44 **수목의 잎 조직 중 가스교환을 주로 하는 곳은?**

① 책상조직 ② 엽록체
③ 표피 ④ 기공

45 **곤충이 빛에 반응하여 일정한 방향으로 이동하려는 행동습성은?**

① 주광성(phototaxis)
② 주촉성(thigmotaxis)
③ 주화성(chemotaxis)
④ 주지성(geotaxis)

해설 곤충의 주성(走性)
- 주광성 : 빛에 대한 반응하여 일정한 방향으로 이동하려는 주성
- 주촉성 : 어떤 의지한 물건에 접촉하려는 주성
- 주화성 : 화학 물질에 대한 반응에 대한 주성
- 주지성 : 머리가 땅을 향하거나 하늘을 향하려고 하는 주성

46 **대추나무 빗자루병에 대한 설명으로 틀린 것은?**

① 마름무늬매미충에 의하여 매개 전염된다.
② 각종 상처, 기공 등의 자연개구를 통하여 침입한다.
③ 잔가지와 황록색의 아주 작은 잎이 밀생하고, 꽃봉오리가 잎으로 변화된다.
④ 전염된 나무는 옥시테트라사이클린 항생제를 수간주입 한다.

해설 대추나무 빗자루병은 매개충에 의하여 매개 전염된다.

47 **멀칭재료는 유기질, 광물질 및 합성재료로 분류할 수 있다. 유기질 멀칭재료에 해당하지 않는 것은?**

① 볏짚 ② 마사
③ 우드 칩 ④ 톱밥

해설 마사는 광물질 멀칭재료이다.

48 **1차 전염원이 아닌 것은?**

① 균핵 ② 분생포자
③ 난포자 ④ 균사속

49 **살충제에 해당되는 것은?**

① 베노밀 수화제
② 페니트로티온 유제
③ 글리포세이트암모늄 액제
④ 아시벤졸라-에스-메틸 · 만코제브 수화제

- 베노밀 수화제-살균제
- 글리포세이트암모늄 액제-제초제
- 아시벤졸라-에스-메틸 · 만코제브 수화제-살균제

50 **여름용(남방계) 잔디라고 불리며, 따뜻하고 건조하거나 습윤한 지대에서 주로 재배되는데 하루 평균기온이 10℃ 이상이 되는 4월 초순부터 생육이 시작되어 6~8월의 25~35℃ 사이에서 가장 생육이 왕성한 것은?**

① 켄터키블루그라스
② 버뮤다그라스
③ 라이그라스
④ 벤트그라스

44. ④ 45. ① 46. ② 47. ② 48. ②
49. ② 50. ②

51 다음 설명에 적합한 조경 공사용 기계는?

- 운동장이나 광장과 같이 넓은 대지나 노면을 판판하게 고르거나 필요한 흙 쌓기 높이를 조절하는데 사용
- 길이 2~3m, 나비 30~50cm의 배토판으로 지면을 긁어 가면서 작업
- 배토판은 상하좌우로 조절할 수 있으며, 각도를 자유롭게 조절할 수 있기 때문에 지면을 고르는 작업 이외에 언덕 깎기, 눈치기, 도랑파기 작업 등도 가능

① 모터 그레이더 ② 차륜식 로더
③ 트럭 크레인 ④ 진동 컴팩터

모터 그레이더
도로공사에 쓰이는 기계로 주요부는 땅을 깎거나 고르는 블레이드(blade : 날)와 땅을 파 일구는 스캐리파이어(scarifier)로, 2~4km/h로 주행하면서 작업한다. 토공작업의 마무리로서의 땅고르기, 측구(側溝)의 굴착, 노반(路盤)이나 경사면을 형성하는 작업을 한다.

52 콘크리트용 혼화재료에 관한 설명으로 옳지 않은 것은?

① 포졸란은 시공연도를 좋게 하고 블리딩과 재료분리 현상을 저감시킨다.
② 플라이애쉬와 실리카흄은 고강도 콘크리트 제조용으로 많이 사용된다.
③ 알루미늄 분말과 아연 분말은 방동제로 많이 사용되는 혼화제이다.
④ 염화칼슘과 규산소오다 등은 응결과 경화를 촉진하는 혼화제로 사용된다.

알루미늄 분말과 아연 분말은 발포제로 사용되는 혼화제이다.

53 콘크리트의 시공단계 순서가 바르게 연결된 것은?

① 운반 → 제조 → 부어넣기 → 다짐 → 표면마무리 → 양생
② 운반 → 제조 → 부어넣기 → 양생 → 표면마무리 → 다짐
③ 제조 → 운반 → 부어넣기 → 다짐 → 양생 → 표면마무리
④ 제조 → 운반 → 부어넣기 → 다짐 → 표면마무리 → 양생

54 다음 중 경관석 놓기에 관한 설명으로 가장 부적합한 것은?

① 돌과 돌 사이는 움직이지 않도록 시멘트로 굳힌다.
② 돌 주위에는 회양목, 철쭉 등을 돌에 가까이 붙여 식재한다.
③ 시선이 집중하기 쉬운 곳, 시선을 유도해야 할 곳에 앉혀 놓는다.
④ 3, 5, 7 등의 홀수로 만들며, 돌 사이의 거리나 크기 등을 조정배치 한다.

돌과 돌 사이에 빈틈에 회양목이나 철쭉 등의 관목류, 초화류를 식재한다.

55 축척 1/500 도면의 단위면적이 $10m^2$인 것을 이용하여, 축척 1/1000 도면의 단위면적으로 환산하면 얼마인가?

① $20m^2$ ② $40m^2$
③ $80m^2$ ④ $120m^2$

축척 1/500 →1/1000 이므로 거리상으로는 2배, 면적상으로는 4배가 커진 것으로
$10m^2 \times 4 = 40m^2$ 가 된다.

51. ① 52. ③ 53. ④ 54. ① 55. ②

56 토공사(정지) 작업 시 일정한 장소에 흙을 쌓아 일정한 높이를 만드는 일을 무엇이라 하는가?

① 객토 ② 절토
③ 성토 ④ 경토

57 옥상녹화용 방수층 및 방근층 시공 시 "바탕체의 거동에 의한 방수층의 파손" 요인에 대한 해결방법으로 부적합한 것은?

① 거동 흡수 절연층의 구성
② 방수층 위에 플라스틱계 배수판 설치
③ 합성고분자계, 금속계 또는 복합계 재료 사용
④ 콘크리트 등 바탕체가 온도 및 진동에 의한 거동 시 방수층 파손이 없을 것

해설 방수층 위에 플라스틱계 배수판 설치는 배수층 설치를 통한 체류수의 원활한 흐름의 요인에 대한 해결방법이다.

58 지표면이 높은 곳의 꼭대기 점을 연결한 선으로, 빗물이 이것을 경계로 좌우로 흐르게 되는 선을 무엇이라 하는가?

① 능선 ② 계곡선
③ 경사 변환점 ④ 방향 변환점

59 수변의 디딤돌(징검돌) 놓기에 대한 설명으로 틀린 것은?

① 보행에 적합하도록 지면과 수평으로 배치한다.
② 징검돌의 상단은 수면보다 15cm 정도 높게 배치한다.
③ 디딤돌 및 징검돌의 장축은 진행방향에 직각이 되도록 배치한다.
④ 물 순환 및 생태적 환경을 조성하기 위하여 투수지역에서는 가벼운 디딤돌을 주로 활용한다.

해설 징검돌 놓기
- 보행에 적합하도록 지면과 수평으로 배치한다.
- 징검돌의 상단은 수면보다 15cm 정도 높게 배치하고 한 면의 길이가 30~60cm 정도로 되게 한다. 요소(시점, 종점, 분기점)에 대형이며 모양이 좋은 것을 선별하여 배치하고 디딤 시작과 마침 돌은 절반 이상 물가에 걸치게 한다.

60 수경시설(연못)의 유지관리에 관한 내용으로 옳지 않은 것은?

① 겨울철에는 물을 2/3 정도만 채워둔다.
② 녹이 잘 스는 부분은 녹막이 칠을 수시로 해준다.
③ 수중식물 및 어류의 상태를 수시로 점검한다.
④ 물이 새는 곳이 있는지의 여부를 수시로 점검하여 조치한다.

해설 겨울철에는 연못의 물을 빼어 관리 한다.

56. ③ 57. ② 58. ① 59. ④ 60. ①

제 6 편

CBT 대비

복원기출문제

CBT 대비 2017년 1회 복원기출문제

본 기출문제는 수험자의 기억을 바탕으로 하여 복원한 문제이므로 실제 출제된 문제와 일부 다를 수 있음을 미리 알려드립니다.

1 먼셀의 색상환에서 BG는 무슨 색인가?

① 연두색
② 남색
③ 청록색
④ 보라색

 먼셀의 색상환

- 기본색 : 빨강(R), 노랑(Y), 초록(G), 파랑(B), 보라(P)
- 중간색 : 주황(YR), 연두GY), 청록(BG), 보라(PB), 자주(RP)

2 수목의 표시를 할 때 주로 사용되는 제도용구는?

① 삼각자
② 템플릿
③ 삼각축척
④ 곡선자

 템플릿 : 아크릴 등 얇은 형태판으로 크기가 다른 원, 사각, 삼각, 사각 등이 모형 뚫려있다.

3 다음 중 조화(Harmony)의 설명으로 가장 적합한 것은?

① 각 요소들이 강약 장단의 주기성이나 규칙성을 가지면서 전체적으로 연속적인 운동감을 가지는 것
② 모양이나 색깔 등이 비슷비슷하면서도 실은 똑같지 않은 것끼리 모여 균형을 유지하는 것
③ 서로 다른 것끼리 모여 서로를 강조시켜 주는 것
④ 축선을 중심으로 하여 양쪽의 비중을 똑같이 만드는 것

 조화는 색채나 형태가 유사한 시각적 요소들이 서로 잘 어울리는 것으로 전체적 질서를 잡아주는 역할을 한다.

4 다음 중 정형식 배식 유형은?

① 부등변삼각형식재
② 군식
③ 임의식재
④ 교호식재

 배식유형

- 정형식 : 단식, 대식, 열식, 교호식재, 집단식재, 요점식재
- 자연풍경식 : 부등변삼각형식재, 임의식재, 무리심기, 배경식재, 산재식재, 주목
- 자유형식재 : 직선의 형태가 많은 루버형, 번개형, 아메바형, 절선형
- 군락식재

5 안정감과 포근함 등과 같은 정적인 느낌을 받을 수 있는 경관은?

① 파노라마경관　② 위요경관
③ 초점경관　④ 지형경관

 ① 파노라마경관 : 시선의 장애물이 없이 조망할 수 있게 펼쳐진 경관
③ 초점경관 : 관찰자의 시선이 경관 내의 어느 한 점으로 유도되도록 구성된 경관
④ 지형경관 : 천연미적경관, 지형이 특징을 나타내고 있어서 관찰자가 강한 인상을 받고 또 경관의 지표가 되는 경관

6 황금비는 단변이 1일 때 장변은 얼마인가?

① 1.681　② 1.618
③ 1.186　④ 1.861

 황금비 1 : 1.618

1. ③ 2. ② 3. ② 4. ④ 5. ② 6. ②

7 지형을 표시하는 데 가장 기본이 되는 등고선의 종류는?

① 조곡선
② 주곡선
③ 간곡선
④ 계곡선

 지형표시의 기본이 되는 선은 주곡선이다.

8 잉크로 인쇄를 할 때 색료의 삼원색이 아닌 것은?

① 청록색(사이안)
② 붉은보라(마젠타)
③ 황색(옐로)
④ 초록(그린)

 삼원색
색의 혼합을 통하여 다른 색을 만들 수 있는 세가지 색으로 청록색(Cyan), 옐로(Yellow), 마젠타(Magenta)가 있다.

9 조선시대 궁궐의 침전 후정에서 볼 수 있는 대표적인 것은?

① 자수 화단(花壇)
② 비폭(飛瀑)
③ 경사지를 이용해서 만든 계단식의 노단
④ 정자수

 조선시대 궁궐의 침전(寢殿), 후정(后庭)은 경사지를 계단식으로 조성하여 정원으로 조성하였다.

10 중국 청나라시대 대표적인 정원이 아닌 것은?

① 원명원이궁
③ 이화원이궁
③ 졸정원
④ 승덕피서산장

 졸정원은 명나라때 소주에 조영되었다.

11 스페인에 현존하는 이슬람정원 형태로 유명한 곳은?

① 베르사유궁전
② 보르비콩트
③ 알함브라성
④ 에스테장

 알함브라궁전은 스페인에 현존하는 이슬람정원으로 4개의 파티오(중정)으로 구성되어있다.

12 조경계획과정에서 자연환경분석의 요인이 아닌 것은?

① 기후
② 지형
③ 식물
④ 역사성

 자연환경분석시 지형, 식생, 토양, 지질, 야생동물, 기후 등을 조사해야한다.

13 일본의 정원양식 중 다음 설명에 해당하는 것은?

> • 5세기 후반에 바다의 경치를 나타내기 위해 사용하였다.
> • 정원 소재로 왕모래와 몇 개의 바위만으로 정원을 꾸미고, 식물은 일체 쓰지 않았다.

① 다정양식
② 축산고산수양식
③ 평정고산수양식
④ 침전조정원양식

 평정고산수양식
정원을 조성하는데 물을 사용하지 왕모래, 정원석으로만 사용하였다.

7. ② 8. ④ 9. ③ 10. ③ 11. ③
12. ④ 13. ③

14 **다음 중 사적인 정원이 공적인 공원으로 역할 전환의 계기가 된 사례는?**

① 에스테장
② 베르사유궁
③ 켄싱턴가든
④ 센트럴파크

해설 센트럴파크
- 영국 최초의 공공공원인 버큰헤드 공원의 영향을 받은 최초의 공원
- 미국 도시공원의 효시가 되었고 국립공원 운동에 영향을 주었다.
- 부드러운 곡선의 수법과 폭넓은 원로, 넓은 잔디밭으로 구성되었다.

15 **옛날처사도(處士道)를 근간으로 한 은일사상(隱逸思想)이 가장 성행하였던 시대는?**

① 고구려시대
② 백제시대
③ 신라시대
④ 조선시대

 도가적 은일사상
도교의 은일적 자연관은 조선시대의 사회와 관련되어 별서정원에 영향을 주었다.

16 **조선시대의 정원 중 연결이 올바른 것은?**

① 양산보 - 다산초당
② 윤선도 - 부용동 정원
③ 정약용 - 운조루 정원
④ 유이주 - 소쇄원

 조선시대의 대표적 정원
- 소쇄원은 중종 25년(1530)에 양산보가 전남 담양에 조영하였다.
- 운조루는 영조 52년(1776)에 유이주가 전남 구례군에 조영하였다.
- 부용동 정원은 전남 완도군 보길도에 윤선도(1587~1671)가 조영한 정원으로 〈어부사시사〉 등의 작품을 남겼다.
- 다산초당은 정약용이 강진에서 유배생활을 하던 곳으로, 후학을 양성하기도하였다.

17 **인도의 정원에 관한 설명 중 틀린 것은?**

① 인도의 정원은 옥외실의 역할을 할 수 있게 꾸며졌다.
② 회교도들이 남부 스페인에 축조해 놓은 것과 유사한 모양을 갖고 있다.
③ 중국이나 일본, 한국과 같이 자연풍경식 정원으로 구성되어 있다.
④ 물과 녹음이 주요 정원 구성요소이며, 짙은 색채를 가진 화훼류와 향기로운 과수가 많이 이용되었다.

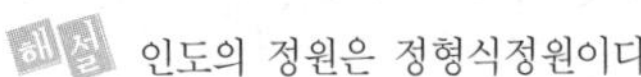
해설 인도의 정원은 정형식정원이다.

18 **미적인 형 그 자체로는 균형을 이루지 못하지만 시각적인 힘의 통합에 의해 균형을 이룬 것 처럼 느끼게 하여, 동적인 감각과 변화 있는 개성적 감정을 불러일으키며, 세련미와 성숙미 그리고 운동감과 유연성을 주는 미적원리는?**

① 비 례　　② 비대칭
③ 집 중　　④ 대 비

 비대칭균형
모양은 다르나 시각적으로 느껴지는 무게가 비슷하거나 시선을 끄는 정도가 비슷하게 분배되어 균형을 유지하는 것, 자연풍경식 정원에서 전체적으로 균형을 잡는 경우에 적용된다.

19 **그리스시대 공공건물과 주랑으로 둘러싸인 다목적 열린 공간으로 무덤의 전실을 가리키기도 했던 곳은?**

① 포 럼　　② 빌 라
③ 테라스　　④ 커 넬

해설 포럼
- 그리스의 아고라가 고대 로마시대에는 포럼으로 변천되었다.
- 도시에서 공공건물과 주랑으로 둘러싸인 구역의 다목적으로 열린 공간으로 공공집회장소로 사용되었다.
- 포럼은 무덤의 전실(前室)을 가리키는 낱말로 쓰였고, 로마 군대에서는 진영의 정문 옆에 있는 개활지를 가리키기도 하였다.

14. ④　15. ④　16. ②　17. ③　18. ②　19. ①

20 조경시설물 중 유리섬유강화플라스틱(FRP)으로 만들기 가장 부적합한 것은?

① 인공암
② 화분대
③ 수목보호판
④ 수족관의 수조

 유리섬유강화플라스틱(FRP)
벤치 · 인공폭포 · 인공암 · 수목보호판 등의 조경시설물에 사용된다. 수족관의 수조는 유리재질과 아크릴재질로 만든다.

21 다음 [보기]의 설명에 해당하는 수종은?

> • 어린가지의 색은 녹색 또는 적갈색으로 엽흔이 발달하고 있다.
> • 수피에서는 냄새가 나며, 약간 골이 파여 있다.
> • 단풍나무 중 복엽이면서 가장 노란색 단풍이 든다.
> • 내조성 속성수로서 조기녹화에 적당하며, 녹음수로 이용가치가 높으며, 폭이 없는 가로에 가로수로 심는다.

① 복장나무
② 네도군단풍
③ 단풍나무
④ 고로쇠나무

 네군도단풍
복엽으로서 소엽이 5매 내외이고, 생장이 빨라 공원에 조기녹화 수종으로 적합하며, 노란색 단풍이 아름다운 수종이다.

22 다음 중 파이토플라스마에 의한 수목병이 아닌 것은?

① 대추나무 빗자루병
② 뽕나무 오갈병
③ 벚나무 빗자루병
④ 오동나무 빗자루병

 벚나무 빗자루병은 진균에 의한 수목병이다.

23 흰말채나무의 설명으로 옳지 않은 것은?

① 층층나무과로 낙엽활엽관목이다.
② 노란색의 열매가 특징적이다.
③ 수피가 여름에는 녹색이나 가을, 겨울철의 붉은 줄기가 아름답다.
④ 잎은 대생하며, 타원형 또는 난상 타원형이고, 표면에 작은 털, 뒷면은 흰색의 특징을 갖는다.

 흰말채나무의 열매는 흰색으로 8~9월 성숙한다.

24 다음 중 줄기의 수피가 얇아 옮겨 심은 직후 줄기감기를 반드시 하여야 되는 수종은?

① 배롱나무
② 소나무
③ 향나무
④ 은행나무

 일본목련이나 느티나무, 배롱나무와 같이 수피가 얇은 수목은 줄기감기를 실시한다.

25 다음 중 성목의 수간질감이 가장 거칠고 줄기는 아래로 처지며, 수피가 회갈색으로 갈라져 벗겨지는 것은?

① 배롱나무
② 개잎갈나무
③ 벽오동
④ 주 목

해설 개잎갈나무
히말라야시더라고 하며, 수고가 30m에 달한다. 가지가 수평으로 퍼지며 소지에 털이 있고 밑으로 쳐진다. 수피는 회갈색이고 얇은 조각으로 벗겨진다.

20. ④ 21. ② 22. ③ 23. ② 24. ①
25. ②

26 다음 중 [보기]와 같은 특성을 지닌 정원수는?

> • 형상수로 많이 이용되고, 가을에 열매가 붉게 된다.
> • 내음성이 강하며, 비옥지에서 잘 자란다.

① 주목
② 쥐똥나무
③ 화살나무
④ 산수유

주목
원추형의 수형을 가지고 있어 형상수로 많이 이용되며, 열매는 붉은색의 핵과이며, 과육은 종자의 일부만 둘러싸고 있으며 9~10월에 붉게 익는다.

27 92~96%의 철을 함유하고 나머지는 크롬, 규소, 망간, 유황, 인 등으로 구성되어 있으며, 창호, 철물, 자물쇠, 맨홀 뚜껑 등의 재료로 사용되는 것은?

① 선철 ② 강철
③ 주철 ④ 순철

주철
용융하면 유동성이 좋아 복잡한 형으로 주조가 가능하며, 압축력에 강하고 내식성이 크다는 장점이 있다.

28 솔잎혹파리에 대한 설명 중 틀린 것은?

① 1년에 1회 발생한다.
② 유충으로 땅속에서 월동한다.
③ 우리나라에서는 1929년에 처음 발견되었다.
④ 유충은 솔잎을 밑에서부터 갉아 먹는다.

솔잎혹파리
• 1년에 1회 발생, 토양속에서 유충으로 월동
• 유충이 솔잎 기부에 들어가서 즙액을 빨아 먹는다.

29 다음 중 개화기간이 길며, 줄기의 수피 껍질이 매끈하고, 적갈색 바탕에 백반이 있어 시각적으로 아름다우며 한 여름에 꽃이 드문 때 개화하는 부처꽃과(科)의 수종은?

① 배롱나무 ② 벚나무
③ 산딸나무 ④ 회화나무

② 벚나무 – 장미과
③ 산딸나무 – 층층나무과
④ 회화나무 – 콩과

30 감탕나무과(Aquifoliaceae)에 해당하지 않는 것은?

① 호랑가시나무 ② 먼나무
③ 꽝꽝나무 ④ 소태나무

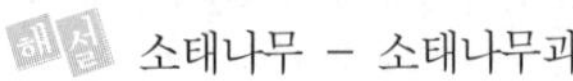
소태나무 – 소태나무과

31 반죽질기의 정도에 따라 작업의 쉽고 어려운 정도, 재료의 분리에 저항하는 정도를 나타내는 콘크리트 성질에 관련된 용어는?

① 성형성(Plasticity)
② 마감성 (Finishability)
③ 시공성 (Workbility)
④ 레이턴스(Laitance)

콘크리트와 관련된 용어
• Plasticity(성형성) : 굳지 않은 콘크리트의 성질을 표시하는 용어 중 거푸집 등의 형상에 순응하여 채우기 쉽고, 분리가 일어나지 않는 성질. 즉, 거푸집에 쉽게 다져 넣을 수 있고, 거푸집을 제거하면 천천히 형상이 변하기는 하지만 허물어지거나 재료가 분리되지 않는 성질
• Finishability(마감성) : 굵은 골재의 최대치수, 잔골재율, 잔골재의 입도, 반죽질기 등에 따르는 마무리하기 쉬운 정도를 말하는 굳지 않은 콘크리트의 성질
• Workability(시공연도) : 재료분리를 일으키는 일 없이 운반, 타설, 다지기, 마무리 등의 작업이 용이하게 될 수 있는 정도를 나타내는 굳지 않은 콘크리트의 성질
• Laitance(레이턴스) : 콘크리트를 친 후 양생물이 상승하는 현상에 따라 내부의 미세한 물질이 부상하여 콘크리트가 경화한 후 표면에 형성되는 회색의 얇은 막

26. ① 27. ③ 28. ④ 29. ① 30. ④
31. ③

32 다음 중 목재에 유성페인트칠을 할 때 가장 관련이 없는 재료는?

① 건성유
② 건조제
③ 방청제
④ 희석제

 방청제
금속이 부식하기 쉬운 상태일 때 첨가함으로써 녹을 방지하기 위해 사용하는 재료이다.

33 화강석의 크기가 20cm×20cm×100cm일 때 중량은?(단, 화강석의 비중은 평균 2.60 이다.)

① 약 50kg
② 약 100kg
③ 약 150kg
④ 약 200kg

 $\frac{20 \times 20 \times 100 \times 2.6}{1,000} = 104\text{kg}$

34 다음 [보기]의 설명에 해당하는 수종은?

- "설송(雪松)"이라 불리기도 한다.
- 줄기는 아래로 처지며, 수피는 회갈색으로 얇게 갈라져 벗겨진다.
- 잎은 짧은 가지에 30개가 총생 3~4cm로 끝이 뾰족하며, 바늘처럼 찌른다.
- 천근성 수종으로 바람에 약하며, 수관폭이 넓고 속성수로 크게 자라기 때문에 적지 선정이 중요하다.

① 잣나무 ② 솔송나무
③ 개잎갈나무 ④ 구상나무

 개잎갈나무
- 히말라야시다 · 히말라야삼나무 · 설송(雪松)이라고도 하며, 높이 30~50m, 폭은 약 3m이다. 잎갈나무와 비슷하게 생겼으나 상록성이므로 개잎갈나무라고 부른다.
- 가지가 수평으로 퍼지고 작은 가지에 털이 나며, 밑으로 처진다. 잎은 짙은 녹색이고 끝이 뾰족하며 단면은 삼각형이다.
- 히말라야산맥 원산으로 관상용 · 공원수 · 가로수로 심으며, 건축재 · 가구재로 쓴다.

35 경관석 놓기의 설명으로 옳은 것은?

① 경관석은 항상 단독으로만 배치한다.
② 일반적으로 3, 5, 7 등 홀수로 배치한다.
③ 같은 크기의 경관석으로 조합하면 통일감이 있어 자연스럽다.
④ 경관석의 배치는 돌 사이의 거리나 크기 등을 조정 배치하여 힘이 분산되도록 한다.

 경관석 놓기
- 시각의 초점이 되거나 중요하게 강조하고 싶은 장소에 보기 좋은 자연석을 1개 또는 몇 개 배치하여 감상효과를 높이는 데 쓰는 돌을 말한다.
- 경관석을 단독으로 놓을 때에는 위치, 높이, 길이, 기울기 등을 고려하여 그 경관석의 아름다움이 감상자에게 충분히 느껴지도록 하는 것이 중요하다.
- 경관석을 몇 개 어울려 짝지어 놓을 때에는 중심이 되는 큰 주석과 보조역할을 하는 보다 작은 주석을 잘 조화시켜야 하는데 그 수량은 일반적으로 3. 5, 7 등의 홀수로 만들며 돌 사이의 거리나 크기 등을 조정 배치하여 힘이 분산되지않고 짜임새가 있도록 한다.

36 다음 중 수목의 분류상 교목으로 분류할 수 없는 것은?

① 일본목련
② 느티나무
③ 목련
④ 병꽃나무

 병꽃나무 – 낙엽활엽관목

37 암석재료의 특징에 관한 설명 중 틀린 것은?

① 외관이 매우 아름답다.
② 내구성과 강도가 크다.
③ 변형되지 않으며, 가공성이 있다.
④ 가격이 싸다.

 암석재료의 장단점
- 외관이 수려하고 내구성과 강도가 크다.
- 가격은 비싸다

32. ③ 33. ② 34. ③ 35. ② 36. ④
37. ④

38 농약 취급 시 주의할 사항으로 부적합한 것은?

① 농약을 살포할 때는 방독면과 방호용 옷을 착용하여야 한다.
② 쓰고 남은 농약은 변질 될 수 있으므로 즉시 주변에 버리거나 다른 용기에 담아 둔다.
③ 피로하거나 건강이 나쁠 때는 작업하지 않는다.
④ 작업 중에 식사 또는 흡연을 금한다.

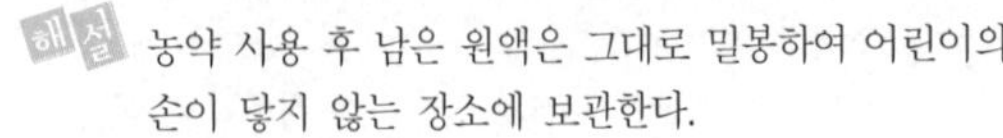
농약 사용 후 남은 원액은 그대로 밀봉하여 어린이의 손이 닿지 않는 장소에 보관한다.

39 투명도가 높으므로 유기유리라는 명칭이 있고 착색이 자유로워 채광판, 도어판, 칸막이판 등에 이용되는 것은?

① 아크릴수지
② 멜라민수지
③ 알키드수지
④ 폴리에스테르수지

 아크릴수지
- 강도 · 굳기 · 내열성은 작지만 산 · 알칼리에 강하다.
- 유기유리라고도 하며, 유리 대신으로 쓰이고, 색깔이 있는 아크릴수지는 장식용에 적합하다.

40 다음 노박덩굴과(Celastraceae) 식물 중 상록 계열에 해당하는 것은?

① 노박덩굴
② 화살나무
③ 참빗살나무
④ 사철나무

 ① 노박덩굴 – 낙엽활엽덩굴성
② 화살나무 – 낙엽활엽관목
③ 참빗살나무 – 낙엽활엽소교목

41 「주차장법 시행규칙」상 주차장의 주차단위 구획기준은?(단, 평행주차형식 외의 장애인전용방식이다)

① 2.0m 이상×4.5m 이상
② 3.0m 이상×5.0m 이상
③ 2.3m 이상×4.5m 이상
④ 3.3m 이상×5.0m 이상

 주차장의 주차구획(평행주차형식 외의 경우)

구 분	너 비	길 이
경 형	2.0m 이상	3.6m 이상
일반형	2.5m 이상	5.0m 이상
확장형	2.6m 이상	5.2m 이상
장애인 전용	3.3m 이상	5.0m 이상
이륜자동차전용	1.0m 이상	2.3m 이상

42 다음 중 전정을 할 때 큰 줄기나 가지자르기를 삼가야 하는 수종은?

① 벚나무　② 수양버들
③ 오동나무　④ 현사시나무

 벚나무는 가지를 자르면 상처가 잘 아물지 않으므로 가급적 전정을 하지 않는 것이 좋으며, 전정할 때는 방부처리가 필요하다.

43 다음 배수관 중 가장 경사를 급하게 설치해야 하는 것은?

① ϕ100mm　② ϕ200mm
③ ϕ300mm　④ ϕ400mm

 배수관의 지름이 작은 것일수록 경사를 급하게 설치해야 한다.

44 한켜는 마구리쌓기, 다음켜는 길이쌓기로 하고 길이켜의 모서리와 벽 끝에 칠오토막을 사용하는 벽돌쌓기 방법은?

① 네덜란드식쌓기　② 영국식쌓기
③ 프랑스식쌓기　④ 미국식쌓기

 벽돌쌓기법
- 영국식 : 길이쌓기켜와 마구리쌓기켜를 반복하여 쌓는 방법으로 가장 견고한 쌓기법이다.
- 네덜란드식 : 시공이 편리하고 쌓을 때 모서리 끝에 칠오토막을 써서 안정감을 준다.
- 프랑스식 : 켜마다 길이와 마구리가 번갈아 나오는 방법으로 아름다우나 견고성은 떨어진다.
- 미국식 : 5켜까지 길이쌓기로 하고 그 위 1켜는 마구리쌓기를 한다.

38. ②　39. ①　40. ④　41. ④　42. ①
43. ①　44. ①

45 자연석 중 눕혀서 사용하는 돌로 불안감을 주는 돌을 받쳐서 안정감을 갖게 하는 돌의 모양은?

① 입석 ② 평석
③ 환석 ④ 횡석

 돌의 형상

입 석	세워 쓰는 돌로 어디서나 관상할 수 있는 돌이며, 키가 높아야 효과가 있음
평 석	윗부분이 평평한 돌로 안정감을 주며, 주로 앞부분에 배석
환 석	둥근 모양의 돌
횡 석	눕혀 쓰는 돌로 안정감이 있음
사 석	비스듬히 세워서 이용되는 돌로 해안절벽의 표현 등
와 석	소가 누운 형태로 횡석보다 안정감이 더 높음

46 「도시공원 및 녹지 등에 관한 법률」에 의한 어린이 공원의 기준에 관한 설명으로 옳은 것은?

① 유치거리는 500m 이하로 제한한다.
② 1개소 면적은 1,200m^2 이상으로 한다.
③ 공원시설 부지면적은 전체 면적의 60% 이하로 한다.
④ 공원구역경계로부터 500m 이내에 거주하는 주민 250명 이상의 요청 시 어린이공원 조성계획의 정비를 요청할 수 있다.

 바르게 고치면
① 유치거리는 250m 이하로 제한한다.
② 1개소 면적은 1,500m^2 이상으로 한다.
④ 공원구역경계로부터 250m 이내에 거주하는 주민 500명 이상의 요청 시 어린이공원 조성계획의 정비를 요청할 수 있다.

47 다음 수목의 외과수술용 재료 중 동공충전물의 재료로 가장 부적합한 것은?

① 콜타르
② 에폭시수지
③ 불포화폴리에스테르수지
④ 우레탄고무

 수목 외과수술 동공충전제
동공 속의 목재와 접착력이 강한 재료를 사용하여 충전하여야 한다. 최근에는 에폭시수지, 불포화폴리에스테르수지나 우레탄 고무 등 합성수지로 처리한다.

48 시멘트의 저장과 관련된 설명 중 괄호 안에 해당하지 않는 것은?

- 시멘트는 ( )적인 구조로 된 사일로 또는 창고에 품종별로 구분하여 저장하여야 한다.
- 저장 중에 약간이라도 굳은 시멘트는 공사에 사용하지 않아야 한다. ( )개월 이상 장기간 저장한 시멘트는 사용하기에 앞서 재시험을 실시하여 그 품질을 확인한다.
- 포대시멘트를 쌓아서 저장하면 그 질량으로 인해 하부의 시멘트가 고결할 염려가 있으므로 시멘트를 쌓아 올리는 높이는 ( ) 포대 이하로 하는 것이 바람직하다.
- 시멘트의 온도는 일반적으로 ( ) 정도 이하를 사용하는 것이 좋다.

① 13 ② 6
③ 방습 ④ 50℃

- 시멘트는 방습적인 구조로 된 사일로 또는 창고에 품종별로 구분하여 저장한다.
- 3개월 이상 장기간 저장한 시멘트는 사용하기에 앞서 재시험을 한다.
- 시멘트를 쌓아 올리는 높이는 13포대 이하로 하는 것이 바람직하다.
- 시멘트의 온도는 일반적으로 50℃ 정도 이하를 사용하는 것이 좋다.

49 마운딩(Maunding)의 기능으로 옳지 않은 것은?

① 유효토심 확보 ② 배수방향 조절
③ 공간 연결의 역할 ④ 자연스러운 경관연출

해설 마운딩의 기능
- 성토에 의해 수목생장에 필요한 유효토심을 확보가 가능
- 배수방향을 조절, 자연스러운 경관을 조성

45. ④ 46. ③ 47. ① 48. ② 49. ③

50 900m²의 잔디광장을 평떼로 조성하려고 할 때 필요한 잔디량은 약 얼마인가?(단, 잔디 1매의 규격은 30cm×30cm×3cm이다.)

① 약 1,000매
② 약 5,000매
③ 약 10,000매
④ 약 20,000매

$$소요뗏장 = \frac{전체식재면적}{뗏장1장면적} = \frac{900}{0.09} = 10,000매$$

51 수목 외과수술의 시공순서로 옳은 것은?

ⓐ 동공가장자리의 형성층 노출 ⓑ 부패부 제거 ⓒ 표면경화처리 ⓓ 동공충진 ⓔ 방수처리 ⓕ 인공수피처리 ⓖ 소독 및 방부처리

① ⓐ - ⓕ - ⓑ - ⓒ - ⓓ - ⓔ - ⓖ
② ⓑ - ⓖ - ⓐ - ⓕ - ⓔ - ⓒ - ⓓ
③ ⓐ - ⓑ - ⓒ - ⓓ - ⓔ - ⓕ - ⓖ
④ ⓑ - ⓐ - ⓖ - ⓓ - ⓔ - ⓒ - ⓕ

수목 외과수술의 시공순서
부패부 제거 - 동공가장자리의 형성층 노출 - 소독 및 방부처리 - 동공충진 - 방수처리 - 표면경화처리 - 인공수피 처리

52 농약혼용 시 주의하여야 할 사항으로 틀린 것은?

① 혼용 시 침전물이 생기면 사용하지 않아야 한다.
② 가능한 고농도로 살포하여 인건비를 절약한다.
③ 농약의 혼용은 반드시 농약혼용 가부표를 참고한다.
④ 농약을 혼용하여 조제한 약제는 될 수 있으면 즉시 살포하여야 한다.

농약은 표준희석배수를 이용하며, 고농도의 살포는 피한다.

53 일반적인 동선의 성격과 기능을 설명한 것으로 부적합한 것은?

① 동선의 다양한 공간 내에서 사람 또는 사람의 이동경로를 연결하게 해주는 기능을 갖는다.
② 동선은 가급적 단순하고 명쾌해야 한다.
③ 성격이 다른 동선은 혼합하여도 무방하다.
④ 이용도가 높은 동선의 길이는 짧게 해야 한다.

이용도가 높은 동선은 짧게 하며, 성격이 다른 동선은 분리한다. 가급적 동선의 교차를 피하도록 한다.

54 주거지역에 인접한 공장부지 주변에 공장경관을 아름답게 하고 가스·분진 등의 대기오염과 소음 등을 차단하기 위해 조성되는 녹지의 형태는?

① 차폐녹지
② 차단녹지
③ 완충녹지
④ 자연녹지

완충녹지기능
- 대기오염, 소음, 진동, 악취 등 공해방지
- 각종 사고나 자연재해 재해 등의 방지

55 액체상태나 용융상태의 수지에 경화제를 넣어 사용하며, 내산·내알칼리성 등이 우수하여 콘크리트·항공기·기계부품 등의 접착에 사용되는 것은?

① 멜라민계 접착제
② 에폭시계 접착제
③ 페놀계 접착제
④ 실리콘계 접착제

에폭시계 접착제
- 액체상태나 용융상태의 수지에 경화제를 넣어 사용
- 경화 후의 기계적인특성이 뛰어나며 접착력이 강함
- 내산·내알카리성, 내열성, 전기절연특성이 뛰어남
- 콘크리트, 항공기, 기계부품 등의 접착에 사용

50. ③ 51. ④ 52. ② 53. ③ 54. ③ 55. ②

56 뿌리돌림은 현재의 생장지에서 적당한 범위로 뿌리를 절단하는 것을 말한다. 뿌리돌림에 관한 설명으로 틀린 것은?

① 한 장소에서 오랫동안 자랄 때 뿌리는 줄기로부터 상당히 떨어진 곳까지 뻗어나가며, 잔뿌리는 그곳에 분포되어 있다.
② 제한된 뿌리분으로 캐서 이식할 경우 잔뿌리는 대부분 끊겨 나가고 굵은 뿌리만 남아 이식 활착이 어렵다.
③ 뿌리돌림을 하는 시기는 1년 내내 가능하고, 봄철보다 여름철이 끝나는 시기가 가장 좋으며, 낙엽수는 가을철이 적당하다.
④ 봄에 뿌리돌림을 한 낙엽수는 당년 가을이나 이듬 해 봄에 상록수는 이듬 해 봄이나 장마기에 이식할 수 있다.

해설 뿌리돌림
- 대상 : 이식이 어려운 나무 노목이나 큰나무, 부적당한 시기에 이식할 경우에 미리 잔뿌리를 발달시키기 위한 사전조치
- 시기 : 봄과 가을에 실시

57 체계적인 품질관리를 추진하기 위한 데밍(Deming's Cycle)의 관리로 가장 적합한 것은?

① 계획(Plan) – 추진(Do) – 조치(Action) – 검토(Check)
② 계획(Plan) – 검토(Check) – 추진(Do) – 조치(Action)
③ 계획 (Plan) – 조치 (Action) – 검토(Check) – 추진(Do)
④ 계획(Plan) – 추진(Do) – 검토(Check) – 조치(Action)

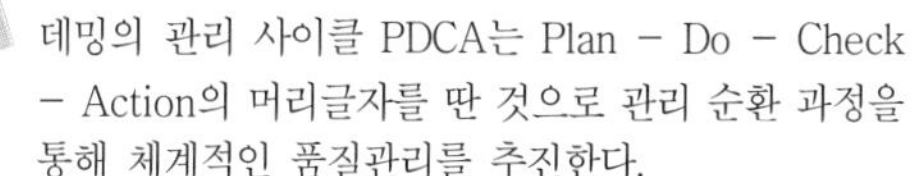

해설 데밍의 관리 사이클 PDCA는 Plan – Do – Check – Action의 머리글자를 딴 것으로 관리 순환 과정을 통해 체계적인 품질관리를 추진한다.

58 다음 중 침상화단(sunken Garden)에 관한 설명으로 가장 적합한 것은?

① 관상하기 편리하도록 지면을 1~2m 정도 파내려가 꾸민 화단
② 중앙부를 낮게 하기 위하여 키 작은 꽃을 심어 꾸민 화단
③ 양탄자를 내려다보듯이 꾸민 화단
④ 경계부분을 따라서 1열로 꾸민 화단

해설 침상화단은 지면보다 낮게 꾸민 화단을 말한다.

59 다음 중 무거운 돌을 놓거나, 큰 나무를 옮길 때 신속하게 운반과 적재를 동시에 할 수 있어 편리한 장비는?

① 체인블록 ② 트럭크레인
③ 모터그레이더 ④ 콤바인

해설 ① 체인블록 : 큰 돌을 운반하거나 앉힐 때 주로 쓰이는 기구
③ 모터그레이더 : 운동장의 면을 조성할 때 가장 적당한 토공 기계
④ 콤바인 : 벼, 보리, 밀, 목초종자 등을 동시에 탈곡 및 선별작업을 하는 수확기계

60 조경현장에서 사고가 발생하였다고 할 때 응급조치를 잘못 취한 것은?

① 기계의 작동이나 전원을 단절시켜 사고의 진행을 막는다.
② 현장에 관중이 모이거나 흥분이 고조되지 않도록 하여야 한다.
③ 사고현장은 사고조사가 끝날 때까지 그대로 보존하여야 한다.
④ 상해자가 발생 시는 관계 조사관이 현장을 확인 보존한 이후 전문의의 치료를 받게 한다.

해설 상해자 발생 시 응급 치료를 우선으로 한다.

56. ③ 57. ④ 58. ① 59. ② 60. ④

CBT 대비 2017년 3회 복원기출문제

본 기출문제는 수험자의 기억을 바탕으로 하여 복원한 문제이므로 실제 출제된 문제와 일부 다를 수 있음을 미리 알려드립니다.

1 이탈리아 양식 중 노단식으로 넘어가게 된 시점은?

① 중 세
② 르네상스
③ 고 대
④ 19세기

해설 이탈리아의 노단건축식정원은 르네상스시대에 발달하였다.

2 회교문화의 영향을 입어 독특한 정원 양식을 보이는 곳은?

① 이탈리아정원
② 프랑스정원
③ 영국정원
④ 스페인정원

해설 스페인은 중정식(파티오식)으로 이슬람 양식에 영향을 받았다.

3 일본에서 고산수(枯山水) 수법이 가장 크게 발달 했던 시기는?

① 가마쿠라(鎌倉)시대
② 무로마치(室町)시대
③ 모모야마(桃山)시대
④ 에도(江戶)시대

 일본의 고산수식
실정(무로마치시대)의 정원양식으로 물을 쓰지 않고 모래와 바위로만 정원을 표현하였다.

4 훌륭한 조경가가 되기 위한 자질에 대한 설명 중 틀린 것은?

① 건축이나 토목 등에 관련된 공학적인 지식도 요구된다.
② 합리적인 사고보다는 감성적 판단이 더욱 필요하다.
③ 토양, 지질, 지형, 수문(水文) 등 자연과학적 지식이 요구된다.
④ 인류학, 지리학, 사회학, 환경심리학 등에 관한 인문과학적 지식도 요구된다.

해설 조경가는 합리적인 사고 · 기술적 지식과 예술적 감각이 필요하다.

5 퍼걸러(Pergola) 설치장소로 적합하지 않은 것은?

① 건물에 붙여 만들어진 테라스 위
② 주택정원의 가운데
③ 통경선의 끝 부분
④ 주택정원의 구석진 곳

 퍼걸러의 설치장소
- 통경선이 끝나는 부분이나 공원의 휴게공간 및 산책로의 결절점에 설치
- 조망이 좋은 곳을 향해 설치

6 제도에 있어서 도형의 표기방법 중 선의 형태에 관한 분류에 맞지 않는 것은?

① 쇄선 ② 점선
③ 실선 ④ 굵은 선

해설 굵은 선은 선의 굵기에 따른 분류에 해당한다.

1. ② 2. ④ 3. ② 4. ② 5. ② 6. ④

7 평안함과 안정적임을 주는 색은?

① 한색계열의 고채도 색상
② 난색계열의 저채도 색상
③ 한색계열의 저채도 색상
④ 난색계열의 고채도 색상

해설 빨강 · 주황 등의 난색계열의 고채도색상은 안정감을 준다.

8 추운지역의 실내를 장식할 때 온도감이 따뜻하게 느껴지는 색상은?

① 보라색 ② 초록색
③ 주황색 ④ 남색

해설 색의 온도감
- 난색 : 빨강, 주황, 노랑
- 한색 : 파랑, 청록, 남색
- 중성색 : 연두, 초록, 보라, 자주

9 평판측량에서 제도용지의 도상점과 땅 위의 측점을 동일하게 맞추는 것은?

① 정준 ② 자침
③ 표정 ④ 구심

해설 평판측량의 4요소
- 정준 : 평판을 수평으로 하는 것
- 구심 : 도판상의 측점과 지상의 측점을 일치시키는 것
- 표정 : 도판상의 측선방향과 지상의 측선방향을 일치시키는 것

10 고대 로마의 정원 배치는 3개의 중정으로 구성되어 있었다. 그 중 사적인 기능을 가진 제2중정에 속하는 곳은?

① 아트리움
② 지스터스
③ 페리스틸리움
④ 아고라

해설 로마의 정원은 2개의 중정과 1개의 후원으로 구성
- 아트리움(Atrium) : 제1중정, 공적공간
- 페리스틸리움(Peristylium) : 제1중정, 가족을 위한 사적공간
- 지스터스(Xystus) : 후원

11 다음 중국식 정원의 설명으로 틀린 것은?

① 차경수법을 도입하였다.
② 사실주의보다는 상징적 축조가 주를 이루는 사의주의에 입각하였다.
③ 유럽의 정원과 같은 건축식 조경수법으로 발달하였다.
④ 대비에 중점을 두고 있으며, 이것이 중국정원의 특색을 이루고 있다.

해설 중국정원은 자연풍경식수법으로 발달하였다.

12 다음 중 사대부나 양반계급에 속했던 사람이 자연 속에 묻혀 야인으로서의 생활을 즐기던 별서정원이 아닌 것은?

① 소쇄원
② 방화수류정
③ 부용동정원
④ 다산정원

해설 방화수류정
- 방화수류정은 1794년(정조18) 수원 화성의 축조 시 네 개의 각루 중 동북각루의 이름이다
- 경관이 수려해 방화수류정이라는 당호(堂號)가 붙여졌다.

13 영국인 Brown의 지도 하에 덕수궁 석조전 앞뜰에 조성된 정원양식과 관계되는 것은?

① 빌라메디치
② 보르비콩트정원
③ 분구원
④ 센트럴파크

해설 덕수궁 석조전 앞뜰의 정원은 프랑스의 평면기하학식으로 조성된 정원이다.

7. ④ 8. ③ 9. ④ 10. ③ 11. ③
12. ② 13. ②

14 다음 도면 중 입체적이지 않은 도면은?

① 스케치도면
② 조감도
③ 평면도
④ 입면도와 단면도

 평면도는 부지나 물체를 위에서 내려다본 모습으로 그린 도면이다.

15 다음 중 배식설계에 있어서 정형식 배식설계로 가장 적당한 것은?

① 부등변삼각형식재
② 대식
③ 임의랜덤식재
④ 배경식재

 배식기법
- 정형식 : 단식, 대식, 열식, 교호식재, 집단식재, 요점식재
- 자연식 : 부등변삼각형식재, 임의식재. 배경식재

16 옥상정원의 환경조건에 대한 설명으로 적합하지 않은 것은?

① 토양수분의 용량이 적다.
② 토양온도의 변동폭이 크다.
③ 양분의 유실속도가 늦다.
④ 바람의 피해를 받기 쉽다.

 옥상 토양은 양분의 유실속도가 빠르다.

17 풍수에 영향을 받아 조경을 하였던 시대는?

① 조선
② 고려
③ 고구려
④ 신라

 특히 조선시대의 터잡기는 풍수지리설에 영향을 받았으며, 주로 배산임수지형의 북쪽 경사지에는 계단식 후원을 배치하게 되었다.

18 도형의 색이 바탕색의 잔상으로 나타나는 심리보색의 방향으로 변화되어 지각되는 대비효과를 무엇이라고 하는가?

① 색상대비
② 명도대비
③ 채도대비
④ 동시대비

- 명도대비 : 서로 다른 밝기의 색을 대비시켰을 때 주위 색의 밝기에 따라 본래의 명도가 달라 보이는 현상
- 채도대비 : 같은 채도의 색이 주위 색 때문에 채도가 달라져 보이는 현상
- 동시대비 : 서로 접근시켜서 놓여진 두 개의 색을 동시에 볼 때에 생기는 색 대비

19 다음 중 속명(屬名)이 Trachelospernum이고, 영명이 Chineses Jasmine이며, 한자명이 백화등(白花藤)인 것은?

① 으아리
② 인동덩굴
③ 줄사철
④ 마삭줄

 마삭줄(백화등)은 협죽도과 상록덩굴식물로 5~6월에 바람개비모양의 흰색으로 피며 점차 노란색이 된다.

20 감탕나무과(Aquifoliaceae)에 해당하지 않는 것은?

① 호랑가시나무
② 먼나무
③ 꽝꽝나무
④ 소태나무

 소태나무 – 소태나무과

14. ③ 15. ② 16. ③ 17. ① 18. ① 19. ④ 20. ④

21 낙엽활엽관목인 수종은?

① 낙상홍 ② 은행나무
③ 먼나무 ④ 회양목

② 은행나무 – 낙엽침엽교목
④ 회양목 – 상록활엽관목
③ 먼나무 - 상록활엽교목

22 철재(鐵材)로 만든 놀이시설에 녹이 슬어 다시 페인트칠을 하려 한다. 그 작업순서로 옳은 것은?

① 녹닦기(샌드페이퍼) 등 → 연단(광명단) 칠하기 → 에나멜 페인트 칠하기
② 에나멜 페인트 칠하기 → 녹닦기(샌드페이퍼) 등 → 연단(광명단) 칠하기
③ 연단(광명단) 칠하기 → 녹닦기(샌드페이퍼) 등 → 바니시 칠하기
④ 수성페인트 칠하기 → 바니시 칠하기 → 녹닦기(샌드페이퍼) 등

23 화강암(Granite)에 대한 설명 중 옳지 않은 것은?

① 내마모성이 우수하다.
② 구조재로 사용이 가능하다.
③ 내화도가 높아 가열시 균열이 적다.
④ 절리의 거리가 비교적 커서 큰 판재를 생산할 수 있다.

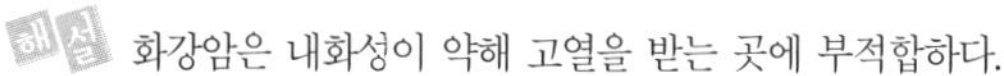
화강암은 내화성이 약해 고열을 받는 곳에 부적합하다.

24 주로 종자에 의하여 번식되는 잡초는?

① 올미
② 피
③ 가래
④ 너도방동사니

잡초번식법에 따른 분류
- 종자번식잡초 : 피, 뚝새풀, 바랭이, 마디꽃
- 영양번식잡초 : 가래, 올방개, 미나리
- 종자영양번식잡초 : 너도방동사니, 산딸기
- 괴경 및 종자번식 : 올미

25 수목을 관상적인 측면에서 본 분류 중 열매를 감상하기 위한 수종에 해당되는 것은?

① 은행나무
② 모과나무
③ 반송
④ 낙우송

열매 감상 수종
피라칸타, 모과, 낙상홍, 코토니아스타, 자금우, 산사나무, 꽃사과 , 팥배나무 등

26 다음 중 가로수로 적당하지 않은 나무는?

① 플라타너스
② 느티나무
③ 은행나무
④ 반송

가로수 수목
- 수고가 높고 수관이 크며 지하고가 확보되어야 한다.
- 벚나무, 은행나무, 느티나무, 가중나무, 회화나무, 은단풍, 칠엽수, 메타세쿼이아, 플라타너스 등

27 개화, 결실을 목적으로 실시하는 정지, 전정방법 중 옳지 못한 것은?

① 약지(弱技)는 길게, 강지(强技)는 짧게 전정하여야 한다.
② 묵은 가지나 병충해 가지는 수액유동 전에 전정한다.
③ 작은 가지나 내측(內側)으로 뻗은 가지는 제거한다.
④ 개화결실을 촉진하기 위하여 가지를 유인하거나 단근작업을 실시한다.

약지는 짧게 강지는 길게 전정하되 수세를 보면서 적당한 길이로 전정한다. 묵은 가지나 병충해 가지는 수시로 전정한다.

21. ① 22. ① 23. ③ 24. ② 25. ②
26. ④ 27. ①,②

28 흰가루병의 방제방법으로 맞는 것은?

① 병든 낙엽을 모아 태우거나 땅속에 묻는다.
② 토양을 건조시킨다.
③ 캡탄 같은 곰팡이 제거제를 토양에 살포한다.
④ 진딧물을 제거한다.

 흰가루병
- 가지나 잎의 밀생으로 통풍불량, 높은 습도 또는 질소성분의 과다가 원인
- 수목의 흰곰팡이가 발생하므로 미관을 불량해진다.
- 병든 낙엽을 모아 태우거나 땅속에 묻음으로써 전염원을 차단하거나, 살균제 등을 살포한다.

29 다음 중 붉은색(홍색)의 단풍이 드는 수목들로 구성된 것은?

① 낙우송, 느티나무, 백합나무
② 칠엽수, 참느릅나무, 졸참나무
③ 감나무, 화살나무, 붉나무
④ 잎갈나무, 메타세쿼이아, 은행나무

 단풍색
- 붉은색 : 안토시안계 색소 / 감나무, 옻나무, 단풍나무류, 담쟁이덩굴, 붉나무, 화살나무, 산딸나무, 산벚나무 등
- 노란색 : 카로티노이드계 색소 / 갈참나무, 고로쇠, 낙우송, 느티나무, 백합나무, 은행나무, 일본잎갈나무, 칠엽수 등

30 다음 중 거푸집에 미치는 콘크리트의 측압 설명으로 틀린 것은?

① 경화속도가 빠를수록 측압이 크다.
② 시공연도가 좋을수록 측압은 크다.
③ 붓기속도가 빠를수록 측압이 크다.
④ 수평부재가 수직부재보다 측압이 작다.

해설 경화속도가 빠를수록 측압이 작아진다.

31 다음 중 목재 내 할렬(Checks)은 어느 때 발생하는가?

① 목재의 부분별 수축이 다를 때
② 건조 초기에 상대습도가 높을 때
③ 함수율이 높은 목재를 서서히 건조할 때
④ 건조응력이 목재의 횡인장강도보다 클 때

 목재의 할렬(Checks)
건조응력이 횡인장강도보다 클 때 섬유방향으로 터지는 현상으로 횡단면 할렬, 표면할렬, 내부할렬이 있다.

32 다음 [보기]가 설명하는 합성수지의 종류는?

> • 특히 내수성, 내열성이 우수하다.
> • 내연성, 전기적 절연성이 있고, 유리섬유판, 텍스, 피혁류 등 접착이 가능하다
> • 500℃ 이상 견디는 수지이다.
> • 용도는 방수제, 도료, 접착제로 사용된다.

① 실리콘수지 ② 멜라민수지
③ 프란수지 ④ 폴리에틸렌수지

 ② 멜라민수지 : 경도가 크고 내수성이 약하다 마감재, 가구재, 전기부품에 사용한다.
③ 프란수지 : 내약품성, 접착성이 양호하다. 금속도료, 금속접착제로 쓰인다.
④ 폴리에틸렌수지 : 전기절연성, 내열성, 내약품성이 좋고 가압성형이 가능하다.

33 한국잔디의 특징을 설명한 것 중 옳은 것은?

① 약산성의 토양을 좋아한다.
② 그늘을 좋아한다.
③ 잔디를 깎으면 깎을수록 약해진다.
④ 습윤지를 좋아한다.

 한국잔디
- 잔디는 사질양토, 토양산도는 pH 5.5~7.0, 햇빛이 양호한 곳에 생육한다.
- 기는 줄기와 땅속 줄기에 의해 번식하며 잔디깎기를 실시하면 생육이 양호해진다.

28. ① 29. ③ 30. ① 31. ④ 32. ①
33. ①

34 일반적으로 관목성 수목의 규격의 표시방법으로 가장 적합한 것은?

① 수고×흉고직경
② 수고×수관폭
③ 간장×근원직경
④ 근장×근원직경

조경수목의 규격표시
- 상록교목 : 수고(H)×수관폭(W)
- 낙엽활엽교목 : 수고(H)×흉고직경(B)
- 낙엽활엽교목 : 수고(H)×근원직경(R)
- 관목 : 수고(H)×수관폭(W)

35 파이토플라스마에 의한 주요 수목병에 해당하지 않는 것은?

① 오동나무 빗자루병
② 뽕나무 오갈병
③ 대추나무 빗자루병
④ 소나무 시들음병

파이토플라스마(Phytoplasma)의 의한 수병
오동나무 빗자루병, 대추나무 빗자루병, 뽕나무 오갈병 등

36 자작나무과(科)의 물오리나무 잎으로 가장 적합한 것은?

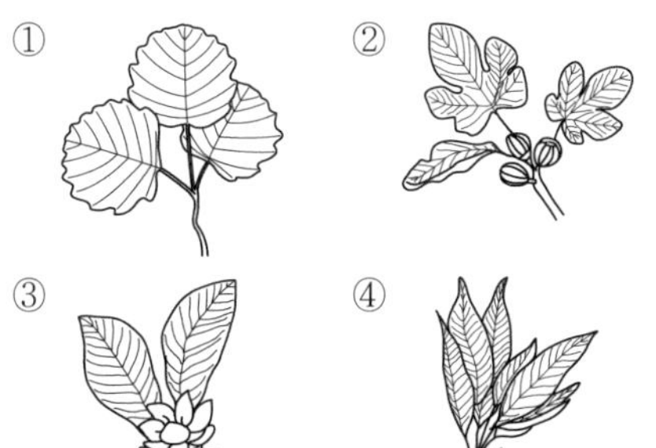

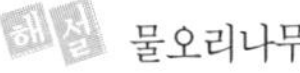
물오리나무
낙엽활엽교목으로 잎은 어긋나기로 타원상 달걀꼴이며, 가장자리가 5~8개로 얕게 갈라지며, 겹톱니가 있다. 잎자루는 길이가 2~4cm이고 털이 있다.

37 다음 중 일반적인 콘크리트의 특징이 아닌 것은?

① 모양을 임의로 만들 수 있다.
② 임의대로 강도를 얻을 수 있다.
③ 내화·내구성이 강한 구조물을 만들 수 있다.
④ 경화 시 수축균열이 발생하지 않는다.

 콘크리트 경화시 수축과 균열이 발생한다.

38 다음 중 열경화성 수지의 종류와 특징 설명이 옳지 않은 것은?

① 페놀수지 : 감도·전기절연성·내산성·내수성 모두 양호하나 내알칼리성이 약하다.
② 멜라민수지 : 요소수지와 같으나 경도가 크고 내수성은 약하다.
③ 우레탄수지 : 투광성이 크고 내후성이 양호하며, 착색이 자유롭다.
④ 실리콘수지 : 열절연성이 크고 내약품성·내후성이 좋으며, 전기적 성능이 우수하다.

우레탄수지
열절연성이 크고 내약품성이 있으며, 내열성이 우수하다.

39 잔디의 잡초방제를 위한 방법으로 부적합한 것은?

① 파종 전 갈아엎기
② 잔디깎기
③ 손으로 뽑기
④ 비선택형 제초제의 사용

 잔디밭에 비선택성 제초제를 사용하게 되면 모든 식물을 고사되므로 주의를 요한다.

34. ② 35. ④ 36. ① 37. ④ 38. ③
39. ④

40 다음 [보기]가 설명하고 있는 것은?

> • 열경화성 수지도료이다.
> • 내수성이 크고, 열탕에서도 침식되지 않는다.
> • 무색투명하고, 착색이 자유로우며 아주 굳고 내수성, 내약품성, 내용제성이 뛰어나다.
> • 알키드수지로 변성하여, 도료, 내수베니어 합판의 접착제 등에 이용된다.

① 석탄산수지도료
② 프탈산수지도료
③ 염화비닐수지도료
④ 멜라민 수지도료

41 다음 시멘트의 종류 중 혼합시멘트가 아닌 것은?

① 알루미나시멘트
② 플라이애시시멘트
③ 고로슬래그시멘트
④ 포틀랜드포졸란시멘트

시멘트의 종류
• 포틀랜드시멘트 : 보통 포틀랜드시멘트, 중용열포틀랜드시멘트, 조강포틀랜드시멘트, 백색포틀랜드시멘트
• 혼합시멘트 : 슬래그시멘트, 고로시멘트, 플라이애시시멘트, 포졸란시멘트, 실리카시멘트
• 특수시멘트 : 알루미나시멘트

42 비금속재료의 특성에 관한 설명 중 옳지 않은 것은?

① 납은 비중이 크고 연질이며 전성, 연성이 풍부하다.
② 알루미늄은 비중이 비교적 작고 연질이며, 강도도 낮다.
③ 아연은 산 및 알칼리에 강하나 공기 중 및 수중에서는 내식성이 작다.
④ 동은 상온의 건조공기 중에서 변화하지 않으나 습기가 있으면 광택을 소실하고 녹청색으로 된다.

아연은 산, 알칼리에 약하고 공기나 수중에서 내식성이 강하여 철재에 내식도금재로 많이 쓰인다

43 암거는 지하수위가 높은 곳, 배수 불량 지반에 설치한다. 암거의 종류 중 중앙에 큰 암거를 설치하고, 좌우에 작은 암거를 연결시키는 형태로 넓이에 관계없이 경기장이나 어린이놀이터와 같은 소규모의 평탄한 지역에 설치할 수 있는 것은?

① 어골형 ② 빗살형
③ 부채살형 ④ 자연형

어골형은 경기장과 같이 전 지역의 배수가 균일하게 요구되는 곳에 주로 이용되는 암거 형태이다.

44 조경관리에서 계절적, 시간적 조건에 영향을 받지 않는 관리는?

① 자연석 관리 ② 잔디 관리
③ 초화류 관리 ④ 배수 관리

해설 잔디, 초화류, 배수 등은 계절적 · 시간적인 관리가 요구된다.

45 벽천을 구성하고 있는 요소의 명칭이라고 할 수 없는 것은?

① 벽체 ② 토수구
③ 수반 ④ 낙수받이

해설 낙수받이 : 빗물을 흘려보내기 위한 홈통

46 벽돌쌓기 시공에 대한 주의사항으로 틀린 것은?

① 굳기 시작한 모르타르는 사용하지 않는다.
② 붉은 벽돌은 쌓기 전에 충분한 물축임을 실시한다.
③ 1일 쌓기 높이는 1.2m를 표준으로 하고 최대 1.5m 이하로 한다.
④ 벽돌벽은 가급적 담장의 중앙부분을 높게 하고 끝부분을 낮게 한다.

벽돌벽은 담장 높이는 동일하게 한다.

40. ④ 41. ① 42. ③ 43. ① 44. ①
45. ④ 46. ④

47 「도시공원 및 녹지 등에 관한 법규」상 유치거리가 500m 이하의 근린생활권 근린공원 1개소의 유치 규모기준은?

① 1,500m^2 이상
② 5,000m^2 이상
③ 10,000m^2 이상
④ 30,000m^2 이상

해설 근린생활권 근린공원은 유치거치 500m, 규모는 10,000m^2 이상으로 한다.

48 녹지계통의 형태가 아닌 것은?

① 분산형, 산재형　② 환상형
③ 입체분리형　④ 방사형

해설 도시 내 공원녹지체계에는 집중형, 분산형, 대상형, 격자형, 원호형, 환상형, 방사형, 쐐기형, 거미줄형 등이 있다.

49 정원수의 이용 상 분류 중 보기의 설명에 해당되는 것은?

- 가지다듬기를 할 수 있을 것
- 아랫가지가 말라 죽지 않을 것
- 잎이 아름답고 가지가 치밀할 것

① 가로수　② 녹음수
③ 방풍수　④ 생울타리

해설 생울타리에 적합한 수종은 맹아력이 양호하여 전정에 견디는 힘이 강한 수종이어야 한다.

50 분쇄목인 우드칩(Wood Chip)을 멀칭재료로 사용할 때의 효과가 아닌 것은?

① 미관효과 우수
② 잡초억제 기능
③ 배수억제 효과
④ 토양개량 효과

해설 우드칩의 멀칭효과
- 잡초의 발생을 방지
- 토양에 수분 및 적정온도를 유지
- 미관효과 우수

51 형상은 절두각추체에 가깝고, 전면은 거의 평면을 이루며 대략 정사각형으로서 뒷길이접촉면의 폭, 뒷면 등이 규격화된 돌로서 4방락 또는 2방락의 것이 있다. 접촉면의 폭은 전면 1변의 길이의 1/10 이상이라야 하고, 접촉면의 길이는 1변의 평균길이의 1/2 이상인 돌은?

① 호박돌
② 다듬돌
③ 견치돌
④ 각석

견치돌
돌쌓기에 쓰는 정사각뿔 모양의 돌로, 돌담 · 옹벽 · 호안 등의 돌쌓기에 사용된다.

52 조경설계기준상 공동으로 사용되는 계단의 경우 높이가 2m를 넘는 계단에는 2m 이내마다 당해 계단의 유효폭 이상의 폭으로 너비 얼마 이상의 참을 두어야 하는가?(단, 단높이는 18cm 이하, 단너비는 26cm 이상이다)

① 70cm
② 80cm
③ 100cm
④ 120cm

해설 높이 2m를 넘는 계단에는 2m 이내 마다 당해 계단의 유효폭 이상의 폭으로 너비 120cm 이상인 참을 둔다.

53 90% BPMC 1kg을 2% 분제로 만들 때 필요한 증량제는 얼마인가?

① 44.5
② 4.5
③ 44
④ 445

희석할증량제의 양 = 원분제의중량

$$\times\left(\frac{\text{원분제의 농도}}{\text{원하는 농도}}-1\right)=1\times\left(\frac{90}{2}-1\right)=44$$

47. ③ 48. ③ 49. ④ 50. ③ 51. ③ 52. ④ 53. ③

54 구조재료의 용도상 필요한 물리 · 화학적 성질을 강화시키고, 미관을 증진시킬 목적으로 재료의 표면에 피막을 형성시키는 액체재료를 무엇이라고 하는가?

① 도료 ② 착색
③ 강도 ④ 방수

 도료
- 재료의 내식성, 방부성, 내마멸성, 방수성, 강도 등 우수
- 광택, 미관을 높여주는 효과
- 물체의 보호, 전도성 조절 등의 역할

55 다음 중 토양수분의 형태적 분류와 설명이 옳지 않은 것은?

① 결합수(結合水) – 토양 중의 화합물의 한 성
② 흡습수(吸濕水) – 흡착되어 있어서 식물이 이용하지 못하는 수분
③ 모관수(毛管水) – 식물이 이용할 수 있는 수분의 대부분
④ 중력수(重力水) – 중력에 내려가지 않고, 표면장력에 의하여 토양입자에 붙어 있는 수분

 중력수
중력에 의하여 토양층 아래로 내려가는 물로 양분 및 염기류를 용탈시키기 쉽다.

56 다수진 25% 유제 100cc를 0.05%로 희석하려 할 때 필요한 물의 양은?

① 5L ② 25L
③ 50L ④ 100L

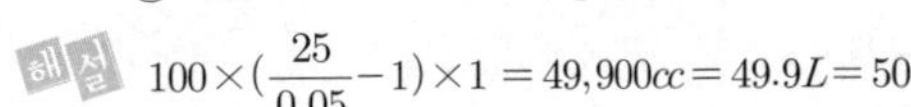

$$100\times(\frac{25}{0.05}-1)\times1=49,900cc=49.9L=50L$$

57 우리나라에서 사용하는 표준형 벽돌의 규격은? (단, 단위는 mm로 한다)

① 300 × 300 × 60
② 190 × 90 × 57
③ 210 × 100 × 60
④ 390 × 190 × 190

 벽돌의 규격
- 기존형 : 210 × 100 × 60
- 표준형 : 190 × 90 × 57
- 내화벽돌 : 230 × 114 × 65

58 녹화테이프 마대의 효과가 아닌 것은?

① 시간과 노동력이 감소된다.
② 인장강도가 볏짚제품보다 크다.
③ 미관에 좋고 가격이 저렴하다.
④ 천연소재로써 하자율이 많이 발생한다.

 녹화테이프마대는 수목 활착에 도움을 주며 천연식물 섬유로 친환경적이다. 시간과 노동력이 감소하며 미관이 우수하고 가격이 저렴하다.

그림. 녹화테이프마대

59 스프레이건(Spray Gun)을 쓰는 것이 가장 적합한 도료는?

① 수성페인트 ② 유성페인트
③ 래커 ④ 에나멜

- 스프레이건(Spray Gun) : 도료를 압축공기에 의해 분무상으로 하여 뿜어붙이는 도장용 기구
- 래커 : 셀룰로오스인 도료로 건조가 매우 빠르며 내후성 · 내수성 · 내약품성 · 내마모성이 우수하다

60 공사원가에 의한 공사비 구성 중 안전관리비가 해당되는 것은?

① 간접재료비 ② 간접노무비
③ 경비 ④ 일반관리비

 경비의 내용
수도광열비, 도시인쇄비, 기계경비, 전력비, 운반비, 지급임차료, 가설비, 보험료, 연구개발비, 산재보험료, 안전관리비, 특허권사용료, 외주가공비 등

54. ① 55. ④ 56. ③ 57. ② 58. ④
59. ③ 60. ③

CBT 대비 2018년 1회 복원기출문제

본 기출문제는 수험자의 기억을 바탕으로 하여 복원한 문제이므로 실제 출제된 문제와 일부 다를 수 있음을 미리 알려드립니다.

1 조경분야 프로젝트 수행단계에 포함되지 않는 것은?

① 계획
② 설계
③ 시공
④ 제도

해설 조경분야 프로젝트 수행과정
조경계획 → 조경설계 → 조경시공 → 조경관리

2 조경제도에서 단면도를 그리기 위해 평면도에 절단위치를 표시하고자 한다. 사용할 선의 종류는?(단, KS F1501을 기준으로 한다)

① 실선
② 파선
③ 2점 쇄선
④ 1점 쇄선

해설 1점 쇄선
제도에서 사용되는 물체의 중심선, 절단선, 단면선, 경계선 등을 표시한다.

3 다음 중 색의 대비에 관한 설명이 틀린 것은?

① 보색인 색을 인접시키면 본래의 색보다 채도가 낮아져 탁해 보인다.
② 명도단계를 연속시켜 나열하면 각각 인접한 색끼리 두드러져 보인다.
③ 명도가 다른 두 색을 인접시키면 명도가 낮은 색은 더욱 어두워 보인다.
④ 채도가 다른 두 색을 인접시키면 채도가 높은 색은 더욱 선명해 보인다.

해설 보색이 되는 색들끼리 인접시키면 두 색은 서로의 영향을 받아 본래의 색보다 채도가 높아지고 선명해진다.

4 보도나 지면보다 낮게 위치하도록 기하하적 무늬의 화단을 설치하여 한눈에 볼 수 있도록 조성한 화단으로 시각적 중심부에는 분수나 조각물 등을 배치하는 화단은?

① 옥상정원(Roof Garden)
② 공중정원(Hanging Garden)
③ 침상화단(Sunken Garden)
④ 기식화단(Mass Flower-Bed)

해설 지면이나 보도보다 낮은 위치에 화단을 침상화단이라고 한다.

5 레드북(Red Book)에 정원 개조 전후의 모습을 스케치하여 의뢰인에게 보여줌으로써 비교와 이해를 쉽게 한 조경가는 누구인가?

① 험프리 랩턴
② 브리지맨
③ 윌리엄 켄트
④ 윌리엄 챔버

해설 험브리 랩턴은 영국의 18세기 자연풍경식 조경가로 정원 개조 전·후의 모습을 스케치하여 의뢰인에게 보여주었으며, 그 스케치 모음집을 레드북이라고 한다.

6 중국 송시대의 수법을 모방한 화원과 석가산 및 누각 등이 많이 나타난 시기는?

① 백제시대 ② 신라시대
③ 고려시대 ④ 조선시대

해설 고려시대는 중국의 송나라와 원나라의 영향을 크게 받아 중국의 석가산, 진귀한 화초들이 수입되었다.

1. ④ 2. ④ 3. ① 4. ③ 5. ① 6. ③

7 각 정원의 그 지역의 연결이 올바른 것은?

① 양산보 소쇄원 – 전남 영광
② 운조루 유이주 – 전남 담양
③ 정약용 다산초당 – 전남 강진
④ 윤선도 부용동정원 – 전남 구례

 바르게 고치면
① 양산보의 소쇄원 – 전남 담양 –별서정원
② 유이주의 운조루 – 전남 구례 – 주택정원
③ 정약용의 다산초당 – 전남 강진 –별서정원
④ 윤선도 부용동정원 – 전남 완도 보길도 –별서정원

8 조경의 기본계획에서 일반적으로 토지이용분류, 적지분석, 종합배분의 순서로 이루어지는 계획은?

① 동선계획
② 시설물배치계획
③ 토지이용계획
④ 식재계획

 토지이용계획
• 토지이용분류 → 적지분석 → 종합배분
• 기본계획의 내용 : 토지이용계획, 교통동선계획, 시설물계획, 식재계획, 하부구조계획, 집행계획

9 움베르토 에코의 소설 『장미의 이름』에 나오는 건축양식은 무엇인가?

① 로코코양식
② 바로크양식
③ 베르사유양식
④ 고딕양식

 이탈리아의 작가 움베르트 에코의 소설 『장미의 이름』에 배경인 멜크 수도원은 바로크양식의 수도원으로 건물의 화려함과 웅장함 섬세함이 돋보인다.

10 조선시대 사대부나 양반계급에 속했던 사람들이 시골 별서에 꾸민 정원의 유적이 아닌 것은?

① 양산보의 소쇄원
② 윤선도의 부용동원림
③ 정약용의 다산정원
④ 퇴계 이황의 도산서원

 안동의 도산서원은 조선의 대학자 퇴계 이황선생이 말년에 이곳에서 보내며 후학을 양성하던 서원유적이다.

11 고려시대 정원양식과 관련이 없는 것은?

① 석가산
② 화원
③ 격구장
④ 포석정

 포석정
통일신라시대의 흐르는 물에 술잔을 띄워 곡수연을 즐기던 곳으로 왕희지의 난정고사를 본 딴 왕과 측근들의 유락공간이었다.

12 스페인 정원양식과 관련이 없는 것은?

① 비스타
② 분수
③ 색채타일
④ 대리석과 벽돌

 비스타는 프랑스 평면기하학식 정원의 평면 구성요소이다.

13 다음 중 위락·관광시설 분야의 조경에 해당되는 대상은?

① 골프장
② 궁궐
③ 실내정원
④ 사찰

 위락·관광시설
골프장, 경마장, 해수욕장, 관광농원, 유원지, 휴양지 등

7. ③	8. ③	9. ②	10. ④	11. ④
12. ①	13. ①			

14 중국 조경의 시대별 연결이 옳은 것은?

① 명나라 – 이화원(頤和園)
② 진나라 – 화림원(華林園)
③ 송나라 – 만세산(萬歲山)
④ 명나라 – 태액지(太液池)

① 청나라 – 이화원
② 삼국시대 – 화림원
④ 한나라 - 태액지

15 다음 [보기]의 설명은 어느 시대의 정원에 관한 것인가?

- 석가산과 원정, 화원 등이 특징이다.
- 대표적 유적으로 동지, 만월대, 수창궁원, 청평사 문수원 정원 등이 있다.
- 휴식 · 조망을 위한 정자를 설치하기 시작하였다.
- 송나라의 영향으로 화려한 관상위주의 이국적 정원을 만들었다.

① 조선 ② 백제
③ 고려 ④ 통일신라

고려시대 정원의 특징
- 만월대와 궁원에 동지, 격구장, 화원 중심의 정원 조성
- 중국 송시대의 수법을 모방한 화원과 석가산, 누각 등으로 정원을 장식해 화려하고 이국적인 분위기
- 휴식과 조망을 위해 정원에 정자를 배치

16 체계적인 품질관리를 추진하기 위한 데밍(Deming's Cycle)의 관리로 가장 적합한 것은?

① 계획(Plan) – 추진(Do) – 조치(Action) – 검토(Check)
② 계획(Plan) – 검토(Check) – 추진(Do) – 조치(Action)
③ 계획(Plan) – 조치(Action) – 검토(Check) – 추진(Do)
④ 계획(Plan) – 추진(Do) – 검토(Check) – 조치(Action)

데밍의 관리 사이클 PDCA는 Plan – Do – Check – Action의 머리글자를 딴 것으로 관리 순환 과정을 통해 체계적인 품질관리를 추진한다.

17 다음 정원요소 중 인도 정원에 가장 큰 영향을 미친 것은?

① 노단
② 토피어리
③ 돌수반
④ 물

인도의 정원요소는 물 · 녹음수 등 중시되었으며, 특히 물은 장식 · 관개 · 목욕의 목적으로 종교적 행사에 이용되었다.

18 다음 중 일본의 축산고산수 수법이 아닌 것은?

① 왕모래를 깔아 냇물을 상징하였다.
② 낮게 솟아 잔잔히 흐르는 분수를 만들었다.
③ 바위를 세워 폭포를 상징하였다.
④ 나무를 다듬어 산봉우리를 상징하였다.

축산고산수 수법
- 물을 쓰지 않은 정원
- 나무를 다듬어 산봉우리의 생김새를 나타나게 하고 바위를 세워 폭포를 상징시키며, 왕모래를 깔아 냇물이 흐르는 느낌을 얻도록 함

19 설계도의 종류 중에서 3차원의 느낌이 가장 실제의 모습과 가깝게 나타나는 것은?

① 입면도
② 평면도
③ 투시도
④ 상세도

어떤 시점에서 본 물체의 형태를 평면상에 나타낸 그림으로, 물체를 원근법에 따라 눈에 비친 그대로 그리는 기법이다

14. ③ 15. ③ 16. ④ 17. ④ 18. ②
19. ③

20 「도시공원 및 녹지 등에 관한 법률」 상 도시공원 설치 및 규모의 기준에서 어린이공원의 최소 규모는 얼마인가?

① $500m^2$
② $1,000m^2$
③ $1,500m^2$
④ $2,000m^2$

어린이공원의 규모는 최소 $1,500m^2$ 이상이다.

21 다음 중 그 해 자란 1년생 신초지(新梢技)에서 꽃눈이 분화하여 그 해에 개화하는 화목류는?

① 무궁화
② 목련
③ 개나리
④ 수국

당년생지에 꽃눈이 생기고 당년에 개화하는 나무는 배롱나무, 무궁화 등 여름에 개화하는 수종을 말한다.

22 다음 중 붉은색(홍색)의 단풍이 드는 수목들로 구성된 것은?

① 낙우송, 느티나무, 백합나무
② 칠엽수, 참느릅나무, 졸참나무
③ 감나무, 화살나무, 붉나무
④ 잎갈나무, 메타세쿼이아, 은행나무

- 붉은색 : 안토시안계 색소 / 감나무, 옻나무, 단풍나무류, 담쟁이덩굴, 붉나무, 화살나무, 산딸나무, 산벚나무 등
- 노란색 : 카로티노이드계 색소 / 갈참나무, 고로쇠, 낙우송, 느티나무, 백합나무, 은행나무, 일본잎갈나무, 칠엽수 등

23 다음 중 열매를 관상하기 위해 식재하는 수목은?

① 모과나무 ② 곰솔
③ 주목 ④ 단풍나무

열매 감상 수종
피라칸타, 모과, 낙상홍, 자금우, 산사나무, 꽃사과, 팥배나무 등

24 다음 중 화성암이 맞는 것은?

① 화강암
② 응회암
③ 편마암
④ 대리석

암석의 분류
- 화성암 : 화강암, 안산암, 현무암, 섬록암
- 퇴적암 : 응회암, 사암, 혈암, 석회암. 역암
- 변성암 : 편마암, 대리석, 사문암, 결절편암

25 다음에서 설명하는 돌은 무엇인가?

시선이 집중되는 곳이나 중요한 자리에 한 개 또는 몇 개를 짜임새 있게 놓고 감상한다.

① 경관석
② 디딤돌
③ 호박돌
④ 각석

- 디딤돌 : 보행을 위해서 잔디밭, 자갈 또는 맨땅 위에 설치하는 돌
- 호박돌 : 하천에 있는 둥근 형태의 돌로 지름이 20~30cm 정도 크기의 자연석
- 각석 : 쌓기용, 기초용, 경계석 등으로 이용하는 돌로 폭보다 길이가 긴 직육면체의 석재

26 석가산을 만들고자 한다. 적당한 돌은?

① 잡석
② 산석
③ 호박돌
④ 자갈

- 잡석 : 기초용 또는 뒤채움용
- 호박돌 : 둥근 자연석으로 수로의 사면보호, 연못바닥, 원로의 포장, 때로는 기초용
- 자갈 : 콘크리트의 골재, 석축의 메움돌 등 사용

20. ③ 21. ① 22. ③ 23. ① 24. ①
25. ① 26. ②

27 **합성수지에 관한 설명 중 잘못된 것은?**

① 기밀성, 접착성이 크다.
② 비중에 비하여 강도가 크다.
③ 착색이 자유롭고 가공성이 크므로 장식적 마감재에 적합하다.
④ 내마모성이 보통시멘트콘크리트에 비교하면 극히 적어 바닥재료로는 적합하지 않다.

해설 합성수지는 내마모성이 양호해 바닥재료 등에도 사용된다.

28 **한국형 잔디의 특징을 잘못 설명한 것은?**

① 포복성이 있어서 밟힘에 강하다.
② 그늘에서도 잘 자란다.
③ 손상을 받으면 회복속도가 느리다.
④ 병해충과 공해에 비교적 강하다.

해설 한국형 잔디의 특징
- 사질양토, 햇볕이 잘드는 양지에서 자람
- 내답압성 우수, 병해충과 공해에 비교적 강한편

29 **개화결실을 목적으로 실시하는 정지, 전정방법 중 옳지 못한 것은?**

① 약지(弱枝)는 길게, 강지(强技)는 짧게 전정하여야 한다.
② 묵은 가지나 병충해 가지는 수액유동 전에 전정한다.
③ 작은 가지나 내측(內側)으로 뻗은 가지는 제거한다.
④ 개화결실을 촉진하기 위하여 가지를 유인하거나 단근작업을 실시한다.

해설 약지는 짧게 강지는 길게 전정하되 수세를 보면서 적당한 길이로 전정한다. 묵은 가지나 병충해 가지는 수시로 전정한다.

30 **다음 중 속명(屬名)이 Trachelospernum이고, 명명이 Chineses Jasmine이며, 한자명이 백화등(白花藤)인 것은?**

① 으아리 ② 인동덩굴
③ 줄사철 ④ 마삭줄

해설 마삭줄(백화등)은 협죽도과 상록덩굴식물로 5~6월에 바람개비모양의 흰색으로 피며 점차 노란색이 된다.

31 **크롬산 아연을 안료로 하고, 알키드 수지를 전색료로 한 것으로서 알루미늄 녹막이 초벌칠에 적당한 도료는?**

① 광명단
② 파커라이징 (Parkerizing)
③ 그라파이트(Graphite)
④ 징크로메이트(Zincromate)

해설 녹막이 도료칠
- 철재녹막이 : 광명단
- 알루미늄녹막이 : 징크로메이트(Zincromate)

32 **감탕나무과(Aquifoliaceae)에 해당하지 않는 것은?**

① 호랑가시나무 ② 먼나무
③ 꽝꽝나무 ④ 소태나무

해설 소태나무–소태나무과

33 **재료가 외력을 받았을 때 작은 변형만 나타내도 파괴되는 현상을 무엇이라 하는가?**

① 취성
② 강성
③ 인성
④ 전성

해설 ② 강성 : 구조물 또는 그것을 구성하는 부재는 하중을 받으면 변형하는데 이 변형에 대한 저항의 정도를 말함
③ 인성 : 외력에 의해 파괴되기 어려운 질기고 강한 충격에 잘 견디는 재료의 성질을 말함
④ 전성 : 압축력에 대하여 물체가 부서지거나 구부러짐이 일어나지 않고, 물체가 얇게 영구변형이 일어나는 성질

27. ④ 28. ② 29. ①,② 30. ④
31. ④ 32. ④ 33. ①

34 다음 중 자작나무과(科)의 물오리나무잎으로 가장 적합한 것은?

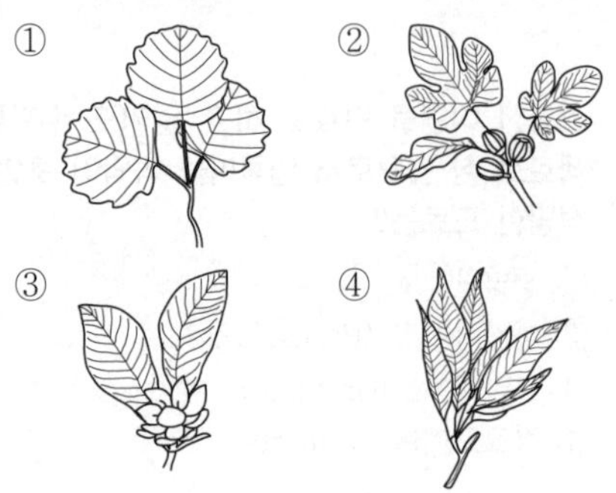

 물오리나무
낙엽활엽교목으로 잎은 어긋나기로 타원상 달걀꼴이며, 가장자리가 5~8개로 얕게 갈라지며, 겹톱니가 있다. 잎자루는 길이가 2~4cm이고 털이 있다.

35 다음 중 물푸레나무과에 해당되지 않는 것은?

① 미선나무
② 광나무
③ 이팝나무
④ 식나무

 식나무 – 층층나무과 상록활엽관목

36 다음 시멘트의 성분 중 화합물상에서 발열량이 가장 많은 성분은?

① C_3A
② C_3S
③ C_4AF
④ C_2S

 시멘트의 성분 및 함유량에 따른 발열량(수화열)

약어	함유량(%)	수화열
C_3S	50~60	136
C_2S	15~25	62
C_3A	5~15	200
C_3AF	5~12	30

37 다음 설계기호는 무엇을 표시한 것인가?

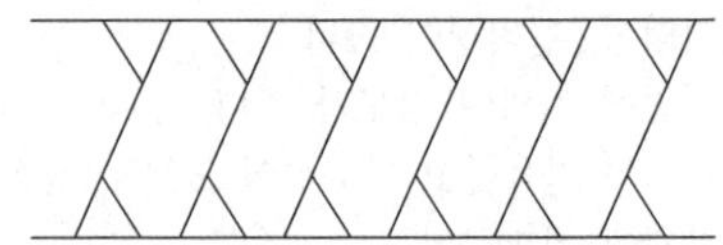

① 인조석다짐　② 잡석다짐
③ 보도블록포장　④ 콘크리트포장

38 주로 수량의 다소에 따라서 반죽이 되고 진 정도를 나타내는 굳지 않은 콘크리트의 성질은?

① Workability(워커빌리티)
② Plasticity(성형성)
③ Consistency(반죽질기)
④ Finishability(피니셔빌리티)

 굳지않은 콘크리트 성질

- Consistency(컨시스턴시) : 콘크리트의 반죽질기의 정도에 따라 작업의 난이도 정도 및 재료분리의 다소 정도를 나타냄
- Workability(워커빌리티) : 재료분리를 일으키는 일 없이 운반, 타설, 다지기, 마무리 등의 작업이 용이하게 될 수 있는 정도를 나타냄
- Plasticity(성형성) : 굳지 않은 콘크리트의 성질을 표시하는 용어 중 거푸집 등의 형상에 순응하여 채우기 쉽고, 분리가 일어나지 않는 성질
- Finishability(피니셔빌리티) : 굵은 골재의 최대치수, 잔골재율, 잔골재의 입도, 반죽질기 등에 따르는 마무리하기 쉬운 정도

39 다음 목재 접착제 중 내수성이 큰 순서대로 바르게 나열된 것은?

① 요소수지 〉 아교 〉 페놀수지
② 아교 〉 페놀수지 〉 요소수지
③ 페놀수지 〉 요소수지 〉 아교
④ 아교 〉 요소수지 〉 페놀수지

34. ①　35. ④　36. ①　37. ②　38. ③
39. ③

40 정원수의 이용 상 분류 중 보기의 설명에 해당되는 것은?

> • 가지다듬기를 할 수 있을 것
> • 아랫가지가 말라 죽지 않을 것
> • 잎이 아름답고 가지가 치밀할 것

① 가로수
② 방풍수
③ 녹음수
④ 생울타리

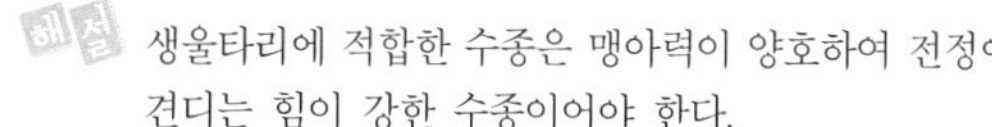

해설 생울타리에 적합한 수종은 맹아력이 양호하여 전정에 견디는 힘이 강한 수종이어야 한다.

41 바람으로 인해 병원체가 기주식물에 운반되는 것이 아닌 것은?

① 배나무붉은별무늬병
② 잣나무털녹병균
③ 밤나무줄기마름병균
④ 참나무시들음병균

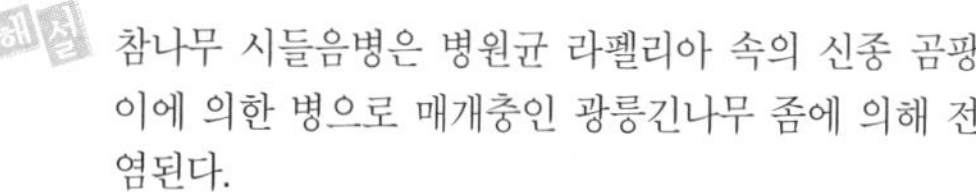

해설 참나무 시들음병은 병원균 라펠리아 속의 신종 곰팡이에 의한 병으로 매개충인 광릉긴나무 좀에 의해 전염된다.

42 다음 중 도시화가 진전되면서 도시에 생기는 변화에 대한 설명으로 틀린 것은?

① 도시화가 진전되면서 환경오염이 증대되고 있다.
② 도시화가 진전되면서 기온은 상승되고 있다.
③ 도시화된 지역이 넓어지면서 도시지역의 강우량은 줄어들었다.
④ 도시화되면서 하천의 범람 횟수는 더 많아지고 있다.

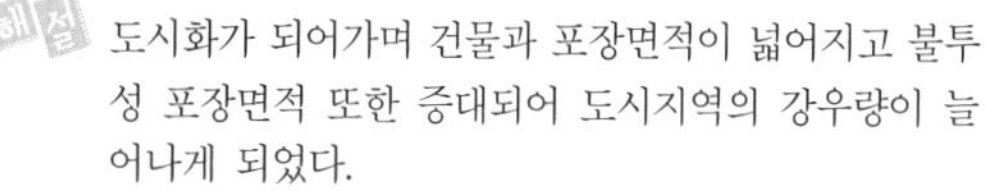

해설 도시화가 되어가며 건물과 포장면적이 넓어지고 불투성 포장면적 또한 증대되어 도시지역의 강우량이 늘어나게 되었다.

43 잔디의 잡초방제를 위한 방법으로 부적합한 것은?

① 파종 전 갈아엎기
② 잔디깎기
③ 손으로 뽑기
④ 비선택형 제초제의 사용

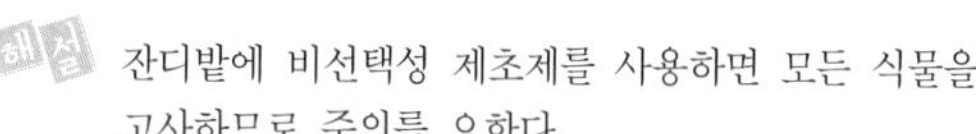

해설 잔디밭에 비선택성 제초제를 사용하면 모든 식물을 고사하므로 주의를 요한다.

44 마운딩(Maunding)의 기능으로 옳지 않은 것은?

① 유효토심 확보
② 배수방향 조절
③ 공간연결의 역할
④ 자연스러운 경관 연출

해설 마운딩의 기능
• 성토에 의해 수목생장에 필요한 유효토심을 확보가 가능
• 배수방향을 조절, 자연스러운 경관을 조성

45 벽돌쌓기 방식 중 시공이 편리하고 쌓을 때 모서리 끝에 칠오토막을 써서 안정감을 주며, 우리나라에서는 대부분 사용하는 방식은?

① 영국식 쌓기
② 프랑스식 쌓기
③ 네덜란드식 쌓기
④ 미국식 쌓기

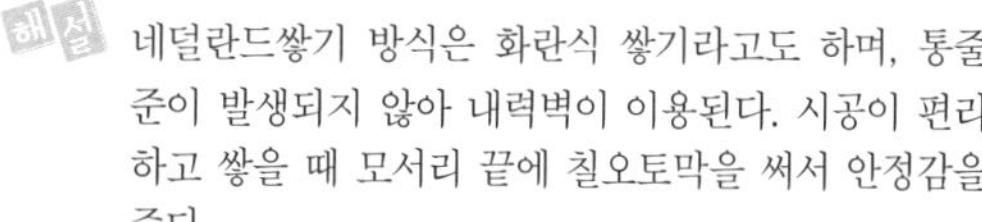

해설 네덜란드쌓기 방식은 화란식 쌓기라고도 하며, 통줄눈이 발생되지 않아 내력벽이 이용된다. 시공이 편리하고 쌓을 때 모서리 끝에 칠오토막을 써서 안정감을 준다.

40. ④ 41. ④ 42. ③ 43. ④ 44. ③ 45. ③

46 성인이 이용할 정원의 디딤돌 놓기 방법으로 틀린 것은?

① 납작하면서도 가운데가 약간 두둑하여 빗물이 고이지 않는 것이 좋다.
② 디딤돌의 간격은 느린 보행폭을 기준으로 하여 35~50cm 정도가 좋다.
③ 디딤돌은 가급적 사각형에 가까운 것이 자연미가 있어 좋다.
④ 디딤돌 및 징검돌의 장축은 진행방향에 직각이 되도록 배치한다.

해설 디딤돌은 보통 한 면이 넓적하고 평평한 자연석을 사용하며, 재료로는 가공한 화강석 판석이나 점판암 판석 또는 통나무 등을 사용하고 있다.

47 50m^2 면적에 전면붙이기로 잔디식재를 하려할 때 필요한 잔디소요매수는?(단, 잔디1매의 규격은 20cm×20cm×3cm이다)

① 200매　② 555매
③ 1,250매　④ 1,500매

해설 1m2 ÷ (0.2×0.2) = 25장
따라서 전면적 50m^{2}이므로 50× 25 = 1,250매이다.

48 파이토플라스마에 의한 주요 수목병에 해당하지 않는 것은?

① 오동나무 빗자루병
② 뽕나무 오갈병
③ 대추나무 빗자루병
④ 소나무 시들음병

해설 소나무 시들음병은 소나무 재선충병으로 솔수염하늘소에 의해 매개전염된다.

49 농약의 사용 시 확인할 농약 방제 대상별 포장지의 색깔과 구분이 올바른 것은?

① 살균제 – 청색
② 제초제 – 분홍색
③ 살충제 – 초록색
④ 생장조절제 - 노란색

농약의 종류별 포장지 색깔
- 살균제 : 분홍색
- 살충제 : 초록색
- 제초제 : 노란색
- 생장조절제 : 파란색

50 반죽질기의 정도에 따라 작업의 쉽고 어려운 정도, 재료의 분리에 저항하는 정도를 나타내는 콘크리트성질에 관련된 용어는?

① 성형성(Plasticity)
② 마감성(Finishability)
③ 시공성(Workability)
④ 레이턴스(Laitance)

51 매미목 해충으로 짝지어진 것은?

① 진딧물, 벼멸구
② 끝동매미충, 노린재류
③ 온실가루깍지벌레, 밤바구미
④ 애멸구, 솔잎혹파리

해설
- 매미목 해충 : 진딧물, 벼멸구, 끝동매미충, 온실가루깍지벌레, 애멸구, 복숭아혹진딧물 등이 있다.
- 노린재류 - 노린재목, 밤바구미 - 딱정벌레목, 솔잎혹파리 - 파리목

52 잠복소를 설치하는 목적으로 가장 적합한 것은?

① 동해의 방지를 위해
② 월동벌레를 유인하여 봄에 태우기 위해
③ 겨울의 가뭄 피해를 막기 위해
④ 동해나 나무의 생육조절을 위해

해설 잠복소는 줄기에 짚을 감거나 지면에 깔아 놓고 월동벌레를 유인해서 봄에 불에 태우는 방법이다.

46. ③　47. ③　48. ④　49. ③　50. ③
51. ①　52. ②

53 다음 설명에 적합한 수목은?

> • 감탕나무과 식물이다.
> • 상록활엽소교목으로 열매가 적색이다.
> • 잎은 호생으로 타원상의 6각형이며 가장자리에 바늘 같은 각점(角點)이 있다.
> • 자웅이주이다.
> • 열매는 구형으로서 지름 8~10cm이며, 적색으로 익는다.

① 감탕나무
② 낙상홍
③ 먼나무
④ 호랑가시나무

54 다음 중 구배(경사도)가 가장 큰 것은?

① 100% 경사
② 45° 경사
③ 1할 경사
④ 1 : 0.7

• 45도경사 = 100% 경사 : 수직 100m , 수평 100m인 경사비율 1 : 1이고 경사각은 45°가 된다.
• 1할 경사 : 수직거리 10m에 대한 100m의 수평거리로 경사각은 5°이다.
• 1 : 0.7은 수직고 1일 때 수평거리 0.7인 경사를 말한다.

55 표준품셈에서 수목을 인력시공식재 후 지주목을 세우지 않을 경우 인력품의 몇 %를 감하는가?

① 5%
② 10%
③ 15%
④ 20%

교목식재 시 지주목을 세우지 않을 경우
인력시공 시 : 인력품의 10%을 감한다.
기계시공 시 : 인력품의 20%을 감한다.

56 돌쌓기의 종류 중 찰쌓기에 대한 설명으로 옳은 것은?

① 뒤채움에 콘크리트를 사용하고, 줄눈에 모르타르를 사용하여 쌓는다.
② 돌만을 맞대어 쌓고 잡석, 자갈 등으로 뒤채움을 하는 방법이다.
② 마름돌을 사용하여 돌 한 켠의 가로줄눈이 수평적 직선이 되도록 쌓는다.
④ 막돌, 깬돌, 깬잡석을 사용하여 줄눈을 파상 또는 골을 지어 가며 쌓는 방법이다.

돌쌓기의 종류
• 찰쌓기 : 콘크리트나 모르타르를 사용하는 쌓기
• 메쌓기 : 콘크리트나 모르타르를 사용하지 않고 쌓기
• 켜쌓기 : 돌의 높이를 같게 하여 가로줄눈이 일직선이 되도록 쌓는 방법으로서, 한줄 전체의 가로줄이 수평을 이루도록 쌓는 것
• 골쌓기 : 줄눈의 형태가 골을 이루도록 돌을 쌓는 것

57 외벽을 아름답게 나타내는 데 사용하는 미장재료는?

① 타르
② 니스
③ 벽토
④ 래커

미장재료 (plastering material)
• 벽 · 천장 · 바닥 등의 미관을 고려하고 보온 · 방습 · 내화 · 내마모 · 내식성(耐蝕性)을 높여 구조물의 내구성을 길게 하기 위하여 표면을 싸 바르는 재료
• 벽토, 여물, 소석회, 풀, 돌로마이트 플라스터, 석고플라스터, 시멘트 등.
• 벽토는 진흙에 고운 모래, 짚여물, 착색안료와 물을 혼합하여 반죽한 것으로 목조 외벽에 바름으로써 자연스러운 분위기를 조성

53. ④ 54. ④ 55. ② 56. ① 57. ③

58 다음 중 호박돌 쌓기의 방법에 대한 설명으로 부적합한 것은?

① 표면이 깨끗한 돌을 사용한다.
② 크기가 비슷한 것이 좋다.
③ 불규칙하게 쌓는 것이 좋다.
④ 기초공사 후 찰쌓기로 시공한다.

 호박돌 쌓기는 규칙적인 모양으로 하는 것이 보기에 자연스럽다.

59 여러해살이 화초에 해당되는 것은?

① 베고니아
② 금어초
③ 맨드라미
④ 금잔화

 여러해살이 화초
튤립, 초롱꽃, 베고니아, 수선화, 아네모네, 제라늄, 히아신스, 국화 등

60 다수진 25% 유제 100CC를 0.05%로 희석하려 할 때 필요한 물의 양은?

① 5L
② 25L
③ 50L
④ 100L

 $100 \times (\frac{25}{0.05} - 1) \times 1 = 49,900cc = 49.9L = 50L$

58. ③ 59. ① 60. ③

CBT 대비 2018년 3회 복원기출문제

본 기출문제는 수험자의 기억을 바탕으로 하여 복원한 문제이므로 실제 출제된 문제와 일부 다를 수 있음을 미리 알려드립니다.

1 다음 중 줄기의 색채가 백색 계열에 속하는 수종은?

① 모과나무
② 자작나무
③ 노각나무
④ 해송

해설 수피가 아름다운 수종
- 흰색수피 : 자작나무
- 담갈색 얼룩무늬 : 모과나무, 배롱나무, 노각나무
- 흑색 : 해송

2 좁은 의미의 조경계획으로 볼 수 없는 것은?

① 목표설정 ② 자료분석
③ 기본계획 ④ 기본설계

해설
- 조경계획 : 목표설정, 자료분석, 기본계획
- 조경설계 : 기본설계, 실시설계단계

3 고대 그리스의 광장 이름은?

① 바빌로니아
② 플레이스
③ 수렵원
④ 아고라

해설 아고라
서양 최초의 광장으로 고대 그리스시대에 정치·경제·문화의 중심지였다.

4 계단폭포, 물무대, 분수, 정원극장, 동굴 등이 가장 많이 나타나는 정원은?

① 영국 정원
② 프랑스 정원
③ 스페인 정원
④ 이탈리아 정원

해설 이탈리아 정원
경사지를 이용한 노단건축식 정원으로 계단폭포·물무대·분수 등 물의 취급이 다양하고 다이나믹하다.

5 영국의 스토우(Stowe)원을 설계했으며, 정원 내에 하하(Ha-ha)의 기교를 생각해 낸 조경가는?

① 브리지맨
② 윌리엄 켄트
③ 험프리 랩턴
④ 이안 맥하그

해설 브리지맨(Charles Bridgeman)
- 영국의 풍경식 정원가로 스토우 가든을 설계하고, 물리적인 경계인 담 대신 도랑이나 계곡 속에 설치하여 경관을 감상할 때 물리적 경계 없이 전원을 볼 수 있게 하였다.

6 앙드레 르 노트르(Andre Le Notre)가 유명하게 된 것은 어떤 정원을 만든 후 부터인가?

① 베르사이유(Versailles)
② 센트럴 파크(Central Park)
③ 토스카나장(Villa Toscana)
④ 알함브라(Alhambra)

해설 베르사이유정원은 세계 최대 평면기하학식 정원으로 노트르의 대표적인 작품이다.

1. ② 2. ④ 3. ④ 4. ④ 5. ① 6. ①

7 조선시대 조경양식에 영향을 주지 않은 것은?

① 신선사상　　② 정토사상
③ 음양사상　　④ 유교사상

 조선시대는 유교사회로 불교의 정토사상은 조경양식에 큰 영향을 미치지 못했다.

8 서울 종로구의 구 원각사지에 조성된 탑골(파고다)공원을 설계한 사람은?

① 브라운　　② 파웰
③ 스티븐　　④ 케빈

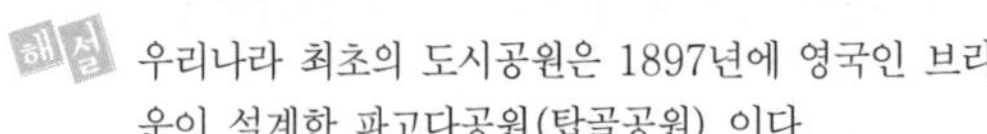 우리나라 최초의 도시공원은 1897년에 영국인 브라운이 설계한 파고다공원(탑골공원) 이다.

9 선의 분류 중 나머지 세 개와 다른 분류는?

① 실선　　② 가는 선
③ 파선　　④ 쇄선

 선의 분류
- 모양에 따른 분류 : 실선, 파선 , 1점 쇄선 , 2점 쇄선
- 굵기에 따른 분류 : 가는선, 중간선, 굵은선

10 임해공업단지의 조경용 수종으로 적합한 것은?

① 소나무
② 목련
③ 사철나무
④ 히말라야시다

 내염성이 큰 수종 : 해송, 노간주나무, 눈향나무, 광나무, 비자나무, 사철나무, 동백나무. 해당화. 찔레나무, 회양목. 유카 등

11 일반적으로 관목성 수목의 규격의 표시 방법으로 가장 적합한 것은?

① 수고 × 흉고직경
② 수고 × 수관폭
③ 간장 × 근원직경
④ 근장 × 근원직경

12 휴게공간의 입지 조건으로 적합하지 않은 것은?

① 경관이 양호한 곳
② 시야에 잘 띄지 않는 곳
③ 보행동선이 합쳐지는 곳
④ 기존 녹음수가 조성된 곳

 휴게시설의 배치
전체적인 보행동선체계 및 공간특성을 파악하여 보행동선이 합쳐지는 곳, 휴식 및 경관감상이 가능한 곳, 주변에 녹음식재가 조성된 곳이 적합하다.

13 다음 중 목재에 유성페인트 칠을 할 때 가장 관련이 없는 재료는?

① 건성유
② 건조제
③ 방청제
④ 희석제

 방청제 : 금속재료의 녹을 방지

14 점토제품 중 돌을 빻아 빚은 것을 1,300°C 정도의 온도로 구웠기 때문에 거의 물을 빨아들이지 않으며, 마찰이나 충격에 견디는 힘이 강한 것은?

① 벽돌제품
② 토관제품
③ 타일제품
④ 도자기제품

- 도자기제품 : 돌을 빻아 빚어 높은 온도에서 구워 물을 거의 흡수하지 않으며, 마찰이나 충격에 견디는 힘이 크다.
- 토관제품 : 저급 점토를 원료로 모양을 만든 후 유약을 처리하지 않고 그대로 구운 제품
- 타일제품 : 양질의 점토에 장석, 규석, 석회석 등의 가루를 배합하여 성형한 후 유약을 입혀 건조시킨 다음 소성한 제품

7. ② 8. ① 9. ② 10. ③ 11. ②
12. ② 13. ③ 14. ④

15 자연석 공사 시 돌과 돌 사이에 붙여 심는 것으로 적합하지 않은 것은?

① 회양목 ② 철쭉
③ 맥문동 ④ 향나무

 돌틈식재시 회양목이나 철쭉 등의 관목이나 초본류를 식재한다.

16 다음 중 인공폭포, 인공암 등을 만드는 데 사용되는 플라스틱 제품은?

① ILP ② FRP
③ MDF ④ OSB

 FRP(Fiber Reinforced Plastic, 유리섬유강화플라스틱) : 인공벽천 · 인공암을 만드는데 사용하며, 가볍고 내구성 · 내충격성 · 내마모성 등이 우수하다. 단점은 고온에서 사용할 수 없다

17 항공사진 측량 시 낙엽수와 침엽수, 토양의 습윤도 등의 판독에 쓰이는 요소는?

① 질감 ② 음영
③ 색조 ④ 모양

 항공사진 판독시
- 검은색 : 물(하천, 저수지, 강), 탄광지대, 침엽수림, 활엽수림
- 회색 또는 회백색 : 도로
- 백색 : 모래사장

18 화강석의 크기가 20cm×20cm×100cm일 때 중량은?(단, 화강석의 비중은 평균 2.60이다)

① 약 50kg ② 약 100kg
③ 약 150kg ④ 약 200kg

 $\frac{20 \times 20 \times 100 \times 2.6}{1,000} = 104\text{kg}$

19 비탈면 경사의 표시에서 1 : 2.5에서 2.5는 무엇을 뜻하는가?

① 수직고 ② 수평거리
③ 경사면의 길이 ④ 안식각

 1 : 2.5 = 수직거리 : 수평거리

20 수목의 생리상 이식 시기로 가장 적당한 시기는?

① 뿌리활동이 시작되기 직전
② 뿌리활동이 시작된 후
③ 새 잎이 나온 후
④ 한창 생장이 왕성한 때

 수목의 이식 시기로는 뿌리의 활동이 시작하기 직전이 좋으며, 활착이 어려운 하절기(7~8월), 동절기(12월 , 1~2월)는 피한다.

21 디딤돌 놓기 방법 중 돌 표면이 지표면보다 얼마 정도 높게 앉히면 되는가?

① 13cm ② 3~6cm
③ 6~9cm ④ 9~12cm

해설 돌 표면이 지표면보다 3~6cm 정도 높게 한다.

22 다음 중 재료별 할증률(%)의 크기가 가장 작은 것은?

① 조경용 수목 ② 경계블록
③ 잔디 및 초화류 ④ 수장용 합판

 재료별 따른 할증률
- 조경용 수목 : 10%
- 경계블록 : 3%
- 잔디 및 초화류 : 10%
- 수장용 합판 : 5%

23 조경공사에서 이식 적기가 아닌 때 식재공사를 하는 방법으로 틀린 것은?

① 가지의 일부를 쳐내서 증산량을 줄인다.
② 뿌리분을 작게 만들어 수분조절을 해준다.
③ 증산억제제를 나무에 살포한다.
④ 봄철의 이식 적기보다 늦어질 경우 이른 봄에 미리 굴취하여 가식한다.

해설 부적기 이식시 가능한 한 뿌리분을 크게 만들어 식재한다.

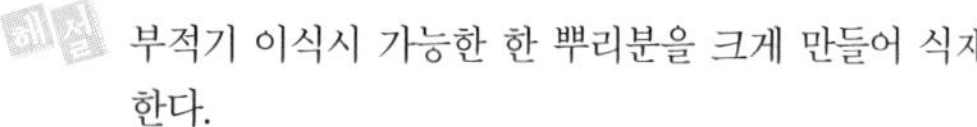

15. ④ 16. ② 17. ③ 18. ② 19. ②
20. ① 21. ② 22. ② 23. ②

24 다음 중 수목에서 잘라야 할 가지가 아닌 것은?

① 수관 안으로 향한 가지
② 한 부위에서 평행하게 나오는 가지
③ 아래로 향한 가지
④ 수목의 주지

 전정의 대상 : 밀생지, 교차지, 도장지, 역지, 병지, 고지, 수하지, 평행지, 윤생지, 정면으로 향한 가지, 대생지

25 영국 정형식 정원의 특징 중 매듭화단이란 무엇인가?

① 낮게 깎은 회양목 등으로 화단을 기하학적 문양으로 구획한 화단
② 수목을 전정하여 정형적 모양으로 만든 미로
③ 가늘고 긴 형태로 한쪽 방향에서만 관상할 수 있는 화단
④ 카펫을 깔아 놓은 듯 화려하고 복잡한 문양이 펼쳐진 화단

 매듭화단(knot) : 영국에서 중세 때부터 유행했던 화단으로 낮게 깎은 회양목이나 주목 등으로 화단은 구획하였다.

26 다음 그림과 같이 구릉지의 맨 위쪽에 세워진 건물은 토지의 이용방법 중 어떠한 것에 속하는가?

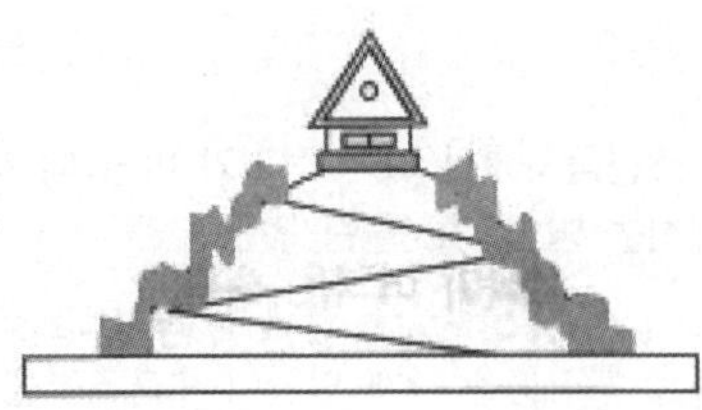

① 강조
② 통일
③ 대비
④ 보존

 강조(Accent)

- 비슷한 형태나 색감들 사이에 이와 상반되는 것을 넣어 강조함으로써 시각적으로 산만함을 막고 통일감을 조성할 수 있다.

27 명암순응(明暗順應)에 대한 설명으로 틀린 것은?

① 눈이 빛의 밝기에 순응해서 물체를 본다는 것을 명암순응이라 한다.
② 맑은 날 색을 본 것과 흐린 날 색을 본 것이 같이 느껴지는 것이 명순응이다.
③ 터널에 들어갈 때와 나갈 때의 밝기가 급격히 변하지 않도록 명암순응 식재를 한다.
④ 명순응에 비해 암순응은 장시간을 필요로 한다.

 명암순응식재는 눈의 명암순응시간을 단축해주는 식재로 터널의 출구와 입구쪽에 이용된다.

28 다음 중 낙엽활엽관목으로만 짝지어진 것은?

① 동백나무, 섬잣나무
② 회양목, 아왜나무
③ 생강나무, 화살나무
④ 느티나무, 은행나무

 ① 동백나무 : 상록활엽교목, 섬잣나무 : 상록침엽교목
② 회양목 : 상록활엽관목, 아왜나무 : 상록활엽교목
④ 느티나무 : 낙엽활엽교목, 은행나무 : 낙엽침엽교목

29 침엽수로만 짝지어진 것이 아닌 것은?

① 향나무, 주목
② 낙우송, 잣나무
③ 가시나무, 구실잣밤나무
④ 편백, 낙엽송

- 가시나무, 구실잣밤나무 : 참나무과 상록활엽교목

24. ④ 25. ① 26. ① 27. ② 28. ③
29. ③

30 자연석 중 전후 · 좌우 사방 어디에서나 볼 수 있으며, 키가 높아야 효과적인 돌의 형태는?

① 입석(立石) ② 횡석(橫石)
③ 평석(平石) ④ 와석(臥石)

 배치에 의한 조경석의 분류

- 횡석 : 가로로 눕혀서 쓰는 돌을 말하며, 입석 등에 의한 불안감을 주는 돌을 받쳐서 안정감을 갖게 함
- 평석 : 윗부분이 편평한 돌을 말하며, 안정감이 필요한 부분에 배치
- 와석 : 소가 누워 있는 것과 같은 돌

31 반죽질기의 정도에 따라 작업의 쉽고 어려운 정도, 재료의 분리에 저항하는 정도를 나타내는 콘크리트 성질에 관련된 용어는?

① 성형성(Plasticity)
② 마감성(Finishability)
③ 시공성(Workability)
④ 레이턴스(Laitance)

 콘크리트와 관련된 용어

- Plasticity(성형성) : 굳지 않은 콘크리트의 성질을 표시하는 용어 중 거푸집 등의 형상에 순응하여 채우기 쉽고, 분리가 일어나지 않는 성질. 즉, 거푸집에 쉽게 다져 넣을 수 있고, 거푸집을 제거하면 천천히 형상이 변하기는 하지만 허물어지거나 재료가 분리되지 않는 성질
- Finishability(마감성) : 굵은 골재의 최대치수, 잔골재율, 잔골재의 입도, 반죽질기 등에 따르는 마무리하기 쉬운 정도를 말하는 굳지 않은 콘크리트의 성질
- Workability(시공연도) : 재료분리를 일으키는 일 없이 운반, 타설, 다지기, 마무리 등의 작업이 용이하게 될 수 있는 정도를 나타내는 굳지 않는 콘크리트의 성질
- Laitance(레이턴스) : 콘크리트를 친 후 양생물이 상승하는 현상에 따라 내부의 미세한 물질이 부상하여 콘크리트가 경화한 후 표면에 형성되는 회색의 얇은 막

32 다음 중 미장재료에 속하는 것은?

① 페인트
② 니스
③ 회반죽
④ 래커

 페인트, 니스, 래커는 도장재료이다.

33 "이 금속"은 복잡한 형상의 제작 시 품질도 좋고 작업이 용이하며, 내식성이 뛰어나다. 탄소 함유량이 약 1.7~6.6%, 용융점은 1,100~1,200℃로서 선철에 고철을 섞어서 용광로에서 재용해하여 탄소 성분을 조절하여 제조하는 "이 금속"은 무엇인가?

① 동합금 ② 주철
③ 중철 ④ 강철

 주철

- 탄소를 함유한 주철은 질이 물러서 주조하기가 용이하므로 파이프와 강철의 원료가 됨
- 강철 : 소량의 탄소와 철을 배합한 현대의 대표적인 합금으로 주로 구조적인 곳에 사용되며 도구나 기구를 만들 때에도 이용

34 크롬산 아연을 안료로 하고, 알키드 수지를 전색료로 한 것으로서 알루미늄 녹막이 초벌칠에 적당한 도료는?

① 광명단
② 파커라이징(Parkerizing)
③ 그라파이트(Graphite)
④ 징크로메이트(Zincromate)

 녹막이 페인트(방청용 페인트)

- 광명단 : 철재 녹막이
- 파커라이징 : 강의 표면에 인산염의 피막을 형성해 녹막이
- 징크로메이트(Zincromate) : 알루미늄 녹막이

30. ① 31. ③ 32. ③ 33. ② 34. ④

35 조경공사에서 작은 언덕을 조성하는 흙쌓기 용어는?

① 사토
② 절토
③ 마운딩
④ 정지

 조경공사 용어정리

- 마운딩 : 조경에서 경관의 변화, 방음, 방풍, 방설을 목적으로 작은 동산을 만드는 것
- 사토 : 버리는 흙
- 절토 : 흙을 파내는 작업
- 정지 : 부지 내에서의 성토와 절토 작업

36 다음 중 호박돌 쌓기의 방법에 대한 설명으로 부적합한 것은?

① 표면이 깨끗한 돌을 사용한다.
② 크기가 비슷한 것이 좋다.
③ 불규칙하게 쌓는 것이 좋다.
④ 기초공사 후 찰쌓기로 시공한다.

 호박돌 쌓기시 표면이 깨끗하고 크기가 비슷하며, 규칙적인 모양으로 하는 것이 보기에 자연스럽다. 안정성이 없으므로 찰쌓기 수법을 사용한다.

37 토공사용 기계에 대한 설명으로 부적당한 것은?

① 불도저는 일반적으로 60m 이하의 배토작업에 사용한다.
② 드래그라인은 기계 위치보다 낮은 연질 지반의 굴착에 유리하다.
③ 클램쉘은 좁은 곳의 수직터파기에 쓰인다.
④ 파워셔블은 기계가 위치한 면보다 낮은 곳의 흙파기에 쓰인다.

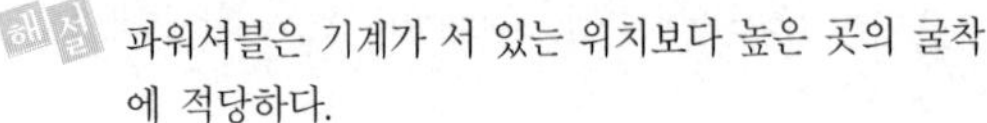 파워셔블은 기계가 서 있는 위치보다 높은 곳의 굴착에 적당하다.

38 가는 가지자르기 방법에 대한 설명으로 옳은 것은?

① 자를 가지의 바깥쪽 눈 바로 위를 비스듬히 자른다.
② 자를 가지의 바깥쪽 눈과 평행하게 멀리서 자른다.
③ 자를 가지의 안쪽 눈 바로 위를 비스듬히 자른다.
④ 자를 가지의 안쪽 눈과 평행한 방향으로 자른다.

 가지자르기에 있어 바깥 눈 위에서 자르도록 한다. 눈 위를 자를 때에는 바깥 눈 7~10mm 위쪽 눈과 평행한 방향으로 비스듬하게 자른다.

39 다음 중 조경수목에 거름을 줄 때의 방법에 대한 설명으로 틀린 것은?

① 윤상거름주기 : 수관폭을 형성하는 가지 끝 아래의 수관선을 기준으로 환상으로 깊이 20~25cm , 너비 20~30cm로 둥글게 판다.
② 방사상거름주기 : 파는 도랑의 깊이는 바깥쪽일수록 깊고 넓게 파야하며, 선을 중심으로 하여 길이는 수관폭의 1/3 정도로 한다.
③ 선상거름주기 : 수관선상에 깊이 20cm 정도의 구멍을 군데군데 뚫고 거름을 주는 방법으로, 액비를 비탈면에 줄 때 적용한다.
④ 전면거름주기 : 한 그루씩 거름을 줄 경우, 뿌리가 확장되어 있는 부분을 뿌리가 나오는 곳까지 전면으로 땅을 파고 거름을 주는 방법이다.

 ③은 천공거름주기이다.
선상거름주기는 생울타리 열식시 길이방향으로 구덩이를 파 거름주는 방법이다.

35. ③ 36. ③ 37. ④ 38. ① 39. ③

40 해충 중에서 잎에 주사바늘과 같은 침으로 식물체 내에 있는 즙액을 빨아먹는 종류가 아닌 것은?

① 응애
② 깍지벌레
③ 측백하늘소
④ 매미

해설 측백하늘소는 천공성 해충이다.

41 계단의 설계 시 고려해야 할 기준으로 옳지 않은 것은?

① 계단의 경사는 최대 30~35°가 넘지 않도록 해야 한다.
② 단높이를 h, 단너비를 b로 할 때 2h+b = 60~65cm가 적당하다.
③ 진행 방향에 따라 중간에 1인용일 때 단너비 90~ 110cm 정도의 계단참을 설치한다.
④ 계단의 높이가 5m 이상이 될 때에만 중간에 계단참을 설치한다.

해설 계단참은 높이 2m 이상 마다 설치한다.

42 상록수의 주요한 기능으로 부적합한 것은?

① 시각적으로 불필요한 곳을 가려준다.
② 겨울철에는 바람막이로 유용하다.
② 신록과 단풍으로 계절감을 준다.
④ 변화되지 않는 생김새를 유지한다.

해설 상록수는 일제히 낙엽이지지 않으므로 항상 본래 수형으로 유지하며, 차폐식재 · 방풍식재 등으로 활용된다.

43 우리나라 후원양식의 정원수법이 형성되는데 영향을 미친 것이 아닌 것은?

① 불교의 영향
② 음양오행설
③ 유교의 영향
④ 풍수지리설

해설 조선시대의 정원은 유교사상과 음양오행, 풍수지리사상에 의해 영향을 받았다.

44 조경계획의 과정을 기술한 것 중 가장 잘 표현한 것은?

① 자료분석 및 종합 → 목표설정 → 기본계획 → 실시설계 → 기본설계
② 목표설정 → 기본설계 → 자료분석 및 종합 → 기본계획 → 실시설계
③ 기본계획 → 목표설정 → 자료분석 및 종합 → 기본설계 → 실시설계
④ 목표설정 → 자료분석 및 종합 → 기본계획 → 기본설계 → 실시설계

해설 조경계획 및 설계과정
목표설정 → 자료분석(자연환경분석, 인문환경분석, 경관분석) 및 종합 → 기본구상 → 기본계획(토지이용계획, 교통동선계획, 시설물배치계획, 식재계획, 하부구조계획, 집행계획) → 기본설계 → 실시설계 → 시공 및 감리 → 유지관리

45 수목식재에 가장 적합한 토양의 구성비(토양 : 수분 : 공기)는?

① 50% : 25% : 25%
② 50% : 10% : 40%
③ 40% : 40% : 20%
④ 30% : 40% : 30%

해설 식물에 적합한 토양구성비
• 토양입자 50% : 수분 25% : 공기 25%

46 이용행태를 조사하기 위한 방법으로 적절한 조사방법은 무엇인가?

① 설문조사
② 면담조사
③ 사례조사
④ 현장관찰법

해설 현장관찰법은 실제의 이용행태를 조사하는 방법이다.

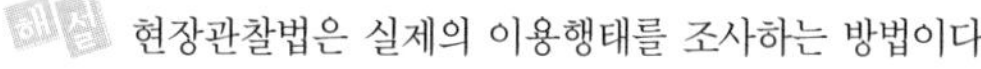

40. ③ 41. ④ 42. ③ 43. ① 44. ④
45. ① 46. ④

47 조경설계 과정에서 가장 먼저 이루어져야 하는 것은?

① 구상개념도 작성 ② 실시설계도 작성
③ 평면도 작성 ④ 내역서 작성

해설 구상개념도는 설계개념도라고도 하며 구체적인 설계 과정 전에 다이어그램 형태도 작성되어 각 공간의 연관성, 크기와 위치 등을 작성한 도면이다.

48 다음 중 배식설계에 있어서 정형식 배식설계로 가장 적당한 것은?

① 부등변 삼각형 식재
② 대식
③ 임의(랜덤)식재
④ 배경식재

정형식 식재방법
단식, 대식, 열식, 교호식재, 집단식재, 요점식재

49 조경식재 설계도를 작성할 때 수목명, 규격, 본수 등을 기입하기 위한 인출선 사용의 유의사항으로 올바르지 않는 것은?

① 가는 선으로 명료하게 긋는다.
② 인출선의 수평부분은 기입 사항의 길이와 맞춘다.
③ 인출선간의 교차나 치수선의 교차를 피한다.
④ 인출선의 방향과 기울기는 자유롭게 표기하는 것이 좋다.

인출선의 표시방법
- 가는 실선으로 표시한다.
- 도면 내의 모든 인출선의 굵기를 동일하게 유지한다.
- 인출선의 방향과 기울기를 통일한다.

50 A2 도면의 크기 치수로 옳은 것은?(단, 단위는 mm이다)

① 841×1,189 ② 549×841
③ 420×594 ④ 210×297

도면의 치수(단위mm)
- A0 : 841×1,189 • A1 : 594×841
- A2 : 420×594 • A3 : 297×420

51 대나무를 조경재료로 사용 시 어느 시기에 잘라서 쓰는 것이 좋은가?

① 봄철
② 여름철
③ 가을이나 겨울철
④ 장마철

해설 대나무의 절단 시기는 가을이나 겨울철이 가장 좋다.

52 다음 중 내풍성이 약하여 바람에 잘 쓰러지는 수종은?

① 느티나무 ② 갈참나무
③ 가시나무 ④ 미루나무

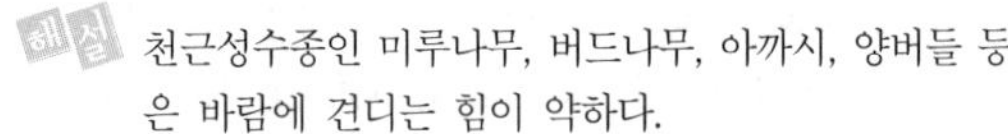
천근성수종인 미루나무, 버드나무, 아까시, 양버들 등은 바람에 견디는 힘이 약하다.

53 겨울화단에 심을 수 있는 식물은?

① 팬지 ② 매리골드
③ 달리아 ④ 꽃양배추

54 목재에 수분이 침투되지 못하도록 하여 부패를 방지할 수 있는 방법은?

① 표면탄화법
② 니스도장법
③ 약제주입법
④ 비닐포장법

해설 목재의 부패 방지법
- 표면탄화법 : 나무의 표면을 태워 탄화시키는 방법
- 도장법 : 표면에 방수용 도장제(페인트, 니스, 콜타르 등)를 바르는 도포법
- 약제주입법 : 밀폐관 내에서 건조된 목재에 방부제(C.C.A 방부제, 크레오소트, 콜타르, 아스팔트 등)를 가압하여 주입하는 방법

47. ① 48. ② 49. ④ 50. ③ 51. ③
52. ④ 53. ④ 54. ②

55 다음 석재 중 일반적으로 내구연한이 가장 짧은 것은?

① 석회암 ② 화강석
③ 대리석 ④ 석영암

 석재의 내구연한

- 화강석(200년), 석영암(75~200년), 대리석(100년) , 석회암(40년)

56 돌이 풍화 · 침식되어 표면이 자연적으로 거칠어진 상태를 뜻하는 것은?

① 돌의 뜰녹 ② 돌의 절리
③ 돌의 조면 ④ 돌의 이끼바탕

- 돌의 뜰녹 : 돌이 세월을 거쳐 풍화 작용을 받으면 조면에 고색을 띤 뜰녹이 생기며, 경관상 관상가치가 매우 높다.
- 돌의 절리 : 돌을 구성하고 있는 여러 가지 광물의 배열 상태를 절리라고 한다. 돌에는 선이나 무늬가 생기므로 방향주며 예술적 가치가 향상된다.
- 돌의 이끼바탕 : 이끼가 낀 돌은 자연미를 한층 더해 준다.

57 시멘트 보관 및 창고의 구비조건 설명으로 옳은 것은?

① 간단한 나무구조로 통풍이 잘되게 한다.
② 시멘트를 쌓을 마루높이는 지면에서 10cm 정도로 유지한다.
③ 창고 둘레 주위에는 비가 내릴 때 물을 담아 공사 시 이용할 장소를 파 놓는다.
④ 시멘트 쌓기는 최대 높이 13포대로 한다.

 시멘트 창고(가설)의 기준과 보관방법

- 창고의 바닥높이는 지면에서 30cm 이상으로 한다.
- 창고 주위는 배수도랑을 두고 우수의 침입을 방지한다.
- 출입구 채광창 이외의 환기창은 두지 않는다.
- 반입구와 반출구를 따로 두어 먼저 쌓는 것부터 사용하도록 한다.
- 시멘트 쌓기의 높이는 13포(1.5m) 이내로 한다. 장기간 쌓아두는 것은 7포 이내로 한다.
- 저장 중에 약간이라도 굳은 시멘트는 공사에 사용하지 않아야 한다. 3개월 이상 장기간 저장한 시멘트는 사용하기에 앞서 재시험을 실시하여 그 품질을 확인하여야 한다.
- 시멘트의 온도가 너무 높을 때는 그 온도를 낮추어서 사용하여야 한다. 일반적으로 50도 정도 이하의 온도를 갖는 시멘트를 사용하는 것이 좋다.

58 다음 중 괄호 안에 들어갈 말로 옳게 나열된 것은?

> 콘크리트가 단단히 굳어지는 것은 시멘트와 물의 화학반응에 의한 것인데, 시멘트와 물이 혼합된 것을 ( )라 하고, 시멘트와 모래 그리고 물이 혼합된 것을 ( )라 한다.

① 콘크리트, 모르타르
② 모르타르, 콘크리트
③ 시멘트 페이스트, 모르타르
④ 모르타르, 시멘트 페이스트

- 시멘트 페이스트(Cement Paste, 시멘트 풀) = 시멘트 +물
- 모르타르(Mortar) = 시멘트 + 모래 + 물

59 비금속재료의 특성에 관한 설명 중 옳지 않은 것은?

① 납은 비중이 크고 연질이며 전성, 연성이 풍부하다.
② 알루미늄은 비중이 비교적 작고 연질이며 강도도 낮다.
③ 아연은 산 및 알칼리에 강하나 공기 중 및 수중에서는 내식성이 작다
④ 동은 상온의 건조공기 중에서 변화하지 않으나 습기가 있으면 광택을 소실하고 녹청색으로 된다.

 아연은 산, 알칼리에 약하고 공기나 수중에서 내식성이 강하여 철재에 내식도금재로 많이 쓰인다.

55. ① 56. ③ 57. ④ 58. ③ 59. ③

60 **안전사고방지대책에 대한 내용 중 옳지 않은 것은?**

① 구조나 재질에 결함이 있으면 철거하거나 개량 조치를 한다.
② 공원은 휴양, 휴식시설이므로 안전사고는 이용자 자신의 과실이다.
③ 위험한 장소에는 감시원, 지도원의 배치를 한다.
④ 정기적인 순시 점검과 시설이용을 관찰 · 지도한다.

공원의 안전사고는 설계 · 설치 과실, 관리자 과실, 이용자 부주의에 의한 과실로 구분된다.

60. ②

CBT 대비 2019년 1회 복원기출문제

본 기출문제는 수험자의 기억을 바탕으로 하여 복원한 문제이므로 실제 출제된 문제와 일부 다를 수 있음을 미리 알려드립니다.

1 다음 중 경관의 우세 요소가 아닌 것은?

① 형태 ② 선
③ 소리 ④ 텍스처

해설 경관의 우세 요소 : 형태, 선, 색채, 질감(texture)

2 다음 중 풍경식 정원에서 요구하는 계단의 재료로 가장 적당한 것은?

① 콘크리트 계단 ② 벽돌 계단
③ 통나무 계단 ④ 인조목 계단

해설 풍경식 정원에서는 자연 재료를 적용한다.

3 옥상정원의 환경조건에 대한 설명 중 옳지 않은 것은?

① 토양 수분의 용량이 적다.
② 토양 온도의 변동폭이 크다.
③ 양분의 유실속도가 늦다.
④ 바람의 피해를 받기 쉽다.

해설 옥상정원
① 낮과 밤의 온도변화가 크다.
② 하중을 줄이기 위해 인공토양을 사용하기 때문에 자연상태의 흙보다 양분의 유실속도가 빠르다.
③ 바람의 피해를 받기 쉽다.

4 일본의 독특한 정원양식으로 여행, 취미의 결과 얻어진 풍경의 수목이나 명승고적, 폭포, 호수, 명산계곡 등을 그대로 정원에 축소시켜 감상하는 것은?

① 축경원 ② 평정고산수식 정원
③ 회유임천식 정원 ④ 다정

해설 자연의 풍경을 그대로 축소하여 조성한 정원을 축경식 정원이라고 한다.

5 개인주택의 정원이나 아파트 단지 등 공동주택의 조경은 다음 중 어느 곳에 해당하는가?

① 공원 ② 기타시설
③ 주거지 ④ 위락 · 관광시설

해설 정원, 공동주택의 조경은 주거지 조경에 해당된다.

6 다음과 같은 특징이 반영된 정원은?

- 지역마다 재료를 달리한 정원양식이 생겼다.
- 건물과 정원이 한덩어리가 되는 형태로 발달했다.
- 기하학적인 무늬가 그려져 있는 원로가 있다.
- 조경수법이 대비에 중점을 두고 있다.

① 중국정원 ② 인도정원
③ 영국정원 ④ 독일풍경식 정원

해설 중국정원의 특징
- 사실주의보다는 상징적 축조가 주를 이루는 사의주의 자연풍경식
- 기하학적 무늬로 포장한 포지, 태호석을 이용한 석가산 수법
- 자연적인 경관에 인공적인 건물을 배치하는 등 경관의 대비에 중점을 둠

7 고려시대에 궁궐 내의 조경을 담당하던 관청은?

① 장원서 ② 내원서
③ 상림원 ④ 화림원

해설 ① 장원서, 상림원 : 조선시대 조경을 담당하던 관청
② 화림원 : 중국 위촉오시대, 남북조 시대의 궁원

1. ③ 2. ③ 3. ③ 4. ① 5. ③
6. ① 7. ②

8 다음 경관의 유형 중 초점경관에 대한 설명으로 옳은 것은?

① 지형지물이 경관에서 지배적인 위치를 갖는 경관
② 주위 경관 요소들에 의하여 울타리처럼 둘러싸인 경관
③ 좌우로의 시선이 제한되고 중앙의 한 점으로 모이는 경관
④ 외부로의 시선이 차단되고 세부적인 특성이 지각되는 경관

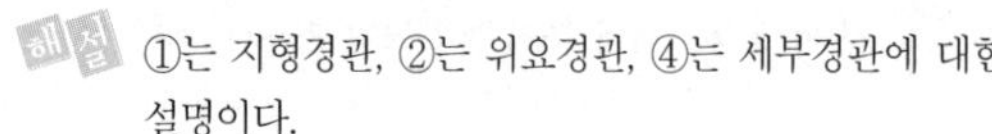
해설 ①는 지형경관, ②는 위요경관, ④는 세부경관에 대한 설명이다.

9 조경 계획 · 설계의 과정 중 "기본 계획" 단계에서 다루어져야 할 문제가 아닌 것은?

① 일정 토지를 계획함에 있어서 어떠한 용도로 이용할 것인가?
② 지역간 혹은 지역 내에 어떠한 동선 연결 체계를 가질 것인가?
③ 하부구조시설들을 어디에 어떤 체계로 가설할 것인가?
④ 조사 · 분석된 자료들은 각각 어떤 상호관련성과 중요성을 지니는가?

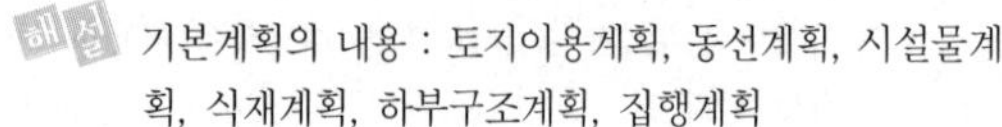
해설 기본계획의 내용 : 토지이용계획, 동선계획, 시설물계획, 식재계획, 하부구조계획, 집행계획

10 가로 1m×세로 10m 공간에 H0.4m×W0.5 규격의 철쭉으로 생울타리를 만들려고 하면 사용되는 철쭉의 수량은?

① 약 20주 ② 약 40주
③ 약 80주 ④ 약 120주

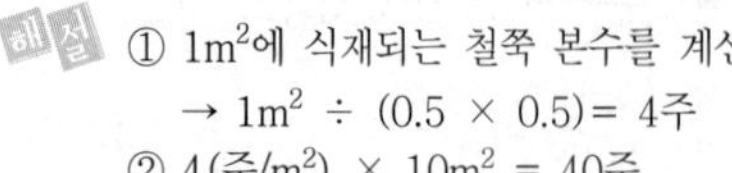
해설 ① $1m^2$에 식재되는 철쭉 본수를 계산
→ $1m^2 \div (0.5 \times 0.5) = 4$주
② 4(주/m^2) × $10m^2$ = 40주

11 다음과 같은 조건을 갖춘 공원으로 가장 적당한 것은?

- 한 초등학교 구역에 1개소 설치
- 유치거리 500m 이하
- 면적은 10,000m^2 이상

① 어린이공원 ② 근린공원
③ 체육공원 ④ 소공원

해설
- 어린이 공원 – 유치거리 250m, 면적 1,500m^2
- 체육공원 – 유치거리 제한없음, 면적 10,000m^2
- 소공원 – 유치거리 제한없음, 면적 제한없음

12 다음 조경 계획 과정 가운데 가장 먼저 해야 하는 것은?

① 기본설계 ② 기본계획
③ 실시설계 ④ 자연환경 분석

해설 조경계획과정
목표 → 분석(자연환경, 인문환경, 사회환경) → 종합 → 기본계획 → 기본설계 → 실시설계

13 다음 중 방화식재로 사용하기 적당한 수종으로 짝지어진 것은?

① 광나무, 식나무 ② 피나무, 느릅나무
③ 태산목, 낙우송 ④ 아카시아, 보리수

해설 방화용 수목으로는 잎이 수분을 함유한 상록활엽수가 적합하다.

14 우리나라 전통 조경의 설명으로 옳지 않은 것은?

① 신선 사상에 근거를 두고 여기에 음양오행설이 가미되었다.
② 연못의 모양은 조롱박형, 목숨수자형, 마음심자형 등 여러 가지가 있다.
③ 네모진 연못은 땅, 즉 음을 상징하고 있다.
④ 둥근 섬은 하늘, 즉 양을 상징하고 있다.

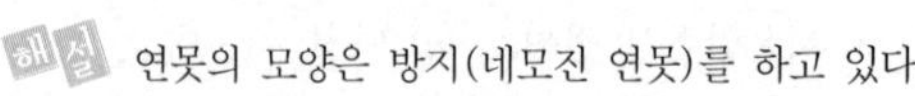
해설 연못의 모양은 방지(네모진 연못)를 하고 있다.

8. ③ 9. ④ 10. ② 11. ② 12. ④
13. ① 14. ②

15 동양식 정원과 관련이 적은 것은?

① 음양오행설　② 자연숭배사상
③ 신선설　④ 인문중심사상

 인문중심의 사상은 서양의 르네상스정원과 관련된다.

16 목재의 부식을 방지하고 아름다움을 증대시키기 위한 목적으로 사용하는 재료는?

① 니스　② 피치
③ 벽토　④ 회반죽

 니스(바니쉬)
① 가구, 책상, 문 등의 표면 위에 사용하는 투명 코팅제
② 변색, 긁힘, 곰팡이 방지, 생활 때가 묻는 것을 방지하는 효과

17 다음 중 목재의 건조에 관한 설명으로 틀린 것은?

① 건조기간은 자연건조시는 인공건조에 비해 길고, 수종에 따라 차이가 있다.
② 인공건조 방법에는 증기건조, 공기가열건조, 고주파건조법 등이 있다.
③ 자연건조시 두께 3cm의 침엽수는 약 2~6개월 정도 걸리고 활엽수는 그 보다 짧게 걸린다.
④ 목재의 두꺼운 판을 급속히 건조할 경우에는 고주파건조법이 효과적이다.

 활엽수는 자연건조시 6~12개월 정도 소요된다.

18 참나무 시들음병에 관한 설명으로 틀린 것은?

① 곰팡이가 도관을 막아 수분과 양분을 차단한다.
② 솔수염하늘소가 매개충이다.
③ 피해목은 벌채 및 훈증처리한다.
④ 우리나라에서는 2004년 경기도 성남시에서 처음 발견되었다.

 참나무시들음병은 광릉긴나무좀이 매개충이다.

19 다음 중 조경시공에 활용되는 석재의 특징으로 부적합한 것은?

① 색조와 광택이 있어 외관이 미려 · 장중하다.
② 내수성 · 내구성 · 내화학성이 풍부하다.
③ 내화성이 뛰어나고 압축강도가 크다.
④ 천연물이기 때문에 재료가 균일하고 갈라지는 방향성이 없다.

 석재는 갈라짐이나 트임에 견디는 힘이 약하다.

20 다음 석재의 가공방법 중 표면을 가장 매끈하게 가공할 수 있는 방법은?

① 혹두기　② 정다듬
③ 잔다듬　④ 도드락다듬

 석재인력가공순서
혹두기 → 정다듬 → 도드락다듬 → 잔다듬 → 물갈기 · 광내기

21 자연토양을 사용한 인공지반에 식재된 대관목의 생육에 필요한 최소 식재토심은?(단, 배수구배는 1.5~2.0%이다)

① 15cm　② 30cm
③ 45cm　④ 70cm

 대관목의 표층토의 깊이
• 생존 최소심도 : 45cm, 생육최소심도 : 60cm

22 다음 조경재료 중에서 자연재료가 아닌 것은?

① 자연석　② 지피식물
③ 초화류　④ 식생매트

 식생매트(vegetation mat)
섬유망이나 펠트(felt), 짚 또는 종이 등의 매트에 종자와 비료 등을 풀로 부착시켜 비탈면에 전면적으로 피복함으로써 비탈면을 보호하는 식생공법용 재료

15. ④ 16. ① 17. ③ 18. ② 19. ④
20. ③ 21. ③ 22. ④

23 다음 중 골프장에서 잔디와 그린이 있는 곳을 제외하고 모래나 연못 등과 같이 장애물을 설치한 곳을 가르키는 것은?

① 페어웨이 ② 하자드
③ 벙커 ④ 러프

해설 용어정의
- 페어웨이 : 티와 그린의 사이공간으로 짧게 깎은 잔디로 만든 중간루트
- 벙커 : 모래웅덩이
- 러프 : 풀을 깎지 않고 그대로 방치한 것

24 인공폭포, 수목 보호판을 만드는 데 가장 많이 이용되는 제품은?

① 식생 호안 블록
② 유리블록 제품
③ 콘크리트 격자 블록
④ 유리섬유 강화 플라스틱

해설 유리섬유 강화 플라스틱(FRP) : 인공폭포, 인조석, 수목보호판을 만듦

25 다음 중 지피식물 선택 조건으로 부적합한 것은?

① 병충해에 강하며 관리가 용이하여야 한다.
② 치밀하게 피복되는 것이 좋다.
③ 키가 낮고 다년생이며 부드러워야 한다.
④ 특수 환경에 잘 적응하며 희소성이 있어야 한다.

해설 지피식물의 선택조건
① 식물체의 키가 낮을 것(30cm 이하)
② 다년생 식물일 것
③ 생장속도가 빠르고 번식력이 왕성
④ 지표를 치밀하게 피복하여 나지를 만들지 않는 수종
⑤ 관리가 쉽고 답압에 강한 수종
⑥ 잎과 꽃이 아름답고 가시가 없으며 즙이 비교적 적은 수종

26 다음 중 꽃이 먼저 피고, 잎이 나중에 나는 특성을 갖는 수목이 아닌 것은?

① 개나리 ② 산수유
③ 수수꽃다리 ④ 백목련

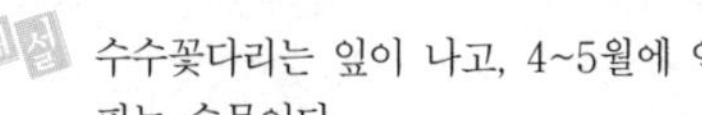

해설 수수꽃다리는 잎이 나고, 4~5월에 연보라색의 꽃이 피는 수목이다.

27 해초풀물이나 기타 전·접착제를 사용하는 미장재료는?

① 벽토 ② 회반죽
③ 시멘트 모르타르 ④ 아스팔트

해설 회반죽
소석회 + 모래 + 여물을 해초풀을 섞어 바르는 것

28 목재를 방부제 속에 일정기간 담가두는 방법으로 크레오소트(creosote)를 많이 사용하는 방부법은?

① 직접유살법 ② 표면탄화법
③ 상압주입법 ④ 약제도포법

해설 상압주입법 : 방부액을 가압하고 목재를 담근후 다시 상온액 중에 담그는 방법

29 다음 수종 중 관목에 해당하는 것은?

① 백목련 ② 위성류
③ 층층나무 ④ 매자나무

해설 매자나무 : 낙엽활엽관목

30 시멘트의 저장법으로 틀린 것은?

① 방습창고에 통풍이 되지 않도록 보관한다.
② 땅바닥에서 10cm 이상 떨어진 마루에서 쌓는다.
③ 13포대 이상 저장하지 않는다.
④ 3개월 이상 저장하지 않는다.

해설 바닥에서 30cm 이상 떨어진 마루에 쌓는다.

23. ② 24. ④ 25. ④ 26. ③ 27. ②
28. ③ 29. ④ 30. ②

31 다음 중 열매를 감상하기 위하여 식재하는 수종이 아닌 것은?

① 피라칸사스 ② 석류나무
③ 조팝나무 ④ 팥배나무

해설 조팝나무는 4~5월에 흰색꽃을 감상하는 수종이다.

32 진딧물, 깍지벌레와 관계가 가장 깊은 병은?

① 흰가루병 ② 빗자루병
③ 줄기마름병 ④ 그을음병

 그을음병
식물의 잎 · 가지 · 열매 등의 표면에 그을음 같은 것이 발생하는 병해이며 진딧물, 깍지벌레에 의해 생기는 2차적병이다.

33 다음 중 뿌리 뻗음이 가장 웅장한 느낌을 주고 광범위하게 뻗어가는 수종은?

① 소나무 ② 느티나무
③ 목련 ④ 수양버들

 느티나무
지상부 수관의 잘 뻗어나가는 굵은 가지는 웅장한 수관을 만들고, 지하부 또한 뿌리 뻗음이 우수하여 정자목으로 식재된다.

34 다음 중 칠공사에서 사용되는 방청용 도료에 해당하지 않는 것은?

① 에멀젼페인트 ② 광명단
③ 징크로메이트게 ④ 워시프라이머

 에멀젼페인트
수성페인트의 일종으로 내부 · 외부 도장재료 사용한다.

35 잔디의 뗏밥주기에 대한 설명으로 틀린 것은?

① 토양은 기존의 잔디밭 토양과 같은 것은 5mm 체로 쳐서 사용한다.
② 난지형 잔디의 경우는 생육이 왕성한 6~8월에 준다.
③ 잔디포장 전면에 골고루 뿌리고, 레이크로 긁어 준다.
④ 일시에 많이 주는 것이 효과적이다.

해설 잔디의 뗏밥은 소량으로 자주 시비하는 것이 바람직하다.

36 가을에 단풍이 노란색으로 물드는 수종은?

① 붉나무 ② 붉은고로쇠나무
③ 담쟁이덩굴 ④ 화살나무

 붉은고로쇠나무는 엽병은 적색이며, 잎은 가을철에 황색으로 된다.

37 아래 그림에서 (A)점과 (B)점의 차는 얼마인가? (단, 등고선 간격은 5m 이다.)

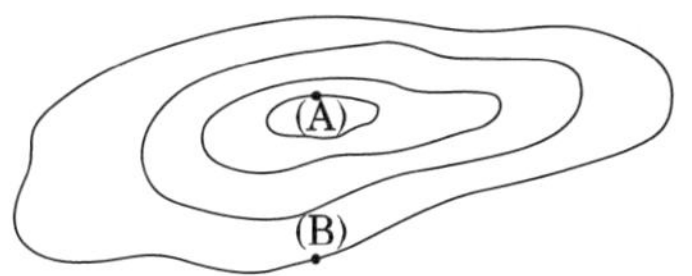

① 10m ② 15m
③ 20m ④ 25m

 5m× 3(간격) = 15m

38 도면에서의 치수 표시방법으로 맞는 것은?

① 기본단위는 원칙적으로 cm으로 한다.
② 치수선은 치수 보조선에 수평이 되도록 한다.
③ 치수기입은 치수선에 평행하게 도면의 오른쪽에서 왼쪽으로 읽어 나간다.
④ 치수 수치는 공간이 부족할 경우 한 쪽의 기호를 넘어서 연장하는 치수선의 위쪽에 기입할 수 있다.

 바르게 고치면
① 기본단위는 원칙적으로 mm으로 한다.
② 치수선은 치수 보조선에 직각이 되도록 한다.
③ 치수기입은 치수선에 위에 작성하며 도면의 오른쪽에서 왼쪽으로 읽어 나간다.

31. ③	32. ④	33. ②	34. ①	35. ④
36. ②	37. ②	38. ④		

39 다음 뿌리분의 형태 중 보통분인 것은? (단, d : 뿌리의 근원지름이다.)

①
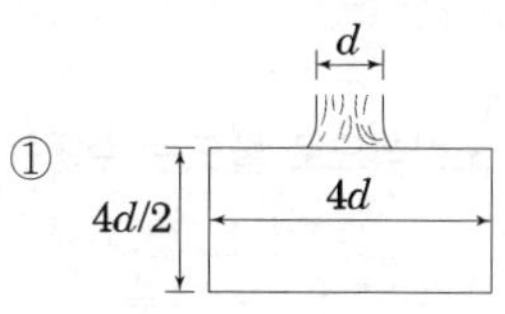

②
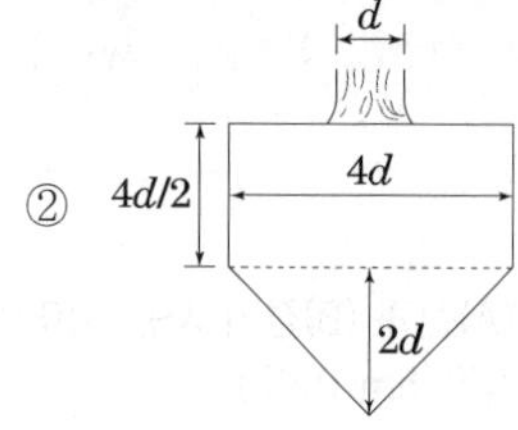

③
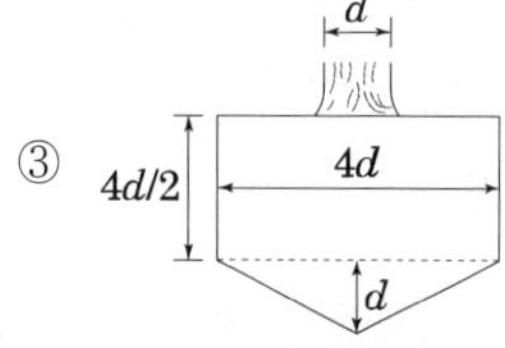

④
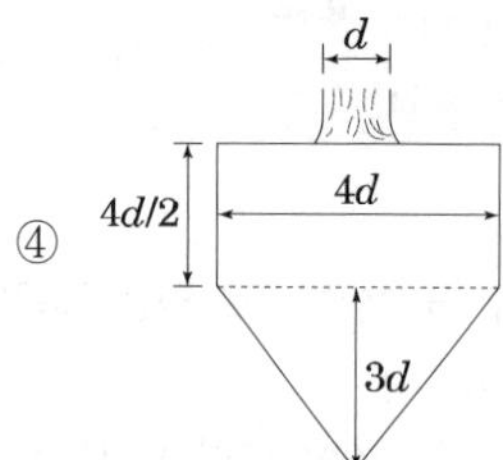

해설 ① 천근성수목-접시분, ② 심근성수목-조개분(팽이분)

40 아래 그림은 지하배수를 위한 유공관 설치에 관한 그림이다. 각 부분에 들어가는 재료로 틀린 것은?

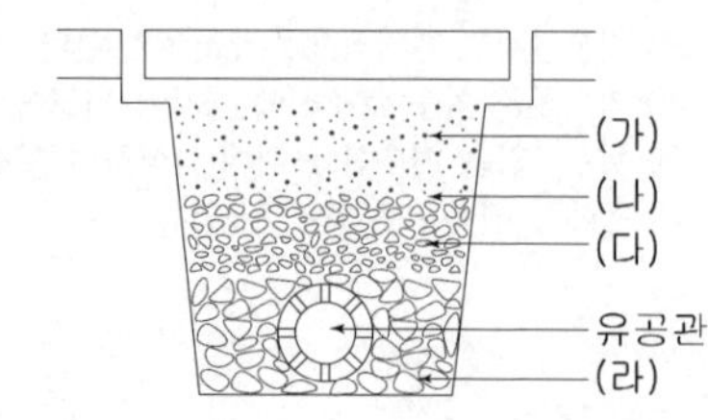

① (가) → 흙　② (나) → 필터
③ (다) → 잔자갈　④ (라) → 호박돌

해설 ④ → 굵은자갈

41 설계도의 종류 중에서 3차원의 느낌이 가장 실제의 모습과 가깝게 나타나는 것은?

① 입면도　② 평면도
③ 투시도　④ 상세도

 투시도
물체를 눈에 보이는 형상 그대로 그리는 그림으로 실제 모습과 가깝게 그린 그림이다.

42 내구성과 내마멸성은 좋으나, 일단 파손된 곳은 보수가 어려우므로 시공 때 각별한 주의가 필요하다. 다음 그림과 같은 원로포장 방법은?

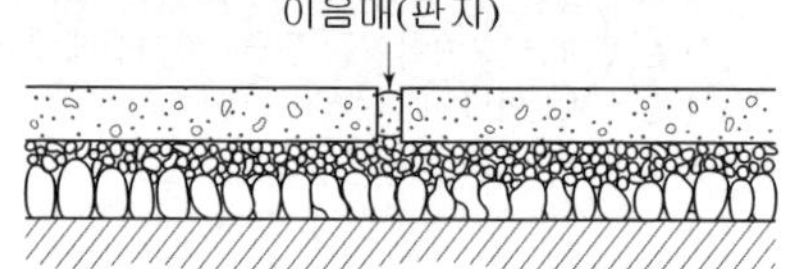

① 마사토포장　② 콘크리트포장
③ 판석포장　④ 벽돌포장

 콘크리트 포장은 수축과 팽창에 의해 균열이 생기므로 줄눈을 설치하여 이를 방지한다.

43 다음 중 잔디밭의 넓이가 165m³(약 50평) 이상으로 잔디의 품질이 아주 좋지 않아도 되는 골프장의 러프지역, 공원의 수목지역 등에 많이 사용하는 잔디 깎는 기계는?

① 핸드모어　② 그린모어
③ 로터리모어　④ 갱모어

해설
① 핸드모어 : 50평(150m²) 미만의 잔디밭 관리에 용이
② 그린모어 : 골프장 그린, 테니스 코드용으로 잔디 깎은 면이 섬세하게 유지되어야 하는 부분에 사용
③ 로터리모어 : 50평 이상의 골프장러프, 공원의 수목하부, 다소 거칠어도 되는 부분에 사용
④ 갱모어 : 골프장, 운동장, 경기장 등 5,000평 이상인 지역에서 사용, 경사지·평탄지에서도 균일하게 깎임

39. ③　40. ④　41. ③　42. ②　43. ③

44 봄(5월)에 꽃이 백색으로 피는 수종은?

① 산수유 ② 산사나무
③ 팔손이나무 ④ 능소화

 ① 산수유-3월, 노란색꽃 개화
③ 팔손이나무-9~10월, 흰색꽃 개화
④ 능소화-7~8월, 주황색꽃 개화

45 뿌리돌림의 필요성을 설명한 것으로 거리가 먼 것은?

① 이식적기가 아닐 때 이식할 수 있도록 하기 위해
② 크고 중요한 나무를 이식하려 할 때
③ 개화결실을 촉진시킬 필요가 없을 때
④ 건전한 나무로 육성할 필요가 있을 때

 뿌리돌림은 노거수(老巨樹)에 주로 실시하며 잔뿌리를 발생시켜 이식율을 높이기 위해 한다.

46 다음 중 수목을 식재할 경우 수간감기를 하는 이유로 틀린 것은?

① 수간으로부터 수분증산 억제
② 잡초 발생 방지
③ 병해충 방지
④ 상해 방지

 수목의 수간감기는 수간의 수분증산 억제, 병해충 방지, 추위에 의한 상해 방지하기 위해 실시한다.

47 다음 중 소형고압블록의 특징으로 틀린 것은?

① 재료의 종류가 다양하다.
② 시공과 보수가 어렵다.
③ 보도용과 차도용으로 구분하여 사용한다.
④ 내구성과 강도가 좋다.

 소형블록포장은 다른 포장에 비해 시공과 보수가 용이하다.

48 먼셀의 색상환에서 BG는 무슨색인가?

① 연두 ② 남색
③ 청록 ④ 노랑

 청색(B)+녹색(G)=청록색(BG)

49 다음 중 파종잔디 조성에 관한 설명으로 잘못된 것은?

① 1ha당 잔디종자는 약 50~150kg 정도 파종한다.
② 파종시기는 난지형 잔디는 5~6월 초순경, 한지형 잔디는 9~10월 또는 3~5월경을 적기로 한다.
③ 종방향, 횡방향으로 파종하고 충분히 복토한다.
④ 토양 수분 유지를 위해 폴리에틸렌필름이나 볏짚, 황마천, 차광막 등으로 덮어준다.

해설 파종하고 레이크로 긁어 씨앗이 살짝 묻히도록 한다.

50 침엽수로만 짝지어진 것이 아닌 것은?

① 향나무, 주목
② 낙우송, 잣나무
③ 가시나무, 구실잣밤나무
④ 편백, 낙엽송

 가시나무, 구실잣밤나무-상록활엽교목

51 흙을 굴착하는데 사용하는 것으로 기계가 서 있는 위치보다 높은 곳의 굴착을 하는데 효과적인 토공 기계는?

① 모터그레이더 ② 파워셔블
③ 드래그라인 ④ 그랩셀

해설
- 파워셔블 : 지면보다 높은 곳에 굴착하는데 사용된다.
- 트랙쇼벨 : 지면보다 낮은 면에 굴착에 사용된다.

44. ② 45. ③ 46. ② 47. ② 48. ③
49. ③ 50. ③ 51. ②

52 돌이 풍화 · 침식되어 표면이 자연적으로 거칠어진 상태를 뜻하는 것은?

① 돌의 뜰녹　　② 돌의 절리
③ 돌의 조면　　④ 돌의 이끼바탕

① 돌의 뜰녹
- 오랜세월에 걸쳐 조면에 고색(古色)을 띤 뜰녹이 생기는데, 뜰녹이 훌륭한 경관석은 관상 가치가 높음
- 뜰녹은 석재 성분 중의 철이 산화한 것으로, 화강암이나 안산암의 조면에 흔히 생김

② 돌의 절리 : 돌을 구성하고 있는 여러가지 광물의 배열 상태를 말함
③ 돌의 조면 (아면) : 돌이 비, 바람, 돌 등에 의하여 풍화, 침식되어 그 표면이 삭아서 거칠어진 상태를 말함
④ 돌의 이끼 바탕 : 이끼가 낀 돌은 자연미를 더함

53 가설공사 중 시멘트 창고 필요면적 산출시에 최대로 쌓을 수 있는 시멘트 포대 기준은?

① 9포대　　② 11포대
③ 13포대　　④ 15포대

해설 시멘트 쌓기단수 : 단기저장 : 13단, 장기저장 : 7단

54 다음 중 단면도, 입면도, 투시도 등의 설계단면도에서 물체의 상대적 크기(기준)을 느끼기 위해서 그리는 대상이 아닌 것은?

① 수목　　② 자동차
③ 사람　　④ 연못

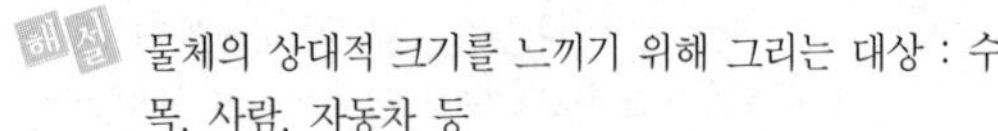
해설 물체의 상대적 크기를 느끼기 위해 그리는 대상 : 수목, 사람, 자동차 등

55 우리나라의 독특한 정원수법인 후원양식이 가장 성행한 시기는?

① 고려시대 초엽　　② 고려시대 말엽
③ 조선시대　　④ 삼국시대

해설 조선시대의 정원은 풍수지리사상에 영향으로 후원이 발달하게 되었다.

56 다음 중 가시 산울타리용으로 쓰이는 수종이 아닌 것은?

① 탱자나무　　② 쥐똥나무
③ 호랑가시나무　　④ 찔레나무

가시 산울타리용 : 탱자나무, 호랑가시나무, 찔레나무 등은 가지에 가시가 있어 부지의 경계용 울타리에 사용된다.

57 다음 중 '가', '나'에 가장 적당한 것은?

> "콘크리트가 단단히 굳어지는 것은 시멘트와 물의 화학반응에 의한 것인데, 시멘트와 물이 혼합된 것을 (가)라 하고, 시멘트와 모래, 그리고 물이 혼합된 것을 (나)라 한다."

① 가-콘크리트, 나-모르타르
② 가-모르타르, 나-콘크리트
③ 가-시멘트페이스트, 나-모르타르
④ 가-모르타르, 나-시멘트페이스트

① 시멘트페이스트 = 시멘트+물
② 모르타르 = 시멘트+모래+물
③ 콘크리트 = 시멘트+모래+자갈+물

58 옹벽 공사시 뒷면에 물이 고이지 않도록 몇 m^2마다 배수구 1개씩 설치하는 것이 좋은가?

① $1m^2$　　② $3m^2$
③ $5m^2$　　④ $7m^2$

옹벽공사시 $2\sim3m^2$ 마다 배수구 1개씩을 설치한다.

59 다음 중 1속에서 잎이 5개 나오는 수종은?

① 백송　　② 소나무
③ 리기다소나무　　④ 잣나무

- 백송 : 3엽속생
- 소나무 : 2엽속생
- 리기다소나무 : 3엽속생

52. ③　53. ③　54. ④　55. ③　56. ②
57. ③　58. ②　59. ④

60 **다음 중 벽돌구조에 대한 설명으로 옳지 않은 것은?**

① 표준형 벽돌의 크기는 190mm×90mm×57mm이다.
② 이오토막은 네덜란드식, 칠오토막은 영식쌓기의 모서리 또는 끝부분에 주로 사용된다.
③ 벽의 중간에 공간을 도고 안팎으로 쌓는 조적벽을 공간벽이라 한다.
④ 내력벽에는 통줄눈을 피하는 것이 좋다.

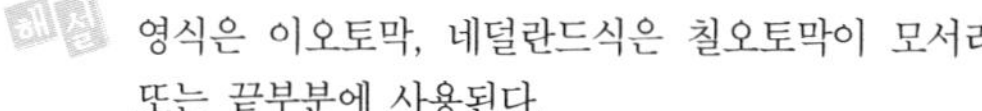

해설 영식은 이오토막, 네덜란드식은 칠오토막이 모서리 또는 끝부분에 사용된다.

60. ②

CBT 대비 2019년 3회 복원기출문제

본 기출문제는 수험자의 기억을 바탕으로 하여 복원한 문제이므로 실제 출제된 문제와 일부 다를 수 있음을 미리 알려드립니다.

1 자연환경조사 단계 중 미기후와 관련된 조사항목으로 가장 영향이 적은 것은?

① 지하수 유입 및 유동의 정도
② 태양복사열을 받는 정도
③ 공기 유통의 정도
④ 안개 및 서리 피해 유무

 미기후
① 정의 : 국부적인 장소에 나타나는 기후가 주변기후와 현저히 달리 나타날 때
② 조사항목 : 공기유통, 알베도, 쾌적기후, 일조, 안개와 서리)

2 감상자로 하여금 실제의 면적보다 넓고 길게 보이게 하는 수법은?

① 눈가림 ② 통경선(通經線)
③ 차경(借耕) ④ 명암(明暗)

 통경선은 인위적인 2개의 축선을 사용한 방법으로 실제면적보다 길게 보이게 된다.

3 다수의 대상이 존재할 때 어느 색이 보다 쉽게 지각되는지 또는 쉽게 눈에 띄는지의 정도를 나타내는 용어는?

① 유목성 ② 시인성
③ 식별성 ④ 가독성

 색채의 심리

유목성	• 주목성이라고도 하며 자극이 강하여 눈에 잘 띄는 정도 • 유채색은 무채색보다 유목성이 높음
명시성	• 시인성, 명시도라고도 하며, 멀리서 보았을 때 구별이 쉬운 정도 • 두색을 대비시켰을 때 멀리서 잘보이는 정도를 말함
식별성	• 물체를 구별하기도하고, 색에 의미를 부여해 정리하고 혼란을 피하기 위해 이용하는 색의 영향을 말함 • 가독성 읽기 쉬운 정도

4 미국조경가협회에서 조경은 실용성과 즐거움, 자원의 보전과 효율적 관리, 문화적 지식의 응용을 통하여 설계, 계획하고 토지를 관리하며, 자연 및 인공 요소를 구성하는 기술이라고 새롭게 정의를 내린 연도는?

① 1909년 ② 1975년
③ 1945년 ④ 1858년

 1975년에 미국조경가협회의 조경 정의
토지를 계획, 설계, 관리하는 예술로서 자원보전과 관리를 고려하면서 문화적, 과학적 지식을 활용하여 자연요소와 인공요소를 구성함으로써 유용하고 쾌적한 환경을 조성하는 것이라고 하였다.

5 다음 그림 중 윤상거름주기를 할 때, 시비의 위치로 가장 적합한 곳은?

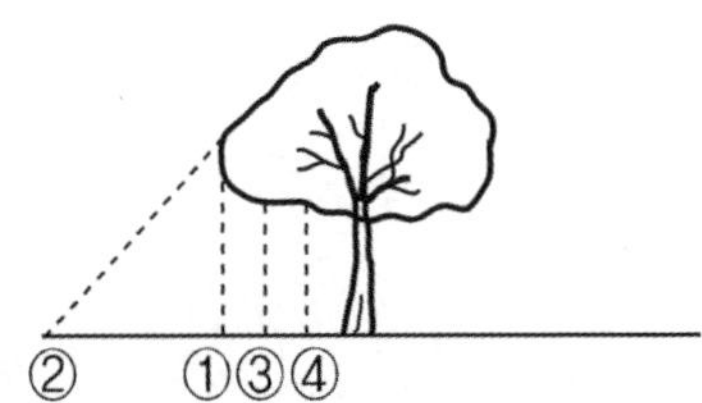

① ① ② ②
③ ③ ④ ④

 시비구덩이의 위치는 수관선이 일치하는 곳에 설치한다.

6 기본 도시계획 중 교통 동선의 분류체계에 해당되지 않는 것은?

① 격자형 ② 우회형
③ 대로형 ④ 수평형

 교통 동선의 분류체계
격자형, 우회형, 대로형, 우회전진형

1. ① 2. ② 3. ① 4. ② 5. ① 6. ④

7 다음 중 물(水)을 정적으로 이용하는 것은?

① 연못 ② 분수
③ 폭포 ④ 캐스케이드

① 연못 : 평정수로 물의 정적 이용
② 분수, 폭포, 캐스케이드 : 물의 동적 이용

8 가는 실선의 용도로 틀린 것은?

① 치수 보조선 ② 인출선
③ 기준선 ④ 치수선

선의 굵기 선의용도

구분	선의 굵기	선의용도
굵은실선	0.8mm	부지외곽선, 단면의 외형선
중간선	0.5mm, 0.3mm	시설물 및 수목의 표현, 포장, 계획등고선
가는실선	0.2mm	치수선, 보조선, 인출선

9 일본에서 고산수(孤山水)수법이 가장 크게 발달했던 시기는?

① 겸창(가마쿠라)시대
② 실정(무로마치)시대
③ 도산(모모야마)시대
④ 강호(에도)시대

고산수수법은 정원에 있어 물을 쓰지 않는 수법으로 실정시대때 크게 발달하였다.

10 옛날 처사도(處事道)를 근간으로 한 은일(隱逸思想)이 가장 성행하였던 시대는?

① 고구려시대 ② 백제시대
③ 신라시대 ④ 조선시대

처사(處事)
세파(世波)의 표면에 나서지 않고 조용히 초야에 묻혀 사는 선비로 유교적인 교양을 갖춘 선비를 말하며, 조선시대에 사화(士禍)로 인한 은일이 가장 성행하였다.

11 경관구성의 우세요소가 아닌 것은?

① 선 ② 색채
③ 형태 ④ 시간

해설 경관의 우세요소 : 형태, 선, 색채, 질감

12 정신세계의 상징화, 인공적인 기교, 관상적 가치에 가장 치중한 정원이라고 볼 수 있는 것은?

① 중국정원 ② 인도정원
③ 한국정원 ④ 일본정원

해설 일본정원은 기교와 관상적 가치에만 치중하여 세부적 수법 발달하였다.

13 다음 ( ) 안에 적합한 범위는?

> "일반적인 계단설계시 발판 높이를 'H', 너비를 'W'라고 할 때 '2H+W=( )'가 가장 적합하다.

① 40~45cm ② 60~65cm
③ 75~80cm ④ 85~90cm

해설 계단 설계 공식 : 2H(높이)+B(너비)= 60~65cm
① 높이는 15cm, 디딤면의 너비는 30cm 정도 적용
② 단높이가 높으면 반대로 답면은 좁아야 함
③ 답면에 물이 고이지 않게 하기 위하여 약간의 구배를 줌

7. ① 8. ③ 9. ② 10. ④ 11. ④
12. ④ 13. ②

14 네덜란드 정원에 관한 설명으로 가장 거리가 먼 것은?

① 운하식이다.
② 튤립, 히아신스, 아네모네, 수선화 등의 구근류로 장식했다.
③ 프랑스와 이탈리아의 규모보다 통상 2배 이상 크다.
④ 테라스를 전개시킬 수 없었으므로 분수, 캐스케이드가 채택될 수 없었다.

 네덜란드정원
① 운하식정원
② 한정된 공간에서 다양한 변화 추구함(소규모 정원)
③ 조각품, 화분, 토피어리, 원정, 서머하우스 등을 정원에 도입

15 창덕궁 후원에 나타나지 않은 것은?

① 부용지 ② 향원지
③ 주합루 ④ 옥류천

 향원지–경복궁 후원

16 콘크리트 소재의 벽돌 검사방법(KS) 중 항목에 해당되지 않는 것은?

① 치수 ② 흡수율
③ 압축강도 ④ 인장강도

해설 콘크리트 소재의 벽돌 검사항목 : 치수, 흡수율, 휨강도, 압축강도 등

17 우리나라 골프장 그린에 가장 많이 이용되는 잔디는?

① 블루그래스 ② 벤트그래스
③ 라이그래스 ④ 버뮤다그래스

해설 골프장 그린에는 서양잔디 중에 잔디의 질감이 부드러운 벤트그라스가 식재된다.

18 다음 중 화성암이 아닌 것은?

① 대리석 ② 화강암
③ 안산암 ④ 섬록암

 대리석–변성암

19 조경공사에 사용되는 섬유재에 관한 설명으로 틀린 것은?

① 볏짚은 줄기를 감싸 해충의 잠복소를 만드는데 쓰인다.
② 새끼줄은 이식할 때 뿌리분이 깨지지 않도록 감는데 사용한다.
③ 밧줄은 마섬유로 만든 섬유로프가 많이 쓰인다.
④ 새끼줄은 5타래를 1속이라 한다.

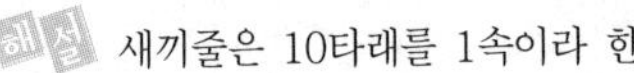 새끼줄은 10타래를 1속이라 한다.

20 철재의 일반 성질 중 재료가 파괴되기까지 높은 응력에 잘 견딜 수 있고, 동시에 큰 변형이 되는 성질은?

① 탄성 ② 강도
③ 인성 ④ 내구성

 ① 탄성(Elasticity) : 물체에 외력이 작용하였을 때 그 외력을 제거하면 본래의 상태로 되는 물체의 성질
② 강도(Strength) : 외력에 저항하는 능력
③ 인성(Toughness) : 강하면서도 늘어나기도 잘 하는 성질. 강도와 연성을 함께 갖는 재료가 인성이 좋음
④ 내구성 : 기대수명동안 구조물이 가져야할 안전성이나 정해진 시간동안 제품이나 시설이 적정한 기능을 유지할 수 있는 능력을 말한다.

21 다음 중 개화기가 가장 빠른 것끼리 짝지어진 것은?

① 목련, 아카시아 ② 목련, 수수꽃다리
③ 배롱나무, 쥐똥나무 ④ 풍년화, 생강나무

해설 ① 목련(3월, 흰꽃), 아카시아(5~6월, 흰꽃)
② 수수꽃다리(4~5월, 옅은 자주색)
③ 배롱나무(7~9월, 홍자색), 쥐똥나무(5~6월, 흰꽃)
④ 풍년화(3~4월, 노란꽃), 생강나무(3~4월, 노란꽃)–잎보다 꽃이 먼저 핌

14. ③ 15. ② 16. ④ 17. ② 18. ①
19. ④ 20. ③ 21. ④

22 일반적으로 수목의 단풍은 적색과 황색계열로 구분하는데, 황색 단풍이 아름다운 수종으로만 짝지어진 것은?

① 은행나무, 붉나무
② 백합나무, 고로쇠나무
③ 담쟁이덩굴, 감나무
④ 검양옻나무, 매자나무

해설 ① 은행나무, 붉나무 : 붉은색 단풍
② 백합나무, 고로쇠나무 : 황색 단풍
③ 담쟁이덩굴, 감나무 : 붉은색 단풍
④ 검양옻나무, 매자나무 : 붉은색 단풍

23 곧은 줄기가 있고, 줄기와 가지의 구별이 명확하며, 키가 큰 나무(보통 3~4m 정도)를 가리키는 것은?

① 교목　② 관목
③ 만경목　④ 지피식물

해설 ① 교목 : 일반적으로 다년생 목질인 곧은 줄기가 있고 줄기와 가지의 구별이 명확하며 중심 줄기의 신장생장이 현저한 수목
② 관목 : 교목보다 수고가 낮고 일반적으로 곧은 뿌리가 없으며, 목질이 발달한 여러 개의 줄기를 가짐
③ 만경목 : 덩굴나무, 머루 또는 등나무처럼 덩굴이 발달하는 나무로 줄기가 곧게 서서 자라지 않고 땅바닥을 기든지, 다른 물체를 감거나 타고 오르는 나무
④ 지피식물 : 초장이 낮고, 자라면 토양을 덮어 풍해나 수해를 방지하여 주는 식물

24 토양수분 중 식물이 생육에 주로 이용하는 유효수분은?

① 결합수　② 흡습수
③ 모세관수　④ 중력수

해설 모세관수(모관수)
흡습수의 둘레에 싸고 있는 물, 토양공극 사이를 채우고 있는 수분으로 식물유효수분으로 pF(potential Force) 2.7~4.2범위를 말한다.

25 일반적인 시멘트의 설명으로 옳은 것은?

① 일반적으로 시멘트라고 불리는 것은 보통 포틀랜드 시멘트를 말한다.
② 포틀랜드 시멘트의 비중은 4.05 이상이다.
③ 28일 강도를 초기강도라 한다.
④ 시멘트의 수화반응 또는 발열반응에서의 발생열을 응고열이라 한다.

해설 바르게 고치면
② 포틀랜드 시멘트의 비중은 3.05~3.15이다.
③ 28일의 강도는 압축강도를 말한다.
④ 수화반응시 발생열을 수화열이라 한다.

26 목재의 비중 중에서 기건비중이 제일 큰 수종은?(단, 국내산 재료만을 기준으로 한다.)

① 낙엽송　② 갈참나무
③ 소나무　④ 가문비나무

해설 목재의 기건비중
① 공기 속의 온도와 평형을 이룰 때까지 건조 상태로 존재하는 목재의 비중
② 낙엽송 : 0.50, 갈참나무 : 0.82, 소나무 : 0.50, 가문비나무 : 0.45

27 보 · 차도용 콘크리트 제품 중 일정한 크기의 골재와 시멘트를 배합하여 높은 압력과 열로 처리한 보도블록은?

① 측구용 블록　② 보도블록
③ 소형고압블록　④ 경계블록

해설 소형고압블록포장의 장점
① 콘크리트포장과 아스팔트 포장의 장점을 가지고 있다.
② 고강도 콘크리트로 만들어지기 때문에 동결융해 현상과 제설용 염화칼슘, 마모저항성, 표면마찰력, 기름으로 의한 포장면 손상, 높은 기온에서의 변형에 대한 저항성이 우수하다.

22. ② 23. ① 24. ③ 25. ① 26. ②
27. ③

28 목재재료의 특성으로 알맞은 것은?

① 재질이 부드럽고 촉감이 좋다.
② 무게가 무거운 편이다.
③ 가공이 어렵다.
④ 열전도율이 높다.

 목재재료의 특성

① 장점 : 재질이 부드러움, 무게가 가벼움, 다루기 쉬움, 열전도율이 낮음, 보온성이 뛰어남
② 단점 : 내연성이 없음, 부패성, 함수량 증감에 따라 팽창과 수축이 생김

29 다음 [보기]와 같은 특성을 지닌 정원수는?

> [보기]
> • 형상수로 많이 이용되고, 가을에 열매가 붉게 된다.
> • 내음성이 강하며, 비옥지에서 잘 자란다.

① 주목 ② 쥐똥나무
③ 화살나무 ④ 산수유

 주목

토피어리(형상수)로 이용되고, 그늘에 견디는 내음성이 강하며, 고산지대에서 잘 자란다. 과육은 가을에 붉은색으로 익는다.

30 주로 흙막이용 돌쌓기에 사용되며 정사각뿔 모양으로 전면은 정사각형에 가깝고, 뒷길이, 접촉면, 뒷면 등이 규격화된 치수를 지정하여 깨낸 돌은?

① 각석 ② 판석
③ 호박돌 ④ 견칫돌

 석재의 형상 및 치수

① 각석 : 길이를 가지는 것, 너비가 두께의 3배 미만
② 판석 : 너비가 두께의 3배 이상, 두께가 15cm 미만
③ 호박돌: 호박형의 천연석으로서 가공하지 않은 상태의 지름이 18cm 이상의 크기의 돌
④ 견치석: 면이 정사각형에 가깝고 면에 직각으로 잰 길이가 최소변의 1.5배 이상, 돌쌓기에 사용

31 낙엽침엽수에 해당하는 나무가 아닌 것은?

① 낙우송 ② 낙엽송
③ 위성류 ④ 은행나무

 위성류 : 낙엽활엽교목

32 다음 [보기] 내용이 설명하고 있는 수종으로 가장 적합한 것은?

> [보기]
> • 꽃은 지난해에 형성되었다가 3월에 잎보다 먼저 총상 꽃차례로 달린다.
> • 물푸레나무과로 원산지는 한국이며, 세계적으로 1속 1종 뿐이다.
> • 열매의 문양이 둥근 부채를 닮았다.

① 미선나무 ② 조록나무
③ 비파나무 ④ 명자나무

 미선나무

열매의 모양이 부채를 닮아 미선나무로 불리는 관목이며 우리나라에서만 자라는 한국 특산식물이다.

33 수목의 뿌리분 굴취와 관련된 설명으로 틀린 것은?

① 수목 주위를 파 내려가는 방향은 지면과 직각이 되도록 한다.
② 분의 주위를 1/2 정도 파 내려갔을 무렵부터 뿌리감기를 시작한다.
③ 분의 크기는 뿌리목 줄기 지름의 3~4배를 기준으로 한다.
④ 분 감기 전 직근을 잘라야 용이하게 작업할 수 있다.

 바르게 고치면

새끼줄 감기가 끝나고 곧은 뿌리를 절단하면, 땅에서 분리되어 완전한 뿌리분이 분리된다.

28. ① 29. ① 30. ④ 31. ③ 32. ①
33. ④

34 콘크리트 제작방법에 의해서 행하는 시험비빔(trial mixing)시 검토해야 할 항목이 아닌 것은?

① 인장강도 ② 비빔온도
③ 공기량 ④ 워커빌리티

해설 시험비빔
① 계획한 조합(배합)으로 소요의 품질(슬럼프, 공기량, 강도 등)을 갖는 콘크리트가 얻어지는지 어떤지를 살피기 위해 하는 비빔
② 비빔온도, 공기량, 워커빌러티 등 검토

35 산울타리용으로 사용하기 부적합한 수종은?

① 꽝꽝나무 ② 탱자나무
③ 후박나무 ④ 측백나무

해설 산울타리용
① 고려사항 : 수종 선정시 지엽밀도, 전정성, 밀식성 등과 가지가 겨울철의 적설 등에 견딜 수 있는지를 고려
② 적합한 수종 : 개나리, 쥐똥나무, 꽝꽝나무, 탱자나무, 측백나무 등

36 다음 중 정원관리를 하는데 시간적, 계절적 제약을 가장 적게 받고 관리할 수 있는 것은?

① 정원석 관리 ② 잔디 관리
③ 정원수 관리 ④ 초화 관리

해설 잔디, 정원수, 초화의 관리는 정원석보다 높은 관리가 요구된다.

37 다음 중 굵은가지를 잘라도 새로운 가지가 잘 발생하는 수종들로만 짝지어진 것은?

① 소나무, 향나무
② 벚나무, 백합나무
③ 느티나무, 플라타너스
④ 해송, 단풍나무

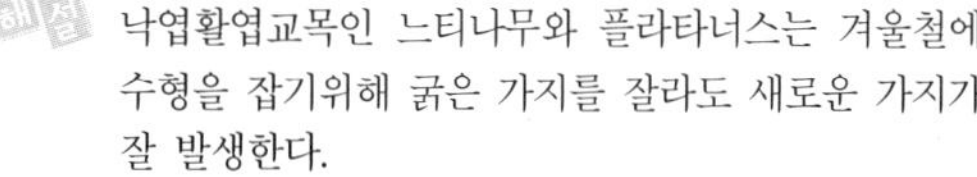

해설 낙엽활엽교목인 느티나무와 플라타너스는 겨울철에 수형을 잡기위해 굵은 가지를 잘라도 새로운 가지가 잘 발생한다.

38 다음 중 상렬(霜裂)의 피해가 가장 적게 나타나는 수종은?

① 소나무 ② 단풍나무
③ 일본 목련 ④ 배롱나무

해설 상렬(霜裂)
① 수액이 얼어 부피가 증대되어 수간의 외층이 냉각·수축하여 수선방향으로 갈라지는 현상으로 껍질과 수목의 수직적인 분리
② 배수불량 토양에서 피해가 심함
③ 코르크층이 발달되지 않고 평활한 수피를 가진 수종에서 자주 발생 (단풍나무류, 목련류, 배롱나무 등)

39 횡선식 공정표와 비교한 네트워크(NET WORK) 공정표의 설명으로 가장 거리가 먼 것은?

① 일정의 변화를 탄력적으로 대처할 수 있다.
② 문제점의 사전 예측이 용이하다.
③ 공사 통제 기능이 좋다.
④ 간단한 공사 및 시급한 공사, 개략적인 공정에 사용된다.

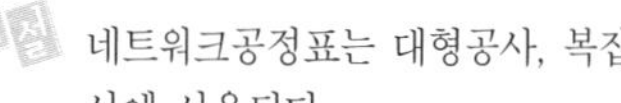

해설 네트워크공정표는 대형공사, 복잡한 공사, 중요한 공사에 사용된다.

40 다음 중 보통 흙의 안식각은 얼마 정도인가?

① 20~25° ② 25~30°
③ 30~35° ④ 35~40°

해설 흙의 안식각
① 흙을 쌓아올려 그대로 두면 기울기가 급한 비탈면은 시간이 경과함에 따라 점차 무너져서 자연 비탈을 이루게 된다. 이 안정된 자연사면과 수평면과의 각도를 흙의 안식각 또는 자연 경사각이라 한다.
② 수분이 적을 때 안식각은 30~35°가 된다.

34. ① 35. ③ 36. ① 37. ③ 38. ①
39. ④ 40. ③

41 비탈면에 소교목을 식재할 때 비탈면의 기울기는 얼마 이상이어야 하는가?

① 1 : 1　　② 1 : 2
③ 1 : 3　　④ 1 : 0.5

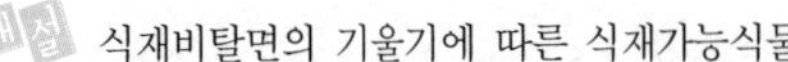
해설 식재비탈면의 기울기에 따른 식재가능식물

기울기			식재가능식물
1:1.5	66.6%	33° 40	잔디 · 초화류
1:1.8	55%	29° 3	잔디 · 지피 · 관목
1:3	33.3%	18° 30	잔디 · 지피 · 관목 · 아교목
1:4	25%	14°	잔디 · 지피 · 관목 · 아교목 · 교목

42 거름을 주는 목적이 아닌 것은?

① 조경수목을 아름답게 유지하도록 한다.
② 병 · 해충에 대한 저항력을 증진시킨다.
③ 토양 미생물의 번식을 억제한다.
④ 열매 성숙을 돕고, 꽃을 아름답게 한다.

거름(비료)을 주는 목적
① 조경수목의 영양생장과 생식생장을 도움을 준다.
② 병해충에 대한 저항력 증진 시킨다.
③ 원활한 생육을 하도록 한다.

43 크롬산아연을 안료로 하고, 알키드 수지를 전색료로 한 것으로서 알루미늄 녹막이 초벌칠에 적당한 도료는?

① 광명단
② 파커라이징(Parkerizing)
③ 그라파이트(Graphite)
④ 징크로메이트(Zincromate)

방청도료(녹막이칠)
① 광명단 : 보일드유를 유성 paint에 녹인 것, 철재에 사용, 자중이 무겁고 붉은색을 띠며 피막이 두꺼움
② 파커라이징(Parkerizing) : 강의 표면에 인산염의 피막을 형성시켜 녹스는 것을 방지하는 방법
③ 그라파이트(Graphite) : 녹막이칠의 정벌칠
④ 징크로메이트 칠(Zincromate) : 크롬산 아연+알킬드 수지, 알미늄, 아연철판 녹막이칠

44 느티나무의 수고가 4m, 흉고지름이 6cm, 근원지름 10cm인 뿌리분의 지름 크기(cm)는? (단, 상수는 상록수가 4, 낙엽수가 5이다.)

① 29　　② 39
③ 59　　④ 99

해설 뿌리분 크기=24+(N−3)×d
여기서, N : 근원직경. d : 상수(상록수4, 낙엽수 5)
이므로 24+(10−3)×5=59cm

45 돌쌓기의 종류 가운데 돌만을 맞대어 쌓고 뒤채움은 잡석, 자갈 등으로 하는 방식은?

① 찰쌓기　　② 메쌓기
③ 골쌓기　　④ 켜쌓기

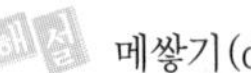
메쌓기(dry masonry)
① 콘크리트나 모르타르를 사용하지 않고 쌓는 방식으로 배수는 잘되나 견고하지 못해 높이에 제한을 둠
② 전면기울기는 1 : 0.3 이상을 표준, 하루에 쌓기는 2m 이하로 제한
③ 가장 저렴한 쌓기로 견치돌과 뒤채움에는 잡석과 자갈을 사용

46 파이토플라즈마에 의한 주요 수목병에 해당되지 않는 것은?

① 오동나무빗자루병　　② 뽕나무오갈병
③ 대추나무빗자루병　　④ 소나무시들음병

해설 ① 파이토플라스마(Mycoplasma)에 의한 수병 : 대추나무빗자루병, 오동나무빗자루병, 뽕나무오갈병
② 소나무시들음병 : 소나무재선충병으로 솔수염 하늘소에 의해 전염되어지는 선충에 의해 발생하는 병

41. ③　42. ③　43. ④　44. ③　45. ②
46. ④

47 다음 그림과 같은 삼각형의 면적은?

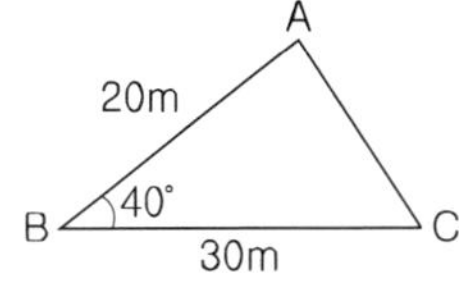

① $115m^2$　　② $193m^2$
③ $230m^2$　　④ $386m^2$

해설 삼각형 두 변의 길이(a,b)와 그 끼인각(sinC)을 알 때 삼각형면적을 구하는 공식
1/2 ×a×b×sinC = 1/2 ×20×30×sin40
= 192.836→ $193m^2$

48 다음 중 일반적으로 잔디깎기의 요령으로 틀린 것은?

① 깎는 빈도와 높이는 규칙적이어야 한다.
② 깎는 기계의 방향은 계획적이고 규칙적이어야 미관상 좋다.
③ 깎아낸 잔디는 잔디밭에 그대로 두면 비료가 되므로 그대로 두는 것이 좋다.
④ 키가 큰 잔디는 한 번에 깎지 말고 처음에는 높게 깎아 주고, 상태를 보아가면서 서서히 낮게 깎아 준다.

해설 깎은 잔디는 태취가 되어 잔디의 생육을 저해하므로 제거해야 한다.

49 콘크리트 소재의 미끄럼대를 시공할 경우 일반적으로 지표면과 미끄럼판의 활강 부분이 이루는 각도로 가장 적합한 것은?

① 70°　　② 55°
③ 45°　　④ 35°

해설 미끄럼대 활주판의 경사 : 30~35°

50 좁고 얄팍한 목재를 엮어 1.5m 정도의 높이가 되도록 만들어 놓은 격자형의 시설물로서 덩굴식물을 지탱하기 위한 것은?

① 파고라　　② 아치
③ 트렐리스　　④ 정자

해설 트렐리스(trellis) : 덩굴나무가 타고 올라가도록 만든 격자 구조물

51 옮겨 심은 후 줄기에 새끼줄을 감고 진흙을 반드시 이겨 발라야 되는 수종은?

① 배롱나무　　② 은행나무
③ 향나무　　④ 소나무

해설 이식 후 소나무는 천공성 해충인 소나무좀의 피해를 받기 쉬움으로 줄기에 새끼줄을 감고 진흙을 이겨 발라야 한다.

52 큰 나무이거나 장거리로 운반할 나무를 수송 시 고려할 사항으로 가장 거리가 먼 것은?

① 운반할 나무는 줄기에 새끼줄이거나 거적으로 감싸주어 운반 도중 물리적인 상처로부터 보호한다.
② 밖으로 넓게 퍼진 가지는 가지런히 여미어 새끼줄로 묶어줌으로써 운반 도중의 손상을 막는다.
③ 장거리 운반이나 큰 나무인 경우에는 뿌리분을 거적으로 다시 감싸주고 새끼줄 또는 고무줄로 묶어준다.
④ 나무를 싣는 방향은 반드시 뿌리분이 트럭의 뒤쪽으로 오게 하여 실어야 내릴 때 편리하게 한다.

해설 바르게 고치면
수목 트럭에 적재시 뿌리분은 트럭의 앞쪽으로 오게 싣는다.

53 다음 중 측량 목적에 따른 분류와 거리가 먼 것은?

① GPS 측량　　② 지형 측량
③ 노선 측량　　④ 항만 측량

해설 ① GPS 측량 : 인공위성을 통해 위치정보와 도형정보를 취득하는 이동식 사진측량 시스템
② 측량목적에 따른 분류 : 수준측량, 토지측량, 지형측량, 노선측량, 하해측량 등

47. ② 48. ③ 49. ④ 50. ③ 51. ④
52. ④ 53. ①

54 흙쌓기 시에는 일정 높이마다 다짐을 실시하며 성토해 나가야 하는데, 그렇지 않을 경우에는 나중에 압축과 침하에 의해 계획 높이보다 줄어들게 된다. 그러한 것을 방지하고자 하는 행위를 무엇이라 하는가?

① 정지(grading)
② 취토(borrow-pit)
③ 흙 쌓기(filling)
④ 더돋기(extra banking)

 ① 정지 : 흙쌓기나 깎기를 하여 부지의 표면을 일정하게 정지하는 작업
② 취토 : 필요한 흙을 채취하는 것
③ 흙쌓기 : 성토 일정한 장소에 흙을 쌓는 것

55 소나무류의 순자르기는 어떤 목적을 위한 가지다듬기인가?

① 생장 조장을 돕는 가지다듬기
② 생장을 억제하는 가지다듬기
③ 세력을 갱신하는 가지다듬기
④ 생리 조정을 위한 가지다듬기

 소나무류 순자르기
① 목적 : 나무의 신장을 억제, 노성(老成)된 우아한 수형을 단기간 내에 인위적으로 유도, 잔가지가 형성되어 소나무 특유의 수형 형성
② 방법 : 4~5월경 5~10cm로 자란 새순을 3개 정도 남기고 중심순을 포함하여 손으로 제거

56 아래 [보기]는 수목 외과수술 방법의 순서이다. 작업순서를 바르게 나열한 것은?

> [보기]
> ㉠ 동공충전　　㉡ 부패부제거
> ㉢ 살균살충처리　　㉣ 매트처리
> ㉤ 방부 · 방수처리
> ㉥ 인공나무껍질처리
> ㉦ 수지처리

① ㉠ → ㉡ → ㉢ → ㉣ → ㉤ → ㉦ → ㉥
② ㉢ → ㉥ → ㉦ → ㉣ → ㉠ → ㉤ → ㉡
③ ㉡ → ㉢ → ㉤ → ㉠ → ㉣ → ㉥ → ㉦
④ ㉥ → ㉡ → ㉣ → ㉢ → ㉤ → ㉦ → ㉠

 수목외과수술순서
부패부제거(동공다듬기)→살균살충처리→방부 · 방수처리→동공충전(비발포성 또는 발포성수지사용)→표면매트처리→인공나무껍질처리→수지처리

57 데발 시험기(Deval abrasion tester)란?

① 석재의 휨강도 시험기
② 석재의 인장강도 시험기
③ 석재의 압축강도 시험기
④ 석재의 마모에 대한 저항성 측정시험기

 데발마모감량시험기(deval abrasion test machine)
철제 원통에 일정한 양의 콘크리트나 석재 등의 굵은 골재를 넣어서 회전시켜 그 골재가 마모되어 크기가 감소되는 양을 측정하는 기계

그림. 데발 시험기

58 콘크리트 거푸집공사에서 격리재(Separator)를 사용하는 목적으로 적합한 것은?

① 거푸집이 벌어지지 않게 하기 위하여
② 거푸집 상호간의 간격을 정확히 유지하기 위하여
③ 철근의 간격을 정확하게 유지하기 위하여
④ 거푸집 조립을 쉽게 하기 위하여

 격리재(Separator)
긴결재로 긴결할 때 거푸집 상호간의 간격을 유지하기 위해 거푸집널 사이에 고정시키는 역할을 한다.

54. ④　55. ②　56. ③　57. ④　58. ②

59 **대형 수목을 굴취 또는 운반할 때 사용되는 장비가 아닌 것은?**

① 체인블록　　② 크레인
③ 백 호우　　④ 드랙 라인

드랙 라인(dragline)
수중 굴착 작업이나 큰 작업반경을 요구하는 지대에서의 평면 굴토 작업에서 사용한다.

60 **벽돌쌓기 시공에서 벽돌 벽을 하루에 쌓을 수 있는 최대 높이는 몇m 이하인가?**

① 1.0m　　② 1.2m
③ 1.5m　　④ 2.0m

- 하루 최대 벽돌 쌓기 높이 – 1.5m
- 하루 적정 벽돌 쌓기 높이 – 1.2m

59. ④　60. ③

CBT 대비 2020년 1회 복원기출문제

본 기출문제는 수험자의 기억을 바탕으로 하여 복원한 문제이므로 실제 출제된 문제와 일부 다를 수 있음을 미리 알려드립니다.

1 **통일신라 시대의 안압지에 관한 설명으로 틀린 것은?**

① 연못의 남쪽과 서쪽은 직선이고 동안은 돌출하는 반도로 되어 있으며, 북쪽은 굴곡 있는 해안형으로 되어 있다.
② 신선사상을 배경으로 한 해안풍경을 묘사하였다.
③ 연못 속에는 3개의 섬이 있는데 임해전의 동쪽에 가장 큰 섬과 가장 작은 섬이 위치한다.
④ 물이 유입되고 나가는 입구와 출구가 한군데 모여 있다.

해설 안압지
- 통일신라시대의 조경유적
- 신선사상을 배경으로 한 해안풍경을 묘사한 정원
- 조성과 배치 : 남서쪽은 직선형, 북동쪽은 곡선형/연못에는 3개의 섬/남쪽에 입수구, 북안서쪽으로 연못의 출구수가 발견됨

2 **미국 식민지 개척을 통한 유럽 각국의 다양한 사유지 중심의 정원양식이 공공적인 성격으로 전환되는 계기에 영향을 끼친 것은?**

① 스토우 정원 ② 보르비콩트 정원
③ 스투어헤드 정원 ④ 버컨헤드 공원

해설 Birkenhead Park
- 1843년에 조셉 팩스턴(Joseph Paxton)이 설계
- 공적 위락용과 사적 주택부지로 이분된 구성
- 의의
  - 1843년 선거법 개정안 통과로 실현된 최초의 시민의 힘으로 설립된 공원
  - 재정적, 사회적 성공은 영국 내 수많은 도시에서 도시공원의 설립에 영향을 줌
  - 옴스테드의 Central Park 공원개념 형성에 영향을 줌

3 **우리나라에서 최초의 유럽식 정원이 도입된 곳은?**

① 덕수궁 석조전 앞 정원
② 파고다 공원
③ 장충단 공원
④ 구 중앙정부청사주위정원

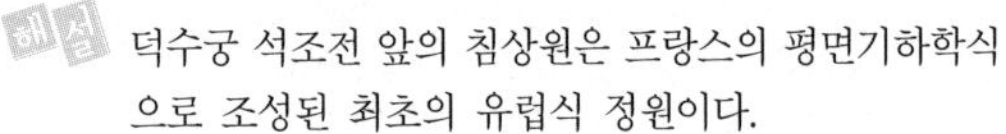
해설 덕수궁 석조전 앞의 침상원은 프랑스의 평면기하학식으로 조성된 최초의 유럽식 정원이다.

4 **메소포타미아의 대표적인 정원은?**

① 마야 사원
② 베르사이유 궁전
③ 바빌론의 공중정원
④ 타지마할 사원

해설
- 베르사유궁원 – 프랑스 17세기 평면기하학식정원
- 타지마할 – 인도정원

5 **우리나라 전통 조경의 설명으로 옳지 않은 것은?**

① 신선 사상에 근거를 두고 여기에 음양오행설이 가미되었다.
② 연못의 모양은 조롱박형, 목숨수자형, 마음심자형 등 여러 가지가 있다.
③ 네모진 연못은 땅, 즉 음을 상징하고 있다.
④ 둥근 섬은 하늘, 즉 양을 상징하고 있다.

해설 연못의 모양은 방지(네모진 연못)를 하고 있다.

1. ④ 2. ④ 3. ① 4. ③ 5. ②

6 **다음 중 고대 로마의 폼페이 주택 정원에서 볼 수 없는 것은?**

① 아트리움　② 페리스틸리움
③ 포럼　④ 지스터스

 폼페이 주택 정원
- 2개의 중정과 1개의 후원으로 구성
- 아트리움 → 페릴스틸리움 → 지스터스

7 **조선시대 사대부나 양반 계급에 속했던 사람들이 시골 별서에 꾸민 정원의 유적이 아닌 것은?**

① 양산보의 소쇄원
② 윤선도의 부용동원림
③ 정약용의 다산정원
④ 퇴계 이황의 도산서원

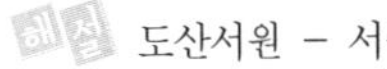 도산서원 – 서원

8 **정원양식의 형성에 영향을 미치는 사회적인 조건에 해당되지 않는 것은?**

① 국민성　② 자연지형
③ 역사, 문화　④ 과학기술

 자연지형 – 자연적인 조건

9 **죽(竹)은 대나무류, 조릿대류, 밤부류로 분류할 수 있다. 그 중 조릿대류로 길게 자라며, 생장 후에도 껍질이 떨어지지 않으며 붙어있는 종류는?**

① 죽순대　② 오죽
③ 신이대　④ 마디대

 신이대
- 이대라고도 하며 외떡잎식물 벼목 화본과의 커다란 조릿대류
- 산과 들이나 바닷가에서 자라며, 높이 2~4m, 지름 5~15mm이다. 땅속줄기가 옆으로 길게 벋으면서 군데군데에서 죽순이 나와 자라고 윗부분에서 5~6개의 가지가 나온다.

10 **오방색 중 황(黃)의 오행과 방위가 바르게 짝지어진 것은?**

① 금(金) – 서쪽　② 목(木) – 동쪽
③ 토(土) – 중앙　④ 수(水) – 북쪽

해설 오방색은 오행의 각 기운과 직결된 청(靑), 적(赤), 황(黃), 백(白), 흑(黑)의 다섯 가지 기본색을 말하며 방위에 따른 색은 다음과 같다.

11 **다음 경관의 유형 중 초점경관에 대한 설명으로 옳은 것은?**

① 지형지물이 경관에서 지배적인 위치를 갖는 경관
② 주위 경관 요소들에 의하여 울타리처럼 둘러싸인 경관
③ 좌우로의 시선이 제한되고 중앙의 한 점으로 모이는 경관
④ 외부로의 시선이 차단되고 세부적인 특성이 지각되는 경관

 ①는 지형경관, ②는 위요경관, ④는 세부경관에 대한 설명이다.

12 **다음 설명에 해당하는 도시공원의 종류는?**

- 설치기준의 제한은 없으며, 유치거리 500m 이하, 공원면적 10,000m^2 이상으로 할 수 있다.
- 주로 인근에 거주하는 자의 이용에 제공할 목적으로 설치한다.

① 어린이공원　② 근린생활권근린공원
③ 도보권근린공원　④ 묘지공원

 생활권 공원의 유치거리와 공원면적
- 어린이공원 : 250m, 1,500m^2
- 근린생활권 근린공원 : 500m, 10,000m^2
- 도보권 근린공원 : 1,000m, 30,000m^2

6. ③　7. ④　8. ②　9. ③　10. ③
11. ③　12. ②

13 우리나라에서 처음 조경의 필요성을 느끼게 된 가장 큰 이유는?

① 인구증가로 인해 놀이, 휴게시설의 부족 해결을 위해
② 고속도로, 댐 등 각종 경제개발에 따른 국토의 자연훼손의 해결을 위해
③ 급속한 자동차의 증가로 인한 대기오염을 줄이기 위해
④ 공장폐수로 인한 수질오염을 해결하기 위해

해설 우리나라 조경의 발달
사적지, 고속도로 등 경제 개발계획에 따른 국토의 자연 훼손을 해결하기 위해 조경이 도입되었다.

14 동선설계 시 고려해야 할 사항으로 틀린 것은?

① 가급적 단순하고 명쾌해야 한다.
② 성격이 다른 동선은 반드시 분리해야한다.
③ 가급적 동선의 교차를 피하도록 한다.
④ 이용도가 높은 동선은 길게 해야 한다.

해설 이용도가 높은 동선은 짧게 한다.

15 도면과 시방서에 의하여 공사에 소요되는 자재의 수량, 시공면적, 체적 등의 공사량을 산출하는 과정을 무엇이라 하는가?

① 품셈　　② 적산
③ 견적　　④ 산정

- 품셈 : 1개의 단위공사에 필요한 노무자의 종류 및 그 소요수량을 표시한 것
- 적산 : 공사비 산정수단으로 각 부분의 공사수량을 산출하는 작업
- 견적 : 산출 수량에 단위당 단가를 곱해 산출하는 작업

16 자연석은 돌 모양에 따라 8가지의 형태로 분류하는데 그 중 "입석"을 나타낸 것은?

① 
② 
③ 
④ 

해설 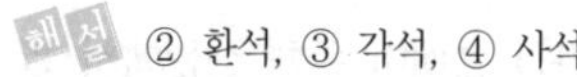
② 환석, ③ 각석, ④ 사석

17 1/100 축척의 설계 도면에서 1cm는 실제 공사 현장에서는 얼마를 의미하는가?

① 1cm　　② 1mm
③ 1m　　④ 10m

해설 
$\frac{1}{100} = \frac{도상거리}{실제거리}$ 이므로 도상거리 1cm는 실제거리 1m를 나타낸다.

18 굵은 골재의 최대치수, 잔골재율, 잔골재의 입도, 반죽질기 등에 따르는 마무리하기 쉬운 정도를 말하는 굳지 않은 콘크리트의 성질은?

① Workability　　② Plasticity
③ Consistency　　④ Finishability

- Workability – 시공연도
- Plasticity – 성형성
- Consistency – 반죽질기

19 다음 설명의 A, B에 적합한 용어는?

인간의 눈은 원추세포를 통해 (A)을(를) 지각하고, 간상세포를 통해 (B)을(를) 지각한다.

① A : 색채, B : 명암
② A : 밝기, B : 채도
③ A : 명암, B : 색채
④ A : 밝기, B : 색조

해설 간상세포와 원추세포
- 간상세포 : 망막의 시세포의 일종, 어두운 곳에서 반응, 사물의 움직임에 반응, 흑백으로 인식→ 흑백필름(암순응)
- 원추세포(추상세포) : 색상인식, 밝은 곳에서 반응 세부 내용 파악→ 칼라필름(명순응)

13. ② 14. ④ 15. ② 16. ① 17. ③
18. ④ 19. ①

20 합판(合板)에 관한 설명으로 틀린 것은?

① 보통합판은 얇은 판을 2, 4, 6매 등의 짝수로 교차하도록 접착제로 접합한 것이다.
② 특수합판은 사용목적에 따라 여러 종류가 있으나 형식적으로는 보통 형식과 다르지 않다.
③ 합판은 함수율 변화에 의한 신축변형이 적고, 방향성이 없다.
④ 합판의 단판제법에는 로터리베니어, 소드베니어, 슬라이스드베니어 등이 있다.

해설 합판 : 보통 각 단판의 섬유 방향을 1장마다 직교시켜 홀수의 장수로 겹쳐 붙이며, 함수율 변화에 의하여 수축과 팽창 등의 변형이 적고 방향성이 없다.

21 조경공사에서 수목 및 잔디의 할증률은 몇% 인가?

① 1% ② 5%
③ 10% ④ 20%

해설 잔디, 수목 등 식물 재료의 할증률은 10%이다.

22 덩굴성 식물로만 짝지어진 것은?

① 으름, 수국
② 등나무, 금목서
③ 송악, 담쟁이덩굴
④ 치자나무, 멀꿀

해설 덩굴성 식물 : 으름, 등나무, 송악, 담쟁이덩굴, 멀꿀

23 식재 설계도면상에서 특정 수목의 규격 표시를 H3.0×R10으로 표기하고 있을 때 그 중 "R"이 의미하는 것은?

① 흉고직경 ② 근원직경
③ 반지름 ④ 수관폭

해설 흉고직경 B, 근원직경 R, 수고 H, 수관폭 W

24 식물생육에 특히 많이 흡수 이용되는 비료의 3요소가 아닌 것은?

① N ② P
③ Ca ④ K

비료의 3요소 : N, P, K

25 다음 그림 중 수목의 가지에서 마디 위 다듬기의 요령으로 가장 좋은 것은?

① ②

③ ④

가지에서 마디 위 다듬기 요령 : 바깥눈 7~10mm 위에서 눈과 평행하게 자름, 눈과 가깝거나 너무 멀지 않게 다듬는다.

26 평판측량의 3요소에 해당하지 않은 것은?

① 정준 ② 구심
③ 수준 ④ 표정

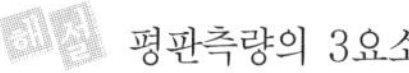
평판측량의 3요소

정준	수평맞추기
치심(구심)	중심맞추기
표정(정위)	방향, 방향맞추기

27 분쇄목인 우드칩(wood chip)을 멀칭재료로 사용할 때의 효과가 아닌 것은?

① 미관효과 우수 ② 잡초억제기능
③ 배수억제효과 ④ 토양개량효과

해설 우드칩 사용효과
잡초억제, 토양개량, 미관향상, 토양 온도유지, 토양 수분유지

20. ① 21. ③ 22. ③ 23. ② 24. ③
25. ④ 26. ③ 27. ③

28 우리나라에서 사용되고 있는 점토벽돌은 기존형과 표준형으로 분류되는데 그 중 기존형 벽돌의 규격은?

① 20cm×9cm×5cm
② 21cm×10cm×6cm
③ 22cm×12cm×6.5cm
④ 19cm×9cm×5.7cm

 기존형 : 21cm×10cm×6cm,
표준형 : 19cm×9cm×5.7cm

29 도시기본구상도의 표시기준 중 주거용지는 무슨색으로 표현되는가?

① 노란색 ② 파란색
③ 빨간색 ④ 보라색

 도시지역 구분과 색

주거지역	노란색
공업지역	보라색
상업지역	빨간색
녹지지역	초록색

30 봄(5월)에 꽃이 백색으로 피는 수종은?

① 산수유 ② 산사나무
③ 팔손이나무 ④ 능소화

 ① 산수유 – 3월, 노란색꽃 개화
③ 팔손이나무 – 9~10월, 흰색꽃 개화
④ 능소화 – 7~8월, 주황색꽃 개화

31 목재의 구조에 대한 설명으로 틀린 것은?

① 춘재는 빛깔이 엷고 재질이 연하다.
② 춘재와 추재의 부분을 합친 것이 나이테라 한다.
③ 목재의 수심에 가까이 위치하고 있는 진한색 부분을 변재라 한다.
④ 생장이 느린수목이나 추운지방에서 자란 수목은 나이테가 좁고 치밀하다.

해설 목재의 수심에 가까이 위치하고 있는 진한 부분을 심재라 한다.

32 내구성과 내마멸성은 좋으나, 일단 파손된 곳은 보수가 어려우므로 시공 때 각별한 주의가 필요하다. 다음 그림과 같은 원로포장 방법은?

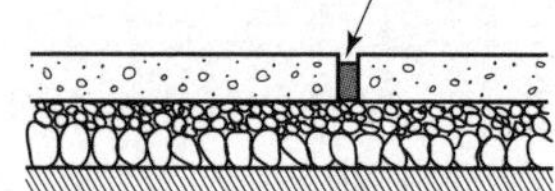

① 마사토포장 ② 콘크리트포장
③ 판석포장 ④ 벽돌포장

해설 콘크리트 포장은 수축과 팽창에 의해 균열이 생기므로 줄눈을 설치하여 이를 방지한다.

33 다음 중 조경공사의 일반적인 순서를 바르게 나타낸 것은?

① 부지지반조성 → 조경시설물설치 → 지하매설물설치 → 수목식재
② 부지지반조성 → 지하매설물설치 → 수목식재 → 조경시설물설치
③ 부지지반조성 → 수목식재 → 지하매설물설치 → 조경시설물설치
④ 부지지반조성 → 지하매설물설치 → 조경시설물설치 → 수목식재

 조경공사 일반적 순서
부지지반조성 → 지하매설물설치 → 조경시설물설치 → 수목식재

34 공사원가 비용 중 안전관리비는 어디에 속하는가?

① 간접재료비 ② 간접노무비
③ 경비 ④ 일반관리비

 안전관리비
건설현장에 투입되는 사람들의 안전과 안전시설 설치 등에 지출한 비용을 말한다.

28. ② 29. ① 30. ② 31. ③ 32. ②
33. ④ 34. ③

35 일반적인 조경관리에 해당되지 않는 것은?

① 운영관리 ② 유지관리
③ 이용관리 ④ 생산관리

 조경관리
유지관리, 운영관리, 이용관리

36 좁고 얄팍한 목재를 엮어 1.5m 정도의 높이가 되도록 만들어 놓은 격자형의 시설물로서 덩굴식물을 지탱하기 위한 것은?

① 파고라 ② 아치
③ 트렐리스 ④ 정자

 트렐리스(trellis) : 덩굴나무가 타고 올라가도록 만든 격자 구조물

37 다음 중 일반적으로 대기오염 물질인 아황산가스에 대한 저항성이 강한 수종은?

① 전나무 ② 산벚나무
③ 편백 ④ 소나무

 아황산가스에 약한 수종
소나무, 전나무, 산벚나무, 느티나무 등

38 파이토플라즈마에 의한 주요 수목병에 해당되지 않는 것은?

① 오동나무빗자루병
② 뽕나무오갈병
③ 대추나무빗자루병
④ 소나무시들음병

- 파이토플라즈마(Mycoplasma)에 의한 수병 : 대추나무빗자루병, 오동나무빗자루병, 뽕나무오갈병
- 소나무시들음병 : 소나무재선충병으로 솔수염 하늘소에 의해 전염되어지는 선충에 의해 발생하는 병

39 아래 [보기]는 수목 외과수술 방법의 순서이다. 작업순서를 바르게 나열한 것은?

[보기]	
㉠ 동공충전	㉡ 부패부제거
㉢ 살균살충처리	㉣ 매트처리
㉤ 방부 · 방수처리	
㉥ 인공나무껍질처리	

① ㉠ → ㉡ → ㉢ → ㉣ → ㉤ → ㉥
② ㉢ → ㉥ → ㉣ → ㉠ → ㉤ → ㉡
③ ㉡ → ㉢ → ㉤ → ㉠ → ㉣ → ㉥
④ ㉥ → ㉡ → ㉣ → ㉢ → ㉤ → ㉠

 수목 외과수술 방법
부패부제거 → 살균살충처리 → 방부 · 방수처리 → 동공충전 → 매트처리 → 인공나무 껍질처리

40 진딧물, 깍지벌레와 관계가 가장 깊은 병은?

① 흰가루병 ② 빗자루병
③ 줄기마름병 ④ 그을음병

 그을음병 : 식물의 잎·가지·열매 등의 표면에 그을음 같은 것이 발생하는 병해이며 진딧물, 깍지벌레에 의해 생기는 2차적병이다.

41 콘크리트의 용적배합시 1 : 2 : 4에서 2는 어느 재료의 배합비를 표시한 것인가?

① 물 ② 모래
③ 자갈 ④ 시멘트

 1 : 2 : 4 → 시멘트 : 모래 : 자갈

35. ④ 36. ③ 37. ③ 38. ④ 39. ③
40. ④ 41. ②

42 습지식물 재료 중 서식환경 분류상 물속에서 자라며, 미나리아재비목으로 여러해살이 식물인 것은?

① 붕어마름 ② 부들
③ 속새 ④ 솔잎사초

① 붕어마름 : 미나리아재비목 붕어마름과, 여러해살이 식물
② 부들 : 부들목 부들과, 여러해살이 식물
③ 속새 : 속새목 속새과, 여러해살이 식물
④ 솔잎사초 : 사초목 사초과, 여러해살이 식물

43 지피식물로 지표면을 덮을 때 유의할 조건으로 부적합한 것은?

① 지표면을 치밀하게 피복해야 한다.
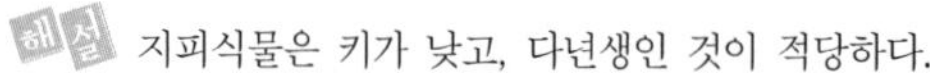
② 식물체의 키가 높고, 일년생이어야 한다.
③ 번식력이 왕성하고, 생장이 비교적 빨라야 한다.
④ 관리가 용이하고, 병충해에 잘 견뎌야 한다.

해설 지피식물은 키가 낮고, 다년생인 것이 적당하다.

44 전정시기에 따른 전정요령 중 설명이 틀린 것은?

① 진달래, 목련 등 꽃나무는 꽃이 충실하게 되도록 개화 직전에 전정해야 한다.
② 하계 전정시는 통풍과 일조가 잘되게 하고, 도장지는 제거해야 한다.
③ 떡갈나무는 묵은 잎이 떨어지고, 새잎이 나올 때가 전정의 적기이다.
④ 가을에 강전정을 하면 수세가 저하되어 역효과가 난다.

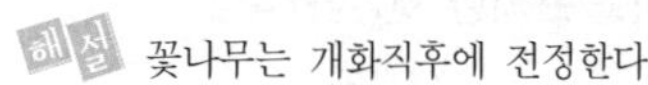
해설 꽃나무는 개화직후에 전정한다.

45 체계적인 품질관리를 추진하기 위한 데밍(Deming's Cycle)의 관리로 가장 적합한 것은?

① 계획(Plan)-추진(Do)-조치(Action)-검토(Check)
② 계획(Plan)-검토(Check)-추진(Do)-조치(Action)
③ 계획(Plan)-조치(Action)-검토(Check)-추진(Do)
④ 계획(Plan)-추진(Do)-검토(Check)-조치(Action)

품질관리 순서
Plan → Do → Check → Action 의 순환 과정

46 토양수분 중 식물이 생육에 주로 이용하는 유효수분은?

① 결합수 ② 흡습수
③ 모세관수 ④ 중력수

모세관수(모관수)
흡습수의 둘레에 싸고 있는 물, 토양공극 사이를 채우고 있는 수분으로 식물유효수분으로 pF(potential Force) 2.7~4.2범위를 말한다.

47 농약의 사용시 확인 할 농약 방제 대상별 포장지의 색깔과 구분이 올바른 것은?

① 살균제-청색 ② 제초제-분홍색
③ 살충제-초록색 ④ 생장조절제-노란색

• 살균제 – 분홍색
• 제초제 – 노란색, 붉은색포장(비선택성)
• 생장조절제 – 청색

48 수목의 굴취 방법에 대한 설명으로 틀린 것은?

① 옮겨 심을 나무는 그 나무의 뿌리가 퍼져 있는 위치의 흙을 붙여 뿌리분을 만드는 방법과 뿌리만을 캐내는 방법이 있다.
② 일반적으로 크기가 큰 수종, 상록수, 이식이 어려운 수종, 희귀한 수종 등은 뿌리분을 크게 만들어 옮긴다.
③ 일반적으로 뿌리분의 크기는 근원 반지름의 4~6배를 기준으로 하며, 보통분의 깊이는 근원 반지름의 3배이다.
④ 뿌리분의 모양은 심근성 수종은 조개분 모양, 천근성인 수종은 접시분 모양, 일반적인 수종은 보통분으로 한다.

뿌리분의 크기는 근원 지름의 4~6배를 기준으로 하며, 보통분의 깊이는 근원 지름의 3배이다.

42. ① 43. ② 44. ① 45. ④ 46. ③
47. ③ 48. ③

49 지주목 설치 요령 중 적합하지 않은 것은?

① 지주목을 묶어야할 나무줄기 부위는 타이어 튜브나 마대 혹은 새끼 등의 완충재를 감는다.
② 지주목의 아래는 뾰족하게 깎아서 땅속으로 30~50cm 정도의 깊이로 박는다.
③ 지상부의 지주는 페인트 칠을 하는 것이 좋다.
④ 통행인이 많은 곳은 삼발이형, 적은 곳은 사각지주와 삼각지주가 많이 설치된다.

해설 통행이 많은 곳은 사각, 삼각지주, 통행이 적은 곳은 삼발이형 지주가 적합하다.

50 다음 선의 종류와 선긋기의 내용이 잘못 짝지어진 것은?

① 파선 : 단면
② 가는 실선 : 수목인출선
③ 1점 쇄선 : 경계선
④ 2점 쇄선 : 중심선

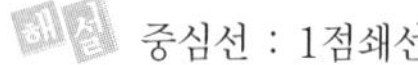

해설 중심선 : 1점쇄선

51 솔잎혹파리에는 먹좀벌을 방사시키면 방제효과가 있다. 이러한 방제법에 해당하는 것은?

① 기계적 방제법 ② 생물적 방제법
③ 물리적 방제법 ④ 화학적 방제법

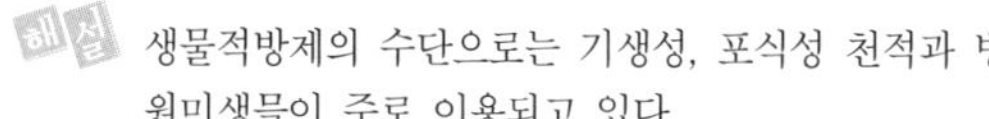

해설 생물적방제의 수단으로는 기생성, 포식성 천적과 병원미생물이 주로 이용되고 있다.

52 다음 수종 중 양수에 속하는 것은?

① 가중나무 ② 주목
③ 팔손이나무 ④ 녹나무

해설 양수 : 소나무, 메타세콰이어, 자작나무, 가중나무 등

53 토양환경 개선을 위해 유공관을 지면과 수직으로 뿌리 주변에 세워 토양 내 공기를 공급하여 뿌리호흡을 유도하는데, 유공관의 깊이는 수종, 규격, 식재지역의 토양상태에 따라 다르게 할 수 있으나 평균깊이는 몇 m 이내로 하는 것이 바람직한가?

① 1m ② 1.5m
③ 2m ④ 3m

해설 유공관의 설치깊이 : 1m 이내

54 해충의 방제방법 중 기계적 방제방법에 해당하지 않는 것은?

① 경운법 ② 유살법
③ 소살법 ④ 방사선이용법

해설 해충의 기계적 방제법

① 경운법 : 땅을 갈아 엎어 땅속에 숨은 해충의 유충과 성충 등을 표층으로 노출해 서식환경을 파괴하는 방법
② 유살법 : 곤충의 추광성(趨光性)을 이용하는 것, 단파장(短波長) 광선을 이용한 유아등(誘蛾燈)이 많이 이용함
③ 소살법 : 해충이 군서 시 경우 등을 사용해 불로 태워 죽이는 방법
④ 포살법 : 해충을 손이나 도구로 잡아 주이는 방법

55 잔디밭의 관수시간으로 가장 적당한 것은?

① 오후 2시경에 실시한다.
② 정오경에 실시한다.
③ 오후 6시 이후 저녁이나 일출 전에 한다.
④ 아무 때나 관수한다.

해설 잔디 관수는 이른 아침이나 늦은 오후가 적당하다.

49. ④ 50. ④ 51. ② 52. ① 53. ①
54. ④ 55. ③

56 **수간과 줄기 표면의 상처에 침투성 약액을 발라 조직 내로 약효성분이 흡수되게 하는 농약 사용법은?**

① 도포법　　② 관주법
③ 도말법　　④ 분무법

- 관주법 : 토양내에 서식하고 있는 병해충을 방제하기 위하여 땅 속에 약액을 주입하는 방법
- 도말법 : 과거의 방법으로 종자를 소독하기 위하여 분제농약(粉劑農藥)을 건조한 종자에 입혀 살균 또는 살충하는방법
- 분무법 : 유제, 수화제, 수용제 등 약제를 물에 희석하여 분무기로 살포하는 방법으로 분제에 비해 식물체에 오염이 적고 약제의 혼합이 용이하여 가장 많이 이용되는 방법이다

57 **다음 설명하는 잡초로 옳은 것은?**

• 일년생 광엽잡초 • 논잡초로 많이 발생할 경우는 기계수확이 곤란 • 줄기 기부가 비스듬히 땅을 기며 부리가 내리는 잡초

① 메꽃　　② 한련초
③ 가막사리　　④ 사마귀풀

사마귀풀
- 닭의 장풀과 1년생 잡초
- 논둑에서 발생, 4월부터 발생해 11월까지 피해를 주고 줄기의 재생력이 강해 제초 시 줄기가 남아 있으면 마디로부터 뿌리가 내려 자란다.

58 **다음 중 무거운 돌을 놓거나, 큰 나무를 옮길 때 신속하게 운반과 적재를 동시에 할 수 있어 편리한 장비는?**

① 체인블록　　② 모터그레이더
③ 트럭크레인　　④ 콤바인

- 체인블록 : 무거운 물건을 들어 올리는데 사용(도르래형 장비)
- 모터그레이더 : 넓은 면적의 땅을 고르는 정지작업 등에 사용되는 토공기계
- 콤바인 : 농경지를 주행하면서 수확물을 탈곡과 선별을 동시해 수행하는 수확기계

59 **AE콘크리트의 성질 및 특징 설명으로 틀린 것은?**

① 수밀성이 향상된다.
② 콘크리트 경화에 따른 발열이 커진다.
③ 입형이나 입도가 불량한 골재를 사용할 경우에 공기연행의 효과가 크다.
④ 일반적으로 빈배합의 콘크리트일수록 공기연행에 의한 워커빌리티의 개선효과가 크다.

AE콘크리트(air-entrained concrete)
콘크리트를 비빌 때 AE제를 혼합하여 내부에 미세한 기포를 포함시킨 콘크리트. 공기 연행 콘크리트라고도 한다. 보통 콘크리트에 비해서 워커빌리티(workability)가 좋고, 내구성이 크나, 압축 및 철근과의 부착 강도는 상당히 약하며, 경화에 따른 발열이 감소한다.

60 **그림과 같은 축도 기호가 나타내고 있는 것으로 옳은 것은?**

① 등고선　　② 성토
③ 절토　　④ 과수원

성토와 절토 표기법
- 성토

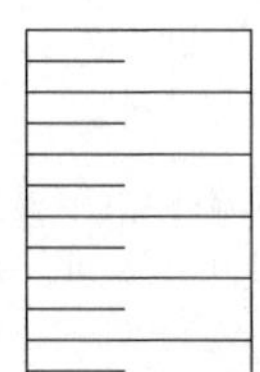

- 절토

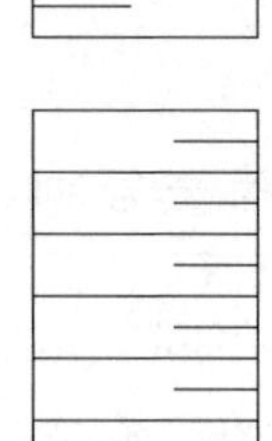

56. ①	57. ④	58. ③	59. ②	60. ②

CBT 대비 2020년 3회 복원기출문제

본 기출문제는 수험자의 기억을 바탕으로 하여 복원한 문제이므로 실제 출제된 문제와 일부 다를 수 있음을 미리 알려드립니다.

1 도시공원 및 녹지 등에 관한 법률 시행규칙에 의해 도시공원의 효용을 다하기 위하여 설치하는 공원시설 중 운동시설로 분류되는 것은?

① 야유회장　② 자연체험장
③ 정글짐　④ 전망대

해설 ① 야유회장 - 휴양시설
② 자연체험장 - 운동시설
③ 정글짐 - 유희시설
④ 전망대 - 편익시설

2 추운지역의 실내를 장식할 때 온도감이 따뜻하게 느껴지는 색상은?

① 보라색　② 초록색
③ 주황색　④ 남색

해설 색의 온도감
- 난색 : 빨강, 주황, 노랑
- 한색 : 파랑, 청록, 남색
- 중성색 : 연두, 초록, 보라, 자주

3 우리나라 조경의 역사적인 조성 순서가 오래된 것부터 바르게 나열된 것은?

① 궁남지 - 안압지 - 소쇄원 - 안학궁
② 안학궁 - 궁남지 - 안압지 - 소쇄원
③ 안압지 - 소쇄원 - 안학궁 - 궁남지
④ 소쇄원 - 안학궁 - 궁남지 - 안압지

해설 안학궁 (고구려, 장수왕 427년) → 궁남지(백제무왕, 634년) → 안압지(통일신라, 문무왕, 674년) → 소쇄원(조선시대, 양산보, 1530년대)

4 일본정원의 효시라고 할 수 있는 수미산과 홍교를 만든 사람은?

① 몽창국사　② 소굴원주
③ 노자공　④ 풍산수길

해설 백제인 노자공이 일본 궁 남정에 수미산과 홍교로 된 정원을 만들었다는 기록이 일본서기에 남아있다.

5 스페인에 현존하는 이슬람정원 형태로 유명한 곳은?

① 베르사유궁전　② 보르비콩트
③ 알함브라성　④ 에스테장

해설 알함브라궁전은 스페인에 현존하는 이슬람정원으로 4개의 파티오(중정)으로 구성되어있다.

6 이탈리아 르네상스 시대의 조경 작품이 아닌 것은?

① 빌라 토스카나(Villa Toscana)
② 빌라 란셀로티(Villa Lancelotti)
③ 빌라 메디치(Villa de Medici)
④ 빌라 란테(Villa Lante)

해설 빌라 토스카나(Villa Toscana) - 고대 로마시대 빌라

7 다음 중 차경(借耕)을 설명한 것으로 옳은 것은?

① 멀리 바라보이는 자연의 풍경을 경관구성 재료의 일부로 도입해 이용하는 수법
② 경관을 가로막는 것
③ 일정한 흐름에서 어느 특정 선을 강조하는 것
④ 좌우대칭이 되는 중심선

해설 차경
자연의 풍경요소는 그대로 놔두고 경치를 빌려서 안과 밖을 소통하기 위한 수법

1. ② 2. ③ 3. ② 4. ③ 5. ③ 6. ① 7. ①

8 다음 중 경관의 우세 요소가 아닌 것은?

① 형태 ② 선
③ 소리 ④ 텍스처

 경관의 우세 요소 : 형태, 선, 색채, 질감(texture)

9 고려시대에 궁궐 내의 조경을 담당하던 관청은?

① 장원서 ② 내원서
③ 상림원 ④ 화림원

 내원서(충렬왕)
고려시대 모든 원·원 및 포를 맡은 관청

10 조선시대의 정원 중 연결이 올바른 것은?

① 양산보 - 다산초당
② 윤선도 - 부용동 정원
③ 정약용 - 운조루 정원
④ 유이주 - 소쇄원

 조선시대의 대표적 정원

- 소쇄원은 중종 25년(1530)에 양산보가 전남 담양에 조영하였다.
- 운조루는 영조 52년(1776)에 유이주가 전남 구례군에 조영하였다.
- 부용동 정원은 전남 완도군 보길도에 윤선도(1587~1671)가 조영한 정원으로 〈어부사시사〉 등의 작품을 남겼다.
- 다산초당은 정약용이 강진에서 유배생활을 하던 곳으로, 후학을 양성하기도하였다.

11 도면의 작도방법으로 옳지 않은 것은?

① 도면은 될 수 있는 한 간단히 하고, 중복을 피한다.
② 도면은 그 길이 방향을 위아래 방향으로 놓은 위치를 정위치로 한다.
③ 사용 척도는 대상물의 크기, 도형의 복잡성 등을 고려, 그림이 명료성을 갖도록 선정한다.
④ 표제란을 보는 방향은 통상적으로 도면의 방향과 일치하도록 하는 것이 좋다.

 도면은 길이 방향을 좌우 방향으로 놓은 위치를 정위치로 한다.

12 가로 1m×세로 10m 공간에 H0.4m×W0.5 규격의 철쭉으로 생울타리를 만들려고 하면 사용되는 철쭉의 수량은?

① 약 20주 ② 약 40주
③ 약 80주 ④ 약 120주

 $1m^2$에 식재되는 철쭉 본수를 계산
$1m^2 \div (0.5 \times 0.5) = 4$주
4(주/m^2) $\times 10m^2 = 40$주

13 우리나라 전통 조경의 설명으로 옳지 않은 것은?

① 신선 사상에 근거를 두고 여기에 음양오행설이 가미되었다.
② 연못의 모양은 조롱박형, 목숨수자형, 마음심자형 등 여러 가지가 있다.
③ 네모진 연못은 땅, 즉 음을 상징하고 있다.
④ 둥근 섬은 하늘, 즉 양을 상징하고 있다.

 연못의 모양은 방지(네모진 연못)를 하고 있다.

14 다음 중 목재의 건조에 관한 설명으로 틀린 것은?

① 건조기간은 자연 건조시는 인공건조에 비해 길고, 수종에 따라 차이가 있다.
② 인공건조 방법에는 증기건조, 공기가열건조, 고주파건조법 등이 있다.
③ 자연 건조시 두께 3cm의 침엽수는 약 2~6개월 정도 걸리고 활엽수는 그 보다 짧게 걸린다.
④ 목재의 두꺼운 판을 급속히 건조할 경우에는 고주파건조법이 효과적이다.

해설 활엽수는 자연건조시 6~12개월 정도 소요된다.

8. ③ 9. ② 10. ② 11. ② 12. ②
13. ② 14. ③

15 다음 중 파이토플라스마에 의한 수목병이 아닌 것은?

① 대추나무 빗자루병
② 뽕나무 오갈병
③ 벚나무 빗자루병
④ 오동나무 빗자루병

해설 벚나무 빗자루병은 진균에 의한 수목병이다.

16 다음 중 골프장에서 잔디와 그린이 있는 곳을 제외하고 모래나 연못 등과 같이 장애물을 설치한 곳을 가르키는 것은?

① 페어웨이 ② 하자드
③ 벙커 ④ 러프

해설
- 페어웨이 : 티와 그린의 사이공간으로 짧게 깎은 잔디로 만든 중간루트
- 벙커 : 모래웅덩이
- 러프 : 풀을 깎지 않고 그대로 방치한 것

17 인공폭포, 수목 보호판을 만드는 데 가장 많이 이용되는 제품은?

① 식생 호안 블록
② 유리블록 제품
③ 콘크리트 격자 블록
④ 유리섬유 강화 플라스틱

해설 유리섬유 강화 플라스틱(FRP) : 인공폭포(벽천), 인조석, 수목보호판을 만든다.

18 자연 상태의 토량 $1000m^3$을 굴착하면, 그 흐트러진 상태의 토양은 얼마가 되는가? (단, 토량 변화율을 L=1.25, C=0.9라고 가정한다.)

① $900m^3$ ② $1000m^3$
③ $1125m^3$ ④ $1250m^3$

해설 자연상태토량×L=1000×1.25=$1,250m^3$

19 다음 석재의 가공방법 중 표면을 가장 매끈하게 가공할 수 있는 방법은?

① 혹두기 ② 정다듬
③ 잔다듬 ④ 도드락다듬

석재인력가공순서
혹두기 → 정다듬 → 도드락다듬 → 잔다듬 → 물갈기·광내기

20 다음 중 열경화성 수지의 종류와 특징 설명이 옳지 않은 것은?

① 페놀수지 : 강도·전기전열성·내산성·내수성 모두 양호하나 내알칼리성이 약하다.
② 멜라민수지 : 요소수지와 같으나 경도가 크고 내수성은 약하다.
③ 우레탄수지 : 투광성이 크고 내후성이 양호하며 착색이 자유롭다.
④ 실리콘수지 : 열절연성이 크고 내약품성·내후성이 좋으며 전기적 성능이 우수하다.

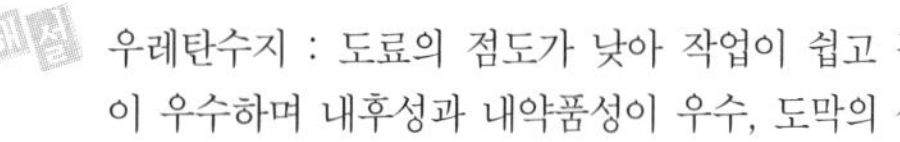
해설 우레탄수지 : 도료의 점도가 낮아 작업이 쉽고 광택이 우수하며 내후성과 내약품성이 우수, 도막의 설계가 자유롭다.

21 다음 중 열매를 감상하기 위하여 식재하는 수종이 아닌 것은?

① 피라칸사스 ② 석류나무
③ 조팝나무 ④ 팥배나무

해설 조팝나무는 4~5월에 흰색꽃을 감상하는 수종이다.

15. ③ 16. ② 17. ④ 18. ④ 19. ③
20. ③ 21. ③

22 다음 중 제초제 사용의 주의사항으로 틀린 것은?

① 비나 눈이 올 때는 사용하지 않는다.
② 될 수 있는 대로 다른 농약과 섞어서 사용한다.
③ 적용 대상에 표시되지 않은 식물에는 사용하지 않는다.
④ 살포할 때는 보안경과 마스크를 착용하며, 피부가 노출되지 않도록 한다.

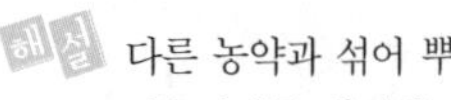
다른 농약과 섞어 뿌리고자 할 때에는 반드시 혼용이 가능한지를 확인한 후 사용한다.

23 다음의 설명에 해당하는 장비는?

- 2개의 눈금자가 있는데 왼쪽 눈금은 수평거리가 20m, 오른쪽 눈금은 15m일 때 사용한다.
- 측정방법은 우선 나뭇가지의 거리를 측정하고 시공을 통하여 수목의 선단부와 측고기의 눈금이 일치하는 값을 읽는다. 이때 왼쪽 눈금은 수평거리에 대한 %값으로 계산하고, 오른쪽 눈금은 각도 값으로 계산하여 수고를 측정한다.
- 수고 측정 뿐만아니라 지형경사도 측정에도 사용된다.

① 윤척　　② 측고봉
③ 하고측고기　　④ 순토측고기

순토측고기
나무의 높이를 재는 장비로 파지방법은 한손으로 가볍게 쥐고 시준공을 눈에 가져가 해당 눈금을 읽으면 된다.

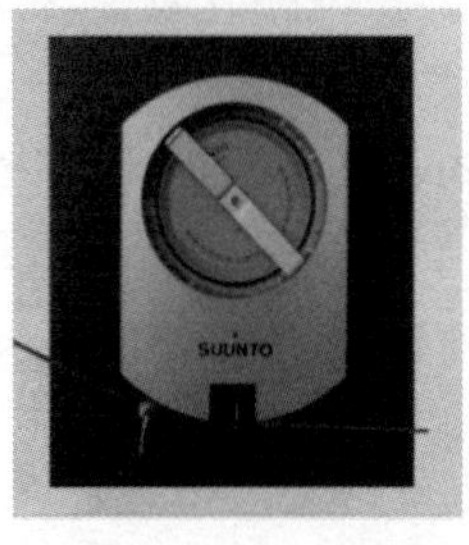

24 뿌리돌림의 필요성을 설명한 것으로 거리가 먼 것은?

① 이식적기가 아닐 때 이식할 수 있도록 하기 위해
② 크고 중요한 나무를 이식하려 할 때
③ 개화결실을 촉진시킬 필요가 없을 때
④ 건전한 나무로 육성할 필요가 있을 때

뿌리돌림은 노거수(老巨樹)에 주로 실시하며 잔뿌리를 발생시켜 이식율을 높이기 위해 한다.

25 페니트로티온 45% 유제 원액 100cc를 0.05%로 희석 살포액을 만들려고 할 때 필요한 물의 양은 얼마인가? (단, 유제의 비중은 1.00이다.)

① 69,900cc　　② 79,900cc
③ 89,900cc　　④ 99,900cc

희석할 물의 양

$= \text{원액의 용량} \times \left(\frac{\text{원액의 농도}}{\text{희석할 농도}} - 1\right) \times \text{원액의 비중}$

$= 100 \times \left(\frac{45\%}{0.05\%} - 1\right) \times 1 = 89{,}900\text{cc}$

26 식물의 아래 잎에서 황화현상이 일어나고 심하면 잎 전면에 나타나며, 잎이 작지만 잎수가 감소하며 초본류의 초장이 작아지고 조기 낙엽이 비료결핍의 원인이라면 어느 비료 요소와 관련된 설명인가?

① P　　② N
③ Mg　　④ K

질소
① 역할 : 영양생장을 왕성하게 하고 뿌리와 잎, 줄기 등 수목의 생장에 도움을 준다.
② 결핍현상
- 활엽수 : 황록색으로 변함 현상, 잎 수가 적어지고 두꺼워짐, 조기낙엽
- 침엽수 : 침엽이 짧고 황색을 띤다.

22. ②　23. ④　24. ③　25. ③　26. ②

27 **비탈면 경사의 표시에서 1 : 2.5에서 2.5는 무엇을 뜻하는가?**

① 수직고　　　　② 수평거리
③ 경사면의 길이　　④ 안식각

해설 1 : 2.5 = 수직거리 : 수평거리

28 **방풍림의 조성은 바람이 불어오는 주풍방향에 대해서 어떻게 조성해야 가장 효과적인가?**

① 30도 방향으로 길게
② 직각으로 길게
③ 45도 방향으로 길게
④ 60도 방향으로 길게

해설 방풍림 조성시 수림대는 주풍과 직각이 되게 조성한다.

29 **도시공원 및 녹지 등에 관한 법률상에서 정한 도시공원의 설치 및 규모의 기준으로 옳은 것은?**

① 소공원의 경우 규모 제한은 없다.
② 어린이공원의 경우 규모는 5백 제곱미터 이상으로 한다.
③ 근린생활권 근린공원의 경우 규모는 5천 제곱미터 이상으로 한다.
④ 묘지공원 경우 규모는 5천 이상으로 한다.

해설 바르게 고치면
② 어린이공원의 경우 규모는 1,500 제곱미터 이상으로 한다.
③ 근린생활권 근린공원의 경우 규모는 10,000 제곱미터 이상으로 한다.
④ 묘지공원 경우 규모는 100,000제곱미터 이상으로 한다.

30 **수목의 생태 특성과 수종들의 연결이 옳지 않은 것은?**

① 습한 땅에 잘 견디는 수종으로는 메타세쿼이아, 낙우송, 왕버들 등이 있다.
② 메마른 땅에 잘 견디는 수종으로는 소나무, 향나무, 아카시아 등이 있다.
③ 산성토양에 잘 견디는 수종으로는 느릅나무, 서어나무, 보리수나무 등이 있다.
④ 식재토양의 토심이 깊은 것(심근성)은 호두나무, 후박나무, 가시나무 등이 있다.

해설 산성토양에 잘 견디는 수종 : 소나무, 잣나무, 전나무, 아까시나무, 편백, 사방오리나무 등

31 **다음 중 목재공사에서 구멍뚫기, 홈파기, 자르기, 기타 다듬질하는 일을 가리키는 것은?**

① 마름질　　　　② 먹매김
③ 모접기　　　　④ 바심질

해설
- 마름질 : 형태에 맞춰서 자름
- 먹매김 : 먹칼, 먹줄로 치수모양을 그림
- 모접기 : 석재, 목재의 각진 모서리를 둥근 모양으로 깎아내는 일

32 **다음 중 수목을 근원직경의 기준에 의해 굴취할 수 있는 것은?**

① 배롱나무　　　　② 잣나무
③ 은행나무　　　　④ 튤립나무

② 잣나무–H×W → 수고에 의한 굴취
③ 은행나무–H×B → 흉고직경에 의한 굴취
④ 튤립나무–H×B → 흉고직경에 의한 굴취

33 **다음 그림과 같이 쌓는 벽돌 쌓기의 방법은?**

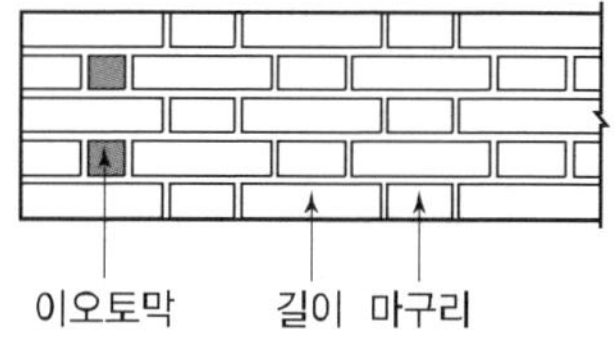

① 영국식쌓기　　　　② 프랑스식쌓기
③ 영롱쌓기　　　　④ 미국식쌓기

프랑스식 쌓기
매단 길이쌓기와 마구리쌓기가 번갈아 나온다.

27. ② 28. ② 29. ① 30. ③ 31. ④
32. ① 33. ②

34 지형도에서 두 지점 사이의 고저차는 20m이고, 동일한 지형도에서 두 지점 사이의 수평거리는 100m 일 때 경사도(%)는?

① 10% ② 20%
③ 50% ④ 80%

해설 경사도= $\frac{수직거리}{수평거리} \times 100\%$, $\frac{20}{100} \times 100 = 20\%$

35 다음 중 조경수목에 거름을 줄 때 방법과 설명으로 틀린 것은?

① 윤상거름주기 : 수관폭을 형성하는 가지 끝 아래의 수관선을 기준으로 환상으로 깊이 20~25cm, 너비 20~30cm로 둥글게 판다.
② 방사상거름주기 : 파는 도랑의 깊이는 바깥쪽일수록 깊이 넓게 파야하며, 선을 중심으로 하여 길이는 수관폭의 1/3 정도로 한다.
③ 선상거름주기 : 수관선상에 깊이 20cm 정도의 구멍을 군데군데 뚫고 거름을 주는 방법으로 액비를 비탈면에 줄 대 적용한다.
④ 전면거름주기 : 한 그루씩 거름을 줄 경우, 뿌리가 확장되어 있는 부분을 뿌리가 나오는 곳까지 전면으로 땅을 파고 주는 방법이다.

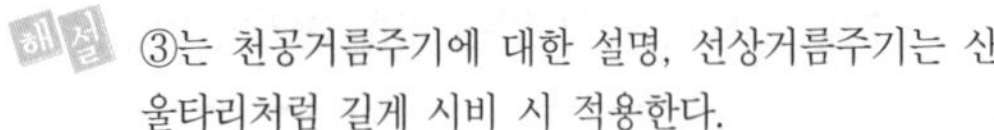
해설 ③는 천공거름주기에 대한 설명, 선상거름주기는 산울타리처럼 길게 시비 시 적용한다.

36 다음 중 배식설계에 있어서 정형식 배식설계로 가장 적당한 것은?

① 부등변 삼각형 식재
② 대식
③ 임의(랜덤)식재
④ 배경식재

해설 식재방법

정형식 식재유형	단식, 대식, 열식, 교호식재, 요점식재, 집단식재
자연풍경 식재유형	부등변삼각형식재, 임의(랜덤)식재

37 다음중 소나무재선충의 전반에 중요한 역할을 하는 곤충은?

① 북방수염하늘소 ② 노린재
③ 혹파리류 ④ 진딧물

해설 소나무재선충의 매개충

소나무재선충 현미경 사진

솔수염하늘소 성충

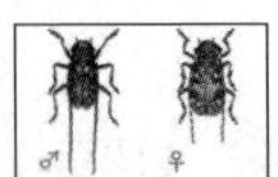

북상수염하늘소

소나무, 잣나무 등에 기생해 나무를 갉아먹는 크기 1mm 내외의 실같은 선충이다. 솔수염하늘소, 북상수염하늘소과 공생 관계에 있으며 매개충에 의해 간염된다. 간염된 나무는 조직내에 수분, 양분 이동통로를 막아 나무를 죽게 한다.

38 토공사용 기계에 대한 설명으로 부적당한 것은?

① 불도저는 일반적으로 60m 이하의 배토작업에 사용한다.
② 드래그라인은 기계 위치보다 낮은 연질 지반의 굴착에 유리하다.
③ 클램쉘은 좁은 곳의 수직터파기에 쓰인다.
④ 파워셔블은 기계가 위치한 면보다 낮은 곳의 흙파기에 쓰인다.

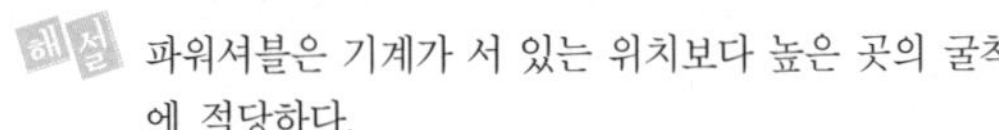
해설 파워셔블은 기계가 서 있는 위치보다 높은 곳의 굴착에 적당하다.

39 다음 중 일반적으로 살아있는 가지를 자를 경우 수종별 상처 부위의 부후 위험성이 가장 적은 수종은?

① 왕벚나무 ② 소나무
③ 목련 ④ 느릅나무

해설 부후(腐朽)

① 정의 : 부후균류의 침입에 의해 목질이 분해되어 조직이 파괴되는 현상
② 수종별 특징
- 소나무류, 편백나무류 등은 부후 위험성이 적다
- 단풍나무류, 느릅나무류, 벚나무류, 목련류, 물푸레나무는 부후 위험성이 크다

34. ② 35. ③ 36. ② 37. ① 38. ④ 39. ②

40 계단의 설계 시 고려해야 할 기준으로 옳지 않은 것은?

① 계단의 경사는 최대 30~35° 가 넘지 않도록 해야 한다.
② 단높이를 h, 단너비를 b로 할 때 2h+b = 60~65cm가 적당하다.
③ 진행 방향에 따라 중간에 1인용일 때 단너비 90~110cm 정도의 계단참을 설치한다.
④ 계단의 높이가 5m 이상이 될 때에만 중간에 계단참을 설치한다.

해설 계단참은 높이 2m 이상 마다 설치한다.

41 소나무 순지르기에 대한 설명으로 틀린 것은?

① 매년 5~6월경에 실시한다.
② 중심 순만 남기고 모두 자른다.
③ 새순이 5~10cm의 길이로 자랐을 때 실시한다.
④ 남기는 순도 힘이 지나칠 경우 1/2~1/3정도로 자른다.

해설 소나무 순지르기 방법
- 4~5월경 5~10cm로 자란 새순을 3개 정도 남기고 중심순을 포함하여 손으로 제거한다.

42 다음 입찰계약 순서 중 옳은 것은?

① 입찰공고 → 낙찰 → 계약 → 개찰 → 입찰 → 현장설명
② 입찰공고 → 현장설명 → 입찰 → 계약 → 낙찰 → 개찰
③ 입찰공고 → 현장설명 → 입찰 → 개찰 → 낙찰 → 계약
④ 입찰공고 → 계약 → 낙찰 → 개찰 → 입찰 → 현장설명

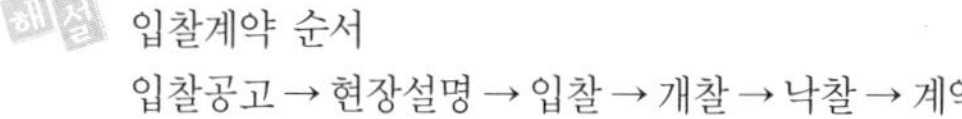

해설 입찰계약 순서
입찰공고 → 현장설명 → 입찰 → 개찰 → 낙찰 → 계약

43 레미콘 규격이 25 - 210 - 12로 표시되어 있다면 ⓐ - ⓑ - ⓒ 순서대로 의미가 맞는 것은?

① ⓐ 슬럼프, ⓑ 골재최대치수, ⓒ 시멘트의 양
② ⓐ 물·시멘트비, ⓑ 압축강도, ⓒ 골재최대치수
③ ⓐ 골재최대치수, ⓑ 압축강도, ⓒ 슬럼프
④ ⓐ 물·시멘트비, ⓑ 시멘트의 양, ⓒ 골재최대치수

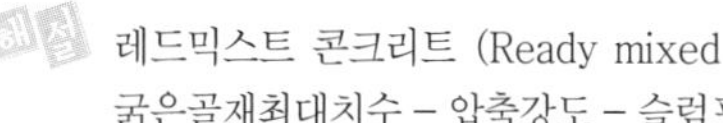

해설 레드믹스트 콘크리트 (Ready mixed concreat)규격 굵은골재최대치수 – 압축강도 – 슬럼프값을 조합하여 표시한다.

44 다음 중 목본성인 지피식물로 가장 적당한 것은?

① 송악 ② 금매화
③ 비비추 ④ 송엽국

해설 ① 송악
- 두릅나무과의 상록 덩굴식물
- 해안과 도서지방의 숲속에서 자란다. 길이 10m 이상 자라고 가지와 원줄기에서 기근이 자라면서 다른 물체에 붙어올라간다.

② 금매화
- 미나리아재비과의 여러해살이풀
- 특징 : 산속 시냇가에 자라며, 높이 40~80cm, 잎 길이와 지름 6~12cm, 꽃 지름 2.5~4cm

③ 비비추
- 백합과의 여러해살이풀
- 특징 : 산지의 냇가에 자라며, 크기는 높이 30~40cm이다.

④ 송엽국
- 번행초과의 여러해살이풀
- 특징 : 이름은 소나무의 잎과 같은 잎이 달리는 국화라는 뜻이며, 흔히 속명인 '람프란서스' 라고 부른다. 잎이 솔잎처럼 선형이면서 두툼한 다육질이다. 꽃잎은 매끄럽고 윤이 난다.

40. ④ 41. ② 42. ③ 43. ③ 44. ①

45 **뿌리돌림은 현재의 생장지에서 적당한 범위로 뿌리를 절단하는 것을 말하는데 이 뿌리돌림에 관한 설명으로 틀린 것은?**

① 한 장소에서 오랫동안 자랄 때 뿌리는 줄기로부터 상당히 떨어진 곳까지 굵은 뿌리가 뻗어 나가며, 잔뿌리는 그 곳에 분포되어 있다.
② 제한된 뿌리분으로 캐서 이식할 경우 잔뿌리는 대부분 끊겨 나가고 굵은 뿌리만 남아 이식시 활착이 어렵다.
③ 뿌리돌림을 하는 시기는 일년 내내 가능하고, 봄철보다 여름철이 끝나는 시기가 가장 좋으며, 낙엽수는 가을철이 적당하다.
④ 봄에 뿌리돌림을 한 낙엽수는 당년 가을이나 이듬해 봄에, 상록수는 이듬해 봄이나 장마기에 이식할 수 있다.

 뿌리돌림의 시기는 봄과 가을에 가능하다.

46 **흰가루병을 방제하기 위하여 사용하는 약품으로 부적당한 것은?**

① 티오파네이트메틸수화제(지오판엠)
② 결정석회황합제(유황합제)
③ 디비이디시(황산구리)유제(산요루)
④ 데메톤-에스-메틸유제(메타시스톡스)

 데메톤-에스-메틸유제(메타시스톡스) : 살충제(진딧물방제)

47 **다음 그림과 같은 땅깎기 공사의 단면의 절토 면적은?**

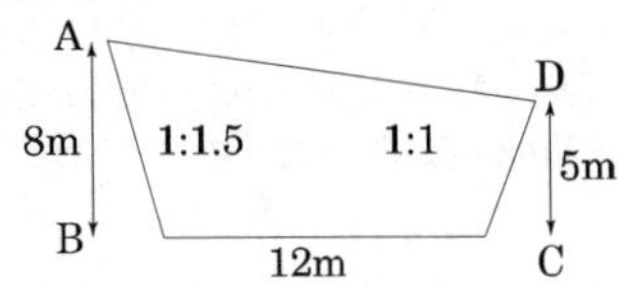

① $64m^2$ ② $80m^2$
③ $102m^2$ ④ $128m^2$

 ① 밑변길이 계산
• 1 : 1.5 = 8 : x 이므로 x = 12m
• 1 : 1 = 5 : x 이므로 x = 5m
② 밑변길이 합 = 12+12+5 = 29
③ 단면절토면적 = 사다리꼴면적 - 삼각형면적

$$= \left(\frac{8+5}{2}\times 29\right)-\left(\frac{8\times 12}{3}+\frac{5\times 5}{2}\right) = 128m^2$$

48 **다음 중 계곡선에 대한 설명 중 맞는 것은?**

① 주곡선 간격의 1/2 거리의 가는 파선으로 그어진 것이다.
② 주곡선의 다섯 줄마다 굵은선으로 그어진 것이다.
③ 간곡선 간격의 1/2 거리의 가는 점선으로 그어진 것이다.
④ 1/5000의 지형도 축척에서 등고선은 10m 간격으로 나타난다.

 계곡선은 주곡선 5개마다 굵게 표시한 선으로 굵은 실선으로 그어진다.

49 **먼셀 색체계의 기본적인 5가지 주요 색상으로 바르게 짝지어진 것은?**

① 빨강, 노랑, 초록, 파랑, 주황
② 빨강, 노랑, 초록, 파랑, 보라
③ 빨강, 노랑, 초록, 파랑, 청록
④ 빨깅, 노랑, 초록, 남색, 주황

 먼셀의 색체계의 5가지 주요 색상
빨강(R), 노랑(Y), 초록(G), 파랑(B), 보라(P)

50 **목재가공 작업 과정 중 소지조정, 눈막이(눈메꿈), 샌딩실러 등은 무엇을 하기 위한 것인가?**

① 도장 ② 연마
③ 접착 ④ 오버레이

 목재관련 도료
• 샌딩실러(sanding sealer) : 목재에 투명 락카 도장을 할 때 중도에 적합한 액상, 반투명, 휘발건조성의 도료로, 주요 도막 형성 요소로 하여 자연 건조되어 연마하기 쉬운 도막을 형성
• 소지조정(surface preparation, pretreatment) : 기름빼기, 녹제거, 구멍메꾸기 등 하도를 하기 위한 준비 작업으로서 소지(도장소재의 표면)에 대하여 하는 전처리
• 눈막이(눈메꿈) : 바탕을 고르게 해주는 공정

45. ③ 46. ④ 47. ④ 48. ② 49. ②
50. ①

51 다음 중 1속에서 잎이 2개 나오는 수종은?

① 백송　　② 소나무
③ 리기다소나무　　④ 스트로브잣나무

해설
- 소나무 : 2엽송
- 백송, 리기다소나무 : 3엽송
- 스트로브잣나무 : 5엽송

52 다음 중 작은 변형에도 쉽게 파괴되는 재료의 성질은?

① 연성　　② 인성
③ 전성　　④ 취성

해설 취성(脆性, Brittleness)
재료가 외력에 의하여 영구 변형을 하지 않고 파괴되거나 극히 일부만 영구변형을 하고 파괴되는 성질. 인성(靭性)과 반대되는 성질로 항력이 크며 변형능이 적다.

53 다음 중 낙우송과(Taxodiaceae) 수종은?

① 삼나무　　② 백송
③ 비자나무　　④ 은사시나무

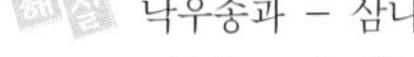
해설 낙우송과 – 삼나무, 금송, 메타세콰이어, 낙우송
- 백송 – 소나무과
- 비자나무 – 주목과
- 은사시나무 – 버드나무과

54 다음 수종들 중 단풍이 붉은색이 아닌 것은?

① 신나무　　② 복자기
③ 화살나무　　④ 고로쇠나무

해설 고로쇠나무 – 노란색 단풍

55 담금질을 한 강에 인성을 주기 위하여 변태점 이하의 적당한 온도에서 가열한 다음 냉각시키는 조작을 의미하는 것은?

① 풀림　　② 사출
③ 불림　　④ 뜨임질

해설 열처리 및 가공 관련용어
- 풀림 – 높은 온도(800~1000도)로 가열 후 노(爐)중에서 서서히 냉각하여 강의 조지기 표준화, 균질화 되어 내부응력을 제거시켜 금속을 정상적인 성질로 회복시키는 열처리
- 불림 – 변태점 이상 가열후 공기중에서 냉각시켜 가공시킨 것으로 강 조직의 흩어짐을 표준조직으로 풀림처리한것
- 뜨임 – 담금질한 강을 변태점이하에서 가열하여 인성을 증가시키는 열처리로 경도가 감소하고 신장률과 충격값은 증가함
- 담금질 – 금속을 고온으로 가열 후 보통물이나 기름에 갑자기 냉각시켜 조직 등 변화경과시킨 것

56 비교적 좁은 지역에서 대축척으로 세부 측량을 할 경우 효율적이며, 지역 내에 장애물이 없는 경우 유리한 평판 측량방법은?

① 방사법　　② 전진법
③ 전방교회법　　④ 후방교회법

해설 평판측량방법

방사법	측량지역에 장애물이 없는 곳에서 한번에 여러점을 세워 쉽게 구할 수 있음
전진법	측량지역에 장애물이 있어 이 장애물을 비켜서 측점사이의 거리와 방향을 측정하고 평판을 옮겨가면서 측량하는 방법
교회법	광대한 지역에서 소축척의 측량, 거리를 실측하지 않으므로 작업이 신속하다.

57 비탈면에 교목과 관목을 식재하기에 적합한 비탈면 경사로 모두 옳은 것은?

① 교목 1 : 2 이하, 관목 1 : 3 이하
② 교목 1 : 3 이상, 관목 1 : 2 이상
③ 교목 1 : 2 이상, 관목 1 : 3 이상
④ 교목 1 : 3 이하, 관목 1 : 2 이하

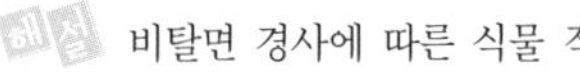
해설 비탈면 경사에 따른 식물 적용
① 잔디 → 1:1 이하
② 관목 → 1:2 이하
③ 소교목 → 1:3 이하

51. ②　52. ④　53. ①　54. ④　55. ④
56. ①　57. ④

58 산울타리에 적합하지 않은 식물 재료는?

① 무궁화　② 측백나무
③ 느릅나무　④ 꽝꽝나무

산울타리수종선정기준
- 수종선정시 지엽밀도, 전정성, 밀식성 등을 고려하며, 공간을 강하게 분할할 수 있는 수종을 선정한다.
- 수종 : 무궁화, 쥐똥나무, 사철나무, 꽝꽝나무, 측백나무 등

59 다음 중 세균에 의한 수목병은?

① 밤나무 뿌리혹병　② 뽕나무 오갈병
③ 소나무 잎녹병　④ 포플러 모자이크병

- 뽕나무 오갈병 – 파이토플라즈마에 의한 병
- 소나무 잎녹병 – 진균에 의한 병
- 포플러 모자이크병 – 바이러스에 의한 병

60 「주차장법 시행규칙」상 주차장의 주차단위 구획기준은?(단, 평행주차형식 외의 장애인전용방식이다.)

① 2.0m 이상×4.5m 이상
② 3.0m 이상×5.0m 이상
③ 2.3m 이상×4.5m 이상
④ 3.3m 이상×5.0m 이상

주차장의 주차구획(평행주차형식 외의 경우)

구 분	너 비	길 이
경 형	2.0m 이상	3.6m 이상
일반형	2.5m 이상	5.0m 이상
확장형	2.6m 이상	5.2m 이상
장애인 전용	3.3m 이상	5.0m 이상
이륜자동차전용	1.0m 이상	2.3m 이상

58. ③　59. ①　60. ④

CBT 대비 2021년 1회 복원기출문제

본 기출문제는 수험자의 기억을 바탕으로 하여 복원한 문제이므로 실제 출제된 문제와 일부 다를 수 있음을 미리 알려드립니다.

1 다음 중 실용성과 자연성을 동시에 가지고 있는 형태의 조경양식은?

① 정형식 조경 ② 자연식 조경
③ 절충식 조경 ④ 기하학식 조경

해설 조경양식
① 자연식 정원 : 자연풍경식, 자연성을 중시한 정원
② 정형식 정원 : 인공미, 기하학적 요소를 중시한 정원
③ 절충식 정원 : 실용성과 자연성을 동시에 고려한 정원

2 주택정원을 설계할 때 일반적으로 고려할 사항이 아닌 것은?

① 무엇보다도 안전 위주로 설계해야 한다.
② 시공과 관리하기가 쉽도록 설계해야 한다.
③ 특수하고 귀중한 재료만을 선정하여 설계해야 한다.
④ 재료는 구하기 쉬운 것을 넣어 설계한다.

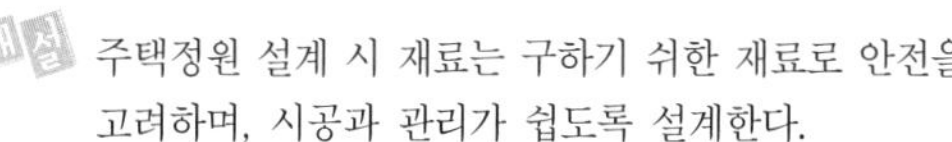
해설 주택정원 설계 시 재료는 구하기 쉬한 재료로 안전을 고려하며, 시공과 관리가 쉽도록 설계한다.

3 계단폭포, 물 무대, 분수, 정원극장, 동굴 등의 조경수법이 가장 많이 나타나는 정원은?

① 영국 정원 ② 프랑스 정원
③ 스페인 정원 ④ 이탈리아 정원

해설 이탈리아 정원
- 16c 노단건축식정원
- 경사지를 이용해 정원과 건물을 조성하였으며 정원에는 수경요소 (계단폭포, 물무대, 분수 등)들의 다양한 수법이 적용되었다.

4 우리나라의 독특한 정원수법인 후원양식이 가장 성행한 시기는?

① 고려시대 초엽 ② 고려시대 말엽
③ 조선시대 ④ 삼국시대

해설 조선시대정원
풍수지리사상에 영향으로 후원식이 발달하게 되었다.

5 다음 중 인도정원에 영향을 미친 가장 중요한 요소는?

① 노단 ② 토피어리
③ 돌수반 ④ 물

해설 인도의 정원에서 물은 종교적 욕지의 역할을 하였다.

6 우리나라 조경의 역사적인 조성 순서가 오래된 것부터 바르게 나열된 것은?

① 궁남지 – 안압지 – 소쇄원 – 안학궁
② 안학궁 – 궁남지 – 안압지 – 소쇄원
③ 안압지 – 소쇄원 – 안학궁 – 궁남지
④ 소쇄원 – 안학궁 – 궁남지 – 안압지

해설 안학궁(고구려, 장수왕 427년) → 궁남지(백제무왕, 634년) → 안압지(통일신라, 문무왕, 674년) → 소쇄원(조선시대, 양산보, 1530년대)

7 다음 중 정원에 사용되었던 하하(ha-ha) 기법을 가장 잘 설명한 것은?

① 정원과 외부 사이를 수로로 파서 경계하는 기법
② 정원과 외부 사이를 생울타리로 경계하는 기법
③ 정원과 외부 사이를 언덕으로 경계하는 기법
④ 정원과 외부 사이를 담벽으로 경계하는 기법

해설 하하기법은 정원을 감상하는데 물리적인 경계없도록 담을 설치할 때 능선의 위치를 피하여 도랑이나 계곡 사이에 설치하였다.

1. ③ 2. ③ 3. ④ 4. ③ 5. ④ 6. ②
7. ①

8 옛날처사도(處士道)를 근간으로 한 은일사상(隱逸思想)이 가장 성행하였던 시대는?

① 고구려시대
② 백제시대
③ 신라시대
④ 조선시대

도가적 은일사상
도교의 은일적 자연관은 조선시대의 사화와 관련되어 별서정원에 영향을 주었다.

9 다음 중 관개경관의 설명으로 옳은 것은?

① 평원에 우뚝 솟은 산봉우리
② 주위 산에 의해 둘러싸인 산중 호수
③ 노폭이 좁은 지역에서 나뭇가지와 잎이 도로를 덮은 지역
④ 바다 한가운데서 수평선상의 경관을 360° 각도로 조망할 때의 경관

① 평원에 우뚝 솟은 산봉우리 : 지형경관
② 주위 산에 의해 둘러싸인 산중 호수 : 위요경관
④ 바다 한가운데서 수평선상의 경관을 360° 각도로 조망할 때의 경관 : 파노라믹한 경관

10 도시공원 및 녹지 등에 관한 법률상에서 정한 도시공원의 설치 및 규모의 기준으로 옳지 않은 것은?

① 소공원의 경우 규모 제한은 없다.
② 어린이공원의 경우 규모는 1,500제곱미터 이상으로 한다.
③ 근린생활권 근린공원의 경우 규모는 10,000제곱미터 이상으로 한다.
④ 묘지공원 경우 규모는 5천제곱미터 이상으로 한다.

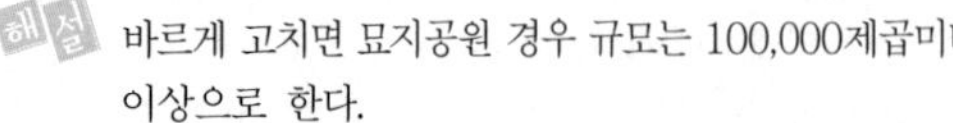
바르게 고치면 묘지공원 경우 규모는 100,000제곱미터 이상으로 한다.

11 다음 중 골프장에서 티와 그린의 사이공간으로 짧게 깎은 잔디로 만든 중간루트를 말하는 용어는?

① 페어웨이 ② 하자드
③ 벙커 ④ 러프

- 벙커 : 모래웅덩이
- 하자드 : 잔디와 그린이 있는 곳을 제외하고 모래나 연못 등과 같이 장애물을 설치한 곳
- 러프 : 풀을 깎지 않고 그대로 방치한 것

12 16세기 무굴제국의 인도정원과 가장 관련 깊은 것은?

① 타지마할
② 퐁텐블로
③ 체하르바그
④ 베르사이유궁원

- 타지마할 : 인도 무굴제국의 샤자한 왕비의 묘
- 퐁텐블로 : 프랑스 정원
- 체하르바그 : 이란의 이스파한의 도로공원
- 베르사이유궁원 : 프랑스 루이14세의 정원

13 조경계획의 과정으로 기술한 것 중 가장 잘 표현한 것은?

① 자료분석 및 종합-목표설정-기본계획-실시설계-기본설계
② 목표설정-기본설계-자료분석 및 종합-기본계획-실시설계
③ 기본계획-목표설정-자료분석 및 종합-기본설계-실시설계
④ 목표설정-자료분석 및 종합-기본계획-기본설계-실시설계

조경계획과정
목표설정-조사분석-종합-기본계획-기본설계-실시설계

8. ④ 9. ③ 10. ④ 11. ① 12. ① 13. ④

14 조경에서 수목의 규격표시와 기호 및 단위가 알맞게 짝지어진 것은?

① 수관폭－R－cm
② 수고－D－m
③ 흉고직경－B－cm
④ 근원직경－W－cm

해설 바르게 고치면
① 수관폭－W(width)－m
② 수고－H(height)－m
④ 근원직경－R(root)－cm

15 먼셀의 색상환에서 YR는 무슨 색인가?

① 연두색　　② 주황색
③ 청록색　　④ 보라색

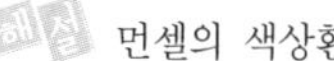

해설 먼셀의 색상환
• 기본색 : 빨강(R), 노랑(Y), 초록(G), 파랑(B), 보라(P)
• 중간색 : 주황(YR), 연두GY), 청록(BG), 보라(PB), 자주(RP)

16 다음 중 정형식 배식 유형은?

① 부등변삼각형식재
② 군식
③ 임의식재
④ 교호식재

해설 배식유형
• 정형식 : 단식, 대식, 열식, 교호식재, 집단식재, 요점식재
• 자연풍경식 : 부등변삼각형식재, 임의식재, 무리심기, 배경식재, 산재식재, 주목
• 자유형식재 : 직선의 형태가 많은 루버형, 번개형, 아메바형, 절선형
• 군락식재

17 황금비는 단변이 1일 때 장변은 얼마인가?

① 1.681　　② 1.618
③ 1.186　　④ 1.861

해설 황금비 1 : 1.618

18 중국 청나라시대 대표적인 정원이 아닌 것은?

① 원명원이궁
② 이화원이궁
③ 졸정원
④ 승덕피서산장

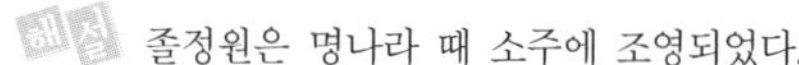

해설 졸정원은 명나라 때 소주에 조영되었다.

19 다음 그림 중 수목의 가지에서 마디 위 다듬기의 요령으로 가장 좋은 것은?

해설 가지에서 마디 위 다듬기 요령 :
바깥눈 7~10mm 위에서 눈과 평행하게 자름, 눈과 가깝거나 너무 멀지 않게 다듬는다.

20 미적인 형 그 자체로는 균형을 이루지 못하지만 시각적인 힘의 통합에 의해 균형을 이룬 것 처럼 느끼게 하여, 동적인 감각과 변화 있는 개성적 감정을 불러일으키며, 세련미와 성숙미 그리고 운동감과 유연성을 주는 미적원리는?

① 비례
② 비대칭균형
③ 집중
④ 대비

해설 비대칭균형
모양은 다르나 시각적으로 느껴지는 무게가 비슷하거나 시선을 끄는 정도가 비슷하게 분배되어 균형을 유지하는 것, 자연풍경식 정원에서 전체적으로 균형을 잡는 경우에 적용된다.

14. ③ 15. ② 16. ④ 17. ② 18. ③
19. ④ 20. ②

21 조경시설물 중 유리섬유강화플라스틱(FRP)으로 만들기 가장 부적합한 것은?

① 인공암 ② 화분대
③ 수목보호판 ④ 수족관의 수조

 유리섬유강화플라스틱(FRP)
벤치 · 인공폭포 · 인공암 · 수목보호판 등의 조경시설물에 사용된다. 수족관의 수조는 유리재질과 아크릴 재질로 만든다.

22 도시공원 및 녹지 등에 관한 법률상 도시공원 시설의 종류 중 편익시설에 해당하는 것은?

① 식물원 ② 야외극장
③ 화장실 ④ 분수

해설 ① 식물원 : 교양시설
② 야외극장 : 교양시설
③ 화장실 : 편익시설
④ 분수 : 조경시설

23 전체적인 수목의 질감이 거친 느낌을 가지고 있는 것은?

① 버즘나무 ② 철쭉
③ 향나무 ④ 회양목

 잎이나 꽃이 크기가 큰 수목은 거친 질감의 수목에 해당된다.

24 자연공원법으로 지정되는 공원이 아닌 것은?

① 도립공원 ② 지질공원
③ 구립공원 ④ 역사공원

 자연공원법으로 지정되는 공원의 유형
국립공원, 도립공원, 광역시립공원, 시립공원, 군립공원, 구립공원, 지질공원

25 다음 중 주택정원에 사용하는 정원수의 아름다움을 표현하는 미적 요소로 가장 거리가 먼 것은?

① 색채미 ② 형태미
③ 내용미 ④ 조형미

 조경의 미적요소에는 색채미, 형태미, 내용미가 있다.

26 동양정원에서 연못을 파고 그 가운데 섬을 만드는 수법에 가장 큰 영향을 준 것은?

① 자연지형 ② 기후
③ 신선사상 ④ 생활양식

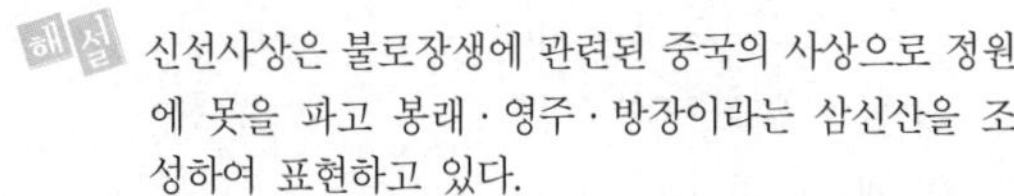
해설 신선사상은 불로장생에 관련된 중국의 사상으로 정원에 못을 파고 봉래 · 영주 · 방장이라는 삼신산을 조성하여 표현하고 있다.

27 다음 중 수목의 용도에 따른 설명이 틀린 것은?

① 가로수는 병충해 및 공해에 강해야 한다.
② 녹음수는 낙엽활엽수가 좋으며, 가지다듬기를 할 수 있어야 한다.
③ 방풍수는 심근성이고, 가급적 낙엽수이어야 한다.
④ 방화수는 상록활엽수이고, 잎이 두꺼워야 한다.

해설 방풍수는 심근성이며, 침엽수이어야 한다.

28 경석(景石)의 배석(配石)에 대한 설명으로 옳은 것은?

① 원칙적으로 정원 내에 눈에 띄지 않는 곳에 두는 것이 좋다.
② 차경(借景)의 정원에 쓰면 유효하다.
③ 자연석보다 다소 가공하여 형태를 만들어 쓰도록 한다.
④ 입석(立石)인 때에는 역삼각형으로 놓는 것이 좋다.

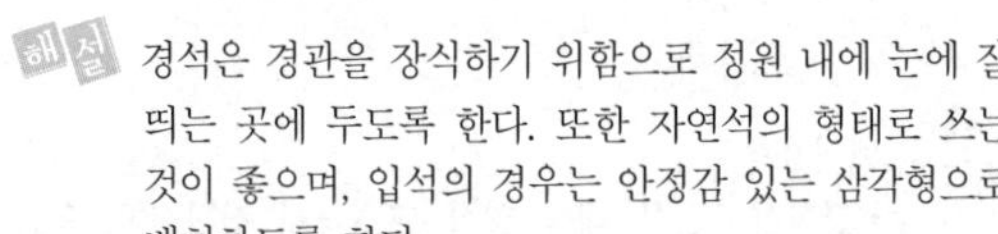
해설 경석은 경관을 장식하기 위함으로 정원 내에 눈에 잘 띄는 곳에 두도록 한다. 또한 자연석의 형태로 쓰는 것이 좋으며, 입석의 경우는 안정감 있는 삼각형으로 배치하도록 한다.

29 다음 중 트래버틴(travertin)은 어떤 암석의 일종인가?

① 화강암 ② 안산암
③ 대리석 ④ 응회암

해설 트래버틴(travertin)
성분은 대리석과 동일하나 불균질하며 곳곳에 구멍이 있으며 적갈색 반문이 있어 특수장식재료 사용된다.

21. ④	22. ③	23. ①	24. ④	25. ④
26. ③	27. ③	28. ②	29. ③	

30 조경수목의 하자로 판단되는 기준은?

① 수관부의 가지가 약 1/2 이상 고사시
② 수관부의 가지가 약 2/3 이상 고사시
③ 수관부의 가지가 약 3/4 이상 고사시
④ 수관부의 가지가 약 3/5 이상 고사시

해설 조경수목의 하자 판단기준은 수관부의 가지가 약 2/3 이상 고사시 하자로 판단된다.

31 다음 중 단풍나무과에 속하는 수종은?

① 신나무 ② 낙상홍
③ 계수나무 ④ 화살나무

① 신나무 - 단풍나무과
② 낙상홍 - 감탕나무과
③ 계수나무 - 계수나무과
④ 화살나무 - 호박덩굴과

32 디딤돌 놓기 방법의 설명으로 틀린 것은?

① 돌의 머리는 경관의 중심을 향해서 놓는다.
② 돌 표면이 지표면보다 3~5cm 정도 높이에 앉힌다.
③ 디딤돌이 시작되는 곳 또는 급하게 구부러지는 곳 등에 큰 디딤돌을 놓는다.
④ 돌의 크기와 모양이 고른 것을 선택하여 사용한다.

해설 바르게 고치면 디딤돌은 돌 가운데가 두툼하고 물이 고이지 않는 것을 사용한다.

33 건설업자가 대상계획의 기업 · 금융 · 토지조달 · 설계 · 시공 · 기계기구설치 · 시운전 및 조업지도까지 주문자가 필요로 하는 모든 것을 조달하여 주문자에게 인도하는 도급계약방식은?

① 지명경쟁입찰 ② 제한경쟁입찰
③ 턴키(Turn-Key) ④ 수의계약

해설 턴키(Turn-Key)
- 설계시공 일괄입찰이라고도 함
- 설계와 시공계약을 단일의 계약주체와 한꺼번에 수행하는 계약방식, 발주자가 제시하는 공사의 기본계획 및 지침에 따라 설계서와 기타도서를 작성하여 입찰서와 함께 제출하는 입찰방식

34 수목식재 후 지주목 설치시에 필요한 완충재료로서 작업 능률이 뛰어나고 통기성과 내구성이 뛰어난 환경친화적인 재료는?

① 새끼 ② 고무판
③ 보온덮개 ④ 녹화테이프

해설 녹화테이프
천연식물 섬유제로 통기성, 흡수성, 보온성, 부식성이 우수하며, 사용하기 간편하고 미관이 수려한 특성이 있다.

35 정원수의 전지 및 전정방법으로 틀린 것은?

① 보통 바깥 눈의 바로 윗부분을 자른다.
② 도장지, 병지, 고사지, 쇠약지, 서로 휘감긴 가지 등을 제거한다.
③ 침엽수의 전정은 생장이 왕성한 7~8월경에 실시하는 것이 좋다.
④ 도구로는 고지가위, 양손가위, 꽃가위, 한손가위 등이 있다.

해설 침엽수 전정은 10~11월이나 2~3월에 실시한다.

36 그 해 자란 가지에서 꽃눈이 분화하여 당년에 꽃이 피는 나무가 아닌 것은?

① 무궁화 ② 철쭉
③ 능소화 ④ 배롱나무

- 그 해 자란 가지에서 꽃눈이 분화하여 당년에 꽃이 피는 나무 → 1년생 가지에서 개화하는 수종으로 여름과 가을에 개화하는 수종
- 철쭉은 2년생 가지에서 개화하는 수종

37 형상수로 이용할 수 있는 수종은?

① 주목 ② 명자나무
③ 단풍나무 ④ 소나무

형상수(形狀樹)
- 나무가 지니고 있는 원래의 생김새에 기하학적인 모양으로 수관을 다듬어 만든 수형으로 토피어리 수종을 말한다.
- 주목, 회양목 등의 수종을 활용한다.

30. ② 31. ① 32. ④ 33. ③ 34. ④
35. ③ 36. ② 37. ①

38 석재의 비중에 대한 설명으로 틀린 것은?

① 비중이 클수록 조직이 치밀하다.
② 비중이 클수록 흡수율이 크다.
③ 비중이 클수록 압축 강도가 크다.
④ 석재의 비중은 일반적으로 2.0~2.7이다.

해설 바르게 고치면
비중이 클수록 흡수율은 작다.

39 뿌리돌림의 필요성을 설명한 것으로 거리가 먼 것은?

① 이식적기가 아닐 때 이식할 수 있도록 하기 위해
② 크고 중요한 나무를 이식하려 할 때
③ 개화결실을 촉진시킬 필요가 없을 때
④ 건전한 나무로 육성할 필요가 있을 때

해설 뿌리돌림은 노거수(老巨樹)에 주로 실시하며 잔뿌리를 발생시켜 이식율을 높이기 위함이다.

40 다음 중 벽돌구조에 대한 설명으로 옳지 않은 것은?

① 표준형 벽돌의 크기는 190mm×90mm×57mm이다.
② 이오토막은 네덜란드식, 칠오토막은 영식쌓기의 모서리 또는 끝부분에 주로 사용된다.
③ 벽의 중간에 공간을 도고 안팎으로 쌓는 조적벽을 공간벽이라 한다.
④ 내력벽에는 통줄눈을 피하는 것이 좋다.

해설 바르게 고치면 영식쌓기에는 이오토막, 네덜란드식 쌓기에는 칠오토막이 모서리 또는 끝부분에 사용된다.

41 토공용 기계 중 굴착용 기계에 해당하지 않는 것은?

① 백호우
② 드래그라인
③ 모터그레이드
④ 파워셔블

해설 모터그레이드 : 정지 기계

42 뿌리분의 직경을 정할 때 계산식이 바른 것은? (단, A : 뿌리부분의 직경, N : 근원직경, d : 상수(상록수 4, 낙엽수 3))

① A=24+(N−3)×d
② A=22+(N+3)×d
③ A=25+(N−3)×d
④ A=20+(N+3)×d

해설 뿌리분 직경=24+(근원직경−3)×상수

43 다음 중 조경수목에 거름을 줄 때 방법과 설명으로 틀린 것은?

① 윤상거름주기 : 수관폭을 형성하는 가지 끝 아래의 수관선을 기준으로 환상으로 깊이 20~25cm, 너비 20~30cm로 둥글게 판다.
② 방사상거름주기 : 파는 도랑의 깊이는 바깥쪽일수록 깊이 넓게 파야하며, 선을 중심으로 하여 길이는 수관폭의 1/3 정도로 한다.
③ 선상거름주기 : 수관선상에 깊이 20cm 정도의 구멍을 군데군데 뚫고 거름을 주는 방법으로 액비를 비탈면에 줄 때 적용한다.
④ 전면거름주기 : 한 그루씩 거름을 줄 경우, 뿌리가 확장되어 있는 부분을 뿌리가 나오는 곳까지 전면으로 땅을 파고 주는 방법이다.

해설 ③의 보기내용은 천공거름주기에 대한 설명, 선상거름주기는 산울타리처럼 길게 식재한 곳에 시비시 적용한다.

44 양단면의 길이가 6m, 양단면의 면적이 각각 $10m^2$, $20m^2$이고, 중앙단면적이 $15m^2$일 때, 각주공식으로 토적을 구하면 몇 m^3인가?

① $45m^3$ ② $60m^3$
③ $90m^3$ ④ $105m^3$

해설 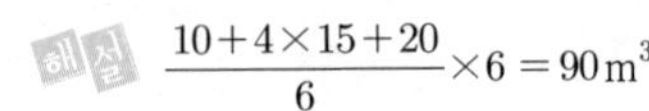

$$\frac{10+4\times15+20}{6}\times6=90m^3$$

38. ② 39. ③ 40. ② 41. ③ 42. ①
43. ③ 44. ③

45 지형도에 관한 설명 중 옳은 것은?

① 1/1000 지형도에서 등고선 간격은 10m이다.
② 계곡선이란 주곡선 10개마다 굵은 선으로 표시한 선이다.
③ 경사가 완만하면 등고선 간격이 좁아진다.
④ 최대경사의 방향은 반드시 등고선과 직각으로 교차한다.

해설 바르게 고치면
① 1/1000 지형도에서 등고선 간격은 5m이다.
② 계곡선이란 주곡선 5개마다 굵은 선으로 표시한 선이다.
③ 경사가 완만하면 등고선 간격이 넓어진다.

46 한중콘크리트로서 시공하여야 하는 기준이 되는 기상조건에 대한 설명으로 옳은 것은?

① 하루의 평균기온이 0℃ 이하가 되는 기상조건
② 하루의 평균기온이 4℃ 이하가 되는 기상조건
③ 일주일의 평균기온이 0℃ 이하가 되는 기상조건
④ 일주일의 평균기온이 4℃ 이하가 되는 기상조건

해설 한중콘크리트
하루의 평균기온이 4℃ 이하가 예상되는 조건일 때는 콘크리트가 동결할 염려가 있을 때 사용한다.

47 우수유출량(Q)의 계산식은 1/360C · I · A이다. 여기서 "I"는 무엇을 의미하는가?

① 유출계수 ② 배수면적
③ 강우강도 ④ 강우용량

해설 1/360C · I · A에서 C는 유출계수, I는 강우강도, A는 배수면적을 의미한다.

48 파이토플라스마(phytoplasma)가 수목으로 전반되는 주요한 수단은?

① 바람 ② 물
③ 농기계 ④ 매개충

해설 파이토플라스마는 매미충에 의해 매개전염된다.

49 다음 중 콘크리트 옹벽이 앞으로 넘어질 우려가 있을 때 옹벽 뒷면의 지하수를 배수 구멍에 유도시키고 토압을 경감시키는 공법은?

① 그라우팅공법
② P · C 앵커공법
③ 부벽식콘크리트공법
④ 압성토공법

해설
- P · C 앵커공법 : 기존지반의 암질이 좋을 때 PC 앵커로 넘어짐을 방지
- 부벽식 콘크리트 옹벽공법 : 기존 지반이 암반이고, 기초가 침하된 우려가 없을 때 옹벽전면에 부벽식 콘크리트 옹벽을 설치
- 말뚝에 의한 압성토 공법 : 옹벽이 활동을 일으킬 때 옹벽 전면에 수평으로 암을 따서 압성토 함

50 네트워크 공정표 작성에 대한 설명으로 옳지 않은 것은?

① 동그라미(◯)는 결합점(Event, node)이라 한다.
② 동일 네트워크에 있어서 동일 번호가 2개 이상 있어서는 안된다.
③ 작업(activity)은 화살표(→)로 표시하고, 화살표의 시작과 끝에는 동그라미(◯)를 표시한다.
④ 일반적으로 화살표(→)의 윗부분에 소요시간을, 밑부분에 작업명을 표기한다.

해설 바르게 고치면
일반적으로 화살표(→)의 윗부분에 작업명을, 밑부분에 소요시간을 표기한다.

51 다음 중 정지, 전정의 일반원칙에 해당되지 않는 것은?

① 무성하게 자란 가지는 제거한다.
② 지나치게 길게 자란 가지는 제거한다.
③ 수목의 주지는 하나로 자라게 한다.
④ 평행지가 되도록 유인한다.

해설 평행지는 제거한다.

45. ④ 46. ② 47. ③ 48. ④ 49. ①
50. ④ 51. ④

52 다음 중 원가계산에 의한 공사비의 구성에서 『경비』에 해당하지 않는 항목은?

① 안전관리비 ② 운반비
③ 가설비 ④ 노무비

경비의 항목
전력비 · 수도광열비, 운반비, 기계경비, 특허권사용료, 기술료, 연구개발비, 품질관리비, 가설비, 지급임차료, 보험료, 복리후생비, 보관비, 외주가공비, 안전관리비, 소모품비, 세금 · 공과금, 교통비 · 통신비, 폐기물처리비, 도서인쇄비, 지급수수료, 환경보전비, 보상비

53 다음 중 정지, 전정의 일반원칙에 해당되지 않는 것은?

- 자연 건조방법에 의해 상온에서 경화된다.
- 도막의 건조시간이 빨라 백화를 일으키기 쉽다.
- 도막은 단단하고 불점착성이다.
- 내마모성 · 내수성 · 내유성 등이 우수하다.
- 셀룰로오스도료라고도 한다.

① 래커 ② 에폭시 수지
③ 페놀 수지 ④ 아미노 알키드 수지

래커(lacquer)
- 셀룰로오스 도료라고도하며, 도막의 건조에는 보통 10~30분이 걸려 시간이 빠르기 때문에 백화를 일으키기 쉽다. 그래서 건조 시간을 지연시킬 목적으로 시너(thinner)를 첨가하는 경우도 있으며, 도장은 주로 뿜어 칠하는 것이 능률적이다.
- 도막이 단단하고 불점착성이며 내마모성 · 내수성 · 내유성이 우수하다.

54 다음 자유형 식재에 관한 설명 중 틀린 것은?

① 인공적이기는 하나 그 선이나 형태가 자유롭고 비대칭적인 수법이 쓰인다.
② 기능성이 중요시되고 있다.
③ 직선적인 형태를 갖추는 경우가 많아지고 단순 명쾌한 형태를 나타낸다.
④ 부등변 삼각형 식재수법을 많이 쓴다.

부등변 삼각형 식재수법은 자연풍경식 식재에서 많이 활용된다.

55 잔디깎기의 목적으로 옳지 않은 것은?

① 잡초 방제 ② 이용 편리 도모
③ 병충해 방지 ④ 잔디의 분얼억제

잔디깎기 목적
이용편리, 잡초방제, 잔디분얼 촉진, 통풍 양호, 병충해 예방

56 $50m^2$면적에 전면 붙이기로 잔디식재를 하려 할 때 필요한 잔디소요매수는? (단, 잔디 1매의 규격은 20cm×20cm×3cm이다.)

① 200매 ② 555매
③ 1,250매 ④ 1,500매

$50m^2 \div (0.2 \times 0.2) = 1250$매

57 다음 중 목재공사에서 형태에 맞춰서 자르는 것을 가리키는 것은?

① 마름질 ② 먹매김
③ 모접기 ④ 바심질

- 먹매김 : 먹칼, 먹줄로 치수 모양을 그림
- 모접기 : 석재, 목재의 각진 모서리를 둥근 모양으로 깎아내는 일
- 바심질 : 구멍뚫기, 홈파기, 자르기, 기타 다듬질하는 일

58 좁고 얄팍한 목재를 엮어 1.5m 정도의 높이가 되도록 만들어 놓은 격자형의 시설물로서 덩굴식물을 지탱하기 위한 것은?

① 파고라 ② 아치
③ 트렐리스 ④ 정자

트렐리스(trellis)
덩굴나무가 타고 올라가도록 만든 격자 구조물

52. ④ 53. ① 54. ④ 55. ④ 56. ③
57. ① 58. ③

59 조경시공에서 콘크리트 포장을 할 때, 와이어 메시(wire mesh)는 콘크리트 하면에서 어느 정도의 위치에 설치하는가?

① 콘크리트 두께의 1/4 위치
② 콘크리트 두께의 1/3 위치
③ 콘크리트 두께의 1/2 위치
④ 콘크리트의 밑바닥

해설 콘크리트 보의 단면 하단의 인장력을 보강하기 위해 보 두께의 1/3 위치에 와이어 메시나 철근을 설치한다.

60 소나무류 가해 해충이 아닌 것은?

① 알락하늘소　② 솔잎혹파리
③ 솔수염하늘소　④ 솔나방

해설 알락하늘소 – 단풍나무, 버즘나무, 튤립나무, 벚나무 외에 많은 활엽수 가해한다.

59. ② 60. ①

CBT 대비 2021년 3회 복원기출문제

본 기출문제는 수험자의 기억을 바탕으로 하여 복원한 문제이므로 실제 출제된 문제와 일부 다를 수 있음을 미리 알려드립니다.

1 20세기 우리나라 조경에 대한 설명으로 옳지 않은 것은??

① 1967년 한국 공원법이 제정되었다.
② 1973년 대학에 조경학과가 신설되었다.
③ 1900년대 조경이라는 용어를 처음 사용하기 시작하였다.
④ 경제개발에 따른 국토 훼손이 심각해지면서 조경의 필요성이 대두되었다.

 바르게 고치면
1970년대에 조경이라는 용어를 처음 사용하기 시작하였다.

2 중세 수도원의 전형적인 정원으로 예배실을 비롯한 교단의 공공건물에 의해 둘러싸인 네모난 공지를 가리키는 것은?

① 아트리움(Atrium)
② 페리스틸리움(Peristylium)
③ 클라우스트룸(Claustrum)
④ 파티오(patio)

 회랑식중정, 클로이스트(cloister garden)으로 라틴어의 원형으로 클라우스트룸이라 한다.

3 이탈리아 조경 양식에 대한 설명으로 틀린 것은?

① 별장이 구릉지에 위치하는 경우가 많아 정원의 주류는 노단식이다.
② 강한 축을 중심으로 전체적으로 대칭을 이룬다.
③ 축선을 강조하기 위해 원로의 교점이나 원점에 분수 등을 설치하였다.
④ 좌우로 시선이 숲 등에 의해 제한되고 정면의 한 점으로 모이도록 구성하였다.

 보기④의 내용은 프랑스의 평면기하학식 정원에 대한 설명이다.

4 창경궁에 있는 통명전 지당의 설명으로 틀린 것은?

① 장방형으로 장대석으로 쌓은 석지이다.
② 무지개형 곡선 형태의 석교가 있다.
③ 괴석 2개와 앙련(仰蓮) 받침대석이 있다.
④ 물은 직선의 석구를 통해 지당에 유입된다.

 통명전 지당 (창경궁에 위치)

- 정토사상배경의 지당(중도형방장지)
- 지당은 장방형으로 네벽을 장대석으로 쌓아올리고 석난간을 돌린 석지
- 지당의 석교는 무지개형 곡선형태이며, 속에는 석분에 심은 괴석3개와 기물을 받혔던 앙련(연꽃을 위로 향한 형태) 받침대석이 있다.
- 수원의 북쪽 4.6m 거리에 지하수가 솟아나는 샘으로 이물은 직선의 석구(石溝)를 통해 지당 속 폭포로 떨어지게 조성되었다.

5 조선시대의 정원 중 연결이 올바른 것은?

① 유이주 – 다산초당
② 윤선도 – 부용동 정원
③ 정약용 – 소쇄원
④ 양산보 - 운조루 정원

 바르게 고치면

- 유이주 - 운조루 정원
- 정약용 – 다산초당
- 양산보 - 소쇄원

1. ③ 2. ③ 3. ④ 4. ③ 5. ②

6 브라운파의 정원을 비판하였으며 큐가든에 중국식 건물, 탑을 도입한 사람은?

① Richard Steele
② Joseph Addison
③ Alexander Pope
④ William Chambers

해설 윌리암 챔버(William Chambers)
큐가든에 중국식 건물, 탑을 세웠다. 브라운파의 정원을 비판하였으며, 동양정원론(A Dissertation on oriental Gardening)을 출판해 중국정원을 소개하였다.

7 작은 색견본을 보고 색을 선택한 다음 아파트 외벽에 칠했더니 명도와 채도가 높아져 보였다. 이러한 현상을 무엇이라고 하는가?

① 색상대비　② 한난대비
③ 면적대비　④ 보색대비

해설 면적 대비(area contrast)
- 동일한 색이라 하더라도 면적에 따라서 채도와 명도가 달라 보이는 현상
- 면적이 커지면 명도와 채도가 증가하고 반대로 작아지면 명도와 채도가 낮아지는 현상

8 통일신라시대의 대표적인 조경 유적이 아닌 것은?

① 석연지　② 안압지
③ 포석정지　④ 순천관

해설 순천관 – 고려시대의 객관정원(외국에서 사신이 오면 접대하던 장소)

9 다음 중 9세기 무렵에 일본 정원에 나타난 조경 양식은?

① 평정고산수양식
② 침전조 양식
③ 다정양식
④ 회유임천양식

해설 일본의 헤이안 시대는 8~11세기로 전기에는 임천식, 중기(9세기)에는 침전조 양식, 후기에는 정토양식이 유행하였다.

10 중국의 시대별 정원 또는 특징이 바르게 연결된 것은?

① 한나라 – 아방궁
② 당나라 – 온천궁
③ 진나라 – 이화원
④ 청나라 – 상림원

해설 바르게 고치면
- 진나라 – 아방궁
- 청나라 – 이화원
- 한나라 – 상림원

11 낮에 태양광 아래에서 본 물체의 색이 밤에 실내 형광등 아래에서 보니 달라보였다. 이러한 현상을 무엇이라 하는가?

① 메타메리즘
② 메타볼리즘
③ 프리즘
④ 착시

해설 메타메리즘(metamerism)
조건등색(條件等色)으로 빛의 스펙트럼 상태가 서로 다른 두 개의 색자극(色刺戟)이 특정한 조건에서 같은 색으로 보이는 경우를 말한다.

12 설계도면에서 선의 용도에 따라 구분할 때 "실선"의 용도에 해당되지 않는 것은?

① 대상물의 보이는 부분을 표시한다.
② 치수를 기입하기 위해 사용한다.
③ 지시 또는 기호 등을 나타내기 위해 사용한다.
④ 물체가 있을 것으로 가상되는 부분을 표시한다.

해설 물체가 있을 것으로 가상되는 부분을 표시 하는 선 – 파선

6. ④ 7. ③ 8. ④ 9. ② 10. ② 11. ①
12. ④

13 물체를 투상면에 대해 한쪽으로 경사지게 투상하여 입체적으로 나타낸 것으로 다음 그림과 같은 것은?

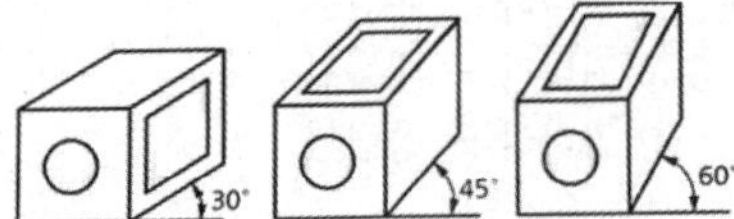

① 사투상도　　② 투시투상도
③ 등각투상도　　④ 부등각투상도

- 사투상도 : 물체의 주요면을 투상면에 평행하게 놓고 투상면에 대하여 수직보다 다소 옆면에서 보고 그린 투상도
- 투시투상도 : 물체의 앞이나 뒤에 화면을 놓고 물체를 본 시선이 화면과 만나는 각 점을 연결하여 눈에 비치는 모양과 같게 나타낸 투상도
- 등각투상도 : 각이 서로 120°를 이루는 3개의 축을 기본으로 하여, 이들 기본 축에 물체의 높이, 너비, 안쪽 길이를 옮겨서 나타내는 투상도
- 부등각투상도 : 화면의 좌우와 상하의 각도가 각기 다른 축측 투상도

14 오른손잡이의 선긋기 연습에서 고려해야 할 사항이 아닌 것은?

① 수평선 긋기 방향은 왼쪽에서 오른쪽으로 긋는다.
② 수직선 긋기 방향은 위쪽에서 아래쪽으로 내려 긋는다.
③ 선은 처음부터 끝나는 부분까지 일정한 힘으로 한 번에 긋는다.
④ 선의 연결과 교차부분이 정확하게 되도록 한다.

선긋기는 원칙적으로 수평선은 좌에서 우로, 수직선은 아래에서 위로 긋는다.

15 도면 작업에서 원의 지름을 표시할 때 숫자 앞에 사용하는 기호는?

① ∅　　② D
③ R　　④ T

- D : 원의 지름
- R : 원의 반지름

16 계단의 설계 시 고려해야 할 기준 중 옳지 않은 것은?

① 계단의 경사는 최대 40° 가 넘지 않도록 해야 한다.
② 단 높이를 H, 단 너비를 B로 할 때 2h+b = 60~65cm가 적당하다.
③ 진행 방향에 따라 중간에 1인용일 때 단 너비 90~110cm 정도의 계단 참을 설치한다.
④ 계단의 높이가 2m 이상이 될 때에만 중간에 계단참을 설치한다.

해설 계단의 경사는 최대 30~35°가 넘지 않도록 해야 한다.

17 축척 $\frac{1}{1,200}$의 도면을 $\frac{1}{400}$로 변경하고자 할 때 도면의 증가 면적은?

① 2배　　② 3배
③ 6배　　④ 9배

해설 $\frac{1}{m} = \frac{\text{도상거리}}{\text{실제거리}}$이므로 거리상으로는 3배 확대되었으며 면적상으로는 9배 증가한다.

18 공원에서 녹음용수로 쓰기 위해서 단독으로 식재하려 할 때 적합하지 않은 수종은?

① 반송　　② 느티나무
③ 플라타너스　　④ 칠엽수

녹음수종

- 수관이 크고 지하고가 높은 낙엽활엽교목
- 느티나무, 플라타너스, 회화나무, 칠엽수, 가중나무, 오동나무, 팽나무

19 흰가루병을 방제하기 위하여 사용하는 약품으로 부적당한 것은?

① 티오파네이트메틸수화제(지오판엠)
② 결정석회황합제(유황합제)
③ 디비이디시(황산구리)유제(산요루)
④ 데메톤-에스-메틸유제(메타시스톡스)

13. ① 14. ② 15. ② 16. ① 17. ④
18. ① 19. ④

 데메톤-에스-메틸유제(메타시스톡스)-살충제(진딧물 방제)

20 **도시공원 및 녹지 등에 관한 법률에 의한 어린이공원의 기준에 관한 설명으로 옳지 않은 것은?**

① 유치거리는 250m 이하로 제한한다.
② 1개소 면적은 1500m^2 이상으로 한다.
③ 공원시설 부지면적은 전체 면적의 60% 이하로 한다.
④ 공원구역 경계로부터 500m 이내에 거주하는 주민 250명 이상의 요청시 어린이공원조성계획의 정비를 요청할 수 있다.

 바르게 고치면
공원구역 경계로부터 250m 이내에 거주하는 주민 500명 이상의 요청시 어린이공원조성계획의 정비를 요청할 수 있다.

21 **[보기]의 ( )안에 적합한 쥐똥나무 등 생울타리용 관목의 식재간격은?**

조경설계기준 상의 생울타리용 관목의 식재간격은 ( )m, 2~3줄을 표준으로 하되, 수목 종류와 식재장소에 따라 식재간격이나 줄 숫자를 적정하게 조정해서 시행해야 한다.

① 0.14 ~ 0.20 ② 0.25 ~ 0.75
③ 0.8 ~ 1.2 ④ 1.2 ~ 1.5

- 산울타리용 관목 간격(쥐똥나무) : 0.25~0.75m
- 성장이 빠른 관목(나무수국) : 1.5~1.8m
- 크고 성장이 보통인 관목(철쭉) : 1.0~1.2m
- 작고 성장이 느린 관목(회양목) : 0.45~0.6m

22 **다음 중 토양 통기성에 대한 설명으로 틀린 것은?**

① 기체는 농도가 높은 곳에서 낮은 곳으로 이동한다.
② 건조한 토양에서는 이산화탄소와 산소의 이동이나 교환이 쉽다.
③ 토양 속에는 대기와 마찬가지로 질소, 산소, 이산화탄소 등의 기체가 존재한다.
④ 토양생물의 호흡과 분해로 인해 토양 공기 중에는 대기에 비하여 산소가 많고 이산화탄소가 적다.

 토양생물의 호흡과 분해로 인해 토양 공기 중에는 대기에 비하여 산소가 적고 이산화탄소가 많다.

23 **조경 프로젝트의 수행단계 중 주로 공학적인 지식을 바탕으로 다른 분야와는 달리 생물을 다룬다는 특수한 기술이 필요한 단계로 가장 적합한 것은?**

① 조경계획 ② 조경설계
③ 조경관리 ④ 조경시공

- 조경계획 : 프로젝트를 수행하기 위한 자료수집 및 분석
- 조경설계 : 계획 후 시공을 위한 도면을 작성하므로 설계도면 작도 및 표현에 대한 창의성 요구
- 조경관리 : 조경수목 관리, 시설물 관리

24 **다음 중 난지형 잔디에 해당되는 것은?**

① 레드톱
② 버뮤다그라스
③ 켄터키 블루그라스
④ 톨 훼스큐

 ①, ③, ④는 한지형잔디에 해당된다.

25 **일정한 응력을 가할 때, 변형이 시간과 더불어 증대하는 현상을 의미하는 것은?**

① 탄성 ② 취성
③ 크리프 ④ 릴랙세이션

- 탄성(elasticity) : 외부 힘에 의하여 변형을 일으킨 물체가 힘이 제거되었을 때 원래의 모양으로 되돌아가려는 성질
- 취성(brittleness) : 재료가 외력에 의하여 영구 변형을 하지 않고 파괴되거나 극히 일부만 영구 변형을 하고 파괴되는 성질
- 크리프(creep) : 외력이 일정하게 유지되어 있을 때, 시간이 흐름에 따라 재료의 변형이 증대하는 현상
- 릴랙세이션(relaxation) : PC 강재에 고장력을 가한 상태 그대로 장기간 양끝을 고정해 두면, 점차 소성 변형하여 인장 응력이 감소해 가는 현상

20. ④ 21. ② 22. ④ 23. ④ 24. ② 25. ③

26 우리나라에서 1929년 서울의 창덕궁 후원과 전남 목포지방에서 처음 발견된 해충으로 솔잎 기부에 충영을 형성하고 그 안에서 흡즙해 소나무에 피해를 주는 해충은?

① 솔잎벌　　② 솔잎혹파리
③ 솔나방　　④ 솔껍질깍지벌레

솔잎혹파리
충영형성해충으로 소나무와 곰솔 등 2엽송 잎의 기부에 벌레혹(충영)을 형성하고 수액을 빨아먹으며 잎이 더 이상 자라지 못하고 갈색으로 변하여 조기낙엽된다.

27 목재를 방부제 속에 일정기간 담가두는 방법으로 크레오소트(creosote)를 많이 사용하는 방부법은?

① 직접유살법　　② 표면탄화법
③ 상압주입법　　④ 약제도포법

해설 상압주입법 : 방부액을 가압하고 목재를 담근 후 다시 상온액 중에 담그는 방법을 말한다.

28 참나무 시들음병의 매개충은?

① 진딧물
② 광릉긴나무좀
③ 솔수염하늘소
④ 오리나무 잎벌레

광릉긴나무좀
- 딱정벌레목 긴나무좀과의 곤충으로 몸길이 수컷 4.6mm, 암컷 5.6mm이다.
- 참나무시듦병의 병원균인 '레펠리아균'의 균낭을 지닌 광릉긴나무좀이 참나무류에 들어가 병원균을 퍼트리면서 수분과 양분의 이동통로를 막아 말라죽게 하는 병이다.

29 도시공원의 식물 관리비 계산 시 산출근거와 관련이 없는 것은?

① 식물의 종류
② 작업률
③ 식물의 수량
④ 작업회수

식물관리비 = 식물의 수량×작업률×작업회수×작업단가

30 다음 중 수종의 특징상 관상 부위가 주로 줄기인 것은?

① 자작나무　　② 자귀나무
③ 수양버들　　④ 위성류

해설 자작나무 – 백색 수피가 아름다운 수종

31 붉은색 열매를 맺지 않는 수종은?

① 산수유　　② 쥐똥나무
③ 주목　　④ 사철나무

쥐똥나무
열매는 핵과로 10월에 길이 7~8mm의 달걀형 원모양이고 검은색으로 익는다.

32 목재의 역학적 성질에 대한 설명으로 틀린 것은?

① 옹이로 인하여 인장강도는 감소한다.
② 비중이 증가하면 탄성은 감소한다.
③ 섬유포화점 이하에서는 함수율이 감소하면 강도가 증가된다.
④ 일반적으로 응력의 방향이 섬유방향에 평행한 경우 강도(전단강도 제외)가 최대가 된다.

해설 목재의 비중이 증가하면 강도, 탄성계수와 수축율이 커진다.

33 질량 113kg의 목재를 절대 건조시켜서 100kg으로 되었다면 전건량기준 함수율은?

① 0.13%　　② 0.30%
③ 3.0%　　④ 13.00%

해설 $함수율 = \frac{습윤상태 - 절대건조상태}{절대건조상태} \times 100(\%)$

$= \frac{113-100}{100} \times 100 = 13\%$

26. ②	27. ③	28. ②	29. ①	30. ①
31. ②	32. ②	33. ④		

34 공사 일정 관리를 위한 횡선식 공정표와 비교한 네트워크(NET WORK) 공정표의 설명으로 옳지 않은 것은?

① 공사 통제 기능이 좋다.
② 문제점의 사전 예측이 불가능하다.
③ 일정의 변화를 탄력적으로 대처할 수 있다.
④ 대형공사, 복잡한 중요한 공사, 공기를 엄수해야하는 공사에 사용된다.

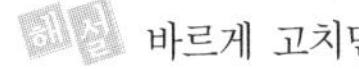
바르게 고치면
네트워크공정표는 문제점의 사전 예측이 가능하다.

35 잔디공사 중 떼심기 작업의 주의사항이 아닌 것은?

① 뗏장의 이음새에는 흙을 충분히 채워준다.
② 관수를 충분히 하여 흙과 밀착되도록 한다.
③ 경사면의 시공은 위쪽에서 아래쪽으로 작업한다.
④ 뗏장을 붙인 다음에 롤러 등의 장비로 전압을 실시한다.

바르게 고치면
경사면의 시공은 아래쪽에서 위쪽으로 작업한다.

36 시방서의 기재사항이 아닌 것은?

① 재료의 종류 및 품질
② 계약서를 포함한 계약 내역서
③ 재료의 필요한 시험
④ 시공방법의 정도 및 완성에 관한 사항

시방서의 기재사항
- 공사의 개요, 절차 및 순서
- 시공방법 및 주의 사항
- 재료의 품질 시험 및 시공시 필요한 사항

37 쇠망치 및 날메로 요철을 대강 따내고, 거친 면을 그대로 두어 부풀린 느낌으로 마무리 하는 것으로 중량감, 자연미를 주는 석재가공법은?

① 혹두기　② 정다듬
③ 도드락다듬　④ 잔다듬

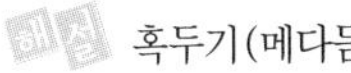
혹두기(메다듬)
석재마감시 원석을 쇠메로 쳐서 요철을 없게 다듬는 것을 말한다.

38 아스팔트의 물리적 성질과 관련된 설명으로 옳지 않은 것은?

① 아스팔트의 연성을 나타내는 수치를 신도라 한다.
② 침입도는 아스팔트의 콘시스턴시를 임의 관입 저항으로 평가하는 방법이다.
③ 아스팔트에는 명확한 융점이 있으며, 온도가 상승하는데 따라 연화하여 액상이 된다.
④ 아스팔트는 온도에 따른 콘시스턴시의 변화가 매우 크며, 이 변화의 정도를 감온성이라 한다.

아스팔트의 연화점
- 아스팔트를 가열하면 연하여져서 유동성이 생긴다. 이의 측정은 소정의 시료 위에 강구를 올려놓고 시료가 녹아서 구가 낙하되는 때의 온도를 측정하여 이를 연하점이라 한다.
- 명확한 녹는점을 나타내지 않는다.

39 흙깎기(切土) 공사에 대한 설명으로 옳은 것은?

① 보통 토질에서는 흙깎기 비탈면 경사를 1 : 0.5 정도로 한다.
② 흙깎기를 할 때는 안식각보다 약간 크게 하여 비탈면의 안정을 유지한다.
③ 작업물량이 기준보다 작은 경우 인력보다는 장비를 동원하여 시공하는 것이 경제적이다.
④ 식재공사가 포함된 경우의 흙깎기에서는 지표면 표토를 보존하여 식물생육에 유용하도록 한다.

바르게 고치면
① 보통 토질에서는 흙깎기 비탈면 경사를 1:1 정도로 한다.
② 흙깎기를 할 때는 안식각보다 약간 작게 하여 비탈면의 안정을 유지한다.
③ 작업물량이 기준보다 작은 경우 장비보다는 인력을 동원하여 시공하는 것이 경제적이다.

34. ②　35. ③　36. ②　37. ①　38. ③
39. ④

40 다음 중 현장 답사 등과 같은 높은 정확도를 요하지 않는 경우에 간단히 거리를 측정하는 약측정 방법에 해당하지 않는 것은?

① 보측
② 음측
③ 윤정계사용
④ 줄자측정

- 약측정방법 : 목측, 시각법, 보측, 음측, 윤정계에 의한 방법
- 줄자측정 → 직접거리측정방법

41 왕벚나무의 규격을 H×B로 표시한 이유로 가장 적절한 것은?

① 수간부의 지름이 비교적 일정하게 성장하는 경우
② 수간이 지엽들에 의해 식별이 어려운 경우
③ 뿌리분과 흙고 부분의 차이가 많은 경우
④ 수관 폭이 넓은 대부분의 낙엽활엽교목인 경우

- 수간이 지엽들에 의해 식별이 어려운 경우 → H×W
- 뿌리분과 흙고 부분의 차이가 많은 경우 → H×R
- 수관 폭이 넓은 대부분의 낙엽활엽교목인 경우 → H×R

42 자연공원의 용도 지구 중 공원자연보존지구의 완충공간으로 보전할 필요할 필요가 있는 지역으로 지정한 것은?

① 공원마을지구
② 공원자연환경지구
③ 공원문화유산지구
④ 공원집단시설지구

자연공원의 용도 지구

구분	내용
공원자연보존지구	• 특별히 보호할 필요가 있는 지역 • 생물다양성이 특히 풍부한 곳 • 자연생태계가 원시성을 지니고 있는 곳 • 특별히 보호할 가치가 높은 야생 동식물이 살고있는 곳 • 경관이 특히 아름다운 곳
공원자연환경지구	• 공원자연보존지구의 완충공간으로 보전할 필요가 있는 지역
공원마을지구	• 마을이 형성된 지역으로서 주민생활을 유지하는 데에 필요한 지역
공원문화유산지구	• 「문화재보호법」에 따른 지정문화재를 보유한 사찰(寺刹)과 「전통사찰의 보존 및 지원에 관한 법률」에 따른 전통사찰의 경내지 중 문화재의 보전에 필요하거나 불사(불사)에 필요한 시설을 설치하고자 하는 지역

43 퇴적암의 종류 중 퇴적물의 크기가 가장 작은 것은?

① 역암 ② 사암
③ 셰일 ④ 석회암

퇴적암의 퇴적물 크기
역암 > 사암 > 셰일 > 석회암

44 다음 중 가을에 뿌려 봄 화단을 조성하는 초화류로만 짝지어진 것은?

① 피튜니아, 메리골드, 채송화
② 팬지, 피튜니아, 금잔화
③ 금잔화, 백일홍, 패랭이꽃
④ 맨드라미, 메리골드, 채송화

- 봄화단(가을파종 : 추파) : 팬지, 데이지, 피튜니아, 금잔화, 패랭이꽃, 튜울립 등
- 가을화단(봄파종 : 춘파) : 메리골드, 맨드라미, 채송화, 백일홍 등

40. ④ 41. ① 42. ② 43. ④ 44. ②

45 **약제를 식물체의 뿌리, 줄기, 잎 등에 흡수시켜 깍지벌레와 같은 흡즙성 해충을 죽게 하는 살충제의 형태는?**

① 화학불임제 ② 접촉살충제
③ 소화중독제 ④ 침투성살충제

- 화학불임제 : 곤충의 먹이에 약제를 가하여 수컷이나 암컷이 불임이 되게 하여 번식을 방제하는 목적으로 쓰이는 약제
- 접촉살충제 : 해충의 몸 표면에 직접 살포하거나 살포된 물체에 해충이 접촉되어 약제가 체내에 침입해 독작용을 일으키는 약제
- 소화중독제 : 약제를 식물체의 줄기, 잎 등에 살포하여 부착시켜 식엽성 해충이 먹이와 함께 약제를 섭취하여 독작용을 일으키는 살충제
- 침투성살충제 : 약제를 식물체의 뿌리, 줄기, 잎 등에서 흡수시켜 식물 전체에 약제가 분포되게 하여 흡즙성 곤충이 흡입하면 죽게 되는 약제로 천적에 대한 피해가 없어 천적보호의 입장에도 유리하다.

46 **다음 그림은 어떤 돌쌓기 방법인가?**

① 층지어쌓기 ② 허튼층쌓기
③ 귀갑무늬쌓기 ④ 마름돌 바른층쌓기

허튼층 쌓기
불규칙한 돌로 가로 줄눈과 세로 줄눈이 일정하지 않게 흐트려서 쌓는 돌쌓기 방법

47 **식물의 아래 잎에서 황화현상이 일어나고 심하면 잎 전면에 나타나며, 잎이 작지만 잎수가 감소하며 초본류의 초장이 작아지고 조기 낙엽이 비료결핍의 원인이라면 어느 비료 요소와 관련된 설명인가?**

① P ② N
③ Mg ④ K

해설 질소의 역할 및 결핍현상
- 역할 : 영양생장, 뿌리 · 잎 · 줄기 등 수목 생장에 도움
- 결핍현상 : 잎이 황록색으로 변화하고 잎 수가 적어지고 두꺼워지며 조기 낙엽

48 **다음과 같은 병징을 나타내는 수목의 병해는?**

- 사과나무, 꽃아그배나무에 주로 피해
- 나무껍질이 갈색으로 부풀어 오르고 쉽게 벗겨지며 알코올 냄새가 남

① 잎녹병 ② 부란병
③ 탄저병 ④ 적성병

해설 부란병 방제법
- 질소질 거름을 과다하게 주지 않고, 동해나 일조로부터의 피해를 줄인다.
- 병원균이 침투하여 피해가 발생하였을 때는 병반부의 껍질을 벗긴 후 소독용 알코올과 발코트를 발라준다.
- 낙엽이 진 후와 싹이 트기 전 가지에 석회황합제 등의 원액이나 승홍수 1,000배액을 충분히 발라주고, 피해 부위를 제거한 다음 수산화나트륨 1% 용액을 발라준다.

49 **수목이 휴면기에 접어들기 전에 첫설, 이른 서리의 피해를 무엇이라고 하는가?**

① 조상(早霜)
② 만상(晩霜)
③ 동상(凍傷)
④ 한상(寒傷)

해설 수목의 저온 해
- 조상(早霜, autumn forst) : 나무가 휴면기에 접어들기 전의 서리로 피해를 입는 경우
- 만상(晩霜, spring forst) : 이른 봄 서리로 인한 수목의 피해
- 동상(凍霜, winter forst) : 겨울동안 휴면상태에서 생긴 피해
- 한상(寒傷, chilling damage) : 열대 식물이 한랭으로 식물체내 결빙은 없으나 생활기능이 장해를 받아 죽음에 이르는 것

45. ④ 46. ② 47. ② 48. ② 49. ①

50 다음 그림과 같은 땅깎기 공사의 단면의 절토 면적은?

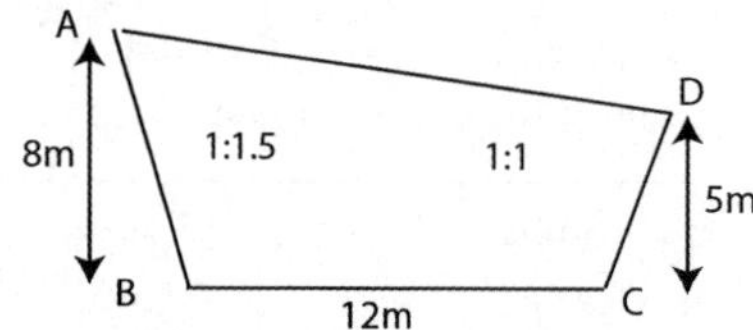

① $64m^2$ ② $80m^2$
③ $102m^2$ ④ $128m^2$

 ① 밑변길이 계산
- 1 : 1.5 = 8 : x 이므로 x = 12m
- 1 : 1 = 5 : x 이므로 x = 5m

② 밑변길이 합 = 12+12+5=29
③ 단면절토면적 = 사다리꼴면적 - 삼각형면적
$= (\frac{8+5}{2}\times 29) - (\frac{8\times 12}{3} + \frac{5\times 5}{2}) = 128m^2$

51 비탈면에 교목과 관목을 식재하기에 적합한 비탈면 경사로 모두 옳은 것은?

① 교목 1:2 이하, 관목 1:3 이하
② 교목 1:3 이상, 관목 1:2 이상
③ 교목 1:2 이상, 관목 1:3 이상
④ 교목 1:3 이하, 관목 1:2 이하

 비탈면 녹화
- 교목은 1 : 3보다 완만할 것
- 관목류는 1 : 2보다 완만할 것

52 터파기 공사를 할 경우 평균부피가 굴착전 보다 가장 많이 증가하는 것은?

① 모래 ② 보통흙
③ 자갈 ④ 암석

 토질의 부피증가율

토질		증가율
모래		15~20%
자갈		5~15%
진흙		20~45%
모래, 점토, 자갈의 혼합물		30%
암석	연암	25~60%
	경암	70~90%

53 다수진 50% 유제 100cc를 0.05%로 희석하려 할 때 필요한 물의 양은?

① 25ℓ
② 30ℓ
③ 50ℓ
④ 100ℓ

 50%를 0.05% 희석하므로 50%÷0.05% = 1000배액
유제 100cc에 1000배액 이므로 0.1 ℓ ×1000 = 100 ℓ

54 철재(鐵材)로 만든 놀이시설에 녹이 슬어 다시 페인트칠을 하려한다. 그 작업 순서로 옳은 것은?

① 녹닦기(샌드페이터 등) → 연단(광명단) 칠하기 → 에나멜 페인트 칠하기
② 에나멜페인트칠하기 → 녹닦기(샌드페이퍼 등) → 연단(광명단) 칠하기
③ 연단(광명단) 칠하기 → 녹닦기(샌드페이터 등) → 바니쉬칠하기
④ 수성페이트칠하기 → 바니쉬 칠하기 → 녹닦기(샌드페이퍼 등)

 철재부 페인트칠 순서
녹닦기(샌드페이터 등) → 부식을 막기위한 연단(광명단) 칠하기 → 유성페인트, 에나멜 페인트 칠하기

55 고속도로의 시선유도 식재는 주로 어떤 목적을 갖고 있는가?

① 위치를 알려준다.
② 침식을 방지한다.
③ 속력을 줄이게 한다.
④ 전방의 도로 형태를 알려준다.

 시선유도식재
- 주행과 관련된 식재
- 주행 중의 운전자가 도로선형변화를 미리 판단할 수 있도록 유도한다.

50. ④ 51. ④ 52. ④ 53. ④ 54. ①
55. ④

56 일반적으로 형태가 정형적인 곳에 사용하며 시공비가 많이 소요되서 미관과 내구성이 요구되는 구조물이나 쌓기용에 사용되는 가공석은?

① 각석 ② 판석
③ 마름돌 ④ 견칫돌

해설 석재의 형상
- 각석 : 길이를 가지는 것, 너비가 두께의 3배 미만
- 판석 : 너비가 두께의 3배 이상, 두께가 15cm 미만
- 견치석 : 면이 정사각형에 가깝고 면에 직각으로 잰 길이가 최소변의 1.5배 이상
- 마름돌 : 직육면체로 다듬은 돌(30×30×50~60cm), 시공비가 많이 소요되고 내구성이 요구되는 구조물이나 쌓기용 가공석

57 우리나라의 조선시대 전통정원을 꾸미고자 할 때 다음 중 연못시공으로 적합한 호안공은?

① 자연석 호안공
② 사괴석 호안공
③ 편책 호안공
④ 마름돌 호안공

해설 우리나라의 전통정원을 조성할때는 사괴석(사고석)으로 시공한다.

58 다음 설명에 해당하는 배수 설치 유형은?

> 대규모 공원과 같이 완전한 배수가 요구되지 않는 지역에서 등고선을 고려하여 주관을 설치하고, 주관을 중심으로 양측에 지관을 지형에 따라 필요한 곳에 설치하였다.

① 빗살형 ② 어골형
③ 자유형 ④ 부채살형

해설 ① 빗살형(평행형, 직각형)
- 소규모의 평탄한 지역의 배수에 적합하며, 전지역의 배수가 균일하게 이루어지게 됨
- 지선을 주선과 직각방향으로 일정한 간격으로 평행이 되게 배치하는 방법

② 어골형
- 주관을 중앙에 경사지게 설치하고 이 주관에 비스듬히 지관을 설치
- 놀이터·골프장·그린·소규모 운동장·광장과 같은

③ 부채살형(선형)
- 주선이나 지선의 구분없이 같은 크기의 배수선이 부채살 모양으로 1개 지점으로 집중되게 설치하고 그곳에서 집수시킨 후 집수된 우수를 배수로를 통하여 배수하는 방법
- 지형적으로 침하된 곳이나 한 지점으로 경사를 이루고 있는 소규모지역에 사용

59 수목전정의 원칙과 가장 거리가 먼 것은?

① 수목의 역지는 제거한다.
② 수목의 굵은 주지는 제거한다.
③ 무성하게 자란 가지는 제거한다.
④ 수형이 균형을 잃은 정도의 도장지는 제거한다.

해설 전정시 굵은 주지는 하나로 자라게 한다.

60 다음 중 정원수 식재작업의 순서상 가장 먼저 식재를 진행해야 할 수종은?

① 회양목 ② 큰 소나무
③ 철쭉류 및 잔디 ④ 명자나무

해설 정원수 식재시 교목 → 소교목 → 관목 순으로 식재한다.

56. ③ 57. ② 58. ③ 59. ② 60. ②

CBT 대비 2022년 1회 복원기출문제

본 기출문제는 수험자의 기억을 바탕으로 하여 복원한 문제이므로 실제 출제된 문제와 일부 다를 수 있음을 미리 알려드립니다.

1 다음 중 정원에 사용되었던 하하(Ha-ha) 기법을 가장 잘 설명한 것은?

① 정원과 외부사이 수로를 파 경계하는 기법
② 정원과 외부사이 언덕으로 경계하는 기법
③ 정원과 외부사이 교목으로 경계하는 기법
④ 정원과 외부사이 산울타리를 설치하여 경계하는 기법

 하하(Ha-ha) 기법은 영국의 자연풍경식 정원에서 담을 설치할 때 능선에 위치함을 피하고 도랑이나 계곡 속에 설치하여 경관을 감상할 때 물리적 경계 없이 전원을 볼 수 있게 한 것을 말한다.

2 스페인 정원에 관한 설명으로 틀린 것은?

① 규모가 웅장하다.
② 기하학적인 터 가르기를 한다.
③ 바닥에는 색채 타일을 이용하였다.
⑤ 안달루시아(Andalusia) 지방에서 발달했다.

 스페인은 파티오(Patio)식 정원으로 정형식 정원으로 규모는 인간적 규모(휴먼스케일)을 적용하고 있다.

3 다음 중 고산수수법의 설명으로 알맞은 것은?

① 가난함이나 부족함 속에서도 아름다움을 찾아내어 검소하고 한적한 삶을 표현
② 이끼 낀 정원석에서 고담하고 단아함을 느낄 수 있도록 표현
③ 정원의 못을 복잡하게 표현하기 위해 호안을 곡절시켜 심(心)자와 같은 형태의 못을 조성
④ 물이 있어야 할 곳에 물을 사용하지 않고 돌과 모래를 사용해 물을 상징적으로 표현

 일본의 고산수수법
- 돌이나 모래로 바다나 계류를 나타내며 물이 쓰이지 않은 정원이다.
- 선사상의 영향으로 고도의 상징성과 추상성을 표현하고 있다.

4 다음 중 미국 도시공원의 효시가 된 사례는?

① 에스테장
② 베르사이유궁
③ 켄싱턴 가든
④ 센트럴 파크

 센트럴 파크는 미국 도시공원의 효시로 도시민을 위한 공원이다.

5 경복궁 내 자경전 꽃담 벽화문양에 표현되지 않은 식물은?

① 매화나무(매실나무)
② 석류나무
③ 산수유
④ 국화

 자경전의 화문담(화문장)
- 대비의 만수무강을 기원하는 상징물로 장식이다.
- 만수(萬壽)의 문자와 꽃무늬가 내벽에 장식, 외벽엔 거북문, 매화, 대나무, 천도복숭아, 국화, 모란, 석류가 담벽에 배치되어 있다.

6 우리나라 정원에서 풍수지리사상에 영향으로 조성된 정원은?

① 전정 ② 중정
③ 후정 ④ 주정

 우리나라의 후정은 풍수지리설의 영향으로 택지선정에 영향을 받아 발달하였다.

1. ① 2. ① 3. ④ 4. ④ 5. ③ 6. ③

7 **다음 중 고대 이집트의 대표적인 정원수는?**

• 강한 직사광선으로 인하여 녹음수로 많이 사용 • 신성시하여 사자(死者)를 이 나무 그늘 아래 쉬게 하는 풍습이 있었음

① 파피루스　② 버드나무
③ 장미　④ 시카모어

 시카모어는 무화과의 일종으로 이집트인들은 이 나무 그늘 아래서 죽은자를 쉬게하는 풍습이 있었다.

8 **형태는 직선 또는 규칙적인 곡선에 의해 구성되고 축을 형성하며 연못이나 화단 등의 각 부분에도 대칭형이 되는 조경양식은?**

① 자연식　② 풍경식
③ 정형식　④ 절충식

 정형식 정원은 서양에서 주로 발달하였으며, 좌우대칭이고 땅가름이 엄격하고 규칙적이다

9 **색채와 자연환경에 대한 설명으로 옳지 않은 것은?**

① 풍토색은 기후와 토지의 색, 즉 지역의 태양빛, 흙의 색 등을 의미한다.
② 지역색은 그 지역의 특성을 전달하는 색채와 그 지역의 역사, 풍속, 지형, 기후 등의 지방색과 합쳐 표현된다.
③ 지역색은 환경색채계획 등 새로운 분야에서 사용되기 시작한 용어이다.
④ 풍토색은 지역의 건축물, 도로환경, 옥외광고물 등의 특징을 갖고 있다.

 풍토색은 서로 다른 환경적 특색을 지닌 지역적 특징의 색으로 그 지역의 토지, 자연, 인간과 어울려 형성된 특유의 풍토로 생활, 문화, 산업에 영향을 준다.

10 **조경계획 및 설계과정에 있어서 각 공간의 규모 사용재료 마감 방법을 제시해 주는 단계는?**

① 기본구상　② 기본계획
③ 기본설계　④ 실시설계

 기본설계
기본계획을 더 구체적으로 발전시켜 각 공간의 규모와 사용재료 마감방법 등을 제시한다.

11 **도시 내부와 외부의 관련이 매우 좋으며 재난시 시민들의 빠른 대피에 큰 효과를 발휘하는 녹지 형태는?**

① 분산식
② 방사식
③ 환상식
④ 평행식

해설 녹지계통의 형식
- 분산식 : 녹지대가 여기저기 여러 가지 형태로 배치, 생태적 안정성은 낮으나 접근성이 높아 대도시에 적합
- 방사식 : 도시의 중심에서 외부로 방사상 녹지대를 조성하는 것, 집중형 녹지계통에 접근성 높여주는 방식(예, 독일 하노버, 미국 래드번계획)
- 환상식 : 도시확대방지를 위한 방식(예, 그린벨트, 하워드 전원도시론)
- 평행식 : 대상형 도시에서 띠모양 조성(예, 스페인의 마드리드, 러시아의 스탈린그라드)

12 **다음 [보기]의 행위 시 도시공원 및 녹지 등에 관한 법률상의 벌칙 기준은?**

• 행정명령을 위반하여 도시공원에 입장하는 사람으로부터 입장료를 징수한 자 • 허가를 받지 아니하거나 허가받은 내용을 위반하여 도시공원 또는 녹지에서 시설 · 건축물 또는 공작물을 설치한 자

① 2년 이하의 징역 또는 3천만 원 이하의 벌금
② 1년 이하의 징역 또는 1천만 원 이하의 벌금
③ 1년 이하의 징역 또는 500만 원 이하의 벌금
④ 1년 이하의 징역 또는 3천만 원 이하의 벌금

7. ④　8. ③　9. ①　10. ③　11. ② 12. ②

13 다음 중 「도시공원 및 녹지 등에 관한 법률」 상 주제 공원에 해당되지 않는 곳은?

① 방재공원
② 어린이공원
③ 문화공원
④ 도시농업공원

 도시공원 및 녹지 등에 관한 법률상 공원

- 국가도시공원
- 생활권공원 : 소공원, 어린이공원, 근린공원
- 주제공원 : 역사공원, 문화공원, 수변공원, 묘지공원, 체육공원, 도시농업공원, 방재공원

14 표제란에 대한 설명으로 옳은 것은?

① 도면명은 표제란에 기입하지 않는다.
② 도면 제작에 필요한 지침을 기록한다.
③ 도면번호, 도명, 작성자 작성일자 등에 관한 사항을 기입한다.
④ 용지의 긴 쪽 길이를 가로 방향으로 설정할 때 표제란은 왼쪽 아래 구석에 위치한다.

 도면 용지는 긴 쪽이 가로방향으로 설정하며, 표제란에는 도면명, 도면번호, 작성자, 작성일자 등의 사항을 기입한다.

15 먼셀 색체계의 기본색인 5가지 주요 색상으로 바르게 짝지어 진 것은?

① 빨강, 노랑, 초록, 파랑, 주황
② 빨강, 노랑, 초록, 파랑, 보라
③ 빨강, 노랑, 초록, 파랑, 청록
④ 빨강, 노랑, 초록, 남색, 주황

 먼셀의 색상환의 색상

- 색상을 표시하기 위해서 색명의 머릿글자를 기호로 구성한다.
- 5가지 기본색 : R는 빨강, Y는 노랑, G는 초록, B는 파랑, P는 보라

16 대형건물의 외벽도색을 위한 색채계획을 할 때 사용하는 컬러샘플(color sample)은 실제의 색보다 명도나 채도를 낮추어서 사용하는 것이 좋다. 이는 색채의 어떤 현상 때문인가?

① 착시효과 ② 동화현상
③ 대비효과 ④ 면적효과

 면적효과(면적대비)

- 같은 명도와 채도에서도 색은 면적의 대소에 의해 다르게 보이는 현상을 말한다.
- 면적이 커지면 명도와 채도가 증가하고 면적이 작아지면 명도와 채도가 낮아지는 현상을 말한다.

17 조경공사의 돌 쌓기용 암석을 운반하기에 가장 적합한 재료는?

① 철근 ② 쇠파이프
③ 철망 ④ 와이어로프

 와이어로프

- 지름 0.26mm-5.0mm인 가는 철선을 몇 개 꼬아서 기본 로프를 만들고 이를 다시 여러개 꼬아 만든 것
- 돌 쌓기용 암석을 운반하는데 가장 적합

18 다음 [보기]가 설명하는 건설용 재료는?

- 갈라진 목재 틈을 메우는 정형 실링재이다.
- 탄성복원력이 적거나 거의 없다.
- 일정 압력을 받는 새시의 접합부 쿠션 겸 실링재로 사용되었다.

① 프라이머 ② 코킹
③ 퍼티 ④ 석고

 퍼티

유지 혹은 수지와 탄산칼슘, 연백 등의 충전재를 혼합하여 만든 것으로 창유리를 끼우는 데 주로 사용되며 도장 바탕을 고르는데도 사용됨

13. ② 14. ③ 15. ② 16. ④ 17. ④ 18. ③

19 거푸집에 쉽게 다져 넣을 수 있고 거푸집을 제거하면 천천히 형상이 변화하지만 재료가 분리되거나 허물어지지 않는 굳지 않은 콘크리트의 성질은?

① workbility
② plasticity
③ consistency
④ finishability

굳지 않은 콘크리트의 성질
- 워커빌리티(workability) : 반죽질기에 따라 비비기, 운반, 치기, 다지기, 마무리 등의 작업난이 정도와 재료 분리에 저항하는 정도, 시공연도
- 반죽질기(consistency) : 수량의 다소에 따라 반죽이 되고 진 정도를 나타내는 것
- 성형성(plasticity) : 거푸집에 쉽게 다져 넣을 수 있고 거푸집을 제거하면 천천히 형상이 변하기는 하지만 허물어지거나 재료가 분리하는 일이 없는 굳지 않는 콘크리트의 성질
- 피니셔빌리티(finishability) : 굵은 골재의 최대지수, 잔골재율, 잔골재의 입도, 반죽질기 등에 따라 마무리하는 난이의 정도, 워커빌리티와 반드시 일치하지는 않음

20 건설용 재료의 특징 설명으로 틀린 것은?

① 미장재료 – 구조재의 부족한 요소를 감추고 외벽을 아름답게 나타내 주는 것
② 플라스틱 – 합성수지에 가소제, 채움제, 안정제, 착색제 등을 넣어서 성형한 고분자 물질
③ 역청재료 – 최근에 환경 조형물이나 안내판 등에 널리 이용되고, 입체적인 벽면구성이나 특수지역의 바닥 포장재로 사용
④ 도장재료 – 구조재의 내식성, 방부성, 내마멸성, 방수성, 방습성 및 강도 등이 높아지고 광택 등 미관을 높여 주는 효과를 얻음

역청재료
석탄과 석유의 중간 제품으로 자연적 또는 인위적으로 건조시킨 석유 생성물 중의 하나로 도로포장, 방수, 방습재료로 사용된다.

21 AE콘크리트의 성질 및 특징 설명으로 틀린 것은?

① 수밀성이 향상된다.
② 콘크리트 경화에 따른 발열이 커진다.
③ 입형이나 입도가 불량한 골재를 사용할 경우에 공기연행의 효과가 크다.
④ 일반적으로 빈배합의 콘크리트일수록 공기연행에 의한 워커빌리티의 개선효과가 크다.

AE 콘크리트는 단위수량이 감소로 발열량은 적다.

22 건물과 정원을 연결시키는 역할을 하는 시설은?

① 아치　　② 트렐리스
③ 퍼걸러　　④ 테라스

- 아치 : 개구부의 상부 하중을 지탱하기 위하여 개구부에 걸쳐 놓은 곡선형 구조물
- 트렐리스 : 격자형의 울타리
- 퍼걸러 : 그늘시렁

23 일반적인 목재의 특성 중 장점에 해당되는 것은?

① 충격, 진동에 대한 저항성이 작다.
② 열전도율이 낮다.
③ 충격의 흡수성이 크고, 건조에 의한 변형이 크다.
④ 가연성이며 인화점이 낮다.

목재의 장점
- 가벼움, 다루기 쉬움, 열전도율이 낮음, 보온성이 뛰어남
- 비중이 작고 비중에 비해 강도가 크다

24 목구조의 보강철물로서 사용되지 않는 것은?

① 나사못　　② 듀벨
③ 고장력볼트　　④ 꺾쇠

해설 고장력볼트는 철골구조의 보강철물이다.

19. ② 20. ③ 21. ② 22. ④ 23. ②
24. ③

25 비금속재료의 특성에 관한 설명 중 옳지 않은 것은?

① 납은 비중이 크고 연질이며 전성, 연성이 풍부하다.
② 알루미늄은 비중이 비교적 작고 연질이며 강도도 낮다.
③ 아연은 산 및 알칼리에 강하나 공기 중 및 수중에서는 내식성이 작다.
④ 동은 상온의 건조공기 중에서 변화하지 않으나 습기가 있으면 광택을 소실하고 녹청색으로 된다.

해설 아연은 내식성이 강하다.

26 다음 석재 중 조직이 균질하고 내구성 및 강도가 큰 편이며 외관이 아름다운 장점이 있는 반면 내화성이 작아 고열을 받는 곳에는 적합하지 않은 것은?

① 응회암 ② 화강암
③ 편마암 ④ 안산암

해설 화강암은 내화력이 약해 고열을 받는 곳에는 적합하지 않다.

27 합성수지 중에서 파이프 튜브 물받이통 등의 제품에 가장 많이 사용되는 열가소성 수지는?

① 페놀수지
② 멜라민 수지
③ 염화비닐 수지
④ 폴리에스테르 수지

해설 페놀수지, 멜라민 수지, 폴리에스테르 수지는 열경화성 수지이다.

28 꽃이 피고 난 뒤 낙화할 무렵 바로 가지다듬기를 해야 하는 좋은 수종은?

① 철쭉 ② 목련
③ 명자나무 ④ 사과나무

해설 화목류는 다음 해에 꽃을 보기 위해서 꽃이 진 직후 전정한다.

29 화단에 초화류를 식재하는 방법으로 옳지 않은 것은?

① 식재할 곳에 1m당 퇴비 1~2kg, 복합비료 80~120g을 밑거름으로 뿌리고 20~30cm 깊이로 갈아 준다.
② 큰 면적의 화단은 바깥쪽부터 시작하여 중앙 부위로 심어 나가는 것이 좋다.
③ 식재하는 줄이 바뀔 때마다 서로 어긋나게 심는 것이 보기에 좋고 생장에 유리하다.
④ 심기 한나절 전에 관수해 주면 캐낼 때 뿌리에 흙이 많이 붙어 활착에 좋다.

바르게 고치면
큰 면적의 화단은 중앙부위부터 심어 바깥쪽으로 심어나간다.

30 나무의 특성에 따라 조화미, 균형미, 주위 환경과의 미적 적응등을 고려하여 나무 모양을 위주로 한 전정을 실시하는데, 그 설명으로 옳은 것은?

① 조경수목의 대부분에 적용되는 것은 아니다.
② 전정시기는 3월 중순 ~ 6월 중순, 10월 말 ~ 12월 중순이 이상적이다.
③ 일반적으로 전정 작업 순서는 위에서 아래로 수형의 균형을 잃은 정도로 강한 가지, 얽힌 가지. 난잡한 가지를 제거한다.
④ 상록수의 전정은 6월~9월이 좋다.

전정은 대부분의 조경수목에 적용하며, 수형위주의 전정은 3~4월, 10~11월에 실시한다. 낙엽수의 수형을 잡기위한 굵은가지 강전정을 실시한다. 상록수(침엽수, 상록활엽수)는 봄전정을 실시한다.

31 다음 중 건축과 관련된 재료의 강도에 영향을 주는 요인으로 가장 거리가 먼 것은?

① 온도와 습도 ② 재료의 색
③ 하중시간 ④ 하중속도

재료의 강도와 색은 관계성이 없다.

25. ③ 26. ② 27. ③ 28. ① 29. ②
30. ③ 31. ②

32 다음 그림과 같은 콘크리트 제품의 명칭으로 가장 적합한 것은?

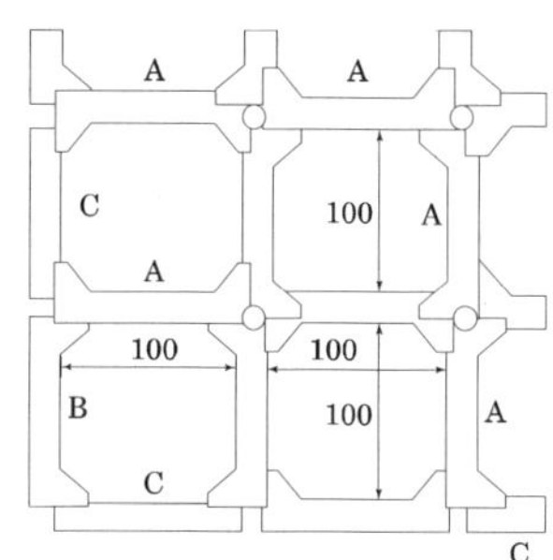

① 견치블록
② 격자블록
③ 기본블록
④ 힘줄블록

해설 콘크리트 격자블록은 경사면을 덮어 절토사면의 표면 붕락을 방지할 때 사용한다.

33 자연석 중 눕혀서 사용하는 돌로 불안감을 주는 돌을 받쳐서 안정감을 갖게 하는 돌의 모양은?

① 입석 ② 평석
③ 환석 ④ 횡석

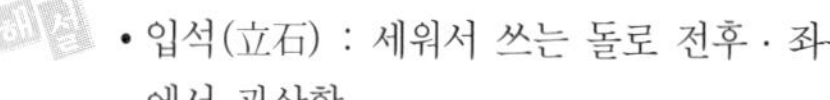

해설
- 입석(立石) : 세워서 쓰는 돌로 전후 · 좌우의 사방에서 관상함
- 평석(平石) : 위부분이 편평한 돌로 안정감이 필요한 부분에 배치
- 환석(丸石) : 둥근돌을 말하며, 무리로 배석할 때 많이 이용
- 횡석(橫石) : 가로로 눕혀서 쓰는 돌로 안정감을 줌

34 일반적으로 빗자루병이 가장 발생하기 쉬운 수종은?

① 향나무 ② 대추나무
③ 동백나무 ④ 장미

해설 대추나무는 파이토플라즈마에 의한 빗자루병이 발병하기 쉽다.

35 다음 설명하는 해충은?

> • 가해 수종으로는 향나무, 편백, 삼나무 등
> • 똥을 줄기 밖으로 배출하지 않기 때문에 발견하기 어렵다.
> • 기생성 천적인 좀벌류, 맵시벌류, 기생파리류로 생물학적 방제를 한다.

① 박쥐나방
② 측백나무하늘소
③ 미끈이하늘소
④ 장수하늘소

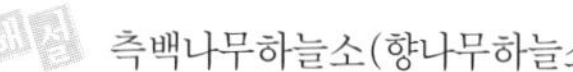

해설 측백나무하늘소(향나무하늘소)
- 유충이 수피 밑의 형성층을 갉아 먹어 나무를 급속히 고사시킨다.
- 수세가 쇠약한 나무에 피해를 주지만 대발생하면 건전한 나무에도 피해를 주며 벌레 똥을 밖으로 배출하지 않아 피해를 발견하기가 어렵다.
- 생물적 방제로 기생성 천적인 좀벌류, 맵시벌류, 기생파리류 등을 보호하며, 딱따구리류 및 해충을 잡아먹는 각종 조류를 보호한다.

36 다음 뗏장을 입히는 방법 중 줄붙이기 방법에 해당하는 것은?

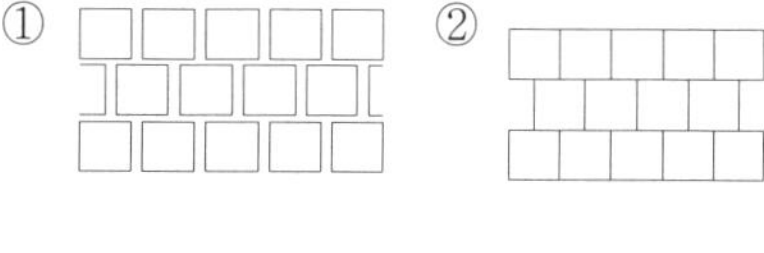

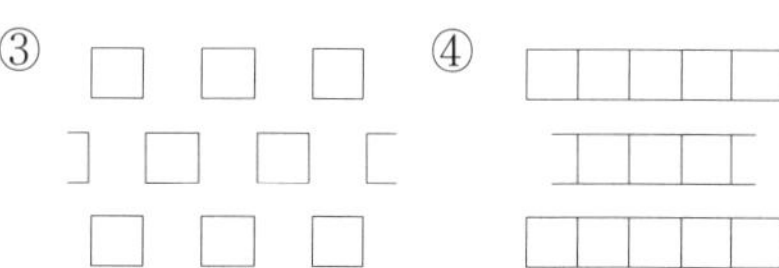

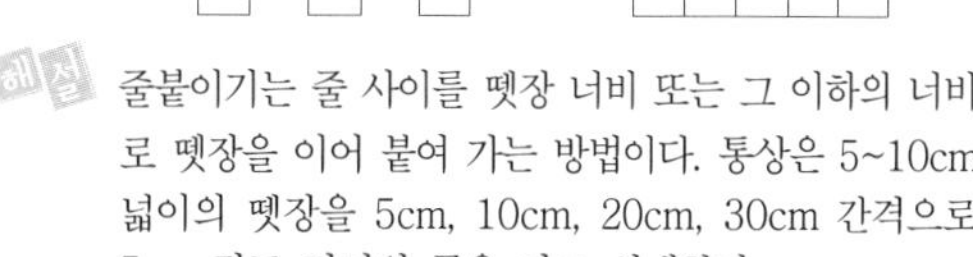

해설 줄붙이기는 줄 사이를 뗏장 너비 또는 그 이하의 너비로 뗏장을 이어 붙여 가는 방법이다. 통상은 5~10cm 넓이의 뗏장을 5cm, 10cm, 20cm, 30cm 간격으로 5cm 정도 깊이의 골을 파고 식재한다.

32. ② 33. ④ 34. ② 35. ② 36. ④

37 다음 중 관리하자에 의한 사고에 해당되지 않는 것은?

① 시설의 구조자체의 결함에 의한 것.
① 시설의 노후 · 파손에 의한 것
③ 위험장소에 대한 안전대책 미비에 의한 것
④ 위험물 방치에 의한 것

해설 시설의 구조자체의 결함은 설치하자에 의한 사고이다.

38 관수의 효과가 아닌 것은?

① 토양 중의 양분을 용해하고 흡수하여 신진대사를 원활하게 한다.
② 증산작용으로 인한 잎의 온도 상승을 막고 식물체 온도를 유지한다.
③ 지표와 공중의 습도가 높아져 증산량이 증대된다.
④ 토양의 건조를 막고 생육 환경을 형성하여 나무의 생장을 촉진시킨다.

바르게 고치면
지표와 공중의 습도가 높아져 수목의 증산량이 감소한다.

39 창살울타리(Trellis)는 설치 목적에 따라 높이 차이가 결정되는데 그 목적이 적극적 침입방지의 기능일 경우 최소 얼마 이상으로 하여야 하는가?

① 2.5m　　② 1.5m
③ 1.0m　　④ 50cm

적극적 침입방지 목적의 창살울타리는 최소 1.5m 이상으로 한다.

40 철근을 D13으로 표현했을 때, D는 무엇을 의미하는가?

① 둥근 철근의 지름
② 이형 철근의 지름
③ 둥근 철근의 길이
⑨ 이형 철근의 길이

D는 철근의 직경을 말하며 D13은 이형 철근 13mm인 것을 말한다.

41 가로수로서 갖추어야 할 조건을 기술한 것 중 옳지 않은 것은?

① 사철 푸른 상록수
② 각종 공해에 잘 견디는 수종
③ 강한 바람에도 잘 견딜 수 있는 수종
③ 여름철 그늘을 만들고 병해충에 잘 견디는 수종

가로수는 여름철에 그늘을 만들고 겨울철에는 일조를 확보할 수 있는 낙엽활엽수를 적용한다.

42 단풍나무과(科)에 해당하지 않는 수종은?

① 고로쇠나무　　② 복자기
③ 소사나무　　④ 신나무

소사나무 – 자작나무과

43 1년 내내 푸른 잎을 달고 있으며, 잎이 바늘처럼 뾰족한 나무를 가리키는 명칭은?

① 상록활엽수　　② 상록침엽수
③ 낙엽활엽수　　④ 낙엽침엽수

상록침엽수
나자식물(겉씨식물)류이며 대체로 잎이 인상(바늘모양)인 것으로 1년 내내 푸른 잎을 달고 있다.

44 형상수(Topiary)를 만들기에 알맞은 수종은?

① 느티나무
② 주목
③ 단풍나무
④ 송악

주목은 원추형의 상록침엽교목으로 형상수로 만들기 적합하다.

37. ①　38. ③　39. ②　40. ②　41. ①
42. ③　43. ②　44. ②

45 줄기의 색이 아름다워 관상가치가 있는 수목들 중 줄기의 색계열과 그 연결이 옳지 않은 것은?

① 백색계의 수목 : 백송(*Pinus bungeana*)
② 갈색계의 수목 : 편백(*Chamaecyparis obtusa*)
③ 청록색계의 수목 : 식나무(*Aucuba japonica*)
④ 적갈색계의 수목 : 서어나무(*Carpinus laxiflora*)

해설 서어나무 수피는 회색으로 근육처럼 울퉁불퉁하다.

46 다음 설명하는 해충으로 가장 적합한 것은?

- 유충은 적색, 분홍색, 검은색이다.
- 끈끈한 분비물을 분비한다.
- 식물의 어린잎이나 새가지, 꽃봉오리에 붙어 수액을 빨아먹어 생육을 억제한다.
- 점착성 분비물을 배설하여 그을음병을 발생시킨다.

① 응애 ② 솜벌레
③ 진딧물 ④ 깍지벌레

해설 진딧물은 흡즙성 해충으로 2차병인 그을음병을 발생시킨다. 유충은 적색, 분홍색, 검은색의 유충이다.

47 다음 중 순공사원가에 해당되지 않는 것은?

① 재료비 ② 노무비
③ 이윤 ④ 경비

해설 순공사원가=재료비+노무비+경비

48 잔디의 상토 소독에 사용하는 약제는?

① 디캄바 ② 에테폰
③ 메티다티온 ④ 메틸브로마이드

해설 디캄바 - 제초제
에테폰 - 생장조절제
메티다티온 – 살충제

49 다음 중 학교 조경의 수목 선정 기준에 가장 부적합한 것은?

① 생태적 특성 ② 경관적 특성
③ 교육적 특성 ④ 조형적 특성

해설 학교 조경은 생태적, 경관적 교육적 특성을 고려하여 선정한다.

50 어린이 놀이 시설물 설치에 대한 설명으로 옳지 않은 것은?

① 시소는 출입구에 가까운 곳, 휴게소 근처에 배치하도록 한다.
② 미끄럼대의 미끄럼판의 각도는 일반적으로 30~40도 정도의 범위로 한다.
③ 그네는 통행이 많은 곳을 피하여 동서방향으로 설치한다.
④ 모래터는 하루 4 ~ 5시간의 햇볕이 쬐고 통풍이 잘 되는 곳에 위치한다.

해설 바르게 고치면
그네는 통행이 많은 곳을 피하여 남북방향으로 설치한다.

51 산울타리에 적합하지 않은 식물 재료는?

① 무궁화 ② 측백나무
③ 느릅나무 ④ 꽝꽝나무

해설 산울타리로는 지엽이 치밀하게 밀생하며 전정에 강한 수종을 적용한다. 느릅나무는 낙엽활엽교목으로 산울타리로는 적합하지 않다.

52 활엽수이지만 잎의 형태가 침엽수와 같아서 조경적으로 침엽수로 이용하는 것은?

① 은행나무 ② 산딸나무
③ 위성류 ④ 이나무

해설 위성류는 낙엽활엽교목으로 가지는 가늘고, 밑으로 처진다. 잎은 어긋나며, 회록색으로 끝이 뾰족하다.

45. ④ 46. ③ 47. ③ 48. ④ 49. ④
50. ③ 51. ③ 52. ③

53 **조경 수목이 규격에 관한 설명으로 옳은 것은? (단, 괄호안의 영문은 기호를 의미한다)**

① 흉고직경(P) : 지표면 줄기의 굵기
② 근원직경(B) : 가슴 높이 정도의 줄기의 지름
③ 수고(W) : 지표면으로부터 수관의 하단부까지의 수직높이
④ 지하고(BH) : 지표면에서 수관 맨 아랫가지까지의 수직

- 흉고직경(B) : 가슴 높이 정도의 줄기의 지름
- 근원직경(R) : 지표면 줄기의 굵기
- 수고(H) : 지표면으로부터 수관 끝까지의 높이

54 **다음 중 교목의 식재 공사 공정으로 옳은 것은?**

① 구덩이 파기 → 물 죽쑤기 → 묻기→ 자주세우기 → 수목방향 정하기 → 물집 만들기
② 구덩이 파기 → 수목방향 정하기 → 묻기 → 물 죽쑤기 → 지주세우기 → 물집 만들기
③ 수목방향 정하기 → 구덩이 파기 → 물 죽쑤기 → 묻기→ 지주세우기 → 물집 만들기
④ 수목방향 정하기 → 구덩이 파기 → 묻기 → 지주세우기 → 물 죽쑤기 → 물집 만들기

55 **다음 중 세균에 의한 수목병은?**

① 밤나무 뿌리혹병
② 뽕나무 오갈병
③ 소나무 잎녹병
④ 포플러 모자이크병

- 뽕나무 오갈병 - 파이토플라즈마
- 소나무 잎녹병 - 진균
- 포플러 모자이크병 - 바이러스

56 **공사의 실시방식 중 공동 도급의 특징이 아닌 것은?**

① 공사이행의 확실성이 보장된다.
② 여러 회사의 참여로 위험이 분산된다.
③ 이해 충돌이 없고, 임기응변 처리가 가능하다.
④ 공사의 하자책임이 불분명하다.

공동 도급은 도급주체가 2이상으로 이해 충돌이 우려되고, 임기응변 처리가 어렵다.

57 **다음 중 수간주입 방법으로 옳지 않은 것은?**

① 구멍속의 이물질과 공기를 뺀 후 주입관을 넣는다.
② 중력식 수간주사는 가능한 한 지제부 가까이에 구멍을 뚫는다.
③ 구멍의 각도는 50~60도 가량 경사지게 세워서 구멍지름을 20mm 정도로 한다.
④ 뿌리가 제구실을 못하고 다른 시비방법이 없을 때, 빠른 수세 회복을 원할 때 사용한다.

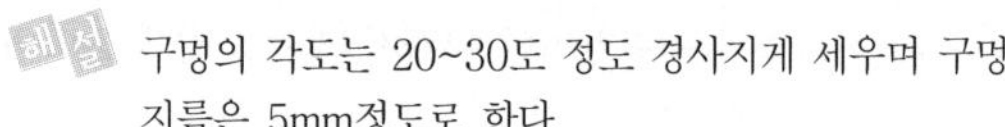
구멍의 각도는 20~30도 정도 경사지게 세우며 구멍지름은 5mm정도로 한다.

58 **다음 중 뿌리분의 형태별 종류에 해당하지 않는 것은?**

① 보통분 ② 사각분
③ 접시분 ④ 팽이분

뿌리분의 형태
보통분(일반수종), 접시분(천근성수종), 팽이분(조개분, 심근성수종)

59 **다음 [보기]를 공원 행사의 개최 순서대로 나열한 것은?**

㉠ 제작	㉡ 실시
㉢ 기획	㉣ 평가

① ㉠→㉡→㉢→㉣
② ㉢→㉠→㉡→㉣
③ ㉣→㉠→㉡→㉢
④ ㉠→㉣→㉢→㉡

공원 행사 개최 순서
기획 → 제작 → 실시 → 평가

53. ④ 54. ② 55. ① 56. ③ 57. ③
58. ② 59. ②

60 지형도에서 U자 모양으로 그 바닥이 낮은 높이의 등고선을 향하면 이것은 무엇을 의미하는가?

① 계곡 ② 능선
③ 현애 ④ 동굴

능선과 계곡의 특징
U자형 바닥의 높이가 낮은 높이의 등고선을 향하고, 계곡은 U자형 바닥의 높이가 높은 높이의 등고선을 향한다.

60. ②

CBT 대비 2022년 3회 복원기출문제

본 기출문제는 수험자의 기억을 바탕으로 하여 복원한 문제이므로 실제 출제된 문제와 일부 다를 수 있음을 미리 알려드립니다.

1 우리나라의 정원양식이 한국적 색채가 짙게 발달한 시기는?

① 고조선시대 ② 삼국시대
③ 고려시대 ④ 조선시대

해설 우리나라의 정원양식은 조선시대에 확립되었다.

2 다음 중 이탈리아 정원의 가장 큰 특징은?

① 평면기하학식 ② 노단건축식
④ 중정식 ③ 자연풍경식

해설 이탈리아는 해안가 구릉지에 노단건축식 정원 양식이 발달하였다.

3 우리나라에서 세계문화유산으로 등록되지 않은 곳은?

① 독립문
③ 경주역사유적지구
② 고인돌 유적
④ 수원화성

해설 독립문은 사적 32호 문화재로 지정된 문화재이다.

4 다음 중 중국정원의 특징에 해당하는 것은?

① 정형식 ② 태호석
③ 침전조정원 ④ 직선미

해설 중국정원은 정원에 태호석을 이용한 석가산 기법이 유행하였다.

5 스페인의 코르도바를 중심으로 한 지역에서 발달한 정원양식은?

① patio ② court
③ atrium ④ peristylium

해설 스페인 정원은 코르도바를 중심으로 중정식(Patio)가 발달하였다.

6 다음 중 1858년에 조경가(Landscape architect)라는 말을 처음으로 사용하기 시작한 사람이나 단체는?

① 세계조경가협회(IFLA)
② 르노트르(Le Notre)
③ 옴스테드(F.L.Olmsted)
④ 미국조경가협회(ASLA)

해설 옴스테드는 미국의 조경가(1822~1903) 뉴욕 센트럴 파크를 설계하였고, 조경가(Landscape Architecture)' 라는 용어를 처음으로 만들었다.

7 주택단지안의 건축물 또는 옥외에 설치하는 계단의 경우 공동으로 사용할 목적일 때 최소 얼마 이상의 유효폭을 가져야 하는가? (단, 단높이는 18cm 이하, 단너비는 26cm 이상으로 한다.)

① 100cm ② 120cm
③ 140cm ④ 160cm

해설 계단은 최소 120cm이상의 유효폭을 가져야 한다.

8 자연 경관을 인공으로 축경화(縮景化)하여 산을 쌓고, 연못 계류, 수림을 조성한 정원은?

① 전원 풍경식 ② 회유 임천식
③ 고산수식 ④ 중정식

해설 회유임천식은 정원의 중심에 연못과 섬을 만들고 다리를 연결해 주변을 회유하며 감상할 수 있게 만든 정원이다.

1. ④ 2. ② 3. ① 4. ② 5. ①
6. ③ 7. ② 8. ②

9 일본정원에서 가장 중점을 두고 있는 것은?

① 대비 ② 조화
③ 반복 ④ 대칭

해설 일본정원은 디자인 요소 중 조화에 중점을 두었다.

10 주택정원의 세부공간 중 가장 공공성이 강한 성격을 갖는 공간은?

① 안뜰
② 앞뜰
③ 뒤뜰
④ 작업

해설 앞뜰은 대문과 현관 사이 공간으로 전이적 공간의 성격을 지닌다.

11 다음 식의 'A'에 해당하는 것은?

$$용적률 = \frac{A}{대지면적}$$

① 건축면적
② 건축 연면적
③ 1호당 면적
④ 평균층수

해설 용적율
대지 안에 있는 건축물의 바닥면적을 모두 합친 면적을 의미하는 연면적의 대지면적에 대한 백분율을 말한다.

12 조경계획을 위한 경사분석을 하고자 한다. 다음과 같은 조사 항목이 주어질 때 해당지역의 경사도는 몇 %인가?

① 40% ② 10%
③ 4% ④ 25%

해설 $경사도 = \frac{수직거리(등고선간격)}{수평거리} \times 100$

$\frac{5}{25} \times 100 = 25\%$

13 다음 중 위요경관에 속하는 것은?

① 넓은 초원 ② 노출된 바위
③ 숲속의 호수 ④ 계곡 끝의 폭포

- 위요경관은 평탄지에 수직적인 요소로 둘러싸인 경관을 말한다.
- 넓은 초원 : 파노라믹 경관
- 노출된 바위 : 천연미적 경관(지형경관)
- 계곡 끝의 폭포 : 초점경관

14 콘크리트용 골재의 흡수량과 비중을 측정하는 주된 목적은?

① 혼합수에 미치는 영향을 미리 알기 위하여
② 혼화재료의 사용여부를 결정하기 위하여
③ 콘크리트의 배합설계에 고려하기 위하여
④ 공사의 적합 여부를 판단하기 위하여

해설 콘크리트의 강도를 얻기 위해 골재의 흡수량과 비중을 측정한다.

15 조경관리에서 주민참가의 단계는 시민권력의 단계, 형식참가의 단계, 비참가의 단계 등으로 구분되는데 그 중 시민권력의 단계에 해당되지 않는 것은?

① 가치관리(citizen control)
② 유화(placation)
③ 권한 위양(delegated power)
③ 파트너십(partnership

해설 안시타인은 주민참가 과정
- 비참가의 단계 → 형식참가의 단계 → 시민권력의 순으로 구분
- 비참가의 단계 : 치료, 조작
- 형식참가의 단계 : 유화, 상담, 정보제공
- 시민권력의 단계 : 가치관리, 권한 위양, 파트너십

9. ② 10. ② 11. ② 12. ④ 13. ③
14. ③ 15. ②

16 다음 중 조경수목의 꽃눈분화, 결실 등과 가장 관련이 깊은 것은?

① 질소와 탄소비율　② 탄소와 칼륨비율
③ 질소와 인산비율　④ 인산과 칼륨비율

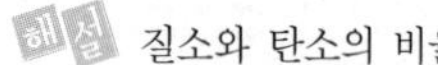
해설 질소와 탄소의 비율
식물이나 토양 속의 부식(腐植) 등에 함유되어 있는 탄소와 질소의 비율을 C/N율이라고도 표기하고, 탄소-질소비율이라고도 한다. C/N율이 높으면 수목은 생식생장에 관련되는 꽃눈분화, 결실 등이 촉진된다.

17 다음 설계도면의 종류에 대한 설명으로 옳지 않은 것은?

① 입면도는 구조물의 외형을 보여주는 것이다.
② 평면도는 물체를 위에서 수직방향으로 내려다 본 것을 그린 것이다.
③ 단면도는 구조물의 내부나 내부공간의 구성을 보여주기 위한 것이다.
④ 조감도는 관찰자의 눈높이에서 본 것을 가정하여 그린 것이다.

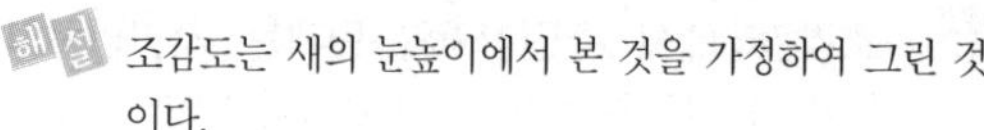
해설 조감도는 새의 눈높이에서 본 것을 가정하여 그린 것이다.

18 잔디의 뗏밥 넣기에 관한 설명으로 가장 부적합한 것은?

① 뗏밥은 가는 모래 2, 밭흙 1, 유기물 약간을 섞어 사용한다.
② 뗏밥은 이용하는 흙은 일반적으로 열처리하거나 증기소독 등 소독을 하기도 한다.
③ 뗏밥은 한지형 잔디의 경우 봄, 가을에 주고 난지형 잔디의 경우 생육이 왕성한 6~8월에 주는 것이 좋다.
④ 뗏밥의 두께는 30mm 정도로 주고, 다시 줄 때에는 일주일이 지난 후에 잎이 덮일 때까지 주어야 좋다.

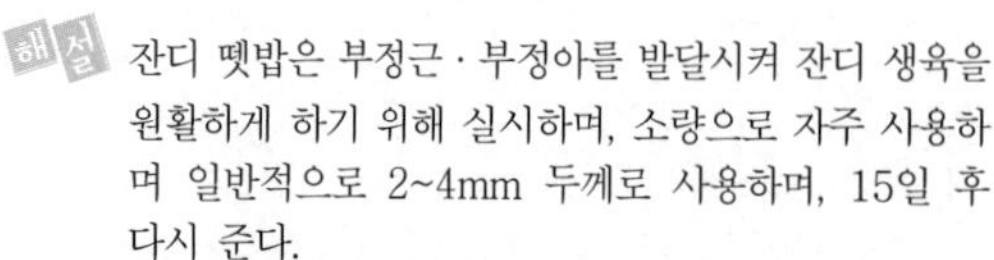
해설 잔디 뗏밥은 부정근·부정아를 발달시켜 잔디 생육을 원활하게 하기 위해 실시하며, 소량으로 자주 사용하며 일반적으로 2~4mm 두께로 사용하며, 15일 후 다시 준다.

19 표준품셈에서 조경용 초화류 및 잔디의 할증률은 몇 %인가?

① 1%
② 3%
③ 5%
④ 10%

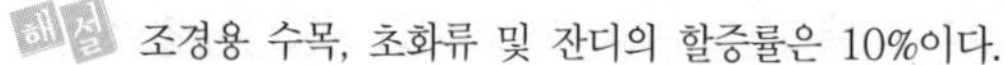
해설 조경용 수목, 초화류 및 잔디의 할증률은 10%이다.

20 세라믹 포장의 특성이 아닌 것은?

① 용점이 높다.
① 압축에 강하다.
② 상온에서의 변화가 적다.
④ 경도가 낮다.

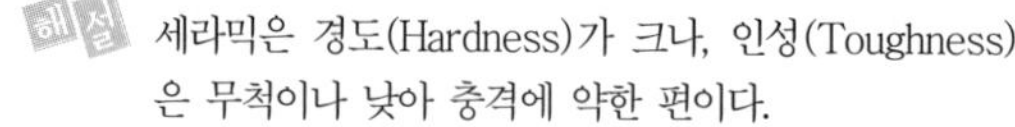
해설 세라믹은 경도(Hardness)가 크나, 인성(Toughness)은 무척이나 낮아 충격에 약한 편이다.

21 석재의 형성원인에 따른 분류 중 퇴적암에 속하지 않는 것은?

① 사암
② 점판암
③ 응회암
④ 안산암

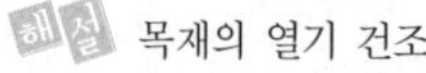
해설 응회암 - 화성암

22 목재의 열기 건조에 대한 설명으로 틀린 것은?

① 낮은 함수까지 건조할 수 있다.
② 자본의 회전기간을 단축시킬 수 있다.
③ 기후와 장소 등의 제약없이 건조할 수 있다.
④ 작업이 비교적 간단하며, 특수한 기술을 요구하지 않는다.

해설 목재의 열기 건조
목재의 건조를 위해 풍속, 건구온도 및 상대습도를 조절할 수 있는 건조실이 있어야 하며 열원의 이용법, 공기순환 방식 등 특수한 기술이 요구된다.

16. ①　17. ④　18. ④　19. ④　20. ④
21. ④　22. ④

23 **재료가 외력을 받았을 때 작은 변형만 나타내도 파괴되는 환경을 무엇이라 하는가?**

① 강성 ② 인성
③ 전성 ④ 취성

- 강성 : 재료에 압력이 가해져도 모양이나 부피가 변하지 않는 물체의 단단한 성질
- 인성 재료의 질김성, 곧 외력에 의해서 파괴하기 어려운 성질
- 전성 : 금속재료가 얇게 박이나 판 등으로 펴지는 성질
- 취성 : 재료가 파괴되기 쉬운 성질

24 **다음 중 백목련에 대한 설명으로 옳지 않은 것은?**

① 낙엽활엽교목으로 수형은 평정형이다.
② 열매는 황색으로 여름에 익는다.
③ 향기가 있고 꽃은 백색이다.
④ 잎이 나기 전에 꽃이 핀다.

백목련은 8~9월에 붉은색 열매가 익는다.

25 **평판을 정치(세우기)하는데 오차에 가장 큰 영향을 주는 항목은?**

① 수평맞추기 (정준)
② 중심맞추기(구심)
③ 방향맞추기(표정)
④ 모두 같다

평판측량 시 방향을 합치시키지 않으면 가장 큰 오차가 발생한다.

26 **생물분류학적으로 거미강에 속하며 덥고 건조한 환경을 좋아하고 뾰족한 입으로 즙을 빨아먹는 해충은?**

① 진딧물 ② 나무좀
③ 응애 ④ 가루이

- 진드기 - 곤충강 노린재목 진딧물과
- 나무좀 - 딱정나무목 나무좀과
- 응애 - 거미강 진드기목 응애과
- 가루이 - 곤충강 매미목 가루이과

27 **수목 뿌리의 역할이 아닌 것은?**

① 저장근: 양분을 저장하여 비대해진 뿌리
② 부착근 : 줄기에서 새근이 나와 다른 물체에 부착하는 뿌리
③ 기생근 : 다른 물체에 기생하기 위한 뿌리
④ 호흡근 : 식물체를 지지하는 기근

호흡근은 호흡을 위해 지상으로 뿌리를 내는 것을 말하며 기근이라고도 한다

28 **다음 노목의 세력회복을 위한 뿌리자르기의 시기와 방법 설명 중 (　)에 들어갈 가장 적합한 것은?**

> - 뿌리자르기의 가장 좋은 시기는 (㉠)이다.
> - 뿌리자르기 방법은 나무의 근원 지름의 (㉡) 배 되는 길이로 원을 그려, 그 위치에서 (㉢)의 깊이로 파내려간다.
> - 뿌리 자르는 각도는 (㉣)가 적합하다.

① ㉠ 월동 전, ㉡ 5~6, ㉢ 45 ~ 50cm, ㉣ 위에서 30°
② ㉠ 땅이 풀린 직후부터 4월 상순, ㉡ 1 ~ 2, ㉢ 10 ~ 20cm, ㉣ 위에서 45°
③ ㉠ 월동 전, ㉡ 1~2. ㉢ 직각 또는 아래쪽으로 30°, ㉣ 직각 또는 아래쪽으로 30
④ ㉠ 땅이 풀린 직후부터 4월 상순, ㉡ 5~6, ㉢ 45~50cm, ㉣ 직각 또는 아래쪽으로 45°

뿌리돌림은 노목의 수세회복과 이식률을 높이기 위해 실시한다. 가장 좋은 시기는 봄으로 뿌리 자르기 방법은 나무의 근원 지름의 5~6배 되는 길이로 깊이 45~50cm 깊이로 파내려가며 뿌리 자르는 각도는 직각 또는 아래쪽으로 45°가 적합하다.

29 **우리나라에서 발생하는 주요 소나무류에 잎녹병을 발생시키는 병원균의 기주로 맞지 않는 것은?**

① 소나무 ② 해송
③ 스트로브잣나무 ④ 송이풀

23. ④ 24. ② 25. ③ 26. ③ 27. ④
28. ④ 29. ④

해설 소나무류 잎녹병의 중간기주 - 송이풀, 까치밥나무

30 다음 중 벌개미취의 꽃색으로 가장 적합한 것은?

① 황색　② 연자주색
③ 검정색　④ 황녹색

해설 벌개미취는 국화과 식물로 꽃색은 연한 자줏빛으로 6~10월에 개화한다.

31 다음 중 한 가지에 많은 봉우리가 생긴 경우 솎아낸다든지, 열매를 따버리는 등의 작업을 하는 목적으로 가장 적당한 것은?

① 생장조장을 돕는 가지 다듬기
② 세력을 갱신하는 가지 다듬기
③ 착화 및 착과 촉진을 위한 가지 다듬기
④ 생장을 억제하는 가지 다듬기

해설 가지의 꽃봉우리와 열매를 솎는 작업은 착화 및 착과 촉진을 위해 실시한다.

32 실내조경 식물의 잎이나 줄기에 백색 점무늬가 생기고 점차 퍼져서 흰 곰팡이 모양이 되는 원인으로 옳은 것은?

① 탄저병　② 흰가루병
③ 무름병　④ 모자이크병

해설 흰가루병은 자낭균에 의한 병으로 고온 다습 시 잎과 줄기에 흰 곰팡이의 표징이 나타난다.

33 다음 [보기]와 같은 특징을 갖는 암거배치 방법은?

> [보기]
> • 중앙에 큰 맹암거를 중심으로 하여 작은 명암를 좌우에 어긋나게 설치하는 방법
> • 경기장 같은 평탄한 지형에 적합하며 전 지역의 배수가 균일하게 요구되는 지역에 설치
> • 주관을 경사지에 배치하고 양측에 설치

① 빗살형　② 부채살형
③ 어골형　④ 자연형

34 농약살포가 어려운 지역과 솔잎혹파리 방제에 사용되는 농약 사용법은?

① 도포법　② 관주법
③ 입제살포법　④ 수간주사법

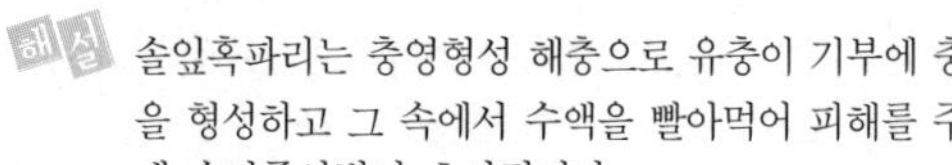

해설 솔잎혹파리는 충영형성 해충으로 유충이 기부에 충영을 형성하고 그 속에서 수액을 빨아먹어 피해를 주는데 수간주사법이 효과적이다.

35 $900m^2$의 잔디광장을 평떼로 조성하려고 할 때 필요한 잔디량은 약 얼마인가?

① 약 1,000매　② 약 5,000매
③ 약 10,000매　④ 약 20,000매

해설 잔디뗏장의 크기는 30×30cm 적용한다.
$900m^2 \div (0.3 \times 0.3) = 10,000$매

36 다음 중 차폐식재에 적용 가능한 수종의 특징으로 옳지 않은 것은?

① 지하고가 낮고 지엽이 치밀한 수종
② 전정에 강하고 유지 관리가 용이한 수종
③ 아랫가지가 말라죽지 않는 상록수
④ 높은 식별성 및 상징적 의미가 있는 수종.

해설 높은 식별성 및 상징적 의미가 있는 수종은 지표식재 및 요점식재 등이 적합하다.

37 다음 중 메쌓기에 대한 설명으로 가장 부적합한 것은?

① 모르타르를 사용하지 않고 쌓는다.
② 뒷채움에는 자갈을 사용한다.
③ 쌓는 높이의 제한을 받는다.
④ $2m^2$마다 지름 3cm 정도의 배수공을 설치한다.

해설 메쌓기는 모르타르나 콘크리트를 사용하지 않는 쌓기로 배수공을 설치하지 않는다.

30. ② 31. ③ 32. ② 33. ③ 34. ④
35. ③ 36. ④ 37. ④

38 시설물 관리를 위한 페인트 칠하기의 방법으로 가장 거리가 먼 것은?

① 목재의 바탕칠을 할 때에는 별도의 작업 없이 불순물을 제거한 후 바로 수성페인트를 칠한다.
② 철재의 바탕칠을 할 때에는 별도의 작업 없이 불순물을 제거한 후 바로 수성페인트를 칠한다.
③ 목재의 갈라진 구멍, 홈, 틈은 퍼티로 땜질하여 24시간 후 초벌칠을 한다.
④ 콘크리트, 모르타르면의 틈은 석고로 땜질하고 유성 또는 수성 페인트를 칠한다.

해설 철재는 바탕칠 시 녹막이 칠이 필요하다.

39 옹벽 중 캔틸레버(Cantilever)를 이용하여 재료를 절약한 것으로 자체 무게와 뒤채움한 토사의 무게를 지지하여 안전도를 높인 옹벽으로 주로 5m 내외의 높지 않은 곳에 설치하는 것은?

① 중력식 옹벽
② 반중력식 옹벽
③ 부벽식 옹벽
④ L자형 옹벽

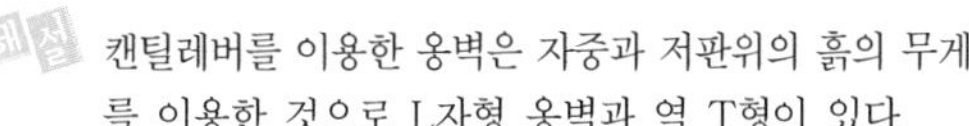
해설 캔틸레버를 이용한 옹벽은 자중과 저판위의 흙의 무게를 이용한 것으로 L자형 옹벽과 역 T형이 있다.

40 다음 중 루비깍지벌레의 구제에 가장 효과적인 농약은?

① 페니트로티온수화제
② 다이아지논문제
③ 포스파미돈액제
④ 옥시테트라사이클린수화제

해설
- 페니트로티온수화제 : 나방류 방제
- 다이아지논문제 : 유기인계 살충제, 잎벌레, 나방 등의 방제
- 옥시테트라사이클린수화제 : 대추나무빗자루병 방제

41 도시공원 및 녹지 등에 관한 법률 시행규칙상 도시의 소공원 공원시설 부지면적 기준은?

① 100분의 20 이하
② 100분의 30 이하
③ 100분의 40 이하
④ 100분의 60 이하

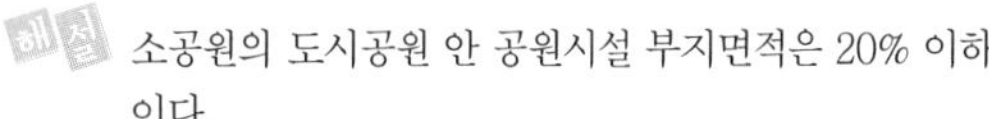
해설 소공원의 도시공원 안 공원시설 부지면적은 20% 이하이다.

42 콘크리트 슬럼프값 측정 순서로 옳은 것은?

① 시료 채취 → 다지기 → 콘에 채우기 – 상단 고르기 → 콘 벗기기 → 슬럼프값 측정
② 시료 채취 → 콘에 채우기 → 콘 벗기기 → 상단 고르기 → 다지기 → 슬럼프값 측정
③ 시료 채취 → 콘에 채우기 → 다지기 → 상단 고르기 → 콘 벗기기 → 슬럼프값 측정
④ 다지기 → 시료 채취→ 콘에 채우기 → 상단 고르기 → 콘 벗기기 → 슬럼프값 측정

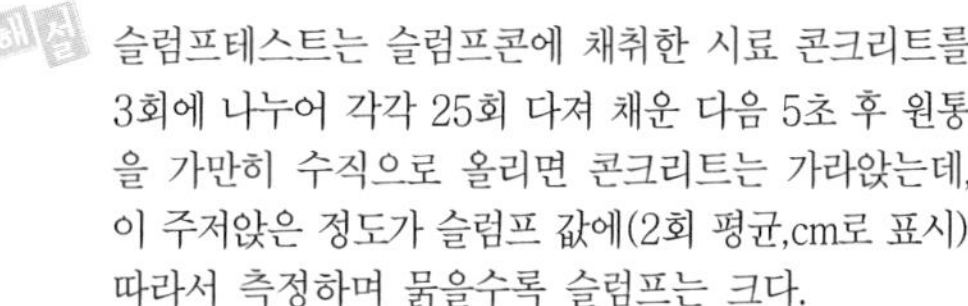
해설 슬럼프테스트는 슬럼프콘에 채취한 시료 콘크리트를 3회에 나누어 각각 25회 다져 채운 다음 5초 후 원통을 가만히 수직으로 올리면 콘크리트는 가라앉는데, 이 주저앉은 정도가 슬럼프 값에(2회 평균,cm로 표시) 따라서 측정하며 묽을수록 슬럼프는 크다.

43 다음 중 주요 기능의 관점에서 옥외 레크레이션의 관리 체계와 가장 거리가 먼 것은?

① 이용자관리
② 자원관리
③ 공정관리
④ 서비스관리

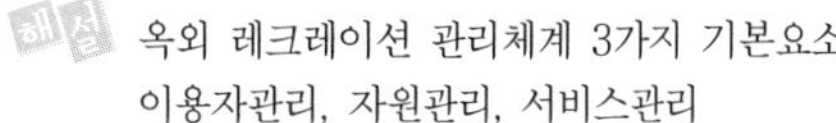
해설 옥외 레크레이션 관리체계 3가지 기본요소
이용자관리, 자원관리, 서비스관리

38. ② 39. ④ 40. ③ 41. ① 42. ③ 43. ③

44 다음 중 계곡선에 대한 설명 중 맞는 것은?

① 주곡선 간격의 1/2 거리의 가는 파선으로 그어진 것이다.
② 주곡선의 다섯 줄마다 굵은 선으로 그어진 것이다.
③ 간곡선 간격의 1/2 거리의 가는 점선으로 그어진 것이다.
④ 1/5,000의 지형도 축척에서 등고선은 10m 간격으로 나타난다.

- 주곡선 간격의 1/2 거리의 가는 파선으로 그어진 선 - 간곡선
- 간곡선 간격의 1/2 거리의 가는 점선으로 그어진 선 - 조곡선
- 1/5,000의 지형도 축척에서 주곡선은 5m 간격으로 나타난다.

45 생울타리처럼 수목이 대상으로 군식되었을 때 거름 주는 방법 으로 가장 적당한 것은?

① 전면거름주기
② 천공거름주기
③ 선상거름주기
④ 방사상거름주기

 생울타리 - 선상시비법

46 정원석을 쌓을 면적이 $60m^2$정원석의 평균 뒷길이 50cm, 공극률이 40%라고 할 때 실제적인 자연석의 체적은 얼마인가?

① $12m^3$　② $16m^3$
③ $18m^3$　④ $20m^3$

 $60m^2 \times 0.5m \times 0.6 = 18m^3$
공극률이 40%이므로 실적율은 60%가 된다.

47 다음 수목의 외과 수술용 재료 중 공동 충전물의 재료로 가장 부적합한 것은?

① 콜타르
② 에폭시수지
③ 불포화 폴리에스테르 수지
④ 우레탄 고무

 콜타르는 석탄의 고온건류(석탄건류)시 부산물로 얻어지는 흑갈색 점조(粘稠)의 방부·방수·방식용의 유상(油狀)액체 도료이다.

48 석재가공 방법 중 화강암 표면의 기계로 켠 자국을 없애주고 자연스러운 느낌을 주므로 가장 널리 쓰이는 마감방법은?

① 버너마감　② 잔다듬
③ 정다듬　④ 도드락다듬

 버너마감은 고열의 불꽃을 이용하여 돌 따위의 표면을 가공하는 방식의 마감하는 방법으로 고른 표면의 느낌을 준다.

49 정형식 배식 방법에 대한 설명이 옳지 않은 것은?

① 단식 - 생김새가 우수하고, 중량감을 갖춘 정형수를 단독으로 식재
② 대식 - 시선축의 좌우에 같은 형태, 같은 종류의 나무를 대칭 식재
③ 열식 - 같은 형태와 종류의 나무를 일정한 간격으로 직선상에 식재
④ 교호식재 - 서로 마주보게 배치하는 식재

 교호식재 - 같은 간격으로 서로 어긋나게 식재

50 다음 [보기]에서 설명하는 수종은?

[보기]
- 낙엽활엽교목으로 부채꼴형 수형이다.
- 야합수(合)라 불리기도 한다.
- 여름에 피는 꽃은 분홍색으로 화려하다.
- 천근성 수종으로 이식에 어려움이 있다.

① 자귀나무　② 치자나무
③ 은목서　④ 서향

44. ②　45. ③　46. ③　47. ①　48. ①
49. ④　50. ①

51 수종과 그 줄기색(樹皮)의 연결이 틀린 것은?

① 벽오동은 녹색 계통이다.
② 곰솔은 흑갈색 계통이다.
③ 소나무는 적갈색 계통이다.
④ 흰말채나무는 흰색 계통이다.

해설 흰말채나무의 줄기는 붉은색 계통이다.

52 귀룽나무(*Prunus padus* L.)에 대한 특성으로 맞지 않는 것은?

① 원산지는 한국, 일본이다.
② 꽃과 열매는 백색계열이다.
③ Rosaceae과(科) 식물로 분류된다.
④ 생장속도가 빠르고 내공해성이 강하

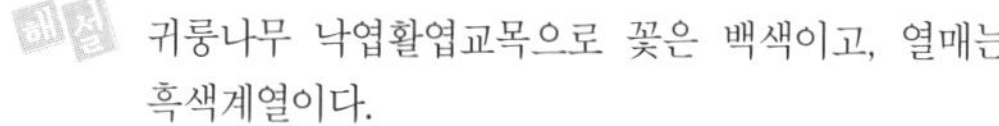

해설 귀룽나무 낙엽활엽교목으로 꽃은 백색이고, 열매는 흑색계열이다.

53 봄에 향나무의 잎과 줄기에 갈색의 돌기가 형성되고 비가 오면 한천모양이나 젤리모양으로 부풀어 오르는 병은?

① 향나무 가지마름병
② 향나무 그을음병
③ 향나무 붉은별무늬병
④ 향나무 녹병

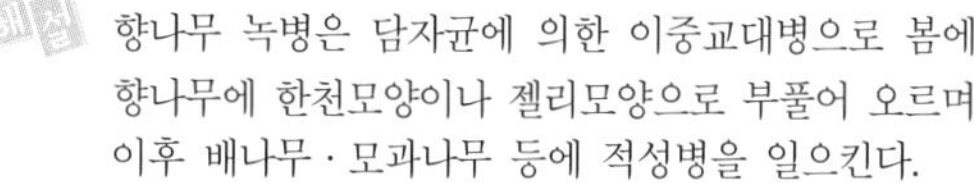

해설 향나무 녹병은 담자균에 의한 이중교대병으로 봄에 향나무에 한천모양이나 젤리모양으로 부풀어 오르며 이후 배나무 · 모과나무 등에 적성병을 일으킨다.

54 인간이나 기계가 공사 목적물을 만들기 위하여 단위물량당 소요로 하는 노력과 품질을 수량으로 표현한 것을 무엇이라 하는가?

① 할증　　② 품셈
③ 견적　　④ 내역

해설 품셈은 사람이 인력 또는 기계로 어떠한 물체를 만드는 데에 대한 단위당 소요로 하는 노력과 능률 및 재료를 수량으로 표시한 것. 즉, 단위당 시공능력과 소요 수량을 표시한 것을 말한다.

55 수목을 장거리 운반할 때 주의해야 할 사항이 아닌 것은?

① 병충해 방제　　② 수피 손상 방지
③ 분 깨짐 방지　　④ 바람 피해 방지

해설 수목 운반시 뿌리분이 깨지지 않도록 하며, 바람의 피해나 수피 손상 등이 일어나지 않도록 한다.

56 철근의 피복두께를 유지하는 목적으로 틀린 것은?

① 철근량 절감
② 내구성능 유지
③ 내화성능 유지
④ 소요의 구조내력확보

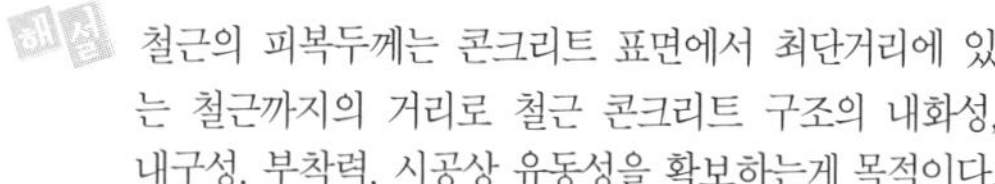

해설 철근의 피복두께는 콘크리트 표면에서 최단거리에 있는 철근까지의 거리로 철근 콘크리트 구조의 내화성, 내구성, 부착력, 시공상 유동성을 확보하는게 목적이다.

57 다음의 입체도에서 화살표 방향을 정면으로 할 때 평면도를 바르게 표현한 것은?

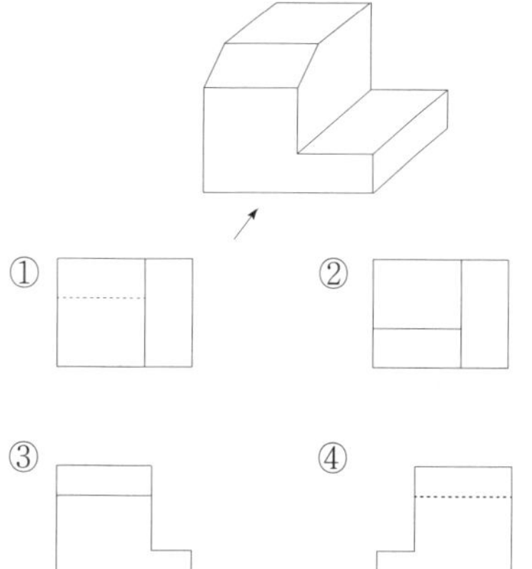

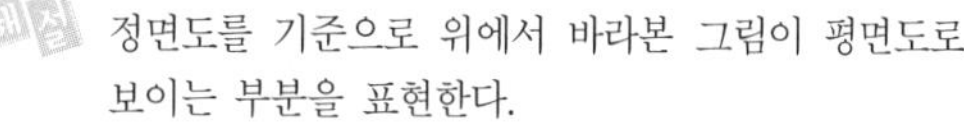

해설 정면도를 기준으로 위에서 바라본 그림이 평면도로 보이는 부분을 표현한다.

51. ④　52. ②　53. ④　54. ②　55. ①
56. ①　57. ②

58 이팝나무와 조팝나무에 대한 설명으로 옳지 않은 것은?

① 이팝나무의 열매는 타원형의 핵과이다.
② 환경이 같다면 이팝나무가 조팝나무보다 꽃이 먼저 핀다.
③ 과명은 이팝나무는 물푸레나무과(科)이고, 조팝나무는 장미과(科)이다.
④ 성상은 이팝나무는 낙엽활엽교목이고, 조팝나무는 낙엽활엽관목이다.

 조팝나무는 3~4월에 개화하고 이팝나무는 4~5월에 개화한다.

59 조경설계기준상 휴게시설의 의자에 관한 설명으로 틀린 것은?

① 체류시간을 고려하여 설계하며, 긴 휴식에 이용되는 의자는 앉음판의 높이가 낮고 등받이를 길게 설계한다.
② 등받이 각도는 수평면을 기준으로 85~95° 를 기준으로 한다.
③ 앉음판의 높이는 34 ~ 46cm를 기준으로 하되 어린이를 위한 의자는 낮게 할 수 있다.
④ 의자의 길이는 1인당 최소 45cm를 기준으로 하되, 팔걸이 부분의 폭은 제외한다.

 등받이 각도는 수평면을 기준으로 96~110° 를 기준으로 한다.

60 자연석(경관석) 놓기에 대한 설명으로 틀린 것은?

① 경관석의 크기와 외형을 고려한다.
② 경관석 배치의 기본형은 부등변삼각형이다.
③ 경관석의 구성은 2. 4. 8 등 짝수로 조합한다.
④ 돌 사이의 거리나 크기를 조정하여 배치한다.

 경관석의 구성은 홀수로 조합한다.

58. ② 59. ② 60. ③

CBT 대비 2023년 1회 복원기출문제

본 기출문제는 수험자의 기억을 바탕으로 하여 복원한 문제이므로 실제 출제된 문제와 일부 다를 수 있음을 미리 알려드립니다.

1 정원의 개조 전·후의 모습을 보여주는 레드북(Red book)의 창안자는?

① 험프리 랩턴(Humphrey Repton)
② 윌리엄 켄트(William Kent)
③ 란 셀로트 브라운(Lan Celot Brown)
④ 브리지맨(Bridge man)

해설 험프리 랩턴
- 풍경식 정원의 완성자
- 레드북 : 설계전·후의 스케치의 모음집
- 자연미를 추구하는 동시에 실용적이고 인공적인 특징을 잘 소화했다는 평을 받음

2 옴스테드와 캘버트 보가 제시한 그린스워드안의 내용이 아닌 것은?

① 동적놀이를 위한 운동장
② 차음과 차폐를 위한 주변식재
③ 평면적 동선체계
④ 넓고 쾌적한 마차 드라이브 코스

해설 바르게 고치면 → ① 입체적 동선체계

3 조선시대 후원양식에 대한 설명 중 틀린 것은?

① 중엽이후 풍수지리설의 영향을 받아 후원양식이 생겼다.
② 건물 뒤에 자리잡은 언덕빼기를 계단 모양으로 다듬어 만들었다.
③ 각 계단에는 향나무를 주로 한 나무를 다듬어 장식하였다.
④ 경복궁 교태전 후원인 아미산, 창덕궁 낙선재의 후원 등이 그 예이다.

해설 후원의 계단에는 주로 화목류로 심어 장식하였다.

4 고려시대 궁궐정원을 맡아보던 관서는?

① 원야　② 장원서
③ 상림원　④ 내원서

해설 조경관리부서
- 고려 – 내원서(충렬왕)
- 조선 – 상림원(태조) – 장원서(세조)

5 다음 우리나라 조경 가운데 가장 오래된 것은?

① 소쇄원(瀟灑園)　② 순천관(順天館)
③ 아미산정원　④ 안압지(眼壓池)

해설 안압지 – 통일신라시대 정원 유적
① – 조선시대의 별서
② – 고려시대의 객관정원(외국에서 사신이 오면 접대하던 장소)
③ – 경복궁 교태전 후원

6 조경식물에 대한 옛 용어와 현대 사용되는 식물명의 연결이 잘못된 것은?

① 자미(紫薇) – 장미
② 산다(山茶) – 동백
③ 옥란(玉蘭) – 백목련
④ 부거(芙渠) – 연(蓮)

해설 자미 – 배롱나무

7 다음 중 고대 로마의 폼페이 주택정원에서 볼 수 없는 것은?

① 아트리움　② 페리스틸리움
③ 포름　④ 지스터스

1. ①　2. ③　3. ③　4. ④　5. ④
6. ①　7. ③

- 로마 주택정원의 공간구성 : 아트리움 → 페리스틸리움 → 지스터스
- 포름 : 그리스시대 최초의 광장인 아고라가 로마시대에 포름으로 발전하였다.

8 중국정원의 가장 중요한 특색이라 할 수 있는 것은?

① 조화 ② 대비
③ 반복 ④ 대칭

중국 정원의 디자인요소로 대비를 중점적으로 두었으며 일본정원은 조화에 중점을 두고 있다.

9 단위용적중량이 1.65t/m^{3}이고 굵은 골재 비중이 2.65일 때 이 골재의 실적률(A)과 공극률(B)은 각각 얼마인가?

① A : 62.3%, B : 37.7%
② A : 69.7%, B : 30.3%
③ A : 66.7%, B : 33.3%
④ A : 71.4%, B : 28.6%

해설 ① 골재의 실적률(G)
= (골재의 단위용적질량)/(골재의 비중) × 100
= (1.65/2.65) × 100
= 62.26 → 62.3%
② 공극률 = 100% − 62.3% = 37.7%

10 자연 그대로의 짜임새가 생겨나도록 하는 사실주의 자연풍경식 조경 수법이 발달한 나라는?

① 스페인 ② 프랑스
③ 영국 ④ 이탈리아

해설 영국에서는 18c에 사실주의 자연풍경식이 유행하게 된다.

11 목재의 단면에서 수액이 적고 강도, 내구성이 등이 우수하기 때문에 목재로서 이용가치가 큰 부위는?

① 변재 ② 수피
③ 심재 ④ 변재와 심재사이

변재와 심재

변재	수피가까이에 있는 부분으로 수축이 크다.
심재	목질부 중 수심부근에 있는 부분으로 신축이 적다.

12 양질의 포졸란을 사용한 시멘트의 일반적인 특징 설명으로 틀린 것은?

① 수밀성이 크다.
② 해수(海水)등에 화학 저항성이 크다.
③ 발열량이 적다.
④ 강도의 증진이 빠르나 장기강도가 작다.

포졸란시멘트 : 워커빌리티가 양호, 장기강도가 크며 수화열이 작다.

13 미리 골재를 거푸집 안에 채우고 특수 탄화제를 섞은 모르타르를 주입하여 골재의 빈틈을 메워 콘크리트를 만드는 형식은?

① 서중콘크리트
② 프리팩트콘크리트
③ 프리스트레스트콘크리트
④ 한중콘크리트

프리팩트콘크리트(prepacked concrete)
거푸집에 골재를 넣고 그 골재 사이 공극(孔隙)에 모르타르를 넣어서 만든 콘크리트로 자갈이 촘촘하게 차 있어서 시멘트가 적게 들고 치밀하여 곰보현상이 적고 내수성 · 내구성이 뛰어나며 골재를 먼저 넣으므로 중량콘크리트 시공을 할 수도 있다.

14 염분 피해가 많은 임해공업지대에 가장 생육이 양호한 수종은?

① 비자나무 ② 단풍나무
③ 느티나무 ④ 개나리

비자나무
주목과 상록침엽교목으로 내염성이 강한 수종이다.

8. ② 9. ① 10. ③ 11. ③ 12. ④
13. ② 14. ①

15 다음 중 1속에서 잎이 5개 나오는 수종은?

① 백송 ② 방크스소나무
③ 리기다소나무 ④ 스트로브잣나무

• 백송, 리기다소나무 : 3엽송
• 방크스소나무 : 2엽송

16 일반적으로 여름에 백색 계통의 꽃이 피는 수목은?

① 산사나무 ② 생강나무
③ 산수유 ④ 팥배나무

 팥배나무
장미과 수목으로 5~6월에 6~10개의 흰꽃이 산방꽃 차례로 핀다.

17 흰말채나무의 특징 설명으로 틀린 것은?

① 노란색의 열매가 특징적이다.
② 층층나무과로 낙엽활엽관목이다.
③ 수피가 여름에는 녹색이나 가을, 겨울철의 붉은 줄기가 아름답다.
④ 잎은 대생하며 타원형 또는 난상타원형이고, 표면에 작은 털이 있으며 뒷면은 흰색의 특징을 갖는다.

해설 흰말채나무
• 층층나무과의 낙엽활엽 관목
• 나무껍질은 붉은색이고 잎은 마주나고 타원 모양이거나 달걀꼴 타원 모양
• 열매는 타원 모양의 핵과(核果)로서 흰색 또는 파랑빛을 띤 흰색이며 8~9월에 익는다. 종자는 양쪽 끝이 좁고 납작함

18 다음 중 높이떼기의 번식방법을 사용하기 가장 적합한 수종은?

① 개나리 ② 덩굴장미
③ 등나무 ④ 배롱나무

해설 높이떼기번식
• 식물의 가지를 잘라내지 않는 상태에서 뿌리를 내어 번식시키는 방법을 가리키며 식물의 인위적인 번식 방법 중 하나이다.
• 고취법(高取法 – 취목)과 저취법(低取法 – 휘묻이)이라는 두 가지 방법이 있다.
• 저취법의 휘묻이라는 단어에는 '가지를 휘어서 묻는다'라는 의미가 있기 때문에 실제 휘문이라고 할 때는 저취법을 의미한다. 이는 가지에 굴성(휘는 성질)이 있는 덩굴장미나 로즈메리, 개나리 등에 주로 적용되는 방법이다.
• 높이떼기 즉, 고취법은 곧게 서 있는 나무의 가지에서 껍질을 둥글게 벗겨낸 후, 충분히 습기가 있는 물이끼로 싼 후에 물기가 새지 않도록 다시 비닐로 싼다. 이렇게 하면 껍질이 벗겨진 부분에 영양분이 모여서 뿌리가 다시 나므로, 이후 뿌리가 난 부분을 잘라내서 땅에 다시 심어서 키운다.

19 중국 송 시대의 수법을 모방한 화원과 석가산 및 누각 등이 많이 나타난 시기는?

① 백제시대 ② 신라시대
③ 고려시대 ④ 조선시대

 고려시대 정원의 특징
• 시각적 쾌감을 부여하기 위한 관상위주의 정원
• 중국으로부터 석가산이 유입
• 격구장, 휴식과 조망을 위한 정자가 정원시설의 일부가 됨

20 수목 규격의 표시는 수고, 수관폭, 흉고직경, 근원직경, 수관 길이를 조합하여 표시할 수 있다. 표시법 중 H×W×R로 표시할 수 있는 가장 적합한 수종은?

① 은행나무 ② 사철나무
③ 주목 ④ 소나무

 H×W×R로 표시하는 수목은 조형미가 중시되는 수종이 적합하다.

21 벽돌쌓기 시공에서 벽돌 벽을 하루에 쌓을 수 있는 최대 높이는 몇 m 이하인가?

① 1.0m ② 1.2m
③ 1.5m ④ 2.0m

 1일 쌓기 높이는 1.2m를 표준으로 하고, 최대 1.5m 이하로 한다.

15. ④ 16. ④ 17. ① 18. ④ 19. ③
20. ④ 21. ③

22 재료의 기계적 성질 중 작은 변형에도 파괴되는 성질을 무엇이라 하는가?

① 강성 ② 소성
③ 취성 ④ 탄성

취성(brittleness)
- 물체가 연성(延性)을 갖지 않고 파괴되는 성질
- 취성을 나타내는 대표적인 예로 유리를 들 수 있는데, 온도가 높아지면 취성을 상실함

23 수목의 흰가루병은 가을이 되면 병환부에 흰가루가 섞여서 미세한 흑색의 알맹이가 다수 형성되는데 다음 중 이것을 무엇이라 하는가?

① 균사(菌絲)
② 자낭구(子囊球)
③ 분생자병(分生子柄)
④ 분생포자(分生胞子)

흰가루병
- 흰가루라는 분생포자경 및 분생포자이며, 균사가 표피를 뚫고 흡기를 형성하여 양분을 탈취한다.
- 가을철에는 흑갈색의 자낭구를 형성한다.

24 콘크리트 공사의 시공과정 중 휴식시간 등으로 응결하기 시작한 콘크리트에 새로운 콘크리트를 이어 칠 때 일체화가 저해되어 발생하는 줄눈의 형태는?

① 콜드 조인트(cold joint)
② 콘트롤 조인트(control joint)
③ 익스팬션 조인트(expansion joint)
④ 콘트런션 조인트(contraction joint)

콜드 조인트
- 응결하기 시작한 콘크리트에 새로운 콘크리트를 이어치기할 때 일체화되지 않아 이음부분의 시공불량이 일어나는 현상
- 물이 통과하기 쉬워 동결, 융해, 작용을 받아 철근 부식 및 균열 발생시키므로 콘크리트의 강도, 내구성, 수밀성을 저하시킨다.

25 축척 1/1000의 도면의 단위 면적이 16m²일 것을 이용하여 축척 1/2000의 도면의 단위 면적으로 환산하면 얼마인가?

① $32m^2$ ② $64m^2$
③ $128m^2$ ④ $256m^2$

$1m^2 : 16m^2 = 4m^2 : x$
$x = 64m^2$

26 수목의 총중량은 지상부와 지하부의 합으로 계산할 수 있는데, 그 중 지하부(뿌리분)의 무게를 계산하는 식은 W = V × K이다. 이 중 V가 지하부(뿌리분)의 체적일 때 K는 무엇을 의미하는가?

① 뿌리분의 단위체적 중량
② 뿌리분의 형상 계수
③ 뿌리분의 지름
④ 뿌리분의 높이

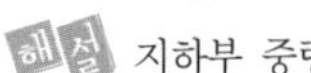
지하부 중량
W = V × K 여기서, V는 지하부(뿌리분) 체적, K 뿌리분의 단위체적 중량

27 다음 도시공원 시설 중 유희시설에 해당되는 것은?(단, 도시공원 및 녹지 등에 관한 법률 시행규칙을 적용한다.)

① 정원 ② 수목원
③ 도서관 ④ 낚시터

유희시설
시소, 정글짐, 사다리, 순환궤도차, 궤도, 모험놀이장, 유원시설, 발물놀이터, 뱃놀이터, 낚시터 그 밖에 이와 유사한 시설로서 도시민의 여가선용을 위한 놀이 시설

28 제거대상 가지로 적당하지 않는 것은?

① 평행 가지
② 교차한 가지
③ 세력이 좋은 가지
④ 병충해 피해 입은 가지

해설 전정의 대상 : 밀생지, 교차지, 도장지, 역지, 병지, 고지, 수하지, 평행지, 윤생지, 대생지

22. ③ 23. ② 24. ① 25. ② 26. ①
27. ④ 28. ③

29 다음 수종들 중 단풍이 붉은색이 아닌 것은?

① 신나무 ② 복자기
③ 화살나무 ④ 고로쇠나무

 고로쇠나무 – 노란색 단풍

30 다음 보도블록 포장공사의 단면 그림 중 블록 아랫부분은 무엇으로 채우는 것이 좋은가?

① 자갈 ② 모래
③ 잡석 ④ 콘크리트

 블록아래는 보통 모래를 완충층으로 다짐한다.

31 다음 수목 중 식재시 근원직경에 의한 품셈을 적용할 수 있는 것은?

① 은행나무 ② 왕벚나무
③ 아왜나무 ④ 꽃사과나무

 은행나무, 아왜나무, 왕벚나무 : H×B 이므로 흉고직경에 의한 품셈을 적용한다.

32 솔수염하늘소의 성충이 최대로 출현하는 최성기로 가장 적합한 것은?

① 3~4월 ② 4~5월
③ 6~7월 ④ 9~10월

해설 솔수염하늘소

- 소나무재선충의 매개충으로 솔수염하늘소에 재선충이 기생한다. 솔수염하늘소는 길쭉한 몸이 위아래로 약간 납작한 모양이다. 앞가슴은 넓은 타원형이고, 앞가슴등판의 앞쪽은 조금 굽어 있다. 다리가 없고, 나무 속을 파먹으며 들어가서 뒤는 배설물로 메워 놓는다.
- 성충의 출현기는 6~7월로 6월 중순에 가장 큰 피해를 준다.

33 수목을 옮겨심기 전에 뿌리돌림을 하는 이유로 가장 중요한 것은?

① 관리가 편리하도록
② 수목내의 수분 양을 줄이기 위하여
③ 무게를 줄여 운반이 쉽게 하기 위해
④ 잔뿌리를 발생시켜 수목의 활착을 돕기 위하여

 뿌리돌림의 목적

- 이식을 위한 예비조치로 현재의 위치에서 미리 뿌리를 잘라 내거나 환상박피 함으로써 세근이 많이 발달하도록 유도한다.
- 생리적으로 이식을 싫어하는 수목이나 부적기 식재 및 노거수의 이식에는 반드시 필요하며 전정이 병행되어야한다.

34 직영공사의 특징 설명으로 옳지 않은 것은?

① 공사내용이 단순하고 시공 과정이 용이할 때
② 금액이 적고 간편한 업무
③ 관리주체가 보유한 설비로는 불가능한 업무
④ 일반도급으로 단가를 정하기 곤란한 특수한 공사가 필요할 때

 관리주체가 보유한 설비로는 불가능한 업무는 도급방식이 유리하다.

35 "느티나무 10주에 600,000원, 조경공 1인과 보통공 2인이 하루에 식재한다."라고 가정할 때 느티나무 1주를 식재할 때 소요되는 비용은? (단, 조경공 노임은 60,000원/일, 보통공 40, 000원/일이다)

① 68,000원 ② 70,000원
③ 72,000원 ④ 74,000원

해설 ① 하루 소요 비용
$= 600{,}000 + (60{,}000 \times 1.0) + (40{,}000 \times 2.0)$
$= 740{,}000$ → 10주 식재 비용
② 1주당 식재 비용 $= 740{,}000 \div 10 = 74{,}000$원

29. ④ 30. ② 31. ④ 32. ③ 33. ④
34. ③ 35. ④

36 가을에 그윽한 향기를 가진 등황색 꽃이 피는 수종은?

① 생강나무 ② 남천
③ 팔손이나무 ④ 금목서

목서
물푸레나무과의 상록 대관목으로 10월에 잎겨드랑이에 모여 달리며 등황색의 꽃으로 향기가 뛰어나다.

37 석재를 형상에 따라 구분 할 때 견치돌에 대한 설명으로 옳은 것은?

① 폭이 두께의 3배 미만으로 육면체 모양을 가진 돌
② 치수가 불규칙하고 일반적으로 뒷면이 없는 돌
③ 두께가 15cm미만이고, 폭이 두께의 3배 이상인 육면체 모양의 돌
④ 전면은 정사각형에 가깝고, 뒷길이, 접촉면, 뒷면 등의 규격화 된 돌

① 각석
② 깬돌(할석)
③ 판석

38 보통포틀랜드 시멘트와 비교했을 때 고로(高爐) 시멘트의 일반적 특성에 해당되지 않는 것은?

① 초기강도가 크다.
② 내열성이 크고 수밀성이 양호하다.
③ 해수(海水)에 대한 저항성이 크다.
④ 수화열이 적어 매스콘크리트에 적합하다.

고로시멘트는 장기강도가 크다.

39 다음 중 자연공원법에 의한 국립공원이 아닌 것은?

① 태백산 ② 팔공산
③ 월출산 ④ 강천산

강천산은 우리나라 군립공원 1호이다.

40 다음 중 한발이 계속될 때 짚 깔기나 물주기를 제일 먼저 해야 될 나무는?

① 소나무 ② 향나무
③ 가중나무 ④ 낙우송

한발(drought)
- 가뭄이라고도 하며, 강수(降水)가 비정상적으로 적어 건조한 날씨가 계속되어, 물 부족 때문에 식물의 생육이 저해되고 심할 때는 말라죽기도 한다.
- 주로 천근성수종이나 호습성 수종의 경우 한발에 피해에 유의해야 한다.

41 곁눈 밑에 상처를 내어 놓으면 잎에서 만들어진 동화물질이 축적되어 잎눈이 꽃눈으로 변하는 일이 많다. 어떤 이유 때문인가?

① C/N 율이 낮아지므로
② C/N 율이 높아지므로
③ T/R 율이 낮아지므로
④ T/R 율이 높아지므로

C/N 율이 높아지면 탄수화물 함량이 많아져 영양생장단계에서 생식생장 단계가 된다.

42 조경의 대상을 기능별로 분류해 볼 때 「자연공원법」에 포함되지 않는 공원은?

① 군립공원 ② 시립공원
③ 지질공원 ④ 광역구립공원

자연공원 분류
국립공원, 도립공원, 군립공원, 시립공원, 광역시립공원 지질공원

36. ④ 37. ④ 38. ① 39. ④ 40. ④
41. ② 42. ④

43 계단의 설계 시 고려해야 할 기준을 옳지 않은 것은?

① 계단의 경사는 최대 30~35°가 넘지 않도록 해야 한다.
② 단 높이를 H, 단 너비를 B로 할 때 2h+b = 60~65cm가 적당하다.
③ 진행 방향에 따라 중간에 1인용일 때 단 너비 90~110cm 정도의 계단 참을 설치한다.
④ 계단의 높이가 5m 이상이 될 때에만 중간에 계단참을 설치한다.

해설 계단의 높이가 2m 이상이 될 때에만 중간에 계단참을 설치한다.

44 소나무류의 순따기에 알맞은 적기는?

① 1 ~ 2월 ② 3 ~ 4월
③ 5 ~ 6월 ④ 7 ~ 8월

해설 소나무류 순지르기(꺾기)
- 나무의 신장을 억제, 노성(老成)된 우아한 수형을 단기간 내에 인위적으로 유도, 잔가지가 형성되어 소나무 특유의 수형 형성
- 방법 : 4~5월경 5~10cm로 자란 새순은 3개 정도 남기고 중심순을 포함하여 손으로 제거

45 다음 선의 종류와 선긋기의 내용이 잘못 짝지어진 것은?

① 2점 쇄선 : 도형의 중심선
② 가는 실선 : 수목인출선
③ 1점 쇄선 : 경계선
④ 파선 : 기존등고선

해설 도형의 중심선 : 1점쇄선

46 다음 중 식엽성(食葉性) 해충이 아닌 것은?

① 솔나방
② 텐트나방
③ 복숭아명나방
④ 미국흰불나방

해설 복숭아명나방 : 종실가해해충

47 다음 중 파이토플라스마에 의한 수목병은?

① 쥐똥나무 빗자루병
② 잣나무 털녹병
③ 밤나무 뿌리혹병
④ 낙엽송 끝마름병

해설 파이토플라스마에 의한 수목병 : 대추나무빗자루병, 뽕나무오갈병, 쥐똥나무 빗자루병

48 표준형 벽돌을 사용하여 1.5B로 시공한 담장의 총 두께는? (단, 줄눈의 두께는 10mm이다)

① 210mm ② 270mm
③ 290mm ④ 330mm

해설 표준형벽돌의 규격 : 190×90×57
1.5B = 1.0B+0.5B = 190+10(줄눈)+90
= 290mm

49 수간에 약액 주입시 구멍 뚫는 각도로 가장 적절한 것은?

① 수평 ② 0 ~ 10°
③ 20 ~ 30° ④ 50 ~ 60°

해설 수간주사시 주사약은 형성층까지 닿아야하며 구멍은 통상 수간 밑 2곳을 뚫는다. 수간주입구멍의 각도는 20~30도, 구멍지름은 5mm, 깊이 3~4cm로 한다.

50 다음 중 인공토양을 만들기 위한 경량재가 아닌 것은?

① 부엽토
② 화산재
③ 펄라이트(perlite)
④ 버미큘라이트(vermiculite)

해설 부엽토 : 나뭇잎이나 작은 가지 등이 미생물에 의해 부패, 분해되어 생긴 흙으로 배수가 좋고 수분과 양분을 많이 가지고 있다.

43. ④ 44. ③ 45. ① 46. ③ 47. ①
48. ② 49. ③ 50. ①

51 난지형 잔디에 뗏밥을 주는 가장 적합한 시기는?

① 3~4월　　② 5~7월
② 9~10월　　④ 11~1월

잔디뗏밥은 잔디의 생육이 왕성한 시기에 실시하며 난지형은 늦봄에 한지형은 이른 봄과 가을이 적합하다.

52 토양의 단면 중 낙엽이 대부분 분해되지 않고 원형 그대로 쌓여 있는 층은?

① L층　　② F층
③ H층　　④ C층

토양단면의 Ao층(유기물층)
낙엽과 분해물질 등 유기물 토양 고유의 층, 유기물의 분해정도에 따라 L, F, H의 3층으로 분리하며 L층은 분해되지 않고 원형 그대로 쌓여 있는 층, F층은 분해가 50% 정도 진행된 층, H층은 완전히 부식된 층을 말한다.

53 도시공원 및 녹지 등에 관한 법률에서 어린이공원의설계기준으로 틀린 것은?

① 휴양시설 중 경로당을 설치하여 어린이와의 유대감을 형성할 수 있다.
② 유치거리는 250m 이하, 1개소의 면적은 $1500m^2$ 이상의 규모로 한다.
③ 유희시설에 설치되는 시설물에는 정글짐, 미끄럼틀, 시소 등이 있다.
④ 공원 시설 부지면적은 전체 면적의 60% 이하로 하여야한다.

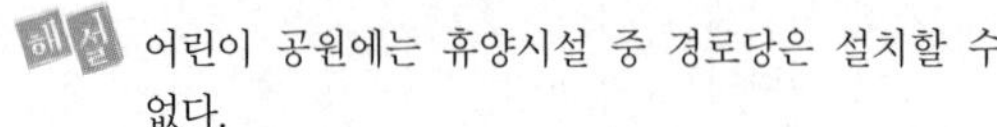
해설 어린이 공원에는 휴양시설 중 경로당은 설치할 수 없다.

54 다음 중 난지형 잔디에 해당되는 것은?

① 레드톱
② 버팔로그라스
③ 켄터키 블루그라스
④ 톨 훼스큐

해설 ①, ③, ④는 한지형잔디에 해당된다.

55 다음 중 물푸레나무과에 해당되지 않는 것은?

① 미선나무　　② 광나무
③ 이팝나무　　④ 식나무

해설 식나무 – 층층나무과 상록활엽관목

56 지력이 낮은 척박지에서 지력을 높이기 위한 수단으로 식재 가능한 콩과(科) 수종은?

① 소나무　　② 녹나무
③ 갈참나무　　④ 자귀나무

해설 비료목
① 근류균을 가진 수종으로 근류균에 의해 공중질소의 고정작용 역할을 하여 토양의 물리적 조건과 미생물적 조건을 개선
② 종류
- 콩과 식물 : 아까시나무, 자귀나무, 싸리나무, 박태기나무, 등나무, 칡 등
- 자작나무과 : 사방오리, 산오리, 오리나무 등
- 보리수나무과 : 보리수나무, 보리장나무 등

57 다음 중 곰솔(해송)에 대한 설명으로 옳지 않은 것은?

① 동아(冬芽)는 붉은 색이다.
② 수피는 흑갈색이다.
③ 해안지역의 평지에 많이 분포한다.
④ 줄기는 한해에 가지를 내는 층이 하나여서 나무의 나이를 짐작할 수 있다.

해설 소나무의 동아(冬芽 : 겨울눈)의 색은 붉은 색이나 곰솔은 회백색인 것이 특징이다.

58 뿌리분의 크기를 구하는 식으로 가장 적합한 것은?

① 24+(N−3)×d　　② 24+(N+3)÷d
③ 24−(n−3)+d　　④ 24−(n−3)−d

해설 뿌리분의 크기를 구하는 식=24+(N−3)×d
여기서 N : 줄기의 근원직경,
d : 상수(상록수 4, 낙엽수 5)

51. ②　52. ①　53. ①　54. ②　55. ④
56. ④　57. ①　58. ①

59 식물의 아래 잎에서 황화현상이 일어나고 심하면 잎 전면에 나타나며, 잎이 작지만 잎수가 감소하며 초본류의 초장이 작아지고 조기 낙엽이 비료결핍의 원인이라면 어느 비료 요소와 관련된 설명인가?

① P　　② N
③ Mg　　④ K

질소 부족시 잎의 성장이 저하되고 매우 옅은 노란색으로 변하는 황하 현상이 생긴다.

60 수목 외과 수술의 시공 순서로 옳은 것은?

> ① 동공 가장자리의 형성층 노출
> ② 부패부 제거
> ③ 표면 경화처리
> ④ 동공 충진
> ⑤ 방수처리
> ⑥ 인공수피 처리
> ⑦ 소독 및 방부처리

① ①-⑥-②-③-④-⑤-⑦
② ②-⑦-①-⑥-⑤-③-④
③ ①-②-③-④-⑤-⑥-⑦
④ ②-①-⑦-④-⑤-③-⑥

수목 외과 수술의 시공순서
부패부 제거 – 동공 가장자리의 형성층 노출 – 소독 및 방부처리 – 동공 충진 – 방수처리 – 표면 경화처리 – 인공수피 처리

59. ②　60. ④

CBT 대비 2023년 3회 복원기출문제

본 기출문제는 수험자의 기억을 바탕으로 하여 복원한 문제이므로 실제 출제된 문제와 일부 다를 수 있음을 미리 알려드립니다.

1 안압지에 대한 설명으로 거리가 먼 것은?

① 임해전은 자연적인 곡선 형태로 못의 동쪽에 남북축선상에 배치되었다.
② 못 안에 대, 중, 소 3개의 섬이 축조되었다.
③ 출수구는 못의 북안 서쪽에서 발견되었다.
④ 섬과 인공동산에 경석을 배치하였다.

 임해전은 직선형태로 서남쪽에 배치되었다.

2 알함브라 궁전에 조성된 "파티오"가 아닌 것은?

① 천인화(天人花)의 파티오
② 궁전(宮殿)의 파티오
③ 사자(獅子)의 파티오
④ 다라하(Daraja)의 파티오

 알함브라 궁전의 중정(Patio)
- 알베르카(alberca)중정(도금양, 천인화의 중정)
- 사자의 중정
- 다라하 중정(린다라야 중정)
- 레하의 중정(사이프러스 중정)

3 우리나라 조경관련 문헌과 저자가 바르게 연결된 것은?

① 이중환(李重煥) – 임원경제지(林園經濟志)
② 이수광(李睟光) – 촬요신서(撮要新書)
③ 강희안(姜希顔) – 색경(穡經)
④ 홍만선(洪萬選) – 산림경제(山林經濟)

 바르게 고치면
① 이중환(李重煥) – 택리지
② 이수광(李睟光) – 지봉유설
③ 강희안(姜希顔) – 양화소록

4 작정기에 쓰여 진 "못(池)도 없고 유수(遺水)도 없는 곳에 돌(石)을 세우는 것"을 특징으로 하는 일본의 정원 수법은?

① 정토식 ② 수미산식
③ 곡수식 ④ 고산수식

 고산수식은 물이 없는 정원으로 돌과 모래를 사용하여 물을 상징적으로 표현한 정원으로, 극도로 추상적인 정원수법이다.

5 다음 그림에서 A는 무엇을 나타낸 것인가?

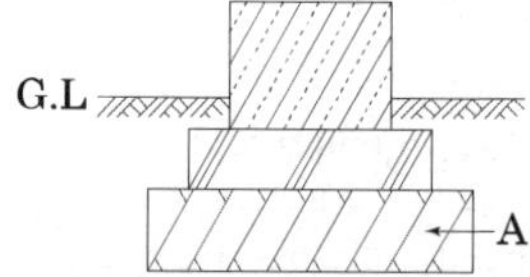

① 모래 ② 잡석다짐
③ 콘크리트 ④ 장대석

해설  : 석재

 : 철근콘크리트

6 먼셀 색입체의 수직방향으로 중심축이 되는 것은?

① 채도 ② 명도
③ 무채색 ④ 유채색

 먼셀 색입체
세로축에 명도, 주위의 원주상에 색상, 중심의 가로축에서 방상으로 늘이는 축을 채도로 구성

1. ① 2. ② 3. ④ 4. ④ 5. ②
6. ②

7 다음 중 화성암에 해당하는 것은?

① 대리석 ② 응회암
③ 편마암 ④ 화강암

 화성암은 지구 내부에서 유래하는 마그마가 고결하여 형성된 암석으로 화강암, 섬록암, 안산암, 현무암 등 해당된다.

8 다음 중 멀칭의 기대 효과가 아닌 것은?

① 표토의 유실을 방지
② 토양의 입단화를 촉진
③ 잡초의 발생을 최소화
④ 유익한 토양미생물의 생장을 억제

 멀칭시 유익한 토양미생물의 생장을 도와 토양의 비옥도를 증진한다.

9 다음 중 철쭉류와 같은 화관목의 전정시기로 가장 적합한 것은?

① 개화 1주 전
② 개화 2주 전
③ 개화가 끝난 직후
④ 휴면기

 화관목의 전정시기는 개화직후 전정해야 다음해에 꽃을 볼 수 있다.

10 농약의 사용목적에 따른 분류 중 응애류에만 효과가 있는 것은?

① 살충제 ② 살균제
③ 살비제 ④ 살초제

 농약의 사용목적에 따라 분류

구분	내용
살균제	· 병을 일으키는 곰팡이와 세균을 구제하기 위한 약 · 직접살균제, 종자소독제, 토양소독제, 과실방부제 등
살충제	· 해충을 구제하기 위한 약 · 소화중독제, 접촉독제, 침투이행성살충제 등
살비제	· 곤충에 대한 살충력은 없으며 응애류에 대해 효력
제초제	· 잡초방제 · 선택성과 비선택성

11 일반적인 조경관리에 해당되지 않는 것은?

① 운영관리 ② 유지관리
③ 이용관리 ④ 계획관리

 조경관리구분
유지관리, 운영관리, 이용관리

12 도시공원 및 녹지 등에 관한 법률 시행규칙에 근거한 도시공원 시설의 유형과 시설이 서로 맞지 않는 것은?

① 운동시설 : 자연체험장
② 휴양시설 : 정원
③ 교양시설 : 유치원
④ 유희시설 : 뱃놀이터

해설 정원 : 교양시설

13 다음 중 다량원소에 속하는 것은?

① S ② B
③ Fe ④ Mo

해설
• 다량원소 : N, P, K, Ca, Mg, S
• 미량원소 : Mn, Zn, B, Cu, Fe, Mo, Cl

14 소나무재선충을 매개하는 곤충은?

① 맵시벌
② 솔수염하늘소
③ 긴등기생파리
④ 집시벼룩좀벌

 소나무재선충병
공생 관계에 있는 솔수염하늘소(수염치레하늘소)의 몸에 기생하다가, 솔수염하늘소의 성충이 소나무의 잎을 갉아 먹을 때 나무에 침입하는 재선충에 의해 소나무가 말라 죽는 병이다.

7. ④ 8. ④ 9. ③ 10. ③ 11. ④
12. ② 13. ① 14. ②

15 **다음 중 수목의 잎이 호생(互生)인 것은?**

① 계수나무(Cercidiphyllum japonicum)
② 박태기나무(cercis chinensis)
③ 쉬나무(Euodia daniellii)
④ 수수꽃다리(Syringa oblata)

 박태기나무 : 낙엽활엽관목, 콩과, 꽃은 이른봄 잎이 피기 전에 피고, 잎은 호생하며 심장형이다.

16 **목재의 섬유포화점에서의 함수율은 평균 얼마 정도인가?**

① 10% ② 20%
③ 30% ④ 40%

 섬유포화점

- 함수율이 약 30%의 상태
- 목재의 세기는 섬유 포화점 이상의 함수율에서는 변화는 없지만 그 이하가 되면 함수율이 작을수록 세기는 증대함

17 **다음 중 초점경관에 해당하는 것은?**

① 산속의 큰 암벽
② 광막한 바다
③ 끝없는 초원의 풍경
④ 길게 뻗은 도로

 ① 산속의 큰 암벽 : 지형경관
② 광막한 바다 : 파노라믹경관
③ 끝없는 초원의 풍경 : 파노라믹경관

18 **다음 중 층층나무과(科)의 수종으로만 구성된 것은?**

① 산딸나무, 산사나무
② 산수유, 흰말채나무
③ 노각나무, 곰의말채나무
④ 식나무, 쪽동백나무

 ① 산딸나무-층층나무과, 산사나무-장미과
③ 노각나무-차나무과, 곰의말채나무-층층나무과
④ 식나무-층층나무과, 쪽동백나무-때죽나무과

19 **다음과 같은 네트워크 공정표에서 한계경로의 공기는?**

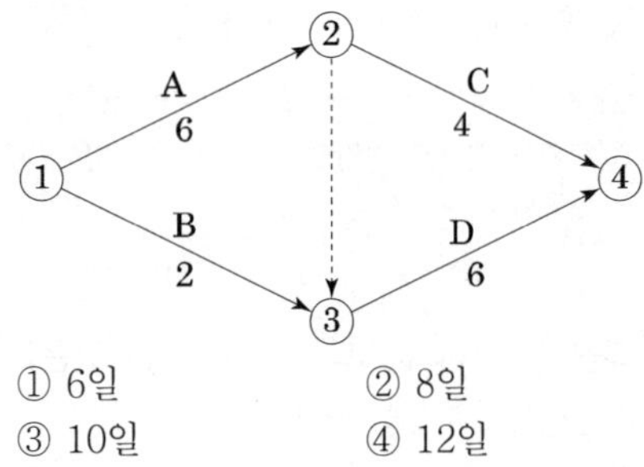

① 6일 ② 8일
③ 10일 ④ 12일

해설 한계경로=최장경로이므로 A+D=6+6=12일

20 **우리나라의 농약의 독성 구분 기준이 아닌 것은?**

① 고독성 ② 무독성
③ 저독성 ④ 보통독성

 농약관리법에서 농약은 독성 구준

- 맹독성, 고독성, 보통독성, 저독성으로 구분
- 국내에는 보통독성과 저독성만 사용이 허가됨

21 **다음에 제시된 월별평균기온자료에 의한 온량지수는 얼마인가?**

월	1	2	3	4	5	6	7	8	9	10	11	12
평균 온도 ℃	-3.4	-1.1	4.5	11.8	17.4	21.5	24.6	25.4	20.6	14.3	6.6	-0.4

① 81.8℃ ② 102.2℃
③ 182.8℃ ④ 200.2℃

해설 온량지수

- 온량지수란 기온이 5℃가 넘는 달의 평균기온에서 5를 빼서 일년 동안 더한 값을 말한다.
- 위 자료에 의한 계산식
  6.8+12.4+16.5+19.6+20.4+15.6+9.3+1.6
  =102.2℃

15. ② 16. ③ 17. ④ 18. ② 19. ④
20. ② 21. ②

22 직접법으로 등고선을 측정하기 위하여 A점에 레벨을 세우고 기계 높이 1.5m를 얻었다. 70m 등고선 상의 P점을 구하기 위한 표척(staff)의 관측값은? (단, A점 표고는 71.6m이다.)

① 1.0m ② 2.3m
③ 3.1m ④ 3.8m

- 기계고 = A점의 표고 + 기계높이
  = 71.6+ 1.5= 73.1m
- P점의 관측값 = 73.1 −70.0 = 3.1m

23 다음 중 능소화과(科)에 속하는 수종은?

① 벽오동 ② 꽃개오동
② 오동나무 ④ 참오동나무

- 벽오동−벽오동과
- 오동나무, 참오동나무−현삼과

24 다음 중 잎을 가해하는 식엽성 해충으로 분류되는 것은?

① 박쥐나방 ② 도토리거위벌레
③ 솔수염하늘소 ④ 대벌레

- 박쥐나방, 솔수염하늘소 : 천공성해충
- 도토리거위벌레 : 종실가해해충

25 학명이 이명법(binomials)이라고 불리는 이유는?

① 종명+명명자로 구성되기 때문이다.
② 속명+명명자로 구성되기 때문이다.
③ 속명+종명으로 구성되기 때문이다.
④ 보통명+종명으로 구성되기 때문이다.

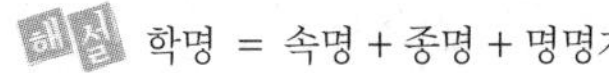
학명 = 속명 + 종명 + 명명자

26 수목의 광보상점(광보상점)을 가장 잘 설명한 것은?

① 호흡에 의한 CO_2 방출이 최대이다.
② 광합성에 의한 CO_2 흡수가 최대이다.
③ 수목은 20000~80000Lux에서 이루어진다.
④ 호흡에 의한 CO_2 방출량과 광합성에 의한 CO_2 흡수량이 동일하다.

광보상점(light compensation point)
식물에 의한 이산화탄소의 흡수량과 방출량이 같아져서 식물체가 외부 공기 중에서 실질적으로 흡수하는 이산화탄소의 양이 0이 되는 광의 강도

27 식재수법을 정형식, 자연풍경식, 자유식, 군락식으로 구분할 때 그 중 자유식재(自由植栽)수법에 해당하는 것은?

① 교호식재 ② 사실적식재
③ 루버형식재 ④ 랜덤형식재

- 교호식재 : 정형식
- 사실적식재, 랜덤형식재 : 자연풍경식

28 CPM(critical path method)에 관한 설명 중 옳지 않은 것은?

① 3점 시간 추정
② 공비절감이 주목적
③ 요소작업 중심의 일정계산
④ 반복사업, 경험이 있는 사업 등에 이용

해설 CPM시간 추정은 1점 견적으로 최장시간으로 한다.

29 중국 청조(淸朝)의 건륭(乾隆) 12년(1747년)에 대분천(大噴泉)을 중심으로 한 프랑스식 정원을 꾸밈으로써 동양에서는 최초의 서양식 정원으로 알려진 곳은?

① 원명원 이궁
② 만수산 이궁
③ 열하이궁
④ 이화원

원명원 이궁의 장춘원은 서양식 정원공간으로 르 노트르의 영향을 받은 유럽풍 황가 원림이다.

22. ③ 23. ② 24. ④ 25. ③ 26. ④
27. ③ 28. ① 29. ①

30 아래의 축척별 등고선 간격으로 옳지 않은 것은?

	축척	주곡선	계곡선	간곡선	조곡선
①	1:500	1.0m	5.0m	0.5m	0.25m
②	1:1000	1.0m	5.0m	0.5m	0.25m
③	1:2500	5.0m	25.0m	2.5m	1.25m
④	1:5000	5.0m	25.0m	2.5m	1.25m

 1 : 2500 지형도

축척	주곡선	계곡선	간곡선	조곡선
1:2500	2.0m	10.0m	1.0m	0.5m

31 다음 중 수목과 열매의 명칭이 틀린 것은?

① 소나무(Pinus densiflora) – 구과
② 떡갈나무(Quercus dentata) – 견과
③ 복숭아나무(Prunus persica) – 장과
④ 당단풍(Acer Pseudosieboldianum) – 시과

 복숭아나무–핵과(核果)

32 다음 [보기]의 조경 시설물을 볼 수 있는 정원은?

> [보기]
> 대봉대(待鳳臺), 매대(梅臺), 오곡문(五曲門), 수차(水車), 제월당(霽月堂)

① 창덕궁 후원의 옥류천 지역
② 강원도 강릉의 선교장과 활래정원
③ 경상북도 영양군의 경정 서석지원
④ 전라남도 담양군의 소쇄원

 대봉대(待鳳臺), 매대(梅臺), 오곡문(五曲門), 수차(水車), 제월당(霽月堂) – 양산보의 소쇄원

33 표준 골프코스는 18홀, 72파(par)로 구성한다. 다음 중 표준 골프코스의 구성으로 알맞게 된 것은?

① 쇼트홀 6개, 미들홀 6개, 롱홀 6개
② 쇼트홀 4개, 미들홀 8개, 롱홀 6개
③ 쇼트홀 4개, 미들홀 6개, 롱홀 8개
④ 쇼트홀 4개, 미들홀 10개, 롱홀 4개

 18홀, 72파(par)로 구성시 표준 골프코스
쇼트홀 4개, 미들홀 10개, 롱홀 4개

34 비탈면에 관목목을 식재할 때 비탈면의 기울기는 얼마 이상이어야 하는가?

① 1 : 1　　② 1 : 1.8
③ 1 : 3　　④ 1 : 0.5

 식재비탈면의 기울기에 따른 식재가능식물

기울기			식재가능식물
1 : 1.5	66.6%	33°40	잔디·초화류
1 : 1.8	55%	29°3	잔디·지피·관목
1 : 3	33.3%	18°30	잔디·지피·관목·아교목
1 : 4	25%	14°	잔디·지피·관목·아교목·교목

35 돌쌓기의 종류 가운데 돌만을 맞대어 쌓고 뒤채움은 잡석, 자갈 등으로 하는 방식은?

① 찰쌓기　　② 메쌓기
③ 골쌓기　　④ 켜쌓기

 메쌓기(dry masonry)

① 콘크리트나 모르타르를 사용하지 않고 쌓는 방식으로 배수는 잘되나 견고하지 못해 높이에 제한을 둠
② 전면기울기는 1 : 0.3 이상을 표준, 하루에 쌓기는 2m 이하로 제한
③ 가장 저렴한 쌓기로 견치돌과 뒤채움에는 잡석과 자갈을 사용

36 92~96%의 철을 함유하고 나머지는 크롬, 규소, 망간, 유황, 인 등으로 구성되어 있으며, 창호, 철물, 자물쇠, 맨홀 뚜껑 등의 재료로 사용되는 것은?

① 선철　　② 강철
③ 주철　　④ 순철

해설 주철
용융하면 유동성이 좋아 복잡한 형으로 주조가 가능하며, 압축력에 강하고 내식성이 크다는 장점이 있다.

30. ③　31. ③　32. ④　33. ④　34. ②
35. ②　36. ③

37 「도시공원 및 녹지 등에 관한 법률」에 의한 어린이 공원의 기준에 관한 설명으로 옳은 것은?

① 1개소 면적은 1,200m^2 이상으로 한다.
② 유치거리는 500m 이하로 제한한다.
③ 공원시설 부지면적은 전체 면적의 60% 이하로 한다.
④ 공원구역경계로부터 500m 이내에 거주하는 주민 250명 이상의 요청 시 어린이공원 조성계획의 정비를 요청할 수 있다.

 바르게 고치면
① 1개소 면적은 1,500m^2 이상으로 한다.
② 유치거리는 250m 이하로 제한한다.
④ 공원구역경계로부터 250m 이내에 거주하는 주민 500명 이상의 요청 시 어린이공원 조성계획의 정비를 요청할 수 있다.

38 질적 혹은 양적으로 심하게 다른 요소가 배열되었을 때 상호의 특질이 한층 강조되어 느껴지는 현상은 어떠한 효과인가?

① 대비　　③ 평형
② 대칭　　④ 조화

 대비
상이한 질감, 형태, 색채를 서로 대조시킴으로써 변화를 준다.

39 「도시공원 및 녹지 등에 관한 법률」에 의한 도시공원의 유형에 해당되지 않는 것은?

① 국가도시공원
② 근린공원
③ 운동공원
④ 묘지공원

 「도시공원 및 녹지 등에 관한 법률」에 의한 도시공원의 유형
- 국가도시공원
- 소공원, 어린이공원, 근린공원
- 역사공원, 수변공원, 문화공원, 묘지공원, 체육공원, 도시농업공원, 방재공원

40 다음 중 시멘트와 그 특성이 바르게 연결된 것은?

① 조강포틀랜드시멘트 : 조기강도를 요하는 긴급공사에 적합하다.
② 백색포틀랜드시멘트 : 시멘트 생산량의 90% 이상을 점하고 있다.
③ 고로슬래그시멘트 : 건조수축이 크며, 보통시멘트보다 수밀성이 우수하다.
④ 실리카시멘트 : 화학적 저항성이 크고 발열량이 적다.

 조강포틀랜드시멘트
일반시멘트로 조기강도가 커서 긴급공사나 한중공사에 적합하다.

41 해충의 방제방법 중 기계적 방제방법에 해당하지 않는 것은?

① 방사선법　　② 유살법
③ 소살법　　④ 경운법

 해충의 방제 유형
- 기계적 방제 : 포살법, 경운법, 유살법, 소살법
- 생물학적방제 : 천적이용
- 화학적방제 : 농약사용
- 자연적방제 : 비배관리
- 매개충제거

42 좌우로 시선이 제한되어 일정한 지점으로 시선이 모이도록 구성하는 경관 요소는?

① 전망　　② 통경선(Vista)
③ 랜드마크　　④ 질감

- 랜드마크(landmark) : 식별성이 높은 지형·지질
- 전망(view) : 일정지점에서 볼 때 파노라믹하게 펼쳐지는 공간
- 비스타(vista) : 좌우로의 시선이 제한되고 일정지점으로 시선이 모이도록 구성된 공간
- 질감(texture) : 지표상태에 따라 영향

37. ③　38. ①　39. ③　40. ①　41. ①
42. ②

43 레미콘 규격이 25 - 210 - 12로 표시되어 있다면 ⓐ - ⓑ - ⓒ 순서대로 의미가 맞는 것은?

① ⓐ 슬럼프, ⓑ 골재최대치수, ⓒ 시멘트의 양
② ⓐ 물 · 시멘트비, ⓑ 압축강도, ⓒ 골재최대치수
③ ⓐ 골재최대치수, ⓑ 압축강도, ⓒ 슬럼프
④ ⓐ 물 · 시멘트비, ⓑ 시멘트의 양, ⓒ 골재최대치수

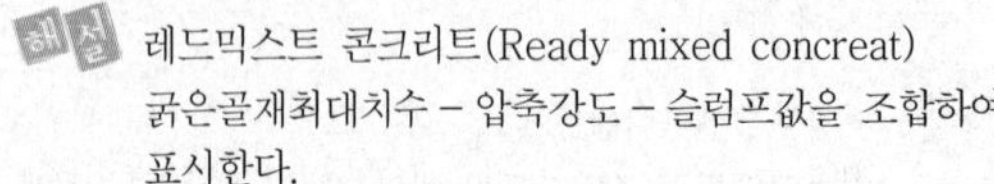
해설 레드믹스트 콘크리트(Ready mixed concreat)
굵은골재최대치수 – 압축강도 – 슬럼프값을 조합하여 표시한다.
예) 25-210-8

44 견치석에 관한 설명 중 옳지 않은 것은?

① 견치석은 흙막이용 석축이나 비탈면의 돌붙임에 쓰인다.
② 접촉면의 폭은 전면 1변의 길이의 1/10 이상이어야 한다.
③ 접촉면의 길이는 앞면 4변의 제일 짧은 길이의 3배 이상이어야 한다.
④ 형상은 재두각추체(裁頭角錐體)에 가깝다.

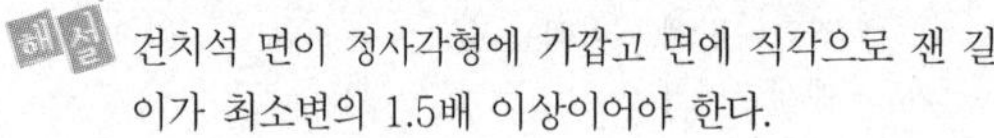
해설 견치석 면이 정사각형에 가깝고 면에 직각으로 잰 길이가 최소변의 1.5배 이상이어야 한다.

45 골담초(Caragana sinica Rehder)에 대한 설명으로 틀린 것은?

① 콩과(科) 식물이다.
② 꽃은 5월에 피고 단생한다.
③ 생장이 느리고 덩이뿌리로 위로 자란다.
④ 비옥한 사질양토에서 잘 자라고 토박지에서도 잘 자란다.

골담초
콩과의 낙엽활엽 관목으로 줄기에 가시가 뭉쳐나고 높이는 2m에 달하며 5개의 능선이 있고 회갈색이다. 꽃은 5월에 1개씩 총상꽃차례로 피며 길이 2.5~3cm이고 나비 모양이다. 꽃받침은 종 모양으로 위쪽 절반은 황적색이고 아래쪽 절반은 연한 노란색이다. 열매는 협과로 원기둥 모양이고 털이 없으며 9월에 익는다.

46 미선나무(*Abeliophyllum distichum* Nakai)의 설명으로 틀린 것은?

① 1속 1종 ② 낙엽활엽관목
③ 잎은 어긋나기 ④ 물푸레나무과(科)

미선나무
우리나라에서만 자라는 한국 특산식물로 열매의 모양이 부채를 닮아 미선나무로 불리는 물푸레나무과 낙엽활엽관목이다. 잎은 대생(마주나기)으로 2줄기로 달리며 타원상 난형이다.

47 조경수목에 공급하는 속효성 비료에 대한 설명으로 틀린 것은?

① 대부분의 화학비료가 해당된다.
② 늦가을에서 이른 봄 사이에 준다.
③ 시비 후 5~7일 정도면 바로 비효가 나타난다.
④ 강우가 많은 지역과 잦은 시기에는 유실정도가 빠르다.

속효성비료
무기질비료(N, P, K 등 복합비료)로 수목 생장기인 꽃이 진 직후나 열매 딴 후 수세회복을 목적으로 소량으로 시비한다.

48 일반적인 합성수지(plastics)의 장점으로 틀린 것은?

① 열전도율이 높다.
② 성형가공이 쉽다.
③ 마모가 적고 탄력성이 크다.
④ 우수한 가공성으로 성형이 쉽다.

해설 합성수지는 열전도율이 낮고 성형성이 쉬우나 열에는 신축이 크다.

49 수피에 아름다운 얼룩무늬가 관상 요소인 수종이 아닌 것은?

① 자귀나무 ② 모과나무
③ 배롱나무 ④ 노각나무

수피에 아름다운 얼룩무늬가 관상 요소인 수종
모과나무, 배롱나무, 노각나무

43. ③ 44. ③ 45. ③ 46. ③ 47. ②
48. ① 49. ①

50 수목식재에 가장 적합한 토양의 구성비는? (단, 구성은 토양 : 수분 : 공기의 순서임)

① 50% : 25% : 25%
② 50% : 10% : 40%
③ 40% : 40% : 20%
④ 30% : 40% : 30%

해설 토양 : 수분 : 공기 = 50% : 25% : 25%

51 곤충이 빛에 반응하여 일정한 방향으로 이동하려는 행동습성은?

① 주광성(phototaxis)
② 주촉성(thigmotaxis)
③ 주화성(chemotaxis)
④ 주지성(geotaxis)

해설 곤충의 주성(走性)

- 주광성 : 빛에 대한 반응하여 일정한 방향으로 이동하려는 주성
- 주촉성 : 어떤 의지한 물건에 접촉하려는 주성
- 주화성 : 화학 물질에 대한 반응에 대한 주성
- 주지성 : 머리가 땅을 향하거나 하늘을 향하려고 하는 주성

52 경관요소 중 높은 지각 강도(A)와 낮은 지각 강도(B)의 연결이 옳지 않은 것은?

① A : 수평선, B : 사선
② A : 따뜻한 색채, B : 차가운 색채
③ A : 동적인 상태, B : 고정된 상태
④ A : 거친 질감, B : 섬세하고 부드러운 질감

해설 바르게 고치면
A : 사선, B : 수평선

53 토양환경을 개선하기 위해 유공관을 지면과 수직으로 뿌리 주변에 세워 토양내 공기를 공급하여 뿌리호흡을 유도하는데, 유공관의 깊이는 수종, 규격, 식재지역의 토양 상태에 따라 다르게 할 수 있으나, 평균 깊이는 몇 미터 이내로 하는 것이 바람직한가?

① 1m ② 1.5m
③ 2m ④ 3m

 수목분 주위에 평균 1m 정도 깊이로 파고 유공관을 설치하여 토양내 공기를 공흡하여 뿌리 호흡을 원활히 한다.

54 가법혼색에 관한 설명으로 틀린 것은?

① 2차색은 1차색에 비하여 명도가 높아진다.
② 빨강 광원에 녹색 광원을 흰 스크린에 비추면 노란색이 된다.
③ 가법혼색의 삼원색을 동시에 비추면 검정이 된다.
④ 파랑에 녹색 광원을 비추면 시안(cyan)이 된다.

 바르게 고치면
가법혼색의 삼원색을 동시에 비추면 흰색이 된다.

55 일반적으로 목재의 비중과 가장 관련이 있으며, 목재성분 중 수분을 공기 중에서 제거한 상태의 비중을 말하는 것은?

① 생목비중 ② 기건비중
③ 함수비중 ④ 절대 건조비중

 기건비중
공기 속의 온도와 평형을 이룰 때까지 건조 상태로 존재하는 목재의 비중

56 고로쇠나무와 복자기에 대한 설명으로 옳지 않은 것은?

① 복자기의 잎은 복엽이다.
② 두 수종은 모두 열매는 시과이다.
③ 두 수종은 모두 단풍색이 황색이다.
④ 두 수종은 모두 과명이 단풍나무과 이다.

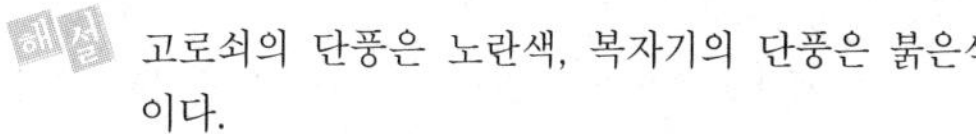
해설 고로쇠의 단풍은 노란색, 복자기의 단풍은 붉은색이다.

50. ① 51. ① 52. ① 53. ① 54. ③
55. ② 56. ③

57 수목의 뿌리분 굴취와 관련된 설명으로 틀린 것은?

① 수목 주위를 파 내려가는 방향은 지면과 직각이 되도록 한다.
② 분의 주위를 1/2 정도 파 내려갔을 무렵부터 뿌리감기를 시작한다.
③ 분의 크기는 뿌리목 줄기 지름의 3~4배를 기준으로 한다.
④ 분 감기 전 직근을 잘라야 용이하게 작업할 수 있다.

 바르게 고치면
새끼줄 감기가 끝나고 곧은 뿌리를 절단하면, 땅에서 분리되어 완전한 뿌리분이 분리된다.

58 다음 중 상렬(霜裂)의 피해가 가장 적게 나타나는 수종은?

① 소나무　② 단풍나무
③ 일본 목련　④ 배롱나무

 상렬(霜裂)
① 수액이 얼어 부피가 증대되어 수간의 외층이 냉각·수축하여 수선방향으로 갈라지는 현상으로 껍질과 수목의 수직적인 분리
② 배수불량 토양에서 피해가 심함
③ 코르크층이 발달되지 않고 평활한 수피를 가진 수종에서 자주 발생 (단풍나무류, 목련류, 배롱나무 등)

59 콘크리트 제작방법에 의해서 행하는 시험비빔(trial mixing)시 검토해야 할 항목이 아닌 것은?

① 인장강도　② 비빔온도
③ 공기량　④ 워커빌리티

 시험비빔
① 계획한 조합(배합)으로 소요의 품질(슬럼프, 공기량, 강도 등)을 갖는 콘크리트가 얻어지는지 어떤지를 살피기 위해 하는 비빔
② 비빔온도, 공기량, 워커빌러티 등 검토

60 다음 설명에 해당하는 것은?

- 나무의 가지에 기생하면 그 부위가 국소적으로 이상비대 한다.
- 기생 당한 부위의 윗부분은 위축되면서 말라 죽는다.
- 참나무류에 가장 큰 피해를 주며, 팽나무, 물오리나무, 자작나무, 밤나무 등의 활엽수에도 많이 기생한다.

① 새삼　② 선충
③ 겨우살이　④ 바이러스

 겨우살이
참나무·물오리나무·밤나무·팽나무 등 나무에 기생하며 스스로 광합성하여 엽록소를 만드는 반기생식물로 사계절 푸른 잎을 지닌다. 둥지같이 둥글게 자라 지름이 1m에 달하는 것도 있다. 잎은 마주나고 다육질이며 바소꼴로 잎자루가 없다. 가지는 둥글고 황록색으로 털이 없으며 마디 사이가 3~6cm이다.

57. ④　58. ①　59. ①　60. ③

CBT 대비 2024년 1회 복원기출문제

본 기출문제는 수험자의 기억을 바탕으로 하여 복원한 문제이므로 실제 출제된 문제와 일부 다를 수 있음을 미리 알려드립니다.

1 서양의 각 시대별 조경양식에 관한 설명 중 옳은 것은?

① 서아시아의 조경은 수렵원 및 공중정원이 특징적이다.
② 이집트는 상업 및 집회를 위한 공공정원이 유행하였다.
③ 고대 그리스는 포룸과 같은 옥외 공간이 형성되었다.
④ 고대 로마의 주택정원에는 지스터스(xystus)라는 가족을 위한 사적인 공간을 조성하였다.

 바르게 고치면
② 고대 그리스는 상업 및 집회를 위한 공공정원이 유행하였다.
③ 고대 로마는 포룸과 같은 옥외공간을 형성하였다.
④ 고대 로마 주택정원에서 가족을 위한 사적 공간은 페릴스트리움이며, 지스터스는 후원을 말한다.

2 경복궁의 경회루 원지의 형태는?

① 방지원도형 ② 반도(半島)형
③ 방지방도형 ④ 방지무도

 경복궁 경회루의 원지의 형태 – 방지 방도

3 르노트르가 이탈리아에서 수학한 뒤 귀국하여 만든 최초의 평면기하학식 정원은?

① 보르비콩트 ② 베르사이유
③ 루브르궁 ④ 몽소공원

 보르비콩트
- 최초의 평면기하학식 정원(남북 1,200m, 동서 600m)
- 르 노트르가 설계하였으며, 루이14세를 자극해 베르사유 궁원을 설계하는데 계기가 되었다.

4 이탈리아 르네상스 시대의 조경 작품이 아닌 것은?

① 빌라 토스카나(Villa Toscana)
② 빌라 란셀로티(Villa Lancelotti)
③ 빌라 메디치(Villa de Medici)
④ 빌라 란테(Villa Lante)

 빌라 토스카나(Villa Toscana) –고대 로마시대 빌라

5 인공지반 조성시 토양유실 및 배수기능이 저하되지 않도록 배수층과 토양층 사이에 여과와 분리를 위해 설치하는 것은?

① 자갈 ② 모래
③ 토목섬유 ④ 합성수지 배수판

 토목섬유(土木纖維, geotextile)
- 인공적으로 만드는 토양구조물의 구성요소
- 역할 : 토양구조물에 있어서 물의 여과효과, 토양과 물을 분리시키는 효과, 흙구조물의 보강효과, 물을 외부로 배수시키는 효과 및 목적에 따라 물을 차단시키는 방수효과 등이 있다.

6 목재의 두께가 7.5cm 미만에 폭이 두께의 4배 이상인 제재목은?

① 판재 ② 각재
③ 원목 ④ 합판

- 판재 : 두께가 7.5cm 미만에 폭이 두께의 4배 이상인 제재목
- 각재 : 폭이 두께의 3배 미만인 제재목

1. ① 2. ③ 3. ① 4. ① 5. ③ 6. ①

7 외력이 제거된 뒤 원래 상태로 되돌아 가려는 힘에 대한 용어는?

① 경도 ② 강도
③ 탄성 ④ 취성

- 경도 : 재료의 단단한 정도
- 강도 : 인장하중, 압축하중, 굽힘하중 등의 하중에 견딜 수 있는 정도
- 전성 : 물체가 늘어나고 퍼지는 성질
- 탄성 : 외력이 제거된 뒤 원래 상태로 되돌아가려는 힘
- 취성 : 재료가 파괴되는 성질, 유리나 주철은 취성이 큼

8 다음 [보기]가 설명하고 있는 콘크리트의 종류는?

[보기]
- 슬럼프 저하 등 워커빌리티의 변화가 생기기 쉽다.
- 동일 슬럼프를 얻기 위한 단위수량이 많아진다.
- 콜드조인트가 발생하기 쉽다.
- 초기 강도 발현은 빠른 반면에 장기강도가 저하될 수 있다.

① 한중콘크리트 ② 경량콘크리트
③ 서중콘크리트 ④ 매스콘크리트

- 서중콘크리트 : 한여름 타설 콘크리트로 수화열, 크랙 등의 대책이 필요한 콘크리트
- 한중콘크리트 : 한겨울 타설, 4℃ 이하일 때 콘크리트로 동해를 대비해야하는 콘크리트
- 경량콘크리트 : 경량골재(가벼운 자갈, 모래(인조))를 사용한 콘크리트
- 매스콘크리트 : 댐이나 교각처럼 구조체가 큰 콘크리트

9 다음 [보기]와 같은 특징 설명에 가장 적합한 시설물은?

[보기]
- 서양식으로 꾸며진 중문으로 볼 수 있다.
- 간단한 눈가림 구실을 한다.
- 보통 가는 철제파이프 또는 각목으로 만든다.
- 장미 등 덩굴식물을 올려 장식한다.

① 파골라 ② 아치
③ 트렐리스 ④ 펜스

아치(arch)
개구부를 확보하며 상당한 하중을 압축 응력으로 지지할 수 있도록 만든 곡선 형태의 구조물이다.

10 가는 가지 자르기 방법 설명으로 옳은 것은?

① 자를 가지의 바깥쪽 눈 바로 위를 비스듬이 자른다.
② 자를 가지의 바깥쪽 눈과 평행하게 멀리서 자른다.
③ 자를 가지의 안쪽 눈 바로 위를 비스듬이 자른다.
④ 자를 가지의 안쪽 눈과 평행한 방향으로 자른다.

가지를 자를 때는 바깥쪽 눈 바로 위를 비스듬이 자른다.

11 일상생활에 필요한 모든 시설을 도보권 내에 두고, 차량 동선을 구역 내에 끌어들이지 않았으며, 간선도로에 의해 경계가 형성되는 도시계획 구상은?

① 하워드의 전원도시론
② 테일러의 위성도시론
③ 르코르뷔지에의 찬란한 도시론
④ 페리의 근린주구론

페리의 근린주구론
근린주구에서 생활의 편리성 · 쾌적성, 주민들간의 사회적 교류를 도모한 계획으로 주구내 관통도로 방지, 차량이 우회할 수 있는 간선도로로 계획하였다.

7. ③ 8. ③ 9. ② 10. ① 11. ④

12 다음 중 덩굴식물(vine)로만 구성되지 않은 것은?

① 등나무, 노박덩굴, 멀꿀, 으름
② 송악, 등나무, 능소화, 돈나무
③ 담쟁이, 송악, 능소화, 인동덩굴
③ 담쟁이, 칡, 노박덩굴, 능소화

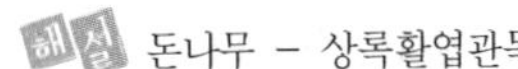 돈나무 – 상록활엽관목

13 퇴적암의 종류에 속하지 않는 것은?

① 안산암 ② 응회암
③ 역암 ④ 사암

 안산암–화성암

14 다음 중 소나무재선충병 전반에 중요한 역할을 하는 곤충은?

① 북방수염하늘소 ② 노린재
③ 혹파리류 ④ 진딧물

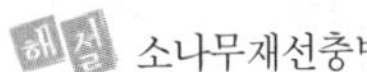 소나무재선충병
재선충은 소나무, 잣나무 등에 기생해 나무를 갉아먹는 크기 1mm 내외의 실같은 선충이다. 솔수염하늘소, 북방수염하늘소과 공생 관계에 있으며 매개충에 의해 간염된다. 간염된 나무는 조직내에 수분, 양분 이동통로를 막아 나무를 죽게 한다.

15 세포분열을 촉진하여 식물체의 각 기관들의 수를 증가, 특히 꽃과 열매를 많이 달리게 하고, 뿌리의 발육, 녹말 생산, 엽록소의 기능을 높이는데 관여하는 영양소는?

① N ② P
③ K ④ Ca

- 질소(N) : 식물 생육 촉진 및 크기생장, 양분흡수강화, 동화작용 강화
- 인산(P) : 식물 생장 촉진(식물 뿌리신장촉진), 개화 및 결실 촉진
- 칼륨(K) : 뿌리나 가지 생육 촉진, 병해, 서리 한발에 대한 저항성 증가
- 칼슘(Ca) : 세포막을 강건하게 만들며 잎에 많이 존재, 분열 조직의 생장, 뿌리끝의 발육에 필수적임

16 골프장의 각 코스를 설계할 때 어느 방향으로 길게 배치하는 것이 가장 이상적인가?

① 동서방향 ② 남북방향
③ 동남방향 ④ 북서방향

 골프장 홀 설계시 대부분 남북방향으로 길게 배치하는 것이 일반적이다.

17 목재의 옹이와 관련된 설명 중 틀린 것은?

① 옹이는 목재강도를 감소시키는 가장 흔한 결점이다.
② 죽은 옹이는 산 옹이보다 일반적으로 기계적 성질에 미치는 영향은 적다.
③ 옹이가 있으면 인장강도는 증가한다.
④ 같은 크기의 옹이가 한 곳에 많이 모인 집중 옹이가 고루 분포된 경우보다 강도 감소에 끼치는 영향은 더욱 크다.

 옹이가 있으면 인장강도는 감소한다.

18 디딤돌로 사용하는 돌 중에서 보행 중 군데 군데 잠시 멈추어 설 수 있도록 설치하는 돌의 크기(지름)로 가장 적당한 것은?(단, 성인을 기준으로 한다.)

① 10~15cm ② 20~25cm
③ 30~35cm ④ 50~55cm

 멈출 수 있는 보행 디딤돌의 지름은 50~55cm 가 적당하다.

12. ② 13. ① 14. ① 15. ② 16. ②
17. ③ 18. ④

19 화단을 조성하는 장소의 환경 조건과 구성하는 재료 등에 따라 구분할 때 "기식화단"에 대한 설명으로 바른 것은?

① 화단의 어느 방향에서나 관상 가능하도록 중앙 부위는 높게, 가장 자리는 낮게 조성한다.
② 양쪽 방향에서 관찰할 수 있으며 키가 작고 잎이나 꽃이 화려하고 아름다운 것을 심어준다.
③ 전면에서만 감상되기 때문에 화단 앞쪽은 키가 작은 것을, 뒤쪽으로 갈수록 큰 초화류를 심는다.
④ 가장 규모가 크고 아름다운 화단으로 광장이나 잔디밭 등에 조성되며 화려하고 복잡한 문양 등으로 펼쳐진다.

 ① 기식화단(모둠화단), ③ 경재화단, ④ 화문화단(카펫화단)

20 다음 중 휴게시설물로 분류할 수 없는 것은?

① 퍼걸러(그늘시렁)
② 벤치
③ 도섭지(발물놀이터)
④ 평상

 도섭지(발물놀이터)는 발목 정도를 담글 수 있는 깊이로, 유아 및 어린이들의 유희시설에 해당된다.

21 표준품셈에서 수목을 인력시공 식재 후 지주목을 세우지 않을 경우 시공량 몇 %를 가산하는가?

① 10% ② 11%
③ 12% ④ 13%

 교목식재시 일반적으로 재료소운반, 터파기, 나무세우기, 묻기, 물주기, 지주목세우기, 뒷정리를 품에 포함한다. 다만 지주목을 세우지 않을 때는 시공량의 11%를 가산한다.

22 표준시방서의 기재 사항으로 맞는 것은?

① 공사량 ② 사용재료 종류
③ 계약절차 ④ 입찰방법

 표준시방서
시설물의 안전 및 공사시행의 적정성과 품질확보 등을 위해 시설물별로 정한표준적인 시공기준이 된다.

23 다음 중 한지형(寒地形) 잔디에 속하지 않는 것은?

① 벤트그래스
② 켄터키블루그래스
③ 라이그래스
④ 버하이아그래스

 버하이아그래스는 난지형잔디에 속한다.

24 다음 중 열매가 붉은색으로만 짝지어진 것은?

① 주목, 칠엽수
② 쥐똥나무, 팥배나무
③ 매실나무, 팔손이
④ 피라칸다, 낙상홍

 ① 주목(붉은색), 칠엽수(갈색)
② 쥐똥나무(검정색), 팥배나무(붉은색)
③ 매실나무(녹색), 팔손이(검은색)

25 다음 설계 도면의 종류 중 2차원의 평면을 나타내지 않는 것은?

① 평면도
② 단면도
③ 상세도
④ 투시도

 투시도는 3차원적 입체로 입체감과 거리감을 느낄 수 있도록 시점과 물체의 각점을 연결하여 그린 그림이다.

19. ① 20. ③ 21. ② 22. ② 23. ④
24. ④ 25. ④

26 다음 ( )에 알맞은 것은?

> "공사 목적물을 완성하기까지 필요로 하는 여러 가지 작업의 순서와 단계를 ( )(이)라고 한다. 가장 효과적으로 공사 목적물을 만들 수 있으며 시간을 단축시키고 비용을 절감할 수 있는 방법을 정할 수 있다."

① 공종　　② 검토
③ 시공　　④ 공정

해설 공정은 시공계획에 입각하여 합리적이고 경제적인 공정을 결정하는 것을 말한다.

27 진딧물이나 깍지벌레의 분비물에 곰팡이가 감염되어 2차적으로 발생하는 수목병은?

① 흰가루병　　② 그을음병
③ 잿빛곰팡이병　　④ 녹병

 그을음병
진딧물이나 깍지벌레 등의 흡즙성 해충이 배설한 분비물을 이용해서 병균이 자라며, 잎이나 가지, 줄기를 덮어서 광합성을 방해하고 미관을 해친다.

28 다음 중 옳은 것은?

① 국립공원은 환경부 장관이 지정하고, 도지사가 관리한다.
② 국립공원은 환경부장관이 지정하고 관리한다.
③ 국립공원은 도지사가 지정 관리한다.
③ 국립공원은 국토교통부 장관이 지정하고 지방국토관리청이 관리한다.

해설 국립공원은 환경부장관이 지정하고 관리한다.

29 조경수목 중 탄수화물의 생성이 풍부할 때 꽃이 잘 필 수 있는 조건에 맞는 탄소와 질소의 관계로 가장 적당한 것은?

① N>C　　② N=C
③ N<C　　④ N≥C

해설 N : 영양생장에 관여, C : 생식생장(꽃, 열매)에 관여

30 조경공사에서 수목 및 잔디의 재료 할증률은 몇 % 인가?

① 1%　　② 5%
③ 10%　　④ 20%

해설 수목 및 잔디의 재료 할증률 : 10%

31 다음 중 조경수목의 계절적 현상 설명으로 옳지 않은 것은?

① 싹틈 : 눈은 일반적으로 지난 해 여름에 형성되어 겨울을 나고 봄에 기온이 올라감에 따라 싹이 튼다.
② 개화 : 능소화, 무궁화, 배롱나무 등의 개화는 그 전년에 자란 가지에서 꽃눈이 분화하여 그 해에 개화한다.
③ 결실 : 결실량이 지나치게 많을 때에는 다음 해의 개화 결실이 부실해지므로 꽃이 진 후 열매를 적당히 솎아준다.
④ 단풍 : 기온이 낮아짐에 따라 잎 속에서 생리적인 현상이 일어나 푸른 잎이 다홍색, 황색 또는 갈색으로 변하는 현상이다.

 바르게 고치면
개화 : 능소화, 무궁화, 배롱나무 등의 개화는 그 해에 자란 가지에서 꽃눈이 분화하여 그 해에 개화한다.

32 콘크리트용 골재로서 요구되는 성질로 틀린 것은?

① 단단하고 치밀할 것
② 필요한 무게를 가질 것
③ 알의 모양은 둥글거나 입방체에 가까울 것
④ 골재의 낱알 크기가 균등하게 분포할 것

 바르게 고치면
골재는 잔 것과 굵은 것이 혼합된 것이 좋다.

26. ④　27. ②　28. ②　29. ③　30. ③
31. ②　32. ④

33 경관 구성의 기법 중 '한 그루의 나무를 다른 나무와 연결시키지 않고 독립하여 심는 경우를 말하며, 멀리서도 눈에 잘 띄기 때문에 랜드 마크의 역할'도 하는 수목 배치 기법은?

① 점식
② 열식
③ 군식
④ 부등변 삼각형 식재

 점식
단독식재로 경관수 등의 수목 배치 기법을 말한다.

34 다음 중 색의 대비에 관한 설명이 틀린 것은?

① 보색인 색을 인접시키면 본래의 색보다 채도가 낮아져 탁해 보인다.
② 명도단계를 연속시켜 나열하면 각각 인접한 색끼리 두드러져 보인다.
③ 명도가 다른 두 색을 인접 시키면 명도가 낮은 색은 더욱 어두워 보인다.
④ 채도가 다른 두 색을 인접 시키면 채도가 높은 색은 더욱 선명해 보인다.

해설 보색인 색을 인접시키면 본래의 색보다 채도가 높아져 선명해보인다.

35 식재설계에서의 인출선과 선의 종류가 동일한 것은?

① 치수선 ② 숨은선
③ 경계선 ④ 단면선

해설 인출선과 치수선은 가는 실선으로 그린다.

36 다음 수종 중 상록활엽수가 아닌 것은?

① 가시나무 ② 후박나무
③ 굴거리나무 ④ 낙우송

해설 낙우송 : 낙엽침엽교목

37 형광등 아래서 물건을 고를 때 외부로 나가면 어떤 색으로 보일까 망설이게 된다. 이처럼 조명광에 의하여 물체의 색을 결정하는 광원의 성질은?

① 직진성 ② 연색성
③ 발광성 ④ 색순응

 연색성
조명이 물체의 색감에 영향을 미치는 현상으로 같은 색의 물체라도 어떤 광원으로 조명해서 보느냐에 따라 그 색감이 달라지는 성질을 말한다.

38 여름에 꽃을 피우는 수종이 아닌것은?

① 배롱나무 ② 자귀나무
③ 무궁화 ④ 이팝나무

 이팝나무
물푸레나무과 낙엽활엽교목으로 꽃은 5~6월에 백색 꽃이 개화한다.

39 조경공사에서 바닥포장인 판석시공에 관한 설명으로 틀린 것은?

① 판석은 점판암이나 화강석을 잘라서 사용한다.
② Y형의 줄눈은 불규칙하므로 통일성 있게 +자형의 줄눈이 되도록 한다.
③ 기층은 잡석다짐 후 콘크리트로 조성한다.
④ 가장자리에 놓을 판석은 선에 맞춰 절단하여 사용한다.

해설 판석시공시 줄눈은 Y자형 줄눈이 되도록 한다.

33. ① 34. ① 35. ① 36. ④ 37. ②
38. ④ 39. ②

40 지하층의 배수를 위한 시스템 중 넓고 평탄한 지역에 주로 사용되는 것은?

① 평행형　　② 선형
③ 자연형　　④ 차단형

- 평행형 : 지선을 주선과 직각방향으로 일정한 간격으로 평행이 되게 배치하는 방법으로 보통 넓고 평탄한 지역의 균일한 배수를 위하여 사용
- 선형 : 경사면의 내부에 불투수층이 형성되어 지하로 유입된 우수가 원활하게 배출되지 못하거나 사면에서 용출되는 물을 제거하기 위하여 사용
- 자연형 : 지형의 기복이 심한 소규모 공간에 물이 정체되는 곳이나 평탄면에 배수가 원활하지 못한 곳의 배수를 촉진시키기 위하여 설치
- 차단형 : 경사면의 내부에 불투수층이 형성되어 지하로 유입된 우수가 원활하게 배출되지 못하거나 사면에서 용출되는 물을 제거하기 위하여 사용

41 다음 중 파이토플라스마에 의한 수목병은?

① 낙엽송 끝마름병
② 벚나무 빗자루병
③ 밤나무 뿌리혹병
④ 뽕나무 오갈병

파이토플라스마에 의한 수목병 : 대추나무빗자루병, 뽕나무오갈병

42 우수유출량(Q)의 계산식은 $\frac{1}{360}$C · I · A 이다. 여기서 "C"는 무엇을 의미하는가?

① 강우용량　　② 배수면적
③ 강우강도　　④ 유출계수

해설 $\frac{1}{360}$C · I · A에서 C는 유출계수, I는 강우강도, A는 배수면적을 의미한다.

43 조경설계기준상 공동으로 사용되는 계단의 경우 높이가 2m 를 넘는 계단에는 2m 이내마다 당해 계단의 유효폭 이상의 폭으로 너비 얼마 이상의 참을 두어야 하는가? (단, 단높이는 18cm이하, 단너비는 26cm 이상이다)

① 70cm　　② 80cm
③ 100cm　　④ 120cm

공동으로 사용되는 계단의 경우 높이가 2m를 넘는 계단에는 2m 이내마다 당해 계단의 유효폭 120cm 이상의 참을 두어야 한다.

44 다음 시멘트의 종류 중 혼합시멘트가 아닌 것은?

① 포졸란 시멘트
② 플라이 애쉬 시멘트
③ 고로 슬래그 시멘트
④ 알루미나 시멘트

알루미나시멘트 : 특수시멘트

45 작물 - 잡초 간의 경합에 있어서 임계 경합기간(critical period of competition)이란?

① 경합이 끝나는 시기
② 경합이 시작되는 시기
③ 작물이 경합에 가장 민감한 시기
④ 잡초가 경합에 가장 민감한 시기

임계경합기간
작물이 경합이 심한 시기로 초관형성기부터 생식 생장기의 초기단계까지이다

46 다음 중 농약의 보조제가 아닌 것은?

① 유인제　　② 유화제
③ 증량제　　④ 협력제

농약의 보조제
농약의 효과를 높이고 사용을 용이하게 하는 역할로 전착제, 유화제, 증량제, 협력제 등이 속한다.

40. ① 41. ④ 42. ④ 43. ④ 44. ④
45. ③ 46. ①

47 일정지점에서 볼 때 파노라믹하게 펼쳐지는 경관 요소는?

① 전망(view) ② 통경선(Vista)
③ 랜드마크 ④ 질감

- 랜드마크 (landmark) : 식별성이 높은 지형 · 지질
- 전망(view) : 일정지점에서 볼 때 파노라믹하게 펼쳐지는 공간
- 비스타(vista) : 좌우로의 시선이 제한되고 일정지점으로 시선이 모이도록 구성된 공간
- 질감(texture) : 지표상태에 따라 영향

48 레미콘 규격이 25 - 210 - 12로 표시되어 있다면 12의 의미로 맞는 것은?

① 골재최대치수
② 압축강도
③ 슬럼프값
④ 물 · 시멘트비

레드믹스트 콘크리트 (Ready mixed concreat)규격 굵은골재최대치수-압축강도-슬럼프값을 조합하여 표시한다.

49 다음 중 골프장에서 티와 그린의 사이공간으로 짧게 깎은 잔디로 만든 중간루트 설치한 곳을 가르키는 용어는?

① 페어웨이 ② 하자드
③ 벙커 ④ 러프

- 페어웨이 : 티와 그린의 사이공간으로 짧게 깎은 잔디로 만든 중간루트
- 벙커 : 모래웅덩이
- 러프 : 풀을 깎지 않고 그대로 방치한 것

50 1차 전염원이 아닌 것은?

① 균핵 ② 분생포자
③ 난포자 ④ 균사속

1차 전염원
월동 후 감염을 일으키는 병원체로 토양 혹은 병든 식물체에서 월동한 균핵, 난포자, 휴면상태의 균사 등이 있다.

51 담금질을 한 강에 인성을 주기 위하여 변태점 이하의 적당한 온도에서 가열한 다음 냉각시키는 조작을 의미하는 것은?

① 풀림 ② 담금질
③ 불림 ④ 뜨임질

열처리 및 가공 관련용어
- 풀림 – 높은 온도(800~1000도)로 가열 후 노(爐)중에서 서서히 냉각하여 강의 조지기 표준화, 균질화 되어 내부응력을 제거시켜 금속을 정상적인 성질로 회복시키는 열처리
- 불림 – 변태점 이상 가열후 공기중에서 냉각시켜 가공시킨 것으로 강 조직의 흩어짐을 표준조직으로 풀림처리한것
- 뜨임질 – 담금질한 강을 변태점이하에서 가열하여 인성을 증가시키는 열처리로 경도가 감소하고 신장률과 충격값은 증가함
- 담금질 – 금속을 고온으로 가열 후 보통물이나 기름에 갑자기 냉각시켜 조직 등 변화경과시킨 것

52 심근성 수종에 해당하지 않는 것은?

① 버드나무 ② 태산목
③ 은행나무 ④ 소나무

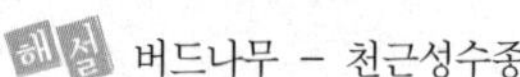
버드나무 – 천근성수종

53 상록수를 옮겨심기 위하여 굴취시 뿌리분의 지름으로 가장 적합한 것은?

① 근원직경의 1/2배
② 근원직경의 1배
③ 근원직경의 3배
④ 근원직경의 4배

해설 굴취시 근원직경의 4배 분뜨기가 적합하다.

47. ① 48. ③ 49. ① 50. ② 51. ④
52. ① 53. ④

54 벽돌쌓기 시공에 대한 주의사항으로 틀린 것은?

① 붉은 벽돌은 쌓기 전에 충분한 물 축임을 실시한다.

② 벽돌쌓기는 각 층은 압력에 직각으로 되게 하고 압력방향의 줄눈은 반드시 어긋나게 한다.

③ 모르타르는 정확한 배합이어야 하고, 비벼 놓은 지 1시간이 지난 모르타르는 사용하지 않는다.

④ 1일 쌓기 높이는 1.0m를 표준으로 하고, 최대 1.2m 이하로 한다.

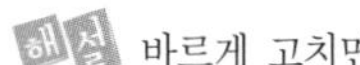

해설 바르게 고치면
1일 쌓기 높이는 1.2m를 표준으로 하고, 최대 1.5m 이하로 한다.

55 소나무류를 이식 시 줄기를 진흙으로 이겨 발라 놓은 이유가 아닌 것은?

① 해충을 구제하기 위해

② 수분의 증산을 억제

③ 겨울을 나기 위한 월동 대책

④ 일시적인 나무의 외상을 방지

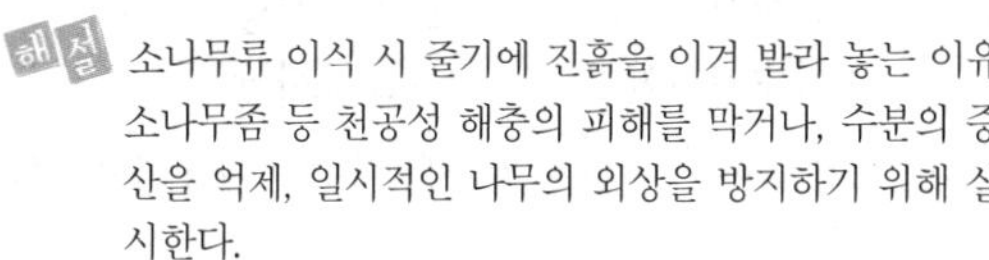

해설 소나무류 이식 시 줄기에 진흙을 이겨 발라 놓는 이유
소나무좀 등 천공성 해충의 피해를 막거나, 수분의 증산을 억제, 일시적인 나무의 외상을 방지하기 위해 실시한다.

56 배식설계도 작성 시 고려될 사항으로 옳지 않은 것은?

① 배식평면도에는 수목의 위치, 수종, 규격, 수량 등을 표기한다.

② 배식평면도에서는 일반적으로 수목수량표를 표제란에 기입한다.

③ 배식평면도는 시설물평면도와 무관하게 작성할 수 있다.

④ 배식평면도는 작성시 성장을 고려하여 설계할 필요가 있다.

해설 바르게 고치면
배식평면도는 시설물평면도를 고려해 작성해야 한다.

57 수목의 총중량은 지상부 중량과 지하부 중량의 합으로 계산할 수 있는데, 그 중 지하부(뿌리분)의 중량을 계산하는 식은 W = V × K 이다. 이 중 V가 지하부(뿌리분)의 체적일 때 K는 무엇을 의미하는가?

① 뿌리분의 단위체적 중량

② 뿌리분의 형상 계수

③ 뿌리분의 지름

④ 뿌리분의 높이

해설 W(지하부 중량) = V(뿌리분의 체적) × K(뿌리분의 단위체적 중량)

58 다음 중 1속에서 잎이 2개 나오는 수종은?

① 스트로브잣나무 ② 소나무

③ 리기다소나무 ④ 백송

해설
- 스트로브잣나무 : 5엽송
- 백송, 리기다소나무 : 3엽송
- 소나무 : 2엽송

59 아스팔트의 양부를 판단하는데 적합한 것은?

① 연화도 ② 침입도

③ 시공연도 ④ 마모도

해설 아스팔트의 양부판별에서 양부는 좋음(양), 나쁨(부)의 뜻으로 침입도가 판단의 기준이 된다. 즉, 침입도는 아스팔트의 경도를 표시한 값으로 클수록, 부드러운 아스팔트이다.

60 1/100 축척의 도면에서 가로20m, 세로 50m의 공간에 잔디를 전면붙이기를 할 경우 몇 장의 잔디가 필요한가? (단, 잔디는 25 × 25cm 규격을 사용한다.)

① 5500장 ② 11000장

③ 16000장 ④ 22000장

해설 $\frac{\text{전체면적}}{\text{잔디1장의 면적}} = \frac{20 \times 50}{0.25 \times 0.25} = 16000$장

54. ④ 55. ③ 56. ③ 57. ① 58. ②
59. ② 60. ③

CBT 대비 2024년 3회 복원기출문제

본 기출문제는 수험자의 기억을 바탕으로 하여 복원한 문제이므로 실제 출제된 문제와 일부 다를 수 있음을 미리 알려드립니다.

1 조선시대 궁궐의 침전(寢殿) 후정(后庭)에서 볼 수 있는 대표적인 인공 시설물은?

① 조그만 크기의 방지(方池)
② 화담
③ 경사지를 이용해서 만든 계단식의 노단(露壇)
④ 정자(亭子)

해설 조선시대 침전, 후정의 대표적 시설 – 경사지를 이용한 화계

2 18세기 랩턴에 의해 완성된 영국의 정원수법으로 가장 적합한 것은?

① 노단건축식
② 평면기하학식
③ 사의주의 자연풍경식
④ 사실주의 자연풍경식

해설 18세기 영국에서는 사실주의 자연풍경식이 유행하였다.

3 우리나라에서 최초의 유럽식 정원이 도입된 곳은?

① 덕수궁 석조전 앞 정원
② 파고다 공원
③ 장충단 공원
④ 구 중앙정부청사 주위 정원

해설
- 우리나라 최초의 서양식 건물 : 덕수궁 석조전
- 우리나라 최초의 서양식 정원 : 덕수궁 석조전 앞 정원(프랑스식)

4 하나의 정원 속에 여러 비율로 꾸며 놓은 국부를 함께 가지고 있으며, 조화보다 대비를 한층 더 중요시 한 나라는?

① 중국　② 영국
③ 독일　④ 한국

해설 중국의 정원 디자인 기법은 요소들의 조화보다는 대비를 중시하였다.

5 고대 로마시대의 폼페이 지방의 주택에서 3개의 정원공간이 나타나고 있다. 이에 해당되지 않는 공간은?

① 임플루빔(Impluvium)
② 아트리움(Atrium)
③ 지스터스(Xystus)
④ 페리스틸리움(Peristylium)

해설 로마시대 주택정원의 구성
아트리움(제1중정)→페리스틸리움(제2중정)→지스터스(후원)

6 한옥이 주택공간상 사랑채의 분리로 사랑마당 공간이 생겼는데. 이 사랑마당 공간의 분할에 가장 많은 영향을 미쳤다고 볼 수 있는 것은?

① 불교사상　② 유교사상
③ 풍수지리설　④ 도교사상

해설 조선시대 주택공간은 유교사상에 의해 채와 마당 분할되었다.

7 조경제도에서 단면도를 그리기 위해 평면도에 절단 위치를 표시하고자 한다. 사용할 선의 종류는?

① 실선　② 파선
③ 1점쇄선　④ 2점쇄선

해설 평면도에 절단할 단면선은 1점 쇄선으로 표기한다.

8 조경재료 중 점토 제품이 아닌 것은?

① 소형고압블럭　② 타일
③ 적벽돌　④ 오지토관

해설 소형고압블럭–콘크리트제품

1. ③ 2. ④ 3. ① 4. ① 5. ① 6. ②
7. ③ 8. ①

9 솔잎혹파리에는 먹좀벌을 방사시키면 방제효과가 있다. 이러한 방제법에 해당하는 것은?

① 생물적 방제법　② 기계적 방제법
③ 물리적 방제법　④ 화학적 방제법

해설 천적을 이용한 방제법 – 생물적 방제법

10 지면보다 1.5m 높은 현관까지 계단을 설계하려 한다. 답면을 30cm로 적용할 때 필요한 계단수는? (단, 2a+b=60cm 으로 지정한다.)

① 10단 정도　② 20단 정도
③ 30단 정도　④ 40단 정도

해설
- a : 계단높이, b : 답면너비 이므로 2a+30=60cm, a(단높이)=15cm
- 실제높이 ÷ 단높이 = 1.5m ÷ 0.15m = 10단

11 치수선 및 치수에 대한 기본적인 설명으로 적합하지 않은 것은?

① 치수의 기입은 치수선에 따라 도면에 평행하게 기입한다.
② 치수를 표시할 때에는 치수선과 치수보조선을 사용한다.
③ 치수선은 치수보조선에 직각이 되도록 긋는다.
④ 단위는 mm로하고, 단위표시를 반드시 기입한다.

해설 치수의 단위는 mm로 하고, 단위표시는 생략한다.

12 회화에 있어서의 농담법과 같은 수법으로 화단의 풀꽃을 엷은 빛깔에서 점점 짙은 빛깔로 맞추어 나갈 때 생기는 아름다움은?

① 단순미　② 통일미
③ 반복미　④ 점층미

해설 점층미
크기, 선, 색 등이 점차적 증가하거나 감소할 때 생기는 아름다움

13 다음 중 파이토플라스마(phytoplasma)에 의한 나무병이 아닌 것은?

① 뽕나무 오갈병
② 대추나무 빗자루병
③ 벚나무 빗자루병
④ 오동나무 빗자루병

해설 벚나무빗자루병 : 진균에 의한 수목병

14 해충 중에서 잎에 주사 바늘과 같은 침으로 식물체내에 있는 즙액을 빨아 먹는 종류가 아닌 것은?

① 진딧물　② 깍지벌레
③ 측백하늘소　④ 응애

해설 측백하늘소 : 천공성해충

15 설계도면에서 특별히 정한 바가 없는 경우에는 옹벽 찰쌓기를 할 때 배수구는 PVC관(경질염화비닐관)을 $3m^2$당 몇 개가 적당한가?

① 1개　② 2개
③ 3개　④ 4개

해설 옹벽 찰쌓기 시 $2\sim3m^2$당 배수관 1개를 설치한다.

16 응애(mite)의 피해 및 구제법으로 틀린 것은?

① 살비제를 살포하여 구제한다.
② 같은 농약의 연용을 피하는 것이 좋다.
③ 발생지역에 4월 중순부터 1주일 간격으로 2~3회 정도 살포한다.
④ 침엽수에는 피해를 주지 않으므로 약제를 살포하지 않는다.

해설 응애는 침엽수, 활엽수를 가리지 않고 피해를 준다.

9. ① 10. ① 11. ④ 12. ④ 13. ③
14. ③ 15. ① 16. ④

17 도시공원 및 녹지 등에 관한 법규상 도시공원을 주제공원으로만 분류한 것은? (단, 특별시·광역시 또는 도의 조례가 정하는 공원은 제외한다.)

① 소공원, 묘지공원, 체육공원
② 수변공원, 근린공원, 방재공원
③ 묘지공원, 수변공원, 문화공원
④ 소공원, 어린이공원, 문화공원

해설
- 생활권공원 : 소공원, 어린이공원, 근린공원
- 주제공원 : 역사공원, 수변공원, 문화공원, 체육공원, 묘지공원, 도시농업공원, 방재공원

18 암거배수의 설명으로 가장 적합한 것은?

① 강우 시 표면에 떨어지는 물을 처리하기 위한 배수시설
② 땅 속으로 돌이나 관을 묻어 배수시키는 시설
③ 지하수를 이용하기 위한 시설
④ 돌이나 관을 땅에 수직으로 뚫어 기둥을 설치하는 시설

암거배수
땅속이나 지표에 넘쳐 있는 물을 지하에 매설한 관로나 투수성의 수로를 이용하여 배수하는 방법을 말한다.

19 다음 공사의 순공사 원가를 구하면 얼마인가? (단, 재료비 : 4,000원, 노무비 : 5,000원, 총경비 : 1,000원, 일반관리비 : 600원이다.)

① 9,000원　　② 10,000원
③ 10,600원　　④ 6,000원

해설
순공사원가=재료비+노무비+경비
=4,000+5,000+1,000
=10,000원

20 다음 중 굵은가지를 잘라도 새로운 가지가 잘 발생하는 수종들로만 짝지어진 것은?

① 소나무, 향나무
② 벚나무, 백합나무
③ 느티나무, 플라타너스
④ 곰솔, 단풍나무

느티나무, 플라타너스 등은 겨울철에 수형을 위한 굵은 가지 전정을 해도 새로운 가지가 잘 발생한다.

21 경관구성의 미적 원리를 통일성과 다양성으로 구분할 때 다양성에 해당하는 것은?

① 조화　　② 균형
③ 강조　　④ 대비

- 통일성의 요소 : 균형, 조화, 강조, 반복 등
- 다양성의 요소 : 대비, 리듬, 변화 등

22 수목병 발생과 관련된 병삼각형(disease triangle)의 구성 주요인이 아닌 것은?

① 시간
② 기주식물
③ 병원균
④ 환경

병삼각형(disease triangle)의 3요인
기주식물, 병원균(주인), 환경(유인)

23 다음 중 붉은색 계통의 단풍이 드는 나무가 아닌 것은?

① 백합나무　　② 벚나무
③ 화살나무　　④ 검양옻나무

해설
백합나무–황색계통의 단풍이 나무

24 열가소성 수지의 일반적인 설명으로 부적합한 것은?

① 열에 의해 연화된다.
② 중합반응을 하여 고분자로 된 것이다.
③ 구조재로 이용된다.
④ 냉각하면 그 형태가 붕괴되지 않고 고체로 된다.

해설
열가소성수지와 열경화성수지

열가소성	열경화성
중합반응	축합반응
재가열가능	재가열불가능
수장재	구조재
무르다	단단하다

17. ③　18. ②　19. ②　20. ③　21. ④
22. ①　23. ①　24. ③

25 수목의 밑동으로부터 밖으로 방사상 모양으로 땅을 파고 거름을 주는 방법은?

㉮ ㉯ ㉰ ㉱

① ㉮ ② ㉯
③ ㉰ ④ ㉱

 ① 윤상시비
② 방사상시비
③ 전면시비
④ 천공시비

26 다음 미기후(micro-climate)에 관한 설명 중 적합하지 않은 것은?

① 지형은 미기후의 주요 결정 요소가 된다.
② 그 지역 주민에 의해 지난 수년 동안의 자료를 얻을 수 있다.
③ 일반적으로 지역적인 기후 자료보다 미기후 자료를 얻기가 쉽다.
④ 미기후는 세부적인 토지이용에 커다란 영향을 미치게 된다.

 미기후
지표면으로부터 지상 1.5m 정도 높이까지 기층(접지층)의 기후로 지표면의 상태나 지물의 영향을 강하게 받아서 미세한 기상이나 기후상태의 차이가 생긴다. 미기후 자료는 지역기후 자료보다 얻기가 어렵다.

27 토양의 무기질 입자의 단위조성에 의한 토양의 분류를 토성(土性)이라고 한다. 다음 중 토성을 결정하는 요소가 아닌 것은?

① 자갈 ② 모래
③ 미사 ④ 점토

 토성
- 토양의 물리적성질
- 모래, 미사, 점토의 함유비율에 의한 토양의 분류

28 어느 레크리에이션 활동에서의 과거 참가 사례가 앞으로의 레크리에이션 기회를 결정하도록 계획하는 방법, 즉 공급이 수요를 만들어내는 방법은?

① 자원접근방법 ② 활동접근방법
③ 경제접근방법 ④ 행태접근방법

 S. Gold의 레크레이션 계획 접근방법

구분	내용
자원접근법	물리적자원, 자연자원이 레크레이션의 유형과 양을 결정하는 방법
활동접근법	과거의 레크레이션 활동의 참가사례가 레크레이션기회를 결정하도록 계획하는 방법
경제접근법	지역사회의 경제적 기반이나 예산 규모가 레크레이션 종류와 입지를 결정하는 방법
행태접근법	이용자의 구체적인 행동패턴에 맞춰 계획하는 방법
종합접근법	네가지 접근법의 긍정적인 측면만 취하는 방법

29 목재의 결점에 관한 설명으로 틀린 것은?

① 옹이부위는 압축강도에 약하다.
② 부패는 균의 작용으로 썩은 부분이다.
③ 껍질이 속으로 말려든 것을 입피(入皮)라고 한다.
④ 수심의 수축이나 균의 작용에 의해서 생김 crack을 원형갈림이라 한다.

 옹이는 목재의 인장강도에 큰 영향을 미친다.

30 다음 중 일반적으로 조경 수목에 밑거름을 시비하는 가장 적합한 시기는?

① 개화 전 ② 개화 후
③ 장마 직후 ④ 낙엽진 후

해설 수목의 밑거름은 지효성 유기질비료로 낙엽진 후 시비하여 서서히 효과를 기대한다.

25. ② 26. ③ 27. ① 28. ② 29. ①
30. ④

31 등고선에 관한 설명 중 틀린 것은?

① 등고선상에 있는 모든 점들은 같은 높이로서 등고선은 같은 높이의 점들을 연결한다.
② 등고선은 급경사지에서는 간격이 넓고, 완경사지에서는 좁다.
③ 높이가 다른 등고선이라도 절벽, 동굴에서는 교차한다.
④ 모든 등고선은 도면 안이나 밖에서 만나며 도중에 소실되지 않는다.

해설 등고선은 급경사지에서는 간격이 좁고, 완경사지에서는 넓다.

32 토층단면의 각 층위를 지표면으로부터 정확하게 나열한 것은?

① 용탈층→집적층→모재층→모암→유기물층
② 집적층→모암→모재층→유기물층→용탈층
③ 모재층→유기물층→집적층→용탈층→모암
④ 유기물층→용탈층→집적층→모재층→모암

해설 토층단면(지표면부터)
유기물층→용탈층→집적층→모재층→모암

33 수목을 옮겨심기 전 일반적으로 뿌리돌림을 실시하는 시기는?

① 6개월~1년 ② 3개월~6개월
③ 1년~2년 ④ 2년~3년

 뿌리돌림은 이식하기 6개월~1년전에 실시한다.

34 다수진 50% 유제 100cc를 0.05%로 희석하려 할 때 필요한 물의 양은?

① 25 ℓ ② 30 ℓ
③ 50 ℓ ④ 100 ℓ

 50%를 0.05% 희석하므로 50%÷0.05%=1000배액
유제 100cc에 1000배액 이므로 0.1 ℓ ×1000=100 ℓ

35 다음 중 마운딩(mounding)의 기능으로 가장 거리가 먼 것은?

① 배수 방향을 조절
② 자연스러운 경관을 조성
③ 유효 토심 확보
④ 공간기능을 연결

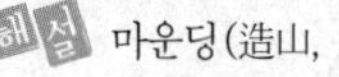
해설 마운딩(造山, 築山작업)
조경에서 경관 조성, 방음, 방풍, 방설, 배수방향조절 등을 목적으로 작은 동산을 만드는 것을 말한다.

36 주철강의 특성 중 틀린 것은?

① 선철이 주재료이다.
② 내식성이 부족하다.
③ 탄소 함유량은 1.7~6.6%이다.
④ 단단하여 복잡한 형태의 주조가 용이하다.

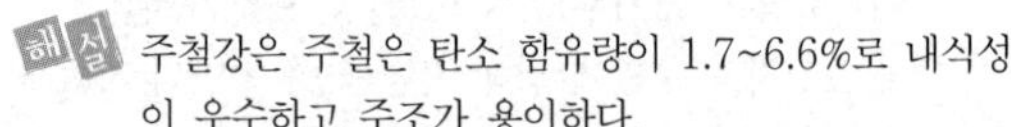
해설 주철강은 주철은 탄소 함유량이 1.7~6.6%로 내식성이 우수하고 주조가 용이하다.

37 다음 중 전정을 할 때 큰 줄기나 가지자르기를 삼가야 하는 수종은?

① 벚나무 ② 플라타너스
③ 오동나무 ④ 현사시나무

 벚나무 전정
전정시 전정부분의 상처가 회복되지 않아 부패되기 쉽고 유합조직 형성도 불량해 전정을 삼가는 수종에 해당된다.

38 다음 중 봄철에 꽃을 가장 빨리 보려면 어떤 수종을 식재해야 하는가?

① 말발도리 ② 자귀나무
③ 배롱나무 ④ 매화나무

해설
• 말발도리 : 5~6월에 흰색꽃이 개화
• 자귀나무 : 6~7월에 연분홍색꽃이 개화
• 배롱나무 : 7~9월에 붉은색꽃이 개화

31. ② 32. ④ 33. ① 34. ④ 35. ④
36. ② 37. ① 38. ④

39 임목(林木) 생장에 가장 좋은 토양구조는?

① 판상구조(platy)
② 괴상구조(blocky)
③ 입상구조(granular)
④ 견파상구조(nutty)

해설 입상구조(granular)는 부식질과 광질토양이 잘 섞여 진 토양구조로 식물생장이 용이하다.

40 슬럼프 시험(slump test)으로 측정할 수 있는 것은?

① 수밀성 ② 강도
③ 반죽질기 ④ 배합비율

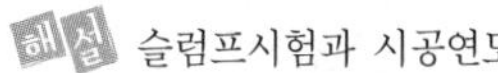

해설 슬럼프시험과 시공연도

- 워커빌러티(workability)측정시험
- 콘크리트를 혼합한 다음 운반해서 다져넣을 때까지 시공성의 좋고 나쁨을 나타내는 성질로 시공을 위한 작업의 용이한 정도 및 재료의 분리에 저항하는 정도로 나타난다. 워커빌리티가 좋은 콘크리트는 작업성이 좋고 분리도 거의 일어나지 않는다.

41 다음 중 재료의 할증률이 다른 것은?

① 목재(각재) ② 시멘트벽돌
③ 잔디 ④ 원형철근

해설 ① 목재(각재) : 5% ② 시멘트벽돌 : 5%
③ 잔디 : 10% ④ 원형철근 : 5%

42 흰색 계열의 작은 꽃은 5~6월에 피고 가을에 붉은 계통의 단풍잎 또는 관상가치가 있으며 음지사면에 식재하면 좋은 수종은?

① 왕벚나무 ② 모과나무
③ 국수나무 ④ 족제비싸리

해설 국수나무

- 장미과 낙엽활엽관목
- 계곡 주변이나 숲속에서 쉽게 볼 수 있으며, 5~6월에 흰꽃, 가을에 붉은 단풍이 아름답다.

43 조경수목에 공급하는 속효성 비료에 대한 설명으로 틀린 것은?

① 대부분의 유기질비료가 해당된다.
② 꽃이 진 직후나 열매 딴 후 수세회복을 목적으로 소량으로 시비한다.
③ 시비 후 5~7일 정도면 바로 비효가 나타난다.
④ 강우가 많은 지역과 잦은 시기에는 유실정도가 빠르다.

해설 속효성비료
무기질비료(N, P, K 등 복합비료)로 수목 생장기인 꽃이 진 직후나 열매 딴 후 수세회복을 목적으로 소량으로 시비한다.

44 알루미늄의 일반적인 성질로 틀린 것은?

① 열의 전도율이 높다.
② 산과 알칼리에 특히 강하다.
③ 전성과 연성이 풍부하다.
④ 비중은 약 2.7 정도이다.

해설 알루미늄은 산과 알칼리에는 부식되므로 주의를 요한다.

45 비탈면 경사의 표시에서 1 : 3 에서 1은 무엇을 뜻하는가?

① 수직고 ② 수평거리
③ 경사면의 길이 ④ 안식각

해설 1 : 3 = 수직거리 : 수평거리

39. ③ 40. ③ 41. ③ 42. ③ 43. ①
44. ② 45. ①

46 비탈면에 관목을 식재할 때 비탈면의 기울기는 얼마 이상이어야 하는가?

① 1 : 1.5 ② 1 : 1.8
③ 1 : 3 ④ 1 : 4

식재비탈면의 기울기에 따른 식재가능식물(조경설계기준적용)

기울기			식재가능식물
1:1.5	66.6%	33°40	잔디 · 초화류
1:1.8	55%	29°3	잔디 · 지피 · 관목
1:3	33.3%	18°30	잔디 · 지피 · 관목 · 아교목
1:4	25%	14°	잔디 · 지피 · 관목 · 아교목 · 교목

47 일반적으로 상단이 좁고, 하단이 넓은 형태의 옹벽으로 3m 내외의 낮은 옹벽에 많이 쓰이는 것은?

① 중력식옹벽
② 켄틸레버옹벽
③ 부축벽옹벽
④ 석축옹벽

해설
- 중력식 : 상단이 좁고 하단이 넓은 형태, 3m내 · 외 옹벽, 자중으로 견딤
- 켄틸레버식 : 철근콘크리트사용, 5m 내외
- 부축벽식 : 안정성을 중시할 때 적용, 6m 내외

48 0.5B 붉은 벽돌 쌓기 $1m^2$에 소요되는 벽돌량은? (단, 벽돌은 표준형, 줄눈 간격 1cm, 할증률 3%)

① 75매 ② 77매
③ 92매 ④ 96매

표준형 벽돌 0.5B 일 때 $1m^2$ 당 소요매수는 75매이므로 75×(1+0.03)=77.25매

49 1 : 1,000 지도에서 $1cm^2$는 실제면적이 얼마인가?

① $10m^2$ ② $100m^2$
③ $1,000m^2$ ④ $10,000m^2$

해설
실제거리=도면상거리×축척이므로 0.01m×1000=10m
한변의 길이가 10m 이므로 실제 면적은 10×10 $=100m^2$

50 평판을 세우는 세가지 조건을 바르게 나타낸 것은?

① 극좌표, 직각좌표, 시준
② 축척, 방위, 편차
③ 오차, 정도, 구적
④ 정준, 치심, 정위

평판을 세우는 3가지 조건
정준, 치심(구심), 표정(정위)

51 멘셀 시스템에서 색의 3속성을 표기하는 기호의 순서가 맞는 것은?

H : 색상 V : 명도 C : 채도

① HV/C ② VH/C
③ CV/H ④ HC/V

해설
멘셀의 색의 3속성 표기-HV/C

52 다음 그림과 같이 투상하는 방법은?

저면도

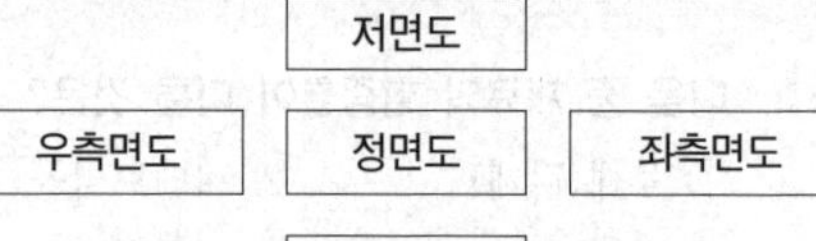

평면도

① 제1각법 ② 제2각법
③ 제3각법 ④ 제4각법

해설
제1각법
① 물체를 1각 안에(투상면 앞쪽)에 놓고 투상한 것을 말한다. 물체의 뒤의 유리판에 투영한다.(보는 위치의 반대편에 상이 맺힘)
② 투상도의 위치
- 평면도는 정면도의 아래에 위치
- 좌측면도는 정면도의 우측에 위치
- 우측면도는 정면도의 좌측에 위치
- 저면도는 정면도의 위에 위치한다.

46. ② 47. ① 48. ② 49. ② 50. ④
51. ① 52. ①

53 잔디관리 중 통기갱신용 작업에 해당되지 않는 것은?

① 코링(coring) ② 롤링(rolling)
③ 슬라이싱(slicing) ④ 스파이킹(spiking)

해설 롤링 : 표면정리작업

54 콘크리트의 용적배합시 1 : 2 : 4에서 4는 어느 재료의 배합비를 표시한 것인가?

① 물 ② 모래
③ 자갈 ④ 시멘트

해설 1 : 2 : 4 → 시멘트 : 모래 : 자갈

55 다음 중 물푸레나무과의 수종이 아닌 것은?

① 미선나무
② 쥐똥나무
③ 광나무
④ 쪽동백나무

해설 쪽동백나무 : 때죽나무과 낙엽활엽교목

56 횡선식 공정표와 비교한 네트워크(NET WORK) 공정표의 설명으로 가장 거리가 먼 것은?

① 간단한 공사 및 시급한 공사, 개략적인 공정에 사용된다.
② 문제점의 사전 예측이 용이하다.
③ 공사 통제 기능이 좋다.
④ 일정의 변화를 탄력적으로 대처할 수 있다.

해설 네트워크공정표는 대형공사, 복잡한 공사, 중요한 공사에 사용된다.

57 나무를 옮길 때 잘려 진 뿌리의 절단면으로부터 새로운 뿌리가 돋아나는데 가장 중요한 영향을 미치는 것은?

① C/N율
② 식물호르몬
③ 토양의 보비력
④ 잎으로부터의 증산정도

해설 이식 후 뿌리와 잎의 증산작용을 균형이 맞아야 이식률이 높아진다.

58 콘크리트의 측압은 콘크리트 타설전에 검토해야 할 매우 중요한 시공요인이다. 다음 중 콘크리트 측압에 영향을 미치는 요인에 대한 설명으로 틀린 것은?

① 콘크리트의 타설 높이가 높으면 측압은 커지게 된다.
② 콘크리트의 타설 속도가 빠르면 측압은 커지게 된다.
③ 콘크리트의 온도가 높을수록 측압은 커지게 된다.
④ 콘크리트의 슬럼프가 커질수록 측압은 커지게 된다.

해설 콘크리트의 온도가 낮을수록 경화 시작시간이 늦어지므로 측압이 커지게 된다.

59 종자의 품질을 나타내는 기준인 순량율이 50%, 실중이 60g, 발아율이 90%라고 할 때, 종자의 효율은?

① 27% ② 30%
③ 45% ④ 54%

해설 종자의 효율 계산
- 미리 조사된 순량률과 발아율로 효율을 계산한다.
- 종자의 효율(%)=(순량율×발아율)/100
=(50%×90%)/100=45%

60 다음 중 건설기계와 해당 건설기계의 주된 작업 종류의 연결이 틀린 것은?

① 크램쉘 – 굴착 ② 백호 – 정지
③ 파워쇼벨 – 굴착 ④ 그레이더 – 정지

해설 백호 – 굴착

53. ① 54. ③ 55. ④ 56. ① 57. ④
58. ③ 59. ③ 60. ②

➕ 전과목 무료동영상

조경기능사 필기 (시험전 한번에 끝내기)

定價 28,000원

저 자 이 윤 진
발행인 이 종 권

2011年 1月 31日 초 판 발 행
2021年 1月 12日 10차개정판발행
2021年 10月 5日 11차개정1쇄발행
2022年 3月 30日 11차개정2쇄발행
2023年 1月 12日 12차개정쇄발행
2024年 3月 27日 13차개정쇄발행
2025年 1月 3日 14차개정쇄발행

發行處 **(주) 한솔아카데미**

(우)06775 서울시 서초구 마방로10길 25 트윈타워 A동 2002호
TEL : (02)575-6144/5 FAX : (02)529-1130
〈1998. 2. 19 登錄 第16-1608號〉

ISBN 979-11-6654-564-1 13520

한솔아카데미 발행도서

건축기사시리즈
①건축계획
이종석, 이병억 공저
536쪽 | 26,000원

건축기사시리즈
②건축시공
김형중, 한규대, 이명철, 홍태화 공저
678쪽 | 26,000원

건축기사시리즈
③건축구조
안광호, 홍태화, 고길용 공저
796쪽 | 27,000원

건축기사시리즈
④건축설비
오병칠, 권영철, 오호영 공저
564쪽 | 26,000원

건축기사시리즈
⑤건축법규
현정기, 조영호, 김광수, 한웅규 공저
622쪽 | 27,000원

건축기사 필기 10개년 핵심 과년도문제해설
안광호, 백종엽, 이병억 공저
1,028쪽 | 45,000원

건축기사 4주완성
남재호, 송우용 공저
1,412쪽 | 46,000원

건축산업기사 4주완성
남재호, 송우용 공저
1,136쪽 | 43,000원

7개년 기출문제 건축산업기사 필기
한솔아카데미 수험연구회
868쪽 | 37,000원

건축설비기사 4주완성
남재호 저
1,284쪽 | 45,000원

건축설비산업기사 4주완성
남재호 저
770쪽 | 38,000원

10개년 핵심 건축설비기사 과년도
남재호 저
1,148쪽 | 39,000원

건축기사 실기
한규대, 김형중, 안광호, 이병억 공저
1,672쪽 | 52,000원

건축기사 실기 (The Bible)
안광호, 백종엽, 이병억 공저
818쪽 | 37,000원

건축기사 실기 14개년 과년도
안광호, 백종엽, 이병억 공저
688쪽 | 31,000원

건축산업기사 실기
한규대, 김형중, 안광호, 이병억 공저
696쪽 | 33,000원

건축산업기사 실기 (The Bible)
안광호, 백종엽, 이병억 공저
300쪽 | 27,000원

실내건축기사 4주완성
남재호 저
1,320쪽 | 39,000원

실내건축산업기사 4주완성
남재호 저
1,020쪽 | 31,000원

시공실무 실내건축(산업)기사 실기
안동훈, 이병억 공저
422쪽 | 31,000원

Hansol Academy

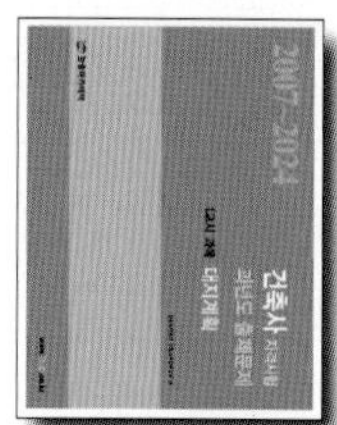

건축사 과년도출제문제 1교시 대지계획
한솔아카데미 건축사수험연구회
346쪽 | 33,000원

건축사 과년도출제문제 2교시 건축설계1
한솔아카데미 건축사수험연구회
192쪽 | 33,000원

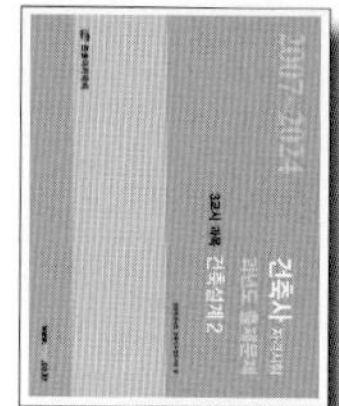

건축사 과년도출제문제 3교시 건축설계2
한솔아카데미 건축사수험연구회
436쪽 | 33,000원

건축물에너지평가사 ①건물 에너지 관계법규
건축물에너지평가사 수험연구회
818쪽 | 30,000원

건축물에너지평가사 ②건축환경계획
건축물에너지평가사 수험연구회
456쪽 | 26,000원

건축물에너지평가사 ③건축설비시스템
건축물에너지평가사 수험연구회
682쪽 | 29,000원

건축물에너지평가사 ④건물 에너지효율설계 · 평가
건축물에너지평가사 수험연구회
756쪽 | 30,000원

건축물에너지평가사 2차실기(상)
건축물에너지평가사 수험연구회
940쪽 | 45,000원

건축물에너지평가사 2차실기(하)
건축물에너지평가사 수험연구회
905쪽 | 50,000원

토목기사시리즈 ①응용역학
염창열, 김창원, 안광호, 정용욱, 이지훈 공저
804쪽 | 25,000원

토목기사시리즈 ②측량학
남수영, 정경동, 고길용 공저
452쪽 | 25,000원

토목기사시리즈 ③수리학 및 수문학
심기오, 노재식, 한웅규 공저
450쪽 | 25,000원

토목기사시리즈 ④철근콘크리트 및 강구조
정경동, 정용욱, 고길용, 김지우 공저
464쪽 | 25,000원

토목기사시리즈 ⑤토질 및 기초
안진수, 박광진, 김창원, 홍성협 공저
640쪽 | 25,000원

토목기사시리즈 ⑥상하수도공학
노재식, 이상도, 한웅규, 정용욱 공저
544쪽 | 25,000원

10개년 핵심 토목기사 과년도문제해설
김창원 외 5인 공저
1,076쪽 | 45,000원

토목기사 4주완성 핵심 및 과년도문제해설
이상도, 고길용, 안광호, 한웅규, 홍성협, 김지우 공저
1,054쪽 | 42,000원

토목산업기사 4주완성 7개년 과년도문제해설
이상도, 정경동, 고길용, 안광호, 한웅규, 홍성협 공저
752쪽 | 39,000원

토목기사 실기
김태선, 박광진, 홍성협, 김창원, 김상욱, 이상도 공저
1,496쪽 | 50,000원

토목기사 실기 12개년 과년도문제해설
김태선, 이상도, 한웅규, 홍성협, 김상욱, 김지우 공저
708쪽 | 35,000원

콘크리트기사 · 산업기사 4주완성(필기)
정용욱, 고길용, 전지현, 김지우 공저
976쪽 | 37,000원

콘크리트기사 14개년 과년도(필기)
정용욱, 고길용, 김지우 공저
644쪽 | 28,000원

콘크리트기사 · 산업기사 3주완성(실기)
정용욱, 김태형, 이승철 공저
748쪽 | 30,000원

건설재료시험기사 4주완성(필기)
박광진, 이상도, 김지우, 전지현 공저
742쪽 | 37,000원

건설재료시험기사 14개년 과년도(필기)
고길용, 정용욱, 홍성협, 전지현 공저
692쪽 | 30,000원

건설재료시험기사 3주완성(실기)
고길용, 홍성협, 전지현, 김지우 공저
728쪽 | 29,000원

콘크리트기능사 3주완성(필기+실기)
정용욱, 고길용, 전지현 공저
524쪽 | 24,000원

지적기능사(필기+실기) 3주완성
염창열, 정병노 공저
640쪽 | 29,000원

측량기능사 3주완성
염창열, 정병노 공저
562쪽 | 27,000원

전산응용토목제도기능사 필기 3주완성
김지우, 최진호, 전지현 공저
438쪽 | 26,000원

건설안전기사 4주완성 필기
지준석, 조태연 공저
1,388쪽 | 36,000원

산업안전기사 4주완성 필기
지준석, 조태연 공저
1,560쪽 | 36,000원

공조냉동기계기사 필기
조성안, 이승원, 강희중 공저
1,358쪽 | 39,000원

공조냉동기계산업기사 필기
조성안, 이승원, 강희중 공저
1,269쪽 | 34,000원

공조냉동기계기사 실기
강희중, 조성안, 한영동 공저
1,040쪽 | 36,000원

조경기사 · 산업기사 필기
이윤진 저
1,836쪽 | 49,000원

조경기사 · 산업기사 실기
이윤진 저
784쪽 | 43,000원

조경기능사 필기
이윤진 저
682쪽 | 29,000원

조경기능사 실기
이윤진 저
360쪽 | 29,000원

조경기능사 필기
한상엽 저
712쪽 | 27,000원

Hansol Academy

조경기능사 실기
한상엽 저
738쪽 | 29,000원

산림기사 · 산업기사 1권
이윤진 저
888쪽 | 27,000원

산림기사 · 산업기사 2권
이윤진 저
974쪽 | 27,000원

전기기사시리즈(전6권)
대산전기수험연구회
2,240쪽 | 113,000원

전기기사 5주완성
전기기사수험연구회
1,680쪽 | 42,000원

전기산업기사 5주완성
전기산업기사수험연구회
1,556쪽 | 42,000원

전기공사기사 5주완성
전기공사기사수험연구회
1,608쪽 | 41,000원

전기공사산업기사 5주완성
전기공사산업기사수험연구회
1,606쪽 | 41,000원

전기(산업)기사 실기
대산전기수험연구회
766쪽 | 42,000원

전기기사 실기 20개년 과년도문제해설
대산전기수험연구회
992쪽 | 36,000원

전기기사시리즈(전6권)
김대호 저
3,230쪽 | 119,000원

전기기사 실기 기본서
김대호 저
964쪽 | 36,000원

전기기사 실기 기출문제
김대호 저
1,352쪽 | 42,000원

전기산업기사 실기 기본서
김대호 저
920쪽 | 36,000원

전기산업기사 실기 기출문제
김대호 저
1,076 | 40,000원

전기기사/전기산업기사 실기 마인드 맵
김대호 저
232 | 기본서 별책부록

CBT 전기기사 블랙박스
이승원, 김승철, 윤종식 공저
1,168쪽 | 42,000원

전기(산업)기사 실기 모의고사 100선
김대호 저
296쪽 | 24,000원

전기기능사 필기
이승원, 김승철 공저
624쪽 | 25,000원

소방설비기사 기계분야 필기
김홍준, 윤중오 공저
1,212쪽 | 44,000원

www.bestbook.co.kr

소방설비기사 전기분야 필기
김흥준, 신면순 공저
1,151쪽 | 44,000원

공무원 건축계획
이병억 저
800쪽 | 37,000원

7 · 9급 토목직 응용역학
정경동 저
1,192쪽 | 42,000원

응용역학개론 기출문제
정경동 저
686쪽 | 40,000원

측량학(9급 기술직/ 서울시 · 지방직)
정병노, 염창열, 정경동 공저
722쪽 | 27,000원

응용역학(9급 기술직/ 서울시 · 지방직)
이국형 저
628쪽 | 23,000원

스마트 9급 물리 (서울시 · 지방직)
신용찬 저
422쪽 | 23,000원

7급 공무원 스마트 물리학개론
신용찬 저
996쪽 | 45,000원

1종 운전면허
도로교통공단 저
110쪽 | 13,000원

2종 운전면허
도로교통공단 저
110쪽 | 13,000원

1 · 2종 운전면허
도로교통공단 저
110쪽 | 13,000원

지게차 운전기능사
건설기계수험연구회 편
216쪽 | 15,000원

굴삭기 운전기능사
건설기계수험연구회 편
224쪽 | 15,000원

지게차 운전기능사 3주완성
건설기계수험연구회 편
338쪽 | 12,000원

굴삭기 운전기능사 3주완성
건설기계수험연구회 편
356쪽 | 12,000원

초경량 비행장치 무인멀티콥터
권희춘, 김병구 공저
258쪽 | 22,000원

시각디자인 산업기사 4주완성
김영애, 서정술, 이원범 공저
1,102쪽 | 36,000원

시각디자인 기사 · 산업기사 실기
김영애, 이원범 공저
508쪽 | 35,000원

토목 BIM 설계활용서
김영휘, 박형순, 송윤상, 신현준, 안서현, 박진훈, 노기태 공저
388쪽 | 30,000원

BIM 구조편
(주)알피종합건축사사무소
(주)동양구조안전기술 공저
536쪽 | 32,000원

www.bestbook.co.kr 

건축시공학
이찬식, 김선국, 김예상, 고성석,
손보식, 유정호, 김태완 공저
776쪽 | 30,000원

**현장실무를 위한
토목시공학**
남기천,김상환,유광호,강보순,
김종민,최준성 공저
1,212쪽 | 45,000원

알기쉬운 토목시공
남기천, 유광호, 류명찬, 윤영철,
최준성, 고준영, 김연덕 공저
818쪽 | 28,000원

Auto CAD 오토캐드
김수영, 정기범 공저
364쪽 | 25,000원

친환경 업무매뉴얼
정보현, 장동원 공저
352쪽 | 30,000원

**건축시공기술사
기출문제**
배용환, 서갑성 공저
1,146쪽 | 69,000원

**합격의 정석
건축시공기술사**
조민수 저
904쪽 | 67,000원

**건축시공기술사
용어해설**
조민수 저
1,438쪽 | 70,000원

**건축전기설비기술사
(상,하)**
서학범 저
1,532쪽 | 65,000원(각권)

**디테일 기본서 PE
건축시공기술사**
백종엽 저
730쪽 | 62,000원

**디테일 마법지 PE
건축시공기술사**
백종엽 저
504쪽 | 50,000원

**용어설명1000 PE
건축시공기술사(상,하)**
백종엽 저
2,100쪽 | 70,000원(각권)

역학의 정석
김성민, 김성범 공저
788쪽 | 52,000원

**합격의 정석
토목시공기술사**
김무섭, 조민수 공저
874쪽 | 60,000원

건설안전기술사
이태엽 저
748쪽 | 55,000원

소방기술사 上
윤정득, 박견용 공저
656쪽 | 55,000원

소방기술사 下
윤정득, 박견용 공저
730쪽 | 55,000원

**소방시설관리사 1차
(상,하)**
김흥준 저
1,630쪽 | 63,000원

건축에너지관계법해설
조영호 저
614쪽 | 27,000원

ENERGYPULS
이광호 저
236쪽 | 25,000원

Hansol Academy

수학의 마술(2권)
아서 벤저민 저, 이경희, 윤미선, 김은현, 성지현 옮김
206쪽 | 24,000원

스트레스, 과학으로 풀다
그리고리 L. 프리키온, 애너이브 코비치, 앨버트 S.융 저
176쪽 | 20,000원

행복충전 50Lists
에드워드 호프만 저
272쪽 | 16,000원

지치지 않는 뇌 휴식법
이시카와 요시키 저
188쪽 | 12,800원

지능형홈관리사
김일진, 이의신, 송한춘, 황준호, 장우성 공저
500쪽 | 35,000원

스마트 건설, 스마트 시티, 스마트 홈
김선근 저
436쪽 | 19,500원

e-Test 엑셀 ver.2016
임창인, 조은경, 성대근, 강현권 공저
268쪽 | 17,000원

e-Test 파워포인트 ver.2016
임창인, 권영희, 성대근, 강현권 공저
206쪽 | 15,000원

e-Test 한글 ver.2016
임창인, 이권일, 성대근, 강현권 공저
198쪽 | 13,000원

e-Test 엑셀 2010(영문판)
Daegeun-Seong
188쪽 | 25,000원

e-Test 한글+엑셀+파워포인트
성대근, 유재휘, 강현권 공저
412쪽 | 28,000원

재미있고 쉽게 배우는 포토샵 CC2020
이영주 저
320쪽 | 23,000원

조경기사·산업기사 필기

이윤진
1,836쪽 | 49,000원

조경기사·산업기사 실기

이윤진
784쪽 | 43,000원

※ 구입처는 **전국대형서점**에서 구매하실 수 있습니다.

조경기능사 필기

핵 심 정리노트

[차 례]

01 핵심정리노트
조경계획 및 설계

정의

조경의 일반적 정의

- 외부공간을 취급하는 계획 및 설계전문분야로 환경에 대한 이해에 동반되어야 함
- 토지를 미적, 경제적으로 조성하는데 필요한 기술과 예술의 종합된 실천과학

옴스테드

- 조경의 학문적 영역을 정립, 조경가라는 말을 처음 사용한 후 조경용어의 보편화를 기함
- 'Landscape Architecture는 자연과 인간에게 봉사하는 분야이다' 라고 말함

조경의 필요성

- 우리나라에서는 1970년대 초 경제개발계획에 따라 국토훼손이 심각해지면서 자연환경보호와 경관관리의 필요성으로 조경이 필요하게 되었으며, 조경이라는 용어를 사용하게 됨
- 도시화가 진전되면서 환경오염 증대되어 환경관리에 대한 중요성이 높아짐
- 한국 : 조경, 중국 : 원림, 일본 : 조원

조경사

정원양식의 분류

- 정형식 정원 : 서양에서 발달한 양식, 건축선을 중심으로 좌우 대칭형 · 규칙적임
- 자연식 정원 : 동양에서 주로 발달한 양식, 자연식 · 풍경식 · 축경식 정원
- 절충식 정원 : 정형식과 자연식의 형태적 특징을 동시에 지닌 정원

이집트의 주택정원

- 무덤, 벽화를 통해 당시의 정원을 추측 : 테베에 있는 아메노피스 3세의 한 신하의 분묘, 델엘 아마르나의 메리레의 정원
- 특징 : 높은 울담, 담 안에 몇 겹의 수목 열식, 구형 또는 T자형 침상지, 물가에 키오스크 등으로 구성

바빌로니아의 공중정원

- 신바빌로니아의 네부카드네자르 2세가 왕비 아미티스를 위해 조성, 세계 7대 불가사의 중 하나
- 성벽의 높은 노단 위에 수목과 덩굴식물을 식재하여 만든 최초의 옥상정원
- 각 테라스마다 수목을 식재, 유프라테스강에서 물을 끌어들여 관수

그리스의 아고라 (Agora)

- 광장의 개념이 최초로 등장
- 도시활동의 중심지로서 시장, 집회소로 이용
- 도서관, 의회당, 신전, 야외음악당으로 둘러싸인 중앙공간의 광장
- 녹음수, 조각, 분수로 장식

그리스의 도시계획

- 히포데이무스 : 최초의 도시 계획가로 밀레토스에 최초로 격자모양의 도시계획

로마의 주택정원

- 폼페이의 주택정원은 2개의 중정과 1개의 후원으로 내향적인 구성
- 아트리움(Atrium) : 제1중정, 손님이나 상담을 위한 공적 공간, 무열주 중정, 돌포장, 화분장식
- 페리스틸리움(Peristylium) : 제2중정, 주정, 가족용의 사적 공간, 주랑식 정원, 바닥은 포장하지 않은 채 탁자와 의자를 배치, 화훼를 정형적으로 식재
- 지스터스(Xystus) : 후원, 제1 · 2중정과 동일한 축선상에 배치, 5점형 식재

로마의 포럼 (Forum)

- 로마시대 광장
- 지배계급을 위한 상징적 지역으로 왕의 행진, 집단이 모여 토론할 수 있는 광장
- 둘러싸인 건물군에 의해 일반광장, 시장광장, 황제광장으로 구분

로마의 빌라(Villa)

- 자연환경과 지형과 기후의 영향으로 구릉지에 빌라가 발달(건물+정원 복합체)
- 터스카나장, 라우렌틴장, 아드리아장(황제의 유구)

스페인(그라나다)의 알함브라 궁전

- 무어양식의 대표적 작품
- 알함브라는 주요 건물이나 성채를 붉은 벽돌로 지어 홍궁이라고도 함
- 이슬람이 멸망할 때까지 지켜진 최후의 유적지로 4개의 중정이 남아 있음
  - 알베르카(Alberca) 중정 : 궁전의 주정, 공적 기능, 정확한 비례와 화려함, 장엄미가 뛰어남
  - 사자(Lion)의 중정 : 주랑식 중정, 가장 화려함, 검은 대리석으로 만든 열 두 마리의 사자가 수반과 분수를 받치고 있음, 분수로부터 네 개의 수로가 뻗어 중정을 사분원을 이룸
  - 린다라야(Lindaraja) 중정 : 중정 가운데에 분수 시설, 여성적인 분위기를 연출, 가장자리를 회양목으로 식재하여 여러 모양의 화단을 만듦
  - 레하(Reja) 중정 : 중앙에는 분수를 세워 환상적이면서도 엄숙한 분위기를 연출, 바닥은 둥근 색자갈로 무늬, 중정 네 귀퉁이에 사이프러스를 식재하여 사이프러스 중정이라고도 함

이탈리아정원의 특징

- 16세기 : 노단건축식 정원
  - 인본주의, 고전적 비례미, 수학적 계산에 의해 구성
  - 지형과 기후의 영향으로 구릉과 경사지에 빌라가 발달
  - 에스테장, 랑테장, 파르네제장

프랑스정원의 특징

- 17세기 : 평면기하학식 정원
  - 축에 기초를 둔 2차원적 기하학식 정원(평면기하학식), 비스타(Vista, 통경선), 장엄한 스케일의 정원
  - 장식적이고 화려한 정원
  - 앙드레 르 노트르 : 루이14세 때 궁전조경가로 평면기하학식을 확립, 베르사유 궁원 · 보르 비 꽁트
- 18세기 : 자연풍경식 정원
  - 영국의 풍경식 조경양식이 유행(자연풍경식 조경)
  - 에름농빌(Ermenonville), 쁘띠 트리아농(Petit Trianon), 몽소 공원(Monceau Park) 등

영국정원의 특징

- 16, 17세기 : 정형식(르네상스) 정원
- 18세기 : 자연풍경식 정원
  - 지형적 영향, 계몽사상, 산업혁명의 영향으로 경제 성장, 순수한 영국식 정원에 대한 창조 욕구
  - 대표적 조경가 : 브리짓맨(ha-ha기법) → 윌리엄 켄트('자연은 직선을 싫어한다' 라고 말함) → 란셀로티 브라운 → 험브리 랩턴(자연풍경식 정원을 완성, 레드북)
  - 작품 : 스토우가든(ha-ha기법도입), 스투어헤드
- 버켄헤드 공원
  - 1843년 조셉 팩스턴 설계
  - 1843년 선거법 개정안 통과로 실현된 최초의 시민의 힘으로 설립된 공원
  - 옴스테드의 센트럴파크 공원 개념 형성에 영향을 줌

미국의 센트럴파크 (Central Park)

- 영국 최초의 공공공원인 버큰헤드공원의 영향을 받은 도시 공원
- 옴스테드와 보우 설계안(그린스워드) 당선
- 미국 도시공원의 효시, 국립공원운동에 영향을 줌

중국정원의 특징

- 상징적 축조가 주를 이루는 사의주의 자연풍경식
- 자연의 미와 인공의 미를 함께 사용
- 경관의 대비에 중점을 두고 있음
- 하나의 정원 속에 부분적으로 여러 비율을 혼합하여 사용
- 태호석을 이용한 석가산 기법, 중정은 전돌로 포장
- 지방에 따라 명원이 나뉨 : 소주(강남)의 개인정원, 북방의 황실 원유
- 소주의 개인정원 : 창랑정(북송), 사자림(원), 졸정원(명), 유원(명), 환수산장(청)
- 북방의 황실원유 : 이화원, 원명원, 피서산장

일본정원의 특징

- 임천식 → 회유임천식 → 축산고산수식 → 평정고산수 → 다정양식 → 원주파임천식(임천식+다정식) → 축경식
- 기교와 관상에 치중하여 세부적인 수법 발달, 정원의 조화에 중점을 둠
- 비조(아즈카)시대 : 백제인 노자공이 612년에 궁남정에 수미산과 오교를 만들었다는 내용이 일본서기에 기록됨

일본정원의 특징

- 실정(무로마치)시대
  - 조석이 중시되고 전란의 경제적인 제약으로 정원이 축소됨
  - 선(禪)사상이 정원축조에 영향을 주었음
  - 정원에 물을 쓰지 않는 고산수정원이 발달
  - 축산고산수(대덕사 대선원), 평정고산수(용안사 평정정원)
- 도산(모모야마)시대
  - 다도를 즐기기 위한 소정원
  - 수수분(물통 · 돌그릇), 석등, 석탑, 디딤돌 등 사용
- 강호(에도)시대
  - 후원은 건물과 독립된 정원으로 원주파회유식(지천회유식)
  - 계리궁, 수학원이궁, 소석천 후락원, 빈이궁, 육의원, 겸육원

한국정원의 사상과 조경적 양상

사상	조경적 양상
신선사상	• 정원내의 점경물, 정자의 명칭 • 정원내 원지에 삼신산을 의미하는 중도(中島)설치 • 상징화 시킬 수 있는 십장생(十長生)
음향오행사상	방지원도
풍수사상	• 국도·도읍 풍수 • 배산임수의 양택풍수 • 후원양식탄생 • 식재의 방위 및 수종선택
유교사상	• 향교와 서원의 공간배치와 정원의 독특한 양식 창출 • 궁궐배치나 민간주거공간의 배치(마당과 채의 구분) • 은둔적 사상의 별서정원(조선시대) • 전통마을의 구성

백제시대 정원

- 임류각(동성왕 22년, 500)
  - 궁 동쪽에 세워 강의 수경과 산야의 조경을 즐김
  - 희귀한 새와 짐승을 길렀으며, 화려한 연못이 존재
- 궁남지(무왕 35년, 634)
  - 우리나라 최초로 신선사상을 배경으로 하는 지원
  - 궁 남쪽에 연못을 파고 방장선도를 축조하고, 방장지(方狀池)의 물가에 버드나무를 식재
- 석연지(石蓮池)
  - 백제 말 의자왕 때 정원장식을 위한 첨경물
  - 화강암으로 둥근 어항 형태를 만들어 그 속에 물을 담아 연꽃을 심고 즐김. 조선시대 세심석으로 발전

통일신라시대 정원

- 임해전과 안압지(문무왕 14년, 674)
  - 전체면적 : 약 40,000m^2, 연못면적 : 약 17,000m^2
  - 신선사상(3개의 섬)의 배경으로 한 해안풍경을 묘사한 정원
  - 왕과 신하의 공적위락공간
  - 안안지의 북쪽과 동쪽은 곡선형, 남쪽과 서쪽은 직선형
- 포석정 : 중국 진나라때 왕희지의 난정기에 영향을 받음, 곡수수법, 유상곡수연
- 사절유택 : 귀족들의 4계절별장(귀족들의 별장)

고려시대 정원

- 8대 조경식물 : 소나무, 버드나무, 매화나무, 향나무, 은행나무, 자두나무, 배나무, 복사나무
- 중국 송시대의 수법을 모방한 화원과 석가산으로 이국적인 분위기, 정자중심으로 꾸밈

조선시대 정원

▪ 경복궁

- 정궁, 평지에 기하학적 형태 건물배치
- 경회루와 경회루지원 : 태종 12년에 창건, 외국사신의 영접과 왕이 군신들에게 베풀었던 연회장소, 유생들의 시험장소, 무예와 활쏘기의 관람장소, 방지방도(3도, 신선사상)
- 교태전후원(아미산원, 계단식화계), 자경전 화문장(꽃담), 향원정과 향원정지원

▪ 창덕궁

- 이궁, 지세에 따른 자연스러운 건물 배치, 자연지형을 적절히 이용한 원림공간
- 낮은 곳에 못을 파고, 높은 곳에 정자를 세워 관상, 휴식공간으로 사용
- 창덕궁 후원의 별칭 : 후원(後園), 후원(後苑), 북원(北園), 금원(禁園), 비원(秘苑)

▪ 후원 영역별 주요 정원 요소

사상	조경적 양상
신선사상	부용지와 부용정, 주합루, 사정기비각, 서향각, 희우정 등
음향오행사상	애련지와 애련정, 연경당
풍수사상	관람정과 관람지, 존덕정과 존덕지, 승재정
유교사상	C형의 곡수거, 취한정, 소요정, 농산정, 청의정, 태극정

▪ 종묘

- 조선시대 역대 왕과 왕비의 신주를 모신 유교사상
- 좌묘우사의 원칙에 따라 경복궁의 좌측에 자리잡음
- 명당수가 위치하며 정전과 영녕전을 중심으로 제궁과 향대청을 배치

▪ 사직단

- 토지를 주관하는 신인 사(社)와 오곡을 주관하는 신인 직(稙)에게 제사를 지내는 제단
- 사단은 동쪽, 직단은 서쪽에 두었으며 이는 국가의 민생의 근본으로 국민의 민생의 안정을 기원하고 보호해주는 의미에서 사직을 설치하고 제사를 지냄

조선시대 정원

▪ 왕릉

- 조선시대 왕릉은 가장 완전한 형태를 갖추고 있는 고유문화유산
- 능원공간은 봉분을 중심으로 한 능침공간 → 정자각을 중심으로 한 만남의 공간인 제향공간 → 제실을 중심으로 한 속세를 나타내는 진입공간으로 구분

▪ 별서정원

- 문인들이 세속을 피해 은둔과 은일의 목적으로 자연의 경승지나 정원지에 지은 소박한 주거지
- 양산보의 소쇄원(전남 담양) : 자연계류를 중심으로 사면공간을 화계식으로 조성한 정원, 소쇄원도(목판), 대봉대역와 애양단공간 → 제월당과 화계공간 → 계류와 광풍각역
- 윤선도의 부용동 원림(전남 완도 보길도) : 세연정역(방지방도, 계담, 동대 · 서대, 판석보 설치, 자연에 동화되어 감상하고 유희하는 공간) → 낭음계역(낙서제와 곡수당 주위 수학과 수신의 장소) → 동천석실역(더위를 피할 수 있는 정자, 암벽 밑에 석실축조)
- 정영방의 서석지원(경북 영양) : 중도가 없는 방지가 마당을 차지함
- 정약용의 다산초당원림(전남 강진) : 정석바위, 약천, 다조, 방지원도(섬안에 석가산), 비폭

▪ 주택정원

- 유교사상에 영향, 상 · 하 · 남 · 녀를 엄격히 구분 → 마당과 채 구분
- 풍수지리사상 → 후원, 화계조성
- 이내번의 선교장 : 강릉
- 유이주의 운조루 : 전남 구례

조경계획과 설계 일반

조경계획과정

- 목표와 목적설정 → 기준 및 방침모색 → 대안작성 및 평가 → 최종안 실행 및 시행
- 목표설정 → 조사 · 분석 → 종합 → 기본구상 → 기본계획 → 기본계획 → 실시설계

산림경관의 유형

- 거시경관 : 파노라믹경관(전경관), 지형경관, 위요경관, 초점경관
- 세부경관 : 관개경관, 세부경관, 일시경관

경관구성의 요소

- 경관구성의 우세요소 : 선, 형태, 질감, 색채
- 경관구성의 우세원칙 : 축, 집중, 상대성, 조형
- 경관구성의 가변요소 : 광선, 기상조건, 계절, 시간, 운동, 거리 등

통일성

- 전체를 구성하는 부분적 요소들이 동일성 혹은 유사성을 지니고 있으며 각 요소들이 유기적으로 잘 짜여져 있어 시각적으로 통일된 하나로 보이는 것
- 구성요소 : 조화, 균형과 대칭, 강조, 반복

다양성

- 전체의 구성요소들이 동일하지 않으면서 구성방법에 있어서도 획일적이지 않아서 변화 있는 구성을 이루는 것
- 구성요소 : 변화, 리듬, 대비

제도용구

- 제도용 자
  - T자 : T형으로 만들어진 자로, 크기는 모체 길이가 900mm의 것이 가장 널리 쓰이고 있으며 주로 평행선을 긋거나, 삼각자와 조합하여 수직선과 사선을 그을 때 사용
  - 삼각자 : 제도용 삼각자는 45° 의 사선과 30° , 60° 의 사선을 그을 수 있는 두 종류가 한 세트로 되어있고 크기도 여러 가지임. 보통 제도에서는 300mm 정도의 것을 많이 사용하며, 각도를 임의로 조절할 수 있는 자유 삼각자가 있음
- 필기용구
  - 연필 : 제도용 연필은 심의 굳기와 무른 정도에 따라 구분, H의 수가 클수록 단단하고 흐리며, B의 수가 클수록 무르고 진함
  - 제도용 만년필 : 연필로 그린 도면을 잉크로 제도해야 할 때 사용하며, 로트링 펜으로 불리는 여러 가지 굵기의 제도용 만년필도 있음

치수 표시 방법

- 치수의 단위는 mm로 하며, 단위 표시는 하지 않음
- 치수를 표시할 때에는 치수선과 치수 보조선을 사용
- 치수선은 치수 보조선에 직각이 되도록 하며, 화살표나 점으로 경계를 명확히 표시
- 치수의 기입은 치수선에 따라 평행하게 기입
- 도면의 왼쪽에서 오른쪽으로, 아랫방향에서 위방향으로 읽을 수 있도록 치수선의 윗부분이나 치수선의 중앙에 기입

설계도의 종류

- 평면도
  - 조경설계의 가장 기본적인 도면, 계획의 전반적인 사항을 알기 위한 도면
  - 물체를 위에서 바라본 것을 가정하고 작도하는 설계도
  - 시설물과 식재 평면도를 가장 많이 사용
- 입면도와 단면도
  - 입면도 : 평면도와 같은 축척을 이용하여 작성하며 정면도, 배면도, 측면도 등으로 세분
  - 단면도 : 구조물을 수직으로 자른 단면을 보여주는 도면, 구조물의 내부구조 및 공간구성을 표현, 평면도에 단면 부위를 반드시 표시
- 상세도 : 일반 평면도나 단면도에서 잘 나타나지 않는 세부사항을 시공이 가능하도록 표현한 도면
- 투시도 : 대상 물체를 입체적으로 표현한 그림, 조감도(시점이 가장 높은 투시도)
- 투상도
  - 공간에 있는 물체의 모양이나 크기를 하나의 평면 위에 가장 정확하게 나타내기 위해 일정한 법칙에 따라 평면상에 정확히 그리는 그림, 3각법과 1각법

실시설계

- 개념 : 기본설계도를 기초로 하여 실제시공이 가능하도록 평면상세도, 단면상세도 등을 작성하는 단계로 시방서 및 공사비 내역서 작성을 포함
- 평면도(평면상세도) : 사용된 축척을 알기 쉽게 표기한 것으로 도로, 시설물의 위치와 크기를 정확히 기록하고, 벤치, 휴지통 등의 시설물은 규격과 수량이 포함된 수량표를 작성하여 표제란에 기입
- 단면도(단면상세도) : 입체적 공간을 가장 잘 설명해 줄 수 있는 장소를 2개소 이상 선정하여 그림
- 표준시방서 : 조경공사 시행의 적정을 기하기 위한 표준을 명시한 것으로 건설교통부에서 발행

도면표시기호

지반	벽돌일반	석재	인조재
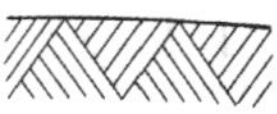	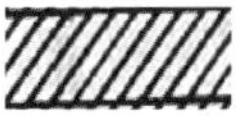	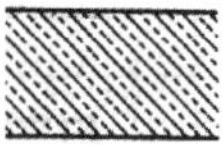	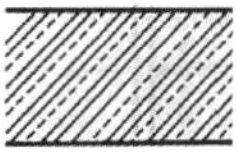
잡석다짐	콘크리트	철근콘크리트	목재
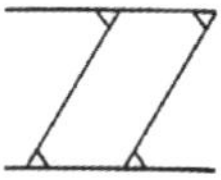	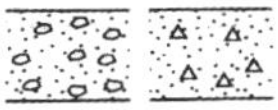		 (치장재)  (구조재)

옥외계단

- 단높이(h)와 단너비(b) 관계식 : 2h+b = 60~65cm
- 경사 : 30~35°
- 계단참 : 높이 2m를 넘는 계단에는 2m 이내마다 계단의 유효폭 이상의 폭으로 너비 120cm 이상의 참을 둠

단독주택의 정원

- 앞뜰
  - 대문에서 현관 사이의 공간으로 차고, 조명, 울타리, 조각품 등을 설치하여 경관을 강조
  - 가족이나 손님이 출입하는 곳으로, 주동선이 되는 원로를 설치
  - 실용적인 기능을 부여하기 위해 차고를 설치하기도 하고, 원로를 따라 조명과 좌우에 시선을 끌 수 있는 수목이나 초화류를 심기도 하며, 조각물이나 그 밖의 형상물을 배치하여 경관을 강조

단독주택의 정원

- 안뜰
  - 거실 쪽에 면한 뜰로 옥외 생활을 즐기기도 함
  - 인상적인 공간을 조성하여 조망과 정적 · 동적이용 · 기능, 식사 등 다목적으로 이용
  - 거실이나 침실로부터의 조망과 다목적 이용을 위해 건물에 면하여 잔디밭을 조성하고, 담장 주변을 따라 벤치, 야외 탁자, 바비큐장, 연못이나 벽천 등의 수경시설, 놀이 및 운동시설 등의 시설물을 설치
- 주택정원의 공간구분 : 전정, 주정, 후정, 작업정

도시공원의 종류 (도시공원 및 녹지 등에 관한 법률)

- 국가도시공원 : 도시공원 중 국가가 지정하는 공원
- 생활권공원 : 소공원, 어린이공원, 근린공원
- 주제형공원 : 역사공원, 문화공원, 수변공원, 묘지공원, 체육공원, 도시농업공원, 방재공원

녹지의 종류 (도시공원 및 녹지 등에 관한 법률)

- 완충녹지, 경관녹지, 연결녹지

자연공원

- 1872년 미국에서 국립공원 제도를 최초로 만들어 옐로스톤을 국립공원으로 지정
- 1967년 우리나라에 공원법이 제정되어 지리산을 국립공원으로 지정
  - 지리산, 경주, 계룡산, 한려해상, 설악산, 속리산, 한라산, 내장산, 가야산, 덕유산, 오대산, 주왕산, 태안해안, 다도해 해상, 북한산, 치악산, 월악산, 소백산, 월출산, 변산반도, 무등산, 태백산, 팔공산(총 23개)
- 자연공원의 지정과 관리
  - 국립공원 · 도립공원(광역시립공원) · 군립공원(시립공원, 구립공원) 및 지질공원
  - 국립공원은 환경부장관이 지정 · 관리

수목원과 정원 (수목원 · 정원의 조성 및 진흥에 관한 법률

- 수목원 : 국립수목원, 공립수목원, 사립수목원, 학교수목원
- 정원 : 국가정원, 지방정원, 민간정원, 공동체정원, 생활정원, 주제정원(교육정원, 치유정원, 실습정원, 모델정원)

레크리에이션 시설

- 스키장
  - 북동향의 사면이 가장 좋으며 동향 및 북향은 양호
  - 15°의 경사면을 기준으로 1인당 150m² 필요, 최소 100m²
  - 리프트 경사는 30° 이하, 폭은 5~7m
- 골프장
  - 부지는 남, 북으로 길고 약간 구형의 용지가 적합하고 적당한 기울기를 가지고 되도록 많이 이용할 수 있는 곳이 바람직
  - 골프장의 구성 : 18홀의 경우 쇼트홀 4홀, 미들홀 10홀, 롱홀 4홀 / 9홀의 경우 쇼트홀 2홀, 미들홀 5홀, 롱홀 2홀

02

핵심정리노트

조경재료

조경재료 구분

생물재료

- 조경수목, 지피식물, 화훼류
- 자연성, 연속성, 다양성, 조화성, 비규격성

무생물재료

- 목재, 석질 및 점토질, 시멘트 및 콘크리트, 금속, 기타재료
- 가공성, 규격성
- 역학적 성질

구분	내용
탄성	외부의 힘에 의해 변형된 물체가 이 힘이 제거되었을 때 원래의 상태로 되돌아가려고 하는 성질
소성	물체에 힘을 가해 변형시킬 때 변형에 영구적으로 남아 있는 성질
강도	물체의 강한 정도로 재료가 파괴되기까지의 변형 저항을 말함
인성	외력에 의해 파괴되기 어려운 질기고 강한 충격에 잘 견디는 재료의 성질
내구성	외부로부터 가해지는 힘이나 환경인자에 대해 견디는 성능

식물재료

조경수목의 분류

- 조경수목의 명명법 : 속명(대문자)+종명(소문자)+명명자
- 식물의 형태로 본 분류
  - 줄기 신장에 따른 구분 : 교목, 관목, 덩굴성 수목
  - 잎의 모양에 따른 구분 : 침엽수, 활엽수
  - 낙엽 유무에 따른 구분 : 상록수, 낙엽수

조경수목의 분류

- 관상가치상으로 본 분류
  - 열매를 관상하는 나무 : 피라칸다, 낙상홍, 석류나무, 팥배나무, 탱자나무, 모과나무, 살구나무, 자두나무, 마가목, 산수유, 대추나무, 오미자, 감나무, 생강나무, 감탕나무, 사철나무, 화살나무 등
  - 잎을 관상하는 나무 : 주목, 식나무, 벽오동, 단풍나무류, 계수나무, 은행나무, 측백나무, 대나무, 호랑가시나무, 낙우송, 소나무류, 위성류, 회양목, 화백, 느티나무 등
  - 단풍을 관상하는 나무 : 단풍나무류, 붉나무, 화살나무, 마가목, 산딸나무, 낙상홍, 매자나무, 은행나무, 백합나무, 배롱나무, 계수나무, 일본잎갈나무, 담쟁이덩굴 등
- 이용목적으로 본 분류
  - 경관장식용 : 소나무, 은행나무, 단풍나무 등의 교목류와 철쭉류, 수국, 명자나무, 장미, 조팝나무 등의 관목류
  - 녹음용 : 수관이 크고 큰 잎이 치밀하고 무성하며, 지하고가 높은 교목 / 느티나무, 칠엽수, 회화나무, 일본목련, 백합나무, 은행나무 등
  - 가로수용 : 벚나무, 은행나무, 느티나무, 가중나무, 회화나무 등

수목의 토양환경

- 토양의 구성
  - 광물질 45%, 유기질 5%, 수분 25%, 공기 25%
  - 토양의 적정 부식질함량 : 5~20%
- 식물 성상에 따른 표층토의 깊이

분류	생존최소심도(cm)	생육최소심도(cm)
잔디 및 초본류	15	30
소관목	30	45
관목	45	60
천근성 교목	60	90
심근성 교목	90	150

식재시 물리적 요소

- 형태, 질감, 색채

조경양식에 의한 식재방식

- 정형식 식재
  - 단식 : 중요한 위치에 식재, 생김새가 우수하고 중량감을 갖춘 정형수를 단독 식재
  - 대식 : 시선축의 좌우에 같은 형태, 같은 종류의 나무를 대칭 식재
  - 열식 : 동형, 동수종의 나무를 일정한 간격으로 직선상으로 식재
  - 교호식재 : 같은 간격으로 서로 어긋나게 식재
  - 집단식재 : 군식, 다수의 수목을 규칙적으로 일정지역을 덮어버림
  - 요점식재 : 가상의 중심선과 부축선이 만나는 곳에 식재 (원형 : 중심점·원주, 사각형 : 4개의 모서리, 대각선의 교차점, 직선 : 중점과 황금분할점)
- 자연식 식재
  - 부등변 삼각형 식재 : 크고 작은 세 그루의 나무를 부등변 삼각형의 형태로 식재
  - 임의식재 : 부등변 삼각형 식재를 기본 단위로 하여 그 삼각망을 순차적으로 확대하면서 연결시켜 나가는 방법

조경수목의 특성

- 수형
  - 수관 : 가지와 잎이 뭉쳐서 이루어진 부분으로 가지의 생김새에 따라 수관의 모양이 달라짐
  - 수간 : 줄기와 뿌리솟음의 2가지 요소로 이루어지며, 줄기의 생김새나 갈라진 수에 따라 수형이 달라짐
- 환경
  - 기온, 광선, 바람, 토양, 수분, 공해 등
  - 염해 : 염분이 잎에 붙어 기공을 막아 호흡작용을 방해하고 공중습도가 높으면 염분이 엽육에 침투하여 세포의 원형질로부터 수분을 빼앗아 생리기능을 저하시킴(염분의 한계농도 : 수목 0.05%, 잔디 0.1% 정도)

지피식물의 특성

- 조건 : 키가 작고 다년생일 것, 번식력과 생장이 빠를 것, 내답압성이 클 것, 치밀한 지표 피복력을 지닐 것
- 기능과 효과 : 미적 효과, 운동 및 휴식공간 제공, 강우로 인한 진땅 방지, 토양유실 방지, 흙먼지 방지, 동상 방지

초화류의 분류

- 한해살이 초화류(1 · 2년생)
  - 춘파(봄뿌림) : 맨드라미, 샐비어, 매리골드, 나팔꽃, 코스모스, 과꽃, 봉숭아, 채송화, 분꽃 등
  - 추파(가을뿌림) : 팬지, 금잔화, 금어초, 패랭이꽃, 안개초, 스위트피 등
- 여러해살이 초화류(다년생) : 국화, 베고니아, 아스파라거스, 카네이션, 부용, 꽃창포, 제라늄 등
- 알뿌리 초화류(구근 초화류)
  - 봄심기 : 달리아, 칸나, 아마릴리스, 글라디올러스, 상사화 등
  - 가을심기 : 히아신스, 아네모네, 튤립, 수선화, 크로커스, 백합, 아이리스 등

목재

목재의 구조

- 춘재 : 봄 · 여름 생장세포, 옅은색 · 연한재질
- 추재 : 가을 · 겨울 생장세포, 짙은색 · 단단한재질
- 연륜 : 나이테

목재의 특성

- 재질이 부드럽고 촉감이 부드러움, 무게가 가벼움, 다루기 쉬움, 열전도율이 낮음, 보온성이 뛰어남

목재의 강도

- 인장강도 〉 휨강도 〉 압축강도 〉 전단강도

목재의 방부법

- 표면탄화법 : 일시적효과, 표면에 흡수성이 증가되는 단점
- 방부제칠법 : 유성방부제 (크레오소오트, 유성페인트), 수용성 방부제(황산동, 염화아연), 유용성방부제 (유기계방충제, PCP)
- 방부제처리법 : 도포법, 침지법, 상압주입법, 가압주입법 (가장 효과적임)
- 생리적 주입법

석재

장단점

- 장점
  - 외관이 아름다우며, 내구성과 강도가 큼
  - 압축강도, 내구성, 내화학성이 크고 마모성이 적음
- 단점
  - 무거워서 다루기 불편하며, 타 재료에 비해 가공하기가 어려움
  - 경제적 부담이 크며, 압축강도에 비해 휨강도나 인장강도가 작음
  - 화열을 받을 경우 균열 또는 파괴되기 쉬움

석재의 강도순서

- 압축강도 〉 휨강도 〉 인장강도 〉 전단강도

성인(成因)에 따른 분류

- 화성암 : 화강암(압축강도강, 경도 · 강도 · 내마모성이 우수, 내화성은 낮음), 섬록암, 안산암, 현무암
- 수성암 : 응회암, 사암, 혈암, 점판암, 석회암
- 변성암 : 편마암, 점판암, 편암, 대리석

석재의 가공 (문화재시공)

- 혹두기 → 정다듬 → 도두락다듬 → 잔다듬 → 물광기 → 광내기

석재의 구조와 성질

- 석리(石理) : 석재의 표면의 구성조직으로 (돌결) 암석을 구성하는 광물의 종류, 배열, 모양 등 의 조직
- 절리(節理) : 암석이 냉각에 의해 수축과 압력 등에 의해 수평과 수직방향으로 갈라져서 생긴 것으로 암석표면에 자연적으로 생긴 괴상, 판상 또는 주상 등의 무늬, 화성암에 주로 나타남
- 층리(層理) : 암석이 층상으로 쌓인 상태로 퇴적암, 변성암에 많음, 돌을 쌓을 때에는 층리가 같은 방향으로 생긴 것을 사용
- 석목(石目) : 암반내 층에서 볼 수 있는 천연적 균열상, 절리 등으로 절단이 용이한 방향성을 말하며, 일정한 방향의 깨지기 쉬운 면, 석재의 채석이나 가공시 이용됨

시멘트와 콘크리트 재료

시멘트의 종류

- 일반 시멘트(Portland Cement)
  - 보통 포틀랜드 시멘트 : 주성분은 실리카 · 알루미나 · 석회로 구성되며 건축구조물, 콘크리트제품 등 여러 방면 이용
  - 조강 포틀랜드 시멘트 : 단기에 높은 강도를 내며, 수밀성이 좋으며 저온에서도 강도 발현이 좋으므로 겨울철공사 · 수중공사 · 해중공사 등에 적합
  - 중용열 포틀랜드 시멘트 : 보통 포틀랜드 시멘트와 조강 포틀랜드 시멘트의 중간성질을 가진 시멘트로 댐, 터널공사 등 매스 콘크리트 등에 적합
  - 백색 포틀랜드 시멘트 : 건축물의 도장, 인조대리석 가공품, 채광용, 표식 등에 사용
- 혼합 시멘트(Blended Cement)
  - 고로 시멘트(Slag Cement) : 보통 포틀랜드 시멘트에 비하여 분말도가 높고 응결 및 강도 발생이 약간 느리지만 화학적 저항성이 크고 발열량이 적으므로 해수 · 기름의 작용을 받은 구조물이나 공장폐수 · 오수로의 구축 등에 사용
  - 실리카 시멘트(Silica Cement) : 동결이나 융해작용에 대한 저항성은 적으나 화학적 저항성이 커서 해수나 광산 및 공장폐수, 하수 등에 대한 저항성 등의 특수목적에 사용
  - 플라이애시 시멘트(Fly Ash Cement) : 장기강도가 높으며, 건조수축이 적고 화학적 저항성이 강함
- 알루미나 시멘트(Alumina Cement)
  - 비중은 보통 포틀랜드 시멘트보다 가볍고 석고를 가하지 않는데, 조강성이 대단하며 화학작용을 받는 곳에 저항이 큼

콘크리트의 장단점

- 장점 : 압축강도 크고 내화성, 내수성, 내구적임
- 단점 : 인장강도가 작음(철근으로 인장력 보강), 수축에 의한 균열 발생

혼화재료

- 혼화재
  - 시멘트량의 5% 이상, 자체 용적이 콘크리트 성분으로 혼화한 것
  - 콘크리트의 성질을 개량하기 위한 것
  - 플라이애쉬, 포졸란, 고로슬래그
- 혼화제
  - 시멘트량의 1% 이하로 약품으로 소량사용
  - 배합계산에서 용적을 무시하는 것
  - AE제, 감수제, 유동화제, 응결경화촉진체, 지연제, 방수제
- AE제 : 워커빌리티 개선, 동결 융해에 대한 저항성 증가, 압축강도와 철근과의 부착강도가 감소
- 감수제 : 소정의 컨시스턴시를 얻기 위해 필요한 단위 중량을 감소시켜 워커빌리티를 증대시킴
- 응결제(응결경화촉진제) : 조기강도의 발생 촉진, 염화칼슘, 염회마그네슘, 규산나트륨, 식염 등

굳지 않은 콘크리트의 성질

- 반죽질기(consistency) : 컨시스턴시, 수량의 다소에 따라 반죽이 되고 진 정도를 나타내는 것
- 워커빌러티(workability) : 시공연도, 반죽질기에 따라 비비기 · 운반 · 치기 · 다지기 · 마무리 등의 작업난이 정도와 재료분리에 저항하는 정도, 시멘트의 종류, 분말도, 사용량이 영향을 미침
- 성형성(plasticity) : 거푸집에 쉽게 다져 넣을 수 있고 거푸집을 제거하면 천천히 형상이 변하기는 하지만 허물어지거나 재료가 분리하는 일이 없는 굳지 않는 콘크리트의 성질
- 피니셔빌러티(finishability) : 굵은 골재의 최대치수, 잔골재율, 잔골재의 입도, 반죽질기 등에 따라 마무리하는 난이의 정도, 워커빌리티와 반드시 일치하지는 않음

워커빌리티가 좋지 않을 때 현상

- 분리 : 시공연도가 좋지 않았을 때 재료가 분리
- 침하, 블리딩 : 콘크리트를 친 후 각 재료가 가라앉고 불순물이 섞인 물이 위로 떠오름
- 레이턴스 : 블리딩과 같이 떠오른 미립물이 콘크리트 표면에 엷은 회색으로 침전

양생 (보양, Curing)

- 콘크리트를 친 후 응결(Setting)과 경화(Hardening)가 완전히 이루어지도록 보호하는 것
- 좋은 양생을 위해서는 적당한 수분 공급, 적당한 온도 유지, 그리고 절대 안정상태를 유지해야 변형 · 파괴 · 오손 등을 방지할 수 있음
- 양생온도는 대체로 높을수록 수화가 빠르나 적당한 온도는 15~30° C, 보통은 20° C
- 습윤양생 : 콘크리트 노출면을 가마니나 마대 등으로 자주 물을 뿌려 양생하는 것
- 방법 : 습윤양생, 피막양생, 증기양생, 전기양생

그 밖의 재료

금속제품

- 철금속 : 철근, 강관, 형강, 강판 그 외에 철선, 와이어로프, 볼트와 너트, 철망 등
- 비철금속 : 알루미늄(두랄루민), 구리(놋쇠: 구리와 아연의 합금), 청동(구리와 주석의 합금) 등

합성수지

- 플라스틱재료의 특징
  - 성형이 자유롭고 가벼우며 강도와 탄력이 큼
  - 소성, 가공성이 좋아 복잡한 모양의 제품으로 성형이 가능
  - 내산성, 내알칼리성이 크고 녹슬지 않음
  - 불에 타기 쉽고 내열성, 내후성, 내광성이 약함
- 열가소성수지
  - 열을 가하면 연화 또는 융용하여 가소성 또는 점성 발생
  - 염화비닐수지, 아크릴, 폴리에틸렌, 폴리스틸렌
- 열경화성수지
  - 열을 가해도 유동성이 없음
  - 요소수지, 멜라민수지, 폴리에스테르수지, 실리콘, 우레탄, 유리섬유 강화 플라스틱(FRP)

점토재료

- 점토는 여러 가지 암석이 풍화되어 분해된 물질로 생성된 것으로, 가소성이어서 물로 반죽하면 임의의 모양을 만들 수 있음
- 건조시키면 굳고 불에 구우면 더욱 경화되는 성질이 있음
- 원료
  - 도토(도자기 제조용 점토의 총칭), 자토(순수점토), 토기(저급점토), 석기(석회점토), 자기(원료는 자토나 양질의 도토를 사용)
- 벽돌의 종류
  - 표준형 벽돌 : 190 × 90 × 57mm 의 표준규격벽돌
  - 보통벽돌(붉은벽돌) : 바닥포장, 장식벽, 벤치, 퍼걸러 기둥, 계단, 담장 축조
  - 다공질벽돌 : 점토에 30~50%의 분탄, 톱밥 등을 혼합하여 소성, 비중 1.2-1.7 정도

점토재료

■ 타일

- 양질의 점토에 장석, 규석, 석회석 등의 가루를 배합하여 성형한 후 유약을 입혀 건조시킨 다음 소성한 것
- 외관에 결함이 없고 흡수성이 적으며, 휨과 충격에 강함
- 모자이크타일, 외장타일, 내장타일, 바닥타일 등으로 구분
- 테라코타 : 석재 조각물대신 사용하고 있는 장식용 점토제품

■ 도관, 토관

- 도관 : 점토를 주 원료, 내외면에 유약을 칠하여 소성한 관, 투수율이 적어 배수 · 하수관에 쓰임
- 토관 : 점토를 원료로 하여 모양을 만든 후 유약을 바르지 않고 소성한 관/ 표면이 거칠고 투수성이 커 환기관으로 쓰임

■ 도자기

- 돌을 빻아 빚은 것을 소성해 거의 물을 빨아들이지 않음, 마찰이나 충격에 견디는 힘이 강함
- 야외탁자, 음료수, 계단타일 등에 쓰임

미장재료

■ 구분

- 수경성 재료 : 시멘트모르타르, 석고 플라스터 등 물과 화학 변화하여 굳어지는 재료
- 기경성 재료 : 소석회, 돌로마이트 플라스터, 진흙, 회반죽 등 공기 속에서 완전히 경화하는 재료

■ 혼화재료

- 결합재 : 시멘트플라스터, 소석회 등 다른 미장재료를 결합하여 경화시킴
- 혼화제 : 결합재를 보완, 응결 경화시간을 조절하기 위한 재료
  - 해초풀 : 점성, 부착성 증진, 보수성유지, 바탕흡수 방지
  - 여물 : 강도보강 및 수축·균열방지
  - 기타 : 방수제, 방동제, 착색제, 안료, 지연제, 촉진제

섬유재의 종류

- 볏짚 : 줄기를 감싸 해충의 잠복소를 만드는 데 사용
- 새끼줄 : 뿌리분이 깨지지 않도록 감는 데 사용하며, 10타래를 1속이라 함
- 밧줄 : 마섬유로 만든 섬유로프를 많이 사용

03 핵심정리노트
조경시공 및 관리

조경시공의 기초

공사입찰순서

- 공사 입찰순서 입찰 통지 → 현장설명 → 입찰 → 견적 → 개찰 → 낙찰 → 계약

시공계획의 과정

- 사전조사 → 기본계획 → 일정계획 → 가설 및 조달계획 → 관리계획
- 조경공사 시공순서
  - 터닦기 → 급배수 및 호안공 → 콘크리트공사 → 정원시설물 설치 → 식재공사
- 콘크리트 시공순서
  - 버림 콘크리트 타설 → 철근 조립 → 거푸집 조립 → 콘크리트 타설

시공계획의 3대 기능

- 공정관리 : 경계적인 공정, 횡선식공정표 · 기성고곡선, 네트워크 기법으로 분류
- 원가관리 : 공사를 계약된 기간 내에 주어진 예산으로 완성시키기 위한 것
- 품질관리 : 설계도서에 규정된 품질에 일치하고 안정되어 있음을 보증

공정표의 종류

- 막대 공정표
  - 전체공사를 구성하는 공사를 세로로 열거, 공사기간을 가로축에 표시
  - 소규모 간단한 공사, 시급공사
- 곡선식 공정표
  - 세로에 공사량, 총인부 등을 표시, 가로에 월, 일수 등을 취하여 일정한 사선절선을 가짐
  - s-curve, banana-curve
- 네트워크 공정표
  - 각 작업의 상호관계를 그물 망(Net Work)으로 표현
  - 이벤트(event) ○, 액티비티(activity) →, 더미(dummy) ⇢
  - 복잡한 공사와 대형공사에 적용, 공사의 상호관계가 명료함

시방서의 종류

- 표준시방서 : 시설물의 안전 및 공사시행의 적정성과 품질 확보 등을 위하여 시설물별로 정한 표준적인 시공기준
- 전문시방서 : 표준시방서를 기본으로 모든 공정을 대상으로 하여 특정한 공사의 시공 또는 공사시방서의 작성에 활용하기 위한 종합적인 시공기준
- 공사시방서(건설공사의 계약도서에 포함된 시공기준) : 표준시방서 및 전문시방서를 기본으로 하여 작성하되 공사의 특수성 · 지역여건 · 공사방법 등을 고려하여 기본설계 및 실시설계도면에 구체적으로 표시할 수 없는 내용과 공사수행을 위한 시공 방법, 자재의 성능 · 규격 및 공법, 품질시험 및 검사 등 품질관리, 안전관리, 환경관리 등에 관한 사항을 기술해야 함

식재공사

이식시기

- 낙엽활엽수
  - 가을이식 : 잎이 떨어진 휴면기간, 10~11월
  - 봄 이식 : 해토 직후부터 4월 상순, 이른 봄눈이 트기 전에 실시
  - 내한성이 약하고 눈이 늦게 움직이는 수종(배롱나무, 백목련, 석류, 능소화 등은 4월 중순이 안정적임)
- 상록활엽수 : 5~7월, 장마철(기온이 오르고 공중습도가 높은 시기)
- 침엽수 : 해토 직후부터 4월 상순, 9월 하순~10월 하순

뿌리돌림(단근)

- 목적
  - 이식을 위한 예비조치, 세근이 많이 발달하도록 유도
  - 생리적으로 이식을 싫어하는 수목이나 부적기식재 및 노거수의 이식에 필요, 전정이 병행되어야 함
- 시기 : 이식시기로부터 6개월~3년 전에 실시, 봄과 가을(효과적)에 가능
- 방법 및 요령
  - 근원 직경의 4~6배를 파내려 감
  - 도복 방지를 위해 네방향으로 자란 굵은 곁뿌리를 하나씩 남겨두며, 15cm 정도 환상박피 실시

굴취작업

- 뿌리분 종류(D : 근원직경)
  - 보통분(일반수종) 분의 크기=4D, 분의 깊이=3D
  - 조개분(심근성수종) 분의 크기=4D, 분의 깊이=4D
  - 접시분(천근성수종) 분의 크기 4D, 분의 깊이=2D
- 분의 크기 : 24+(N－3)×d

  여기서, N : 줄기의 근원직경, d : 상수 (상록수 : 4, 낙엽수 : 5)

식재 공사 순서

- 가식(임시로 심어둠) → 식재 구덩이(식혈) 파기→ 심기(조임 실시) → 지주목세우기→ 전정(증발량 조절) → 수피감기
  - 식혈 파기 : 뿌리분의 크기의 1.5배~2.0배 이상의 구덩이를 팜
  - 심는 환경 : 수목의 성상에 따라 적당한 생육 토심을 확보, 흐리고 바람이 없는 날의 저녁이나 아침에 실시하고 공중 습도가 높을수록 좋음
  - 조임 : 2/3정도 흙을 채우고 수목에 따라 물조임, 흙조임으로 뿌리와 흙의 공극을 없앰
  - 필요시에는 정지, 전정을 실시한 후 뿌리분을 구덩이에 넣음
- 교목식재시 지주목을 세우지 않을 때
  - 일반적으로 교목식재시 재료소운반, 터파기, 나무세우기, 묻기, 물주기, 지주목세우기, 뒷정리를 품에 포함함
  - 인력시공시 인력품의 10%을 감함, 기계시공시 인력품의 20%를 감함

지주목

- 단각지주 : 수고 1.2m 이하에 수목
- 이각지주 : 수고 1.2~2.5m 수목에 적용, 소형 가로수
- 삼발이 지주 : 소형, 대형 수목에 다 적용, 경관상 중요하지 않은 곳
- 삼각지주, 사각지주 : 보행량이 많은 곳에 설치, 보행자의 통행량이 많은 곳
- 매몰형지주 : 대형목, 경관상 중요한 위치에 사용, 통행에 지장을 주는 곳
- 당김줄형 : 대형목, 경관상 중요한 곳
- 피라미드형지주 : 덩굴식물에 적용

조경시공

토공사

- 부지 정지공사
  - 시공도면에 계획된 등고선과 표고대로 부지를 시공 기준면 (FL ; Formation Level)을 만드는 것
  - 절토와 성토 공사를 동반
- 절토(흙깎기)
  - 절토시 안식각보다 약간 작게 하여 비탈면의 안정을 유지 → 보통 토질의 경사는 1:1 적당
  - 식재공사가 포함된 경우의 절토시 반드시 지표면 30~50cm 정도 깊이의 표토를 보존하여 식물의 생육에 재활용
- 성토(흙쌓기)
  - 성토시 흙은 입도가 좋아 잘 다져져서 쌓인 흙이 안정되어야 함
  - 보통 30~40cm마다 다짐, 계획고를 유지하기 위해서 더돋기(높이의 10% 미만)실시
  - 성토의 경사는 1:1.5 적당
- 마운딩 공사
  - 성토하여 경관에 변화를 주거나, 방음 · 방풍 · 방설 등을 위한 목적으로 작은 동산을 만듦

비탈면경사

- G=D/L ×100 (G : 경사도, D : 높이차, L : 두 지점간의 수평거리)

토공기계

- 파워셔블 : 높은 곳의 흙을 낮은 곳으로 깎아 내릴 때 사용
- 타이어 로더 : 낮은 곳의 흙을 높은 곳을 적재시 사용
- 그레이더 : 운동장의 바닥 등을 평탄화 할 때 사용
- 드랙라인(drag line) : 수중 굴착 작업이나 큰 작업반경을 요구하는 지대에서의 평면 굴토 작업에서 사용

토공량 산정

- 양단면평균법 : V(체적)$=\frac{l}{2}(A_1+A_2)$

  여기서, A_1, A_2: 양단면적 면적, l : 양단면 거리
- 중앙단면법 : V(체적)$=A_m \cdot l$

  여기서 A_m : 중앙단면, l : 양단면간의 거리)
- 각주공식 : V(체적)$=\frac{l}{6}(A_1+4A_m+A_2)$

  여기서, A_1, A_2: 양단면적,
A_m : 중앙단면,
l : 양단면간의 거리)

기초공사

- 지정과 기초를 합쳐서 기초 또는 기초구조라고 함
- 기초 : 상부 구조물의 무게를 받아 지반에 안전하게 전달하기 위하여 땅속에 만드는 구조물
- 지정 : 기초를 보강하거나 지반의 지지력을 증가시키는 일 (잡석지정)

배수공사

- 표면배수 : 명거배수는 배수구를 지표로 노출시킴, U형 측구 또는 L형 측구, 돌붙임배수로
- 심토층배수 : 심토층에서 유출되는 물을 유공관이나 자갈층 형성으로 처리

자연석 놓기

- 경관석 놓기
  - 중심이 되는 큰 주석과 보조역할을 하는 작은 부석을 잘 조화시키며, 수량은 일반적으로 3, 5, 7 등의 홀수로 만듦
- 디딤돌 놓기
  - 디딤돌의 크기는 30cm 적당, 시작과 끝부분, 길이 갈라지는 부분에는 50cm 정도의 큰 것을 사용
  - 직선보다는 어긋나게 배치, 돌 사이의 간격은 보행 폭(성인 남자 약 60–70cm, 여자 45~60cm)을 고려하여 빠른 동선이 필요한 곳은 보폭과 비슷하게, 느린 동선이 필요한 곳은 35~60cm 정도로 함

켜쌓기와 골쌓기

- 켜쌓기
  - 각 층을 직선으로 쌓는 방법으로 높은 쌓기에는 곤란하며 돌의 크기도 균일해야 함
  - 켜쌓기는 시각적으로 좋으므로 조경공간에 주로 쓰임
- 골쌓기
  - 줄눈을 파상으로 골을 지어 가며 쌓는 방법
  - 하천공사 등에 견치석을 쌓기에 적용

벽돌쌓기

- 벽돌쌓기는 각 층은 압력에 직각으로 되게 하고 압력방향의 줄눈은 반드시 어긋나게 함
- 하루 벽돌 쌓는 높이는 적정 1.2m 이하(최대 쌓기 높이 1.5m)로 하고, 모르타르가 굳기 전에 압력을 가해서는 안 되며 12시간 경과 후 다시 쌓음

벽돌쌓기

- 쌓기방법
  - 영국식쌓기
    - 한단은 마구리, 한단은 길이쌓기로 하고 모서리 벽 끝에는 이오토막을 씀
    - 통줄눈이 최소화되어 벽돌쌓기 중 가장 튼튼한 방법으로 내력 벽체
  - 네덜란드식쌓기(화란식)
    - 영국식쌓기와 같고, 모서리 끝에 칠오토막을 씀
    - 모서리부분이 다소 견고함. 내력벽체

공사비산출

- 순공사비 = 재료비 + 노무비 + 경비
- 총공사비 = 순공사비 + 일반관리비 + 이윤
- 경비 : 수도광열비, 도시인쇄비, 기계경비, 전력비, 운반비, 소모품비, 통신비, 지급임차료, 가설비, 연구개발비, 산재보험료, 안전관리비, 품질관리비, 기술료, 특허권사용료, 외주가공비 등
- 일반관리비 : 회사가 사무실을 운영하기 위해 드는 비용

조경식물 관리

조경관리의 구분

- 운영관리 : 예산, 조직, 재산, 재무제도 등의 관리
- 유지관리 : 잔디, 초화류, 식재수목, 기반시설물, 편익 및 유희시설물, 건축물의 관리
- 이용관리 : 주민참여의 유도, 안전관리, 홍보, 이용지도, 행사프로그램 주도

관수방법

- 지표관개법
  - 식물의 주변에 지형과 경사를 고려해 물도랑 등의 수로나 웅덩이를 이용하여 관수
  - 비효율적 관수방법
- 살수식 관수법
  - 자동식 방법으로 고정된 기계 장치살수기(스프링클러)를 통해 일정 수량의 압력수를 대기 중에 살수함으로써 자연 강우와 같은 효과를 내는 방법
- 점적식 관수법
  - 수목의 뿌리부분이나 지정된 지역의 지표 또는 지하에 특수한 구조의 점적기 구멍을 통해 일정 수량을 서서히 관수하는 방법
  - 관수효율이 가장 높은 방법

시비방법

- 전면시비 : 토양 전면에 거름을 주는 방법
- 윤상시비 : 수관 폭을 형성하는 가지 끝 아래의 수관선을 기준으로 하여, 환상으로 깊이 20~25cm, 너비 20~30cm 정도로 둥글게 파고 알맞은 양의 거름을 주는 방법
- 방사상시비 : 일정한 간격을 두고 거름을 주는 방법으로, 다음 해에 구덩이 위치를 바꾸어 줌
- 천공시비 : 수관선상에 깊이 20cm 정도의 구멍을 군데군데 뚫고 시비함
- 선상시비 : 산울타리처럼 수목이 띠 모양으로 열식시, 식재된 수목 밑동으로부터 일정한 간격을 두고 도랑처럼 길게 구덩이를 파서 시비

주요 비료의 역할

- 식물성분에 필수적인 다량원소 : N, P, K, Ca, S, Mg
- 식물성분에 필수적인 미량원소 : Mn, Zn, B, Cu, Fe, Mo, Cl
- 비료의 3요소 : 질소(N), 인산(P), 칼륨(K)
- 질소(N)
  - 광합성 작용의 촉진으로 잎이나 줄기 등 수목의 영양생장에 도움을 줌
  - 부족하면 생장이 위축되고 성숙이 빨라지나, 과다하면 도장하고 약해지며 성숙이 지연됨
- 인산(P)
  - 세포분열촉진, 꽃 · 열매 · 뿌리 발육에 관여함
  - 부족하면 꽃과 열매가 나빠지고, 많으면 성숙이 촉진되어 수확량이 감소
- 칼륨(K)
  - 생장이 왕성한 부분에 많이 함유, 뿌리나 가지 생육 촉진, 병해 · 서리 한발에 대한 저항성 증가
  - 활엽수는 잎이 황화현상이나 잎 끝이 말림, 침엽수는 침엽이 황색 · 적갈색으로 변하며 끝부분이 괴사
- 칼슘(Ca)
  - 세포막을 강건하게 함, 잎에 많이 존재, 분열 조직의 생장에 필수적임

전정의 종류

- 생장을 돕기 위한 전정
  - 묘목을 기를 때 수목의 수고가 잘 자라도록 하기 위해 곁가지를 적당히 자름
- 생장을 억제하기 위한 전정
  - 목적에 따라 필요 이상으로 자라지 않도록 줄기나 가지를 자르거나, 향나무, 회양목 등 산울타리처럼 나무를 일정한 모양으로 유지시키기 위한 전정
- 개화 · 결실을 돕기 위한 전정
  - 결실의 목적으로 전정을 하는 경우와 꽃나무류의 개화를 촉진하기 위하여 실시하는 전정
- 생리를 조정하는 전정
  - 이식시 가지와 잎에서의 증산작용으로 인한 수분의 균형이 이루어지도록 함

전정의 시기

- 봄전정 : 3~5월에 실시, 나무 높이 조절이나 상록수의 모양을 정리하고 싶을 때가 적당
- 여름전정 : 6~8월에 실시, 무성한 가지와 잎을 잘라 수광 및 통풍을 좋게 해 줌
- 가을전정 : 9~11월에 실시. 여름철에 자라난 웃자람가지나 너무 혼잡한 가지를 가볍게 전정함
- 겨울전정 : 12~3월 사이 휴면기에 실시하는 전정으로, 내한성이 강한 낙엽활엽수의 전정

전정의 순서 및 대상

- 전정의 순서
  - 주지를 선정하고 정부우세성을 고려하여 상부는 강하게 하부는 약하게 전정
  - 가지를 자를 때에는 수관 위쪽에서부터 아래쪽으로, 수관 오른쪽에서부터 왼쪽으로 자름
  - 굵은 가지는 가능한 수간에 가깝게, 수간과 나란히 자름
- 전정의 대상
  - 밀생지, 교차지, 역지, 병지, 고지, 수하기, 평행지, 윤생지, 대생지

조경수목의 월동 방지

- 수간짚싸기 : 내한성이 약하거나 이식시 수세가 약해진 나무를 보호하기 위해 실시
- 짚덮어주기 : 추위에 약한 관목류와 지피식물을 보호하는 방법으로, 지표면에 짚이나 낙엽을 덮어 주어 동해를 방지
- 흙묻이 : 추위에 약한 나무가 얼어 죽는 것을 방지하기 위하여 가지를 묶은 다음 지상으로부터 40~50cm 정도 높이를 흙으로 묻음

조경수목의 한해 방지

■ 관수

- 건조가 계속되면 나무가 시들기 전에 관수해야 함
- 한계점(위조점)을 지나면 관수를 하더라도 정상으로 회복하지 못함(위조 현상)
- 관수할 때에는 물이 땅 속 깊이 스며들도록 충분히 해 주어야 함
- 관수시 한낮은 피하고 아침 또는 저녁에 실시

■ 줄기감기

- 이식한 나무의 줄기로부터 수분 증산을 억제, 해충의 침입을 방지하기 위함
- 새끼나 마대로 줄기를 감아 주며, 그 위에 진흙을 발라 주기도 함

수목의 병해

■ 흰가루병

- 자낭균에 의한 병으로 활엽수에 광범위하게 퍼짐(기주선택성을 보임)
- 주야의 온도차가 크고, 기온이 높고 습기가 많으면서 통풍이 불량한 경우에 신초에 발생
- 봄에 새눈이 나오기 전에는 석회황합제를 1~2회 살포

■ 그을음병

- 진딧물과 깍지벌레 등의 흡즙성 해충이 배설한 분비물을 이용해 병균이 자람
- 자낭균에 의한 병
- 일광 통풍을 좋게 하거나 진딧물과 깍지벌레 방제

■ 빗자루병

- 자낭균에 의한 빗자루병 : 벚나무 · 대나무 등 발견, 살균제 살포
- 파이토플라즈마에 의한 빗자루병 : 대추나무 · 오동나무 · 붉나무 등에 발견, 마름무늬 매미충의 매개충에 의한 매개전염, 옥시테트라사이클린계 항생제 수간주사

수목의 병해

▪ 소나무재선충병

- 매개충 : 솔수염하늘소
- 솔수염하늘소의 성충이 소나무 잎을 갉아 먹을 때 나무에 침입하는 재선충에 의해 소나무가 말라 죽음

▪ 참나무시들음병

- 병원균 : 라펠리아 속의 신종 곰팡이, 매개충 : 광릉긴나무좀
- 갈참나무, 신갈나무, 상수리나무, 서어나무 등에 서식하며 수세가 약한 나무에 침입해 목질부 가해
- 목재 변재부에 곰팡이가 감염되어 도관을 막아 수분과 양분의 상승을 차단하여 시들으면서 죽게 됨

수목의 충해

▪ 솔나방

- 식엽성 해충, 송충과 애벌레가 솔잎을 갉아 먹음, 가을에 잠복소 설치

▪ 미국 흰불나방

- 식엽성해충, 미국 원산, 1년에 2회 발생, 월동 : 번데기
- 가로수와 정원수에 피해, 포플러 · 버즘나무 등 활엽수 잎을 먹으며 부족하면 초본류까지 먹음

▪ 진딧물과 깍지벌레류

- 흡즙성해충, 수목에 광범위하게 피해, 그을음병을 초래
- 무당벌레류, 꽃등애류, 풀잠자리류, 기생벌 등 천적을 보호

▪ 소나무좀

- 천공성해충, 수세가 약한 나무를 집중적으로 가해
- 성충으로 월동, 3월말~4월초에 수피에 구멍을 내어 들어가 알을 산란함

농약포장재

▪ 살균제 : 분홍색, 살충제 : 초록색, 잡초방제 : 노란색, 비선택성 제초제 : 붉은색, 식물생장조절제 : 청색

살포제의 희석농도계산

- 소요약량(배액살포) = $\frac{\text{총사용량}}{\text{소요희석배수}}$
- 희석할 물의 양 = 원액의 용량 × $\left(\frac{\text{원액의 농도}}{\text{희석할농도}} - 1\right)$ × 원액의 비중
- ha당 소요약량 = $\frac{ha\text{당사용량}}{\text{사용희석배수}} = \frac{\text{사용할농도(\%)} \times \text{살포량}}{\text{원액농도}}$
- 희석할 증량제의 양 = 원분제의 중량 × $\left(\frac{\text{원분제의 농도}}{\text{원하는농도}} - 1\right)$

살균제

- 만코지수화제(다이센엠-45), 동수화제, 타로닐수화제(다코닐), 석회황합제, 황수화제, 지오판수화제(톱신엠, 전정이나 외과수술 후 도포제), 베노밀수화제, 티디폰수화제(바리톤), 마이탄수화제(시스텐)

살충제

- 응애류 : 테트라디폰유제(테디온), 페노티오카브유제(우수수), 트리아조포스유제(호스타치온), 디코폴유제, 아미트유제, 프로지수화제, 아시탄수화제
- 깍지벌레류 : 메치온유제, 메카밤유제, 디메토유제, 기계유제
- 진딧물류 : 메타유제(메테시스톡스), 포스팜액제(다이메크론), 아시트수화제
- 흰불나방 : 주론수화제, 디프유제(디프록스), 메프수화제, 파프수화제
- 솔잎혹파리 : 포스팜유제

제초제

- 비선택성 : 패러콰트디클로라이드(그라목손 : 현재는 금지 농약), 글루포시네이트암모늄(바스타), 글리포세이트(근사미)
- 선택성 : 디캄바, 반벨

수목의 생육장애

- 상해
  - 발생지역 : 오목한 지형, 남쪽경사면, 유목에 많이 발생, 배수불량, 겨울철 질소과다지역
  - 서리의 피해(상해): 만상(이른봄), 조상(가을), 동상(겨울)
  - 피해현상 : 상렬, cup-shakes, 상해옹이
  - 상렬 : 추위에 의해 나무의 줄기나 껍질이 수선 방향으로 갈라지는 현상으로 코르크층이 발달하지 않은 단풍나무, 일본목련, 배롱나무 등에 발생한다.
- 일소
  - 여름철 직사광선으로 잎이 갈색으로 변하거나 수피가 열을 받아 갈라짐, 수피가 얇은 수종은 수간 짚싸기 실시
- 한해
  - 여름철 높은 기온과 가뭄으로 토양의 습도가 부족해 수분이 결핍됨, 호습성 · 천근성 수종발생

수목의 공동처리순서

- 부패부제거 → 공동 다듬기 → 소독 및 방부처리 → 동공충전(비발포성 또는 발포성수지사용) → 방수처리 → 표면경화처리 → 인공수피처리

잔디의 종류

- 난지형잔디 : 들잔디, 고려잔디, 비로드잔디, 갯잔디, 버뮤다그라스
- 한지형잔디 : 켄터키블루그라스, 벤트그라스, 톨 페스큐, 페레니얼 라이그라스, 파인 페스큐

떼심기 방법

- 전면 붙이기(평떼 붙이기) : 조기에 잔디 경관을 조성해야 할 곳. 뗏장사이를 어긋나게 배열하여 전체 면에 심음($1m^2$에 필요한 뗏장은 약 11매)
- 어긋나게 붙이기 : 뗏장을 20~30cm 간격으로 어긋나게 놓거나 서로 맞물려 어긋나게 배열하여 심음
- 줄떼 붙이기 : 줄 사이를 뗏장 너비 또는 그 이하의 너비로 뗏장을 이어 붙여 가는 방법
- 이음메 붙이기 : 뗏장 사이의 줄눈 너비를 4cm, 5cm, 6cm 로 간격으로 배열

잔디깎기

- 목적 : 이용편리, 잡초방제, 잔디분얼 촉진, 통풍 양호, 병충해 방제
- 시기 : 한국잔디는 6~8월, 서양한디는 5~6월, 10월에 실시

배토 (Topdressing : 뗏밥주기)

- 목적 : 노출된 지하줄기의 보호, 지표면을 평탄하게 함, 잔디 표층상태를 좋게 함, 부정근 · 부정아를 발달시켜 잔디 생육을 원활하게 해줌
- 방법
  - 세사 : 밭흙 : 유기물 = 2 : 1 : 1 로 5mm채를 통과한 것을 사용
  - 잔디의 생육이 가장 왕성한 시기에 실시(난지형 늦봄, 한지형은 이른 봄, 가을)
  - 소량으로 자주 사용하며 일반적으로 2~4mm 두께로 사용하며, 15일 후 다시줌, 연간 1~2회

조경시설물 관리

목재시설 관리

- 부패하기 쉽고 잘 갈라지며, 거스러미(나무의 결이 가시처럼 얇게 터져 일어나는 것)가 일어나 정기적으로 보수하고 도료를 칠해 주어야 함
- 땅에 묻힌 부분은 부패되기 쉬우므로 방부제 처리 및 모르타르를 칠해 주어야 함
- 2년이 경과한 것은 정기적인 보수를 하고, 썩지 않도록 방부처리 등을 실시

철재시설 관리

- 도장이 벗겨진 곳은 녹막이 칠(광명단, 도로 등)을 두 번 한 다음 유성 페인트를 칠해 주고, 파손이 심한 부분은 교체
- 볼트나 너트가 풀어졌을 때에는 충분히 죄어 주고, 심하게 훼손되었을 때에는 용접 또는 교환
- 회전 부분의 축에는 정기적으로 그리스를 주입하며 베어링의 마멸 여부를 점검한 후 조치함

조명시설

- 1년에 1회 이상 청소, 오염이 약한 곳은 마른 헝겊을 사용하고 심한 곳은 물이나 중성세제를 사용
- 철재로 등주재료를 쓸 경우 부식을 막기 위해 방부처리 실시
- 해안지방이나 교통량이 많은 지역의 등주는 도장의 주기를 짧게 해주거나 플라스틱 피막을 한 등주로 교체

수경시설 관리

- 연못의 급수구와 배수구의 막힘 여부 수시 점검, 겨울 전에 물 빼기, 가라앉은 이물질의 수시제거 및 청소

조경기능사 수목감별 표준수종 목록

2020.01.15(수)
출처 : 한국산업인력공단

※ 해당 표준목록 범위와 명칭 기준을 준수
※ 해당 120수종 범위에서 출제
※ 수험자 답안 작성시 해당 수목명으로 작성하여야만 정답으로 인정

순서	수목명	순서	수목명	순서	수목명
1	가막살나무	21	노랑말채나무	41	모감주나무
2	가시나무	22	녹나무	42	모과나무
3	갈참나무	23	눈향나무	43	무궁화
4	감나무	24	느티나무	44	물푸레나무
5	감탕나무	25	능소화	45	미선나무
6	개나리	26	단풍나무	46	박태기나무
7	개비자나무	27	담쟁이덩굴	47	반송
8	개오동	28	당매자나무	48	배롱나무
9	계수나무	29	대추나무	49	백당나무
10	골담초	30	독일가문비	50	백목련
11	곰솔	31	돈나무	51	백송
12	광나무	32	동백나무	52	버드나무
13	구상나무	33	등나무	53	벽오동
14	금목서	34	때죽나무	54	병꽃나무
15	금송	35	떡갈나무	55	보리수나무
16	금식나무	36	마가목	56	복사나무
17	꽝꽝나무	37	말채나무	57	복자기
18	낙상홍	38	매화(실)나무	58	붉가시나무
19	남천	39	먼나무	59	사철나무
20	노각나무	40	메타세쿼이아	60	산딸나무

순서	수목명	순서	수목명	순서	수목명
61	산벚나무	81	은행나무	101	칠엽수
62	산사나무	82	이팝나무	102	태산목
63	산수유	83	인동덩굴	103	탱자나무
64	산철쭉	84	일본목련	104	백합나무
65	살구나무	85	자귀나무	105	팔손이
66	상수리나무	86	자작나무	106	팥배나무
67	생강나무	87	작살나무	107	팽나무
68	서어나무	88	잣나무	108	풍년화
69	석류나무	89	전나무	109	피나무
70	소나무	90	조릿대	110	피라칸타
71	수국	91	졸참나무	111	해당화
72	수수꽃다리	92	주목	112	향나무
73	쉬땅나무	93	중국단풍	113	호두나무
74	스트로브잣나무	94	쥐똥나무	114	호랑가시나무
75	신갈나무	95	진달래	115	화살나무
76	신나무	96	쪽동백나무	116	회양목
77	아까시나무	97	참느릅나무	117	회화나무
78	앵도나무	98	철쭉	118	후박나무
79	오동나무	99	측백나무	119	흰말채나무
80	왕벚나무	100	층층나무	120	히어리
삭제 : 카이즈카 향나무, 꽃사과나무					
추가 : 스트로브잣나무, 풍년화, 오동나무					